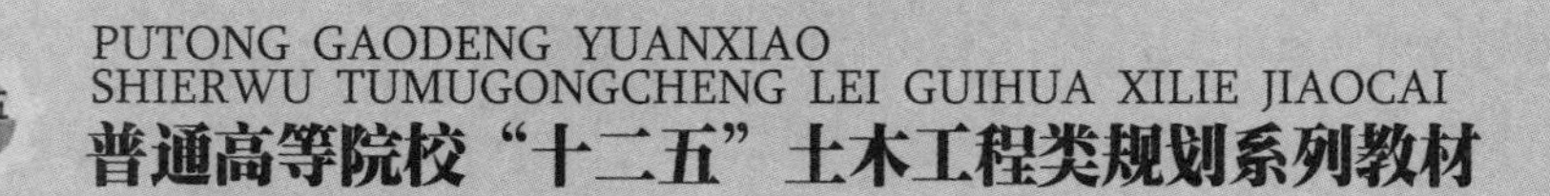

土木工程材料

TUMUGONGCHENG CAILIAO

主　编　黄双华　陈　伟

副主编　贺丽霞　张　茜

刘红坡　张　璐

西南交通大学出版社

·成　都·

内 容 简 介

本书为应用型本科学校土木工程类专业的专业基础课教材。

本书共十三章，主要包括：土木工程材料的基本性质、胶凝材料、水泥、混凝土、砂浆、沥青及沥青混合料、砌体材料、木材、金属材料、高分子合成材料、攀西地区高炉渣在土木工程材料中的应用等。本书在编写上采用最新规范和标准，吸收和反映了国内外土木工程材料的最新成果和应用技术，内容简明扼要、通俗易懂，每章开头提出学习要求、重点，每章末有习题，利于学习者巩固知识；另本书附录还收集了常用的建筑材料规范，便于使用者查阅。

本书可供高等学校土木工程、工程管理、建筑学、城乡规划等专业的学生学习使用，也可供土木工程设计、施工、科研、管理等的专业人员学习参考。

图书在版编目（CIP）数据

土木工程材料 / 黄双华，陈伟主编. —成都：西南交通大学出版社，2013.8（2016.7 重印）
普通高等院校“十二五”土木工程类规划系列教材
ISBN 978-7-5643-2605-0

Ⅰ. ①土… Ⅱ. ①黄… ②陈… Ⅲ. ①土木工程－建筑材料－高等学校－教材 Ⅳ. ①TU5

中国版本图书馆 CIP 数据核字（2013）第 196351 号

普通高等院校“十二五”土木工程类规划系列教材
土木工程材料
主编 黄双华 陈 伟
*
责任编辑 杨 勇
助理编辑 曾荣兵
封面设计 何东琳设计工作室
西南交通大学出版社出版发行
四川省成都市二环路北一段 111 号西南交通大学创新大厦 21 楼
邮政编码：610031 发行部电话：028-87600564
http://www.xnjdcbs.com
成都市书林印刷厂印刷
*
成品尺寸：185 mm × 260 mm 印张：18
字数：493 千字
2013 年 8 月第 1 版 2016 年 7 月第 2 次印刷
ISBN 978-7-5643-2605-0
定价：36.00 元

前　言

本书为普通高等学校应用型本科土木工程及相关专业的教学用书，内容符合教育部对普通高等学校土木工程专业指导委员会编制的“高等学校土木工程本科指导性专业规范”的要求，并根据现行的国家最新标准、规范和国内外有关的建筑材料新技术、新工艺、新成就编写的。

本书贯彻“少而精”的原则，适应应用型本科土建类专业需要，核心知识点符合最新颁布的“高等学校土木工程本科指导性专业规范”的要求。

本书具有地区区域特色，新增“攀西地区高炉渣在建筑材料中的应用”一章，介绍了含钛高炉渣在土木建筑材料中的应用情况，内容新颖，图文并茂。

参加本书编写的有攀枝花学院黄双华（绪论、第十二章）、陈伟（第十章、第十一章）、贺丽霞（第一、二、七章）、张茜（第四、五、八章）、付建（第三章）、孙金坤（第九章），以及西南交通大学刘红坡（第六章）；此外，成都纺织高等专科学校的张璐老师为本书的编写和插图制作做了大量工作。全书由黄双华、陈伟担任主编，贺丽霞、张茜、刘红坡、张璐任副主编。

由于篇幅限制，土木工程材料试验内容没有列入本教材。此外，由于时间仓促及编者水平有限，书中疏漏之处在所难免，敬请读者批评指正。

编　者

2013 年 3 月

目 录

绪 论 …… 1
0.1 土木工程材料的定义和分类 …… 1
0.2 土木工程材料在工程中的地位和作用 …… 2
0.3 土木工程材料的应用及发展趋势 …… 2
0.4 土木工程材料的技术标准 …… 5
0.5 本课程的任务和学习方法 …… 6
第 1 章 土木工程材料的基本性质 …… 7
1.1 材料的组成与结构 …… 7
1.2 材料的物理性质 …… 9
1.3 材料的力学性质 …… 18
1.4 材料的耐久性 …… 22
本章小结 …… 23
复习与思考题 …… 23
第 2 章 气硬性胶凝材料 …… 25
2.1 石 灰 …… 25
2.2 建筑石膏 …… 30
2.3 水玻璃 …… 33
2.4 菱苦土 …… 35
本章小结 …… 36
复习与思考题 …… 37
第 3 章 水 泥 …… 38
3.1 通用硅酸盐水泥 …… 38
3.2 特性水泥和专用水泥 …… 53
本章小结 …… 59
复习与思考题 …… 59
第 4 章 混凝土 …… 60
4.1 概 述 …… 60
4.2 普通混凝土的组成材料 …… 60
4.3 混凝土拌和物的性能 …… 77
4.4 硬化后混凝土的性能 …… 81
4.5 普通混凝土的配合比设计及质量控制 …… 92

4.6 其他种类混凝土及其新进展 …… 101
本章小结 …… 105
思考与练习题 …… 105
第5章 砂 浆 …… 107
5.1 砂浆的分类、组成及技术性质 …… 107
5.2 砌筑砂浆的配合比设计 …… 110
5.3 抹面砂浆 …… 114
本章小结 …… 115
思考与练习题 …… 116
第6章 沥青及沥青混合料 …… 117
6.1 沥青材料 …… 117
6.2 沥青混合料 …… 139
本章小结 …… 169
思考与练习题 …… 170
第7章 砌体材料 …… 171
7.1 砌墙砖 …… 171
7.2 砌块及墙体材料的发展 …… 181
7.3 砌筑石材 …… 185
本章小结 …… 187
复习思考题 …… 188
第8章 木 材 …… 189
8.1 木材的分类与构造 …… 189
8.2 木材的性能及应用 …… 191
8.3 木材的防护与防火 …… 194
本章小结 …… 195
思考与练习题 …… 196
第9章 金属材料 …… 197
9.1 建筑钢材 …… 197
9.2 铝材及铝合金 …… 217
本章小结 …… 219
思考与练习题 …… 219
第10章 高分子合成材料 …… 220
10.1 高分子化合物基本知识 …… 220
10.2 建筑塑料 …… 222
10.3 建筑涂料 …… 226

10.4 建筑胶黏剂 …… 228
10.5 土工合成材料 …… 231
本章小结 …… 233
复习与思考题 …… 234

第 11 章 攀西地区高炉渣在土木工程材料中的应用 …… 235

11.1 矿渣及全矿渣混凝土 …… 235
11.2 高炉渣的成分、分类和应用 …… 239
11.3 攀钢高炉渣的特点和性质 …… 240
11.4 高钛型高炉渣在建筑材料领域的应用 …… 244
本章小结 …… 248
思考与练习题 …… 248

第 12 章 建筑功能性材料及装饰材料 …… 249

12.1 绝热材料 …… 249
12.2 吸声材料 …… 253
12.3 装饰材料 …… 256
本章小结 …… 265
思考与练习题 …… 265

附录 1 …… 266

附录 2 …… 268

附录 3 …… 270

附录 4 …… 271

附录 5 …… 272

附录 6 …… 274

参考文献 …… 277

绪 论

0.1 土木工程材料的定义和分类

0.1.1 土木工程材料的定义

土木工程材料是指在土木工程建设中用于构成建筑物或构筑物的各种材料的总称。例如：水泥、钢材、木材、混凝土、石材、砖、石灰、石膏、建筑塑料、沥青、玻璃、建筑陶瓷等，其品种达数千种。

0.1.2 土木工程材料的分类

土木工程材料种类繁多、性能各异且用途不同。在工程中，常从不同角度对土木工程材料加以分类。

1. 按化学成分分类

按化学成分来分，土木工程材料分为无机材料、有机材料和复合材料三大类，见表0.1。

其中，复合材料能够克服单一材料的弱点，集中发挥复合后材料的综合优点，因此，是新型材料的发展方向。

表0.1 土木工程材料按化学成分分类

无机材料	金属材料	黑色金属	铁、钢材及其合金
		有色金属	铜、铝、铝合金
	无机非金属材料	天然石材	砂、石及石材制品
		烧土制品	砖、瓦、玻璃及陶瓷制品
		胶凝材料及制品	石灰、石膏、水泥、砂浆、混凝土及硅酸盐制品
有机材料	植物材料		木材、竹材
	沥青材料		石油沥青、煤沥青及其制品
	合成高分子材料		塑料、涂料、胶黏剂、合成橡胶、部分混凝土外加剂、土工合成材料
复合材料	有机材料-无机非金属材料		聚合物混凝土、玻璃纤维增强塑料等
	金属材料-无机非金属材料		钢筋混凝土、钢纤维混凝土等
	金属材料-有机材料		有机涂层铝合金板、塑钢门窗等

2. 按结构部位和使用功能分类

按材料用于工程的结构部位和使用功能，通常可分为结构材料、墙体材料和功能材料三大类。

（1）结构材料。

主要是指构成结构物受力构件，用于承受荷载的材料。如梁、板、柱、基础、框架及其他受力构件和结构等所用的材料。具体包括砖、石、木材、水泥、混凝土、钢筋混凝土、钢材等。

（2）墙体材料。

指建筑物内、外及分隔墙体所采用的材料，有承重和非承重两类。目前，我国大量采用的墙体材料为砌墙砖、混凝土砌块及加气混凝土砌块等。此外，还有混凝土墙板、石膏板、金属板材和复合墙体等，特别是轻质多功能的复合墙板发展较快。

（3）功能材料。

指具有某些特殊功能的材料，用于满足建筑物或构筑物的适用性。如防水材料、保温材料、隔音吸声材料、装饰材料、耐火材料、耐腐蚀材料以及防辐射材料等。这类材料品种繁多，形式多样，功能各异，正越来越多地应用于各种建筑物或构筑物上。

一般来说，建筑物或构筑物的安全可靠程度，主要取决于由结构材料组成的构件和结构体系；而结构物的使用功能，则主要取决于功能材料。有时，单一的一种材料可能会具有多种功能。

0.2 土木工程材料在工程中的地位和作用

任何一种建筑物或构筑物都是用土木工程材料按某种方式组合而成的，没有土木工程材料，就没有土木工程，因此土木工程材料是一切土木工程的物质基础。土木工程材料在土木工程应用量巨大，材料费用在工程总造价中占 40% ~ 70%，如何从品种门类繁多的材料中，选择物优价廉的材料，对降低工程造价具有重要意义。土木工程材料的性能影响到土木工程的坚固、耐久和适用，不难想象木结构、砌体结构、钢筋混凝土结构和砖混结构的建筑物性能之间的差异。例如砖混结构的建筑，其坚固性一般优于木结构和砌体结构建筑，而舒适性不及后者。对于同类材料，性能也会有较大差异，例如用矿渣水泥制作的污水管较普通水泥制作的污水管耐久性好。因此，选用性能相适的材料是土木工程质量的重要保证。

任何一个土木工程都由建筑、材料、结构、施工四个方面组成，这里的“建筑”指建筑物（构筑物），它是人类从事土木工程活动的目的，如“材料”、“结构”、“施工”是实现这一目的的手段。其中，材料决定了结构形式，如木结构、钢结构、钢筋混凝土结构等，结构形式一经确定，施工方法也随之而定。土木工程中许多技术问题的突破，往往依赖于土木工程材料问题的解决，新材料的出现，将促使建筑设计、结构设计和施工技术革命性的变化。例如黏土砖的出现，产生了砖木结构；水泥和钢筋的出现，产生了钢筋混凝土结构；轻质高强材料的出现，推动了现代建筑向高层和大跨度方向发展；轻质材料和保温材料的出现，对减轻建筑物的自重、提高建筑的抗震能力、改善工作与居住环境条件等起到了十分有益的作用，并推动了节能建筑的发展；新型装饰材料的出现，使得建筑物的造型及建筑物的内外装饰焕然一新，生气勃勃。总之，新材料的出现远比通过结构设计与计算和采用先进施工技术对土木工程的影响大，土木工程归根到底是围绕着土木工程材料来开展的生产活动，土木工程材料是土木工程的基础和核心。

0.3 土木工程材料的应用及发展趋势

土木工程材料是随着社会生产力和科学技术水平的发展而发展的，根据建筑物所用的结构材料，大致分为三个阶段。

1. 天然材料

天然材料是指取之于自然界，进行物理加工的材料，如天然石材、木材、黏土、茅草等。早在原始社会时期，人们为了抵御雨雪和防止野兽侵袭，居于天然山洞或树巢中，即所谓“穴居巢处”。进入石器、铁器时代，人们开始利用简单的工具砍伐树木和苇草，搭建简单的房屋，开凿石材建造房屋及纪念性构筑物，比天然巢穴进了一步。进入青铜器时代，出现了木结构建筑及“版筑建筑”（指墙体用木板或木棍作边框，然后在框内浇筑黏土，用木杵夯实之后将木板拆除的建筑物），由此建造出了舒适性较好的建筑物。各类天然材料建筑列举如图 0.1 所示。

（a）赵州桥（石结构）

（b）布达拉宫（石木结构）

（c）甘肃嘉峪关土筑长城（版筑结构）

图 0.1 天然材料建筑

2. 烧土制品（人工材料）

到了人类能够用黏土烧制砖、瓦，用石灰岩烧制石灰之后，土木工程材料才由天然材料进入人工生产阶段。在封建社会，虽然我国古代建筑有“秦砖汉瓦”、描金漆绘装饰艺术、造型优美的石塔和石拱桥的辉煌，但实际上这一时期，生产力发展停滞不前，使用的结构材料不过砖、石和木材而已。各类烧土制品建筑列举如图 0.2 所示。

（a）瓦屋顶

（b）黏土砖墙

（c）黄琉璃瓦檐

（d）木材、汉白玉、琉璃瓦和青砖建造的故宫

图 0.2 烧土制品（人工材料）建筑

3. 钢筋混凝土（复合材料）

18、19 世纪，随着工业化生产的兴起，由于大跨度厂房、高层建筑和桥梁等土木工程建设的需要，旧有材料在性能上已满足不了新的建设要求，土木工程材料在其他有关科学技术的配合下，进入了一个新的发展阶段，相继出现了钢材、水泥、混凝土、钢筋混凝土和预应力钢筋混凝土及其他材料。近几十年来，随着科学技术的进步和土木工程发展的需要，一大批新型土木工程材料应运而生，出现了塑料、涂料、新型建筑陶瓷与玻璃、新型复合材料（纤维增强材料、夹层材料等），但当代主要结构材料仍为钢筋混凝土，如图 0.3 所示。

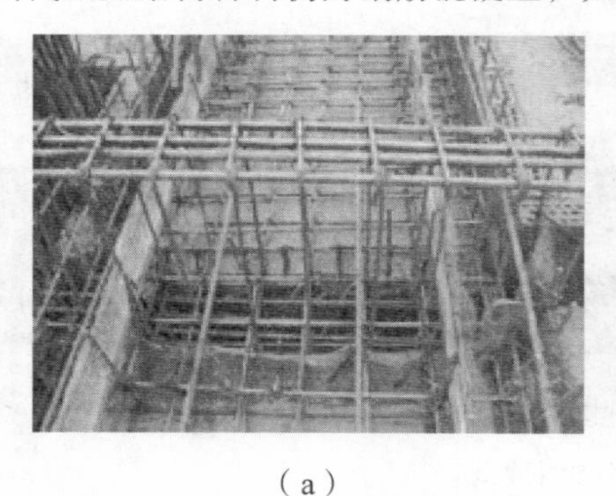

（a）

（b）

图 0.3 钢筋混凝土结构

随着社会的进步、环境保护和节能降耗的需要，对土木工程材料提出了更高、更多的要求。因而，今后一段时间内，土木工程材料将向轻质、高强、节能、高性能、绿色等几个方向发展，见图 0.4。

（a）国家体育场"鸟巢"（大跨度的曲线结构——钢结构）2008 年

（b）国家游泳中心"水立方"（首次采用 ETFE 膜材料——膜结构）2008 年

（c）四川雅西高速公路干海子特大桥（世界上最长的全钢管混凝土桁架梁公路桥）2012 年

图 0.4 新型建筑材料（建筑结构）

（1）轻质高强。

现今钢筋混凝土结构材料自重大（每立方米约重 2 500 kg），限制了建筑物向高层、大跨度方向进一步发展。通过减轻材料自重，以尽量减轻结构物自重，可提高经济效益。目前，世界各国在大力发展高强混凝土、加筋混凝土、轻集料混凝土、空心砖、石膏板等材料，以适应土木工程发展的需要。

（2）节约能源。

土木工程材料的生产能耗和建筑使用能耗，在国家总能耗中一般占 20%～35%，研制和生产低能耗的新型节能土木工程材料，是构建节约型社会的需要。

（3）利用废渣。

充分利用工业废渣、生活废渣、建筑垃圾生产土木工程材料，将各种废渣尽可能资源化，以保护环境、节约自然资源，使人类社会可持续发展。

（4）智能化。

所谓智能化材料，是指材料本身具有自我诊断和预告破坏、自我修复的功能，以及可重复利用性。土木工程材料向智能化方向发展，是人类社会向智能化社会发展过程中降低成本的需要。

（5）多功能化。

利用复合技术生产多功能材料、特殊性能材料及高性能材料，这对提高建筑物的使用功能、经济性及加快施工速度等有着十分重要的作用。

（6）绿色化。

产品的设计是以改善生产环境，提高生活质量为宗旨，产品具有多种功能，不仅无损而且有益于人的健康；产品可循环或回收再利用，或者形成无污染环境的废弃物。因此，生产材料所用的原料尽可能少用天然资源，大量使用尾矿、废渣、垃圾、废液等废弃物；采用低能耗制造工艺和对环境无污染的生产技术；产品配制和生产过程中，不使用对人体和环境有害的污染物质。

0.4 土木工程材料的技术标准

土木工程材料的技术标准是对土木工程材料生产、使用及流通中需要协调统一的技术事项所制订的技术规定。它是从事材料生产、工程建设及商品流通的一种共同遵守的技术依据。它具体包括原材料质量、产品规格、等级分类、技术要求、检验方法、验收规则、包装及标志、运输与储存等内容。

产品标准化可以使设计、施工也相应标准化，既能合理选用材料，又能促进企业改善管理，提高生产技术水平和生产效率；更有利于加快施工进度，降低工程造价。

我国常用的标准主要有国家级、行业（或部级）、地方级与企业级 3 大类。国家标准由国家标准局发布，行业标准由主管生产部（或总局）发布，两者都是国家指令性技术文件，全国通用。地方标准是由地方主管部门制定和发布的地方性指导技术文件，适用于本地区使用。凡是没有相应的国家、行业和地方标准的产品，均应制定企业标准。地方标准和企业标准所制定的相关技术要求应高于类似（或相关）产品的国家标准。

我国常用的标准分为以下三大类：

1. 国家标准

代号 GB 为国家强制性标准，代号 GB/T 为国家推荐性标准。

2. 行业（或部颁）标准

如中国建筑工业行业标准（代号 JG）、中国建筑材料行业标准（代号 JC）、中国黑色冶金行业标准（代号 YB）、中国建筑工程标准（代号 JZ）、中国测绘行业标准（代号 CH）和中国石油化工行业标准（代号 SH）。

3. 地方标准（代号 DB）和企业标准（代号 QB）

标准的一般表示方法是由标准名称、部门代号、标准编号和颁布年份等组成。例如：

国家标准（强制性）《通用硅酸盐水泥》（GB 175—2007）；

建工行业标准《普通混凝土用砂、石质量及检验方法标准》（JGJ 52—2006）；

辽宁省地方标准《矿渣混凝土砖建筑技术规程》（DB21/T 1479—2007）。

随着我国对外开放和加入世界贸易组织（WTO），常常还会涉及一些与土木工程材料相关的国际标准和外国标准，具体内容见表 0.2。

表 0.2　常用国际标准和外国标准名称及代号

标准名称	标准代号	标准名称	标准代号
国际标准化组织标准	ISO	意大利国家标准	UNI
国际标准化组织建议标准	ISO/R	欧洲标准化委员会标准	EN
美国材料试验协会标准	ASTM	俄罗斯国家标准	GOST
美国国家标准	ANSI	欧洲无损检测联盟标准	EFNDT
法国国家标准	NF	澳大利亚国家标准	AS
美国混凝土学会标准	ACI	加拿大国家标准	CSASTD
日本标准	JSA		

0.5　本课程的任务和学习方法

本课程是土木类专业的学科基础课程，包括理论课和实验课两大部分。本课程的学习目的在于为后续课程如房屋建筑学、混凝土结构原理以及土木工程施工技术等专业课程的学习提供材料方面的基础知识，并为今后从事设计、施工、工程管理及材料检测等技术工作提供合理选择和使用土木工程材料方面的基本理论和基本技能。

本课程的任务是使学生获得有关土木工程材料的技术性质及应用的基础知识和必要的基础理论，并获得主要土木工程材料性能检测和试验方法的基本技能训练。

本课程内容庞杂，各章之间的联系较少；以叙述为主，名词、概念和专业术语众多，没有多少公式的推导或定律的论证与分析；与工程实际联系紧密，有许多定性的描述或经验规律的总结。为了学好土木工程材料这门课，学习时应从材料科学的观点和方法及实践的观点出发，从以下几个方面来进行：

（1）凝神静气，反复阅读。这门课的特点与力学、数学等完全不同，初次学习难免产生枯燥无味之感，但必须克服这一心理状态，静下心来反复阅读，适当背记，背记后再回想和理解。

（2） 及时总结，发现规律。这门课虽然各章节之间自成体系，但材料的组成、结构、性质和应用之间有内在的联系，通过分析对比，掌握它们的共性。每一章节学习结束后，及时总结，使读书"由厚到薄"。

（3）观察工程，认真试验。土木工程材料是一门实践性很强的课程，学习时应注意理论联系实际，为了及时理解课堂讲授的知识，应利用一切机会观察周围已经建成的或正在施工的土木工程，在实践中理解和验证所学内容。试验课是本课程的重要教学环节，通过实验可验证所学的基本理论，学会检验常用的建筑材料的实验方法，掌握一定的试验技能，并能对试验结果进行正确的分析和判断，这对培养学习与工作能力以及严谨的科学态度十分有利。

第 1 章　土木工程材料的基本性质

【学习要求】

- 了解材料的组成、结构及对材料性能的影响。
- 掌握材料物理性质的基本概念、表示方法及与工程的关系。
- 掌握材料力学性质的基本概念及与工程的关系。
- 掌握材料的耐久性所包含的内容，了解其影响因素。

本章的难点是材料的组成及其对材料性质的影响。建议通过学习了解材料科学的基本概念，理解材料的组成结构与性能的关系，及其在工程实践中的意义。

土木工程材料的基本性质是指土木工程材料在实际工程使用中所表现出来的普遍的、最一般的性质，也是最基本的性质。由于材料本身的工作状态和所处的环境不同，外界对它的作用和影响方式也不同，使得材料表现出的性质也综合体现在多个方面，具体包括物理性质、力学性质和耐久性。这些性能在很大程度上决定了工程质量。因此，对于从事土木工程设计、施工和管理的工程技术人员来讲，了解和掌握土木工程材料的基本性质，是合理选择和使用材料的前提和基础。

1.1　材料的组成与结构

1.1.1　材料的组成

材料的组成是指材料的化学成分或矿物成分。它不仅影响材料的化学性质，而且也是决定材料物理力学性质的重要因素。

1. 化学组成

化学组成是指构成材料的化学元素以及化合物的种类与数量。金属材料以构成的化学元素含量来表示；无机非金属材料以组成它的氧化物的含量来表示；有机高分子聚合物以有机元素链节的重复形式来表示。化学成分是决定材料化学性质、物理性质和力学性质的主要元素。

2. 矿物组成

矿物是指由地质作用所形成的天然单质或化合物，是组成岩石和矿石的基本单元。矿物组成是指构成材料的矿物种类和数量。许多无机非金属材料是由各种矿物组成的，如花岗岩的主要矿物成分有长石、石英和少量云母；硅酸盐水泥的矿物组成有硅酸三钙、硅酸二钙、铝酸三钙和铁铝酸四钙。某些材料的性能是由其矿物成分所决定的，如天然石材和各种水泥。材料的化学成分不同，则材料的矿物组成也不同。有时，即使是化学成分相同，但由于结构不同，使其矿物组成不同，会导致其性能有很大的差异。比如：在硅酸盐水泥中，硅酸三钙和硅酸二钙都含有 CaO 和 SiO_2 两种氧化物，化学成分相同，但由于其矿物组成不同，导致两者的性质相差很大。由此可见，此时决定水泥性质的是它的矿物成分。

1.1.2 材料的结构

材料的性质除与材料组成有关外，还与其结构和构造密切相关。材料的结构和构造是泛指材料各组成部分之间的结合方式及其在空间排列分布的规律。目前，材料不同层次的结构和构造的名称和划分，在不同学科间尚未统一。通常，按材料的结构和构造的尺度范围，可分为宏观结构、亚微观结构和微观结构。材料的结构是决定材料性能的重要因素。

1. 宏观结构（构造）

宏观结构（构造）是指用肉眼或放大镜可分辨出的结构和构造状况，其尺度范围在毫米级以上，如材料内部的粗大孔隙、裂纹、岩石的层理及木材的纹理等。材料的某些性能是由宏观构造所决定的。材料的宏观构造包括以下 7 类：

（1）致密结构：材料在外观上和结构上都是致密的，如钢材、致密石材、玻璃、塑料、橡胶等。它们的特点是不吸水，强度较高。

（2）多孔结构：材料结构不密实，孔隙率较大的结构，如石膏制品、加气混凝土和烧结普通等。它们的特点是保温、隔热性较好。

（3）纤维结构：由纤维状的物质构成的结构，如木材、玻璃纤维和岩棉等。它们的特点是抗拉强度较高，多数材料保温隔热且吸声性较好。

（4）聚集结构：由集料与胶结材料凝结而成的结构，如混凝土、砂浆和陶瓷制品等。它们的特点是强度较高，综合性能较好。

（5）层状结构：由多层材料叠合构成，如胶合板、纸面石膏板和 GRC 等复合墙板等。它们的特点是各层材料性质不同，但叠合后综合性较好。

（6）散粒结构：由松散颗粒状材料构成，如砂石材料、膨胀蛭石和膨胀珍珠岩等。砂石材料可以作为普通混凝土的集料；膨胀蛭石、膨胀珍珠岩可以作为轻混凝土或轻砂浆的集料。

（7）纹理结构：天然材料在形成过程中自然形成有天然纹理的结构，如木材和天然大理石板材等。由于这些天然纹理呈现不同的颜色以及花纹图案，因此这些材料具有很好的装饰性。

2. 亚微观结构

指用光学显微镜和一般扫描透射电子显微镜所能观察到的结构，是介于宏观和微观之间的结构，其尺度在 $10^{-9} \sim 10^{-3}$ m。亚微观结构根据其尺度范围，还可分为显微结构之间的结构。其中，显微结构是指用光学显微镜所能观察到的结构，其尺度在 $10^{-7} \sim 10^{-3}$ m。土木工程材料中的显微结构，应根据具体材料分类研究。对于水泥混凝土，通常是研究水泥石的孔隙结构及界面特性等；对于金属材料，通常是研究其金相组织、晶界及晶粒尺寸等；对于木材，通常是研究木纤维、管腰和髓线等组织结构。材料在显微结构层次上的差异对材料的性能有显著的影响。例如，钢材的晶粒越小，钢材的强度越高；又如混凝土中毛细孔的数量越少，孔径越小，则混凝土的强度和耐久性越高。因此，从显微结构层次上研究并改善土木工程材料的性能十分重要。

材料的纳米结构是指一般扫描透射电子显微镜所能观察到的结构，其尺度在 $10^{-9} \sim 10^{-7}$ m。由于纳米微粒和纳米固体有小尺寸效应、表面界面效应等基本特性，赋予了纳米材料许多奇异的物理和化学特性，也使得纳米技术迅速发展，在土木工程领域得到了应用，如纳米涂料等。通常，胶体中的颗粒直径为 1 ~ 100 nm，是典型的纳米结构。

3. 微观结构

材料的微观结构是指材料物质分子或原子层次的结构，需要用电子显微镜或 X 射线衍射仪来分析和研究的结构特征。材料的许多物理性质是由其微观结构所决定的，如强度、硬度、熔点和导电性等。

按材料组成质点的空间排列或连接方式不同，材料可分为晶体、玻璃体和胶体三类。

（1）晶体。

晶体是内部质点（原子、离子、分子）在空间上按特定的规则呈周期性排列的固体，具有特定的几何外形、固定的熔点和化学稳定性；同时由于质点在不同方向排列的方式不同，故表现为单晶体呈各向异性的特点。但是实际应用的材料常常是由大量排列不规则的多晶粒组成的，又导致其呈现各向同性的性质。根据晶体的质点和化学键的不同，晶体可分为以下几类：

原子晶体：中性的原子以共价键结合而成的晶体，如石英和金刚石等。

离子晶体：正负离子以离子键结合而成的晶体，如氯化钠和硫酸钠等。

分子晶体：以分子间的范德华力即分子键结合而成的晶体，如有机化合物。

金属晶体：以金属阳离子为晶格，由自由电子与金属阳离子间的金属键结合而成的晶体，如钢铁材料。

从键的结合力来看，共价键和离子键最强，金属键较强，分子键最弱。所以，同样是晶体，由于质点间化学键的不同，会导致它们在许多物理性质方面（如强度、硬度和熔点等）有很大的差异，这是由晶体的微观结构所决定的。

（2）玻璃体。

玻璃体是熔融状态的物质经过快速冷却，其质点来不及按特定的规则排列就凝固而形成的结构。它没有固定的几何外形，质点在空间的排列杂乱无序，具有各向同性的性质。其内部蕴藏着潜在的化学能，使其化学性质很不稳定，很容易与其他物质起化学反应。如粒化高炉矿渣、火山灰和粉煤灰等玻璃体材料，能与石膏、石灰在有水的条件下水化和硬化，生成胶凝性的物质，改善水泥的性能。

（3）胶体。

胶体是指物质以极微小的质点（1 ~ 100 μm）分散在介质中所形成的结构。由于胶体粒子颗粒细小，使胶体具有吸附性和黏结性。硅酸盐水泥正是由于水化生成硅酸钙凝胶才能将砂石等散状材料黏结成整体，形成混凝土结构。

1.2　材料的物理性质

土木工程材料的物理性质是指反映材料内部组成结构状态的物理常数，以及与水和温度有关的性质。

常用的物理常数有密度、孔隙率和空隙率等。

1.2.1　材料的孔隙构造

多数材料内部都含有孔隙，由于孔的尺寸与构造不同，使得不同材料表现出不同的性能特点，也决定了它们在工程中有不同的用途。

材料内部的孔隙构造包括孔隙尺寸的大小以及开口孔和闭口孔等。与外界相通的孔叫开口孔；与外界不连通、外界介质进不去的孔叫闭口孔。材料的孔隙构造见图 1.1。

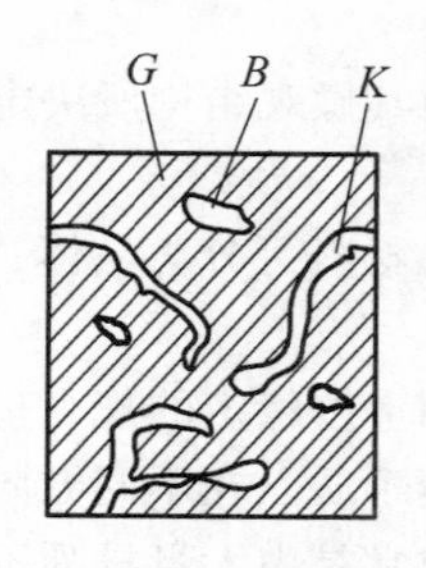

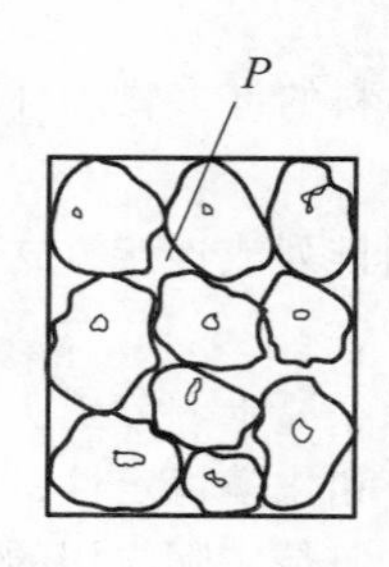

图 1.1　材料内部的孔隙构造示意图

G—固体物质（体积 V）；*B*—闭口孔隙（体积 V_B）；*K*—开口孔隙（体积 V_K）；*P*—颗粒间空隙（体积 V_P）

1.2.2　材料的密度、表观密度、体积密度和堆积密度

1. 密　度

密度是指材料在绝对密实状态下单位体积的质量，又称为真密度。

$$\rho=\frac{m}{V} \tag{1.1}$$

式中　ρ——材料的密度，g/cm³；

m——材料的质量，g；

V——材料在绝对密实状态下的体积（不包括孔隙的体积），cm³。

绝对密实状态下的体积是指纯粹固体物质的体积，不包含材料内部的孔隙体积。工程中，除钢材、玻璃等少数材料为致密材料外，绝大多数材料内部都含有一定的孔隙，如砂石、砖、混凝土等。

测定材料密度的方法，即测定材料的体积 V 的方法，具体如下：

（1）当材料形状规则且致密，如钢材、玻璃可直接用尺子量测得到 V。

（2）当材料为块状但有孔隙时，将材料磨成细粉，干燥后，用李氏瓶测得体积 V，材料磨得越细，测得的密度数值越精确，如砖、石材。

（3）对于砂、石等形状不规则密度材料，常直接用排水法测其体积的近似值（颗粒内部的封闭孔隙体积无法排除），这时所求得的密度为近似密度。

2. 表观密度

表观密度是指材料在包含内部闭口孔隙的条件下的单位体积的质量。其计算公式如下：

$$\rho'=\frac{m}{V'} \tag{1.2}$$

式中　ρ'——材料的表观密度，g/cm³；

m——材料的质量，g；

V'——只包括材料自身及闭口孔隙在内的体积（cm³），即 $V'=V+V_B$。

对于砂石材料，由于其内部孔隙率很小，通常无须经过磨细，直接用排水法测定其密度。由于此方法忽略了材料内部的孔隙体积，故又将此方法测得的密度称为表观密度，也称为视密度或视比重。

3. 体积密度

体积密度是指材料在自然状态下单位体积的质量。其计算公式如下：

$$\rho_0 = \frac{m}{V_0} \tag{1.3}$$

式中　ρ_0——材料的体积密度，g/cm³；

m——材料的质量，g；

V_0——材料在自然状态下的体积，即包括材料自身及闭口孔隙和开口孔隙的总体积（cm³），$V_0 = V + V_B + V_K$。

材料在自然状态下的体积的测定方法：对于具有规则几何外形的材料，可以直接量取其外形尺寸，利用公式计算即可；对于外观形状不规则的材料，应事先用石蜡将材料表面密封后，采用排液法测定。

材料的体积密度与材料的含水状态有关。当材料含水时，质量增加，体积改变，使测得的体积密度也发生变化。所以，测定其体积密度时，必须注明其含水状态。一般情况下，材料的体积密度是指材料在气干（长期空气中干燥）状态下的体积密度。烘干至恒重状态下测得的体积密度称为干体积密度。

4. 堆积密度

堆积密度是指散粒材料在堆积状态下单位体积的质量。其计算公式如下：

$$\rho_0' = \frac{m}{V_0'} \tag{1.4}$$

式中　ρ_0'——材料的堆积密度，g/cm³；

m——材料的质量，g；

V_0'——散粒状材料的堆积体积，即包括材料自身及闭口孔隙、开口孔隙以及颗粒之间空隙的总体积（cm³），$V_0' = V + V_B + V_K + V_P$；

V_P——材料颗粒之间空隙所占的体积，cm³。

材料的堆积体积是指材料填满所占容器的体积。

材料的密度、表观密度、体积密度和堆积密度是材料最基本的物性参数。常用土木工程材料的物性参数见表 1.1。

表 1.1　常用土木工程材料的密度、体积密度和堆积密度

材料种类	密度/（g/cm³）	体积密度/（g/cm³）	堆积密度/（g/cm³）
花岗岩	2.7～2.9	2 500～2 800	—
石灰岩	2.6～2.8	1 800～2 600	—
石英砂	2.5～2.6	—	1 450～1 650
石灰岩碎石	2.6～2.8	—	1 400～1 700
水　泥	2.8～3.1	—	1 000～1 300
普通混凝土	—	2 100～2 600	—
轻集料混凝土	—	800～1 950	—

续表 1.1

材料种类	密度/（g/cm^3）	体积密度/（g/cm^3）	堆积密度/（g/cm^3）
黏　土	2.5～2.7	—	1 600～1 800
烧结普通砖	2.5～2.7	1 600～1 800	—
黏土空心砖	2.5	1 000～1 400	—
木　材	1.55～1.60	400～800	—
钢　材	7.85	7 850	—
泡沫塑料	—	20～50	—
玻　璃	2.55	—	—

1.2.3　材料的基本结构参数

1. 材料的密实度与孔隙率

（1）密实度（D）。

密实度是指材料体积内被固体物质所充实的程度，即固体物质的体积占总体积的百分比。其计算公式如下：

$$D=\frac{V}{V_0}\times100\%=\frac{\rho_0}{\rho}\times100\% \tag{1.5}$$

密实度反映材料的密实程度，含有孔隙的材料，密实度均小于 1。

（2）孔隙率（P）。

孔隙率是指材料体积内，孔隙体积占总体积的百分比。其计算公式如下：

$$P=\frac{V_0-V}{V_0}\times100\%=\left(1-\frac{V}{V_0}\right)\times100\%=\left(1-\frac{\rho_0}{\rho}\right)\times100\% \tag{1.6}$$

孔隙率与密实度的关系为

$$P+D=1$$

孔隙率从另一侧面反映了材料的致密程度。孔隙率越大，则密实度越小。孔隙率的大小、孔隙的构造对材料的许多性能有影响，如强度、抗渗性、抗冻性和导热性以及吸声性等。一般来说，材料的孔隙率小且开口孔隙少，则材料强度越高，抗渗性和抗冻性越好；开口孔隙仅对吸声性有利；而含有大量微孔的材料，其导热性较低，保温隔热性能较好。

2. 材料的填充率与空隙率

（1）填充率（D'）。

填充率是指松散颗粒材料在容器中堆积，颗粒的填充程度，即颗粒体积占容器容积的百分比。其计算公式如下：

$$D'=\frac{V_0}{V_0'}\times100\%=\frac{\rho_0'}{\rho_0}\times100\% \tag{1.7}$$

（2）空隙率（P'）。

空隙率是指松散颗粒材料在堆积状态下，颗粒间的空隙体积占堆积体积的百分比。其计算公式如下：

$$P' = \frac{V_0' - V_0}{V_0'} \times 100\% = \left(1 - \frac{V_0}{V_0'}\right) \times 100\% = \left(1 - \frac{\rho_0'}{\rho_0}\right) \times 100\% = 1 - D' \tag{1.8}$$

即　　$P' + D' = 1$

填充率与空隙率从不同侧面反映了散粒材料在堆积状态下，颗粒之间的致密程度。在允许的条件下增大填充率、减小空隙率，可以改善混凝土集料的级配，有利于节约胶凝材料。

1.2.4　材料与水有关的性质

水是影响材料物理性质的主要因素之一，根据材料在所处环境中受水影响的不同程度，可以通过以下不同方面来反映材料与水有关的物理性质。

1. 材料的亲水性与憎水性

根据材料与水接触时，能否被水润湿的情况，材料与水有关的性质分为亲水性与憎水性。

材料被水润湿的情况可用润湿边角来区分，如图 1.2 所示。

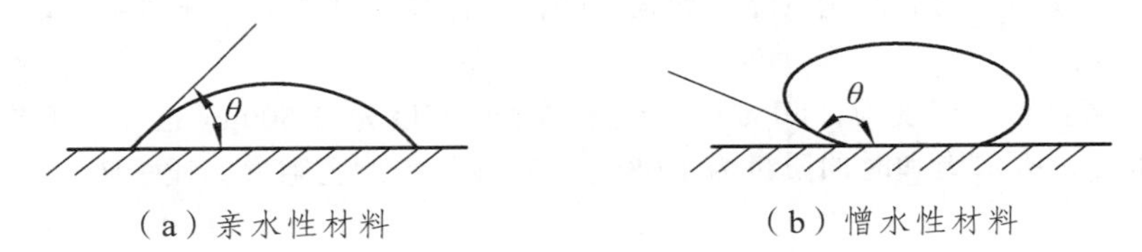

图 1.2　材料润湿边角

当材料与水接触时，在材料、水和空气的三相交点处，沿水表面的切线与水和固体接触面所形成的夹角 θ 称为润湿边角。θ 越小，说明浸润性越好。

当 $\theta \leqslant 90°$ 时，材料易于被水润湿，为亲水性材料，此时材料分子与水分子之间的亲和力大于水分子之间的内聚力；相反，当 $\theta \geqslant 90°$ 时，材料不易被水润湿，为憎水性材料，此时材料分子与水分子之间的亲和力小于水分子之间的内聚力。

在土木工程材料中，金属材料、石料、水泥混凝土等无机材料和部分木材等属于亲水性材料；大部分有机材料，如沥青、油漆、塑料、石蜡等属于憎水性材料。憎水性材料常被用做工程防水材料。

2. 材料的吸水性与吸湿性

（1）吸水性。

吸水性是指材料在浸水状态下，吸收水分的性能。吸水性用吸水率来表示，有质量吸水率和体积吸水率两种表示方法。

① 质量吸水率：材料吸水饱和时，吸入水的质量占材料干燥质量的百分比。其计算公式如下：

$$W_m = \frac{m_2 - m_1}{m_1} \times 100\% \tag{1.9}$$

式中　W_m——材料的质量吸水率，%；

m_2——材料在吸水饱和状态下的质量，g；

m_1——材料在干燥状态下的质量，g。

某些轻质多孔材料，由于其吸水性较强，质量吸水率可能超过 100%，此时，最好用体积吸水率来表示其吸水性。

② 体积吸水率：材料吸水饱和时，吸入水的体积占材料在自然状态下体积的百分比。计算公式如下：

$$W_V = \frac{V_{H_2O}}{V_0} \times 100\% = \frac{m_2 - m_1}{\rho_{H_2O} V_0} \times 100\% \tag{1.10}$$

式中 W_V——材料的体积吸水率，%；

m_2——材料在吸水饱和状态下的质量，g；

m_1——材料在干燥状态下的质量，g；

V_0——材料在自然状态下的体积，cm^3；

ρ_{H_2O}——水的密度，常温下取 1.0 g/cm^3。

凡是能吸水的材料都属于亲水性材料。但材料的吸水率还与材料的孔隙率大小、孔隙构造有关：当材料的孔隙尺寸较小，且为开口连通孔隙时，孔隙率越大，则吸水率越大；封闭的孔隙，水分不易进入；对于粗大开口的孔隙，水分进入后，仅能湿润材料孔隙表面，不易在孔内存留。材料吸水后，会导致一系列的性能下降，如强度降低、体积密度增大、导热系数增加、保温隔热性能下降、体积变形等。

【例 1.1】 某材料的密度为 2.60 g/cm³，干燥体积密度为 1 600 kg/m³，现将质量为 954 g 的该材料浸入水中，吸水饱和时的质量为 1 086 g。求该材料的孔隙率、质量吸水率。

解：孔隙率：

$$P = \left(1 - \frac{\rho_0}{\rho}\right) \times 100\% = \left(1 - \frac{1.6}{2.6}\right) \times 100\% \approx 38.5\%$$

质量吸水率：

$$W_m = \frac{m_2 - m_1}{m_1} \times 100\% = \frac{1\,086 - 954}{954} \times 100\% \approx 13.8\%$$

（2）吸湿性。

吸湿性是指材料在潮湿的空气中吸收水分的性能，用含水率来表示。

含水率是指材料在潮湿的空气中所吸入的水分质量占材料干燥质量的百分比。其计算公式如下：

$$W_h = \frac{m_s - m_1}{m_1} \times 100\% \tag{1.11}$$

式中 W_h——材料的含水率，%；

m_s——材料含水时的质量，g；

m_1——材料在干燥状态下的质量，g。

材料的含水率与质量吸水率既有区别又有联系。两者相同之处是计算公式形式相同，都是吸入的水的质量占材料干燥质量的百分比；不同之处是吸水的前提不同。前者是在潮湿的空气中吸收水分，多数情况未达到饱和，而且材料所含水分会随着周围环境的湿度而变化，其数值往往是小于质量吸水率的；而后者是材料浸在水中吸水，且已达到饱和状态，对于某种特定的材料，质量吸水率是一个定值，也可以说是含水率的最大值。

当处在一定湿度的环境中时，材料始终要从空气中吸收水分，同时随着环境湿度的变化，又向空气中放出水分，最终使自身的含水与周围空气的湿度达到平衡状态，此时的含水率称为平衡含水率。这是一种动态平衡，理解这种动态平衡对于合理使用材料有积极意义。例如：新砍伐下的木材应事先置于它的使用环境中干燥，使之达到平衡含水率状态，然后再进行加工，这样可以防止木制品发生较大的翘曲和变形；石膏制品作为室内装饰材料使用可以调节室内湿度，也是利用了其含水的动态平衡原理。

3. 材料的耐水性

耐水性是指材料抵抗水破坏的能力。水对于材料性能的破坏可以体现在不同方面，但最多的是指对材料力学性能的破坏作用。

耐水性用软化系数来表示。其计算公式如下：

$$K_{\mathrm{f}}=\frac{f_1}{f_0} \tag{1.12}$$

式中　K_{f}——软化系数；

f_1——材料在吸水饱和状态下的抗压强度，MPa；

f_0——材料在干燥状态下的抗压强度，MPa。

软化系数越大，则耐水性越强，说明材料抵抗水破坏的能力越强。由于材料吸水后，其内部质点之间的结合力削弱，导致材料强度均有不同程度的下降，使得软化系数值介于 0 ~ 1。

软化系数是选择耐水材料的重要依据。对于经常处于水中或受潮严重的重要结构物的材料，其软化系数不宜低于 0.85；对于受潮较轻或次要结构物的材料，其软化系数不宜低于 0.75。通常认为软化系数大于 0.85 的材料是耐水的材料。

4. 材料的抗渗性

抗渗性是指材料抵抗压力水渗透的性能。当材料内部存在着开口连通的毛细管孔或裂纹等缺陷时，在压力的作用下，水会从高压一侧向低压一侧渗透，以影响使用效果或缩短工程使用寿命。

抗渗性用渗透系数来表示。其计算公式如下：

$$K=\frac{Qd}{AtH} \tag{1.13}$$

式中　K——渗透系数；

Q——透水量，mL；

d——材料试件的厚度，cm；

A——试件的透水面积，cm^2；

t——透水时间，s；

H——静水压力水头，cm。

渗透系数的物理意义：反映材料在单位水头作用下，单位时间内通过单位面积和厚度的材料的透水量。渗透系数越小，说明材料的抗渗性越好。

对于混凝土和砂浆，其抗渗性常用抗渗等级来表示。

混凝土的抗渗等级是以 28 d 龄期的标准试件，按规定方法进行试验所能承受的最大水压力。混凝土的抗渗等级分为 5 个等级，分别用 P4、P6、P8、P10 及 P12 来表示，分别表示材料能抵抗

0.4 MPa、0.6 MPa、0.8 MPa、1.0 MPa及1.2 MPa的水压力而不渗透。

材料的抗渗性与其孔隙率和孔隙构造有关。如果孔隙率越小且多为封闭孔隙，则材料的抗渗性相对较高。材料内部的缺陷、裂纹会降低材料的抗渗性。对于地下建筑和水工构筑物或有防水要求的构件，因受到压力水的作用，要求材料具有一定的抗渗性。

5. 材料的抗冻性

抗冻性是指材料在饱和水作用下，经受多次冻融循环而不破坏且强度也不严重降低的性能。

材料发生冻融破坏的原因是由于当温度达到冰点时，材料内部的水分结冰引起体积膨胀（约9%），对孔壁造成较强的冻胀压力，致使孔壁破裂。当发生多次冻融循环后，会使得这种破坏作用加剧，表现为由表及里的开裂、起皮，甚至脱落，从而降低材料使用寿命。

材料的抗冻性用抗冻等级F_n表示，如混凝土和砂浆等。它是按照标准试验方法进行冻融循环试验，n表示材料试件按照标准试验方法经n次冻融循环试验后，测得强度降低和质量损失分别不超过规定的数值，且无明显损坏和剥落，此时所能承受的冻融循环次数，即为抗冻等级F_n。n的数值越大，说明抗冻性越好，如F_{150}表示混凝土能承受的冻融循环次数是150次。

抗冻性是材料耐久性的一项重要指标，许多科研人员和工程技术人员都是将材料的抗冻性作为考察其耐久性的重要内容加以研究。

1.2.5 材料的热工性质

建筑物为了保证人们工作和生活的需要，除应满足强度和其他性能要求外，还应满足一定的热工性能。

1. 材料的导热性

材料传导热量的能力称为导热性。导热性用导热系数λ来表示。其计算公式如下：

$$\lambda = \frac{Qd}{At(T_2 - T_1)} \tag{1.14}$$

式中 λ——材料的导热系数，W/（m·K）；
Q——传导的热量，J；
d——材料的厚度，m；
A——材料传热的面积，m^2；
t——传热时间，s；
$T_2 - T_1$——材料两侧的温度差，K。

导热系数λ的物理意义：厚度为1 m的材料，当其两侧的温差为1 K时，在单位时间内，通过单位面积的材料所传导的热量。λ值越小，表面材料的绝热性能越好。不同材料的导热系数差别很大，可为0.035～3.5 W/（m·K）。在所有材料中，静止状态下空气的导热系数最小，其值为λ = 0.023 W/（m·K）。工程中将$\lambda \leqslant$0.175 W/（m·K）的材料称为绝热材料。

影响导热系数的因素有材料孔隙率与孔隙构造、温度、含水率等。当材料含有大量细微孔隙时，孔隙率越大，则导热系数越小，这是由于其内部充有大量静止的空气；但是如为粗大连通的孔隙，孔隙率增大反而会使导热系数增加，这是由于对流作用的影响；材料吸水受潮或受冻后，导热系数会明显增大，这是由于水［λ = 0.58 W/（m·K）］和冰［λ = 2.2 W/（m·K）］的导热系数远远大于空气［λ = 0.023W/（m·K）］的导热系数。因此，对于保温隔热材料，工程中使用时应保持干燥，注意防水和防潮，以防降低其绝热性能。

2. 材料的保温隔热性能

人们习惯上把防止室内热量的外流称为“保温”，把防止室外热量向室内的进入称为“隔热”，将保温隔热统称为“绝热”。在稳定导热状态下，材料的保温隔热性能可以用热阻来衡量。对于单层材料层，其热阻按下式计算：

$$R=\frac{d}{\lambda} \tag{1.15}$$

式中　R——材料层的热阻，$m^2\cdot K/W$；

d——材料的厚度，m；

λ——材料导热系数，W/（m・K）。

热阻反映热流通过材料层时遇到的阻力大小。热阻越大，通过材料层的热量越少，材料的保温隔热性能越好。因此，要想改善保温隔热性能，就必须增大材料层的热阻；要想增大热阻，可以加大材料层的厚度或选用导热系数 λ 值小的材料。

3. 材料的热容量与比热容

热容量是指材料受热时吸收热量、冷却时放出热量的性质。热容量大小用比热容（或称热容系数或比热）c 表示，其计算如下：

$$c=\frac{Q}{m(T_2-T_1)} \tag{1.16}$$

式中　c——材料的比热容，J/（g・K）；

Q——材料吸收或放出的热量，J；

m——材料的质量，g；

T_2-T_1——材料受热或冷却前后的温差，K。

比热容反映单位质量的材料在温度升高或降低 1 K 时所吸收或放出的热量。

比热容与材料质量的乘积为材料的热容量值，其计算公式如下：

$$c\cdot m=\frac{Q}{(T_2-T_1)} \tag{1.17}$$

材料的热容量值表明材料温度升高或降低 1K 时所吸收或放出热量的多少。它反映了材料温度变化的稳定性，建筑物围护结构采用热容量值大的材料有利于保持室内温度稳定，能在供热不均衡时，减少室内温度的波动。常用材料的热工性能指标见表 1.2。

表 1.2　常用材料的热工性能指标

材料名称	钢材	花岗岩	混凝土	黏土空心砖	松木	泡沫塑料	水	密闭空气
导热系数 /［W/（m・K）］	55	3.49	1.8	0.82	0.17～0.35	0.03	0.58	0.023
比热容 /［J/（g・K）］	0.46	0.92	0.88	0.64	2.72	0.30	4.18	1.00

4. 温度变形

温度变形是指材料在温度变化时，引起相应的外观尺寸的变化，即材料的热胀冷缩性能。这一性能常用长度方向的线膨胀系数来表示，其计算公式如下：

$$\alpha=\frac{\Delta L}{(t_2-t_1)L} \tag{1.18}$$

式中 α——线膨胀系数（1/K）；

ΔL——材料的变形量，mm；

t_2-t_1——材料在升、降温前后的温度差，K；

L——材料原来的长度，mm。

材料的温度变形会对结构产生不利影响，如大体积混凝土施工，若处理不好会由于温度变形导致混凝土产生温度裂缝，进而影响其外观和耐久性。线膨胀系数一般都较小，但由于土木工程结构的尺寸较大，温度变形引起的结构体积变化仍是关系其安全与稳定的重要因素。

5. 耐火性

耐火性是指材料长期在高温作用下，保持其结构和工作性能基本稳定而不破坏的性能，用耐火度表示。根据耐火度不同，可将材料分为以下三大类：

（1）耐火材料：耐火度不低于 1 580 °C，如各类耐火砖。

（2）难熔材料：耐火度为 1 350 ~ 1 580 °C，如耐火混凝土。

（3）易熔材料：耐火度低于 1 350 °C，如普通黏土砖、玻璃等。

耐火材料用于高温环境的工程或安装热工设备的工程。

6. 耐燃性

耐燃性是指材料能经受火焰和高温作用而不破坏，强度也不显著降低的性能。根据耐燃性不同，可分为以下三类：

（1）不燃材料：遇火和高温时不起火、不燃烧、不碳化的材料。例如：天然石材、陶瓷制品、混凝土和玻璃等无机非金属材料和金属材料等。某些材料虽然不燃烧，耐燃性好，但遇火烧或在高温下会发生较大的变形或熔融，因而耐火性差，如钢材。

（2）难燃材料：遇火和高温时难起火、难燃烧、难碳化，只有在火源持续存在时才能持续燃烧，火源撤出燃烧即停止的材料，如沥青混凝土和经过防火处理的木材等。

（3）易燃材料：遇火和高温时易于起火、燃烧，火源撤出后燃烧仍能持续进行的材料，如沥青、木材等。

1.3 材料的力学性质

材料的力学性质是指材料在外力（荷载）作用下的变形性质及抵抗外力破坏的能力。

1.3.1 材料的强度与比强度

1. 强　度

强度是指材料在外力（荷载）作用下，抵抗破坏的能力。

材料在外力作用下，其内部会产生应力，随着外力增加，应力不断加大，直至材料质点之间结合力不足以抵抗外力的作用时，材料即被破坏。材料破坏时的最大应力称为极限强度。

根据外力作用的方式不同，材料的强度可分为抗压强度、抗拉强度、抗弯强度和抗剪（剪切）强度等。各种强度如图 1.3 所示。

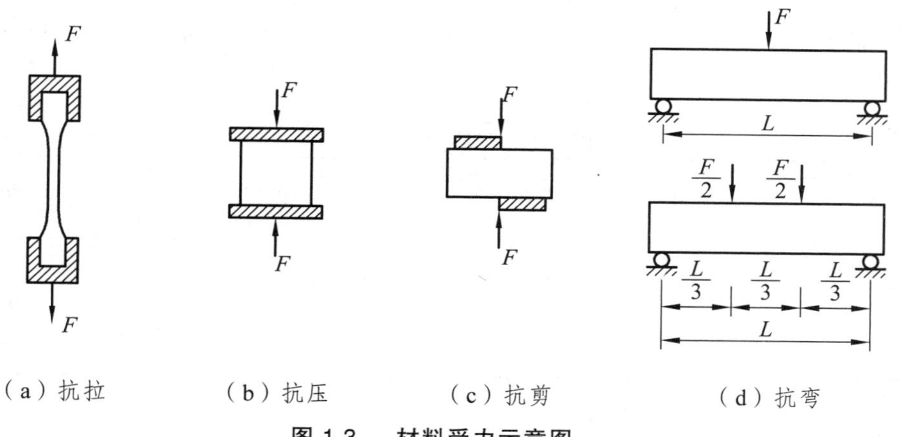

图 1.3　材料受力示意图

材料的强度通过静力试验来测定。材料的抗压强度、抗拉强度和抗剪强度用如下公式来计算：

$$f=\frac{P}{A} \tag{1.19}$$

式中　f——材料的抗压、抗拉、抗剪强度，MPa；

P——材料承受的最大荷载，N；

A——材料的受力面积，mm^2。

材料的抗弯强度与受力情况、截面形状以及支撑条件有关。

当在矩形截面梁中点处作用一集中荷载时，用如下公式计算：

$$f=\frac{3Pl}{2bh^2} \tag{1.20}$$

当在梁两支点的三等分点上作用两个等值集中荷载时，用如下公式计算：

$$f=\frac{Pl}{bh^2} \tag{1.21}$$

式中　f——材料的抗弯（折）强度，MPa；

P——材料承受的最大荷载，N；

l——两支点之间的距离，mm；

b, h——材料受力截面的宽度与高度，mm。

材料的强度主要取决于材料的组成和构造。不同种类的材料具有不同的抵抗外力的特点。同一种类材料，也会由于其孔隙率和孔隙特征的不同，在强度上呈现较大的差异。往往材料的结构越密实，即孔隙率越小，则强度越高。混凝土、石材、砖和铸铁等脆性材料抗压强度值较高，而其抗拉强度及抗弯强度较低。木材在平行纤维方向的抗拉和抗压强度均大于垂直纤维方向的强度。钢材的抗压和抗拉强度都很高。另外，材料的强度还与试验条件的多种因素有关，如环境温度、湿度、试件的形状尺寸、表面状态、内部含水率以及加荷速度等。因此，测定材料强度时，必须严格遵循有关技术标准，按规定的试验方法操作进行。

2. 比强度

比强度是指材料的强度与其体积密度的比值。

比强度反映了材料“轻质高强”的性能。如玻璃钢的比强度是合金钢的 2 ~ 3 倍，是典型轻质高强材料。比强度值越大，材料轻质高强的性能越好。这对于建筑物保证强度、减小自重，向空间发展及节约材料具有重要的实际意义。各种材料的比强度值见表 1.3。

表 1.3 各种材料的比强度

材料 项目	纤维缠绕玻璃钢	钢	铸　铁	PVC
体积密度/（g/cm^3）	1.8 ~ 2.1	7.84	7.84	1.4
抗拉强度/MPa	160 ~ 320	380	187	50 ~ 60
比强度	100 ~ 168	48.5	25.5	36.8

1.3.2 材料的弹性与塑性

1. 弹　性

材料在外力作用下产生变形，当外力去除后，能完全恢复原来的形状和尺寸的性质，称为弹性。这种可以恢复的变形称为弹性变形，弹性变形属于可逆变形。

弹性变形的大小与外力的大小成正比，其应力与应变的比值称为弹性模量。其计算公式如下：

$$E=\frac{\sigma}{\varepsilon} \tag{1.22}$$

式中 E——材料的弹性模量，MPa；

σ——材料的应力，MPa；

ε——材料的应变。

弹性模量反映了材料抵抗变形的能力，弹性模量数值越大，在外力作用下材料所产生的变形越小，说明材料的刚度也越大。

2. 塑　性

材料在外力作用下产生变形，当外力去除后，仍保持变形后形状和尺寸，并且不产生裂缝的性质，称为塑性。这种不可恢复的变形称为塑性变形，由于塑性变形永久地保留下来，故又称为永久变形。

不同材料在外力作用下，表现出不同变形特点。但是，完全的弹性材料或塑性材料是不存在的，多数材料在受力时，既有弹性变形，又有塑性变形。有的材料在受力不大时，表现为弹性变形，当受力超过一定限度后，又表现为塑性变形，如钢材；而有的材料在受力后，同时产生弹性变形和塑性变形，去除外力后，弹性变形消失，塑性变形永久地保留下来，如混凝土。

1.3.3 材料的脆性与韧性

1. 脆　性

脆性是指材料受力达到一定限度后，不发生明显的塑性变形而突然破坏的性质。具有此性质的材料称为脆性材料，如天然石材、陶瓷制品、玻璃、混凝土和砖等。

脆性材料往往具有较高的抗压强度，而其抗拉强度则较低，抗冲击和抗振动的能力也较差，所以工程上常用它来作为受压构件使用，但不宜用于承受冲击和振动荷载的作用。

2. 韧　性

材料在冲击和振动荷载作用下，能吸收较大的能量产生一定的变形而不破坏的性质称为韧性。具有此性质的材料称为韧性材料，如建筑钢材、木材和塑料制品等。

韧性材料在破坏前会产生明显的变形，这种变形是由于外力做功所致，即外力做的功转化为材料的变形能被材料所吸收，而不致引起突然破坏。材料在破坏前产生的变形越大，所吸收的能量就越多，材料的韧性就越强。用于承受动力荷载的结构，如桥梁、公路和铁路以及工厂的吊车梁等工程所用材料，应具有良好的韧性。

1.3.4　材料的硬度与耐磨性

1. 硬　度

硬度是指材料表面抵抗外来机械作用力（如刻画、压入、研磨等）侵入的能力。测定硬度的常用方法有刻划法和压入法。天然矿物的硬度测定常用刻划法，用莫氏硬度来表示。莫氏硬度指以自然界存在的常见的 10 种矿物来作为标准，用相互刮擦、刻划以区分其软硬。按照划痕深度来区分硬度的大小，莫氏硬度分为 10 级，见表 1.4。

表 1.4　不同矿物的莫氏硬度等级

标准矿物	滑石	石膏	方解石	萤石	磷灰石	正长石	石英	黄玉	刚玉	金刚石
硬度等级	1	2	3	4	5	6	7	8	9	10

金属材料的硬度常用压入法测定，以一定的压力将规定直径的钢球或金刚石制成的尖端压入试样表面，根据压痕的面积或深度来测定其硬度。常用的压入法有布氏法、洛式法和维氏法。往往材料的硬度越大，强度就越高。

2. 耐磨性

耐磨性是指材料表面抵抗磨损的能力，常用磨损率来表示。其计算公式如下：

$$M=\frac{m_1-m_2}{A} \tag{1.23}$$

式中　M——材料的磨损率，g/cm²；

m_1——材料磨损前的质量，g；

m_2——材料磨损后的质量，g；

A——材料受磨损的面积，cm²。

材料的硬度越高，耐磨性也越好。用于路面、地面等经常受磨损部位的材料，应选用耐磨性好的材料。

1.4 材料的耐久性

耐久性是指材料在长期使用过程中，抵抗环境中各种不利因素的破坏作用，保持原有性能不变质、不破坏的能力。特别是在环境条件差、影响因素复杂的情况下长期使用时，材料的耐久性显得尤为重要。

造成材料在使用中逐步变质失效的原因，有内部因素和外部因素两种。材料本身组分和结构的不稳定、低密实度、各组分热膨胀的不均匀、固相界面上的化学生成物的膨胀等都是其内部因素。使用中所处的环境和条件（自然的和人为的），诸如日光暴晒、介质侵蚀（大气、水、化学介质）、温湿度变化、冻融循环、机械摩擦、电解及虫菌寄生等，都是其外部因素。这些内、外因素，最后都归结为物理的、化学的、物理化学的、机械的和生物的作用，单独或复合地作用于材料，使之逐步变质而导致丧失其使用性能。

1. 物理作用

物理作用主要有温度变化、冻融循环、干湿交替等。这些作用将使材料发生体积胀缩或导致内部裂缝的扩展，久而久之，会使材料逐渐破坏。在寒冷冰冻地区，冻融变化对材料起显著的破坏作用。砖、石料及混凝土等矿物材料，多因物理作用而破坏。

2. 化学作用

化学作用包括紫外线的照射和化学物质对材料的溶解、溶出、氧化等作用。这些作用会使材料逐渐变质而破坏。金属材料主要是由于电化腐蚀而破坏；高分子材料主要是由于紫外线、臭氧等化学作用而变质失效。

3. 机械作用

机械作用包括交变荷载、持续荷载作用以及由撞击引起的材料疲劳、冲击、磨损、气蚀、磨耗等。例如：水工构筑物常受到冲磨导致表面磨损而破坏或者由于空（气）侵蚀造成混凝土脱落而破坏；路面、地坪混凝土常因受到摩擦和冲击，逐渐形成空穴，最终层层磨耗而破坏。

4. 生物作用

生物作用包括昆虫、菌类对材料的侵害作用。例如：木材常因腐朽而破坏。

在材料的变质失效过程中，其内、外因素往往相互结合而起作用，各外部因素之间也可能互相影响。例如在北方寒冷地区，冬季路面播撒除冰盐，使得当地的路面和桥梁材料既要承受冻融循环作用，又要承受盐溶液所带来的化学腐蚀作用。多种因素的交互作用，最终导致结构物功能损害甚至丧失，使用寿命缩短。

总之，耐久性是一个复杂的综合性的概念。随着国内外大量的工程经验和教训的总结和积累，工程界对材料的耐久性问题也越来越重视，并正在进行逐步深入的研究与实践，如我国苏通大桥耐久性设计年限为 100 年、三峡工程耐久性设计年限为 500 年。耐久性的研究，对于延长结构物的使用寿命、减少维修费用具有重要意义。实际工程中应根据工程材料所处的环境特点，具体地研究其耐久性特征，并结合实际情况采取相应的措施。

影响耐久性的因素见表 1.5。

表 1.5　影响材料耐久性的因素

耐久性内容	破坏因素	破坏具体原因	评定指标
抗渗性	物理作用	压力水	渗透系数、抗渗等级
抗冻性	物理作用	冻融作用	抗冻等级
抗化学侵蚀性	化学作用	酸、碱、盐作用	*
抗碳化性	化学作用	CO_2、H_2O	碳化深度
碱集料反应	物理、化学作用	活性集料、碱、吸水膨胀	膨胀率
抗老化性	化学作用	阳光、空气、水、温度	*
冲磨气蚀	物理作用	流水、泥砂、机械力	磨蚀率
锈　蚀	物理、化学作用	O_2、H_2O、Cl_2	锈蚀率
虫　蛀	生物作用	昆　虫	*
耐　热	物理、化学作用	冷热交替	*
耐　朽	生物作用	O_2、H_2O、菌类	*
耐　火	物理、化学作用	高温、火焰	*

注：*表示可参考其强度变化率、开裂情况、变形情况等进行评定。

本章小结

本章详细介绍了土木工程材料的基础知识和基本理论。通过本章的学习，可为进一步学习、掌握后续介绍的各类材料的性能和应用奠定基础。本章主要内容如下：

1. 材料的物理性质

密度、表观密度、体积密度、堆积密度、密实度、孔隙率、填充率及空隙率。

2. 材料与水有关的性质

亲水性与憎水性、吸水性、吸湿性、耐水性、抗渗性及抗冻性。

3. 热工性质

导热性、热容量与比热容、温度变形、耐火性及耐燃性。

4. 力学性质

强度与比强度、弹性与塑性、脆性与韧性、硬度与耐磨性。

5. 耐久性

破坏原因：物理因素、化学因素、物理化学因素、机械因素、生物因素。

复习与思考题

1.1　什么是材料的密度、表观密度、体积密度和堆积密度？它们与材料内部的孔隙或空隙有何关系？

1.2　一块普通黏土砖，外形尺寸为 24.0 cm×11.5 cm×5.3 cm，吸水饱和后质量为 2 900 g，烘干至恒重为 2 500 g，今将该砖磨细过筛再烘干后取 50 g，用李氏比重瓶测得其体积为 18.5cm^3，试求该砖的吸水率、密度、体积密度及孔隙率。

1.3　取某岩石加工成 10 cm×10 cm×10 cm 试件，测得其吸水饱和、绝干状态下的质量分别为 2 660 g 和 2 650 g，已知其密度为 2.70 g/cm^3，求该岩石的干燥体积密度、孔隙率、质量吸水率及体积吸水率。

1.4　亲水性与憎水性材料是怎样区分的？举例说明怎样改变材料的亲水性和憎水性。

1.5　材料的孔隙率变化对于材料的密度、体积密度、强度、吸水率、抗冻性及导热性等有何影响？

1.6　什么是材料的比强度？比强度有什么意义？

1.7　某石材在气干、绝干及吸水饱和的状态下测得其抗压强度分别为 174 MPa、176 MPa、166 MPa，求该石材的软化系数。此外，该石材可否用于水下工程？

1.8　引起材料发生耐久性破坏的因素有哪些？耐久性通常包括哪些内容？

第 2 章　气硬性胶凝材料

【学习要求】

- 了解水玻璃、菱苦土的性能及应用。
- 掌握气硬性胶凝材料和水硬性胶凝材料的区别。
- 掌握石灰的生产、水化硬化、技术标准、性质、应用及储运。
- 掌握建筑石膏的生产、凝结硬化、性质、应用及储运。

在土木工程材料中，凡是通过自身的物理化学作用，从浆体变成坚硬的固体，并能将散粒材料（如砂、石）或块状材料（如砖和石块）黏结成整体的材料，统称为胶凝材料。

根据化学组成，胶凝材料可分为有机胶凝材料和无机胶凝材料两大类。有机胶凝材料的基本成分是天然或人工合成的有机高分子化合物，如石油沥青、煤沥青和各种合成树脂等；无机胶凝材料的主要成分为无机矿物。本章主要介绍各种无机胶凝材料。

根据无机胶凝材料凝结硬化条件不同，无机胶凝材料又分为气硬性胶凝材料和水硬性胶凝材料两大类。气硬性胶凝材料只能在空气中硬化，也只能在空气中保持或继续发展其强度，如石灰、石膏、水玻璃、菱苦土等；水硬性胶凝材料不仅能在空气中凝结硬化，而且能更好地在水中凝结硬化、保持并继续发展其强度，如各种水泥。

气硬性胶凝材料只适用于地上或干燥环境；水硬性胶凝材料既适用于地上，也可用于地下潮湿环境或水中。

胶凝材料分类如下：

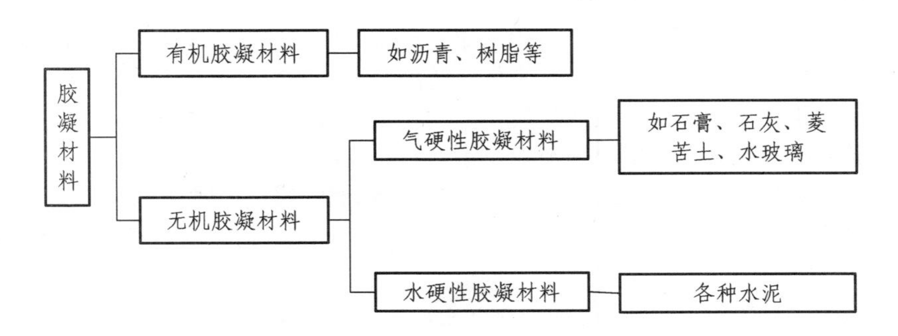

2.1　石　灰

石灰是建筑上使用较早的胶凝材料之一。由于石灰的原料（石灰石）分布很广，而且生产工艺简单、成本低廉，因此在土木工程建设中一直被大量使用。

2.1.1 石灰的原料及生产

煅烧石灰的原料主要是石灰岩，其主要成分是碳酸钙，其次是碳酸镁，其他还有黏土等杂质，一般要求原料中的黏土杂质控制在 8% 以内。石灰岩经高温煅烧分解释放出 CO_2，生成以 CaO 为主要成分（少量 MgO）的块状生石灰，其反应式如下：

$$CaCO_3 \xrightarrow{900\ ^\circ C} CaO + CO_2 \uparrow \tag{2.1}$$

此外，还可以利用化学工业副产品作为石灰的生产原料，如用碳化钙制取乙炔时所产生的主要成分为氢氧化钙的电石渣等。

石灰石的分解温度约 900 °C，但为了加速分解过程，煅烧温度常提高至 1 000 ~ 1 100 °C。

若煅烧温度过低，煅烧时间不足，或料块过大，碳酸钙不能完全分解，石灰中含有未烧透内核，这种石灰称为“欠火石灰”。欠火石灰的产浆量较低，有效氧化钙和氧化镁含量低，使用时黏结力不足，质量较差。

若煅烧温度过高，煅烧时间过长，则易生成内部结构致密的过火石灰。过火石灰与水反应速度十分缓慢，若用于建筑工程，则其中的细小颗粒可能在石灰浆硬化以后才发生水化作用，产生体积膨胀，使已硬化的砂浆产生“崩裂、隆起”等现象，严重影响工程质量。

因此，在生产中，应控制适宜的煅烧温度和燃烧时间，使用时对过火石灰进行处理，都是十分必要的。

2.1.2 石灰的熟（消）化与硬化

1. 石灰的熟（消）化

工地上使用生石灰前要进行熟化。石灰的熟化或称消化，是指生石灰（氧化钙 CaO）与水发生水化反应，生成 $Ca(OH)_2$ 的过程。其反应式如下：

$$CaO + H_2O \longrightarrow Ca(OH)_2 + 64.9\ kJ/mol \tag{2.2}$$

氢氧化钙 $Ca(OH)_2$ 又称为消石灰或熟石灰。

生石灰的熟化过程伴随着剧烈放热与体积膨胀现象（1.5 ~ 3.5 倍），易在工程中造成事故，因此，在石灰熟化过程中应注意安全，防止烧伤、烫伤。

煅烧良好、氧化钙含量高的石灰熟化较快，放热量和体积增大也较多。

熟化时根据加水量的多少，可得到消石灰粉和石灰膏。

消石灰粉是由块状生石灰用适量的水熟化而得，加水量以能充分熟化而又不会过湿成团为度。工地上常用分层喷淋法进行消化，目前多在工厂中用机械法将生石灰进行熟化成水石灰粉，再供利用。

石灰膏是将生石灰放入化灰池中，加大量的水（为生石灰体积的 3 ~ 4 倍）消化成石灰水溶液，然后通过筛网，流入储灰坑内，随着水分的减少，逐渐形成石灰浆，最后形成石灰膏。石灰膏是建筑工程中常用的材料之一。为了消除过火石灰的危害，保证石灰完全熟化，石灰膏必须在储灰坑中放置两周以上，这一过程称为石灰的“陈伏”。陈伏期间石灰浆表面应保有一层水分，使其与空气隔绝，以免与空气中的二氧化碳发生碳化反应。

必须注意的是，块状生石灰必须充分熟化后方可用于工程中。若使用将块状生石灰直接破碎、磨细制得的磨细生石灰粉，则可不预先熟化而直接应用。这是因为磨细生石灰的细度高，水化反应速度可提高 30 ~ 50 倍，且水化时体积膨胀均匀，避免了局部膨胀过大。使用磨细生石灰，克服了传统石灰硬化慢、强度低的缺点（强度可提高约 2 倍），不仅提高了工效，而且节约了场地，改善了施工环境，但其成本较高、易吸湿、不易储存。

2. 石灰的硬化

石灰水化后在空气凝结硬化，主要包括以下两个过程：

（1）干燥硬化与结晶硬化。

石灰浆在干燥过程中，随着水分蒸发，使得氢氧化钙颗粒相互靠拢、搭接，获得一定的强度，同时 $Ca(OH)_2$ 逐渐从过饱和溶液中结晶析出，形成结晶结构网，使强度继续增加。

（2）碳化硬化。

$Ca(OH)_2$ 与潮湿空气中的 CO_2 反应生成不溶于水的碳酸钙晶体而使石灰浆硬化，强度有所提高。碳化作用在有水分存在的条件下才能进行，反应式如下：

$$Ca(OH)_2 + CO_2 + nH_2O \xrightarrow{\text{碳化}} CaCO_3 + (n+1)H_2O \quad (2.3)$$

由于碳化作用主要发生在与空气接触的表层，且生成的 $CaCO_3$ 膜层较致密，阻碍了空气中 CO_2 的渗入，也阻碍了内部水分向外蒸发，因此碳化过程非常缓慢。

2.1.3　石灰的品种与技术要求

1. 石灰的品种

根据成品加工方法不同，建筑石灰分成五大类：

（1）块灰：由石灰石直接煅烧所得块状生石灰，主要成分为 CaO。

（2）磨细生石灰：将块状生石灰破碎、磨细而成的细粉，主要成分为 CaO。

（3）消石灰粉：由生石灰加适量水消化所得的粉末，其主要成分为 $Ca(OH)_2$。

（4）石灰膏：由生石灰加 3 ~ 4 倍水消化而成的膏状可塑性浆体，主要成分为 $Ca(OH)_2$ 和 H_2O。

（5）石灰乳：由生石灰加大量水消化或石灰膏加水稀释而成的一种乳状液体，主要成分为 $Ca(OH)_2$ 和 H_2O。

2. 石灰的技术要求

（1）有效氧化钙和氧化镁含量。

石灰中产生黏结性的有效成分是活性氧化钙和氧化镁，它们的含量决定了石灰黏结能力的大小，因此，是评价石灰品质的首要指标。

（2）生石灰产浆量和未消化残渣含量。

产浆量是单位质量（1 kg）的生石灰经消化后，所产生石灰浆的体积。生石灰产浆量越高，则表示质量越好。未消化残渣含量是生石灰消化后未能消化而存留在 5 mm 圆孔筛上的残渣占试样的百分比。

（3）二氧化碳（CO_2）含量。

生石灰或石灰粉中 CO_2 含量指标，是为了控制石灰石在煅烧时“欠火”造成产品中未分解完成的碳酸盐增多。CO_2 含量越高，表示未分解的碳酸盐含量越高，则有效成分（CaO + MgO）含量相对降低。

（4）消石灰粉游离水含量。

游离水含量是指化学结合水以外的含水量。生石灰消化时多加的水残留于氢氧化钙中，残余水分蒸发后，留下孔隙会加剧消石灰粉碳化现象的产生，因而影响其使用质量。

（5）细度。

细度与石灰的质量有密切关系，现行标准以 0.900 mm 和 0.125 mm 筛余百分比控制。试验方法是，称取试样 50 g，倒入 0.900 mm、0.125 mm 套筛内进行筛余，分别称量筛物，按原试样计算其筛余百分比。

3. 石灰的技术标准

按我国建材行业标准《建筑生石灰》（JC/T 479—1992）、《建筑生石灰粉》（JC/T 480—1992）和《建筑消石灰粉》（JC/T481—1992）规定，按其氧化镁含量划分为钙质石灰和镁质石灰两类，见表 2.1。

表 2.1　钙质石灰和镁质石灰中氧化镁含量界限

石灰种类	生石灰/%	生石灰粉/%	消石灰粉/%
钙质石灰	≤5	≤5	<4
镁质石灰	>5	>5	≥4

（1）生石灰技术标准。

根据氧化镁含量按表 3.1 分为钙质生石灰和镁质生石灰两类，然后再按有效氧化钙和氧化镁含量、产浆量、未消解残渣和 CO_2 含量等 4 个项目的指标分为优等品、一等品和合格品 3 个等级，见表 2.2。

表 2.2　建筑生石灰技术指标

项目		钙质生石灰			镁质生石灰		
		优等品	一等品	合格品	优等品	一等品	合格品
(CaO＋MgO) 含量/%	≥	90	85	80	85	80	75
未消化残渣含量（5mm 圆孔筛余）/%	≤	5	10	15	5	10	15
CO_2/%	≤	5	7	9	6	8	10
产浆量/（L/kg）	≥	2.8	2.3	2.0	2.8	2.3	2.0

（2）生石灰粉技术标准。

根据氧化镁含量分为钙质石灰和镁质石灰两类，再按（CaO+MgO）含量、CO_2 含量和细度等项目指标分为优等品、一等品和合格品 3 个等级，见表 2.3。

表 2.3　建筑生石灰粉技术指标

项目			钙质生石灰粉			镁质生石灰粉		
			优等品	一等品	合格品	优等品	一等品	合格品
(CaO＋MgO) 含量/%		≥	85	80	75	80	75	70
CO_2/%		≤	7	9	11	8	10	12
细度	0.9 mm 筛筛余/%	≤	0.2	0.5	1.5	0.2	0.5	1.5
	0.125 mm 筛筛余/%	≤	7.0	12.0	18.0	7.0	12.0	18.0

（3）消石灰粉技术标准。

消石灰粉氧化镁含量 < 4% 时，称为钙质消石灰粉，4% ≤ 氧化镁含量 < 24% 时称为镁质消石灰粉，24% ≤ 氧化镁含量 < 30% 时称为白云石消石灰粉。按等级分为优等品、一等品和合格品等 3 个等级，见表 2.4。

表 2.4　建筑消石灰粉技术指标

项　目			钙质生石灰粉			镁质生石灰粉			白云石消石灰粉		
			优等品	一等品	合格品	优等品	一等品	合格品	优等品	一等品	合格品
(CaO + MgO) 含量/%		≥	70	65	60	65	60	55	65	60	55
游离水/%			0.4 ~ 2			0.4 ~ 2			0.4 ~ 2		
体积安定性			合格	合格	—	合格	合格	—	合格	合格	—
细度	0.9 mm 筛筛余/%	≤	0	0	0.5	0	0	0.5	0	0	0.5
	0.125 mm 筛筛余/%	≤	3	10	15	3	10	15	3	10	15

2.1.4　石灰的特性

1. 可塑性好

生石灰消解为石灰浆时生成的氢氧化钙，其颗粒极微细，呈胶体状态，比表面积大，表面吸附了一层较厚的水膜，因而保水性能好；同时水膜层也降低了颗粒间的摩擦力，可塑性增强。

2. 硬化较慢，强度低

石灰是一种硬化很慢，强度较低的胶凝材料，通常 1∶3 的石灰砂浆，其 28 d 抗压度强度只有 0.2 ~ 0.5 MPa。

3. 耐水性差

在石灰硬化体中大部分仍是尚未碳化的 $Ca(OH)_2$，而 $Ca(OH)_2$ 是易溶于水的，所以石灰的耐水性较差。硬化后的石灰若长期受潮，会导致强度丧失，甚至引起溃散，故石灰不宜用于潮湿环境中。

4. 硬化时体积收缩大

石灰在硬化过程中蒸发掉大量的水分，引起体积显著收缩，易产生裂纹。因此，石灰一般不宜单独使用，通常掺入一定量的集料（如砂）或纤维材料（如纸筋、麻刀等）以提高抗拉强度，抵抗收缩引起的开裂。

5. 吸湿性强

生石灰放置过程中，会缓慢吸收空气中的水分而自动熟化成消石灰粉，再与空气中的二氧化碳作用生成碳酸钙，因而失去胶结能力。

2.1.5　石灰的应用及储存

1. 石灰的应用

（1）制作石灰乳。

石灰乳是一种廉价易得的涂料，可将消石灰粉或熟化好的石灰膏加大量的水搅拌稀释制成，主要用于内墙和天棚刷白，增加室内美观和亮度。石灰乳中加入各种耐碱颜料，可形成彩色石灰乳；加入少量磨细粒化高炉矿渣粉或粉煤灰，可提高其耐水性；加入聚乙烯醇、干酪素、氯化钙或明矾，可减少涂层粉化现象。

（2）制砂浆。

利用石灰膏配制的石灰砂浆、混合砂浆，广泛用于建筑物 ± 0.00 以上部位墙体的砌筑和抹灰。

（3）配制灰土与三合土。

消石灰粉与黏土拌和后称为灰土，若再加砂（或炉渣，石屑等）即成三合土。灰土和三合土广泛用于建筑物基础和道路垫层。

（4）生产硅酸盐制品。

将生石灰粉与含硅材料（砂、炉渣、粉煤灰等）加水拌和，经成型、蒸养或蒸压处理等工序可制得各种硅酸盐制品，如蒸压灰砂砖、硅酸盐砌块等墙体材料。

（5）制作碳化石灰板。

指将生石灰粉与纤维材料（如玻璃纤维）或轻质集料（如炉渣）加水搅拌成型，然后用二氧化碳进行人工碳化可制成轻质的碳化石灰板材（如石灰空心板等）。它的导热系数较小，保温绝热性能较好，宜做非承重内隔墙板、天花板等。

2. 石灰的储存

生石灰吸水、吸湿性极强，应注意防潮存放。生石灰受潮熟化时放出大量的热，而且体积膨胀，所以，储存和运输生石灰时，还要注意安全，不应与易燃易爆及液体物品共存、共运，以免发生火灾，引起爆炸。

此外，生石灰放置太久，会吸收空气中的水分而自动熟化成消石灰粉，再与空气中二氧化碳作用而还原为碳酸钙，失去胶结能力。所以生石灰不宜储存过久，最好运到后即熟化成石灰浆，将储存期变为陈伏期。

2.2 建筑石膏

石膏胶凝材料是一种以硫酸钙为主要成分的气硬性胶凝材料。由于石膏胶凝材料及其制品具有许多良好的性能（如质轻、绝热、隔音和耐火等），而且其原料来源丰富，生产工艺简单，生产能耗较低，因而是一种理想的高效节能材料，在建筑工程中得到了广泛应用。

目前，常用的石膏胶凝材料主要有建筑石膏、高强石膏和无水石膏水泥等。

2.2.1 石膏的生产与分类

自然界中存在的石膏原料有天然二水石膏（$CaSO_4 \cdot 2H_2O$，又称为软石膏）矿石和天然无水石膏（$CaSO_4$，又称为硬石膏）矿石，后者结晶紧密，质轻较硬，只能用于生产无水石膏水泥。而生产石膏胶凝材料的原料主要是天然二水石膏矿石。纯净的石膏矿石呈无色透明或白色，但天然石膏矿石常因含有各种杂质而呈灰色、褐色、黄色、红色和黑色等。

除天然原料外，也可用一些含有 $CaSO_4 \cdot 2H_2O$ 或含有 $CaSO_4 \cdot 2H_2O$ 与 $CaSO_4$ 的混合物的化工副产品及废渣作为生产石膏的原料。

石膏胶凝材料通常是将二水石膏矿石在不同压力和温度下加热、脱水，再经磨细而制成的。

由于加热方式和温度的不同，同一原料可生产出不同结构、性质和用途的石膏胶凝材料品种。

（1）建筑石膏。

将天然二水石膏在非密闭的窑炉中加热，至 107～170 °C 时，生成半水石膏，其反应式为

$$CaSO_4 \cdot 2H_2O \xrightarrow{107\sim170\ ^\circ C，常压} \beta\text{-}CaSO_4 \cdot \frac{1}{2}H_2O + 1\frac{1}{2}H_2O \quad (2.4)$$

所生成的以半水石膏 $CaSO_4 \cdot \frac{1}{2}H_2O$ 为主要成分的产品即为 β 型半水石膏，再经磨细得到的白色粉状物即为建筑石膏。建筑石膏结晶较细，调制成一定的浆体时需水量较大，因而硬化后强度低。

（2）高强石膏。

将天然二水石膏置于具有 0.13 MPa、124 °C 过饱和蒸汽条件下蒸炼，或置于某些盐溶液中沸煮，则二水石膏脱水生成 α 型半水石膏，该石膏晶粒粗大，比表面积小，当调制成一定稠度的浆体时，需水量少，硬化后强度高，故称高强石膏。其反应式如下：

$$CaSO_4 \cdot 2H_2O \xrightarrow{124\ ^\circ C，0.13\ MPa} \alpha\text{-}CaSO_4 \cdot \frac{1}{2}H_2O + 1\frac{1}{2}H_2O \quad (2.5)$$

（3）当加热至 170～200 °C 时，石膏脱水成为可溶性硬石膏，与水调和后仍能很快凝结硬化；当加热升高到 200～250 °C 时，石膏中残留很少的水，其凝结硬化就非常缓慢。

（4）当温度高于 400 °C（通常为 400～750 °C）时，石膏完全失去水分，成为不溶性石膏，失去凝结硬化能力，成为死烧石膏。但是如果掺入适量激发剂（如 5% 硫酸钠或硫酸氢钠与 1% 铁矾或铜矾的混合物、1%～5% 石灰或石灰与少量半水石膏的混合物、5%～10%碱性粒化高炉矿渣等）混合磨细即可制成无水石膏水泥，硬化后强度可达 5～30 MPa，可用于制造石膏板或其他制品，也可用作室内抹灰。

（5）当温度高于 800 °C 时，部分石膏分解出的氧化钙起催化作用，所得产品又重新具有凝结硬化性能，而且硬化后有较高的强度和耐磨性，抗水性较好。该产品称为高温煅烧石膏，也称为地板石膏，可用于制作地板材料。

2.2.2　建筑石膏的水化硬化

建筑石膏与适量的水相混合，最初成为可塑的浆体，但很快就失去塑性并产生强度，并发展成为坚硬的固体。这一过程可分为水化和硬化两部分。

1. 建筑石膏的水化

建筑石膏加水拌和，与水发生水化反应：

$$\beta\text{-}CaSO_4 \cdot \frac{1}{2}H_2O + 1\frac{1}{2}H_2O \longrightarrow CaSO_4 \cdot 2H_2O + 15.4\ kJ \quad (2.6)$$

建筑石膏加水后，首先溶解于水，由于二水石膏在水中的溶解度比半水石膏小得多（仅为半水石膏溶解度的 1/5），半水石膏的饱和溶液对于二水石膏就成了过饱和溶液，所以二水石膏以胶体大、小微粒自水中析出，直到半水石膏全部耗尽。这一过程进行得很快，只需要 7～12 min。

2. 建筑石膏的凝结硬化

石膏浆体中的自由水分因水化和蒸发而逐渐减少，二水石膏胶体微粒数量逐渐增加，粒子总表面积增加，因而，浆体可塑性逐渐减少，浆体渐渐变稠，这一过程称为凝结。其后，浆体继续变稠，逐渐凝聚成为晶体，晶体之间的摩擦力和黏结力不再增加，强度才停止发展。这一过程称为石膏的硬化。

石膏浆体的凝结和硬化是一个连续的过程。石膏的凝结可分为初凝和终凝两个阶段，浆体开始失去可塑性的状态称为初凝，浆体完全失去可塑性并开始产生强度的状态称为终凝；从加水至初凝的这段时间称为初凝时间，从加水至终凝的时间称为终凝时间。

2.2.3 建筑石膏的技术要求

建筑石膏色白，密度为 2.60 ~ 2.75 g/cm^3，堆积密度为 800 ~ 1 000 kg/m^3。根据《建筑石膏》（GB/T 9776—2008）的规定，按原材料种类分为天然建筑石膏（代号 N）、脱硫建筑石膏（代号 S）、磷建筑石膏（代号 P）三类。建筑石膏的主要技术指标有凝结时间、细度和强度，按其 2 h 抗折强度分为 3.0、2.0 和 1.6 三个等级，见表 2.5。

表 2.5 建筑石膏的技术指标

技术指标 \ 产品等级		3.0	2.0	1.6
强度/MPa	抗折强度（不小于）	3.0	2.0	1.6
	抗压强度（不小于）	6.0	4.0	3.0
细度（0.2 mm 方孔筛筛余）	不大于	10	10	10
凝结时间/min	初凝时间（不小于）	3		
	终凝时间（不大于）	30		

建筑石膏按产品名称、代号、等级标准编号的顺序进行产品标记，例如等级为 2.0 的天然建筑石膏标记为：建筑石膏 N2.0 GB/T 9776—2008。

2.2.4 建筑石膏的特性

1. 凝结硬化快

建筑石膏一般加水后 3 ~ 5 min 即可初凝，30 min 左右即达到终凝，7 天左右能完全硬化。为满足施工要求，需要加入缓凝剂，以降低其凝结速度。常用的石膏缓凝剂有：经石灰处理过的动物胶（0.1% ~ 0.15%）、亚硫酸纸浆废液（0.1%）、0.1% ~ 0.15% 的硼砂或柠檬酸等。缓凝剂的作用在于降低半水石膏的溶解度和溶解速度，但石膏制品的强度会有所降低。

2. 凝结硬化后体积膨胀

石膏浆体凝结硬化时不像石灰和水泥那样出现体积收缩，反而略有膨胀（膨胀量约为 0.1%），这一特性使石膏硬化体表面饱满、尺寸精确、轮廓清晰、干燥时不开裂，有利于制造复杂图案的石膏装饰制品。

石膏硬化后孔隙率大、重量轻，但强度低。

石膏硬化后由于多余水分的蒸发，在内部形成大量毛细孔，石膏制品空隙率可达 50% ~ 60%，表观密度 800 ~ 1 000 kg/m^3。

由于石膏制品的空隙率大，导致重量减轻、强度较低、热导率小、吸声性强、吸湿性大，因而具有良好的保温隔热和吸音性能，同时具有一定的调节室内温度和湿度的性能。

3. 防火性能好

石膏硬化后的结晶物 $CaSO_4 \cdot 2H_2O$ 遇火时，结晶水蒸发，吸收热量并在表面生成蒸汽幕，因此，在火灾发生时，能够有效地抑制火焰蔓延和温度的升高。

4. 耐水性和抗冻性差

因建筑石膏硬化后孔隙率高，有很高的吸湿性，潮湿条件下会使其强度下降。长期浸水，二水石膏晶体将逐渐溶解而导致破坏。石膏制品吸水后受冻，会因孔隙水结冰膨胀而破坏，因此石膏制品不宜用于潮湿部位。

5. 良好的装饰性和可加工性

石膏不仅表面光滑饱满，而且质地细腻，颜色洁白，装饰性好。此外，硬化石膏可锯、可钉、可刨，具有良好的加工性。

2.2.5　建筑石膏的应用

石膏具有上述多种优良特性，因此是一种良好的建筑功能材料。

1. 制备石膏砂浆和粉刷石膏

建筑石膏常用于室内高级抹灰和粉刷。建筑石膏加水调成石膏浆体，还可以掺入部分石灰用于室内粉刷涂料。粉刷后的墙面光滑、细腻，洁白美观。

建筑石膏加水、砂拌和成石膏砂浆，可用于室内抹灰。这种抹灰墙面具有绝热、阻火、隔音、舒适、美观等特点。抹灰后的墙面和天棚还可以直接涂刷涂料及贴墙纸。

2. 石膏制品

目前，应用最多的是在建筑石膏中掺入各种填料加工制成各种石膏制品，如纸面石膏板、纤维石膏板、石膏空心板、石膏装饰板、石膏砌块及石膏吊顶等，用于建筑物的内隔墙、墙面和篷顶的装饰装修等。

由于石膏凝结硬化快和体积稳定的特点，常用于制作建筑雕塑。此外，建筑石膏也可用于生产水泥和各种硅酸盐建筑制品。

2.3　水玻璃

水玻璃俗称“泡花碱”，是一种可溶于水的碱金属硅酸盐，其化学通式为 $R_2O \cdot nSiO_2$，其中 n 为 R_2O 与 SiO_2 的摩尔数的比值，称为水玻璃的模数。根据碱金属氧化物的不同，分为硅酸钠水玻璃（$Na_2O \cdot nSiO_2$，简称钠水玻璃）和硅酸钾水玻璃（$K_2O \cdot nSiO_2$，简称钾水玻璃）等。建筑上通常使用的是硅酸钠水玻璃的水溶液，其常用模数为 2.6 ~ 2.8。

2.3.1 水玻璃的组成

硅酸钠水玻璃的主要原料是石英砂、纯碱，或含碳酸钠的原料。将原料磨细，按比例配合，在玻璃炉内加热至 1 300 ~ 1 400 °C，熔融而生成硅酸钠，冷却后即为固态水玻璃。其反应式如下：

$$Na_2CO_3 + nSiO_2 \xrightarrow{1\,300\sim1\,400\ ^\circ C} Na_2O \cdot nSiO_2 + CO_2 \uparrow \quad (2.7)$$

将固态水玻璃在 0.3 ~ 0.8 MPa 的压蒸锅内加热溶解成无色、淡黄或青灰色透明或半透明的胶状玻璃溶液，即为液态水玻璃。

2.3.2 水玻璃的硬化

水玻璃在空气中吸收 CO_2 形成无定形的二氧化硅凝胶（又称硅酸凝胶），并逐渐干燥而硬化。其反应式如下：

$$Na_2O \cdot nSiO_2 + CO_2 + mH_2O \longrightarrow Na_2CO_3 + nSiO_2 \cdot mH_2O \quad (2.8)$$

因为空气中 CO_2 极少，上述反应过程极慢，为加速硬化，可掺入适量氟硅酸钠促凝剂。氟硅酸钠具有一定毒性，操作时应注意安全。

2.3.3 水玻璃的性质与应用

1. 水玻璃的性质

水玻璃通常为青灰色或黄灰色黏稠液体，密度为 1.38 ~ 1.45 kg/m^3。其主要性质如下：

（1）黏结能力强。

水玻璃具有良好的黏结能力，其模数越大，黏结力越强。同一模数的水玻璃溶液，其浓度越大，密度越大，黏度越大，黏结能力越强。水玻璃硬化时析出的硅酸凝胶可堵塞毛细孔隙，从而防止水渗透。

（2）不燃烧，耐高温。

水玻璃不燃烧，在高温下硅酸凝胶干燥得更加强烈，强度并不降低，甚至有所增加，可用于配制水玻璃耐热混凝土和耐热砂浆。

（3）耐酸能力强。

水玻璃具有很强的耐酸能力，能抵抗大多数无机酸和有机酸的作用。

（4）不耐水。

水玻璃在加入氟硅酸钠（促凝剂）后仍不能完全硬化，仍然有一定量的 $Na_2O \cdot nSiO_2$。由于 $Na_2O \cdot nSiO_2$ 可溶于水，所以水玻璃硬化后不耐水。由于氟硅酸钠具有毒性，使用时应注意安全防护。

（5）不耐碱。

硬化后水玻璃中的 $Na_2O \cdot nSiO_2$ 和 SiO_2 均可溶于碱，因而水玻璃不耐碱。

2. 水玻璃的应用

水玻璃在建筑工程中有以下几个方面的用途：

（1）涂刷材料表面。

水玻璃涂刷材料表面可提高材料抗风化能力。以水玻璃浸渍或涂刷砖、水泥混凝土、硅酸盐混凝土、石材等多孔材料，可提高材料的密实度、强度、抗渗性、抗冻性及耐水性等。这是因为水玻璃与空气中的二氧化碳反应生成硅酸凝胶，同时水玻璃也与材料中的氢氧化钙反应生成过酸钙凝胶，两者填充于材料的孔隙，使材料致密。

水玻璃不能用于涂刷或浸渍石膏制品，因为硅酸钠会与硫酸钙反应生成硫酸钠，在制品孔隙中结晶，体积显著膨胀，从而导致制品开裂。水玻璃还可用于配制内、外墙涂料。用水玻璃涂刷钢筋混凝土中的钢筋，可起到一定的阻锈作用。

（2）配制防水剂。

以水玻璃为基料，加入两种、三种或四种矾，可配制成二矾、三矾或四矾防水剂。此类防水剂凝结迅速，一般不超过 1 min，因此可与水泥浆调和，适用于堵塞漏洞、缝隙等局部抢修；因为凝结过速，不宜用于调配防水砂浆。

（3）用于土壤加固。

将水玻璃和氯化钙溶液交替灌入土基中，两种溶液发生化学反应，析出硅酸胶体，起到胶结和填充土壤空隙的作用，增加了土的密实度和强度，常用于加固地基。

（4）其他。

水玻璃还可用于配制耐酸、耐热混凝土和砂浆等。

2.4　菱苦土

2.4.1　菱苦土的生产

菱若土是种以氧化镁（MgO）为主要成分的白色或淡黄色粉末，它通常由含 $MgCO_3$ 为主的菱铁矿经煅烧、磨细而成。其煅烧的反应式如下：

$$MgCO_3 \xrightarrow{600\sim800\ ^\circ C} MgO + CO_2\uparrow \tag{2.9}$$

煅烧温度对菱苦土的质量有重要影响：煅烧温度过低时，$MgCO_3$ 分解不完全，易产生“生烧”而降低胶凝性；温度过高时，又会因为“过烧”使其颗粒变得坚硬，胶凝性也很差。理论煅烧温度一般为 600 ~ 800 °C，但实际生产时，煅烧温度为 800 ~ 850 °C，煅烧适当的菱苦土，密度为 3.1 ~ 3.4 g/cm^3，堆积密度为 800 ~ 900 kg/m^3。此外，菱苦土的细度和 MgO 的含量对其质量也有重要影响，磨得越细，使用时强度越高；细度相同时 MgO 含量越高，质量越好。

2.4.2　菱苦土的水化硬化

菱苦土与水拌和后，迅速水化并放出大量的热，但其凝结硬化很慢，硬化后的产物疏松，胶凝性差，强度很低。因此，通常不能直接用水来拌和菱苦土，而是用 $MgCl_2$、$MgSO_4$、$FeCl_3$ 或 $FeSO_4$ 等盐类的水溶液来拌和。其中以用 $MgCl_2$ 溶液为最好，其不仅可大大加快菱苦土的硬化，而且硬化后的强度很高，可达 40 ~ 60 MPa。胶化后的主要产物为氯氧化镁水化物 (xMgO·MgCl$_2$·zH$_2$O) 和氢氧化镁等。其反应式如下：

$$x\mathrm{MgO}+y\mathrm{MgCl_2}+z\mathrm{H_2O}\longrightarrow x\mathrm{MgO}\cdot y\mathrm{MgCl_2}\cdot z\mathrm{H_2O} \tag{2.10}$$

$$\mathrm{MgO}+\mathrm{H_2O}\longrightarrow \mathrm{Mg(OH)_2} \tag{2.11}$$

菱苦土呈针状结晶，彼此交错搭接，并相互连生、长大，形成致密的结构，使浆质凝结硬化。但其吸湿性大、耐水性差，遇水或吸湿后易产生变形，表面泛霜，强度大大降低。因此，菱苦土制品不宜用于潮湿环境。

为改善菱苦土制品的耐水性，可采用硫酸镁（$MgSO_4\cdot 7H_2O$）或硫酸亚铁（$FeSO_4\cdot H_2O$）溶液来拌和，但强度有所下降。此外，也可掺入少量的磷酸盐或防水剂，或者掺入一些活性混合材料，如粉煤灰等。

2.4.3 菱苦土的性质与应用

菱苦土与各种纤维的黏结良好，而且碱性较弱，对各种有机纤维的腐蚀性很小，因此，常以菱苦土为胶凝材料，以木屑、木丝、刨花为原料来生产各种板材，如木屑地板、木丝板、刨花板等。

建筑上常用的菱苦土木屑地面就是将菱苦土与木屑按适当的比例配合，用氯化镁溶液调拌铺设而成。为调节或改善其性能，可从不同途径采取相应措施，如为提高地面强度和耐磨性，可掺加适量滑石粉、石英砂或碎石屑做成硬性地面；为提高耐水性，可掺入外加剂或活性混合材料；为使其具有不同色彩，可掺入一定的耐碱性矿物颜料。地面硬化干燥后，常用干性油涂料，并用地板蜡打光，这种地面保温、防火、防爆（碰撞时不发生火星）、有弹性且表面光洁不起尘，宜用于纺织车间、教室、办公室、住宅和影剧院等地面。

菱苦土木屑板、木丝板和刨花板可用作绝热和吸声材料，经饰面处理后，可用作吊顶板材或隔断板材，还可代替木材用作机械设备的包装构料等。

菱苦土运输和储存时须防潮、防水，且不可久存，储存期不宜超过3个月，以防其吸收空气中的水分成为$Mg(OH)_2$，再碳化为$MgCO_3$而丧失其胶凝能力。

本章小结

建筑工程中主要应用的气硬性胶凝材料有石膏、石灰、水玻璃和菱苦土等。

1. 石　灰

用于制备石灰的原料有石灰石和白云石等，经煅烧得到块状生石灰。块状生石灰经过不同的加工，可得到磨细生石灰粉、消石灰粉及石灰膏等产品。除磨细生石灰粉外，建筑工程中使用的石灰必须通过充分熟化后方可使用，以消除过火石灰的危害。石灰浆体的硬化过程非常缓慢。石灰的主要性质表现为：保水性与可塑性好、硬化慢、强度低、耐水性差且硬化时体积收缩大。石灰在建筑上主要的用途有：制作石灰乳涂料、配制砂浆、拌制灰土与三合土以及生产硅酸盐制品等。

2. 石　膏

石膏是一种以硫酸钙为主要成分的气硬性胶凝材料，有着许多优良的建筑性能，如具有良好的隔热性能、吸声性能和防火性能，且装饰性和加工性能好，并具有一定的调温调湿性能，尤其适合作为室内的装饰装修材料，也是一种具有节能意义的新型轻质墙体材料。

3. 水玻璃

建筑上常用的水玻璃为硅酸钠（$Na_2O\cdot nSiO_2$，简称钠水玻璃）的水溶液。SiO_2与R_2O的摩尔数的比值 n，称为水玻璃的模数。工程常用的水玻璃模数为2.6～2.8。水玻璃的特性与应用主要有：耐酸性好，用作耐酸材料；耐热性好，用作耐热材料；黏结力大，用于粘贴耐酸或耐热材料等。

4. 菱苦土

菱苦土是一种以氧化镁（MgO）为主要成分的白色或淡黄色粉末，通常由含 $MgCO_3$ 为主的菱铁矿经煅烧并磨细而成。常以菱苦土为胶凝材料，以木屑、木丝或刨花为原料来生产各种板材，如木屑地板、木丝板和刨花板等。

复习与思考题

2.1　什么是气硬性和水硬性胶凝材料？

2.2　建筑石灰按加工方法的不同可分为哪几种？它们的主要化学成分是什么？

2.3　建筑工地上使用石灰为何要进行熟化处理？

2.4　根据石灰的性质，说明石灰的主要用途以及使用时应注意的问题。

2.5　某临时建筑物室内采用石灰砂浆抹灰，一段时间后出现墙面普遍开裂，试分析其原因。

2.6　建筑石膏的主要成分是什么？

2.7　采用各种石膏板材作为建筑的内隔墙体材料或墙面篷顶装饰有何优点？

2.8　水玻璃的主要性质和用途有哪些？

2.9　菱苦土为何不能直接用水拌和使用？在工程中有哪些用途？

第3章　水　泥

【学习要求】

- 了解通用水泥品种的组成及性能特点（包括铝酸盐水泥、硫酸盐水泥、道路硅酸盐水泥及其他特殊性能的水泥）。
- 了解通用硅酸盐水泥的生产原理，硅酸盐水泥的水化、凝结硬化机理。
- 掌握通用硅酸盐水泥的基本组成及其熟料矿物组成成分和特性。
- 掌握通用硅酸盐水泥的基本性质、技术要求及其性能特点。
- 掌握掺加混合料硅酸盐水泥的组成及其性能特点。
- 掌握六种常用硅酸盐水泥的特性与用途，常用的科学选用原则。

水泥是一种粉状矿物无机胶凝材料，加入适量水拌和后，可以形成浆体，经过一系列物理化学变化，由可塑性浆体变成坚硬的石状体，并能将散粒材料胶结成为整体。水泥浆体不仅能在空气中凝结硬化，更能在水中凝结硬化，是一种水硬性胶凝材料。

水泥是土木工程中最重要的材料之一，也是在土木工程领域用量最大的材料之一，广泛应用于建筑、交通、水利、电力及国防等工程。水泥混凝土已经成为了现代社会的基石，在经济社会发展中发挥着重要作用。

目前在土木工程及相关行业中应用的水泥品种众多，按其化学组成可分为硅酸盐系水泥、铝酸盐系水泥、硫铝酸盐系水泥、铁铝酸盐系水泥、磷酸盐系水泥、氟铝酸盐系水泥等系列。按照国家标准《水泥的命名、定义和术语》（GB/T 4131—1997）规定，按水泥的性能及用途可分为三大类，即用于一般土木建筑工程的通用水泥，主要包括硅酸盐水泥、普通硅酸盐水泥、矿渣硅酸盐水泥、火山灰质硅酸盐水泥、粉煤灰硅酸盐水泥和复合硅酸盐水泥等六大硅酸盐系水泥；具有专门用途的专用水泥，如道路水泥、砌筑水泥和油井水泥等；具有某种比较突出性能的特性水泥，如快硬硅酸盐水泥、白色硅酸盐水泥、抗硫酸盐硅酸盐水泥、低热硅酸盐水泥和膨胀水泥等。

3.1　通用硅酸盐水泥

3.1.1　通用硅酸盐水泥概述

1. 通用硅酸盐水泥的定义

根据现行国家标准《通用硅酸盐水泥》（GB 175—2007）的规定，通用硅酸盐水泥是指以硅酸盐水泥熟料和适量的石膏以及规定的混合材料制成的水硬性胶凝材料。通用硅酸盐水泥按照混合材料的品种和掺量不同，可以分为硅酸盐水泥、普通硅酸盐水泥、矿渣硅酸盐水泥、火山灰硅酸盐水泥、粉煤灰硅酸盐水泥及复合硅酸盐水泥。

2. 通用硅酸盐水泥熟料及生产原料

通用硅酸盐水泥熟料是将适当比例的原料（生料）混合，粉碎，再经高温煅烧至部分熔融，冷却后得到以硅酸钙为主要矿物成分的块状材料。硅酸盐水泥熟料是硅酸盐系水泥中最重要的成分，决定着水泥的性质。

硅酸盐水泥熟料的原料主要有以下三种：

（1）石灰质原料：主要提供氧化钙（CaO），常用石灰石、白垩岩、石灰质凝灰岩等；

（2）黏土质原料：主要提供氧化硅（SiO_2）、氧化铝（Al_2O_3）、氧化铁（Fe_2O_3），常用黏土或黄土等；

（3）校正原料：用于补充氧化铁（Fe_2O_3）等不足，常用铁矿石粉等。

3. 通用硅酸盐水泥的生产工艺

硅酸盐水泥的生产有三大主要环节，即生料制备、熟料烧成和水泥制成。这三大环节的主要设备是生料粉磨机、水泥熟料煅烧窑和水泥粉磨机，其生产过程常形象地概括为"两磨一烧"，如图 3.1 所示。

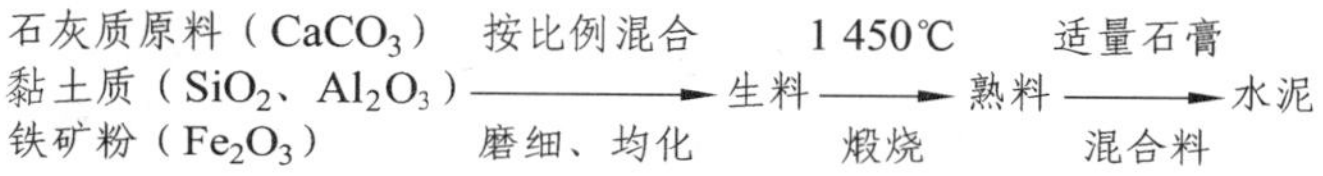

石灰质原料（$CaCO_3$）
黏土质（SiO_2、Al_2O_3） —按比例混合/磨细、均化→ 生料 —1 450℃/煅烧→ 熟料 —适量石膏/混合料→ 水泥
铁矿粉（Fe_2O_3）

图 3.1 通用硅酸盐水泥的生产流程

水泥生产工艺按生料制备时加水制成料浆的称为湿法生产，干磨成粉料的称为干法生产。由于生料煅烧成熟料是水泥生产的关键环节，因此，水泥的生产工艺也常以煅烧窑的类型来划分。

目前，我国水泥熟料的煅烧主要有以悬浮预热和窑外分解技术为核心的新型干法生产工艺、回转窑生产工艺和立窑生产工艺等几种。由于新型干法生产工艺具有规模大、质量好、消耗低、效率高的特点，已经成为发展方向和主流；而传统的回转窑和立窑生产工艺由于技术落后、消耗高、效率低，正逐渐被淘汰。

硅酸盐水泥生产中，须加入适量石膏和混合材料。加入石膏的作用是延缓水泥的凝结时间，以满足使用的要求；加入混合材料则是为了改善其品种和性能，扩大其使用范围。

3.1.2 通用硅酸盐水泥的组成材料与组分

1. 通用硅酸盐水泥的组成材料

（1）硅酸盐水泥熟料。

硅酸盐水泥熟料的主要矿物成分是硅酸三钙（$3CaO \cdot SiO_2$），简称为 C_3S，含量 36% ~ 60%；硅酸二钙（$2CaO \cdot SiO_2$），简称为 C_2S，含量 15% ~ 37%；铝酸三钙（$3CaO \cdot Al_2O_3$），简称为 C_3A，含量 7% ~ 15%；铁铝酸四钙（$4CaO \cdot Al_2O_3 \cdot Fe_2O_3$），简称为 C_4AF，占 10% ~ 18%。这四种矿物成分中，硅酸三钙和硅酸二钙是主要成分，称为硅酸盐矿物，其含量占 70% ~ 85%。

硅酸盐水泥熟料是由高温煅烧而成，为了得到合理矿物成分组成的水泥熟料，在硅酸盐水泥生产过程中，应严格控制原料（生料）的化学成分及煅烧温度。

硅酸盐水泥熟料矿物与水作用时所表现出的特性是不同的，硅酸盐水泥四种矿物的技术特性见表 3.1。硅酸盐水泥是由多种矿物成分组成，不同矿物组成具有不同的特性，可以通过改变硅酸盐水泥熟料中矿物组成的相对含量，硅酸盐水泥的性质即发生相应变化，这样就可以生产出不同性能的水泥品种。例如：提高水泥熟料中 C_3S 的含量，可制得高强度水泥；降低 C_3S 和 C_3A 的含量，可制得水化热低的水泥（大坝水泥）——如果水化热大，内外温差大，易开裂；提高 C_3S 和 C_3A 的含量，可制得快硬高强的水泥，用于抢修工程。

表 3.1　硅酸盐水泥熟料矿物的特性

矿物特性＼矿物名称	硅酸三钙（C_3S）	硅酸二钙（C_2S）	铝酸三钙（C_3A）	铁铝酸四钙（C_4AF）
水化速度	中	慢	快	中
水化热	中	低	高	中
强　度	高	早期低，后期高	低	低
耐化学侵蚀	中	良	差	优
干缩性	中	小	大	小

（2）石膏。

石膏不是生产水泥的主原料，却是生产水泥不可缺少的辅助原料。在硅酸盐水泥熟料中加入适量石膏，可起延缓水泥水化作用，是水泥水化的缓凝剂，可用来调节水泥的凝结时间；如不加石膏，水泥熟料经磨细后与水拌和就会立即凝结，同时还有利于提高水泥早期强度及降低干缩变形等性能。

石膏掺量与熟料矿物组成有关，铝酸三钙（C_3A）的含量高，则石膏的掺量可多一些；但不宜过多，否则会产生强度下降或瞬凝，一旦发生瞬凝即使重新用力搅拌也不会消失，严重时会导致水泥安定性不合格。

用于硅酸盐水泥中的石膏主要采用天然石膏和工业副产品石膏。

（3）混合材料。

在生产硅酸盐水泥时，为改善水泥性能、增加水泥品种、调节水泥强度等级、提高水泥产量、降低水泥生产成本及扩大水泥使用范围等目的，而加入到水泥中去的人工的和天然的矿物质材料，称为混合材料。水泥混合材料按性质分为活性混合材料（水硬性混合材料）和非活性混合材料（填充性混合材料）两大类。

活性混合材料具有较高的火山灰性或潜在的水硬性，或两者兼有。火山灰性是指混合材料磨成细粉，单独不具有水硬性，但在常温下与石灰一起和水拌和后，能生成具有水硬性化合物（既能在水中，又能在空气中硬化）的性能。潜在的水硬性是指将磨细的材料与水拌和后，在有少量激发剂的情况下，具有水硬性能。属于此类性质的有粒化高炉矿渣、火山灰质和粉煤灰混合材料。

粒化高炉矿渣：将炼铁高炉的熔融矿渣，经急速冷却而成的松软颗粒，颗粒直径一般为 0.5 ~ 5 mm。急冷一般用水淬方法进行，故又称水淬高炉矿渣。粒化高炉矿渣中的活性成分一般认为是硅酸钙和铝硅酸钙。

火山灰质混合材料：火山喷发时，随同熔岩一起喷发的大量碎屑沉积在地面或水中成为松软物质，称为火山灰。火山灰质混合材料指凡是天然或人工的以氧化硅、氧化铝为主要成分，具有火山灰性的矿物材料。

粉煤灰：发电厂锅炉以粉煤做燃料，从其烟气中收集下来的灰渣，又称飞灰。它的颗粒直径一般为 0.001 ~ 0.05 mm，呈玻璃态实心或空心的球状颗粒，表面致密度较好。粉煤灰的活性主要决定于玻璃体含量，粉煤灰的成分主要是活性氧化硅和活性氧化铝。

非活性混合材料，指在水泥中主要起填充作用而又不损害水泥性能的矿物材料。磨细的石英砂、石灰石、慢冷矿渣及各种废渣等属于非活性混合材料。它们与水泥成分不起化学作用（即无化学活性）或化学作用很小，掺入硅酸盐水泥中仅起提高水泥产量和调节水泥强度等级、减少水化热，以及改善混凝土与砂浆和易性等作用。

（4）窑灰。

窑灰是指从水泥回转窑窑尾废气中收集下来的粉尘。

（5）助磨剂。

水泥粉磨时允许加入助磨剂，其加量应不大于水泥质量的 0.5%，且助磨剂应符合水泥助磨剂 JC/T 667—2004 的规定。

2. 通用硅酸盐水泥的组分

根据现行国家标准《通用硅酸盐水泥》（GB175—2007）的规定，通用硅酸盐水泥的组分应符合表 3.2 的规定。

普通硅酸盐水泥中的活性混合材料，允许用不超过水泥质量 8% 的非活性混合材料或不超过水泥质量 5% 的窑灰代替。

矿渣硅酸盐水泥中的粒化高炉矿渣，允许用不超过水泥质量 8%的活性混合材料或非活性混合材料或窑灰中的任一种材料代替。

复合硅酸盐水泥为由两种（含）以上的活性混合材料或（和）非活性混合材料组成，其中允许用不超过水泥质量 8%的窑灰代替。掺矿渣时混合材料掺量不得与矿渣硅酸盐水泥重复。

表 3.2 通用硅酸盐水泥的组分

<table>
<tr><th rowspan="2">品种</th><th rowspan="2">代号</th><th colspan="5">组 分</th></tr>
<tr><th>熟料＋石膏</th><th>粒化高炉矿渣</th><th>火山灰质混合材料</th><th>粉煤灰</th><th>石灰石</th></tr>
<tr><td rowspan="3">硅酸盐水泥</td><td>P·Ⅰ</td><td>100</td><td>—</td><td>—</td><td>—</td><td>—</td></tr>
<tr><td rowspan="2">P·Ⅱ</td><td>≥95</td><td>≤5</td><td>—</td><td>—</td><td>—</td></tr>
<tr><td>≥95</td><td>—</td><td>—</td><td>—</td><td>≤5</td></tr>
<tr><td>普通硅酸盐水泥</td><td>P·O</td><td>≥80 且＜95</td><td colspan="3">＞5 且≤20</td><td>—</td></tr>
<tr><td rowspan="2">矿渣硅酸盐水泥</td><td>P·S·A</td><td>≥50 且＜80</td><td>＞20 且≤50</td><td>—</td><td>—</td><td>—</td></tr>
<tr><td>P·S·B</td><td>≥30 且＜50</td><td>＞50 且≤70</td><td>—</td><td>—</td><td>—</td></tr>
<tr><td>火山灰质硅酸盐水泥</td><td>P·P</td><td>≥60 且＜80</td><td>—</td><td>＞20 且≤40</td><td>—</td><td>—</td></tr>
<tr><td>粉煤灰硅酸盐水泥</td><td>P·F</td><td>≥60 且＜80</td><td>—</td><td>—</td><td>＞20 且≤40</td><td>—</td></tr>
<tr><td>复合硅酸盐水泥</td><td>P·C</td><td>≥50 且＜80</td><td colspan="4">＞20 且≤50</td></tr>
</table>

3.1.3 通用硅酸盐水泥的水化及凝结硬化

1. 通用硅酸盐水泥的水化

水泥加水拌和后，水泥颗粒立即分散于水中并与水发生化学反应，不同熟料矿物与水作用生成各种水化物，同时释放出一定的热量。水泥水化反应的反应式如下：

$$\underset{\text{硅酸三钙}}{2(3CaO\cdot SiO_2)}+6H_2O\longrightarrow \underset{\text{水化硅酸钙}}{3CaO\cdot SiO_2\cdot 3H_2O}+\underset{\text{氢氧化钙}}{3Ca(OH)_2} \tag{3.1}$$

$$2(2CaO\cdot SiO_2)+4H_2O \longrightarrow 3CaO\cdot 2SiO_2\cdot 3H_2O+3Ca(OH)_2 \tag{3.2}$$

硅酸二钙　　　　　　　水化硅酸钙　　氢氧化钙

$$3CaO\cdot Al_2O_3+6H_2O \longrightarrow 3CaO\cdot Al_2O_3\cdot 6H_2O \tag{3.3}$$

铝酸三钙　　　　　　水化铝酸钙

$$4CaO\cdot Al_2O_3\cdot Fe_2O_3+7H_2O \longrightarrow 3CaO\cdot Al_2O_3\cdot 6H_2O+CaO\cdot Fe_2O_3\cdot H_2O \tag{3.4}$$

铁铝酸四钙　　　　　　　水化铝酸钙　　水化铁酸钙

为了控制铝酸三钙的水化和凝结硬化速度，必须在水泥中掺入适量石膏，而石膏将与部分水化铝酸钙反应，生成难溶的水化硫铝酸钙，又称钙矾石。由于生成的水化硫铝酸钙非常难溶，迅速沉淀结晶形成针状晶体，包裹于铝酸盐矿物表面阻止水分与其接触和反应，同时又消耗了铝酸三钙，故水泥的凝结得以延缓。铁铝酸四钙的水化有石膏存在时，水化产物主要是水化硫铝酸钙，但还有水化铁酸钙凝胶。

$$3(CaSO_4\cdot 2H_2O)+3CaO\cdot Al_2O_3\cdot 6H_2O+19H_2O \longrightarrow 3CaO\cdot Al_2O_3\cdot 3CaSO_4\cdot 31H_2O \tag{3.5}$$

水化硫铝酸钙(钙矾石)

如果忽略一些次要和少量的成分，一般认为硅酸盐水泥水化后生成的主要水化产物包括：水化硅酸钙（70%）、氢氧化钙（20%）、水化铝酸钙、水化铁酸钙及水化硫铝酸钙等。

矿渣硅酸盐水泥与水拌和后，首先是水泥熟料矿物的水化，然后矿渣才参加反应，水化产物氢氧化钙与所掺入的石膏分别作为矿渣的碱性激发剂和硫酸盐激发剂，与矿渣中的活性 SiO_2 和活性 Al_2O_3 发生化学反应，生成不定型水化硅酸钙、水化硫铝酸钙等水化产物。这种反应也称为“火山灰反应”。

火山灰质硅酸盐水泥、粉煤灰硅酸盐水泥的水化过程与矿渣硅酸盐水泥基本相似。

2. 通用硅酸盐水泥的凝结硬化

水泥水化后，将生成各种水化产物，随着时间推延，水泥浆的塑性逐渐失去，而成为具有一定强度的固体，这一过程称为水泥的凝结硬化。

凝结和硬化是一个连续而复杂的物理化学变化过程，可以分为四个阶段来描述。水泥凝结硬化过程示意图如图 3.2 所示。

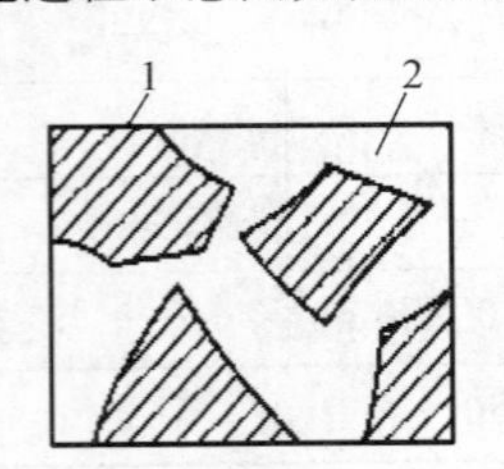

（a）分散在水中未水化的水泥颗粒

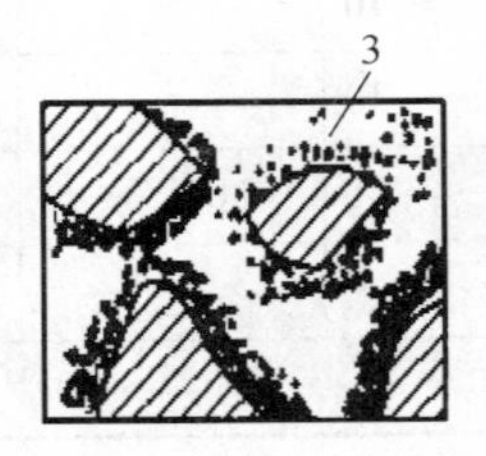

（b）在水泥颗粒表面形成水化物膜层

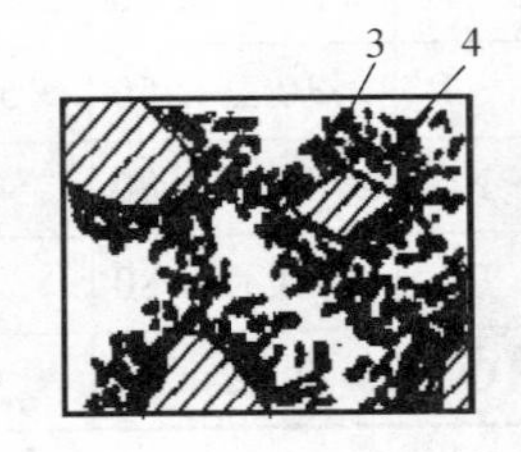

（c）膜层长大并相互连接（凝结）

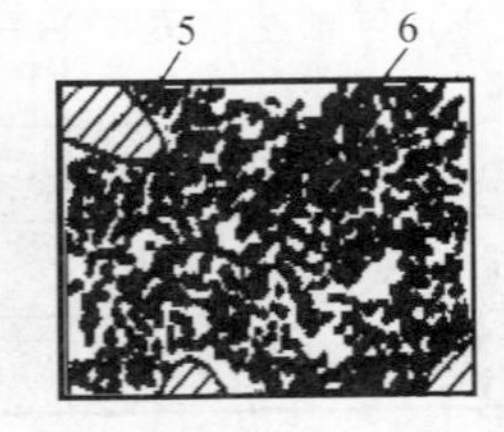

（d）水化物进一步发展，填充毛细孔（硬化）

图 3.2　水泥凝结硬化过程示意图

1—水泥颗粒；2—水分；3—凝胶；4—晶体；5—水泥颗粒的未水化内核；6—毛细孔

水泥加水拌和后，水泥颗粒表面很快就与水发生化学反应，生成相应的水化产物，组成水泥-水-水化产物混合体系。这一阶段称为初始反应期。

水化初期生成的产物迅速扩散到水中，水化产物在溶液中很快达到饱和或过饱和状态而不断析出，在水泥颗粒表面形成水化物膜层，使得水化反应进行较慢。在这期间，水泥颗粒仍然分散，水泥浆体具有良好的可塑性。这一阶段称为诱导期。

随着水化继续进行，自由水分逐渐减少，水化产物不断增加，水泥颗粒表面的新生物厚度逐渐增大，使水泥浆中固体颗粒间的间距逐渐减小，越来越多的颗粒相互连接形成网架结构，使水泥浆体逐渐变稠，慢慢失去可塑性。这一阶段称为凝结期。

水化反应进一步进行，水化产物不断生成，水泥颗粒之间的毛细孔不断被填实，使结构更加致密，水泥浆体逐渐硬化，形成具有一定强度的水泥石，且强度随时间不断增长。水泥的硬化期可以延续至很长时间，但 28 天基本表现出大部分强度。这一阶段称为硬化期。

在水泥石中，水化硅酸钙凝胶是组成的主体，对水泥石的强度、凝结速率、水化热及其他主要性质起支配作用。水泥石中凝胶之间、晶体与凝胶、未水化颗粒与凝胶之间产生黏结力是凝胶体具有强度的实质，至今尚无明确的结论。一般认为范德华力、氢键、离子引力和表面能是产生黏结力的主要原因，也有认为存在化学键力的作用。

3. 影响通用硅酸盐水泥凝结硬化的主要因素

（1）熟料矿物组成的影响。

由于各矿物的组成比例不同、性质不同，对水泥性质的影响也不同。如硅酸钙占熟料的比例最大，它是水泥的主导矿物，其比例决定了水泥的基本性质；C_3A 的水化和凝结硬化速率最快，是影响水泥凝结时间的主要因素，加入石膏可延缓水泥凝结，但石膏掺量不能过多，否则会引起安定性不良；当 C_3S 和 C_3A 含量较高时，水泥凝结硬化快、早期强度高，水化放热量大。熟料矿物对水泥性质的影响是各矿物的综合作用，不是简单叠加，其组成比例是影响水泥性质的根本因素，调整比例结构可以改善水泥性质和产品结构。

（2）水泥细度的影响。

水泥的细度并不改变其根本性质，但却直接影响水泥的水化速率、凝结硬化、强度、干缩和水化放热等性质。因为水泥的水化是从颗粒表面逐步向内部发展的，颗粒越细小，其表面积越大，与水的接触面积就越大，水化作用就越迅速越充分，使凝结硬化速率加快，早期强度越大。但水泥颗粒过细时，在磨细时消耗的能量和成本会显著提高且水泥易与空气中的水分和二氧化碳反应，使之不易久存；另外，过细的水泥，达到相同稠度时的用水量增加，硬化时会产生较大的体积收缩，同时水分蒸发产生较多的孔隙，会使水泥石强度下降。因此，水泥的细度要控制在一个合理的范围内。

（3）拌合用水量的影响。

通常，水泥水化时的理论需水量是水泥质量的 23% 左右，但为了使水泥浆体具有一定的流动性和可塑性，实际的加水量远高于理论需水量，如配制混凝土时的水灰比（水与水泥重量之比）一般在 0.4 ~ 0.7。不参加水化的"多余"水分，使水泥颗粒间距增大，会延缓水泥浆的凝结时间，并在硬化的水泥石中蒸发形成毛细孔，拌和用水量越多，水泥石中的毛细孔越多，孔隙率就越高，水泥的强度越低，硬化收缩越大，抗渗性、抗侵蚀性能就越差。

（4）养护湿度、温度的影响。

硅酸盐水泥是水硬性胶凝材料，水化反应是水泥凝结硬化的前提。因此，水泥加水拌和后，必须保持湿润状态，以保证水化进行和获得强度增长。若水分不足，会使水化停止，同时导致较大的早期收缩，甚至使水泥石开裂。提高养护温度，可加速水化反应，提高水泥的早期强度，但后期强度可能会有所下降。其原因是在较低温度（20 °C 以下）下虽水化硬化较慢，但生成的水化产物更加致密，可获得更高的后期强度。当温度低于 0 °C 时，由于水结冰而使水泥水化硬化停止，将影响其结构强度。一般水泥石结构的硬化温度不得低于 – 5 °C。硅酸盐水泥的水化硬化较快，早期强度高，若采用较高温度养护，反而还会因水化产物生长过快，损坏其早期结构网络，造成强度下降。因此，硅酸盐水泥不宜采用蒸汽养护等湿热方法养护。

（5）养护龄期的影响。

水泥的水化硬化是一个长期不断进行的过程。随着养护龄期的延长，水化产物不断积累，水泥石结构趋于致密，强度不断增长。由于熟料矿物中对强度起主导作用的 C_3S 早期强度发展快，使硅酸盐水泥强度在 3 ~ 14 d 增长较快，28 d 后增长变慢，长期强度还有增长。

（6）石膏掺量的影响。

石膏掺量占水泥质量的 3% ~ 5%，严格控制掺量可调节水泥的凝结硬化速度。不掺石膏或石膏掺量不足水泥会发生瞬凝现象。由于铝酸三钙（C_3A）在溶液中电离出的 Al_3^+，与硅酸钙凝胶体的电荷相反，促使胶体凝聚。加入石膏后，石膏与水化铝酸钙作用，生成钙钒石，难溶于水，沉淀在水泥颗粒表面上形成保护膜，降低了溶液中 Al_3^+ 的浓度，并阻碍铝酸三钙的水化，延缓水泥凝结。但掺量过多，后期会使水泥加快凝结，引起水泥石膨胀开裂破坏。

（7）储存条件的影响。

水泥应该储存在干燥的环境里。如果水泥受潮，其部分颗粒会因水化而结块，从而失去胶结能力，强度严重降低。即使是在良好的干燥条件下，也不宜储存过久。因为水泥会吸收空气中的水分和二氧化碳，发生缓慢水化和碳化现象，使强度下降。通常，储存 3 个月的水泥，强度下降 10% ~ 20%；储存 6 个月的水泥，强度下降 15% ~ 30%；储存 1 年后，强度下降 25% ~ 40%。所以，水泥的储存期一般规定不超过 3 个月。

3.1.4 通用硅酸盐水泥的技术标准和技术性质

1. 通用硅酸盐水泥的技术标准

按照现行国家标准《通用硅酸盐水泥》（GB175—2007）的规定，现将通用硅酸盐水泥的技术标准汇总于表 3.3。

我国现行国家标准《通用硅酸盐水泥》（GB 175—2007）规定：

通用硅酸盐水泥合格品判别标准：不溶物、烧失量、三氧化硫、氧化镁、氯离子、凝结时间、安定性、强度符合标准规定的，判定为合格品。

通用硅酸盐水泥不合格品判别标准：不溶物、烧失量、三氧化硫、氧化镁、氯离子、凝结时间、安定性、强度中的任何一项技术要求不符合标准规定的，判定为不合格品。

2. 通用硅酸盐水泥的技术性质

我国现行国家标准《通用硅酸盐水泥》（GB175—2007）规定，通用硅酸盐水泥的技术性质包括化学性质和物理性质两个方面。

（1）水泥的化学性质包括氧化镁含量、三氧化硫含量、烧失量、不溶物。

① 氧化镁含量。

水泥中氧化镁的含量不宜超过 5.0%。如果水泥经压蒸安定性试验合格，则水泥中氧化镁的含量允许放宽到 6.0%。

在烧制水泥熟料过程中，存在着游离的氧化镁，其结晶粗大、水化缓慢，且水化生成的 $Mg(OH)_2$ 体积膨胀达 1.5 倍，过量会引起水泥安定性不良。需以压蒸的方法加快其水化，方可判断其安定性。

表 3.3 通用硅酸盐水泥的技术标准

品种	代号	不溶物/%	烧失量/%	三氧化硫/%	氧化镁/%	氯离子/%	碱含量/%	细度			凝结时间/min		安定性（沸煮法）	抗压强度/MPa
								比表面积/(m^2/kg)	80 μm方孔筛筛余量/%	45 μm方孔筛筛余量/%	初凝	终凝		
硅酸盐水泥	P·Ⅰ	≤0.75	≤3.0	≤3.5	≤5.0①	≤6.0③	0.60④	≥300	—	—	≥45	≤390	必须合格	见表3.4
	P·Ⅱ	≤1.50	≤3.5											
普通硅酸盐水泥	P·O	—	≤5.0								≥45	≤600		
矿渣硅酸盐水泥	P·S·A	—	—	≤4.0	≤6.0②			—	≤10	≤30				
	P·S·B	—	—		—									
火山灰质硅酸盐水泥	P·P	—	—	≤3.5	≤6.0②									
粉煤灰硅酸盐水泥	P·F	—	—											
复合硅酸盐水泥	P·C	—	—											

注：① 如果水泥压蒸试验合格，则水泥中氧化镁的含量允许放宽至6.0%。
② 如果水泥中氧化镁的含量大于6.0%时，需进行水泥压蒸安定性试验并合格。
③ 当有更低要求时，该指标由买卖双方协商后确定。
④ 水泥中碱含量按 $Na_2O + 0.658K_2O$ 计算值表示。若使用活性集料，用户要求提供低碱水泥时，则水泥中的碱含量应不大于0.60%或由买卖双方协商后确定。

② 三氧化硫含量。

水泥中三氧化硫的含量不得超过3.5%。三氧化硫过量会与铝酸钙矿物生成较多的钙矾石，产生较大的体积膨胀，引起水泥安定性不良。

③ 烧失量。

水泥煅烧不理想或者受潮后，会导致烧失量增加，因此，烧失量是检验水泥质量的一项指标。烧失量测定是以水泥试样在950～1 000 °C下灼烧15～20 min，冷却至室温称量。如此反复灼烧，直至恒重，计算灼烧前后质量损失百分比。

④ 不溶物。

水泥中不溶物主要是指煅烧过程中存留的残渣，不溶物的含量会影响水泥的黏结质量。不溶物是用盐酸溶解滤去不溶残渣，经碳酸钠处理再用盐酸中和，高温下灼烧至恒重后称量，灼烧后不溶物质量占式样总质量比例为不溶物含量。

（2）水泥物理性质包括细度、标准稠度用水量、凝结时间、体积安定性和强度。

① 细度。

细度指水泥颗粒的粗细程度。一般情况下，水泥颗粒越细，其总表面积越大，与水反应时接触面积也越大，水化反应速度就越快，所以相同矿物组成的水泥，细度越大，凝结硬化速度越快，早期强度越高。一般认为，水泥颗粒粒径小于 45 μm 时才具有较大的活性。但水泥颗粒太细，使混凝土发生裂缝的可能性增加，此外，水泥颗粒细度提高会导致生产成本提高。

水泥细度可以采用筛析法 GB/T 1345—2005 和比表面积法 GB/T 8074—2008 测定。

a. 筛析法。以 80 μm 方孔筛或 45 μm 方孔筛上的筛余量百分比表示。筛析法有负压筛析法、水筛法和手工筛析法三种，当测定结果发生争议时，以负压筛析法为准。

b. 比表面积法。以每千克水泥所具有的总表面积（m^2）表示。比表面积采用勃氏法测定。

② 标准稠度用水量。

在测定水泥的凝结时间和安定性时，为使其测定结果具有可比性，必须采用标准稠度的水泥净浆进行测定。

现行国家标准 GB/T 1346—2001 规定，水泥净浆标准稠度测定方法的标准法为试杆法：以标准法维卡仪的试杆沉入净浆距底板的距离为 6 mm ± 1 mm 时的水泥浆的稠度作为标准稠度，水泥净浆达到标准稠度时所需拌和水量称为标准稠度用水量；以试锥法（调整水量法和不变水量法）为代用法。有矛盾时以标准法为准。

③ 凝结时间。

指水泥从加水时至水泥浆失去可塑性所需的时间。凝结时间分初凝时间和终凝时间。

初凝时间：从水泥全部加入水中至水泥浆开始失去可塑性所经历的时间。

终凝时间：从水泥全部加入水中至水泥浆完全失去可塑性所经历的时间。

现行国标 GB/T 1346—2001 规定：将标准稠度的水泥净浆装入凝结时间测定仪的试模中，以标准试针（分初凝用试针和终凝用试针）测试。

当初凝试针沉至距底板 4 mm ± 1 mm 时，为水泥达到初凝状态，由水泥加水时至达到初凝状态所经历的时间作为初凝时间；完成初凝时间测定后，将试模连同浆体翻转 180°，换上终凝试针（终凝针上装有一个环形附件），当试针沉入试体 0.5 mm 时，即环形附件开始不能在试体上留下痕迹时，为水泥达到终凝状态，由水泥加水时至达到终凝状态所经历的时间作为水泥的终凝时间。

硅酸盐水泥初凝时间不得早于 45 min，终凝时间不得迟于 390 min。普通硅酸盐水泥、矿渣硅酸盐水泥、火山灰质硅酸盐水泥、粉煤灰硅酸盐水泥和复合硅酸盐水泥初凝不得早于 45 min，终凝时间不得迟于 600 min。

水泥初凝时间不宜过短，终凝时间不宜过长。水泥的初凝时间太短，则在施工前即已失去流动性和可塑性而无法施工；水泥的终凝时间过长，则将延长施工进度和模板周转期。

④ 体积安定性。

水泥体积安定性是指水泥在凝结硬化过程中体积变化的均匀程度。如果这种体积变化是轻微的、均匀的，则对建筑物的质量没什么影响；但是如果混凝土硬化后，由于水泥中某些有害成分的作用，在水泥石内部产生了剧烈的、不均匀的体积变化，则会在建筑物内部产生破坏应力，导致建筑物的强度降低。若破坏应力发展到超过建筑物的强度，则会引起建筑物开裂、崩塌等严重质量事故，这种现象称为水泥的体积安定性不良。

引起水泥体积安定性不良的原因如下：

a. 水泥中含有过多的游离 CaO 和 MgO。熟料中所含游离 CaO 或 MgO 都是过烧的，结构致密，水化很慢；加之被熟料中其他成分所包裹，使得其在水泥已经硬化后才进行熟化，生成六方

板状的 $Ca(OH)_2$ 晶体，这时体积膨胀 97% 以上，从而导致不均匀体积膨胀，使水泥石开裂。

b. 石膏掺量过多。当石膏掺量过多时，在水泥硬化后，残余石膏与水化铝酸钙继续反应生成钙矾石，体积增大约 1.5 倍，从而导致水泥石开裂。

现行国家标准 GB/T 1346—2001 规定，水泥的体积安定性检验方法有雷氏法（标准法）和试饼法（代用法）。有矛盾时以标准法为准。

- 雷氏法。将标准稠度的水泥净浆按规定方法装入雷氏夹的环形试模中，湿养 24 h 后测定指针尖端距离。接着将其放入沸煮箱内，30 min 内加热至水沸腾，然后恒沸 3 h。待试件冷却后再测定指针尖端的距离，若沸煮前后指针尖端增加的距离不超过 5.0 mm，则认为水泥的体积安定性合格。
- 试饼法。用标准稠度的水泥净浆按规定方法制成规定的试饼，经养护、沸煮后，观察饼的外形变化，如目测试饼无裂纹，用钢直尺检查无弯曲，则认为安定性合格，反之为不合格。

表 3.4　通用硅酸盐水泥的强度指标

品　种	强度等级	抗压强度/MPa		抗折强度/MPa	
		3 d	28 d	3 d	28 d
硅酸盐水泥	42.5	≥17.0	≥42.5	≥3.5	≥6.5
	42.5R	≥22.0		≥4.0	
	52.5	≥23.0	≥52.5	≥4.0	≥7.0
	52.5R	≥27.0		≥5.0	
	62.5	≥28.0	≥62.5	≥5.0	≥8.0
	62.5R	≥32.0		≥5.5	
普通硅酸盐水泥	42.5	≥17.0	≥42.5	≥3.5	≥6.5
	42.5R	≥22.0		≥4.0	
	52.5	≥23.0	≥52.5	≥4.0	≥7.0
	52.5R	≥27.0		≥5.0	
矿渣硅酸盐水泥 火山灰硅酸盐水泥 粉煤灰硅酸盐水泥 复合硅酸盐水泥	32.5	≥10.0	≥32.5	≥2.5	≥5.5
	32.5R	≥15.0		≥3.5	
	42.5	≥15.0	≥42.5	≥3.5	≥6.5
	42.5R	≥19.0		≥4.0	
	52.5	≥21.0	≥52.5	≥4.0	≥7.0
	52.5R	≥23.0		≥4.5	

⑤ 强度。

水泥强度是水泥的主要技术性质，是评定其质量的主要指标。水泥强度测定按照我国现行标准《水泥胶砂强度检验方法（ISO 法）》（GB/T 17671—1999）规定，以水泥和标准砂为 1∶3，水灰比为 0.5 的配合比，用标准制作方法制成 40 mm × 40 mm × 160 mm 的棱柱体，在标准养护条件（24 h 之内在温度 20 °C ± 1 °C，相对湿度不低于 90% 的养护箱或雾室内；24 h 后在 20 °C ± 1 °C 的水中）下，测定其达到规定龄期（3 d、28 d）的抗折和抗压强度，按国家标准 GB175—2007

规定的最低强度值来划分水泥的强度等级。

a. 水泥强度等级。按规定龄期抗压强度和抗折强度来划分，各龄期强度不得低于标准规定的数值。在规定各龄期的抗压强度和抗折强度均符合某一强度等级的最低强度值要求时，以 28 d 抗压强度值（MPa）作为强度等级。

b. 水泥型号。为提高水泥早期强度，我国现行标准将水泥分为普通型和早强型（R 型）两个型号。早强型水泥的 3 d 抗压强度可以达到 28 d 抗压强度的 50%；同强度等级的早强型水泥，3 d 抗压强度较普通型的可以提高 10% ~ 24%。

3.1.5 通用硅酸盐水泥石的腐蚀种类与防腐措施

硬化水泥石在通常条件下具有较好的耐久性，但在流动的淡水和某些侵蚀介质存在的环境中，其结构会受到侵蚀，直至破坏，这种现象称为水泥石的腐蚀。它对水泥耐久性影响较大，必须采取有效措施予以防止。

1. 水泥石的主要腐蚀类型

（1）软水腐蚀（溶出性腐蚀）。

$Ca(OH)_2$ 晶体是水泥的主要水化产物之一，水泥的其他水化产物也须在一定浓度的 $Ca(OH)_2$ 溶液中才能稳定存在，而 $Ca(OH)_2$ 又是易溶于水的。若水泥石中的 $Ca(OH)_2$ 被溶解流失，其浓度低于水化产物所需要的最低要求时，水泥的水化产物就会被溶解或分解，从而造成水泥石的破坏。所以软水腐蚀是一种溶出性的腐蚀。

雨水、雪水、蒸馏水、冷凝水以及含碳酸盐较少的河水和湖水等都是软水。当水泥石长期与这些水接触时，$Ca(OH)_2$ 会被溶出，每升水中可溶解 $Ca(OH)_2$ 1.3 g 以上。在静水无压或水量不多情况下，由于 $Ca(OH)_2$ 的溶解度较小，溶液易达到饱和，故溶出作用仅限于表面，并很快停止，其影响不大。但在流水、压力水或大量水的情况下，$Ca(OH)_2$ 会不断地被溶解流失。一方面使水泥石孔隙率增大，密实度和强度下降，水更易向内部渗透；另一方面，水泥石的碱度不断降低，引起水化产物分解，最终变成胶结能力很差的产物，使水泥石结构受到破坏。

软水腐蚀的程度与水的暂时硬度（水中重碳酸盐即碳酸氢钙和碳酸氢镁的含量）有关，碳酸氢钙和碳酸氢镁能与水泥石中的 $Ca(OH)_2$ 反应生成不溶于水的碳酸钙，其反应式如下：

$$Ca(OH)_2 + Ca(HCO_3)_2 \longrightarrow 2CaCO_3 \downarrow + 2H_2O \tag{3.6}$$

生成的碳酸钙沉淀在水泥石的孔隙内而提高其密实度，并在水泥石表面形成紧密不透水层，从而可以阻止外界水的侵入和内部 $Ca(OH)_2$ 的扩散析出。所以，水的暂时硬度越高，腐蚀作用越小。应用这一性质，对需与软水接触的混凝土制品或构件，可先在空气中硬化，再进行表面碳化，形成碳酸钙外壳，可起到一定的保护作用。

（2）盐类腐蚀。

硫酸盐腐蚀（膨胀腐蚀）是指在海水、湖水、盐沼水、地下水、某些工业污水、流经高炉矿渣或煤渣的水中，常含钾、钠和氨等的硫酸盐。它们与水泥石中的 $Ca(OH)_2$ 发生置换反应，生成硫酸钙。硫酸钙与水泥石中的水化铝酸钙作用会生成高硫型水化硫铝酸钙（钙矾石），其反应式如下：

$$Ca(OH)_2 + Na_2SO_4 + 2H_2O \longrightarrow CaSO_4 \cdot 2H_2O + 2NaOH \tag{3.7}$$

$$4CaO \cdot Al_2O_3 \cdot 19H_2O + 3(CaSO_4 \cdot 2H_2O) + 7H_2O \longrightarrow 3CaO \cdot Al_2O_3 \cdot 3CaSO_4 \cdot 31H_2O + Ca(OH)_2 \tag{3.8}$$

$$3CaO \cdot Al_2O_3 \cdot 6H_2O + 3(CaSO_4 \cdot 2H_2O) + 19H_2O \longrightarrow 3CaO \cdot Al_2O_3 \cdot 3CaSO_4 \cdot 31H_2O \tag{3.9}$$

生成的高硫型水化硫铝酸钙晶体比原有水化铝酸钙体积增大1～1.5倍，硫酸盐浓度高时还会在孔隙中直接结晶成二水石膏，比$Ca(OH)_2$的体积增大1.2倍以上。由此引起水泥石内部膨胀，致使结构胀裂、强度下降而遭到破坏。因为，生成的高硫型水化硫铝酸钙晶体呈针状，又形象地称为"水泥杆菌"。

镁盐腐蚀是指在海水及地下水中，常含有大量的镁盐（主要是硫酸镁和氯化镁），它们可与水泥石中的$Ca(OH)_2$发生如下反应。

$$MgSO_4 + Ca(OH)_2 + 2H_2O \longrightarrow CaSO_4 \cdot 2H_2O + Mg(OH)_2 \tag{3.10}$$

$$MgCl_2 + Ca(OH)_2 \rightarrow CaCl_2 + Mg(OH)_2 \tag{3.11}$$

所生成的$Mg(OH)_2$松软而无胶凝性，$CaCl_2$易溶于水，会引起溶出性腐蚀，二水石膏又会引起膨胀腐蚀。所以硫酸镁对水泥起硫酸盐和镁盐的双重腐蚀作用，危害更严重。

（3）酸类腐蚀。

碳酸腐蚀是指在工业污水、地下水中常溶解有较多的二氧化碳，形成碳酸水，这种水对水泥石有较强的腐蚀作用。

首先，二氧化碳与水泥石中的$Ca(OH)_2$反应，生成碳酸钙。

$$Ca(OH)_2 + CO_2 + H_2O \longrightarrow CaCO_3 + 2H_2O \tag{3.12}$$

生成的碳酸钙是固体，但它在含碳酸的水中是不稳定的，会发生可逆反应，转变成重碳酸钙，反应式如下：

$$CaCO_3 + CO_2 + H_2O \longleftrightarrow Ca(HCO_3)_2 \tag{3.13}$$

所生成的重碳酸钙易溶于水。当水中含有较多的碳酸，且超过平衡浓度时，上式反应就向右进行，将导致水泥石中的$Ca(OH)_2$转变成为重碳酸盐而溶失，发生溶出性的腐蚀。当水的暂时硬度较大时，所含重碳酸盐较多，上式平衡所需的碳酸就要越多，因而，可以减轻腐蚀的影响。

一般酸的腐蚀是指水泥水化生成大量$Ca(OH)_2$，因而呈碱性，一般酸都会对它有不同的腐蚀作用。主要原因是一般酸都会与$Ca(OH)_2$发生中和反应，其反应的产物或者易溶于水，或者体积膨胀，使水泥石性能下降，甚至导致破坏；无机强酸还会与水泥石中的水化硅酸钙、水化铝酸钙等水化产物反应，使之分解，而导致腐蚀破坏。一般来说，有机酸的腐蚀作用较无机酸弱；酸的浓度越大，腐蚀作用越强。例如：

$$Ca(OH)_2 + 2HCl \longrightarrow CaCl_2 + 2H_2O$$

$$Ca(OH)_2 + 2H_2SO_4 \longrightarrow CaSO_4 \cdot 2H_2O$$

$$2CaO \cdot SiO_2 + 4HCl \longrightarrow 2CaCl_2 + SiO_2 \cdot 2H_2O$$

$$3CaO \cdot Al_2O_3 + 6HCl \longrightarrow 3CaCl_2 + Al_2O_3 \cdot 3H_2O$$

腐蚀作用较强的是无机酸中的盐酸（HCl）、氢氟酸（HF）、硝酸（HNO_3）、硫酸（H_2SO_4）以及有机酸中的醋酸（即乙酸CH_3COOH）、蚁酸（即甲酸$HCOOH$）和乳酸（$CH_3CH(OH)COOH$）等。氢氟酸能侵蚀水泥石中的硅酸盐和硅质集料，腐蚀作用非常强烈；而草酸（即乙二酸$HOOCCOOH \cdot 2H_2O$）与$Ca(OH)_2$反应生成的草酸钙为不溶性盐，可在水泥石表面形成保护层，所以腐蚀作用很小。

（4）强碱的腐蚀。

浓度不高的碱类溶液，一般对水泥石无害。但水泥石长期处于较高浓度（大于10%）的含碱溶液中也能发生缓慢腐蚀，主要是化学腐蚀和结晶腐蚀。

化学腐蚀：如氢氧化钠与水化产物反应，生成胶结力不强、易溶析的产物。

$$2CaO \cdot SiO_2 \cdot nH_2O + 2NaOH \longrightarrow 2Ca(OH)_2 + Na_2O \cdot SiO_2 + (n-1)H_2O \quad (3.14)$$

$$3CaO \cdot Al_2O_3 \cdot 6H_2O + 2NaOH \longrightarrow 3Ca(OH)_2 + Na_2O \cdot Al_2O_3 + 4H_2O \quad (3.15)$$

结晶腐蚀：如氢氧化钠渗入水泥石后，与空气中的二氧化碳反应生成含结晶水的碳酸钠，碳酸钠在毛细孔中结晶体积膨胀，而使水泥石开裂破坏。

（5）其他腐蚀。

除了上述四种主要的腐蚀类型外，一些其他物质也对水泥石有腐蚀作用，如糖、氨盐、酒精、动物脂肪、含环烷酸的石油产品及碱-集料反应等。它们或是影响水泥的水化，或是影响水泥的凝结，或是体积变化引起开裂，或是影响水泥的强度，从不同的方面造成水泥石的性能下降甚至破坏。

实际工程中，水泥石的腐蚀是一个复杂的物理化学作用过程，腐蚀的作用往往不是单一的，而是几种同时存在，相互影响的。

2. 腐蚀的防止

水泥石腐蚀的产生，主要有三个基本原因：一是水泥石中存在易被腐蚀的组分，主要是$Ca(OH)_2$和水化铝酸钙；二是有能产生腐蚀的介质和环境条件；三是水泥石本身不密实，有许多毛细孔，使侵蚀介质能进入其内部。防止水泥石的腐蚀，一般可采取以下措施：

（1）合理选用水泥品种。水泥品种不同，其矿物组成也不同，对腐蚀的抵抗能力不同。水泥生产时，调整矿物的组成，掺加相应耐腐蚀性强的混合材料，就可制成具有相应耐腐蚀性能的特性水泥。水泥使用时必须根据腐蚀环境的特点，合理地选择品种。如硅酸盐水泥水化时产生大量$Ca(OH)_2$，易受各种腐蚀的作用，抵抗腐蚀能力较差；而掺加活性混合材料的水泥，其熟料比例降低，水化时$Ca(OH)_2$较少，抵抗各种腐蚀的能力较强；铝酸钙含量低的水泥，其抗硫酸盐、抗碱腐蚀性能较强。

（2）提高水泥石的密实度，改善孔隙结构。水泥石的构造是一个多孔体系，因多余水分蒸发形成的毛细孔隙，是连通的孔隙，介质能渗入其内部，造成腐蚀。提高水泥石的密实度，减少孔隙，能有效地阻止或减少腐蚀介质的侵入，提高耐腐蚀能力；改善水泥石的孔隙结构，引入密闭孔隙，减少毛细孔连通孔，可提高抗渗性，是提高耐腐蚀能力的有效措施。

（3）通过表面处理，形成保护层。当腐蚀作用较强时，应在水泥石表面加做不透水的保护层，隔断腐蚀介质的接触，保护层材料选用耐腐蚀性强的石料、陶瓷、玻璃、塑料、沥青和涂料等。也可用化学方法进行表面处理，形成保护层，如表面碳化形成致密的碳酸钙、表面涂刷草酸形成不溶的草酸钙等。对于特殊抗腐蚀的要求，则可采用抗蚀性强的聚合物混凝土。

3.1.6 通用硅酸盐水泥的特点、应用和存储

1. 硅酸盐水泥、普通硅酸盐水泥

硅酸盐水泥和普通水泥是混合材料不掺或掺量较少的水泥品种，熟料占主要部分。它们的主要性质和应用特点是相同或相似的。

（1）凝结硬化快，早期及后期强度均高。适用于有早强要求的工程（如冬季施工、预制、现浇等工程）、高强度混凝土工程（如预应力钢筋混凝土、大坝溢流面部位混凝土）。

（2）抗冻性好。适用于抗冻性要求高的工程。

（3）水化热高。不宜用于大体积混凝土工程，但有利于低温季节蓄热法施工。

（4）耐腐蚀性差。因水化后氢氧化钙和水化铝酸钙的含量较多，不宜用于流动的淡水接触及有水压作用的工程，也不适用于受海水、矿物水等作用的工程。

（5）抗碳化性好。因水化后氢氧化钙含量较多，故水泥石的碱度不易降低，对钢筋的保护作用较强，适用于空气中二氧化碳浓度高的环境。

（6）耐热性差。因水化后氢氧化钙含量高，不适用于承受高温作用的混凝土工程。

（7）耐磨性好。适用于高速公路、道路和地面工程。

2. 矿渣硅酸盐水泥

（1）与普通硅酸盐水泥一样，能应用于任何地上工程，配制各种混凝土及钢筋混凝土。

（2）适用于地下或水中工程，以及经常受较高水压的工程。对于要求耐淡水侵蚀和耐硫酸盐侵蚀的水工或海工建筑尤其适宜。

（3）因水化热较低，适用于大体积混凝土工程。

（4）最适用于蒸汽养护的预制构件。

（5）适用于受热（200 °C 以下）的混凝土工程。

但矿渣硅酸盐水泥不适用于早期强度要求较高的混凝土工程；不适用受冻融或干湿交替环境中的混凝土；对低温（10 °C 以下）环境中需要强度发展迅速的工程，如不能采取加热保温或加速硬化等措施时，亦不宜使用。

3. 火灰山质硅酸盐水泥

火灰山质硅酸盐水泥的技术性质与矿渣硅酸盐水泥比较接近，主要适用范围如下：

（1）最适宜用在地下或水中工程，尤其是需要抗渗性、抗淡水及抗硫酸盐侵蚀的工程中。

（2）可以与普通硅酸盐水泥一样用在地面工程中；但用软质混合材料的火山灰水泥，由于干缩变形较大，不宜用于干燥地区或高温车间。

（3）适宜用蒸汽养护生产混凝土预制构件。

（4）由于水化热较低，所以宜用于大体积混凝土工程。

但是，火山灰质硅酸盐水泥不适用于早期强度要求较高、耐磨性要求较高的混凝土工程；其抗冻性较差，不宜用于受冻部位。

4. 粉煤灰硅酸盐水泥

粉煤灰硅酸盐水泥与火山灰质硅酸盐水泥相比较有许多相同的特点，其适用范围如下：

（1）除使用于地面工程外，还非常适用于大体积混凝土以及水中结构工程等。

（2）粉煤灰硅酸盐水泥的缺点是泌水较快，易引起失水裂缝，因此在混凝土凝结期间宜适当增加抹面次数，在硬化期应加强养护。

5. 复合硅酸盐水泥

复合硅酸盐水泥的特性与矿渣硅酸盐水泥、火灰山质硅酸盐水泥、粉煤灰硅酸盐水泥相似，并取决于所掺混合材料的种类及相对比例。

通用硅酸盐水泥在目前土建工程中应用最广，用量最大。现将通用硅酸盐水泥的主要特性列于表 3.5，在混凝土结构工程中水泥的选用可参考表 3.6。

表 3.5　通用硅酸盐水泥的主要特性

名　称		硅酸盐水泥	普通硅酸盐水泥	矿渣硅酸盐水泥	火山灰质硅酸盐水泥	粉煤灰硅酸盐水泥
密度/（g/cm^3）		3.00～3.15	3.00～3.15	2.80～3.10	2.80～3.10	2.80～3.10
堆积密度/（kg/cm^3）		1 000～1 600	1 000～1 600	1 000～1 200	900～1 000	900～1 000
强度等级		42.5、42.5R、52.5、52.5R、62.5、62.5R	42.5、42.5R、52.5、52.5R	32.5、32.5R、42.5、42.5R、52.5、52.5R		
特性	硬　化	快	较　快	慢	慢	慢
	早期强度	高	较　高	低	低	低
	水化热	高	高	低	低	低
	抗冻性	好	较　好	差	差	差
	耐热性	差	较　差	好	较　差	较　差
	干缩性	较　小	较　小	较　大	较　大	较　大
	抗渗性	较　好	较　好	差	较　好	较　好
	耐蚀性	差	较　差	较　强	较　强	较　强
	泌水性	较　小	较　小	明　显	小	小

表 3.6　通用硅酸盐水泥的选用

混凝土工程特点或所处环境条件		优先选用	可以选用	不宜选用
普通混凝土	在普通气候环境中的混凝土	普通硅酸盐水泥	矿渣硅酸盐水泥 火山灰质硅酸盐水泥 粉煤灰硅酸盐水泥 复合硅酸盐水泥	
	在干燥环境中的混凝土	普通硅酸盐水泥	矿渣硅酸盐水泥	火山灰质硅酸盐水泥 粉煤灰硅酸盐水泥
	在高湿度环境中或永远处在水下的混凝土	矿渣硅酸盐水泥	普通硅酸盐水泥 火山灰质硅酸盐水泥 粉煤灰硅酸盐水泥 复合硅酸盐水泥	
	厚大体积的混凝土	矿渣硅酸盐水泥 火山灰质硅酸盐水泥 粉煤灰硅酸盐水泥 复合硅酸盐水泥	普通硅酸盐水泥	硅酸盐水泥

续表 3.6

混凝土工程特点或所处环境条件		优先选用	可以选用	不宜选用
有特殊要求的混凝土	要求快硬的混凝土	硅酸盐水泥	普通硅酸盐水泥	矿渣硅酸盐水泥 火山灰质硅酸盐水泥 粉煤灰硅酸盐水泥 复合硅酸盐水泥
	高强（大于 C40）的混凝土	硅酸盐水泥	普通硅酸盐水泥 矿渣硅酸盐水泥	火山灰质硅酸盐水泥 粉煤灰硅酸盐水泥
	严寒地区的露天混凝土，寒冷地区的处在水位升降范围内的混凝土	普通硅酸盐水泥	矿渣硅酸盐水泥	火山灰质硅酸盐水泥 粉煤灰硅酸盐水泥
	严寒地区的处在水位升降范围内的混凝土	普通硅酸盐水泥		矿渣硅酸盐水泥 火山灰质硅酸盐水泥 粉煤灰硅酸盐水泥 复合硅酸盐水泥
	有抗渗要求的混凝土	普通硅酸盐水泥 火山灰质硅酸盐水泥		矿渣硅酸盐水泥
	有耐磨性要求的混凝土	硅酸盐水泥 普通硅酸盐水泥	矿渣硅酸盐水泥	火山灰质硅酸盐水泥 粉煤灰硅酸盐水泥

6. 存　储

为了便于识别，避免错用，国家标准对水泥的包装标识作了详细规定。水泥包装袋上应清楚标明：执行标准、水泥品种、代号、强度等级、生产者名称、生产许可证标志（QS）及编号、出厂编号、包装日期、净含量。包装袋两侧应根据水泥的品种采用不同的颜色印刷水泥名称和强度等级：硅酸盐水泥和普通硅酸盐水泥采用红色；矿渣硅酸盐水泥采用绿色；火山灰质硅酸盐水泥、粉煤灰硅酸盐水泥和复合硅酸盐水泥采用黑色或蓝色。包装不合格的水泥被定为不合格水泥。

水泥在运输和储存过程中，应按不同品种、强度等级及出厂日期分别储运，不得混杂，并注意防水防潮。袋装水泥的堆放高度不得超过 10 袋。工地存储水泥应有专用仓库，库房要干燥。存放袋装水泥时，地面垫板要离地 30 cm，四周离墙 30 cm。

使用时应考虑先存先用，不可储存过久。一般不宜超过 3 个月，否则应重新测定强度等级，按实测强度使用。存放超过 6 个月的水泥必须经过检验后才能使用。

3.2 特性水泥和专用水泥

3.2.1 铝酸盐水泥

1. 铝酸盐水泥的原料与组成

铝酸盐水泥是以石灰石和铝矾为主要原料，经煅烧至全部或部分熔融，得到以铝酸钙为主的铝酸盐水泥熟料，再磨细制成的水硬性胶凝材料，代号为 CA。

我国铝酸盐水泥按 Al_2O_3 含量分为四类：CA-50，$50\% \leqslant Al_2O_3 < 60\%$；CA-60，$60\% \leqslant Al_2O_3 < 68\%$；CA-70，$68\% \leqslant Al_2O_3 < 77\%$；CA-80，$77\% \leqslant Al_2O_3$。

铝酸盐水泥的主要原料是矾土（铝土矿）和石灰石，矾土提供 Al_2O_3，石灰石提供 CaO；主要化学成分是 CaO、Al_2O_3、SiO_2；主要矿物成分是铝酸一钙（$CaO \cdot Al_2O_3$，简写为 CA）、二铝酸一钙（$CaO \cdot 2Al_2O_3$，简写为 CA_2）、七铝酸十二钙（$C_{12}A_7$），此外还有少量的其他铝酸盐和硅酸二钙。

铝酸一钙是铝酸盐水泥的最主要矿物，占 40%～50%，具有很高的活性，其特点是凝结正常、硬化迅速，是铝酸盐水泥强度的主要来源。二铝酸一钙占 20%～35%，凝结硬化慢，早期强度低，但后期强度较高。

铝酸盐水泥熟料的煅烧有熔融法和烧结法两种。熔融法采用电弧炉、高炉、化铁炉和射炉等煅烧设备；烧结法采用通用水泥的煅烧设备。我国多采用回转窑烧结法生产，熟料具有正常的凝结时间，磨制水泥时不用掺加石膏等缓凝剂。

2. 铝酸盐水泥的水化与硬化

铝酸一钙是铝酸盐水泥的主要矿物成分，其水化硬化情况对水泥的性质起着主导作用。铝酸一钙水化极快，其水化反应及产物随温度变化很大。一般研究认为不同温度下，铝酸一钙水化反应有以下形式。

当温度小于 20 °C 时：

$$CaO \cdot Al_2O_3 + 10H_2O \longrightarrow CaO \cdot Al_2O_3 \cdot 10H_2O \tag{3.16}$$

当温度在 20 °C～30 °C 时：

$$3(CaO \cdot Al_2O_3) + 21H_2O \longrightarrow CaO \cdot Al_2O_3 \cdot 10H_2O + 2CaO \cdot Al_2O_3 \cdot 8H_2O + Al_2O_3 \cdot 3H_2O \tag{3.17}$$

当温度大于 30 °C 时：

$$3(CaO \cdot Al_2O_3) + 12\,H_2O \longrightarrow 3CaO \cdot Al_2O_3 \cdot 6H_2O + 2(Al_2O_3 \cdot 3H_2O) \tag{3.18}$$

铝酸盐水泥的水化产物主要为：十水铝酸一钙 $CaO \cdot Al_2O_3 \cdot 10H_2O$，简写为 CAH_{10}；八水铝酸二钙 $2CaO \cdot Al_2O_3 \cdot 8H_2O$，简写为 C_2AH_8；六水铝酸三钙 $3CaO \cdot Al_2O_3 \cdot 6H_2O$，简写为 C_3AH_6；此外还有铝胶 $Al_2O_3 \cdot H_2O$。

二铝酸一钙的水化反应产物与铝酸一钙相同。常温下，CAH_{10} 和 C_2AH_8 同时形成，一起共存，其相对比例随温度上升而减小。铝酸盐水泥的硬化机理与硅酸盐水泥基本相同。水化铝酸钙是多组分的共溶体，呈晶体结构，其组成与熟料成分、水化条件和环境温度等因素相关。CAH_{10} 和 C_2AH_8 都属六方晶系，结晶形态为片状、针状，硬化时互相交错搭接，重叠结合，形成坚固的网状骨架，产生较高的机械强度。水化生成的氢氧化铝（AH_3）凝胶又填充于晶体骨架，形成比较致密的结构。铝酸盐水泥的水化主要集中在早期，5～7 d 后水化产物数量就很少增加，所以其早期强度增长很快，后期增长不显著。

要注意的是，CAH_{10} 和 C_2AH_8 等水化铝酸钙晶体都是亚稳相，会自发地转化为最终稳定产物 C_3AH_6，析出大量游离水，转化随温度提高而加速。C_3AH_6 晶体属立方晶系，为等尺寸的晶体，结构强度远低于 CAH_{10} 和 C_2AH_8；同时水分的析出使内部孔隙增加，结构强度下降。所以，铝酸盐水泥的长期强度会有所下降，一般降低 40%～50%，湿热环境下影响更严重，甚至引起结构破坏。一般情况下，限制铝酸盐水泥用于结构工程。

3. 铝酸盐水泥的技术要求与应用

铝酸盐水泥的密度为 3.0～3.2 g/cm^3，疏松状态的体积密度为 1.0～1.3 g/cm^3，紧密状态的体积密度为 1.6～1.8 g/cm^3。国家标准《铝酸盐水泥》(GB 201—2000）规定的细度、凝结时间和强度等级要求见表 3.7。

表 3.7 铝酸盐水泥的细度、凝结时间、强度要求

项目		水泥类型			
		CA-50	CA-60	CA-70	CA-80
细度		比表面积不小于 300 m^{2}g^{-1} 或 0.045 mm 筛筛余不得超过 20%			
凝结时间	初凝/min（不早于）	30	60	30	30
	终凝/h（不迟于）	6	18	6	6
抗压强度/MPa	6 h	20*	—	—	—
	1 d	40	20	30	25
	3 d	50	45	40	30
	28 d	—	85	—	—
抗折强度/MPa	6 h	3.0*	—	—	—
	1 d	5.5	2.5	5.0	4.0
	3 d	6.5	5.0	6.0	5.0
	28 d	—	10.0	—	—

注：*当用户需要时，生产厂应提供结果。

铝酸盐水泥的特性与应用归纳如下：

（1）具有早强快硬的特性，1 d 强度可达本等级强度的 80% 以上。适用于工期紧急的工程，如军事、桥梁、道路、机场跑道、码头和堤坝的紧急施工与抢修等。

（2）放热速率快，早期放热量大，1 d 放热可达水化热总量的 70%～80%，在低温下也能很好地硬化。适用于冬季及低温环境下施工，不宜用于大体积混凝土工程。

（3）抗硫酸盐腐蚀性强。由于铝酸盐水泥的矿物主要是低钙铝酸盐，不含 C_3A，水化时不产生 $Ca(OH)_2$，所以具有较强的抗硫酸盐性，甚至超过抗硫酸盐水泥。另外，铝酸盐水泥水化时产生铝胶（AH_3）使水泥石结构极为密实，并能形成保护性薄膜，对其他类腐蚀也有很好的抵抗性。其耐磨性良好，适用于耐磨性要求较高的工程，以及受软水、海水、酸性水和硫酸盐腐蚀的工程。

（4）耐热性好。在高温下，铝酸盐水泥会发生固相反应，烧结结合逐步代替水化结合，不会使强度过分降低。如采用耐火集料时，可制成使用温度达 1 300～1 400 °C 的耐热混凝土。适用于制作各种锅炉、窑炉用的耐热和隔热混凝土、砂浆。

（5）抗碱性差。铝酸盐水泥是不耐碱的，在碱性溶液中水化铝酸钙会与碱金属的碳酸盐反应而分解，使水泥石会很快被破坏。所以，铝酸盐水泥不得用于与碱溶液相接触的工程，也不得与硅酸盐水泥、石灰等能析出 $Ca(OH)_2$ 的胶凝材料混合使用。

3.2.2 硫铝酸盐水泥

硫铝酸盐水泥是我国发明的组成不同于硅酸盐水泥和铝酸盐水泥的水泥系列。20 世纪 70 年代，我国发明了普通硫铝酸盐水泥；20 世纪 80 年代又首创了高铁硫铝酸盐水泥（又称铁铝酸盐水泥），也已形成了系列。硫铝酸盐水泥具有早强、高强、抗冻、抗渗、耐蚀和低碱性等优良特性，应用前景广阔。

1. 硫铝酸盐水泥的组成与水化

硫铝酸盐水泥的主要原料是矾土、石灰石和石膏，用烟煤作为燃料。矾土主要提供 Al_2O_3，其中 Fe_2O_3 含量小于 5% 的称为铝矾土，Fe_2O_3 含量大于 5% 的称为铁矾土。对矾土所含 SiO_2 也有一定的限制。石灰石主要提供 CaO，要求与硅酸盐水泥一样。石膏主要提供 SO_3，可用二水泥石膏（$CaSO_4 \cdot H_2O$）或硬石膏（$CaSO_4$）。

硫铝酸盐水泥的主要矿物成分是无水硫铝酸钙（$3CaO \cdot 3Al_2O_3 \cdot CaSO_4$）、硅酸二钙（$2CaO \cdot SiO_2$）和含铁相固溶体。普通硫铝酸盐水泥的含铁相为 $4CaO \cdot Al_2O_3 \cdot Fe_2O_3$，高铁硫铝酸盐水泥为 $6CaO \cdot Al_2O_3 \cdot 2Fe_2O_3$。$3CaO \cdot 3Al_2O_3 \cdot CaSO_4$ 水化速率较快，力学强度较高，是早期水化活性高的矿物。含铁相早期水化快，强度较高。硅酸二钙与硅酸盐水泥中的不同，主要是在 1 250 ~ 1 280 °C 时由硫铝酸钙的过渡相分解生成，水化速率有所提高。

无水硫铝酸钙的水化反应可用下式表示：

$$3CaO \cdot 3Al_2O_3 \cdot CaSO_4 + 18H_2O \longrightarrow 3CaO \cdot Al_2O_3 \cdot CaSO_4 \cdot 12H_2O + 2(Al_2O_3 \cdot 3H_2O) \tag{3.19}$$

$6CaO \cdot Al_2O_3 \cdot 2Fe_2O_3$ 的水化反应可表示为

$$6CaO \cdot Al_2O_3 \cdot 2Fe_2O_3 + 15H_2O \longrightarrow 2\{3CaO \cdot [xAl_2O_3 \cdot (1-x)Fe_2O_3] \cdot 6H_2O\} + 4xFe(OH)_3 + (2-4x)Al(OH)_3 \tag{3.20}$$

硫铝酸盐水泥水化时，各矿物的水化反应均较快。无水硫铝酸钙在水泥浆失去塑性前就形成了大量的钙矾石和氢氧化铝凝胶，硅酸二钙水化又形成 C-S-H 凝胶，铁相反应生成水化铁铝酸钙及氢氧化铝、氢氧化铁凝胶。各种凝胶体快速地不断填充由钙矾石晶体构成的空间网络骨架，逐渐形成致密的水泥石结构，获得很高的早期强度，后期强度还有增长。硫铝酸盐水泥具有显著的快硬、早强特性，与铝酸盐水泥相比，其后期强度不倒缩，性能更优良。

2. 硫铝酸盐水泥的特性与应用

硫铝酸盐水泥是现代水泥中的新型系列，与其他系列水泥相比，有其自身的特点和优势，在目前的应用推广中已显示出良好的发展前景。其主要特性如下：

（1）水化硬化快，早期强度高，是快硬早强水泥的主要品种。

（2）结构致密，干缩小，抗冻性抗渗性良好。

（3）抗腐蚀性强，对于大部分酸和盐类都有较强的抵抗能力。

（4）碱度低，与玻璃纤维等增强材料具有很好的结合能力，但对钢筋的锈蚀有一定影响。

（5）耐热性较差。钙矾石在 150 °C 高温下易脱水发生晶形转变，引起强度大幅下降。

（6）高硫型水化硫铝酸钙的膨胀值较大，且易控制，可制成膨胀水泥和自应力水泥。

硫铝酸盐水泥主要应用在有高早强要求的工程，如抢修、接缝堵漏和喷锚支护等；冬季施工工程；高强度混凝土工程；有抗渗要求、抗腐蚀性要求的工程，如地下工程和抗硫酸盐腐蚀工程等；与玻璃纤维配合，生产耐久性好的玻璃纤维增强水泥制品，制作喷射混凝土和薄壳结构构件。但由于其耐热性较差，不宜用于高温施工及高温结构中。

目前，我国生产的硫铝酸盐水泥，已经在房屋建筑工程、市政建筑工程、防水建筑工程、海洋建筑工程和混凝土制品等领域应用，取得了较好的效果。

3.2.3 道路硅酸盐水泥

1. 道路硅酸盐水泥的定义

国家标准《道路硅酸盐水泥》（GB 13693—2005）规定，由道路硅酸盐水泥熟料、适量石膏，再加入标准规定的混合材料，磨细制成的水硬性胶凝材料，称为道路硅酸盐水泥，简称道路水泥，代号为 P·R。

2. 道路硅酸盐水泥的性能与技术要求

对道路硅酸盐水泥的性能要求是耐磨性好、收缩小、抗冻性好、抗冲击性好，有较高的抗折强度和良好的耐久性。道路硅酸盐水泥的上述特性，主要依靠改变水泥熟料的矿物组成、粉磨细度、石膏加入量及外加剂来达到。一般适当提高熟料中 C_3S 和 C_4AF 含量，限制 C_3A 和游离氧化钙的含量，适当提高水泥中的石膏加入量，可提高水泥的强度和降低收缩，对制造道路水泥是有利的。另外，为了提高道路混凝土的耐磨性，可加入 5% 以下的石英砂。

道路硅酸盐水泥中氧化镁含量不得超过 5.0%，三氧化硫不得超过 3.5%，烧失量不得大于 3.0%，碱含量不得大于 0.6% 或供需双方协商；比表面积为 300 ~ 450 m^2/kg，初凝不早于 1.5 h，终凝不迟于 10 h，沸煮法安定性必须合格，28 d 干缩率不大于 0.10%，28 d 磨耗量应不大于 3.00 kg/m^2。

3. 道路硅酸盐水泥的应用

道路硅酸盐水泥可以较好地承受高速车辆的车轮摩擦、循环负荷、冲击与震荡、货物起卸时的骤然负荷，较好地抵抗路面与路基的温差和干湿度差产生的膨胀应力，抵抗冬季的冻融循环。使用道路硅酸盐水泥铺筑路面，可减少路面裂缝和磨耗，减小维修量，延长使用寿命。道路硅酸盐水泥主要用于道路路面、机场跑道路面和城市广场等工程。

3.2.4 抗硫酸盐硅酸盐水泥

国家标准《抗硫酸盐硅酸盐水泥》（GB 748—2005）按抵抗硫酸盐腐蚀的程度，将硅酸盐水泥分成中抗硫酸盐硅酸盐水泥和高抗硫酸盐硅酸盐水泥两大类。

以适当成分的硅酸盐水泥熟料，加入适量石膏，磨细制成的具有抵抗中等浓度硫酸根离子侵蚀的水硬性胶凝材料，称为中抗硫酸盐硅酸盐水泥，简称中抗硫水泥，代号 P·MSR。具有抵抗较高浓度硫酸根离子侵蚀的，称为高抗硫酸盐硅酸盐水泥，简称高抗硫水泥，代号 P·HSR。

水泥石中的 $Ca(OH)_2$ 和水化铝酸钙是硫酸盐腐蚀的内在原因，水泥的抗硫酸盐性能就决定于水泥熟矿物中这些成分的相对含量。降低熟料中 C_3S 和 C_3A 的含量，相应增加耐蚀性较好的 C_2S 替代 C_3S，增加 C_4AF 替代 C_3A，是提高耐硫酸盐腐蚀的主要措施之一。

抗硫酸盐水泥除了具有较强的抗腐蚀能力外，还具有较高的抗冻性，主要适用于受硫酸盐腐蚀、冻融循环以及干湿交替作用的海港、水利、地下、隧涵、道路和桥梁基础等工程。

3.2.5 膨胀硅酸盐水泥与自应力硅酸盐水泥

膨胀水泥和自应力水泥是一类在水化和凝结硬化过程中体积会产生膨胀的水泥。这类水泥在凝结硬化的早期会形成一定数量的膨胀性水化产物（如水化硫铝酸钙），使水泥石的结构密实，体积稍有膨胀，但不会引起破坏。

膨胀水泥是膨胀量较低，限制膨胀时，膨胀所产生的压应力能大致抵消干缩所产生的拉应力的水泥，又称收缩补偿水泥。

自应力水泥是膨胀量较大，膨胀受到限制时（如受到钢筋的限制），会因膨胀受到限制，而在水泥混凝土中产生较大压应力（>2 MPa）的水泥，由于这种压应力是水泥自身膨胀引起的，所以称为自应力水泥。

膨胀水泥适用于补偿收缩混凝土结构工程、防水与抗渗混凝土工程，以及结构加固与修补的混凝土、构件接缝及管道接头和固结机器底座、地脚螺栓。

3.2.6 低水化热硅酸盐水泥

低水化热硅酸盐水泥原称大坝水泥，是专门用于要求水化热较低的大坝和大体积工程的水泥品种。其主要品种有三种，国家标准《中热硅酸盐水泥低热硅酸盐水泥低热矿渣硅酸盐水泥》（GB 200—2003）对这三种水泥做出了规定。

以适当成分的硅酸盐水泥熟料，加入适量石膏，磨细制成的具有中等水化热的水硬性胶凝材料，称为中热硅酸盐水泥（简称中热水泥），代号 P·MH。

以适当成分的硅酸盐水泥熟料，加入适量石膏，磨细制成的具有低水化热的水硬性胶凝材料，称为低热硅酸盐水泥（简称低热水泥），代号 P·LH。

以适当成分的硅酸盐水泥熟料，加入粒化高炉矿渣、适量石膏，磨细制成的具有低水化热的水硬性胶凝材料，称为低热矿渣硅酸盐水泥（简称低热矿渣水泥），代号 P·SLH。

中热水泥主要适用于大坝溢流面的面层和水位变动区等要求较高耐磨性和抗冻性的工程；低热水泥和低热矿渣水泥主要适用于大坝或大体积建筑物内部及水下工程。

3.2.7 白色与彩色硅酸盐水泥

由白色硅酸盐水泥熟料加入适量石膏，磨细制成的水硬性胶凝材料称为白色硅酸盐水泥。白色硅酸盐水泥的性质与普通硅酸盐水泥相同，按照国家标准白色硅酸盐水泥按白度分为特级、一级、二级和三级四个级别。

白色硅酸盐水泥熟料、石膏和耐碱矿物颜料共同磨细，可制成彩色硅酸盐水泥。耐碱矿物颜料应对水泥不起有害作用，常用的有：氧化铁（红、黄、褐、黑色）、氧化锰（褐、黑色）、氧化铬（绿色）、赭石（赭色）、群青（蓝色）以及普鲁士红等，但制造红色、黑色或棕色水泥等深颜色的彩色硅酸盐水泥时，可在普通硅酸盐水泥中加入耐碱矿物颜料，而不一定用白色硅酸盐水泥。

白色硅酸盐水泥的国家标准为《白色硅酸盐水泥》（GB/T 2015—2005）。白色硅酸盐水泥的细度要求为 80 μm 方孔筛筛余不得超过 10.0%；凝结时间初凝不早于 45 min，终凝不迟于 10 h；体积安定性用沸煮法检验必须合格；水泥中三氧化硫含量不得超过 3.5%。

白色和彩色硅酸盐水泥，主要用于建筑物内外的表面装饰工程上，如地面、楼面、楼梯、墙、柱及台阶等。可做成水泥拉毛、彩色砂浆、水磨石、水刷石、斩假石等饰面，也可用于雕塑、装饰部件及彩色地砖等制品。

本章小结

水泥是一种水硬性胶凝材料，按混合材料的品种和掺量，通用硅酸盐水泥可以分为硅酸盐水泥、普通硅酸盐水泥、矿渣硅酸盐水泥、火山灰硅酸盐水泥、粉煤灰硅酸盐水泥及复合硅酸盐水泥。

硅酸盐水泥熟料的主要矿物成分是硅酸三钙、硅酸二钙、铝酸三钙、铁铝酸四钙，这四种矿物成分中，硅酸三钙和硅酸二钙是主要成分，称为硅酸盐矿物，其含量占 70%~85%。这四种矿物组成的水化产物主要为水化硅酸钙、氢氧化钙、水化铝酸钙、水化铁酸钙、水化硫铝酸钙等。水泥凝结硬化是一个非常复杂的过程，水泥经过水化、凝结和硬化过程，由可塑性的水泥浆体逐步凝结硬化成具有一定强度的水泥石。

通用硅酸盐水泥的技术性质包括化学性质和物理性质两个方面，通用硅酸盐水泥的化学性质包括氧化镁含量、三氧化硫含量、烧失量、不溶物；通用硅酸盐水泥的物理性质包括细度、标准稠度用水量、凝结时间、体积安定性和强度。

除通用硅酸盐水泥之外，目前在土木工程及相关行业中应用的水泥品种众多，如铝酸盐系水泥、硫铝酸盐系水泥、铁铝酸盐系水泥、磷酸盐系水泥、氟铝酸盐系水泥等。

复习与思考题

3.1 什么是通用硅酸盐水泥？通用硅酸水泥的品种有哪些？

3.2 通用硅酸盐水泥熟料的主要矿物是什么？各有什么水化硬化特性？

3.3 什么是非活性混合材料和活性混合材料？它们掺入水泥中各起什么作用？

3.4 生产通用硅酸盐水泥时加入石膏的作用是什么？

3.5 什么是水泥的初凝和终凝？凝结时间对工程施工有什么意义？

3.6 通用硅酸盐水泥的体积安定性是什么含义？如何检验水泥的安定性？安定性不良的主要原因是什么？

3.7 简述通用硅酸盐水泥凝结硬化的机理及影响水泥凝结硬化的主要因素。

3.8 简述通用硅酸盐水泥的强度如何测定。其强度等级如何评定？

3.9 通用硅酸盐水泥的腐蚀有哪些类型？如何防止水泥石的腐蚀？

3.10 下列混凝土工程中宜选用哪种水泥，不宜使用哪种水泥，为什么？

（1）高强度混凝土工程；
（2）预应力混凝土工程；
（3）采用湿热养护的混凝土制品；
（4）处于干燥环境中的混凝土工程；
（5）厚大体积基础工程，水坝混凝土工程；
（6）水下混凝土工程；
（7）高温设备或窑炉的基础；
（8）严寒地区受冻融的混凝土工程；
（9）有抗渗要求的混凝土工程；
（10）混凝土地面或道路工程；
（11）海港工程；
（12）有耐磨性要求的混凝土工程；
（13）与流动水接触的工程。

第 4 章　混凝土

【学习要求】

- 了解混凝土技术的新进展及其发展趋势。
- 了解普通混凝土组成材料的品种、技术要求及选用。
- 掌握各种组成材料的测定方法及对混凝土性能的影响。
- 掌握混凝土拌和物的性质及其测定和调整方法。
- 掌握普通水泥混凝土的技术性能，新拌和混凝土的和易性、硬化后混凝土的强度及耐久性。
- 掌握混凝土的耐久性和普通混凝土的配合比设计。

4.1　概　述

混凝土是由胶凝材料、水和粗集料、细集料按适当比例配合，拌制成拌和物，经一定时间硬化而成的人造石材见图 4.1。混凝土种类繁多，按所用胶凝材料种类不同可分为水泥混凝土、石膏混凝土、水玻璃混凝土、沥青混凝土、聚合物混凝土等。

混凝土按体积密度的大小可分为：

重混凝土：干体积密度大于 2 600 kg/m^3，用重晶石、铁矿石和钢屑等作集料制成的混凝土，对 X 射线和 γ 射线有较高的屏蔽能力。

普通混凝土：干体积密度为 1 950 ~ 2 500 kg/m^3，用普通的砂、石作集料配制成的混凝土。在土木工程中应用最广，广泛应用于房屋、桥梁、大坝、路面等各种工程结构。

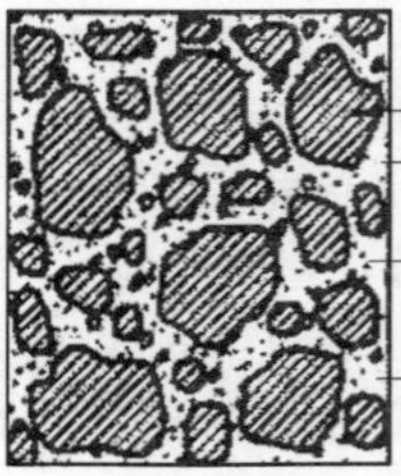

石子
砂
水泥浆
气孔

图 4.1　混凝土结构示意图

轻混凝土：干体积密度小于 1 950 kg/m^3，采用轻集料或引入气孔制成的混凝土，包括轻集料混凝土、多孔混凝土和大孔混凝土。强度等级较高的轻混凝土可用于桥梁、房屋等承重结构，强度等级较低的轻混凝土主要作隔热保温用。

4.2　普通混凝土的组成材料

普通混凝土一般是由水泥、砂、石和水所组成，其结构如图 4.1 所示。为改善混凝土的某些性能还常加入适量的外加剂和掺和料。

4.2.1　水　泥

1. 水泥的品种选择

配制普通混凝土通用的水泥有：硅酸盐水泥、普通水泥、矿渣水泥、火山灰水泥、粉煤灰水泥和复合水泥。必要时也可采用快硬性硅酸盐水泥或其他水泥。水泥品种的选择应根据混凝土工程特点、所处环境条件以及设计施工的要求进行，常用水泥品种的选择可参照表3.6。

2. 水泥强度等级选择

水泥强度等级的选择应与混凝土的设计强度等级相适应。混凝土用水泥强度等级选择的一般原则：配制高强度的混凝土，选用强度等级高的水泥；配制低强度的混凝土，选用强度等级低的水泥。如配制混凝土的水泥强度偏低，会使水泥用量过大，不经济，而且会影响混凝土的其他技术性质。如配制混凝土的水泥强度偏高，则水泥用量必然偏少，会影响混凝土和易性和密实度，导致该混凝土耐久性差。如必须用强度等级高的水泥配低强度的混凝土时，可通过掺入一定数量的混合材料来改善其和易性，提高其密实度。

4.2.2　集　料

1. 集料的分类

集料（旧称骨料）总体积占混凝土体积的60%～80%，按粒径大小分为粗集料和细集料。

粒径4.75 mm以下的集料称为细集料，俗称砂。砂按产源分为天然砂、人工砂两类。天然砂是由自然风化、水流搬运和分选、堆积形成的、粒径小于4.75 mm的岩石颗粒，但不包括软质岩、风化岩石的颗粒。天然砂包括河砂、湖砂、山砂和淡化海砂。人工砂是经除土处理的机制砂、混合砂的统称。

粒径大于4.75 mm的集料称为粗集料，俗称石。常用的有碎石及卵石两种。碎石是天然岩石或岩石经机械破碎、筛分制成的、粒径大于4.75 mm的岩石颗粒。卵石是由自然风化、水流搬运和分选、堆积而成的、粒径大于4.75 mm的岩石颗粒。卵石和碎石颗粒的长度大于该颗粒所属相应粒级的平均粒径2.4倍者为针状颗粒；厚度小于平均粒径0.4倍者为片状颗粒（平均粒径指该粒级上、下限粒径的平均值）。

2. 集料的技术性质对混凝土性能的影响

集料的各项性能指标将直接影响混凝土的施工性能和使用性能。集料的主要技术性质包括：颗粒级配及粗细程度、颗粒形态与表面特征、强度、坚固性、含泥量、泥块含量、有害物质及碱集料反应等。

（1）颗粒级配及粗细程度。

颗粒级配表示集料大小颗粒的搭配情况。在混凝土中集料间的空隙由水泥浆所填充，为达到节约水泥和提高强度的目的，应尽量减少集料的总表面积和集料间的空隙。集料的总表面积通过集料粗细程度控制，集料间的空隙通过颗粒级配来控制。

从图4.2可以看到：如果集料粗细相同，则空隙很大，见图4.2（a）；粗颗粒间填充了小的颗粒，则空隙就减少了，见图4.2（b）；当用更小的颗粒填充，其空隙就更小，见图4.2（c）。由此可见，要想减小颗粒间的空隙，就必须有大小不同的颗粒搭配。

在配制混凝土时，集料的颗粒级配和粗细程度这两个因素应同时考虑。当集料的级配良好且颗粒较大，则使空隙及总表面积均较小，这样的集料比较理想，不仅水泥浆用量较少，而且还可提高混凝土的密实性与强度。砂、卵石和碎石的颗粒级配应符合国家标准《建筑用砂》（GB/T 14684—2001）及国家标准《建筑用卵石、碎石》（GB/T 14685—2001）的技术要求。

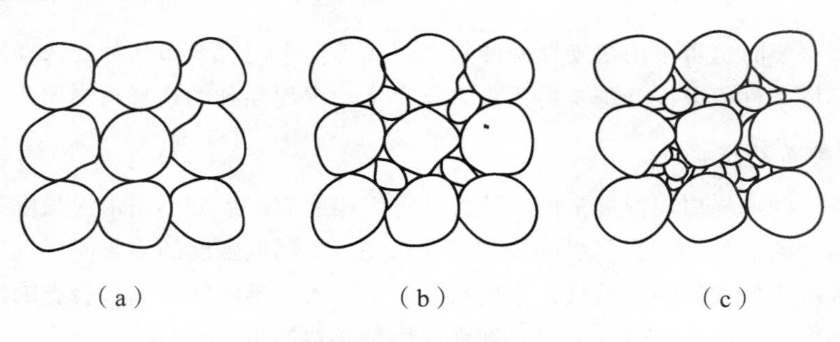

图 4.2　集料颗粒级配

粗集料颗粒级配有连续级配与间断级配之分。连续级配是从最大粒径开始，由大到小各级相连，其中每一级石子都占有适当的比例，连续级配在工程中应用较多。间断级配是各级石子不连续，即省去中间的一、二级石子。例如将 5 ~ 10 mm 与 20 ~ 40 mm 两种粒级的石子配合使用，中间缺少 10 ~ 20 mm 的石子，即成为间断级配。间断级配能降低集料的空隙率，可节约水泥，但易使混凝土拌和物产生离析，故工程中应用较少。

细集料按其细度模数可分为粗、中、细三种规格，其细度模数分别为：粗砂（3.7 ~ 3.1）、中砂（3.0 ~ 2.3）、细砂（2.2 ~ 1.6）。细度模数是衡量砂粗细程度的指标。细度模数越大，表示砂越粗。其表示式如下：

$$\text{细度模数}(M_x)=\frac{(A_2+A_3+A_4+A_5+A_6)-5A_1}{100-A_1} \tag{4.1}$$

式中　M_x——细度模数；

A_1、A_2、A_3、A_4、A_5、A_6——4.75 mm、2.36 mm、1.18 mm、600 μm、300 μm、150 μm 筛的累积筛余。

（2）颗粒形态和表面特征。

集料特别是粗集料的颗粒形状和表面特征对水泥混凝土和沥青混合料的性能有显著的影响。通常，集料颗粒有浑圆状、多棱角状、针状和片状四种类型的形状。其中，较好的接近球体或立方体的浑圆状和多棱角状颗粒。而呈细长和扁平的针状和片状颗粒对水泥混凝土的和易性、强度和稳定性等性能有不良影响，因此，在集料中应限制针、片状颗粒的含量。

集料的表面特征又称表面结构，是指集料表面的粗糙程度及孔隙特征等。集料按表面特征分为光滑的、平整的和粗糙的颗粒表面。集料的表面特征主要影响混凝土的和易性和与胶结料的黏结力，表面粗糙的集料制作的混凝土的和易性较差，但与胶结料的黏结力较强；反之，表面光滑的集料制作的混凝土的和易性较好，一般与胶结料的黏结力较差。

（3）强度。

粗集料在水泥混凝土中起骨架作用，应具有一定的强度。粗集料的强度可用抗压强度和压碎指标值两种方法表示。

抗压强度是指集料制成的边长为 50 mm 的立方体（或直径与高度均为 50 mm 的圆柱体）试件，在饱和水状态下测定的抗压强度值。

压碎指标值是反映粗集料强度的相对指标，在集料的抗压强度不便测定时，常用来评价集料的力学性能。

（4）坚固性。

坚固性是指集料在自然风化和其他外界物理化学因素作用下抵抗破裂的能力。集料在长期受到各种自然因素的综合作用下，其物理力学性能会逐渐下降。这些自然因素包括温度变化、干湿变化和冻融循环等。对粗集料及天然砂采用硫酸钠溶液法进行试验，对人工砂采用压碎值指标法进行试验。

（5）含泥量与泥块含量。

含泥量是指天然砂或卵石、碎石中粒径小于 75 μm 的颗粒含量。砂中的原粒径大于 1.18 mm，经水浸洗、手捏后小于 0.60 mm 的颗粒含量称为砂的泥块含量；卵石、碎石中原粒径大于 4.75 mm，经水浸洗、手捏后小于 2.36 mm 的颗粒含量称为卵石、碎石的泥块含量。

泥黏附在集料的表面，妨碍水泥石与集料的黏结，降低混凝土强度，还会增加拌和水量，加大混凝土的干缩，降低抗渗性和抗冻性。泥块对混凝土性质的影响更为严重，因为它在搅拌时不易散开。

（6）有害物质。

集料除不应混有草根、树叶、树枝、塑料、煤块、炉渣等杂物外，应对卵石和碎石中的有机物、硫化物及硫酸盐作出限制，另还应对砂中的云母、轻物质、氯化物作出限制。

硫化物、硫酸盐、有机物及云母等对水泥石有腐蚀作用，会降低混凝土的耐久性。

云母及轻物质（表观密度小于 2 000 kg/m^3）本身强度低，与水泥石黏结不牢，因而会降低混凝土强度及耐久性。

氯离子对钢筋有腐蚀作用，当采用海砂配制钢筋混凝土时，海砂中氯离子含量不应大于 0.06%（以干砂的质量计）；对预应力混凝土，则不宜用海砂。

（7）碱集料反应。

碱集料反应是指水泥、外加剂等混凝土构成物及环境中的碱与集料中碱活性矿物在潮湿环境下缓慢发生并导致混凝土开裂破坏的膨胀反应。碱集料反应包括碱-硅酸反应和碱-碳酸盐反应。

集料中若含有无定形二氧化硅等活性集料，当混凝土中有水分存在时，它能与水泥中的碱（K_2O 及 Na_2O）起作用，产生碱-硅酸集料反应，使混凝土发生破坏。对于重要工程混凝土使用的集料，或者怀疑集料中含有无定性二氧化硅可能引起碱集料反应时，应进行专门试验，以确定集料是否可用。

（8）集料的含水状态。

集料含水状态可分为干燥状态、气干状态、饱和面干状态和湿润状态四种，如图 4.3 所示。

干燥状态：含水率等于或接近于零，见图 4.3（a）。

气干状态：含水率与大气湿度相平衡，见图 4.3（b）。

饱和面干状态：集料表面干燥而内部孔隙含水达饱和，见图 4.3（c）。

湿润状态：集料不仅内部孔隙充满水，而且表面还附有一层表面水，见图 4.3（d）。

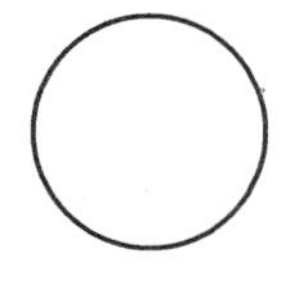
（a）干燥状态

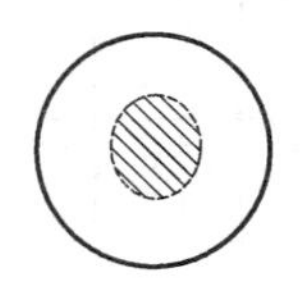
（b）气干状态

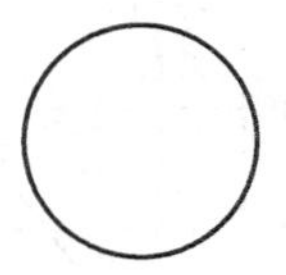
（c）饱和面干状态

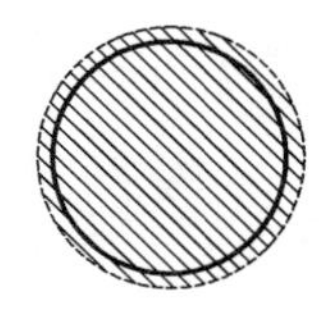
（d）湿润状态

图 4.3 集料的含水状态

在拌制混凝土时，由于集料含水状态不同，将影响混凝土的用水量和集料用量。集料在饱和面干状态时的含水率，称为饱和面干吸水率。在计算混凝土中各项材料的配合比时，如以饱和面干集料为基准，则不会影响混凝土的用水量和集料用量，因为饱和面干集料既不从混凝土中吸取水分，也不向混凝土拌和物中释放水分。因此，一些大型水利工程常以饱和面干状态集料为基准，这样混凝土的用水量和集料用量的控制就较准确。

在一般工业和民用建筑工程中，混凝土配合比设计常以干燥状态集料为基准。这是因为坚固的集料的饱和面干吸水率一般不超过2%，而且在工程施工中，必须经常测定集料的含水率，以及时调整混凝土组成材料实际用量的比例，从而保证混凝土的质量。

3. 建筑用砂的技术要求

国家标准《建筑用砂》（GB/T 14684—2011）对建筑用砂作出了规定。

（1）颗粒级配。

砂的颗粒级配应符合表4.1的规定。

表 4.1　砂的颗粒级配

方筛孔 \ 累计筛余/% \ 级配区	1	2	3
9.50 mm	0	0	0
4.75 mm	10～0	10～0	10～0
2.36 mm	35～5	25～0	15～0
1.18 mm	65～35	50～10	25～0
600 μm	85～71	70～41	40～16
300 μm	95～80	92～70	85～55
150 μm	100～90	100～90	100～90

注：① 砂的实际颗粒级配与表中所列数字相比，除4.75 mm和600 μm筛孔外，可以略有超出，但超出总量应小于5%。

② 1区150 μm筛孔的累计筛余可以放宽到100～85，2区人工砂中150 μm筛孔的累计筛余可以放宽到100～80，3区150 μm筛孔的累计筛余可以放宽到100～75。

根据表4.1，可绘制各级配区的筛分曲线，如图4.4所示。

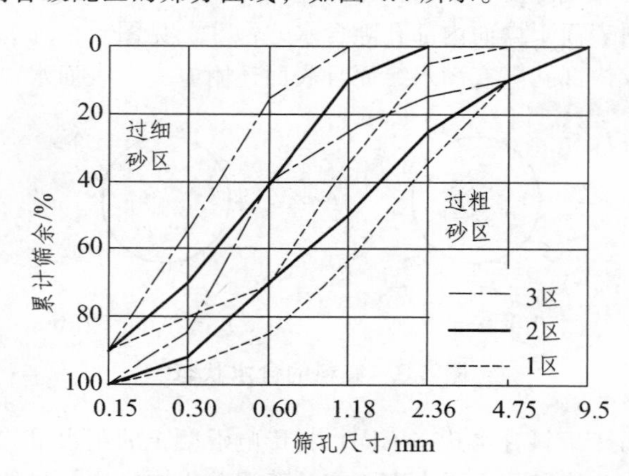

图 4.4　砂的级配区曲线

【例 4.1】　某砂样经筛分析试验，各筛的筛余量见下表，试评定该砂的粗细程度及颗粒级配情况。

筛孔尺寸/mm	4.75	2.36	1.18	0.60	0.30	0.15	0.15 以下
分计筛余量/g	40	60	80	120	100	90	10
分计筛余率/%	8	12	16	24	20	18	2
累计筛余率/%	8	20	36	60	80	98	2

【解】　分计筛余率和累计筛余率的计算结果见上表。细度模数 M_x 的计算如下：

$$\text{细度模数}(M_x)=\frac{(A_2+A_3+A_4+A_5+A_6)-5A_1}{100-A_1}$$

$$=\frac{(20+36+60+80+98)-5\times 8}{100-8}=2.8$$

查表 4.1 可知，该砂在各筛的累计筛余率均落在 2 区砂的范围内。

结果评定：该砂的细度模数 $M_x=2.8$，属于中砂；砂的颗粒级配符合表 4.1 规定，级配合格。

（2）含泥量、石粉含量和泥块含量。

① 天然砂的含泥量和泥块含量应符合表 4.2 的规定。

表 4.2　天然砂的含泥量和泥块含量

项　目	指标		
	Ⅰ类	Ⅱ类	Ⅲ类
含泥量（按质量计）/%	< 1.0	< 3.0	< 5.0
泥块含量（按质量计）/%	0	< 1.0	< 2.0

② 人工砂的石粉含量和泥块含量应符合表 4.3 的规定。

表 4.3　人工砂的石粉含量和泥块含量

项　目				指　标		
				Ⅰ类	Ⅱ类	Ⅲ类
1	亚甲蓝试验	MB 值 < 1.40 或合格	石粉含量（按质量计）/%	< 3.0	< 5.0	< 7.0①
2			泥块含量（按质量计）/%	0	< 1.0	< 2.0
3		MB 值 ≥ 1.40 或不合格	石粉含量（按质量计）/%	< 1.0	< 3.0	< 5.0
4			泥块含量（按质量计）/%	0	< 1.0	< 2.0

注：① 根据使用地区和用途，在试验验证的基础上，可由供需双方协商确定。

（3）有害物质。

砂不应混有草根、树叶、树枝、塑料、煤块、炉渣等杂物。砂中如含有云母、轻物质、有机物、硫化物及硫酸盐、氯盐等，其含量应符合表4.4的规定。

表4.4 砂中有害物质含量

项目	指标		
	Ⅰ类	Ⅱ类	Ⅲ类
云母（按质量计）/%（小于）	1.0	2.0	2.0
轻物质（按质量计）/%（小于）	1.0	1.0	1.0
有机物（比色法）	合格	合格	合格
硫化物及硫酸盐（按 SO_3 质量计）/%（小于）	0.5	0.5	0.5
氯化物（以氯离子质量计）/%（小于）	0.01	0.02	0.06

（4）坚固性。

① 天然砂采用硫酸钠溶液法进行试验，砂样经5次循环后其质量损失应符合国家标准规定：Ⅰ类、Ⅱ类砂质量损失均小于8%；Ⅲ类砂质量损失小于10%。

②人工砂采用压碎指标法进行试验，国家标准规定其单级最大压碎指标为：Ⅰ类砂小于20%，Ⅱ类砂小于25%，Ⅲ类砂小于30%。

（5）表观密度、堆积密度、空隙率。

砂表观密度、堆积密度、空隙率应符合如下规定：表观密度大于2 500 kg/m³，松散堆积密度大于1 350 kg/m³，空隙率小于47%。

（6）碱集料反应。

经碱集料反应试验后，由砂制备的试件无裂缝、酥裂、胶体外溢等现象，在规定的试验龄期膨胀率应小于0.10%。

4. 建筑用卵石、碎石的技术要求

《建筑用卵石、碎石》（GB/T 14685—2001）对建筑用卵石、碎石作出了规定。

（1）颗粒级配。

卵石和碎石的颗粒级配应符合表4.5的规定。

表4.5 颗粒级配（%）

公称粒径/mm ＼ 方孔筛/mm		2.36	4.75	9.50	16.0	19.0	26.5	31.5	37.5	53.0	63.0	75.0	90
连续粒级	5～10	95～100	80～100	5～15	0								
	5～16	95～100	85～100	30～60	0～10	0							
	5～20	95～100	90～100	40～80	—	0～10	0						

续表 4.5

公称粒径/mm \ 方孔筛/mm		2.36	4.75	9.50	16.0	19.0	26.5	31.5	37.5	53.0	63.0	75.0	90
连续粒级	5～25	95～100	90～100	—	30～70	—	0～5	0					
	5～31.5	95～100	90～100	70～90	—	15～45	—	0～5	0				
	5～40	—	95～100	70～90	—	30～65	—	—	0～5	0			
单粒粒级	10～20		95～100	85～100		0～15	0						
	16～31.5		95～100		85～100			0～10	0				
	20～40			95～100		80～100			0～10	0			
	31.5～63				95～100			75～100	45～75		0～10	0	
	40～80					95～100			70～100		30～60	0～10	0

（2）含泥量和泥块含量。

卵石、碎石的含泥量和泥块含量应符合表 4.6 的规定。

表 4.6　含泥量和泥块含量

项　目	指　标		
	Ⅰ类	Ⅱ类	Ⅲ类
含泥量（按质量计）/%	＜0.5	＜1.0	＜1.5
泥块含量（按质量计）/%	0	＜0.5	＜0.7

（3）针片状颗粒含量。

卵石和碎石的针片状颗粒含量应符合表 4.7 的规定。

表 4.7　针片状颗粒含量

项　目	指　标		
	Ⅰ类	Ⅱ类	Ⅲ类
针片状颗粒（按质量计）/%	5	15	25

（4）有害物质。

卵石和碎石中不应混有草根、树叶、树枝、塑料、煤块和炉渣等杂物。其有害物质含量应符合表 4.8 的规定。

表 4.8 有害物质含量

项目	指标		
	Ⅰ类	Ⅱ类	Ⅲ类
有机物	合格	合格	合格
硫化物及硫酸盐（按 SO_3 质量计）/%（小于）	0.5	1.0	1.0

（5）坚固性。

采用硫酸钠溶液法进行试验，卵石和碎石经 5 次循环后，其质量损失应符合国家标准规定：Ⅰ类石质量损失小于 5%，Ⅱ类石质量损失小于 8%，Ⅲ类石质量损失小于 12%。

（6）强度。

① 岩石抗压强度。在水饱和状态下，其抗压强度：火成岩应不小于 80 MPa，变质岩应不小于 60 MPa，水成岩应不小于 30 MPa。

② 压碎指标。压碎指标值应小于表 4.9 的规定。

表 4.9 压碎指标（%）

项目	指标		
	Ⅰ类	Ⅱ类	Ⅲ类
碎石压碎指标/%（小于）	10	20	30
卵石压碎指标/%（小于）	12	16	16

粗集料的压碎指标值是一定粒径的集料试样，在规定的条件下加荷施压后，用孔径 2.36 mm 的筛筛除被压碎的细粒，称出留在筛上的试样质量，精确至 1 g。按下式计算：

$$Q_e=\frac{G_1-G_2}{G_1}\times 100\% \tag{4.2}$$

式中 Q_e——压碎值指标，%；

G_1——试样的质量，g；

G_2——压碎试验后筛余的试样质量，g。

（7）表观密度、堆积密度、空隙率。

表观密度、堆积密度、空隙率应符合如下规定：表观密度大于 2 500 kg/m^3，松散堆积密度大于 1 350 kg/m^3，空隙率小于 47%。

（8）碱集料反应。

经碱集料反应试验后，由卵石、碎石制备的试件无裂缝、酥裂、胶体外溢等现象，在规定的试验龄期的膨胀率应小于 0.10%。

4.2.3 混凝土拌和及养护用水

混凝土拌和用水及养护用水应符合《混凝土用水标准》（JGJ 63—2006）的规定。混凝土用水包括饮用水、地表水、地下水、再生水、混凝土企业设备洗刷水和海水等。其中，再生水是指污水经适当再生工艺处理后具有使用功能的水。

1. 混凝土拌和用水

（1）混凝土拌和用水水质应符合表 4.10 的规定。对于设计使用年限为 100 年的结构混凝土，氯离子含量不得超过 500 mg/L；对使用钢丝或轻热处理钢筋的预应力混凝土，氯离子含量不得超过 350 mg/L。

表 4.10 混凝土拌和用水水质要求

项　目	预应力混凝土	钢筋混凝土	素混凝土
pH	≥5.0	≥4.5	≥4.5
不溶物/（mg/L）	≤2 000	≤2 000	≤5 000
可溶物/（mg/L）	≤2 000	≤5 000	≤10 000
氯离子/（m/L）	≤500	≤1 000	≤3 500
硫酸根离子/（mg/L）	≤600	≤2 000	≤2 700
碱含量/（mg/L）	≤1 500	≤1 500	≤1 500

注：碱含量按 $Na_2O + 0.658K_2O$ 计算值来表示。采用非碱活性集料时，可不检验碱含量。

（2）地表水、地下水、再生水的放射性应符合现行国家标准《生活饮用水卫生标准》（GB 5749—2006）的规定。

（3）被检验水样应与饮用水样进行水泥凝结时间对比试验。对比试验的水泥初凝时间差及终凝时间差均不应大于 30 min；同时，初凝和终凝时间应符合现行国家标准《硅酸盐水泥、普通硅酸盐水泥》（GB 175—1999）的规定。

（4）被检验水样应与饮用水样进行水泥胶砂强度对比试验，被检验水样配制的水泥胶砂 3 d 和 28 d 强度不应低于饮用水配制的水泥胶砂 3 d 和 28 d 强度的 90%。

（5）混凝土拌和用水不应有漂浮明显的油脂和泡沫，不应有明显的颜色和异味。

（6）混凝土企业设备洗涤水不宜用于预应力混凝土、装饰混凝土、加气混凝土和暴露于腐蚀环境的混凝土，不得用于使用碱活性或潜在碱活性集料的混凝土。

（7）未经处理的海水严禁用于钢筋混凝土和预应力混凝土。

（8）在无法获得水源的情况下，海水可用于素混凝土，但不宜用于装饰混凝土。

2. 混凝土养护用水

（1）混凝土养护用水可不检验不溶物和可溶物，其他检验项目应符合混凝土拌和用水的水质技术要求和放射性技术要求的规定。

（2）混凝土养护用水可不检验水泥凝结时间和水泥胶砂强度。

4.2.4 混凝土外加剂

混凝土外加剂是在拌制混凝土过程中掺入，用以改善混凝土性能的物质。外加剂掺量一般不大于水泥质量的 5%（特殊情况除外）。外加剂的掺量虽小，但其技术经济效果却显著，因此，外加剂已成为混凝土的重要组成部分，被称为混凝土的第五组分，越来越广泛地应用于混凝土中。

混凝土外加剂按其主要功能分为四类：

（1）改善混凝土拌和物流变性能的外加剂。包括各种减水剂、引气剂和泵送剂等。

（2）调节混凝土凝结时间、硬化性能的外加剂。包括缓凝剂、早强剂和速凝剂等。

（3）改善混凝土耐久性的外加剂。包括引气剂、防水剂和阻锈剂等。

（4）改善混凝土其他性能的外加剂。如加气剂、膨胀剂、防冻剂、着色剂、防水剂等。

建筑工程上常用的外加剂有：减水剂、早强剂、缓凝剂、引气剂和复合型外加剂等。外加剂的掺入方法有三种：

（1）先掺法。先将减水剂与水泥混合，然后再与集料和水一起搅拌。

（2）后掺法。在混凝土拌和物送到浇筑地点后，才加入减水剂并再次搅拌均匀。

（3）同掺法。将减水剂先溶于水形成溶液后再加入拌和物中一起搅拌。

国家标准《混凝土外加剂》（GB 8076—2009）规定了混凝土外加剂的定义、技术要求等。该标准适用混凝土的外加剂共 11 种：高性能减水剂、泵送剂、高效减水剂、普通减水剂、缓凝高效减水剂、早强减水剂、缓凝减水剂、引气减水剂、早强剂、缓凝剂和引气剂。除了这 11 类外加剂以外，混凝土防冻剂和膨胀剂也已颁发了行业标准。

1. 减水剂

减水剂是当前品种最多、应用最广的一种混凝土外加剂。减水剂按其主要化学成分不同可分为木质素系减水剂、多环芳香族磺酸盐系减水剂、水溶性树脂磺酸盐系减水剂等；按其用途又分为普通减水剂、高效减水剂、早强减水剂、缓凝减水剂、缓凝高效减水剂和引气减水剂等。

（1）减水剂的机理和作用。

减水剂尽管种类繁多，但都属于表面活性剂，其减水作用机理相似。

表面活性剂有着特殊的分子结构，它是由亲水基团和憎水基团两部分组成的。表面活性剂加入水中，其亲水基团会电离出离子，使表面活性剂分子带有电荷。电离出离子的亲水基团指向溶剂，憎水基团指向空气（或气泡）、固体（如水泥颗粒）或非极性液体（如油滴）并作定向排列，形成定向吸附膜而降低水的表面张力。这种表面活性作用是减水剂起减水增强作用的主要原因。

水泥加水后，由于水泥颗粒在水中的热运动，使水泥颗粒之间在分子力的作用下形成一些絮凝状结构。这种絮凝结构中包裹着一部分拌和水［见图 4.5（a）］，使混凝土拌和物的拌和水量相对减少，从而导致流动性下降。

水泥浆中加入表面活性剂（减水剂）后有三方面的作用：

① 减水剂在水中电离出离子后，自身带有电荷，在电斥力作用下，使原来水泥的絮凝结构被打开［见图 4.5（b）］，把被束缚在絮凝结构中的游离水释放出来，使拌和物中的水量相对增加，这就是减水剂分子的分散作用。

② 减水剂分子中的憎水基团定向吸附于水泥颗粒表面，亲水基团指向水溶剂，在水泥颗粒表面形成一层稳定的溶剂化水膜［见图 4.5（c）］，阻止了水泥颗粒间的直接接触，并在颗粒间起润滑作用，提高拌和物的流动性。

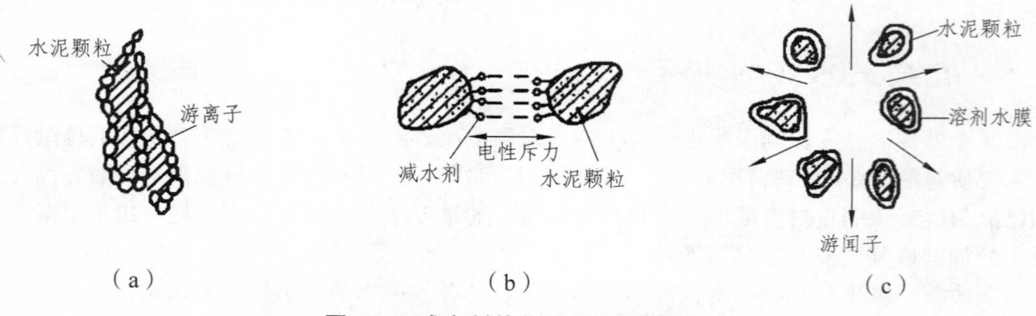

图 4.5　减水剂的作用机理示意图

③ 水泥颗粒在减水剂作用下充分分散，增大了水泥颗粒的水化面积使水化充分，从而也提高混凝土的强度。

使用减水剂在保持混凝土的流动性和强度都不变的情况下，可以减少拌和水量和水泥用量，节省水泥；还可减少混凝土拌和物的泌水、离析现象，密实混凝土结构，从而提高混凝土的抗渗性、抗冻性。

（2）常用减水剂。

① 木质素系减水剂。

木质素系减水剂的主要品种是木质素磺酸钙（又称 M 型减水剂）。M 型减水剂是由生产纸浆或纤维浆的废液，经发酵处理、脱糖、浓缩、喷雾干燥而成的棕色粉末。

M 型减水剂的掺量，一般为水泥质量的 0.2% ~ 0.3%，当保持水泥用量和混凝土坍落度不变时，其减水率为 10% ~ 15%，混凝土 28 d 抗压强度提高 10% ~ 20%；若保持混凝土的抗压强度和坍落度不变，则可节省水泥用量 10% ~ 15%；若保持混凝土配合比不变，则可提高混凝土的坍落度 80 ~ 100 mm。

M 型减水剂除了减水之外，还有两个作用：一是缓凝作用，当掺量较大或在低温下缓凝作用更为显著。掺量过多，除增强缓凝外，还会导致混凝土强度降低。二是引气作用，M 型减水剂除了减水外还有引气效果，掺用后可改善混凝土的抗渗性、抗冻性，改善混凝土拌和物的和易性，减小泌水性。

M 型减水剂可用于一般混凝土工程，尤其适用于大模板、大体积浇筑、滑模施工、泵送混凝土及夏季施工等。传统的 M 型减水剂不宜单独用于冬季施工，也不宜单独用于蒸养混凝土和预应力混凝土。

② 多环芳香族磺酸盐系减水剂（萘系）。

这类减水剂的主要成分为萘或萘的同系物的磺酸盐与甲醛的缩合物，故又称萘系减水剂。萘系减水剂通常是由工业萘或煤焦油中的萘、蒽、甲基萘等馏分，经磺化、水解、缩合、中和、过滤、干燥而制成。

萘系减水剂的减水、增强效果显著，属高效减水剂。萘系减水剂的适宜掺量为水泥质量的 0.5% ~ 1.0%，减水率为 10% ~ 25%，混凝土 28 d 强度提高 20% 以上。在保持混凝土强度和坍落度相近时，则可节省水泥用量 10% ~ 20%。掺用萘系减水剂后，混凝土的其他力学性能以及抗渗性、耐久性等均有所改善，且对钢筋无锈蚀作用。我国市场上这类减水剂的品牌很多，如 NNO、FDO、FDN 等，其中大部分品牌为非引气型减水剂。

萘系减水剂对不同品种水泥的适应性较强，适用于配制早强、高强及流态混凝土。

③ 水溶性树脂系减水剂。

水溶性树脂系减水剂是普遍使用的高效减水剂，是以一些水溶性树脂（如三聚氰胺树脂、古马隆树脂）等为主要原料的减水剂。

树脂系减水剂是早强、非引气型高效减水剂，其减水及增强效果比萘系减水剂更好。树脂系减水剂的掺量为水泥质量的 0.5% ~ 2.0%，减水率为 20% ~ 30%，混凝土 3 d 强度提高 30% ~ 100%，28 d 强度提高 20% ~ 30%。这种减水剂除具有显著的减水、增强效果外，还能提高混凝土的其他力学性能和混凝土的抗渗性、抗冻性，对混凝土的蒸养适应性也优于其他外加剂。树脂系减水剂适用于早强、高强、蒸养及流态混凝土。

2. 缓凝剂

缓凝剂是指延长混凝土凝结时间的外加剂。缓凝剂的主要种类有：

木质素磺酸盐类缓凝剂，掺量为水泥质量的0.2%～0.3%，缓凝2～3 h。

糖蜜类缓凝剂（如糖蜜、蔗糖），掺量为水泥质量的0.1%～0.3%，缓凝2～4 h。

羟基羧酸及其盐类缓凝剂，掺量为水泥质量的0.03%～0.10%，缓凝4～10 h。这类缓凝剂会增加混凝土的泌水率。

缓凝剂具有如下基本特性：延缓混凝土凝结时间，但掺量不宜过大，否则会引起混凝土强度下降；延缓水泥水化放热速度，有利于大体积混凝土施工；对不同水泥品种适应性较差，不同水泥品种缓凝效果不相同，甚至会出现相反效果。因此，使用前应进行试验。

缓凝剂主要用于：高温季节施工、大体积混凝土工程、泵送与滑模方法施工以及较长时间停放或远距离运送的商品混凝土等。

3. 早强剂

早强剂可加速混凝土硬化、缩短养护周期、加快施工进度、提高模板周转率，多用于冬季施工或紧急抢修工程。

早强剂的常用种类有氯盐类、硫酸盐类、有机氨类等。各类早强剂的早强作用机理不尽相同。

4. 引气剂

引气剂与减水剂相似，都是表面活性剂。其作用机理：含有引气剂的水溶液拌制混凝土时，由于引气剂能显著降低水的表面张力和界面能，使水溶液在搅拌过程中极易产生许多微小的封闭气泡，气泡直径大多在200 μm以下。引气剂分子定向吸附在气泡表面，形成较为牢固的液膜，使气泡稳定而不易破裂。

引气剂的主要类型有：松香树脂类（松香热聚物、松香皂）、烷基苯磺酸盐类（烷基苯磺酸钠、烷基磺酸钠）、木质素磺酸盐类（木质素磺酸钙等）、脂肪醇类（脂肪醇硫酸钠、高级脂肪醇衍生物）、非离子型表面活性剂（烷基酚环氧乙烷缩合物）。

不同引气剂的适宜掺量和引气效果不同，并具有减水效果，如松香热聚物的适宜掺量为水泥质量的0.005%～0.02%，引气量为3%～5%，减水率为8%。引气剂在混凝土中具有以下特性：

（1）改善混凝土拌和物的和易性。在拌和物中，微小而封闭的气泡可起滚珠作用，减少颗粒间的摩擦阻力，使拌和物的流动性大大提高；若保持流动性不变可减水10%左右。由于大量微小气泡的存在，使水分均匀地分布在气泡表面，从而使拌和物具有较好的保水性。

（2）提高混凝土的抗渗性、抗冻性。引气剂改善了拌和物的保水性，减少拌和物泌水，因此泌水通道的毛细管也相应减少。同时引入大量封闭的微孔，堵塞或割断了混凝土中毛细管渗水通道，改变了混凝土的孔结构，使混凝土抗渗性显著提高。气泡有较大的弹性变形能力，对由水结冰所产生的膨胀应力有一定的缓冲作用，因而混凝土的抗冻性得到提高，耐久性也随之提高。

（3）降低混凝土强度。当水灰比固定时，混凝土中空气量每增加1%（体积），其抗压强度下降3%～5%。因此，引气剂的掺量应严格控制，一般引气量应以3%～6%为宜。

（4）降低混凝土弹性模量。由于大量气泡的存在，使混凝土的弹性变形增大，弹性模量有所降低，这对提高混凝土的抗裂性是有利的。

（5）不能用于预应力混凝土和蒸气（或蒸压）养护混凝土。

5. 膨胀剂

《混凝土膨胀剂》（JC 476—2001）规定，混凝土膨胀剂是指与水泥、水拌和后经水化反应生成钙矾石、钙矾石和氢氧化钙或氢氧化钙，使混凝土产生膨胀的外加剂。

膨胀剂能使混凝土在硬化过程中产生微量体积膨胀。膨胀剂的种类有：硫铝酸钙类、硫铝酸钙-氧化钙类、氧化钙等。各膨胀剂的成分不同，引起膨胀的原因也不相同。膨胀剂的使用应注意以下问题：

（1）掺硫铝酸钙类膨胀剂的膨胀混凝土（或砂浆），不得用于长期处于温度为 80℃以上的工程中。

（2）掺硫铝酸钙类或氧化钙类膨胀剂的混凝土，不宜同时使用氯盐类外加剂。

6. 防冻剂

《混凝土防冻剂》（JC 475—2004）规定，能使混凝土在低温下硬化，并在规定养护条件下达到预期性能的外加剂为混凝土防冻剂。该标准的规定温度分别为 – 5 °C、 – 10 °C、 – 15 °C。

防冻剂按其成分可分为强电解质无机盐类（氯盐类、氯盐阻锈剂、无氯盐类）、水溶性有机化合物类、有机化合物与无机盐复合类、复合型防冻剂。

需要指出的是，一些建筑单位在冬季混凝土施工过程中添加了尿素等氨类物质的防冻剂。这些氨类物质在使用过程中逐渐以氨气形式释放出来。当室内空气中含有 0.3 mg/m^3 浓度氨时就会使人感觉有异味和不适；0.6 mg/m^3 时会引起眼结膜刺激等；浓度更高还会引起头晕、头痛、恶心、胸闷及肝脏等多系统的损害。

我国已制定了国家标准《混凝土外加剂中释放氨的限量》（GB 18588—2001）。标准规定，混凝土外加剂中释放的氨量必须小于或等于 0.10%（质量百分数）。该标准适用于各类具有室内使用功能的混凝土外加剂，而不适用于桥梁、公路及其他室外工程用混凝土外加剂。

4.2.5　混凝土掺和料

在混凝土拌和物制备时，为了节约水泥、改善混凝土性能、调节混凝土强度等级而加入的天然或人造的矿物材料，通称为混凝土掺和料。

用于混凝土中的掺和料可分为两大类：

（1）非活性矿物掺和料。非活性矿物掺和料一般与水泥组分不起化学作用或化学作用很小，如磨细石英砂、石灰石或活性指标达不到要求的矿渣等材料。

（2）活性矿物掺和料。活性矿物掺和料虽然本身不硬化或硬化速度很慢，但能与水泥水化生成的 $Ca(OH)^2$ 发生化学反应，生成具有水硬性的胶凝材料。这类掺和料有粒化高炉矿渣、火山灰质材料、粉煤灰、硅灰等。

1. 粉煤灰

粉煤灰是由煅烧煤粉的锅炉烟气中收集到的细粉末，其颗粒多呈球形，表面光滑（见图 4.6）。粉煤灰按其钙含量分为高钙粉煤灰和低钙粉煤灰。

低钙粉煤灰来源比较广泛，是当前国内外用量最大、使用范围最广的混凝土掺和料。用其作混凝土掺和料有两方面的效果：节约水泥和改善提高混凝土的性能。国家标准《用于水泥和混凝土中的粉煤灰》（GB 1596—2005）规定，按煤种分为 F 类和 C 类。F 类粉煤灰是由无烟煤或烟煤煅烧收集的粉煤灰；C 类粉煤灰是由褐煤或次烟煤煅烧收集的粉煤灰，其氧化钙含量一般不大于 10%。拌制混凝土和砂浆用粉煤灰分为三个等级，其技术要求应符合表 4.11 的规定。

图 4.6　粉煤灰

表 4.11　拌制混凝土和砂浆用粉煤灰技术要求

质量指标	等级		
	Ⅰ	Ⅱ	Ⅲ
细度（0.045 方孔筛的筛余量）/%（不大于）	12.0	25.0	45.0
需水量比/%（不大于）	95	105	115
烧失量/%（不大于）	5.0	8.0	15.0
含水量/%（不大于）	1.0		
三氧化硫/%（不大于）	3.0		
游离氧化钙/%（不大于）	F 类粉煤灰 1.0；C 类粉煤灰 4.0		
安定性雷氏夹沸煮后增加距离/mm（不大于）	5.0		

该技术要求还规定：粉煤灰的放射性试验需合格；粉煤灰中的碱含量按 $Na_2O + 0.658K_2O$ 计算值表示，当粉煤灰用于活性集料混凝土，要限制掺和料的碱含量时，由买卖双方协商确定；均匀性以细度（0.045 mm 方孔筛筛余）为考核依据，单一样品的细度不应超过前 10 个样品细度平均值的最大偏差，最大偏差范围由买卖双方协商确定。

掺入一定量粉煤灰的混凝土可用于配制泵送混凝土、大体积混凝土、抗渗混凝土、抗硫酸盐及抗软水侵蚀混凝土、蒸养混凝土、轻集料混凝土、地下工程及水下工程混凝土、碾压混凝土等。

2. 硅　灰

硅灰又称硅粉或硅烟灰，是从生产硅铁合金或硅钢等所排放的烟气中收集到的颗粒极细的烟尘，颜色呈浅灰到深灰。硅灰的颗粒是极细的玻璃球体，其粒径为 0.1 ~ 1.0 μm，是水泥颗粒粒径的 1/100 ~ 1/50，比表面积为 18.5 ~ 20 m^2/g。

硅灰有很高的火山灰活性，可配制高强、超高强混凝土，其掺量一般为水泥用量的 5% ~ 10%，在配制超高强混凝土时，掺量可达 20% ~ 30%。

由于硅灰具有高比表面积，因而其需水量很大，将其作为混凝土掺和料须配以减水剂才能保证混凝土的和易性。硅灰用作混凝土掺和料有以下几方面作用：配制高强、超高强混凝土；改善混凝土的孔结构，提高混凝土抗渗性和抗冻性；抑制碱集料反应。

3. 沸石粉

沸石粉是天然的沸石岩磨细而成的一种火山灰质铝硅酸矿物掺和料，含有一定量的活性二氧化硅和三氧化铝，能与水泥生成的氢氧化钙反应生成胶凝物质。沸石粉用作混凝土掺和料可改善混凝土和易性，提高混凝土强度、抗渗性和抗冻性，抑制碱集料反应。其主要用于配制高强混凝土、流态混凝土及泵送混凝土。

沸石粉具有很大的内表面积和开放性孔结构，还可用于配制调湿混凝土等功能混凝土。

4. 粒化高炉矿渣粉

粒化高炉矿渣粉（简称矿渣粉）是指符合 GB/T 18046—2008 标准规定的粒化高炉矿渣经干燥、粉磨（或添加少量石膏一起粉磨）达到相当细度且符合相应活性指数的粉体。矿渣粉磨时允许加入助磨剂，加入量不得大于矿渣粉质量的 1%。国家标准《用于水泥和混凝土中的粒化高炉矿渣粉》（GB/T 18046—2008）作出的技术要求见表 4.12。

表 4.12　用于水泥和混凝土中的粒化高炉矿渣粉技术要求

项　目		级别		
		S105	S95	S75
密度/（g/cm^3），不小于		2.8		
比表面积/（m^2/kg），不小于		350		
活性指数/%（不小于）	7 d	5.0	8.0	15.0
	28 d	95	75	55①
流动度比/%（不小于）		85	90	95
含水量/%（不大于）		1.0		
三氧化硫/%（不大于）		4.0		
氯离子/%（不大于）		0.02		
烧失量②/%（不大于）		3.0		

注：① 根据用户要求协商提高。
② 选择性指标。当用户有要求时，供货方应提供矿渣粉的氯离子和烧失量数据。

GB/T 18046—2008 所规定的粒化高炉矿渣粉活性指数是指试验样品与同龄期对比样品的抗压强度之比。对比样品为符合规定的硅酸盐水泥，试验样品由对比水泥和矿渣粉按其质量比 1 : 1 组成。

矿渣各龄期的活性指数按下式计算，计算结果取整数：

$$A_7 = R_7/R_{07} \times 100\% \tag{4.3}$$

式中　A_7——7 d 活性指数，%；
R_{07}——对比样品 7 d 抗压强度，MPa；
R_7——试验样品 7 d 抗压强度，MPa。

$$A_{28} = R_{28}/R_{028} \times 100\% \tag{4.4}$$

式中　A_{28}——28 d 活性指数，%；
R_{028}——对比样品 28 d 抗压强度，MPa；
R_{28}——试验样品 28 d 抗压强度，MPa。

矿渣粉的流动度比按下式计算，计算结果取整数：

$$F = L/L_0 \times 100\% \tag{4.5}$$

式中　F——流动度比，%；
L_0——对比样品流动度，mm；
L——试验样品流动度，mm。

粒化高炉矿渣粉可以等量取代水泥，并降低水化热、提高抗渗性与耐蚀性、抑制碱集料反应和提高长期强度等，可用于钢筋混凝土和预应力钢筋混凝土工程。大掺量粒化高炉矿渣粉混凝土特别适用于大体积混凝土、地下与水下混凝土、耐硫酸混凝土等，还可用于高强混凝土、高性能混凝土和预拌混凝土等。

【工程实例分析】4.1　使用受潮水泥

现象：广西百色某车间盖单层砖房屋，采用预制空心板及 12 m 跨现浇钢筋混凝土大梁，1983 年 10 月开工，使用进场已 3 个多月并存放潮湿地方的水泥。

1984 年拆完大梁底模板和支撑，1 月 4 日下午房屋全部倒塌。

原因分析：事故的主因是使用受潮水泥，且采用人工搅拌，无严格配合比。

致使大梁混凝土在倒塌后用回弹仪测定平均抗压强度仅 5 MPa 左右，有些地方竟测不出回弹值。此外还存在振捣不实、配筋不足等问题。

防治措施：

（1）施工现场入库水泥应按品种、标号、出厂日期分别堆放，并建立标志。先到先用，防止混乱。

（2）防止水泥受潮。如水泥不慎受潮，可分情况处理：

① 有粉块，可用手捏成粉末，尚无硬块。可压碎粉块，通过试验，按实际强度使用。

② 部分水泥结成硬块。可筛去硬块，压碎粉块。通过试验，按实际强度使用，可用于不重要的、受力小的部位，也可用于砌筑砂浆。

③ 大部分水泥结成硬块。粉碎、磨细，不能作为水泥使用，但仍可作水泥混合材或混凝土掺和料。

【工程实例分析】4.2　集料杂质多危害混凝土强度

现象：某中学一栋砖混结构教学楼，在结构完工、进行屋面施工时，屋面局部倒塌。审查设计方面，未发现任何问题。对施工方面审查发现：所设计为 C20 的混凝土，施工时未留试块，事后鉴定其强度仅 C7.5 左右，在断口处可清楚看出砂石未洗净，集料中混有鸽蛋大小的黏土块和树叶等杂质。此外梁主筋偏于一侧，梁的受拉区 1/3 宽度内几乎无钢筋。

原因分析：集料的杂质对混凝土强度有重大的影响，必须严格控制杂质含量。树叶等杂质固然会影响混凝土的强度，而泥黏附在集料的表面，妨碍水泥石与集料的黏结，降低混凝土强度，还会增加拌和水量，加大混凝土的干缩，降低抗渗性和抗冻性。泥块对混凝土性能影响严重。

【工程实例分析】4.3　含糖分的水使混凝土两天仍未凝结

现象：某糖厂建宿舍，以自来水拌制混凝土，浇筑后用曾装过食糖的麻袋覆盖于混凝土表面，再淋水养护。后来发现该水泥混凝土两天仍未凝结，而水泥经检验无质量问题。

原因分析：由于养护用水淋在曾装过食糖的麻袋上，养护水已成糖水，而含糖的水对水泥的凝结有抑制作用，故使混凝土凝结异常。

【工程实例分析】4.4　氯盐防冻剂锈蚀钢筋

现象：北京某旅馆的一层钢筋混凝土工程在冬季施工，为使混凝土防冻，在浇筑混凝土时掺入水泥用量 3% 的氯盐。建成使用两年后，在 A 柱柱顶附近掉下一块直径约 40 mm 的混凝土碎块。停业检查事故原因，发现除设计有失误外，另一重要原因是在浇筑混凝土时掺加了氯盐防冻剂。它不仅对混凝土有影响，而且腐蚀钢筋，观察底层柱破坏处钢筋，纵向钢筋及箍筋均已生锈，原直径为 6 mm 的钢筋锈蚀后仅为 5.2 mm 左右。锈蚀后较细及稀的箍筋难以承受柱端截面上纵向筋侧向压屈所产生的横拉力，使得箍筋在最薄弱处断裂，钢筋断裂后的混凝土保护层易剥落，混凝土碎块下掉。

防治措施：施工时加氯盐防冻，同时对钢筋采取相应的阻锈措施。该工程因混凝土碎块下掉，引起了使用者的高度重视，停业卸去活荷载，并对症下药地对现有柱进行外包钢筋混凝土的加固措施，使房屋倒塌事故得以避免。

4.3 混凝土拌和物的性能

混凝土的各组成材料按一定比例配合，经搅拌均匀后、未凝结硬化之前，称为混凝土拌和物。混凝土拌和物应便于施工，以保证能获得良好质量的混凝土。混凝土拌和物的性能主要考虑其和易性和凝结时间等。

4.3.1 和易性

1. 和易性的概念

和易性是指混凝土拌和物易于施工操作（搅拌、运输、浇灌、捣实）并能获得质量均匀、成型密实的混凝土的性能。和易性是一项综合的技术性质，包括流动性、黏聚性和保水性三方面的含义。

（1）流动性。

流动性是指混凝土拌和物在本身自重或施工机械振捣的作用下，能产生流动，并均匀密实地填满模板的性能。流动性好的混凝土操作方便，易于捣实、成型。

（2）黏聚性。

黏聚性是指混凝土拌和物在施工过程中，其组成材料之间具有一定的黏聚力，不致产生分层和离析的现象。在外力作用下，混凝土拌和物各组成材料的沉降不相同，如配合比例不当，黏聚性差，则施工中易发生分层（即混凝土拌和物各组分出现层状分离现象）、离析（即混凝土拌和物内某些组分分离、析出现象）等情况，致使混凝土硬化后产生“蜂窝”、“麻面”等缺陷，影响混凝土强度和耐久性。

（3）保水性。

保水性是指混凝土拌和物在施工过程中，具有一定的保水能力，不致产生严重的泌水现象（指混凝土拌和物中部分水从水泥浆中泌出的现象）。保水性不良的混凝土，易出现泌水，水分泌出后会形成连通孔隙，影响混凝土的密实性；泌出的水还会聚集到混凝土表面，引起表面疏松；泌出的水积聚在集料或钢筋的下表面会形成孔隙，从而削弱集料或钢筋与水泥石的黏结力，影响混凝土质量。

由此可见，混凝土拌和物的流动性、黏聚性、保水性有其各自的内容，而彼此既互相联系又存在矛盾。所谓和易性，就是这三方面性质在一定工程条件下达到统一。

2. 和易性的测定方法及评定

从和易性的定义可看出，和易性是一项综合技术性质，很难用一种指标全面反映混凝土拌和物的和易性。通常是以测定拌和物稠度（即流动性）为主，而黏聚性和保水性主要通过观察的方法进行评定。国家标准《普通混凝土拌和物性能试验方法标准》（GB/T50080—2002）规定，根据拌和物的流动性不同，混凝土的稠度的测定可采用坍落度与坍落扩展度法或维勃稠度法。

（1）坍落度与坍落扩展度法。

该方法适用于集料最大粒径不大于40 mm、坍落度不小于10 mm的混凝土拌和物稠度的测定。

目前，尚没有能够全面反映混凝土拌和物和易性的测定方法。在工地和试验室，通常是做坍落度试验测定拌和物的流动性，并辅以直观经验评定黏聚性和保水性。

坍落度试验的方法是：将混凝土拌和物按规定方法装入标准圆锥坍落度筒（见图4.7）内，装满刮平后，垂直向上将筒提起，移到一旁，混凝土拌和物由于自重将会产生坍落现象。然后量出向下坍落的尺寸（见图4.8），该尺寸（单位：mm）就是坍落度，作为流动性指标，坍落度越大表示流动性越好。

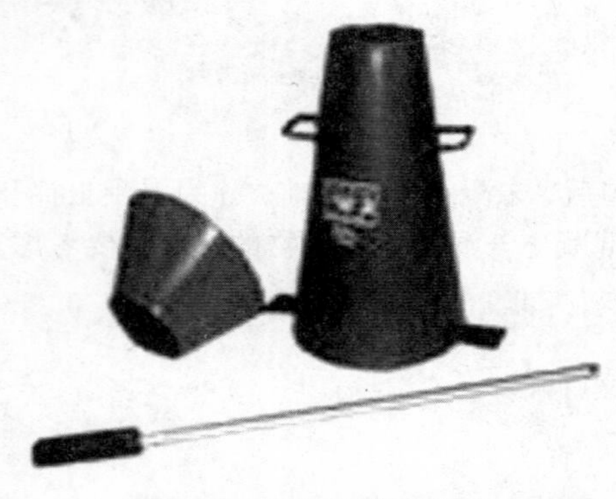

图 4.7　坍落度筒及捣棒

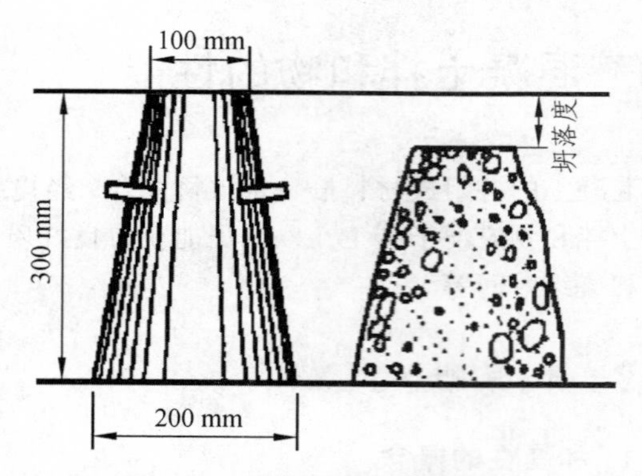

图 4.8　坍落度测定示意图

当坍落度大于 220 mm 时，坍落度不能准确反映混凝土的流动性，用混凝土扩展后的平均直径即坍落扩展度，作为流动性指标。

在进行坍落度试验的同时，应观察混凝土拌和物的黏聚性、保水性，以便全面地评定混凝土拌和物的和易性。

黏聚性的评定方法是：用捣棒在已坍落的混凝土锥体侧面轻轻敲打，若锥体逐渐下沉，则表示黏聚性良好；如果锥体倒塌，部分崩裂或出现离析现象，则表示黏聚性不好。

保水性是以混凝土拌和物中的稀水泥浆析出的程度来评定。坍落度筒提起后，如有较多稀水泥浆从底部析出，锥体部分混凝土拌和物也因失浆而集料外露，则表明混凝土拌和物的保水性能不好。如坍落度筒提起后无稀水泥浆或仅有少量稀水泥浆自底部析出，则表示此混凝土拌和物保水性良好。根据坍落度不同，可将混凝土拌和物分为 4 级，见表 4.13。

表 4.13　混凝土按坍落度的分级

级　别	名　称	坍落度/mm	级　别	名　称	坍落度/mm
T_1	低塑性混凝土	10 ~ 40	T_3	流动性混凝土	100 ~ 150
T_2	塑性混凝土	50 ~ 90	T_4	大流动性混凝土	≥160

注：在分级判定时，坍落度检验结果值，取舍到邻近的 10 mm。

（2）维勃稠度法。

维勃稠度法适用于集料最大粒径不超过 40 mm，维勃稠度在 5 ~ 30 s 的混凝土拌和物的稠度测定。坍落度不大于 50 mm 或干硬性混凝土和维勃稠度大于 30 s 的特干硬性混凝土拌和物的稠度可采用增实因数法来测定。

维勃稠度法采用维勃稠度仪（见图 4.9）测定。其方法是：开始在坍落度筒中按规定方法装满拌和物，提起坍落度筒，在拌和物试体顶面放一透明圆盘，开启振动台；同时用秒表计时，当振动到透明圆盘的底面被水泥浆布满的瞬间停止计时，关闭振动台。由秒表读出时间即为该混凝土拌和物的维勃稠度值，精确至 1 s。

根据维勃稠度的大小，混凝土拌和物也分为四级，见表 4.14。

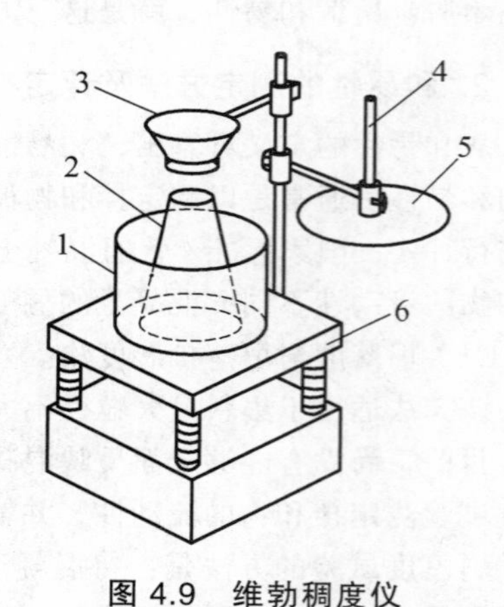

图 4.9　维勃稠度仪

1—容器；2—坍落度筒；3—漏斗；
4—测杆；5—透明圆盘；
6—振动台

表 4.14　混凝土按维勃稠度的分级

级别	名称	维勃稠度/s	级别	名称	维勃稠度/s
V_0	超干硬性混凝土	≥31	V_2	干硬性混凝土	20～11
V_1	特干硬性混凝土	30～21	V_3	半干硬性混凝土	10～5

3. 影响和易性的主要因素

影响混凝土拌和物和易性的主要因素有以下几方面：

（1）水泥品种。

不同品种水泥，其颗粒特征不同，需水量也不同。如配合比相同时，用矿渣水泥和某些火山灰水泥时，拌和物的坍落度一般较用普通水泥的小，但矿渣水泥将使拌和物的泌水性显著增加。

（2）集料的性质。

从前面对集料的分析可知，一般卵石拌制的混凝土拌和物比碎石拌制的流动性好，河砂拌制的混凝土拌和物比山砂拌制的流动性好。

采用粒径较大、级配较好的砂石，集料总表面积和空隙率小，包裹集料表面和填充空隙用的水泥浆用量小，因此拌和物的流动性好。

（3）水泥浆数量——浆骨比。

浆骨比是指混凝土拌和物中水泥浆与集料的重量比。混凝土拌和物中的水泥浆，赋予混凝土拌和物以一定的流动性。

在水灰比不变的情况下，浆骨比越大，则拌和物的流动性越好。但若水泥浆过多，将易出现流浆现象，使拌和物黏聚性变差，同时对混凝土的强度与耐久性也会产生一定影响，而且水泥量也大。浆骨比偏小，则水泥浆不能填满集料空隙或不能很好包裹集料表面，会产生崩坍现象，黏聚性变差。因此，混凝土拌和物中水泥浆的含量应以满足流动性要求为度，不宜过量。

（4）水泥浆的稠度——水灰比。

水泥浆的稠度是由水灰比所决定的。水灰比是指混凝土拌和物中水与水泥的质量比。在水泥用量不变的情况下，水灰比越小，水泥浆越稠，混凝土拌和物的流动性越小。当水灰比过小时，水泥浆干稠，混凝土拌和物的流动性过低，会使施工困难，不能保证混凝土的密实性。增加水灰比会使流动性加大，如果水灰比过大，又会造成混凝土拌和物的黏聚性和保水性不良，从而产生流浆、离析现象，并严重影响混凝土的强度。所以水灰比不能过大或过小。一般应根据混凝土强度和耐久性要求合理地选用。

无论是水泥浆的多少，还是水泥浆的稀稠，实际上对混凝土拌和物流动性起决定作用的是用水量的多少。因为无论是提高水灰比还是增加水泥浆用量，最终均表现为混凝土用水量的增加。应当注意，在试拌混凝土时，不能用单纯改变用水量的办法来调整混凝土拌和物的流动性。因单纯改变用水量会改变混凝土的强度和耐久性，与设计不符。因此应该在保持水灰比不变的条件下，用调整水泥浆量的办法来调整混凝土拌和物的流动性。

（5）砂率。

砂率 β_s 是指混凝土中砂的质量占砂、石总质量的百分比。砂率的变动会使集料的空隙率和集料的总表面积有显著改变，因而对混凝土拌和物的和易性产生显著影响。

砂率过大时，集料的总表面积及空隙率都会增大，在水泥浆含量不变的情况下，水泥浆量相对变少了，减弱了水泥浆的润滑作用，使混凝土拌和物的流动性减小。如砂率过小，在石子间起润滑作用的砂浆层不足，也会降低混凝土拌和物的流动性，而且会严重影响其黏聚性和保水性，容易造成离析、流浆等现象。因此，砂率有一个合理值。

采用合理砂率时，当水与水泥用量一定，能使混凝土拌和物获得最大的流动性且能保持良好的黏聚性和保水性，如图 4.10 所示。采用合理砂率，能使混凝土拌和物获得所要求的流动性以及良好的黏聚性与保水性的情况下，水泥用量最少，如图 4.11 所示。

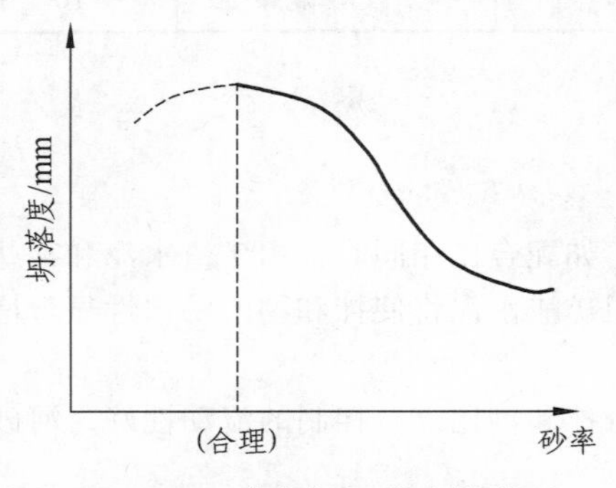

图 4.10 砂率与坍落度的关系

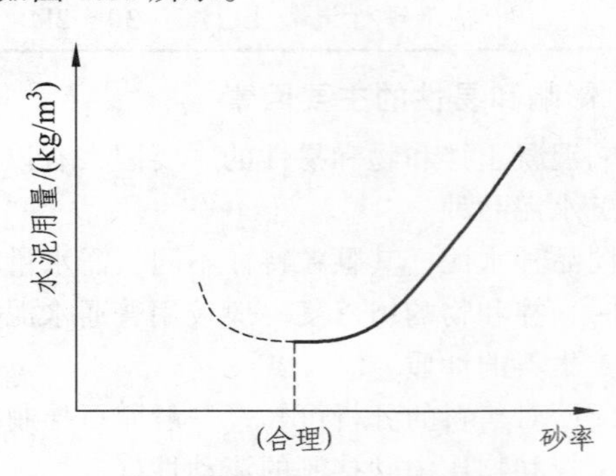

图 4.11 砂率与水泥用量的关系

影响合理砂率大小的因素很多，可概括如下：

石子最大粒径较大、级配较好、表面较光滑时，由于粗集料的空隙率较小，可采用较小的砂率。

砂的细度模数较小时，由于砂中细颗粒多，混凝土的黏聚性容易得到保证，可采用较小的砂率。

水泥浆较稠（水灰比小）时，由于混凝土的黏聚性较易得到保证，故可采用较小的砂率。

施工要求的流动性较大时，粗集料常出现离析，所以为保证混凝土的黏聚性，需采用较大的砂率；当掺用引气剂或减水剂等外加剂时，可适当减小砂率。

一般情况下，在保证拌和物不离析，能很好地浇灌、捣实的条件下，应尽量选用较小的砂率，这样可节约水泥。

（6）外加剂。

在拌制混凝土时，加入很少量的外加剂（如减水剂、引气剂）能使混凝土拌和物在不增加水泥用量的条件下，获得很好的和易性，增大流动性和改善黏聚性、降低泌水性。并且由于改变了混凝土的结构，还能提高混凝土的耐久性。外加剂对混凝土性能影响在"混凝土外加剂与掺和料"部分介绍。

（7）时间和温度。

拌和物拌制后，随时间的延长而逐渐变得干稠，流动性减小，这是因为水分损失和水泥水化。水分损失的原因：水泥水化消耗掉一部分水；集料吸收一部分水；水分蒸发。由于拌和物流动性的这种变化，在施工中测定和易性的时间，推迟至搅拌完成后约 15 min 为宜。

拌和物的和易性也受温度的影响，因为环境温度的升高，水分蒸发及水泥水化反应加快，坍落度损失也变快。因此，施工中为保证一定的和易性，必须注意环境的变化，采取相应的措施。

4. 和易性的调整与改善

（1）当混凝土流动性小于设计要求时，为了保证混凝土的强度和耐久性，不能单独加水，必须保持水灰比不变，增加水泥用量。

（2）当坍落度大于设计要求时，可在保持砂率不变的前提下，增加砂石用量，实际上减少水泥浆数量，选择合理的浆骨比。

（3）改善集料级配，既可增加混凝土流动性，也能改善黏聚性和保水性。

（4）掺减水剂或引气剂，是改善混凝土和易性的有效措施。

（5）尽可能选用最优砂率。当黏聚性不足时可适当增大砂率。

4.3.2　新拌混凝土的凝结时间

水泥的水化反应是混凝土产生凝结的主要原因，但是混凝土的凝结时间与配制该混凝土所用水泥的凝结时间并不一致，因为水泥浆体的凝结和硬化过程要受到水化产物在空间填充情况的影响。因此，水灰比的大小会明显影响混凝土凝结时间，水灰比越大，凝结时间越长。一般配制混凝土所用的水灰比与测定水泥凝结时间规定的水灰比是不同的，所以这两者的凝结时间便有所不同。而且混凝土的凝结时间还会受到其他各种因素的影响，例如环境温度的变化、混凝土中掺入的外加剂（如缓凝剂或速凝剂等），将会明显影响混凝土的凝结时间。

通常用贯入阻力仪测定混凝土拌和物的凝结时间。先用 5 mm 筛孔的筛从拌和物中筛取砂浆，按一定方法装入规定的容器中，然后每隔一定时间测定砂浆贯入到一定深度时的贯入阻力，绘制贯入阻力与时间的关系曲线，从而确定其凝结时间。贯入阻力达到 3.5 MPa 及 28.0 MPa 的时间，分别为新拌混凝土的初凝时间和终凝时间。通常情况下混凝土的凝结时间为 6 ~ 10 h，但水泥组成、环境温度、外加剂等都会对混凝土凝结时间产生影响。当混凝土拌和物在 10 °C 下养护时，其初凝和终凝时间要比 22 °C 时分别延缓约 4 h 和 7 h。

【工程实例分析】4.5　集料含水量波动对混凝土和易性的影响

现象：某混凝土搅拌站用的集料含水量波动较大，其混凝土强度不仅离散程度较大，而且有时会出现卸料及泵送困难，有时又易出现离析现象。

原因分析：由于集料，特别是砂的含水量波动较大，使实际配比中的加水量随之波动，以致加水量不足时混凝土坍落度不足，水量过多时则坍落度过大，混凝土强度的离散程度也就较大。当坍落度过大时，易出现离析。若振捣时间过长坍落度过大，还会造成“过振”。

【工程实例分析】4.6　碎石形状对混凝土和易性的影响

现象：某混凝土搅拌站原混凝土配方均可生产出性能良好的泵送混凝土。后因供应的问题进了一批针片状多的碎石。当班技术人员未引起重视，仍按原配方配制混凝土，后发觉混凝土坍落度明显下降，难以泵送，临时现场加水泵送。

原因分析：

（1）混凝土坍落度下降的原因。因碎石针片状增多，表面积增大，在其他料及配方不变的条件下，其坍落度必然下降。

（2）当坍落度下降难以泵送时，简单地现场加水虽可解决泵送问题，但对混凝土的强度及耐久性都有不利影响，且还会引起泌水等问题。

4.4　硬化后混凝土的性能

4.4.1　混凝土强度

混凝土的强度包括抗压、抗拉、抗弯、抗剪以及握裹钢筋强度等，其中抗压强度最大，故工程上混凝土主要承受压力。而且混凝土的抗压强度与其他强度间有一定的相关性，可以根据抗压强度的大小来估计其他强度值，因此混凝土的抗压强度是最重要的一项性能指标。

1. 混凝土立方体抗压强度与强度等级

按照国家标准《普通混凝土力学性能试验方法标准》（GB/T 50081—2011）规定，将混凝土拌和物制作成边长为150 mm的立方体试件，在标准条件（温度20 °C ± 2 °C，相对湿度95%以上）下，养护到28 d龄期，测得的抗压强度值为混凝土立方体试件抗压强度（简称立方体抗压强度），以f_{cu}表示。

按照国家标准《混凝土结构设计规范》（GB 50010—2010），混凝土强度等级应按立方体抗压强度标准值确定。立方体抗压强度标准值系指按标准方法制作和养护的边长为150 mm的立方体试件，在28 d龄期用标准试验方法测得的具有95%保证率的抗压强度，以$f_{cu,k}$普通混凝土划分为14个强度等级：C15、C20、C25、C30、C35、C40、C45、C50、C55、C60、C65、C70、C75和C80。混凝土强度等级是混凝土结构设计、施工质量控制和工程验收的重要依据。

钢筋混凝土结构的混凝土强度等级不应低于C15；当采用HRB335级钢筋（热轧带肋钢筋）时，混凝土强度等级不宜低于C20；当采用HRB400和RRB400级钢筋（余热处理带肋钢筋）以及承受重复荷载的构件，混凝土强度等级不得低于C20。

预应力混凝土结构的混凝土强度等级不应低于C30；当采用钢绞线、钢丝、热处理钢筋作预应力钢筋时，混凝土强度等级不宜低于C40。

2. 混凝土的轴心抗压强度和轴心抗拉强度

（1）轴心抗压强度。

混凝土的立方体抗压强度（150 mm × 150 mm × 150 mm）只是评定强度等级的一个标志，它不能直接用来作为结构设计的依据。为了符合工程实际，在结构设计中混凝土受压构件的计算采用混凝土的轴心抗压强度。立方抗压强度设计值以f_{cu}表示，轴心抗压强度标准值以f_{ck}表示。

轴心抗压强度的测定采用150 mm × 150 mm × 300 mm棱柱体作为标准试件。试验表明，轴心抗压强度比同截面的立方体强度值小，棱柱体试件高宽比越大，轴心抗压强度越小，但当h/a达到一定值后，强度就不再降低。但是过高的试件在破坏前由于失稳产生较大的附加偏心，又会降低其抗压的试验强度值。

试验表明：在立方抗压强度f_{cu} = 10 ~ 55 MPa时，轴心抗压强度f_{ck}与f_{cu}之比为0.70 ~ 0.80。

（2）轴心抗拉强度。

混凝土是一种脆性材料，在受拉时有很小的变形就要开裂，它在断裂前没有残余变形。

混凝土的抗拉强度只有抗压强度的1/20 ~ 1/10，且随着混凝土强度等级的提高，比值降低。

混凝土在工作时一般不依靠其抗拉强度。但抗拉强度对于抗开裂性有重要意义，在结构设计中抗拉强度是确定混凝土抗裂能力的重要指标。有时也用它来间接衡量混凝土与钢筋的黏结强度等。

混凝土抗拉强度采用立方体劈裂抗拉试验来测定，称为劈裂抗拉强度f_{ts}。

该方法的原理是在试件的两个相对表面的中线上，作用着均匀分布的压力，这样就能够在外力作用的竖向平面内产生均布拉伸应力（见图4.12）。混凝土劈裂抗拉强度应按下式计算：

$$f_{ts}=\frac{2F}{\pi A}=0.637\frac{F}{A} \quad (4.6)$$

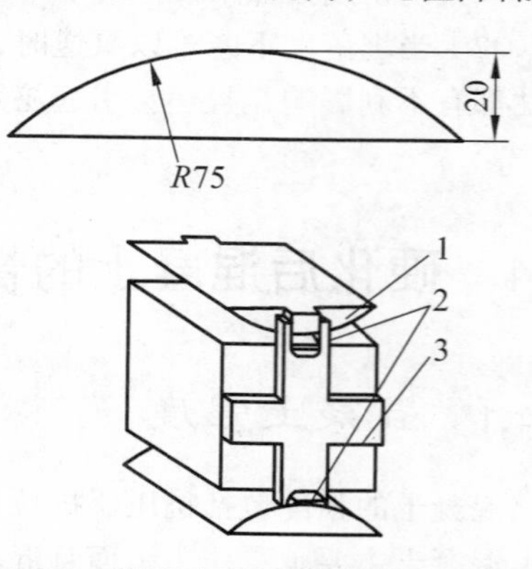

图4.12 混凝土劈裂抗拉试验示意图

1—垫块；2—垫条；3—支架

式中　f_{ts}——混凝土劈裂抗拉强度，MPa；
　　　F——破坏荷载，N；
　　　A——试件劈裂面面积，mm^2。

混凝土轴心抗拉强度 f_t 可按劈裂抗拉强度 f_{ts} 换算得到，换算系数可由试验确定。

各强度等级的混凝土轴心抗压强度标准值 f_{ck}、轴心抗拉强度标准值 f_{tk} 应按表 4.15 采用。

表 4.15　混凝土强度标准值（单位：MPa）

强度种类	混凝土强度等级													
	C15	C20	C25	C30	C35	C40	C45	C50	C55	C60	C65	C70	C75	C80
f_{ck}	10.0	13.4	16.7	20.1	23.4	26.8	29.6	32.4	35.5	38.5	41.5	44.5	47.4	50.2
f_{tk}	1.27	1.54	1.78	2.01	2.20	2.39	2.51	2.64	2.74	2.85	2.93	2.99	3.05	3.11

还需注意的是，相同强度等级的混凝土轴心抗压强度设计值 f_c、轴心抗拉强度设计值 f_t 低于混凝土轴心抗压、轴心抗拉强度标准值 f_{ck}、f_{tk}。

3. 混凝土的抗折强度

根据《普通混凝土力学性能试验方法标准》（GB/T 50081—2002）规定，试验装置见图 4.13。试验机应能施加均匀、连续、速度可控的荷载，并带有能使两个相等荷载同时作用在试件跨度 3 分点处的抗折试验装置。抗折强度试件应符合表 4.16 规定。

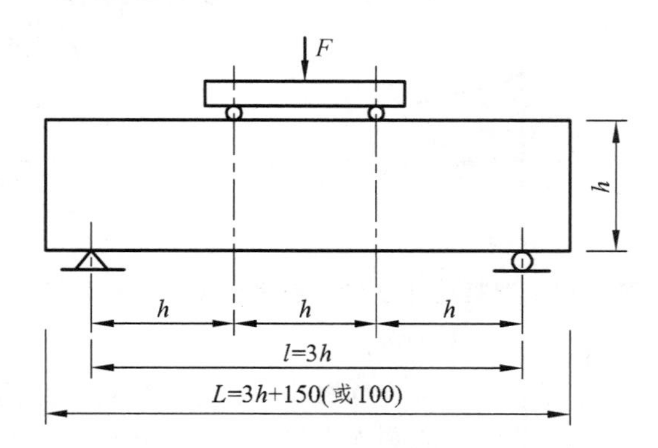

图 4.13　抗折试验装置图

表 4.16　抗折强度试件尺寸

标准试件	非标准试件
150 mm×150 mm×600 mm（或 550 mm）的棱柱体	100 mm×100 mm×400 mm 的棱柱体

当试件尺寸为非标准试件时，应乘以尺寸换算系数。当混凝土强度等级不小于 C60 时，宜采用标准试件；使用非标准试件时，尺寸换算系数应由试验确定。

4. 影响混凝土强度的因素

影响混凝土强度的因素很多。可从原材料因素、生产工艺因素及试验因素三方面讨论。

（1）原材料因素。

① 水泥强度。

水泥强度的大小直接影响混凝土强度。在配合比相同的条件下，所用的水泥强度等级越高，制成的混凝土强度也越高。试验证明，混凝土的强度与水泥的强度成正比关系。

② 水灰比。

当用同一种水泥时，混凝土的强度主要决定于水灰比。因为水泥水化时所需的结合水一般只占水泥质量的 23% 左右，但在拌制混凝土拌和物时，为了获得必要的流动性，实际采用较大的水灰比。当混凝土硬化后，多余的水分或残留在混凝土中形成水泡，或蒸发后形成气孔，混凝土内部的孔隙削弱了混凝土抵抗外力的能力。因此，满足和易性要求的混凝土，在水泥强度等级相同的情况下，水灰比越小，水泥石的强度越高，与集料黏结力也越大，混凝土的强度就越高。如果加水太少（水灰比太小），拌和物过于干硬，在一定的捣实成型条件下，无法保证浇灌质量，混凝土中将出现较多的孔洞，强度也将下降。

试验证明，混凝土强度随水灰比的增大而降低，呈曲线关系变化［见图 4.14（a）］，而混凝土强度和灰水比则呈直线关系［见图 4.14（b）］。

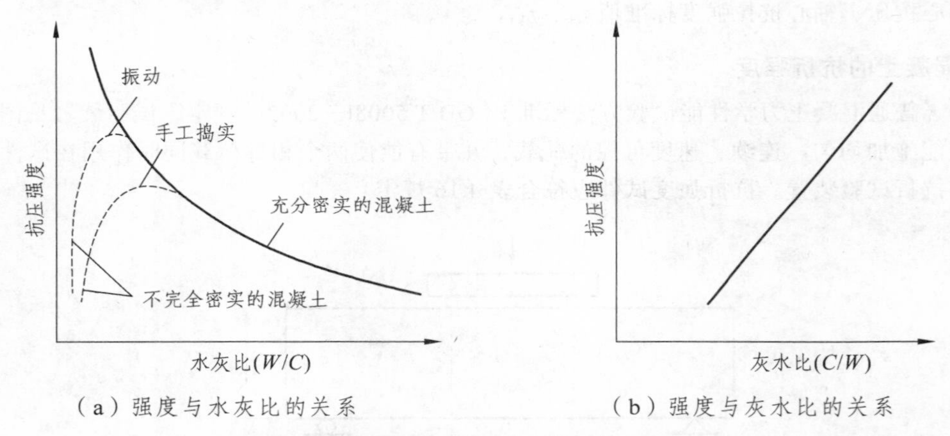

（a）强度与水灰比的关系　　（b）强度与灰水比的关系

图 4.14　混凝土强度与水灰比及灰水比的关系

③ 集料的种类、质量和数量。

水泥石与集料的黏结力除了受水泥石强度的影响外，还与集料（尤其是粗集料）的表面状况有关。碎石表面粗糙，黏结力比较大；卵石表面光滑，黏结力比较小。因而在水泥强度等级和水灰比相同的条件下，碎石混凝土的强度往往高于卵石混凝土。

当粗集料级配良好，用量及砂率适当时，能组成密集的骨架使水泥浆数量相对减小；集料的骨架作用充分，也会使混凝土强度有所提高。

大量试验表明，混凝土强度与水灰比、水泥强度等级等因素之间保持近似恒定的关系。一般采用下面直线型的经验公式来表示：

$$f_{cu}=\alpha_a f_{ce}\left(\frac{C}{W}-\alpha_b\right) \tag{4.7}$$

式中 $\frac{C}{W}$——灰水比（水泥与水质量比）；

f_{cu}——混凝土 28 d 抗压强度，MPa；

f_{ce}——水泥的 28 d 抗压强度实测值，MPa；

α_a，α_b——回归系数，与集料的品种、水泥品种等因素有关。

一般水泥厂为了保证水泥的出厂强度等级，其实际抗压强度往往比其强度等级高。当无水泥 28 d 抗压强度实测值时，用水泥强度等级（$f_{ce,g}$）代入式中，并乘以水泥强度等级富余系数（γ_c），即 $f_{ce}=\gamma_a f_{ce,g}$，γ_c 值应按统计资料确定。

回归系数 α_a 和 α_b 应根据工程所使用的水泥、集料，通过试验由建立的水灰比与混凝土强度关系式确定；当不具备试验统计资料时，其回归系数可按《普通混凝土配合比设计规程》（JGJ 55—2011）选用，见表 4.17。

表 4.17　回归系数 α_a、α_b 选用表

回归系数 \ 石子品种	碎　石	卵　石
α_a	0.46	0.48
α_b	0.07	0.33

上面的经验公式，一般只适用于流动性混凝土和低流动性混凝土，对干硬性混凝土则不适用。利用混凝土强度经验公式，可进行下述两个问题的估算：

a. 根据所用水泥强度和水灰比来估算所配制的混凝土强度；

b. 根据水泥强度和要求的混凝土强度等级来计算应采用的水灰比。

【例 4.2】　已知某混凝土所用水泥强度为 36.4 MPa，水灰比 0.45，粗集料为碎石。试估算该混凝土 28 d 强度值。

【解】　因为 $W/C=0.45$，所以 $C/W=1/0.45=2.22$

碎石：$\alpha_a=0.46,\ \alpha_b=0.07$

代入混凝土强度公式，得

$$f_{cu}=0.46\times36.4\times(2.22-0.07)\ \text{MPa}=36.0\ \text{MPa}$$

答：估计该混凝土 28 d 强度值为 36.0 MPa。

④ 外加剂和掺和料。

混凝土中加入外加剂可按要求改变混凝土的强度及强度发展规律，如掺入减水剂可减少拌合用水量，提高混凝土强度；如掺入早强剂可提高混凝土早期度，但对其后期强度发展无明显影响。超细的掺和料可配制高性能、超高强度的混凝土。

（2）生产工艺因素。

这里所指的生产工艺因素包括混凝土生产过程中涉及的施工（搅拌、捣实）、养护条件、养护时间等因素。如果这些因素控制不当，会对混凝土强度产生严重影响。

① 施工条件——搅拌与振捣。

在施工过程中，必须将混凝土拌和物搅拌均匀，浇筑后必须捣固密实，才能使混凝土有达到预期强度的可能。

机械搅拌和捣实的力度比人力要强，因而，采用机械搅拌比人工搅拌的拌和物更均匀，采用机械捣实比人工捣实的混凝土更密实。强力的机械捣实可适用于更低水灰比的混凝土拌和物，获得更高的强度。图 4.14（a）中虚线部分显示在低水灰比时机械捣实比人工捣实有更高的强度。

改进施工工艺可提高混凝土强度，如采用分次投料搅拌工艺、高速搅拌工艺，高频或多频振捣器、二次振捣工艺等都会有效地提高混凝土强度。

② 养护条件。

混凝土的养护条件主要指所处的环境温度和湿度，它们通过影响水泥水化过程而影响混凝土强度。

养护环境温度高，水泥水化速度加快，混凝土早期强度高；反之亦然。若温度在冰点以下，不但水泥水化停止，而且有可能因冰冻导致混凝土结构疏松，强度严重降低，尤其是早期混凝土应特别加强防冻措施。为加快水泥的水化速度，可采用湿热养护的方法，即蒸汽养护或蒸压养护。

湿度通常指的是空气相对湿度。相对湿度低，混凝土中的水挥发快，混凝土因缺水而停止水化，强度发展受阻。另外，混凝土在强度较低时失水过快，极易引起干缩，影响混凝土耐久性。一般在混凝土浇筑完毕后 12 h 内应开始对混凝土加以覆盖或浇水。对硅酸盐水泥、普通水泥和矿渣水泥配制的混凝土浇水养护不得少于 7 d；使用粉煤灰水泥和火山灰水泥，或掺有缓凝剂、膨胀剂，或有防水抗渗要求的混凝土浇水养护不得少于 14 d。

③ 龄期。

龄期是指混凝土在正常养护条件下所经历的时间。在正常养护条件下，混凝土强度将随着龄期的增长而增长。最初的 7～14 d，强度增长较快，以后逐渐缓慢。但在有水的情况下，龄期延续很久其强度仍有所增长。

普通水泥制成的混凝土，在标准条件养护下，龄期不小于 3 d 的混凝土强度发展大致与其龄期的对数成正比关系。因而在一定条件下养护的混凝土，可按下式根据某一龄期的强度推算另一龄期的强度：

$$\frac{f_n}{\lg n}=\frac{f_a}{\lg a} \tag{4.8}$$

式中　f_n, f_a——龄期分别为 n 天和 a 天的混凝土抗压强度；

n，a——养护龄期（d），$n>3$，$a>3$。

【例 4.3】　某混凝土在标准条件（温度 20 °C ± 3 °C，湿度 > 95%）下养护 7 d，测得其抗压强度为 21.0 MPa。试估算该混凝土 28 d 抗压强度可达多少。

【解】　根据式（4.3），将数据代入，得该混凝土 28 d 抗压强度 f_{28} 为

$$f_{28}=\frac{\lg 28}{\lg 7}\times f_7=\frac{1.45}{0.85}\times 21.0\ \text{MPa}=35.8\ \text{MPa}$$

（3）试验因素。

在进行混凝土强度试验时，试件尺寸、形状、表面状态、含水率以及试验加荷速度等试验因素都会影响混凝土强度试验的测试结果。

① 试件形状尺寸。

测定混凝土立方体试件抗压强度，也可以按粗集料最大粒径的尺寸而选用不同试件的尺寸。但是试件尺寸不同、形状不同，会影响试件的抗压强度测定结果。因为混凝土试件在压力机上受压时，在沿加荷方向发生纵向变形的同时，也按泊松比效应产生横向膨胀。而钢制压板的横向膨胀较混凝土小，因而在压板与混凝土试件受压面形成摩擦力，对试件的横向膨胀起着约束作用，这种约束作用称为“环箍效应”。环箍效应对混凝土抗压强度有提高作用。离压板越远，环箍效应小，在距离试件受压面约 0.866a（a 为试件边长）范围外这种效应消失，这种破坏后的试件形状如图 4.15 所示。

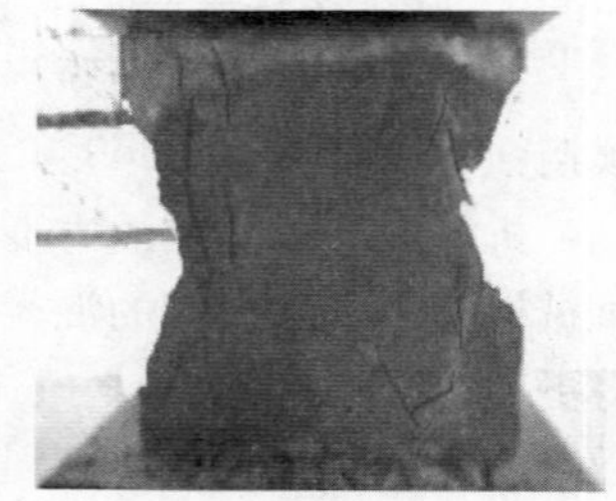

图 4.15　混凝土受压破坏

在进行强度试验时，试件尺寸越大，测得的强度值越低。这包括两方面的原因：一是环箍效应；二是由于大试件内存在的孔隙、裂缝和局部较差等缺陷的几率大，从而降低了材料的强度。

国家标准《普通混凝土力学性能试验方法标准》（GB/T 50081—2002）规定边长为 150 mm 的立方体试件为标准试件。当采用非标准尺寸试件时，应将其抗压强度折算为标准试件抗压强度。换算系数需按表 4.18 的规定。

表 4.18　混凝土抗压强度试块允许最小尺寸表

集料最大颗粒直径/mm	换算系数	试块尺寸/mm
31.5	0.95	100×100×100（非标准试块）
40	1.00	150×150×150（标准试块）
63	1.05	200×200×200（非标准试块）

② 表面状态。

当混凝土受压面非常光滑时（如有油脂），由于压板与试件表面的摩擦力减小，使环箍效应减小，试件将出现垂直裂纹而破坏，测得的混凝土强度值较低。

③ 含水程度。

混凝土试件含水率越高，其强度越低。

④ 加荷速度。

在进行混凝土试件抗压试验时，若加荷速度过快，材料裂纹扩展的速度慢于荷载增加速度，会造成测得的强度值偏高。故在进行混凝土立方体抗压强度试验时，应按规定的加荷速度进行。

综上所述，通过对混凝土强度影响因素的分析，提高混凝土强度的措施有：采用强度等级高的水泥；采用低水灰比；采用有害杂质少、级配良好、颗粒适当的集料和合理的砂率；采用合理的机械搅拌、振捣工艺；保持合理的养护温度和一定的湿度，可能的情况下采用湿热养护；掺入合适的混凝土外加剂和掺和料。

4.4.2　混凝土的变形性能

1. 化学收缩

水泥水化生成的固体体积，比未水化水泥和水的总体积小，而使混凝土产生收缩，这种收缩称为化学收缩。

化学收缩是伴随着水泥水化而进行的，其收缩量是随混凝土硬化龄期的延长而增长的，增长的幅度逐渐减小。一般在混凝土成型后 40 多天内化学收缩增长较快，以后就渐趋稳定。化学收缩是不能恢复的。

2. 干湿变形——湿胀干缩

混凝土湿胀产生的原因：吸水后使混凝土中水泥凝胶体粒子吸附水膜增厚，胶体粒子间的距离增大。湿胀变形量很小，对混凝土性能基本上无影响。

混凝土干缩产生的原因：混凝土在干燥过程中，毛细孔水分蒸发，使毛细孔中形成负压，产生收缩力，导致混凝土收缩；当毛细孔中的水蒸发完后，如继续干燥，则凝胶体颗粒间吸附水也发生部分蒸发，缩小凝胶体颗粒间距离，甚至产生新的化学结合而收缩。因此，干缩的混凝土再次吸水时，干缩变形一部分可恢复，也有一部分（30%～60%）不能恢复。

混凝土干缩变形的大小用干缩率表示，它反映了混凝土的相对干缩性，其值为$(3\sim5)\times10^{-4}$。在一般工程设计中，混凝土干缩值通常取$(1.5\sim2)\times10^{-4}$，即每米混凝土收缩 0.15 ~ 0.2 mm。

影响混凝土干缩有以下几方面原因：

（1）水泥品种及细度。水泥品种不同，混凝土的干缩率也不同。如使用火山灰水泥干缩最大，使用矿渣水泥比使用普通水泥的收缩大。采用高强度等级水泥，由于颗粒较细，混凝土收缩也较大。

（2）用水量与水泥用量。用水量越多，硬化后形成的毛细孔越多，其干缩值也越大。水泥用量越多，混凝土中凝胶体越多，收缩量也较大；同时，水泥用量多会使用水量增加，从而导致干缩偏大。

（3）集料的种类与数量。砂石在混凝土中形成骨架，对收缩有一定的抵抗作用。集料的弹性模量越高，混凝土的收缩越小，故轻集料混凝土的收缩比普通混凝土大得多。

（4）养护条件。延长潮湿条件的养护时间，可推迟干缩的发生与发展，但对最终干缩值影响不大。若采用蒸养可减少混凝土干缩，蒸压养护效果更显著。

3. 温度变形

混凝土与其他材料一样，也具有热胀冷缩的性质。这种热胀冷缩的变形称为温度变形。混凝土温度变形系数约为1×10^{-5} °C^{-1}，即温度变化（升高或降低）1 °C，每米混凝土膨胀 0.01 mm。温度变形对大体积混凝土及大面积混凝土工程极为不利。

在混凝土硬化初期，水泥水化放出较多的热量，混凝土又是热的不良导体，散热较慢，因此在大体积混凝土内部的温度较外部高，有时可达 50 ~ 70 °C。这将使内部混凝土的体积产生较大的膨胀，而外部混凝土却随气温降低而收缩。内部膨胀和外部收缩互相制约，在外表混凝土中将产生很大拉应力，严重时使混凝土产生裂缝。因此对大体积混凝土工程，必须尽量设法减少混凝土发热量，如采用低热水泥、减少水泥用量、采取人工降温等措施。

为防止温度变形带来的危害，一般超长的钢筋混凝土结构物，应采取每隔一段长度设置伸缩缝以及在结构物中设置温度钢筋等措施。

4. 在短期荷载作用下的变形

混凝土结构中含有砂、石、水泥石（水泥石中又存在着凝胶、晶体和未水化的水泥颗粒）、游离水分和气泡，这导致混凝土本身的不匀质性。它不是一种完全的弹性体，而是一种弹塑性体。它在受力时，既产生可以恢复的弹性变形，又产生不可恢复的塑性变形：其应力与应变之间的关系不是直线而是曲线，如图 4.16 所示。

在应力-应变曲线上任一点的应力 σ 与其应变 s 的比值，叫做混凝土在该应力下的变形模量。从图 4.16 可看出，混凝土的变形模量随应力的增加而减小。在混凝土结构或钢筋混凝土结构设计中，常采用按标准方法测得的静力受压弹性模量 E_c。

静力受压弹性模量试验时，采用 150 mm × 150 mm × 300 mm 棱柱体作为标准试件，取测定点的应力为试件轴心抗压强度的 40%，经过多次反复加荷与卸荷，最后所得应力-应变曲线与初始切线大致平行，这样测出的变形模量称为静力受压弹性模量。

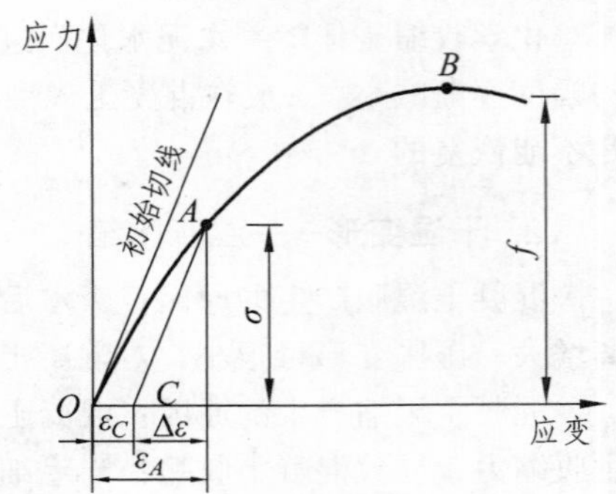

图 4.16　混凝土在短期压力作用下的应力-应变曲线

混凝土的强度越高，弹性模量越高，两者存在一定的相关性。当混凝土的强度等级由C10增高到C60时，其弹性模量约从 1.75×10^4 MPa 增至 3.60×10^4 MPa。

混凝土的弹性模量取决于集料和水泥石的弹性模量。水泥石的弹性模量一般低于集料的弹性模量，因而混凝土的弹性模量一般略低于所用集料的弹性模量，介于所用集料和水泥石的弹性模量之间。在材料质量不变的条件下，混凝土的集料含量较多、水灰比较小、养护较好及龄期较长时，混凝土的弹性模量就较大。蒸汽养护的混凝土弹性模量比标准养护的低。

5. 长期荷载作用下的变形——徐变

混凝土在长期恒定荷载作用下，沿着作用力方向随时间的延长而增加的变形称为徐变。其特征是初期增长较快，然后逐渐缓慢，2～3年后趋于稳定。徐变产生的原因主要是凝胶体的黏性流动和滑移。混凝土的徐变一般可达 $300\times10^{-6}\sim1\,500\times10^{-6}$ m/m。

徐变对混凝土结构物的作用：对普通钢筋混凝土构件，能消除混凝土内部温度应力和收缩应力，减弱混凝土的开裂现象；对预应力混凝土构件，混凝土的徐变使预应力损失增加。

影响混凝土徐变变形的因素主要有：

（1）水灰比一定时，水泥用量越大，徐变越大。

（2）水灰比越小，徐变越小。

（3）龄期长、结构致密、强度高则徐变小。

（4）集料用量多，徐变小。

（5）应力水平越高，徐变越大。

4.4.3 混凝土的耐久性

混凝土的耐久性是指混凝土在使用条件下抵抗周围环境中各种因素长期作用而不破坏的能力。根据混凝土所处的环境条件不同，混凝土耐久性应考虑的因素也不同。例如，承受压力水作用的混凝土，需要具有一定的抗渗性能；遭受环境水侵蚀作用的混凝土，需要具有与之相适应的抗侵蚀性能等。

混凝土耐久性能主要包括抗渗、抗冻、抗侵蚀、碳化、碱集料反应及混凝土中的钢筋锈蚀等性能。

1. 抗渗性

抗渗性是指混凝土抵抗压力水（或油）渗透的能力。它直接影响混凝土的抗冻性和抗侵蚀性。

混凝土的抗渗性主要与其密实度及其内部孔隙的大小和构造有关。混凝土内部的互相连通的孔隙和毛细管通路，以及由于混凝土施工成型时，振捣不实产生的蜂窝、孔洞都会造成混凝土渗水。影响混凝土抗渗性有以下因素：

（1）水灰比。混凝土水灰比大小，对其抗渗性能起决定性作用。水灰比越大，其抗渗性越差。成型密实的混凝土，水泥石本身的抗渗性对混凝土的抗渗性影响最大。

（2）集料的最大粒径。在水灰比相同时，混凝土集料的最大粒径越大，其抗渗性能越差。这是由于集料和水泥浆的界面处易产生裂隙和较大集料下方易形成孔穴。

（3）养护方法。蒸汽养护的混凝土，其抗渗性较潮湿养护的混凝土要差。在干燥条件下，混凝土早期失水过多，容易形成收缩裂隙，因而降低混凝土的抗渗性。

（4）水泥品种。水泥的品种、性质也影响混凝土的抗渗性能。

（5）外加剂。在混凝土中掺入某些外加剂，如减水剂等，可减小水灰比，改善混凝土的和易性，因而可改善混凝土的密实性，即提高了混凝土的抗渗性能。

（6）掺和料。在混凝土中加入掺和料，如掺入优质粉煤灰，可提高混凝土的密实度、细化孔隙，改善孔结构和集料与水泥石界面的过渡区结构，提高混凝土的抗渗性。

（7）龄期。混凝土龄期越长，其抗渗性越好。因为随着水泥水化的进行，混凝土的密实度逐渐增大。

混凝土的抗渗性用抗渗等级表示。抗渗等级是以 28 d 龄期的混凝土标准试件，按规定的方法进行试验，所能承受的最大静水压力来表示。例如，P6、P8、P10、P12 相应表示能抵抗 0.6、0.8、1.0 及 1.2 MPa 的静水压力而不渗水。

2. 抗冻性

混凝土的抗冻性是指混凝土在使用环境中，经受多次冻融循环作用，能保持强度和外观完整性的能力。在寒冷地区，特别是在接触水又受冻的环境下的混凝土，要求具有较高的抗冻性能。

混凝土的抗冻性主要取决于混凝土密实度、内部孔隙的大小与构造以及含水程度。密实混凝土或具有闭口孔隙的混凝土具有较好的抗冻性。影响混凝土抗渗性的因素对混凝土抗冻性也有类似的影响。最有效的方法是掺入引气剂、减水剂和防冻剂。

混凝土的抗冻性用抗冻等级表示。抗冻等级是以 28 d 龄期的混凝土标准试件吸水饱和状态下，承受反复冻融循环，以抗压强度下降不超过 25%，而且质量损失不超过 5% 时所能承受的最大冻融循环次数来确定。抗冻等级分为 F10、F15、F25、F50、F100、F150、F200、F250、F300 九个等级，相应表示在标准试验条件下，混凝土能承受冻融循环次数不少于 10、15、25、50、100、150、200、250、300 次。

3. 抗侵蚀性

环境介质对混凝土的侵蚀主要是对水泥石的侵蚀，通常有软水侵蚀以及酸、碱、盐的侵蚀等。海水对混凝土的侵蚀除了对水泥石的侵蚀外，还有反复干湿的物理作用、海浪的冲击磨损、海水中氯离子对混凝土内钢筋的锈蚀等作用。

混凝土的抗侵蚀性与所用水泥品种、混凝土的密实程度和孔隙特征有关。密实或孔隙封闭的混凝土，环境水不易侵入，故其抗侵蚀性较强。所以提高混凝土抗侵蚀性的主要措施是：选择合理水泥品种（见表 3.6）；提高混凝土密实程度，如加强捣实或掺减水剂；改善孔结构，如掺引气剂等。

4. 混凝土的碳化

混凝土的碳化是指空气中的二氧化碳 CO_2 在有水存在的条件下，与水泥石中的氢氧化钙 $Ca(OH)_2$ 发生如下反应，生成碳酸钙和水的过程：

$$Ca(OH)_2 + CO_2 + H_2O = CaCO_3 + 2H_2O$$

碳化过程是随着二氧化碳不断向混凝土内部扩散，而由表及里缓慢进行的。碳化作用最主要的危害：由于碳化使混凝土碱度降低，减弱了其对钢筋的防锈保护作用，使钢筋易出现锈蚀；另外，碳化将显著增加混凝土的收缩，使混凝土表面产生拉应力，导致混凝土中出现微细裂缝，从而使混凝土抗拉、抗折强度降低。

碳化可使混凝土的抗压强度提高。这是因为碳化反应生成的水分有利于水泥的水化作用，而且反应形成的碳酸钙可减少水泥石内部的孔隙。

总的来说，碳化作用对混凝土是有害的。提高混凝土抗碳化能力的措施有：优先选择硅酸盐水泥和普通水泥；采用较小的水灰比；提高混凝土密实度；改善混凝土内孔结构。

5. 碱集料反应

碱集料反应是指水泥、外加剂等混凝土构成物及环境中的碱与集料中的碱活性矿物在潮湿环境下缓慢发生并导致混凝土开裂破坏的膨胀反应。碱集料反应包括碱-硅酸反应和碱-碳酸盐反应。如碱与集料中的活性氧化硅起化学反应，结果在集料表面生成复杂的碱-硅酸凝胶。生成的凝胶可不断吸水，体积相应的不断膨胀，会把水泥石胀裂。

普遍认为发生碱集料反应需同时具备下列三个必要条件：一是碱含量高；二是集料中存在碱活性矿物，如活性二氧化硅；三是环境潮湿，水分渗入混凝土。

预防或抑制碱集料反应的措施有：

（1）用含碱小于 0.6% 的水泥，以降低混凝土总的含碱量。

（2）混凝土所使用的碎石或卵石应进行碱活性检验。

（3）使混凝土致密或包覆混凝土表面，防止水分进入混凝土内部。

（4）采用能抑制碱集料反应的掺和料，如粉煤灰（高钙高碱粉煤灰除外）、硅灰等。

6. 提高混凝土耐久性的措施

混凝土遭受各种侵蚀作用的破坏虽各不相同，但提高混凝土的耐久性措施有很多共同之处，即：选择适当的原材料；提高混凝土密实度；改善混凝土内部的孔结构。一般提高混凝土耐久性的具体措施有：

（1）合理选择水泥品种，使其与工程环境相适应。

（2）选择质量良好、级配合理的集料和合理的砂率。

（3）采用较小水灰比和保证水泥用量，行业标准《普通混凝土配合比设计规程》（JGJ 55—2011）对此作出了相关的规定，见表 4.19。同时，加强混凝土质量的生产控制。

（4）掺用合适的外加剂。

（5）混凝土表面涂覆相关的保护材料。

表 4.19 混凝土的最大水灰比和最小水泥用量

<table>
<tr><th colspan="2" rowspan="2">环境条件</th><th rowspan="2">结构物类别</th><th colspan="3">最大水灰比</th><th colspan="3">最小水泥用量/kg</th></tr>
<tr><th>素混凝土</th><th>钢筋混凝土</th><th>预应力混凝土</th><th>素混凝土</th><th>钢筋混凝土</th><th>预应力混凝土</th></tr>
<tr><td colspan="2">干燥环境</td><td>正常的居住或办公用房屋内部件</td><td>无规定</td><td>0.65</td><td>0.60</td><td>200</td><td>260</td><td>300</td></tr>
<tr><td rowspan="2">潮湿环境</td><td>无冻害</td><td>① 高湿度的室内部件；
② 室外部件；
③ 在非侵蚀性土或水中的部件</td><td>0.70</td><td>0.60</td><td>0.60</td><td>225</td><td>280</td><td>300</td></tr>
<tr><td>有冻害</td><td>① 经受冻害的室外部件；
② 在非侵蚀性土或水中且经受冻害的部件；
③ 高湿度且经受冻害的室内部件</td><td>0.55</td><td>0.55</td><td>0.55</td><td>250</td><td>280</td><td>300</td></tr>
<tr><td colspan="2">有冻害和除冰剂的潮湿环境</td><td>经受冻害、除冰剂作用的室内和室外部件</td><td>0.50</td><td>0.50</td><td>0.50</td><td>300</td><td>300</td><td>300</td></tr>
</table>

注：① 当用活性掺和料取代部分水泥时，表中的最大水灰比及最小水泥用量即为替代前的水灰比和水泥用量。

② 配制 C15 级及其以下等级的混凝土，可不受本表限制。

【工程实例分析】4.7　掺和料搅拌不均致使混凝土强度低

现象：某工程使用等量的42.5级普通硅酸盐水泥、粉煤灰配制C25混凝土，工地现场搅拌，为赶进度搅拌时间较短。拆模后检测，发现所浇筑的混凝土强度波动大，部分低于所要求的混凝土强度指标。

原因分析：该混凝土强度等级较低，而选用的水泥强度等级较高，故使用了较多的粉煤灰作掺和剂。由于搅拌时间较短，粉煤灰与水泥搅拌不够均匀，导致混凝土强度波动大，以致部分混凝土强度未达要求。

【工程实例分析】4.8　混凝土强度低屋面倒塌

现象：某县某小学1988年建砖混结构校舍，11月中旬气温已达零下十几度，因人工搅拌振捣，故把混凝土拌得很稀，木模板缝隙又较大，漏浆严重。至12月9日，施工者准备内粉刷，拆去支柱，在屋面上用手推车推卸白灰炉渣以铺设保温层，大梁突然断裂，屋面塌落，并砸死屋内两名取暖的小学女生。

原因分析：由于混凝土水灰比大，混凝土离析严重。从大梁断裂截面可见，上部只剩下砂和少量水泥，下部全为卵石，且相当多水泥浆已流走。现场用回弹仪检测，混凝土强度仅达到设计强度等级的一半。这是屋面倒塌的技术原因。

该工程为私人挂靠施工，包工者从未进行过房屋建筑，无施工经验。在冬期施工而无采取任何相应的措施，不具备施工员的素质，且工程未办理任何基建手续。校方负责人自认甲方代表，不具备现场管理资格，由包工者随心所欲施工。这是施工与管理方面的原因。

【工程实例分析】4.9　北京西直门旧立交桥混凝土开裂

现象：北京二环路西北角的西直门立交桥旧桥于1978年12月开工，1980年12月完工。建成使用一段时间后，混凝土有不同程度开裂。1999年3月因各种原因拆除部分旧桥改建。在改造过程中，有关科研部门对旧桥东南引桥桥面和桥基钻芯作K_2O、Na_2O、Cl^-含量测试。其中Cl^-浓度呈明显梯度分布，表面Cl^-浓度为0.094%～0.15%。距表面 1 cm 处的Cl^-浓度骤增，分别为0.18%～0.78%。在1～2 cm处Cl^-浓度达到最高值，其后随着离开表面距离的增加，Cl^-浓度逐渐减至0.1%左右。

原因分析：北京市20世纪80年代每年化冰盐的撒散量为400～600 t，主要用于长安街和城市立交桥。西直门立交旧桥混凝土中的Cl^-主要来自化冰盐NaCl。混凝土表面Cl^-含量低于距表面1～2 cm处，是因其表面受雨水冲刷，部分Cl^-溶解流失。Cl^-超过最高极限值后，会破坏钢筋的钝化膜，锈蚀钢筋，锈蚀产物体积膨胀，导致钢筋开裂，保护膜脱落。

4.5　普通混凝土的配合比设计及质量控制

4.5.1　混凝土的基本要求与质量控制

1. 混凝土的基本要求

建筑工程中所使用的混凝土须满足以下四项基本要求：

（1）混凝土拌和物须具有与施工条件相适应的和易性。

（2）满足混凝土结构设计的强度等级。

（3）具有适应所处环境条件下的耐久性。

（4）在保证上述三项基本要求前提下的经济性。

2. 混凝土的质量控制

混凝土质量控制的目标是使所生产的混凝土能按规定的保证率满足设计要求。质量控制过程包括以下三个过程：

（1）混凝土生产前的初步控制。主要包括人员配备、设备调试、组成材料的检验及配合比的确定与调整等项内容。

（2）混凝土生产过程中的控制。包括控制称量、搅拌、运输、浇筑、振捣及养护等项内容。

（3）混凝土生产后的合格性控制。包括批量划分，确定批取样数，确定检测方法和验收界限等项内容。

3. 混凝土生产质量水平评定

用数理统计方法可求出几个特征统计量：强度平均值（$\bar{f}_{cu}$）、强度标准差（σ）以及变异系数（C_v）。强度标准差越大，说明强度的离散程度越大，混凝土质量越不均匀。也可用变异系数来评定，值越小，混凝土质量越均匀。我国《混凝土强度检验评定标准》根据强度标准差的大小，将混凝土生产单位的质量管理水平划分为“优良”、“一般”及“差”三等。

4.5.2 普通混凝土的配合比设计及质量控制

一个完整的混凝土配合比设计应包括初步配合比计算、试配和调整等步骤。

1. 混凝土配合比设计的主要参数

（1）混凝土配合比表示方法。

混凝土配合比是指混凝土中各组成材料数量之间的比例关系。常用的表示方法有以下两种：

一种是以每 1 m^3 混凝土中各项材料的质量表示。如某配合比：水泥 300 kg、水 180 kg、砂 720 kg、石子 1 200 kg，该混凝土 1 m^3，总质量为 2 400 kg。

另一种表示方法是以各项材料相互间的质量比来表示（以水泥质量为 1），将上例换算成质量比为：水泥：砂：石 = 1：2.4：4，水灰比为 0.60。

进行混凝土配合比设计计算时，其计算公式和有关参数表格中的数据均系以干燥状态集料为基准，干燥状态集料是指含水率小于 0.5% 的细集料或含水率小于 0.2% 的粗集料，如需以饱和面干集料为基准进行计算时，则应作相应的修改。

（2）主要参数。

混凝土配合比设计，实质上就是确定水泥、水、砂与石子这四项基本组成材料用量之间的三个比例关系：

① 水与水泥之间的比例关系，常用水灰比表示。

② 砂与石之间的比例关系，常用砂率表示。

③ 水泥浆与集料之间的比例关系，常用单位用水量（1 m^3 混凝土的用水量）来反映。

水灰比、砂率、单位用水量是混凝土配合比的三个重要参数，因为这三个参数与混凝土的各项性能之间有着密切的关系，在配合比设计中正确地确定这三个参数，就能使混凝土满足上述设计要求。

2. 混凝土配合比的计算

混凝土配合比的计算须按照行业标准《普通混凝土配合比设计规程》（JGJ 55—2011）所规定的步骤来进行。

（1）计算配制强度$f_{cu,0}$并求出相应的水灰比。

① 计算配制强度（$f_{cu,0}$）

行业标准《普通混凝土配合比设计规程》（JGJ 55—2011）规定，现行配制强度可由下式计算：

$$f_{cu,0}=f_{cu,m}=f_{cu,k}+1.645\sigma \tag{4.9}$$

式中 $f_{cu,0}$——混凝土的配制强度，MPa；

$f_{cu,k}$——混凝土立方体抗压强度标准值，MPa；

σ——混凝土强度标准差；

1.645——强度保证系数，其对应强度保证率为95%。

强度保证率是指混凝土强度总体中，强度不低于设计的强度等级值（$f_{cu,k}$）的百分比。由于在试验室配制强度能满足设计强度等级的混凝土，应考虑到实际施工条件与试验室条件的差别。在实际施工中，混凝土强度难免有波动，如施工中各项原材料的质量能否保持均匀一致，混凝土配合比能否控制准确，拌和、运输、浇灌、振捣及养护等工序是否正确等，这些因素的变化将造成混凝土质量的不稳定，即使在正常的原材料供应和施工条件下，混凝土的强度也会有时偏高、有时偏低，但总是在配制强度的附近波动，总体符合正态分布规律。质量控制越严，施工管理水平越高，则波动幅度越小；反之，则波动幅度越大。

混凝土强度标准差σ应根据施工单位同类混凝土统计资料，按下式计算：

$$\sigma=\sqrt{\frac{\sum_{i=1}^{N}f_{cu,\ i}^{2}-N\mu_{f_{cu}}^{2}}{N-1}} \tag{4.10}$$

式中 $f_{cu,\ i}$——统计周期内第i组混凝土试件的立方体抗压强度值，MPa；

N——统计周期内相同强度等级的混凝土试件组数，$N\geqslant 25$；

$\mu_{f_{cu}}$——统计周期内Ⅳ组混凝土试件立方体抗压强度的平均值，MPa。

同一品种混凝土是指混凝土强度等级相同且生产工艺和配合比基本相同的混凝土。

当混凝土强度等级为C20、C25时，其强度标准差计算值低于2.5 MPa时，计算配制强度用的标准差应取2.5 MPa；当强度等级大于或等于C30级，其强度标准差计算值低于3.0 MPa时，计算配制强度用的标准差应取3.0 MPa。

当无统计资料计算混凝土强度标准差时，其值可按表4.20取用。

表4.20 混凝土强度标准差σ值

混凝土强度等级	低于C20	C20～C35	高于C35
σ/MPa	4.0	5.0	6.0

② 计算水灰比（W/C）。

根据已测定的水泥实际强度，粗集料种类及所要求的混凝土配制强度（$f_{cu.\ 0}$），混凝土强度等级小于C60时，混凝土水灰比宜按下式计算：

$$\frac{W}{C}=\frac{\alpha_a f_{ce}}{f_{cu,\ 0}+\alpha_a\alpha_b f_{ce}} \tag{4.11}$$

当无水泥28 d抗压强度实测值为正时，按式$f_{ce}=\gamma_a f_{ce,\ g}$计算。其中，$f_{ce,\ g}$为水泥强度等级；

γ_c为水泥强度等级富余系数，应按统计资料确定。回归系数α_a和α_b按表4.17选用。

为了保证混凝土必要的耐久性，水灰比还不得大于表4.19中规定的最大水灰比值，如计算所得的水灰比大于规定的最大水灰比值时，应取规定的最大水灰比值。

（2）选取每立方米混凝土的用水量，并计算出每立方米混凝土的水泥用量

① 选取单位用水量（m_{w0}）。

a. 干硬性和塑性混凝土用水量的确定。单位用水量（m_{w0}）是指每立方米混凝土的用水量。水灰比在0.4～0.8的干硬性和塑性混凝土，可根据混凝土所用粗集料类型、最大粒径和混凝土的坍落度要求，其用水量按表4.21和表4.22选取。

水灰比小于0.4的混凝土以及采用特殊成型工艺的混凝土用水量应通过试验确定。

表4.21 干硬性混凝土的单位用水量（单位：kg/m³）

拌和物稠度		卵石最大粒径/mm			碎石最大粒径/mm		
项目	指标	10	20	40	16	20	40
维勃稠度/s	16～20	175	160	145	180	170	155
	11～15	180	165	150	185	175	160
	5～10	185	170	155	190	180	165

表4.22 塑性混凝土的单位用水量（单位：kg/m³）

拌和物稠度		卵石最大粒径/mm				碎石最大粒径/mm			
	指标	10	20	31.5	40	16	20	31.5	40
坍落度/mm	10～30	190	170	160	150	200	185	175	165
	35～50	200	180	170	160	210	195	185	175
	55～70	210	190	180	170	220	205	195	185
	75～90	215	195	185	175	230	215	205	195

注：① 本表用水量是采用中砂时的平均取值，采用细砂时，1 m³混凝土的用水量可增加5～10 kg；采用粗砂时，则可减少5～10 kg。
② 掺用各种外加剂或掺和料时，用水量应相应调整。

b. 流动性和大流动性混凝土用水量的确定：

- 其用水量以表4.22中坍落度为90 mm的用水量为基础，按坍落度每增大20 mm用水量增加5 kg，计算出未掺外加剂时的混凝土用水量。
- 掺外加剂时的混凝土用水量可按下式计算：

$$m_{wa}=m_{w0}(1-\beta) \tag{4.12}$$

式中 m_{wa}——掺外加剂混凝土每立方米的用水量，kg；
m_{w0}——未掺外加剂混凝土每立方米的用水量，kg；
β——外加剂的减水率，%。

- 外加剂的减水率应经试验确定。

② 计算单位水泥用量（m_{c0}）。

单位水泥用量（m_{c0}）指每立方米混凝土的水泥用量（kg）。根据已选定的1 m³混凝土用水量（m_{wo}）和算出的水灰比（W/C）值，可按下式求出水泥用量（m_{c0}）：

$$m_{c0}=\frac{m_{w0}}{W/C} \tag{4.13}$$

为保证混凝土的耐久性，由上式计算得出的水泥用量还要满足表4.19中规定的最小水泥用量的要求，如算得的水泥用量小于规定的最小水泥用量，则取规定的最小水泥用量作为单位水泥用量。

（3）选取砂率，计算粗集料和细集料的用量，并提出供试配用的计算配合比。

① 选取砂率（β_s）

合理的砂率值应根据混凝土拌和物的坍落度、黏聚性及保水性等特征来确定。当无历史资料可参考时，混凝土砂率的确定应符合下列规定：

a. 坍落度为10～60 mm的混凝土砂率，可根据粗集料的品种、粒径及混凝土的水灰比按表4.23选取。

表4.23 混凝土砂率选用表（%）

水灰比（W/C）	碎石最大粒径/mm			卵石最大粒径/mm		
	16	20	40	10	20	40
0.40	30～35	29～34	27～32	26～32	25～31	24～30
0.50	33～38	32～37	30～35	30～35	29～34	28～33
0.60	36～41	35～40	33～38	33～38	32～37	31～36
0.70	39～44	38～43	36～41	36～41	35～40	34～39

注：① 表中数值是中砂的选用砂率。对细砂或粗砂，可相应地减少或增加砂率。
② 只用一个单粒级粗集料配制混凝土时，砂率值应适当增大。
③ 对薄壁构件砂率取偏大值。
④ 本表中的砂率是指砂与集料总量的质量比。

b. 坍落度大于60 mm的混凝土砂率，可经试验确定，也可在表4.23的基础上，按坍落度每增大20 mm，砂率增大1%的幅度予以调整。

c. 坍落度小于10 mm的混凝土，其砂率应经试验确定。对于混凝土量大的工程也应通过试验找出合理砂率。

② 计算粗、细集料的用量（m_{g0}和m_{s0}）。

粗、细集料用量的计算方法有重量法和体积法两种。

a. 重量法。根据经验，如果原材料质量比较稳定，所配制的混凝土拌和物的表观密度将接近一个固定值，可先根据工程经验估计每立方米混凝土拌和物的质量，按下列方程组计算粗、细集料用量：

$$\left.\begin{aligned} & m_{c0}+m_{g0}+m_{s0}+m_{w0}=m_{cp} \\ & \beta_s=\frac{m_{s0}}{m_{g0}+m_{s0}}\times 100\% \end{aligned}\right\} \tag{4.14}$$

式中 m_{c0}——每立方米混凝土的水泥用量，kg；

m_{g0}——每立方米混凝土的粗集料用量，kg；

m_{s0}——每立方米混凝土的细集料用量，kg；

m_{w0}——每立方米混凝土的用水量，kg；

β_s——砂率，%；

m_{cp}——每立方米混凝土拌和物的假设质量，kg。

每立方米混凝土拌和物的假设质量可根据历史经验取值。如无资料时可根据集料的类型、粒径以及混凝土强度等级，在 2 350～2 450 kg 范围内选取。

b. 体积法。体积法是根据混凝土拌和物的体积等于各组成材料绝对体积和混凝土拌和物中所含空气的体积总和来计算。可按下列方程组计算出粗细集料的用量：

$$\left.\begin{aligned}&\frac{m_{c0}}{\rho_c}+\frac{m_{g0}}{\rho_g}+\frac{m_{s0}}{\rho_s}+\frac{m_{w0}}{\rho_w}+0.01\alpha=1\\&\beta_s=\frac{m_{s0}}{m_{g0}+m_{s0}}\times100\%\end{aligned}\right\}\tag{4.15}$$

式中　ρ_c——水泥密度，kg/m^3，可取 2 900～3 100 kg/m^3；

ρ_g——粗集料表观密度，kg/m^3；

ρ_s——细集料表观密度，kg/m^3；

ρ_w——水的密度（kg/m^3），可取 1 000 kg/m^3；

α——混凝土含气量百分数（%），在不使用引气型外加剂时，α 可取为 1。

通过以上三大步骤便可将水、水泥、砂和石子的用量全部求出，得到初步配合比，供试配用。

3. 配合比的试配、调整与确定

（1）试配。

前面求出的各材料的用量，是借助于一些经验公式和数据计算出来的，或是利用经验资料查得的，不一定能够符合实际情况。因而计算的配合比进行试配时，首先应进行试拌，以检查拌和物的和易性是否符合要求。

按计算配合比称取材料进行试拌。混凝土拌和物搅拌均匀后应测定坍落度，并检查其黏聚性和保水性的好坏。当试拌得出的拌和物坍落度（或维勃稠度）不能满足要求，或黏聚性和保水性不好时，应在保证水灰比不变的条件下相应调整用水量或砂率。

每次调整后再试拌，直到符合要求为止。试拌调整工作完成后，应测出混凝土拌和物的表观密度，然后提出供混凝土强度试验用的基准配合比。

经过和易性调整试验得出的混凝土基准配合比，其水灰比值不一定选用恰当，其结果是强度不一定符合要求。所以应检验混凝土的强度，且检验时至少应采用三个不同的配合比。其中一个应为经过前面拌和物和易性确定的基准配合比，另外两个配合比的水灰比，宜较基准配合比分别增加和减少 0.05；用水量应与基准配合比相同，砂率可分别增加和减少 1%。

制作混凝土强度试验的试件时，应检验混凝土拌和物的坍落度或维勃稠度、黏聚性、保水性及拌和物的表观密度，并以此结果作为代表相应配合比的混凝土拌和物的性能。

（2）配合比的调整和确定。

由于混凝土抗压强度与其灰水比成直线关系，根据试验得出的三组混凝土强度与其相对应的灰水比（W/C），用作图法或计算法求出与混凝土配制强度（$f_{cu,0}$）相对应的灰水比，并应按下列原则确定每立方米混凝土的材料用量：

① 用水量（m_w）应在基准配合比用水量的基础上，根据制作强度试件时测得的坍落度或维勃稠度进行调整确定；

② 水泥用量（m_c）应以用水量乘以求出的灰水比计算确定；

③ 粗集料和细集料用量（m_s 和 m_g）应在基准配合比的粗集料和细集料用量的基础上，按求

出的水灰比进行调整后确定。

经试配确定配合比后的混凝土，尚应按下列步骤进行校正：

① 根据前面确定的材料用量按下式计算混凝土的表观密度计算值 $\rho_{c,c}$：

$$\rho_{c,c} = m_c + m_g + m_s + m_w \tag{4.16}$$

式中，m_c、m_g、m_s 和 m_w 分别指每立方米混凝土的水泥、砂、石、水的用量。

② 按下式计算混凝土配合比校正系数 δ：

$$\delta = \frac{\rho_{c,t}}{\rho_{c,c}} \tag{4.17}$$

式中　$\rho_{c,t}$——混凝土表观密度实测值，kg/m³；

$\rho_{c,c}$——混凝土表观密度计算值，kg/m³。

③ 当混凝土表观密度实测值与计算值之差的绝对值不超过计算值 2% 时，前面确定的配合比即为确定的设计配合比；当二者之差超过 2% 时，应将配合比中每项材料用量均乘以校正系数 δ，即为确定的设计配合比。

若对混凝土还有其他技术性能要求，如抗渗等级、抗冻等级、高强、泵送、大体积等方面要求，混凝土的配合比设计应按《普通混凝土配合比设计规程》（JGJ 55—2011）的有关规定进行。

（3）施工配合比。

设计配合比时是以干燥材料为基准的，而工地存放的砂、石料都含有一定的水分。所以现场材料的实际称量应按工地砂、石的含水情况进行修正，修正后的配合比，叫做施工配合比。施工配合比按下列公式计算：

$$m'_c = m_c \tag{4.18}$$

$$m'_s = m_s(1 + W_s) \tag{4.19}$$

$$m'_g = m_g(1 + W_g) \tag{4.20}$$

$$m'_w = m_w - m_s \cdot W_s - m_g \cdot W_g \tag{4.21}$$

式中，W_s 和 W_g 分别为砂的含水率和石子的含水率，m'_c、m'_s、m'_g 和 m'_w 分别为修正后每立方米混凝土拌和物中水泥、砂、石和水的用量。

【例 4.4】　混凝土配合比设计实例

（1）工程条件：某工程的预制钢筋混凝土梁（不受风雪影响）的混凝土设计强度等级为 C25，施工要求坍落度为 30 ~ 50 mm（混凝土由机械搅拌，机械振捣）。该施工单位无历史统计资料。

（2）材料：

普通水泥：强度等级为 C32.5（实测 28 d 强度 35.0 MPa），表观密度 $\rho_c = 3.1\ g/cm^3$；

中砂：表观密度 $\rho_s = 2.65\ g/cm^3$，堆积密度 $\rho'_s = 1\,500\ kg/m^3$；

碎石：表观密度 $\rho_g = 2.70\ g/cm^3$，堆积密度 $\rho'_g = 1\,550\ kg/m^3$，最小直径为 20 mm；

水：自来水。

（3）设计要求：

① 设计该混凝土的配合比（按干燥材料计算）。

② 施工现场砂含水率 3%，碎石含水率 1%，求施工配合比。

【解】（1）计算初步配合比。

① 计算配制强度$(f_{cu,0})$：

$$f_{cu,0}=f_{cu,k}+1.645\sigma$$

查表 4.20，当混凝土强度等级为 C25 时，$\sigma=5.0\ \text{MPa}$，则试配强度$f_{cu,0}$为

$$f_{cu,0}=(25+1.645\times5.0)\ \text{MPa}=33.2\ \text{MPa}$$

② 计算水灰比（W/C）：

已知水泥实际强度$f_{ce}=35.0\ \text{MPa}$；所用粗集料为碎石，查表 4.17，回归系数$\alpha_a=0.46$，$\alpha_b=0.07$。按下式计算水灰比W/C：

$$\frac{W}{C}=\frac{\alpha_a f_{ce}}{f_{cu,0}+\alpha_a\alpha_b f_{ce}}=\frac{0.46\times35.0}{33.2+0.46\times0.07\times35.0}=0.47$$

查表 4.19，最大水灰比规定为 0.65，所以取W/C=0.47。

③ 确定单位用水量（m_{w0}）：

该混凝土所用碎石最大粒径为 20 mm，坍落度要求为 30～50 mm，查表 4.22，取m_{w0} = 195 kg。

④ 计算水泥用量（m_{c0}）：

$$m_{c0}=\frac{m_{w0}}{W/C}=\frac{195\ \text{kg}}{0.47}=414.9\ \text{kg}$$

查表 4.19，最小水泥用量规定为 260 kg，所以取m_{c0} = 414.9 kg。

⑤ 确定砂率：

该混凝土所用碎石最大粒径为 20 mm，计算出水灰比为 0.47，查表 4.23，取$\beta_s=30\%$。

⑥ 计算粗、细集料用量（m_{g0}及m_{s0}）：

重量法按下面方程组计算

$$\begin{cases}m_{c0}+m_{g0}+m_{s0}+m_{w0}=m_{cp}\\ \beta_s=\dfrac{m_{s0}}{m_{g0}+m_{s0}}\times100\%\end{cases}$$

假定每立方米混凝土重量$m_{cp}=2\ 400\ \text{kg}$，则

$$\begin{cases}414.9+m_{g0}+m_{s0}+195=2\ 400\\ 30\%=\dfrac{m_{s0}}{m_{g0}+m_{s0}}\times100\%\end{cases}$$

解得砂、石用量分别为$m_{s0}=537.2\ \text{kg}$，$m_{g0}=1\ 253.3\ \text{kg}$。

按重量法算得该混凝土初步配合比：

$$m_{c0}:m_{s0}:m_{g0}:m_{w0}=414.9:537.2:1\ 253.3:195=1:1.29:3.02:0.47$$

体积法按下面方程组计算：

$$\begin{cases}\dfrac{m_{c0}}{\rho_c}+\dfrac{m_{g0}}{\rho_g}+\dfrac{m_{s0}}{\rho_s}+\dfrac{m_{w0}}{\rho_w}+0.01\alpha=1\\ \beta_s=\dfrac{m_{s0}}{m_{g0}+m_{s0}}\times 100\%\end{cases}$$

代入砂、石、水泥、水的表观密度数据，取 $\alpha=1$，则

$$\begin{cases}\dfrac{414.9}{3.1\times10^3}+\dfrac{m_{g0}}{2.70\times10^3}+\dfrac{m_{s0}}{2.65\times10^3}+\dfrac{195}{1\times10^3}+0.01\times1=1\\ 30\%=\dfrac{m_{s0}}{m_{g0}+m_{s0}}\times100\%\end{cases}$$

联立求解得 $m_{s0}=532.3$ kg， $m_{g0}=1\ 242.0$ kg。

按体积法算得该混凝土初步配合比为

$$\begin{aligned}m_{c0}:m_{s0}:m_{g0}:m_{w0}&=414.9:532.3:1\ 242.0:195\\&=1:1.28:2.99:0.47\end{aligned}$$

计算结果与重量法计算结果相近。

（2）配合比的试配、调整与确定。

以重量法计算结果进行试配。

① 配合比的试配、调整：

按初步配合比试拌 15 L，其材料用量：

水泥　　0.015×414.9 kg = 6.22 kg

水　　0.015×195 kg = 2.93 kg

砂　　0.015×537.2 kg = 8.06 kg

碎石　　0.015×1 253.3 kg = 18.80 kg

搅拌均匀后，做坍落度试验，测得的坍落度为 20 mm。增加水泥浆用量 5%，即水泥用量增加到 6.53 kg，水用量增加到 3.07 kg，坍落度测定为 40 mm，黏聚性、保水性均良好。经调整后各项材料用量：水泥 6.53 kg，水 3.07 kg，砂 8.06 kg，碎石 18.80 kg，因此其总量为 $m_{拌}=36.46$ kg。实测混凝土的表观密度 $\rho_{c,t}$ 为 2 420 kg/m^3。

② 设计配合比的确定：

采用水灰比为 0.42、0.47 和 0.52 的三个不同的配合比（水灰比为 0.42 和 0.52 的两个配合比也经坍落度试验调整，均满足坍落度要求），并测定出表观密度分别为 2 415 kg/m^3、2 420 kg/m^3、2 425 kg/m^3。28 d 强度实测结果见表 4.24。

表 4.24　试配混凝土 28 d 强度实测值

水灰比（W/C）	灰水比（C/W）	强度实测值/MPa
0.42	2.38	38.6
0.47	2.13	35.6
0.52	1.92	32.6

从图 4.17 可判断，配制强度 33.2 MPa 对应的灰水比为 $C/W = 2.00$，即水灰比 $W/C = 0.50$。至此，可初步定出混凝土配合比为

$$m_{w0} = \frac{3.07}{36.46} \times 2\ 420\ \text{kg} = 203.7\ \text{kg}$$
$$m_{c0} = 203.7/0.50\ \text{kg} = 407.4\ \text{kg}$$
$$m_{s0} = \frac{8.06}{36.46} \times 2\ 420\ \text{kg} = 535.0\ \text{kg}$$
$$m_{g0} = \frac{18.80}{36.46} \times 2\ 420\ \text{kg} = 1247.8\ \text{kg}$$

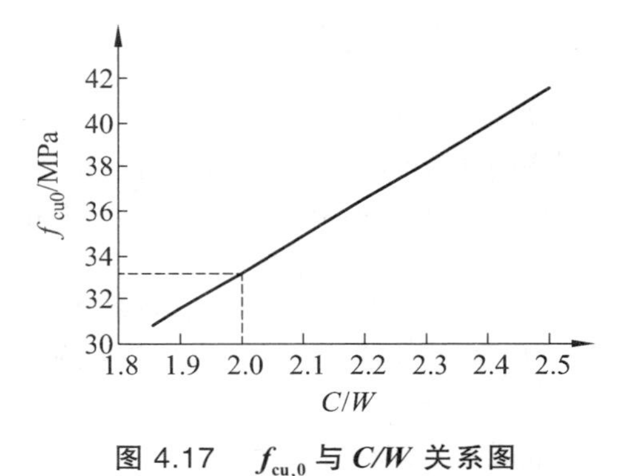

图 4.17　$f_{cu,0}$ 与 C/W 关系图

计算该混凝土的表观密度：

$$\rho_{c,c} = 203.7\ \text{kg/m}^3 + 407.4\ \text{kg/m}^3 + 535.0\ \text{kg/m}^3 + 1\ 247.8\ \text{kg/m}^3 = 2\ 393.7\ \text{kg/m}^3$$

重新按确定的配合比测得其表观密度 $\rho_{c,t} = 2\ 412\ \text{kg/m}^3$，其校正系数 δ 为

$$\delta = \frac{\rho_{c,t}}{\rho_{c,c}} = \frac{2\ 412}{2\ 393.7} = 1.008$$

混凝土表观密度的实测值与计算值之差 ξ 为

$$\xi = \frac{\rho_{c,t} - \rho_{c,c}}{\rho_{c,c}} \times 100\% = \frac{2\ 412 - 2\ 393.7}{2\ 393.7} \times 100\% = 0.8\%$$

由于混凝土表观密度的实测值与计算值之差不超过计算值的 2%，所以前面的计算配合比即为确定的设计配合比，即

$$m_c : m_s : m_g : m_w = m_{c0} : m_{s0} : m_{g0} : m_{w0}$$
$$= 407.4 : 535.0 : 1\ 247.8 : 203.7 = 1 : 1.31 : 3.06 : 0.50$$

（3）施工配合比。

将设计配合比换算为现场施工配合比，用水量应扣除砂、石所含水量，而砂石则应增加砂、石的含水量。施工配合比计算如下：

$$m_c' = m_c = 407.4\ \text{kg}$$
$$m_s' = m_s(1 + W_s) = 535\ \text{kg} \times (1 + 3\%) = 551.0\ \text{kg}$$
$$m_g' = m_g(1 + W_g) = 127.8\ \text{kg} \times (1 + 1\%) = 1\ 260.2\ \text{kg}$$
$$m_w' = m_w - m_s \cdot W_s - m_g \cdot W_g = 203.7\ \text{kg} - 535\ \text{kg} \times 3\% - 1\ 247.8\ \text{kg} \times 1\% = 175.2\ \text{kg}$$

4.6　其他种类混凝土及其新进展

混凝土按照体积密度的大小分成轻混凝土、普通混凝土和重混凝土。

此外，为满足不同工程的特殊要求，混凝土可分为高性能混凝土、高强混凝土、抗渗混凝土、泵送混凝土、纤维混凝土等。

4.6.1 高性能混凝土

高性能混凝土是在1990年，美国NIST和ACI召开的一次国际会议上首先提出来的，并立即得到各国学者和工程技术人员的积极响应。但对高性能混凝土国内外尚无统一的认识和定义。根据一般的理解，对高性能混凝土有以下几点共识：

（1）混凝土的使用寿命要长。

（2）混凝土应具有较高的体积稳定性。

（3）高性能混凝土应具有良好的施工性能。

（4）具有一定的强度和密实度。

混凝土达到高性能最重要的技术手段是使用新型外加剂和超细矿物质掺和料（超细粉），降低水灰比、增大坍落度和控制坍落度损失，给予混凝土高的密实度和优异的施工性能，填充胶凝材料的空隙，保证胶凝材料的水化体积安定性，改善混凝土的界面结构，提高混凝土的强度和耐久性。

4.6.2 高强混凝土

目前世界各国使用的混凝土，其平均强度和最高强度都在不断提高。西方发达国家使用的混凝土平均强度已超30 MPa，高强混凝土所定义的强度也不断提高。在我国，高强混凝土是指强度等级为C60及以上的混凝土。但一般来说，混凝土强度等级越高，其脆性越大，增加了混凝土结构的不安全因素。

高强混凝土可通过采用高强度水泥、优质集料、较低的水灰比、高效外加剂和矿物掺和料，以及强烈振动密实作用等方法取得。《普通混凝土配合比设计规程》（JGJ 55—2011）对高强混凝土作出了原料及配合比设计的规定。

1. 配制高强度混凝土的原材料要求

（1）应选用质量稳定、强度等级不低于42.5级的硅酸盐水泥或普通硅酸盐水泥。

（2）强度等级为C60级的混凝土，其粗集料的最大粒径不应大于31.5 mm；强度等级高于C60级的混凝土，其粗集料的最大粒径不应大于25 mm，并严格控制其针片状颗粒含量、含泥量和泥块含量。

（3）细集料的细度模数宜大于2.6，并严格控制其含泥量和泥块含量。

（4）配制高强混凝土时应掺用高效减水剂或缓凝高效减水剂。

（5）配制高强混凝土时应该掺用活性较好的矿物掺和料，且宜复合使用矿物掺和料。

2. 高强混凝土配合比设计

高强混凝土配合比设计的计算方法和步骤与普通混凝土基本相同。对C60级混凝土仍可用混凝土强度经验公式确定水灰比，但对C60以上等级的混凝土是按经验选取基准配合比中的水灰比。

每立方米高强混凝土水泥用量不应大于550 kg；水泥和矿物掺和料的总量不应大于600 kg。配制高强混凝土所用砂及所采用的外加剂和矿物掺和料的品种、掺量，应通过试验确定。当采用三个不同配合比进行混凝土强度试验时，其中一个应为基准配合比，另两个配合比的水灰比，宜较基准配合比分别增加和减少0.02～0.03；高强混凝土设计配合比确定后，尚应用该配合比进行不少于6次的重复试验进行验证，其平均值不应低于配制强度。

4.6.3 抗渗混凝土

混凝土的抗渗性能是用抗渗等级来衡量的，抗渗混凝土是指抗渗等级等于或大于 P6 级的混凝土。混凝土的抗渗等级的选择是根据最大作用水头与建筑物最小壁厚的比值来确定的。

通过改善混凝土组成材料的质量、优化混凝土配合比与集料级配、掺加适量外加剂，使混凝土内部密实或是堵塞混凝土内部毛细管通路，可使混凝土具有较高的抗渗性能。《普通混凝土配合比设计规程》(JGJ 55—2011）对抗渗混凝土作出了相关的规定。

1. 抗渗混凝土所用原材料的要求

（1）粗集料宜采用连续级配，其最大粒径不宜大于 40 mm，含泥量不得大于 1.0%，泥块含量不得大于 0.5%。

（2）细集料的含泥量不得大于 3.0%，泥块含量不得大于 1.0%。

（3）外加剂宜采用防水剂、膨胀剂、引气剂、减水剂或引气减水剂。

（4）抗渗混凝土宜掺用矿物掺和料。

2. 抗渗混凝土配合比的设计及试配步骤

抗渗混凝土配合比的计算方法和试配步骤与普通混凝土相同，但应符合下列规定：

（1）每立方米混凝土中的水泥和矿物掺和料总量不宜小于 320 kg。

（2）砂率宜为 35% ~ 45%。

（3）供试配用的最大水灰比符合表 4.25 的规定。

表 4.25 抗渗混凝土最大水灰比

抗渗等级	最大水灰比	
	C20 ~ C30 混凝土	C30 以上混凝土
P6	0.60	0.55
P8 ~ P12	0.55	0.50
P12 以上	0.50	0.45

掺用引气剂的抗渗混凝土，其含气量宜控制在 3% ~ 5%。进行抗渗混凝土配合比设计时，尚应增加抗渗性能试验。试配要求的抗渗水压值应比设计值提高 0.2 MPa。试配时，宜采用水灰比最大的配合比作抗渗试验，其试验结果应符合下式要求：

$$P_t \geqslant \frac{P}{10} + 0.2 \tag{4.22}$$

式中 P_t——6 个试件中 4 个未出现渗水时的最大水压值，MPa；

P——设计要求的抗渗等级值。

掺引气剂的混凝土还应进行含气量试验，其含气量宜控制在 3% ~ 5%。

4.6.4 纤维混凝土

纤维混凝土是以混凝土为基体，外掺各种纤维材料而成。掺入纤维的目的是提高混凝土的抗拉强度，降低其脆性。常用纤维材料有：玻璃纤维、矿棉、钢纤维、碳纤维和各种有机纤维。

各类纤维中以钢纤维对抑制混凝土裂缝的形成、提高混凝土抗拉与抗弯强度、增加韧性效果最好。但为了节约钢材，目前国内外都在研制采用玻璃纤维、矿棉等来配制纤维混凝土。在纤维混凝土中，纤维的含量、纤维的几何形状以及纤维的分布情况，对于纤维混凝土的性能有着重要影响。钢纤维混凝土一般可提高抗拉强度 2 倍左右；抗弯强度可提高 1.5 ~ 2.5 倍；抗冲击强度可提高 5 倍以上，甚至可达 20 倍；而韧性甚至可达 100 倍以上。纤维混凝土目前已逐渐地应用于飞机跑道、桥面、端面较薄的轻型结构和压力管道等。

4.6.5 聚合物混凝土

聚合物混凝土是由有机聚合物、无机胶凝材料和集料结合而成的一种新型混凝土。聚合物混凝土体现了有机聚合物和无机胶凝材料的优点，克服了水泥混凝土的一些缺点。聚合物混凝土一般可分为三种：

1. 聚合物水泥混凝土

聚合物水泥混凝土是用聚合物乳液拌和水泥，并掺入砂或其他集料而制成的。聚合物的硬化和水泥的水化同时进行，并且两者结合在一起形成一种复合材料，主要用于铺设无缝地面、修补混凝土路面与机场跑道面层、做防水层等。

配制聚合物水泥混凝土所用的无机胶凝材料，可用普通水泥和高铝水泥。高铝水泥的效果比普通水泥好，因为它所引起的乳液凝聚比较小，而且具有快硬的特性。

聚合物可用天然聚合物（如天然橡胶）和各种合成聚合物（如聚醋酸乙烯、苯乙烯、聚氯乙烯等）。

2. 聚合物浸渍混凝土

聚合物浸渍混凝土是以普通混凝土为基材（被浸渍的材料），而将有机单体渗入混凝土中，然后再用加热或用放射线照射等方法使其聚合，使混凝土与聚合物形成一个整体。

这种混凝土具有高强度（抗压强度可达 200 MPa 以上，抗拉强度可达 10 MPa 以上）、高防水性（几乎不吸水、不透水），以及抗冻性、抗冲击性、耐蚀性和耐磨性都有显著提高的特点，适用于要求高强度、高耐久性的特殊构件，特别适用于输送液体的管道、坑道等。在国外已用于耐高压的容器，如原子反应堆、液化天然气罐等。

3. 聚合物胶结混凝土（树脂混凝土）

树脂混凝土是一种完全没有无机胶凝材料而以合成树脂为胶结材料的混凝土。所用的集料与普通混凝土相同，也可用特殊集料。这种混凝土具有高强、耐腐蚀等优点，但成本较高，只能用于特殊工程（如耐腐蚀工程）。

4.6.6 粉煤灰混凝土

粉煤灰混凝土有利于利用工业废弃物。混凝土工程中要掺入粉煤灰时，应符合国家标准《粉煤灰混凝土应用技术规范》（GBJ 146—90）规定。

1. 粉煤灰的应用要求

（1）Ⅰ级粉煤灰适用于钢筋混凝土和跨度小于 6 m 的预应力钢筋混凝土。

（2）Ⅱ级粉煤灰适用于钢筋混凝土和无钢筋混凝土。

（3）Ⅲ级粉煤灰主要用于低强度无钢筋混凝土。对强度等级要求大于或等于 C30 的无筋粉煤灰混凝土，宜采用Ⅰ、Ⅱ级粉煤灰。

（4）用于预应力混凝土、钢筋混凝土及强度等级要求大于或等于 C30 的无筋混凝土的粉煤灰等级，经试验论证，可采用比上述规定低一级的粉煤灰。

2. 粉煤灰混凝土配合比设计

粉煤灰混凝土配合比设计是以普通混凝土的配合比作为基准混凝土（即未掺粉煤灰的水泥混凝土）配合比，在此基础上，再进行粉煤灰混凝土配合比的设计。粉煤灰常用掺入方法有超量取代法、等量取代法和外加法三种。

4.6.7　泵送混凝土

泵送混凝土是指其拌和物的坍落度不低于 100 mm，并用泵送施工的混凝土。泵送混凝土除需满足工程所需的强度外，还需要满足流动性、不离析和少泌水的泵送工艺的要求。由于采用了独特的泵送施工工艺，因而其原材料和配合比与普通混凝土不同。《普通混凝土配合比设计规程》（JGJ 55—2011）对泵送混凝土作出了规定。

规定泵送混凝土应选用硅酸盐水泥、普通水泥、矿渣水泥和粉煤灰水泥，不宜采用火山灰水泥；并对其集料、外加剂及拌合料亦作出了规定。泵送混凝土配合比的计算和试配步骤除按普通混凝土配合比设计规程的有关规定外，还应符合以下规定：

（1）泵送混凝土的用水量与水泥和矿物掺和料的总量之比不宜大于 0.60。

（2）泵送混凝土的水泥和矿物掺和料的总用量不宜小于 300 kg/m^3。

（3）泵送混凝土的砂率宜为 35%～45%。

（4）掺用引气型外加剂时，其混凝土含气量不宜大于 4%。

本章小结

本章内容以普通混凝土为主，是全书的重点章节之一。本章首先介绍了普通混凝土的组成及各个组成材料的技术要求与砂石级配的概念、作用及评定方法；然后重点介绍了普通混凝土的主要技术性质：和易性、强度、变形性质及耐久性，普通混凝土质量控制的方法和意义，普通混凝土配合比设计的原理方法和步骤。通过本章节的学习，使学生掌握混凝土的基本知识，在工程实践中具有研究、生产、选择和使用混凝土材料的能力。

思考与练习题

4.1　普通混凝土由哪些材料组成？它们在混凝土凝结硬化前后各起什么作用？

4.2　何谓集料的级配？集料级配良好的标准是什么？混凝土的集料为什么要有级配？

4.3　混凝土和易性包括哪些内容？如何判断混凝土和易性？

4.4　什么是合理砂率？合理砂率有何技术及经济意义？

4.5　影响混凝土强度的主要因素有哪些？提高混凝土强度的主要措施有哪些？

4.6　配制混凝土时水泥品种和强度等级的选用原则是什么？

4.7　某混凝土搅拌站原使用砂的细度模数为 2.5，后改用细度模数为 2.1 的砂。改砂后原混凝土配方不变，发觉混凝土坍落度明显变小。请分析原因。

4.8　某市政工程队在夏季正午施工，铺筑路面水泥混凝土。浇筑完后表面未及时覆盖，后发现混凝土表面形成众多表面微细龟裂纹，请分析原因，并说明如何防止。

4.9　采用强度等级 32.5 的普通硅酸盐水泥、碎石和天然砂配制混凝土，制作尺寸为 100 mm×100 mm×100 mm 试件 3 块，标准养护 7 d，测得破坏荷载分别为 140 kN、135 kN、142 kN。试求：

（1）该混凝土 7 d 标准立方体抗压强度；

（2）估算该混凝土 28 d 的标准立方体抗压强度；

（3）估计该混凝土所用的水灰比。

4.10　某住宅楼工程构造柱用碎石混凝土，设计强度等级为 C20，配制混凝土所用的水泥 28 d 抗压强度实测值为 35.0 MPa，已知混凝土强度标准差为 4.0 MPa，试确定混凝土的配制强度 $f_{cu,0}$ 及满足强度要求的水灰比值 W/C。

第5章 砂 浆

【学习要求】

- 了解建筑砂浆的分类。
- 了解砌筑砂浆组成材料的要求和技术性质。
- 了解干混砂浆的优点。
- 了解抹面砂浆和其他特种砂浆的主要品种技术性能、配合方法及应用。
- 掌握砌筑砂浆拌和物和硬化物的主要技术性质。
- 掌握砌筑砂浆配合比设计方法。

砂浆是由胶结料、细集料、掺加料和水或外加剂按一定的比例配制而成的建筑工程材料，在建筑工程中起黏结、衬垫和传递应力的作用。它不直接承受荷载，而是传递荷载，可以将块体、放牧的材料黏结为整体，修建各种建筑物，如桥涵、堤坝和房屋的墙体等；或薄层涂抹在表面上，在浆饰工程中，梁、柱、地面、墙面等在进行表面装饰之前要用砂浆找平抹面，来满足功能的需要，并保护结构的内部。

5.1 砂浆的分类、组成及技术性质

1. 砂浆的分类

建筑砂浆按用途不同，可分为砌筑砂浆、抹面砂浆。按所用胶结材不同，可分为水泥砂浆、石灰砂浆、水泥石灰混合砂浆等。

2. 砂浆的组成材料

建筑砂浆的组成材料主要有胶结材料、砂、掺加料、水和外加剂等。

（1）胶结材料。

建筑砂浆常用的胶结材料有水泥、石灰、石膏等。在选用时应根据使用环境、用途等合理选择。在干燥条件下使用的砂浆既可选用气硬性胶凝材料（石灰、石膏），也可选用水硬性胶凝材料（水泥）；若在潮湿环境或水中使用的砂浆则必须选用水泥作为胶结材料。

砌筑砂浆用水泥的强度等级应根据设计要求进行选择。为合理利用资源、节约材料，在配制砂浆时要尽量选用低强度等级水泥或砌筑水泥。水泥砂浆采用的水泥，其强度等级不宜大于32.5级；水泥混合砂浆采用的水泥，其强度等级不宜大于42.5级。

（2）砂。

建筑砂浆用砂，应符合混凝土用砂的技术要求。对于砌筑砂浆用砂，优先选用中砂，既可满足和易性要求，又可节约水泥。毛石砌体宜选用粗砂。

砂的含泥量应受到控制，含泥量过大，不但会增加砂浆的水泥用量，还可能使砂浆的收缩值增大、耐水性降低，影响砌筑质量。M5 及以上的水泥混合砂浆，如砂子含泥量过大，对强度影响比较明显。因此，M5 及以上的砂浆，其砂含泥量不应超过 5%；强度等级为 M2.5 的水泥混合砂浆，砂的含泥量不应超过 10%。

（3）掺加料。

掺加料是指为改善砂浆和易性而加入的无机材料，如石灰膏、电石膏、黏土膏、粉煤灰等。掺加料对砂浆强度无直接贡献。

① 石灰膏。

为了保证砂浆质量，需将生石灰熟化成石灰膏后，方可使用。生石灰熟化成石灰膏时，应用孔径不大于 3 mm × 3 mm 的网过滤，熟化时间不得少于 7 d；磨细生石灰粉的熟化时间不得小于 2 d。

所用的磨细生石灰粉需满足行业标准《建筑生石灰粉》（JC/T 480—1992）的要求。为了保证石灰膏质量，沉淀池中储存的石灰膏应采取防止干燥、冻结和污染的措施。严禁使用脱水硬化的石灰膏，因为脱水硬化的石灰膏不但起不到塑化作用，还会影响砂浆强度。

② 黏土膏

黏土膏必须达到所需的细度，才能起到塑化作用。采用黏土或亚黏土制备黏土膏时，宜用搅拌机加水搅拌，并通过孔径不大于 3 mm × 3 mm 的网过筛。

黏土中有机物含量过高会降低砂浆质量，因此，用比色法鉴定黏土中的有机物含量时应浅于标准色。

③ 电石膏。

制作电石膏的电石渣应用孔径不大于 3 mm × 3 mm 的网过滤，检验时应加热至 70 °C 并保持 20 min，没有乙炔气味后，方可使用。

需指出的是，消石灰粉是未充分熟化的石灰，颗粒太粗，起不到改善砂浆和易性的作用。因此，消石灰粉不得直接用于砌筑砂浆中。

为了使膏类（石灰膏、黏土膏、电石膏等）物质的含水率有一个统一可比的标准，《砌筑砂浆配合比设计规程》（JGJ 98—2010）规定：石灰膏、黏土膏和电石膏试配时的稠度，应为 120 ± 5 mm。

④ 粉煤灰。

粉煤灰的品质指标应符合国家标准《用于水泥和混凝土中的粉煤灰》（GB 1596—2005）的要求。

（4）拌和水。

对水质的要求，与混凝土的要求基本相同。

（5）外加剂。

砂浆掺入外加剂是发展方向。砂浆中掺入的砂浆外加剂，应具有法定检测机构出具的该产品砌体强度形式检验报告，并经砂浆性能试验合格后，方可使用。应用于建筑砂浆的常用外加剂是引气剂。

3. 砂浆的主要技术性质及测试

砂浆的性质包括新拌砂浆的性质和硬化后砂浆的性质。砂浆拌和物与混凝土拌和物相似，应具有良好的和易性。砂浆和易性指砂浆拌和物是否便于施工操作，并能保证质量均匀的综合性质，包括流动性和保水性两个方面。对于硬化后的砂浆则要求具有所需要的强度、与底面的黏结强度及较小的变形。

（1）流动性（稠度）。

砂浆的流动性指砂浆在自重或外力作用下流动的性能，也称为稠度。

稠度是以砂浆稠度测定仪的圆锥体沉入砂浆内的深度（mm）表示。圆锥沉入深度越大，砂浆的流动性越大。若流动性过大，砂浆易分层、析水；若流动性过小，则不便施工操作，灰缝不易填充，所以新拌砂浆应具有适宜的稠度。

影响砂浆稠度的因素有：所用胶结材料种类及数量，用水量，掺加料的种类与数量，砂的形状、粗细与级配，外加剂的种类与掺量，搅拌时间。

砂浆稠度的选择与砌体材料的种类、施工条件及气候条件等有关。对于吸水性强的砌体材料和高温干燥的天气，要求砂浆稠度要大些；反之，对于密实不吸水的砌体材料和湿冷天气，砂浆稠度可小些。砂浆稠度可按表5.1规定选用。

表5.1　建筑砂浆流动性稠度选择

<table>
<tr><th>砌体种类</th><th>砂浆稠度/mm</th><th>砌体种类</th><th>砂浆稠度/mm</th></tr>
<tr><td>烧结普通砖砌体</td><td>70～90</td><td rowspan="2">烧结普通砖平拱式过梁、空斗墙、筒拱，普通混凝土小型空心砌块砌体</td><td rowspan="2">50～70</td></tr>
<tr><td>轻集料混凝土小型空心砌块砌体</td><td>60～90</td></tr>
<tr><td>烧结多孔砖、空心砖砌体</td><td>60～80</td><td>石砌体</td><td>30～50</td></tr>
</table>

（2）保水性。

保水性指砂浆拌和物保持水分的能力。保水性好的砂浆在存放、运输和使用过程中，能很好地保持水分不致很快流失，各组分不易分离，在砌筑过程中容易铺成均匀密实的砂浆层，能使胶结材料正常水化，最终保证工程质量。

砂浆的保水性用分层度表示。分层度试验方法：砂浆拌和物测定其稠度后，再装入分层度测定仪中，静置30 min后取底部1/3砂浆再测其稠度，两次稠度之差值即为分层度（以mm表示）。

砂浆的分层度不得大于30 mm。分层度过大（如大于30 mm），砂浆容易泌水、分层或水分流失过快，不便于施工；但如果分层度过小（如小于10 mm），砂浆过于干稠不易操作，易出现干缩开裂。可通过如下方法改善砂浆保水性：

① 持一定数量的胶结材料和掺加料。1 m^3 水泥砂浆中水泥用量不宜小于200 kg；水泥混合砂浆中水泥和掺加料总量应在300～350 kg。

② 采用较细砂并加大掺量。

③ 掺入引气剂。

（3）抗压强度与强度等级。

砌筑砂浆的强度用强度等级来表示。砂浆强度等级是以边长为70.7 mm的立方体试件，在标准养护条件下，用标准试验方法测得28 d龄期的抗压强度值（单位为MPa）确定。标准养护条件如下：

温度：（20 ± 3）°C；

相对湿度：水泥砂浆大于90%，混合砂浆60%～80%。

砌筑砂浆的强度等级宜采用M2.5、M5、M7.5、M10、M15、M20等6个等级。

影响砂浆强度的因素很多，除了砂浆的组成材料、配合比、施工工艺等因素外，砌体材料的吸水率也会对砂浆强度产生影响。

① 不吸水砌体材料。

当所砌筑的砌体材料不吸水或吸水率很小时（如密实石材），砂浆组成材料与其强度之间的关系与混凝土相似，主要取决于水泥强度和水灰比。其计算公式如下：

$$f_{m,0}=Af_{ce}\left(\frac{C}{W}-B\right) \tag{5.1}$$

式中 $f_{m,0}$——砂浆 28 d 抗压强度，MPa；

C/W——灰水比（水泥与水质量比）；

A，B——经验系数。

② 吸水砌体材料。

当砌体材料具有较高的吸水率时，虽然砂浆具有一定的保水性，但砂浆中的部分水仍会被砌体吸走。因而，即使砂浆用水量不同，经基底吸水后保留在砂浆中的水分也大致相同。这种情况下，砌筑砂浆的强度主要取决于水泥的强度及水泥用量，而与拌合水量无关。强度计算公式如下：

$$f_{m,0}=\frac{\alpha f_{ce}Q_c}{1\,000}+\beta \tag{5.2}$$

式中 Q_c——每立方米砂浆的水泥用量，kg/m³；

$f_{m,0}$——砂浆的配制强度，MPa；

f_{ce}——水泥的实测强度，MPa；

α，β——砂浆的特征系数，当为水泥混合砂浆时，$\alpha=3.03$，$\beta=-15.09$。

（4）黏结强度。

砂浆与砌体材料的黏结力大小对砌体的强度、耐久性、抗震性都有较大影响。影响砂浆黏结力的因素有：

① 砂浆的抗压强度。抗压强度越高，与砖石的黏结力也越大。

② 砖石的表面状态、清洁程度、湿润状况。如砌筑加气混凝土砌块前，表面先洒水，清扫表面，都可以提高砂浆与砌块的黏结力，提高砌体质量。

③ 施工操作水平及养护条件。

5.2 砌筑砂浆的配合比设计

1. 砌筑砂浆的技术条件

将砖、石及砌块黏结成为砌体的砂浆称为砌筑砂浆。它起着黏结砖、石及砌块构成砌体，传递荷载，并使应力的分布较为均匀，协调变形的作用。按国家行业标准《砌筑砂浆配合比设计规程》（JGJ 98—2010）规定，砌筑砂浆需符合以下技术条件：

（1）砌筑砂浆的强度等级宜采用 M2.5、M5、M7.5、M10、M15、M20。

（2）水泥砂浆拌和物的密度不宜小于 1 900 kg/m³；水泥混合砂浆拌和物的密度不宜小于 1 800 kg/m³。

（3）砌筑砂浆稠度、分层度、试配抗压强度必须同时符合要求。砌筑砂浆的稠度应按表 5.1

规定选用。砌筑砂浆的分层度不得大于 30 mm。

（4）水泥砂浆中水泥用量不应小于 200 kg/m^3；水泥混合砂浆中水泥和掺加料总量宜为 300～350 kg/m^3。

（5）具有冻融循环次数要求的砌筑砂浆，经冻融试验后，质量损失率不得大于 5%，抗压强度损失率不得大于 25%。

2. 砌筑砂浆配合比设计步骤

砌筑砂浆要根据工程类别及砌体部位的设计要求来选择砂浆的强度等级，再按所要求的强度等级确定其配合比。确定砂浆配合比时，要按照行业标准《砌筑砂浆配合比设计规程》（JGJ 98—2010）的规定进行。

（1）水泥混合砂浆配合比计算。

混合砂浆的配合比的计算，可按下列步骤进行：

① 计算砂浆试配强度 $f_{m,0}$（单位：MPa）。

砂浆的试配强度应按下式计算：

$$f_{m,0}=\overline{f}+0.645\sigma \tag{5.3}$$

式中 $f_{m,0}$——砂浆的试配强度，精确至 0.1 MPa；

$\overline{f}$——砂浆抗压强度平均值（强度等级），精确至 0.1 MPa；

σ——砂浆现场强度标准差，精确至 0.01 MPa。

砌筑砂浆现场强度标准差 σ 可按下式计算：

$$\sigma=\sqrt{\frac{\sum_{i=1}^{n}f_{m,i}^{2}-n\mu_{m,f}^{2}}{n-1}} \tag{5.4}$$

式中 $f_{m,i}$——统计周期内同一品种砂浆第 i 组试件的强度，MPa；

$\mu_{m,f}$——统计周期内同一品种砂浆 n 组试件强度的平均值，MPa；

n——统计周期内同一品种砂浆试件的总组数，$n\geqslant25$。

当不具有近期统计资料时，其砂浆现场强度标准差 σ 可按表 5.2 取用。

表 5.2 砂浆强度标准差 σ 选用值（单位：MPa）

砂浆强度等级 / 施工水平	M2.5	M5.0	M7.5	M10.0	M15.0	M20
优 良	0.5	1.00	1.50	2.00	3.00	4.00
一 般	0.62	1.25	1.88	2.50	3.75	5.00
较 差	0.75	1.50	2.25	3.00	4.50	6.00

② 计算每立方米砂浆中的水泥用量 Q_c。

每立方米砂浆的水泥用量，可按下式计算：

$$Q_c=\frac{1\,000(f_{m,0}-\beta)}{\alpha f_{ce}} \tag{5.5}$$

式中　Q_c——每立方米砂浆的水泥用量，精确至 1 kg；

$f_{m,0}$——砂浆的试配强度，精确至 0.1 MPa；

f_{ce}——水泥的实测强度，精确至 0.1 MPa；

α, β——砂浆的特征系数，当为水泥混合砂浆时，$\alpha = 3.03$，$\beta = -15.09$。

注：各地区也可用本地区试验资料确定α、β值，统计用的试验组数不得少于 30 组。

在无法取得水泥的实测强度值时，可按下式计算：

$$f_{ce} = \gamma_c f_{ce,\ k} \tag{5.6}$$

式中　$f_{ce,\ k}$——水泥强度等级对应的强度值；

γ_c——水泥强度等级值的富余系数，该值应按实际统计资料确定，无统计资料时γ_c可取 1.0。

③ 计算每立方米砂浆掺加料用量Q_D。

根据大量实践，每立方米砂浆胶结料与掺加料的总量达 300 ~ 350 kg，基本上可满足砂浆的塑性要求。因而，掺加料用量的确定可按下式计算：

$$Q_D = Q_A - Q_c \tag{5.7}$$

式中　Q_D——每立方米砂浆的掺加料用量，精确至 1 kg（石灰膏、黏土膏使用时的稠度为 120 ± 5 mm）；

Q_A——每立方米砂浆中胶结料和掺加料的总量，精确至 1 kg（一般应在 300 ~ 350 kg/m^3）。。

④ 确定每立方米砂浆砂用量Q_s。

砂浆中的水、胶结料和掺加料是用来填充砂子的空隙，1 m^3 砂子就构成了 1 m^3 砂浆。因此，每立方米砂浆中的砂子用量，应按干燥状态（含水率小于 0.5%）砂的堆积密度值作为计算值。

⑤ 每立方米砂浆用水量Q_w。

砂浆中用水量多少，应根据砂浆稠度要求来选用，由于用水量多少对其强度影响不大，因此一般可根据经验以满足施工所需稠度即可。通常情况，水泥混合砂浆用水量要小于水泥砂浆用水量。每立方米砂浆中的用水量，根据砂浆稠度等要求可选用 240 ~ 310 kg。混合砂浆用水量选取时应注意以下问题：混合砂浆中的用水量，不包括石灰膏或黏土膏中的水；当采用细砂或粗砂时，用水量分别取上限和下限；稠度小于 70 mm 时，用水量可小于下限；施工现场气候炎热或干燥季节，可酌量增加用水量。

（2）水泥砂浆配合比选用。

水泥砂浆如按水泥混合砂浆同样计算水泥用量，则水泥用量普遍偏少，因为水泥与砂浆相比，其强度太高，造成通过计算出现不太合理的结果。因而，水泥砂浆材料用量可按表 5.3 选用，避免由于计算带来的不合理情况。表 5.3 中每立方米砂浆用水量范围仅供参考，不必加以限制，仍以达到稠度要求为度。

（3）配合比试配、调整与确定。

按计算或查表所得配合比进行试拌时，应测定其拌和物的稠度和分层度，当不能满足要求时，应调整材料用量，直到符合要求为止。然后确定为试配时的砂浆基准配合比（即计算配合比经试拌后，稠度、分层度已合格的配合比）。

表 5.3　每立方米水泥砂浆材料用量

强度等级	每立方米砂浆水泥用量/kg	每立方米砂子用量/kg	每立方米砂浆用水量/kg
M2.5 ~ M5	200 ~ 230	1 m³ 砂子的堆积密度值	270 ~ 330
M7.5 ~ M10	220 ~ 280		
M15	280 ~ 340		
M20	340 ~ 400		

注：① 此表水泥强度等级为 32.5 级，大于 32.5 级水泥用量宜取下限。
② 根据施工水平合理选择水泥用量。
③ 当采用细砂或粗砂时，用水量分别取上限或下限。
④ 稠度小于 70 mm 时，用水量可小于下限。
⑤ 施工现场气候炎热或干燥季节，可酌量增加水量。
⑥ 试配强度的确定与水泥混合砂浆相同。

为了使砂浆强度能在计算范围内，试配时应采用三个不同的配合比。其中一个为基准配合比，其他配合比的水泥用量应按基准配合比分别增加及减少 10%。在保证稠度、分层度合格的条件下，可将用水量或掺加料用量作相应调整。

对三个不同的配合比进行调整后，按《建筑砂浆基本性能试验方法》（JGJ 70—1990）的规定成型试件，测定砂浆强度，并选定符合试配强度要求的且水泥用量最低的配合比作为砂浆配合比。

【例 5.1】　砌筑砂浆配合比设计实例

要求设计用于砌砖墙用水泥石灰混合砂浆，强度等级为 M7.5，稠度 70 ~ 100 mm。原材料的主要参数如下：

水泥：32.5 级普通硅酸盐水泥；

砂子：中砂，堆积密度为 1 450 kg/m³，现场砂含水率为 2%；

石灰膏：稠度 120 mm；

施工水平：一般。

【解】

（1）计算试配强度 $f_{m,0}$，试配强度按下式计算：

$$f_{m,0} = \overline{f} + 0.645\sigma$$

M7.5 砂浆：$\overline{f} = 7.5\ \text{MPa}$；查表 5.2，$\sigma = 1.88\ \text{MPa}$，则

$$f_{m,0} = \overline{f} + 0.645\sigma = 7.5\ \text{MPa} + 0.645 \times 1.88\ \text{MPa} = 8.7\ \text{MPa}$$

（2）计算水泥用量 Q_c，水泥用量 Q_c 按下式计算：

$$Q_c = \frac{1\,000(f_{m,0} - \beta)}{\alpha f_{ce}} = \frac{1\,000[8.7 - (-15.09)]}{3.03 \times 32.5}\ \text{kg/m}^3 = 214.6\ \text{kg/m}^3$$

注：由于无水泥实测强度，上式 f_{ce} 按公式算得：$f_{ce} = \gamma_c f_{ce,\ k} = 1 \times 32.5\ \text{MPa} = 32.5\ \text{MPa}$

（3）计算石灰膏用量 Q_D。

$$Q_D = Q_A - Q_c = 320\ \text{kg} - 214.6\ \text{kg} = 105.4\ \text{kg}$$

式中，取每立方米砂浆胶结料和掺加料总量 $Q_A = 320$ kg。石灰膏稠度 120 mm，属于 120 ± 5 mm 范围，无需换算。

（4）计算砂用量 Q_s。

根据砂子的含水率和堆积密度，计算每立方米砂浆用砂量：

$$Q_s = 1\,450 \times (1 + 2\%)\ \text{kg} = 1\,479.0\ \text{kg}$$

（5）选择用水量 Q_w。

由于砂浆使用中砂，稠度要求较大，为 120 mm，在 240 ~ 310 kg/m^3 范围内取偏高用水量 $Q_w = 280$ kg/m^3。

（6）试配时各材料的用量比为

水泥：石灰膏：砂：水 = 214.6：105.4：1 479.0：280 = 1：0.49：6.89：1.30

（7）配合比试配、调试与确定（略）。

5.3 抹面砂浆

1. 抹面砂浆的定义及其特点

抹面砂浆是指涂抹在基底材料的表面，兼有保护基层和增加美观作用的砂浆。与砌筑砂浆相比，抹面砂浆具有以下特点：

（1）抹面层不承受荷载。

（2）抹面层与基底层要有足够的黏结强度，使其在施工中或长期自重和环境作用下不脱落、不开裂。

（3）抹面层多为薄层，并分层涂抹，面层要求平整、光洁、细致、美观。

（4）多用于干燥环境，大面积暴露在空气中。

2. 抹面砂浆的分类、性能及应用

根据其功能不同，抹面砂浆一般可分为普通抹面砂浆和特殊用途砂浆（具有防水、耐酸、绝热、吸声及装饰等用途的砂浆）。

（1）普通抹面砂浆。

常用的普通抹面砂浆有水泥砂浆、石灰砂浆、水泥石灰混合砂浆、麻刀石灰砂浆（简称麻刀灰）、纸筋石灰砂浆（纸筋灰）等。

抹面砂浆应与基面牢固地黏合，因此要求砂浆应有良好的和易性及较高的黏结力。抹面砂浆常分两层或三层进行施工。底层砂浆的作用是使砂浆与基层能牢固地黏结，应有良好的保水性。中层主要是为了找平，有时可省去不做。面层主要为了获得平整、光洁的表面效果。

各层抹面的作用和要求不同，每层所选用的砂浆也不一样。同时，基底材料的特性和工程部位不同，对砂浆技术性能要求不同，这也是选择砂浆种类的主要依据。水泥砂浆宜用于潮湿或强度要求较高的部位；混合砂浆多用于室内底层或中层或面层抹灰；石灰砂浆、麻刀灰、纸筋灰多

用于室内中层或面层抹灰。对混凝土基面多用水泥石灰混合砂浆。对于木板条基底及面层，多用纤维材料增加其抗拉强度，以防止开裂。

普通抹面砂浆的组成材料及配合比，可根据使用部位及基底材料的特性确定，一般情况下参考有关资料和手册选用。抹面砂浆的配合比除了指明重量比外，是指干松状态下材料的体积比（即水泥、砂、石渣），对于石灰膏等膏状掺加料是指规定稠度（120±5 mm）时的体积。普通抹面砂浆的配合比，可参照表5.4选用。

表5.4 普通抹面砂浆参考配合比

材 料	体积配合比	材料	体积配合比
水泥：砂	1：2～1：3	水泥：石灰：砂	1：1：6～1：2：9
石灰：砂	1：2～1：4	石灰：黏土：砂	1：1：4～1：1：8

（2）防水砂浆。

制作防水层的砂浆叫做防水砂浆。砂浆防水层又叫做刚性防水层。这种防水层仅用于不受振动和具有一定刚度的混凝土工程或砌体工程。对于变形较大或可能发生不均匀沉陷的建筑物，都不宜采用刚性防水层。

防水砂浆可以用普通水泥砂浆来制作，也可以在水泥砂浆中掺入防水剂来提高砂浆的抗渗能力，或采用聚合物水泥砂浆防水。常用的防水剂有氯化物金属盐类防水剂和金属皂类防水剂等。

（3）装饰砂浆。

涂抹在建筑物内外墙表面，且具有美观装饰效果的抹灰砂浆通称为装饰砂浆。装饰砂浆的底层和中层抹灰与普通抹灰砂浆基本相同。主要是装饰砂浆的面层，要选用具有一定颜色的胶凝材料和集料以及采用某种特殊的操作工艺，使表面呈现出各种不同的色彩、线条与花纹等装饰效果。

装饰砂浆采用的胶凝材料有普通水泥、矿渣水泥、火山灰水泥和白水泥、彩色水泥，或是在常用水泥中掺加些耐碱矿物配成彩色水泥以及石灰、石膏等。集料常采用大理石、花岗石等带颜色的细石渣或玻璃、陶瓷碎片。

装饰砂浆还可采取喷涂、弹涂、辊压等新工艺方法，可做成多种多样的装饰面层，操作方便，施工效率可大大提高。

（4）绝热砂浆。

采用水泥、石灰、石膏等胶凝材料与膨胀珍珠岩、膨胀蛭石或陶粒砂等轻质多孔集料，按一定比例配制的砂浆称为绝热砂浆。绝热砂浆具有质轻和良好的绝热性能，其导热系数为0.07～0.10 W/(m·K)，可用于屋面绝热层、绝热墙壁以及供热管道绝热层等处。

（5）吸声砂浆。

一般绝热砂浆是由轻质多孔集料制成的，同时具有吸声性能。还可以用水泥、石膏、砂、锯末（其体积比为1：1：3：5）等配成吸声砂浆，或在石灰、石膏砂浆中掺入玻璃纤维、矿物棉等松软纤维材料。吸声砂浆用于室内墙壁和平顶的吸声。

本章小结

砂浆在建筑工程中的作用主要是黏结、保护和装饰。砌筑砂浆将砖（砌块）黏结成墙体。抹灰砂浆不仅找平墙体，还保护了墙体，保证了建筑的使用条件，装饰了墙体。地面砂浆不仅保护了楼板及地坪，且又使地面具有防潮和耐磨的性能。各种墙体材料不同，墙体使用环境不同，要求不同品种的砂浆以满足各种墙体的使用功能。例如，对砌筑砂浆要有强度指标，外墙抹灰砂浆要能抵抗冻融、盐析、干湿循环、老化等作用。地下室、卫生间等墙体浆还要求防潮、防水和防霉。地下室等潮湿环境砂浆还应具有优良的耐水性。保温砂浆能改善墙体的保温隔热性能。在这一章主要要求掌握工程上对各种砂浆性能要求的不同之处，以及各种砂浆性能的一些基本知识。

思考与练习题

5.1 新拌砂浆的和易性的含义是什么？怎样才能提高砂浆的和易性？

5.2 配制砂浆时，其胶凝材料和普通混凝土的胶凝材料有何不同？

5.3 影响砂浆强度的主要因素有哪些？

5.4 何谓混合砂浆？工程中常采用水泥混合砂浆有何好处？为什么要在抹面砂浆中掺入纤维材料？

5.5 一工程砌砖墙，需要制 M5.0 的水泥石灰混合砂浆。现材料供应如下：

水泥：42.5 强度等级的普通硅酸盐水泥；

砂：粒径小于 2.5 mm，含水率 3%，紧堆密度 1 600 kg/m^3；

石灰：表观密度 1 300 kg/m^3。

求 1 m^3 砂浆各材料的用量。

第 6 章　沥青及沥青混合料

【学习要求】

- 了解沥青的组成，沥青混合料的性质及其与温度、水的密切关系。
- 了解石油沥青的主要技术性质及技术标准。
- 了解沥青混凝土路面的主要胶结材料和常用的防水材料。
- 掌握沥青混合料的路用性能及技术指标、目标配合比设计方法等。

6.1　沥青材料

沥青材料是目前我国高速公路面层的主要胶结材料，同时也是重要的屋面防水材料，由于沥青属于有机胶凝材料，因此具有与无机胶凝材料明显不同的性能特点和使用注意事项，学习中应注意对比掌握。

6.1.1　沥青的分类

沥青材料是由一些极其复杂的高分子碳氢化合物和这些碳氢化合物的非金属（氧、硫、氮）的衍生物所组成的黑色或黑褐色的固体、半固体或液体的混合物。

沥青属于有机胶凝材料，与矿质混合料有非常好的黏结能力，是道路工程重要的筑路材料；沥青属于憎水性材料，结构致密，几乎完全不溶于水和不吸水，因此广泛用于土木工程的防水、防潮和防渗；同时沥青还具有较好的抗腐蚀能力，能抵抗一般酸性、碱性及盐类等具有腐蚀性的液体和气体的腐蚀，因此可用于有防腐要求而对外观质量要求较低的表面防腐工程。

对于沥青材料的命名和分类，目前世界各国尚未取得统一的认识。沥青按其在自然界中获得的方式，可分为地沥青和焦油沥青两大类。

1. 地沥青

指天然存在的或由石油精制加工得到的沥青材料。按其产源又可分为：

（1）天然沥青：石油在自然条件下，长时间经受地球物理因素作用而形成的产物，我国新疆克拉玛依等地产有天然沥青。

（2）石油沥青：石油原油经蒸馏等提炼出各种轻质油及润滑油以后的残留物，或将残留物进一步加工得到的产物。

2. 焦油沥青

指利用各种有机物（煤、泥炭、木材等）干馏加工得到的焦油，经再加工而得到的产品。焦油沥青按其加工的有机物名称而命名，如由煤干馏所得的煤焦油，经再加工后得到的沥青，即称为煤沥青。

6.1.2 石油沥青的组成与结构

1. 组分组成

石油沥青是由多种碳氢化合物及其非金属（氧、硫、氮）的衍生物组成的混合物。它的组成主要是碳（80%～87%）、氢（10%～15%），其余是非烃元素，如氧、硫、氮等（＜3%）。此外，还含有一些微量的金属元素，如镍、钡、铁、锰、钙、镁、钠等，但含量都很少。

由于沥青化学组成结构的复杂性，虽然多年来许多化学家致力这方面的研究，可是目前仍不能直接得到沥青元素含量与工程性能之间的关系。目前对沥青组成和结构的研究主要集中在组分理论、胶体理论和高分子溶液理论。

石油沥青是由多种化合物组成的混合物，由于它的结构复杂性，目前分析技术还很难将其分离为纯粹的化合物单体。实际上，在生产应用中，并没有这样的必要。因此，许多研究者就致力于沥青“化学组分”分析的研究。化学组分分析就是将沥青分离为化学性质相近，而且与其工程性能有一定联系的几个化学成分组，这些组就称为“组分”。

石油沥青的化学组分，许多研究者曾提出不同的分析方法。我国现行《公路工程沥青与沥青混合料试验规程》(JTJ E20—2011）中有三组分 T0617—1993 和四组分 T0618—1993 两种分析法。

（1）三组分分析法。

石油沥青的三组分分析法是将石油沥青分离为油分、树脂和沥青质三个组分。因我国富产石蜡基或中间基沥青，在油分中往往含有蜡，故在分析时还应进行油蜡分离。由于这种组分分析方法，是兼用了选择性溶解和选择性吸附的方法，所以又称为溶解-吸附法。石油沥青三组分分析法的各组分性状如表 6.1 所示。

表 6.1 石油沥青三组分分析法的各组分性状

组分	外观特征	平均分子量	碳氢比	含量/%	物化特征
油分	淡黄色透明液体	200～700	0.5～0.7	45～60	几乎溶于大部分有机溶剂，焦油光学活性，常发现有荧光，相对密度 0.7～1.0
树脂	红褐色黏稠半固体	800～3 000	0.7～0.8	15～30	温度敏感性高，熔点低于 100 °C，相对密度大于 1.0～1.1
沥青质	深褐色固体微粒	1 000～5 000	0.8～1.0	5～30	加热不熔化而碳化，相对密度 1.1～1.5

油分赋予沥青以流动性，油分含量的多少直接影响沥青的柔软性、抗裂性及施工难度。油分在一定条件下可以转化为树脂甚至沥青质。

树脂又分为中性树脂和酸性树脂，中性树脂使沥青具有一定可塑性、流动性和黏结性，其含量增加，沥青的黏结力和延伸性增加。除中性树脂外，沥青树脂中还含有少量的酸性树脂，即沥青酸和沥青酸酐，为树脂状黑褐色黏稠状物质，密度大于 1.0 g/cm^3，是油分氧化后的产物，呈固态或半固态，具有酸性，能为碱皂化，易溶于酒精、三氯甲烷，而难溶于石油醚和苯。酸性树脂是沥青中活性最大的组分，它能改善沥青对矿质材料的浸润性，特别是提高与碳酸盐类岩石的黏附性，增强沥青的可乳化性。

沥青质决定着沥青的黏结力、黏度和温度稳定性，以及沥青的硬度、软化点等。沥青质含量增加时，沥青的黏度和黏结力增加，硬度和温度稳定性提高。

溶解-吸附法的优点是组分界很明确，组分含量能在一定程度上说明它的工程性能，但是它的主要缺点是分析流程复杂，分析时间很长。

（2）四组分分析法。

我国现行四组分分析法是将沥青分离为沥青质、饱和分、芳香分和胶质。石油沥青按四组分分析法所得各组分的性状如表6.2所示。

表6.2 石油沥青四组分分析法的各组分性状

组 分	外观特征	平均相对密度	平均分子量	主要化学结构
饱和分	无色液体	0.89	625	烷烃、环烷烃
芳香分	黄色至红色液体	0.99	730	芳香烃、含S衍生物
胶 质	棕色黏稠液体	1.09	970	多环结构、含S、O、N衍生物
沥青质	深棕色至黑色固体	1.15	3400	缩合环结构、含S、O、N衍生物

对于富含石蜡的沥青，还可将饱和分和环烷芳香分置于丁酮-苯混合溶液中冷冻分离出蜡。

沥青的化学组分与沥青的物理力学性质有着密切的关系，这主要表现为沥青组分及其含量的不同将引起沥青性质趋向性的变化。一般认为，饱和分含量增加，可使沥青稠度降低（针入度增大）；树脂含量增大，可使沥青的延性增加；在有饱和分存在的条件下，沥青质含量增加，可使沥青获得低的感温性；树脂和沥青质的含量增加，可使沥青的黏度提高；树脂中含有少量的酸性树脂（即地沥青酸和地沥青酸酐），是一种表面活性物质，能增强沥青与石料表面的黏附性。

蜡组分的存在对沥青性能的影响，是沥青性能研究的一个重要课题。特别是我国富产石蜡基原油的情况下，更是众所关注。现有研究认为，蜡对沥青路用性能的影响，主要是由于沥青中蜡的存在，高温使沥青容易变软，导致沥青路面的高温稳定性降低，出现车辙损坏。同样，低温使沥青变得脆硬，导致沥青路面的低温抗裂性降低，出现低温裂缝。此外，蜡还会使沥青与石料的黏附性降低，在水分的作用下，会使石料与沥青产生剥落现象，造成沥青路面出现水损坏；更严重的是，含蜡沥青会使沥青路面的抗滑性降低，影响路面的行车安全性。对于沥青蜡含量的限制，我国现行《公路沥青路面施工技术规范》（JTG F40—2004）规定，蜡含量不大于2.2%～4.5%；《重交通道路石油沥青》（GB/T15180—2010）规定，蜡含量不大于3%。

2. 胶体结构

（1）胶体结构的形成。

现代胶体理论认为，沥青的胶体结构，是以固态超细微粒的沥青质为分散相，饱和分和芳香分为分散介质，但沥青质不能直接分散在芳香分和饱和分中。通常是若干个沥青质微粒聚集在一起，它们吸附了极性半固态的胶质，而形成“胶团”。由于胶溶剂-胶质的胶溶作用，而使胶团胶溶、分散于液态的芳香分和饱和分组成的分散介质中，形成稳定的胶体。在沥青中，分子量很高的沥青质不能直接胶溶于分子量很低的芳香分和饱和分的介质中，特别是饱和分为胶凝剂，它会阻碍沥青质的胶溶。沥青之所以能形成稳定的胶体，是因为强极性的沥青质吸附极性较强的胶质，胶质中极性最强的部分吸附在沥青质表面，然后逐步向外扩散，极性逐渐减小，芳香度也逐渐减弱，距离沥青质越远，则极性越小，直至与芳香分接近，甚至到几乎没有极性的饱和分。这样，在沥青胶体结构中，从沥青质到胶质，乃至芳香分和饱和分，它们的极性是逐步递变的，没有明显的分界线。所以，只有在各组分的化学组成和相对含量相匹配时，才能形成稳定的胶体。

（2）胶体结构分类。

根据沥青中各组分的化学组成和相对含量的不同，可以形成不同的胶体结构。沥青的胶体结构，可分下列三种类型：

① 溶胶型结构：当沥青中沥青质分子量较低，并且含量很少（例如在10%以下），同时有一定数量的芳香度较高的胶质，这样使胶团能够完全胶溶而分散在芳香分和饱和分的介质中。在此情况下，胶团相距较远，它们之间的吸引力很小（甚至没有吸引力），胶团可以在分散介质黏度许可范围之内自由运动，这种胶体结构的沥青，称为溶胶型沥青，见图6.1（a）。溶胶型沥青的特点是，流动性和塑性较好，开裂后自行愈合能力较强，而对温度的敏感性强，即对温度的稳定性较差，温度过高会流淌。通常，大部分直馏沥青都属于溶胶型沥青。

② 溶-凝胶型结构：沥青中沥青质含量适当（例如在15%～25%），并有较多数量芳香度较高的胶质。这样形成的胶团数量增多，胶体中胶团的浓度增加，胶团距离相对靠近［见图6.1（b）］，它们之间有一定的吸引力。这是一种介乎溶胶与凝胶之间的结构，称为溶-凝胶结构。这种结构的沥青，称为溶-凝胶型沥青。修筑现代高等级沥青路用的沥青，都应属于这类胶体结构类型。通常，环烷基稠油的直馏沥青或半氧化沥青，以及按要求组分重新组配的溶剂沥青等，往往能符合这类胶体结构。这类沥青的工程性能，在高温时具有较低的感温性；低温时又具有较好的变形能力。

③ 凝胶型结构：沥青中沥青质含量很高（例如＞30%），并有相当数量芳香度高的胶质来形成胶团。这样，沥青中胶团浓度很大程度的增加，它们之间相互吸引力增强，使胶团靠得很近，形成空间网络结构。此时，液态的芳香分和饱和分在胶团的网络中成为"分散相"，连续的胶团成为"分散介质"［见图6.1（c）］。这种胶体结构的沥青，称为凝胶型沥青。这类沥青的特点是：弹性和黏性较高，温度敏感性较小，开裂后自行愈合能力较差，流动性和塑性较低。在工程性能上，虽具有较好的温度感应性，但低温变形能力较差。

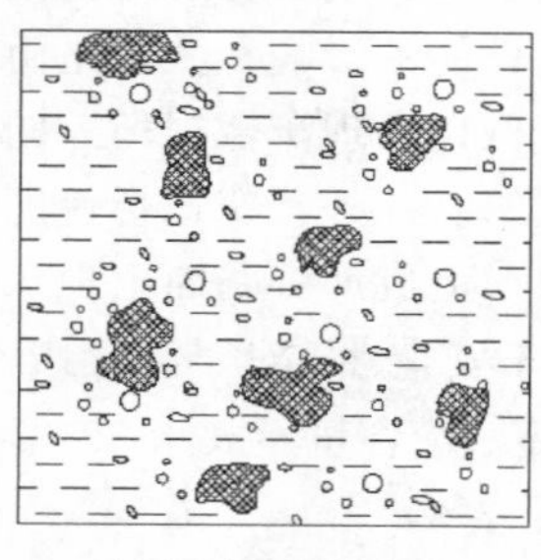
（a）溶胶型结构

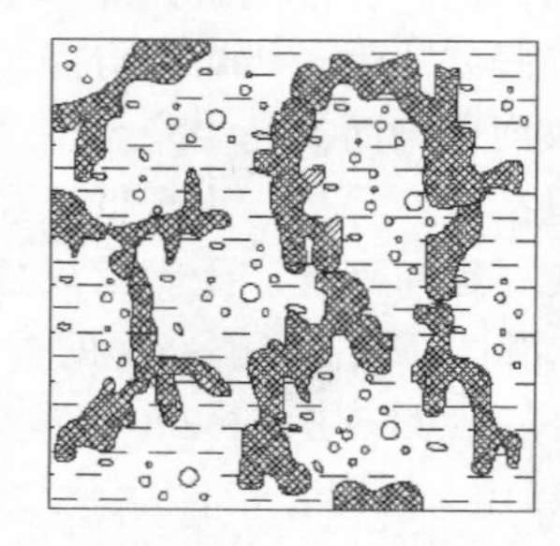
（b）溶-凝胶型结构

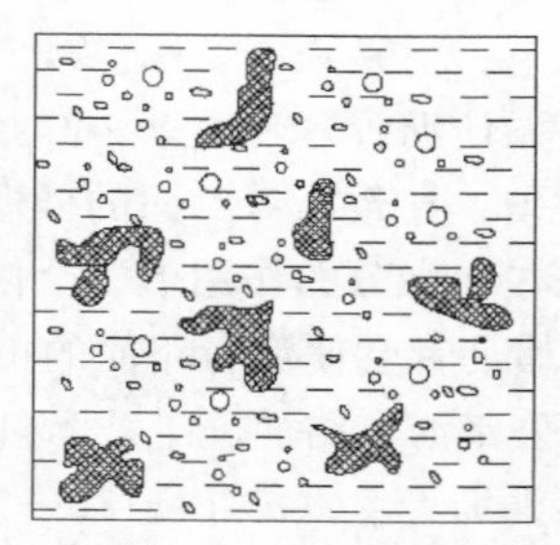
（c）凝胶型结构

图6.1 沥青胶体结构类型示意图

（3）胶体结构类型的判定。

沥青的胶体结构与其工程性能有密切的关系。胶体结构类型的确定，可以根据流变学方法和物理化学等方法来确定。为工程使用方便，通常根据其对温度的敏感程度-针入度指数来进行判断。沥青针入度指数的确定方法，参见本章"沥青的感温性"。

6.1.3 石油沥青的主要技术性质

1. 物理特征常数

（1）密度。

沥青密度是在规定温度条件下单位体积的质量，单位为 kg/m^3 或 g/cm^3。我国现行试验法

《公路工程沥青及沥青混合试验规程》(JTJ E20—2011)沥青密度试验 T 0603—2011 规定温度为 15 °C 或 25 °C。也可用相对密度表示，相对密度是指在规定温度下，沥青质量与同体积水质量之比。沥青的密度与其化学组成有密切的关系，通过沥青的密度测定，可以概略地了解沥青的化学组成。通常黏稠沥青的相对密度波动在 0.96 ~ 1.04。我国富产石蜡基沥青，其特征为含硫量低、蜡含量高、沥青质含量少，所以相对密度通常在 1.00 以下。

（2）热胀系数。

沥青在温度上升 1 °C 时的长度或体积的变化，分别称为线胀系数和体胀系数，统称热胀系数。沥青体膨胀系数是线膨胀系数的 3 倍。沥青的热胀系数对沥青路面的路用性能有密切关系，热胀系数越大，则夏季沥青路面越容易产生泛油，而冬季又容易出现收缩开裂。沥青的体膨胀系数并非常数，而是随品种不同有所变化，一般在 $(2\sim6)\times10^{-4}$。特别是含蜡沥青，当温度降低时，蜡由液态转变为固态，比容突然增大，沥青的热胀系数发生突变，因而易导致路面产生开裂。

（3）介电常数。

沥青的介电常数是沥青的电性质，其值按下式确定：

$$\varepsilon=\frac{C_{\mathrm{m}}}{C_0} \tag{6.1}$$

式中　ε——沥青的介电常数；

C_{m}——沥青作为介质时电容器的电容；

C_0——电容器介质为真空时的电容。

英国运输与道路研究所（TRRL）研究认为，沥青在阳光的紫外线、氧气、雨水和车辆油滴的影响下，其耐候性与沥青的介电常数有关；同时认为，路面的抗滑性也与沥青的介电常数有关。从这一要求出发，沥青的介电常数应大于 2.65。

2. 黏滞性（黏性）

石油沥青的黏滞性（简称黏性）是指石油沥青内部阻碍其相对流动的一种特性。它是反映沥青材料内部阻碍其相对流动的一种特性，反映了石油沥青在外力作用下抵抗变形的能力。黏滞性是沥青技术性质中与沥青路面力学行为联系最密切的一种性质，是划分沥青牌号的主要技术指标。

各种石油沥青的黏滞性变化范围很大，黏滞性的大小与组分及温度有关。沥青质含量较高，同时又有适量树脂，而油分含量较少时，则黏滞性较大。在一定温度范围内，当温度升高时，则黏滞性随之降低，反之则随之增大。

沥青黏度的测定方法很多，但是可以分为两大类：一类为“绝对黏度”法；一类为“相对黏度（条件黏度）法”。前者是由基本单位导出而得，通常采用的仪器为“绝对单位黏度计”，如毛细管黏度计等。后者是由一些经验方法确定，常采用的仪器有各种流出型黏度计，如道路标准黏度计、赛氏黏度计、恩氏黏度计等。此外，针入度、软化点也属于条件黏度的范畴。

绝对黏度的测定方法因材而异，并且较为复杂。工程上常用相对黏度（条件黏度）来表示。测定沥青相对黏度的主要方法是用针入度仪和标准黏度计。黏稠石油沥青的相对黏度是用针入度仪测定的针入度来表示，如图 6.2 所示。针入度值越小，表明黏度越大。黏稠石油沥青的针入度是在规定温度 25 °C 条件下，以规定重量 100 g 的标准针，经历规定时间 5 s 贯入试样中的深度，以 1/10 mm 为单位表示，符号为 $P_{(25\,°\mathrm{C},100\,\mathrm{g},5\,\mathrm{s})}$。

对于液体石油沥青或较稀的石油沥青的相对黏度，可用标准黏度计测定的标准黏度表示，如

图 6.3 所示。标准黏度是在规定温度（20、25、30 或 60 °C）、规定直径（3、5 或 10 mm）的孔口流出 50 cm^3 沥青所需的时间秒数，常用符号“C_d^tT”表示（d 为流孔直径，t 为试样温度，T 为流出 50 cm^3 沥青所需的时间）。

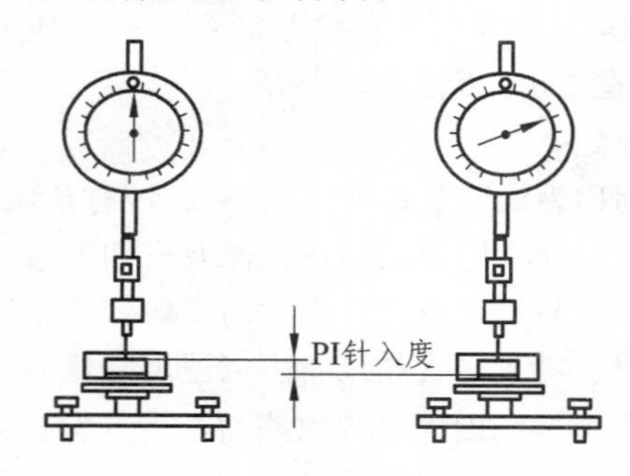

图 6.2 沥青针入度实验示意图

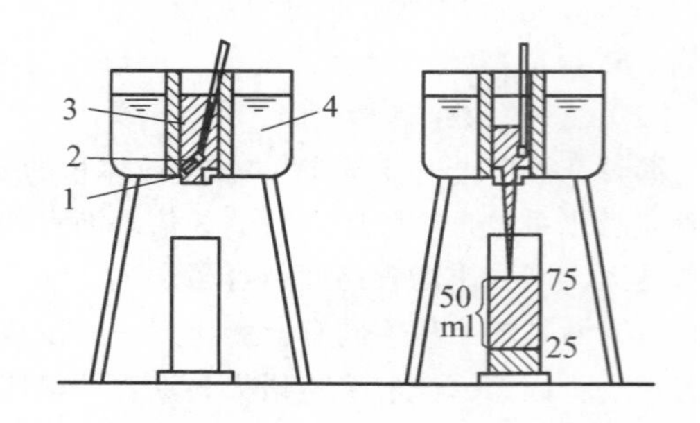

图 6.3 沥青标准黏度计实验示意图

1—流孔；2—活动球杆；3—沥青试样；4—水

3. 塑性（延展性）

塑性（延展性）指石油沥青在外力作用时产生变形而不破坏，除去外力后，则仍保持变形后形状的性质。塑性是划分沥青牌号的主要技术指标之一。

石油沥青的塑性与其组分有关。石油沥青中树脂含量较多，且其他组分含量又适当时，则塑性较大。影响沥青塑性的因素有温度和沥青膜层厚度，温度升高，则塑性增大，膜层越厚则塑性越好；反之，膜层越薄，则塑性越差，当膜层薄至 1 μm，塑性近于消失，即接近于弹性。在常温下，塑性较好的沥青在产生裂缝时，也可能由于特有的黏塑性而自行愈合。故塑性还反映了沥青开裂后的自愈能力。沥青之所以能制造出性能良好的柔性防水材料，在很大程度上取决于沥青的塑性。沥青的塑性对冲击振动荷载有一定吸收能力，并能减少摩擦时的噪声，故沥青是一种优良的道路路面材料。

石油沥青的塑性用延度表示。延度越大，塑性越好。沥青延度是把沥青试样制成“∞”形标准试件（中间最小截面积 1 cm^2）在规定速度（5 cm/min）和规定温度（15 °C 或 25 °C）下拉断时延伸的长度，以 cm 为单位表示，如图 6.4 和图 6.5 所示。

图 6.4 沥青“∞”形标准试件

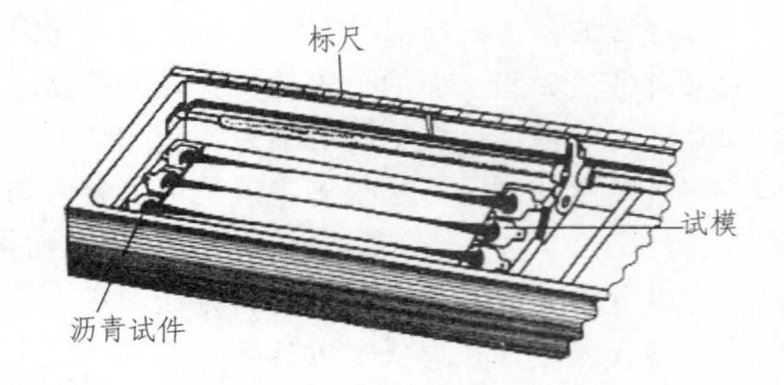

图 6.5 沥青延度试验示意图

4. 温度敏感性

温度敏感性是指石油沥青的黏滞性和塑性随温度升降而变化的性能。因沥青是一种高分子非晶态热塑性物质，故没有一定的熔点，当温度升高时，沥青由固态或半固态逐渐软化，使沥青分子之间发生相对滑动，此时沥青就像液体一样发生了黏性流动，称为黏流态。与此相反，当温度降低时，沥青又逐渐由黏流态凝固为固态（或称高弹态），甚至变硬变脆（像玻璃一样硬脆称作玻璃态）。此过程反映了沥青随温度升降其黏滞性和塑性的变化。

在相同的温度变化间隔里，各种沥青黏滞性及塑性变化幅度不会相同，工程要求沥青随温度变化而产生的黏滞性及塑性变化幅度应较小，即温度敏感性应较小。建筑工程宜选用温度敏感性较小的沥青。所以温度敏感性是沥青性质的重要指标之一。

通常石油沥青中沥青质含量多，在一定程度上能够减小其温度敏感性。在工程使用时往往加入滑石粉、石灰石粉或其他矿物填料来减小其温度敏感性。沥青中含蜡量较多时，则会增大温度敏感性。多蜡沥青不能用于土木工程，就是因为该沥青温度敏感性大，当温度不太高（60 °C 左右）时就发生流淌，在温度较低时又易变硬开裂。

（1）软化点。

沥青软化点是反映沥青的温度敏感性的重要指标。由于沥青材料从固态至液态有一定的变态间隔温度，故规定其中某一状态作为从固态转到黏流态（或某一规定状态）的起点，相应的温度称为沥青软化点。软化点的数值随采用的仪器不同而异，我国现行试验法 JTJ E20 T0606—2011 是采用环球法测定软化点。该法（见图 6.6）是将沥青试样注于内径为 18.9mm 的铜环中，环上置一重 3.5 g 的钢球，在规定的加热速度（5 °C/min）下进行加热，沥青试样逐渐软化，直至在钢球重力作用下，使沥青下坠 25.4 mm 时的温度称为软化点，符号为 $T_{R\&B}$。根据已有研究认为，沥青在软化点时的黏度约为 1 200 Pa · s，或相当于针入度值 800（1/10 mm）。据此，可以认为软化点是一种人为的“等黏温度”。

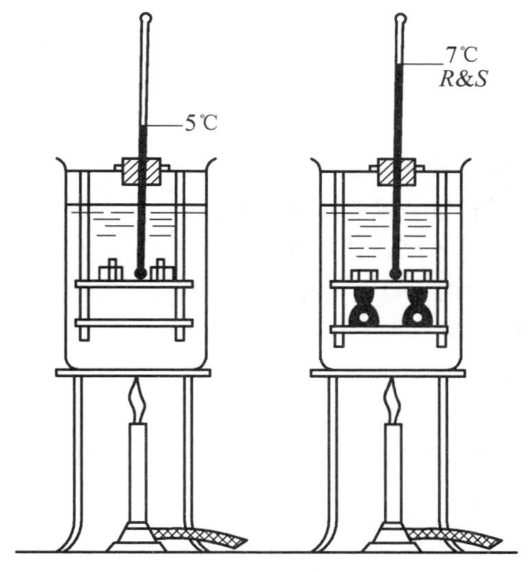

图 6.6　环球法测定软化点示意图

（2）针入度指数。

软化点是沥青性能随温度变化过程中的重要的标志点，在软化点之前，沥青主要表现为黏弹态，而在软化点之后主要表现为黏流态；软化点越低，表明沥青在高温下的体积稳定性和承受荷载的能力越差。但仅凭软化点这一点的性质来反映沥青性能随温度变化的规律，并不全面。目前用来反映沥青感温性的常用指标为针入度指数 PI。

针入度指数 PI 是 P. Ph. 普费（Pfeifer）和 F. M. 范杜尔马尔（VanDoormaal）等提出的一种评价沥青感温性的指标。建立这一指标的基本思路是：根据大量试验结果，沥青针入度值的对数（lg$P$）与温度（T）具有线性关系，如下：

$$\lg P = AT + K \tag{6.2}$$

式中　A——直线斜率；

K——截距（常数）。

A 表征沥青针入度的对数值（lg$P$）随温度（T）的变化率，越大表明温度变化时，沥青的针入度变化得越大，也即沥青的感温性大。因此，可以采用斜率 $A = \mathrm{d}(\lg P)/\mathrm{d}T$ 来表征沥青的温度敏感性，故称 A 为针入度-温度感应性系数。为了计算 A 值，可以根据已知的 25 °C 时的针入度值 $P_{25\,°C,100\,g,5\,s}$ 和软化点 $T_{R\&B}$，并假设软化点时的针入度值为 800（1/10 mm），由此可建立计算针入度-温度感应性系数 A 的基本公式：

$$A = \frac{\lg 800 - \lg P_{(25\ ^\circ\mathrm{C},100\mathrm{g},5\ \mathrm{s})}}{T_{\mathrm{R\&B}} - 25} \tag{6.3}$$

式中 $P_{(25\ ^\circ\mathrm{C},\ 100\mathrm{g},\ 5\ \mathrm{s})}$——在 25 °C，100 g，5 s 条件下测定的针入度值（1/10 mm）；

$T_{\mathrm{R\&B}}$——环球法测定的软化点，°C。

按式（6.3）计算得的 A 值均为小数，为使用方便起见，普费等作了一些处理，改用针入度指数（PI）表示：

$$\mathrm{PI} = \frac{30}{1+50A} - 10 = \frac{30}{1+50\times\dfrac{\lg 800 - \lg P_{(25\ ^\circ\mathrm{C},100\mathrm{g},5\ \mathrm{s})}}{T_{\mathrm{R\&B}} - 25}} - 10 \tag{6.4}$$

由式（6.4）可知沥青的针入度指数 PI 范围是 – 1.0 ~ 2.0。针入度指数是根据一定温度变化范围内，沥青性能的变化来计算出的，因此利用针入度指数来反映沥青性能随温度的变化规律更为准确；针入度指数 PI 值越大，表示沥青的感温性越低。

针入度指数不仅可以用来评价沥青的温度敏感性，同时也可以来判断沥青的胶体结构：当 PI < – 2 时，沥青属于溶胶结构，感温性大；当 PI > 2 时，沥青属于凝胶结构，感温性低；当 – 2 < PI < 2 时，沥青属于溶-凝胶结构。

不同针入度指数的沥青，其胶体结构和工程性能完全不同；相应的，不同的工程条件也对沥青有不同的 PI 要求：一般路用沥青要求 PI > – 2；沥青用作灌缝材料，要求 PI 介于 – 3 ~ 1；如用作胶黏剂，要求 PI 介于 – 2 ~ 2；用作涂料时，要求 PI 介于 – 2 ~ 5。

5. 黏附性

黏附性是指沥青与其他材料（这里主要是指集料）的界面黏结性能和抗剥落性能。沥青与集料的黏附性直接影响沥青路面的使用质量和耐久性，所以黏附性是评价道路沥青技术性能的一个重要指标。沥青裹覆集料后的抗水性（即抗剥性）不仅与沥青的性质有密切关系，而且亦与集料性质有关。

（1）黏附机理。

沥青与集料的黏附作用，是一个复杂的物理-化学过程。目前，对黏附机理有多种解释。按润湿理论认为：在有水的条件下，沥青对石料的黏附性，可用沥青-水-石料三相体系（见图 6.7）来讨论。设沥青与水的接触角为 θ，石料-沥青、石料-水和沥青-水的界面剩余自由能（简称界面能）分别为 γ_{sb}、γ_{sw}、γ_{bw}。

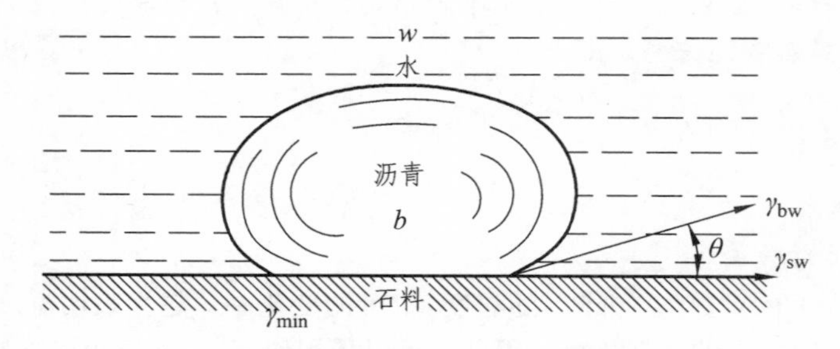

图 6.7 沥青-水-石料的三相界面

如沥青-水-石料体系达到平衡时，必须满足杨格（Young）和杜布尔（Dupre）方程得

$$\gamma_{sw} + \gamma_{bw}\cos\theta - \gamma_{sb} = 0 \tag{6.5}$$

$$\cos\theta = \frac{\gamma_{sb} - \gamma_{sw}}{\gamma_{bw}} \tag{6.6}$$

一般情况下，$\gamma_{sb} > \gamma_{sw}$，因此 $\theta < 90°$，也即在有水的情况下，沥青对集料表面的浸润角较小，水分将逐渐将水分由集料表面剥落下来，从而使沥青的黏结作用丧失，结构变得松散，出现水损害。γ_{sb} 的大小主要取决于集料和沥青的性质，当集料中 CaO 含量增加，而沥青的稠度和沥青酸等极性物质含量增加时，γ_{sb} 降低，也即沥青与集料的黏附性得到提高。

（2）评价方法。

评价沥青与集料黏附的方法最常采用是水煮法和水浸法,《公路工程沥青及沥青混合料试验规程》(JTJ E20—2011) 试验法（ T0616 ）规定，沥青与粗集料的黏附性试验，根据沥青混合料的最大粒径决定：大于 13.2 mm 者采用水煮法；小于（或等于）13.2 mm 者采用水浸法。水煮法是选取粒径为 13.2 ~ 19 mm 、形状接近正立方体的规则集料 5 个，经沥青裹覆后，在蒸馏水中沸煮 3 min，按沥青膜剥落的情况分为 5 个等级来评价沥青与集料的黏附性。水浸法是选取 9.5 ~ 13.2 mm 的集料 100 g 与 6.5 g 的沥青在规定温度条件下拌和配制成沥青混合料,冷却后浸入 80 °C 的蒸馏水中保持 30 min，然后按剥落面积百分比来评定沥青与集料的黏附性。

6. 稳定性

稳定性是指石油沥青加热施工时受高温的作用，以及使用时在热、阳光、氧气和潮湿等因素的长期综合作用下抵抗老化的性能。

在阳光、空气和热的综合作用下，沥青各组分会不断递变。低分子化合物将逐步转变成高分子物质，即油分和树脂逐渐减少，而沥青质逐渐增多。实验发现，树脂转变为地沥青质比油分变为树脂的速度快很多（约 50%）。因此，使石油沥青随着时间的进展而流动性和塑性逐渐减小，硬脆性逐渐增大，直至脆裂，这个过程称为石油沥青的“老化”。所以大气稳定性可以抗老化性能来说明。

石油沥青的老化性能是以沥青试样在加热蒸发老化前后的质量损失百分率、针入度比和残留延度来评定。《公路工程沥青及沥青混合试验规程》(JTJ E20—2011) 中的测定方法是：先测定沥青试样的质量及其针入度，然后对道路石油沥青采用薄膜加热试验（ TFOT ）或旋转薄膜烘箱试验（ RTFOT ）后，冷却后再测定其质量和针入度。计算出蒸发损失质量占原质量的百分比，称为蒸发损失百分率;测得老化后针入度与原针入度的比值,称为针入度比,同时测定老化后沥青的 10 °C 或 15 °C 的残留延度。沥青经老化后，质量损失百分率越小、针入度比和残留延度越大，则表示沥青的大气稳定性越好，即“老化”越慢。对于液体石油沥青采用蒸馏试验，测定 225 °C、315 °C、360 °C 蒸馏前后体积的变化，蒸馏后残留物的性质主要测定 25 °C 的针入度、25 °C 的延度、5 °C 的浮漂度。

7. 施工安全性

沥青材料在使用时必须加热，当加热至一定温度时，沥青材料中挥发的油分蒸汽与周围空气组成混合气体，此混合气体遇火焰则易发生闪火。若继续加热，油分蒸汽和饱和度增加，由于此种蒸汽与空气组成的混合气体遇火焰极易燃烧，而引发火灾。为此，必须测定沥青加热闪火和燃烧的温度，即所谓闪点和燃点。

闪点：加热沥青至挥发出的可燃气体和空气的混合物，在规定条件下与火焰接触，初次闪火（有蓝色闪光）时的沥青温度（°C）。

燃点：加热沥青产生的气体和空气的混合物，与火焰接触能持续燃烧 5 s 以上时，此时沥青的温度即为燃点（°C）。

对黏稠石油沥青采用克利夫兰开口杯法（简称 COC 法）测定闪点及燃点；对液体石油沥青，采用泰格式开口杯（简称 TOC 法）测定闪点及燃点。燃点温度通常比闪点温度约高 10 °C。沥青质含量越多，闪点和燃点相差越多，液体沥青由于轻质成分较多，闪点和燃点的温度相差很小。

闪点和燃点的高低表明沥青引起火灾或爆炸的可能性的大小，它关系到运输、储存和加热使用等方面的安全性，是保证沥青加热质量和施工安全的一项重要指标。石油沥青在熬制时，一般温度为 150 ~ 200 °C，因此通常控制沥青的闪点应大于 230 °C；但为安全起见，沥青加热时还应与火焰隔离。

6.1.4 石油沥青的技术标准

根据石油沥青的性能不同，选择适当的技术标准，将沥青划分成不同的种类和标号（等级）以便于沥青材料的选用。目前石油沥青主要划分为三大类：建筑石油沥青、道路石油沥青和普通石油沥青，其中道路石油沥青是沥青的主要类型。

普通石油沥青含蜡量高达 15% ~ 20%，有的甚至达 25% ~ 35%。由于石蜡是一种熔点低（32 ~ 55 °C）、黏结力差的脂性材料。当沥青温度达到软化点时，蜡已接近流动状态，所以容易产生流淌现象。当采用普通石油沥青黏结材料时，随着时间增长，沥青中的石蜡会向胶结层表面渗透，至表面形成薄膜，使沥青黏结层的耐热性和黏结力降低。所以，在工程中一般不宜采用普通石油沥青。

1. 建筑石油沥青的技术标准及选用

根据国家标准《建筑石油沥青》（GB/T 494—2010），建筑石油沥青按针入度指标可划分为 10 号、30 号和 40 号三个标号，见表 6.3。建筑石油沥青针入度较小（黏性较大），软化点较高（耐热性较好），但延伸度较小（塑性较差），主要用于屋面及地下防水、沟槽防水与防腐、管道防腐蚀等工程，还可用于制作油纸、油毡、防水涂料和沥青嵌缝膏。在屋面防水工程中使用时制成的胶膜较厚，增大了对温度的敏感性，同时黑色沥青表面又是较强的吸热体，一般同一地区的沥青

表 6.3 建筑石油沥青技术标准（GB/T 494—2010）

项目	10 号	30 号	40 号	试验方法
针入度（25 °C，100 g，5 s）/（1/10 mm）	10 ~ 25	26 ~ 35	36 ~ 50	GB/T 4509
针入度（45 °C，100 g，5 s）/（1/10 mm）	报告①	报告①	报告①	
针入度（0 °C，100 g，5 s）/（1/10 mm），不小于	3	6	6	
延度（25 °C，5 cm/min）/cm（不小于）	1.5	2.5	3.5	GB/T 4508
软化点（环球法）/ °C（不低于）	95	75	60	GB/T 4507
溶解度（三氯乙烯）/%（不小于）	99.0			GB/T 11148
蒸发后质量变化（163 °C，5 h）/%（不大于）	1			GB/T 11964
蒸发后 25 °C 针入度比/%②（不小于）	65			GB/T 4509
闪点（开口杯法）/°C（不低于）	250			GB/T 267

注：① 报告应为实测值。
② 测定蒸发损失后样品的针入度与原针入度之比，称为蒸发后针入度比。

屋面的表面温度比当地最高气温高出 25 ~ 30 °C。为避免夏季流淌，用于屋面沥青材料的软化点应当高于本地区屋面最高温度 20 °C 以上。软化点偏低时，沥青在夏季高温时易流淌；软化点过高时，沥青在冬季低温易开裂。例如武汉地区沥青屋面温度约达 68 °C，选用沥青的软化点应在 90 °C 左右，低了夏季易流淌；但也不宜过高，否则冬季低温易硬脆甚至开裂。所以选用石油沥青时，要根据地区、工程环境及要求而定。因此，应根据气候条件、工程环境及技术要求选用。在屋面防水工程中，主要应考虑沥青的高温稳定性，选用软化点较低的沥青，如 10 号沥青或 10 号与 30 号的混合沥青。在地下防水工程中，沥青所经历的温度变化不大，主要应考虑沥青的耐老化性，宜选用软化点较高的沥青材料，如 40 号沥青。

2. 道路石油沥青的技术标准及选用

我国道路石油沥青分为黏稠石油沥青和液体石油沥青。

（1）黏稠石油沥青的技术要求。

对于黏稠石油沥青，按道路的交通量可分为重交通道路石油沥青和中、轻交通道路石油沥青。重交通道路石油沥青主要用于高速公路、一级公路、机场道面以及重要的城市快速路、主干路等铺筑路面的工程。重交通道路石油沥青按针入度值分为 AH-30、AH-50、AH-70、AH-90、AH-110 和 AH-130 六个标号，其质量应满足《重交通道路石油沥青》（GB/T 15180—2010）的技术要求，各标号的技术要求见表 6.4。中、轻交通道路石油沥青主要用于二、三、四级公路以及城市次干路及支路等铺筑路面的工程。中、轻交通道路石油沥青按针入度值分为 A-60、A-100、A-140，A-180 和 A-200 五个标号，其中，A-60 和 A-100 按延度指标又划分为甲、乙两个副标号。其质量应满足《沥青路面施工及验收规范》（GB 50092—96）的技术要求，各标号的技术要求见表 6.5。

表 6.4　重交通道路石油沥青质量要求（GB/T 15180—2010）

项　目	质量指标						试验方法
	AH-130	AH-110	AH-90	AH-70	AH-50	AH-30	
针入度（25 °C，100 g，5 s）/（1/10 mm）	120 ~ 140	100 ~ 120	80 ~ 100	60 ~ 80	40 ~ 60	20 ~ 40	GB/T 4509
延度（15 °C，5 cm/min）/cm（不小于）	100	100	100	100	80	报告	GB/T 4508
软化点（环球法）/°C	38 ~ 51	40 ~ 53	42 ~ 55	44 ~ 57	45 ~ 58	50 ~ 65	GB/T 4507
溶解度/%（不小于）	99.0	99.0	99.0	99.0	99.0	99.0	GB/T 11148
闪点（开口杯法）/°C（不小于）	230					260	GB/T 267
密度（25 °C）/（g/cm^3）	报告						GB/T 8928
蜡含量（质量分数）/%（不大于）	3.0	3.0	3.0	3.0	3.0	3.0	GB/T 0425
薄膜烘箱试验（163 °C，5 h）							GB/T 5304
质量变化/%（不大于）	1.3	1.2	1.0	0.8	0.6	0.5	GB/T 5304
针入度比/%（不小于）	45	48	50	55	58	60	GB/T 4509
延度（15 °C，5 cm/min）/cm（不小于）	100	50	40	30	报告[a]	报告[a]	GB/T 4508

表 6.5　中、轻交通道路石油沥青质量要求（GB 50092—96）

项目	质量指标							试验方法
	A-200	A-180	A-140	A-100 甲	A-100 乙	A-60 甲	A-60 乙	
针入度（25 °C，100 g，5 s）/（1/10 mm）	200～300	160～200	120～160	90～120	80～120	50～80	40～80	GB/T 4509
延度（15 °C，5 cm/min）/cm（不小于）	—	100*	100*	90	60	70	40	GB/T 4508
软化点（环球法）/°C	30～45	30～45	38～48	42～52	42～52	45～55	45～55	GB/T 4507
溶解度/%　（不小于）	99.0	99.0	99.0	99.0	99.0	99.0	99.0	GB/T 11148
闪点（开口）/°C（不低于）	180	200	230	230	230	230	230	GB/T 267
薄膜烘箱试验（163 °C，5 h）								GB/T 5304
针入度比/%（不小于）	50	60	60	65	65	70	70	GB/T 4509
质量变化/%（不大于）	1	1	1	1	1	1	1	GB/T 11964

注：*当 25 °C 延度达不到 100 cm 时，如 15 °C 延度不小于 100 cm，也认为是合格。

由表 6.4 和表 6.5 可见，反映沥青性能的主要技术指标为针入度、软化点、延度等，工程实践与试验研究表明，仅用这些指标不能有效地控制和评价沥青的使用性能。在我国交通行业标准《公路沥青路面施工技术规范》（JTG F40—2004）中，修订了沥青等级划分方法，并增补了沥青的技术指标，以全面、充分地反映沥青技术性能。在这个标准中，将黏稠石油沥青分为 160 号、130 号、110 号、90 号、70 号、50 号、30 号等 7 个标号，并根据沥青的性能指标，再将其分为 A、B、C 三个等级，适用范围如表 6.6 所示。一般说来，A、B、C 三个等级沥青的等级划分以沥青路面的气候条件为依据，在同一个气候分区内根据道路等级和交通再将沥青分为 1～3 个不同的针入度等级；在技术指标中增加了反映沥青感温性的指标针入度指数 PI、沥青高温性能指标 60 °C 动力黏度，并选择 10 °C 延度指标评价沥青的低温性能，有关的技术要求见附录 1。

表 6.6　道路石油沥青的适用范围

沥青等级	适用范围
A 级沥青	各个等级的公路，适用于任何场合和层次
B 级沥青	① 高速公路、一级公路沥青下面层及以下的层次，二级及二级以下公路的各个层次； ② 用作改性沥青、乳化沥青、改性乳化沥青、稀释沥青的基质沥青
C 级沥青	三级及三级以下公路的各个层次

道路石油沥青主要在道路工程中用作胶凝材料，用来与碎石等矿质材料共同配制成沥青混合料。沥青路面采用的沥青标号，宜按照公路等级、气候条件、交通条件、路面类型及在结构层中的层位及受力特点、施工方法等，结合当地的使用经验，经技术论证后确定。

通常，道路石油沥青牌号越高，则黏性越小（即针入度越大），延展性越好，而温度敏感性也随之增加。对高速公路、一级公路，夏季温度高、高温持续时间长、重载交通、山区及丘陵区上坡路段、服务区、停车场等行车速度慢的路段，尤其是汽车荷载剪应力大的层次，宜采用稠度大、

60 °C 黏度大的沥青，也可提高高温气候分区的温度水平选用沥青等级；对冬季寒冷的地区或交通量小的公路、旅游公路宜选用稠度小、低温延度大的沥青；对日温差、年温差大的地区宜注意选用针入度指数大的沥青。当高温要求与低温要求发生矛盾时应优先考虑满足高温性能的要求。

（2）液体石油沥青的技术要求。

液体石油沥青是常温下呈液体状态的沥青。液体石油沥青宜采用针入度较大的石油沥青，使用前按先加热沥青后加稀释剂的顺序，掺配煤油或轻柴油，经适当的搅拌、稀释制成。掺配比例根据使用要求由试验确定。按液体沥青的凝固速度可分为快凝 AL（R）、中凝 AL（M）、慢凝 AL（S）三个等级，其中快凝的液体石油沥青又按黏度划分为两个标号，中凝和慢凝液体沥青各划分为六个标号。液体石油沥青的黏度采用道路沥青标准黏度计测定。除黏度的要求外，对不同温度的蒸馏馏分含量及残馏物的性质，闪点和含水量等亦提出相应的要求。液体石油沥青的质量要求见表 6.7。

表 6.7　道路用液体石油沥青技术要求

试验项目		单位	快凝		中凝						慢凝						试验方法
			AL（R）-1	AL（R）-2	AL（M）-1	AL（M）-2	AL（M）-3	AL（M）-4	AL（M）-5	AL（M）-6	AL（S）-1	AL（S）-2	AL（S）-3	AL（S）-4	AL（S）-5	AL（S）-6	
黏度	$C_{25.5}$	s	< 20		< 20						< 20						T 0621
	$C_{60.5}$	s		5~15		5~15	16~25	26~40	41~100	101~200		5~15	16~25	26~40	41~100	101~200	
蒸馏体积	225 °C 前	%	> 20	> 15	< 10	< 7	< 3	< 2	0	0							T 0632
	315 °C 前	%	> 35	> 30	< 35	< 25	< 17	< 14	< 8	< 5							
	360 °C 前	%	> 45	> 35	< 50	< 35	< 30	< 25	< 20	< 15	< 40	< 35	< 25	< 20	< 15	< 5	
蒸馏后残留物	针入度（25 °C）	0.1 mm	60~200	60~200	100~300	100~300	100~300	100~300	100~300	100~300							T 0604
	延度（25 °C）	cm	> 60	> 60	> 60	> 60	> 60	> 60	> 60	> 60							T 0605
	浮漂度（5 °C）	s									< 20	< 20	< 30	< 40	< 45	< 50	T 0631
闪点（TOC 法）		°C	> 30	> 30	> 65	> 65	> 65	> 65	> 65	> 65	> 70	> 70	> 100	> 100	> 120	> 120	T 0633
含水量（不大于）		%	0.2	0.2	0.2	0.2	0.2	0.2	0.2	0.2	2.0	2.0	2.0	2.0	2.0	2.0	T 0612

6.1.5　沥青的掺配

施工中，若采用某一种牌号的石油沥青不能满足工程技术要求，可用两种或三种不同牌号的沥青进行掺配使用。

在进行掺配时，为了不使掺配后的沥青胶体结构破坏，应选用表面张力相近和化学性质相似的沥青。试验证明，同产源的沥青容易保证掺配后的沥青胶体结构的均匀性。所谓同产源，是指同属石油沥青或同属煤沥青（或煤焦油）。两种沥青掺配的比例可用下式估算：

$$Q_1 = \frac{T_2 - T}{T_2 - T_1} \times 100 \tag{6.7}$$

$$Q_2 = 100 - Q_1 \tag{6.8}$$

式中 Q_1——较软沥青用量，%；

Q_2——较硬沥青用量，%；

T——要求配制的沥青软化点，°C；

T_1——较软沥青软化点，°C；

T_2——较硬沥青软化点，°C。

【例 6.1】 某工程需要用软化点为 85 °C 的石油沥青，现有 10 号及 60 号两种，应如何掺配以满足工程需要？由试验测得 10 号石油沥青软化点为 95 °C、60 号石油沥青软化点为 45 °C，试计算掺配用量。

【解】

$$60号石油沥青用量(\%) = \frac{95-85}{95-45} \times 100 = 20$$

$$10号石油沥青用量(\%) = 100 - 20 = 80$$

根据估算的掺配比例和在其邻近的比例（5% ~ 10%）进行不少于 3 组的试配试验（混合熬制均匀），测定掺配后沥青的软化点，然后绘制“掺配比例-软化点”曲线，即可从曲线上确定所要求的掺配比例。同样地可采用针入度指标按上法进行估算及试配。

石油沥青过于黏稠，需要稀释后使用，通常可以采用石油产品系统的轻质油类，如汽油、煤油和柴油等进行稀释。

6.1.6 改性沥青

沥青材料无论是用作屋面防水材料还是用作路面胶结材料，都是直接暴露于自然环境中的，而沥青的性能又受环境因素影响较大。在土木工程中使用的沥青应具有一定的综合性质：在低温条件下应有良好的柔韧性、弹性和塑性；在高温条件下要有足够的强度和热稳定性；在加工和使用条件下具有抗“老化”能力；还应与各种矿料和结构表面有较强的黏附力，以及对变形的适应性和耐疲劳性。单纯依靠自身性质，很难满足现代土木工程对沥青的多方面要求。如现代高等公路的交通特点是：交通密度大、车辆轴载重、荷载作用间歇时间短，以及高速和渠化。由于这些特点造成沥青路面高温出现车辙、低温产生裂缝、抗滑性衰减迅速、使用年限不长。为使沥青路面高温不推移、低温不开裂，保证安全快速行车、延长使用年限，在沥青材料的技术性质方面，必须提高沥青的流变性能、改善沥青与集料的黏附性、延长沥青的耐久性，才能适应现代交通的要求。通常，石油加工厂加工制备的沥青不能全面满足这些要求，因此，现代土木工程中，常在沥青中加入其他材料，来进一步提高沥青的性能，称为改性沥青。

1. 改性机理

目前，世界各国所用的沥青改性材料多为聚合物，例如橡胶、树脂等。聚合物改性沥青的作用机理，至今尚未研究得十分清楚，大量研究证明，大部分聚合物改性沥青中均无任何新物质生成。目前，沥青研究工作者一般认为，聚合物的掺入，主要改变了体系的胶体结构。为了解释聚合物的改性作用，可以提出一些假设。不妨把聚合物沥青看作是一种复合材料，其中沥青起着基体的作用，聚合物为分散相。复合材料本身作为一个统一的整体，其中各种颗粒的黏合可以认为是各种成分通过表面结合（黏结）所产生的相互间的力学作用。制成的复合物的性能通常都胜过各单一成分的平均或综合性能，也就是说，体现了共同作用的效果。

当聚合物浓度不大时，混合物可看作是分散强化复合材料，强化作用是由于微粒的分散颗粒阻止了基体的位移运动所致。强化程度与颗粒对位移运动所产生的阻力成正比。当分散相含量占体积的比例为 2% ~ 4% 时，可以观察到有这种作用。如果再看一下聚合物含量为 3% ~ 5% 的聚合物沥青混合物的性能，可以发现冷脆点显著降低，而变形性并未增大。显然，脆点之所以降低，是由于强度增长所致。

可以认为，聚合物浓度高时，混合物可以认为是一种纤维复合材料或片状复合材料，这时基体（沥青）将转变为把荷载传递给纤维的介质，并将在纤维破坏时发生应力再分配。这种复合物的特征是：强度、弹性和疲劳破坏强度高，这对保证材料的使用可靠性是必不可少的。这种复合材料的破坏过程通常是：开始时微裂缝增大，随后，裂缝一碰到高模量橡胶颗粒即停止发展；接着又由于裂缝顶端发生超应力松弛，以致裂缝增长率减小，甚至完全停止。

2. 常用改性沥青

（1）橡胶类改性沥青。

通常称为橡胶沥青，其中使用最多的是丁苯橡胶（SBR）和氯丁橡胶（CR）。橡胶类改性沥青不仅是世界上最早出现并广泛应用的改性沥青品种，也是我国较早得到研究和推广的品种。橡胶类改性剂可以提高沥青的黏度、韧性、软化点，降低脆点，使沥青的延度和感温性得到改善，这是由于橡胶吸收沥青中的油分产生溶胀，改变了沥青的胶体结构，因而使沥青的胶体结构得到改善，黏度得以提高。

丁苯橡胶（SBR）是世界上应用最广泛的改性沥青之一，其性能与结构随苯乙烯与丁-烯的比例和聚合工艺而变化，选择沥青改性剂时应通过试验加以确定。SBR 改性沥青最大的特点是低温性能得到改善，主要适宜在寒冷气候条件下使用，通常采用 5 °C 延度作为其评价指标。目前常用 SBR 胶乳或 SBR 沥青母体作为改性剂。

（2）热塑性橡胶类改性沥青。

改性剂主要是苯乙烯嵌段共聚物，如苯乙烯-丁二烯-苯乙烯（SBS）、苯乙烯-异戊二烯-苯乙烯（SIS）、苯乙烯-聚乙烯/丁基-聚乙烯（SE/BS）等嵌段共聚物。由于它兼具橡胶和树脂两类改性沥青的结构与性质，故也称为橡胶树脂类。

SBS 由于具有良好的弹性（变形的自恢复性及裂缝的自愈性），被广泛用于路面沥青混合料；SIS 主要用于热熔黏结料；SE/BS 则是应用于抗氧化、抗高温变形要求高的道路。目前，世界各国用于道路沥青改性使用最多的是 SBS 改性沥青。SBS 按聚合物的结构可分为线形和星形。SBS 的改性效果与 SBS 的品种、分子量密切相关，星形 SBS 对沥青的改性效果优于线形 SBS，SBS 的分子量越大，改性效果越明显，但难以加工为改性沥青，沥青中芳香分含量高则较易加工。各种型号的 SBS 中若苯乙烯含量高则能显著提高改性沥青的黏度、韧度和韧性。

热塑性弹性体对沥青的改性机理除了一般的混合、溶解、溶胀等物理作用外，很重要的是通过一定条件下产生交联作用，形成不可逆的化学键，从而形成立体网状结构，使沥青获得弹性和强度。而在沥青拌和温度的条件下网状结构消失，具有塑性状态，便于施工，路面使用温度条件下为固态，具有高抗拉强度。

（3）热塑性树脂类改性沥青。

热塑性树脂是聚烯烃类高分子聚合物，如聚乙烯（PE）、聚丙烯（PP）、聚氯乙烯（PVC）、聚苯乙烯（PS）、乙烯-乙酸乙烯酯共聚物（EVA）、无规聚丙烯（APP）、烯乙基丙烯酸共聚物（EEA）、丙烯腈丁二烯丙乙烯共聚物（NBR）等，均在道路沥青的改性中被应用过。这一类热塑性树脂的共同特点是加热后软化，冷却时变硬。此类改性剂的最大特点是使沥青结合料的常温黏度增大，从而使高温稳定性增加，有利于提高沥青的强度和劲度，但能使沥青的混合料的弹性增加的程度有限，且加热后易离析，再次冷却时产生众多的弥散体。不过这些局限性在一定程度上已被接受。

（4）热固性树脂改性沥青。

热固性树脂品种有聚氨酯（PV）、环氧树脂（EP）、不饱和聚酯树脂（VP）等类，其中环氧树脂已应于改性沥青。环氧树脂是指含有两个或两个以上环氧或环氧基团的醚工酚的齐聚物或聚合物。我国生产的环氧树脂大部分是双酚A类，配制环氧改性沥青的关键在于选择合适的混合料和基料，并需选择适合此类环氧树脂的固化剂，比较便宜的固化剂以芳香胺类为主。环氧树脂改性沥青的延伸性不好，但其强度很高，具有优越的抗永久变形能力，并具有特别高的耐燃料油和润滑油的能力，适用于公共汽车停靠站、加油站、钢桥面铺装层等。

（5）其他改性沥青。

① 掺多价金属皂化物的改性沥青。多价金属与一元羟酸所形成的盐类称为金属皂。将一定的金属皂溶解在沥青中，可使延度增加、脆点降低，明显提高与集料的黏附性能，增加沥青混合料的强度，提高沥青路面的柔性和疲劳强度。

② 掺炭黑的改性沥青。炭黑是由石油、天然气等碳氢化合物经高温不完全燃烧而生成的高含碳量粉状物质，在改性好的SBS改性沥青中混入炭黑综合改性，可使改性沥青的黏度增大、回弹性能提高。

3. 改性沥青的评价指标

由于改性沥青具有不同的技术特点，除沥青常规试验针入度、软化点、延度、黏度等指标外，还采用了几项与评价沥青性能不同的技术指标，如聚合物改性沥青离析试验、沥青弹性恢复试验、黏韧性试验以及测力延度试验等。

（1）聚合物改性沥青的离析试验。

聚合物改性沥青在停止搅拌，冷却过程中，聚合物可能从沥青中离析，当聚合物改性沥青在生产后不是立即使用，而需经过储运等过程后使用时，需进行离析试验。

不同的改性沥青离析的状况有所不同，SBR、SBS类改性沥青，离析时表现为聚合物上浮。采用是试验是将试样置于规定条件的盛样管中，并在163 °C烘箱中放置48 h后从聚合物改性沥青的顶部和底部分别取样，用环球法测定其软化点之差来判定；对PE、EVA类聚合物改性沥青，用改性沥青在135 °C存放24 h过程中是否结皮或凝聚在容器表面四壁的情况进行判定。

（2）沥青弹性恢复试验。

SBS等热塑性弹性体改性沥青的弹性恢复能力是其显著的特点，在路面使用过程中，对荷载作用下产生的变形，具有良好的自愈性。我国《公路工程沥青及沥青混合试验规程》（JTJ E20—2011）采用沥青弹性恢复试验T0662—2000，将延度试件拉伸10 cm后停止，立即剪断，保持1 h，测量恢复率。试验所用延度试模中间为直线侧模。

（3）沥青黏韧性试验。

经国内外研究表明，沥青黏韧性试验是评价橡胶类改性沥青的一种较好的方法，并已列入我国《公路沥青路面施工技术规范》（JTG F40—2004）。沥青黏韧性试验是测定沥青在规定温度条件下高速拉伸时与金属半球的黏韧性(Toughness)为韧性(Tenacity)。非经注明，试验温度为 25 °C，拉伸速度为 500 mm/min。

（4）测力延度试验。

测力延度试验是在普通的延度仪上附加测力传感器，试验用的试模与沥青弹性恢复试验相同。试验温度通常采用 5 °C，拉伸速率 5 cm/min，传感器最大负荷大于 1 kN 即可。试验结果可由 x - y 函数记录拉力-变形（延度）曲线。曲线的形状和面积对评价改性沥青的性能具有重要意义。

4. 改性沥青的技术要求

我国聚合物改性沥青性能评价方法基本沿用了道路石油沥青质量标准体系，增加了一些评价聚合物性能指标，如弹性恢复、黏韧性和离析（软化点差）等技术指标。首先根据聚合物类型将改性沥青分为Ⅰ、Ⅱ、Ⅲ三类，按照软化点的不同，将Ⅰ、Ⅲ类聚合物改性沥青分为 A、B、C 和 D 四个等级，将Ⅱ类分为 A、B 和 C 三个等级，以适应不同的气候条件。同一类型中的 A、B、C 或 D 主要反映基质沥青标号及改性剂含量的不同，由 A 至 D 表示改性沥青针入度减小，黏度增加，即高温性能提高，但低温性能下降。等级划分以改性沥青的针入度作为主要依据。聚合物改性沥青的质量要求附录 2。对于采用几种不同类型改性剂制备的复合改性沥青，可以根据所掺各种改性剂的种类和剂量比例，按照工程对改性沥青的使用要求，参照附录 2，综合确定应该达到的质量要求。

6.1.7　乳化沥青

乳化沥青是将黏稠沥青加热至流动状态，再经高速离心、搅拌及剪切等机械作用，使沥青形成细小的微粒(2 ~ 5 μm)，且以此状态均匀分散在含有乳化剂和稳定剂的水中，形成水包油(O/W)型沥青乳液。其外观为茶褐色，在常温下具有较好的流动性。

1. 乳化沥青的特点

乳化沥青的优点如下：

（1）可冷态施工，节约能源，无毒，无嗅，不燃，减少环境污染。

（2）采用乳化沥青，扩展了沥青路面的类型，如稀浆封层等。

（3）常温下具有较好的流动性，能保证洒布的均匀性，可提高路面修筑质量。

（4）乳化沥青与湿集料拌和仍具有良好的工作性和黏附性，可节约沥青并保证施工质量。

（5）乳化沥青施工受低温多雨季节影响较少可延长施工季节。

乳化沥青的缺点如下：

（1）稳定性差，储存期不超过半年，储存期过长容易引起凝聚分层，储存温度在 0 °C 以上。

（2）乳化沥青修筑路面成型期较长，最初应控制车辆行驶速度。

基于乳化沥青以上的性质，乳化沥青不仅适用于路面的维修与养护，并适用于铺筑表面处治、贯入式、沥青碎石、乳化沥青混凝土等各种结构形式的路面，还可用于旧沥青路面的冷再生，防尘处理。

2. 乳化沥青的组成材料

乳化沥青主要由沥青、乳化剂、稳定剂和水等组成。

（1）沥青。

沥青是乳化沥青组成的主要材料，占 55% ~ 70%。沥青的性质将直接决定乳化沥青成膜性能和路用性质。在选择乳化用沥青时，首先要考虑它的易乳化性。

一般说来，相同油源和工艺的沥青，针入度较大者易于形成乳液。但针入度的选择，应根据乳化沥青在路面工程中的用途来决定。另外，沥青中活性组分的含量与沥青乳化难易性有直接关系，通常认为沥青中沥青酸总量大于1%的沥青，采用通用乳化剂和一般工艺即易于形成乳化沥青。

（2）乳化剂。

乳化沥青的性质很大程度上依赖乳化剂的性能，乳化剂是乳化沥青形成的关键材料。沥青乳化剂是一种表面活性剂，从化学结构上考察，它是一种“两亲性”分子，分子的一部分只有亲水作用，而另一部分具有亲油性质，这两个基团具有使互不相溶的沥青与水连接起来的特殊功能。在沥青、水分散体系中，沥青微粒被乳化剂分子的亲油基吸引，此时以沥青微粒为固体核，乳化剂包裹在沥青颗粒表面形成吸附层。乳化剂的另一端与水分子吸引，形成一层水膜，可机械地阻碍颗粒的聚集。

（3）稳定剂。

主要采用无机盐类和高分子化合物，用以防止已经分散的沥青乳液在储存期彼此凝聚，以及保证在施工喷洒或拌和的机械作用下有良好的稳定性。稳定剂对乳化剂协同作用必须通过试验来确定，并且稳定剂的用量不宜过多，一般为沥青乳液的0.1%～0.15%为宜。

（4）水。

水是乳化沥青的主要组成部分。水在乳化沥青中起着润湿、溶解及化学反应的作用。所以要求乳化沥青中的水应当纯净，不合其他杂质，一般要求用每升水中氧化钙含量不得超过80 mg的纯净水，否则对乳化性能将有很大的影响，并且要多消耗乳化剂。水的用量一般为30%～70%。

3. 乳化沥青的形成机理

根据乳状液理论，出于沥青与水这两种物质的表面张力相差较大，将沥青分散于水中，则会因表面张力的作用使已分散的沥青颗粒重新聚集，结成团块。欲使已分散的沥青能稳定均匀地存在（实际上是悬浮）于水中，必须使用乳化剂，以降低沥青与水之间的表面张力差。沥青能够均匀稳定地分散在乳化剂水溶液中的原因主要有以下几点：

（1）乳化剂降低界面能的作用。由于沥青与水的表面张力相差较大，在一般情况下是不能互溶的。当加入一定量的乳化剂后，乳化剂能规律地定向排列在沥青和水的界面上，由于乳化剂属表面活性物质，具有不对称的分子结构：分子一端是极性基因，是亲水的，另一端是非极性基因，是亲油的。所以当乳化剂加入沥青与水组成的溶液中，乳化剂分子吸附在沥青-水界面上，形成吸附层，从而降低了沥青和水之间的表面张力差。

（2）增强界面膜的保护作用。乳化剂分子的亲油基吸附在沥青微滴的表面，在沥青-水界面上形成界面膜，此界面膜具有一定的强度，对沥青微滴起保护作用，使其在相互碰撞时不易聚结。

（3）界面电荷稳定作用。乳化剂溶于水后发生离解，当亲油基吸附于沥青时，使沥青微滴带有电荷（阳离子乳化沥青带正电荷），此时在沥青-水界面上形成扩散双电层。由于每个沥青微滴都带有相同电荷，且有扩散双电层的作用，故水-沥青体系成为稳定体系。

4. 乳化沥青在集料表面的分裂机理

为使沥青发挥其黏结功能，必须使沥青从乳液中分离出来，在集料表面形成连续的覆盖薄膜。这一过程称为分裂（俗称破乳）。路用沥青乳液要有足够的稳定性，以保证在运输及洒布过程中不致过早分裂；另外，乳液洒布在路面，遇到集料时，则应立即产生分裂。乳液产生分裂的外观特征是它的颜色由棕褐色变成黑色，此时的乳化液还含有水分，需待水分完全蒸发后才能产生黏结力。

路用沥青乳液的分裂速度，与水的蒸发速度、集料表面性质，以及洒布和碾压作用等因素有关。

（1）蒸发作用。沥青乳液洒于路上，随即产生蒸发作用。蒸发快慢与气温、风速及路面环境等有关。和普通水的蒸发现象一样，在温度较高及有风的条件下，水分蒸发快；通常在开阔的路面比有树荫的路面蒸发快。此外，还与洒布速度和压力有关。一般情况下，当沥青乳液中水分蒸发到沥青乳液的80%～90%时，乳液即开始凝结。碾压应力，也促使了沥青的凝结。

在水分蒸发的初期，乳液的分裂是可逆的，即当遇到雨水时，能使乳液再乳化；遇到大雨时甚至可使乳液从路上冲走。但是在完全分裂后，沥青微粒变成一层沥青膜时，则不再受雨水的影响。在寒冷潮湿的条件下，分裂不完全的乳液在行车作用下容易引起破坏。当乳液完全形成一层黑色的薄膜后，它黏结在集料表面形成一层薄膜，与热拌沥青几乎无差别。

（2）乳液与集料表面的吸附作用。在水分逐渐蒸发，乳液分裂凝聚的同时，沥青与矿料表面还有吸附作用。沥青与矿料的吸附除依靠分子间力产生的物理吸附外，还有二者之间的电性吸附。如前所述，沥青乳液中乳化剂的一端为亲油基与沥青吸附，另一端的亲水基则伸入水中。当它与集料相遇时，由于产生离子吸附，使集料表面迅速牢固的形成一层沥青薄膜，其中水分子立即排除，而且这一反应过程不受气候、湿度和风速等因素的影响，故能形成高强度路面。

5. 乳化沥青的技术标准

乳化沥青在使用中，与砂、石集料拌和成型后，在空气中逐渐脱水，水膜变薄，使沥青微粒靠拢，将乳化沥青薄膜挤裂而凝成连续的沥青黏结膜层。成膜后的乳化沥青具有一定的耐热性、黏结性、抗裂性、韧性及防水性。

乳化沥青适用于沥青表面处治路面、沥青贯入式路面、冷拌沥青混合料路面修补裂缝、喷洒透层、粘层与封层等。乳化沥青的品种和适用范围宜符合表6.8的规定。

表6.8 乳化沥青品种及适用范围

分类	品种及代号	适用范围
阳离子乳化沥青	PC-1	表处、贯入式路面及下封层用
	PC-2	透层油及基层养生用
	PC-3	黏层油用
	BC-1	稀浆封层或冷拌沥青混合料用
阴离子乳化沥青	PA-1	表处、贯入式路面及下封层用
	PA-2	透层油及基层养生用
	PA-3	黏层油用
	BA-1	稀浆封层或冷拌沥青混合料用
非离子乳化沥青	PN-2	透层油用
	BN-1	与水泥稳定集料同时使用（基层路拌和再生）

道路用乳化石油沥青技术要求见附录3。

6.1.8 沥青基防水卷材

防水卷材是建筑工程防水材料的重要品种之一。它主要包括沥青防水卷材、高聚物改性沥青防水卷材和合成高分子卷材三大类。其中，沥青具有良好的防水性能，而且资源丰富、价格低廉，所以我国目前在防水工程中仍然广泛采用沥青防水卷材。沥青防水卷材是用原纸、纤维织物、纤维毡等胎体浸涂沥青，表面撒布粉状、粒状或片状材料制成可卷曲的片状防水材料。常见的有石油沥青纸胎油毡、石油沥青玻璃布油毡、石油沥青玻纤胎油毡、石油沥青麻布胎油毡等。但是，沥青材料低温柔性差、温度敏感性大，在大气作用下易老化，防水耐用年限较短，因而属低档防水卷材。高聚物改性沥青防水卷材和合成高分子卷材是20世纪80年代发展起来的新型防水卷材，由于其优异的性能，应用日益广泛，是防水卷材的发展方向。

防水卷材的品种较多、性能各异，但均需具备以下性能：

（1）耐水性：要满足建筑防水工程的要求，指在水的作用和被水浸润后其性能基本不变，在压力水作用下具有不透水性，常用不透水性、吸水性等指标表示。

（2）温度稳定性：在高温下不流淌、不起泡、不滑动，低温下不脆裂的性能。即在一定温度变化下保持原有性能的能力。常用耐热度、耐热性等指标表示。

（3）机械强度、延伸性和抗断裂性：防水卷材承受一定荷载、应力或在一定变形的条件下不断裂的性能。常用拉力、拉伸强度和断裂伸长率等指标表示。

（4）柔韧性：在低温条件下保持柔韧性的性能。它对保证施工性能是很重要的，常用低温弯折性等指标表示。

（5）大气稳定性：在阳光、热、臭氧及其他化学侵蚀介质等因素的长期综合作用下抵抗侵蚀的能力，用耐老化性、热老化保持率等指标表示。

1. 石油沥青防水卷材

目前世界各国的防水卷材仍以石油沥青防水卷材为主。石油沥青防水卷材广泛应用于地下、水工、工业及其他建筑物的防水工程，特别是屋面工程仍普遍采用。

（1）石油沥青纸胎油毡。

石油沥青纸胎油毡（简称油毡）系采用高软化点沥青涂盖油纸的两面，并抹防黏隔离材料所制成的一种纸胎防水卷材。涂撒粉状材料（滑石粉）的称“粉毡”；涂敷片状材料的（云母片）称“片毡”。

油毡幅宽1 000 mm，每卷面积为20 m^2 ± 0.3 m^2。油毡按卷重和物理性能分为Ⅰ型、Ⅱ型和Ⅲ型三个标号。Ⅰ型和Ⅱ型油毡适用于辅助防水、保护隔离层、临时性建筑防水、防潮及包装等。Ⅲ型油毡适用于屋面工程的多层叠层防水层的各层。在施工时，石油沥青油毡只能用石油沥青粘贴，储运时应竖直堆放，最高不超过两层，要避免雨淋、日晒、受潮和高温（粉毡不高于45 °C，片毡不高于50 °C）。

（2）其他胎体材料的油毡。

为了克服纸胎的抗拉能力低、易腐烂、耐久性差的缺点，通过改进胎体材料，使沥青防水卷材的性能得到改善，并发展成玻璃布沥青油毡、玻纤沥青油毡、黄麻织物沥青油毡、铝箔胎沥青胎等一系列沥青防水卷材。用玻璃纤维布、合成纤维无纺布等胎体材料制成的油毡（制法与纸胎油毡相同），其性能比纸胎油毡要好得多，它们的抗拉强度高、柔韧性好、吸水率小、延伸率大、抗裂性和耐久性均有很大提高，适用于防水性、耐久性和防腐性要求较高的工程。

沥青玛蹄脂是在沥青中掺入适量粉状或纤维状填充物拌制而成的混合物，主要用于粘贴沥青类防水卷材、嵌缝补漏以及作为防腐、防水涂层等。掺入粉状填充料时，合适的掺量一般为沥青重量的10%～25%；采用纤维态填充料时其掺入量一般为5%～10%。

表 6.9　沥青防水卷材的特点及使用

卷材种类	特　点	使用范围	施工工艺
石油沥青纸胎油毡	是我国传统的防水材料，目前在屋面工程中仍占主导地位；其低温柔性差，防水层耐用年限较短，但价格较低	三毡四油、二毡三油叠层铺设的屋面工程	热玛蹄脂、冷玛蹄脂粘贴施工
玻璃布沥青油毡	抗拉强度高，胎体不易腐烂，材料柔韧性好，耐久性较纸胎油毡提高一倍以上	多用作纸胎油毡的增强附加层和突出部位的防水层	
黄麻胎沥青	油毡抗拉强度高，耐水性好，但胎体材料易腐烂	常用作屋面增强附加层	
铝箔胎沥青油毡	有很高的阻隔蒸汽渗透的能力，防水性能好，且具有一定的抗拉强度	与带孔玻纤毡配合或单独使用，宜用于隔气层	热玛蹄脂粘贴

对于屋面防水工程，根据《屋面工程技术规范》（GB 50345—2004）的规定，沥青防水卷材仅适用于屋面防水等级为Ⅲ级（一般的工业与民用建筑、防水耐用年限为 10 年）和Ⅳ级（非永久性的建筑、防水耐用年限为 5 年）的屋面防水工程。对于防水等级为Ⅲ级的屋面，应选用三毡四油沥青卷材防水；对于防水等级为Ⅳ级的屋面，可选用二毡三油沥青卷材防水。

2. 聚合物改性沥青防水卷材

聚合物改性沥青防水卷材是以合成高分子聚合物改性沥青为涂盖层。纤维织物或纤维毡为胎体，粉状、较状、片状或薄膜材料为覆面材料制成的防水卷材。

（1）APP 改性沥青油毡。

APP 改性沥青油毡是以无规聚丙烯（APP）改性石油沥青涂覆玻璃纤维无纺布（或聚酯纤维无纺布），撒布滑石粉或用聚乙烯薄膜覆盖制得的防水卷材。与沥青油毡相比，其特点是耐高温和低温柔韧性好、抗拉强度高、延伸率大、耐候性强、单层防水、施工方便，适用于各类屋面、地下防水及水池、隧道、水利工程使用。其使用寿命在 15 年以上。

（2）SBS 改性沥青柔性油毡。

SBS 改性沥青柔性油毡是以聚酯纤维无纺布为胎体，以 SBS 改性石油沥青浸渍涂盖层（面层），以树脂薄膜为防黏隔离层或油毡表面带有砂粒的防水卷材。用 SBS 改性后的沥青油毡具有良好的弹性、耐疲劳、耐高温、耐低温等性能。它的价格低、施工方便，可以冷作粘贴，也可以热熔铺贴，具有较好的温度适应性和耐老化性能，是一种技术经济效果较好的中档新型防水材料，可用于屋面及地下室防水工程。

（3）铝箔塑胶油毡。

铝箔塑胶油毡是以聚酯纤维无纺布为胎体，以高分子聚合物（合成橡胶及合成树脂）改性沥青类材料为浸渍涂盖层，以树脂薄膜为底面防黏隔离层，以银白色软质铝箔为表面反光保护层面加工制成的新型防水材料。铝箔塑胶油毡对阳光的反射率高，具有一定的抗拉强度和延伸率，弹性好，低温柔性好，在 – 20 °C ~ 80 °C 温度范围内适应性较强，并且价格较低，是一种中档的新型防水材料，适用于工业与民用建筑工程的屋面防水。

（4）沥青再生橡胶油毡。

沥青再生橡胶油毡是用10号石油沥青与再生橡胶改性材料和填充料（石灰石粉）等经混炼、压延或挤出成型制得的无胎防水卷材。它具有质地均匀、延伸性大、弹性好等优点，并且抗腐蚀性强，不透水性、不透气性、低温柔韧性和抗拉强度均较高。沥青再生橡胶油毡适用于屋面防水，尤其适用于有保护层的屋面或基层沉降较大（包括不均匀沉降）的建筑物变形处的防水；也可用于地下结构（如地下室、深基础、储水池等）的防水以及作浴室、洗衣室、冷库等处的蒸汽隔离层。按我国行业标准的规定，改性沥青防水卷材以10m²卷材的标称重量（kg）作为卷材的标号，通常分为25号、35号、45号和55号四种标号。按卷材的物理性能分为合格品、一等品、优等品三个等级。其中，常见高聚物改性沥青防水卷材见表6.10。

表6.10　常见高聚物改性沥青防水卷材的特点和使用

卷材种类	特点	使用范围	施工工艺
SBS改性沥青防水卷材	耐高、低温性能有明显提高，卷材的弹性和耐疲劳性能明显改善	单层铺设的屋面防水工程或复合使用	（适用于寒冷地区和结构变形较大的结构）冷施工铺贴或热熔铺贴
APP改性沥青防水卷材	具有良好的强度、延伸性、耐热性、耐紫外线及耐老化性能	单层铺设，适用于紫外线辐射强烈及炎热地区	热熔法或冷粘铺设
PVC改性焦油防水卷材	有良好的耐热及耐低温性能，最低开卷温度为 −18 °C	有利于在冬季负温度下施工	可热作业，也可冷施工
再生胶改性沥青防水卷材	有一定的延伸性和防腐蚀能力，且低温柔性较好，价格低廉	变形较大或档次较低的防水工程	热沥青粘贴
废橡胶粉改性沥青防水卷材	比普通石油沥青纸胎油毡的抗拉强度、低温柔性均有明显改善	叠层使用于一般屋面防水工程，宜在寒冷地区使用	

对于屋面防水工程，《屋面工程技术规范》（GB 50345—2004）规定，高聚物改性沥青防水卷材适用于防水等级为Ⅰ级（特别重要的民用建筑和对防水有特殊要求的工业建筑，防水耐用年限为25年）、Ⅱ级（重要的工业与民用建筑、高层建筑，防水耐用年限为15年）和Ⅲ级的屋面防水工程。

对于Ⅰ级屋面防水工程，除规定应有的一道合成高分子防水卷材外，高聚物改性沥青防水卷材可用于应有的3道或3道以上防水设防的各层，且厚度不宜小于 3 mm。对于Ⅱ级屋面防水工程，在应有的2道防水设防中，应优先采用高聚物改性沥青防水卷材，且所用卷材厚度不宜小于3 mm。对于Ⅲ级屋面防水工程，应有1道防水设防，或两种防水材料复合使用；如单独使用，高聚物改性沥青防水卷材厚度不宜小于4 mm；如复合使用，高聚物改性沥青防水卷材的厚度不应小于2 mm。

（5）合成高分子防水卷材。

合成高分子防水卷材是以合成橡胶、合成树脂或它们两者的共混体为基料，加入适量的化学助剂和填充料等，经混炼、压延或挤出等工序加工而制成的可卷曲的片状防水材料。其中又可分为加筋增强型与非加筋增强型两种。

合成高分子防水卷材具有拉伸强度与抗撕裂强度高、断裂伸长率大、耐热性与低温柔性好、耐腐蚀、耐老化等一系列优异的性能，但价格较高，是新型高档防水卷材。常见的有三元乙丙橡胶防水卷材、聚氯乙烯防水卷材、氯化聚乙烯防水卷材、氯化聚乙烯-橡胶共混防水卷材等。此类卷材厚度分为 1 mm、1.2 mm、1.5 mm、2.0 mm 等规格，一般单层铺设，可采用冷黏法或自黏法施工。

6.2 沥青混合料

沥青混合料是由矿物集料（粗集料、细集料和填料）与沥青拌和而成的混合料的总称，它包括沥青混凝土混合料和沥青碎（砾）石混合料两类。沥青混合料是一种黏弹塑性材料，具有良好的力学性能，一定的高温稳定性和低温柔韧性，能够减振吸声，这样修筑路面不需设置接缝，行车舒适；另外，它具有一定的粗糙度，无强烈反光，利于行车安全，且施工方便、速度快，能及时开放交通并可分期修建和再生利用。因此，它是现代高速公路的最主要的路面材料，并广泛应用于干线公路和城市道路路面。我国在建或已建成的高速公路路面 90% 以上采用沥青路面。

6.2.1 沥青混合料的分类

沥青混合料是将一定级配的矿质集料与适量的沥青结合料在适当的条件下经过充分拌和而成的一种混合物。关于沥青混合料定义及分类，我国以前分为沥青混凝土及沥青碎石，用 LH 及 LS 表示，后来改为 AC 及 AM，在 AC 中又根据级配粗细的不同分为 Ⅰ 型和 Ⅱ 型。沥青混凝土与沥青碎石的区别仅在于是否加矿粉填料及级配比例是否严格，其实质是混合料的空隙率不同。

沥青混合料经摊铺、压实而成为不同类型的沥青路面。根据它的组成结构、生产工艺以及用途等的不同可以分成若干不同类型。

1. 按结合料类型划分

根据沥青结合料的不同，可分为石油沥青混合料与煤沥青混合料。石油沥青混合料又包括黏稠石油沥青、乳化石油沥青及液体石油沥青混合料。

2. 按矿料级配组成及空隙率大小划分

沥青混合料中的矿质混合料的级配主要有两种类型，即连续级配和间断级配。沥青混合料由于矿质集料级配的不同而在压实后其剩余空隙率有很大的差别，根据剩余空隙率将沥青混合料分成几种不同类型。对于剩余空隙率为 3% ~ 6% 的沥青混合料，称为密级配混合料，剩余空隙率为 6% ~ 12% 的为半开级配沥青混合料；剩余空隙率大于 18% 的为开级配（或排水式）混合料。目前，《沥青路面施工技术规范》（JTG F40—2004）中按压实后的空隙率将沥青混合料分为密级配沥青混合料、半开级配沥青混合料和开级配沥青混合料三种类型。

（1）密级配沥青混合料。

按密实级配原理设计组成的各种粒径颗粒的矿料，与沥青结合料拌和而成，设计空隙率较小，一般为 3% ~ 6%（对不同交通及气候情况、层位可作适当调整）的密实式沥青混凝土混合料（以 AC 表示）和密实式沥青稳定碎石混合料（以 ATB 表示）。按关键性筛孔通过率的不同又可分为细型、粗型密级配沥青混合料等（见表 6.11）。粗集料嵌挤作用较好的也称嵌挤密实型沥青混合料。

沥青玛蹄脂碎石混合料是由沥青结合料与少量的纤维稳定剂、细集料以及较多量的填料（矿粉）组成的沥青玛蹄脂，填充于间断级配的粗集料骨架的间隙，组成一体形成的沥青混合料，简称SMA。其设计空隙率3%～4%，也属于密级配沥青混合料。

表 6.11　粗型和细型密级配沥青混凝土的关键性筛孔通过率

混合料类型	公称最大粒径/mm	用以分类的关键性筛孔/mm	粗型密级配		细型密级配	
			名称	关键性筛孔通过率/%	名称	关键性筛孔通过率/%
AC-25	26.5	4.75	AC-25C	< 40	AC-25F	> 40
AC-20	19	4.75	AC-20C	< 45	AC-20F	> 45
AC-16	16	2.36	AC-16C	< 38	AC-16F	> 38
AC-13	13.2	2.36	AC-13C	< 40	AC-13F	> 40
AC-10	9.5	2.36	AC-10C	< 45	AC-10F	> 45

（2）半开级配沥青混合料。

由适当比例的粗集料、细集料及少量填料（或不加填料）与沥青结合料拌和而成，经马歇尔标准击实成型试件的剩余空隙率在6%～12%的称为半开式沥青碎石混合料（以AM表示）。

（3）开级配沥青混合料。

指矿料级配主要由粗集料嵌挤组成，细集料及填料较少，设计空隙率为18%的混合料。其主要有排水式沥青磨耗层（OGFC）和排水式沥青基层（ATPB）两种类型。

3. 按矿料公称最大粒径划分

长期以来，在我国道路工程界习惯按集料的最大公称粒径将沥青混合料分成特粗式、粗粒式、中粒式、细粒式和砂粒式沥青混合料。这些混合料最大公称颗粒尺寸与最大颗粒尺寸列于表6.12中。

表 6.12　不同类型沥青混合料的集料公称最大粒径及最大粒径尺寸

混合料类型	集料公称最大粒径/mm	集料最大粒径/mm
特粗式沥青混合料	37.5	53.0
粗粒式沥青混合料	26.5～31.5	31.5～37.5
中粒式沥青混合料	16.0～19.0	19.0～26.5
细粒式沥青混合料	9.5～13.2	13.2～16.0
砂粒式沥青混合料	4.75	9.5

沥青混合料集料的最大粒径是集料100%通过的最小筛孔尺寸。保留部分集料颗粒尺寸，集料的最大公称粒径是允许少量（一般在10%以下）不通过的最小一级标准筛孔尺寸，通常比最大粒径小一个粒级。

通常，粗粒式沥青混合料用于铺筑沥青面层的中面层和下面层或作为沥青路面的基层；中粒式沥青混合料用于中面层或上面层；细粒式沥青混合料用于沥青上面层；砂粒式沥青混合料主要在城市道路中用于表面薄层维修。然而，在实际工程中也视具体情况进行选择。例如，为了增强沥青路面的抗车辙能力，增大路面的构造深度以提高抗滑性，现在很多高速公路或城市道路的上面层常采用中粒式沥青混合料。在热带地区，为了保证路面的高温稳定性，也有在表面层就直接铺筑粗粒式沥青混凝土。

特粗式沥青混合料也称为大粒径沥青混合料（Large Stone Asphalt Mixes，简称 LSAM），一般指公称最大粒径超过 25mm 或者 31.5mm 的沥青稳定碎石混合料。因为其沥青用量较少、成本低，可以用来铺筑沥青路面的下面层或基层。

4. 按制造工艺划分

（1）热拌热铺沥青混合料。

热拌热铺沥青混合料一般简称为热拌沥青混合料（Hot Mix Asphalt，简称 HMA）。它是将沥青加热至 150 ~ 170 °C，矿质集料加热至 170 ~ 190 °C，在热态下拌和而成沥青混合料，并在热态下摊铺、压实成路面。通常，热拌沥青混合料采用较黏稠沥青或者聚合物改性沥青，经高温拌和，能与集料形成良好的黏结，因而强度高，在高等级公路和城市道路中应用十分广泛。通常情况下，如没有专门说明，沥青混合料指热拌沥青混合料。

（2）冷拌沥青混合料。

采用乳化沥青、稀释沥青或者低黏度的沥青材料，在常温下与集料直接拌和而成的混合料，并在常温下摊铺、碾压成路面。这种沥青混合料由于沥青材料的黏度低，且沥青与集料裹覆性不良，黏结性差，路面成型时间长且强度低，一般主要用作低交通量的乡村道路或路面坑洞维修。

（3）热拌冷铺沥青混合料。

采用低黏度的沥青结合料与集料在热态下（约 100 °C）拌合而成的沥青混合料。冷却后储存在常温下，使用时在常温下摊铺压实。这种沥青混合料一般用作路面修补的养护材料。

6.2.2　沥青混合料的原材料

沥青混合料的组成材料主要有沥青和矿料。矿料是指用于沥青混合料的粗集料、细集料和填料的总称。为了保证混合料的技术性质，首先要正确选择符合质量要求的组成材料。

1. 沥青材料

沥青路面的沥青材料可根据交通量、气候条件、施工方法、沥青面层类型、材料来源等情况选用。改性沥青应经过试验论证取得经验后使用，所选用的沥青质量应符合现行规范对沥青质量要求的相关规定。

2. 粗集料

粗集料是经加工（轧碎、筛分）而成的粒径大于 2.36 mm 的碎石、破碎砾石（由砾石经碎石机破碎加工而成的具有一个以上破碎面的石料）、筛选砾石、矿渣等集料。沥青面层用粗集料包括碎石、破碎砾石、钢渣、矿渣等。但是高速公路和一级公路不得使用筛选砾石和矿渣。粗集料应清洁、干燥、无风化、无杂质，具有足够的强度和耐磨性。粗集料的颗粒应成立方形，且富有棱角。我国《公路沥青路面施工技术规范》（JTG F40—2004）对粗集料的技术要求如表 6.13 所示。

表 6.13　沥青混合料用粗集料质量技术要求

指　标	单位	高速公路及一级公路		其他等级公路	试验方法
		表面层	其他层次		
石料压碎值（不大于）	%	26	28	30	T 0316
洛杉矶磨耗损失（不大于）	%	28	30	35	T 0317
表观相对密度（不大于）	t/m^3	2.60	2.50	2.45	T 0304
吸水率（不大于）	%	2.0	3.0	3.0	T 0304
坚固性（不大于）	%	12	12	—	T 0314
针片状颗粒含量（混合料），不大于	%	15	18	20	T 0312
其中粒径大于 9.5 mm（不大于）	%	12	15	—	
其中粒径小于 9.5 mm（不大于）	%	18	20	—	
水洗法 < 0.075 mm 颗粒含量（不大于）	%	1	1	1	T 0310
软石含量（不大于）	%	3	5	5	T 0320

注：① 坚固性试验可根据需要进行。
② 用于高速公路、一级公路时，多孔玄武岩的视密度可放宽至 2.45 t/m^3，吸水率可放宽至 3%，但必须得到建设单位的批准，且不得用于 SMA 路面。
③ 对 S14 即 3～5 规格的粗集料，针片状颗粒含量可不予要求，< 0.075 mm 含量可放宽到 3%。

高速公路、一级公路沥青路面的表面层（或磨耗层）的粗集料的磨光值应符合表 6.14 的要求。除 SMA、OGFC 路面外，允许在硬质粗集料中掺加部分较小粒径的磨光值达不到要求的粗集料，其最大掺加比例由磨光值试验确定。

表 6.14　粗集料与沥青的黏附性、磨光值的技术要求

雨量气候区	1（潮湿区）	2（湿润区）	3（半干区）	4（干旱区）	试验方法
年降雨量/mm	> 1 000	1 000～500	500～250	< 250	附录 A
粗集料的磨光值 PSV（不小于） 高速公路、一级公路表面层	42	40	38	36	T 0321
粗集料与沥青的黏附性（不小于） 高速公路、一级公路表面层	5	4	4	3	T 0616
高速公路、一级公路的其他层次及其他等级公路的各个层次	4	4	3	3	T 0663

粗集料与沥青的黏附性应符合表 6.14 的要求，当使用不符要求的粗集料时，宜掺加消石灰、水泥或用饱和石灰水处理后使用，必要时可同时在沥青中掺加耐热、耐水、长期性能好的抗剥落剂，也可采用改性沥青的措施，使沥青混合料的水稳定性检验达到要求。掺加外加剂的剂量由沥青混合料的水稳定性检验确定。

破碎砾石应采用粒径大于 50 mm、含泥量不大于 1% 的砾石轧制，破碎砾石应符合一定的破裂面要求（见表 6.15）。

表 6.15　粗集料对破碎面的要求

路面部位或混合料类型		具有一定数量破碎面颗粒的含量/%		试验方法
		1 个破碎面	2 个或 2 个以上破碎面	
沥青路面表面层	高速公路、一级公路	100	90	试验方法
	其他等级公路	80	60	
沥青路面中下面层、基层	高速公路、一级公路	90	80	
	其他等级公路	70	50	
	SMA 混合料	100	90	
	贯入式路面	80	60	

另外，沥青混合料用粗集料还应符合一定的粒径规格。相关规定可查阅《公路沥青路面施工技术规范》(JTG F40—2004)。

3. 细集料

沥青路面的细集料包括天然砂、机制砂、石屑。天然砂可采用河砂或海砂，通常宜采用粗、中砂，砂的含泥量超过规定时应水洗后使用，海砂中的贝壳类材料必须筛除。石屑是采石场破碎石料时通过 4.75 mm 或 2.36 mm 的筛余部分。机制砂宜采用专用的制砂机制造，并选用优质石料生产。

细集料应洁净、干燥、无风化、无杂质，并有适当的颗粒级配，其质量应符合表 6.16 的规定。细集料的洁净程度，天然砂以小于 0.075 mm 含量的百分数表示，石屑和机制砂以砂当量（适用于 0 ~ 4.75 mm）或亚甲蓝值（适用于 0 ~ 2.36 mm 或 0 ~ 0.15 mm）表示。

表 6.16　沥青混合料用细集料质量要求

项　目	单位	高速公路、一级公路	其他等级公路	试验方法
表观相对密度（不大于）	t/m^3	2.50	2.45	T 0328
坚固性（>0.3mm 部分），不小于	%	12	—	T 0340
含泥量（小于 0.075 mm 的含量），不大于	%	3	5	T 0333
砂当量（不小于）	%	60	50	T 0334
亚甲蓝值（不大于）	g/kg	25	—	T 0349
棱角性（流动时间），不小于	s	30	—	T 0345

注：坚固性试验可根据需要进行。

热拌密级配沥青混合料中天然砂的用量通常不宜超过集料总量的 20%，SMA 和 OGFC 混合料不宜使用天然砂。

4. 填　料

填料是指在沥青混合料中起填充作用的粒径小于 0.075 mm 的矿物质粉末。沥青混合料的矿粉必须采用石灰岩或岩浆岩中的强基性岩石等憎水性石料经磨细得到的矿粉，石料中的泥土杂质应除净。矿粉应干燥、洁净，能自由地从矿粉仓流出，其质量应符合表 6.17 的技术要求。

表 6.17　沥青混合料用矿粉质量要求

项　目		单　位	高速公路、一级公路	其他等级公路	试验方法
表观相对密度（不小于）		t/m^3	2.50	2.45	T 0352
含水量（不大于）		%	1	1	T 0103
粒度范围	< 0.6 mm	%	100	100	T 0351
	< 0.15 mm	%	90 ~ 100	90 ~ 100	
	< 0.075 mm	%	75 ~ 100	70 ~ 100	
外观			无团粒结块		
亲水系数			< 1		T 0353
塑性指数			< 4		T 0354
加热安定性			实测记录		T 0355

拌和机的粉尘可作为矿粉的一部分回收使用。但每盘用量不得超过填料总量的 25%，掺有粉尘填料的塑性指数不得大于 4%。粉煤灰作为填料使用时，用量不得超过填料总量的 50%，粉煤灰的烧失量应小于 12%，与矿粉混合后的塑性指数应小于 4%，其余质量要求与矿粉相同。高速公路、一级公路的沥青面层不宜采用粉煤灰作填料。

5. 纤维稳定剂

沥青玛蹄脂碎石混合料（SMA）的沥青含量比较大，为了防止沥青滴漏，一般在 SMA 混合料中都使用纤维材料，在一般沥青混合料中也可以使用纤维。在沥青混合料中掺加的纤维稳定剂宜选用木质素纤维、矿物纤维等，木质素纤维的质量应符合表 6.18 的技术要求。纤维应在 250 °C 的干拌温度下不变质、不发脆，使用纤维必须符合环保要求，不危害身体健康。纤维必须在混合料拌和过程中能充分分散均匀。

表 6.18　木质素纤维质量技术要求

项　目	单位	指　标	试验方法
纤维长度（不大于）	mm	6	水溶液用显微镜观测
灰分含量	%	18 ± 5	高温 590 ~ 600 °C 燃烧后测定残留物
pH 值		7.5 ± 1.0	水溶液用 pH 试纸或 pH 计测定
吸油率（不小于）		纤维质量的 5 倍	用煤油浸泡后放在筛上经振敲后称量
含水率（以质量计），不大于	%	5	105 °C 烘箱烘 2 h 后冷却称量

矿物纤维宜采用玄武岩等矿石制造，易影响环境及造成人体伤害的石棉纤维不宜直接使用。

纤维应存放在室内或有棚盖的地方，松散纤维在运输及使用过程中应避免受潮、结团。纤维稳定剂的掺加比例以沥青混合料总量的质量百分比计算，通常情况下用于 SMA 路面的木质素纤维不宜低于 0.3%、矿物纤维不宜低于 0.4%，必要时可适当增加纤维用量。纤维掺加量的允许误差不宜超过 ±5%。

6.2.3　沥青混合料的结构

沥青混合料是由沥青、粗细集料和矿粉按一定比例拌和而成的一种复合材料。按矿质骨架的结构状况，其组成结构分为以下三个类型：

1. 悬浮密实结构

当采用连续密级配矿质混合料与沥青组成的沥青混合料时，矿质材料由大到小形成连续级配的密实混合料，由于粗集料的数量较少、细集料的数量较多，较大颗粒被小一档颗粒挤开，使粗集料以悬浮状态存在于细集料之间，不能直接接触形成骨架［见图 6.8（a）］，这种结构的沥青混合料虽然密实度和强度较高，黏聚力高，但高温稳定性较差。

2. 骨架空隙结构

当采用连续开级配矿质混合料与沥青组成的沥青混合料时，粗集料较多，彼此紧密相接，细集料的数量较少，不足以充分填充空隙，形成骨架空隙结构［见图 6.8（b）］。沥青碎石混合料多属此类型，这种结构的沥青混合料，粗集料能充分形成骨架，集料之间的嵌挤力和内摩阻力起重要作用。因此，这种沥青混合料受沥青材料性质的变化影响较小，因而热稳定性较好；但沥青与矿料的黏结力较小、空隙率大，耐久性较差。

3. 骨架密实结构

采用间断型级配矿质混合料与沥青组成的沥青混合料，是综合以上两种结构之长的一种结构。它既有一定数量的粗集料形成骨架，又根据粗集料空隙的多少加入适量细集料，使之填满骨架空隙，形成较高的密实度［见图 6.8（c）］。这种结构的沥青混合料，密实度、强度和稳定性都较好，黏聚力较高，是一种较理想的结构类型。

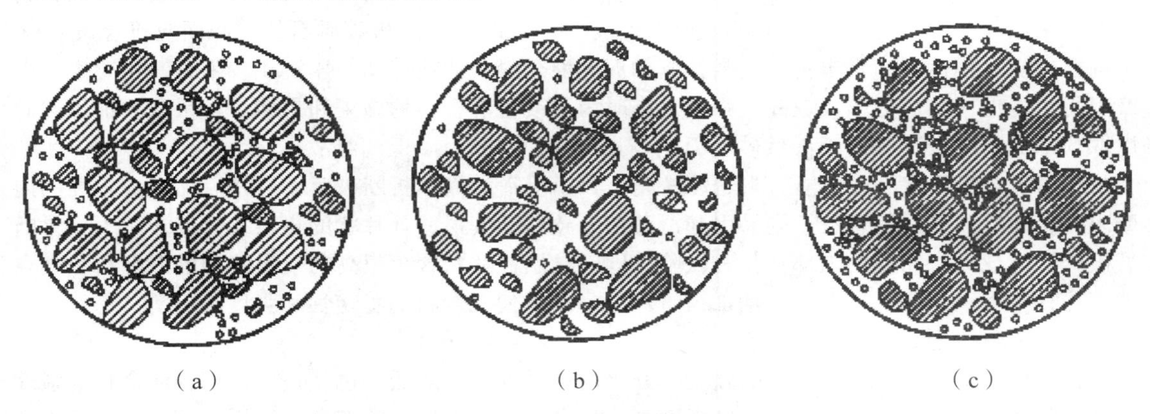

图 6.8　沥青混合料的组成结构示意图

6.2.4　沥青混合料的强度及影响因素

1. 沥青混合料的强度

沥青混合料是由强度很高的粒料与黏结力较弱的沥青材料所构成的混合体。根据沥青混合料的颗粒性特征，可以认为沥青混合料的力学强度是由矿质集料颗粒之间的嵌挤力（内摩阻力）、沥青与集料之间的黏结力以及沥青的内聚力所构成的。

一般来说，由于连续级配的沥青混合料是悬浮密实结构，其强度主要依靠沥青与集料的黏结力和沥青的内聚力，虽然结构强度高，但受温度影响大，因此温度稳定性差。骨架密实结构的沥青混合料则以粗集料的嵌挤力为主，粗集料相互接触，因而能承受重载交通的作用；又有由细集料、沥青及矿粉组成的混合料填充空隙，形成很强的黏结力，故不仅结构强度高，而且混合料温度稳定性好。骨架空隙结构混合料是以嵌挤力为主、沥青的内聚力为辅而形成结构强度。理论上虽如此，实际上沥青结合料对沥青混合料的强度影响很大，因为即使空隙率很大的沥青碎石，如多孔性沥青路面，当采用高黏度的沥青作结合料时，也同样可以获得足够高的强度。

2. 沥青混合料强度的影响因素

影响沥青混合料强度的因素不仅有内在因素，还有外在因素。

（1）沥青的黏度。

沥青混合料的黏结力与沥青本身的强度有密切关系。原本松散的集料，正是依靠沥青的黏结作用而凝聚在一起，形成整体结构强度。沥青的黏度越高，混合料抵抗变形的能力越大，强度也就越高。因此，修建高等级沥青路面都采用黏稠沥青，所用沥青的标号也有减小的趋势，即采用针入度较小的沥青。尤其对于重载交通的沥青路面，为了提高其抗车辙性能，采用高黏度沥青（如70号沥青或者改性沥青）提高其黏结强度，能取得良好的效果。

（2）集料岩石的种类。

集料岩石的岩性影响着其与沥青的黏附性。沥青能否充分浸润石料的表面，形成良好的黏聚力，是混合料获得良好黏结力的重要条件。沥青与酸性石料如花岗岩、石英岩的黏附性较差，而如果在沥青中添加抗剥落剂，提高沥青与集料的黏附性，则有利于提高沥青混合料的强度。

（3）集料的颗粒性状。

集料颗粒表面的粗糙度和颗粒形状对沥青混合料的强度有很大影响。集料表面越粗糙，经过压实后，颗粒之间越能形成良好的啮合嵌锁，使混合料具有较高的内摩阻力，故拌制沥青混合料都要求采用轧制碎石。如采用河卵石，则要求将河卵石加以破碎，破碎砾石的破碎面应符合表6.18中的要求。采用棱角非常丰富的集料拌制的沥青混合料，往往拌和与压实比较困难，主要由于内摩阻力大，但压实后能形成较高的强度。有时为了改善混合料的施工和易性，常采取添加天然砂以取代部分石屑，这是由于天然砂表面比较光滑而使摩阻力降低的缘故。

集料颗粒的形状宜接近立方形，多棱角，以承受荷载而不折断破碎，嵌挤后能形成较高的内摩阻力；而表面光滑的颗粒，则易引起滑移而导致路面变形。针片状的集料在荷载作用下极易断裂破碎，造成沥青路面的内部损伤和缺陷。同时，用针片状含量很高的集料拌制的混合料，其空隙率往往很大，为降低空隙率而增加沥青用量，结果使混合料的稳定性和强度降低。

（4）集料级配。

密级配沥青混合料具有较高的强度，开级配则强度明显降低。也就是说，沥青混合料的强度与其空隙率有很大关系，空隙率小则强度高；反之，则强度低。骨架密实结构的混合料虽然为开级配，但由于其空隙是由细级配混合料或沥青玛蹄脂所填充，故仍能形成较高的强度。

（5）矿粉的品种与用量。

沥青混合料中的胶结物质实际上是由沥青和矿粉所形成的沥青胶浆。一般来说，由石灰石等碱性岩石磨制的矿粉与沥青具有良好的亲和性，能形成较强的黏结力；而由酸性石料磨成的矿粉则与沥青黏结不良。故矿粉的品种对混合料的强度有所影响，《公路沥青路面施工技术规范》（JTG

F40—2004）规定采用石灰岩或岩浆岩中的强基性岩石等憎水性石料经磨细得到的矿粉。

在沥青用量一定的情况下，适当提高矿粉用量，可提高沥青胶浆的黏度，使胶浆的软化点明显上升，有利于混合料强度的提高。然而，如果矿粉用量过多，则会使混合料过于干涩，影响沥青与集料的裹覆效果和黏附性，这样必须通过增加沥青用量才能拌和均匀，结果反而影响沥青混合料的强度和稳定性。矿粉与沥青之比（粉胶比）宜控制在 0.8 ~ 1.2。

（6）沥青结合料用量。

在固定质量的沥青和矿料的条件下，沥青与矿料的比例是影响沥青混合料强度的重要因素。

在沥青用量很少时，沥青不足以形成足够的沥青薄膜来充分裹覆集料表面而黏结矿料颗粒，混合料干涩，混合料内聚力较弱。随着沥青用量的增加，沥青较为完满地包裹在矿料表面，使沥青与矿料间的黏附力随着沥青的用量增加而增加。当沥青用量足以形成薄膜并充分黏附矿料颗粒表面时，沥青胶浆具有最优的黏聚力。随后，如沥青用量继续增加，则由于沥青用量过多，逐渐将矿料颗粒推开，在颗粒间形成未与矿料交互作用的"自由沥青"，则沥青胶浆的黏聚力随着自由沥青的增加而降低。当沥青用量增加至某一用量后，沥青混合料的黏聚力主要取决于自由沥青，所以强度几乎不变。随着沥青用量的增加，沥青不仅起着黏结剂的作用，而且还起着润滑剂的作用，降低了粗集料的相互嵌锁作用，因而降低了沥青混合料的强度。另外在高温时，沥青的黏度降低，容易形成推挤滑移，导致沥青路面出现车辙等病害。因此，混合料存在最佳沥青用量。

（7）环境温度与行车荷载。

环境温度对沥青混合料的强度有很大影响。当温度升高时，沥青的黏度降低，流动性增大，从而使混合料强度降低；反之，温度降低，则混合料变硬，刚度增大，强度提高。但当温度进一步降低时，混合料发脆，强度反而降低。

沥青混合料在瞬时荷载作用下，表现为弹性性质，强度高；在长时间荷载作用下，强度降低。

6.2.5　沥青混合料的路面性能

沥青混合料是公路、城市道路以及机场道面的主要铺面材料，它直接承受车轮荷载和各种自然因素，如日照、温度、空气、雨水等的作用，其性能和状态都会发生变化，以致影响路面的使用性能和使用寿命。为了保证沥青路面长期保持良好的使用状态，沥青混合料必须满足以下路用性能。

1. 沥青混合料的高温稳定性

由于沥青混合料的强度与刚度（模量）随温度升高而显著下降，为了保证沥青路面在高温季节行车荷载反复作用下，不致产生诸如波浪、推移、车辙、拥包等病害，沥青路面应具有良好的高温稳定性。

沥青是热塑性材料，沥青混合料在夏季高温下，因沥青黏度降低而软化，以致在车轮荷载作用下产生永久变形，路面出现泛油、推挤、拥包、车辙等损坏，影响行车舒适和安全。沥青混合料在高温下保持原有性能的能力，即为高温稳定性。这就是说，沥青混合料必须在高温下仍具有足够的强度和刚度。

（1）马歇尔试验。

沥青混合料的高温稳定性，可采用马歇尔试验测定沥青混合料在高温下的相关指标来评定。马歇尔稳定度试验方法是由美国密西西比州公路局布鲁斯·马歇尔（Brue Marshall）提出的，迄今已经历了半个多世纪。马歇尔试验设备简单、操作方便，被世界上许多国家所采用，是目前我国评价沥青混合料的高温性能的主要试验之一。

马歇尔试验通常测定的是马歇尔稳定度（*MS*）、流值（*FL*）和马歇尔模数（*T*）。马歇尔稳定度是指标准尺寸试件在规定温度和加荷速度下，在马歇尔仪中的最大破坏荷载（kN）；流值是达到最大破坏荷载时，试件的垂直变形（以 mm 计）；而马歇尔模数是稳定度除以流值的商，即

$$T = MS / FL \tag{6.9}$$

式中 T——马歇尔模数，kN/mm；

MS——稳定度，kN；

FL——流值，精确至 0.1 mm。

（2）车辙试验。

尽管马歇尔试验方法简便，但多年的实践和研究认为，马歇尔稳定度试验用于混合料配合比设计决定沥青用量和施工质量控制，并不能正确地反映沥青混合料的抗车辙能力。在交通量大、重车比例大和经常变速路段的沥青路面上，车辙是最严重、最有危害的破坏形式之一。车辙问题是沥青路面高温稳定性良好与否的集中体现，因此，在国家标准《沥青路面施工及验收规范》（GB 50092—96）中规定：对用于高速公路、一级公路和城市快速路、主干路等沥青路面的上面层和中面层的沥青混凝土混合料，在进行配合比设计时，应通过车辙试验对抗车辙能力进行检验。《公路沥青路面施工技术规范》（JTG F40—2004）中规定：对用于高速公路和一级公路的公称最大粒径等于或小于 19 mm 的密级配沥青混合料（AC）及 SMA、OGFC 混合料必须在配合比设计的基础上，在规定的试验条件下进行车辙试验，并符合表 6.19 的要求。

表 6.19 沥青混合料车辙试验动稳定度技术要求

<table>
<tr><td colspan="2">气候条件与技术指标</td><td colspan="9">相应于下列气候分区所要求的动稳定度（次/mm）</td><td rowspan="4">试验方法</td></tr>
<tr><td colspan="2" rowspan="3">七月平均最高气温（°C）及气候分区</td><td colspan="4">> 30</td><td colspan="4">20 ~ 30</td><td>< 20</td></tr>
<tr><td colspan="4">1. 夏炎热区</td><td colspan="4">2. 夏热区</td><td>3. 夏凉区</td></tr>
<tr><td>1-1</td><td>1-2</td><td>1-3</td><td>1-4</td><td>2-1</td><td>2-2</td><td>2-3</td><td>2-4</td><td>3-2</td></tr>
<tr><td colspan="2">普通沥青混合料（不小于）</td><td colspan="2">800</td><td colspan="2">1 000</td><td>600</td><td colspan="3">800</td><td>600</td><td rowspan="5">T 0719</td></tr>
<tr><td colspan="2">改性沥青混合料（不小于）</td><td colspan="2">2 400</td><td colspan="2">2 800</td><td>2 000</td><td colspan="3">2 400</td><td>1 800</td></tr>
<tr><td rowspan="2">SMA 混合料</td><td>非改性（不小于）</td><td colspan="9">1 500</td></tr>
<tr><td>改性（不小于）</td><td colspan="9">3 000</td></tr>
<tr><td colspan="2">OGFC 混合料</td><td colspan="9">1 500（一般交通路段）、3 000（重交通量路段）</td></tr>
</table>

注：① 如果其他月份的平均最高气温高于七月时，可使用该月平均最高气温。

② 在特殊情况下，如钢桥面铺装、重载车特别多或纵坡较大的长距离上坡路段、厂矿专用道路，可酌情提高动稳定度的要求。

③ 对因气候寒冷确需使用针入度很大的沥青（如大于 100），动稳定度难以达到要求，或因采用石灰岩等不很坚硬的石料，改性沥青混合料的动稳定度难以达到要求等特殊情况，可酌情降低要求。

④ 为满足炎热地区及重载车要求，在配合比设计时采取减少最佳沥青用量的技术措施时，可适当提高试验温度或增加试验荷载进行试验，同时增加试件的碾压成型密度和施工压实度要求。

⑤ 车辙试验不得采用二次加热的混合料，试验必须检验其密度是否符合试验规程的要求。

⑥ 如需要对公称最大粒径等于和大于 26.5 mm 的混合料进行车辙试验，可适当增加试件的厚度，但不宜作为评定合格与否的依据。

车辙试验方法最初由英国道路研究所（TRRL）开发的，由于试验方法本身比较简单，试验

结果直观而且与实际沥青路面的车辙相关性甚好，因此在日本、欧洲、北美、澳大利亚等国得到了广泛应用。我国也开展了较多研究，获得了一批成果，并应用于沥青混合料高温稳定性的评价。

车辙试验测定的是沥青混合料动稳定度。测定原理是：用负有一定荷载（0.7 MPa）的轮子，在规定的高温下（通常为 60 °C）对沥青混合料板状试件在同一轨迹上作一定时间的反复碾压，形成辙槽，在变形稳定期，产生 1 mm 竖向变形所需的行走次数（次/mm）即为动稳定度。

从车辙试验得到的时间-变形曲线一般为图 6.9 中的形式之一。根据图 6.9 可得到任何一个时刻的总变形，即车辙深度，按下式计算动稳定度 DS：

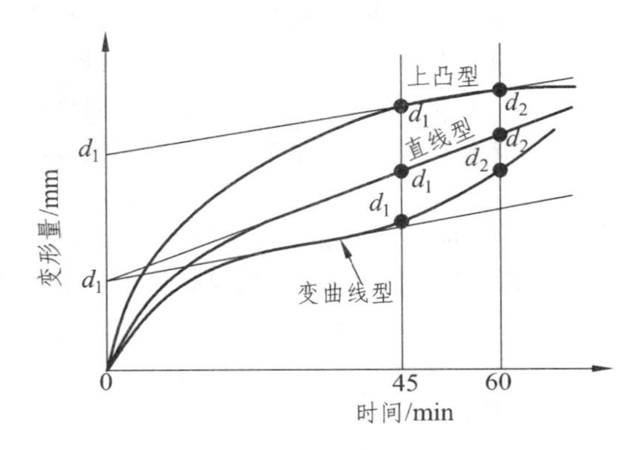

图 6.9　车辙试验时间-变形曲线

$$DS = \frac{t_2 - t_1}{d_2 - d_1} \times N \times C_1 \times C_2 \tag{6.10}$$

式中　DS——沥青混合料的动稳定度，次/mm；

d_1——对应于时间 t_1 的变形量，mm；

d_2——对应于时间 t_2 的变形量，mm；

N——试验轮往返碾压速度，通常为 42 次/min；

C_1——试验机类型修正系数，曲柄连杆驱动试件的变速行走方式为 1.0，链驱动试验轮的等速方式为 1.5；

C_2——试验系数，试验室制备的宽 300 mm 的试件为 1.0，从路面切割的宽 150 mm 的试件为 0.8。

（3）沥青混合料的高温稳定性的影响因素。

沥青混合料的高温稳定性与多种因素有关，诸如沥青的品种、标号、含蜡量，集料的岩性、集料的级配组成，混合料中沥青的用量等。为了提高沥青混合料高温稳定性，在混合料设计时，可采取各种技术措施，如采用黏度较高的沥青，必要时可采用改性沥青；选用颗粒形状好而富有棱角的集料；适当增加粗集料用量，细集料少用或不用砂；使用坚硬石料破碎的机制砂，以增强内摩阻力；混合料结构采用骨架密实结构；适当控制沥青用量等。这些措施都能有效地提高混合料的高温稳定性。

2．沥青混合料的低温抗裂性

低温抗裂性是指沥青混合料在低温下不出现低温脆化、低温缩裂、温度疲劳等现象，从而导致出现低温裂缝的性能。

沥青混合料是黏-弹-塑性材料，其物理性质随温度变化会有很大变化。冬季，随着温度的降低，沥青材料的劲度模量变得越来越大，变形能力下降，材料变得越来越硬（低温脆化），并开始收缩。由于沥青路面在面层和基层之间存在着很好的约束，因而当温度大幅度降低时，沥青面层中会产生很大的收缩拉应力或者拉应变，一旦其超过材料的极限拉应力或极限拉应变，沥青面层就会开裂（低温缩裂）。由于一般道路沥青面层的宽度都不很大，收缩所受到的约束较小，所以低温开裂主要是横向的。另一种是温度疲劳裂缝。这种裂缝主要发生在太阳照射强烈、日温差大的地区。在这些地区，沥青面层白天和夜晚的温度相差很大，在沥青面层中会产生较大的温度应力。这种温度应力会日复一日的作用在沥青面层上，在这种循环应力的作用下，沥青面层会在低于极限拉应力的情况下产生疲劳开裂。温度疲劳开裂可能发生在冬季，也可能发生在别的季节，北方冰冻地区可能发生这种裂缝，南方非冰冻地区也可能发生这种裂缝。

沥青混合料的低温开裂是由混合料的低温脆化、低温收缩和温度疲劳引起的。混合料的低温脆化一般用不同温度下的弯拉破坏试验来评定；低温收缩可采用低温收缩试验评定；而温度疲劳则可以用低温疲劳试验来评定。

《公路沥青路面施工技术规范》（JTG F40—2004）中规定：宜对密级配沥青混合料在温度 −10 °C ± 0.5 °C、加载速率 50 mm/min 的条件下，对沥青混合料小梁试件跨中施加集中荷载至断裂破坏，记录试件跨中荷载与挠度的关系曲线，测定破坏强度、破坏弯拉应变、破坏劲度模量，并根据应力应变曲线的形状，综合评价沥青混合料的低温抗裂性能。

小梁试件破坏时的弯拉应变可按下式计算：

$$\varepsilon_{\mathrm{B}}=\frac{6hd}{L^2} \tag{6.11}$$

式中 ε_{B}——试件破坏时的最大弯拉应变；

H——跨中断面试件的高度，mm；

D——试件破坏时的跨中挠度，mm；

L——试件的跨径，mm。

沥青混合料在低温下破坏弯拉应变越大，低温柔韧性越好，抗裂性越好。沥青混合料的破坏应变不宜小于表 6.20 的要求。

表 6.20　沥青混合料低温弯曲试验破坏应变（$\mu\varepsilon$）技术要求

气候条件与技术指标	相应于下列气候分区所要求的破坏应变/$\mu\varepsilon$									试验方法
年极端最低气温/°C 及气候分区	< −37.0		−21.5 ~ −37.0			−9.0 ~ −21.5		> −9.0		
	1. 冬严寒区		2. 冬寒区			3. 冬冷区		4. 冬温区		
	1-1	2-1	1-2	2-2	3-2	1-3	2-3	1-4	2-4	
普通沥青混合料（不小于）	2 600		2 300			2 000				T 0728
改性沥青混合料（不小于）	3 000		2 800			2 500				

一般情况下，沥青针入度数值越大，其感温性越低，低温劲度模量越小，沥青的低温柔韧性就越好，其抗裂性能越好。在寒冷地区，可采用稠度低、低温轻度低的沥青，或选择松弛性能较好的橡胶类改性沥青来提高沥青的低温抗裂性。

通常，密级配沥青混合料的低温抗拉强度高于开级配的沥青混合料，但是粒径大、空隙率大的沥青混合料内部空隙丰富，应力松弛能力略强，温度应力有所减小，两方面的影响相互抵消，故沥青混合料的这两种级配与沥青路面开裂程度之间没有显著关系。

3. 沥青混合料的耐久性

沥青混合料的耐久性是指其抵抗长期自然因素（风、阳光、热、水分等）和行车荷载的反复作用，仍能基本保持原有性能的能力。

沥青混合料的耐久性与组成材料的性质和配合比有密切关系：首先，沥青在大气因素作用下，组分会产生转化，油分减少、沥青质增加使沥青的塑性逐渐减小，脆性增加使路面的使用品质下降；其次，以耐久性考虑，沥青混合料应有较高的密实度和较小的空隙率，以防止水分的渗入和减少阳光对沥青材料的老化作用（但空隙率过小，将影响沥青混合料的高温稳定性）。因此，在我国的有关规范中，对空隙率与饱和度均提出了要求，以备夏季沥青材料受热膨胀时有一定的缓冲空间。

选择耐老化性能好的沥青、增加沥青用量、添加改性剂、采用密实结构、适当的空隙率都有利于提高沥青路面的耐久性能。

4. 沥青混合料的水稳定性

沥青路面在雨水冰雪的作用下，尤其是雨季过后，沥青路面往往会出现唧浆、脱粒、松散，进而形成坑槽。出现这些现象的原因是沥青混合料在水的侵蚀作用下，沥青从集料表面发生剥落，使集料颗粒失去黏结而松散；同时在车辆荷载作用下加剧沥青和矿料的剥落，形成松散薄弱块，飞转的车轮带走局部剥离的矿粒或沥青，从而造成路面的缺失，并逐渐形成坑槽，这就是沥青路面的水损害现象。在南方多雨地区和北方的冰雪地区，沥青路面的水损害现象是很普遍的，一些高等级公路在通车不久路面就出现早期损坏，水损害往往是主要原因。

（1）水稳定性的评价方法与评价指标。

目前我国《公路工程沥青及沥青混合料试验规程》（JTJ E20—2011）中评价沥青混合料抗水损害的试验方法，主要为沥青与集料的黏附性试验、残留马歇尔试验、冻融劈裂强度比试验。

① 沥青与集料的黏附性试验

沥青与集料黏附性的试验方法有水煮法和水浸法等。

水浸法是选取 9.5 ~ 13.2 mm 的集料 100 g 与 5.5 g 的沥青在规定温度条件下拌和，配制成混合料，冷却后浸入 80 °C 的蒸馏水中保持 30 min，然后按剥落面积百分比来评定沥青与集料的黏附性，如表 6.21 所示。

水煮法是选取粒径为 13.2 ~ 19 mm、形状接近正立方体的规则集料 5 个，经沥青裹覆后，在蒸馏水中沸煮 3min，按沥青膜剥落面积百分比分为 5 个等级来评价沥青与集料的黏附性。

表 6.21　沥青与集料的黏附性等级

试验后石料表面上沥青膜剥落情况	等　级
沥青膜完全保存，剥离面积百分比接近于 0	5
沥青膜少部分为水所移动，厚度不均匀，剥离面积小于 10%	4
沥青膜局部明显地为水所移动，基本保留在石料表面上，剥离面积少于 30%	3
沥青膜大部分为水所移动，局部保留在石料表面上，剥离面积小于 30%	2
沥青膜完全为水所移动，石料基本裸露，沥青全部浮在水面上	1

② 浸水试验。

浸水试验是根据浸水前后沥青混合料的物理、力学性能的降低程度来表征其水稳定性的一类试验。《公路工程沥青及沥青混合料试验规程》（JTJ E20—2011）中采用浸水马歇尔试验和真空饱水马歇尔试验前后的马歇尔稳定度比值的大小评价沥青混合料的水稳定性。

浸水马歇尔试验是将马歇尔试件在 60 °C 水中浸泡 48 h 后测定其稳定度，再根据马歇尔试件在 60 °C 水中浸泡 30 ~ 40 min 的稳定度计算浸水残留稳定度来表示沥青混合料的水稳性。

$$MS_0 = \frac{MS_1}{MS} \times 100 \tag{6.12}$$

式中　MS_0——试件的浸水残留稳定度，%；

MS_1——试件浸水 48 h 后的稳定度，kN；

MS——试件浸水 30 ~ 40 min 的稳定度，kN。

真空饱水马歇尔试验先将马歇尔试件放置在真空度达 98.3 kPa（730 mmHg）以上的干燥器中 15 min，然后在负压状态下用水浸泡 15 min，恢复常压后将马歇尔试件在 60 °C 水中浸泡 48 h 后测定其稳定度，再按式（6.13）计算其真空饱水残留稳定度。

$$MS_0' = \frac{MS_2}{MS} \times 100 \tag{6.13}$$

式中　MS_0'——试件的真空饱水残留稳定度，%；

MS_2——试件真空饱水后再浸水 48 h 后的稳定度，kN；

MS——试件浸水 30 ~ 40 min 的稳定度，kN。

③ 冻融劈裂试验。

按照《公路工程沥青及沥青混合料试验规程》（JTJ E20—2011）中的方法，在冻融劈裂试验中，将沥青混合料试件分为两组，一组试件用于测定常规状态下的劈裂强度，另一组试件首先进行真空饱水，然后置于 – 18 °C 条件下冷冻 16 h，再在 60 °C 水中浸泡 24 h，最后进行劈裂强度测试。

$$TSR = \frac{R_{T_2}}{R_{T_1}} \times 100 \tag{6.14}$$

式中　TSR——沥青混合料试件的冻融劈裂试验残留强度比，%；

R_{T_1}——试件在常规条件下的劈裂强度，MPa；

R_{T_2}——试件经一次冻融循环后在规定条件下的劈裂强度，MPa。

《公路沥青路面施工技术规范》（JTG F40—2004）中规定：必须在规定的试验条件下对沥青混合料进行浸水马歇尔试验和冻融劈裂试验检验其水稳定性，并同时符合表 6.22 中的两个要求。达不到要求时必须采取抗剥落措施，调整最佳沥青用量后再次试验。

（2）水稳定性的影响因素。

沥青路面的水损坏通常与沥青的剥落有关，而剥落的发生与沥青和集料的黏附性有关。

沥青与集料的黏附性在很大程度上取决于集料的化学组成，SiO_2 含量较高的花岗岩集料与沥青的黏附性明显低于碱性集料石灰岩与沥青的黏附性，也明显低于中性集料玄武岩与沥青的黏附性，通过掺加剥落剂可以显著改善酸性集料或中性集料与沥青的黏附性。

沥青混合料的水稳定性除了与沥青的黏附性有关外，还受沥青混合料压实空隙率大小及沥青膜厚度的影响。

成型温度与压实度对沥青混合料的抗水损害性能也有较大影响。气温低、湿度大甚至有降水时铺筑的沥青混合料路面水稳定性较差。

表 6.22 沥青混合料水稳定性检验技术要求

<table>
<tr><td colspan="2">气候条件与技术指标</td><td colspan="4">相应于下列气候分区的技术要求/%</td><td rowspan="3">试验方法</td></tr>
<tr><td colspan="2" rowspan="2">年降雨量（mm）及气候分区</td><td>>1 000</td><td>500 ~ 1 000</td><td>250 ~ 500</td><td><250</td></tr>
<tr><td>1. 潮湿区</td><td>2. 湿润区</td><td>3. 半干区</td><td>4. 干旱区</td></tr>
<tr><td colspan="7">浸水马歇尔试验残留稳定度/%（不小于）</td></tr>
<tr><td colspan="2">普通沥青混合料</td><td colspan="2">80</td><td colspan="2">75</td><td rowspan="4">T 0709</td></tr>
<tr><td colspan="2">改性沥青混合料</td><td colspan="2">85</td><td colspan="2">80</td></tr>
<tr><td rowspan="2">SMA 混合料</td><td>普通沥青</td><td colspan="4">75</td></tr>
<tr><td>改性沥青</td><td colspan="4">80</td></tr>
<tr><td colspan="7">冻融劈裂试验的残留强度比/%（不小于）</td></tr>
<tr><td colspan="2">普通沥青混合料</td><td colspan="2">75</td><td colspan="2">70</td><td rowspan="4">T 0729</td></tr>
<tr><td colspan="2">改性沥青混合料</td><td colspan="2">80</td><td colspan="2">75</td></tr>
<tr><td rowspan="2">SMA 混合料</td><td>普通沥青</td><td colspan="4">75</td></tr>
<tr><td>改性沥青</td><td colspan="4">80</td></tr>
</table>

（3）减小沥青路面水损害的技术措施。

减小沥青路面水损害的技术措施有：加强路面排水设计；集料选用粗糙、洁净的碱性集料；沥青选用较低标号的沥青，或选用黏度大、与集料黏附性好的改性沥青；掺加抗剥离剂；用消石灰粉取代部分矿粉；合理选用沥青混合料类型，优化沥青混合料的配合比设计；加强施工质量控制，保证沥青混合料施工的均匀稳定，严格控制路面压实度，严禁雨天施工等。

5. 沥青混合料的抗滑性

随着现代交通车速不断提高，对沥青路面的抗滑性提出了更高的要求。沥青路面的抗滑性能与集料的表面结构（粗糙度）、颗粒形状及尺寸、抗磨光性，混合料的级配组成、沥青用量以及沥青的含蜡量等因素有关。

沥青路面的抗滑性除了取决于矿料自身的表面构造外，还取决于矿料级配所确定的表面构造深度。前者通常称为微观构造，用集料的磨光值表征；后者称为宏观构造，由压实后路表的构造深度或摩擦系数试验评价。构造深度测定方法主要有排水测定法、激光构造仪法和铺砂法，其中铺砂法最常用。摩擦系数可采用制动距离法、减速度法、拖车法和摆式仪法测定，常采用摆式仪法检测。

为保证沥青路面的粗糙度不致很快降低，应选择硬质有棱角的石料。研究表明，沥青用量对抗滑性的影响相当敏感，当沥青量超过最佳用量 0.5% 时就会导致摩擦系数明显降低。含蜡量高的沥青所配制的沥青混合料的抗滑性能较差。还可以将黏结力强的人造树脂，如环氧树脂、聚氨基甲酸酯等，将其涂布在沥青路面上，然后铺撒硬质粒料，在树脂完全硬结之后，将未黏着的粒料扫掉，即可开放交通。但这种方法成本较高。

6. 沥青混合料的施工和易性

沥青混合料应具备良好的施工和易性，使混合料易于拌和、摊铺和碾压施工。影响施工和易性的因素很多，如气温、施工机械条件及混合料性质等。

从混合料的材料性质看，影响施工和易性的是混合料的级配和沥青用量，如粗、细集粒的颗粒大小相差过大，缺乏中间尺寸的颗粒，混合料容易分层离析；如细集料太少，沥青层不容易均匀的留在粗颗粒表面；如细集料过多，则使拌和困难。如沥青用量过少或矿粉用量过多时，混合料容易产生疏松，不易压实；如沥青用量过多或矿粉质量不好，则混合料容易黏结成块，不易摊铺和碾压。

6.2.6 沥青混合料的技术标准

沥青混合料的物理力学性质与使用环境（如气温和湿度）关系密切。在高速公路上，夏季高温季节行车造成的车辙是导致路面损坏最重要的原因。冬季气温骤降及反复升温降温引起的沥青路面温缩裂缝是路面横向开裂的主要原因。除温度因素外，水对沥青混合料的性能也有重要影响。水渗入到沥青与集料的界面上，使黏附性降低，在荷载的作用下，路面将产生剥离、坑槽等病害。

因此，如何根据我国的地区气候特点，选择恰当的沥青，使路面具有较强的高温抗车辙能力与低温抗裂性能、水稳定性，延长路面的使用寿命，是一个关系到公路路面使用质量的重要问题。我国"八五"国家科技攻关"道路沥青及沥青混合料路用性能的研究"专题对我国的气候特点进行了深入的研究，选择了反映影响沥青及沥青混合料路用性能的最主要的气候要素，提出了全国性的气候区划，山西、新疆等省区还根据本地具体情况，提出了更细的二级区划，根据不同地区的不同气候条件对沥青质量及沥青混合料性质提出不同的要求。研究成果对沥青路面的建设具有指导意义，有很高的实用价值。

1. 沥青路面使用性能的气候分区

在我国《公路沥青路面施工技术规范》（JTG F40—2004）中，提出了沥青路面使用性能气候分区的方法。

（1）气候分区指标。

采用工程所在地最近 30 年内年最热月份平均最高气温的平均值，作为反映沥青路面在高温和重载条件下出现车辙等流动变形的气候因子，并作为气候分区的一级指标。按照设计高温指标，一级区划分为 3 个区，即夏炎热区，夏热区和夏凉区。

采用工程所在地最近 30 年内的极端最低气温，作为反映沥青路面由于温度收缩产生裂缝的气候因子，并作为气候分区的二级指标。按照设计低温指标，二级区划分为 4 个区，即冬严寒区、冬寒区、冬冷区和冬温区。

采用工程所在地最近 30 年内的年降雨量的平均值，作为反映沥青路面受水影响的气候因子，并作为气候区划的三级指标。按照设计雨量指标，三级区划分为 4 个区，即潮湿区、湿润区、半干区和干旱区。

（2）气候分区的确定。

沥青路面使用性能气候分区由一、二、三级区划组合而成，以综合反映该地区的气候特征，见附录 4。每个气候分区用 3 个数字表示：第一个数字代表高温分区，第二个数字代表低温分区，第三个数字代表雨量分区。每个数字越小，表示气候因素对沥青路面的影响越严重。如我国成都市属于 1-4-2 分区，为夏炎热冬温湿润区，对沥青混合料的高温稳定性要求较高。

2. 沥青混合料试件的制作

沥青混合料试验试件有用于马歇尔试验和间接抗拉试验（劈裂法）的圆柱体试件，用于动稳定度试验的板式试件，用于弯曲和温度收缩试验的梁式试件。试件的制作方法也有击实法、轮碾法、静压法、搓揉法和振动成型法等。在此介绍用于马歇尔试验和间接抗拉试验（劈裂法）的圆柱体试件的制作方法（参考《公路工程沥青及沥青混合料试验规程》(JTJ E20—2011 T0702))。

（1）试件尺寸与集料公称最大粒径的关系。

由于试件尺寸直接影响击实后试件的空隙率，所以，对于圆柱体试件或钻芯试件的直径要求不小于集料公称最大粒径的 4 倍，厚度不小于集料公称最大粒径的 1 ~ 1.5 倍；切割成型试件的长度要求不小于集料公称最大粒径的 4 倍，厚度或宽度不小于集料公称最大粒径的 1 ~ 1.5 倍；碾压成型的试件厚度不小于集料公称最大粒径的 1 ~ 1.5 倍。因此，对于公称最大粒径不大于 26.5 mm 的试件采用 ϕ101.6 mm × 63.5 mm 圆柱体试件成型；对于公称最大粒径大于 26.5 mm 的试件采用 ϕ152.4 mm × 95.3 mm 圆柱体试件成型。

（3）沥青黏度与温度的关系。

沥青的黏度是温度的函数，试验结果表明，沥青的黏度的对数与温度之间呈线性关系。所以，根据沥青的黏度与温度特性，不管沥青种类如何，规定沥青的拌和与击实成型的温度应在一定的范围。一般认为，适宜于拌和的沥青表观黏度为（0.17 ± 0.02）Pa · s，适宜于压实的沥青表观黏度为（0.28 ± 0.03）Pa · s。热拌普通沥青混合料试件的制作温度可参考表 6.23。

表 6.23　热拌普通沥青混合料试件的制作温度（单位：°C）

施工工序	石油沥青的标号				
	50 号	70 号	90 号	110 号	130 号
沥青加热温度	160 ~ 170	155 ~ 165	150 ~ 160	145 ~ 155	140 ~ 150
矿料加热温度	集料加热温度比沥青温度高 10 ~ 30（填料不加热）				
沥青混合料拌和温度	150 ~ 170	145 ~ 165	140 ~ 160	135 ~ 155	130 ~ 150
试件击实成型温度	140 ~ 160	135 ~ 155	130 ~ 150	125 ~ 145	120 ~ 140

注：表中混合料温度，并非拌和机的油浴温度，应根据沥青的针入度、黏度选择，不宜都取中值。

（3）沥青混合料的拌和与试件击实。

沥青混合料室内试验的材料拌和采用沥青混合料实验室拌和机。将烘干的集料倒入沥青混合料拌和机中，逐步倒入沥青和矿粉，拌和均匀；然后称取试件所需的用量，用四分法在四个方向用小铲将混合料铲入试模中，并在四周用大螺丝刀插捣 15 次，在中间插捣 10 次。大型马歇尔试件分两次加入，每次捣实次数同上，最后采用机械将击实锤从 457 mm 的高度自由下落击实规定的次数（75 次或 50 次）。对于大型马歇尔试件，击实次数 75 次和 112 次（相应于标准击实次数的 50 次和 75 次）。击实试件一面后，以同样的方式和次数击实另一面。待试件冷却后用脱模机将试件脱出，用于马歇尔试验。

3. 沥青混合料的体积特征参数

沥青混合料是由沥青和矿质混合料级组成的复合材料，其体积特征参数由密度、空隙率、矿料间隙率和沥青饱和度等指标表征，它们反映了压实后沥青混合料各组成材料之间质量与体积的关系。这些参数取决于沥青混合料中沥青与集料性质、组成材料用量比例、沥青混合料成型条件等因素，并对沥青混合料的路用性能有着显著影响，也是沥青混合料配合比设计的重要参数。这些参数的计算方法请参考实验中的压实沥青混合料密度试验（表干法）T 0705—2011 中的相关计算公式。

4. 沥青混合料技术标准

（1）密级配沥青混凝土混合料马歇尔试验技术标准。

密级配沥青混凝土混合料马歇尔试验的技术标准列于表 6.24，适用于公称最大粒径不大于 26.5mm 的密级配沥青混凝土。其他类型的沥青混合料的马歇尔试验的技术标准可参考《公路沥青路面施工技术规范》（JTG F40—2004）中的规定。

表 6.24　密级配沥青混凝土混合料马歇尔试验技术标准

试验指标		单位	高速公路、一级公路				其他等级公路	行人道路
			夏炎热区（1.1、1-2、1-3、1-4 区）		夏热区及夏凉区（2.1、2-2、2-3、2-4、3-2 区）			
			中轻交通	重载交通	中轻交通	重载交通		
击实次数（双面）		次	75				50	50
试件尺寸		mm	ϕ101.6 mm×63.5 mm					
空隙率 *VV*	深约 90 mm 以内	%	3～5	4～6	2～4	3～5	3～6	2～4
	深约 90 mm 以下	%	3～6		2～4	3～6	3～6	—
稳定度 MS 不小于		kN	8				5	3
流值 *FL*		mm	2～4	1.5～4	2～4.5	2～4	2～4.5	2～5

试验指标	设计空隙率/%	相应于以下公称最大粒径（mm）的最小 *VMA* 及 *VFA* 技术要求（%）					
		26.5	19	16	13.2	9.5	4.75
矿料间隙率 *VMA*/%（不小于）	2	10	11	11.5	12	13	15
	3	11	12	12.5	13	14	16
	4	12	13	13.5	14	15	17
	5	13	14	14.5	15	16	18
	6	14	15	15.5	16	17	19
沥青饱和度 *VFA*/%		55～70	65～75			70～85	

注：① 对空隙率大于 5% 的夏炎热区重载交通路段，施工时应至少提高压实度 1%。
② 当设计的空隙率不是整数时，由内插确定要求的 *VMA* 最小值。
③ 对改性沥青混合料，马歇尔试验的流值可适当放宽。

（2）沥青混合料高温稳定性车辙试验的技术标准。

对用于高速公路和一级公路的公称最大粒径等于或小于 19 mm 的密级配沥青混合料以及 SMA、OGFC 混合料，按规定方法进行车辙试验，动稳定度应符合表 6.19 的要求。二级公路可参照此要求执行。

（3）沥青混合料低温抗裂性能检验技术标准。

宜对密级配沥青混合料在温度 - 10 °C、加载速率 50 mm/min 的条件下进行弯曲试验，测定破坏强度、破坏应变、破坏劲度模量，并根据应力应变曲线的形状，综合评价沥青混合料的低温抗裂性能。沥青混合料的破坏应变不宜小于表 6.20 的要求。

（4）沥青混合料水稳定性检验的技术标准。

按规定的试验方法进行浸水马歇尔试验和冻融劈裂试验，残留稳定度及残留强度比均必须符合表6.22规定。达不到要求时必须采取抗剥落措施，调整最佳沥青用量后再次试验。

（5）沥青混合料渗水系数检验技术标准。

宜利用轮碾机成型的车辙试验试件，脱模后架起进行渗水试验，并符合表6.25的要求。

表6.25　沥青混合料试件渗水系数技术要求

级配类型	渗水系数要求/（mL/min）	试验方法
密级配沥青混凝土（不大于）	120	T 0730
SMA混合料（不大于）	80	
OGFC混合料（不小于）	实　测	

6.2.7　普通热拌沥青混合料原材料及组成设计

沥青混合料的种类很多。近几年随着道路交通的迅速发展，出现了路用性能更好的新型沥青混合料，例如用作表面层的沥青碎石玛蹄脂（SMA）路面、多孔隙排水式沥青路面（OGFC）等。然而在我国的很多公路和城市道路中，目前仍广泛采用连续密级配的热拌沥青混合料（AC）。因此，下面所讨论的沥青混合料设计主要针对连续密级配的热拌沥青混合料。

热拌沥青混合料配合比设计的主要任务是根据沥青混合料的技术要求，通过一系列试验选择粗集料、细集料、矿粉和沥青材料，并确定各组成材料相互配合的最佳组成比例，使沥青混合料既满足道路使用所要求的技术要求，又符合经济的原则。

1. 原材料技术要求

沥青混合料的技术性质取决于组成材料的性质、配合的比例和混合料的制备工艺等因素。为保证沥青混合料的技术性质，首先应根据沥青混合料各组成材料的技术要求，正确选择符合质量要求的组成材料。

（1）道路石油沥青。

沥青是沥青混合料中最重要的组成材料，其性能优劣直接影响沥青混合料的技术性质。我国《公路沥青路面施工技术规范》（JTG F40—2004）规定，沥青路面采用的沥青标号，宜按照公路等级、气候条件、交通条件、路面类型及在结构层中的层位及受力特点、施工方法等，结合当地的使用经验，经技术论证后确定。各个沥青等级的适用范围应符合表6.6的规定。

选用适当标号的沥青，经检验质量必须符合附录1规定的道路石油沥青的各项技术指标的要求。

道路石油沥青在储存时，必须按品种、标号分开存放。沥青在储罐中的储存温度宜在130～170 °C。沥青在储运、使用和存放过程中应有良好的防水措施。

（2）粗集料。

粗集料应该洁净、干燥、表面粗糙，质量应符合表6.13的规定。当单一规格集料的质量指标达不到表中要求，而按照集料配比计算的质量指标符合要求时，工程上允许使用。对受热易变质的集料，宜采用经拌和机烘干后的集料进行检验。

粗集料的粒径规格应按照表6.26进行生产和选用。如某一档粗集料不符合表6.26的规格，但确认与其他集料组配后的合成级配符合设计级配的要求时，也可以使用。

表 6.26 沥青混合料用粗集料规格

规格名称	公称粒径/mm	通过下列筛孔（mm）的质量百分比（%）												
		106	75	63	53	37.5	31.5	26.5	19.0	13.2	9.5	4.75	2.36	0.6
S1	40～75	100	90～100	—	—	0～15	—	0～5	0	0	0	0	0	0
S2	40～60	100	100	90～100	—	0～15	—	0～5	0	0	0	0	0	0
S3	30～60	100	100	90～100	—	—	0～15	—	0～5	0	0	0	0	0
S4	25～50	100	100	100	90～100	—	—	0～15	—	0～5	0	0	0	0
S5	20～40	100	100	100	100	90～100	—	—	0～15	—	0-5	0	0	0
S6	15～30	100	100	100	100	100	90～100	—	—	0～15	—	0～5	0	0
S7	10～30	100	100	100	100	100	90～100	—	—	—	0～15	0～5	0	0
S8	10～25	100	100	100	100	100	100	90～100	—	0-15	—	0～5	0	0
S9	10～20	100	100	100	100	100	100	100	90～100	—	0～15	0～5	0	0
S10	10～15	100	100	100	100	100	100	100	100	90～100	0～15	0～5	0	0
S11	5～15	100	100	100	100	100	100	100	100	90～100	40～70	0～15	0～5	0
S12	5～10	100	100	100	100	100	100	100	100	100	90～100	0～15	0～5	0
S13	3～10	100	100	100	100	100	100	100	100	100	90～100	40～70	0～20	0～5
S14	3～5	100	100	100	100	100	100	100	100	100	100	90～100	0～15	0～3

高速公路、一级公路沥青路面的表面层（或磨耗层）的粗集料的磨光值及其与沥青的黏附性应符合表 6.14 的要求。除 SMA、OGFC 路面外，允许在硬质粗集料中掺加部分较小粒径的磨光值达不到要求的粗集料，其最大掺加比例由磨光值试验确定粗集料与沥青的黏附性应符合要求；当使用不符合要求的粗集料时，宜掺加消石灰、水泥或用饱和石灰水处理后使用，必要时可同时在沥青中掺加耐热、耐水、长期性能好的抗剥落剂。也可采用改性沥青的措施，使沥青混合料的水稳定性检验达到要求。

破碎砾石应采用粒径大于 50 mm、含泥量不大于 1% 的砾石轧制，破碎砾石的破碎面应符合

表 6.15 的要求。筛选砾石仅适用于三级及三级以下公路的沥青表面处治路面。

（3）集料。

沥青路面选用的细集料，可采用机制砂、石屑和天然砂。细集料应洁净、干燥、无风化、无杂质，并有适当的颗粒级配，其质量应符合表 6.16 的规定。细集料的洁净程度，天然砂以小于 0.075 mm 含量的百分数表示；石屑和机制砂以砂当量（适用于 0～4.75 mm）或亚甲蓝值（适用于 0～2.36 mm 或 0～0.15 mm）表示。

机制砂是由制砂机生产的细集料，粗糙、洁净、棱角性好，应该推广使用。

石屑是采石场破碎石料时通过 4.75 mm 或 2.36 mm 的筛下部分，石屑在我国使用相当普遍，这是材料中最薄弱的一环。石屑与机制砂有着本质的不同，是石料加工破碎过程中表面剥落或撞下的棱角、细粉，它虽然棱角性好、与沥青的黏附性好（如果不是石灰岩石屑也不一定好），但石屑中粉尘含量很多，强度很低、针片状含量高、碎土比例很大，且施工性能较差，不易压实，路面残留空隙率大，在使用中还有继续细化的倾向。因此国外标准大都限制石屑，而推荐采用机制砂。

天然砂可采用河砂或海砂，通常宜采用粗、中砂，其规格应符合表 6.27 的规定，砂的含泥量超过规定时应水洗后使用，海砂中的贝壳类材料必须筛除。天然砂与沥青的黏附性较差，呈浑圆状，使用太多对高温稳定性不利。但使用天然砂在施工时容易压实，路面好成型是其很大的优点。所以石屑和天然砂共同使用往往能起到互补的效果。热拌密级配沥青混合料中天然砂的用量通常不宜超过集料总量的 20%。

表 6.27　沥青混合料用天然砂规格

筛孔尺寸/mm	通过各孔筛的质量百分比/%		
	粗　砂	中　砂	细　砂
9.5	100	100	100
4.75	90～100	90～100	90～100
2.36	65～95	75～90	85～100
1.18	35～65	50～90	75～100
0.6	15～30	30～60	60～84
0.3	5～20	8～30	15～45
0.15	0～10	0～10	0～10
0.075	0～5	0～5	0～5

细集料的级配在沥青混合料中的适用性，应将其与粗集料及填料配制成矿质混合料后，再判定其是否符合矿料设计级配的要求再做决定。当一种细集料不能满足级配要求时，可采用两种或两种以上的细集料掺和使用。

（4）填料。

填料在沥青混合料中的作用非常重要，沥青混合料主要依靠沥青与矿粉的交互作用形成具有较高黏结力的沥青胶浆，将粗、细集料结合成一个整体。沥青混合料所用矿粉最好采用石灰岩或岩浆岩中的强基性岩石等憎水性石料经磨细得到的矿粉，原石料中的泥土杂质应除净。矿粉应干燥、洁净，能自由地从矿粉仓流出，其质量应符合表 6.17 的要求。

拌和机的粉尘也可作为矿粉的一部分回收使用。回收粉尘的用量不得超过填料总量的 25%，掺有粉尘填料的塑性指数不得大于 4%。粉煤灰作为填料使用时，其用量不得超过填料总量的 50%，烧失量应小于 12%，与矿粉混合后的塑性指数应小于 4%。高速公路、一级公路的沥青面层不宜采用粉煤灰做填料。

为了改善沥青混合料水稳定性，可以采用干燥的磨细生石灰粉、消石灰粉或水泥作为填料，其用量不宜超过矿料总量的 1% ~ 2%。

2. 沥青混合料配合比设计方法（马歇尔法）

沥青混合料的配合比设计结果与沥青路面使用性能、材料用量及工程造价关系密切。全过程的沥青混合料配合比设计包括三个阶段：目标配合比设计阶段、生产配合比设计阶段和生产配合比验证，即试验路试铺阶段，后两个设计阶段是在目标配合比的基础上进行的，需借助于施工单位的拌和设备、摊铺和碾压设备完成。通过三个阶段的配合比设计过程，确定沥青混合料中组成材料品种、矿质集料级配和沥青用量。此处着重介绍沥青混合料的目标配合比设计过程。

（1）目标配合比设计。

目标配合比设计分两部分进行，矿质混合料的组成设计与最佳沥青用量的确定。密级配沥青混合料的目标配合比设计，采用马歇尔试验配合比设计方法的设计流程图如图 6.10 所示。

① 矿质混合料配合比组成设计。

所谓矿质混合料配合比设计，是指满足该矿质混合料的级配范围，确定粗、细集料及填料质量比例的过程。将各种材料按一定比例配合而得到的整体颗粒级配，即为矿质混合料的合成级配。合成级配应尽量接近预定级配，即目标级配。

a. 选择热拌沥青混合料类型。

根据道路等级、所处路面结构的层次、路面类型、气候条件等因素，可按表 6.28 选定。

表 6.28　沥青混合料类型选择

结构层次	高速、一级公路，城市快速路、主干道		其他等级公路	一般城市道路与其他道路
	三层式路面	两层式路面		
上面层	AC-10 AC-13 AC-16 OGFC-10 OGFC-13 SMA-10 SMA-13 SMA-16	AC-10 SMA-10 AC-13 SMA-13 AC-16 SMA-16	AC-13 AC-16 AM-13 AM-16	AC-13 AC-16 AM-13 AM-16
中面层	AC-20 AC-25	—	—	AC-20 AC-25
下面层	AC-25	AC-20 AC-25	AC-20 AM-25 AC-25 AM-30	AC-25 AM-25 AC-30 AM-30
基层	ATB-25 ATB-30 ATB-40 ATPB-25 ATPB-30 ATPB-40	ATB-25 ATB-30 ATB-40 ATPB-25 ATPB-30 ATPB-40		

近年来，鉴于半刚性基层在工程使用中的不足，沥青稳定碎石基层逐渐得到应用。在路面结构设计时，采取将沥青面层设置为两层，而增大原下面层的厚度至 8 ~ 12 cm，或者更厚一些，并将该层作为沥青稳定碎石基层（ATB）。在一些年降雨量比较大、地下水较丰富的地区，还可以采用开级配沥青碎石（ATPB）作为排水式基层。

一般来说，沥青路面的中、下面层应具有高温抗车辙、抗剪切、密实、基本不透水的性能。沥青路面的下面层，应采用粗粒式沥青混合料。在交通量大或天气炎热的地区，为了提高路面的抗车辙能力，增强耐流动性，甚至可以采用更大粒径的沥青混合料。

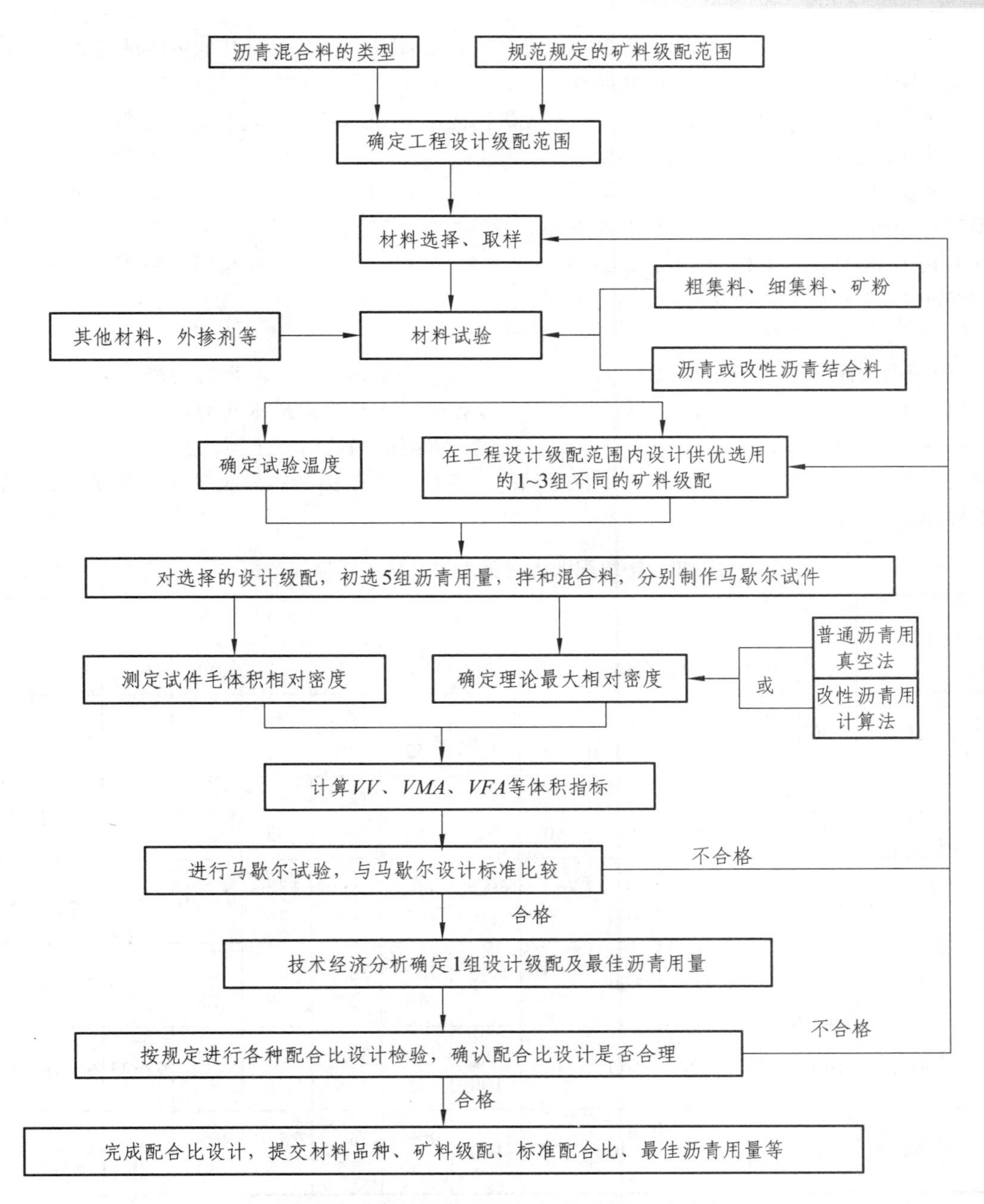

图 6.10　密级配沥青混合料目标配合比设计流程图

中面层是沥青路面结构层中非常重要的层次，其强度、稳定性应是设计考虑的主要问题。中层通常多采用中粒式或粗粒式沥青混合料，并且设计成密实式结构。

上面层是车辆直接作用的结构层，设计时应着重从抗滑、降噪、防止眩光等方面考虑，以保证其良好的表面特性。上面层多采用细粒式沥青混合料，但随着交通量的增大、重车的增加和车速的提高，现在无论公路还是城市道路，都有采用较大粒径的趋向，如 AC-16、SMA-16。在气候炎热的地区，采用中粒式乃至粗粒式作为上面层也是可以的。

高速公路、一级公路以及城市主干道，为防止雨水渗入路面下层，除面层可以采用开级配防滑磨耗层（OGFC）外，其余沥青层均应采用密实式沥青混合料。对于其他等级的道路，也至少有一层是密实式沥青混合料，以防止路面过早出现水损害。

对于具体道路沥青结构层的设计，并不应该拘泥于表 6.28 所建议的沥青混合料类型，而必须根据道路实际情况经过分析论证后确定。

沥青面层集料的最大粒径宜从上至下逐渐增大，并应与压实层厚度相匹配，以便沥青混合料能得到充分的压实，而粗集料颗粒不被压碎。对热拌热铺密级配沥青混合料，沥青层一层的压实厚度不宜小于集料公称最大粒径的 2.5 ~ 3 倍，对 SMA 和 OGFC 等嵌挤型混合料不宜小于公称最大粒径的 2 ~ 2.5 倍，以减少离析，便于压实。

b. 确定工程设计级配范围。

《公路沥青路面施工技术规范》（JTG F40—2004）中给出了密级配沥青混凝土混合料矿料的级配范围（见表 6.29），以及沥青玛蹄脂碎石混合料矿料、开级配排水式磨耗层混合料矿料和沥青碎石混合料矿料的级配范围。但是这些规定的矿料级配范围适用于全国，适用于不同道路等级、不同气候条件、不同交通条件、不同层次等情况，所以这个范围必然只能规定得很宽。设计单位和工程建设单位必须根据具体情况做相应的调整。

表 6.29　密级配沥青混凝土混合料矿料级配范围

级配类型		通过下列筛孔（mm）的质量百分比（%）												
		31.5	26.5	19	16	13.2	9.5	4.75	2.36	1.18	0.6	0.3	0.15	0.075
粗粒式	AC-25	100	90 ~ 100	75 ~ 90	65 ~ 83	57 ~ 76	45 ~ 65	24 ~ 52	16 ~ 42	12 ~ 33	8 ~ 24	5 ~ 17	4 ~ 13	3 ~ 7
中粒式	AC-20	100	100	90 ~ 100	78 ~ 92	62 ~ 80	50 ~ 72	26 ~ 56	16 ~ 44	12 ~ 33	8 ~ 24	5 ~ 17	4 ~ 13	3 ~ 7
	AC-16	100	100	100	90 ~ 100	76 ~ 92	60 ~ 80	34 ~ 62	20 ~ 48	13 ~ 36	9 ~ 26	7 ~ 18	5 ~ 14	4 ~ 8
细粒式	AC-13	100	100	100	100	90-100	68 ~ 85	38 ~ 68	24 ~ 50	15 ~ 38	10 ~ 28	7 ~ 20	5 ~ 15	4 ~ 8
	AC-10	100	100	100	100	100	90 ~ 100	45 ~ 75	30 ~ 58	20 ~ 44	13 ~ 32	9 ~ 23	6 ~ 16	4 ~ 8
砂粒式	AC-5	100	100	100	100	100	100	90 ~ 100	55 ~ 75	35 ~ 55	20 ~ 40	12 ~ 28	7 ~ 18	5 ~ 10

工程设计级配范围是设计单位在对条件基本相同的工程建设经验的调查研究的基础上，针对具体所设计的工程，符合工程的气候条件、交通条件、公路等级、所处的层位提出来的。工程设计级配范围一般在规范规定的级配范围内，但必要时也允许超出，是施工的指针。经确定的工程设计级配范围是配合比设计的依据，不得随意变更。除了密级配沥青混合料（AC）以外的混合料，如各种类型的沥青稳定碎石（ATB、AM、OGFC、ATPB）及沥青玛蹄脂碎石（SMA）也可直接采用规范级配范围作为工程设计级配范围。

调整工程设计级配范围宜遵循下列原则：

- 确定采用粗型（C 型）或细型（F 型）的混合料。对夏季温度高、高温持续时间长，重载交通多的路段，宜选用粗型密级配沥青混合料（AC-C型），并取较高的设计空隙率。对冬季温度低且低温持续时间长的地区，或者重载交通较少的路段，宜选用细型密级配沥青混合料（AC-F型），并取较低的设计空隙率。然后按表6.11确定关键性筛孔的通过率。

• 为确保高温抗车辙能力，同时兼顾低温抗裂性能的需要，配合比设计时宜适当减少公称最大粒径附近的粗集料用量，减少0.6 mm以下部分细粉的用量，使中等粒径集料（如5～10 mm、10～15 mm）较多，形成S形级配曲线，并取中等或偏高水平的设计空隙率。

• 确定各层的工程设计级配范围时应考虑不同层位的功能需要，经组合设计的沥青路面应能满足耐久、稳定、密水、抗滑等要求。

• 根据公路等级和施工设备的控制水平，确定的工程设计级配范围应比规范级配范围窄，其中4.75 mm和2.36 mm通过率的上下限差值宜小于12%。

• 沥青混合料的配合比设计应充分考虑施工性能，使沥青混合料容易摊铺和压实，避免造成严重的离析。

c. 矿质混合料配合比的计算。

• 组成材料的技术指标测试。

配合比设计的各种矿料必须按现行《公路工程集料试验规程》（JTG E42—2005）规定的方法，从工程实际使用的材料中取代表性样品进行相关测试。进行生产配合比设计时，取样至少应在干拌5次以后进行。配合比设计所用的各种材料必须符合气候和交通条件的需要。其质量应符合《公路沥青路面施工技术规范》（JTG F40—2004）规定的技术要求。当单一规格的集料某项指标不合格，但不同粒径规格的材料按级配组成的集料混合料指标能符合规范要求时，允许使用。

• 确定各档集料的用量比例。

高速公路和一级公路沥青路面矿料配合比设计宜借助电子计算机的电子表格用试配法进行。其他等级公路沥青路面也可参照进行。

对高速公路和一级公路，宜在工程设计级配范围内计算2～3组粗细不同的配比，绘制设计级配曲线，分别位于工程设计级配范围的上方、中值及下方。设计合成级配不能有太多的锯齿形交错，且在0.3～0.6 mm范围内不要出现“驼峰”。当反复调整不能满意时，则说明材料级配不良，需要更换材料或者将其中的集料加以重新筛分处理。

矿料级配曲线按《公路工程沥青及沥青混合料试验规程》（JTJ E20—2011）T 0725的方法绘制（见图6.11）。其横坐标不按真实直径大小绘制，按泰勒曲线的方法绘制，即直径按$x=d_i^{0.45}$（见表6.30）转换后作为筛孔的坐标位置。横坐标为通过率，采用普通坐标。以原点与通过集料最大粒径100%的点的连线作为沥青混合料的最大密度线。矿料级配设计计算见表6.31。

表6.30　泰勒曲线的横坐标

d_i	0.075	0.15	0.3	0.6	1.18	2.36	4.75	9.5
$x=d_i^{0.45}$	0.312	0.426	0.582	0.795	1.077	1.472	2.016	2.754
d_i	13.2	16	19	26.5	31.5	37.5	53	63
$x=d_i^{0.45}$	3.193	3.482	3.762	4.370	4.723	5.109	5.969	6.452

表 6.31 矿料级配设计计算表（示例）

筛孔 /mm	10-20 /%	5-10 /%	3-5 /%	石屑 /%	黄砂 /%	矿粉 /%	消石灰 /%	合成级配	工程设计级配范围		
									中值	下限	上限
16	100	100	100	100	100	100	100	100.0	100	100	100
13.2	88.6	100	100	100	100	100	100	96.7	95	90	100
9.5	16.6	99.7	100	100	100	100	100	76.6	70	60	80
4.75	0.4	8.7	94.9	100	100	100	100	47.7	41.5	30	53
2.36	0.3	0.7	3.7	97.2	87.9	100	100	30.6	30	20	40
1.18	0.3	0.7	0.5	67.8	62.2	100	100	22.8	22.5	15	30
0.6	0.3	0.7	0.5	40.5	46.4	100	100	17.2	16.5	10	23
0.3	0.3	0.7	0.5	30.2	3.7	99.8	99.2	9.5	12.5	7	18
0.15	0.3	0.7	0.5	20.6	3.1	96.2	97.6	8.1	8.5	5	12
0.075	0.2	0.6	0.3	4.2	1.9	84.7	95.6	5.5	6	4	8
配比	28	26	14	12	15	3.3	1.7	100.0			

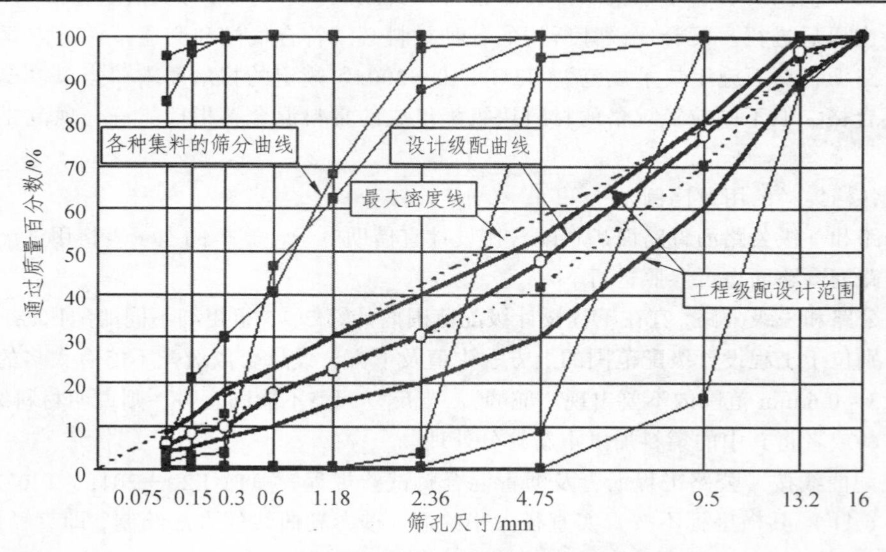

图 6.11 矿料级配曲线示例

② 确定沥青材料。

现行《公路沥青路面施工技术规范》（JTG F40—2004）中，道路沥青分为 A、B、C 三个等级，其适用范围见表 6.6。对于高等级公路和城市主干道应采用等级较高的道路沥青。然而，从道路的使用要求来说，无论哪一等级的道路或层次都应该使用优质的沥青材料，并不是次要道路或下面层次一定要用低等级沥青，只是从经济合理性出发才分别提出其适用范围。

沥青路面采用的沥青标号，宜按照公路等级、气候条件、交通条件、路面类型及在结构层中的层位及受力特点、施工方法等，结合当地的使用经验，经技术论证后确定。在气温常年较高的地区，沥青路面高温稳性是设计必须考虑的主要方面，宜采用针入度较小、稠度较高的沥青；对于交通量较大、重车比例较高的道路也宜采用更为黏稠的沥青，如英国、法国就采用 50 号沥青甚至 30 号沥青铺筑下面层或基层。对冬季寒冷的地区或交通量小的公路、旅游公路宜选用稠度小、低温延度大的沥青；对温度日温差、年温差大的地区宜注意选用针入度指数大的沥青。当高温要求与低温要求发生矛盾时，应优先考虑满足高温性能的要求。虽然规范中就沥青等级划分成如此之细，但实际上影响沥青路面质量的因素很多，沥青并非是唯一的决定性因素。目前，在我国选用沥青标号基本上已有了一定的经验，即南方地区一般采用 50 号或 70 号沥青；长江流域采用 70 号沥青；黄河流域采用 90 号沥青；东北地区采用 90 号或 110 号沥青。

对于沥青路面上下层所用的沥青，一般宜采用同一标号，以便于工程采购和储存。在热区，上、中、下面层都应该采用较稠的沥青，以保证抗车辙能力；而且中、下面层是面层中承受车辆荷载的主要层次，更应该采用较稠的沥青。对于寒区和温区，为防止和减少路面开裂，应考虑当地可能出现的极端最低气温，面层宜采用针入度较大的沥青。

为了提高沥青路面的抗车辙、抗低温开裂及耐久性，现在各地广泛使用聚合物改性沥青，甚至在某些特殊的场合还采用复合改性沥青，如在 SBS 改性沥青中添加湖沥青或岩沥青，但这需要经过技术、经济论证。有些地方改性沥青只是用于沥青路面的上面层，结果在炎热的夏天仍然出现了车辙，其原因是忽略了沥青路面的中面层仍是主要的受力层，如这一层的高温稳定性不良，则会很快产生车辙。因此，在资金允许的情况下，上、中面层均宜采用改性沥青，如限于资金只能在一层中使用改性沥青，则应用于中面层，而不是用于上面层。

对可提供的沥青材料按照《公路工程沥青及沥青混合料试验规程》（JTJ E20—2011）规定的方法，从工程实际使用的材料中取代表性样品进行相关测试。检验质量指标是否符合《公路沥青路面施工技术规范》（JTG F40—2004）要求，如不满足要求，应选用其他沥青材料。

③ 沥青混合料马歇尔试验。

马歇尔法是通过室内试验，根据稳定度与流值、密度与空隙率的分析，提出适合的沥青混合料配合比。该法的优点是，它注意到沥青混合料的密实度与空隙的特性，通过分析以确保获得沥青混合料适当的空隙率。同时，由于马歇尔试验方法所用的设备价格低廉，便于携带，无论是设计、研究单位，还是广大的施工单位均可拥有常备的仪器。

马歇尔试验设计方法在使用过程中，许多国家都曾根据自己的具体情况对其技术指标进行过多次修改和完善。然而，随着交通的发展，路面出现了许多病害，尤其是车辙日趋严重，因而这一设计方法也受到越来越多的质疑。许多学者认为，马歇尔法的试件成型采用重锤冲击的方法不能模拟实际路面的压实；马歇尔稳定度不能确切地评估沥青混合料的抗剪强度，尽管 60 °C 稳定度都满足有关规范的要求，但是路面高温稳定性仍可能不良，甚至出现车辙。这说明马歇尔试验设计方法不能完全反映混合料的路用性能，不能确保沥青混合料的高温稳定性。因此，一些专家认为马歇尔试验方法有它的严重不足之处。

然而，马歇尔试验设计方法之所以应用如此广泛，延续时间如此之长，关键在于该法十分简单，便于群众掌握。同时，长期以来已经积累了丰富的实践经验和资料，人们可以凭借这一方法获得基本的数据，并对沥青混合料的性能作出判断。虽然近年美国 SHRP 提出了新的混合料设计方法有许多优点，但不乏其缺点。因此，在今后一段时间里马歇尔法将仍将作为主要的方法得到应用，并可能吸取其他混合料设计方法的优点进行必要的改进。这也就是为什么我国现行的沥青路面施工技术规范仍然采用该方法的主要原因。

a. 制备试样。

按确定的矿质混合料配合比，计算各种规格集料的用量。

以预估的油石比为中值，按一定间隔（对密级配沥青混合料通常为 0.5%，对沥青碎石混合料可适当缩小间隔为 0.3% ~ 0.4%）等间距的向两侧扩展，取 5 个或 5 个以上不同的油石比分别成型马歇尔试件。每一组试件的个数按现行试验规程的要求确定（通常每组为 4 ~ 6 块试件），对粒径较大的沥青混合料，宜增加试件数量。

b. 测定试件的物理力学指标。

按照《公路工程沥青及沥青混合料试验规程》（JTJ E20—2011）规定的方法测定沥青混合料试件的密度，并计算试件的空隙率 *VV*、沥青饱和度 *VFA*、矿料间隙率 *VMA* 等体积参数。

采用马歇尔试验仪，测定马歇尔稳定度及流值。

④ 最佳沥青用量的确定。

a. 绘制沥青用量（或油石比）与物理-力学指标关系图（见图 6.12）。

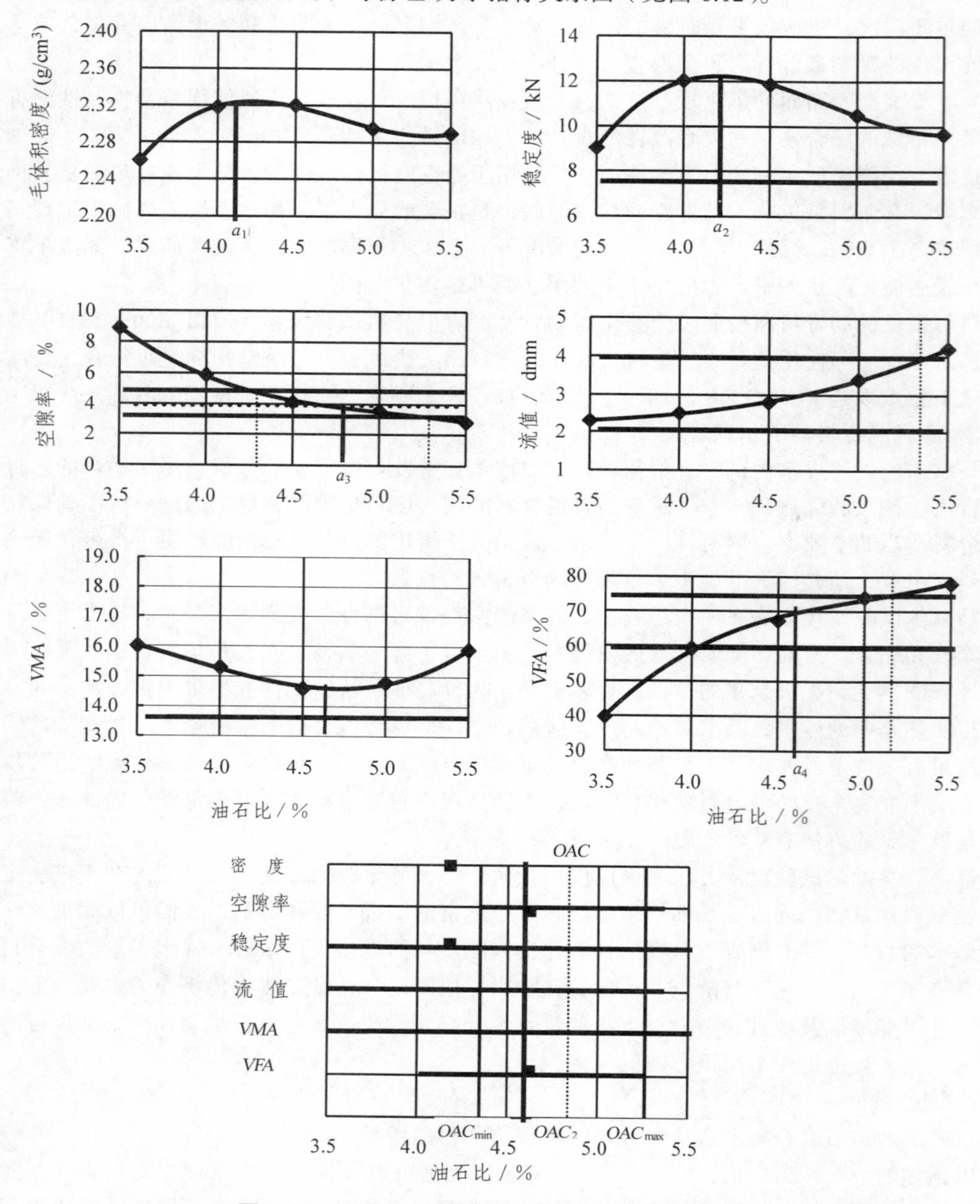

图 6.12　油石比-沥青混合料特征参数关系曲线

b. 据试验曲线，确定沥青混合料的最佳沥青用量 OAC_1。

在关系曲线图 6.13 上求取相应于密度最大值、稳定度最大值、目标空隙率（或范围中值）、沥青饱和度范围中值的沥青用量 a_1、a_2、a_3、a_4，按式（6.15）取平均值作为 OAC_1。

$$OAC_1 = (a_1 + a_2 + a_3 + a_4)/4 \tag{6.15}$$

据图 6.13 和表 6.26 可得：$a_1 = 4.2\%$，$a_2 = 4.25\%$，$a_3 = 4.8\%$，$a_4 = 4.7\%$，所以 $OAC_1 = 4.49\%$。

如果在所选择的沥青用量范围未能涵盖沥青饱和度的要求范围，按式（6.16）求取三者的平均值作为 OAC_1：

$$OAC_1 = (a_1 + a_2 + a_3)/3 \tag{6.16}$$

对所选择试验的沥青用量范围，密度或稳定度没有出现峰值（最大值经常在曲线的两端）时，可直接以目标空隙率所对应的沥青用量 a_3 作为 OAC_1，但 OAC_1 必须介于 $OAC_{min} \sim OAC_{max}$ 的范围内；否则应重新进行配合比设计。

c. 初步确定沥青混合料的最佳沥青用量 OAC_2。

以各项指标均符合技术标准（不含 VMA）的沥青用量范围 $OAC_{min} \sim OAC_{max}$ 的中值作为 OAC_2：

$$OAC_2 = OAC_{min} + OAC_{max})/2 \tag{6.17}$$

据图 6.13，$OAC_{min} = 4.3\%$，$OAC_{max} = 5.3\%$，所以 $OAC_2 = 4.8\%$。

通常情况下取 OAC_1 及 OAC_2 的中值作为计算的最佳沥青用量 OAC。

$$OAC = (OAC_1 + OAC_2)/2 \tag{6.18}$$

因为 $OAC_1 = 4.49\%$，$OAC_2 = 4.8\%$，所以 $OAC = 4.64\%$。

检验与 OAC 对应的 VMA 是否满足 VMA 最小值的要求，且宜位于 VMA 凹形曲线最小值贫油的一侧。按式（6.18）计算的最佳油石比 OAC，从图 6.13 中得出所对应的空隙率和 VMA 值，检验是否能满足表 6.26 关于最小 VMA 值的要求。OAC 宜位于 VMA 凹形曲线最小值的贫油一侧。当空隙率不是整数时，最小 VMA 按内插法确定，并将其画入图 6.13 中。

此例中相对于空隙率 4% 的油石比为 4.6%。

检查图 6.13 中相应于此 OAC 的各项指标是否均符合马歇尔试验技术标准（见表 6.24）。

d. 综合确定最佳沥青用量 OAC。

根据实践经验和公路等级、气候条件、交通情况，调整确定最佳沥青用量 OAC。

调查当地各项条件相接近工程的沥青用量及使用效果，论证适宜的最佳沥青用量。检查计算得到的最佳沥青用量是否相近，如相差甚远应查明原因，必要时重新调整级配，进行配合比设计。

对炎热地区公路以及高速公路、一级公路的重载交通路段，山区公路的长大坡度路段，预计有可能产生较大车辙时，宜在空隙率符合要求的范围内将计算的最佳沥青用量减小 0.1% ~ 0.5% 作为设计沥青用量。此时，除空隙率外的其他指标可能会超出马歇尔试验配合比设计技术标准，配合比设计报告或设计文件必须予以说明。但配合比设计报告必须要求采用重型轮胎压路机和振动压路机组合等方式加强碾压，以使施工后路面的空隙率达到未调整前的最佳沥青用量时的水平，且渗水系数符合要求。如果试验段试拌试铺达不到此要求时，宜调整所减小的沥青用量的幅度。

对寒区公路、旅游公路、交通量很少的公路，最佳沥青用量可以在 OAC 的基础上增加 0.1% ~ 0.3%，以适当减小设计空隙率，但不得降低压实度要求。

⑤ 沥青混合料的性能检验。

对用于高速公路和一级公路的密级配沥青混合料，需在配合比设计的基础上按规范要求进行各种使用性能的检验，不符合要求的沥青混合料，必须更换材料或重新进行配合比设计。其他等级公路的沥青混合料可参照执行。

配合比设计检验按计算确定的设计最佳沥青用量在标准条件下进行。如将计算的设计沥青用量调整后作为最佳沥青用量或者改变试验条件时，各项技术要求均应适当调整，不宜照搬。

a. 检验最佳沥青用量时的粉胶比和有效沥青膜厚度。

沥青混合料是依靠沥青与矿粉所形成的胶浆将碎石颗粒黏结在一起，经过压实而形成强度的。沥青中所含的矿粉多，胶浆就黏稠，黏结力高；反之，黏结力低。因此，适当地增加矿粉用量，有助于提高沥青混合料的强度。然而，矿粉的用量也有一定的限度，矿粉用量太多，胶浆变得干涩，反而使黏结力降低。所以，矿粉与沥青之间比例应在一个适当的范围内，该范围为 0.6 ~ 1.6。对常用的公称最大粒径为 13.2 ~ 19 mm 的密级配沥青混合料，粉胶比宜控制在 0.8 ~ 1.2。

粉胶比和有效沥青膜厚度的计算方法在试验中的压实沥青混合料密度试验（表干法）T0705—2011 中的相关计算公式。

b. 高温稳定性检验。

对公称最大粒径等于或小于 19 mm 的混合料，按规定方法进行车辙试验，动稳定度应符合表 6.19 的要求。

而对于公称最大粒径大于 19 mm 的密级配沥青混凝土或沥青稳定碎石混合料，由于车辙试件尺寸不能适用，不宜按《公路工程沥青及沥青混合料试验规程》（JTJ E20—2011）中的方法进行车辙试验和弯曲试验。如需要检验，可加厚试件厚度或采用大型马歇尔试件。

c. 低温抗裂性能检验。

对公称最大粒径等于或小于 19 mm 的混合料，按规定方法进行低温弯曲试验，其破坏应变宜符合表 6.20 要求。

d. 水稳定性检验。

按规定的试验方法进行浸水马歇尔试验和冻融劈裂试验，残留稳定度及残留强度比均必须符合表 6.22 的规定。

调整沥青用量后，马歇尔试件成型可能达不到要求的空隙率条件。当需要添加消石灰、水泥、抗剥落剂时，需重新确定最佳沥青用量后试验。

e. 渗水系数检验。

利用轮碾机成型的车辙试件进行渗水试验检验的渗水系数宜符合表 6.25 要求。

f. 钢渣活性检验。

对使用钢渣的沥青混合料，应按规定的试验方法检验钢渣的活性及膨胀性试验，钢渣沥青混凝土的膨胀量不得超过 1.5%。

根据需要，可以改变试验条件进行配合比设计检验，如按调整后的最佳沥青用量、变化最佳沥青用量 $OAC \pm 0.3\%$、提高试验温度、加大试验荷载、采用现场压实密度进行车辙试验，在施工后的残余空隙率（如 7% ~ 8%）的条件下进行水稳定性试验和渗水试验等，但不宜用《公路沥青路面施工技术规范》（JTG F40—2004）规定的技术要求进行合格评定。

⑥ 配合比设计报告。

配合比设计报告应包括工程设计级配范围选择说明、材料品种选择与原材料质量试验结果、矿料级配、最佳沥青用量及各项体积指标、配合比设计检验结果等。试验报告的矿料级配曲线应按规定的方法绘制。

（2）生产配合比设计。

对间歇式拌和机，按目标配合比设计的冷料比例上料、烘干、筛分，然后从各热料仓的材料取样进行筛分，与试验室配合比设计一样进行矿料级配计算，得到不同料仓及矿粉用量比例，并按该比例进行马歇尔试验。同时选择适宜的筛孔尺寸和安装角度，尽量使各热料仓的供料大体平衡。同时，并取目标配合比设计的最佳沥青用量 *OAC*、*OAC*±0.3%等 3 个沥青用量进行马歇尔试验和试拌，通过室内试验及从拌和机取样试验综合确定生产配合比的最佳沥青用量，由此确定的最佳沥青用量与目标配合比设计的结果的差值不宜大于±0.2%。对连续式拌和机可省略生产配合比设计步骤。

（3）生产配合比验证。

生产配合比验证阶段，即试拌试铺阶段。按照生产配合比进行试拌、铺筑试验段，观察摊铺、碾压过程和成型混合料的表面状况，判断混合料的级配和油石比。如不满意，应适当调整，重新试拌试铺，直至满意为止。同时，试验室要密切配合现场，在拌和施工摊铺现场采集沥青混合料试样进行马歇尔试验，进行高温稳定性及水稳定性验证。在试铺试验时，试验室还应在现场取样进行抽取试验，再次检验实际级配和油石比是否合格，并且在试验路上钻取芯样测定实际空隙率，由此确定生产用的标准配合比。标准配合比的矿料合成级配中，至少应包括 0.075 mm、2.36 mm、4.75 mm 及公称最大粒径筛孔的通过率接近优选的工程设计级配范围的中值，并避免在 0.3 ~ 0. 6 mm 处出现“驼峰”。对确定的标准配合比，宜再次进行车辙试验和水稳定性检验。最后才进入正常生产阶段。

经设计确定的标准配合比在施工过程中不得随意变更。但生产过程中应加强跟踪检测，严格控制进场材料的质量，如遇材料发生变化并经检测沥青混合料的矿料级配、马歇尔技术指标不符要求时，应及时调整配合比，使沥青混合料的质量符合要求并保持相对稳定，必要时重新进行配合比设计。

二级及二级以下其他等级公路热拌沥青混合料的配合比设计可按上述步骤进行。当材料与同类道路完全相同时，也可直接引用成功的经验。

本章小结

本章主要介绍了沥青及沥青混合料两种材料。

石油沥青可分离为饱和分、芳香分、胶质和沥青质等 4 个组分。由于这些组分的化学组成和相对含量不同，可使沥青形成溶胶、溶凝胶和凝胶等三种胶体结构。沥青的化学组分、化学结构和胶体结构对沥青的性能有密切的相关性。蜡组分对沥青的高温稳定性、低温抗裂性、与集料的黏附性等都有一定的影响。

黏度是沥青材料最重要的技术性质之一。经典的三大指标（针入度、延度和软化点）在沥青性能研究和评价中仍极有用。对高等级路面用沥青应掌握其感温性、感时性、劲度的含义及测定方法。

我国现行的沥青技术标准有：重交通石油沥青、中轻交通石油沥青、液体石油沥青、改性沥青和乳化沥青等标准。它们的技术分级和技术指标按其用途和使用方法而不同。

沥青的老化与改性，是现代沥青应用中极为关注的课题。沥青基防水材料在防水工程中广泛应用。

沥青混合料是将粗集料、细集料和填料经人工合理选择级配组成的矿质混合料与适量的沥青材料经拌和而成的均匀混合料。每种材料的性质都对沥青混合料的性能产生很大的影响。沥青混合料的力学强度，主要由矿质颗粒之间的内摩阻力和嵌挤力，以及沥青胶结料及其与矿料之间的黏结力所构成。沥青混合料的结构类型有悬浮密实结构、骨架空隙结构及骨架密实结构，这三种结构类型具有不同的结构特点和性能特点。

沥青混合料的配合比主要包括两方面的内容，即矿料工程级配的确定和沥青用量的确定。矿料工程级配的确定主要是根据道路等级、路面类型，所处的结构层位等因素确定其相应的级配类型和级配区间。沥青用量的确定主要是通过马歇尔试验确定最佳沥青用量。

沥青混合料内容中涉及较多的概念，如马歇尔稳定度、流值、沥青饱和度、空隙率、动稳定度、沥青用量、油石比、最佳沥青用量等，应注意掌握。

思考与练习题

6.1　试述石油沥青的主要组分及其特点。组分、胶体结构、性质三者之间怎样互相关联？

6.2　石油沥青的主要技术性质是什么？影响这些性质的主要因素各是什么？

6.3　进行沥青试验时为什么特别强调温度？

6.4　划分与确定石油沥青牌号的依据是什么？牌号大小与主要性质间关系有何规律？

6.5　现有下列 5 种石油沥青，其牌号不详，检验结果如下表：

指　标	1	2	3	4	5
软化点/°C	50	45	102	78	75
25 °C 延度/cm	50	90	2	3	5
25 °C 针入度（精确至 0.1 mm）	70	100	24	30	40
牌号评定					

请评定其牌号，对其中的道路石油沥青，计算出其针入度指数 PI 为多少？

6.6　已知屋面工程需使用软化点为 75 °C 的石油沥青，现有 10#、60# 两种石油沥青，试计算这两种沥青的掺配比例。

6.7　某沥青胶用软化点为 50 °C 和 100 °C 的两种沥青和占沥青总重 25% 的滑石粉配制，沥青胶的沥青软化点为 80 °C，试计算每吨沥青胶所需材料用量。

6.8　为什么要对沥青进行改性？改性沥青的种类及其特点有哪些？

6.9　何谓乳化沥青？乳化原理、成膜过程是怎样的？

6.10　何谓沥青混合料？沥青混合料有哪些分类？

6.11　沥青混合料的组成结构有哪几种类型？它们各有何特点？

6.12　某地拟修建一条二级公路，所在地区最热月平均最高气温 34 °C，年极端最低气温 −16 °C，年降水量 458 mm。该公路路面拟采用沥青混凝土，请选择适合的沥青材料。

6.13　试述沥青混合料应具备的主要技术性能，并说明沥青混合料高温稳定性的评定方法。

6.14　在热拌沥青混合料配合比设计时，沥青最佳用量（*OAC*）是怎样确定的？

第 7 章　砌体材料

【学习要求】

- 了解砖的分类，掌握烧结砖、烧结多孔砖和空心砖的技术性质、特点及应用。
- 了解新型墙体材料的发展。
- 了解砌筑石材的分类、性质及技术要求。
- 掌握砌块的定义与分类、常用砌块的性能及应用特点。

许多建筑是由块体材料堆砌而成的，这些块体材料就是砌体材料，它是土木工程材料的重要组成部分。砌体材料具有多种类型，黏土砖在中国的应用历史已有两千多年，“秦砖汉瓦”伴随了中华民族几千年，成为古代与近代的主要建筑材料之一。在 20 世纪 90 年代以前，实心黏土砖一直作为我国最主要的墙体材料，但是随着技术的进步、资源的匮乏及社会进步的需要，黏土砖不仅要毁掉大量田地，还要耗费大量能源，见图 7.1。此外，黏土砖自重大、施工效率低、保温性能难以满足当代节能要求等缺点，使其在工程中的应用受到越来越严格的限制。

一个值得注意的重要发展趋势是，自 20 世纪 90 年代以来，国务院、建设部、国家建材局等部门和各省市政府不断推出加快墙体材料革新和推广节能建筑的政策法规，规定在框架结构等工程中限制或禁止使用实心黏土砖，推广应用实心砖、多孔砖及其他新型墙体材料。虽然实心黏土砖将用得越来越少，但鉴于其是一种以往长期使用的传统砌体材料，目前在我国部分地区尚有一定程度的使用。

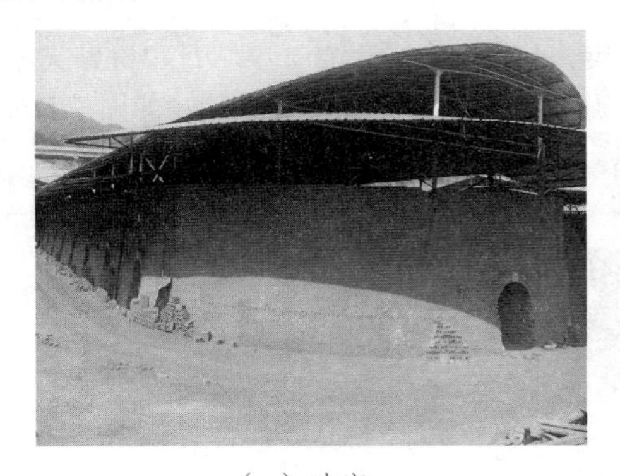

（a）砖窑

（b）车间化生产

图 7.1　砖厂

7.1　砌墙砖

虽然当前出现了各种新型墙体材料，但由于砖的价格便宜，且又能满足一定的建筑功能要求，因此，砌墙砖仍然是当前主要的墙体材料。

砌墙砖是指砌筑用的人造小型块材，外形多为直角六面体，其长度不超过 365 mm，宽度不超过 240 mm，高度不超过 115 mm。

砖的种类很多，主要有以下几种：

1. 按孔洞率分

（1）实心砖。无孔洞或孔洞率小于 15%。尺寸为 240 mm × 115 mm × 53 mm 的实心砖称为普通砖（又称标准砖或统一砖）。

（2）多孔砖。孔洞率不小于 15%，孔的尺寸小而数量多。

（3）空心砖。孔洞率不小于 15%，孔的尺寸大而数量少。

2. 砖按制造工艺分

（1）烧结砖。凡以黏土、页岩、煤矸石或粉煤灰为原料，经成型和高温焙烧而制得的用于砌筑承重和非承重墙体的砖统称为烧结砖。烧结砖又根据原料不同分为烧结黏土砖、烧结粉煤灰砖、烧结页岩砖、烧结煤矸石砖等。在不致混淆的情况下，可省略“烧结”二字。

烧结砖在我国已经有两千多年的历史，现在仍是一种很广泛的墙体材料。

（2）非烧结砖。又可分为压制砖、蒸养砖和蒸压砖等。

蒸养砖：经常压蒸汽养护硬化而成的砖，如蒸养粉煤灰砖。

蒸压砖：经高压蒸汽养护硬化而成的砖，如蒸压灰砂砖。

免烧砖：以自然养护而成，如非烧结黏土砖。

目前在墙体材料中使用最多的是烧结普通砖、烧结多孔砖和烧结空心砖。

7.1.1 烧结普通砖

1. 烧结普通砖的分类和产品标记

国家标准《烧结普通砖》（GB 5101—2003）规定，凡以黏土、页岩、煤矸石和粉煤灰等为主要原料，经成型、焙烧而成的实心或孔洞率不大于 15% 的砖，称为烧结普通砖，如图 7.2 所示。

（a）烧结黏土砖

（b）烧结煤矸石砖

（c）烧结粉煤灰砖

图 7.2 烧结普通砖

其外形尺寸一般为 240 mm × 115 mm × 53 mm。根据烧结砖所采用的主要原料不同，烧结普通砖可分为烧结黏土砖（代号为 N）、烧结粉煤灰砖（代号为 F）、烧结煤矸石砖（代号为 M）和烧结页岩砖（代号为 Y）。

当以黏土为原料时，砖坯在氧化环境中焙烧并出窑时，生产出红砖。如果砖坯先在氧化环境中焙烧，然后再浇水闷窑，使窑内形成还原气氛，会使砖内的红色高价的三氧化铁还原为低价的一氧化铁，制得青砖。一般来说，青砖的强度比红砖高，耐久性比红砖强，但价格较昂贵，一般在小型的土窑内生产。

按照《烧结普通砖》(GB/T 5101—2003) 的规定，强度和抗风化性能合格的砖，按照尺寸偏差、外观质量、泛霜和石灰爆裂等项指标划分为三个等级：优等品 (A)、一等品 (B) 和合格品 (C)。

砖的产品标记按照产品名称、品种、强度等级和标准编号的顺序写出。例如，页岩砖、强度等级 MU15、优等品，则其标记应写为

烧结普通砖 Y　　MU15　　A　　GB/T5101

2. 技术要求

(1) 尺寸偏差。

烧结普通砖为矩体形，其标准尺寸为 240 mm × 115 mm × 53 mm，考虑 10 mm 厚的砌筑灰缝，则 4 块砖长、8 块砖宽或 16 块砖厚均为 1 m，1 m^3 砖砌体需用砖 512 块。

为保证砌筑质量，要求砖的尺寸偏差必须符合《烧结普通砖》(GB/T 5101—2003) 的规定。

(2) 外观质量。

砖的外观质量包括：两条面高度差、弯曲、杂质凸出高度、缺棱掉角、裂纹长度、完整面和颜色等项内容应符合规定。优等品的颜色应基本一致，合格品颜色无要求。

(3) 强度等级。

烧结普通砖强度等级是通过取 10 块砖试样进行抗压强度试验，根据抗压强度平均值和强度标准值来划分的，分为五个等级：MU30、MU25、MU20、MU15 和 MU10，各强度等级的砖应符合表 7.1 的规定。

表 7.1　烧结普通砖强度等级（单位：MPa）

强度等级	平均值 $\overline{f}$（不小于）	变异系数 $\delta \leqslant 0.21$	变异系数 $\delta > 0.21$
		标准值 f_k（不小于）	单块最小抗压强度值 f_{min}（不小于）
MU30	30.0	22.0	25.0
MU25	25.0	18.0	22.0
MU20	20.0	14.0	16.0
MU15	15.0	10.0	12.0
MU10	10.0	6.5	7.5

强度试验的试样数量为 10 块，加荷速度为 (5±0.5) kN/s。表中抗压强度标准值和变异系数按下式计算：

$$f_k = \overline{f} - 1.8S \tag{7.1}$$

$$S = \sqrt{\frac{1}{9}\sum_{i=1}^{10}(f_i - \overline{f})^2} \tag{7.2}$$

$$\delta = \frac{S}{\overline{f}} \tag{7.3}$$

式中　f_k——抗压强度标准值，MPa；

f_i——单块砖试件抗压强度测定值，MPa；

$\bar{f}$——10块砖试件抗压强度平均值，MPa；

S——10块砖试件抗压强度标准差，MPa；

δ——砖强度变异系数。

（4）抗风化性能。

烧结普通砖的抗风化是指能抵抗干湿变化、冻融变化等气候作用的性能。抗风化性能与砖的使用寿命密切相关，抗风化性能好的砖使用寿命长。砖的抗风化性能除了与砖的本身性质有关外，与所处环境的风化指数也有关。

风化区用风化指数进行划分。

风化指数是指日气温从正温降至负温或负温升至正温的每年平均天数与每年从霜冻之日起至消失霜冻之日止这一期间降雨总量（以mm计）的平均值的乘积。风化指数大于等于12 700为严重风化区；小于12 700为非严重风化区。

各地如有可靠数据，也可按计算的风化指数划分本地区的风化区。我国的风化区划分见表7.2。

表7.2 风化区划分

严重风化区		非严重风化区	
1. 黑龙江省	11. 河北省	1. 山东省	11. 福建省
2. 吉林省	12. 北京市	2. 河南省	12. 台湾省
3. 辽宁省	13. 天津市	3. 安徽省	13. 广东省
4. 内蒙古自治区		4. 江苏省	14. 广西壮族自治区
5. 新疆维吾尔自治区		5. 湖北省	15. 海南省
6. 宁夏回族自治区		6. 江西省	16. 云南省
7. 甘肃省		7. 浙江省	17. 西藏自治区
8. 青海省		8. 四川省	18. 上海市
9. 陕西省		9. 贵州省	19. 重庆市
10. 山西省		10. 湖南省	

严重风化区中的1、2、3、4、5地区的砖必须进行冻融试验；其他地区的砖的抗风化性能符合表7.3的规定时可不做冻融试验，否则，必须进行冻融试验。

表7.3 抗风化性能

砖种类 \ 项目	严重风化区				非严重风化区			
	5 h沸煮吸水率/%（不大于）		饱和系数（不大于）		5 h沸煮吸水率%（不大于）		饱和系数（不大于）	
	平均值	单块最大值	平均值	单块最大值	平均值	单块最大值	平均值	单块最大值
黏土砖	21	23	0.85	0.87	23	25	0.88	0.90
粉煤灰砖	23	25			30	32		
页岩砖	16	18	0.74	0.77	18	20	0.78	0.80
煤矸石	19	21			21	23		

注：粉煤灰掺入量（体积比）小于30%时，抗风化性能指标按黏土砖规定。

（5）泛霜。

优等品无泛霜；一等品不允许出现中等泛霜；合格品不允许出现严重泛霜。

泛霜是指黏土原料中的可溶性盐类，随着砖内水分蒸发而在砖表面产生的盐析现象，一般在砖表面形成絮团斑点的白色粉末。轻微泛霜能对清水墙建筑外观产生较大的影响。中等程度泛霜的砖用于建筑中的潮湿部位时，7～8 年后盐析结晶膨胀将使砖体的表面产生粉化剥落，在干燥的环境中使用约 10 年后也将脱落。严重泛霜对建筑结构的破坏性更大。

（6）石灰爆裂。

优等品不允许出现最大破坏尺寸大于 2 mm 的爆裂区域；合格品不允许出现最大破坏尺寸大于 15 mm 的爆裂区域，最大破坏尺寸大于 2 mm 且小于等于 10 mm 的爆裂区域，每组砖样不得多于 15 处，其中大于 10 mm 的不得多于 7 处。

当生产黏土砖的原料含有石灰石时，则焙烧砖时石灰石会煅烧成生石灰留在砖内，这时的生石灰为过烧石灰，这些生石灰在砖内会吸收外界的水分，消化并产生体积膨胀，导致砖发生膨胀性破坏，这种现象称为石灰爆裂。

（7）产品中不允许有欠火砖、酥砖和螺旋纹砖。

煅烧温度低或煅烧时间不足会形成欠火砖，其色浅、声哑、强度低、耐久性差；若煅烧温度过高，则会形成过火砖。

3. 烧结普通砖的应用

烧结普通砖的表观密度为 1 600～1 800 kg/m^3，孔隙率 30%～35%，吸水率 8%，热导率 0.7 W/（m·K）。

烧结普通砖既有一定的强度，又有较好的隔热、隔声性能，冬季室内墙面不会出现结露现象，而且价格低廉。虽然不断出现各种新的墙体材料，但烧结砖在今后一段时间内，仍会作为一种主要材料用于砌筑工程中。

烧结普通砖可用于建筑维护结构，如砌筑柱、拱、烟囱、窑身、沟道及基础等；可与轻集料混凝土、加气混凝土、岩棉等隔热材料配套使用，砌成两面为砖、中间填以轻质材料的轻体墙；可在砌体中配置适当的钢筋或钢筋网成为配筋砌筑体，代替钢筋混凝土柱、过梁等。

在普通砖砌体中，砖砌体的强度不仅取决于砖的强度，而且受砌筑砂浆性质的影响很大。砖的吸水率大，在砌筑时若不事先润湿，将大量吸收水泥砂浆中的水分，使水泥不能正常水化和硬化，导致砖砌体强度下降。因此，在砌筑砖砌体时，必须预先将砖润湿，方可使用。

烧结普通砖优等品可用于清水墙和墙体装饰；一等品、合格品可用于清水墙，中等泛霜的砖不能用于处于潮湿环境的工程部位。

需要指出的是，烧结普通砖中的黏土砖，因其毁田取土、能耗大、块体小、施工效率低、砌体自重大、抗震性差等缺点，在我国主要大、中城市及地区已被禁止使用。需重视烧结多孔砖、烧结空心砖的推广应用，因地制宜地发展新型墙体材料。利用工业废料生产的粉煤灰砖、煤矸石砖、页岩砖等以及各种砌块、板材正在逐步发展起来，将逐渐取代普通烧结砖。

7.1.2　其他烧结砖

1. 烧结页岩砖（Y）

烧结页岩砖是以页岩为主要原料，经粉碎、配料、成坯、焙烧等工艺而制成的砖。由于页岩细度不及黏土，成型时所需水分比黏土较少，因此，砖坯干燥速度快，制品收缩小，外观较规则平整，色泽也较均匀。

页岩砖是国家提倡发展的建筑节能材料，是替代黏土砖的更新产品。页岩是由黏土在地壳运动中挤压而形成的岩石。它是一种沉积岩，是固结较弱的黏土经过挤压、脱水、重结晶和胶结作用而形成的。页岩层理分明、易剥离，一般为褐色、灰色或黑色，硬度不高，易破碎，容易加工成理想的制砖原料。页岩以其硅、钙、碳的含量不同而分为硅质页岩、钙质页岩和碳质页岩。其中硅质页岩以其变形小、吸湿性小、砖不易风化和产品质量易保证等优点更适于生产页岩砖使用；含有大量 K_2O、Na_2O、CaO 的页岩不适于作为烧结页岩砖的材料。

页岩砖有烧结页岩多孔砖、页岩空心砖、页岩砖、高保温模数砖、清水墙砖等新型墙体材料，具有强度高、保温、隔热、隔音等特点，见图 7.3。在以页岩砖作为主要建材的砖混建筑施工中，页岩砖最大的优势就是与传统的黏土砖施工方法完全一样，无须附加任何特殊施工设施、专用工具，是传统黏土砖的最佳替代品。

（a）多孔页岩砖

（b）三孔页岩砖

（c）标准页岩砖

图 7.3 烧结页岩砖

烧结普通页岩砖、烧结多孔页岩砖可以用来砌筑承重墙体，烧结空心页岩砖一般用于砌筑非承重墙体或框架结构的填充墙。

（1）烧结页岩砖的性能。

烧结页岩砖与黏土砖、煤矸石砖、粉煤灰砖执行同样的国家标准。实心砖执行 GB 5101—2003 烧结普通砖标准，多孔砖执行 GB 13544—2000 烧结多孔砖标准，空心砖执行烧结空心砖和空心砌块 GB 13545—2003 标准。

强度级别：标准要求的强度等级为 MU30、MU25、MU20、MU15 和 MU10。

热工性能：烧结页岩砖导热系数 0.81 W/m · K，明显优于砌块并稍优于黏土砖（0.814 W/m · K）。

在其他方面，如外观、泛霜、爆裂等也完全符合标准规定。

（2）烧结页岩砖的性能推广优势。

烧结页岩砖作为一种新型建筑节能墙体材料，既可用于砌筑承重墙，又具有良好的热工性能，符合施工建筑模数，可减少施工过程中的损耗，损高工作效率；孔洞率达到 35% 以上，可减少墙体的自重，节约基础工程费用。与普通烧结多孔砖相比，具有保温、隔热、轻质、高强和施工高效等特点。

烧结页岩砖是一种值得大力推广的新型墙材，它的推广优势在与其他墙体材料的对比中是比较明显的。

① 与砌块相比。

a. 有良好的热工性能。

页岩砖砌体的导热系数为 0.81 W/m · K，而混凝土砌块的导热系数为 1.2 W/m · K，相差近 1/3，即 240 混凝土砌块的砌体只相当于 162 页岩砖砌体的保温隔热效果，能有效地改变夏热冬冷的状况。

b. 有进一步发展为多孔砖的良好技改空间。

砌块要想提高热工性能虽有外保温、孔内填充等方法，但不仅在生产和使用环节都增加了难度，而且会极大地增加投资。而页岩砖进一步发展为多孔砖只需在生产环节进行技术改造，既不加大成本，又能很好地提高热工性能。

c. 方便施工，提高工效。

d. 无砌块的窗墙结合部八字形开裂、粉刷层开裂等弊病。

e. 便于二次装修。

② 与黏土砖相比。

a. 抗风化性能优于黏土砖。

由于页岩与黏土本身性能的差异，国家标准就要求页岩砖抗风化性能优于黏土砖。

b. 尺寸偏差小于黏土砖。

由于页岩本身塑性指数优于黏土，虽然国家标准对烧结砖的尺寸偏差要求是相同的，但在实际生产中页岩砖的尺寸偏差普遍小于黏土砖。

c. 节约资源，不占用土地。国家提倡发展页岩砖就在于它可以利用荒山进行生产，不消耗有用资源，变废为宝，利国利民。

此外，其在泛霜、石灰爆裂、外观质量等方面也优于黏土砖。热工性能方面与黏土砖基本相当而稍有提高。

2. 烧结粉煤灰砖（F）

烧结粉煤灰砖是以粉煤灰和黏土等黏结剂为原料，经高温焙烧而成的砌墙用砖，依据黏结剂的不同，粉煤灰烧结砖可分为多种类型，主要有粉煤灰-黏土烧结砖、粉煤灰-煤矸石烧结砖、粉煤灰-页岩烧结砖等。

粉煤灰的掺量可达 30% ~ 70%。依据粉煤灰掺量的不同，一般将掺量在 30% 以下的称为低掺量粉煤灰烧结砖，30% ~ 50% 属于中掺量，50% 以上属于高掺量。早期的粉煤灰烧结砖称为粉煤灰内燃砖。

烧结粉煤灰砖与一般黏土砖相比有以下优点：① 利用工业废渣节省了部分土地；② 粉煤灰中含有少量的碳，可节省燃料；③ 粉煤灰可作黏土瘦化剂，这样在干燥过程中裂纹少，损失率低，烧结粉煤灰砖比普通黏土砖轻 1/5，可减轻建筑物自重。在 1983 年，国务院技术经济研究中心组织建材和电子行业的专家对粉煤灰建材制品进行了广泛的调查研究，并出具了一份调查统计研究报告，其中对粉煤灰烧结砖的评价是："粉煤灰烧结砖的抗压和抗折强度可以达到 100 ~ 150 号砖的要求，砖的重量比普通黏土砖轻 15% ~ 20%，导热系数比普通黏土砖降低 30%，其他性能完全合格，不仅可以应用于各种工业与民用建筑，而且能降低建筑物自重，提高建筑的保温性能，其使用效果优于普通黏土砖。"

粉煤灰实心砖根据其抗压强度可划分为 MU30、MU25、MU20、MU15 和 MU10 五个强度等级。在砖的强度和抗风化性能满足要求的前提下，根据其尺寸偏差、外观质量、泛霜和石灰爆裂等指标可分为优等品（A）、一等品（B）和合格品（C）三个质量等级。其主规格的公称尺寸为 240 mm × 115 mm × 53 mm。

烧结粉煤灰砖的强度等级、尺寸偏差、外观质量等技术指标详见《烧结普通砖》(GB 5101—2003)。

3. 烧结煤矸石砖（M）

烧结煤矸石砖是指以煤矸石为主要原料，经粉碎、混合料制备、成型、焙烧等工艺制成的砖。煤矸石是采煤过程和洗煤过程中排放的固体废物，其主要成分是 Al_2O_3、SiO_2，另外还含有数量不

等的 Fe_2O_3、CaO、MgO、Na_2O、K_2O、P_2O_5、SO_3 和微量稀有元素（镓、钒、钛、钴）。

煤矸石砖的生产成本较普通黏土砖低，利用煤矸石制砖不仅节约土地，还消耗了矿山的废料，它是一项有利于环保的低碳建筑材料。

烧结煤矸石砖的规格和性能指标与粉煤灰实心砖相同，其主要物理力学性能指标应满足《烧结普通砖》（GB 5101—2003）的要求。

7.1.3 烧结多孔砖和烧结空心砖

通常，常用于承重部位、孔洞率等于或大于 15%，孔的尺寸小而数量多的砖，称为多孔砖；常用于非承重部位，孔洞率等于或大于 35%，孔的尺寸大而数量少的砖，称为空心砖。

1. 烧结多孔砖与空心砖的特点

烧结多孔砖和烧结空心砖的原料及生产工艺与烧结普通砖基本相同，但由于坯体有孔洞，增加了成型的难度，因而对原料的可塑性要求很高。

多孔砖为大面有孔洞的砖，孔多而小，使用时孔洞垂直于承压面，表观密度为 1 400 kg/m³ 左右。烧结空心砖为顶面有孔洞的砖，孔大而少，表观密度在 800 ~ 1 100 kg/m³，使用时孔洞平行于受力面。

烧结普通砖有自重大、体积小、生产能耗高、施工效率低等缺点，用烧结多孔砖和烧结空心砖代替烧结普通砖，可使建筑物自重减轻 30% 左右，节约黏土 20% ~ 30%，节省燃料 10% ~ 20%，且砖坯焙烧均匀，烧成率高。采用多孔砖或空心砖砌筑墙体，可减轻自重 1/3，墙体施工功效提高 40%，并改善砖的隔热隔声性能。目前，欧美等国家生产的多孔砖和空心砖已占其砖产量的 80% ~ 90%，并且发展了高强空心砖、微孔砖等。近年来，为了节约土地资源和减少能源消耗，多孔砖和空心砖的发展也十分迅速，国家和各地方政府的有关部门都制定了限制生产和使用实心砖的政策，鼓励生产和使用多孔砖及空心砖。

2. 主要技术要求

根据《烧结多孔砖》（GB 13544—2000）及《烧结空心砖和空心砌块》（GB 13545—2003）的规定，其具体技术要求如下：

（1）形状与规格尺寸。烧结多孔砖和烧结空心砖均为直角六面体，形状分别如图 7.4 和图 7.5 所示，其中烧结多孔砖的长度、宽度、高度尺寸应符合下列要求：

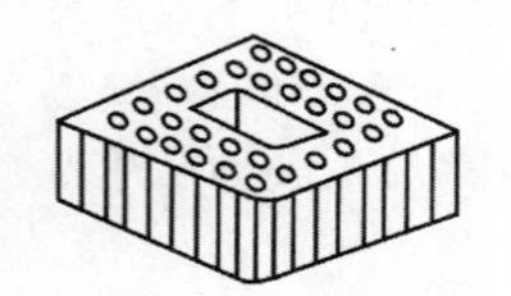
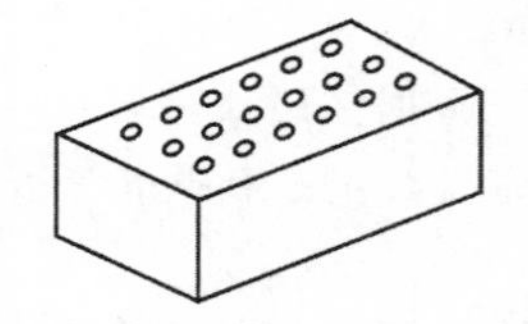

图 7.4 烧结多孔砖

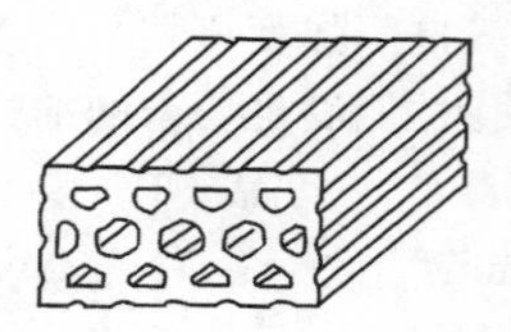
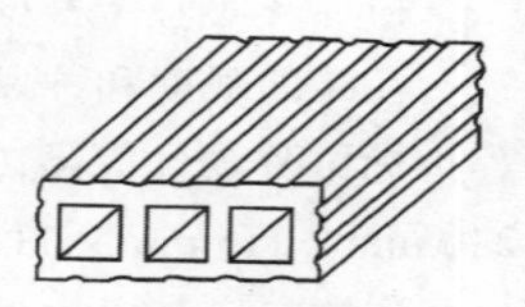

图 7.5 烧结空心砖

常用空心砖的尺寸长为 290 mm、240 mm，宽为 240 mm、190 mm、180 mm、140 mm、115 mm，高度为 115 mm、90 mm。其他规格可由供需双方协商确定。砖的壁厚应大于 10 mm，肋厚应大于 7 mm。

其孔洞尺寸应符合表 7.4 的规定。

表 7.4　烧结多孔砖孔洞尺寸（单位：mm）

圆孔直径	非圆孔内切圆直径	手抓孔
≤22	≤15	（30～40）×（75～85）

按 GB 13545—2003 的规定，烧结空心砖的长度不超过 365 mm，宽度不超过 240 mm，高度不超过 115 mm，超过以上尺寸者则称空心砌块。其孔型采用矩形条孔或其他孔型。

（2）强度等级及质量等级。烧结多孔砖根据其抗压强度分为 MU30、MU25、MU20、MU15 和 MU10 五个强度等级；强度和抗风化性能合格的砖，根据尺寸偏差、外观质量及耐久性等又分为优等品（A）、一等品（B）和合格品（C）三个产品等级。强度等级的具体指标要求如表 7.5 所示。

表 7.5　烧结多孔砖的强度等级（单位：MPa）

强度等级	抗压强度平均值 $\bar{f}$（不小于）	变异系数 $\delta \leqslant 0.21$	变异系数 $\delta > 0.21$
		强度标准值 f_k（不小于）	单块最小抗压强度值 f_{min}（不小于）
MU30	30.0	22.0	25.0
MU25	25.0	18.0	22.0
MU20	20.0	14.0	16.0
MU15	15.0	10.0	12.0
MU10	10.0	6.5	7.5

烧结空心砖按抗压强度分为 MU10、MU7.5、MU5.0、MU3.5 和 MU2.5 五个等级，根据密度分为 800、900、1 000、1 100 四个级别。《烧结空心砖和空心砌块》（GB 13545—2003）规定：强度、密度、抗风化性能和放射性物质合格的砖，根据其尺寸偏差、外观质量、孔洞排列及其结构、泛霜、石灰爆裂、吸水率分为优等品（A）、一等品（B）和合格品（C）三个质量等级。

烧结空心砖的强度应符合 GB 13545—2003 的规定，具体指标要求如表 7.6 所示。

表 7.6　烧结空心砖的强度等级

强度等级	抗压强度/MPa			密度等级范围/（kg/m^{-3}）
	抗压强度平均值 $\bar{f}$（不小于）	变异系数 $\delta \leqslant 0.21$	变异系数 $\delta > 0.21$	
		强度标准值 f_k（不小于）	单块最小抗压强度值 f_{min}（不小于）	
MU10.0	10.0	7.0	8.0	≤1100
MU7.5	7.5	5.0	5.8	
MU5.0	5.0	3.5	4.0	
MU3.5	3.5	2.5	2.8	
MU2.5	2.5	1.6	1.8	≤800

（3）耐久性。烧结多孔砖耐久性要求主要包括：泛霜、石灰爆裂和抗风化性能。各质量等级砖的泛霜、石灰爆裂和抗风化性能要求与普通砖相同。

烧结多孔砖和空心砖的技术要求，如尺寸偏差、外观质量、强度和耐久性等均按《烧结空心砖和空心砌块》（GB 13545—2003）的规定进行检测。

3. 烧结多孔砖和空心砖的应用

烧结多孔砖强度较高，主要用于砌筑6层以下的承重墙体。空心砖自重轻，强度较低，多用作非承重墙，如多层建筑内隔墙或框架结构的填充墙等。

7.1.4 非烧结砖（蒸养砖、蒸压砖）

不经焙烧而制成的砖均为非烧结砖。非烧结砖主要有：蒸压灰砂砖、蒸压（养）粉煤灰砖、炉渣砖等。

1. 蒸压灰砂砖

蒸压灰砂砖是由磨细生石灰或消石灰粉、天然砂和水按一定配合比，经搅拌混合、陈伏、加压成形，再经蒸压（温度为175~203 °C、压力为0.8~1.6 MPa的饱和蒸汽）养护而成。

实心灰砂砖的尺寸规格与烧结普通砖相同，为 240 mm × 115 mm × 53 mm。其表观密度为1 800~1 900 kg/m^3，导热系数约为0.61 W/（m·K）。

《蒸压灰砂砖》（GB 11945—1999）规定，灰砂砖根据尺寸偏差、外观质量、强度及抗冻性分为优等品（A）、一等品（B）、合格品（C）。

根据浸水24 h后的抗压强度和抗折强度分为MU25、MU20、MU15、MU10四个强度等级，优等品的强度等级不得小于MU15。灰砂砖各强度级别的强度和抗冻性应符合表7.7要求。

表7.7 蒸压灰砂砖强度指标和抗冻性指标

强度级别	抗压强度/MPa		抗折强度/MPa		抗冻性	
	平均值（不小于）	单块值（不小于）	平均值（不小于）	单块值（不小于）	冻后抗压强度平均值/MPa（不小于）	单块砖的干质量损失/%（不大于）
MU25	25.0	20.0	5.0	4.0	20.0	2.0
MU20	20.0	16.0	4.0	3.2	16.0	
MU15	15.0	12.0	3.3	2.6	12.0	
MU10	10.0	8.0	2.5	2.0	8.0	

MU25、MU20、MU15的砖可用于基础及其他建筑；MU10的砖仅可用于防潮层以上的建筑。

根据灰砂砖的颜色分为彩色的（C_O）、本色的（N）两类。灰砂砖产品标记采用产品名称（LSB）、颜色、强度级别、产品等级、标准编号的顺序进行，如强度级别为MU20，优等品的彩色灰砂砖标记为：LSB C_O 20A GB11945。

由于灰砂砖中的一些组分如水化硅酸钙、氢氧化钙、碳酸钙等不耐酸，也不耐热，若长期受热会发生分解、脱水，甚至还会使石英发生晶型转变，因此灰砂砖应避免用于长期受热高于200 °C、受急冷急热交替作用或有酸性介质侵蚀的建筑部位。此外，砖中的氢氧化钙等组分会被流水冲失，所以灰砂砖不能用于有流水冲刷的地方。灰砂砖应出釜存放1个月左右再用。灰砂砖的含水率会影响砖与砂浆的黏结力。所以，灰砂砖的含水率应控制在7%~12%。砌筑砂浆宜用混合砂浆。

灰砂砖的表面光滑，与砂浆黏结力差，所以其砌体的抗剪不如黏土砖砌体好，在砌筑时必须采取相应措施，以防止出现渗雨漏水和墙体开裂。

灰砂砖与其他材料相比，蓄热能力显著。灰砂砖的表观密度大，隔声性能优越，其生产过程能耗较低。

2. 蒸压（养）粉煤灰砖

蒸压（养）粉煤灰砖是以粉煤灰、石灰为主要原料，掺加适量石膏和集料经坯料制备、压制成形、常压或高压蒸汽养护而成的实心砖。其规格尺寸与烧结普通砖相同。

蒸压（养）粉煤灰砖呈深灰色，表观密度约为 1 500 kg/m^3。蒸压（养）粉煤灰砖规格尺寸与烧结普通砖相同。我国行业标准《粉煤灰砖》(JC 239—2001) 中规定，按砖的外观质量、尺寸偏差、强度、抗冻性及干燥收缩值分为优等品（A）、一等品（B）、合格品（C）。按抗压强度和抗折强度分为 MU30、MU25、MU20、MU15、MU10 五个等级，优等品的强度等级不得小于 MU15；优等品和一等品的干燥收缩值应不大于 0.65 mm/m，合格品的干燥收缩值应不大于 0.75 mm/m；碳化系数应不小于 0.8。

粉煤灰砖各强度级别的强度值和抗冻性应符合表 7.8 要求。

表 7.8　粉煤灰砖强度指标

强度级别	抗压强度/MPa		抗折强度/MPa		抗冻性	
	10 块平均值（不小于）	单块值（不小于）	10 块平均值（不小于）	单块值（不小于）	冻后抗压强度/MPa 平均值（不小于）	单块砖的干质量损失/%（不大于）
MU30	30.0	24.0	6.2	5.0	24.0	2.0
MU25	25.0	20.0	5.0	4.0	20.0	
MU20	20.0	16.0	4.0	3.2	16.0	
MU15	15.0	12.0	3.3	2.6	12.0	
MU10	10.0	8.0	2.5	2.0	8.0	

注：强度级别以蒸汽养护后 1 d 的强度为准。

粉煤灰砖产品标记采用产品名称（FB）、颜色、强度等级、质量等级、标准编号的顺序进行。例如：FB C0 20 A　JC 239—2001。

粉煤灰砖可用于工业与民用建筑的墙体和基础，但对于基础或易受冻融和干湿交替作用的建筑部位必须使用一等砖与优等砖。粉煤灰砖不得用于长期受热（200℃以上），受急冷、急热和有酸性介质侵蚀的建筑部位。用粉煤灰砖砌筑的建筑物，应适当增设圈梁及伸缩缝，以减少或避免收缩裂缝的产生。粉煤灰砖出釜后宜存放 1 星期后才能用于砌筑。粉煤灰砖可用浇水润湿至含水率大于 10% 时砌筑，也可以干砖砌筑。砌筑砂浆可用掺加适量粉煤灰的混合砂浆。

7.2　砌块及墙体材料的发展

7.2.1　砌块的定义与分类

砌块是用于砌筑的人造块材，外形多为直角六面体，也有各种异形的。砌块系列中主规格的长度、宽度或高度有一项或一项以上分别大于 365 mm、240 mm 或 115 mm。但其高度不大于长度或宽度的 6 倍，长度不超过高度的 3 倍。当系列中主规格的高度大于 115 mm 而又小于 380 mm

的砌块，简称为小砌块；当系列中主规格的高度为380～980 mm的砌块，简称为中砌块；系列中主规格的高度大于980 mm的砌块，简称为大砌块。目前，我国以中小型砌块使用较多。

砌块按其空心率大小分为空心砌块和实心砌块两种。空心率小于25%或无孔洞的砌块为实心砌块；空心率等于或大于25%的砌块为空心砌块。

砌块通常又可按其所用主要原料及生产工艺命名，如水泥混凝土砌块、加气混凝土砌块、粉煤灰砌块、石膏砌块、烧结砌块等。

制作砌块能充分利用地方材料和工业废料，且制作工艺不复杂。砌块尺寸比砖大，施工方便，能有效提高劳动生产率，还可改善墙体功能。本节仅简单介绍几种较有代表性的砌块。

7.2.2 常用砌块的性能与应用

1. 蒸压加气混凝土砌块

蒸压加气混凝土砌块是以钙质材料和硅质材料以及加气剂、少量调节剂，经配料、搅拌、浇注成型、切割和蒸压养护而成的多孔轻质块体材料。

（1）蒸压加气混凝土砌块的分类和技术要求。

原料中的钙质材料有石灰、水泥；硅质材料分别采用矿渣、粉煤灰、砂等。根据采用的主要原料不同，加气混凝土砌块相应有水泥-矿渣-砂、水泥-石灰-砂、水泥-石灰-粉煤灰几种。

根据《蒸压加气混凝土砌块》（GB/T 11968—2006）规定，砌块按外观质量、体积密度和抗压强度分为：优等品（A）、一等品（B）二个等级。砌块按抗压强度分七个强度级别：A1.0、A2.0、A2.5、A3.5、A5.0、A7.5、A10。各级别强度应符合表7.9的规定。

表7.9 蒸压加气混凝土砌块立方体的抗压强度（单位：MPa）

强度级别	立方体抗压强度/MPa		强度级别	立方体抗压强度/MPa	
	平均值（不小于）	单块最小值（不小于）		平均值（不小于）	单块最小值（不小于）
A1.0	1.0	0.5	A5.0	5.0	4.0
A2.0	2.0	1.6	A7.5	7.5	6.0
A2.5	2.5	2.0	A10.0	10.0	8.0
A3.5	3.5	2.8			

砌块按体积密度分为六个级别：B03、B04、B05、B06、B07、B08。各级别干体积密度应符合表7.10的规定。

表7.10 蒸压加气混凝土砌块表观密度指标

表观密度级别		03	04	05	06	07	08
干体积密度/（kg/m^3）	优等品（A），不大于	300	400	500	600	700	800
	一等品（B），不大于	325	425	525	625	725	825

砌块的产品标记按产品名称（代号ACB）、强度级别、体积密度级别、规格尺寸、产品等级和标准编号的顺序进行。例如：强度级别为A3.5、体积密度级别为B05、优等品、规格尺寸为600 mm × 200 mm × 250 mm的蒸压加气混凝土砌块，其标记为

ABC　A3.5　B05　600 × 200 × 250　A　GB 11968

（2）蒸压加气混凝土砌块的特性。

① 多孔轻质。

一般加气混凝土砌块的孔隙率达 70% ~ 80%，平均孔径约为 1 mm。其导热系数为 0.14 ~ 0.28 W/（m · K），只有黏土砖的 1/5，保温隔热性能好，用作墙体可降低建筑物采暖、制冷等使用能耗。加气混凝土砌块的表观密度小，一般为黏土砖的 1/3。

② 耐热、耐火性能和保温、隔热性能。

加气混凝土不属于不燃材料，在受热至 80 ~ 100 °C 时会出现收缩和裂缝，但是在 700 °C 以前不会损失强度，具有一定的耐热和良好的耐火性能。

加气混凝土砌块的保温、隔热性能好。B03 级的干态导热系数小于 0.1 W/（m · K），B06 级的小于 0.14 W/（m · K），B08 级的小于 0.20 W/（m · K）。

③ 有一定的吸声能力，但隔声性能较差。

加气混凝土的吸声系数为 0.2 ~ 0.3。由于其孔结构大部分并非通孔，吸声效果受到一定的限制。轻质墙体的隔声性能都较差，加气混凝土也不例外。这是由于墙隔声受“质量定律”支配，即单位面积墙体重量越小，隔声能力越差。用加气混凝土砌块砌筑的 150 mm 厚的加双面抹灰墙体，对 100 ~ 3 150 Hz 平均隔声量为 43 dB。

④ 干燥收缩大。

和其他材料一样，加气混凝土干燥收缩、吸湿膨胀。其干燥收缩值标准法为小于 0.5 mm/m，快速法为小于 0.8 mm/m。在建筑应用中，如果干燥收缩过大，在有约束阻止变形时，收缩形成的应力超过了制品的抗拉强度或黏结强度，制品或接缝处就会出现裂缝。为避免墙体出现裂缝，必须在结构和建筑上采取一定的措施。而严格控制制品上墙时的含水率也是极其重要的，最好控制上墙含水率在 20% 以下。

⑤ 吸水导湿缓慢。

由于加气混凝土砌块的气孔大部分是“墨水瓶”结构的气孔，只有少部分是水分蒸发形成的毛细孔。所以，其孔肚大口小，毛细管作用较差，导致砌块吸水导湿缓慢。加气混凝土砌块体积吸水率和黏土砖相近，而吸水速度却缓慢得多。加气混凝土的这个特性对砌筑和抹灰有很大影响。在抹灰前如果采用与黏土砖同样方式往墙上浇水，黏土砖容易吸足水量，而加气混凝土表面看来浇水不少，实则吸水不多。抹灰后砖墙壁上的抹灰层可以保持湿润，而加气混凝土砌块墙抹灰层反被砌块吸去水分而容易产生干裂。

还需说明的是，加气混凝土砌块应用于外墙时，应进行饰面处理或憎水处理。因为风化和冻融会影响加气混凝土砌块的寿命。长期暴露在大气中，日晒雨淋、干湿交替，加气混凝土会风化而产生开裂破坏；局部受潮时，在冬季有时会产生局部冻融破坏。

加气混凝土砌块广泛用于一般建筑物墙体，可用于多层建筑物的非承重墙及隔墙，也可用于低层建筑的承重墙；体积密度级别低的砌块还用于屋面保温。

2. 普通混凝土小型空心砌块

普通混凝土小型空心砌块是由水泥和粗、细集料加水搅拌，装模、振动（或加压振动或冲压）成型，并经养护而成，见图 7.6。粗、细集料可用普通碎石或卵石、砂子，也可用轻集料（如陶粒、煤渣、煤矸石、火山渣、浮石等）及轻砂。砌块空心率大于 25%。

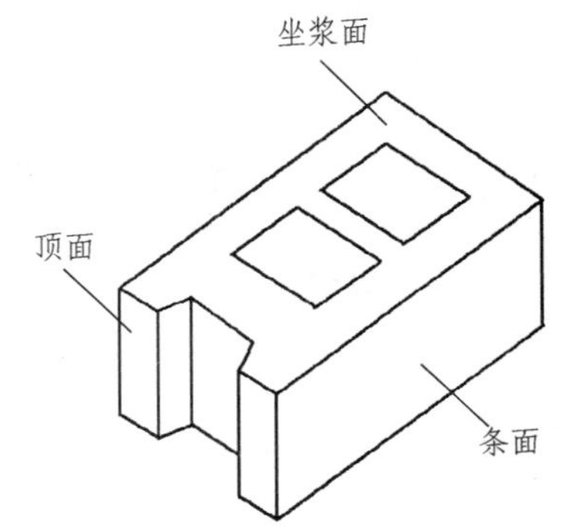

图 7.6　混凝土小型空心砌块

普通混凝土小型空心砌块按其抗压强度分为 MU3.5、MU5.0、MU7.5、MU10.0、MU15.0 和 MU20.0 六个等级。按其尺寸偏差、外观质量分为：优等品（A）、一等品（B）、合格品（C）。其主要规格尺寸为 390 mm × 190 mm × 190 mm，其他规格尺寸可由供需双方协商。产品标记按产品名称（代号 NHB）、强度等级、外观质量等级和标准编号的顺序，如强度等级为 MU7.5、外观质量为优等品（A）的砌块标记为

NHB　MU7.5A　GB　8239

普通混凝土小型空心砌块因失水而产生的收缩会导致墙体开裂，为了控制砌块建筑的墙体裂缝，其相对含水率应符合国家标准《普通混凝土小型空心砌块》（GB 8239—1997）规定，见表 7.11。用于清水墙的砌块，还应满足抗渗性要求。

表 7.11　混凝土小型空心砌块的相对含水率

使用地区	潮湿	中等	干燥
相对含水率（不大于）	45	40	35

注：潮湿——年平均相对湿度大于 75% 的地区；
中等——年平均相对湿度为 50%～75% 的地区；
干燥——年平均相对湿度小于 50% 的地区。

混凝土砌块的导热系数随混凝土材料及孔型和空心率的不同而有差异。普通水泥混凝土小型砌块空心率为 50% 时，其导热系数约为 0.26 W/（m·K）。

普通混凝土小型空心砌块可用于多层建筑的内墙和外墙。这种砌块在砌筑时一般不宜浇水，但在气候特别干燥炎热时，可在砌筑前稍喷水湿润。

3. 轻集料混凝土小型空心砌块

根据《轻集料混凝土小型空心砌块》（GB/T 15229—2002）的规定，轻集料混凝土小型空心砌块按砌块的排数分为五类：实心（0）、单排孔（1）、双排孔（2）、三排孔（3）和四排孔（4）；按砌块密度等级分为八级：500、600、700、800、900、1 000、1 200、1 400；按砌块强度等级分为六级：1.5、2.5、3.5、5.0、7.5、10.0；按砌块尺寸允许偏差和外观质量，分为两个等级：一等品（B）、合格品（C）。

轻集料混凝土小型空心砌块（LHB）按产品名称、类型、密度等级、强度等级、质量等级和标准编号的顺序进行标记。标记示例：密度等级为 600 级、强度等级为 1.5 级、质量等级为一等品的轻集料混凝土三排孔小砌块，其标记为

LHB（3）600　1.5B　GB/T　15229

轻集料混凝土小型空心砌块的技术要求包括：规格尺寸、外观质量、密度等级、强度等级、吸水率、相对含水率、干缩率、碳化系数、软化系数、抗冻性和放射性。其中吸水率不应大于 20%；加入粉煤灰等火山灰质掺和料的小砌块，其碳化系数不应小于 0.8，软化系数不应小于 0.75。

7.2.3　新型墙体材料的发展

墙体材料除砖与砌块外，还有墙用板材。我国目前可用于墙体的板材品种较多，各种板材都有其特色。板的形式分为薄板类、条板类和轻型复合板类三种。

1. 薄板类墙用板材

薄板类墙用板材有 GRC 平板、纸面石膏板、蒸压硅酸钙板、水泥刨花板、水泥木屑板等。

（1）GRC 平板。

全名为玻璃纤维增强低碱度水泥轻质板，由耐碱玻璃纤维、低碱度水泥、轻集料与水为主要原料所制成。

此类板材具有密度低、韧性好、耐水、不燃、易加工等特点，可用做建筑物的内隔墙与吊顶板；经表面压花、被覆涂层后，也可用作外墙的装饰面板。

（2）纸面石膏板。

纸面石膏板是以建筑石膏为胶凝材料，并掺入适量添加剂和纤维作为板芯，以特制的护面纸作为面层的一种轻质板材。纸面石膏板按其用途可分为普通纸面石膏板、耐水纸面石膏板、耐火纸面石膏板三类。

普通纸面石膏板可用于一般工程的内隔墙、墙体复合板、天花板和预制石膏板复合隔墙板。在厨房、卫生间以及空气相对湿度经常大于 70% 的潮湿环境使用时，必须采取相应的防潮措施。

耐水纸面石膏板可用于相对湿度大于 75% 的浴室、卫生间等潮湿环境的吊顶和隔墙，如两面再做防水处理，效果更好。

耐火纸面石膏板主要用于防火要求较高的房屋建筑中。

2. 条板类墙用板材

条板类墙用板材有轻质陶粒混凝土条板、石膏空心条板、蒸压加气混凝土空心条板等。

轻质陶粒混凝土条板是以普通硅酸盐水泥为胶结料、轻质陶粒为集料，加水搅拌成为料浆，内配钢筋网片制成的实心条形板材。这种板材自重小；可锯、可钉；由于内置钢筋网片，整体性和抗震性好。这种板材主要用于住宅、公共建筑的非承重内隔墙。

3. 轻型复合板类墙用板材

钢丝网架水泥夹芯板是轻型复合板类墙用板材。钢丝网架水泥夹芯板是由钢丝制成的三维空间焊接网，内填泡沫塑料板或半硬质岩棉板构成的网架芯板，喷抹水泥砂浆（或施工现场喷抹）后形成的复合墙板。

钢丝网架水泥夹芯板主要用于房屋建筑的内隔墙、自承重外墙、保温复合外墙、楼面、屋面及建筑加层等。

7.3 砌筑石材

石材是最古老的土木工程材料之一，藏量丰富、分布很广，便于就地取材，坚固耐用，砌筑石材广泛用于砌墙和造桥。世界上许多的古建筑都是由石材砌筑而成，不少古建筑至今仍保存完好。如属于国家级重点保护文物的赵州桥、广州圣心教堂等都是以石材砌筑而成。但天然石材加工困难，自重大，开采和运输不够方便。

7.3.1 砌筑石材的分类

1. 按岩石的形成分类

（1）岩浆岩石材。

岩浆岩又称火成岩，它是因地壳变动，熔融的岩浆由地壳内部上升后冷却而成。岩浆岩根据冷却条件的不同，又分成深成岩、喷出岩和火山岩三种。

深成岩是岩浆在地壳深处，在很大的覆盖压力下缓慢冷却而成的岩石，其特性是：构造致密，容重大，抗压强度高，吸水率小，抗冻性好，耐磨性好，耐久性很好。建筑常用的深成岩有：花岗岩、闪成岩、辉长岩等，可用于基础等石砌体及装饰。

喷出岩是熔融的岩浆喷出地表后，在压力降低、迅速冷却的条件下形成的岩石。当喷出的岩浆层厚时，形成的岩石其特性近似深成岩；若喷出的岩浆层较薄时，则形成的岩石常呈多孔结构。建筑常用的喷出岩有：玄武岩、辉绿岩等，可用于基础、桥梁等石砌体。

火山岩又称火山碎屑岩。火山岩都是轻质多孔结构的材料。砌筑石材常用的火山岩有：浮石等。浮石可用作轻质集料，配制的轻集料混凝土用作墙体材料。

（2）沉积岩石材。

沉积岩又称水成岩。沉积岩是由原来的母岩风化后，经过风吹搬迁、流水冲移及沉积成岩作用，在离地表不太深处形成的岩石。与火成岩相比，其特性是：结构致密性较差，容重较小，孔隙率及吸水率均较大；强度较低，耐久性也较差一些。建筑上常见的沉积岩有：石灰岩、砂岩、页岩等，可用于基础、墙体、挡土墙等石砌体。

（3）变质岩石材。

变质岩是由原生的火成岩或沉积岩，经过地壳内部高温、高压等变化作用后而形成的岩石。其中沉积岩变质后，性能变好，结构变得致密，坚实耐久，如石灰岩变质为大理石；而火成岩经变质后，性质反而变差，如花岗岩变质成的片麻岩，易产生分层剥落，使耐久性变差。建筑上常用的变质岩有：大理岩、片麻岩、石英岩、板岩等。片麻岩可用于一般建筑工程的基础、勒脚等石砌体。

2. 按外形分类

岩石经加工成块状或散粒状则称为石材。砌筑石材按其加工后的外形规则程度分为料石和毛石。

（1）料石。

砌筑用料石，按其加工面的平整程度可分为细料石、半细料石、粗料石和毛料石四种。料石外形规则，截面的宽度、高度不小于 200 mm，长度不宜大于厚度的 4 倍。料石根据加工程度，分别用于建筑物的外部装饰、勒脚、台阶、砌体、石拱等。

（2）毛石。

毛石指采石场爆破后直接得到的形状不规则的石块，其中部厚度不小于 150 mm，挡土墙用毛石中部厚度不小于 200 mm。毛石又有乱毛石和平毛石之分，乱毛石是指形状不规则的石块；平毛石是指形状不规则，但有两个平面大致平行的石块。毛石主要用于基础、挡土墙、毛石混凝土等。

7.3.2 砌筑石材的性质及技术要求

1. 力学性质

砌筑石材的力学性能主要是考虑其抗压强度。砌筑石材的强度等级以边长 70 mm 的立方体为标准试块的抗压强度表示，抗压强度取三个试块破坏强度的平均值。天然石材的强度等级分为 MU100、MU80、MU60、MU50、MU40、MU30 和 MU20 共 7 个等级。

天然石材抗压强度的大小，取决于岩石的矿物成分、结晶粗细、胶结物质的种类及均匀性，以及荷载和解理方向等因素。从岩石结构角度考虑，具有结晶结构的天然石料，其强度比玻璃质的高；细粒结晶的比中粒或粗粒结晶的强度高；等粒结晶的比斑状的强度高；结构疏松多孔的天然石料，强度远逊于构造均匀致密的石料。具有层理、片状构造的石料，其垂直于层理、片理方向的强度较平行于层理、片理的高。对于有层理、片理构造的天然石料，在测定抗压强度时，其受力方向应与石料在砌体中的实际受力方向相同。

砌筑石材的力学性质除了考虑抗压强度外，根据工程需要，还应考虑它的抗剪强度、冲击韧性等。

2. 耐久性

石材的耐久性主要包括抗冻性、抗风化性、耐水性、耐火性和耐酸性等。

（1）抗冻性。

石材的抗冻性主要取决于其矿物成分、晶粒大小与分布均匀性、天然胶结物的胶结性质、孔隙率和吸水性等性质。石材应根据使用条件选择相应的抗冻性指标。

（2）抗风化能力。

水、冰、化学因素等造成岩石开裂或剥落称为岩石的风化。岩石抗风化能力的强弱与其矿物组成、结构和构造状态有关。岩石上所有的裂隙都能被水侵入，致使其逐渐崩解破坏。花岗石等具有较好的抗风化能力。防风化措施主要有：磨光石材以防止表面积水；采用有机硅涂表面，对碳酸盐类石材可采用氟硅酸镁溶液处理石材的表面。

（3）耐水性。

石材耐水性按其软化系数分为高、中、低三等。软化系数大于 0.9 者为高耐水性石材，软化系数为 0.7 ~ 0.9 者为中等耐水性石材，软化系数为 0.6 ~ 0.7 者为低耐水性石材。软化系数低于 0.6 的石材一般不允许用于重要建筑，如在气候温暖地区或石材在吸水饱和后仍具有较高的抗压强度时，则可慎重考虑使用。

本章小结

（1）砌体材料是土木工程材料的重要组成部分。砌体材料具有多种类型，如砖、砌块、石材等块体材料。

（2）砌墙砖。

砖由于价格便宜，且又能满足一定的建筑功能要求，因此是当前主要的墙体材料。砌墙砖按孔洞率分为：实心砖、多孔砖、空心砖；按生产工艺不同分为烧结砖和非烧结砖，烧结砖经焙烧制成，非烧结砖一般由蒸汽养护或蒸压养护而制成。烧结砖根据原料不同又分为烧结黏土砖、烧结粉煤灰砖、烧结页岩砖、烧结煤矸石砖等。非烧结砖又可分为压制砖、蒸养砖和蒸压砖等。

烧结砖在我国已经有两千多年的历史，现在仍是一种很广泛的墙体材料。

目前在墙体材料中使用最多的是烧结普通砖、烧结多孔砖和烧结空心砖。

（3）砌块。

砌块是用于砌筑的人造块材，外形多为直角六面体，也有各种异形的。目前，我国以中小型砌块使用较多。其按用途分为承重砌块与非承重砌块；按外形特征可分为实心砌块和空心砌块。砌块按其所用主要原料及生产工艺命名，如水泥混凝土砌块、加气混凝土砌块、粉煤灰砌块、石膏砌块、烧结砌块等。

制作砌块能充分利用地方材料和工业废料，且制作工艺不复杂。砌块尺寸比砖大，可提高施工速度，改善墙体使用功能。

建筑中常用的砌块有蒸压加气混凝土砌块、普通混凝土小型空心砌块、轻集料混凝土小型空心砌块等。

（4）墙用板材是砌墙砖和建筑砌块之外的另一类重要的墙体材料。与砖和砌块相比，其明显优势是自重轻、安装快、施工效率高；同时可提高建筑物的抗震性能、增加其使用面积、节省生产与使用能耗等。

我国目前可用于墙体的板材品种很多，如水泥类墙用板材、石膏类墙用板材、植物纤维类墙用板材复合墙板等。

（5）石材是最古老的土木工程材料之一，藏量丰富、分布很广，便于就地取材，坚固耐用，砌筑石材广泛用于砌墙和造桥。但天然石材加工困难，自重大，开采和运输不够方便。

复习思考题

7.1　什么是墙体材料？如何分类？

7.2　烧结普通砖的标准尺寸是多少？其技术性能要求有哪些？强度等级和产品等级怎样划分？

7.3　何谓砖的泛霜和石灰爆裂？它们对建筑物有何影响？

7.4　什么是烧结砖的抗风化性能？根据哪几项技术指标来评定其抗风化性能？

7.5　采用烧结空心砖有何优越性？烧结多孔砖和烧结空心砖在规格、性能、应用等方面有何不同？

7.6　什么是蒸压蒸养砖？常见的蒸压蒸养砖有哪几种？它们的强度等级如何划分？在工程中应用时要注意什么？

7.7　什么是砌块？常见的砌块有哪些？

7.8　什么是普通混凝土砌块？有哪几个强度等级？在建筑中的使用有哪些优点？

7.9　什么叫蒸压加气混凝土砌块？与其他类型砌块相比，有何特点？

7.10　蒸压加气混凝土砌块质量等级如何划分？

7.11　墙用板材有哪几种？各有何特点？分别适用于什么地方？

7.12　请查阅世界著名的石建筑，并收集选用石材的种类及特性。

第8章 木 材

【学习要求】

- 了解木材的分类和构造。
- 了解木材的物理力学性能及应用范围。
- 掌握木材在建筑工程中的应用。

木材是一种古老的建筑材料。由于具有一些独特的优点，在出现众多新型建筑材料的今天，木材在土建工程中仍具有重要地位。木材的用途很广，可作结构用材、装饰用材、门窗用材及工程用材等。木材具有很多优点，如轻质高强；易于加工（如锯、刨、钻等），有较高的弹性和韧性；能承受冲击和振动作用；导电和导热性能低，木纹美丽，装饰性好等。但木材也有缺点，如构造不均匀，各向异性；易吸湿、吸水，因而易产生较大的湿胀、干缩变形；易燃、易腐等。不过，这些缺陷经加工和处理后，可得到很大程度的改善。对木材的种类和结构作较多的了解，有利于正确地使用木材。

8.1 木材的分类与构造

8.1.1 树木的分类

树木按树叶外观形状不同分针叶树和阔叶树两大类。

1. 针叶树

针叶树树叶细长，树干通直高大，易得大材，其纹理顺直，材质均匀，木质较软而易于加工，故又称软木材。

针叶树材质强度较大，表观密度和胀缩变形较小，耐腐性较强，是建筑工程中的主要用材，广泛用作承重构件、制作模板、门窗等。常用树种有松、杉、柏等，见图8.1。

2. 阔叶树

阔叶树树叶宽大，多数树种的树干通直部分较短，材质坚硬，较难加工，故又称硬木材（见图8.2）。

图8.1 针叶树

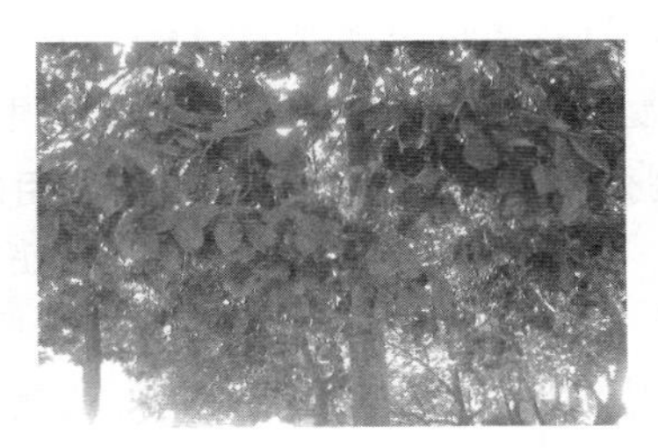

图8.2 阔叶树

阔叶树材一般表观密度较大，胀缩和翘曲变形大，易开裂，在建筑中常用作尺寸较小的装修和装饰。阔叶树又可分为两种：一种材质较硬，纹理也清晰美观，如樟木、水曲柳、桐木、柞木、榆木等；另一种材质并不很坚硬（有些甚至与针叶树一样松软），且纹理也不很清晰，但质地较针叶木要更为细腻。属于这一类的木材主要有桦木、椴木、山杨、青杨等树种。

8.1.2 木材的构造

木材的构造决定其性质，针叶树和阔叶树的构造略有不同，故其性质有差异。了解木材的构造可从宏观和微观两个方面进行。

1. 木材的宏观构造

木材的宏观构造是指用肉眼和放大镜就能观察到的木材组织。通常从树干的三个切面进行剖析，即横切面（垂直于树轴的面）、径切面（通过树轴的面）和弦切面（平行于树轴的面），如图 8.3 所示。

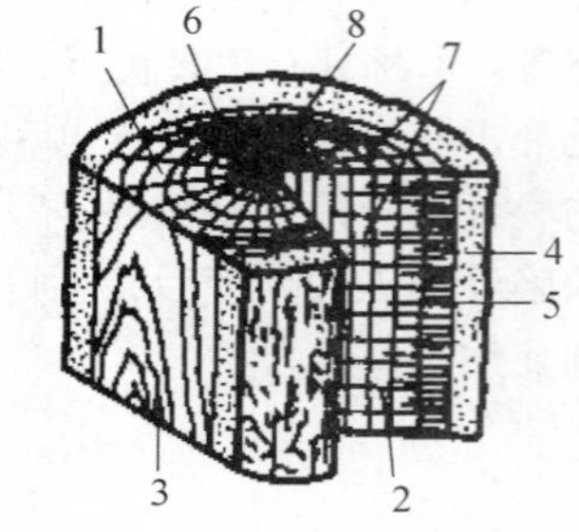

图 8.3 木材的宏观构造

1—横切面；2—径切面；3—弦切面；4—树皮；5—木质部；6—年轮；7—髓线；8—髓心

树木是由树皮、木质部和髓心三部分组成（见图 8.3），一般树的树皮均无使用价值。髓心在树干中心，质地松软，易于腐朽，对材质要求高的用材不得带有髓心。建筑使用的木材主要是树木的木质部。木质部的颜色不均，一般而言，接近树干中心者木色较深，称心材；靠近外围的部分颜色较浅，称边材。

从横切面上可看到木质部具有深浅相间的同心圆环，称为年轮。在同一年轮内，春天生长的木质，色较浅，质较松，称为春材（早材）；夏秋两季生长的木质，色较深，质较密，称为夏材（晚材）。相同树种，年轮越密而均匀，材质越好；夏材部分越多，木材强度越大。

从髓心向外的辐射线，称为木射线。木射线与周围联结较差，木材干燥时易沿木射线开裂，但木射线和年轮组成了木材美丽的天然纹理。

2. 木材的微观结构

木材的微观结构是指在显微镜下观察到的木材组织。在显微镜中可以看到，木材是由无数管状细胞紧密结合而成，它们绝大部分为纵向排列，少数横向排列（如木射线）。每个细胞又由细胞壁和细胞腔两部分组成：细胞壁由细纤维组成，细纤维之间可以吸附和渗透水分；细胞腔是由细胞壁包裹而成的空腔。细胞壁承受力的作用，所以木材的细胞壁越厚，细胞腔越小，木材越密实，其表观密度和强度也越大，但胀缩变形也大。与春材相比，夏材的细胞壁较厚。

针叶树显微结构简单而规则，它主要由管胞和木射线组成，且其木射线较细而不明显。阔叶树显微结构较复杂，其最大的特点是木射线很发达，粗大而明显。

【工程实例分析】8.1 客厅木地板所选用的树种

现象：某客厅采用白松实木地板装修，使用一段时间后多处磨损。

原因分析：白松属针叶树材，其木质软、硬度低、耐磨性差，虽受潮后不易变形，但用于走动频繁的客厅则不妥。可考虑改用质量好的复合木地板，其板面坚硬耐磨，可防高跟鞋、家具的重压、磨刮。

8.2 木材的性能及应用

8.2.1 木材的性能

1. 木材的含水率及吸湿性

木材的含水率是指木材所含水的质量占干燥木材质量的百分比。含水率的大小对木材的湿胀干缩和强度影响很大。新伐木材的含水率常在 35% 以上；风干木材的含水率为 15% ~ 25%；室内干燥木材的含水率为 8% ~ 15%。

木材中主要有三种水，即自由水、吸附水和结合水。自由水是存在于木材细胞腔和细胞间隙中的水分。自由水的变化只与木材的表观密度、含水率、燃烧性有关。

2. 木材的强度

木材的强度主要是指其抗拉、抗压、抗弯和抗剪强度。由于木材的构造各向不同，致使各方向强度有很大差异，因此木材的强度有顺纹强度和横纹强度之分。木材的顺纹强度比其横纹强度要大得多，所以工程上均充分利用它的顺纹抗拉、抗压和抗弯强度，而避免使其横向承受拉力或压力。

当木材无缺陷时，其强度中，顺纹抗拉强度最大，其次是抗弯强度和顺纹抗压强度；但有时却是木材的顺纹抗压强度最高，这是由于木材是自然生长的材料。在生长期间或多或少会受到环境不利因素影响而造成一些缺陷，如木节、斜纹、夹皮、虫蛀、腐朽等，而这些缺陷对木材的抗压强度影响较小，但对抗拉强度影响极为显著，从而造成抗拉强度低于抗压强度。当以顺纹抗压强度为 100 时，木材无缺陷时各强度大小关系如表 8.1 所示。

表 8.1 木材无缺陷时各强度大小关系

抗压		抗拉		抗弯	抗剪	
顺纹	横纹	顺纹	横纹		顺纹	横纹切断
100	10 ~ 30	200 ~ 300	5 ~ 30	150 ~ 200	15 ~ 30	50 ~ 100

木材的强度受含水率的影响很大，其规律是：当木材的含水率在纤维饱和点以下时，其强度随含水率降低而升高，即吸附水减少，细胞壁趋于紧密，木材强度增大；反之，吸附水增加，木材的强度就降低。当木材含水率在纤维饱和点以上变化时，木材强度不改变。

木材的强度是由其纤维组织决定的，但木材的强度还受到含水率、负荷时间、使用温度、疵病等的影响。木材在长时间负荷后的强度远小于极限强度，一般为极限强度的 50% ~ 60%。木材在长期荷载下不致引起破坏的最大强度，称持久强度，木结构设计时应以持久强度作为计算依据。环境温度升高以及木材中的疵病都会导致木材强度降低。

8.2.2 木材及其制品的应用

1. 木材在建筑结构中的应用

木材是传统的建筑材料，在古建筑和现代建筑中都得到了广泛的应用（见图 8.4）。在结构上，木材主要用于构架和屋顶，如梁、柱、桁、檩、椽、望板和斗拱（见图 8.5）等。我国许多古建筑均为木结构，它们在建筑技术和艺术上均有很高的水平，并且彰显其独特的风格。

木材由于加工方便，故广泛用于房屋的门窗、地板、天花板、扶手、栏杆、隔断和隔栅等。另外，木材在建筑工程中还常用作混凝土模板和木桩等，如图 8.6 所示。

（a）古建筑

（b）纯木质别墅

图 8.4 木材在古今建筑中的应用

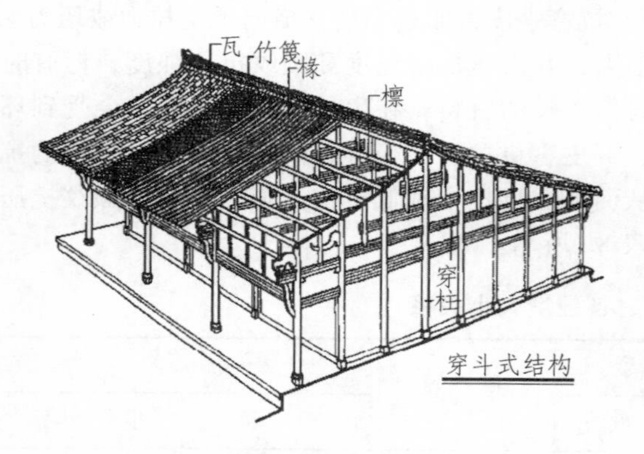

（a）木结构房屋构件组成

（b）木结构构架

图 8.5 木质构件

（a）楼梯木质扶手

（b）阳台木栏杆

（c）木料成品

（d）木模板

图 8.6 木质配件

2. 木装修与木装饰的应用

在国内外，木材历来被广泛用于建筑室内装修和装饰。在木材的使用过程中常有三种形式：原木、板材和枋材。原木是指去皮去枝梢后按一定规格锯成一定长度的木料；板材是指宽度为厚度的 3 倍或 3 倍以上的木料；枋材是指宽度不足厚度 3 倍的木料。除了直接使用木材外，还对木材进行综合利用，制成各种人造板材。这样既提高了木材使用率，又改善了天然木材的不足。

各类人造板及其制品是室内装饰装修的最主要的材料之一。室内装饰、装修用的人造板大多数存在游离甲醛释放问题。游离甲醛是室内环境主要污染物，对人体危害很大，已引起全社会的关注。《室内装饰装修材料人造板及其制品中甲醛释放限量》（GB 18580—2001）规定了各类板材中甲醛限量值。

（1）条木地板。

条木地板分空铺和实铺两种，空铺条木地板由龙骨、水平撑和地板三部分构成，其中地板有单层和双层两种（见图 8.7）。双层条木地板下层为毛板，钉在龙骨上，面层为硬木板，硬木条板多选用水曲柳、柞木、枫木、柚木、榆木等硬质木材。单层条木地板直接钉在龙骨上或黏于地面，板材常选用松、杉等软木材。条木地板自重轻、弹性好、脚感舒适、导热性小，冬暖夏凉，且易于清洁，适用于办公室、会客室、旅馆客房、卧室等场所。

（2）拼花木地板。

拼花木地板是较高级的室内地面装修，分双层和单层两种，二者面层均用一定大小的硬木块镶拼而成，双层者下层为毛板层。面层拼花板材多选用柚木、水曲柳、柞木、核桃木、栎木、榆木、槐木等质地优良、不易腐朽开裂的硬木材（见图 8.8）。拼花小木条一般带有企口。双层拼花木地板是将面层小板条用暗钉钉在毛板上固定，单层拼花木地板是采用适宜的黏结材料，将硬木面板条直接粘贴于混凝土基层上。拼花木地板适用于宾馆、会议室、办公室、疗养院、托儿所、体育馆、舞厅、酒吧、民用住宅等的地面装饰。

（3）复合木地板。

强化木地板又称复合木地板，是以中密度纤维板或木板条为基材，涂布三氧化二铝等作为覆盖材料而制成的一种板材（见图 8.9）。它具有耐烫、耐污、耐磨、抗压、施工方便等特点。复合木地板安装方便，板与板之间可通过槽榫进行连接。在地面平整度得到保证的前提下，复合木地板可直接浮铺在地面上，而不需用胶黏结。

复合木地板适用于办公室、会议室、商场、展览厅、民用住宅等的地面装饰。

图 8.7　条木地板

图 8.8　拼花木地板

图 8.9　复合木地板

（4）胶合板

胶合板又称层压板，是用蒸煮软化的原木旋切成大张薄片，再用胶黏剂按奇数层以各层纤维互相垂直的方向黏合热压而成的人造板材。胶合板层数可达 15 层（见图 8.10）。根据木片层数的不同，而有不同的称谓，如三合板、五合板等。我国胶合板目前主要采用松木、水曲柳、椴木、桦木、马尾松及部分进口原木制成。

图 8.10　胶合板

胶合板大大提高了木材的利用率，其主要特点是：由小直径的原木就能制得宽幅的板材；因其各层单板的纤维互相垂直，故能消除各向异性，得到纵横一样的均匀强度；干湿变形小；没有木节和裂纹等缺陷。胶合板广泛用作建筑室内隔墙板、天花板、门框、门面板以及各种家具及室内装修等。

（5）刨花板、木丝板、木屑板。

刨花板、木丝板、木屑板是分别以刨花碎片、短小废料刨制的木丝、木屑等为原料，经干燥后拌入胶料，再经热压而制成的人造板材（见图 8.11）。所用胶料可用合成树脂，也可用水泥等无机胶结料。这类板材一般表观密度较小，强度较低，主要用作绝热和吸声材料，但不易用于潮湿处。其表面可粘贴塑料贴面或胶合板作饰面层，这样既增加了板材的强度，又使板材具有装饰性，可用作吊顶、隔墙、家具等。

图 8.11　刨花板

【工程实例分析】8.2　木屋架开裂失效

某铁路俱乐部的 22.5 m 跨度方木屋架，下弦用三根方木单排螺栓连接，上弦由两根方木平接。使用两年后，上下弦方木因干燥收缩而产生严重裂缝，且连接螺栓通过大裂缝，使连接失效，以致成为危房。

8.3　木材的防护与防火

木材具有很多优点，但也存在两大缺点：一是易腐；一是易燃。因此，建筑工程中应用木材时，必须考虑木材的防腐和防火问题。

8.3.1 木材的腐朽与防腐

民间谚语称木材：“干千年，湿千年，干干湿湿两千年。”意思是说，木材只要一直保持通风干燥或完全浸于水中，就不会腐朽破坏，但是如果木材干干湿湿，则极易腐朽（见图8.12）。

木材的腐朽是真菌侵害所致。真菌在木材中生存和繁殖必须具备三个条件：水分、适宜的温度和空气中的氧。所以木材完全干燥和完全浸入水中（缺氧）都不易腐朽。

图8.12 木结构建筑

了解了木材产生腐朽的原因，也就有了防止木材腐朽的方法。通常防止木材腐朽的措施有以下两种：一是破坏真菌生存的条件，最常用的办法是：使木结构、木制品和储存的木材处于经常保持通风干燥的状态，并对木结构和木制品表面进行油漆处理，油漆涂层既使木材隔绝了空气，又隔绝了水分。二是将化学防腐剂注入木材中，使真菌无法寄生。木材防腐剂种类很多，一般分水溶性防腐剂、油质防腐剂和膏状防腐剂三类。

8.3.2 木材的防虫

木材除受真菌侵蚀而腐朽外，还会遭受昆虫的蛀蚀。常见的蛀虫有白蚁、天牛等（见图8.13）。木材虫蛀的防护主要是采用化学药剂处理。木材防腐剂也能防止昆虫的危害。

（a）白蚁

（b）天牛

图8.13 对木材有危害的昆虫

8.3.3 木材的防火

木材属木质纤维材料，易燃烧，是具有火灾危险性的有机可燃物。所谓木材的防火，就是将木材经过具有阻燃性能的化学物质处理后，变成难燃的材料，以达到遇小火能自熄、遇大火能延缓或阻滞燃烧蔓延的目的，从而赢得扑救的时间。

常用木材防火处理方法是在木材表面涂刷或覆盖难燃材料和用防火剂浸注木材。

本章小结

木材是人类使用最早的建筑材料之一。木制品一般包括条木地板、拼花木地板、复合木地板、胶合板、刨花板、木丝板及木屑板等。木材作为建筑材料，具有很多优点，但也存在两大缺点：易腐和易燃。所以在建筑工程中应用木材时，必须考虑木材的防腐和防火问题。加强对木材的防腐、防火处理，以提高木材的耐久性，延长使用年限。

在现代建筑中，由于木材具有轻质高强，弹性、韧性好，导热系数小，耐久性好，装饰性好，易于加工，安装施工方便等独特的优良性，使其在建筑工程中，尤其在装修领域有着重要的地位。

思考与练习题

8.1　木材含水率的变化对木材性质有何影响？

8.2　试说明木材腐朽的原因。有哪些方法可防止木材腐朽？

8.3　影响木材强度的主要因素有哪些？怎样影响？

8.4　何谓木材的纤维饱和点、平衡含水率？在实际使用中有何意义？

8.5　木材的几种强度中其顺纹抗拉强度最高，但为何实际用作受拉构件的情况较少而较多地用于抗弯和承受顺纹抗压？

8.6　试述木材的优缺点。工程中使用木材时的原则是什么？

8.7　有不少住宅的木地板使用一段时间后出现接缝不严，但亦有一些木地板出现起拱。请分析原因。

8.8　某工地购得一批混凝土模板用胶合板，使用一定时间后发现其质量明显下降。经送检，发现该胶合板使用脲醛树脂作胶黏剂。请分析质量下降的原因。

第 9 章　金属材料

【学习要求】

- 了解钢材的冶炼及分类，钢材的硬度概念，钢材的焊接性能和热处理方法及其对钢材性能的影响，钢材的组织与性能的关系，钢材的防火。
- 了解土木工程中常用建筑钢材的品种，铝合金及制品的性能。
- 掌握建筑钢材的抗拉性能、冲击韧性、疲劳性能和冷弯性能的意义，以及测定方法和影响因素。
- 掌握建筑钢材的强化机理及强化方法、土木工程中常用建筑钢材的分类及其选用原则、化学成分对钢材性能的影响、钢材的防腐蚀。

金属材料包括黑色金属和有色金属两大类。黑色金属是指以铁元素为主要成分的金属及其合金，如钢和生铁。有色金属是指黑色金属以外的金属，如铝、铜、铅、锌等金属及其合金。土木工程中应用的金属材料主要有建筑钢材和铝合金两种。

9.1　建筑钢材

建筑钢材是指用于工程建设的各种钢材，包括钢结构用的各种型钢（圆钢、角钢、槽钢和工字钢）、钢板以及钢筋混凝土用的各种钢筋、钢丝和钢绞线。除此之外，还包括用作门窗和建筑五金等钢材。

建筑钢材强度高、品质均匀，具有一定的弹性和塑性变形能力，能承受冲击振动荷载。钢材还具有很好的加工性能，可以铸造、锻压、焊接、铆接和切割，装配施工方便。建筑钢材广泛用于大跨度结构、多层及高层建筑、受动力荷载结构、重型工业厂房结构和钢筋混凝土之中，因此建筑钢材是最重要的建筑结构材料之一。钢材的缺点是容易生锈、维护费用大、耐火性差。

铝合金近年来在建筑装修领域中，广泛用作门窗和室内装修外装饰，有优良的建筑功能及独特的装饰效果。铜、铝及其合金由于具有质量轻、可装配化生产等特点，在现代土木工程中的应用也很广泛。

9.1.1　钢材的生产

钢材是将生铁在炼钢炉中进行冶炼，然后浇注成钢锭，再经过扎制、锻压、拉拔等压力加工工艺制成的材料。生铁性能脆硬，在建筑上难以使用。炼钢的原理就是把熔融的生铁进行加工，使其中碳的含量降到 2% 以下，其他杂质的含量也控制在规定范围之内。地球上的铁都蕴藏在铁矿中，从铁矿石开始到最终产品的钢材为止，钢材的生产大致可分为炼铁、炼钢和轧制三道工序。

1. 炼　铁

矿石中的铁是以氧化物的形态存在的，因此要从矿石中得到铁，就要用与氧的亲和力比铁更大的物质——一氧化碳与碳等还原剂，通过还原作用从矿石中除去氧，还原出铁。同时，为了使砂质和黏土质的杂质（矿石中的废石）易于熔化为熔渣，常用石灰石作为熔剂。所有这些作用只有在足够的温度下才会发生，因此铁的冶炼都是在可以鼓入热风的高炉内进行。装入炉膛内的铁矿石、焦炭、石灰石和少量的锰矿石，在鼓入的热风中发生反应，在高温下成为熔融的生铁（含碳量超过 2.06% 的铁碳合金称为生铁或铸铁）和漂浮其上的熔渣。常温下的生铁质坚而脆，但由于其熔化温度低，在熔融状态下具有足够的流动性，且价格低廉，故在机械制造业的铸件生产中有广泛的应用。铸铁管是土木建筑业中少数应用生铁的例子之一。

2. 炼　钢

目前，大规模炼钢方法主要有平炉炼钢法、氧气转炉炼钢法和电弧炉炼钢法三种。

（1）平炉炼钢法。

以固态或液态生铁、废钢铁或铁矿石做原料，用煤气或重油为燃料在平炉中进行冶炼。平炉钢熔炼时间长，化学成分便于控制，杂质含量少，成品质量高。其缺点是能耗高，生产效率低，成本高，已基本被淘汰。

（2）氧气转炉炼钢法。

氧气转炉炼钢法已成为现代炼钢法的主流。它是以纯氧代替空气吹入炼钢炉的铁水中，能有效地除去硫、磷等杂质，使钢的质量显著提高，冶炼速度快而成本较低，常用来炼制优质碳素钢和合金钢。

（3）电弧炉炼钢法。

以电为能源迅速加热生铁或废钢原料，熔炼温度高且温度可自由调节，清除杂质容易。因此生产出的钢质量最好，但成本高，主要用于炼制优质碳素钢及特殊合金钢。

3. 钢材的浇注和脱氧

按钢液在炼钢中或盛钢桶中进行脱氧的方法和程度的不同，碳素结构钢可分为沸腾钢、半镇静钢、镇静钢和特殊钢四类。其中，沸腾钢采用脱氧能力较弱的锰作脱氧剂，脱氧不完全，在将钢液浇注入钢锭模时，会有气体逸出，出现钢液的沸腾现象。沸腾钢在铸模中冷却很快，钢液中的氧化铁和碳作用生成的一氧化碳气体不能全部逸出，凝固后在钢材中留有较多的氧化铁夹杂和气孔，钢的质量较差。镇静钢采用锰加硅作脱氧剂，脱氧较完全，硅在还原氧化铁的过程中还会产生热量，使钢液冷却缓慢，使气体充分逸出，浇注时不会出现沸腾现象。这种钢质量好，但成本高。半镇静钢的脱氧程度介于上述二者之间。特殊镇静钢是在锰硅脱氧后，再用铝补充脱氧，其脱氧程度高于镇静钢。低合金高强度结构钢一般都是镇静钢。

随着冶炼技术的不断发展，用连续铸造法生产钢坯（用作轧制钢材的半成品）的工艺和设备已取代了笨重而复杂的铸锭—开坯—初轧的工艺流程和设备。连铸法的特点：钢液由钢包经过中间包连续注入被水冷却的铜制铸模中，冷却后的坯材被切割成半成品。连铸法的机械化，自动化程度高，可采用电磁感应搅拌装置等先进设施提高产品质量，生产的钢坯整体质量均匀，但只有镇静钢才适合连铸工艺。因此，国内大钢厂已很少生产沸腾钢，若采用沸腾钢，不但质量差，而且供货困难，价格并不便宜。

9.1.2　钢材的分类

1. 按化学成分分类

（1）碳素钢。碳素钢的化学成分主要是铁，其次是碳，故也称铁-碳合金。其含碳量为 0.02%～2.06%。此外，还含有极少量的硅、锰和微量的硫、磷等元素。碳素钢按含碳量又可分为：低碳钢（含碳量小于 0.25%），中碳钢（含碳量为 0.25%～0.60%），高碳钢（含碳量大于 0.60%）。

（2）合金钢。是指在炼钢过程中，有意识地加入一种或多种能改善钢材性能的合金元素而制得的钢种。常用合金元素有：硅、锰、钛、钒、铌、铬等。按合金元素总含量的不同，合金钢可分为：低合金钢（合金元素总含量小于 5%），中合金钢（合金元素总含量为 5%～10%）。

2. 按冶炼时脱氧程度不同分类

（1）沸腾钢。炼钢时仅加入锰铁进行脱氧，则脱氧不完全。这种钢水浇入锭模时，会有大量 CO 气体从钢水中外逸，引起钢水呈沸腾状，故称沸腾钢。

沸腾钢组织不够致密，成分不太均匀，硫、磷等杂质偏析较严重，故质量较差。但因其成本低、产量高，故被广泛用于一般建筑工程。

（2）镇静钢。炼钢时采用锰铁、硅铁和铝锭等作脱氧剂，脱氧完全，同时能起去硫作用。这种钢水铸锭时能平静地充满锭模冷却凝固，故称镇静钢。

镇静钢成本较高，但组织致密、成分均匀、性能稳定，故质量好，适用于预应力混凝土等重要的结构工程。

3. 按品质（杂质含量）不同分类

根据硫、磷有害杂质的含量不同，钢材分为普通钢、优质钢和高级优质钢等。

4. 按用途分类

钢材分为结构钢、工具钢和特殊钢。

建筑上常用的钢种是普通碳素钢中的低碳钢和普通合金钢中的低合金钢。

9.1.3　建筑钢材的主要技术性能

1. 建筑钢材的破坏形式

钢材有两种完全不同的破坏形式——塑性破坏（Ductile Fracture）和脆性破坏（Brittle Fracture）。钢结构所用的钢材在正常使用条件下，虽然有较高的塑性和韧性，但在某些条件下，仍然存在发生脆性破坏的可能性。

塑性破坏的主要特征：破坏前具有较大的塑性变形，常在钢材表面出现明显的相互交错的锈迹剥落线。只有当构件中的应力达到抗拉强度后才会发生破坏，破坏后的断口呈纤维状，色泽发暗。由于塑性破坏前总有较大的塑性变形发生，且变形持续时间较长，容易被发现和抢修加固，因此不致发生严重后果。钢材塑性破坏前的较大塑性变形能力，可以实现构件和结构中的内力重分布，钢结构的塑性设计就是建立在这种足够的塑性变形能力上的。

脆性破坏的主要特征：破坏前塑性变形很小，或根本没有塑性变形，而突然迅速断裂。破坏后的断口平直，呈有光泽的晶粒状或人字纹。由于破坏前没有任何预兆，破坏速度又极快，无法察觉和补救，而且一旦发生常引发整个结构的破坏，后果非常严重，因此在钢结构的设计、施工和使用过程中，要特别注意防止这种破坏的发生。

钢材存在的两种破坏形式与其内在的组织构造和外部的工作条件有关。试验和分析均证明，在剪力作用下，具有体心立方晶格的铁素体很容易通过位错移动形成滑移，即形成塑性变形；而其抵抗沿晶格方向伸长至拉断的能力却强大得多，因此当单晶铁素体承受拉力作用时，总是首先沿最大剪应力方向产生塑性滑移变形。钢材是由铁素体和珠光体等组成的，由于珠光体间层的限制，阻遏了铁素体的滑移变形，因此受力初期表现出弹性性能。当应力达到一定数值，珠光体间层失去了约束铁素体在最大剪应力方向滑移的能力，此时钢材将出现屈服现象，先前铁素体被约束了的塑性变形就充分表现出来，直到最后破坏。显然，当内外因素使钢材中铁素体的塑性变形无法发生时，钢材将出现脆性破坏。

2. 建筑钢材的技术性能

钢材的性质主要包括力学性质、工艺性质和化学性质等，其中力学性质是最主要的性能之一。

（1）抗拉性能。

抗拉性能是表示钢材性能的重要指标。由于拉伸是建筑钢材的主要受力形式，因此抗拉性能采用拉伸试验测定，以屈服点、抗拉强度和伸长率等指标表征，这些指标可通过低碳（软钢）受拉时的应力-应变曲线来阐明，如图 9.1 所示。

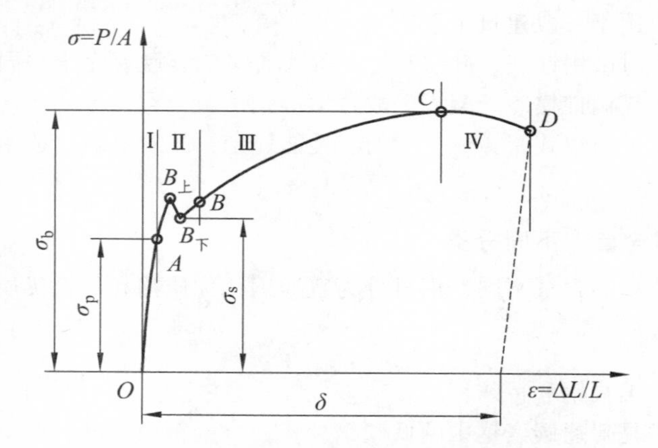

图 9.1　低碳钢受拉的应力-应变图

弹性阶段（O—A）：在 OA 范围内应力与应变成正比例关系，如果卸去外力，试件则恢复原来的形状，这个阶段称为弹性阶段。弹性阶段的最高点 A 所对应的应力值称为弹性极限 σ_p。当应力稍低于 A 点时，应力与应变呈线性正比例关系，其斜率称为弹性模量。

屈服阶段（A—B）：当应力超过弹性极限 σ_p 后，应力和应变不再成正比关系，应力在 B 上至 B 下小范围内波动，而应变迅速增长。在 σ-ε 关系图上出现了一个接近水平的线段。如果卸去外力已出现塑性变形，AB 称为屈服阶段。B 下所对应的应力值称为屈服极限 σ_s。

强化阶段（B—C）：当应力超过屈服强度后，由于钢材内部组织产生晶格扭曲、晶粒破碎等原因，阻止了塑性变形的进一步发展，钢材抵抗外力的能力重新提高。在 σ-ε 关系图上形成 BC 段的上升曲线，这一过程称为强化阶段。对应于最高点 C 的应力称为抗拉强度，用 σ_b 表示，它是钢材所能承受的最大应力。

屈服强度与抗拉强度之比（屈强比）σ_s/σ_b 是评价钢材使用可靠性的一个参数。屈强比越小，钢材受力超过屈服点工作时可靠性越大，安全性越高。但是，屈强比太小，钢材强度的利用率偏低，浪费材料。

颈缩阶段（C—D）：当应力达到抗拉强度 σ_b 后，在试件薄弱处的断面将显著缩小，塑性变形急剧增加，产生“颈缩”现象并很快断裂。

将断裂后的试件拼合起来，量出标距两端点间的距离，按下式计算出伸长率 δ：

$$\delta = [(L_1 - L_0) \div L_0] \times 100\% \tag{9.1}$$

伸长率表示钢材断裂前经受塑性变形的能力。伸长率越大，表示钢材塑性越好。尽管结构是在钢的弹性范围内使用，但在应力集中处，其应力可能超过屈服点，此时产生一定的塑性变形，可使结构中的应力产生重分布从而使结构免遭破坏。另外，钢材塑性大，则在塑性破坏前，有很明显的塑性变形和较长的变形持续时间，便于人们发现和补救问题，从而保证钢材在建筑上的安全使用；同时，有利于钢材加工成各种形式。

（2）冲击韧性。

冲击韧性指钢材抵抗冲击荷载的能力。冲击韧性指标是通过标准试件的弯曲冲击韧性试验确定的，如图 9.2 所示。它是用试验机摆锤冲击带有 V 形缺口的标准试件的背面，将其折断后试件单位截面积上所消耗的功，作为钢材的冲击韧性指标，以 α_k 表示（J/cm^2）。α_k 值越大，表明钢材的冲击韧性越好。

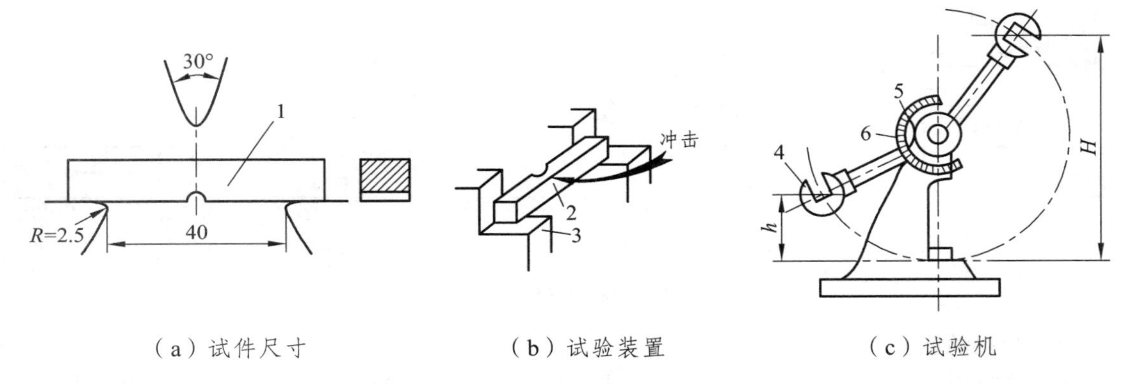

图 9.2　冲击韧性试验图

1—试件 V 形缺口；2—试件；3—试验台；4—摆锤；5—刻度盘；6—指针

影响钢材冲击韧性的因素很多，钢的化学成分、组织状态，以及冶炼、轧制质量都会影响冲击韧性。

（3）硬度。

硬度是指钢材抵抗较硬物体压入产生局部变形的能力。测定钢材硬度常用布氏法。

布氏法是用一直径为 D 的硬质钢球，在荷载 P(N) 的作用下压入试件表面，经规定的时间后卸去荷载，用读数放大镜测出压痕直径 d，如图 9.3 所示。以压痕表面积（mm^2）除荷载 P，即为布氏硬度值 HB。HB 值越大，表示钢材越硬。

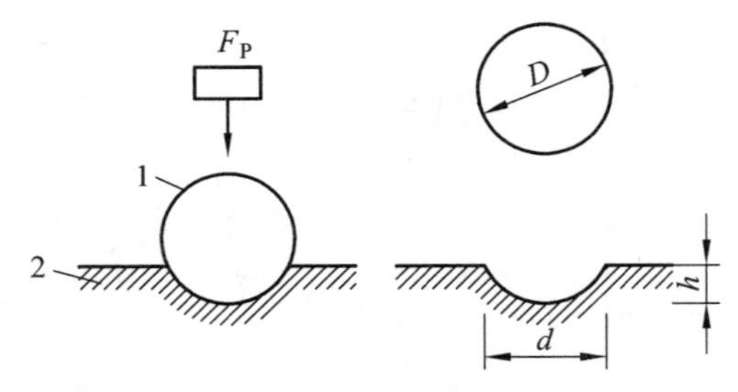

图 9.3　布氏硬度测定示意图

1—钢球；2—试件

（4）耐疲劳性。

钢材在交变应力的反复作用下，往往在应力远小于其抗拉强度时就发生破坏，这种现象称为疲劳破坏。

疲劳破坏的危险应力用疲劳极限来表示，它是指疲劳试验时试件在交变应力作用下，于规定周期基数内不发生断裂所能承受的最大应力。

一般认为，钢材的疲劳破坏是由拉应力引起的，抗拉强度高，其疲劳极限也较高。钢材的疲劳极限与其内部组织和表面质量有关。

（5）冷弯性能。

冷弯性能是指钢材在常温下承受弯曲变形的能力，是建筑钢材的重要工艺性能。

钢材的冷弯性能指标是用弯曲角度和弯心直径对试件厚度（直径）的比值来衡量的，如图 9.4 所示。试验时采用的弯曲角度越大，弯心直径对试件厚度（直径）的比值越小，表示对冷弯性能的要求越高。

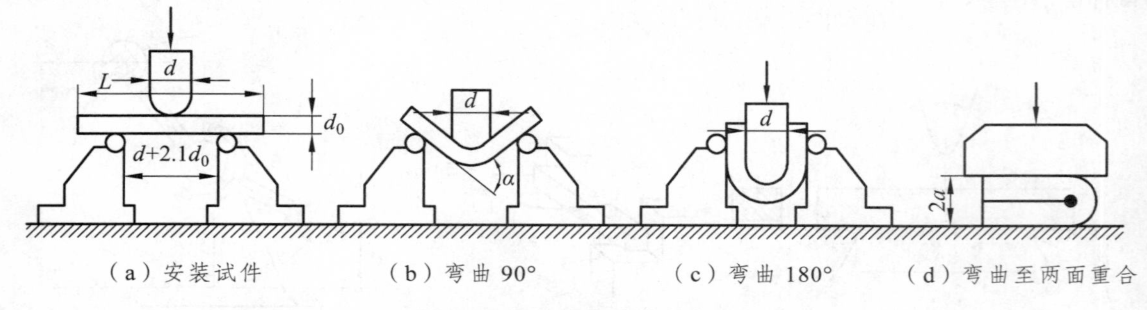

图 9.4　钢材冷弯试验示意图

（6）焊接性能。

钢材主要以焊接的形式应用于工程结构中。焊接的质量取决于钢材与焊接材料的可焊性及其焊接工艺。

钢材的可焊性是指钢材在通常的焊接方法和工艺条件下获得良好焊接接头的性能。可焊性好的钢材焊接后不易形成裂纹、气孔、夹渣等缺陷，焊头牢固可靠，焊缝及其热影响区的性能不低于母材的力学性能。影响钢材可焊性的主要因素是化学成分及含量。

（7）钢材的冷加工及热处理。

冷加工：钢材经冷加工产生一定塑性变形后，其屈服强度、硬度提高，而塑性、韧性及弹性模量降低，这种现象称为冷加工强化，见图 9.5。

钢材的冷加工方式有冷拉、冷拔、冷轧、冷扭、刻痕等。

时效：将经过冷拉的钢筋于常温下存放 15～20 d，或加热到 100～200 °C 并保持一段时间，其强度和硬度进一步提高，塑性和韧性进一步降低，这个过程称为时效处理。前者称为自然时效，后者称为人工时效。

钢筋冷拉以后再经过时效处理，其屈服点进一步提高，塑性继续有所降低。

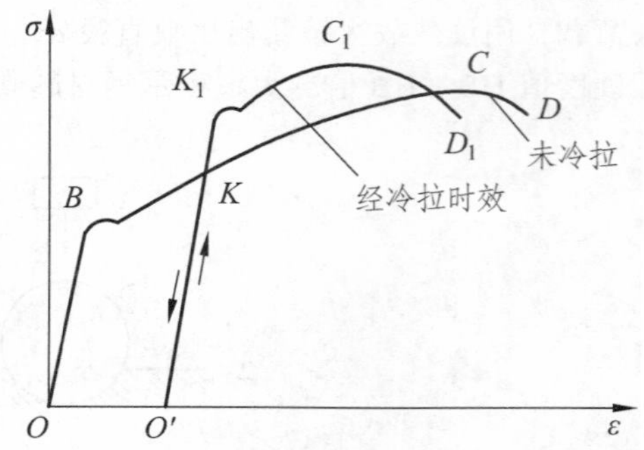

图 9.5　钢筋经冷拉时效后应力-应变图的变化

热处理：将金属材料放在一定的介质内加

热、保温、冷却，通过改变材料表面或内部的金相组织结构，来控制其性能的一种金属热加工工艺。热处理的方法有退火、正火、淬火、回火等。土木工程建筑所用钢材一般都只在生产厂进行热处理，并以热处理状态供应。在施工现场，有时需对焊接钢材进行热处理。

3. 各种因素对建筑钢材性能的影响

（1）化学成分的影响。

钢是以铁和碳为主要成分的合金，虽然碳和其他元素所占比例甚少，但却左右着钢材的性能。

碳是各种钢中的重要元素之一，在碳素结构钢中则是铁以外的最主要元素。碳是形成钢材强度的主要成分，随着含碳量的提高，钢的强度逐渐增高，而塑性和韧性下降，冷弯性能、焊接性能和抗锈蚀性能等也变差。碳素钢按碳的含量区分，小于0.25%的为低碳钢，介于0.25%和0.6%之间的为中碳钢，大于0.6%的为高碳钢。含碳量超过0.3%时，钢材的抗拉强度很高，但却没有明显的屈服点，且塑性很小。含碳量超过0.2%时，钢材的焊接性能将开始恶化。因此，规范推荐的钢材，含碳量均不超过0.22%，对于焊接结构则严格控制在0.2%以内。

硫是有害元素，常以硫化铁形式夹杂于钢中。当温度达800～1 000 °C时，硫化铁会熔化使钢材变脆，因而在进行焊接或热加工时，有可能引发热裂纹，称为热脆。此外，硫还会降低钢材的冲击韧性、疲劳强度、抗锈蚀性能和焊接性能等。非金属硫化物夹杂经热轧加工后还会在厚钢板中形成局部分层现象，在采用焊接连接的节点中，沿板厚方、向承受拉力时，会发生层状撕裂破坏。因而应严格限制钢材中的含硫量，随着钢材牌号和质量等级的提高，含硫量的限值由0.05%依次降至0.025%，厚度方向性能钢板（抗层状撕裂钢板）的含硫量更限制在0.01%以下。

磷可提高钢的强度和抗锈蚀能力，但却严重地降低钢的塑性、韧性、冷弯性能和焊接性能，特别是在温度较低时促使钢材变脆，称为冷脆。因此，磷的含量也要严格控制，随着钢材牌号和质量等级的提高，含磷量的限值由0.045%依次降至0.025%。但是当采取特殊的冶炼工艺时，磷可作为一种合金元素来制造含磷的低合金钢，此时其含量可达0.12%～0.13%。

锰是有益元素，在普通碳素钢中，它是一种弱脱氧剂，可提高钢材强度，消除硫对钢的热脆影响，改善钢的冷脆倾向，同时不显著降低塑性和韧性。锰还是我国低合金钢的主要合金元素，其含量为0.8%～1.8%。但锰对焊接性能不利，因此含量也不宜过多。

硅是有益元素，在普通碳素钢中，它是一种强脱氧剂，常与锰共同除氧，生产镇静钢。适量的硅，可以细化晶粒，提高钢的强度，而对塑性、韧性、冷弯性能和焊接性能无显著不良影响。硅的含量在一般镇静钢中为0.12%～0.30%，在低合金钢中为0.2%～0.55%。但过量的硅会恶化焊接性能和抗锈蚀性能。

铝是强脱氧剂，还能细化晶粒，可提高钢的强度和低温韧性，在要求低温冲击韧性合格保证的低合金钢中，其含量不小于0.015%。

铬、镍是提高钢材强度的合金元素，用于Q390及以上牌号的钢材中，但其含量应受限制，以免影响钢材的其他性能。

铜和铬、镍、钼等其他合金元素，可在金属基体表面形成保护层，提高钢对大气的抗腐蚀能力，同时保持钢材具有良好的焊接性能。在我国的焊接结构用耐候钢中，铜的含量为0.20%～0.40%。

镧、铈等稀土元素（RE）可提高钢的抗氧化性，并改善其他性能，在低合金钢中其含量按0.02%～0.20%控制。

氧和氮属于有害元素。氧与硫类似地使钢热脆，氮的影响和磷类似，因此其含量均应严格控制。但当采用特殊的合金组分匹配时，氮可作为一种合金元素来提高低合金钢的强度和抗腐蚀性，如在九江长江大桥中已成功使用的 15MnVN 钢，就是 Q420 中的一种含氮钢，氮含量控制在 0.010% ~ 0.020%。

氢是有害元素，呈极不稳定的原子状态溶解在钢中，其溶解度随温度的降低而降低，常在结构疏松区域、孔洞、晶格错位和晶界处富集，生成氢分子，产生巨大的内压力，使钢材开裂，称为氢脆。氢脆属于延迟性破坏，在有拉应力作用下，常需要经过一定孕育发展期才会发生。在破裂面上常可见到白点，称为氢白点。含碳量较低且硫、磷含量较少的钢，氢脆敏感性低。钢的强度等级越高，对氧脆越敏感。

（2）钢材焊接性能的影响。

钢材的焊接性能受含碳量和合金元素含量的影响。当含碳量在 0.12% ~ 0.20% 时，碳素钢的焊接性能最好；含碳量超过上述范围时，焊缝及热影响区容易变脆。一般 Q235A 的含碳量较高，且含碳量不作为交货条件，因此这一牌号通常不能用于焊接构件。而 Q235B、C、D 的含碳量控制在上述的适宜范围之内，是适合焊接使用的普通碳素钢牌号。在高强度低合金钢中，低合金元素大多对可焊性有不利影响，我国行业标准《建筑钢结构焊接技术规程》（JGJ 81—2002）推荐使用碳当量来衡量低合金钢的可焊性，其计算公式如下：

$$C_E = \mathrm{C} + \frac{\mathrm{Mn}}{6} + \frac{\mathrm{Cr} + \mathrm{Mo} + \mathrm{V}}{5} + \frac{\mathrm{Ni} + \mathrm{Cu}}{15} \tag{9.2}$$

式中，C、Mn、Cr、Mo、V、Ni、Cu 分别为碳、锰、铬、钼、钒、镍和铜的百分含量。当 $C_E \leqslant$ 0.38% 时，钢材的可焊性很好，可以不用采取措施直接施焊；当 C_E 在 0.38% ~ 0.45% 时，钢材呈现淬硬倾向，施焊时需要控制焊接工艺，采用预热措施并使热影响区缓慢冷却，以免发生淬硬开裂；当 $C_E > 0.45\%$ 时，钢材的淬硬倾向更加明显，需严格控制焊接工艺和预热温度才能获得合格的焊缝。

钢材焊接性能的优劣除了与钢材的碳当量有直接关系之外，还与母材厚度、焊接方法、焊接工艺参数以及结构形式等条件有关。目前，国内外都采用可焊性试验的方法来检验钢材的焊接性能，从而制订出重要结构和构件的焊接制度和工艺。

（3）钢材硬化的影响。

钢材的硬化有三种情况：时效硬化、冷作硬化（或应变硬化）和应变时效硬化。

在高温时溶于铁中的少量氮和碳，随着时间的增长逐渐由固溶体中析出，生成氮化物和碳化物，散存在铁素体晶粒的滑动界面上，对晶粒的塑性滑移起到遏制作用，从而使钢材的强度提高，塑性和韧性下降，见图 9.6（a）。这种现象称为时效硬化（也称老化）。产生时效硬化的过程一般较长，但在振动荷载、反复荷载及温度变化等情况下，会加速发展。

在冷加工（或一次加载）使钢材产生较大的塑性变形的情况下，卸荷后再重新加载，钢材的屈服点提高，塑性和韧性降低的现象［见图 9.6（a）］称为冷作硬化。

在钢材产生一定数量的塑性变形后，铁素体晶体中的固溶氮和碳将更容易析出，从而使已经冷作硬化的钢材又发生时效硬化现象［见图 9.6（b）］，称为应变时效硬化。这种硬化在高温作用下会快速发展，人工时效就是据此提出来的，方法是：先使钢材产生 10% 左右的塑性变形，卸载后月再加热至 250 °C，保温 1 h 后在空气中冷却。用人工时效后的钢材进行冲击韧性试验，可以判断钢材的应变时效硬化倾向，确保结构具有足够的抗脆性破坏能力。

对于比较重要的钢结构，要尽量避免局部冷作硬化现象的发生。如钢材的剪切和冲孔，会使切口和孔壁发生分离式的塑性破坏，在剪断的边缘和冲出的孔壁处产生严重的冷作硬化，甚至出现微细的裂纹，促使钢材局部变脆。此时，可将剪切处刨边；冲孔用较小的冲头，冲完后再行扩钻或完全改为钻孔的办法来除掉硬化部分或根本不发生硬化。

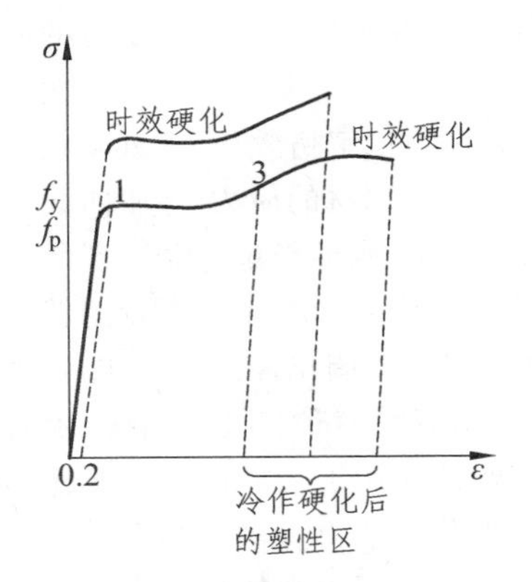

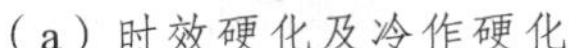

（a）时效硬化及冷作硬化

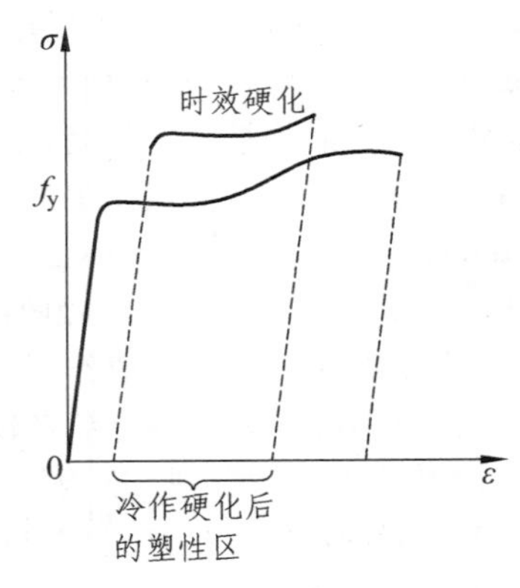

（b）应变时效硬化

图 9.6 硬化对钢材性能的影响

（4）荷载类型的影响。

荷载可分为静力和动力两大类。静力荷载中的永久荷载属于一次加载，活荷载可看作重复加载。动力荷载中的冲击荷载属于一次快速加载；吊车梁所受的吊车荷载以及建筑结构所承受的地震作用则属于连续交变荷载，或称循环荷载。

① 加载速度的影响。

在冲击荷载作用下，加载速度很高，由于钢材的塑性滑移在加载瞬间跟不上应变速率，因而反映出屈服点提高的倾向。但是试验研究表明，在 20 °C 左右的室温环境下，虽然钢材的屈服点和抗拉强度随应变速率的增加而提高，塑性变形能力却没有下降，反而有所提高，即处于常温下的钢材在冲击荷载作用下仍保持良好的强度和塑性变形能力。

应变速率在温度较低时对钢材性能的影响要比常温下大得多。图 9.7 给出了三条不同应变速率下的缺口韧性试验结果与温度的关系曲线，图中中等加载速率相当于应变速率 $\varepsilon=10^{-3}\ \mathrm{s}^{-1}$，即每秒施加应变 $\varepsilon=0.1\%$，若以 100 mm 为标定长度，其加载速度相当于 0.1 mm/s。由图中可以看出，随着加载速率的减小，曲线向温度较低侧移动。在温度较高和较低两侧，三条曲线趋于接近，应变速率的影响变得不十分明显；但在常用温度范围内其对应变速率的影响十分敏感，即在此温度范围内，加荷速率越高，缺口试件断裂时吸收的能量越低，变得越脆。因此在钢结构防止低温脆性破坏设计中，应考虑加荷速率的影响。

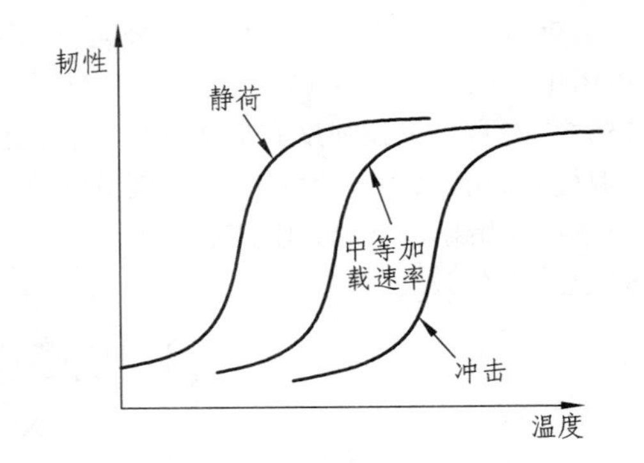

图 9.7 不同应变速率钢材断裂吸收能量随温度的变化

② 循环荷载的影响。

钢材在连续交变荷载作用下，会逐渐累积损伤、产生裂纹及裂纹逐渐扩展，直到最后破坏，这种现象称为疲劳（Fatigue）。按照断裂寿命和应力高低的不同，疲劳可分为高周疲劳（High-Cyclefatigue）和低周疲劳（Low-Cycle Fatigue）两类。高周疲劳的断裂寿命较长，断裂前的应力循环次数 $n\geqslant10^5$，断裂应力水平较低，因此也称低应力疲劳或疲劳，一般常见的疲劳多属于这类。低周疲劳的断裂寿命较短，破坏前的循环次数 $n=10^2\sim10^5$，断裂应力水平较高，伴有塑性应变发生，因此也称为应变疲劳或高应力疲劳。有关高周疲劳的内容将在下节叙述，本节重点介绍有关低周疲劳的若干概念。

试验研究发现，当钢材承受拉力至产生塑性变形，卸载后再使其受拉，其受拉的屈服强度将提高至卸载点（冷作硬化现象）；而当卸载后使其受压，其受压的屈服强度将低于一次受压时所获得的值。这种经预拉后抗拉强度提高，抗压强度降低的现象称为包辛格效应（Bauschinger effect），如图 9.8（a）所示。在交变荷载作用下，随着应变幅值的增加，钢材的应力-应变曲线将形成滞回环线（Hysteresis Loops），如图 9.8（b）所示。低碳钢的滞回环丰满而稳定，滞回环所围的面积代表荷载循环一次单位体积的钢材所吸收的能量，在多次循环荷载下，将吸收大量的能量，十分有利于抗震。显然，在循环应变幅值作用下，钢材的性能仍然用由单调拉伸试验引申出的理想应力-应变曲线[见图 9.8（a）]表示将会带来较大的误差，此时采用双线型和三线型曲线[见图 9.8（b）、（c）]模拟钢材性能将更为合理。钢构件和节点在循环应变幅值作用下的滞回性能要比钢材的复杂得多，受很多因素的影响，应通过试验研究或较精确的模拟分析获得。钢结构在地震荷载作用下的低周疲劳破坏，大部分是由于构件或节点的应力集中区域产生了宏观的塑性变形，由循环塑性应变累积损伤到一定程度后发生的。其疲劳寿命取决于塑性应变幅值的大小，塑性应变幅值大的疲劳寿命就低。由于问题的复杂性，有关低周疲劳问题的研究还在发展和完善过程中。

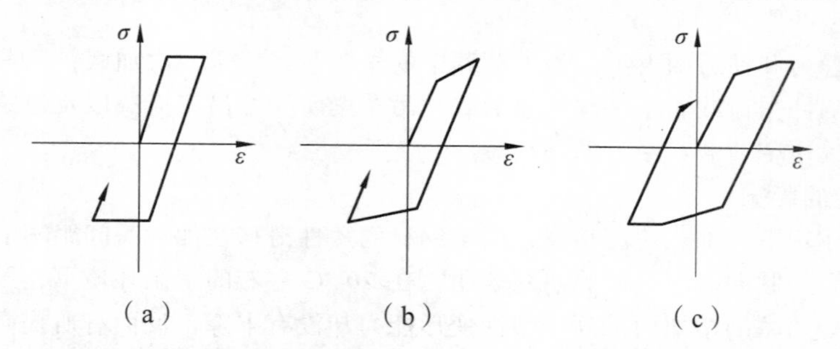

图 9.8　钢材在滞回应变荷载作用下应力应变简化模拟

（5）温度的影响。

钢材的性能受温度的影响十分明显，图 9.9 给出了低碳钢在不同正温下的单调拉伸试验结果。由图中可以看出，在 150 °C 以内，钢材的强度、弹性模量和塑性均与常温相近，变化不大。但在 250 °C 左右，抗拉强度有局部性提高，伸长率和断面收缩率均降至最低，出现了所谓的蓝脆现象（钢材表面氧化膜呈蓝色）。显然钢材的热加工应避开这一温度区段。在 300 °C 以后，强度和弹性模量均开始显著下降，塑性显著上升，达到 600 °C 时，强度几乎为零，塑性急剧上升，钢材处于热塑性状态。

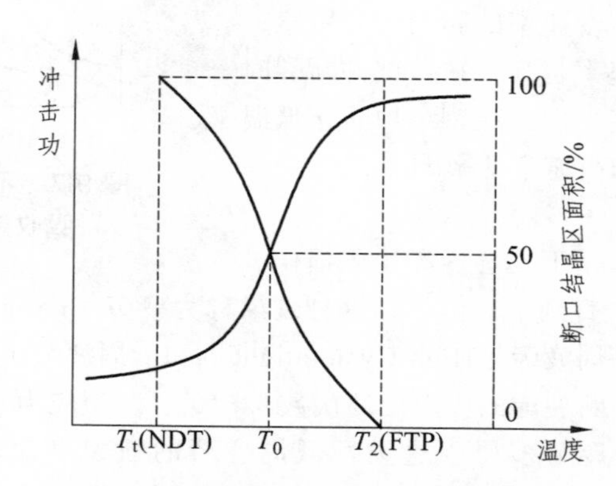

图 9.9　冲击韧性与工作温度的关系

由上述可以看出，钢材具有一定的抗热性能，但不耐火，一旦钢结构的温度达 600 °C 及以上时，会在瞬间因热塑而倒塌。因此受高温作用的钢结构，应根据不同情况采取防护措施：当结构可能受到炽热熔化金属的侵害时，应采用砖或耐热材料做成的隔热层加以保护；当结构表面长期受辐射热达 150 °C 以上或在短时间内可能受到火焰作用时，应采取有效的防护措施（如加隔热层或水套等）。防火是钢结构设计中应考虑的一个重要问题，通常按国家有关防火的规范或标准，根据建筑物的防火等级对不同构件所要求的耐火极限进行设计，选择合适的防火保护层（包括防火涂料等的种类、涂层或防火层的厚度及质量要求等）。

当温度低于常温时，随着温度的降低，钢材的强度提高，而塑性和韧性降低，逐渐变脆，称为钢材的低温冷脆。钢材的冲击韧性对温度十分敏感，图 9.9 给出了冲击韧性与温度的关系。图中实线为冲击功随温度的变化曲线，虚线为试件断口中晶粒状区所占面积随温度的变化曲线，温度 T_1 也称为 NDT（Nil Ductility Temperature），为脆性转变温度或零塑性转变温度，在该温度以下，冲击试件断口由 100% 晶粒状组成，表现为完全的脆性破坏。温度 T_2 也称 FTP（Fracture Transition Plastic），为全塑性转变温度，在该温度以上，冲击试件的断口由 100% 纤维状组成，表现为完全的塑性破坏。温度由 T_2 向 T_1 降低的过程中，钢材的冲击功急剧下降，试件的破坏性质也从韧性变为脆性，故称该温度区间为脆性转变温度区。冲击功曲线的反弯点（或最陡点）对应的温度 T_0 称为转变温度。不同牌号和等级的钢材具有不同的转变温度区和转变温度，均应通过试验来确定。

在直接承受动力作用的钢结构设计中，为了防止脆性破坏，结构的工作温度应大于 T_1 接近 T_0，可小于 T_2。但是 T_1、T_2 和 T_0 的测量是非常复杂的，对每一炉钢材，都要在不同的温度下做大量的冲击试验并进行统计分析才能得到。为了工程实用，根据大量的使用经验和试验资料的统计分析，我国有关标准对不同牌号和等级的钢材，规定了在不同温度下的冲击韧性指标。例如对 Q235 钢，除 A 级不要求外，其他各级钢均取 $C_V = 27$ J；对低合金高强度钢，除 A 级不要求外，E 级钢采用 $C_V = 27$ J，其他各级钢均取 $C_V = 34$ J。只要钢材在规定的温度下满足这些指标，那么就可按《规范》的有关规定，根据结构所处的工作温度，选择相应的钢材作为防脆断措施。

9.1.4 建筑钢材的规格和选用

建筑钢材是指建筑工程中使用的各种钢材，主要有用于钢结构的各种型材（如圆钢、角钢、工字钢、管钢等）、钢板和用于钢筋混凝土中的各种钢筋、钢丝、钢绞线等，见图 9.10。

（a）钢筋

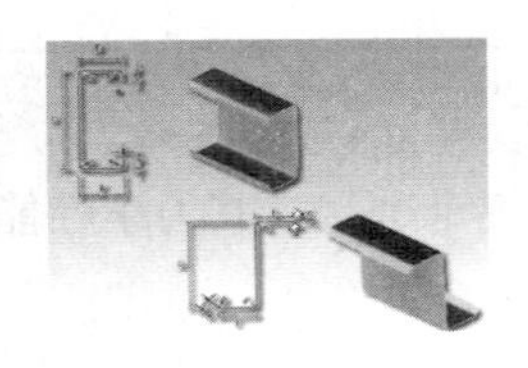

（b）型钢

（c）钢板

（d）钢丝

图 9.10 常用钢材

建筑钢材材按用途可划分为钢结构用钢和混凝土结构用钢两大类。

1. 钢结构用钢材

（1）碳素结构钢。

碳素结构钢指一般结构钢和工程用热轧板、管、带、型和棒材等。现行国家标准《碳素结构钢》（GB/T 700—2006）规定了碳素钢牌号表示方法、技术标准等。

① 碳素结构钢的牌号。碳素结构钢的牌号由四部分表示，按顺序为：屈服点字母（Q）、屈服点数值、质量等级（有 A、B、C、D 四级，逐级提高）和脱氧程度（F 为沸腾钢，Z 为镇静钢，TZ 为特殊镇钢。用牌号表示时 Z、TZ 可省略）。

例如：Q235—A · F：表示屈服点为 235MPa，A 级沸腾钢。

Q235—B：表示屈服点为 235MPa，B 级镇静钢。

② 技术要求。国家标准《碳素结构钢》（GB/T 700—2006）对碳素结构钢的化学成分、力学性质及工艺性质做出了具体的规定。其化学成分及含量应符合表 9.1 的要求。

表 9.1　碳素钢的化学成分

<table>
<tr><th rowspan="2">牌号</th><th rowspan="2">等级</th><th rowspan="2">厚度（或直径）/mm</th><th rowspan="2">脱氧方法</th><th colspan="5">化学成分（质量分数）/%（不大于）</th></tr>
<tr><th>C</th><th>Si</th><th>Mn</th><th>p</th><th>S</th></tr>
<tr><td>Q195</td><td>—</td><td>—</td><td>F、Z</td><td>0.12</td><td>0.30</td><td>0.50</td><td>0.035</td><td>0.040</td></tr>
<tr><td rowspan="2">Q215</td><td>A</td><td rowspan="2">—</td><td rowspan="2">F、Z</td><td rowspan="2">0.15</td><td rowspan="2">0.35</td><td rowspan="2">1.20</td><td rowspan="2">0.045</td><td>0.050</td></tr>
<tr><td>B</td><td>0.045</td></tr>
<tr><td rowspan="4">Q235</td><td>A</td><td rowspan="4">—</td><td rowspan="2">F、Z</td><td>0.22</td><td rowspan="4">0.35</td><td rowspan="4">1.40</td><td rowspan="2">0.045</td><td>0.050</td></tr>
<tr><td>B</td><td>0.20*</td><td>0.045</td></tr>
<tr><td>C</td><td>Z</td><td rowspan="2">0.17</td><td>0.040</td><td>0.040</td></tr>
<tr><td>D</td><td>TZ</td><td>0.035</td><td>0.035</td></tr>
<tr><td rowspan="5">Q275</td><td>A</td><td>—</td><td>F、Z</td><td>0.24</td><td rowspan="5">0.35</td><td rowspan="5">1.50</td><td>0.045</td><td>0.050</td></tr>
<tr><td rowspan="2">B</td><td>≤40</td><td rowspan="2">Z</td><td>0.21</td><td rowspan="2">0.045</td><td rowspan="2">0.045</td></tr>
<tr><td>>40</td><td>0.22</td></tr>
<tr><td>C</td><td rowspan="2">—</td><td>Z</td><td rowspan="2">0.20</td><td>0.040</td><td>0.040</td></tr>
<tr><td>D</td><td>TZ</td><td>0.035</td><td>0.035</td></tr>
</table>

注：*处表示经需方同意，Q235B 的含量可不大于 0.22%。

碳素结构钢依据屈服点 Q 的数值大小划分为五个牌号。其力学性能要求见表 9.2；冷弯试验规定如表 9.3 所示。

建筑工程中主要应用 Q235 号钢，可用于轧制各种型钢、钢板、钢管与钢筋。Q235 号钢具有较高的强度，良好的塑性、韧性，可焊性及可加工等综合性能好，且冶炼方便，成本较低，因此广泛用于一般钢结构。其中，C、D 级可用在重要的焊接结构。

表 9.2　碳素结构钢的拉伸与冲击试验

牌号	等级	屈服强度[1]R_{ch}/（N/mm），不小于						抗拉强度[2]R_m/(N/mm)	断后伸长率 A/%（不小于）					冲击试验（V 形缺口）	
		厚度（或直径）/mm							厚度（或直径）/mm					温度/°C	冲击吸收功（纵向）/J（不小于）
		≤16	>16~40	>40~60	>60~100	>100~150	>150~200		≤40	>40~60	>60~100	>100~150	>150~200		
Q195	—	195	185	—	—	—	—	315~430	33	—	—	—	—	—	—
Q215	A	215	205	195	185	175	165	330~450	31	30	29	27	26	—	—
	B													+20	27
Q235	A	235	225	215	215	195	185	370~500	26	25	24	22	21	—	—
	B													+20	27
	C													0	
	D													−20	
Q275	A	275	265	255	245	225	215	410~540	22	21	20	18	17	—	—
	B													+20	27
	C													0	
	D													−20	

注：① Q195 的屈服强度值仅供参考，不作交货条件。
② 厚度大于 100 mm 的钢材，抗拉强度下限允许降低 20 N/mm。宽带钢（包括剪切钢板）抗拉强度上限不作交货条件。
③ 厚度小于 25 mm 的 Q235B 钢材，如供方能保证冲击吸收功值合格，经需方同意，可不做检验。

表 9.3　碳素结构钢的冷弯性能

牌　号	试样方向	冷弯试验 180°，$B=2a$[1]	
		钢材厚度（或直径）[2]/mm	
		≤60	>60~100
		弯心直径 d	
Q195	纵	0	—
	横	0.5a	
Q215	纵	0.5a	1.5a
	横	a	2a
Q235	纵	a	2a
	横	1.5a	2.5a
Q275	纵	1.5a	2.5a
	横	2a	3a

注：① B 为式样宽度，a 为式样厚度（或直径）。
② 钢材厚度（或直径）大于 100 mm 时，弯曲试验由双方协商确定。
③ 选用。碳素结构钢依牌号增大，含碳量增加，其强度增大，但塑性和韧性降低。

Q195、Q215号钢材强度较低，但塑性、韧性较好，易于冷加工，可制作铆钉、钢筋等。Q275号钢材强度高，但塑性、韧性、可焊性差，可用于钢筋混凝土配筋及钢结构中的构件及螺栓等。

受动荷载作用结构、焊接结构及低温下工作结构，不能选用A、B质量等级钢及沸腾钢。

（2）低合金高强度结构钢。低合金高强度钢是普通低合金结构钢的简称。一般是在普通碳素钢的基础上，添加少量的一种或几种合金元素而成。合金元素有硅、锰、钒、钛、铌、铬、镍及稀土元素。加入合金元素后，可使其强度、耐腐蚀性、耐磨性、低温冲击韧性等性能得到显著提高和改善。

国家标准《低合金高强度结构钢》（GB1591—1994）规定了低合金高强度的牌号与技术性质。

① 低合金高强度钢的牌号。低合金高强度结构钢按力学性能和化学成分分为Q295、Q345、Q390、Q420、Q460五个牌号；按硫、磷含量分为A、B、C、D、E五个质量等级，其中E级质量最好。钢号按屈服点字母Q、屈服点数值和质量等级排列。

如Q295-A的含义为：屈服点为295 MPa，质量等级为A的低合金高强度结构钢。

② 技术要求。

按GB1591—1994规定，低合金高强度结构钢的化学成分与力学性质如表9.4和表9.5所示。

表9.4 低合金刚强度结构钢的化学成分

牌号	等级	化学成分/%										
		C（不大于）	Mn	Si	P（不大于）	S（不大于）	V	Nb	Ti	Al（不大于）	Cr（不大于）	Ni（不大于）
Q295	A	0.16	0.08~0.15	0.55	0.045	0.045	0.02~0.15	0.015~0.060	0.02~0.20	—		
	B	0.16	0.08~0.15	0.55	0.040	0.040	0.02~0.15	0.015~0.060	0.02~0.20	—		
Q345	A	0.02	1.00~1.60	0.55	0.045	0.045	0.02~0.15	0.015~0.060	0.02~0.20	—		
	B	0.02	1.00~1.60	0.55	0.040	0.040	0.02~0.15	0.015~0.060	0.02~0.20	—		
	C	0.20	1.00~1.60	0.55	0.035	0.035	0.02~0.15	0.015~0.060	0.02~0.20	0.015		
	D	0.18	1.00~1.60	0.55	0.030	0.030	0.02~0.15	0.015~0.060	0.02~0.20	0.015		
	E	0.18	1.00~1.60	0.55	0.025	0.025	0.15~0.02	0.015~0.060	0.02~0.20	0.015		

续表 9.4

牌号	等级	化学成分/%										
		C（不大于）	Mn	Si	P（不大于）	S（不大于）	V	Nb	Ti	Al（不大于）	Cr（不大于）	Ni（不大于）
Q390	A	0.20	1.00～1.60	0.55	0.045	0.045	0.02～0.20	0.015～0.060	0.02～0.20	—	0.03	0.070
	B	0.20	1.00～1.60	0.55	0.040	0.040	0.02～0.20	0.015～0.060	0.02～0.20	—	0.03	0.070
	C	0.20	1.00～1.60	0.55	0.035	0.035	0.02～0.20	0.015～0.060	0.02～0.20	0.015	0.03	0.070
	D	0.20	1.00～1.60	0.55	0.030	0.030	0.02～0.20	0.015～0.060	0.02～0.20	0.015	0.03	0.070
	E	0.20	1.00～1.60	0.55	0.025	0.025	0.02～0.20	0.015～0.060	0.02～0.20	0.015	0.03	0.070
Q420	A	0.20	1.00～1.70	0.55	0.045	0.045	0.02～0.02	0.015～0.060	0.02～0.20	—	0.040	0.070
	B	0.20	1.00～1.70	0.55	0.040	0.040	0.02～0.02	0.015～0.060	0.02～0.20	—	0.040	0.070
	C	0.20	1.00～1.70	0.55	0.035	0.035	0.02～0.02	0.015～0.060	0.02～0.20	0.015	0.040	0.070
	D	0.20	1.00～1.70	0.55	0.030	0.030	0.02～0.02	0.015～0.060	0.02～0.20	0.015	0.040	0.070
	E	0.20	1.00～1.70	0.55	0.025	0.025	0.02～0.02	0.015～0.060	0.02～0.20	0.015	0.040	0.070
Q460	C	0.20	1.00～1.70	0.55	0.035	0.035	0.20～0.20	0.015～0.060	0.02～0.20	0.015	0.70	0.70
	D	0.20	1.00～1.70	0.55	0.025	0.030	0.20～0.20	0.015～0.060	0.02～0.20	0.015	0.70	0.70
	E	0.20	1.00～1.70	0.55	0.030	0.025	0.20～0.20	0.015～0.060	0.02～0.20	0.015	0.70	0.70

注：表中的 Al 为全铝含量。如化验酸溶铝时，其含量不应小于 0.010%。

表 9.5　低合金高强度结构钢的力学、工艺性质

牌号	屈服点 σ_s /MPa				抗拉强度 σ_b /MPa	伸长率 δ_5 /%	冲击功 A/kW（纵向/J）				180° 弯曲试验 d=弯心直径；a=试样厚度（直径）	
	厚度（直径，边长）/mm						+20 °C	0 °C	−20 °C	−40 °C	钢材厚度（直径）/mm	
	≤15	>16~35	>35~50	>50~100			不小于				≤16	>16~100
	不小于											
Q295	A	295		255	390~570	23	34				$d=2a$	$d=3a$
	B	295		255	390~570	23					$d=2a$	$d=3a$
Q345	A	345	235	295	470~630	21	34	34	34	27	$d=2a$	$d=3a$
	B	345	235	295	470~630	21					$d=2a$	$d=3a$
	C	345	235	295	470~630	22					$d=2a$	$d=3a$
	D	345	235	295	470~630	22					$d=2a$	$d=3a$
	E	345	235	295	470~630	22					$d=2a$	$d=3a$
Q390	A	390	370	350	490~650	19	34	34	34	27	$d=2a$	$d=3a$
	B	390	370	350	490~650	19					$d=2a$	$d=3a$
	C	390	370	350	490~650	20					$d=2a$	$d=3a$
	D	390	370	350	490~650	20					$d=2a$	$d=3a$
	E	390	370	350	490~650	20					$d=2a$	$d=3a$
Q420	A	420	400	380	520~680	18	34	34	34	27	$d=2a$	$d=3a$
	B	420	400	380	520~680	18					$d=2a$	$d=3a$
	C	420	400	380	520~680	19					$d=2a$	$d=3a$
	D	420	400	380	520~680	19					$d=2a$	$d=3a$
	E	420	400	380	520~680	19					$d=2a$	$d=3a$
Q460	C	460	440	420	550~720	17		34	34	27	$d=2a$	$d=3a$
	D	460	440	420	550~720	17					$d=2a$	$d=3a$
	E	460	440	420	550~720	17					$d=2a$	$d=3a$

③ 选用。低合金高强度结构钢具有轻质高强，耐蚀性、耐低温性好，抗冲击性强，使用寿命长等良好的综合性能，具有良好的可焊性及冷加工性，易于加工与施工。因此，低合金高强度结构钢可以用作高层及大跨度建筑（如大跨度桥梁、大型厅馆、电视塔等）的主体结构材料。与普通碳素钢相比可节约钢材，具有显著的经济效益。

当低合金中的铬含量大 11.5% 时，铬就在合金金属的表面形成一层惰性的氧化铬膜，成为不锈钢。不锈钢具有低的导热性、良好的耐蚀性能等优点；缺点是温度变化时膨胀性比较大。不锈钢既可以作为承重构件，又可以作为建筑装饰材料。

（3）型钢、钢板和钢管。

碳素结构钢和低合金钢还可以加工成各种型钢、钢板及钢管等构件直接供工程选用，构件之间可采用铆接、螺栓连接和焊接等方式进行连接。

① 型钢。

型钢有热轧和冷轧两种成型方式。热轧型钢主要有角钢、工字钢、槽钢、T 形钢、H 形钢、Z 形钢等。以碳素结构钢为原料热轧加工的钢型，可用于跨度大、承受动荷载的结构钢。冷轧型钢主要有角钢、槽钢等开口薄壁型钢及方型、矩形等空心薄壁型钢，主要用于轻型钢结构。

② 钢板。

钢板亦有热轧和冷轧两种型式。热轧钢板有厚板（厚度大于 4 mm）和薄板（厚度小于 4 mm）两种，冷轧钢板只有薄板（厚度为 0.2 ~ 4 mm）一种。一般厚度用于焊接结构；薄板可用作屋面及墙体围护结构等，也可以进一步加工成各种具有特殊用途的钢板的使用。

③ 钢管。

钢管分为无缝钢管与焊接钢管两大类。

焊接钢管采用优质带材焊接而成，表面镀锌或不镀锌。按其焊缝形式分为直纹焊管和螺纹焊管。焊管成本低，易加工，但一般抗压性能较差。

无缝钢管多采用热轧-冷拔联合工艺生产，也可采用冷轧方式生产，但成本昂贵。热轧无缝具有良好的力学性能和工艺性能。无缝钢管主要用于压力管道，在特定的钢结构中，往往也使用无缝钢管。

2. 混凝土结构用钢材

（1）热轧钢筋。

① 牌号。

《钢筋混凝土用热轧光圆钢筋》（GB13013）和《钢筋混凝土用热轧带肋钢筋》（GB1499）规定，热轧钢筋分为 HPB235、HRB335、HRB400、HRB500 四个牌号。牌号中 HPB 代表热轧光圆钢筋、HRB 代表热轧带肋钢筋，牌号中的数字表示热轧钢筋的屈服强度。其中热轧光圆钢筋由碳素结构钢轧制而成，表面光圆；热轧带肋钢筋由低合金钢轧制而成，外表带肋。带肋钢筋几何形状如图 9.11 所示。

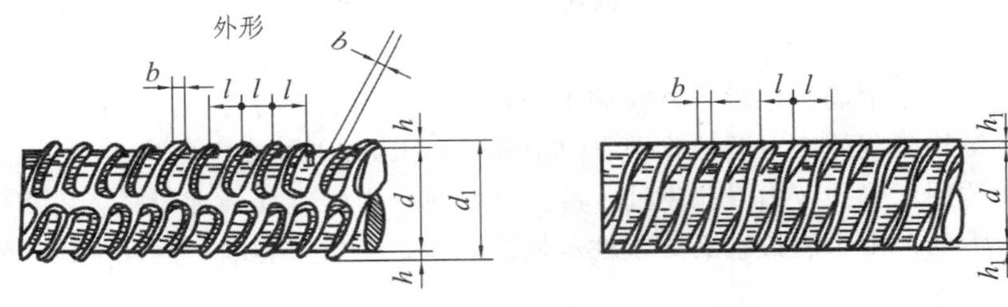

（a）等高肋钢筋

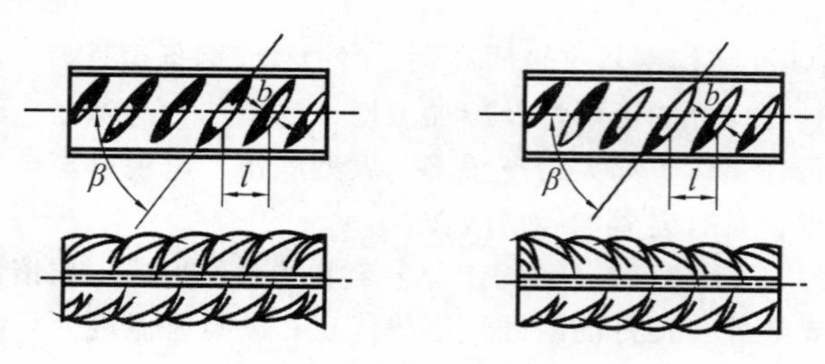

（b）月牙肋钢筋

图 9.11　带肋钢筋

② 技术要求。

按照 GB13013—1991 和 GB1499—1998 规定，对热轧光圆钢筋和热轧带肋钢筋的力学性能和工艺性能的要求，如表 9.6 所示。

表 9.6　热轧钢筋的力学性能、工艺性能

表面形状	牌　号	公称直径/mm	屈服点 σ_s /MPa	抗拉强度 σ_b /MPa	伸长率 δ_5 /%	冷弯 d—弯芯直径；a—钢筋公称直径
			不小于			
光　圆	HPB235	8～20	235	270	25	$180° d=a$
带　肋	HRB335	6～25	335	490	16	$180° d=3a$
		28～50				$d=4a$
	HRB400	6～25	400	570	14	$180° d=4a$
		28～50				$d=5a$
	HRB500	6～25	500	630	12	$180° d=6a$
		28～50				$d=7a$

注：按《钢筋混凝土用热轧光圆钢筋》（GB 13013—1991）规定，热轧直条光圆钢筋级别为Ⅰ级。

按《钢筋混凝土用热轧带肋钢筋》（GB1499—1998）规定，热轧带肋钢筋的屈服点一项，也可以用 $\sigma_{p0.2}$ 表示。

③ 选用。

光圆钢筋的强度较低，但塑性及焊接性好，便于冷加工，广泛用作普通钢筋混凝土；HRB335、HRB400 带肋钢筋的强度较高，塑性及焊接性也较好，广泛用做大、中型钢筋混凝土结构的受力钢筋；HRB500 带肋钢筋强度高，但塑性与焊接性较差，适宜作预应力钢筋。

（2）冷拉热轧钢筋。

为了提高强度以节约钢筋，工程中常按施工规程对热轧钢筋进行冷拉。冷拉后钢筋的力学性能应符合《混凝土结构工程施工及验收规范》（GB50204—1992）的规定，见表 9.7。

冷拉Ⅰ级钢筋适用于非预应力受拉钢筋，冷拉Ⅱ、Ⅲ、Ⅳ级钢筋强度较高，可用作预应力混凝土结构的预应力钢筋。由于冷拉钢筋的塑性、韧性较差，易发生脆断，因此，冷拉钢筋不宜用于负温度、受冲击或重复荷载作用的结构。

表 9.7　冷拉热轧钢筋的性能

钢筋级别	直径/mm	屈服点 σ_s/MPa	抗拉强度 σ_b/MPa	伸长率 δ/%	冷弯	
		不小于			弯曲角	d—弯心直径；a—钢筋直径
冷拉Ⅰ级	≤12	280	370	11	180°	$d=3a$
冷拉Ⅱ级	≤25	450	510	10	90°	$d=3a$
	28～40	430	490	10		$d=4a$
冷拉Ⅲ级	8～40	500	570	8	90°	$d=5a$
冷拉Ⅳ级	10～28	700	835	6	90°	$d=6a$

注：钢筋直径大于 25 mm 的冷拉Ⅲ、Ⅳ级钢筋，冷弯弯心直径应增加 1a。

（3）冷轧带肋钢筋。

冷轧带肋钢筋是用低碳钢热轧圆盘条经冷轧或冷拔后，在其表面冷轧成三面有肋的钢筋。国标《冷轧带肋钢筋》（GB13789—2000）规定，冷轧带肋钢筋的牌号由 CRB 和钢筋的抗拉强度构成，分为 CRB550、CRB650、CRB800、CRB970、CRB1170 五个牌号，其中 CRB550 为普通钢筋混凝土用钢筋，其他牌号为预应力混凝土用钢筋。冷轧带肋钢筋的力学和工艺性质见表 9.8。

表 9.8　冷轧带肋钢筋的性质

级别代号	屈服强度 $\sigma_{0.2}$/MPa	抗拉强度 σ_b/MPa	伸长率/%（不小于）		冷弯	反复弯曲次数	应力松弛率 $=0.7\sigma_b$	
			δ_{10}	δ_{100}	$D=3d$		1 000 h/%（不大于）	10 h/%（不大于）
CRB550	440	550	8	—	180°	—	—	—
CRB650	520	650	—	4	—	3	8	5
CRB800	640	800	—	4	—	3	8	5
CRB970	780	970	—	4	—	3	8	5
CRB1170	980	1 170	—	4	—	3	8	5

冷轧带肋钢筋提高了钢筋的握裹力，可广泛用于中、小预应力混凝土结构构件和普通钢筋混凝土结构构件，也可用于焊接钢筋网。

（4）冷轧扭钢筋。冷轧扭钢筋由低碳钢热轧圆盘条经专用钢筋冷轧扭机调直、冷轧并冷扭一次成型，具有规定截面形状和节距的连续螺旋状钢筋。按其截面形状不同分为Ⅰ型（矩形截面）和Ⅱ型（菱形截面）两种类型。其代号为 LZN。

冷轧扭钢筋可适用于钢筋混凝土构件，其力学和工艺性质应符合《冷轧扭钢筋》（JG3046—1998）规定，见表 9.9。

表 9.9　冷轧扭钢筋的性能

抗拉强度 σ_b/MPa	伸长率 δ_{10}/%	冷弯 180 °C（弯心直径为 3d）
≥580	≥4.5	受弯曲部位表面不得产生裂纹

注：d 为冷轧扭钢筋标志直径；δ_{10} 以标距为 10 倍标志直径的式样拉断伸长率。

（5）热处理钢筋。

热处理钢筋是用热轧螺纹钢筋经淬火和回火的调质处理而成的，代号为 RB150。按螺纹外形可分为有纵肋和无纵肋两种。根据国标《预应力混凝土用热处理钢筋》的规定，热处理钢筋有 40SiMn、48Si2Mn 和 45Si2Cr 等三个牌号。其性能要求见表 9.10。

表 9.10　预应力混凝土热处理钢筋的性能

公称直径 /mm	牌号	屈服强度 $\sigma_{0.2}$ /（N/mm）	抗拉强度 σ_b /（N/mm）	伸长率 δ_{10} /%
		不小于		
6	40Si2Mn	1 325	1 470	6
9.2	48Si2Mn			
10	45Si2Cr			

热处理钢筋目前主要用于预应力混凝土轨枕，用以代替高强度钢丝，配筋根数减少，制作方便，锚固性能好，可保持预应力稳定，也用于预应力混凝土板、梁和吊车梁，使用效果良好。热处理钢筋一般成盘供应（每盘长约 20 mm），开盘后能自然伸直，不需调直、焊接，故施工简单，并可节约钢材。

（6）预应力混凝土用钢丝和钢绞线。

预应力混凝土用钢丝按加工状态分为冷拉钢丝（代号为 WCD）和消除应力钢丝两类。消除应力钢丝按松弛性能又分为低松弛级钢丝（代号为 WLR）和普通松弛级钢丝（代号为 WNR）。钢丝按外形分为光圆钢丝（代号为 P）、螺旋肋钢丝（代号为 H）、刻痕钢丝（代号为 I）三种。

按国家标准《预应力混凝土用钢丝》（GB/T5223—2002）规定，钢丝的力学性能要求见附录 5。

预应力钢绞线按捻制结构分为五类：用两根钢丝捻制的钢绞线（代号为 1×2）、用三根钢丝捻制的钢绞线（代号为 1×3）、用三根刻痕钢丝捻制的钢绞线（代号为 1×3I）、用七根钢丝捻制的标准型钢绞线（代号为 1×7）、用七根钢丝捻制又经模拔的钢绞线[代号为（1×7）C]。

按国标《预应力混凝土用钢绞线》（GB/5224—2003）规定，预应力钢绞线的力学性能要求见附录 6。

预应力钢丝和钢绞线主要用于大跨度、大负荷的桥梁以及电杆、枕轨、屋架和大跨度吊车梁，安全可靠，节约钢材，且不需要冷拉、焊接接头等加工，因此在土木工程中得到广泛应用。

9.1.5　钢材的锈蚀与防止

1. 钢材的锈蚀

钢材表面与其存在环境接触，在一定条件下，可以相互作用使钢材表面产生腐蚀，钢材表面与其周围介质发生化学反应而遭到的破坏，称为钢材的锈蚀。根据钢材与周围介质的不同作用，可将其锈蚀分为下列两种：

（1）化学锈蚀。

化学锈蚀是指钢材直接与周围介质发生化学反应而产生的锈蚀，多数是由氧化作用在钢材表面形成疏松的氧化物。在干燥环境中反应缓慢，但在温度和湿度较高的环境条件下，锈蚀发展迅速。

（2）电化学锈蚀。

钢材的表面锈蚀主要因电化学作用引起，由于钢材本身组成上的原因和杂质的存在，在表面介质的作用下，各成分电极电位的不同，形成微电池，铁元素失去了电子成为 Fe^{2+}离子进行介质溶液，与溶液中的 OH^-离子结合生成 $Fe(OH)_2$，使钢材遭到锈蚀。锈蚀的结果是在钢材表面形成疏松的氧化物，使钢结构断面减小，降低钢材的性能，因而承载力降低。

2. 钢材锈蚀的防止

（1）保护层法。

利用保护层使钢材与周围介质隔离，从而防止锈蚀。钢结构防止锈蚀的方法通常是表面刷防锈漆；薄壁钢材也可采用热浸镀锌后加涂塑料涂层。对于一些行业（如电气、冶金、石油、化工和医药等）的高温设备钢结构，可采用硅氧化合结构的耐高温防腐涂料。

（2）电化学保护法。

对于一些不易或不能覆盖保护层的地方（如轮船外壳、地下管道和道桥建筑等），可采用电化学保护法。即在钢铁结构上接一块较钢铁更为活泼的金属（如锌、镁）作为牺牲阳极来保护钢结构。

（3）制成合金钢。

在钢中加入合金元素铬、镍、钛和铜，制成不锈钢，提高其耐蚀能力。

此外，埋于混凝土中的钢筋经常有一层碱性保护膜（新浇混凝土的 pH 值约为 12.5 或更高），故在碱性介质中不致锈蚀。但是一些外加剂中含有的氯离子会破坏保护膜，促进钢材的锈蚀。因此，混凝土的防锈措施应考虑限制水灰比和水泥用量，且限制氯盐外加剂的使用，采用措施保证混凝土的密实性；另外，还可以采用掺加防锈剂（如重铬酸盐等）的方法。

9.2　铝材及铝合金

铝为银白色轻金属，纯铝的密度为 2.7 g/cm^3，约为钢的 1/3。铝的性质活泼，在空气中能与氧结合形成致密坚固的氧化铝薄膜，覆盖在下层金属表面，阻止其继续腐蚀。因此，铝在大气中具有良好的抗蚀能力。

1. 铝合金

由于纯铝的强度低而限制了它的应用范围，工业生产中常采用合金化的方式，即在铝中加入一定量的合金元素，如铜、镁、锰、锌和硅等来提高强度和耐蚀性。铝合金由于一般力学性能明显提高并仍保持铝质量轻的固有特性，所以使用价值也大为提高，在建筑装饰中得到广泛的应用。常用的铝合金有防锈铝合金（LF）、硬铝合金（LY）、超硬铝合金（LC）和锻铝合金（LD）。

防锈铝合金中主要合金元素是锰和镁。锰的主要作用是提高合金的抗腐蚀能力，起到固溶强化作用。在铝中加入镁也可以起到固溶强化作用。硬铝合金主要是铝铜镁合金，这类合金的强度高但其抗腐蚀性差。超硬铝合金抗蚀性差，在高温下软化快。锻铝合金在铝中加入了镁、硅及铜等元素，这类合金具有良好的热塑性并有较好的机械性能，常用于制造建筑型材。

2. 常用的装饰用铝合金制品

（1）铝合金门窗。

在现代建筑装饰工程中，尽管铝合金门窗比普通门窗的造价高 3 ~ 4 倍，但由于其长期维修费用低、性能好、美观和节约能源等，故在世界范围内仍得到广泛应用（见图 9.12）。

图 9.12　铝合金门窗

与普通木门窗、钢门窗相比，铝合金门窗具有如下特点：

① 质量轻。铝合金门窗用材省，质量轻，每平方米耗用铝型材平均为 8 ~ 12 kg，比用钢木门窗的质量减轻 50% 左右。

② 性能好。如气密性、水密性、隔声性、隔热性均比普通门窗好，故对安装空调设备的建筑、相对防尘、隔声、保温隔热等有特殊要求的建筑，更适宜采用铝合金门窗。

③ 色泽美观。制作铝合金门窗框料的型材，表面可经过氧化着色处理，可着银白色、古铜色、暗红色、黑色等柔和的颜色或带色的花纹，还可以涂装聚丙烯酸树脂膜、使表面光亮，可增强建筑物的立面感和内部的美观。

④ 使用维修方便。铝合金门窗不需要涂漆，不褪色、不脱落，表面不需要维修。铝合金门窗强度较高，刚性好，坚固耐用，零部件经久不坏，开关灵活轻便，无噪声。

⑤ 便于工业化生产。铝合金门窗的加工、制作、装配、试验都可在工厂进行大批量工业化生产。这样有利于实现产品设计标准化、系列化，零配件通用化，以及产品的商品化。

（2）铝合金装饰板及吊顶。

铝合金装饰板是现代较为流行的建筑装饰板材，具有质量轻、不燃烧、耐久性好、施工方便、装饰效果好等特点。在装饰工程中用得较多的铝合金板材有以下几种：

① 铝合金花纹板及浅纹板。它是采用防锈铝合金材料，用特殊的花纹机辊轧而成的。其花纹美观大方，筋高适中，不易磨损，防滑性好，防腐蚀性能强，便于冲洗，通过表面处理可以得到各种不同的颜色，花纹板板材平整，裁剪尺寸精确，便于安装。其广泛用于现代建筑墙面装饰及楼梯、踏板等处。

铝合金浅花纹板，其花纹精巧别致，色泽美观大方，同普通铝合金相比，刚度提高 20%，抗污垢、防划伤、耐擦伤能力均有提高，是优良的建筑装饰材料之一。

② 铝合金压型板。它的特点是质量轻、外形美观、耐腐蚀、经久耐用、安装容易和施工快速等，经表面处理可得到各种优美的色彩，是现代广泛应用的一种新型建筑材料。其主要用作墙面和屋面。

③ 铝合金穿孔平板。它是用各种铝合金平板经机械穿孔而成的。其孔型根据需要有圆孔、方孔、长方孔、三角孔和大小组合孔等。这种板型是近年来开发的一种吸声并兼有装饰效果的新产品。铝合金穿孔板具有良好的防腐蚀性能，光洁度高，有一定的强度，易加工成各种形状、尺寸，有良好的防震、防水、防火性能以及良好的消音效果，广泛用于宾馆、饭店、剧场、影院、播音室等公共建筑和中高级民用建筑中。

④ 铝合金波纹板。这种板材有银白色等多种颜色，主要用于墙面装饰，也可用作屋面，有很强的反射阳光能力，且十分经久耐用，在大气中使用 20 年不需要更换（更换拆卸下来的花纹板仍可使用），所以受到了广泛应用。

⑤ 铝合金吊顶。具有质量轻、不燃烧、耐腐蚀、施工方便和装饰华丽等特点（见图 9.13）。

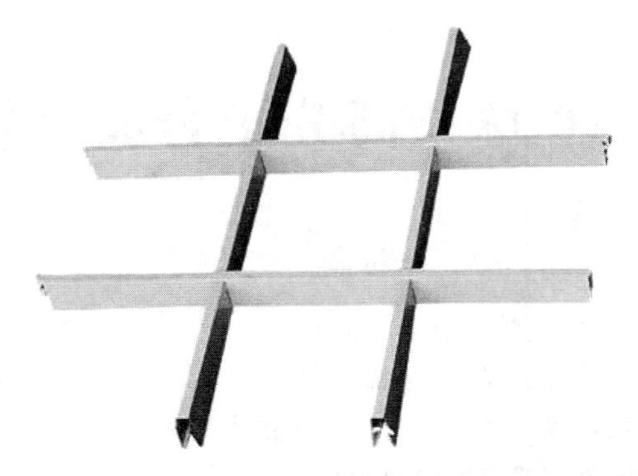

图 9.13　铝合金吊顶

本章小结

钢是以铁和碳为主要成分的合金，钢材的性能与其化学成分、组织构造、冶炼和成型方法等内在密切相关，同时也受到荷载类型、结构形式连接方法和工作环境等外界因素的影响。

建筑钢材的技术性质主要包括抗拉性能、冲击性能、硬度、耐疲劳性、冷弯性能和焊接性能；其中，前四项为力学性质，后两项为工艺性质。钢材的强度等级主要根据抗拉性能（屈服点、抗拉强度和伸长率）和冷弯性能来确定。

建筑工程用钢材包括钢结构用钢和混凝土结构用钢。钢材的种类繁多，性能差别很大，适用于钢结构的钢材只是其中的一小部分。为了确保质量和安全，这些钢材应具有较高的强度、塑性和韧性，以及良好的加工性能。我国《碳素结构钢》(GB/T 700—2006) 具体推荐碳素结构钢（Carbon Structural Steels）中的 Q235 和低合金高强度结构钢（High strength low alloy structural steels）中的 Q345、Q390 和 Q420 等牌号的钢材作为承重钢结构用钢。最常用的钢结构用钢有碳素结构钢、低合金钢及各种型材、钢板和钢管等。最常用的混凝土结构用钢有：热轧钢筋、冷拉热轧钢筋、冷轧带肋钢筋、冷轧扭钢筋、热处理钢筋及预应力钢丝、钢绞线等，其中，热轧钢筋是最主要的品种。

目前，在建筑工程中，铝是除钢材之外用量较多的一种金属材料。纯铝产品有铝锭和铝材；铝合金有防锈铝合金、硬铝合金、超硬铝合金、锻铝合金和铸铝合金。按应用不同，铝合金又可分为一类结构、二类结构和三类结构。

思考与练习题

9.1　钢材是如何分类的？土木工程常用的钢材有哪些？

9.2　钢材的脱氧程度对钢材的质量有何影响？

9.3　什么是钢材的强屈比？其大小对钢材的使用性能有何影响？

9.4　伸长率反映钢材的什么性质？同一钢材的 δ_5 和 δ_{10} 之间有何关系？为什么？

9.5　钢材的冲击韧性与哪些因素有关？何谓钢材的冷脆性和时效？

9.6　土木工程使用的钢材主要有哪些？与碳素钢相比，低合金结构钢有何特点？

9.7　钢中哪些元素是有害元素？它们的主要危害是什么？

9.8　钢材锈蚀的原因有哪些？如何防止钢材的锈蚀？

第 10 章　高分子合成材料

【学习要求】

- 了解高分子化合物的组成结构、分类及老化。
- 了解塑料的组成及特性，掌握常用建筑塑料及制品的特性及应用。
- 了解涂料的组成与分类以及工程中常用外墙涂料及内墙涂料的特性及应用。
- 了解胶黏剂的组成、特性以及工程中常用的胶黏剂。
- 了解土工合成材料的种类及使用功能。

10.1　高分子化合物基本知识

高分子合成材料是指以人工合成高分子化合物为主要组分的材料。人类社会早期是利用天然高分子材料作为生活和生产资料。1869 年，出现了由美国发明的第一种合成塑料，1907 年出现了合成高分子酚醛树脂，标志着人类应用合成高分子材料的开始。现代，高分子材料已与金属和无机非金属材料相同，成为科学技术、经济建设中的重要材料。今天的高分子材料，包括塑料、橡胶、纤维、薄膜、胶黏剂和涂料等许多种类。其中，塑料、合成橡胶和合成纤维被称为现代三大高分子材料。它们质地轻巧、原料丰富、加工方便、性能良好、用途广泛，因而发展速度大大超过了钢铁、水泥和木材这传统的三大基本材料。

10.1.1　高分子化合物的组成及结构特点

高分子化合物又称高聚物或聚合物，是指由不饱和低分子化合物通过加聚或缩聚而成的大分子化合物，其分子量一般为 104 ~ 106。虽然高分子化合物的分子量大，但其化学组成都比较简单，一个大分子往往是由许多相同的、简单的结构单元通过共价键或离子键有规律地重复连接而成。例如，聚乙烯分子就是由许多乙烯结构单元重复连接而成的，其分子式为$\text{+}CH_2-CH_2\text{+}_n$。式中—$CH_2$—$CH_2$—是重复的结构单元，称为“链节”，重复单元的数目 n 称为“聚合度”，聚合度可为几百至几千，聚合物的分子量为重复结构单元的分子量与聚合度的乘积。

高分子化合物与低分子化合物相比较，分子量非常高。由于这一突出特点，聚合物显示出了特有的性能，表现为“三高一低一消失”。即高分子量、高弹性、高黏度、结晶度低、无气态。因此这些特点也赋予了高分子材料（如复合材料、橡胶等）高强度、高韧性、高弹性、绝缘和耐腐蚀等特点。

10.1.2　高分子化合物（高聚物）的分类

高聚物有许多分类方法，常见的有以下几种：

1．根据来源分类

按高分子化合物的来源，可分为天然、半合成（改性天然高分子化合物）和合成高分子化合物。

天然高分子化合物，如天然橡胶、淀粉、植物纤维。

合成高分子化合物，如聚氯乙烯等。

半合成高分子化合物，如醋酸纤维、改性淀粉等。

2．根据分子结构分类

（1）线型聚合物。

各链节连接成一长链或带有支链，如图10.1（a）、（b）所示。线型聚合物在拉伸或低温下呈直线形状，而在较高湿度下或在稀溶液中则易呈卷曲形状，且互相缠绕，分子链间有较大的分子间作用力，显示出一定的柔顺性和弹性。这种聚合物加热可融化，也能溶解在适当的溶剂中。如聚氯乙烯、未硫化的天然橡胶、高压聚乙烯等都是线型高分子化合物。

（2）体型聚合物。

线型聚合物大分子间以化学键交联而形成空间网状的三维聚合物，如图10.1（c）所示。交联程度浅的可软化但不熔融，可溶胀但不溶解。交联程度深的受热时不再软化，也不易被溶剂所溶胀。一般弹性和可塑性较小，而硬度和脆性则较大。例如，酚醛树脂、硫化橡胶及离子交换树脂等都是体型聚合物。

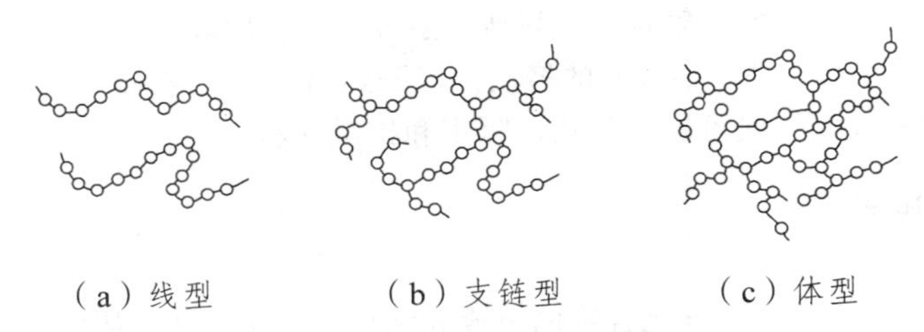

（a）线型　　（b）支链型　　（c）体型

图10.1　聚合物大分子链的结构示意图

3．根据聚合反应的类型分类

由低分子单体合成高聚物的反应称为聚合反应，根据单体和聚合物的组成和结构所发生的变化，可将聚合反应分为加聚反应和缩聚反应两大类。由此所得的反应生成物也分为加聚物和缩聚物两类。

（1）加聚物。

由低分子量的不饱和的单体分子相互加成而连接成大分子链且不析出小分子的反应，称为加聚反应。其反应生成物称为加聚物。

一种单体经过加聚反应生成的聚合物称为均聚物，如聚乙烯、聚氯乙烯和聚苯乙烯等。

两种或两种以上单体经过加聚反应生成的聚合物称为共聚物，如ABS塑料是丙烯腈、丁二烯和苯乙烯3种单体的共聚物。

加聚物的结构大多为线型。

（2）缩聚物。

具有双官能团的单体相互作用，生成聚合物，同时析出某些小分子化合物（如水、氨和氯化氢等）的反应，称为缩聚反应。其反应生成物称为缩聚物。

缩聚物的结构可为体型或线型。

4. 根据受热变化特点分类

（1）热塑性聚合物。

加热时软化甚至熔化，冷却后硬化，而不发生化学变化，可以反复加热和冷却，重复多次进行（称为复塑），如聚乙烯。一般为线型或支链型结构。

（2）热固性聚合物。

加热后即软化，同时产生化学变化，相邻的分子相互连接（交联）而逐渐硬化，最后成为不熔化、不溶解的物质。热固性聚合物只能塑制一次。该类聚合物为体型结构，包括大部分缩聚物。

5. 根据高分子材料的用途分类

按用途，高分子材料可分为塑料、纤维和橡胶。

塑料是有机高聚物在一定条件下（加热、加压）可塑制成形，而在常温常压下可保持固定形状的材料。合成纤维由合成树脂制成。合成橡胶是指物理性能类似于天然橡胶的有弹性的高分子化合物。

10.1.3 高分子化合物（高聚物）的主要性质

1. 物理力学性质

高分子化合物的密度较小，一般为 0.8 ~ 2.2 g/cm^3，只有钢材的 1/8 ~ 1/4，混凝土的 1/3，铝的 1/2。其比强度高，多大于钢材和混凝土制品，是极好的轻质高强材料，但力学性质受温度变化的影响很大；导热性很小，是一种很好的轻质保温隔热材料；电绝缘性好，是极好的绝缘材料。由于它的减振、消声性好，一般可制成隔热、隔声和抗震材料。

2. 化学及物理化学性质

（1）老化。

在光、热、大气作用下，高分子化合物的组成和结构发生了变化，从而出现性能劣化的现象，称为聚合物的老化，如失去弹性、出现裂纹、变硬、变脆、变软、发黏、机械强度降低等。

（2）耐腐蚀性。

一般的高分子化合物对侵蚀性化学物质（酸、碱、盐溶液）及蒸汽的作用具有较高的稳定性。但有些聚合物在有机溶剂中会溶解或溶胀，使几何形状和尺寸改变，性能恶化，使用时应加以注意。

3. 可燃性及毒性

聚合物一般属于可燃的材料，但可燃性受其组成和结构的影响有很大差别。如聚乙烯遇明火就会很快燃烧起来，而聚氯乙烯则有自熄性，离开火焰就会自动熄灭。一般液态的聚合物都有不同程度的毒性，而固化后的聚合物多半是无毒的。

10.2 建筑塑料

塑料是以合成或天然高分子化合物为主要成分，配以一定量的辅助剂（如填料、增塑剂、稳定剂、着色剂等），在一定条件（温度、压力）下塑化成型，并在常温下保持产品形状不变的高分子材料。塑料在一定温度和压力下具有较大的塑性，容易做成所需要的形状尺寸的制品，而成型以后，在常温下又能保持既得的形状和必需的强度。

10.2.1 塑料的组成

塑料主要成分是合成树脂，此外还有填料和助剂。

1. 合成树脂

合成树脂是塑料的基本组成材料，在塑料中起胶黏剂的作用，它不仅能自身胶结，还能将塑料中的其他组分牢固地黏结在一起，成为一个整体，使之具有加工成形的性能。合成树脂在塑料中的含量为 30% ~ 60%。塑料的主要性质取决于所用合成树脂的性质，所以塑料常以所用合成树脂命名，如聚乙烯（PE）塑料、聚氯乙烯（PVC）塑料。

2. 填　料

填料又称填充剂，是绝大多数塑料不可缺少的原料，通常占塑料组成材料的 20% ~ 50%。它是为了改善塑料的某些性能而加入的，其作用是可提高塑料的耐磨性、大气稳定性，降低塑料的可燃性等，同时也可降低塑料的成本。常用的填料有滑石粉、硅藻土、石灰粉、云母、木粉、石墨、石棉、各类纤维、铝粉等。如石棉改善耐热性，石墨可提高塑料导热性，纤维可提高机械强度，云母可改善电绝缘性。

3. 增塑剂

增塑剂可提高塑料加工时的可塑性、流动性以及塑料制品在使用时的弹性和柔软性，且可改善塑料的低温脆性等，但会降低塑料的强度和耐热性。要求增塑剂与树脂的混溶性好，无色，无毒，挥发性小。常用的增塑剂有邻苯二甲酸二丁酯、邻苯二甲酸二辛酯、二苯甲酮、磷酸酯类、樟脑等。

4. 稳定剂

稳定剂是指能抑制或减缓塑料老化作用的物质。塑料在加工成型及使用过程中，由于受光、热、氧的作用，会过早地发生降解或交联等现象，导致颜色改变、性能下降。加入稳定剂可以提高塑料的耐老化性能，延长其使用寿命。

常用的稳定剂有钛白粉、硬脂酸盐等。

5. 固化剂

固化剂又称硬化剂或交联剂。其作用是使高聚物的线形分子交联成体型分子，从而使树脂具有热固性。某些合成树脂常需加入适量的固化剂。环氧树脂常用胺类、酸酐类化合物作为固化剂；酚醛树脂常用乌洛托品（六亚甲基四胺）作为固化剂；聚酯树脂常用过氧化物作为固化剂。

6. 着色剂

着色剂赋予塑料绚丽的色彩和光泽的物质。除满足色彩要求外，还应分散性好、附着力强，在加工和使用中不褪色，不与塑料成分发生化学反应。常用的着色剂有两种，分为有机和无机颜料，有时还使用一些金属片状颜料或能产生荧光或磷光的颜料。

此外，根据建筑塑料使用及加工成型的需要，有时还加入阻燃剂、润滑剂、抗静电剂、发泡剂和防霉剂等。

10.2.2 塑料的特性

1. 塑料的主要优点

塑料是具有质轻、高强、绝缘、耐腐、耐磨、绝热、隔声等优良性能的材料，在建筑上可作为装饰材料、绝热材料、吸声材料、防火材料、墙体材料、管道及卫生洁具等。它与传统材料相比，具有以下优良性能：

（1）轻质高强。

塑料的密度一般为 1 ~ 2 g/cm^3，平均为 1.45 g/cm^3，约为钢材的 1/5、混凝土的 1/3、铝的 1/2。而比强度高却远远超过混凝土，接近或超过钢材，是一种优良的轻质高强材料，有利于减轻建筑自重、降低成本。

（2）加工性能好。

塑料可以采用各种方法制成具有各种断面形状的通用材料或异型材，如塑料薄膜、薄板、管材、门窗型材等。塑料加工成型效率高，能耗低。

（3）装饰性好。

塑料制品可完全透明，也可着色，而且色彩绚丽耐久，表面光亮；可通过照相制版印刷，模仿天然材料的纹理，达到以假乱真的程度；还可电镀、热压、烫金制成各种图案和花型，使其表面具有立体感和金属的质感。通过电镀技术，还可使塑料具有导电、耐磨和电磁波的屏蔽作用等功能。

（4）保温隔热性能好。

塑料由于其质轻，导热系数很小，一般为 0.024 ~ 0.69 W/（m · K），有利于建筑物的保温节能。如聚苯乙烯泡沫塑料导热系数为 0.031 ~ 0.45 W/（m · K），主要用于墙体、屋面、地面、楼板等的隔热保温。

（5）电绝缘性能优良。

塑料也具有良好的电绝缘性能，是良好的绝缘材料。

（6）耐化学腐蚀性好，耐水性强。

塑料可以抵抗多种酸、碱、盐溶液的侵蚀，具有较好的化学稳定性；同时，密实的塑料几乎不吸水，具有较高的耐水性。所以，塑料既适用于建筑管道和管件、化工厂的门窗、地面和墙体等防腐工程，也可用于防水和防潮工程。

2. 塑料的主要缺点

（1）耐热性、耐燃性较差。

大多数塑料耐热性较差，软化温度一般为 60 ~ 120 °C；热膨胀系数较高，遇热时发生体积变形，是传统材料的 3 ~ 4 倍，容易因热应力而导致材料破坏，施工和使用时应注意这点。另外，多数塑料可燃烧，燃烧时会放出大量毒气，这一缺点使其在建筑中的使用受到限制。目前正在研究制取低燃烧性的塑料，通过加入各种稳定剂以及对高聚物采取共混、共聚、增强复合等途径，可以从不同角度改善塑料性能，以扩大在建筑中的应用。

（2）弹性模量低。

塑料的弹性模量低，只为钢材的 1/20 ~ 1/10，刚度差，受力易产生变形，且在室温下，塑料在受力后就有明显的蠕变现象。

（3）易老化。

塑料在热、空气、阳光及环境介质中的碱、酸、盐等作用下，分子结构会产生递变，增塑剂等组合挥发，使塑料性能变差，甚至产生硬脆、破坏等。塑料的耐老化性可通过添加外加剂的方法得到很大改善。如某些塑料制品的使用年限可达到50年，甚至更长。

总之，塑料及其制品的优点多于缺点，且塑料的缺点可以通过采取相应措施加以克服。随着塑料资源的不断发展，建筑塑料的发展前景是非常广阔的。

10.2.3 工程中常用的建筑塑料制品

建筑工程塑料制品主要用作装饰材料、水暖工程材料、防水工程材料、结构材料及其他用途材料。

1. 塑钢门窗

塑钢门窗是以聚氯乙烯（PVC）为主要原料，加上一定比例的稳定剂、改性剂、填充剂、紫外线吸收剂等助剂，经挤出加工成形材，然后通过切割、焊接的方式制成门窗框扇、配装上橡胶密封条、五金配件等附件而成。为加强型材的刚性，在型材空腔内添加钢衬，称之为塑钢门窗。塑钢门窗具有外形美观、尺寸稳定、抗老化、不褪色、耐腐蚀、耐冲击、气密水密性好、使用寿命长等优点。

2. 塑料管材

塑料管材与金属材料相比，具有轻质、不生锈、不生苔、管壁光滑、对流体阻力小、安装加工方便、节能等特点。因此，近年来塑料管材的生产和应用得到了较大发展。

塑料管材有软管和硬管之分，按主要原料分为聚氯乙烯、聚乙烯管、聚丙烯管、ABS、聚丁烯管、玻璃钢管等。其主要用于建筑给排水管材与管件、热燃用埋地管材与管件、排污水用管材、流体输送用管材等。

3. 泡沫塑料

泡沫塑料是在聚合物中加入发泡剂，经发泡、固化及冷却等工序制成的多孔塑料制品。泡沫塑料的孔隙率高达95%～98%，且空隙尺寸较小，因而具有优良的隔热保温性能。常用的有聚苯乙烯泡沫塑料、聚氯乙烯泡沫塑料、聚氨酯泡沫塑料等。

4. 玻璃钢

玻璃纤维增强塑料也称玻璃钢，国际公认的缩写符号为GFRP或FRP，是以合成树脂为基体，以玻璃纤维或其制品为增强材料，经成形、固化而成的轻质高强的固体材料。玻璃钢采用的合成树脂有不饱和聚酯、酚醛树脂或环氧树脂。

玻璃钢具有重量轻、比强度高、耐腐蚀、电绝缘性能好、传热慢、热绝缘性好、耐瞬时超高温性能好，以及容易着色、能透过电磁波等特性。此外，还有产品设计自由度大，设计制作一次完成，且成型制作能耗低，有利于节省能源，产品使用适应性广等特点。

玻璃钢制品最大缺点是表面不够光滑。

在建筑中，玻璃钢制品可用作屋面材料（波形瓦）、墙体维护材料、浴缸、水箱、整体卫生间、通风管道、混凝土模壳、冷却塔、排水管及地铁工程的电缆支架，特别适合在沿海及有腐蚀性的地方使用。

10.3 建筑涂料

涂料有着悠久的历史和广泛的使用范围。建筑涂料是按涂料的用途进行分类得出的一个类别。近年来，我国建筑涂料产量连年增长，消耗量大约占总涂料的 40%，在涂料工业中占有重要地位。今后，建筑涂料将向高性能、低污染的方向发展。

建筑涂料是指涂覆于建筑构件表面，与之能很好黏结并形成完整保护膜，起保护、装饰、特殊功能作用或几种作用兼而有之的材料。植物油和天然树脂是人们最早应用的涂料，随着高分子材料的发展，合成聚合物改性涂料逐渐成为涂料工业的主流产品。

10.3.1 涂料的组成及分类

1. 涂料的组成

涂料主要由四种成分组成：基料、颜料、分散介质、助剂。

（1）基料。

主要成膜物质，也称胶黏剂。它能将涂料中的其他组分黏结成整体，附着在被涂物体表面，干燥固化后形成连续均匀的保护膜，是涂料配方中不可缺少的基本成分，基料的种类和性质决定着涂料的物理、化学性能。

（2）颜料。

次要成膜物质，包括体质颜料、着色颜料、白色颜料等。颜料是一种微细的粉末，它均匀地分散在涂料的介质中，是构成涂膜的一个重要组成部分。颜料能使涂膜呈现颜色和遮盖作用，增加涂膜强度和附着力、改善流变性、耐候性，赋予特殊功能和降低成本，但不能单独成膜。

（3）分散介质（溶剂）。

辅助成膜物质，赋予涂料一定的流动性，使成膜物质分散、形成黏稠液体，以适应施工工艺要求。但分散介质最终蒸发掉，不留在涂膜中。

分散介质有水和有机溶剂两类，以有机溶剂为主。

（4）助剂。

辅助材料，能帮助成膜物质形成一定性能的涂膜，明显改善涂料的施工性、储存性和功能性，用量很少，但作用显著。

助剂种类很多，作用各异，如催干剂、增塑剂、增稠剂、稀释剂、防霉剂等。

2. 涂料的分类

由于涂料品种繁多，长期以来形成了各种不同的涂料分类方法，我国已发布了《涂料产品分类和命名》（GB/T 2705—2003）国家标准，该标准提出了两种分类方法：

（1）以涂料产品的用途为主线并适当辅以主要成膜物质的分类方法，将涂料产品划分为三个主要类别：建筑涂料、工业涂料和通用涂料及辅助材料。

（2）除建筑涂料外，以涂料产品的主要成膜物为主线，并适当辅以产品主要用途的分类方法。该方法将涂料产品划分为两个主要类别：建筑涂料、其他涂料及辅助材料。

上述两种分类方法，其共同之处是将建筑涂料分为墙面涂料、防水涂料、地坪涂料和功能性建筑涂料，见表 10.1。

表 10.1　建筑涂料

主要产品类型			主要成膜物类型
建筑涂料	墙面涂料	合成树脂乳液内墙涂料 合成树脂乳液外墙涂料 溶剂型外墙涂料 其他墙面涂料	丙烯酸酯及其改性共聚乳液；醋酸乙烯及其改性共聚乳液；聚氨酯等树脂；无机黏合剂等
	防水涂料	溶剂型树脂防水涂料 聚合物乳液防水涂料 其他防水涂料	EVA、丙烯酸酯类乳液；聚氨酯、沥青，PVC 胶泥或油膏、聚丁二烯等树脂
	地坪涂料	水泥基等非木质地面用涂料	聚氨酯、环氧等树脂
	功能性建筑涂料	防火涂料 防霉（藻）涂料 保温隔热涂料 其他功能性建筑涂料	聚氨酯、环氧、丙烯酸酯类、乙烯类、氟碳等树脂

注：主要成膜物类型中树脂类型包括水型、溶剂型和无溶剂型等。

10.3.2　建筑涂料的功能

建筑涂料具有色彩鲜艳、质感丰富、性能全面、施工方便、价廉物美等特点，在建筑饰面材料中越来越受到人们的青睐。因此建筑涂料的主要功能是装饰功能。除此以外，它还应具有保护功能和其他特殊功能，简述如下：

1. 装饰作用

建筑涂料对建筑物进行施工后，使建筑的可视面得到美化的功能称为装饰功能。涂装后的建筑物不但色彩丰富，还可具有不同的光泽和平滑度；再加上各种立体图案和标志，和周围环境协调配合，会使人在视觉上产生美观、舒畅之感。室内若采用内墙涂料及地面涂料装饰后，可使居住在室内的人们产生愉悦感。若在涂料中掺加粗、细集料，或采用拉毛、喷涂和滚花等方法进行施工，可以获得各种纹理、图案及质感的涂层，使建筑物产生特殊的艺术效果，从而达到美化环境、装饰建筑的目的。

2. 保护功能

建筑涂料对建筑进行施工后，能保护建筑不受环境影响的功能称为保护功能。

建筑物暴露在大气中，受到阳光、雨水、冷热和各种介质的作用，表面会发生风化、腐蚀、生锈、剥落等破坏现象。建筑涂料通过刷涂、滚涂或喷涂等施工方法，涂敷于建筑物的表面，形成连续的薄膜，产生抵抗气候影响、化学侵蚀及污染等功能，阻止或延迟这些破坏现象的发生和发展，起到保护建筑物，延长其使用寿命的作用。

3. 特种功能

建筑涂料除了固有的装饰和一般性保护功能以外，近年来世界各国都十分重视研究特种功能的建筑涂料，这类涂料又称为功能性建筑涂料。例如：防水涂料、防火涂料、防霉涂料、杀虫涂料、吸声或隔声涂料、隔热、保温涂料、防辐射涂料、防结露涂料、伪装涂料等。

在工业建筑、道路设施等构筑物上，涂料还可起到标志作用、色彩调节作用、美化环境作用和调节人们心理状况的作用。

近年来，建筑涂料向着高科技、高质量、多功能、绿色环保型、低毒型方向发展。外墙涂料的开发重点为适应高层外墙装饰性、耐候性、耐污染性、保色性高，低毒、水乳型方向发展。内墙涂料以适应健康、环保、安全的绿色涂料方向发展，重点开发水性类、抗菌型乳胶类。防火、防腐、防碳化、保温也是内墙多功能涂料的研究方向。防水涂料向富有弹性、耐酸碱、隔音、密封、抗龟裂、水性型方向发展。功能性涂料将在隔热保温、防晒、防蚊蝇、防霉、防菌等方向迅速发展。

10.4 建筑胶黏剂

胶黏剂是一种古老而又年轻的材料，数千年前人类祖先就已经开始使用胶黏剂。到20世纪初合成酚醛树脂的发明，开创了胶黏剂的现代发展史。我国胶黏剂起步于20世纪50年代，进入20世纪90年代后，胶黏剂工业有了突飞猛进的发展。在建筑行业，胶黏剂已成为新型建筑材料的一种，广泛用于施工、装饰、密封和结构黏结等领域。

胶黏剂是指能具有良好的黏结力，能在两个物体表面间形成薄膜并把它们牢固地黏结在一起的材料，与焊接、铆结、螺纹连接相比，具有突出的优越性。例如，黏结为面际连接，应力分布均匀，耐疲劳性好，不受连接物的形状、材质等限制，胶结后具有良好的密封性能，几乎不增加黏结物的重量，胶结方法简单等。因而它在建筑工程中的应用越来越广泛，成为工程上不可缺少的重要配套材料。

10.4.1 胶黏剂的组成与分类

1. 胶黏剂的组成

胶黏剂是一种多组分的材料，它一般由黏结物质、固化剂、增强剂、填料、稀释剂和改性剂等组分配置而成。

（1）黏结物质。

也称黏料，它是胶黏剂中的基本组成，起黏结作用，要求有良好的黏附性和润湿性。其性质决定了胶黏剂的性能、用途和使用条件。一般多用各种树脂、橡胶及天然高分子化合物作为黏结物质。

（2）固化剂。

指促使胶粘物质通过化学反应加快固化的组分，它可以增加胶层的内聚强度。有的胶黏剂中的树脂若不加固化剂，本身不能变成坚硬的固体。固化剂也是胶黏剂的主要组分，其性质和用量对胶黏剂的性能起着重要的作用。

（3）增强剂。

增强剂用于提高胶黏剂感化后黏结层的韧性和抗冲击性能的组分。常用的有邻苯二甲酸二丁酯和邻苯二甲酸二辛酯等。

（4）稀释剂。

稀释剂又称溶剂，主要作用是降低胶黏剂黏度，提高其流动性，以便于施工。常用的溶剂有丙酮、苯、甲苯等。

（5）填料。

填料一般在胶黏剂中不发生化学反应。它能改善胶黏剂性能，具有如增加黏度、强度、改善耐热性，减少固化收缩、降低成本等作用。

（6）改性剂。

改性剂是为了改善胶黏剂的某一方面性能，以满足特殊要求而加入的一些组分。例如为增加胶黏强度，可加入偶联剂。此外还有防老化剂、防腐剂、防霉剂、阻燃剂、稳定剂等。

2. 胶黏剂的分类

胶黏剂的分类方法很多，按应用方法可分为热固型、热熔型、室温固化型、压敏型等；按应用对象分为结构型、非结构型和特种胶；按形态可分为水溶型、水乳型、溶剂型以及各种固态型等。常用的是将胶黏剂按黏料的化学成分来分类，见表 10.2。

表 10.2　胶黏剂的分类

<table>
<tr><td rowspan="12">胶黏剂</td><td rowspan="5" colspan="2">无机胶黏剂</td><td colspan="3">硅酸盐：硅酸钠（水玻璃）、硅酸盐水泥</td></tr>
<tr><td colspan="3">磷酸盐：磷酸-氧化铜</td></tr>
<tr><td colspan="3">氧化物：氧化铅、氧化铝</td></tr>
<tr><td colspan="3">硫酸盐：石膏、硫酸盐胶</td></tr>
<tr><td colspan="3">硼酸盐</td></tr>
<tr><td rowspan="7">有机胶黏剂</td><td rowspan="3">天然胶黏剂</td><td colspan="3">动物胶：皮胶、骨胶、虫胶、酪素胶、血蛋白胶、鱼胶等类</td></tr>
<tr><td colspan="3">植物胶：淀粉、糊精、松香、阿拉伯树脂、天然树胶、天然橡胶等类</td></tr>
<tr><td colspan="3">矿物胶：矿物蜡、沥青等类</td></tr>
<tr><td rowspan="4">合成胶黏剂</td><td rowspan="2">合成树脂型</td><td>热塑性</td><td>纤维素酯、烯类聚合物、聚酯、聚乙烯醇缩醛、乙烯-醋酸乙烯酯共聚物等</td></tr>
<tr><td>热固性</td><td>环氧树脂、酚醛树脂、脲醛树脂、三聚氰-甲醛树脂、有机硅树脂等</td></tr>
<tr><td>合成橡胶型</td><td colspan="2">氯丁橡胶、丁苯橡胶、丁基橡胶、聚氨酯橡胶、硅橡胶等</td></tr>
<tr><td>橡胶树脂型</td><td colspan="2">酚醛-丁腈胶、酚醛-氯丁胶、酚醛-聚氨酯胶、环氧-丁腈胶、环氧-聚硫胶等类</td></tr>
</table>

10.4.2　建筑上常用胶黏剂的性能及应用

1. 胶黏剂选择的基本原则

（1）根据不同的材料选用不同的胶黏剂。

不同的材料，如金属、塑料、橡胶等，由于其本身分子结构极性大小不同，在很大程度上会影响胶结强度。

（2）考虑受力条件。

受力构件的胶结应选用高强度、韧性好的胶黏剂。若用于工艺定位而受力不大时，则可选用通用型胶黏剂。

（3）考虑工作温度。

一般而言，橡胶型胶黏剂只能在 – 60 ~ 80 °C 情况下工作；以双粉 A 环氧树脂为基材的胶黏

剂的工作温度在 –50 ~ 180 °C。冷热交替是胶黏剂最苛刻的使用条件之一，特别是被胶结材料性能差别很大时，对胶结强度的影响更显著。为了消除不同材料在冷热交替时由于线膨胀系数不同产生的内应力，应选用韧性较好的胶黏剂。

（4）其他。胶黏剂的选择还应考虑成本、工作环境等其他因素。

2. 建筑上常用胶黏剂的性能及应用（见表 10.3）

表 10.3　建筑上常用胶黏剂的性能及应用

种类		特性	主要用途
热塑性合成树脂胶黏剂	聚乙烯醇缩甲醛类胶黏剂	黏结强度较高，耐水性、耐油性、耐磨性及抗老化性较好	粘贴壁纸、墙布、瓷砖等，可用于涂料的主要成膜物质，或拌制水泥砂浆，能增强砂浆层的黏结力
	聚醋酸乙烯酯类胶黏剂	常温固化快，黏结强度高，黏结层的韧性和耐久性好，不易老化，无毒，无味，不易燃爆，价格低，但耐水性差	广泛用于粘贴壁纸、玻璃、陶瓷、塑料、纤维织物、石材、混凝土、石膏等各种非金属材料，也可作为水泥增强剂
	聚乙烯醇胶黏剂（胶水）	水溶性胶黏剂，无毒，使用方便，但黏结强度不高	可用于胶合板、壁纸、纸张等的黏结
热固性合成树脂胶黏剂	环氧树脂类胶黏剂	黏结强度高，收缩率小，耐腐蚀，电绝缘性好，耐水，耐油	黏结金属制品、玻璃、陶瓷、木材、塑料、皮革、水泥制品、纤维制品等
	酚醛树脂类胶黏剂	黏结强度高，耐疲劳，耐热，耐气候老化	用于黏结金属制品、玻璃、陶瓷、塑料和其他非金属制品
	聚氨酯类胶黏剂	黏附性好，耐疲劳，耐油，耐水，耐酸，韧性好，耐低温性能优异，可室温固化，但耐热性差	用于黏结塑料、木材、皮革等，特别适用于防水、耐酸、耐碱等工程
合成橡胶胶黏剂	丁腈橡胶胶黏剂	弹性及耐候性良好，耐疲劳，耐油，耐溶剂性好，耐热，良好的混溶性，但成膜缓慢，黏结性差	用于耐油部位中橡胶与橡胶、橡胶与金属、织物等的黏结。尤其适用于黏结软质聚氯乙烯材料
	氯丁橡胶胶黏剂	黏附力、内聚强度高，耐燃，耐油，耐溶剂性好，但储存稳定性差	用于结构黏结或不同材料黏结，如橡胶、木材、陶瓷、石棉等不同材料的黏结
	聚硫橡胶胶黏剂	很好的弹性和黏附性。耐油，耐候性好，气体和蒸汽不渗透，防老化性好	作密封胶及用于路面、地坪、混凝土的修补、表面密封和防滑。用于海港、码头及水下建筑物的密封
	硅橡胶胶黏剂	良好的耐紫外线、耐老化、耐热、耐腐蚀性，黏结性好，防水防震	用于金属、陶瓷、混凝土、部分塑料的黏结。尤其适用于门窗玻璃的安装以及隧道、地铁等地下建筑中瓷砖、岩石接缝间的密封

3. 使用胶黏剂的注意事项

（1）黏结界面要清洁干净。使用前要彻底清除被黏结物表面上的水分、油污、锈蚀和其他附着物。

（2）胶层要匀薄。大多数胶黏剂的胶结强度随胶层厚度增加而降低。胶层薄，胶面上的黏附力起主要作用，而黏附力往往大于内聚力；同时胶层产生裂纹和缺陷的概率变小，胶结强度提高。但胶结强度提高时，因胶层过薄，容易产生缺陷，更影响胶结强度。

（3）晾晒时间要充分。对含有稀释剂的黏胶剂，黏结前一定要晾晒，使稀释剂充分挥发，否则在胶层内会产生气孔和疏松现象，影响黏结强度。

（4）固化要完全。胶结剂中的固化一般需要一定压力、温度和时间。加一定的压力有利于胶液的流动和湿润，保证胶层的均匀和致密，使气泡从胶层中挤出。温度是固化的主要条件，适当提高固化温度有利于分子间的渗透和扩散，有利于气泡的溢出和增加胶液的流动性，温度越高，固化越快。但温度过高会使胶黏剂发生分解，影响黏结强度。

10.5 土工合成材料

土工合成材料是一种新型的岩土工程材料，它以人工合成的高聚物（即塑料、化学纤维、合成橡胶）为原料，制造成各种类型的产品，置于土体内部、表面或各层土体之间，发挥过滤、排水、隔离、加筋、防渗、防护等作用。土工合成材料可分为土工织物、土工膜、复合土工合成材料和特种土工合成材料等类型，广泛用于水利、电力、公路、铁路、建筑、海港、采矿、机场、军工、环保等工程的各个领域。

随着土工合成材料应用领域的不断扩大，它们的生产和应用技术也在迅速地提高，使其逐渐形成一门新的边缘性学科。它以岩土力学为基础，与石油化学工程、塑料工程和纺织工程有密切联系，应用于岩土工程和土木建筑工程的各个领域。

10.5.1 土工合成材料的功能及主要应用

土工合成材料的功能是多方面的。综合起来，可以归纳为以下六种基本作用：

1. 土工合成材料的过滤作用

把针刺土工织物置于土体表面或相邻土层之间，可以有效地阻止土颗粒通过，从而防止由于土颗粒的过量流失而造成土体的破坏。同时允许土中的水或气体穿过织物自由排出，以免由于孔隙水压力的升高而造成土体的失稳等不利后果。

把土工织物置于挟有泥沙的流水之中，可以起截留泥沙的作用。

过滤是土工织物的一项主要作用，适用于下列工程：

（1）土石坝黏土心墙或黏土斜墙的滤层。

（2）土石坝（包括碾压坝、水坠坝、水中倒土坝等）或堤防内的各种排水体的滤层。

（3）储灰坝或尾矿坝的初期坝上游坝面的滤层。

（4）堤、坝、河、渠及海岸块石或混凝土护坡的滤层。

（5）水闸下游护坝、海漫或护坡下部的滤层。

其他，如公路和飞机场的基层、铁路道砟和人工堆石与地基之间的土工织物隔离层，均同时起过滤作用。

2. 土工合成材料排水作用

有些土工合成材料可以在土体中形成排水通道，把土中的水分汇集起来，沿着材料的平面排至体外。较厚的针刺织造土工布和某些具有较多孔隙的复合土工合成材料都可以起排水作用。它们适用于下列工作：

（1）土坝内部垂直或水平排水。

（2）土坝或土堤中的防渗土工膜后面或混凝土护面下部的排水。

（3）埋入土体中（如水力冲填坝中）消散孔隙水压力。

（4）软基处理中垂直排水（塑料排水带或袋装砂井）。

（5）挡土墙后面的排水。

（6）各种建筑物周边的排水。

（7）排除隧洞周边渗水，减轻衬砌所承受的外水压力。

（8）人工填土地基或运动场地基的排水。

3. 土工合成材料隔离作用

有些土工合成材料能够把两种不同粒径的土、砂、石料，或把土、砂、石料与地基或其他建筑材料隔离开来，以免相互混杂而失去各种材料和结构的完整性或预期作用，或者发生土粒流失现象。土工织物和土工膜都可以起隔离作用。它们适用于下列工程：

（1）铁路道砟与路基或地基与软弱地基之间的隔离层；

（2）公路基层碎石与路基或地基之间，飞机场、停车场、运动场面层与地基之间的隔离层；

（3）在土石混合坝中，隔离不同的筑坝材料。

4. 土工合成材料加筋作用

很多土工合成材料埋在土体之中，可以分布土体的应力，增加土体的模量，传递拉应力，限制土体侧向位移；还可增加土体其他材料之间的摩擦阻力，提高土体及有关构筑物的稳定性。土工织物、土工格栅、土工加筋带、土工网及一些特种或复合型的土工合成材料，都具有加筋功能。它们适用于下列工程：

（1）在公路、铁路、防波堤、运动场等工程中，用以加强软弱地基，同时起隔离与过滤作用。

（2）加强堆土或陡坡的边坡稳定性。

（3）用作挡土墙回填土中的加筋，或用以锚固挡土墙的面板。

（4）修筑包裹式挡土墙或桥台。

（5）加固柔性路面，防止反向裂缝的发展。

（6）增强破碎岩石边坡的稳定性，也是加筋挡土墙的另一种形式。

其他，如在裂隙或断层发育的基础上，增强边坡的稳定性或加固地基，制造石笼、土砂石袋，在存货场或施工场地的地基上铺放土工织物既可起隔离作用、反滤作用，又可起加筋作用。

5. 土工合成材料防渗作用

土工膜和复合土工合成材料，可以防止液体的渗漏、气体的挥发，保护环境或建筑物的安全。它们适用于下列工程：

（1）土石坝的防渗斜墙或心墙，上游铺盖或库区防治措施。

（2）土石坝或水闸地基的垂直防渗或地下水库的垂直防渗墙。

（3）浆砌石坝或碾压混凝土坝的上游坝面防渗措施，及其他类型混凝土坝的渗漏处理措施。

（4）水闸上游护坝及护坡防渗。

（5）渠道防渗。

（6）隧道周边及堤坝内埋设涵管的防渗措施。

（7）防止蓄水池、游泳池、养鱼池、污水池及各类大型液体容器的渗漏与蒸发。

（8）地下室防渗及其他建筑物的防潮措施。

6. 土工合成材料防护作用

多种土工合成材料对土体或水面可以起防护作用。它们适用于下列工程：

（1）土工织物、注浆模袋、土砂石编织袋、土砂石织物枕、织物软体排等材料防止河岸或海岸被冲刷。

（2）防止垃圾、废料或废液污染地下水或散发臭味。

（3）防止水面蒸发或空气中的灰尘污染水面。

10.5.2　土工合成材料的分类及产品

1. 土工织物

土工织物属于透水的土工合成材料，以前叫土工布，所用的原材料一般为丙纶、涤纶或其他合成纤维。按制造工艺的不同，分为以下三大类：

（1）针织土工织物，目前很少采用。

（2）有纺织物或机织型土工织物，产量约占土工织物总产量的 20%。

（3）无纺织物或非织造土工织物，产量占土工织物总产量的 80% 以上。

2. 土工膜

制造土工膜的合成高聚物细分为两类：

（1）塑料类。主要有聚氯乙烯、低密度聚乙烯、中密度聚乙烯、高密度聚乙烯等。

（2）合成橡胶类。主要有丁基橡胶、环氧丙烷橡胶、氯磺化聚乙烯、三元乙丙橡胶（EPDM）等。

3. 其他土工合成材料

（1）土工网。

土工网是高聚物条带或粗股热压制成的只有放大孔眼和刚度较大的平面结构，网孔的形状、大小、厚度和制造方法对土工网的特性影响很大，尤其是力学特性。土工网主要用作垫层加固软基、植草和复合排水材料的基材。

（2）土工格栅。

首先在塑料板上冲孔，然后对塑料板沿一个方向或垂直的两个方向进行拉伸，实现分子的定向排列，大幅度地提高强度和模量，形成带有矩形孔或方形孔的格栅状结构。原材料多为聚丙烯和聚乙烯。土工格栅的优点是强度高、延伸率低、模量高、蠕变量小、强抗摩擦性、强抗腐蚀性和抗老化等。土工格栅按生产时拉伸的方向分为单向土工格栅和双向土工格栅。土工格栅主要用于加筋土和软基处理工程。

其他还有土工格室、土工席垫、土工模袋等。

本章小结

高分子建材是以高分子化合物为基础组成的材料。本章简述了土木工程中常用的高分子建材：

常用建筑塑料、涂料、胶黏剂、土工合成材料等。

1. 建筑塑料

塑料是以合成树脂为主要成分，配以一定量的填料、增塑剂、稳定剂、固化剂和着色剂等助剂而制成的材料。它的特点是：轻质高强，可加工性好，耐水、耐腐蚀性好，保温隔热，绝缘性好，耐热性耐燃性差，易变形，易老化等。按受热时表现出的性质不同，可分为热塑性和热固性塑料两大类。塑料制品广泛应用于土木工程各个领域。

2. 建筑涂料

建筑涂料是指涂覆于建筑构件表面，与之能很好黏结并形成完整保护膜，起保护、装饰特殊功能作用或几种作用兼而有之的材料。涂料主要由基料、颜料、分散介质（溶剂）及助剂等组成。建筑涂料分为墙面涂料、防水涂料、地坪涂料和功能性建筑涂料。

3. 胶黏剂

胶黏剂是指能通过较强的黏结力把同质或异质物体表面牢固地黏结在一起的材料。胶黏剂通常由黏结物质（黏料）、固化剂、增塑剂、稀释剂、填料、改性剂和其他添加剂组成。

4. 土工合成材料

土工合成材料是以塑料、化学纤维、合成橡胶等为原料制成的各种类型的产品。其特点是：强度高、质轻、柔性好、耐磨性好、抗腐蚀、吸湿性小等。使用过程中，其具有过滤、排水、隔离、加筋、防渗、防护六大功能。土工合成材料分为四大类，即土工织物、土工膜、土工复合材料和土工特种材料。

复习与思考题

10.1 聚合物有哪些特征？这些特征与聚合物性质有何联系？

10.2 什么是热塑性树脂？什么是热固性树脂？

10.3 塑料的基本组成有哪些？其作用如何？

10.4 土木工程中常用的塑料制品有哪些？

10.5 涂料的基本组成有哪些？各起什么作用？

10.6 建筑涂料包括哪些种类？

10.7 胶黏剂由哪些组分组成？各起什么作用？

10.8 土木合成材料在使用过程中有哪些功能？

第 11 章　攀西地区高炉渣在土木工程材料中的应用

【学习要求】

- 了解高炉渣的产生、分类、成分、特点。
- 了解高炉渣的建筑材料领域应用。
- 掌握高钛型高炉渣的特点及在建筑材料中的应用。

11.1　矿渣及全矿渣混凝土

矿渣是指金属冶炼过程中排出的非金属渣。高炉炼铁时排出的矿渣叫高炉矿渣，一般作为混凝土集料（也可称集料）使用的多为高炉矿渣。按照冷却方式，高炉矿渣分为水淬矿渣及高炉重矿渣，后者是熔融矿渣经自然缓慢冷却而生成。一般把高炉矿渣经破碎、筛选后作粗集料，而把水淬矿渣作细集料，亦称矿渣砂。

矿渣混凝土是以重矿渣碎石为粗集料、普通砂为细集料配制的混凝土；粗、细集料和砂均为矿渣的混凝土称为全矿渣混凝土。

1. 矿渣的化学成分及活性

（1）化学成分。矿渣的化学成分与硅酸盐水泥相近，仅 CaO 含量稍低，而 SiO_2 含量较高。矿渣中含有酸性氧化物（如 SiO_2 等）、碱性氧化物（如 CaO、MgO 等）及中性氧化物（如 Al_2O_3），含量占矿渣重量的 90% 以上。此外，矿渣中含有 FeS 等硫化物。

（2）活性。矿渣的活性取决于它的化学成分，矿物组成及冷却条件。一般来说，如果矿渣中的 CaO、Al_2O_3 含量高而 SiO_2 含量低时，矿渣活性较高，一般用以下三个系数来综合评定矿渣的活性。

$$\text{碱性系数}\quad M_0=\frac{CaO+MgO}{SiO_2+Al_2O_3}$$

碱性系数大时矿渣的活性较高。

$$\text{活性系数}\quad M_a=\frac{Al_2O_3}{SiO_2}$$

活性系数大时矿渣活性较高。

$$\text{质量系数}\quad K=\frac{CaO+MgO+Al_2O_3}{SiO_2+MnO+TiO_2}$$

质量系数大时矿渣活性较高。

一般来说，水淬矿渣的活性较高，这是由于熔融矿渣急剧冷却时来不及结晶，使其绝大部分形成不稳定的玻璃体，储有较多的潜在化学能，从而具有较高的活性。

2. 矿渣的矿物成分及稳定性

我国普通重矿渣的矿物成分有 C_2S、铝黄长石 C_2AS、假硅灰石以及钙镁橄榄石头 CMS、透辉石 MS_2、镁铝尖晶石等。

C_2S 是水泥熟料的矿物之一，它赋予矿渣以潜在水硬性，可提高混凝土的后期强度。

α-C_S 等矿物多为耐火材料中的矿物。所以矿渣是配制耐火混凝土（700 °C 左右）的优质原料。

高炉重矿渣作为混凝土集料必须具有良好的稳定性，否则就会因分解和膨胀作用，导致混凝土的破坏。高炉矿渣的分解有硅酸盐分解、铁分解、锰分解及石灰分解等类型。其共同特点是在晶型变化和化学变化条件下，都能引起矿渣的体积膨胀而松碎崩裂。发生硅酸盐分解的原因是高温型的 β-C_2S 转变为低温型的 γ-C_2S，体积增加 11%，随着冷却过程的进行，矿渣内部产生结晶应力而引起矿渣分解。这种分解一般在熔融矿渣冷却过程中就基本结束。矿渣中的硫化物如 FeS 与水反应生成 $Fe(OH)_2$ 时，体积增加 38%；MnS 变为 $Mn(OH)_2$ 时，体积增大 24%；含 3%以上 FeO 或 MnO 及 1% 以上的硫化物时，矿渣会发生分解而破坏；当 FeO 或 MnO 含量低于 1.5%，以及硫化物含量低于 0.5% 时，一般不会发生这一类分解。矿渣中含有游离石灰石，在潮湿环境中由于 CaO 消解成 $Ca(OH)_2$ 而体积增大，引起矿渣分解，但这种情况比较少见。

3. 矿渣的物理力学性能

（1）矿渣的物理性能。

由于熔融矿渣冷却加工方式的不同，其物理性能有很大差别，作为混凝土的集料，矿渣应当坚固、密度大、材质均匀、耐火、含有害杂质少。

表 11.1 是一般高炉矿渣的物理性能。一般来说密度越大的矿渣，作为集料使用时其性能也越好。高炉重矿渣表现密度以大于 1 250 kg/m³ 为宜，多数在 1 900 kg/m³ 以上。

作为混凝土粗集料使用的分级矿渣的技术要求，见表 11.2。

表 11.1　高钛矿渣集料的物理性质

最大粒径 /mm	密度 /（g/cm³）	表观密度 /（kg/m³）	密实度 /%	吸水率 /%	坚固性总量损失/%	磨损量 /%	破碎量 /%
25	2.27	1 224	57.7	7.01	6.00	41.2	37.0
20	2.61	1 507	59.1	2.59	4.24	28.7	24.0

表 11.2　分级高炉重矿渣的技术要求

项次	项　目	混凝土强度等级		
		C40	C20 ~ C30	C15
1	稳定性	合格	合格	合格
2	堆积密度/（kg/m³），不大于	1 300	1 200	1 100
3	坚固性，重量损失/%（不大于）	3	5	10
4	总含硫量/%（不大于）	1.0	1.2	1.5
5	玻璃体含量/%（不大于）	10	20	30
6	尘屑含量/%（不大于）	2	6	不作规定

续表 11.2

项次	项　目	混凝土强度等级		
		C40	C20 ~ C30	C15
7	铁块含量/%（不大于）： ① 离心构件、屋架、吊车梁及截面最小尺寸不小于 200 mm 的构件； ② 其他截面最小尺寸大于 200 mm 的构件	0.5 1.0		
8	杂　质	严禁混入钢渣、煅烧过的白云石、石灰石，亦不得混入泥块、有机物等有害杂质		
9	颗粒级配	与普通碎石相同		
10	抗冻性	与普通碎石相同		

注：本表摘至冶金工业部 1975 年颁发的《高炉重矿渣应用暂行技术规程》。

（2）矿渣的力学性能。

重矿渣块的抗压强度随表观度增大而提高。将矿渣制成直径和高度均为 50 mm 的圆柱体试件测定其抗压强度，当表观密度值为 1 690 ~ 2 890 kg/m^3 时，其抗压强度为 23.0 ~ 62.0 MPa。

重矿渣块的磨耗率与天然石（石灰岩、花岗岩）的磨耗率相接近，为 20% ~ 30%。这一结果是洛杉矶磨耗试验机测试的数据，即以一定规格级配的石料装入带钢球的磨耗鼓内，转动一定次数后，筛除石料磨损部分，以石料质量损失的百分比表示其耐磨性。

当配制混凝土的强度等级较高及要求耐磨时，应选用表观密度较大的矿渣。

4. 矿渣混凝土的工艺及性能特点

矿渣混凝土的工艺及性能特点主要是由于矿渣本身吸水性较大、表面粗糙多孔以及粒形不规则的特点所造成的。矿渣碎石的饱和吸水率因表观密度值而波动于 0.57% ~ 4.65%；矿渣砂的饱和吸水率波动于 4.9% ~ 7.8%。

（1）矿渣混凝土的用水量等于正常用水和附加水量之和。附加水量等于矿渣集料从搅拌开始到浇筑前的吸水量，一般为 1 ~ 2h 的吸水量。

（2）矿渣混凝土宜提高砂率并掺用粉煤灰等矿物掺和料，以改善离析、沁水倾向。

（3）矿渣混凝土应掺用适当的外加剂，主要是减水剂、早强剂，以改善其和易性并节约水泥。

（4）矿渣混凝土宜在潮湿的条件下养护，蒸汽养护的效果优于普通混凝土。浇筑后的矿渣混凝土应适当延长保温保湿时间。

（5）由于矿渣碎石和矿渣砂均具有不同程度的潜在水硬性，所以矿渣混凝土中集料与水泥石的胶结强度良好，界面过渡层结构优于普通混凝土。试验表明，配合比相同的矿渣碎石混凝土的强度比普通混凝土提高 5% ~ 10%，蒸汽养护 24 h 强度提高 20% ~ 30%。

配合比适宜的矿渣混凝土，在掺用优质混凝土泵送剂条件下可应用于泵送施工。

5. 矿渣混凝土配合比示例（见表 11.3 和 11.4）

表 11.3　矿渣碎石混凝土和天然石灰石碎石混凝土的比较

粗集料品种	粗集料			水泥品种及等级	砂率/%	水泥用量/（kg/m^3）	混凝土表观密度/（kg/m^3）	维勃稠度/s	水灰比	抗压强度/MPa
	粒径/mm	松散密度/（kg/m^3）	附加水/%							
石灰石	5～20	1 435	0		36	320		14.5	0.55	30.3
重矿渣	5～20	1 415	1.0	普通硅	36	320		13.5	0.55	30.1
重矿渣	5～20	1 300	1.0	酸盐水	38	320	—	21.5	0.55	33.5
重矿渣	5～20	1 200	1.5	泥	40	320		23.5	0.55	29.8
重矿渣	5～20	1 100	2.5	32.5R	42	320		29.0	0.55	30.2
石灰石	5～20	1 400	0	普通硅	34	320		23	0.50	38.1
重矿渣	5～20	1 216	0	酸盐水	36	320	—	40	0.50	43.4
重矿渣	5～20	1 100	0	泥	38	378		43	0.50	43.9
重矿渣	5～20	1 000	0	32.5R	40	404		48	0.50	43.9
石灰石	5～20	1 435	0	普通硅	34	600	2 476	14.0	0.34	60.8
重矿渣	5～20	1 440	1.0	酸盐水	34	600	2 397	16.0	0.34	61.3
重矿渣	5～20	1 301	1.5	泥	36	600	2 363	19.3	0.34	61.1
重矿渣	5～20	1 200	2.0	32.5R	36	600	2 294	16.9	0.34	62.5

表 11.4　矿渣碎石混凝土和天然石灰石碎石混凝土不同养护效果比较

序号	粗集料种类	混凝土配合比（质量比）	水灰比	42.5 普通水泥用量/（kg/m^3）		抗压强度/MPa		$R_{蒸养}/R_{40}$/%	蒸养制度（°C）（h）
						R_{40}	$R_{蒸养}$		
1	石灰石	1∶1.53∶2.84	0.41	420	32．7	31.1		95.1	3—18—3
2	重矿渣	1∶1.50∶2.79	0.41	420	34．0	37.7		110.8	85～90 °C 3—18—3
3	石灰石	1∶1.98∶2.96	0.60	367	27.7	15.0		54.2	85～95 °C
4	重矿渣	1∶1.96∶2.71	0.60	367	27.7	18.3		66.1	
5	石灰石	1∶1.81∶3.36	0.50	360	34.3	20.4		59.5	
6	重矿渣	1∶1.81∶3.08	0.50	360	37.9	28.6		75.3	
7	石灰石	1∶1.69∶2.76	0.55	400	21.3	12.6		59.2	3—18—3
8	重矿渣	1∶1.68∶2.52	0.55	400	26.4	19.0		72.0	85～90 °C

注：表中 R_{40} 为标准养护 40d 之强度；3—18—3 表示升温 3h，恒温 18 h，降温 3 h。

11.2　高炉渣的成分、分类和应用

我国的炼铁行业都是使用高炉冶炼，高炉炼铁是一种古老的冶炼方法，高生产率、低消耗、低成本是它的最大优势，加上不断地吸收新技术，高炉炼铁法仍然不断地在发展。经过了几个世纪的发展，现代高炉技术已经达到非常高的水平。现代巨型高炉的炉容积已有 4 000 ~ 5 000 m^3，年产生铁达 250 ~ 300 万吨。高炉的寿命很多都达到了 10 ~ 15 年。

高炉冶炼用原料种类：铁矿石（天然富矿和人造富矿）、燃料（焦炭与喷吹燃料）、熔剂（石灰石与白云石等）和鼓风形态的空气。冶炼结束后，矿物脉石和外加熔剂形成的熔融渣在空气中自然冷却或水冷却形成的一种具有一定强度的材料，称为高炉渣（见图 11.1），1 t 生铁产生高炉渣 0.3 ~ 1.2 t。矿渣经水或空气急冷处理成为粒状颗粒，称为“粒化高炉矿渣、水淬矿渣”（见图 11.2）。

其化学成分与硅酸盐水泥熟料成分相接近，主要是二氧化硅、 三氧化二铝、氧化钙、氧化镁等氧化物及一些硫化物。经水淬急冷后的矿渣，玻璃体含量多 ，结构处于高能量状态不稳定，潜在活性大。我国的粒化高炉矿渣主要作为混合材用于生产矿渣水泥。其目的是减少水泥中的硅酸盐熟料用量，变废为宝，大大降低水泥成本，提高水泥的产量。另外，矿渣也是生产高性能混凝土的新组分，在混凝土中起填充作用、流化作用、增强与耐久作用。

我国在 20 世纪 80 年代前，一直将高炉渣作为工业废弃物堆放，造成环境污染和资源浪费。此后，开展对高炉渣进行综合利用工作。

图 11.1　渣场（高炉渣的倾倒）

图 11.2　渣场（高炉渣的水淬降温）

11.2.1　高炉渣的成分和分类

高炉渣分为普通高炉渣和含钛高炉渣。普通高炉渣成分主要是 CaO、MgO、SiO_2、Al_2O_3、MnO，含钛高炉渣中还含有一定量的 TiO_2，我国主要钢铁厂高炉渣的化学成分见表 11.5。高钛渣的 TiO_2 含量高，使其水活化性低，业界称为“呆渣”。

表 11.5 我国主要钢铁厂高炉渣的化学成分表

名　称	CaO	SiO_2	Al_2O_3	MgO	MnO	Fe_2O_3	S	TiO_2
普通型	38 ~ 39	26 ~ 42	6 ~ 17	1 ~ 10	0.1 ~ 1	0.15 ~ 2	0.1 ~ 1.5	—
高钛型	23 ~ 46	20 ~ 35	9 ~ 15	2 ~ 10	< 1	—	< 1	20 ~ 29
锰铁渣	28 ~ 47	21 ~ 37	11 ~ 24	2 ~ 8	5 ~ 23	0.1 ~ 0.7	0.3 ~ 3	—
含氟渣	35 ~ 45	22 ~ 29	6 ~ 8	3 ~ 7.8	0.1 ~ 0.8	0.15 ~ 0.19	—	—

11.2.2 高炉渣的应用

普通高炉渣在建材领域的应用中已经有许多成熟的技术。主要利用其较好的活性，制作水泥熟料掺加料，熔渣一般经过水淬急冷，形成玻璃体，来不及发生矿物结晶而将其化学能储存在其中，当磨细后，在水泥熟料的激发作用下，能够与水反应生成硅酸盐等产物。矿渣硅酸盐水泥的矿渣掺量在 20%～70%，普通水泥中也掺加 6%～15% 的矿渣，这是两种常见的水泥。据调查，我国 80% 的水泥中掺加高炉水淬渣。除了矿渣硅酸盐水泥和普通水泥外，其他品种水泥如石膏矿渣水泥、复合水泥，也需要掺加适量的矿渣。

普通高炉渣还具有如下用途：第一是将其磨细成为矿渣微粉，作为混凝土掺加料，可以取代一定量的水泥，具有较好的经济性能；第二是制作砌块和墙体材料；第三是生产矿渣棉和岩棉保温制品。

含钛型高炉渣由于活性低，不能简单地用于制作水泥等建材产品，需要进行特殊处理才能用于建材产品。

11.3 攀钢高炉渣的特点和性质

11.3.1 概　述

攀西地区蕴藏着我国最大的钒钛磁铁矿。磁铁矿（Fe_3O_4）呈黑色金属光泽，磁性强。在自然界中纯磁铁矿矿石较少，常含有 TiO_2 及 V_2O_5 组成复合矿石，即钒钛磁铁矿。但是 TiO_2 含量不高，成分复杂，利用率低，冶炼难度大。经过多年努力，我国高炉冶炼技术不断进步，达到国际先进水平，但高炉渣的再利用问题一直没有得到有效解决。攀钢含钛重矿渣的化学成分中 TiO_2 含量特别高，达到 20%～29%，是典型的高钛矿渣，这就使得其在性能上与普通矿渣有很大的差别。攀钢含钛型高炉渣渣性短、水化活性低，不能像普通高炉渣那样大量用于建筑材料行业，不适合作为生产水泥的外掺料以及混凝土的矿物掺和料，在混凝土和建筑砂浆中的应用较少，这在很大程度上限制了高钛型高炉渣的资源化利用。

攀钢生铁年产量目前达到 600 万吨，高炉渣的年排放量达 390 万吨。从投产以来到本世纪初，高炉渣堆积排放量达到 7 000 万吨，大量的高炉渣堆积既易造成环境污染，也是资源的很大浪费。

11.3.2 攀钢高炉渣的化学成分与矿物组成

从 1976 年至 2005 年，通过攀钢钢铁研究院等单位 30 年的测定，高钛型高炉渣化学成分见表 11.6，矿物组成见表 11.7。

表 11.6 高钛型高炉渣化学成分（%）

	化学组成	MgO	Al_2O_3	SiO_2	CaO	TiO_2	Fe_2O_3
历年来高钛型高炉渣化学成分变化情况（1976～2005）	平均值	7.67	16.70	24.88	27.00	21.74	0.34
	波动范围	7.05～9.10	16.02～19.47	22.78～26.74	22.72～29.53	20.03～24.39	0.22～0.44
	标准差	0.79	1.39	1.31	2.65	1.48	0.07

从表 11.6 可以看出，高钛型高炉渣化学成分由 CaO、SiO_2、TiO_2、Al_2O_3 和 MgO 组成，占总量 95%以上，波动较小，基本稳定。

表 11.7　高钛型高炉渣、低钛重矿渣、普通重矿渣矿物组成（%）

矿渣种类	钙钛矿	钛辉石	巴依石	尖晶石	碳氮化钛	黄长石	假硅灰石	硅酸二钙	玻璃相	辉石	胶体	结构稳定性
高钛型高炉渣	20～50	50～60	40～6	30～5	10～3				很少			稳定
低钛重矿渣	5					15～18	70～80	10～20	少量			稳定
普通重矿渣 1						60			少量		35	稳定
普通重矿渣 2						20～50		25～35	3～5	30～50		分解

11.3.3　高钛型高炉渣的稳定性

矿渣的稳定性与其自身的化学成分、矿物组成、冷却条件等直接相关。但决定因素是矿物结构，重矿渣可能出现的分解有硅酸盐分解、石灰分解、铁分解和锰分解。

硅酸盐分解：含有大量硅酸二钙 C_2S 的热熔矿渣在缓慢冷却过程中，由 β-C_2S 转变为 γ-C_2S，由于密度变小，体积增大约 10%，致使在已凝固的矿渣中产生内应力，若矿渣中 C_2S 含量较高，该应力超出本身的组织结合力时，就会导致矿渣开裂、破碎。但高钛型高炉渣的硅酸盐分解在矿冷却后几天、甚至几小时内就基本结束。常温下长期堆存的陈渣，一般不再发生硅酸盐分解。

生石灰水化：矿渣中游离 CaO 颗粒，遇水后生成消石灰，体积增大 1～2 倍，在重矿渣中产生很大内应力而引起矿渣碎裂，即石灰分解。其反应式为

$$CaO + H_2O \longrightarrow Ca(OH)_2$$

铁分解和锰分解：重矿渣的 FeS 和 MnS 在水的作用下，生成 $Fe(OH)_2$ 和 $Mn(OH)_2$，体积相应增大 38% 和 24%，致使在矿渣中产生内应力，当 FeS 和 MnS 含量很高时，就会导致矿渣破碎，即铁分解和锰分解。

11.3.4　高钛型高炉渣的微观结构

高钛型高炉渣集料的矿物组成采用 X-射线衍射分析和岩相分析方法进行分析（见图 11.3）。高钛型高炉渣粗集料（4.75～80 mm 颗粒）、细集料（0.075～4.75 mm 颗粒）的 X-射线衍射分析表明，两者的矿物组成接近，均为钙钛矿、富钛辉石和钛辉石，未见 C_2S、f-CaO、FeS、FeS_2、MnS 等有害物质，不可能发生上述 3 种分解。岩相分析表明，集料由钙钛矿、富钛辉石和钛辉石镶嵌构造而成，有一些深色物质和未连通的孔。

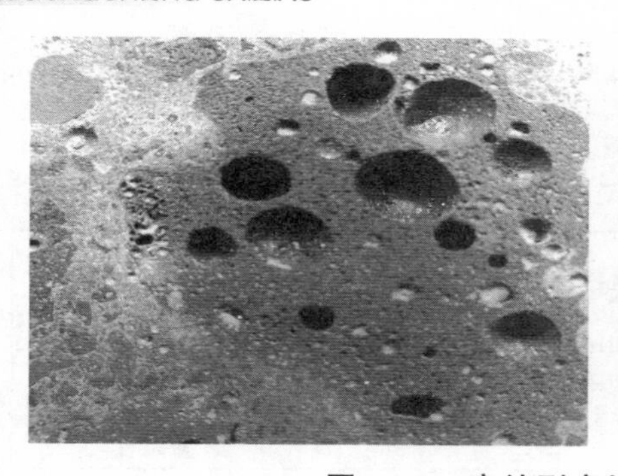
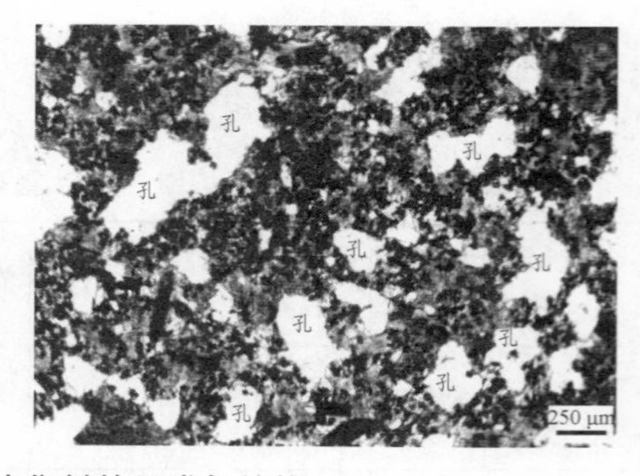

图 11.3　高钛型高炉渣集料的组成与结构

11.3.5　高钛型高炉渣碱集料反应

混凝土碱集料反应即集料中的活性 SiO_2 和金属氢氧化物之间的化学反应，在特定条件下可能引起混凝土膨胀，这与集料的非晶型硅质和水泥有关。试验采用快速压蒸法，按《砂石集料碱活性快速试验方法》（CECS48—93）进行，配制三种砂浆检测其膨胀率，取最大值为代表值，膨胀率不小于 0.10% 则判其为对工程有害的碱活性集料；反之，则为非碱活性集料。结论为非碱活性集料。

11.3.6　物理力学性质特点

（1）压碎值、磨耗值、吸水性和坚固性。

高钛型高炉渣在破碎、筛分过程中经四次强磁除铁后加工成重矿渣碎石，高钛型高炉渣碎石压碎指标一般在 8%～10% 波动，满足混凝土用集料要求。采用洛杉矶磨耗试验结果，其磨耗率为 20%，小于交通部《公路工程粗集料试验规程》及《公路工程石料试验规程》中要求的一级石料标准（25%）。高钛型高炉渣的吸水量比一般碎石高，吸水率变化范围为 3%～4.5%，其具有良好的坚固性，坚固性试验的重量损失仅为 0.7%。

（2）高钛型高炉渣的圆柱体抗压强度与其压碎指标、表观密度、堆积密度、孔隙率的关系，见表 11.8。

表 11.8　高钛型高炉渣的圆柱体抗压强度、压碎指标、表观密度、堆积密度、孔隙率

圆柱体抗压强度/MPa	压碎指标/%	表观密度/（kg/m^3）	堆积密度/（kg/m^3）	孔隙率/%
45.0	14.1	2 550	1 180	26
65.0	12.0	2 730	1 310	20
75.5	15.1	2 860	1 330	18
103.0	13.6	2 940	1 360	13
128.0	12.5	3 020	1 410	12

碎石的压碎指标与其抗压强度、表观密度、堆积密度、孔隙率、粒状相关，高钛型高炉渣由于其矿物结构复杂，其抗压强度随表观密度、堆积密度增大而提高，与孔隙率成反比且波动较大，压碎指标值与抗压强度、表观密度、堆积密度相关性不大。这是由于其特殊内部结构和外部形状

所形成“以柔克刚”效果所致，其强度接近变质岩，高钛型高炉渣实测堆积密度一般为 1 300 ~ 1 400 kg/m³，而其压碎指标值波动较小，均在碎石压碎指标值Ⅱ类范围内。

（3）高钛型高炉渣的撞击强度。

将矿渣加工成 $\phi \times h = 25\ \text{mm} \times 25\ \text{mm}$ 圆柱体，在石材撞击机上进行测试，试件孔隙率在 10% ~ 16%，其撞击强度为 2.0 ~ 5.0 MPa，具有良好的抗冲击韧性。

（4）高钛型高炉渣碎石的韧度与磨耗率，见表 11.9。

表 11.9　高钛型高炉渣碎石与天然碎石的韧度与磨耗率

碎石种类	堆积密度/（kg/m³）	韧度 σ	磨耗率/%
天然碎石（火成岩）	1 620	102.3	18.0
天然碎石（石灰岩）	1 430	75.6	25.65
高钛型高炉渣碎石（1）	1 280	70.1	25.43
高钛型高炉渣碎石（2）	1 380	76.5	16.1

韧度与磨耗率分别采用洛杉矶磨耗机测定，高钛型高炉渣碎石密度在 1 280 kg/m³ 以上，磨耗率与天然碎石接近。

（5）其他指标。

高钛型高炉渣碎石其他指标见表 11.10。

表 11.10　高钛型高炉渣碎石物理性能

序号	检测项目	YBJ 205—84 规定	DB5104QB001 规定	GB/T 4685—93 规定	实测结果
1	堆积密度/（kg/m³）	≥1 280	≥1 300	> 1 500	1 235
2	表观密度/（kg/m³）	–	–	2.5	2 600
3	含泥量/%	2.0	3.0	1.5（0.5）	0.6
4	泥块量/%			1.5（0.5）	无
5	针片状颗粒/%	15	15	25	无
6	杂　质	无	无		无
7	有机物				合　格
8	硫化物含量/%	1.1	1.1	1.0	
9	铁粒含量/%	1.0	1.0		微　量
10	玻璃体含量/%	10	10		微　量
11	放射性	合　格			

说明：( ) 内数值为优等品，( ) 外数值为合格品。

高钛型高炉渣碎石颗粒坚固，强度高，无有害杂质。各项指标均符合《混凝土用高炉重矿渣碎石技术条件》（YBJ 205—84）、四川省攀枝花市《混凝土用高钛型高炉渣碎石技术条件》（BD/5104QB001—88）和《建筑用卵石、碎石》（GB/T 14685—93）等标准的规定，可以作为混凝土集料用于建筑工程。

11.4 高钛型高炉渣在建筑材料领域的应用

高钛型高炉渣应用主要在以下两个方面：

（1）金属提炼途径。对于金属提炼来说，20% 左右 TiO_2 含量的矿石，TiO_2 含量太低，属于贫矿，冶炼成本高，大规模生产技术条件不成熟，难以在生产线应用。

（2）普通高炉渣可以大量应用于水泥熟料的掺和料，而 TiO_2 含量超过 5%，则水化活性低，不能直接应用于水泥混合料中。

因此，高钛型高炉渣在建筑材料中的应用条件比较差。通过工程技术人员多年的研究试验，到工业试生产，反复对比验证，结果表明：利用高钛型高炉渣能够生产出符合要求的重矿碎石、渣砂等建筑材料，可以取代天然石、天然砂，应用于彩色路面砖、大砌块等生产。

11.4.1 混凝土用矿渣碎石

用攀钢高炉冶炼钒钛磁铁矿产生的热融矿渣，热泼或自然冷却后，经磁选、破碎、筛分加工而成的粒径大于 5 mm、小于 80 mm 的混凝土用矿渣碎石。其中采用矿渣砂、石生产的 C10 ~ C50 高钛型高炉渣混凝土和矿渣砂浆，同等条件下比较，其抗压强度、抗折强度和劈裂抗拉强度远远高于天然砂石配制的普通混凝土，相对于普通集料混凝土，工程造价降低幅度较大。

产品规格为两种：① 连续粒级 5 ~ 31.5 mm、5 ~ 40 mm、5 ~ 20 mm；② 单粒级 20 ~ 40 mm。

矿渣碎石可以与普通碎石同等用作混凝土集料，可用于一般工业与民用建筑和构筑物的设计强度等级为 C50 以及 C50 以下的混凝土、钢筋混凝土和预应力混凝土；并具有良好的保温、隔热、耐热、抗渗和耐久性能。此外，矿渣碎石的压碎值和磨耗度指标均满足道路混凝土对粗集料的力学性质要求，已经在市政道路工程中得到应用。

堆积密度大于 1 200 kg/m^3 的矿渣碎石的力学性质与普通碎石相当，并具有良好的保温、隔热、耐热、抗渗和耐久性能，可以配制抗渗标号为 S_{12} 和 S_{12} 以下的防水混凝土和极限使用温度小于 700 °C 的耐热混凝土。矿渣碎石的压碎值和磨耗度指标均满足道路混凝土对粗集料的力学性质要求。

颗粒级配稳定，坚固性好（用硫酸钠溶液循环浸泡 5 次质量损失仅 1%）；结构稳定，无石灰分解和铁分解；硫化物及硫酸盐含量低，有机质含量低，属中性矿渣，不腐蚀钢筋；表面粗糙且多棱角，表面摩擦系数较大，与水泥浆黏结性好，配制的混凝土物理力学性能均满足相应规范的要求。

20 世纪 70 年代末及 80 年代初，原中国第十九冶金建筑研究所对高钛型高炉渣碎石混凝土的性能进行系统研究，认为利用高钛型高炉渣配制 C40 及 C40 以下的混凝土，其物理力学性能设计指标与普通混凝土相同，并进行了开发利用、使用高钛型高炉渣碎石。当时十九冶、攀钢、攀矿等单位都将强度等级不大于 C30 的矿渣混凝土用于一般工业与民用建筑工程中。

经过众多科研单位多年对高钛型高炉渣材料性能试验分析和实践，总结出高钛型高炉渣用作混凝土集料有以下特点：

（1）高钛型高炉渣结构稳定性好、压碎指标合格、强度高、坚固性良好、不含有害物质，其技术指标符合《建筑用卵石和碎石》（GB/T 14685—95）、《混凝土用高炉重矿渣的技术条件》（YBJ 205—84）和攀枝花市《混凝土用高钛型高炉渣碎石技术条件》（DB/5104QB001—88）规定的技术要求，可用于一般工业与民用建筑。

（2）碎渣碎石的放射性符合《建筑材料放射卫生标准》（66566—86）及《建筑材料用工业废渣放射性物质限制标准》（66763—86）的要求，可在建筑业中普遍使用，满足工业与民用建筑的安全使用。

（3）经攀枝花市公路试验检测中心检测，高钛型高炉渣碎石的磨耗率为 20%，符合 JTJ54—94 规范规定的小于 30%，可用于公路工程中。

（4）在相同条件下，高钛型高炉渣碎石混凝土与普通碎石混凝土的抗压强度与劈拉强度相近似或略高。

（5）进行高钛型高炉渣混凝土的配合比设计时，因矿渣表面粗糙孔隙多吸水率大，其用水量应较普通碎石混凝土适当增加，砂率宜比普通碎石混凝土增大 2% ~ 5%，高炉矿渣混凝土中可以掺入粉煤灰、外加剂以改善混凝土性能，节省水泥，降低成本，但搅拌时间应较普通碎石混凝土适当延长。

（6）高钛型高炉渣混凝土的耐酸性能大大优于普通硅酸盐水泥混凝土，在酸侵蚀下强度仍不断增长而不会破坏，这种混凝土可以用于酸蚀非常严重的环境中。

（7）开采高炉矿渣碎石，只需挖掘、破碎、筛分，成本比普通碎石低。

施工方面要求：矿渣混凝土的配合比设计与普通混凝土基本相同。考虑矿渣碎石多孔及吸水率较普通碎石高 2% ~ 4% 的特性，在搅拌矿渣混凝土前 1 ~ 2 h，宜先用矿渣碎石质量 3% 左右的水润湿。

用矿渣碎石和矿渣砂配制全矿渣混凝土，考虑矿渣表面较粗糙的特性，砂率应提高 5% ~ 6%，但不会降低混凝土配制强度。

为提高矿渣混凝土的和易性、密实度及耐久性，全矿渣混凝土宜掺入 20% 复合微粉，等量替代 20% 的水泥。

11.4.2　高钛型高炉渣砂

高钛型高炉渣渣砂与高钛型高炉渣碎石一样具有良好的坚固性，坚固性试验的重量损失为 0.5%。矿渣渣砂的单级压碎值指标远远高于《建筑用砂》（GB/T 14684—2001）对Ⅰ类人工砂（20%）的要求，压碎值变化范围为 11% ~ 13%。经检测，矿渣砂的性能指标（除空隙率外）均明显高于国家标准，矿渣渣砂空隙率较高的主要原因是渣子表面粗糙，颗粒间相互移动摩擦阻力大。

产品说明：用矿渣碎石生产线生产的 10 mm 以下的混合料，经机械破碎、筛分、水洗工艺制成的粒径小于 4.75 mm 的重矿渣颗粒。

产品规格：Ⅰ类，粗砂（细度模数为 3.7 ~ 3.1）；Ⅱ类，中砂（细度模数为 3.0 ~ 2.3）；Ⅲ类，细砂（细度模数为 2.2 ~ 1.6）。

应用范围：Ⅰ类适用于配制强度等级不小于 C60 的高强混凝土；Ⅱ类适用于配制强度等级 C30 ~ C60 的混凝土及抗渗标号为 S_{12} 和 S_{12} 以下的防水混凝土和极限使用温度小于 700℃的耐热混凝土；Ⅲ类适用于配制强度等级小于 C30 的混凝土和各种标号的建筑砂浆。

产品技术性能：坚固性好，强度高。渣砂的颗粒富有棱角，表面粗糙，摩擦系数大，与水泥浆黏结性好，用渣砂拌制的混凝土及砂浆强度较高。与复合微粉配合使用，能够同时满足混凝土及砂浆配制强度及施工和易性的要求，并节约水泥，降低配料成本。

施工建议：用渣砂替代河砂、山砂配制混凝土及砂浆的施工规范基本相同。考虑渣砂颗粒多棱角的特性，单位用水量及水灰比应适当提高。

用矿渣碎石和矿渣砂配制全矿渣混凝土时，考虑矿渣表面较粗糙的特性，砂率应提高 5%～6%，并适当增加搅拌和振捣时间。

为改善矿渣混凝土及砂浆的和易性、密实度及耐久性，宜掺入 20%～40% 复合微粉，等量替代 20%～40% 水泥。

11.4.3 矿渣砌块

矿渣硅酸盐砌块是以粉煤灰、生石灰、石膏为胶凝材料，以高钛型高炉渣碎石为集料，经加水搅拌、振动成型、蒸汽养护而成的墙体材料。利用高钛型高炉渣碎石开发强度等级为 MU15，表观密度 1 990 kg/m^3 左右的矿渣硅酸盐砌块，工程质量和外观美感都远优于山石砌筑的堡坎和挡墙，能够满足建筑要求。

产品规格为外形为直角六面体，规格尺寸为：长 880 mm、宽 430 mm、高 205 mm，强度等级为 MU15。

应用范围：适用于工业与民用建筑的墙体和基础。

砌筑性能：矿渣硅酸盐砌块的力学性能的测定试验表明，MU10 以上的砌块的棱柱强度为抗压强度的 0.8～0.85，比普通水泥混凝土的换算系数 0.75 为高；抗折强度为抗压强度的 0.167～0.25，抗拉强度为抗压强度的 0.063～0.1，和普通水泥混凝土相近；抗剪强度为抗压强度的 0.12～0.17，略低于普通水泥混凝土；弹性模量 10 000～12 000 MPa，与同体积密度的普通水泥混凝土相近。

施工建议：由于粉煤灰颗粒有吸水率高的特性，矿渣等集料又是多孔性材料，所以矿渣硅酸盐砌块的吸水率较大，矿渣硅酸盐砌块与黏土砖相比，其吸水速度较慢，在砌筑时应采取提前浇水润湿的措施。

11.4.4 混凝土彩色路面砖

彩色路面砖属混凝土制品，高钛型高炉渣碎石可用于彩色路面砖的混凝土层。其原料为高钛型高炉渣碎石（粗、细 2 种）、水泥、粉煤灰及适量的水，可制作成各种形状、颜色的产品，其彩面平整光亮，色彩丰富自然，各项技术指标均能达到甚至超过使用要求。面层为适量彩色水泥、河砂、光亮剂配制的耐磨混合砂浆，底层为适量普通硅酸盐水泥及复合微粉、矿渣瓜米石、矿渣砂配制的全矿渣高强混凝土，经二次高频振动、密实成型、塑模养护制成。产品外观光洁度好；色彩鲜艳自然，不易变色褪色；抗压、抗折强度高；耐磨性好，吸水率低；随着城市建设的发展，彩色路面砖的需求量会越来越大。

产品规格及名称：外形为 300 mm × 300 mm × 50 mm、250 mm × 250 mm × 50 mm、400 mm × 400 mm × 50 mm 的西班牙砖；300 mm × 300 mm × 50 mm 盲道砖；300 mm × 300 mm × 50 mm 九方格砖；（对角）250 mm × 250 mm × 50 mm 枫叶砖；250 mm × 250 mm × 50 mm 扇形砖；400 mm × 200 mm × 80 mm 的植草砖。颜色主要有：赭红、草坪绿、橘黄、宝蓝、深灰。

11.4.5 复合微粉

复合微粉是以粒化高炉矿渣为主（不小于 50%），粉煤灰、钢渣等为辅分别细磨后按一定合适比例复合混匀的粉体材料。

在配制混凝土和砂浆时，根据不同的水泥品质和混凝土及砂浆的设计强度，掺加 20%～30%

的复合微粉等量替代水泥，既能够满足混凝土和砂浆配制强度的要求，改善混凝土和砂浆的施工和易性，又能够节约水泥，降低工程费用。

通过将高钛渣制作为渣粉，单掺或与超细石灰石粉复掺，均可改善新拌混凝土的和易性，降低混凝土的坍落度经时损失，降低混凝土的水化温升，改善混凝土的施工性能。此外，将超细石灰石粉与钛矿渣粉复掺，当其中钛矿渣粉掺量为 20% 时，其抗压强度发展优于基准混凝土应用性能：

（1）改善混凝土及砂浆的和易性。复合微粉比表面积不小于 450 m^2/kg，平均粒度比水泥细 2 ~ 3 倍。这种表面特性在水泥浆体之间形成光滑的移动表面，在配制的混凝土及砂浆中起着填充和润滑作用，能够明显改善混凝土及砂浆的和易性。

（2）提高混凝土及砂浆的密实度。复合微粉掺入混凝土及砂浆后，能填充集料骨架内的微小空隙；同时，在水泥水化反应过程中，析出的碱性氧化物与微粉中的二氧化硅发生反应，生成水化硅酸钙等物质，填充水泥石中的微小空隙，使水泥石更趋密实，从而提高混凝土及砂浆密实度。

（3）降低混凝土及砂浆的温升。水泥水化放热会使混凝土内部温度上升，混凝土内外产生温差应力，会引起混凝土开裂，降低其耐久性。掺入复合微粉等量取代部分水泥后，水泥熟料相应减少，水泥水化热减少，从而可降低混凝土的内部温度。

（4）增进混凝土的后期强度。掺入复合微粉会使混凝土的早期强度有所降低，但后期强度却有较大的持续增长。28 d 后，复合微粉与水泥对混凝土的增强效果基本接近；90 d 以后，复合微粉超过水泥对混凝土的增强作用。

（5）抑制碱集料反应。复合微粉掺入混凝土后，减少了水泥用量，有效降低了水泥的碱度，有利于抑制混凝土中含活性集料的碱活性反应。

（6）增强抗渗性及抗化学侵蚀的能力，提高混凝土耐久性。当硅酸盐水泥混凝土处在有侵蚀性介质的环境中时，侵蚀性介质会与水泥石中水化生成的 $Ca(OH)_2$ 和 C_3A 水化物发生反应，逐渐使混凝土破坏。在混凝土中掺入复合微粉后，一方面，由于减少了水泥用量，也就减少了受侵蚀的内部因素；另一方面，复合微粉的细微颗粒均匀分散到水泥浆体中，随着水化龄期的进展，这些细微颗粒及其水化反应产物填充水泥石的空隙，堵塞毛细管通道，改善混凝土孔结构（即“微粉效应”），使混凝土致密化，降低混凝土的渗透性，阻碍侵蚀性介质侵入，从而提高混凝土耐久性。

掺加复合微粉的混凝土及砂浆的质量控制：为确保混凝土及砂浆的配制质量，必须严把混凝土及砂浆的组成材料质量关；采用正确的配合比，加强拌和物的搅拌，采用机械振捣，加强早期养护。

11.4.6　高钛型高炉渣在公路路面中应用

20 世纪 70 年代末及 80 年代初，在高钛型高炉渣碎石混凝土用于工业与民用建筑的同时，十九冶、攀钢、攀矿、交通等单位也使用矿渣碎石混凝土或水泥稳定矿渣材料用于低交通量道路工程中。近几年来，科研单位也曾尝试在公路路面、路基中使用全矿渣混凝土。

高钛渣碎石混凝土试验及实践可以看出：作为混凝土的集料，高钛型高炉渣的力学性能、放射性指标能满足一般工业与民用建筑工程和道路工程的需要。随着经济的发展，攀枝花道路具有“重载车多，车流量大”的特点，传统路面早期损毁现象十分普遍。在这种情况下，采用攀钢高钛型高炉渣产品全部代替天然砂、石作混凝土粗、细集料能否满足路面的使用要求，为验证其在工程中应用的可行性，科研单位通过在公路路面中采用高钛型高炉渣作路面混凝土集料与复合微粉相结合进行研究。从研究可以看出，高钛型高炉渣混凝土作为路面材料有以下特点：

（1）高钛型高炉渣路面混凝土的配制技术在于采用了高性能混凝土的技术，通过水泥、复合微粉及高效减水剂等材料的合理试配，可配出强度等级为 4 ~ 6 MPa 的道路混凝土。

（2）高钛型高炉渣产品用于路面混凝土具有耐磨性好、强度高的特点，其施工工艺基本与传统工艺相同。

（3）路面工程中使用高钛型高炉渣产品混凝土每立方材料费大大降低，经济效益显著。

11.4.7 高钛型高炉渣在高等级公路基层、底基层中的应用

高钛型高炉渣混凝土在攀枝花普通道路路面建设应用中，表现出良好的使用性能和耐久性，为进一步开拓高钛型高炉渣的应用领域，提高高等级公路的整体使用寿命，探索新型公路基层、底基层材料，攀枝花市某单位于 2006 年提出将高钛型高炉渣应用于交通量大、车辆载荷大的高等级公路的技术思路。经过在攀枝花市仁和区选择 500 m 路段的实用试验，表明水泥稳定矿渣材料有以下特点：

（1）高钛型高炉渣化学成分稳定，空隙率大，吸水性强，磨耗与普通碎石相当，与沥青或水泥黏着性好，主要性能指标达到或超过国家有关高等级公路基层材料要求。

（2）水泥稳定矿渣施工工艺遵从传统基层稳定材料施工工艺规范，同时具有良好的工程特性，经水结碾压后易形成板体，在路面整体强度、稳定性、水稳性、分散荷载能力等方面比水泥稳定碎石等传统材料均更具优势，有利于高等级公路整体质量控制。同时，高钛型高炉渣为工业性规模生产，均质性好，在施工上易实现机械化作业。

（3）在允许弯沉值相同的条件下，水泥稳定矿渣的结构层厚度小于其他传统稳定材料；采用同样配合比，水泥稳定矿渣底基层、基层的无侧限抗压强度均明显高于其他传统稳定材料，这一优势可减少施工量，提高施工效率，降低工程造价。

（4）水泥稳定矿渣松铺系数较其他传统稳定材料小很多，水泥稳定矿渣基层、底基层具有较好的易压实性，材料塑性指数小，碾压密实后，收缩变形小，可以减少干缩裂缝，提高工程质量。

（5）用高钛型高炉渣生产的水泥稳定矿渣材料性能满足规范要求，试验路段结果明显优于设计要求，高钛型高炉渣集料完全可以全部取代天然集料作为公路基层、底基层材料。

本章小结

高钛型高炉渣是攀西地区特有的钒钛磁铁矿冶炼废弃物，产量大，利用率不高，开展建筑材料领域中的应用研究，符合国家产业政策，有利于环境保护和资源综合利用。

高钛型高炉渣是指高炉渣的 Ti_2 含量达到 22% 左右，其材料活性差，不能像常规高炉渣可直接用于建筑材料使用，需要采取特殊措施处理后才能用于建筑材料中。高钛型高炉渣可应用于混凝土集料、墙体砌块、复合微粉、道路砖块等，有较好的经济技术指标。

思考与练习题

11.1 高钛型高炉渣的化学成分有哪些？

11.2 为什么高钛型高炉渣不能用于水泥掺和料？

11.3 高钛型高炉渣在建筑材料的应用领域有哪些？

11.4 简述高钛型高炉渣在建筑材料的不同领域中应用时要注意的问题。

第 12 章　建筑功能性材料及装饰材料

【学习要求】

- 了解绝热材料的作用及影响因素，常用的绝热材料。
- 了解建筑装饰材料的功能和常用品种、性能以及使用要点。
- 掌握吸声材料的基本要求及影响吸声作用的因素。
- 掌握建筑装饰材料基本的功能和选用原则。

建筑物在使用中常有保温、隔热和吸声、隔声等方面的要求，可采用绝热材料和吸声、隔声材料来满足这些建筑功能的要求。

12.1　绝热材料

绝热材料是防止住宅、生产车间、公共建筑及各种热工设备中热量传递的材料，也就是具有保温隔热性能的材料。在土木工程中，绝热材料主要用于墙体和屋顶保温隔热，以及热工设备、采暖和空调管道的保温，在冷藏设备中则大量用作保温。

绝热材料已是能源开发、节约工程的重要组成，是与生态、环境保护和可持续发展密切相关的行业。我国《公共建筑节能设计标准》已于 2005 年 7 月 1 日起强制实施，而一系列建筑节能的措施也在制定中，国家越来越重视建筑节能。这对于我国绝热材料业来说无疑是一个发展的契机。

12.1.1　绝热材料的作用及影响因素

1. 绝热材料的作用原理

热从本质上是由组成物质的分子、原子和电子等，在物质内部的移动、转动和振动所产生的能量，即热能。在任何介质中，当两点之间存在温度差时，就会产生热能传递现象，热能将由温度较高点传递至温度较低点。传热的基本形式有热传导、热对流和热辐射三种。通常情况下，三种传热方式是共存的，但因保温隔热性能良好的材料是多孔且封闭的，虽然在材料的孔隙内有着空气，起着对流和辐射作用，但与热传导相比，热对流和热辐射所占的比例很小，故在热工计算时通常不予考虑，而主要考虑热传导。

不同的土木工程材料具有不同的热物理性能，衡量其保温隔热性能优劣的指标主要是导热系数 W/（m·K）。导热系数越小，则通过材料传递的热量越少，其保温隔热性能越好。工程中，通常把导热系数小于 23 W/（m·K）的材料称为绝热材料。

在实际的传热过程中，往往同时存在着两种或三种传热方式。要实现绝热必须使建筑材料满足表观密度小、对流弱、热辐射低的要求。下面对几种典型的绝热材料的机理简单介绍。

（1）多孔型。

多孔型绝热材料的绝热作用的机理可由图 12.1 来说明。当热量从高温面向低温面传递时，在碰到气孔之前，传递过程为固相中的导热，在碰到气孔后，一条路线仍然是固相传递，但其传热方向发生了变化，总的传热路线大大增加，从而使传递速度减缓；另一条路线是通过气孔内气体的传热，其中包括高温固体表面对气体的辐射及对流传热、气体自身的对流传热、气体的导热、热气体对冷固体表面的辐射及对流传热以及热固体表面之间的辐射传热。

空气的导热系数为 0.029 W/（m·K）远远小于固体的导热系数。故热量通过气孔传递的阻力较大，传递速度大大减缓，从而达到保温隔热的目的。

（2）纤维型。

纤维型绝热材料基本上同多孔型绝热材料的绝热机理类似（见图 12.2）。显然，传热方向和纤维方向垂直时的隔热性能比传热方向和纤维方向平行时要好一些。

（3）反射型。

反射型绝热材料的绝热作用的机理可由图 12.3 来说明。当外来的热辐射能量 I_0 投射到物体上时，通常会将一部分能量 I_B 反射掉，另一部分能量 I_A 被吸收（一般建筑材料都不能被热射线穿透，故透射部分忽略不计）。根据能量守恒定律，则

$$I_A + I_B = I_0$$

比值 I_A / I_0 说明材料对热辐射的吸收性能，用吸收率“A”表示；比值 I_B / I_0 说明材料对热辐射的反射性能，用反射率“B”表示，即

$$A + B = 1$$

由此看出，凡善于反射的材料，吸收热辐射的能力就小；反之，如果吸收能力强，则其反射率就小。故利用某些材料对热辐射的反射作用，如铝箔的反射率为 0.95，在需要绝热材料的部位表面贴上这种材料，可以将绝大部分外来热辐射（如太阳光）反射掉，起到隔热的作用。

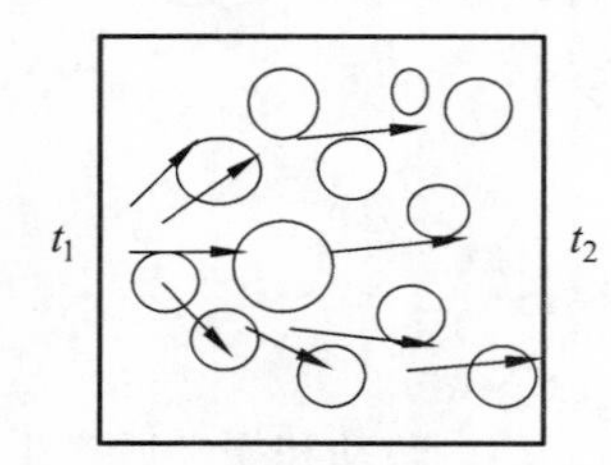

图 12.1　多孔材料传染过程

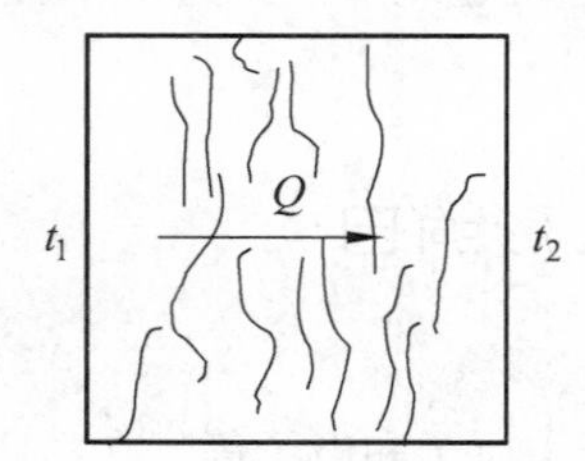

图 12.2　纤维材料传热过程

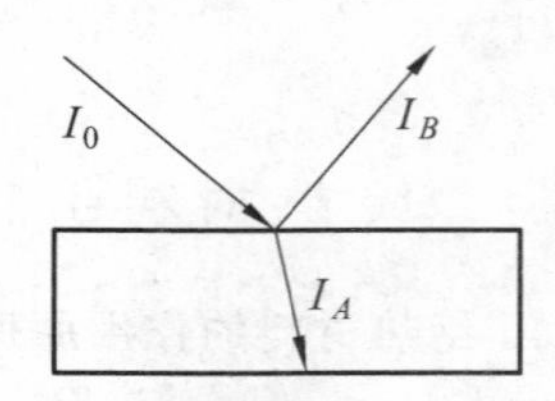

图 12.3　材料对热辐射的吸收

2. 影响材料导热性的主要因素

（1）材料的组成及微观结构。

不同材料的导热系数是不同的。一般来说，导热系数以金属最大，非金属次之，液体再之，气体最小。对于同一种材料，其微观结构不同，导热系数也有很大的差异。一般地，结晶体结构的最大，微晶体结构的次之，玻璃体结构的最小。但对于绝热材料来说，由于孔隙率大，气体（空气）对导热系数的影响起主要作用，而固体部分的结构不论是晶态还是玻璃态，对导热系数的影响均不大。

（2）表观密度与孔隙特征。

由于材料中固体物质的热传导能力比空气大得多，故表观密度小的材料，因其孔隙率大，导

热系数小。在孔隙率相同时，孔隙尺寸越大，导热系数越大；连通孔隙的比封闭孔隙的导热系数大。对于纤维状材料，当纤维之间压实至某一表观密度时，其导热系数最小，该表现密度称为最佳表现密度。当纤维材料的表观密度小于最佳表现密度时，其导热系数反而增大，这是由于孔隙增大且相互连通，引起空气对流的结果。

（3）材料的湿度。

材料吸湿受潮后，其导热系数增大，这在多孔材料中最为明显。这是由于水的导热系数 0.58 W/（m·K）远大于密闭空气的导热系数 0.023 W/（m·K）。当绝热材料中吸收的水分结冰时，其导热系数会进一步增大。因为冰的导热系数 2.33 W/（m·K）比水的大，因此，绝热材料应特别注意防水防潮。

蒸汽渗透是值得注意的问题。水蒸气能从温度较高的一侧渗入材料。当水蒸气在材料孔隙中达到最大饱和度时就凝结成水，从而使温度较低的一侧表面上出现冷凝水滴。这不仅大大提高了导热性，而且还会降低材料的强度和耐久性。防止的方法是在可能出现冷凝水的界面上，用沥青卷材、铝箔或塑料薄膜等憎水性材料加做隔蒸汽层。

（4）温度。

材料的导热系数随温度的升高而增大。因为温度升高时，材料固体分子的热运动增强，同时材料孔隙中空气的导热和孔壁间的辐射作用也有所增加。但这种影响，当温度在 0 ~ 50 °C 时并不显著，只有对处于高温或负温下的材料，才要考虑温度的影响。

（5）热流方向。

对于各向异性的材料，如木材等纤维质的材料，当热流平行于纤维方向时，热流受阻小，故导热系数大。而热流垂直于纤维方向时，热流受阻大，故导热系数小。以松木为例，当热流垂直于木纹时，导热系数为 0.17 W/（m·K）；而当热流平行于木纹时，则导热系数为 0.35 W/（m·K）。

上述各项因素中以表观密度和湿度的影响最大。因而在测定材料的导热系数时，也必须测定材料的表观密度。至于湿度，通常对多数绝热材料可取空气相对湿度为 80% ~ 85% 时材料的平衡湿度作为参考值，应尽可能在这种湿度条件下测定材料的导热系数。

12.1.2　常用绝热材料

1. 无机绝热材料

无机绝热材料主要由矿物质原料制成，不易腐朽生虫，不会燃烧，有的还能耐高温。属于此类的，多为纤维或松散颗粒制成的毡、板、管套等制品，或通过发泡工艺制成的多孔散粒料及制品。

（1）纤维类制品。

纤维类制品有天然石棉短纤维、石棉粉，以及用碳酸镁（或硅藻土）胶结成的石棉纸、毡、板等制品；有熔融高炉矿渣经喷吹或离心制成的矿渣相，以及用沥青或酚醛树脂胶结成的各种矿渣棉制品；有玄武岩经熔化、喷吹成的火山岩棉，以及用沥青或水玻璃胶结成的各种岩棉制品；有玻璃短棉（长度小于 150 mm）和超细棉（直径为 1 ~ 3 μm），以及用沥青或酚醛树脂胶结成的多种玻璃棉制品。

（2）松散颗粒类及制品。

松散颗粒类及制品有天然蛭石经燃烧、膨胀而得的多孔状膨胀烃石粒料，可直接摊铺于墙壁、楼板、屋面的夹层中，以及用水泥或水玻璃作胶结剂，现浇或预制成的各种制品；有天然玻璃质火山喷出岩经焙烧、膨胀而得的蜂窝泡沫状膨胀珍珠岩，可直接用于夹层中；有用水泥、水玻璃、磷酸盐或沥青胶结成的各种制品。

（3）多孔类制品

多孔类制品有用水泥、水和松香泡沫剂，或用粉煤灰、石灰、石膏和泡沫剂，经搅拌、成型、养护而成的泡沫混凝土；有用硅质材料（粉煤灰或磨细砂等）加石灰，掺入发气剂（铝粉）经蒸压或蒸养而成的加气混凝土；有用碎玻璃掺发泡剂，经熔化和膨胀而成的泡沫玻璃；有用硅藻土和石灰为主要原料，加少量石棉、水玻璃，经成型、蒸压、烘干而成的微孔硅酸钙。

2. 有机绝热材料

（1）树脂类制品。

树脂类制品有在合成树脂中加发泡剂等辅助材料，经加热发泡而成的泡沫塑料，常用的树脂有聚苯乙烯、聚氯乙烯、聚氯脂和脲醛等。

（2）木材类制品。

木材类制品有用栓皮栎、黄菠萝的树皮，经切碎脱脂热压而成的软木板；有用木材下脚料刨成木丝加黏结剂（植物胶、水泥、菱苦土等），冷压而成的木丝板；有用木材废料破碎、浸泡、研磨成木浆，经热压制成的纤维板。此外还有用劣等马、牛毛加植物纤维和糨糊制成的毛毡等。还可用木材锯末拌入消石灰（防腐）的松散颗粒，直接摊铺或填充于楼板、屋面的夹层中。常用绝热材料结构类型见表 12.1。

表 12.1　常用绝热材料结构类型

结构类型		举例
纤维状	天然的	石棉与石棉制品、植物纤维、动物纤维
	人造的	石棉与石棉制品、矿渣棉及其制品、玻璃棉及其制品、硅酸盐棉及其制品、化学纤维与纤维织物
散粒状	天然的	浮石、火山渣、硅藻土、炉渣、植物碎屑
	人造的	膨胀珍珠岩及其制品、膨胀蛭石及其制品、陶粒与陶砂制品、空心氧化铝球及其制品
微孔装	天然的	硅藻土、沸石岩、软木
	人造的	加气混凝土、泡沫玻璃、泡沫石膏、泡沫水泥、泡沫塑料、黏土陶粒、微孔硅酸盐
层　状	天然的	木夹板
	人造的	塑料板、吸热玻璃板、中空玻璃、蜂窝夹芯板、铝箔、泡沫夹层板

3. 绝热材料的选用及基本要求

选用绝热材料时，应满足的基本要求：导热系数不宜大于 0.23 W/（m·K），表观密度不宜大于 600 kg/m^3，抗压强度则应大于 0.3 MPa。由于绝热材料的强度一般都很低，因此，除了能单独承重的少数材料外，在围护结构中，经常把绝热材料层与承重结构材料层复合使用。如建筑外墙的保温层通常做在内侧，以免受大气的侵蚀，但应选用不易破碎的材料，如软木板、木丝板等；如果外墙为砖砌空斗墙或混凝土空心制品，则保温材料可填充在墙体的空隙内，此时可采用散粒材料，如矿渣、膨胀珍珠岩等。屋顶保温层则以放在屋面板上为宜，这样可以防止钢筋混凝土屋面板由于冬夏温差引起裂缝，但保温层上必须加做效果良好的防水层。总之，在选用绝热材料时，应结合建筑物的用途、围护结构的构造、施工难易、材料来源和经济核算等综合考虑。对于一些特殊建筑物，还必须考虑绝热材料的使用温度条件、不燃性、化学稳定性及耐久性等。

12.2　吸声材料

为了改善声波在室内传播的质量，保持良好的音响效果和减少噪声的危害，在音乐厅、影剧院、大会堂、播音室及噪声大的工厂车间等室内的墙面、地面、顶棚等部位，应选用适当的吸声材料。

12.2.1　吸声材料的作用原理

声音起源于物体的振动，如说话时喉间声带的振动和击鼓时鼓皮的振动，都能产生声音，声带和鼓皮就叫做声源。声源的振动迫使邻近的空气随着振动而形成声波，并在空气介质中向四周传播。声音沿发射的方向最响，称为声音的方向性。

声音在传播过程中，一部分声能随着距离的增大而扩散，另一部分声能则因空气分子的吸收而减弱。声能的这种减弱现象，在室外空旷处颇为明显，但在室内如果房间的空间并不大，此时上述的这种声能减弱就不起主要作用，而重要的是室内墙壁、天花板、地板等材料表面对声能的吸收。

当声波遇到材料表面时，一部分被反射，一部分穿透材料，其余的声能转化为热能而被吸收。被材料吸收的声能 E（包括部分穿透材料的声能在内）与原先传递给材料的全部声能 E_0 之比，是评定材料吸声性能好坏的主要指标，称为吸声系数（α），用公式表示如下：

$$\alpha=\frac{E}{E_0}$$

假如入射声能的 60% 被吸收，40% 被反射，则该材料的吸声系数就等于 0.6。当入射声能 100% 被吸收而无反射时，吸声系数等于 1；当门窗开启时，吸声系数相当于 1。一般材料的吸声系数在 0 ~ 1。

材料的吸声性能除了与材料本身性质、厚度及材料表面状况（有无空气层及空气层的厚度）有关外，还与声波的入射角及频率有关。因此，吸声系数用声音从各个方向入射的平均值表示，并应指出是对哪一频率的吸收。一般而言，材料内部开放连通的气孔越多，吸声性能越好。同一材料，对于高、中、低不同频率的吸声系数不同。为了全面反映材料的吸声性能，规定取 125 Hz、250 Hz、500 Hz、1 000 Hz、2 000 Hz、4 000 Hz 六个频率的吸声系数来表示材料的吸声特性；任何材料对声音都能吸收，只是吸收程度有很大的不同。通常对上述六个频率的平均吸声系数大于 0.2 的材料，认为是吸声材料。

吸声机理是声波进入材料内部互相贯通的孔隙，受到空气分子及孔壁的摩擦和黏滞阻力，以及使细小纤维作机械振动，从而使声能转化为热能。吸声材料大多为疏松多孔的材料，如矿渣棉、毯子等。多孔性吸声材料的吸声系数，一般从低频到高频逐渐增大，故对高频和中频的吸声效果较好。

12.2.2 吸声材料的基本要求及影响吸声作用的因素

1. 吸声材料的基本要求

材料必须多孔，并且相互连通的气孔要多。吸声材料应不易虫蛀、腐朽，且不易燃烧。吸声材料强度一般较低，应设置在墙裙以上，以免碰撞破坏。吸声材料均匀分布在室内各个表面上，不应只集中在天花板或墙壁的局部。

2. 影响吸声作用的主要因素

材料吸声性能，主要受下列因素的影响：

（1）材料的表观密度。

对于一种多孔材料（如超细玻璃纤维），当其表观密度增大时（即孔隙率减小时），对低频声波的吸声效果有所提高，而对高频吸声效果则有所降低。

（2）材料的厚度。

增加多孔材料的厚度，可提高对低频声波的吸声效果，而对高频声波则没有多大影响。

（3）材料的孔隙特征。

孔隙越多、越细小，吸声效果越好；反之则越差。当多孔材料表面涂刷油漆或材料吸湿时，则因材料表面的孔隙被水分或涂料所堵塞，使其吸声效果大大降低。

12.2.3 吸声材料的吸声结构

根据吸声原理和方式，吸声材料一般具有三种结构形式：多孔结构、共振吸声结构和特殊吸声结构。

1. 多孔结构

多孔吸声材料的构造特征是材料内部含有大量互相贯通的微孔，如纤维状和微孔状泡沫材料等，其对低频声的吸收比较差。

多孔吸声材料的构造特征：材料从表到里具有大量内外连通的微小间隙和连续气泡，有一定的通气性。这些结构特征和隔热材料的结构特征有区别，隔热材料要求的是封闭的微孔。

2. 共振吸声结构

共振吸声结构主要有单个共振器、孔板式共振吸声结构和薄板式共振结构三种。其装饰性强并有足够的强度，故在建筑物中使用比较广泛。

3. 特殊吸声结构

特殊吸声结构是一种悬挂于室内的吸声结构，常用的形式有矩形体、平板状、圆柱状、圆锥状、棱锥状、球状和多面体等。

12.2.4 常用吸声材料

1. 多孔吸声材料

多孔吸声材料是普遍应用的吸声材料，其中包括各种纤维材料：玻璃棉、超细玻璃棉、岩棉、矿棉等无机纤维，棉、毛、麻、棕丝、草质或本质纤维等有机纤维。纤维材料有的直接以松散状使用，有时可用黏着剂制成毡片或板材，如玻璃棉毡、岩棉板、草纸板、木丝板、软质纤维板等。

微孔吸声砖等也属于多孔吸声材料。对于泡沫塑料，如果其中的孔隙相互连通并通向外表，可作为多孔吸声材料。

2. 薄板振动吸声结构

薄板振动吸声结构的特点是具有低频吸声特性，同时还有助于声波的扩散。建筑中常用胶合板、薄木板、硬质纤维板、石膏板、石棉水泥板或金属板等，把它们固定在墙或顶棚的龙骨上，并在背后留有空气层，即成薄板振动吸声结构。

薄板振动结构是在声波作用下发生振动，薄板振动时由于板内部和龙骨之间出现摩擦损耗，使声能转变为机械振动，而起吸声作用。由于低频声波比高频声波容易激起薄板振动，所以薄板振动吸声结构具有低频声波吸声特性。土木工程中常用的薄板振动吸声结构的共振频率一般在 80 ~ 300 Hz，在此共振频率附近的吸声系数最大，为 0.2 ~ 0.5，而在其他共振频率附近的吸声系数就较低。

3. 共振吸声结构

共振吸声结构具有密闭的空腔和较小的开口孔隙，很像个瓶子。当瓶腔内空气受到外力激荡，会按一定的频率振动，这就是共振吸声器。每个独立的共振吸声器都有一个共振频率，在其共振频率附近，由于颈部空气分子在声波的作用下像活塞一样进行往复运动，因摩擦而消耗声能。若在腔口蒙一层细布或疏松的棉絮，可以加宽共振频率范围和提高吸声量。

为了获得较宽频率带的吸声性能，常采用组合共振吸声结构或穿孔板组合共振吸声结构。

4. 穿孔板组合共振吸声结构

穿孔板组合共振吸声结构具有适合中频的吸声特性。这种吸声结构与单独的共振吸声器相似，可看作是多个单独共振吸声器并联而成。穿孔板厚度、穿孔率、孔径、孔距、背后空气层厚度以及是否填充多孔吸声材料等，都直接影响吸声结构的吸声性能。这种吸声结构由穿孔的胶合板、硬质纤维板、石膏板、石棉水泥板、铝合板、薄钢板等，固定在龙骨上，并在背后设置空气层而构成。这种吸声材料在建筑中使用比较普遍。

5. 柔性吸声结构

具有密闭气孔和一定弹性的材料，如聚氯乙烯泡沫塑料，表面仍为多孔材料，但因其有密闭气孔，声波引起的空气振动不是直接传递至材料内部，只能相应的产生振动，在振动过程中由于克服材料内部的摩擦而消耗声能，引起声波衰减。这种材料的吸声特性是在一定的频率范围内出现一个或多个吸收频率。

6. 悬挂空间吸声结构

悬挂于空间的吸声体，由于声波与吸声材料的两个或两个以上的表面接触，增加了有效的吸声面积，产生边缘效应，加上声波的衍射作用，大大提高吸声效果。实际应用时，可根据不同的使用部位和要求，设计成各种形式的悬挂空间吸声结构。空间吸声体有平板形、球形、椭圆形和棱锥形等多种形式。

7. 帘幕吸声结构

帘幕吸声结构是用具有通气性能的纺织品，安装在离开墙面或窗洞一段距离处，背后设置空气层。这种吸声体对中、高频都有一定的吸声效果。帘幕的吸声效果还与所用材料种类有关。帘幕吸声体安装拆卸方便，兼具装饰作用，应用价值高。

12.2.5 吸声材料的选用及安装注意事项

在室内采用吸声材料可以抑止噪声，保持良好的音质（声音清晰不失真），故在教室、礼堂和剧院等室内应当采用吸声材料。吸声材料的选用和安装必须注意以下各点：

（1）要使吸声材料充分发挥作用，应将其安装在最容易接触声波和反射次数最多的表面上，而不应把它集中在天花板或某一面的墙壁上，并应比较均匀地分布在室内各表面上。

（2）吸声材料强度一般较低，应设置在护壁线以上，以免碰撞破损。

（3）多孔吸声材料往往易于吸湿，安装时应考虑到湿胀干缩的影响。

（4）选用的吸声材料应不易虫蛀、腐朽，且不易燃烧。

（5）应尽可能选用吸声系数较高的材料，以便节约材料用量，降低成本。

（6）安装吸声材料时应注意勿使材料的表面细孔被油漆的漆膜堵塞而降低其吸声效果。

虽然有些吸声材料的名称与绝热材料相同，都属多孔性材料，但在材料的孔隙特征上有着完全不同的要求。绝热材料要求具有封闭的互不连通的气孔，这种气孔越多其绝热性能越好；而吸声材料则要求具有开放的互相连通的气孔，这种气孔越多其吸声性能越好。至于如何使名称相同的材料具有不同的孔隙特征，这主要取决于原料组分中的某些差别和生产工艺中的热工制度、加压大小等。例如，泡沫玻璃采用焦炭、磷化硅、石墨为发泡剂时，就能制得封闭的互不连通的气孔；又如，泡沫塑料在生产过程中采取不同的加热、加压制度，可获得孔隙特征不同的制品。

除了采用多孔吸声材料吸声外，还可将材料制作成不同的吸声结构，达到更好的吸声效果。常用的吸声结构形式有薄板共振吸声结构和穿孔板吸声结构。

薄板共振吸声结构系采用薄板钉牢在靠墙的木龙骨上，薄板与板后的空气层构成薄板共振吸声结构。在声波的交变压力作用下，迫使薄板振动，当声频正好为振动系统的共振频率时，其振动最强烈，吸声效果最显著。此种结构主要是吸收低频率的声音。

穿孔板吸声结构是用穿孔的胶合板、纤维板、金属板或石膏板等为结构主体，与板后的墙面之间的空气层（空气层中有时可填充多孔材料）构成吸声结构。该结构吸声的频带较宽，对中频的吸声能力最强。

12.3 装饰材料

12.3.1 建筑玻璃

玻璃是现代建筑中十分重要的装饰材料之一。随着现代建筑发展的需要，建筑玻璃制品已由过去单一的采光功能向着多用途、多功能、多品种的方向发展，如控制光线、调节热量、节约能源、控制噪音、降低建筑物自重、改善建筑物室内环境和增强建筑物外观美感等。玻璃在现代建筑中达到了功能性和装饰性的完美统一。

1. 玻璃的组成与性质

（1）玻璃的原料与组成。

玻璃是一种透明的无定形晶态硅酸盐固体物质，为均质的各向同性材料。玻璃是以石英砂（SiO_2）、纯碱（Na_2CO_3）、长石（$R_2O\cdot Al_2O_3\cdot 6SiO_2$，式中 R_2O 指 Na_2O 或 K_2O）、石灰石（$CaCO_3$）

等为主要原料。石英砂是构成玻璃的主体材料。纯碱主要起助熔剂作用。石灰石使玻璃具有良好的抗水性，起稳定剂作用。建筑玻璃的化学组成很复杂，其主要成分为 SiO_2（含量 72% 左右）、Na_2O（含量 15% 左右）、CaO（含量 9% 左右），此外还含有 Al_2O_3、MgO、K_2O、Li_2O 及其他化学成分等。

（2）玻璃的制造工艺。

玻璃的生产主要包括熔化、成型、退火三个工序。熔化是玻璃配合料在玻璃熔窑里被加热至 1 550 ~ 1 600 °C，焙融成为黏稠状的玻璃液，然后通过垂直引上法或浮法等工艺成型。引上法是通过引上设备，使熔融的玻璃液被垂直向上提拉冷却成型。它的优点是工艺比较简单，缺点是玻璃厚薄不易控制。浮法成型是现代最先进的玻璃生产方法之一，它是将熔融的玻璃从熔炉中引出经导滚进入盛有熔锡的浮炉，由于玻璃的密度较锡液小，熔融的玻璃液浮在锡液表面，玻璃液在其本身的重力及表面张力的作用下，在熔融金属锡液表面自由摊平，并在火磨区被抛光后成型。该法生产的玻璃表面光滑平整、厚薄均匀，不变形，性能优良。玻璃成型后应进行退火，退火是消除或减小其内部应力至允许值的一种处理工序。

（3）玻璃的性质。

玻璃的表观密度较大，一般为 2 450 ~ 2 600 kg/m^3；导热系数为 0.75 W/（m·K）；一般普通清洁玻璃的透光率达 82% 以上；在冲击力作用下易破碎；热稳定性差，遇急冷急热时容易爆裂。通常情况下，玻璃具有较高的化学稳定性，可抵抗氢氟酸以外的各种酸的侵蚀，尤其是可耐各种油污、盐类的长期侵蚀作用；但它很容易遭受强碱的侵蚀。

2. 玻璃制品

（1）普通平板玻璃。

凡用石英砂岩、硅砂、钾长石、纯碱、芒硝等为原料，按一定比例配制，经熔窑高温熔融，利用适当方法（一般为浮法或引上法）生产的无色透明平板玻璃，称为普通平板玻璃。平板玻璃是建筑玻璃中用量最大的一种，厚度有 2 mm、3 mm、4 mm、5 mm、6 mm、7 mm、8 mm、10 mm、12 mm，广泛用于建筑门窗。引上法生产的平板玻璃质量应符合《普通平板玻璃》（GB 4871—1995）的规定，浮法生产的平板玻璃的质量应符合《浮法玻璃》（GBⅡ 614—1999）的规定。

平板玻璃成品的装箱运输和产量以标准箱计。一标准箱等于每 10 m^2 厚度为 2 mm 的平板玻璃。其他厚度的平板玻璃通过折算系数换算成标准箱，并规定一标准箱（公称 50kg）为 1 重量箱。

（2）安全玻璃。

安全玻璃包括钢化玻璃、夹层玻璃、夹丝玻璃。其主要特性是力学强度较高、抗冲击能力较好，被击碎时，碎块不会飞溅伤人，并有防火的功能。

① 钢化玻璃。

钢化玻璃是利用加热到一定温度后迅速冷却的方法或化学方法进行特殊处理的玻璃。经过加工处理后，玻璃表面产生一个预压的应力。这个表面预压应力使玻璃的机械强度和抗冲击性能大大提高。它具有比普通玻璃好得多的机械强度和耐热抗震性能，也称强化玻璃。

钢化玻璃的生产分物理钢化法和化学钢化法。物理钢化法也称淬火法，它是将玻璃加热到接近玻璃软化温度（600 ~ 650 °C）后迅速冷却的方法；化学钢化法也称离子交换法，它是将待处理的玻璃浸入钾盐溶液中，使玻璃表面的钠离子扩散到溶液中，而溶液中的钾离子则填充进玻璃表面钠离子的位置。

钢化玻璃具有以下特性：

a. 强度高、抗冲击性好。钢化玻璃的机械强度比普通玻璃高 4 ~ 6 倍，抗弯强度不小于

200 MPa。抗冲击性方面，质量为 1 040 g 的钢球在 1 000 mm 高度自由落下冲击钢化玻璃，玻璃应不破坏。

b. 热稳定性高。在室温放置 2 h 的钢化玻璃中心浇注 327.5 °C 熔融的铅液不破碎；加热至 200 °C 并保持 0.5 h 之后取出投入 25 °C 的冷水中亦不破碎。

c. 安全性高。钢化玻璃存在很高的预应力，一旦受损，整块玻璃呈现网状裂纹，破碎后，碎片小且无尖锐棱角，不易伤人。

钢化玻璃在建筑上主要用作高层建筑的门宙、隔墙、幕墙、护栏等，其质量应符合《钢化玻璃》(GB/T 9963—1998) 的要求。

② 夹层玻璃。

夹层玻璃是两片或多片平板玻璃之间嵌夹透明塑料薄片，经加热、加压、黏合而成的平面或弯曲的复合玻璃制品。

夹层玻璃的原片可采用普通平板玻璃、浮法玻璃、钢化玻璃、吸热玻璃或热反射玻璃等。常用的塑料胶片为聚乙烯醇缩丁醛。

夹层玻璃透明性好，抗冲击性和抗穿透性也较好，当玻璃被击碎后，由于中间有塑料衬片的黏合作用，所以只产生辐射状的裂纹，而不会裂成分离的碎片，不致伤人。

夹层玻璃主要用作汽车、飞机的挡风玻璃、防弹玻璃和有特殊安全要求的门窗、隔墙和工业厂房的天窗和某些水下工程。其质量应符合《夹层玻璃》(GB 9962—1999) 的要求。

③ 夹丝玻璃。

夹丝玻璃也称钢丝玻璃，是将预先编织好的钢丝网压入已软化的红热玻璃中而制成。夹丝玻璃的特点为金属丝与玻璃黏结在一起，当玻璃受到冲击荷载作用或温度剧变时，玻璃裂而不散，碎片仍能附着在钢丝上，不致四处飞溅而伤人。

夹丝玻璃主要用于厂房天窗、天棚、阳台、楼梯、电梯井以及各种采光屋顶和防火门窗等。其质量应符合《夹丝玻璃》(JC 433—1991) 的规定。

（3）保温绝热玻璃。

保温绝热玻璃包括吸热玻璃、热反射玻璃、中空玻璃等。它们既具有良好的装饰效果，又具有良好的保温绝热功能，除用于一般门窗外，常作为幕墙玻璃。普通窗用玻璃对太阳光近红外线的透过率高，易引起室温效应，使室内空调能耗增大，故不宜用于幕墙玻璃。

① 吸热玻璃。

吸热玻璃是既能吸收大量红外线辐射，又能保持良好的光透过率的平板玻璃。吸热玻璃是在普通玻璃中加入着色剂，或在普通玻璃表面喷涂具有强烈吸热性能的物质薄膜而成。吸热玻璃有灰色、茶色、蓝色、绿色等颜色。

吸热玻璃广泛应用于现代建筑物门窗或外墙，起到采光、隔热、防眩的作用。吸热玻璃的色彩具有良好的装饰效果，已成为一种新型的外墙和室内装饰材料。

吸热玻璃的质量应符合《吸热玻璃》(JC/T 536—1994) 的规定。

② 反射玻璃。

热反射玻璃既具有较高的热反射能力，又能保持良好透光性能，又称镀膜玻璃或镜面玻璃。热反射玻璃是在玻璃表面用加热、蒸发、化学等方法喷涂金、银、铜、镍、铬、铁等金属或金属氧化物薄膜而成。

热反射玻璃反射率高达 30% 以上，装饰性强，具有单向透保等作用，越来越多地用作高层建筑的幕墙。由于热反射玻璃对光线的反射是镜面反射，因而大面积使用高反射率的热反射玻璃会给环境带来光污染。

③ 中空玻璃。

中空玻璃由两片或多片平板玻璃构成，用边框隔开，四周边缘部分用密封胶密封，玻璃层间充有干燥气体。

中空玻璃的特性是保温绝热性能和节能性好，隔声性能优良，并能有效地防止结露，非常适合在住宅建筑中使用。中空玻璃主要用于需要采暖、空调、防止噪声、结露及需要无直接阳光和特殊光的建筑物上，如住宅、饭店、宾馆办公室、学校、医院、商店以及火车、轮船等。

中空玻璃的质量应符合《中空玻璃》(GB 1944—2002) 的规定。

(4) 压花玻璃、磨砂玻璃和喷花玻璃。

压花玻璃是将熔融的玻璃液在冷却过程中，通过带图案的花纹辊轴连续对辊压延而成。可在玻璃的单面或两面压出深浅不同的各种花纹图案。压花玻璃的质量应符合《压花玻璃》(JC/T 511—2002) 的规定，见图 12.4 (a)。

磨砂玻璃是用普通平板玻璃经机械喷砂、手工研磨或氢氟酸溶蚀等方法把普通玻璃表面处理成均匀毛面制成，又称为毛玻璃，见图 12.4 (b)。

喷花玻璃则是在平板玻璃表面贴上花纹图案，抹以护面层，并经处理而成，见图 12.4 (c)。

这三种玻璃的主要特点是表面粗糙、光线产生漫射、透光不透视，使室内光线不炫目，一般用于卫生间、浴室、办公室的门窗及隔断。

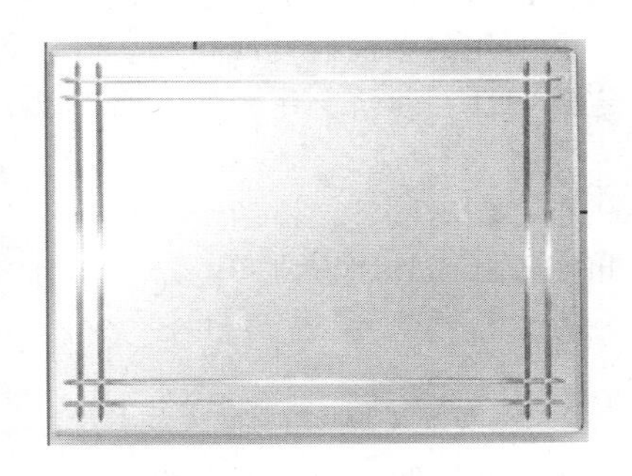
(a) 白色透明磨砂玻璃

(b) 白色透明压花玻璃

(c) 金色欧式喷花玻璃

图 12.4　玻璃马赛克

(5) 玻璃空心砖。

玻璃空心砖一般是由两块压铸成凹形的玻璃经熔接或胶接成整块的空心砖 (见图 12.5)。砖面可为光滑平面，也可在内外两面压铸多种花纹。砖内腔可为空气，也可填充玻璃棉等。玻璃空心砖绝热、隔声、光线柔和优美，可用来砌筑透光墙壁、隔断、门厅、通道等。

(6) 玻璃马赛克。

玻璃马赛克又称玻璃锦砖，是以玻璃为基料并含有未溶解的微小晶体 (主要是石英) 的乳浊制品。它是一种小规格的彩色釉面玻璃，一般尺寸有 20 mm × 20 mm、30 mm × 30 mm、40 mm × 40 mm，厚 4 ~ 6 mm。

玻璃马赛克色彩柔和、颜色绚丽、朴实大方，可呈现辉煌豪华气派。其具有化学稳定性好、热稳定性好、抗污性强、易于施工、不吸水等优点，故广泛用于宾馆、医院、办公楼、礼堂、住宅等建筑物外墙和内墙饰面，见图 12.6。

图 12.5 单面磨砂玻璃空心砖

图 12.6 玻璃马赛克

12.3.2 常用建筑饰面陶瓷制品

凡以黏土、长石和石英为基本原料，经配料、制坯、干燥和焙烧而制得的成品，统称为建筑陶瓷。其主要品种有内墙面砖、外墙面砖、地面砖、陶瓷锦砖、陶瓷壁画、卫生陶瓷等。

1. 陶瓷制品质地的分类

根据陶瓷原料杂质的含量、烧结温度高低和结构致密程度（吸水率大小）把陶瓷分为陶质、瓷质和炻质。

陶质制品为多孔结构，吸水率大（低的为 9%～12%，高的为 18%～22%），断面粗糙，不透明。根据其原料杂质含量的不同及施釉状况，可将陶质分为粗陶和精陶。粗陶一般不施釉，建筑上常用的烧结黏土砖、瓦属粗陶制品。精陶一般施有釉，建筑饰面所用的釉面砖均属精陶。

瓷质制品煅烧温度较高、结构致密，基本不吸水，具有一定透明性。建筑上用于外墙饰面以及日用制品和日用餐茶具均属瓷质制品。

炻质制品介于陶和瓷之间，结构较陶质制品紧密，吸水率较小。炻器按其坯体的结构紧密程度，又可分为粗炻器和细炻器。建筑用的外墙面砖和地面砖属粗炻器，而日用器皿和电器工业用陶瓷等均属细炻器。

2. 陶瓷制品的装饰

陶瓷制品表面经过艺术加工，能大大提高制品的外观效果。陶瓷制品的表面装饰方法很多，常用的有以下几种：

（1）釉。

釉是由石英、长石、高岭土等为主要原料，再配以多种其他成分，研制成浆体，喷涂于陶瓷坯体的表面，经高温焙烧后，附着于陶瓷坯体表面连续的玻璃质层。陶瓷施釉的目的在于美化坯体表面，改善坯体的表面性能并提高机械强度。施釉的陶瓷表面平滑、光亮、不吸湿、不透气。釉层保护了画面，能防止彩釉中有毒元素的溶出。此外，施釉还可掩盖坯体缺陷，扩大陶瓷的应用范围以及大大提高产品的艺术性能。

（2）彩绘。

彩绘是在陶瓷坯体的表面绘以彩色图案花纹，以大大提高陶瓷制品的装饰性。陶瓷彩绘分釉下彩绘和釉上彩绘两种。釉下彩绘是在陶瓷生坯（或素烧釉坯）上进行彩绘，然后施一层透明釉料，再经釉烧而成。釉上彩绘是在已经釉烧的陶瓷釉上，采用低温彩料进行彩绘，然后再在较低温度下彩烧而成。

（3）贵金属装饰。

贵金属装饰是采用金、银、铂等贵金属在陶瓷釉上进行装饰，通常只限一些高级陶瓷制作，最常见的是饰金（如金边、描金等）。用金装饰陶瓷的方法有亮金、磨光金及腐蚀金等。

3. 建筑陶瓷制品的重要技术性质

（1）外观质量。

外观质量是装饰用建筑陶瓷制品最主要的质量指标，往往根据外观质量对产品进行分类。

（2）吸水率。

吸水率与弯曲强度、耐急冷急热性密切相关，是控制产品质量的重要指标。吸水率大的建筑陶瓷制品不宜用于室外。

（3）耐急冷急热性。

陶瓷制品的内部和表面釉层热膨胀系数不同，温度急剧变化可能会使釉层开裂。

（4）弯曲强度。

陶瓷材料质脆易碎，因此对弯曲强度有一定的要求。

（5）耐磨性。

只对铺地的彩釉砖进行耐磨实验。

（6）抗冻性能。

室外陶瓷制品有此要求。

（7）抗化学腐蚀性。

室外陶瓷制品和化工陶瓷有此要求。

4. 常用建筑陶瓷制品

（1）釉面内墙砖。

釉面内墙砖又称内墙砖、釉面砖、瓷砖、瓷片，用一次烧成工艺制成，属精陶制品作厨房、卫生间、浴室、卫生间、精密仪器车间等室内墙面、台面等部位饰面材料。

釉面内墙砖色泽柔和典雅，其花色很多，除白色釉面砖外，还有彩色、图案、浮雕、斑点等釉面砖。釉面砖的装饰效果主要取决于釉面的颜色图案和质感。其装饰特点为朴实大方，热稳定性好，防火、防湿、耐酸碱，表面光滑，易清洗。

釉面内墙砖的质量应符合《釉面内砖墙》（GB/T 4100—1992）的规定。其质量指标包括：规格尺寸、外观质量、吸水率、耐急冷急热性、弯曲强度、白度和色差等。

由于釉面内墙砖吸水率大（20% 左右），吸水后将产生湿胀，而使其表面釉层的湿胀性很小，并且对抗陈性、耐磨性和抗化学腐蚀性不作要求，因此不宜作外墙装饰材料和地面材料使用。

釉面内墙砖最常见的规格为 108 mm × 108 mm × 5 mm、152 mm × 152 mm × 5 mm。

（2）彩色釉面陶瓷墙地砖。

彩色釉面陶瓷墙地砖与釉面砖原材料基本相同，但生产工艺为二次烧成，它的质地为炻质。

彩色釉面陶瓷墙地砖耐磨性好、吸水率小、强度高、抗冻性好，化学性能稳定，其主要用于建筑物外墙贴面和室内外地面装饰铺贴用砖。用于外墙面的常见规格有 150 mm × 75 mm、200 mm × 100 mm 等，用于地面的常见规格有 300 mm × 300 mm、400 mm × 400 mm，其厚度在 8 ~ 12 mm，比釉面内墙砖厚。

（3）陶瓷锦砖。

陶瓷锦砖俗称马赛克，是采用优质瓷土为原料烧制而成的薄片状小块瓷砖。其特点是吸水率低，为瓷质；每块砖的尺寸很小，需用一定数量的砖按规定的图案贴在一张规定尺寸的牛皮纸上，成联使用。

锦砖按表面性质分为有釉、无釉锦砖，按砖联分为单色、拼花两种。单块砖的边长不大于 50 mm，常用规格为 18.5 mm × 18.5 mm × 5 mm。砖联为正方形或长方形，常用规格为 305 mm ×

305 mm。按外观质量分优等品和合格品。

陶瓷锦砖具有质地坚实、色泽美观、图案多样、吸水率低、抗压强度高、易清洗、耐磨、抗滑、耐酸碱等特点，并且坚固耐用，造价低，主要用于室内地面铺贴和建筑物外墙装饰。

（4）琉璃制品。

琉璃制品是以难熔黏土作原料，经配料、成型、干燥、素烧，表面涂以琉璃釉料后，再经烧制而成。琉璃制品常见的颜色有金、黄、绿、蓝、青等。其品种分为三类：瓦类（板瓦、滴水瓦、筒瓦、沟头）、脊类、饰件类（吻、博古、兽）。

琉璃制品的特点是质细致密、表面光滑、色彩绚丽、造型古朴、坚实耐用，富有我国传统的民族特色，主要用于建筑屋面材料以及建筑园林中的亭、台、楼阁等，以增加园林的景色。

（5）陶瓷壁画。

陶瓷壁画是大型画，它是以陶瓷面砖、陶板等建筑块材经镶拼而制成，具有较高艺术价值的现代建筑装饰，属新型高档材料。陶瓷壁画不是原画稿的简单复制，而是艺术的再创造，它巧妙地融绘画技法和陶瓷装饰艺术于一体，经过放样、制板、刻画、配釉、施釉、焙烧等一系列工艺，采用浸、点、涂、喷、填等多种施釉技法，以及丰富多彩的窑变技术，创造出神形兼备，巧夺天工的艺术作品。

陶瓷壁画具有单块砖面积大、厚度薄、强度高、平整度好、吸水率小、抗冻、抗化学腐蚀性强、耐急热急冷等特点。陶瓷壁画施工方便，可具有绘画、书法、条幅等多种功能。陶瓷表面可制成平滑面、浮雕花纹图案等。

陶瓷壁画适用于镶嵌在大厦、宾馆、酒楼等高层建筑，也可镶嵌于公共活动场所，如机场的候机室、车站的候车室、大型会议室、会客室、园林旅游区以及码头、地铁、隧道等公共设施的装饰，给人以美的感受。

（6）陶瓷劈离砖。

陶瓷劈离砖是将黏土、页岩、耐火土等几种原料按一定比例混合后，经湿化、真空挤出成型、干燥、焙烧、劈离（将一块双联砖分为两块砖）等工序制成。该产品具有一定的强度、承载力、抗冲击性、抗冻性和良好的可黏结性等特点。

陶瓷劈离砖在建筑上可用于内、外墙的装饰，地面的装饰，台面和踏步等的装饰，也可用于游泳池等特殊构筑物的装饰。

（7）卫生陶瓷。

卫生陶瓷是用瓷土烧制的细炻质制品，如洗面器、大小便器、水箱水槽等，主要用于浴室、盥洗室、厕所等处。

12.3.3 UV 氟碳彩色装饰板

UV 氟碳彩色装饰板是贝高装饰材料有限公司于 2009 年研究出来的新型轻质高分子节能型装饰材料，并于 2011 年推广使用。

1. UV 氟碳彩色装饰板特点

（1）色泽丰富。

UV 氟碳彩色装饰板颜色十分丰富，可以做出各种石纹、木纹效果，仿真度达到 98%以上（见图 12.7），还可根据需要设计出任何一款颜色。

（a）仿青花瓷纹

（b）仿木纹

（c）仿花岗石纹

（d）仿大理石纹

图 12.7　UV 氟碳彩色装饰板

（2）高度自洁功能。

UV 氟碳彩色装饰板采用了特殊表面处理工艺，外界微粒物极难附着，在刮风、下雨的情况下，墙面会自动除却表面的粉尘和污垢。

（3）耐候性强。

经国家涂料质量监督检验中心检测，耐酸雨、耐温变、耐碱性等均超过国家标准。

（4）环保、低碳。

UV 氟碳彩色装饰板生产效率高、能耗低，原材料大部分为可再生资源，减少了原材料及成品生产过程中二氧化碳的排放。

（5）使用寿命长。

经过老化试验，UV 氟碳彩色装饰板达到 3 000 个小时。

（6）施工便捷。

UV 氟碳彩色装饰板质量较轻，大大减少了建筑的负载和安装辅材的使用及人工，直接体现经济效益。

（7）保温、防火。

UV 氟碳彩色装饰板防火可达到 A 级。墙体运用保温板减少了能源的消耗，使外墙保温、节能、环保、更安全。

2. UV 氟碳彩色装饰板分类及其应用

（1）单板。

UV 氟碳彩色装饰单板以纤维水泥板、硅酸钙板等板材为基材，经过 UV 紫外线光固化工艺进行表面处理而形成。其适用范围：各类公、民用建筑物的内、外墙体装饰，如商住小区、商业大厦、医院、学校、车站、汽车隧道等（见图 12.8）。

（a）办公楼外墙

（b）医院墙面

（c）住宅外墙

（d）隧道内壁

图 12.8　单板应用范例

（2）单面复合板。

贝高单面复合保温一体化装饰板采用 UV 氟碳彩色装饰单板同岩棉、玻璃纤维棉、发泡水泥等 A 级防火保温材料以及酚醛、聚氨酯等 B 级防火保温材料经过特殊工艺复合而成（见图 12.9）。

（a）单面复合板小样

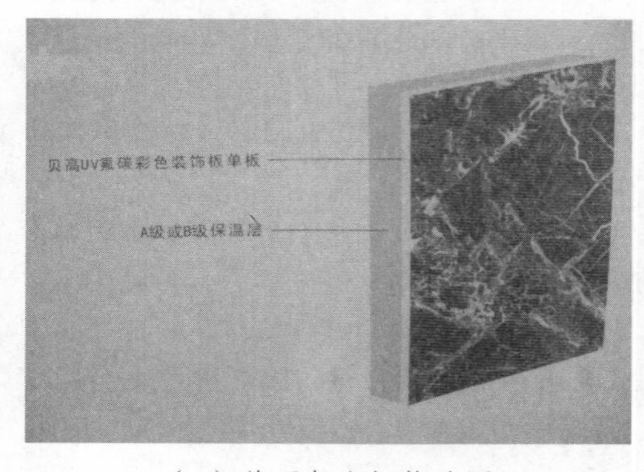

（b）单面复合板构造图

图 12.9　单面复合板

（3）双面复合板。

贝高单面复合保温一体化装饰板是在单面复合板的基础上加底衬板经过特殊工艺复合而成（见图 12.10）。

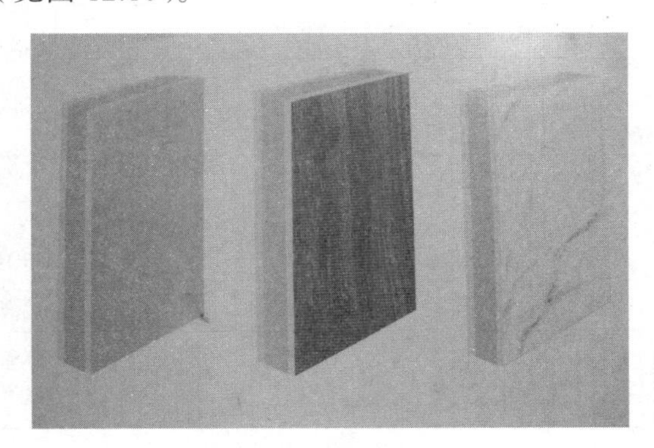

（a）双面复合板小样

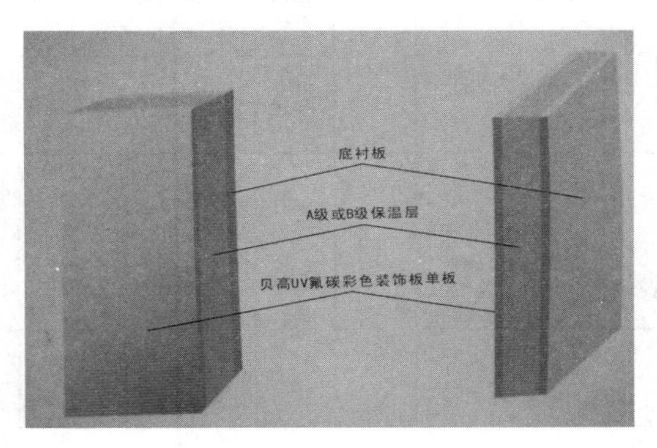

（b）双面复合板构造图

图 12.10　双面复合板

本章小结

本章重点介绍了影响建筑材料导热系数的主要因素、选择吸声材料的基本要求、常用的绝热、吸声材料的种类。本章难点是理解绝热材料及吸声材料的作用原理。

玻璃作为现代建筑中十分重要的装饰材料之一，其在工程中常用的建筑玻璃包括普通平板玻璃、安全玻璃、保温绝热玻璃三种。其中，钢化玻璃属安全玻璃的一种，它具有强度高、抗冲击性好、热稳定性高、安全性高等特点。中空玻璃在现代建筑中应用较广泛，具有保温绝热性能和节能性好、隔声性质优良等特性。

陶瓷按其致密程度分为三类：陶质、瓷质和炻质。工程中常用的建筑陶瓷制品有：釉面内培墙砖、彩色釉面陶瓷墙地砖、陶瓷锦砖、琉璃制品、陶瓷壁画、陶瓷劈离砖和卫生陶瓷等。

思考与练习题

12.1　何谓绝热材料？其绝热机理如何？

12.2　影响绝热材料绝热性能的因素有哪些？

12.3　选择绝热材料时应主要考虑哪些方面的性能要求？

12.4　何谓吸声材料？按吸声机理划分的吸声材料各有什么特点？

12.5　简述影响多孔性吸声材料吸声效果的因素。

12.6　吸声材料在孔隙结构上与绝热材料有何区别，为什么？

12.7　玻璃的性质有哪些？常用的建筑玻璃有哪些？

12.8　简述玻璃马赛克的主要特性和应用。

12.9　建筑陶瓷分为哪几类？常用建筑陶瓷制品各有何特点？

附录 1

道路石油沥青技术要求

指标	单位	等级	沥青标号																	试验方法[1]
			160号[4]	130号[4]	110号			90号					70号[3]					50号	30号[4]	
针入度（25 °C，5 s，100 g）	0.1 mm		140~200	120~140	100~120			80~100					60~80					40~60	20~40	T 0604
适用的气候分区			注[4]	注[4]	2-1	2-2	3-2	1-1	1-2	1-3	2-2	2-3	1-3	1-4	2-2	2-3	2-4	1-4	注[4]	附录A[5]
针入度指数PI[2]		A	−1.5~+1.0																	T 0604
		B	−1.8~+1.0																	
软化点（R&B），不小于	°C	A	38	40	43			45			44		46		45			49	55	T 0606
		B	36	39	42			43			42		44		43			46	53	
		C	35	37	41			42					43					45	50	
60 °C动力黏度[2]（不小于）	Pa·s	A	—	60	120			160			140		180		160			200	260	T 0620
10 °C延度[2]（不小于）	cm	A	50	50	40			45	30	20	30	20	20	15	25	20	15	15	10	T 0605
		B	30	30	30			30	20	15	20	15	15	10	20	15	10	10	8	
15 °C延度（不小于）	cm	A、B	100															80	50	
		C	80	80	60			50					40					30	20	
蜡含量（蒸馏法）不大于	%	A	2.2																	T 0615
		B	3.0																	
		C	4.5																	
闪点（不小于）	°C		230					245					260							T 0611
溶解度（不小于）	%		99.5																	T 0607
密度（15 °C）	g/cm^3		实测记录																	T 0603
TFOT（或RTFOT）后[5]																				T 0610 或 T 0609
质量变化不大于	%		±0.8																	

续表

指　标	单位	等级	沥青标号							试验方法①
			160号④	130号④	110号	90号	70号③	50号	30号④	
残留针入度比（不小于）	%	A	48	54	55	57	61	63	65	T 0604
		B	45	50	52	54	58	60	62	
		C	40	45	48	50	54	58	60	
残留延度（10 °C），不小于	Cm	A	12	12	10	8	6	4	—	T 0605
		B	10	10	8	6	4	2	—	
残留延度（15 °C）不小于	Cm	C	40	35	30	20	15	10	—	T 0605

注：① 试验方法按照现行《公路工程沥青及沥青混合料试验规程》（JTJ E20—2011）规定的方法执行。用于仲裁试验求取PI时的5个温度的针入度关系的相关系数不得小于0.997。

② 经建设单位同意，表中PI值、60 °C动力黏度、10 °C延度可作为选择性指标，也可不作为施工质量检验指标。

③ 70号沥青可根据需要要求供应商提供针入度范围为60～70或70～80的沥青，50号沥青可要求提供针入度范围为40～50或50～60的沥青。

④ 30号沥青仅适用于沥青稳定基层。130号和160号沥青除寒冷地区可直接在中低级公路上应用外，通常用作乳化沥青、稀释沥青、改性沥青的基质沥青。

⑤ 老化试验以TFOT为准，也可以RTFOT代替。

附录2

聚合物改性沥青技术要求

指标	单位	SBS类（Ⅰ类）				SBR类（Ⅱ类）			EVA、PE类（Ⅲ类）				试验方法[②]
		Ⅰ-A	Ⅰ-B	Ⅰ-C	Ⅰ-D	Ⅱ-A	Ⅱ-B	Ⅱ-C	Ⅲ-A	Ⅲ-B	Ⅲ-C	Ⅲ-D	
针入度 25 °C，100 g，5 s	0.1 mm	> 100	80 ~ 100	60 ~ 80	30 ~ 60	>100	80 ~ 100	60 ~ 80	> 80	60 ~ 80	40 ~ 60	30 ~ 40	T 0604
针入度指数PI（不小于）		− 1.2	− 0.8	− 0.4	0	− 1.0	− 0.8	− 0.6	− 1.0	− 0.8	− 0.6	− 0.4	T 0604
延度5 °C，5 cm/min 不小于	cm	50	40	30	20	60	50	40	—				T 0605
软化点 $T_{R\&B}$（不小于）	°C	45	50	55	60	45	48	50	48	52	56	60	T 0606
运动黏度[①] 135 °C（不大于）	Pa · s	3											T 0625 T 0619
闪点（不小于）	°C	230				230			230				T 0611
溶解度（不小于）	%	99				99			—				T 0607
弹性恢复 25 °C，（不小于）	%	55	60	65	75	—			—				T 0662
黏韧性（不小于）	N · m	—				5			—				T 0624
韧性（不小于）	N · m	—				2.5			—				T 0624
储存稳定性[②]													
离析，48 h 软化点差（不大于）	°C	2.5				—			无改性剂明显析出、凝聚				T 0661
TFOT（或RTFOT）后残留物													

续表

指　标	单位	SBS 类（Ⅰ类）				SBR 类（Ⅱ类）			EVA、PE 类（Ⅲ类）				试验方法[2]
		Ⅰ-A	Ⅰ-B	Ⅰ-C	Ⅰ-D	Ⅱ-A	Ⅱ-B	Ⅱ-C	Ⅲ-A	Ⅲ-B	Ⅲ-C	Ⅲ-D	
质量变化（不大于）	%	1.0											T 0610 或 T 0609
针入度比 25 °C（不小于）	%	50	55	60	65	50	55	60	50	55	58	60	T 0604
延度 5 °C（不小于）	cm	30	25	20	15	30	20	10	—				T 0605

注：① 表中 135 °C 运动黏度可采用《公路工程沥青及沥青混合料试验规程》（JTJ E20—2011）中的"沥青布氏旋转黏度试验方法（布洛克菲尔德黏度计法）"进行测定。若在不改变改性沥青物理力学性质并符合安全条件的温度下易于泵送和拌和，或经证明适当提高泵送和拌和温度时能保证改性沥青的质量，容易施工，可不要求测定。

② 储存稳定性指标适用于工厂生产的成品改性沥青。现场制作的改性沥青对储存稳定性指标可不作要求，但必须在制作后，保持不间断地搅拌或泵送循环，保证使用前没有明显的离析。

附录 3

道路用乳化沥青技术要求

试验项目		单位	品种及代号										试验方法
			阳离子				阴离子				非离子		
			喷洒用			拌和用	喷洒用			拌和用	喷洒用	拌和用	
			PC-1	PC-2	PC-3	BC-1	PA-1	PA-2	PA-3	BA-1	PN-2	BN-1	
破乳速度			快裂	慢裂	快裂或中裂	慢裂或中裂	快裂	慢裂	快裂或中裂	慢裂或中裂	慢裂	慢裂	T 0658
粒子电荷			阳离子（+）				阴离子（−）				非离子		T 0653
筛上残留物（1.18 mm 筛），不大于		%	0.1				0.1				0.1		T 0652
黏度	恩格拉黏度计 E_{25}		2～10	1～6	1～6	2～30	2～10	1～6	1～6	2～30	1～6	2～30	T 0622
	道路标准黏度计 $C_{25.3}$	s	10～25	8～20	8～20	10～60	10～25	8～20	8～20	10～60	8-20	10～60	T 0621
蒸发残留物	残留分含量（不小于）	%	50	50	50	55	50	50	50	55	50	55	T 0651
	溶解度（不小于）	%	97.5				97.5				97.5		T 0607
	针入度（25 °C）	0.1 mm	50～200	50～300	45～150		50～200	50～300	45～150		50～300	60～300	T 0604
	延度（15 °C），不小于	cm	40				40				40		T 0605
与粗集料的黏附性，裹覆面积（不小于）			2/3			—	2/3			—	2/3	—	T 0654
与粗、细粒式集料拌和试验			—			均匀	—			均匀	—		T 0659
水泥拌和试验的筛上剩余（不大于）		%	—				—				—	3	T 0657
常温储存稳定性：1 d（不大于） 5 d（不大于）		%	1 5				1 5				1 5		T 0655

注：① P为喷洒型，B为拌和型，C、A、N分别表示阳离子、阴离子、非离子乳化沥青。

② 黏度可选用恩格拉黏度计或沥青标准黏度计之一测定。

③ 表中的破乳速度、与集料的黏附性、拌和试验的要求与所使用的石料品种有关，质量检验时应采用工程上实际的石料进行试验，仅进行乳化沥青产品质量评定时可不要求此三项指标。

④ 储存稳定性根据施工实际情况选用试验时间，通常采用5 d，乳液生产后能在当天使用时也可用1 d的稳定性。

⑤ 当乳化沥青需要在低温冰冻条件下贮存或使用时，尚需按T 0656进行 −5 °C低温储存稳定性试验，要求没有粗颗粒、不结块。

⑥ 如果乳化沥青是将高浓度产品运到现场经稀释后使用时，表中的蒸发残留物等各项指标指稀释前乳化沥青的要求。

附录 4

沥青及沥青混合料气候分区指标

气候区名		温度/°C		雨量/mm
		最热月平均最高气温	年极端最低气温	年降雨量
1-1-4	夏炎热冬严寒干旱	> 30	< －37.0	< 250
1-2-2	夏炎热冬寒湿润	> 30	－37.0 ~ －21.5	500 ~ 1 000
1-2-3	夏炎热冬寒半干	> 30	－37.0 ~ －21.5	250 ~ 500
1-2-4	夏炎热冬寒干旱	> 30	－37.0 ~ －21.5	< 250
1-3-1	夏炎热冬冷潮湿	> 30	－21.5 ~ －9.0	> 1 000
1-3-2	夏炎热冬冷湿润	> 30	－21.5 ~ －9.0	500 ~ 1 000
1-3-3	夏炎热冬冷半干	> 30	－21.5 ~ －9.0	250 ~ 500
1-3-4	夏炎热冬冷干旱	> 30	－21.5 ~ －9.0	< 250
1-4-1	夏炎热冬温潮湿	> 30	> －9.0	> 1 000
1-4-2	夏炎热冬温湿润	> 30	> －9.0	500 ~ 1 000
2-1-2	夏热冬严寒湿润	20 ~ 30	< －37.0	500 ~ 1 000
2-1-3	夏热冬严寒半干	20 ~ 30	< －37.0	250 ~ 500
2-1-4	夏热冬严寒干旱	20 ~ 30	< －37.0	< 250
2-2-1	夏热冬寒潮湿	20 ~ 30	－37.0 ~ －21.5	> 1 000
2-2-2	夏热冬寒湿润	20 ~ 30	－37.0 ~ －21.5	500 ~ 1 000
2-2-3	夏热冬寒半干	20 ~ 30	－37.0 ~ －21.5	250 ~ 500
2-2-4	夏热冬寒干旱	20 ~ 30	－37.0 ~ －21.5	< 250
2-3-1	夏热冬冷潮湿	20 ~ 30	－21.5 ~ －9.0	> 1 000
2-3-2	夏热冬冷湿润	20 ~ 30	－21.5 ~ －9.0	500 ~ 1 000
2-3-3	夏热冬冷半干	20 ~ 30	－21.5 ~ －9.0	250 ~ 500
2-3-4	夏热冬冷干旱	20 ~ 30	－21.5 ~ －9.0	< 250
2-4-1	夏热冬温潮湿	20 ~ 30	> －9.0	> 1 000
2-4-2	夏热冬温湿润	20 ~ 30	> －9.0	500 ~ 1 000
2-4-3	夏热冬温半干	20 ~ 30	> －9.0	250 ~ 500
3-2-1	夏凉冬寒潮湿	< 20	－37.0 ~ －21.5	> 1 000
3-2-2	夏凉冬寒湿润	< 20	－37.0 ~ －21.5	500 ~ 1 000

附录 5

冷拉钢筋的力学性能

公称直径 d_n/mm	抗拉强度 σ_b/MPa（不小于）	规定非比例伸长应力 $\sigma_{p0.2}$/MPa（不小于）	最大力下总伸长率 (L_0 = 200 mm) δ_{gt}/%（不小于）	弯曲次数次/180°（不小于）	弯曲半径 R/mm	断面收缩率 ψ/%（不小于）	每 210 mm 扭矩的扭转次数 n（不小于）	初始应力相当于 70% 公称抗拉强度时，1 000 h 后应力松弛率 r/%（不大于）
3.00	1 470 1 570 1 670 1 770	1 100 1 180 1 250 1 330	1.5	4	7.5	—	—	8
4.00				4	10	35	8	
5.00				4	15		8	
6.00	1 470 1 570 1 670 1 770	1 100 1 180 1 250 1 330		5	15	30	7	
7.00				5	20		6	
8.00				5	20		5	

消除应力光圆及螺旋肋钢丝的力学性能

公称直径 d_n/mm	抗拉强度 σ_b/MPa，（不小于）	规定非比例伸长应力不小于 $\sigma_{p0.2}$/MPa（不小于）		最大力下总伸长率 (L_0 = 200 mm) δ_{gt}/%（不小于）	弯曲次数次/180°（不小于）	弯曲半径 R/mm	应力松弛性能		
							初始应力相当于抗拉强度的百分数/%	1 000 h 后应力松弛率 r/%（不大于）	
		WLR	WNR					WLR	WNR
							对所有规格		
4.00	1 470 1 570 1 670 1 770 1 860	1 290 1 380 1 470 1 560 1 640	1 250 1 330 1 410 1 500 1 580	3.5	3	10	60 70 80	1.0 2.0 4.5	4.5 8 12
4.80					4	15			
5.00									
6.00	1 470 1 570 1 670 1 770	1 290 1 380 1 470 1 560	1 250 1 330 1 410 1 500		4	15			
6.25					4	20			
7.00					4	20			
8.00	1 470 1 570	1 290 1 380	1 250 1 330		4	20			
9.00					4	25			
10.00	1 470	1 290	1 250		4	25			
12.00					4	30			

消除应力的刻痕钢丝的力学性能

<table>
<tr><th rowspan="3">公称直径
d_n /mm</th><th rowspan="3">抗拉强度
σ_b /MPa
（不小于）</th><th colspan="2" rowspan="2">规定非比例伸长应力不小于
$\sigma_{p0.2}$ /MPa
（不小于）</th><th rowspan="4">最大力下总伸长率
($L_0 = 200$ mm)
δ_{gt} /%
（不小于）</th><th rowspan="4">弯曲次数次/180°，（不小于）</th><th rowspan="4">弯曲半径
R/mm</th><th colspan="3">应力松弛性能</th></tr>
<tr><th rowspan="2">初始应力相当于抗拉强度的百分数/%</th><th colspan="2">1 000 h 后应力松弛率 r/%（不大于）</th></tr>
<tr><th>WLR</th><th>WNR</th><th>WLR</th><th>WNR</th></tr>
<tr><th></th><th></th><th>WLR</th><th>WNR</th><th colspan="3">对所有规格</th></tr>
<tr><td rowspan="5">≤5.0</td><td>1 470</td><td>1 290</td><td>1 250</td><td rowspan="9">3.5</td><td rowspan="9">3</td><td rowspan="5">15</td><td rowspan="9">60

70

80</td><td rowspan="9">1.5

2.5

4.5</td><td rowspan="9">4.5

8

12</td></tr>
<tr><td>1 570</td><td>1 380</td><td>1 330</td></tr>
<tr><td>1 670</td><td>1 470</td><td>1 410</td></tr>
<tr><td>1 770</td><td>1 560</td><td>1 500</td></tr>
<tr><td>1 860</td><td>1 640</td><td>1 580</td></tr>
<tr><td rowspan="4">＞5.0</td><td>1 470</td><td>1 290</td><td>1 250</td><td rowspan="4">20</td></tr>
<tr><td>1 570</td><td>1 380</td><td>1 330</td></tr>
<tr><td>1 670</td><td>1 470</td><td>1 410</td></tr>
<tr><td>1 770</td><td>1 560</td><td>1 500</td></tr>
</table>

附录 6

1×2 结构钢绞线力学性能

钢绞线结构	钢绞线公称直径 D_n / mm	抗拉强度 R_m /MPa（不小于）	整根钢绞线的最大力 F_m /kN（不小于）	规定非比例延伸力 $F_{p0.2}$ /kN（不小于）	最大总伸长率（$L_0 \geqslant$ 400 mm）A_{gt} /%（不小于）	应力松弛性能	
						初始负荷相当于公称最大力的百分数/%	1 000 h 后应力松弛率 γ /%（不大于）
1×2	5.00	1 570	15.4	13.9			
		1 720	16.9	15.2			
		1 860	18.3	16.5			
		1 960	19.2	17.3			
	5.80	1 570	20.7	18.6			
		1 720	22.7	20.4	对所有规格	对所有规格	对所有规格
		1 860	24.6	22.1			
		1 960	25.9	23.3		60	1.0
	8.00	1 470	36.9	33.2			
		1 570	39.4	35.5			
		1 720	43.2	38.9	3.5	70	2.5
		1 860	46.7	42.0			
		1 960	49.2	44.3			
	10.00	1 470	57.8	52.0			
		1 570	61.7	55.5		80	4.5
		1 720	67.6	60.8			
		1 860	73.1	65.8			
		1 960	77.0	69.3			
	12.00	1 470	83.1	74.8			
		1 570	88.7	79.8			
		1 720	97.2	87.5			
		1 860	105	94.5			

注：规定非比例延伸力 $F_{p0.2}$ 值不小于整根钢绞线公称最大力 F_m 的 90%。

1×3 结构钢绞线力学性能

钢绞线结构	钢绞线公称直径 D_n /mm	抗拉强度 R_m /MPa（不小于）	整根钢绞线的最大力 F_m /kN（不小于）	规定非比例延伸力 $F_{p0.2}$ /kN（不小于）	最大总伸长率（$L_0 \geq$ 400 mm）A_{gt} /%（不小于）	应力松弛性能	
						初始负荷相当于公称最大力的百分数/%	1 000 h 后应力松弛率 γ /%（不大于）
1×3	6.20	1 570	31.1	28.0	对所有规格	对所有规格	对所有规格
		1 720	34.1	30.7			
		1 860	36.8	33.1			
		1 960	38.6	34.9			
	6.50	1 570	33.3	30.0			
		1 720	36.5	32.9			
		1 860	39.4	35.5			
		1 960	41.6	37.4			
	6.80	1 470	55.4	49.9			
		1 570	59.2	53.3		60	1.0
		1 720	64.8	58.3			
		1 860	70.1	63.1			
		1 960	73.9	66.5	3.5	70	2.5
	8.74	1 570	60.6	54.5			
		1 670	64.5	59.1			
		1 860	71.8	64.6		80	4.5
	10.00	1 470	86.6	77.9			
		1 570	92.5	83.3			
		1 720	101	90.9			
		1 860	110	99.0			
		1 960	115	104			
	12.00	1 470	125	113			
		1 570	133	120			
		1 720	146	131			
		1 860	158	142			
		1 960	166	149			
$1\times 3I_0$	8.74	1 570	60.6	54.5			
		1 670	64.5	59.1			
		1 860	71.8	64.6			

注：规定非比例延伸力 $F_{p0.2}$ 值不小于整根钢绞线公称最大力 F_m 的 90%。

1×7 结构钢绞线力学性能

钢绞线结构	钢绞线公称直径 D_n/mm	抗拉强度 R_m/MPa（不小于）	整根钢绞线的最大力 F_m/kN（不小于）	规定非比例延伸力 $F_{p0.2}$/kN（不小于）	最大总伸长率（L_0≥400 mm）A_{gt}/%（不小于）	应力松弛性能	
						初始负荷相当于公称最大力的百分数/%	1 000 h 后应力松弛率 γ/%（不大于）
						对所有规格	对所有规格
1×7	9.50	1 720	94.3	84.8	对所有规格		
		1 860	102	91.8			
		1 960	107	96.3			
	11.10	1 720	128	115			
		1 860	138	124			
		1 960	145	131			
	12.70	1 720	170	153			
		1 860	184	166		60	1.0
		1 960	193	174			
	15.20	1 470	206	185			
		1 570	220	198	3.5	70	2.5
		1 670	234	211			
		1 720	241	217			
		1 860	260	234			
		196	274	247		80	4.5
	15.70	1 770	266	239			
		1 860	279	251			
	17.80	1 720	327	294			
		1 860	353	318			
（1×7）C	12.70	1 860	208	187			
	15.20	1 820	300	270			
	18.00	1 720	384	346			

注：规定非比例延伸力 $F_{p0.2}$ 不小于整根钢绞线公称最大力 F_m 的 90%。

参考文献

[1] 杨彦克，李固华．建筑材料．2版．成都：西南交通大学出版社，2010.
[2] 朋改非．土木工程材料．武汉：华中科技大学出版社，2008.
[3] 黄政宇．土木工程材料．北京：高等教育出版社，2002.
[4] 张爱勤，曹晓岩．土木工程材料．北京：机械工业出版社，2009.
[5] 苏达根．土木工程材料．2版．北京：高等教育出版社，2008.
[6] 申爱琴．道路工程材料．北京：人民交通出版社，2009.
[7] 吕伟民，孙大权．沥青混合料设计手册．北京：人民交通出版社，2007.
[8] 沈金安．沥青及沥青混料的路用性能．北京：人民交通出版社，2001.
[9] 张起森．高等路面结构设计理论与方法．北京：人民交通出版社，2005.
[10] JTJ E20—2011 公路工程沥青及沥青混合料试验规程．北京：人民交通出版社，2011.
[11] JTG E42—2005 公路工程集料试验规程．北京：人民交通出版社，2005.
[12] JTG D50—2006 公路沥青路面设计规范．北京：人民交通出版社，2006.
[13] JTG F40—2004 公路沥青路面施工技术规范．北京：人民交通出版社，2004.
[14] GB 50092—96 沥青路面施工及验收规范．北京：人民交通出版社，1996.
[15] GB/T494—2010 建筑石油沥青．北京：中国标准出版社，2011.
[16] GB 326—2007 石油沥青纸胎油毡．北京：中国标准出版社，2007.
[17] GB 50345—2004 屋面工程技术规范．北京：中国建筑工业出版社，2004.
[18] 张冠伦．混凝土外加剂原理与应用．北京：中国建筑工业出版社，1996.
[19] 冯乃谦．高性能混凝土结构．北京：机械工业出版社，2004.
[20] 洪平．特种水泥．北京：中国建材工业出版社，1998.
[21] 袁润章．胶凝材料学．武汉：武汉工业大学出版社，1993.
[22] JC/T 479—1992 建筑生石灰.
[23] JC/T 480—1992 建筑生石灰粉.
[24] JC/T 481—1992 建筑消生石灰粉.
[25] JC/T 449—2000 镁质胶凝材料用原料.
[26] GB9776—1988 建筑石膏.
[27] GB/T 9775—1999 纸面石膏板.
[28] GB 175—2007 通用硅酸盐水泥.
[29] GB/T 17671—1999 水泥胶砂强度检验方法（ISO 法）.
[30] GB 201—2000 铝酸盐水泥.
[31] GB/T 2015—2005 白色硅酸盐水泥.
[32] GB 20472—2006 硫铝酸盐水泥.
[33] GB/T 3183—2003 砌筑水泥.
[34] GB/T 14684—2001 建筑用砂.
[35] GB/T 14685—2001 建筑用卵石、碎石.

[36] JGJ 53—1992 普通混凝土用碎石或卵石质量标准及检验方法.
[37] GB 50204—2002 混凝土结构工程施工及验收规范.
[38] GB/T 1596—2005 用于水泥和混凝土中的粉煤灰.
[39] JC 409—2001 硅酸盐建筑制品用粉煤灰.
[40] GBJ 146—1990 粉煤灰应用技术规范.
[41] GB/T 50080—2002 普通混凝土拌和物性能试验方法.
[42] GB/T 50081—2002 普通混凝土力学性能试验方法标准.
[43] JGJ 55—2000 普通混凝土配合比设计规程.
[44] GB 50204—2002 混凝土结构工程施工质量验收规范.
[45] GBJ 82—1985 普通混凝土长期性能和耐久性试验方法.
[46] DBJ 01—95—2005 预防混凝土结构工程碱—集料反应规程.
[47] CCES 01—2004 混凝土结构耐久性设计与施工指南.
[48] CECS 207：2006 高性能混凝土应用技术规程.
[49] GB 50146—1992 混凝土质量控制标准.
[50] GBJ 107—1987 混凝土强度检验评定标准.
[51] GBJ 146—1990 粉煤灰混凝土应用技术规范.
[52] JGJ 51—2002 轻骨料混凝土技术规程.
[53] JGJ 52—1992 普通混凝土用砂质量标准及检验方法.
[54] JGJ 53—1992 普通混凝土用碎石或卵石质量标准及检验方法.
[55] JGJ 63—2006 混凝土用水标准.
[56] DL/T 5144—2001 水工混凝土施工规范.
[57] JGJ 104—1997 建筑工程冬期施工规范.
[58] GB 50086—2001 锚杆喷射混凝土支护技术规范.
[59] GB 13693—2005 道路硅酸盐水泥.
[60] JTGF 30—2003 公路水泥混凝土路面施工技术规范.
[61] JTJ/T 037.1—2000 公路水泥混凝土路面滑模施工技术规程.
[62] JGJ 98—2000 砌筑砂浆配合比设计规程.
[63] JGJ 70—1990 建筑砂浆基本性能试验方法.
[64] GB/T 228—2002 金属材料室温拉伸试验.
[65] GB/T 700—2006 碳素结构钢规范.
[66] GB/T 1591—1994 低合金高强度结构钢.
[67] GB 13013—1991 钢筋混凝土用热轧光圆钢筋.
[68] GB 1499—1998 钢筋混凝土用热轧带肋钢筋.
[69] GB/T 701—1997 低碳钢热轧圆盘条.
[70] GB 13788—2000 冷轧带肋钢筋.
[71] GB/T 5523.3—2005 预应力混凝土钢棒.
[72] GB/T 5223—2002 预应力混凝土钢丝.
[73] GB/T 5224—2003 预应力混凝土钢绞丝.
[74] GB/T 5101—2003 烧结普通砖.
[75] GB/T 2542—2003 砌墙砖试验方法.
[76] GB 13544—2000 烧结多孔砖.

[77] GB 13545—2003 烧结空心砖和空心砌块.
[78] GB/T 18968—2003 墙体材料术语.
[79] GB/T 15229—2002 轻集料混凝土小型空心砌块.
[80] GB/T 11968—2006 蒸压加气混凝土砌块.
[81] GB/T 50003—2001 砌体结构设计规范.
[82] HJ/T 226—2005 建筑用塑料管材.
[83] HJ/T 237—2006 环境标志产品技术要求 塑料门窗.
[84] JC/T 864—2000 聚合物乳液建筑防水涂料.
[85] GB/T 16777—1997 建筑防水涂料试验方法.
[86] JC/T 438—2006 水溶性聚乙烯醇建筑胶黏剂.
[87] JC/T 550—1994 半硬质聚氯乙烯块状塑料地板胶黏剂.
[88] DBJ 13—39—2001 建筑防水材料应用技术规程.
[89] GB/T 18244—2000 建筑防水材料老化试验方法.
[90] GB/T 19470—2004 土工合成材料 塑料土工网.
[91] GB/T 18887—2002 土工合成材料 机织/非织造复合土工布.
[92] GB 50005—2003 木结构设计规范.
[93] GB 18580—2001 室内装饰装修用人造板及其制品中甲醇释放限量.

焊工取证上岗培训教材

第 2 版

中国焊接协会培训工作委员会　组编
主编　钱在中
主审　安　珣

机 械 工 业 出 版 社

本书是根据1995年版修订的，保持了原来的整体结构，结合国家质量监督检验检疫总局颁发的《锅炉压力容器压力管道焊工考试与管理规则》和《钢熔化焊工技能评定》两标准对焊工的要求，在内容上有所调整和增删。

修订版将焊条电弧焊、CO_2 气体保护焊手工钨极氩弧焊、埋弧焊四种焊接方法的培训项目由原61项增至82项考核实例。这些实例是吸收我国多年焊工培训和考试经验并参照德国焊接协会培训经验编写而成的，是推广连弧焊法、单面焊双面成形技术的实践成果。

书中还扼要地介绍了焊工应知的基础理论知识。较详细地叙述了最新运条方法。全书采用了最新的国家和行业标准，以及国产焊机型号、技术数据。内容实用，针对性强，图文并茂，具体生动，是一本难得的培训教材。

本书是培训锅炉压力容器、压力管道焊工和钢结构焊工的教材，还可供取证焊工、焊工培训人员和焊接技术人员参考。

图书在版编目(CIP)数据

焊工取证上岗培训教材/中国焊接协会培训工作委员会组编；钱在中主编．—2版．—北京：机械工业出版社，2008.1（2021.1重印）
ISBN 978-7-111-03763-7

Ⅰ.焊...　Ⅱ.①中...②钱...　Ⅲ.焊接－技术培训－教材　Ⅳ.TG4

中国版本图书馆CIP数据核字(2007)第096897号

机械工业出版社(北京市百万庄大街22号　邮政编码100037)
策划编辑：俞逢英　责任编辑：俞逢英　版式设计：张世琴
责任校对：陈延翔　封面设计：陈　沛　责任印制：常天培
北京盛通商印快线网络科技有限公司印刷
2021年1月第2版第8次印刷
184mm×260mm·30.75印张·763千字
标准书号：ISBN 978-7-111-03763-7
定价：59.80元

电话服务	网络服务
客服电话：010-88361066	机　工　官　网：www.cmpbook.com
010-88379833	机　工　官　博：weibo.com/cmp1952
010-68326294	金　　书　　网：www.golden-book.com
封底无防伪标均为盗版	机工教育服务网：www.cmpedu.com

序

《焊工取证上岗培训教材》一书是我任中国机械工艺焊接协会，第一届副理事长时，根据焊接培训工作委员会决议，由当时焊接培训工作委员会副秘书长钱在中高级工程师任主编，由张宇光、马新、时再来、王绍国、郑向东等高级工程师编写，由我及高慧玲、张志良、叶光中等高级工程师担任审稿、策划工作，于1995年出版，10多年来深受读者欢迎，多次重印。

这次修订除保持了第1版的先进性、实用性、科学性特点外，用通俗易懂的语言，详细说明了每个培训项目的操作要点，重点突出，图文并茂，还根据最新国家标准，补充了焊接材料、焊接设备和焊接安全技术等有参考价值的资料。尤其重要的是总结了焊接过程中，在不调节焊接设备的情况下，控制焊缝熔深和焊缝成形的经验。通过控制电弧高度、改变电弧的静特性曲线的位置、电弧稳定燃烧点的方法改变焊接电流和电弧功率；并通过改变电弧对中位置和焊条或焊枪倾斜角度的方法，以及改变焊件上电弧功率的分配比例，以达到控制熔深和焊缝成形的目的，进而提高焊接质量。这不仅从焊接基础理论上得到了提升，还从实践上说明了焊接操作时应注意的事项，这个经验是焊工操作技术的一个创举，很有实用性，在实际操作中值得推广。

相信此次修订一定会得到广大焊工以及从事焊工培训工作者的欢迎，为发展我国焊接产业，培训优秀焊工作出新的贡献。

第2版前言

《焊工取证上岗培训教材》是由中国焊接协会培训工作委员会组织各培训中心站集体创作。是培委会及成员单位共同合作的成果。自1995年问世以来，深受广大读者的欢迎，已重印10多次，总印数近4万多册。

10多年来我国焊接事业的蓬勃发展，有关部门颁发了很多新的国家专业标准，特别是国家质量监督检验检疫总局分别于2002年、2004年颁发了《锅炉压力容器压力管道焊工考试与管理规则》和《钢熔化焊工技能评定》两项标准，进一步规范了焊工考试的要求。为了适应新的情况，贯彻这些新的标准，我们重新修订了这本教材。修订版是在第1版教材的基础上进行补充和完善，内容上有所调整和增删。

再版的新教材有以下特点：

1. 突出了实际培训以锅炉压力容器压力管道焊工，钢结构熔化焊工培训考试项目要求为主线编写教案，并将培训项目由原来的61个实例增加至82个。教案详细说明了每个培训项目的焊前准备、焊接参数、焊接操作要点、焊后检验项目、标准和要求。所有教案都是现实可行的，也是学习德国焊接学会培训焊工的先进经验、推广单面焊双面成形技术的实践成果。

2. 根据最新国家标准，着重介绍了四种焊接方法的焊接材料与设备的有关资料。

3. 简要地介绍了焊工应知的专业基础理论和安全知识。

4. 书中还在总结实践经验的基础上，钱在中和高慧玲二人提出“焊接时可通过改变弧长、焊条或焊枪的倾斜角度和电弧对中位置，微调焊接电流，改变电弧能量在焊件中的分配比例，达到控制熔深和焊缝成形的目的”。这种提法不仅从理论上完善了“焊条要有三个基本方向的运动”的经典运条方法，而且在实践上可以防止焊接缺陷，改善焊缝成形、提高焊接质量，是焊工操作技术的创新。

本书第1版中的部分编审人员因年事已高，或有些未能联系上，也有因公务繁忙，不能参加第2版的修订工作，对此我们深感遗憾，并对他们在本书第1版编写工作中所付出的辛勤劳动表示衷心感谢。

参加本书修订的有：钱在中、高慧玲、冀慧芬、钱庆、赵春林、时再来、张宇光、王绍国、王建华。本书由太原重型机械集团公司焊接培训中心站钱在中高级工程师任主编，经安珣教授级高级工程师审定并作序。安珣教授级高级工程师是在病中休养时为本书审稿，本书第一次提出的焊条电弧焊新运条法也是经安珣教授级高级工程师审查认可的。不幸的是安珣教授已于2005年11月与世长辞，从此我们失去了一位良师益友和焊接专家，在此谨以此书的出版，表示对安珣教授级高级工程师的深切怀念和感谢！

本书在编写过程中得到了太原重型机械集团公司焊接培训中心等单位的大力支持与帮助，在此表示衷心感谢。对本书所引用文献的作者和为本书提供有关资料及做有益帮助的同志深表谢意。

由于编者学识所限，疏漏、错误之处难免，敬请读者批评指正。

中国焊接协会培训工作委员会

第 1 版前言

在机电行业焊工中实行持证上岗制度，是进一步提高全国机电行业焊工技术素质，确保产品焊接质量的有效措施之一。

机械电子工业部机电教〔1989〕1810 号文决定“自 1990 年起在全国机电行业焊工中逐步实行持证上岗制度。由中国焊接协会培训工作委员会负责机电行业上岗焊工的培训考核和资格证书的发放管理工作。”为此我们组织编写了这本培训教材。

本教材的特点是突出了实际操作培训。按劳动部《锅炉压力容器焊工考试规则》规定的考试项目和要求，编写了操作技能培训教案，用通俗的语言，详细地说明了每个项目的试板尺寸，装配间隙与反变形，焊接工艺参数，焊接操作要点和焊后检验标准等要求和具体做法，这些教案都是培委会会员单位长期培训焊工行之有效的经验总结，是学习德国培训焊工的先进经验，推广连弧焊法的实践成果，培委会决定在推广这些经验，作为实现“统一规划、统一标准、统一教材、统一验收、统一资格”（五统一）奋斗目标的尝试。

本书第一篇由哈尔滨焊接培训中心张宇光高级工程师编写；第二篇由太原重机厂钱在中高级工程师编写；第三篇由哈尔滨锅炉厂马新高级工程师编写；第四篇由东方锅炉厂时再来高级工程师和王绍国、郑向东两位高级工程师编写；第五篇由上述人员集体编写，全书由钱在中高级工程师统稿。此外太原重机厂安珣教授级高级工程师、高慧玲高级工程师、兰州石油化工机械厂张志良高级工程师，哈尔滨焊接培训中心叶光中高级工程师等参加了审稿、策划等工作，在教材编写过程中还得到了上述单位领导的大力支持，在此一并表示致谢。

由于参加编写教材的单位离得较远，联系比较困难，时间比较仓促，缺点错误在所难免，望同行们批评指正。

中国焊接协会培训工作委员会

目　录

序
第2版前言
第1版前言

第一篇　焊条电弧焊

第一章　概述 …… 1
　第一节　焊接电弧 …… 2
　　一、焊条电弧焊电弧的静特性 …… 2
　　二、电弧的温度分布 …… 2
　　三、正接与反接 …… 2
　　四、直流电源极性的鉴别方法 …… 2
　第二节　电弧偏吹 …… 3
　　一、产生电弧偏吹的原因 …… 3
　　二、防止电弧偏吹的措施 …… 3
第二章　焊条 …… 4
　第一节　焊条的组成及作用 …… 4
　　一、焊芯 …… 4
　　二、药皮 …… 4
　第二节　焊条的种类、型号及规格 …… 5
　　一、焊条的种类及型号 …… 5
　　二、焊条的规格 …… 21
　　三、酸性焊条与碱性焊条 …… 21
　第三节　焊条的选用原则 …… 22
　　一、等强度原则 …… 22
　　二、等同性原则 …… 23
　　三、等条件原则 …… 23
　第四节　焊条的检验和保管 …… 23
　　一、焊条的检验 …… 23
　　二、焊条的贮存、保管及烘干 …… 24
第三章　焊条电弧焊设备及工具 …… 25
　第一节　弧焊电源的种类及其基本要求 …… 25
　　一、弧焊电源的分类 …… 25
　　二、对弧焊电源的基本要求 …… 26
　第二节　弧焊电源的型号及技术特性 …… 28
　　一、弧焊电源的型号 …… 28
　　二、弧焊电源的技术特性 …… 29
　　三、弧焊电源的选择 …… 31
　第三节　常用弧焊电源 …… 31
　　一、弧焊变压器 …… 31
　　二、直流弧焊发电机 …… 34
　　三、弧焊整流器 …… 34
　　四、几种直流焊机的主要技术指标比较 …… 45
　第四节　弧焊电源的正确使用与维护 …… 45
　　一、弧焊电源的外部接线 …… 45
　　二、弧焊电源的正确使用 …… 47
　　三、焊机常见故障的排除 …… 47
　第五节　常用工具 …… 50
　　一、焊条电弧焊工具 …… 50
　　二、焊条电弧焊用辅助工具 …… 52
第四章　焊接工艺 …… 55
　第一节　坡口形式和焊接位置 …… 55
　　一、焊条电弧焊的坡口形式 …… 55
　　二、焊条电弧焊的焊接位置 …… 55
　第二节　焊接参数的选择 …… 55
　　一、焊条种类和牌号的选择 …… 55
　　二、焊接电源种类和极性的选择 …… 56
　　三、焊条直径的选择 …… 56
　　四、焊接电流的选择 …… 56
　　五、电弧电压的选择 …… 57

六、焊接速度的选择 …………………… 57
七、焊接层数的选择 …………………… 57
第三节 基本操作技术 ………………… 57
一、引弧 ………………………………… 57
二、运条 ………………………………… 58
三、焊缝的起头 ………………………… 62
四、焊缝的收弧 ………………………… 62
五、焊缝的接头 ………………………… 62
第四节 定位焊与定位焊缝 ………… 63
一、定位焊的作用 …………………… 63
二、定位焊的注意事项………………… 63
第五节 单面焊双面成形操作技术 … 64
一、单面焊双面成形接头的形式 ……… 64
二、连弧焊和断弧焊的特点 …………… 64
第六节 各种位置的焊接 …………… 65
一、平焊 ………………………………… 65
二、立焊 ………………………………… 68
三、横焊 ………………………………… 71
四、仰焊 ………………………………… 71
第五章 平板对接 ……………………… 74
第一节 焊前准备与焊后检验 ……… 74
一、焊前准备 ………………………… 74
二、焊后检验 ………………………… 75
第二节 板厚 12mm 的 V 形坡口对接 平焊 ……………………………… 77
一、试板装配尺寸 …………………… 77
二、焊接参数 ………………………… 77
三、焊接要点 ………………………… 77
第三节 板厚 12mm 的 V 形坡口对接 (向上)立焊 …………………… 80
一、试板装配尺寸 …………………… 80
二、焊接参数 ………………………… 80
三、焊接要点 ………………………… 81
第四节 板厚 12mm 的 V 形坡口对接 横焊 ……………………………… 83
一、试板装配尺寸 …………………… 83
二、焊接参数 ………………………… 83
三、焊接要点 ………………………… 83
第五节 板厚 12mm 的 V 形坡口对接 仰焊 ……………………………… 85
一、试板装配尺寸 …………………… 85
二、焊接参数 ………………………… 85
三、焊接要点 ………………………… 85
第六章 管子对接 ……………………… 87
第一节 焊前准备与焊后检验 ……… 87
一、焊前准备 ………………………… 87
二、焊后检验 ………………………… 89
第二节 小径管对接 ………………… 91
一、小径管垂直固定对接 …………… 91
二、小径管水平固定全位置焊 ……… 93
三、小径管 45°固定对接 …………… 94
第三节 大径管对接 ………………… 95
一、大径管垂直固定对接 …………… 95
二、大径管水平固定全位置焊 ……… 97
三、大径管 45°固定全位置焊 ……… 99
第七章 管板焊接 ……………………… 100
第一节 焊前准备与焊后检验 ……… 101
一、焊前准备 ………………………… 101
二、焊后检验 ………………………… 102
第二节 骑座式管板的焊接 ………… 103
一、管板垂直固定俯焊 ……………… 103
二、管板水平固定全位置焊 ………… 106
三、管板垂直固定仰焊 ……………… 108
第三节 不焊透的插入式管板 焊接 ……………………………… 110
一、管板垂直固定俯焊 ……………… 110
二、管板垂直固定仰焊 ……………… 110
三、管板水平固定全位置焊 ………… 111
第四节 需焊透的插入式管板焊接 … 112
一、管板水平转动俯焊 ……………… 113
二、管板垂直固定俯焊 ……………… 115
三、管板垂直固定仰焊 ……………… 115
四、管板水平固定全位置焊 ………… 116
五、管板 45°固定全位置焊 ………… 118
第八章 T 形接头焊接 ………………… 120
第一节 焊前准备与焊后检验 ……… 120
一、焊前准备 ………………………… 120
二、检验要求 ………………………… 120

第二节　焊接技术 …………………… 121
一、T形接头的平角焊 ……………… 121
二、T形接头的立角焊 ……………… 122
三、T形接头的仰角焊 ……………… 123

第二篇　CO_2气体保护焊

第一章　概述 ………………………… 125
第一节　CO_2气体保护焊的工作原理及特点 ………………………… 125
一、CO_2气体保护焊的工作原理 ……… 125
二、CO_2气体保护焊的特点 …………… 126
三、CO_2气体保护焊的应用范围 ……… 128
第二节　CO_2气体保护焊电弧与熔滴过渡 ………………………… 128
一、CO_2气体保护焊电弧 ……………… 128
二、CO_2气体保护焊熔滴过渡形式 …… 128
第三节　混合气体保护焊 …………… 130
第四节　药芯焊丝气体保护焊 ……… 132
一、药芯焊丝气体保护焊的原理 ……… 132
二、药芯焊丝气体保护焊的特点 ……… 133
三、药芯焊丝气体保护焊的应用范围 … 133
第二章　焊接材料 …………………… 134
第一节　气体 ………………………… 134
一、CO_2气体 ………………………… 134
二、其他气体 ………………………… 136
第二节　焊丝 ………………………… 137
一、实芯焊丝 ………………………… 137
二、药芯焊丝 ………………………… 141
第三章　CO_2气体保护焊设备 ……… 152
第一节　设备简介 …………………… 152
一、供气系统 ………………………… 152
二、焊接电源 ………………………… 153
三、送丝机构 ………………………… 155
四、焊枪 ……………………………… 157
第二节　国产CO_2气体保护焊机 …… 160
一、焊机的型号 ……………………… 160
二、国产半自动CO_2、MIG和MAG熔化极气体保护焊机的型号与技术数据 … 160
第三节　焊机的使用与维护 ………… 162
一、焊机的安装 ……………………… 162
二、焊机的使用与调整方法 ………… 163
第四章　焊接工艺 …………………… 168
第一节　常用坡口形式 ……………… 168
一、坡口形式 ………………………… 168
二、坡口加工方法 …………………… 168
第二节　焊接参数的选择 …………… 168
一、焊丝直径的选择 ………………… 168
二、焊接电流的选择 ………………… 169
三、电弧电压的选择 ………………… 170
四、焊接速度的选择 ………………… 172
五、焊丝伸出长度的选择 …………… 172
六、电流极性的选择 ………………… 173
七、气体流量的选择 ………………… 173
八、焊枪倾角的选择 ………………… 174
九、电弧对中位置的选择 …………… 174
十、喷嘴高度的选择 ………………… 175
第三节　基本操作技术 ……………… 175
一、操作注意事项 …………………… 175
二、操作技术 ………………………… 179
第四节　常见故障和缺陷 …………… 182
一、设备故障引起的后果 …………… 182
二、操作不当引起的缺陷 …………… 184
第五章　平板对接 …………………… 187
第一节　平板对接平焊 ……………… 187
一、板厚12mm的V形坡口对接平焊 … 187
二、板厚6mm的V形坡口对接平焊 … 189
三、板厚2mm的I形坡口对接平焊 …… 190
第二节　平板对接立焊 ……………… 190
一、板厚12mm的V形坡口对接向上立焊 ………………………… 191
二、板厚6mm的V形坡口对接向上立焊 ………………………… 192
三、板厚2mm的I形坡口对接向下立焊 ………………………… 193
第三节　平板对接横焊 ……………… 193
一、板厚12mm的V形坡口对接横焊 … 194

二、板厚 6mm 的 V 形坡口对接横焊 … 196
三、板厚 2mm 的 I 形坡口对接横焊…… 197
第四节　平板对接仰焊 ………………… 197
一、板厚 12mm 的 V 形坡口对接仰焊 … 197
二、板厚 6mm 的 V 形坡口对接仰焊 … 199
三、板厚 2mm 的 I 形坡口对接仰焊…… 199
第六章　管子对接 …………………… 201
第一节　小径管对接 ………………… 201
一、小径管水平转动对接 …………… 201
二、小径管水平固定全位置焊………… 202
三、小径管垂直固定对接 …………… 203
四、小径管 45°固定全位置焊 ………… 203
第二节　大径管对接 ………………… 204
一、大径管水平转动对接 …………… 204
二、大径管水平固定全位置焊………… 205
三、大径管垂直固定对接 …………… 206
四、大径管 45°固定全位置焊 ………… 207
第七章　管板焊接 ……………………… 208
第一节　不需焊透的插入式管板焊接 ……………………… 208
一、管板垂直固定俯焊 ……………… 208
二、管板水平固定全位置焊 ………… 210
三、管板垂直固定仰焊 ……………… 211
第二节　需焊透的插入式管板焊接 … 211
一、管板水平转动俯焊 ……………… 212
二、管板垂直固定俯焊 ……………… 214
三、管板垂直固定仰焊 ……………… 214
四、管板水平固定全位置焊 ………… 216
五、管板 45°固定全位置焊 …………… 217
第三节　骑座式管板焊接 …………… 218
一、管板垂直固定俯焊 ……………… 218
二、管板水平固定全位置焊 ………… 219
三、管板垂直固定仰焊 ……………… 220

第三篇　埋　弧　焊

第一章　概述 ……………………………… 222
一、埋弧焊的工作原理 ……………… 222
二、埋弧焊的特点及应用范围………… 222
第二章　焊接材料 ……………………… 224
第一节　焊丝 ………………………… 224
一、焊丝的作用及其要求 …………… 224
二、焊丝的牌号 ……………………… 224
三、焊丝的保管与使用 ……………… 228
第二节　焊剂 ………………………… 228
一、焊剂的作用及其要求 …………… 228
二、焊剂的种类和型号 ……………… 228
三、焊剂的保管与使用 ……………… 235
第三章　焊接设备 ……………………… 236
第一节　焊接电弧的自动调节 ……… 236
一、焊接电弧自动调节的要求………… 236
二、焊接电弧自动调节的方法………… 236
第二节　焊机的分类及型号 ………… 240
一、焊机的分类 ……………………… 240
二、埋弧焊机的型号及主要技术数据 … 240
第三节　MZ—1000 型埋弧焊机 …… 243
一、焊机的性能 ……………………… 243
二、焊机的操作步骤 ………………… 245
第四节　MZ—1—1000 型埋弧焊机 … 248
一、焊机的性能 ……………………… 248
二、操作步骤………………………… 250
第五节　埋弧焊机的维护及故障排除 ……………………… 252
一、埋弧焊机的维护 ………………… 252
二、埋弧焊机常见故障和排除方法 …… 252
第六节　常用辅助装备 ……………… 254
一、焊丝除锈机 ……………………… 254
二、焊丝绕丝机 ……………………… 254
三、焊剂垫 …………………………… 255
四、焊剂输送与回收装置 …………… 255
五、焊接变位机 ……………………… 256
六、回转台 …………………………… 257
七、滚轮架 …………………………… 257
八、操作机 …………………………… 258
第四章　焊接工艺 ……………………… 261
第一节　焊前准备 …………………… 261

一、坡口加工 …… 261
二、待焊部位的清理 …… 261
三、焊件的装配 …… 261
四、焊接材料的清理 …… 261
第二节　焊接参数的选择 …… 262
一、焊接电流的影响 …… 262
二、电弧电压的影响 …… 263
三、焊接速度的影响 …… 263
四、焊丝直径与焊丝伸出长度的影响 …… 264
五、焊丝倾角的影响 …… 265
六、焊件位置的影响 …… 265
七、装配间隙与坡口角度的影响 …… 265
八、焊剂层厚度与粒度的影响 …… 265
九、电流极性对焊缝成形的影响 …… 265
第五章　操作技能培训项目 …… 267
第一节　带垫板的I形坡口对接 …… 267
一、焊前准备 …… 267
二、焊接要求 …… 267
三、检验方法及要求 …… 268
第二节　带焊剂垫的I形坡口对接 …… 269
一、焊前准备 …… 269
二、焊接要点 …… 269
三、检验方法及要求 …… 271
第三节　板厚25mm的V形坡口对接 …… 271
一、焊前准备 …… 271
二、焊接要点 …… 271
三、检验方法及要求 …… 272
第四节　板厚30mm的U形坡口对接 …… 272
一、焊前准备 …… 272
二、焊接要点 …… 273
三、检验方法及要求 …… 274
第五节　板厚65mm的UV组合形坡口对接 …… 274
一、焊前准备 …… 274
二、焊接要点 …… 274
三、检验方法及要求 …… 276
第六章　典型焊缝的焊接 …… 277
第一节　对接环焊缝的焊接 …… 277
一、焊前准备 …… 277
二、焊接工艺 …… 277
三、高压除氧器筒体环缝的焊接工艺实例 …… 279
第二节　角焊缝的焊接 …… 280
一、船形焊 …… 280
二、板梁的焊接工艺实例 …… 282
第三节　窄间隙埋弧焊 …… 283
一、概述 …… 283
二、操作方法 …… 283
三、坡口形式的选择 …… 284
四、焊接参数的选择 …… 284
五、锅筒的焊接实例 …… 285
第四节　堆焊 …… 286
一、堆焊的特点 …… 286
二、管板不锈钢带极堆焊实例 …… 286

第四篇　手工钨极氩弧焊

第一章　概述 …… 288
一、氩弧焊的工作原理及其分类 …… 288
二、氩弧焊的特点 …… 289
第二章　焊接材料 …… 291
第一节　焊丝 …… 291
一、焊丝的作用及其要求 …… 291
二、焊丝的牌号 …… 291
三、焊丝的使用与保管 …… 292
第二节　钨极 …… 292
一、钨极的作用及其要求 …… 292
二、钨极的种类、牌号及规格 …… 293
三、钨极的载流量(许用电流) …… 294
四、钨极端头的几何形状及其加工 …… 294
第三节　氩气 …… 295
一、氩气的性质 …… 295
二、对氩气纯度的要求 …… 295
三、氩气瓶 …… 296
第四节　其他保护气体 …… 296

一、氦气 …………………………… 296
二、氩-氢混合气体 …………………… 297
三、保护气体的选择 ………………… 298
第三章 氩弧焊设备 ………………… 300
第一节 焊机型号及其技术特性 …… 300
一、氩弧焊机的型号编制方法 ………… 300
二、常用氩弧焊机的类型及其特点 …… 302
三、典型手工钨极氩弧焊机简介 ……… 306
第二节 电源与控制设备 ………… 308
一、氩弧焊电源 ……………………… 308
二、引弧装置 ………………………… 308
三、稳弧装置 ………………………… 309
四、消除交流氩弧焊直流分量的措施 … 309
五、控制系统 ………………………… 310
第三节 焊枪与流量调节器 ……… 311
一、氩弧焊焊枪 ……………………… 311
二、氩气流量调节器 ………………… 315
第四节 钨极氩弧焊焊机的维护及故障排除 ………… 316
一、钨极氩弧焊焊机的维护 ………… 316
二、钨极氩弧焊焊机常见故障和排除方法 ……………………………… 316
第四章 焊接工艺 ………………… 318
第一节 焊接参数的选择 ………… 318
一、焊接电流与钨极直径的选择 ……… 318
二、电弧电压的选择 ………………… 319
三、焊接速度的选择 ………………… 319
四、焊接电源种类和极性的选择 ……… 319
五、喷嘴直径与氩气流量的选择 ……… 320
六、钨极伸出长度的选择 …………… 320
七、喷嘴与焊件间距离的选择 ………… 321
八、焊丝直径的选择 ………………… 321
九、左焊法与右焊法的选择 ………… 321
第二节 基本操作技术 …………… 322
一、注意事项 ………………………… 322
二、焊缝的引弧 ……………………… 322
三、定位焊 …………………………… 322
四、焊接和焊缝接头 ………………… 323
五、填丝 ……………………………… 323
六、焊缝的收弧 ……………………… 324
第三节 焊前与焊后检查 ………… 325
一、焊机的焊前检查 ………………… 325
二、负载检查 ………………………… 325
三、焊后检查 ………………………… 325
第五章 平板对接 ………………… 326
第一节 焊前准备与焊后检验 ……… 326
一、焊前准备 ………………………… 326
二、焊后检验 ………………………… 327
第二节 板厚6mm的V形坡口对接 ………………………… 327
一、板厚6mm的V形坡口对接平焊 … 327
二、板厚6mm的V形坡口对接向上立焊 ………………………… 329
三、板厚6mm的V形坡口对接横焊 … 329
四、板厚6mm的V形坡口对接仰焊 … 331
第六章 管子对接 ………………… 333
第一节 焊前准备与焊后检验 ……… 333
一、焊前准备 ………………………… 333
二、焊后检验 ………………………… 334
三、X光射线探伤 …………………… 334
四、力学性能试验 …………………… 334
第二节 小径管对接 ……………… 335
一、小径管水平转动对接 …………… 335
二、小径管垂直固定对接 …………… 336
三、小径管水平固定全位置焊 ………… 337
四、小径管45°固定全位置焊 ………… 338
第三节 大径管对接 ……………… 338
一、大径管水平转动对接 …………… 338
二、大径管垂直固定对接 …………… 339
三、大径管水平固定全位置焊 ………… 339
四、大径管45°固定全位置焊 ………… 340
第七章 管板焊接 ………………… 341
第一节 焊前准备与焊后检验 ……… 341
一、焊前准备 ………………………… 341
二、焊后检验 ………………………… 341
第二节 不焊透的插入式管板焊接 … 341
一、管板垂直固定俯焊 ……………… 341
二、管板垂直固定仰焊 ……………… 342

三、管板水平固定全位置焊 …………… 343
第三节 骑座式管板焊接 …………… 344
一、管板垂直固定俯焊 …………… 344
二、管板垂直固定仰焊 …………… 345
三、管板水平固定全位置焊 …………… 346
第四节 需焊透的插入式管板焊接 … 347
一、管板水平转动俯焊 …………… 347
二、管板垂直固定俯焊 …………… 348
三、管板垂直固定仰焊 …………… 348
四、管板水平固定全位置焊 …………… 349
五、管板45°固定全位置焊 …………… 350

第五篇 基 础 知 识

第一章 概述 …………… 351
一、焊接的优点 …………… 351
二、焊接的缺点 …………… 351
第一节 焊接方法概述 …………… 352
一、焊接的分类 …………… 352
二、常用熔焊方法 …………… 353
第二节 焊接电弧 …………… 355
一、焊接电弧的产生、结构及温度 …… 355
二、焊接电弧的极性及其应用 …………… 356
三、电弧的静特性 …………… 357
第二章 焊接接头 …………… 358
第一节 焊接接头的特点 …………… 358
一、焊接接头的结构 …………… 358
二、焊缝金属的性能 …………… 358
三、熔合区和热影响区 …………… 361
四、影响焊接接头性能的因素及质量控制 …………… 365
第二节 焊接接头的形式及焊接位置 …………… 367
一、接头的形式和特点 …………… 367
二、焊接位置 …………… 369
第三节 焊缝符号的表示方法 …………… 369
一、焊缝符号的组成 …………… 369
二、焊缝符号在图样上的位置 …………… 372
三、焊缝基本符号的应用 …………… 374
四、焊缝基本符号的组合 …………… 375
五、特殊焊缝的标注 …………… 375
六、焊缝尺寸符号及标注位置 …………… 375
第三章 焊接应力和变形 …………… 381
第一节 焊接应力和变形产生的原因 …………… 381
一、焊接应力和变形的概念 …………… 381
二、焊接应力和变形产生的原因 …………… 381
第二节 焊接应力及其控制 …………… 383
一、焊接应力的分类 …………… 383
二、影响焊接应力的因素 …………… 383
三、减小焊接应力的措施 …………… 384
四、消除焊接残余应力的方法 …………… 385
第三节 焊接变形及其控制方法 …… 386
一、焊接变形的种类 …………… 386
二、影响焊接变形的因素 …………… 388
三、控制焊接变形的措施 …………… 389
四、焊后焊接残余变形的矫正方法 …… 390
第四章 焊接缺陷和检验方法 …………… 392
第一节 焊缝形状缺陷 …………… 392
一、焊缝形状缺陷的种类及其危害 …… 392
二、焊缝形状缺陷产生原因及其预防措施 …………… 393
第二节 未熔合与未焊透 …………… 394
一、未熔合与未焊透的定义及危害 …… 394
二、未熔合与未焊透产生原因及其预防措施 …………… 394
第三节 气孔、夹渣与夹杂 …………… 395
一、气孔与夹渣的定义 …………… 395
二、气孔、夹渣与夹杂产生原因及其预防措施 …………… 395
第四节 裂纹 …………… 396
一、热裂纹 …………… 396
二、冷裂纹 …………… 397
三、再热裂纹 …………… 398
四、层状撕裂 …………… 398
第五节 其他缺陷 …………… 399

一、其他缺陷的定义及种类 …………… 399
二、其他缺陷产生原因及其预防措施 … 400
第六节 焊接检验 ………………………… 400
一、破坏性检验方法简介 ……………… 401
二、非破坏性检验方法简介 …………… 408
第五章 焊接安全知识 ………………… 414
第一节 个人防护 ………………………… 414
一、佩戴个人防护用具的意义………… 414
二、个人防护用具的种类和要求 ……… 414
第二节 安全用电 ………………………… 415
一、电流对人体的危害 ………………… 415
二、预防触电的措施 …………………… 416
三、触电与急救 ………………………… 416
第三节 防火、防爆 ……………………… 418
一、焊接现场发生爆炸的可能性 ……… 418
二、防火、防爆措施 …………………… 418
第四节 特殊环境焊接的安全技术 … 419
一、容器内的焊接 ……………………… 419
二、高空的焊接作业 …………………… 419
三、露天或野外的焊接作业 …………… 420
第五节 焊接安全卫生 …………………… 420
一、焊工尘肺……………………………… 420
二、臭氧对呼吸道的危害 ……………… 420
三、电光性眼炎 ………………………… 420
四、锰中毒 ……………………………… 420
五、氟中毒 ……………………………… 421
六、焊工职业病的预防和早期诊断 …… 421
第六章 常用钢材及其焊接 …………… 422
第一节 常用钢材 ………………………… 422
一、钢的分类……………………………… 422
二、我国钢材牌号的表示方法………… 422
第二节 常用钢材的化学成分与力学性能 ………………………… 424
一、碳素结构钢的化学成分与力学性能 ………………………………… 424
二、合金结构钢的化学成分和力学性能 ………………………………… 425
第三节 钢材的焊接性 ………………… 430
一、焊接性的定义 ……………………… 430
二、影响焊接性的因素 ………………… 430
三、钢材焊接性的评定方法 …………… 431
第四节 低碳钢的焊接 ………………… 431
一、低碳钢的焊接性 …………………… 431
二、低碳钢的焊接工艺要点 …………… 431
第五节 低合金高强度钢的焊接 …… 432
一、热轧及正火钢的焊接 ……………… 432
二、低碳调质钢的焊接 ………………… 436
三、中碳调质钢的焊接 ………………… 440
第六节 珠光体型耐热钢的焊接 …… 443
一、珠光体型耐热钢的成分与性能 …… 443
二、珠光体型耐热钢的焊接性………… 445
三、珠光体型耐热钢的焊接工艺要点 … 445
第七节 低温钢的焊接 ………………… 446
一、低温钢的成分与性能 ……………… 446
二、低温钢的焊接性 …………………… 447
三、低温钢的焊接工艺要点 …………… 448
第八节 奥氏体型不锈钢的焊接 …… 449
一、奥氏体型不锈钢的成分与性能 …… 449
二、奥氏体型不锈钢的焊接性………… 450
三、奥氏体型不锈钢的焊接工艺要点 … 451
第七章 焊接相关基础知识 …………… 453
第一节 金属材料的力学性能 ……… 453
一、拉伸试验……………………………… 453
二、材料的力学性能指标和试验方法 … 454
第二节 热处理的基本知识 ………… 461
一、纯金属和合金 ……………………… 461
二、铁碳合金……………………………… 462
三、钢的热处理 ………………………… 465
第三节 电工常识 ……………………… 470
一、电路 ………………………………… 470
二、电功及电功率 ……………………… 475
三、电流的热效应 ……………………… 475
四、电动机与变压器 …………………… 476
参考文献 ………………………………… 478

第一篇　焊条电弧焊

本篇讲述焊条电弧焊的专业知识及操作技能。

第一章　概　　述

焊条电弧焊是最常用的熔焊方法之一。焊接过程如图 1-1-1 所示。

在焊条末端和焊件之间燃烧的电弧所产生的高温使药皮、焊芯及焊件熔化，药皮熔化过程中产生的气体和熔渣，不仅使熔池和电弧周围的空气隔绝，而且和熔化了的焊芯、母材发生一系列冶金反应，使熔池金属冷却结晶后形成符合要求的焊缝。

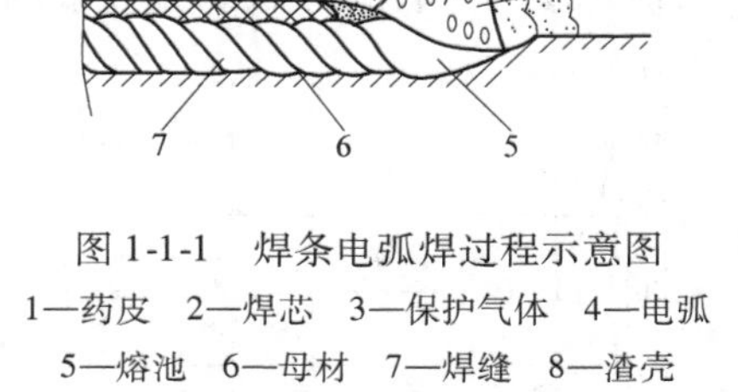

图 1-1-1　焊条电弧焊过程示意图
1—药皮　2—焊芯　3—保护气体　4—电弧
5—熔池　6—母材　7—焊缝　8—渣壳
9—熔渣　10—熔滴

焊条电弧焊具有以下优点：

(1) 设备简单，维护方便　焊条电弧焊可用交流焊机或直流焊机进行焊接，这些设备都比较简单，购置设备的投资少，而且维护方便，一般小厂和个人都买得起，这是它应用广泛的原因之一。

(2) 操作灵活　在空间任意位置的焊缝，凡焊条能够达到的地方都能进行焊接。

(3) 应用范围广　选用合适的焊条不仅可以焊接低碳钢、低合金高强度钢，而且还可以焊接高合金钢及有色金属，不仅可焊接同种金属，而且可以焊接异种金属，还可以在普通钢上堆焊具有耐磨、耐腐蚀、高硬度等特殊性能的材料，应用范围很广。

焊条电弧焊具有以下缺点：

(1) 对焊工要求高　焊条电弧焊的焊接质量，除靠选用合适的焊条，焊接参数及焊接设备外，主要靠焊工的操作技术和经验保证，在相同的工艺设备条件下，一名技术水平高、经验丰富的焊工能焊出外形美观、质量优良的焊缝，而一名技术水平低、没有经验的焊工焊出的焊缝却可能不合格。

(2) 劳动条件差　焊条电弧焊主要靠焊工的手工操作控制焊接的全过程，焊工不仅要完成引弧、运条和收弧等动作，而且要随时观察熔池，根据熔池情况，不断地调整焊条角度、摆动方式和幅度，以及电弧长度等。所以说整个焊接过程中，焊工都处在手脑并用，精神高度集中的状态，而且还要受到高温烘烤，在有毒的烟尘及金属和金属氧氮化合物的蒸气环境中工作，焊工的劳动条件是比较差的，因此要加强劳动保护。

(3) 生产效率低　受焊工体能的影响，焊接参数选择较小，故生产效率低。

（4）应用范围　由于焊条电弧焊具有设备简单、操作方便、适应性强，能在空间任何位置进行焊接等优点，使它在国民经济各行业都得到了广泛的应用，如造船、锅炉及压力容器、机械制造、建筑结构、化工设备等制造维修行业中都广泛使用焊条电弧焊。

第一节　焊 接 电 弧

一、焊条电弧焊电弧的静特性

由于焊条电弧焊使用的焊接电流较小，特别是电流密度较小，焊条电弧焊电弧的静特性处于水平段，如图 1-1-2 所示。

二、电弧的温度分布

焊条电弧焊电弧在焊条末端和焊件间燃烧，焊条和焊件都是电极，焊接钢材时，它们的最高温度受钢的沸点影响，阴极约 2400K，阳极约 2600K，弧柱温度为 6000 ~ 8000K。

由于交流电弧两个电极的极性在不断地变化，故两个电极的平均温度是相等的，而直流电弧正极的温度比负极高 200℃左右。

三、正接与反接

焊条电弧焊采用直流电源时，若焊件接电源负极，焊条接电源正极称直流反接，又称负极性；若焊件接电源正极，焊条接电源负极称直流正接，又称正极性，如图 1-1-3 所示。由于直流正接时焊件接正极，温度较高，故用来焊厚板，而反接可用来焊薄板。

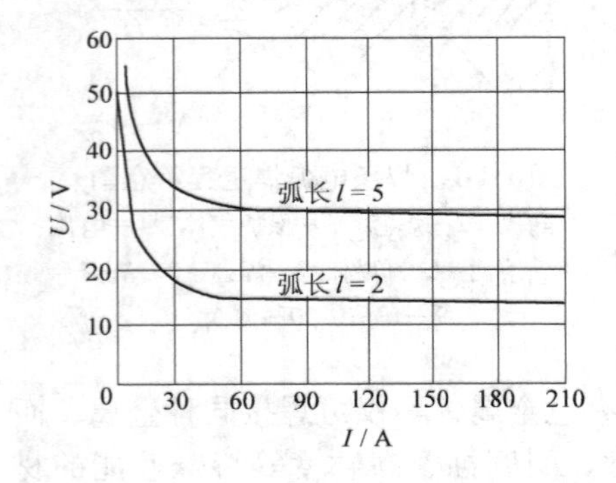

图 1-1-2　焊条电弧焊电弧的静特性

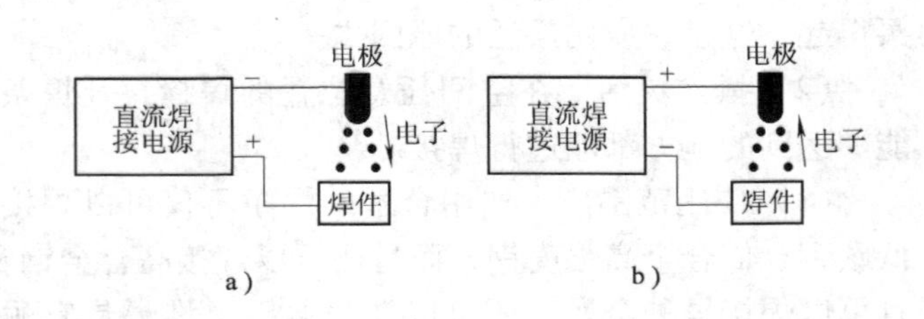

图 1-1-3　正接与反接
a）正接　b）反接

因低氢型碱性焊条药皮中含有较多的萤石（主要是氟化钙），必须使用直流反接；采用其他类型药皮焊条时，仍按上述原则选择电源极性。

四、直流电源极性的鉴别方法

正常情况下，直流弧焊电源输出端都标明了两个接线柱的极性，若由于某些原因搞不清极性时，可用下述方法之一鉴别：

1. 试焊法　有两种方法。

1）采用低氢型碱性焊条（如 E5015）进行试焊，若电弧稳定，飞溅少，声音正常则表明是反接，否则为正接。

2）用碳棒来试焊，若碳弧燃烧稳定，电弧拉得很长仍不熄弧，断弧后碳棒端面光滑，则是正接；反之为反接。

2. 直流电压表鉴别法　用直流电压表的两根引线接触两个电极，若指针向正方向偏转，则与电压表正极相连的是电源的正极；若指针向反方向偏转，则与电压表正极相联的那一端是电源负极，应注意用电压表或万能表都可测极性，但用来测量的表必须是好的，否则会失误。

第二节　电 弧 偏 吹

电弧偏离焊条轴线的现象称为电弧偏吹。电弧偏吹使温度分布不均匀，容易产生咬边、未熔合和夹渣等缺陷，故必须研究引起偏吹的原因及预防措施。

一、产生电弧偏吹的原因

1. 焊条药皮偏心　因焊条药皮偏心，圆周各处药皮厚度不一致，熔化快慢不同，药皮薄的一边熔化得快，药皮厚的一侧熔化慢，焊条端部产生“马蹄形”套筒，使电弧吹向一边，如图 1-1-4 所示。

2. 气流的影响　在钢板两端焊接时，由于热空气上升引起冷空气流动，使电弧向钢板外面偏吹。

3. 风的影响　在风的作用下，电弧向风吹的方向偏斜。

4. 接地线位置不适当引起的偏吹　如图 1-1-5 所示。

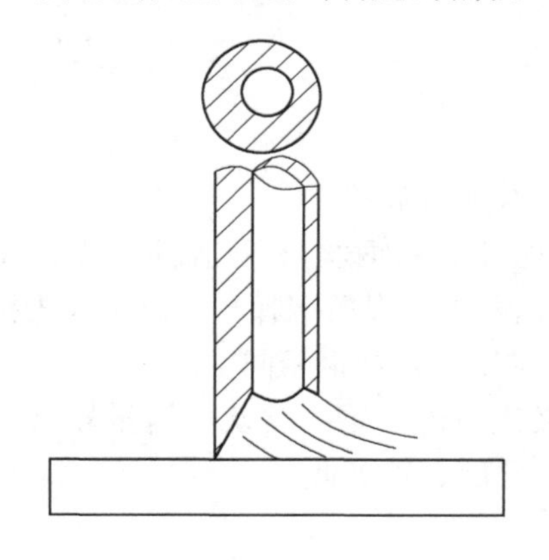

图 1-1-4　药皮偏心引起的偏吹

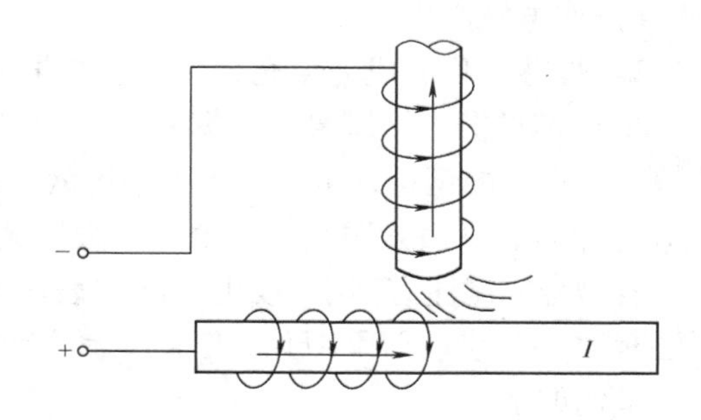

图 1-1-5　接地线位置不适当引起的电弧偏吹

二、防止电弧偏吹的措施

1）如果发现焊条出现“马蹄形”，当“马蹄形”不大时，可转动焊条改变偏吹的方向调整焊缝成形；若“马蹄形”较大，则更换焊条。

2）改变焊件上的接线位置，地线接在焊件中间较好。

3）焊 T 形接头或焊接具有不对称铁磁物质的焊件时，可适当改变焊条角度，削弱立板的影响，铁磁物质对电弧磁偏吹的影响如图 1-1-6 所示。

4）在钢板两头焊接时，可改变焊条角度或增加引弧板和引出板。

5）避免在有风的地方焊接或用防护挡板挡风。

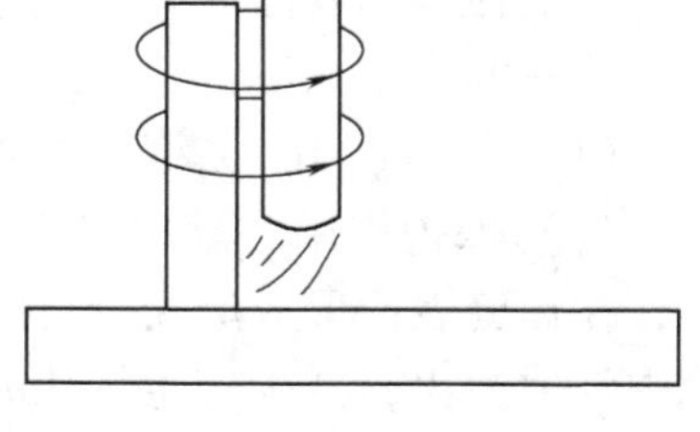

图 1-1-6　铁磁物质对电弧磁偏吹的影响

第二章　焊　　条

第一节　焊条的组成及作用

涂有药皮的供焊条电弧焊用的熔化电极称为电焊条，简称焊条。它由焊芯和药皮两部分组成，如图 1-2-1 所示。

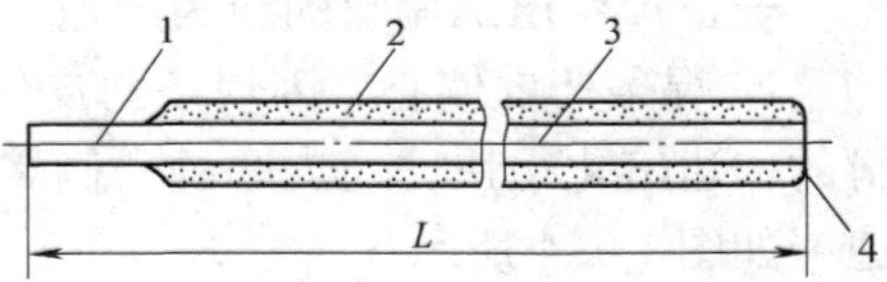

图 1-2-1　焊条结构示意图

1—夹持端　2—药皮　3—焊芯　4—引弧剂

通常焊条引弧端有倒角，药皮被除去一部分，露出焊芯端头。有的焊条引弧端涂有黑色引弧剂，引弧更容易。

不锈钢焊条夹持端端面涂有不同颜色，以便识别焊条型号。

在靠近夹持端的药皮上印有焊条牌号。

一、焊芯

焊条中被药皮包覆的金属丝叫焊芯。

1. 焊芯的作用

1）作电极产生电弧。

2）焊芯熔化后成为填充金属，与熔化了的母材混合形成焊缝。

2. 焊芯的分类及牌号　根据 GB/T 14957—1994《熔化焊用钢丝》标准规定，专门用于制造焊芯和焊丝的钢材，可分为碳素结构钢、合金结构钢两类。焊条钢牌号一律用汉语拼音字母 H 作字首，其后紧跟钢号，表示方法与优质碳素结构钢、合金钢相同。

若钢号末尾注有高字(或用字母 A 表示)，为高级优质焊条钢，含硫、磷量较低。若末尾注有“特”字(或用字母 E 表示)，为特级焊条钢，含硫、磷更低。

举例如下：

H08——低碳焊条钢，$w(C)\approx 0.08\%$，$w(S)$、$w(P)$(含磷量)均 $<0.04\%$。

H08A——高级低碳焊条钢，$w(C)\approx 0.08\%$，$w(S)$、$w(P)$均 $<0.03\%$。

H1Cr19NiTi——铬镍钛不锈钢焊条钢。

二、药皮

涂敷在焊芯表面的有效成分称为药皮。它由几种或几十种成分组成。

药皮的作用如下：

(1) 稳弧作用　焊条药皮中含有稳弧物质，可保证电弧容易引燃和燃烧稳定。

(2) 保护作用　药皮熔化时产生气体和熔渣，可隔离空气，保护熔融金属。熔渣冷却后，在焊缝表面形成渣壳，可防止焊缝表面金属不被氧化并减慢焊缝的冷却速度，有利于熔池中气体逸出，减少产生气孔的可能性，并改善焊缝成形。

(3) 冶金作用　药皮中加有脱氧剂和合金剂，通过熔渣与熔化金属的化学反应，可减少氧、硫、磷等有害杂质，使焊缝金属获得符合要求的力学性能。

（4）渗合金　药皮中加有铁合金，这些合金元素熔化后过渡到熔池中，可提高焊缝金属中合金元素的含量，从而改善焊缝金属的性能，通过渗合金甚至可获得性能与母材完全不同的焊缝金属，如在碳钢上堆焊不锈钢、高速钢等。

（5）改善焊接工艺性能　通过调整药皮成分，可改变药皮的熔点和凝固温度，使焊条末端形成套筒，产生定向气流，有利于熔滴向熔池过渡，可适应全位置焊接需要。

第二节　焊条的种类、型号及规格

一、焊条的种类及型号

根据焊条的用途可分为碳钢焊条、低合金钢焊条、不锈钢焊条、堆焊焊条、铝及铝合金焊条、铜及铜合金焊条、铸铁焊条等，这里只介绍焊钢用的焊条。

1. 碳钢焊条　根据GB/T 5117—1995《碳钢焊条》标准规定，这类焊条的型号，根据熔敷金属的抗拉强度、药皮类型、焊接位置和焊接电流种类划分。型号编制方法如下：

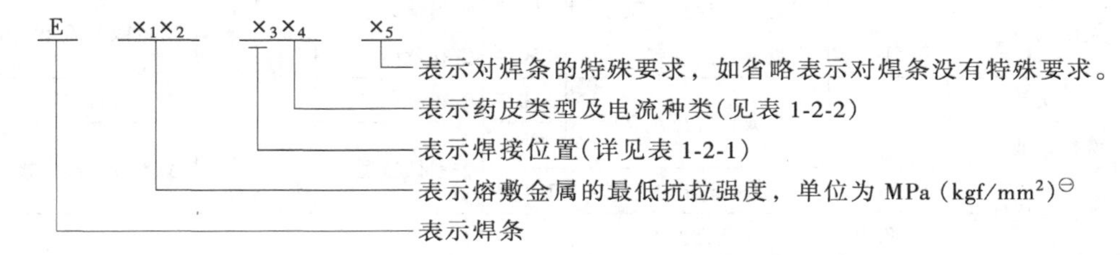

碳钢焊条包括E43和E50两个系列，其熔敷金属的化学成分和力学性能的要求见表1-2-3。

表1-2-1　焊接位置（$\times_3$）的意义

$\times_3$	0或1	2	4
焊条使用位置	全位置焊	平焊	向下立焊
	平、立、横、仰	船形焊	

$\times_5$ 为后缀，含义如后，“R”表示耐吸潮焊条，“M”表示耐吸潮和力学性能有特殊要求的焊条，“－1”表示对冲击韧度有特殊要求的焊条，若省略，表示对焊条没有特殊要求。

例1

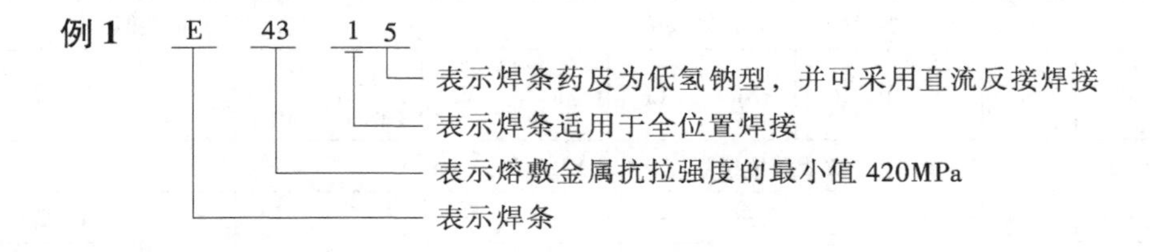

⊖　$1kgf/mm^2 = 9.8N/mm^2 \approx 10N/mm^2 \approx 10MPa$，下同。

表 1-2-2　碳钢焊条的药皮类型使用的电流种类和极性

焊条型号	药皮类型	焊接位置	电流种类	焊条型号	药皮类型	焊接位置	电流种类
E43 系列-熔敷金属抗拉强度≥420MPa(43kgf/mm²)				E50 系列-熔敷金属抗拉强度≥490MPa(50kgf/mm²)			
E4300	特殊型	平、立、仰、横	交流或直流正、反接	E5001	钛铁矿型	平、立、仰、横	交流或直流正、反接
E4301	钛铁矿型			E5003	钛钙型		
E4303	钛钙型			E5010	高纤维素钠型		直流反接
E4310	高纤维素钠型		直流反接	E5011	高纤维素钾型		交流或直流反接
E4311	高纤维素钾型		交流或直流反接	E5014	铁粉钛型		交流或直流正、反接
E4312	高钛钠型		交流或直流正接	E5015	低氢钠型		直流反接
E4313	高钛钾型		交流或直流正、反接	E5016	低氢钾型		交流或直流反接
E4315	低氢钠型		直流反接	E5018	铁粉低氢钾型		
E4316	低氢钾型		交流或直流反接	E5018M	铁粉低氢型		直流反接
E4320	氧化铁型	平	交流或直流正、反接	E5023	铁粉钛钙型	平、平角焊	交流或直流正、反接
E4322		平、平角焊	交流或直流正接	E5024	铁粉钛型		
E4323	铁粉钛钙型	平、平角焊	交流或直流正、反接	E5027	铁粉氧化铁型		交流或直流正接
E4324	铁粉钛型			E5028	铁粉低氢型	平、仰、横、立向下	交流或直流反接
E4327	铁粉氧化铁型	平	交流或直流正、反接	E5048			
		平角焊	交流或直流正接				
E4328	铁粉低氢型	平、平角焊	交流或直流反接				

注：1. 焊接位置栏中：平—平焊、立—立焊、仰—仰焊、横—横焊、平角焊—水平角焊、立向下—向下立焊。
2. 焊接位置栏中立和仰系指适用于立焊和仰焊的直径不大于 4.0mm 的 E5014、E××15、E××16、E5018 和 E5018M 型焊条及直径不大于 5.0mm 的其他型号焊条。
3. E4322 型焊条适宜单道焊。

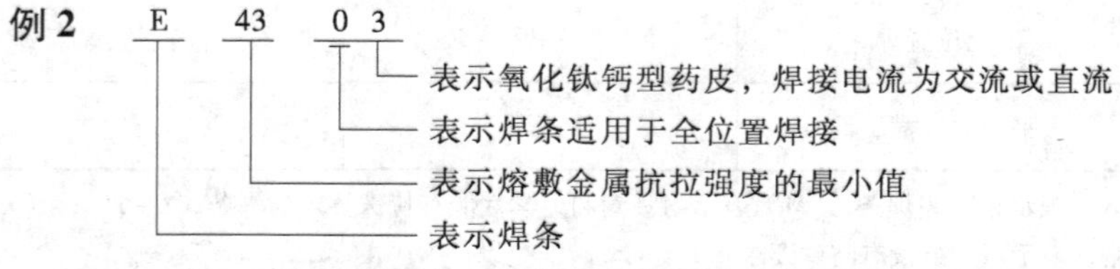
例 2
E 43 0 3
表示氧化钛钙型药皮，焊接电流为交流或直流
表示焊条适用于全位置焊接
表示熔敷金属抗拉强度的最小值
表示焊条

表 1-2-3　碳钢焊条对熔敷金属的成分及力学性能要求(GB/T 5117—1995)

焊条型号	熔敷金属化学成分(质量分数,%)									熔敷金属力学性能≥			
	C	Mn	Si	S	P	Ni	Cr	Mo	V	$\sigma_{0.2}$ /MPa	σ_b /MPa	δ_5(%)	A_{KV}/J
E43 系列-熔敷金属抗拉强度≥420MPa(43kgf/mm²)													
E4300	—	—	—	≤0.035	≤0.040	—	—	—	—	330	420	22	27(0℃)
E4301	—	—	—			—	—	—	—				27(−20℃)
E4303	—	—	—			—	—	—	—				27(0℃)
E4310	—	—	—			—	—	—	—				27(−30℃)
E4311	—	—	—			—	—	—	—				

（续）

焊条型号	熔敷金属化学成分(质量分数,%)									熔敷金属力学性能≥			
	C	Mn	Si	S	P	Ni	Cr	Mo	V	$\sigma_{0.2}$/MPa	σ_b/MPa	δ_5(%)	A_{KV}/J
E43 系列-熔敷金属抗拉强度≥420MPa(43kgf/mm²)													
E4312	—	—	—	≤0.035	≤0.040	—	—	—	—	330	420	17	—
E4313	—	—	—			—	—	—	—				—
E4315	—	≤1.25	≤0.9			≤0.30	≤0.20	≤0.30	≤0.08			22	27(-30℃)
E4316	—												
E4320	—	—	—			—	—	—	—				—
E4322	—	—	—			—	—	—	—	—		—	—
E4323	—	—	—			—	—	—	—	330		22	27(0℃)
E4324	—	—	—			—	—	—	—			17	—
E4327	—	—	—			—	—	—	—			22	27(-30℃)
E4328	—	≤1.25	≤0.90			≤0.30	≤0.20	≤0.30	≤0.08				27(-20℃)
E50 系列-熔敷金属抗拉强度≥490MPa(50kgf/mm²)													
E5001	—	—	—	≤0.035	≤0.040	—	—	—	—	400	490	20	27(-20℃)
E5003	—	—	—			—	—	—	—				27(0℃)
E5010	—	—	—			—	—	—	—				27(-30℃)
E5011	—	—	—			—	—	—	—				
E5014	—	≤1.25	≤0.90			≤0.30	≤0.20	≤0.30	≤0.08			17	—
E5015	—	≤1.60	≤0.75									22	27(-30℃)
E5015-1	—												27(-46℃)
E5016	—	≤1.60	≤0.75	≤0.035	≤0.040	≤0.30	≤0.20	≤0.30	≤0.08	400		22	27(-30℃)
E5016-1	—												27(-46℃)
E5018	—												27(-30℃)
E5018-1	—												27(-46℃)
E5018M	≤0.12	0.40~1.60	≤0.80	≤0.020	≤0.030	≤0.25	≤0.15	≤0.35	≤0.05	365~500		24	67(-30℃)
E5023	—	≤1.25	≤0.90	≤0.035	≤0.040	≤0.30	≤0.20	≤0.30	≤0.08	400		17	27(0℃)
E5024	—												—
E5024-1	—											22	27(-20℃)
E5027	—	≤1.60	≤0.75										27(-30℃)
E5028	—		≤0.90										27(-20℃)
E5048	—												27(-30℃)

2. 低合金钢焊条　根据 GB/T 5118—1995《低合金钢焊条》规定，这类焊条根据熔敷金属的力学性能、化学成分、药皮类型、焊接位置和焊接电流种类划分型号，具体表示方法如下：

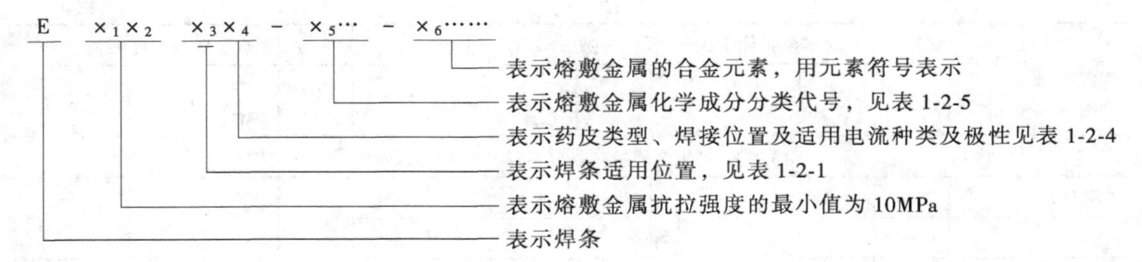

根据熔敷金属抗拉强度，低合金钢焊条分为 50、55、60、70、75、80、85、90、100 九个系列，每个系列的焊条药皮类型适用位置及电流种类见表 1-2-4。对熔敷金属的力学性能要求见表 1-2-6。

表 1-2-4　低合金钢焊条的药皮类型及适用焊接位置及电流种类

焊条型号	药皮类型	焊接位置	电流种类
E50 系列-熔敷金属抗拉强度≥490MPa(50kgf/mm²)			
E5003-×5	钛钙型	平、立、仰、横	交流或直流正、反接
E5010-×5	高纤维素钠型		直流反接
E5011-×5	高纤维素钾型		交流或直流反接
E5015-×5	低氢钠型		直流反接
E5016-×5	低氢钾型		交流或直流反接
E5018-×5	铁粉低氢型		
E5020-×5	高氧化铁型	平角焊	交流或直流正接
		平	交流或直流正、反接
E5027-×5	铁粉氧化铁型	平角焊	交流或直流正接
		平	交流或直流正、反接
E55 系列-熔敷金属抗拉强度≥540MPa(55kgf/mm²)			
E5500-×5	特殊型	平、立、仰、横	交流或直流正、反接
E5503-×5	钛钙型		
E5510-×5	高纤维素钠型		直流反接
E5511-×5	高纤维素钾型		交流或直流反接
E5513-×5×	高钛钾型		交流或直流正、反接
E5515-×5	低氢钠型		直流反接
E5516-×5	低氢钾型		交流或直流反接
E5518-×5	铁粉低氢型		
E60 系列-熔敷金属抗拉强度≥590MPa(60kgf/mm²)			
E6000-×5	特殊型	平、立、仰、横	交流或直流正、反接
E6010-×5	高纤维素钠型		直流反接
E6011-×5	高纤维素钾型		交流或直流反接
E6013-×5	高钛钾型		交流或直流正、反接
E6015-×5	低氢钠型		直流反接
E6016-×5	低氢钾型		交流或直流反接
E6018-×5	铁粉低氢型		
E70 系列-熔敷金属抗拉强度≥690MPa(70kgf/mm²)			
E7010-×5	高纤维素钠型	平、立、仰、横	直流反接
E7011-×5	高纤维素钾型		交流或直流反接
E7013-×5	高钛钾型		交流或直流正、反接
E7015-×5	低氢钠型		直流反接
E7016-×5	低氢钾型		交流或直流反接
E7018-×5	铁粉低氢型		
E75 系列-熔敷金属抗拉强度≥740MPa(75kgf/mm²)			
E7515-×5	低氢钠型	平、立、仰、横	直流反接
E7516-×5	低氢钾型		交流或直流反接
E7518-×5	铁粉低氢型		
E80 系列-熔敷金属抗拉强度≥780MPa(80kgf/mm²)			
E8015-×5	低氢钠型	平、立、仰、横	直流反接
E8016-×5	低氢钾型		交流或直流反接
E8018-×5	铁粉低氢型		
E85 系列-熔敷金属抗拉强度≥830MPa(85kgf/mm²)			
E8515-×5	低氢钠型	平、立、仰、横	直流反接
E8516-×5	低氢钾型		交流或直流反接
E8518-×5	铁粉低氢型		
E90 系列-熔敷金属抗拉强度≥880MPa(90kgf/mm²)			
E9015-×5	低氢钠型	平、立、仰、横	直流反接
E9016-×5	低氢钾型		交流或直流反接
E9018-×5	铁粉低氢型		
E100 系列-熔敷金属抗拉强度≥980MPa(100kgf/mm²)			
E10015-×5	低氢钠型	平、立、仰、横	直流反接
E10016-×5	低氢钾型		交流或直流反接
E10018-×5	铁粉低氢型		

注：后缀字母 $\times_5$ 代表熔敷金属化学成分分类代号如 A1、B1、B2 等(见表 1-2-5)

表 1-2-5　低合金钢焊条熔敷金属的化学成分

<table>
<tr><th rowspan="2">焊条型号</th><th colspan="13">熔敷金属化学成分(质量分数,%)</th></tr>
<tr><th>C</th><th>Mn</th><th>P</th><th>S</th><th>Si</th><th>Ni</th><th>Cr</th><th>Mo</th><th>V</th><th>Nb</th><th>W</th><th>B</th><th>Cu</th></tr>
<tr><td colspan="14">碳钼钢焊条</td></tr>
<tr><td>E5010-A1</td><td rowspan="8">0.12</td><td rowspan="3">0.60</td><td rowspan="8">0.035</td><td rowspan="8">0.035</td><td rowspan="3">0.40</td><td rowspan="8">—</td><td rowspan="8">—</td><td rowspan="8">0.40 ~ 0.65</td><td rowspan="8">—</td><td rowspan="8">—</td><td rowspan="8">—</td><td rowspan="8">—</td><td rowspan="8">—</td></tr>
<tr><td>E5011-A1</td></tr>
<tr><td>E5003-A1</td></tr>
<tr><td>E5015-A1</td><td rowspan="3">0.90</td><td rowspan="2">0.60</td></tr>
<tr><td>E5016-A1</td></tr>
<tr><td>E5018-A1</td><td>0.80</td></tr>
<tr><td>E5020-A1</td><td>0.60</td><td rowspan="2">0.40</td></tr>
<tr><td>E5027-A1</td><td>1.00</td></tr>
<tr><td colspan="14">铬钼钢焊条</td></tr>
<tr><td>E5500-B1</td><td rowspan="6">0.05 ~ 0.12</td><td rowspan="13">0.90</td><td rowspan="25">0.035</td><td rowspan="25">0.035</td><td rowspan="4">0.60</td><td rowspan="25">—</td><td rowspan="5">0.40 ~ 0.65</td><td rowspan="12">0.40 ~ 0.65</td><td rowspan="10">—</td><td rowspan="12">—</td><td rowspan="13">—</td><td rowspan="14">—</td><td rowspan="25">—</td></tr>
<tr><td>E5503-B1</td></tr>
<tr><td>E5515-B1</td></tr>
<tr><td>E5516-B1</td></tr>
<tr><td>E5518-B1</td><td>0.80</td></tr>
<tr><td>E5515-B2</td><td>0.60</td><td rowspan="3">0.80 ~ 1.50</td></tr>
<tr><td>E5515-B2L</td><td>0.05</td><td>1.00</td></tr>
<tr><td>E5516-B2</td><td rowspan="2">0.05 ~ 0.12</td><td>0.60</td></tr>
<tr><td>E5518-B2</td><td rowspan="2">0.80</td><td rowspan="6">0.80 ~ 1.50</td></tr>
<tr><td>E5518-B2L</td><td>0.05</td></tr>
<tr><td>E5500-B2-V</td><td rowspan="8">0.05 ~ 0.12</td><td rowspan="8">0.60</td><td rowspan="2">0.10 ~ 0.35</td></tr>
<tr><td>E5515-B2-V</td></tr>
<tr><td>E5515-B2-VNb</td><td rowspan="2">0.70 ~ 1.00</td><td>0.15 ~ 0.40</td><td>0.10 ~ 0.25</td></tr>
<tr><td>E5515-B2-VW</td><td>0.70 ~ 1.10</td><td>0.20 ~ 0.35</td><td rowspan="3">—</td><td>0.25 ~ 0.50</td></tr>
<tr><td>E5500-B3-VWB</td><td rowspan="3">1.00</td><td rowspan="2">1.50 ~ 2.50</td><td rowspan="2">0.30 ~ 0.80</td><td rowspan="2">0.20 ~ 0.60</td><td rowspan="2">0.20 ~ 0.60</td><td rowspan="2">0.001 ~ 0.003</td></tr>
<tr><td>E5515-B3-VWB</td></tr>
<tr><td>E5515-B3-VNb</td><td>2.40 ~ 3.00</td><td>0.70 ~ 1.00</td><td>0.25 ~ 0.50</td><td>0.35 ~ 0.65</td><td>—</td><td>—</td></tr>
<tr><td>E6000-B3</td><td rowspan="7">0.90</td><td rowspan="6">2.00 ~ 2.50</td><td rowspan="6">0.90 ~ 1.20</td><td rowspan="7">—</td><td rowspan="8">—</td><td rowspan="8">—</td><td rowspan="8">—</td></tr>
<tr><td>E6015-B3L</td><td>0.05</td><td>1.00</td></tr>
<tr><td>E6015-B3</td><td rowspan="3">0.05 ~ 0.12</td><td rowspan="2">0.60</td></tr>
<tr><td>E6016-B3</td></tr>
<tr><td>E6018-B3</td><td rowspan="2">0.80</td></tr>
<tr><td>E6018-B3L</td><td rowspan="2">0.05</td></tr>
<tr><td>E5515-B4L</td><td>1.00</td><td>1.75 ~ 2.25</td><td>0.40 ~ 0.65</td></tr>
<tr><td>E5516-B5</td><td>0.07 ~ 0.15</td><td>0.40 ~ 0.70</td><td>0.30 ~ 0.60</td><td>0.40 ~ 0.60</td><td>1.00 ~ 1.25</td><td>0.05</td></tr>
</table>

（续）

焊条型号	熔敷金属化学成分(质量分数,%)												
	C	Mn	P	S	Si	Ni	Cr	Mo	V	Nb	W	B	Cu
镍钢焊条													
E5515-C1													
E5516-C1	0.12				0.60								
E5518-C1					0.80	2.00 ~ 2.75							
E5015-C1L													
E5016-C1L	0.05				0.50								
E5018-C1L		1.25	0.035	0.035			—	—	—				
E5516-C2	0.12				0.60					—	—	—	—
E5518-C2					0.80								
E5015-C2L						3.00 ~ 3.75							
E5016-C2L	0.05				0.50								
E5018-C2L													
E5515-C3													
E5516-C3	0.12	0.40 ~ 1.25	0.03	0.03	0.80	0.80 ~ 1.10	0.15	0.35	0.05				
E5518-C3													
镍钼钢焊条													
E5518-NM	0.10	0.80 ~ 1.25	0.02	0.03	0.60	0.80 ~ 1.10	0.05	0.40 ~ 0.65	0.02	—	—	—	0.10
锰钼钢焊条													
E6015-D1													
E6016-D1		1.25 ~ 1.75			0.60			0.25 ~ 0.45					
E6018-D1	0.12				0.80								
E5515-D3					0.60								
E5516-D3		1.00 ~ 1.75	0.035	0.035		—	—	0.40 ~ 0.65	—	—	—	—	—
E5518-D3					0.80								
E7015-D2					0.60								
E7016-D2	0.15	1.65 ~ 2.00						0.25 ~ 0.45					
E7018-D2					0.80								
所有其他低合金钢焊条													
E××03-G													
E××10-G													
E××11-G													
E××13-G	—	≥1.00	—	—	≥0.80	≥0.50	≥0.30	≥0.20	≥0.10	—	—	—	—
E××15-G													
E××16-G													
E××18-G													
E5020-G													

（续）

焊条型号	C	Mn	P	S	Si	Ni	Cr	Mo	V	Nb	W	B	Cu
所有其他低合金钢焊条													
E6018-M	0.10	0.60 ~ 1.25	0.03	0.03	0.80	1.40 ~ 1.80	0.15	0.35	0.05	—	—	—	—
E7018-M		0.75 ~ 1.70			0.60	1.40 ~ 2.10	0.35	0.25 ~ 0.50					
E7518-M		1.30 ~ 1.80				1.25 ~ 2.50	0.40						
E8518-M		1.30 ~ 2.25				1.75 ~ 2.50	0.30 ~ 1.50	0.30 ~ 0.55					
E8518-M1		0.80 ~ 1.60	0.015	0.012	0.65	3.00 ~ 3.80	0.65	0.20 ~ 0.30					
E5018-W	0.12	0.40 ~ 0.70	0.025	0.025	0.40 ~ 0.70	0.20 ~ 0.40	0.15 ~ 0.30	—	0.08				0.30 ~ 0.60
E5518-W		0.50 ~ 1.30	0.035	0.035	0.35 ~ 0.80	0.40 ~ 0.80	0.45 ~ 0.70		—				0.30 ~ 0.75

注：1. 焊条型号中的“××”代表焊条的不同抗拉强度等级（50、55、60、70、75、80、85、90 及 100）。

2. 表中单值除特殊规定外，均为最大百分比。

3. E5518-NM 型焊条 w(Al)不大于 0.05%。

4. E××××-G 型焊条只要 1 个元素符合表中规定即可，当有 −40℃冲击性能要求≥54J 时，该焊条型号标志为 E××××-GM。

表 1-2-6　低合金钢焊条熔敷金属的力学性能要求

焊条型号	熔敷金属力学性能≥			
	σ_b/MPa	$\sigma_{0.2}$/MPa	δ_5(%)	A_{KV}/J
E5010-A1	490	390	22	—
E5011-A1				—
E5003-A1			20	—
E5015-A1			22	27(常温)
E5016-A1				
E5018-A1				
E5020-A1				—
E5027-A1				—
E5500-B1	540	440	16	—
E5503-B1				—
E5515-B1			17	27(常温)
E5516-B1				
E5518-B1				
E5515-B2				
E5515-B2L				
E5516-B2				
E5518-B2				
E5518-B2L				
E5500-B2-V			16	

焊条型号	熔敷金属力学性能≥			
	σ_b/MPa	$\sigma_{0.2}$/MPa	δ_5(%)	A_{KV}/J
E5515-B2-V	540	440	17	27(常温)
E5515-B2-VNb				
E5515-B2-VW				
E5515-B3-VWB		340		
E5515-B3-VNb		440		
E6000-B3	590	490	14	
E6015-B3L			15	
E6015-B3				
E6016-B3				
E6018-B3				
E6018-B3L				
E5515-B4L	540	440	17	
E5516-B5				
E5515-C1				27(−60℃)
E5516-C1				
E5518-C1				
E5015-C1L	490	390	22	27(−70℃)
E5016-C1L				
E5018-C1L				

（续）

焊条型号	熔敷金属力学性能≥			
	σ_b/MPa	$\sigma_{0.2}$/MPa	δ_5(%)	A_{KV}/J
E5516-C2	540	440	17	27(−70℃)
E5518-C2				
E5015-C2L	490	390	22	27(−100℃)
E5016-C2L				
E5018-C2L				
E5515-C3 E5516-C3	540	440~540		27(−40℃)
E5518-C3				
E5518-NM		440	17	
E6015-D1	590	490	15	27(−30℃)
E6016-D1				
E6018-D1				
E5515-D3 E5516-D3	540	440	17	
E5518-D3				
E7015-D2	690	590	15	
E7016-D2				
E7018-D2				
E××××-E	—	—	—	54(−40℃)
E6018-M	590	490	22	27(−50℃)
E7018-M	690	590	18	
E7518-M	740	640		
E8518-M	830	740	15	
E8518-M1				68(−20℃)
E5018-W	490	390	22	27(−20℃)

焊条型号	熔敷金属力学性能≥			
	σ_b/MPa	$\sigma_{0.2}$/MPa	δ_5(%)	A_{KV}/J
E5518-W	540	440	17	27(−20℃)
以下型号只有拉伸性能要求				
E5510-×	540	390	17	—
E5511-×				
E5513-×			16	
E6010-×	590	490	15	
E6011-×				
E6013-×			14	
E7013-×	690	590	13	
E7515-×	740	640	13	
E7516-×				
E7518-×				
E8015-×	780	690	13	
E8016-×				
E8018-×				
E8515-×	830	740	12	
E8516-×				
E8518-×				
E9015-×	880	780	12	
E9016-×				
E9018-×				
E10015-×	980	880	12	
E10016-×				
E10018-×				

注：E××××-C1、E××××-C1L、E××××-C2 及 E××××-C2L 为消除应力后的冲击性能。

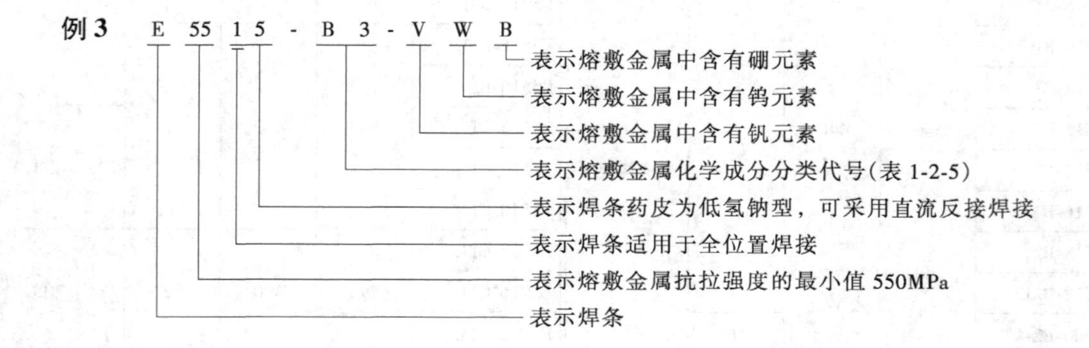
例3 E 55 1 5 - B 3 - V W B
表示熔敷金属中含有硼元素
表示熔敷金属中含有钨元素
表示熔敷金属中含有钒元素
表示熔敷金属化学成分分类代号(表 1-2-5)
表示焊条药皮为低氢钠型，可采用直流反接焊接
表示焊条适用于全位置焊接
表示熔敷金属抗拉强度的最小值 550MPa
表示焊条

例 4

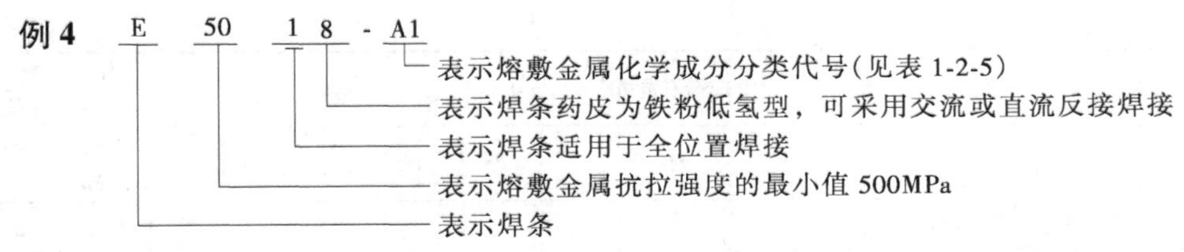
E 50 1 8 - A1
表示熔敷金属化学成分分类代号(见表 1-2-5)
表示焊条药皮为铁粉低氢型，可采用交流或直流反接焊接
表示焊条适用于全位置焊接
表示熔敷金属抗拉强度的最小值 500MPa
表示焊条

3. 不锈钢焊条　这类焊条用于焊接 w(Cr)(含铬量)>4%，w(Ni)(含镍量)<50%的耐蚀钢或耐热钢。

根据 GB/T 983—1995《不锈钢焊条》标准规定，这类焊条的型号根据熔敷金属的化学成分，力学性能、药皮类型和焊接电流种类划分。焊条型号编制方法如下：

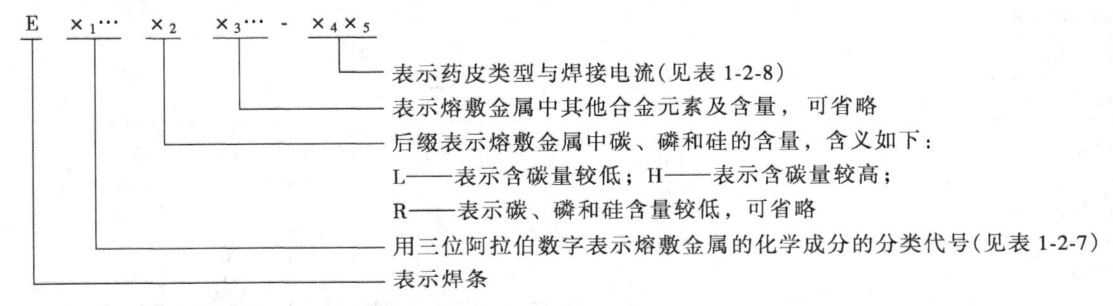
E ×1… ×2 ×3… - ×4×5
表示药皮类型与焊接电流(见表 1-2-8)
表示熔敷金属中其他合金元素及含量，可省略
后缀表示熔敷金属中碳、磷和硅的含量，含义如下：
L——表示含碳量较低；H——表示含碳量较高；
R——表示碳、磷和硅含量较低，可省略
用三位阿拉伯数字表示熔敷金属的化学成分的分类代号(见表 1-2-7)
表示焊条

表 1-2-7　不锈钢焊条熔敷金属化学成分代号及力学性能(GB/T 983—1995)

焊条型号	化学成分(质量分数,%)										力学性能		热处理
	C	Cr	Ni	Mo	Mn	Si	P	S	Cu	其他	抗拉强度 σ_b/MPa	伸长率 δ_5(%)	
E209-××	0.60	20.5~24.0	9.5~12.0	1.5~3.0	4.0~7.0	0.90	0.040	0.030	0.75		690	15	—
E219-××		19.0~21.5	5.5~7.0	0.75	8.0~10.0	1.00					620		
E240-××		17.0~19.0	4.0~6.0		10.5~13.5						690		
E307-××	0.04~0.14	18.0~21.5	9.0~10.7	0.5~1.5	3.30~1.75	0.90					590	30	
E308-××	0.08	18.0~21.0	9.0~11.0	0.75	0.5~2.5						550	35	
E308H-××	0.04~0.08												
E308L-××	0.04										520		
E308Mo-××	0.08		9.0~12.0	2.0~3.0							550		
E308MoL-××	0.04										520		
E309-××	0.15	22.0~25.0	12.0~14.0	0.75							550	25	
E309L-××	0.04										520		
E309Nb-××	0.12									Nb 0.70~1.00	550		
E309Mo-××				2.0~3.0						—			
E309MoL-××	0.04										540		
E310-××	0.08~0.20	25.0~28.0	20.0~22.5	0.75	1.0~2.5	0.75	0.030				550		
E310H-××	0.35~0.45										620	10	
E310Nb-××	0.12		20.0~22.5							Nb 0.70~1.00	550	25	
E310Mo-××				2.0~3.0						—			

（续）

焊条型号	化学成分（质量分数，%） C	Cr	Ni	Mo	Mn	Si	P	S	Cu	其他	力学性能 抗拉强度 σ_b/MPa	伸长率 δ_5（%）	热处理
E312-××	0.15	28.0～32.0	8.0～10.5	0.75	0.5～2.5	0.90	0.040	0.030	0.75		660	22	—
E316-××	0.08	17.0～20.0	11.0～14.0	2.0～3.0							520	30	
E316H-××	0.04～0.08												
E316L-××	0.04										490		
E317-××	0.08	18.0～21.0	12.0～14.0	3.0～4.0							550	25	
E317L-××	0.04										520		
E317MoCu-××	0.08			2.0～2.5			0.035		2.0		540		
E317MoCuL-××	0.04												
E318-××	0.08	17.0～20.0	11.0～14.0	2.0～3.0			0.040		0.75	Nb 6×C～1.00	550		
E318V-××				2.0～2.5			0.035		0.5	V 0.30～0.70	540		
E320-××	0.07	19.0～21.0	32.0～36.0	2.0～3.0		0.60	0.040		0.3～0.4	Nb 8×C～1.00	550	30	
E320LR-××	0.03				1.5～2.5	0.30	0.020	0.015		Nb 8×C～0.40	520		
E330-××	0.18～0.25	14.0～17.0	33.0～37.0	0.75	1.0～2.5	0.90	0.040	0.030	0.75			25	
E330H-××	0.35～0.45										620	10	
E330MoMnWNb-××	0.20	15.0～17.0		2.0～3.0	3.5	0.70	0.035		0.50	Nb 1.0～2.0 W2.0～3.0	590	25	
E347-××	0.08	18.0～21.0	9.0～11.0	0.75	0.5～2.5	0.90	0.040		0.75	Nb 8×C～1.00	520		
E349-××	0.13		8.0～10.0	0.35～0.65						Nb 0.75～1.20 V0.10～0.30 Ti0.15 W1.25～1.75	690	25	
E383-××	0.03	26.5～29.0	30.0～33.0	3.0～4.2			0.020	0.020	0.6～1.5	—	520	30	
E385-××		19.5～21.5	24.0～26.0	4.2～5.2	1.0～2.5	0.75	0.030		1.2～2.00				
E410-××	0.12	11.0～13.5	0.7	0.75	1.0	0.90	0.04	0.030	0.75		450	20	a
E410NiMo-××	0.06	11.0～12.5	4.0～5.0	0.40～0.70							760	15	b
E430-××	0.10	15.0～18.0	0.6	0.75							450	20	c
E502-××		4.0～6.0	0.4	0.45～0.65							420		d
E505-××		8.0～10.5		0.85～1.20									
E630-××	0.05	16.00～16.75	4.5～5.0	0.75	0.25～0.75	0.75			3.25～4.00	Nb 0.15～0.30	930	7	e
E16-8-2-××	0.10	14.5～16.5	7.5～9.5	1.0～2.0	0.5～2.5	0.60	0.030		0.75	—	550	35	—
E16-25MoN-××	0.12	14.0～18.0	22.0～27.0	5.0～7.0		0.90	0.035		0.5	N≥0.1	610	30	
E7Cr-××	0.10	6.0～8.0	0.40	0.45～0.65	1.0		0.04		0.75	—	420	20	d
E5MoV-××	0.12	4.5～6.0	—	0.40～0.70	0.5～0.9	0.50	0.035		0.5	V0.10～0.35	540	14	f

（续）

<table>
<tr><th rowspan="2">焊条型号</th><th colspan="10">化学成分(质量分数,%)</th><th colspan="2">力学性能</th><th rowspan="2">热处理</th></tr>
<tr><th>C</th><th>Cr</th><th>Ni</th><th>Mo</th><th>Mn</th><th>Si</th><th>P</th><th>S</th><th>Cu</th><th>其他</th><th>抗拉强度 σ_b/MPa</th><th>伸长率 δ_5 (%)</th></tr>
<tr><td>E9Mo-××</td><td>0.15</td><td>8.5~10.0</td><td>—</td><td>0.70~1.0</td><td rowspan="3">0.5~1.0</td><td rowspan="3">0.50</td><td rowspan="3">0.035</td><td rowspan="5">0.030</td><td rowspan="3">0.5</td><td>—</td><td>590</td><td>16</td><td>g</td></tr>
<tr><td>E11MoVNi-××</td><td rowspan="2">0.19</td><td>9.5~11.5</td><td>0.60~0.90</td><td>0.60~0.90</td><td>V0.20~0.40</td><td rowspan="2">730</td><td rowspan="2">15</td><td rowspan="2">g</td></tr>
<tr><td>E11MoVNiW-××</td><td>9.5~12.0</td><td>0.40~1.10</td><td>0.80~1.00</td><td>V0.20~0.40
W0.40~0.70</td></tr>
<tr><td>E2209-××</td><td>0.04</td><td>21.5~23.5</td><td>8.5~10.5</td><td>2.5~3.5</td><td>0.5~2.0</td><td>0.90</td><td rowspan="2">0.040</td><td>0.75</td><td>N0.08~0.20</td><td>690</td><td>20</td><td rowspan="2">—</td></tr>
<tr><td>E2553-××</td><td>0.06</td><td>24.0~27.0</td><td>6.5~8.5</td><td>2.9~3.9</td><td>0.5~1.5</td><td>1.0</td><td>1.5~2.5</td><td>N0.10~0.25</td><td>760</td><td>15</td></tr>
</table>

注:1. 表中单值均为最大值。

2. 当对表中给出的元素进行化学分析还存在其他元素时,这些元素总量的质量分数不得超过0.5%(铁除外)。

3. 焊条型号中的字母L表示碳含量较低,H表示碳含量较高,R表示碳、磷、硅含量较低。

4. E502、E505、E7Cr、E5MoV、E9Mo型焊条将放入下次修订的GB/T 5118《低合金钢焊条》标准中,而从本标准中删除。

5. 后缀-××表示-15、-16、-17、-25或-26。

6. 热处理栏中的字母表示的内容为:

a. 试件在730~760℃保温1h,以不超过60℃/h的速度随炉冷至315℃,然后空冷。

b. 试件在595~620℃保温1h,然后空冷。

c. 试件在760~790℃保温2h,以不超过55℃/h的速度随炉冷至595℃,然后空冷。

d. 试件在840~870℃保温2h,以不超过55℃/h的速度随炉冷至595℃,然后空冷。

e. 试件在1025~1050℃保温1h后空冷到室温,随后再加热至610~630℃保温4h,进行沉淀硬化处理,然后空冷到室温。

f. 试件在740~760℃保温4h,然后空冷。

g. 试件在730~750℃保温4h,然后空冷。

7. 表中力学性能值均为最小值。

表1-2-8 不锈钢焊条的药皮类型、焊接位置及电流种类

<table>
<tr><th>焊条型号</th><th>药皮类型</th><th>焊接电流种类</th><th>焊接位置</th></tr>
<tr><td>E×₁…×₂×₃…-15</td><td rowspan="2">碱性药皮</td><td rowspan="2">直流反极性</td><td>全位置焊</td></tr>
<tr><td>E×₁…×₂×₃…-25</td><td>平焊,横焊</td></tr>
<tr><td>E×₁…×₂×₃…-16</td><td rowspan="2">碱性,钛型或钛钙型药皮</td><td rowspan="3">交流或直流反极性</td><td>全位置焊</td></tr>
<tr><td>E×₁…×₂×₃…-26</td><td>平焊、横焊</td></tr>
<tr><td>E×₁…×₂×₃…-17</td><td>金红石型或钛酸性药皮</td><td>全位置焊</td></tr>
</table>

例5

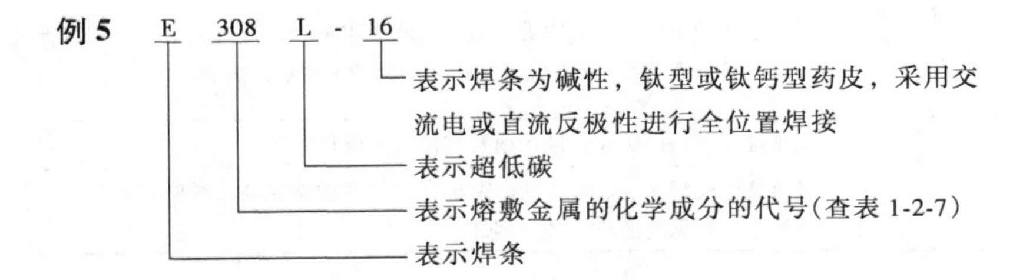
E 308 L - 16
表示焊条为碱性,钛型或钛钙型药皮,采用交流电或直流反极性进行全位置焊接
表示超低碳
表示熔敷金属的化学成分的代号(查表1-2-7)
表示焊条

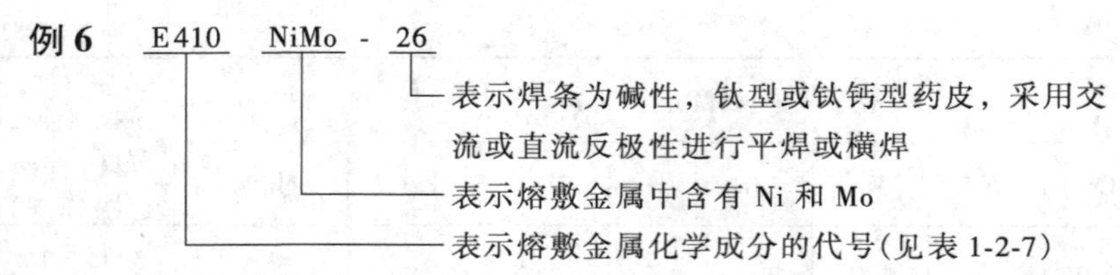
例6 E410 NiMo - 26
表示焊条为碱性，钛型或钛钙型药皮，采用交流或直流反极性进行平焊或横焊
表示熔敷金属中含有 Ni 和 Mo
表示熔敷金属化学成分的代号(见表 1-2-7)

4. 堆焊焊条　这类焊条用于金属表面的堆焊。熔敷金属在常温或高温下，具有一定程度的耐磨、耐腐蚀性，使堆焊金属具有特殊性能。国标 GB/T 984—2001《堆焊焊条》规定，按照熔敷金属化学成分和药皮类型进行分类，仅有碳化钨管状焊条型号根据焊芯中的碳化钨的成分及粒度分类。堆焊焊条的型号编制方法如下：

（1）实芯堆焊焊条的型号

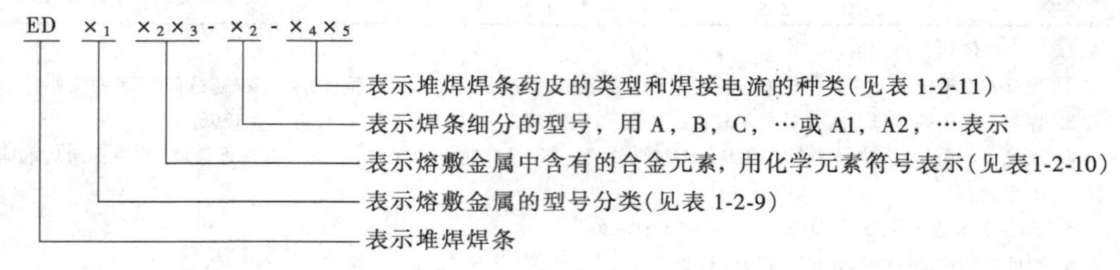
ED ×1 ×2×3 - ×2 - ×4×5
表示堆焊焊条药皮的类型和焊接电流的种类(见表 1-2-11)
表示焊条细分的型号，用 A，B，C，…或 A1，A2，…表示
表示熔敷金属中含有的合金元素，用化学元素符号表示(见表1-2-10)
表示熔敷金属的型号分类(见表 1-2-9)
表示堆焊焊条

表 1-2-9　$\times_1$ 的含义(熔敷金属的类型)

符号	熔敷金属的类型	熔敷金属的性能
P	普通低中合金钢	不同硬度的普通中合金钢
R	热强合金钢	在高温中能保持足够的硬度和抗疲劳性
Cr	高铬钢	具有空淬性，有较高的中温硬度，耐蚀性较好
Mn	高猛钢	焊后硬度不高，加工硬化性特别高，可达 450～500HBW
CrMn	高铬锰钢	有较好的耐磨、耐热、耐蚀和气蚀性能
CrNi	高铬镍钢	具有较好的抗氧化、气蚀性、耐腐蚀性能和热强性能。加入 Si 或 W 能提高耐磨性，堆焊金属能够在 600～650℃以下工作
D	高速钢	有很高的硬度、耐磨性和韧性，可以在 600℃以下工作
Z	含少量 Cr、Ni、Mo 或 W 的马氏体合金铸铁	除耐磨性能提高外，还改善了耐热，耐蚀及抗氧化性能，韧性也有改善
ZCr	高铬铸铁	具有良好的抗氧化和耐气蚀性能，硬度高，耐磨粒磨损性能好，常用于工作温度不超过 500℃的地方
CoCr	钴基合金	在 600℃以上的高温中能保持高硬度并具有一定的耐腐蚀性能。调整碳和钨的含量，可以改变堆焊金属的硬度和韧性，以适应不同的用途。含碳量越低，韧性越好，而且能够承受冷热条件下的冲击
W	熔敷金属为弥散地分布着碳化钨颗粒的马氏体钢或马氏体合金铸铁	具有很高的硬度，抗高应力磨粒磨损能力很强。耐低应力磨粒磨损的能力也较好，可以在高温 650℃以下工作。但耐冲击力低，热裂倾向大
T	特殊型号	用来堆焊铸铁压延模，成形模及其他铸铁模具
Ni	镍基合金	具有良好的耐热性、耐蚀性。由于含有大量的碳化物，对应力开裂比较敏感，用于堆焊承受低应力磨损零件

表 1-2-10　堆焊焊条熔敷金属的化学成分

序号	焊条型号	堆焊层金属化学成分(质量分数,%)															堆焊层硬度 HRC (HBW)
		C	Mn	Si	Cr	Ni	Mo	W	V	Nb	Co	Fe	B	S	P	其他元素总量	
1	EDPMn2-××	0.20	3.50	—	—		—	—	—	—	—	余量	—	—	—	—	22
2	EDPMn3-××		4.20														28
3	EDPMn4-××		4.50													2.00	30
4	EDPMn5-××		5.20													—	40
5	EDPMn6-××	0.45	6.50	1.00													50
6	EDPCrMo-A1-××	0.25	—	—	2.00		1.50									2.00	22
7	EDPCrMo-A2-××	0.50			3.00											—	30
8	EDPCrMo-A3-××				2.50		2.50										40
9	EDPCrMo-A4-××	0.30～0.60			5.00		4.00										50
10	EDPCrMnSi-××	0.50～1.00	2.50	1.00	3.50		—									1.00	
11	EDPCrMoV-A1-××	0.30～0.60	—	—	8.00～10.00		3.00		0.50～1.00							4.00	
12	EDPCrMoV-A2-××	0.45～0.65			4.00～5.00		2.00～3.00		4.00～5.00							—	55
13	EDPCrSi-A-××	0.35	0.80	1.80	6.50～8.50		—		—				0.20～0.40	0.03	0.03		45
14	EDPCrSi-B-××	1.00		1.50～3.00									0.50～0.90				60
15	EDRCrMnMo-××	0.60	2.50	1.00	2.00		1.00						—	0.035	0.04		40、45*
16	EDRCrW-××	0.25～0.55	—	—	2.00～3.50		—	7.00～10.00								1.00	48
17	EDRCrMoWV-A1-××	0.50			5.00		2.50		1.00							—	55
18	EDRCrMoWV-A2-××	0.30～0.50			5.00～6.50		2.00～3.00	2.00～3.50	1.00～3.00								50
19	EDRCrMoWV-A3-××	0.70～1.00			3.00～4.00		3.00～5.00	4.50～6.00	1.50～3.00							1.50	
20	EDRCrMoW-Co-A-××	0.08～0.12	0.30～0.70	0.80～1.60	2.00～4.20		3.80～6.20	5.00～8.00	0.50～1.10		12.70～16.30			—	—	—	52～58*
21	EDRCrMoW-Co-B-××				1.80～3.20		7.80～11.20	8.80～12.20	0.40～0.80		15.70～19.30						62～66*
22	EDCr-A1-××	0.15	—	—	10.00～16.00		—	—	—		—			0.03	0.04	2.50	40
23	EDCr-A2-××	0.20				6.00	2.50	2.00						—	—		37
24	EDCr-B-××	0.25					—	—								5.00	45
25	EDMn-A-××	1.10	11.00～16.00	1.30	—												170
26	EDMn-B-××		11.00～18.00	0.30～1.30			2.50									1.00	
27	EDCrMn-A-××	0.25	6.00～8.00	1.00	12.00～14.00	—	—									—	38～48
28	EDCrMn-B-××	0.80	11.00～16.00	0.80	13.00～17.00											4.00	20

（续）

序号	焊条型号	堆焊层金属化学成分（质量分数，%）															堆焊层硬度 HRC（HBW）
		C	Mn	Si	Cr	Ni	Mo	W	V	Nb	Co	Fe	B	S	P	其他元素总量	
29	EDCrMn-C-××	1.10	12.00~18.00	2.00	12.00~18.00	6.00	4.00	—	—	—	—	余量	—	—	—	3.00	28
30	EDCrMn-D-××	0.50~0.80	24.00~27.00	1.30	9.50~12.50	—	—									—	210
31	EDCrNi-A-××	0.18	0.60~2.00	4.80~6.40	15.00~18.00	7.00~9.00								0.03	0.04		270~320
32	EDCrNi-B-××		0.60~5.00	3.80~6.50	14.00~21.00	6.50~12.00	3.50~7.00			0.50~0.20						2.50	37
33	EDCrNi-C-××	0.20	2.00~3.00	5.00~7.00	18.00~20.00	7.00~10.00	—			—						—	
34	EDD-A-××	0.70~1.00	0.60	0.80	3.00~5.00	—	4.00~6.00	5.00~7.00	1.00~2.50							1.00	55
35	EDD-B-××	0.50~0.90					5.00~9.50	1.00~2.50	0.80~1.30								
36	EDD-C-××	0.30~0.50					5.00~9.00		0.80~1.20								
37	EDD-D-××	0.70~1.00	—	—	3.80~4.50		—	17.00~19.00	1.00~1.50							1.50	
38	EDZ-A1-××	2.50~4.50			3.00~5.00		3.00~5.00	—	—					0.035	—	—	60
39	EDZ-A2-××	3.00~4.50	1.50	2.50	26.00~34.00		2.00~3.00									3.00	
40	EDZ-A3-××	4.80~6.00			35.00~40.00		4.20~5.80							—		—	
41	EDZ-B1-××	1.50~2.20	—	—	—		—	8.00~10.00								1.00	50
42	EDZ-B2-××	3.00			4.00~6.00			8.50~14.00				—				3.00	60
43	EDZCr-A-××	1.50~3.50	1.50~3.00	1.50	28.00~32.00	5.00~8.00		—								—	40
44	EDZCr-B-××		1.00	—	22.00~32.00	—										7.00	45
45	EDZCr-C-××	2.50~5.00	8.00	1.00~4.80	25.00~32.00	3.00~5.00										2.00	48
46	EDZCr-D-××	3.00~4.00	1.50~3.50	3.00	22.00~32.00	—							0.50~2.50			6.00	58
47	EDCoCr-A-××	0.70~1.40	2.00	2.00	25.00~32.00			3.00~6.00			余量	5.00	—			4.00	40
48	EDCoCr-B-××	1.00~1.70						7.00~10.00									44
49	EDCoCr-C-××	1.75~3.00			25.00~33.00			11.00~19.00									53
50	EDCoCr-D-××	0.20~0.50			23.00~32.00			9.50								7.00	28~35
51	EDW-A-××	1.50~3.00		4.00	—			40.00~50.00			—	余量				—	60
52	EDW-B-××	1.50~4.00	3.00		3.00	3.00	7.00	50.00~70.00								3.00	
53	EDTV-××	0.25	2.00~3.00	1.00	—	—	2.00~3.00	—	5.00~8.00				0.15	0.03	0.03	—	180

表 1-2-11　堆焊焊条药皮类型

序号	型　号	药皮类型	焊 接 电 源	焊条药皮类型说明
1	00	特殊型	交流或直流	
2	03	钛钙型		药皮含质量分数30%以上的氧化钛和质量分数20%以下的钙或镁的碳酸盐矿石。熔渣流动性良好。电弧较稳定，熔深适中，脱渣容易，飞溅少，焊波美观。焊接电源为交流或直流
3	05	低氢钠型	直流	药皮主要组成物是碳酸盐矿石和萤石，渣是碱性的。熔渣流动性好，焊接工艺性能一般、焊波较高。焊接时要求焊条药皮很干燥，电弧很短。该类型焊条具有良好的抗热裂性能和力学性能
4	06	低氢钾型	交流或直流	低氢钾型具备低氢钠型焊条的各种特性并可交流施焊。为了用于交流，在药皮中除用硅酸钾作粘合剂外，还加入稳弧组成物
5	08	石墨型		这类焊条一般含有碱性药皮或钛矿物外，药皮中加入较多量石墨，使焊缝金属获得较高的游离碳或碳化物。采用石墨型药皮的焊条除焊接时烟雾较大外，工艺性能较好，飞溅少，熔深较浅、引弧容易，适用于交流或直流焊接。该焊条药皮强度较差，在包装、运输、贮存及使用中应予注意。施焊时一般以采用小规范为宜

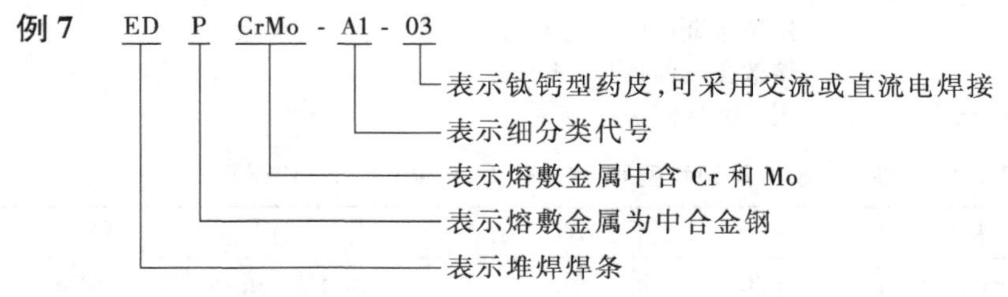
例 7
ED P CrMo - A1 - 03
表示钛钙型药皮,可采用交流或直流电焊接
表示细分类代号
表示熔敷金属中含 Cr 和 Mo
表示熔敷金属为中合金钢
表示堆焊焊条

（2）碳化钨管状堆焊焊条的型号　根据 GB/T 984—2001《堆焊焊条》规定，含碳化钨的管状堆焊焊条的型号表示方法如下：

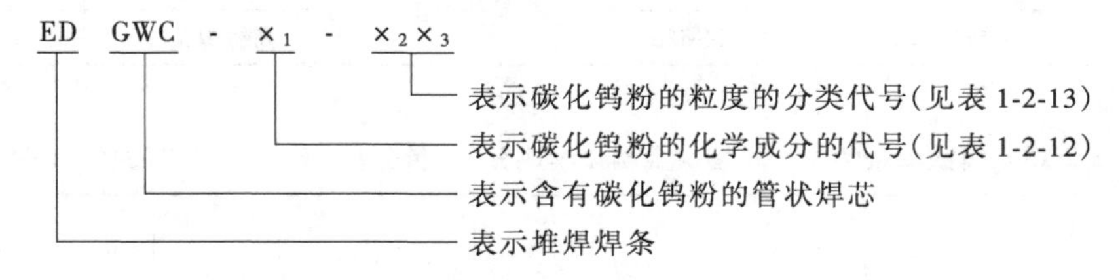
ED GWC - ×1 - ×2×3
表示碳化钨粉的粒度的分类代号(见表 1-2-13)
表示碳化钨粉的化学成分的代号(见表 1-2-12)
表示含有碳化钨粉的管状焊芯
表示堆焊焊条

表 1-2-12　$\times_1$ 碳化钨粉的化学成分（质量分数,%）

型　号	C	Si	Ni	Mo	Co	W	Fe	Th
EDGWC1	3.6～4.2	≤0.3	≤0.3	≤0.6	≤0.3	≥94.0	≤1.0	≤0.1
EDGWC2	6.0～6.2					≥91.5	≤0.5	
EDGWC3	由供需双方商定							

表 1-2-13　×₂×₃ 碳化钨粉的粒度分类

型号×$_2$×$_3$	粒 度 分 布	型号×$_2$×$_3$	粒 度 分 布
EDGWC×$_1$-12/30	1.70mm~600μm(−12 目+30 目)	EDGWC×$_1$-40	<425μm(−40 目)
EDGWC×$_1$-20/30	850~600μm(−20 目+30 目)	EDGWC×$_1$-40/120	425μm~125μm(−40 目+120 目)
EDGWC×$_1$-30/40	600~425μm(−30 目+40 目)		

注：1. 焊条型号中的×$_1$ 代表“1”或“2”或“3”。

2. 允许通过(“−”)筛网的筛上物≤5%，不通过(“+”)筛网的筛下物≤20%。

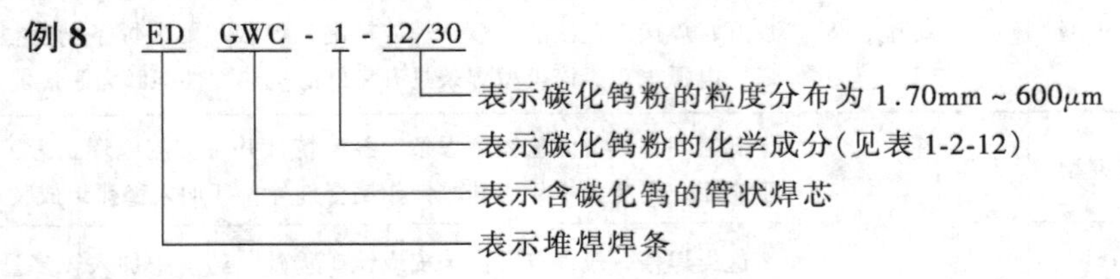
例 8
ED GWC - 1 - 12/30
表示碳化钨粉的粒度分布为 1.70mm~600μm
表示碳化钨粉的化学成分(见表 1-2-12)
表示含碳化钨的管状焊芯
表示堆焊焊条

5. 铸铁焊条

GB/T 10044—1988《铸铁焊条及焊丝》标准规定了铸铁焊条的型号分类、技术要求和试验方法。适用于灰铸铁、可锻铸铁、球墨铸铁及某些合金铸铁补焊用的焊条。

根据熔敷金属的化学成分和用途划分铸铁焊条的型号，表示方法如下：

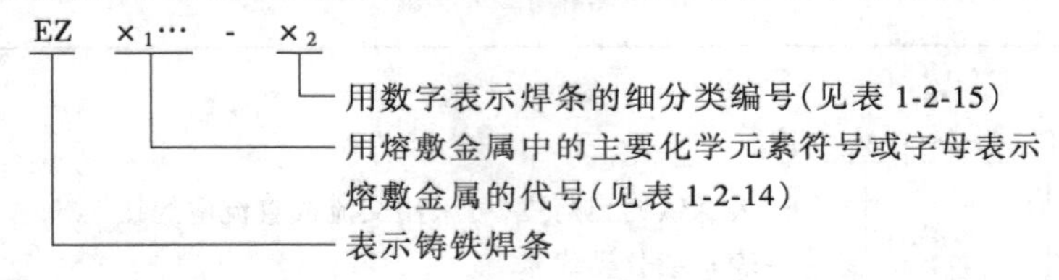
EZ ×1… - ×2
用数字表示焊条的细分类编号(见表 1-2-15)
用熔敷金属中的主要化学元素符号或字母表示
熔敷金属的代号(见表 1-2-14)
表示铸铁焊条

表 1-2-14　铸铁焊条的类别和型号(×₁…)(GB/T 10044—1988)

类　别	名　称	型号(×$_1$)	类　别	名　称	型号(×$_1$)
铁基焊条	灰铸铁焊条	EZC	镍基焊条	镍铜铸铁焊条	EZNiCu
	球墨铸铁焊条	EZCQ		镍铁铜铸铁焊条	EZNiFeCu
镍基焊条	纯镍铸铁焊条	EZNi	其他焊条	纯铁及碳钢焊条	EZFe
	镍铁铸铁焊条	EZNiFe		高钒焊条	EZV

表 1-2-15　铸铁焊条的型号和熔敷金属化学成分(质量分数,%)(GB/T 10044—1988)

<table>
<tr><th>铸铁焊条型号×$_1$~×$_2$</th><th>C</th><th>Si</th><th>Mn</th><th>S</th><th>P</th><th>Fe</th><th>Ni</th><th>Cu</th><th>Al</th><th>V</th><th>球化剂</th><th>其他元素总量</th></tr>
<tr><td>EZC</td><td>2.00~4.00</td><td>2.5~6.5</td><td>≤0.75</td><td rowspan="2">≤0.10</td><td rowspan="2">≤0.15</td><td rowspan="2">余</td><td>—</td><td>—</td><td>—</td><td>—</td><td>—</td><td>—</td></tr>
<tr><td>EZCQ</td><td>3.20~4.20</td><td>3.20~4.00</td><td>≤0.80</td><td>—</td><td>—</td><td>—</td><td>—</td><td>0.04~0.15</td><td rowspan="6">≤1.00</td></tr>
<tr><td>EZNi-1</td><td rowspan="5">≤2.00</td><td>≤2.50</td><td rowspan="2">≤1.00</td><td rowspan="5">≤0.03</td><td>—</td><td rowspan="2">≤8</td><td>≥90</td><td>—</td><td>—</td><td>—</td><td>—</td></tr>
<tr><td>EZNi-2</td><td>≤4.00</td><td>—</td><td>≥85</td><td>≤2.50</td><td>≤1.00</td><td>—</td><td>—</td></tr>
<tr><td>EZNiFe-1</td><td>≤2.50</td><td>≤1.80</td><td>—</td><td rowspan="3">余</td><td rowspan="3">45~60</td><td>—</td><td>—</td><td>—</td><td>—</td></tr>
<tr><td>EZNiFe-2</td><td rowspan="2">≤4.00</td><td rowspan="2">≤1.00</td><td>—</td><td rowspan="2">≤2.50</td><td>≤1.00</td><td>—</td><td>—</td></tr>
<tr><td>EZNiFe-3</td><td>—</td><td>1.00~3.00</td><td>—</td><td>—</td></tr>
</table>

（续）

铸铁焊条型号 ×1 ~ ×2	C	Si	Mn	S	P	Fe	Ni	Cu	Al	V	球化剂	其他元素总量
EZNiCu-1	≤1.00	≤0.80	≤2.50	≤0.025	—	≤6	60 ~ 70	24 ~ 35	—	—	—	
EZNiCu-2	0.35 ~ 0.55	≤0.75	≤2.30		—	3 ~ 6	50 ~ 60	35 ~ 45	—	—	—	≤1.00
EZNiFeCu	≤2.00	≤2.00	≤1.50	≤0.03	—		45 ~ 60	4 ~ 10	—	—	—	
EZFe-1	≤0.04	≤0.10	≤1.00			余	—	—	—	—	—	—
EZFe-2	≤0.15	≤0.03	≤0.60	≤0.04	≤0.04		—	—	—	—	—	—
EZV	≤0.25	≤0.70	≤1.50				—	—	—	8 ~ 13	—	—

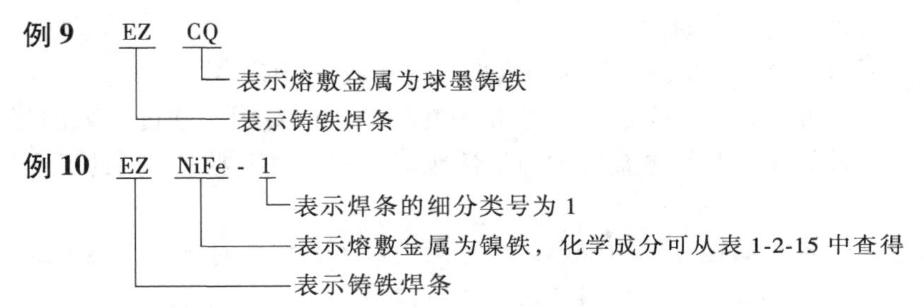
例 9　EZ　CQ
表示熔敷金属为球墨铸铁
表示铸铁焊条
例 10　EZ　NiFe - 1
表示焊条的细分类号为 1
表示熔敷金属为镍铁，化学成分可从表 1-2-15 中查得
表示铸铁焊条

二、焊条的规格

焊条以焊芯的直径为公称直径，根据焊芯的材质和直径决定焊条的长度。不同类别焊条的规格见表 1-2-16。

表 1-2-16　焊条的规格　（单位:mm）

焊芯直径	焊条长度
1.6	200　250
2.0	250　300
2.5	250　300
3.2	350　400
4.0	350　400
5.0	400　450
6.0	400　450
8.0	500　650

三、酸性焊条与碱性焊条

尽管药皮有多种类型，但根据药皮熔化后的熔渣特性，只能分成酸性焊条与碱性焊条两类。这两类焊条的工艺性能、操作注意事项和焊缝质量有较大的差异，因此必须熟悉它们的特点。

1. 酸性焊条　酸性焊条熔渣的主要成分是酸性氧化物（如二氧化硅、二氧化钛、三氧化二铁等），它在焊接过程中容易放出含氧物质，因药皮里的有机物分解时产生保护气体，因此烘干温度不能超过 250℃。

酸性焊条氧化性较强，容易使合金元素氧化，同时电弧中的氢离子容易和氧离子结合生成氢氧根离子，可防止氢气孔，因此这类焊条对铁锈不敏感。

酸性渣不能有效地清除熔池中的硫、磷等杂质，因此焊缝金属产生偏析的可能性较大，出现热裂纹的倾向较高，焊缝金属的冲击韧度较低。

酸性焊条突出的优点是价格较低，焊接工艺性较好，容易引弧，电弧稳定，飞溅小，对弧长不敏感，对油锈不敏感，对焊前准备要求低，而且焊缝成形好，广泛用于一般结构。

酸性焊条的典型牌号产品有：J422、J503、R202、R302、A302 等。

2. 碱性焊条　碱性焊条熔渣的主要成分是碱性氧化物（如大理石、氟石等）和铁合金，焊接时大理石分解，产生二氧化碳气体。

碱性焊条的氧化性弱，对油、水、铁锈等很敏感。如果焊前对焊件焊接区没有清理干净或焊条未完全烘干，容易产生气孔。但焊缝金属中合金元素较多，硫、磷等杂质较少，因此焊缝的力学性能，特别是冲击韧度较好，故这类焊条主要用于焊接重要结构。

碱性焊条突出的缺点是价格稍贵，工艺性能差，引弧困难，电弧稳定性差，飞溅较大，必须采用短弧焊，焊缝外形稍差，鱼磷纹较粗。

碱性焊条的典型牌号有：J426、J507、R206、R207、A302、A307、W707 等。

必须说明一点，只是酸性焊条熔敷金属的塑性和韧性稍差，但对同一强度序列的焊条，无论是酸性焊条，还是碱性焊条，其熔敷金属的力学性能都能满足使用要求，因此至今还广泛地应用。

为了更好地掌握酸性焊条与碱性焊条的特点，将这两类焊条的特性对比列于表 1-2-17。

表 1-2-17　酸性焊条与碱性焊条的对比

酸 性 焊 条	碱 性 焊 条
1）对水、铁锈产生气孔的敏感性不大，焊条在使用前经 150～200℃烘焙 1h	1）对水、铁锈产生气孔的敏感性较大，要求焊条在使用前经 300～350℃烘焙 1～2h
2）电弧稳定，可用交流或直流施焊	2）由于药皮中含有氟化物恶化电弧稳定性，须用直流反接施焊，只有当药皮中加入稳弧剂后，才可用交直流两用施焊
3）焊接电流较大	3）焊接电流较同规格的酸性焊条约小 10% 左右
4）可长弧操作	4）需短弧操作，否则易引起气孔
5）合金元素过渡效果差	5）合金元素过渡效果好
6）熔深较浅，焊缝成形较好	6）熔深稍深，焊缝成形尚好，容易堆高
7）熔渣呈玻璃状，脱渣较方便	7）熔渣呈结晶状，脱渣不及酸性焊条好
8）焊缝的常、低温冲击韧度一般	8）焊缝的常、低温冲击韧度较高
9）焊缝的抗裂性能较差	9）焊缝的抗裂性能好
10）焊缝的含氢量高、影响塑性	10）焊缝的含氢量低
11）焊接时烟尘较少	11）焊接时烟尘稍多

第三节　焊条的选用原则

焊条的种类很多，应用范围不同，正确选用焊条，对焊接质量、劳动生产率和产品成本都有影响，为了正确地选用焊条，可参考以下几个基本原则。

一、等强度原则

对于承受静载或一般载荷的焊件或结构，通常选用抗拉强度与母材相等的焊条，这就是等强度原则。

例如焊接20、Q235等低碳钢或抗拉强度在400MPa左右的钢就可以选用E43系列焊条。而焊接Q345(16Mn)、16Mng等抗拉强度在500MPa以上的钢，选用E50系列焊条即可。

有的人认为选用抗拉强度高的焊条焊接抗拉强度低的材料好，这个观念是错误的，通常抗拉强度高的钢材的塑性指标都较差，单纯追求焊缝金属的抗拉强度，降低了它的塑性，往往不一定有利。

二、等同性原则

焊接在特殊环境下工作的焊件或结构，如要求耐磨、耐腐蚀、在高温或低温下具有较高的力学性能，则应选用能保证熔敷金属的性能与母材相近或相近似的焊条，这就是等同性原则。

如焊接不锈钢时，应选用不锈钢焊条；焊接耐热钢时应选用耐热钢焊条。

三、等条件原则

根据焊件或焊接结构的工作条件和特点选择焊条。例如焊接需承受动载或冲击载荷的焊件，应选用熔敷金属冲击韧度较高的低氢型碱性焊条。反之，焊一般结构时，应选用酸性焊条。

虽然选用焊条时还应考虑工地供电情况，工地设备条件，经济性及焊接效率等，但这都是比较次要的问题，应根据实际情况决定。

第四节　焊条的检验和保管

一、焊条的检验

为确保产品质量，新进厂的焊条应进行下列检验。

1. 外观检验　焊条药皮表面应细腻光滑，无气孔和机械损伤，药皮无偏心，焊芯无锈蚀现象，引弧端有倒角，引弧剂完好，夹持端牌号标志清晰。

2. 药皮强度检验　将焊条平举至离钢板1m处，松开手让焊条自由落下，如药皮无脱落现象，则药皮强度合格。

3. 工艺性检验　用待验焊条进行焊接试验，若引弧容易、电弧燃烧稳定、飞溅小、药皮熔化均匀、焊缝成形好，不产生气孔、裂纹、夹渣和咬边等缺陷，脱渣容易，则焊条的工艺性好。

4. 理化检验　焊接重要产品用的焊条，应焊正式工艺试验试板，除进行外观检验外，还要对试板进行X射线探伤，取样做金相试验、化学分析及力学性能试验，所有项目都合格时，焊条才合格。

当焊工对使用的焊条质量发生怀疑时，可以用下述方法鉴别焊条质量。

1）将几根焊条放在手掌上滚动，若焊条互相碰撞时发出清脆的金属声，则焊条药皮干燥可用；若发出低沉的沙沙声，则焊条药皮已受潮不能用。

2）将焊条在焊接回路中短路数秒钟，若焊条表面出汗、出现颗粒状斑点，则焊条已受潮不能用。

3）焊芯上有锈痕，则焊条已受潮不能用。

4）将厚药皮焊条缓慢弯成120°角，若涂料大块脱落或药皮表面无裂纹，都是受潮焊条。干燥的焊条在缓慢弯曲时，有小的脆裂声，继续弯至120°时，药皮受拉面出现小裂口。

5）焊接时药皮成块脱落，产生大量水蒸气或有爆裂现象，说明焊条已受潮。

已受潮的焊条，若药皮脱落，则应报废。若酸性焊条受潮不严重或焊芯上有轻微锈痕，焊接时基本上能保证质量，烘干后可以再用，但不能用来焊接重要结构。若碱性焊条焊芯上有锈痕，则不能正常使用。

二、焊条的贮存、保管及烘干

按 JB/T 3323—1996《焊接材料质量管理规程》规定，焊条的贮存、保管和使用前的烘干要求如下：

1）焊条必须存放在干燥、通风良好的室内仓库里。焊条贮存库内，不允许放置有害气体和腐蚀性介质，室内应保持整洁。

2）焊条应存放在架子上，架子离地面的距离应不小于 300mm，离墙壁距离不小于 300mm，室内应放置去湿剂，严防焊条受潮。

3）焊条堆放时应按种类、牌号、批次、规格、入库时间分类堆放，每垛应有明确的标志，避免混乱。发放焊条时应遵循先进先出的原则，避免焊条因存放期太长失效。

4）焊条在供给使用单位以后，至少在六个月之内能保证继续使用。

5）特种焊条的贮存与保管制度，应比一般焊条严格。应将它们堆放在专用库房或指定区域内，受潮或包装损坏的焊条未经处理不准入库。

6）对于已受潮、药皮变色和焊芯有锈迹的焊条，须经烘干后进行质量评定。若各项性能指标都满足要求时，方可入库，否则不准入库。

7）一般焊条一次出库量不能超过两天的用量。已经出库的焊条，焊工必须保管好。

8）焊条贮存库内，应设置温度计和湿度计。低氢型焊条库内温度不低于 5℃，空气相对湿度应低于 60%。

9）存放期超过一年的焊条，发放前应重新做各种性能试验，符合要求时方可发放，否则不准发放。

第三章　焊条电弧焊设备及工具

弧焊设备是一种为电弧提供电能的设备，其中弧焊电源是弧焊设备中的主要部分。弧焊电源包括交流弧焊变压器、直流弧焊发电机和弧焊整流器，通常把这些设备简称为电焊机。

第一节　弧焊电源的种类及其基本要求

一、弧焊电源的分类

弧焊电源有交流电源和直流电源两大类。交流电源即弧焊变压器，直流电源包括弧焊发电机和弧焊整流器两类。

1. 弧焊变压器　弧焊变压器是交流弧焊电源，用以将交流电网的高压交流电变成适用于电弧焊的低压交流电。由一次、二次线圈相隔离的主变压器及所需的调节和指示等装置组成。其优点是结构简单、使用方便、易于维修、价格便宜，无磁偏吹、噪声小等。缺点是不能用于碱性低氢型焊条的焊接。可用于焊条电弧焊、埋弧焊和手工钨极氩弧焊。常用弧焊变压器的型号有 BX1—330、BX3—300、BX3—500、BX2—500、BX2—1000 等。

2. 直流弧焊发电机　直流弧焊发电机有两种：一种是交流电动机和直流发电机的组合体；另一种是柴油或汽油发动机和直流发电机的组合体，同时还有为获得所需外特性的调节装置和指示装置等。其优点是焊接电弧稳定，焊接电流受网路电流波动的影响小，过载能力强，是以前应用最多的直流弧焊电源。由于其造价高，噪声大，耗电多，空载损耗大等缺点，已被淘汰，从 1992 年起我国已停止生产。

3. 整流弧焊电源　整流弧焊电源是把工频交流电（220V 或 380V）通过变压器降压后整流，或将工频交流电直接整流后，通过变频电路变成高频高压交流电（频率可从 50Hz 升高到几千到几万赫），再利用中频变压器降压后整流的弧焊电源。目前，已成功地取代了直流弧焊发电机用于焊接生产。

我国生产的整流弧焊电源有三种类型：

（1）不可控的弧焊整流焊机　这类整流焊机是早期产品，最初采用普通大功率二极管做整流元件、将工频交流电变成直流电用于焊接。这类焊机结构简单，维修方便，但焊接电流随网路电压变化，焊接电流不稳定。

我国生产的 ZX—160 型、ZX—400 型、ZX—1000 型、ZX—1500 型、ZX1 系列、ZX2 系列和 ZX3 系列弧焊整流器属于这类焊机。

（2）半控弧焊整流焊机　这类焊机采用普通大功率二极整流管和大功率晶闸管做整流元件，通过控制系统控制晶闸管的导通角，可补偿网路电压波动对焊接电流的影响，网路电压变化 ±10% 的情况下，保证焊接电流的变化 < ±3%，这种焊机可以远距离调节焊接电流，还可以调节引弧电流和推力电流，动特性好、电弧稳定，是我国重点推广用来取代旋转式直流弧焊发电机的整流弧焊机。

这类弧焊整流焊机的型号有 ZX5—250、ZX5—400、ZX5—630、ZX5—800 和 ZX5—

1000 等。

（3）逆变焊机　这是最好的弧焊整流焊机，它直接将 220V 或 380V 工频交流电整流后，通过变频电路将工频高压交流电变成中频（从几千赫～几万赫）的高压交流电，然后通过中频变压器降压后整流变成直流电用于焊接，还可以通过反馈电路保证焊机具有能满足焊接工艺要求的外特性、调节特性、动特性、电弧电压和电流波形，使焊机具有重量轻、效率高、空载损耗小、功率因数高、制造耗材少等优点。

目前我国已能生产用于焊条电弧焊、手工钨极氩弧焊、CO_2 气体保护焊、熔化极气体保护焊等各式各样的逆变弧焊电源。容量为 130～650A。最轻的 130A 弧焊逆变电源重量仅为 4kg，可放在手提包内方便携带，逆变开关频率为 20～50kHz，逆变型弧焊电源的开发在我国已获得了长足的进步与广泛的应用。

我国已生产了各种类型的 ZX7 系列逆变弧焊电源。

三种弧焊电源的特点见表 1-3-1。

表 1-3-1　三种弧焊电源的特点

电源种类 / 比较项目	弧焊发电机	弧焊变压器	弧焊整流器
电流种类	直流	交流	直流
电弧稳定性	好	差	较好（逆变焊机最好）
磁偏吹	较大	很小	较大
构造与维修	较复杂	简单	较简单
噪声	大	较小	很小
供电	三相	单相	三相或单相
功率因数	高	较低	较高
空载损耗	较大	小	较小（逆变焊机最小）
成本	高	低	较高
效率	低	高	较高（逆变焊机最高）
重量	重	较轻	较轻（逆变焊机最轻）
电流调节方法	不能遥控	不能遥控	可遥控

二、对弧焊电源的基本要求

焊接过程中，电弧是焊接电源的负载，焊机是电弧的电源，二者组成用电系统。为使焊接电弧能够在要求的焊接电流的范围内稳定地燃烧，焊接电源必须满足以下几个条件：

1. 适当的空载电压　当焊机与电网接通，输出端没有负载，焊接电流为零时的输出电压叫空载电压，用 U_0 表示。

通常空载电压低时，短路电流较小，引弧困难，电弧燃烧不够稳定，但触电危险小；空载电压高时，引弧容易，电弧燃烧稳定，但触电危险大；空载电压越高，制造焊机消耗的材料越多，触电的危险越大。因此，在满足焊接工艺要求的前提下，空载电压应该尽可能低些。

根据我国国家标准规定，目前弧焊电源的空载电压一般为：

弧焊变压器　　$U_0 \leqslant 80\text{V}$

弧焊整流器　　$U_0 \leqslant 90\text{V}$

弧焊发电机　　$U_0 \leqslant 100\text{V}$（单头焊机）

　　　　　　　$U_0 = 60\text{V}$（多头焊机）

2. 适当的短路电流　当电极和焊件短路时，输出电压为零，此时焊机的输出电流称为短路电流，用 I_d 表示。在引弧和焊条熔化向焊件过渡时，经常发生短路。如果短路电流过大，不但会使焊条过热、药皮脱落、飞溅增加，而且会引起电源过载以致烧坏。相反，如果短路电流太小，则会使引弧和熔滴过渡发生困难。所以一般要求短路电流 $I_d = (1.25 \sim 2) I_h$，I_h 为稳定工作点的电流，即焊接电弧稳定燃烧时的电流。

3. 陡降的外特性　在电弧稳定地燃烧的状态下，焊接电源输出电压和输出电流（焊接电流）之间的关系称为电源的外特性，用来表示这一关系的曲线称为电源的外特性曲线。焊条电弧焊电源应具有下降的外特性曲线，即焊接电流增加时，焊接电源的输出电压应该降低，如图 1-3-1 所示。由图可见：当焊接电流从零开始增加时，输出电压从 U_0 逐步下降，直至电压降到零，出现短路电流 I_d。根据电压下降的缓急程度，电源外特性可分为缓降外特性与陡降外特性两类。

焊条电弧焊时，电弧静特性曲线与电源外特性曲线的交点就是电路系统电弧稳定燃烧的工作点。由于焊工手法不稳定，焊件装配质量不好，焊件不平整或焊接通过定位焊缝处等原因的影响，焊接过程中，电弧长度不断地在变化。生产实践证明，焊接电流的波动对焊缝质量影响较大，因此，应设法使焊接电流的波动量尽可能地小些。

图 1-3-2 给出了电源外特性曲线和焊接电流稳定性的关系。由图可见：当弧长由 l_2 变化到 l_1 时，电弧的静特性曲线由 L_2 变化到 L_1，具有陡降外特性 1 的焊接电流的变化量为 ΔI_1，具有缓降外特性 2 的焊接电流的变化量为 ΔI_2，显然：$\Delta I_1 < \Delta I_2$。由此可见，当弧长发生变化时，陡降外特性电源产生的焊接电流的变化小，也就是说，焊接电流比较稳定，电源外特性曲线陡降得越快，焊接电流越稳定。

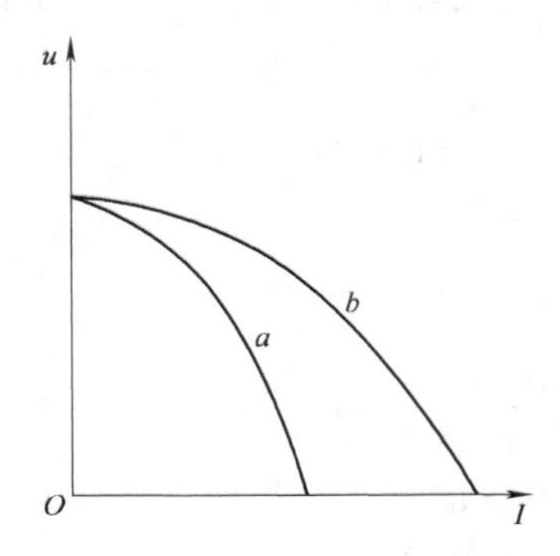

图 1-3-1　两类下降外特性曲线

a—陡降外特性曲线

b—缓降外特性曲线

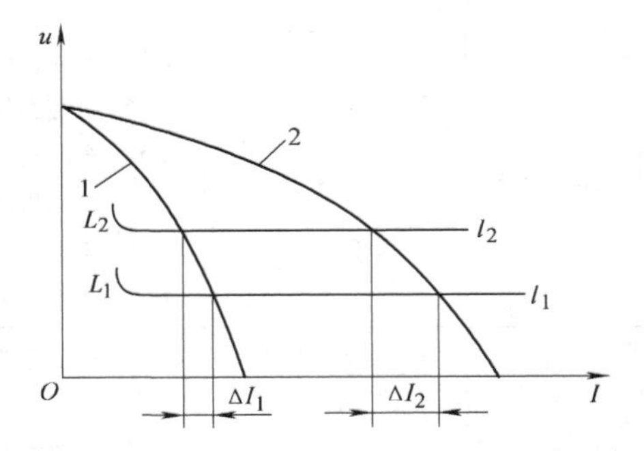

图 1-3-2　外特性曲线对焊接电流稳定性的影响

1—陡降外特性　2—缓降外特性　ΔI—焊接电流的变化

L_1—弧长为 l_1 时，电弧的静特性曲线

L_2—弧长为 l_2 时，电弧的静特性曲线

4. 良好的动特性　焊接过程中，焊条和焊件间会发生频繁的短路与重新引弧。若焊机输出电压和电流不能迅速地适应这种变化，电弧就不能稳定地燃烧，甚至熄灭。焊机适应焊

接电弧这种变化的特性称为电源的动特性。动特性良好的焊机，容易引弧，焊接过程稳定，飞溅小，焊接时会感到电弧平静，柔软，有弹性。

第二节　弧焊电源的型号及技术特性

一、弧焊电源的型号

根据 GB/T 10249—1988《电焊机型号编制方法》规定：我国的电焊机型号采用汉语拼音字母和阿拉伯数字表示。

弧焊电源的型号表示方法如下：

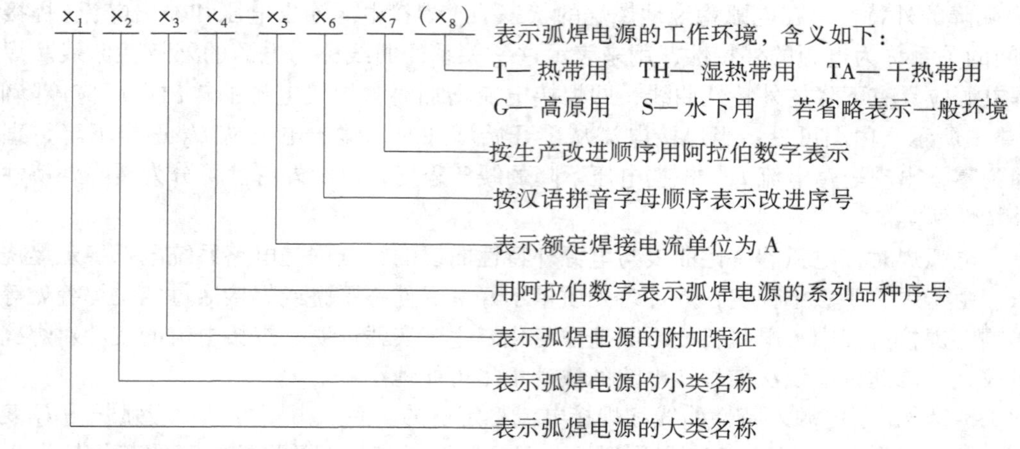

$\times_1 \sim \times_5$ 的具体含义见表 1-3-2。

表 1-3-2　电焊机型号编制方法（摘自 GB/T 10249—1988）

序号	$\times_1$		$\times_2$		$\times_3$		$\times_4$		$\times_5$	
	代表字母	大类名称	代表字母	小类名称	代表字母	附注特征	数字序号	系列产品	单位	基本规格
1	A	弧焊发电机			省略	电动机驱动	省略	直流	A	额定焊接电流
			X	下降特性	D	单纯弧焊发电机	1	交流发电机整流		
			P	平特性	Q	汽油机驱动	2	交流		
					C	柴油机驱动				
			D	多特性	T	拖拉机驱动				
					H	汽车驱动				
2	Z	弧焊整流器	X	下降特性	省略	一般电源	省略	磁放大器或饱和电抗器式	A	额定焊接电流
					M	脉冲电源	1	动铁心式		
							2			
			P	平特性	L	高空载电压	3	动线圈式		
							4	晶体管式		
							5	晶闸管式		
							6	变换抽头式		
			D	多特性	E	交直流两用电源	7	变频式		

（续）

序号	×1		×2		×3		×4		×5	
	代表字母	大类名称	代表字母	小类名称	代表字母	附注特征	数字序号	系列产品	单位	基本规格
			X	下降特性	L	高空载电压	省略	磁放大器或饱和电抗器式		
							1	动铁心式		
3	B	弧焊变压器					2	串联电抗器式	A	额定焊接电流
			P	平特性			3	动圈式		
							4			
							5	晶闸管式		
							6	变换抽头式		
			Z	自动焊	省略	直流	省略	焊车式		
							1			
4	M	埋弧焊机	B	半自动焊	J	交流	2	横臂式	A	额定焊接电流
							3	机床式		
			U	堆焊	E	交直流	9	焊头悬挂式		
			D	多用	M	脉冲				
			Z	自动焊	省略	氩气及混合气体保护焊直流	省略	焊车式		
							1	全位置焊车式		
			B	半自动焊	M	氩气及混合气体保护焊脉冲	2	横臂式		
5	N	MIG-MAG焊机					3	机床式	A	额定电焊接电流
							4	旋转焊头式		
			D	点焊						
			U	堆焊	C	二氧化碳保护焊	5	台式		
							6	焊接机器人		
			G	切割			7	变位式		

例如：

AX—320 为具有陡降外特性的直流弧焊发电机，额定焊接电流为 320A，简称为直流焊机。

BX—330 为具有陡降外特性的交流弧焊变压器，额定焊接电流为 330A，简称为交流焊机。

ZX5—400 为具有陡降外特性的晶闸管式弧焊整流器，额定焊接电流为 400A，简称为晶闸管整流焊机。

ZX7—400 为具有陡降外特性的变频式弧焊整流焊机，额定焊接电流为 400A，简称为逆变焊机。

二、弧焊电源的技术特性

每台弧焊电源上都有铭牌，说明它的技术特性包括：一次电压、电流、功率、相数、输出空载电压和工作电压，额定焊接电流和焊接电流调节范围，负载持续率等。

下面以 AX1—500 型和 BX3—300 型两台弧焊电源的铭牌，说明这些参数的意义。

AX1—500 型			
弧焊发电机			感应电动机
空载电压	60～90V	功率	26kW
工作电压	40V	电压	220/380V
电流调节范围	120～600A	电流	88.2/50.9A
负载持续率(%)	100　65	频率	50Hz 相数 3
电流 A	400　500	转速 1450r/min，	接法△/Y

BX3—300 型			
一次电压	380V	二次空载电压 75/60V	
相数	1	频率 50Hz	
电流调节范围	40～400A	负载持续率 60%	
负载持续率(%)	容量 kVA	一次电流 A	二次电流 A
100	15.9	41.8	232
60	20.5	54	300
35	27.8	72	400

1. 电压、电流、功率和相数　这些参数说明焊接电源对电网的要求。例如，AX1—500 型的功率为 26kW，接三相电源。BX3—300 型接入单相 380V 电网，容量 20.5kVA。

2. 空载电压　表示焊接电源的空载电压。例如，AX1—500 型的空载电压调节范围为 60～90V。BX3—300 型的空载电压有 75V 和 60V 两挡。

3. 负载持续率和许用焊接电流

（1）负载持续率　焊接电源工作时会发热，温升过高会因绝缘损坏而烧毁。温升一方面与焊接电源提供的焊接电流大小有关，同时也与焊接电源使用的状态有关，在相同的焊接电流下，长时间连续焊接时温升高，焊一会儿停一会儿温升低。所以，为保证一台焊机的温升不超过允许值，连续焊接时电流要用得小一些，断续焊接时，电流可用得大一些，即应根据弧焊电源的工作状态确定焊接电流的大小。负载持续率是用来表示弧焊电源工作状态的参数。负载持续率等于工作周期中弧焊电源有负载的时间所占的百分数：

$$负载持续率=\frac{在工作周期中弧焊电源有负载的时间}{工作周期}\times 100\%$$

我国标准规定，对于容量 500A 以下的弧焊电源，以 5min 为一个工作周期计算负载持续率。例如，焊条电弧焊时只有电弧燃烧时电源才有负载，在更换焊条、清渣时电源没有负载。如果 5min 内有 2min 用于换焊条和清渣，那么负载时间为 3min，负载持续率等于 60%。

（2）负载持续率和电源容量　设计弧焊电源时，根据其最经常的工作条件选定的负载持续率，称为额定负载持续率，额定负载持续率下允许使用的最大电流叫做额定焊接电流。如 BX3—300 型弧焊变压器的额定负载持续率是 60%，这时允许使用的最大焊接电流为

300A，是它的额定电流。负载持续率增加，允许使用的焊接电流减少；反之，负载持续率减小，允许使用的焊接电流增加。如 BX3—300 型弧焊变压器的负载持续率为 100% 时，其允许使用的焊接电流仅 232A，而负载持续率为 35% 时，允许使用的焊接电流达 400A，也就是说，虽然 BX3—300 型弧焊变压器的额定焊接电流只有 300A，但最大焊接电流可超过 300A。为了保证设备安全，使用焊机时，不能超过铭牌上规定的负载持续率下允许使用的焊接电流，否则会因温升过高使焊机烧毁。

三、弧焊电源的选择

1. 选择电源类别　焊条电弧焊时，根据焊条药皮种类和性质选择电源。凡低氢钠型焊条，如 E5015(J507)焊条需选用直流电源。低氢钾型焊条如 E5016(J506)可选用直流电源或交流电源，用交流电源时，弧焊变压器的空载电压不得低于 70V，否则引弧困难，电弧燃烧的稳定性差。对于酸性焊条，虽然可交、直流两用，但应尽量选用交流电源，因为其价格比较便宜。

2. 选择电源容量　电弧焊的主要焊接参数是焊接电流，按照需要的电流大小，对照焊机额定电流选择即可，不必计算焊机的容量。但是，如果使用时，负载持续率较高，如碳弧气刨，则应选择容量较大的焊机。

3. 选择电源特性　焊条电弧焊时应选择下降外特性的焊接电源。如果焊接电源是平特性的，则应接入外接电阻箱得到下降特性，如 ZPG—1000 接入电阻箱后可获得下降特性。

第三节　常用弧焊电源

一、弧焊变压器

弧焊变压器通常称为交流弧焊机。它是一种特殊的降压变压器。

常见的弧焊变压器有动铁式和动圈式两类。

1. BX1—330 型弧焊变压器　BX1—330 型弧焊变压器属于增强漏磁型动铁式弧焊变压器(BX1 系列)，这种电源调节焊接电流时只需移动铁心，非常方便。同时，其原材料消耗少，结构简单，维护方便，是目前用得较广泛的一种弧焊电源。BX1—330 型弧焊变压器的外形如图 1-3-3 所示。

图 1-3-3　BX1—330 型弧焊变压器的外形图

(1) 设备结构　BX1—330 型弧焊变压器的结构如图 1-3-4 所示。由日字形铁心组成。定铁心为口字形，有两只主铁心是固定的不能动；动铁心有一只铁心柱，可前后移动。

变压器的一次绕组 Ⅰ 为筒形，绕在一个主铁心柱上。二次绕组的一部分绕在一次绕组的外面，另一部分 Ⅲ 兼作电抗绕组，绕在另一个主铁心柱上，两部分都有抽头，图中绕组旁的数字为匝数。

弧焊电源的两侧装有接线板。一侧为一次接线板 A，供接入电网用。另一侧为二次接线板 B，供粗调焊接电流和连接焊接回路用。

(2) 电流调节　焊接电流的调节分为粗调节和细调节两挡。

1) 粗调节：改变弧焊变压器二次接线板上活动接线片的位置，改变二次绕组 Ⅱ 和 Ⅲ 的匝数和连接方式实现粗调节，如图 1-3-5 所示。焊接电流的调节范围如表 1-3-3 所示。

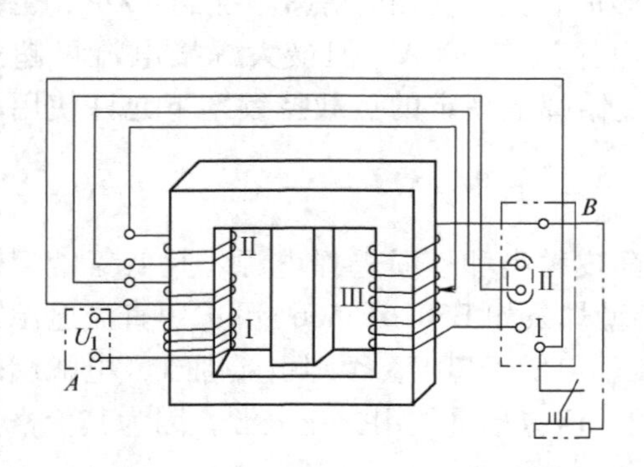

图 1-3-4　BX1—330 弧焊变压器的结构
Ⅰ——一次绕组　Ⅱ—二次绕组　Ⅲ—兼作电抗器的二次绕组　A——一次接线板　B—二次接线板

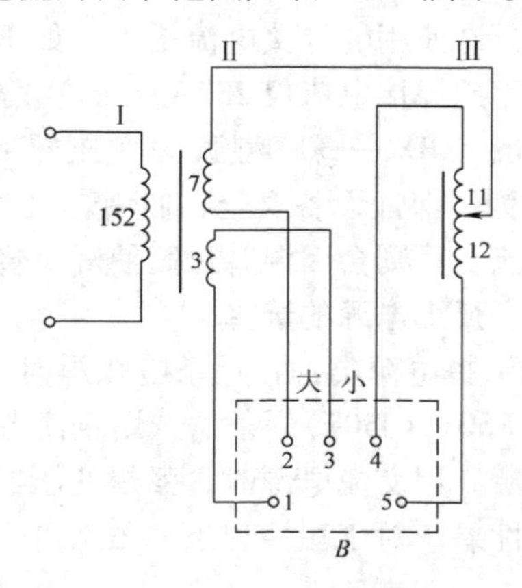

图 1-3-5　BX1—330 接线原理图
Ⅰ——一次绕组　Ⅱ—二次绕组　Ⅲ—兼作电抗器的二次绕组　B—二次接线板
大—大挡接线位置　小—小挡接线位置

表 1-3-3　粗调参数范围

挡次	连接方法	空载电压/V	焊接电流调节范围/A	挡次	连接方法	空载电压/V	焊接电流调节范围/A
大挡	2 ~ 3 短路	70	160 ~ 450	小挡	3 ~ 4 短路	60	50 ~ 180

2）细调节：通过改变活动铁心的位置，可以在粗调范围内，连续细调焊接电流，如图 1-3-6 所示。活动铁心由里向外移动时，焊接电流增加；反之，焊接电流减小。

（3）外特性曲线　BX1—330 型弧焊变压器的外特性曲线如图 1-3-6 所示。通过移动活动铁心的位置可改变外特性曲线的位置。

外特性曲线 1 ~ 2 所包围的面积，是小挡焊接电流的调节范围。当活动铁心从最里面移动到最外面时，外特性曲线从 1 移到 2，焊接电流由小变到大，连续可调，可以从 50A 增大到 180A。

外特性曲线 3 ~ 4 所包围的面积是大挡焊接电流的调节范围。当活动铁心从最里面移动到最外面时，外特性曲线从 3 移到 4，焊接电流由小变到大，连续可调，可以从 160A 增大到 450A。

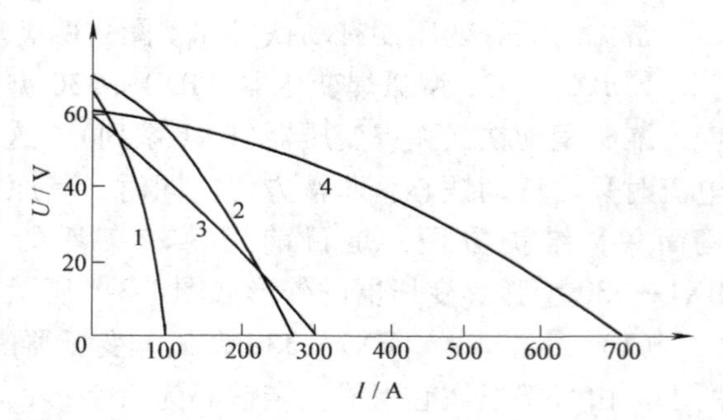

图 1-3-6　BX1—330 型弧焊变压器的外特性曲线
1 ~ 2—小挡外特性曲线的变化范围
3 ~ 4—大挡外特性曲线的变化范围

2. BX3—300 型弧焊变压器　BX3—330 型弧焊变压器属于增强漏磁型动圈式变压器（BX3 系列）。它没有活动铁心，磁路没有间隙，避免了由铁心振动带来的电弧不稳等不良影响，因此，电弧稳定性比动铁式好，BX3—330 型弧焊变压器的外形如图 1-3-7 所示。

（1）设备结构　BX3—300 型弧焊变压器的结构如图 1-3-8 所示。

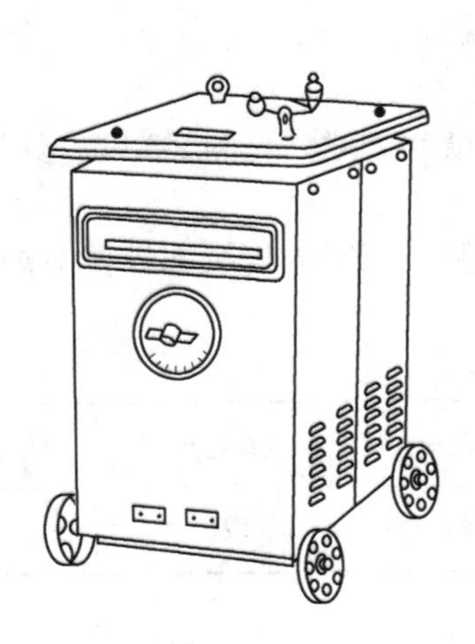

图 1-3-7　BX3—300 型弧焊变压器的外观

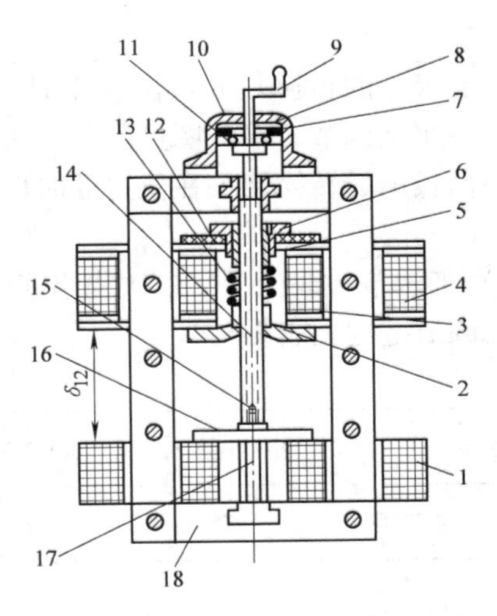

图 1-3-8　BX3—300 型动圈式弧焊变压器的结构

1—一次绕组　2—下夹板　3—下衬套　4—二次绕组　5—螺母　6—上衬套　7—弹簧垫圈　8—铜垫圈　9—手柄　10—丝杠固定压板　11—滚珠轴承　12—上夹板　13—压力弹簧　14—丝杆　15—滚珠　16—压板　17—螺钉　18—铁心

BX3—300 型动圈式弧焊变压器有一个高而窄的口字形铁心，可保证一、二次绕组之间的距离 δ_{12} 在较大的范围内变化。铁心的宽度较小，叠厚较大，可适当增加漏抗。要求铁心保持垂直度，不能呈鼓形，以免阻碍二次绕组的上下移动。

一、二次绕组分别做成匝数相等的两个圆盘，每盘都有一个抽头，用夹板将绕圈夹紧。一次绕组固定在铁心的底部。二次绕组用上、下夹板夹紧后，装在铁心的上部，旋转丝杠可上下移动，改变 δ_{12}。

（2）电流调节　焊接电流的调节分粗调节和细调节。

1）粗调节：利用转换开关，改变一、二次绕组的接线方法进行粗调节，如图 1-3-9

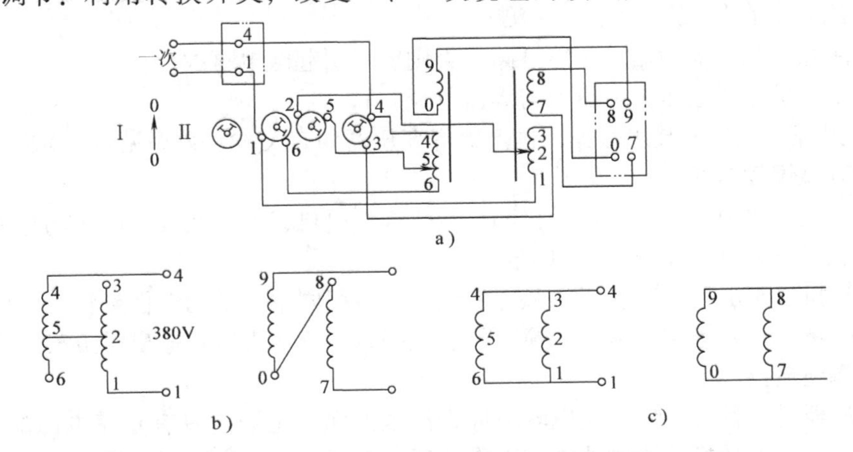

图 1-3-9　BX3—300 型弧焊变压器接线图

a）接线原理图　b）小挡（Ⅰ）接线图　c）大挡（Ⅱ）接线图

所示。

当面板上的转换开关在位置Ⅰ时(小挡)，一、二次绕组串联，空载电压为75V，焊接电流可在小挡调节，接线图见图1-3-9b。

当面板上的转换开关在位置Ⅱ时(大挡)，一、二次绕组并联，见图1-3-9c，焊接电流为大挡。

2）细调节：改变一、二次绕组间的距离δ_{12}，可在粗调范围内连续无级调节焊接电流。允许的调节范围见表1-3-4。

表1-3-4　粗调焊接参数范围

连接方式	空载电压/V	焊接电流/A	连接方式	空载电压/V	焊接电流/A
小挡Ⅰ位置(串联)	75	40～140	大挡Ⅱ位置(并联)	60	130～400

旋转焊机顶部的手柄9，可以改变一、二次绕组间的距离δ_{12}。顺时针方向旋转手柄时，δ_{12}增加，焊接电流减小；逆时针方向旋转手柄时，δ_{12}减小，焊接电流增大。

3）BX3—300型弧焊变压器的外特性曲线：外特性曲线见图1-3-10。

1～2所包围的面积是小挡(Ⅰ)焊接电流调节范围。

3～4所包围的面积是大挡(Ⅰ)焊接电流的调节范围。

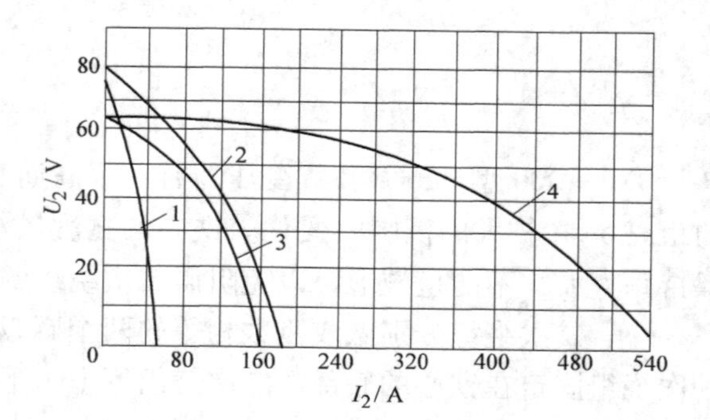

图1-3-10　BX3—300型弧焊变压器的外特性曲线
1～2—小挡外特性曲线包围的面积
3～4—大挡外特性曲线包围的面积

3. 交流弧焊机焊接电流和电弧电压的测量方法　用电流表测量交流弧焊机焊接电流时，电流表应与相应的互感器配合使用。把互感器套在焊机输出电缆上，电流表的两根引线接在互感器输出的两端，电流表与互感器并联，不能把电流表直接串在焊接回路上，否则电流表将被烧毁。也可将钳型电流表卡在焊接电缆上直接测量焊接电流。注意：互感器输出端不能开路，否则容易引起触电事故。

用电压表测量电弧电压，电压表与焊接电弧并联。

4. 国产弧焊变压器的技术数据　国产弧焊变压器的有关技术数据见表1-3-5。

二、直流弧焊发电机

直流弧焊发电机由一台异步电动机和一台弧焊发电机组成，在没有电源的地方可用柴油(汽油)机来代替电动机，如图1-3-11所示。

异步电动机接至电网，其转子和弧焊发电机的电枢同轴，带动电枢旋转，电枢绕组切割励磁线圈的磁场，产生感应电流，经换向器和电刷后整流成直流，输出供负载使用。

三、弧焊整流器

弧焊整流器是一种将工频交流电转换成直流电的弧焊电源。具有直流电源的全部优点，焊接电弧稳定。根据转换使用的器件和工作原理的不同，可分为：简单的硅整流电源，晶闸管式整流电源和逆变式整流电源三种类型，各自的特点分述如下：

表 1-3-5　国产弧焊变压器的型号与技术数据

产品系列	产品型号	额定输入容量/kVA	一次电压/V	工作电压/V	空载电压/V	额定焊接电流/A	焊接电流调节范围/A	额定负载持续率(%)	外形尺寸/(长/mm×宽/mm×高/mm)	重量/kg	主要用途
动铁心式弧焊变压器	BX1—120	6	380	21.2~24.8	50	120	60~120	20	365×257×263	32	作焊条电弧焊电源
	BX1—160	13.5	380	22~28	80	160	40~192	60	587×325×665	93	
	BX1—250	20.5	380	22.5~32	78	250	62.5~300	60	600×360×720	116	
	BX1—300	24.5	380	32	78	300	75~360	60	640×475×772	180	
	BX1—400	31.4	380	24~36	77	400	100~480	60	640×390×764	144	
	BX1—500	42	380	20~44	80	500	80~750	60	820×500×790	310	
	BX1—630	56	380	24~44	80	630	110~760	60	460×760×890	270	
	BX1—1000	77	380	44	75	1000	300~1200	60	820×636×1280	650	作交流埋弧焊电源
	BX1—1600	148	380	44	89	1600	400~1800	60	1360×822×1480	730	
	BP1—3×1000	160	380		53.4	1000	可达 1000	80	1400×940×1685	1400	用作 HS—1000 电渣焊机电源
	BP1—3×3000	450	380		50.6	3000		100	1535×1100×1480	3000	
串联电抗器式弧焊变压器	BX2—630	56	380	44	75	630	126~630	60			交流焊条电弧焊电源
	BX2—1000	76	220 或 380	42	69~78	1000	400~1200	60	741×950×1220	560	作为自动、半自动焊接电源用以焊接低碳钢的构件
	BX2—2000	170	380	50	72~84	2000	800~2200	50	1020×818×1260	800	

（续）

产品系列	产品型号	额定输入容量/kVA	一次电压/V	工作电压/V	空载电压/V	额定焊接电流/A	焊接电流调节范围/A	额定负载持续率（%）	外形尺寸/（长/mm×宽/mm×高/mm）	重量/kg	主要用途
动圈式焊变压器	BX3—120	7或9	220或380	25	70或75	120	20～160	60	485×470×680	100	作焊条电弧焊电源
	BX3—160	11.8	380	26.4	78～70	160	25～250	60	580×430×710	100	
	BX3—250	18.4	380	30	78～70	250	40～370	60	630×430×810	150	
	BX3—300	23.4	220或380	32	70或78	300	40～400	60	730×540×900	183	
	BX3—400	35.6	380	26	80～38	400	60～500	60	730×540×900	225	
	BX3—500	38	220或380	40	70或75	500	60～655	60	730×540×900	225	
	BX3—300F	22.1	380	32	82/90	300	40～360	60	614×530×921	175	接电防能电用作焊条电弧焊电源
	BX3—500F	34.6	380	40	82/90	500	60～600	60	662×540×968	235	
变换抽头式弧焊变压器	BX6—120	8.5	220、380	24.5	56	120	30～160	20			作焊条电弧焊电源
	BX6—125		380			125	60～146	20	350×296×240	35	
	BX6—160	12	380	22～29	50～70	160	40～220	60	540×315×454		
	BX6—250	21	380	22～31	50～76	250	60～350	60	590×338×560		
	BX6—315	24	380	23～36	50～79	315	72～400	60	585×343×626		

1. ZXG—300 型弧焊整流器　ZXG—300 型弧焊整流器属于硅整流焊机，其外形和结构见图 1-3-12。它是由三相降压变压器、饱和电抗器、整流器组、输出电抗器、通风及控制系统等部分组成，如框图 1-3-13 所示。

ZXG—300 型弧焊整流器主要部件的作用如下：

（1）主变压器　把三相 380V 交流电降至为几十伏的三相交流电。

（2）磁饱和电抗器　使焊机获得下降外特性及调节焊接电流。

（3）硅整流器组　利用硅元件把三相交流电变为直流电，供焊接使用。

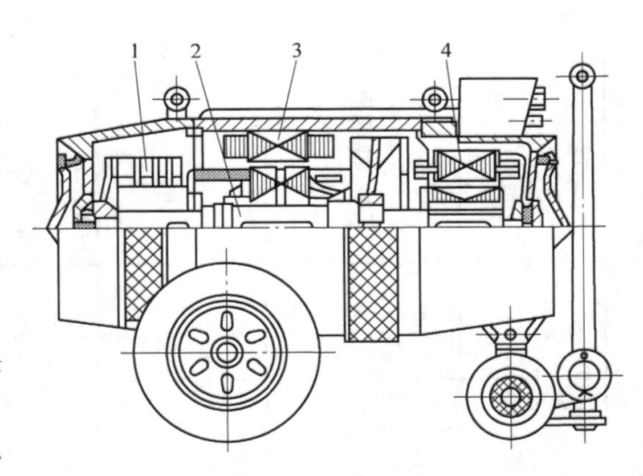

图 1-3-11　直流弧焊机的结构

1—电刷　2—直流弧焊发电机电枢　3—磁极　4—电动机

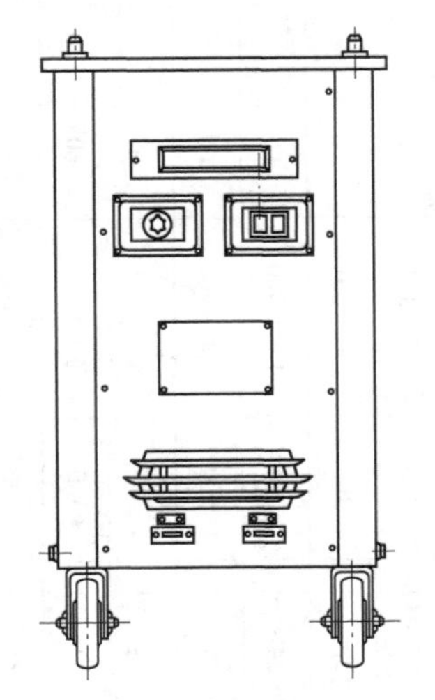

图 1-3-12　ZXG—300 型弧焊整流器外形图

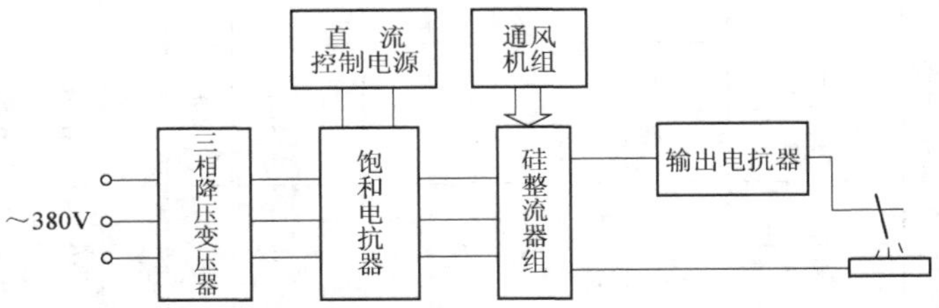

直　流
控制电源

通风
机组

～380V

三相降压变压器

饱和电抗器

硅整流器组

输出电抗器

图 1-3-13　ZXG—300 型硅弧焊整流器组成的框图

（4）输出电抗器　改善焊机动特性。

磁饱和电抗器相当于一个很大的电感，空载时无焊接电流通过，因此不产生压降，电源输出较高的空载电压。焊接时由于磁饱和电抗器通过交流电，且电流越大，压降也越大，从而使电源获得陡降的外特性。

焊接电流的调节是借调节面板上的焊接电流控制器来进行的。通过它来改变磁饱和电抗器控制绕组中的直流电大小，使铁心中磁通发生相应变化。如果增大直流绕组中控制电流的数值，则饱和电抗器产生的电压降减小，使焊接电流增大；反之，焊接电流就会减小。

这类焊机的价格较便宜，噪声很小，维护也简单，但过载能力差，焊接电流随电网电压波动较大，如果风冷系统发生故障或修理时将风扇方向接反了，严禁使用。

国产弧焊整流器的型号和技术数据见表 1-3-6。

2. ZX5—400 型晶闸管式弧焊整流器　这类整流器采用晶闸管整流，电源效率高，单位

表 1-3-6　国产弧焊整流器的型号和技术数据

产品	产品型号	额定输入容量/kVA	一次电压/V	工作电压/V	额定焊接电流/A	焊接电流调节范围/A	负载持续率(%)	外形尺寸/(长/mm×宽/mm×高/mm)	重量/kg	主要用途
三相磁放大器型硅整流式弧焊整流器	ZX—25	1.65	380	11	脉冲25 基本5	1~25 1~5	60	1144×684×1206	40	作氩弧焊电源
	ZX—40	5.14	380	22~40	50	5~50	60	575×280×450	65	
	ZX—100	5	380	20	100	5~100	60	575×280×450	65	
	ZX—120	7.8	380	25	120	5~120	60	750×650×1050	380	作焊条电弧焊电源
	ZX—160	12	380	21~27	160	30~180	60	630×460×890	170	
	ZX—250	19	380	22~31	250	45~280	60	690×500×940	240	
	ZX—300	30	380	32	300	30~300	60	780×570×900	320	
	ZX—400	30	380	22~38	400	60~450	60	740×540×980	350	
	ZX—500	38	380	40	500	50~500	60	780×570×900	350	
	ZX—1000	100	380	40	1000	100~1000	60	910×700×1200	800	用作埋弧焊、CO_2焊、碳弧气刨
	ZX—1600	160	380	36~44	1600	400~1600	100	1360×850×1450	1200	
动铁心式硅整流弧焊整流器	ZX1—160	11	380	22~28	160	40~192	60	595×480×970	138	作焊条电弧焊电源
	ZX1—250	17.3	380	22~32	250	62~300	60	635×530×1032	182	
	ZX1—300	24	380	22~35	300	60~300	60	650×525×950	200	
	ZX1—400	27.8	380	24~39	400	100~480	60	685×570×1075	238	
	ZX1—500	38	380	25~30	500	100~600	60	710×590×1050	280	
动圈式硅整流弧焊整流器	ZX3—250	21.8	380	22~30	250	50~250	60	640×530×1050	180	
	ZX3—300	18.6	380	12~20	300	50~300	60	1095×665×1255	350	
	ZX3—400	34.3	380	24~36	400	80~400	60	700×590×1100	240	

容量耗材少，省电、动特性良好，电网电压波动时，可通过补偿电路，使焊接电流稳定（当电网电压在±10%范围内波动时，焊接电流的变化≤±3%），是八部委重点推广的节能产品之一，已取代旋转式弧焊机。国产晶闸管式弧焊整流器的型号和技术数据见表1-3-7，其外形如图1-3-14所示。

ZX5—400型晶闸管式弧焊整流器工作特点：

1）电源中加有电弧吹力装置，电弧吹力大，可以克服一般弧焊整流器电弧特性软的缺点，而且电弧吹力的强度可调。

2）电源中加有推力电流装置，施焊时可保证引弧容易，促进熔滴过渡，不粘焊条。

3）电源中加有连弧操作和断弧操作选择装置，可以实现连弧或断弧操作的选择：当选择连弧操作时，可保证电弧拉得很长不熄弧；当选择断弧操作时，配以适当的推力电流可保证焊条一碰焊件就引燃电弧，电弧拉到一定长度就熄灭，并且断弧的长度可调。

4）电源控制板全部采用集成电路元件，一旦控制板出现故障，只需更换备用板焊机就能正常使用，维修很方便。

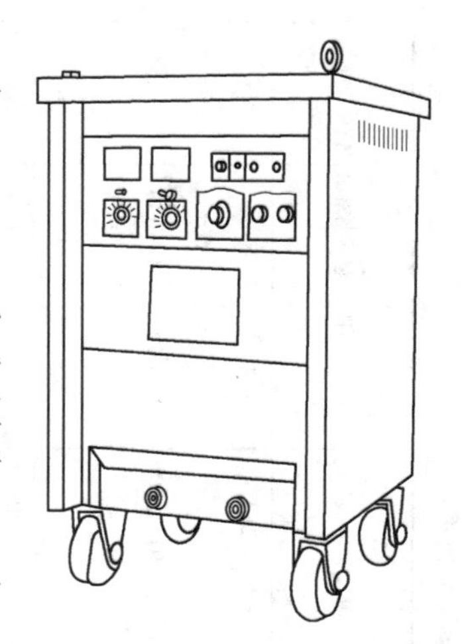

图1-3-14　ZX5—400型晶闸管式弧焊整流器电源

3. 变频式整流焊机（逆变焊机）

变频式整流焊机简称为逆变焊机。这是一种新型节能焊机，它的工作原理比较特殊，性能特别优异。

逆变焊机具有效率高、体积小、重量轻、电弧稳定性好、焊缝质量高、操作容易、维修方便等优点。特别适用于钻井平台、建筑工地、设备维修和装璜等需要频繁移动焊机的作业场所。

（1）逆变焊机的工作原理　逆变焊机的工作原理如图1-3-15所示。

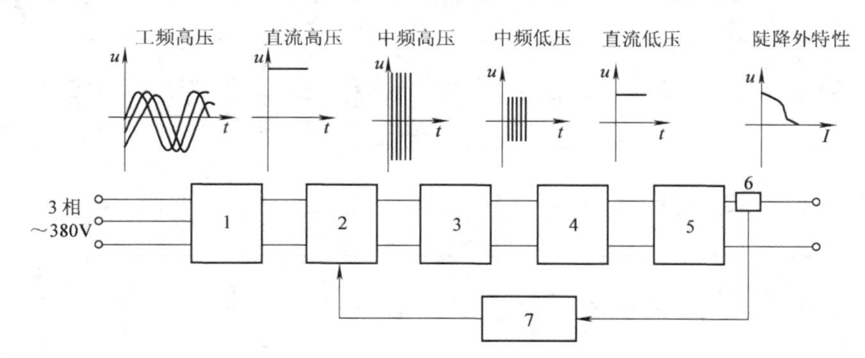

图1-3-15　逆变焊机的结构框图

1—三相全波整流器　2—逆变器　3—中频降压变压器

4—低压整流器　5—电抗器　6—传感器　7—反馈控制电路

大功率逆变焊机通常都采用三相380V工频交流电源供电，小功率逆变焊机则采用单相220V或380V工频交流供电。焊机各部分的作用如下：

1）工频全波整流器：大功率逆变式焊机直接将三相工频交流电（50Hz，380V）通过整流组件进行三相全波整流变成600Hz的高压脉动直流电，经滤波后输出平稳的高压直流电（≈513V）。

表 1-3-7　国产晶闸管式弧焊整流器的型号和技术数据

参数＼型号	ZX5—250	ZX5—315	ZX5—400	ZX5—630	ZX5—800	ZX5—1000	ZX5—160B	ZX5—250B	ZX5—400B	ZX5—630B	ZX5—800B	ZX5—1200B
额定焊接电流 /A	250	315	400	630	800	1000	160	250	400	630	800	1200
额定负载持续率 (%)	60	60	60	60	60	60	60	60	60	60	60	60
电流调节范围 /A	50～250	35～315	40～400	80～630	100～800	100～1100	30～160	40～250	40～400	63～630	80～800	120～1200
额定空载电压 /V	55	56	60	76	73	80	60	65	67	67	67	67
工作电压 /V	30	33	36	44		24～44			36	40	44	44
电源电压 /V	380	380	380	380	380	380	380	380	380	380	380	380
相数 /相	3	3	3	3	3	3	3	3	3	3	3	3
频率 /Hz	50	50	50	50	50	50	50	50	50	50	50	50
额定输入电流 /A	23	27.3	37	75		123			48	80	112	166
额定输入容量 /kVA	15	18	24	46		82.3	11	19	32	53	74	110
电网波动补偿精度（电网波动±10%时）（%）	±6	±6	±6	±4	±4				<2	<2	<2	<2
效率 (%)	70	72	76	75	75				75	78	79	80
功率因数	0.7	0.72	0.75	0.75	0.75				0.6	0.6	0.6	0.6
冷却方式	强迫风冷		强迫风冷	强迫风冷	强迫风冷							
外形尺寸/(长/mm×宽/mm×高/mm)	560×500×960	590×510×960	600×505×1000	660×590×1050		1016×565×762						
重量 /kg	160	175	200	280	300	400						
备注	用作焊条电弧焊用电源			用作焊条电弧焊及碳弧气刨电源	用作焊条电弧焊TIG焊及碳弧气刨电源	主要用作埋弧焊及粗丝 CO_2 焊电源 碳弧气刨	用于焊条电流焊，TIG焊电源			全部采用集成电路控制，三相全控桥式整流电流调节范围大，电弧吹力大，引弧容易，飞溅少而可控可动特性好，抗干扰能力强，电流稳定，焊缝成形好		

小功率逆变焊机则将220V、50Hz工频交流电经全波整流、滤波后变成平稳的直流电（≈198V或342V）。

2）逆变器：逆变器实际上是一个大功率、高速电子开关电路，将高压直流电变成高压中频交流电，其频率由振荡器所采用的器件决定，可以达到几千赫，几十千赫，甚至更高。

3）中频降压变压器：中频降压变压器可将高压中频交流电的电压降低到焊接需要的低电压。中频降压变压器的体积只有工频降压变压器体积的1/20左右，大大地减轻了焊机的重量。

近年来国内外已逐渐使用磁感应强度，电阻率及脉冲导磁力都高的非晶态合金及微晶软磁材料做中频降压变压器的铁心，这将进一步减小逆变焊机的体积和重量，降低能耗，提高效率。

4）低压整流器：将中频低压电变成低压直流电。

5）电抗器：通过电抗器滤波和降压，获得陡降外特性。

6）传感元件：通过传感元件将检测到的焊接参数的变化情况，输入到控制系统。

7）反馈控制系统：将传感元件输入的信号，通过给定反馈电路，控制电路输送到逆变器实现闭环控制。获得焊接电弧需要的电源外特性、调节特性、动特性，以及工艺需要的焊接电流和电弧电压波形。使焊接质量稳定。

（2）逆变焊机的优点　与交流弧焊机、直流弧焊发电机、硅弧焊整流器、晶闸管式弧焊整流器相比，逆变焊机有以下优点：

1）由于逆变焊机中没有工频变压器，工作在高频下的变压器和电抗器的体积都很小，其主变压器不到传统弧焊电源主变压器的1/20，不仅可大量节约电工材料，减小变压器的体积和重量，而且大大降低了铁心的电磁损耗，因此可使输入容量大大减小，逆变焊机的效率可以达到80%～90%。其重量只有传统整流焊机的1/3以下，比同容量的弧焊电源重量的1/5还小。

2）由于逆变焊机能够将交流电直接整流变成直流电，整流电路中接有滤波电容器，因此功率因数提高很多，可以达到0.95以上。空载时焊机消耗的功率只有几十瓦，大量节约了电能。

3）逆变焊机的输出外特性曲线是具有外拖的和陡降的恒流曲线，如图1-3-16所示。

正常焊接时，因某种原因电弧突然缩短，电弧电压降到某一数值以后，因为焊机具有外拖的和陡降恒流曲线，输出的焊接电流自动增大，加速了熔滴过渡，电弧仍然能够稳定燃烧，不会发生焊条和焊件粘住的现象，因此焊工好操作。

4）焊机上装有数字显示电流调节系统和很强的电网电压波动补偿系统，输出的焊接电流稳定，调节精度高。

5）焊机中的元器件被划分成几个独立的安装单元（线路板），每个单元都可以方便地拆换下来进行测试和检修。因此，整机维护和修理非常方便。同时还配备了控制盒，可以在工作位置远距离调节焊接参数。

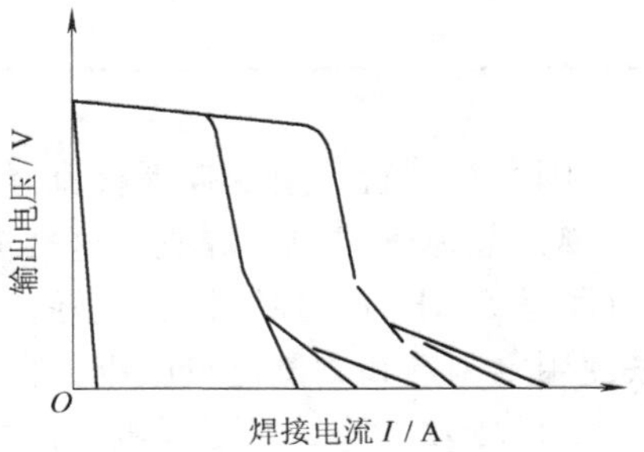

图1-3-16　ZX7系列逆变焊机的输出外特性曲线

（3）逆变焊机的种类和性能　根据逆变器选用的快速开关电子元器件的不同，可将逆变电源分成四类，它们的特点性能如下：

1）晶闸管式逆变弧焊机：使用快速晶闸管（FSCR）开关器件，逆变频率偏低（0.5～5kHz），有刺耳的噪声，控制性能不够理想，是最早出现的逆变电源。

国产脉冲晶闸管式逆变弧焊整流器的型号和技术数据见表 1-3-8。

表 1-3-8　国产脉冲晶闸管式逆变弧焊整流器的型号和技术数据

参数 \ 型号	ZXM—25	ZXM—40	ZXM—160	ZXM—250	ZXM5—100
电源电压　/V	380	380 或 220	380	380	380
相数	1	1	3	3	3
频率　/Hz	50	50	50	50	50
额定输入电流　/A	2.5		13	56	13.7
额定输入容量　/kVA	1.65		8.6	37	9
空载电压　/V	40	⩽55	90	90	80
额定焊接电流　脉冲　/A	25		160	250	
额定焊接电流　基本　/A	5			250	100
额定工作电压　/V	11			20	
额定负载持续率　（%）	60	35		60	60
焊接电流调节范围　脉冲　/A	1～25	5～55	10～160	10～300	10～130
焊接电流调节范围　基本　/A	1～5			10～300	
额定脉冲频率　/kHz	25				
额定脉宽比　%	50				10～90
脉冲频率　/kHz	1.5～25			0.5～10′	0.25～10
辅助引弧空载电压　/V	150				
焊接电流衰减时间　/s	2～6				0～10
冷却水消耗量　/（L/min）	3～5				
外形尺寸/（长/mm×宽/mm×高/mm）	1144×684×1206		885×560×880		760×470×640
备　注	作脉冲 TIG 焊电源				既可作直流焊条电弧焊，又可作脉冲 TIG 焊，系多用电源

国产晶闸管式逆变弧焊整流器的型号和技术数据见表 1-3-9。

2）晶体管式逆变焊机：这类焊机用大功率开关晶体管（GTR）做逆变元件，逆变频率较高（可达 50kHz），控制性能较好，但单管功率较小，大功率焊机需采用很多个开关晶体管并联使用，制造和调试比较困难，目前应用较少。

3）场效应管式逆变焊机：这类焊机用大功率场效应管（MOSFET）做开关元器件。场效应管逆变焊机具有电流响应速度快，静、动特性好，功率因数高，空载电流小，空载功耗小及效率高等特点。可用作焊条电弧焊、手工钨极氩弧焊电源。

表 1-3-9　国产晶闸管式逆变弧焊整流器的型号和技术数据

参数 \ 型号	ZX7—200	ZX7—300	ZX7—400	ZX7—630	ZX7—200ST	ZX7—300S/ST	ZX7—500S/ST	ZX7—630S/ST
一次电压 /V	380							
相数	3							
频率 /Hz	50/60							
额定负载持续率 (%)	60							
额定输入容量 /kVA	11	15	21.3	30.1	8.75	14	27	34
额定输入电流 /A								
额定焊接电流 /A	200	300	400	630	200	300	500	630
焊接电流调节范围 /A	20～200	30～300	50～400	70～630	20～200	Ⅰ档 30～100 Ⅱ档 90～300	Ⅰ档 50～167 Ⅱ档 150～500	Ⅰ档 60～210 Ⅱ档 180～630
空载电压 /V	68	65	60	58	70～80	70～80	70～80	70～80
工作电压 /V					28			
效率 (%)					82	83	83	83
空载功耗 /W								
外形尺寸/（长/mm×宽/mm×高/mm）				540×310×430	640×355×470	690×375×490	720×400×560	
重量 /kg	36	40	70	120	44	58	84	98
用途	焊条电弧焊				S 系列：用于焊条电弧焊 ST 系列：用于焊条电弧焊和手工钨极氩弧焊			

国产场效应管式逆变弧焊整流器的型号和技术数据见表1-3-10。

表1-3-10 国产场效应管式逆变弧焊整流器的型号和技术数据

技术特性＼型号	ZX7—125	ZX7—200	ZX7—250	ZX7—315	ZX7—400
电　源	单相220V　50Hz	三相，380V，50Hz			
额定输入功率　/kVA	3.5	6.6	8.3	11.1	16
额定焊接电流　/A	125	200	250	315	400
焊接电流调节范围　/A	20～125	8～200	40～250	50～315	60～400
额定焊接电压　/V	25	27	30	32.6	36
额定负载持续率　(%)	60				
空载电压　/V	50	<80	60	65	
效率　(%)	90	>85	90		
$\cos\varphi$	≥0.95	>0.9	≥0.95		
重量　/kg	10	23	15	25	30
外形尺寸/（长/mm×宽/mm×高/mm）	350×150×200	413×193×318	400×160×250	450×200×300	560×240×355

4）绝缘栅双极晶体管式逆变焊机：这类焊机采用绝缘栅双极晶体管(IGBT)做开关元器件。IGBT组件除具有MOSFET的优点外，突出的优点是单管功率大、耐压高，既便于调试，又提高了可靠性，是当今逆变型整流焊机发展的主要方向。

这类逆变焊机具有“引弧热启动”功能，引弧迅速可靠，电弧稳定，飞溅小，焊机体积小，重量轻，高效节能，焊缝成形好，并有“防粘”焊条等特点。还设有“推力电流”调节和网路电压波动自动补偿控制线路，可根据用户要求配备遥控器，小功率焊机可用于焊条电弧焊和手工钨极氩弧焊。大功率焊机可用于CO_2气体保护焊、混合气体保护焊及熔化极氩弧焊。

国产绝缘栅双极晶体管(IGBT)型逆变整流焊机的型号及技术数据见表1-3-11。

表1-3-11 国产IGBT管型逆变弧焊整流器的型号和技术数据

参数＼型号	ZX7—100	ZX7—160	ZX7—160	ZX7—200	ZX7—250	ZX7—315	ZX7—400	ZX7—500	ZX7—630
电源电压　/V	单相380		3相,380						3相,380
电源频率　/Hz	50		50/60						50/60
输入容量　/kVA			4.9	6.5	8.8	12.0	16.8	23.4	32.4
输入电流　/A			7.5	10.0	13.3	18.2	25.6	35.5	49.2
额定焊接电流　/A	100	160	160	200	250	315	400	500	630
电流调节范围　/A	10～100	16～160	16～160	20～200	25～250	30～315	40～400	50～500	60～630
负载持续率　(%)	60		60						
空载电压　/V	56	56±5	75						
空载损耗　/W			≤20						

（续）

参数＼型号	ZX7—100	ZX7—160	ZX7—160	ZX7—200	ZX7—250	ZX7—315	ZX7—400	ZX7—500	ZX7—630
功率因数			≥0.95						
效率 （%）	≥85		≥90						
外壳防护等级	E		IP22						
重量 /kg	6	10	25	30	35	35	40	40	45
外形尺寸/（长/mm×宽/mm×高/mm）	350×140×220	400×200×260	500×290×390						

四、几种直流焊机的主要技术指标比较（见表1-3-12）

表1-3-12　ZX7—400型逆变式弧焊整流器与传统直流焊机主要技术指标比较

	参数＼型号	直流弧焊发电机 AX7—400	硅弧焊整流器 ZXG1—400	硅弧焊整流器 ZXG—400	晶闸管式弧焊整流器 ZX5—400	晶闸管式弧焊整流器 ZX5—400B	IGBT逆变弧焊整流器 ZX7—400
输入	空载电压 /V	60～90	71.5	80	63	67	75
	额定焊接电流 /A	400					
	额定负载持续率 （%）	60					
输出	电源电压 /V	三相380					
	额定输入容量 /kVA	20	27.8	34.9		30	16.8
	空载损耗 /W	2040			280	260	≤20
	效率 （%）	53	76.5	75	74	80	≥90
	cosφ	0.9	0.68	0.55	0.75	0.6	≥0.95
	重量 /kg	370	238	310	220	200	40
外形尺寸	长/mm	950	685	690	594	550	550
	宽/mm	590	570	490	495	500	320
	高/mm	890	1075	952	1000	900	390
体积/m^3		0.42	1.29	0.32	0.29	0.25	0.07

由表1-3-12可见，IGBT型逆变式弧焊整流器是体积最小、重量最轻、效率最高，是一种空载损耗最小的焊机，还可以通过控制线路获得恒流外特性，推力电流可调，可改变推力电流，引弧电流，可实现网路电压波动对焊接电流的补偿，动、静特性好，这是最好的整流焊机，值得大力推广。

第四节　弧焊电源的正确使用与维护

一、弧焊电源的外部接线

弧焊电源的外部接线主要包括开关、熔断器、动力线（电网到弧焊电源）和电缆（弧焊电源到焊钳、弧焊电源到焊件)的连接。图1-3-17、图1-3-18分别是弧焊变压器和弧焊整流器的外部接线图。

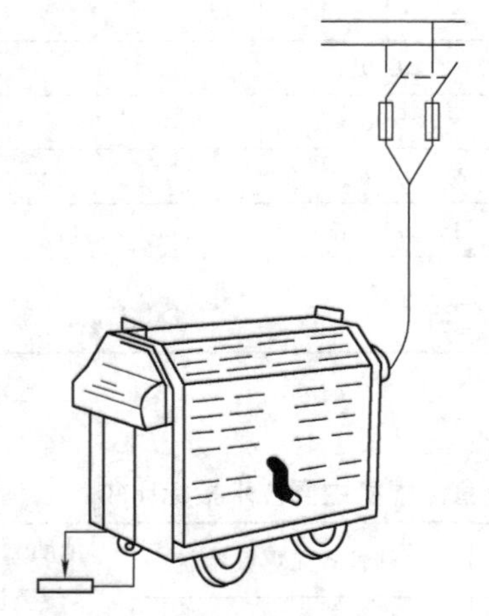

图1-3-17　弧焊变压器的外部接线

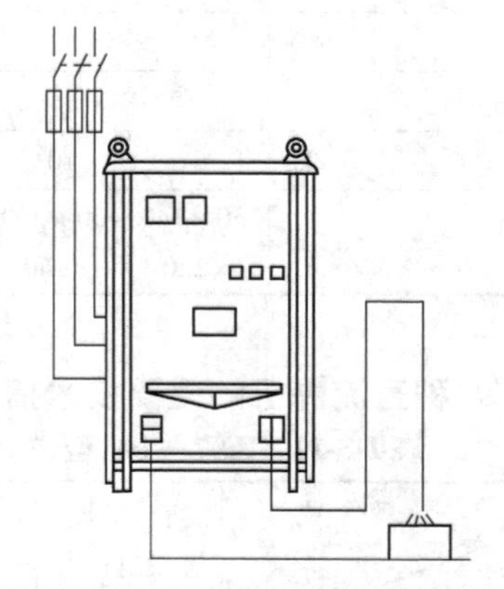

图1-3-18　弧焊整流器的外部接线

弧焊变压器有两排接线柱：由变压器一次线圈引出接线柱，应与外电网连接。变压器二次线圈引出接线柱，应与焊钳、焊件连接。一次侧接线柱较细，二次侧接线柱较粗，焊机接入电网时要搞清铭牌上所标出的电源电压数值是220V还是380V，必须使两者电压相符合、不能接错。

弧焊整流器也有两排接线柱，通常电源侧有三个接线柱。输出接线柱有正、负之分，应根据焊接工艺的要求来确定接法。

为防止触电，焊机外壳上均有接地螺钉，用导线把外壳与车间接地线连接好。

外部接线除了要正确连接外。还要合理选择电源线、电源开关、熔丝、焊接电缆的规格等。

电源线应采用耐压500V的电缆线如YHC重型橡套电缆。导线截面积可按允许电流密度5~10A/mm^{2}计算。如用铝芯导线则截面积应增大1.6倍。

焊接电缆一般采用细铜丝绞成的单芯软电缆，如YHH型电焊橡套电缆及YHHR特软电缆，常用焊条由弧焊机焊接电缆长度在20m以下时，电流密度可取4~10A/mm^2。如果导线再长，应选择截面稍大的导线，以保证焊接回路中导线上的电压降小于4V。

电源开关有刀开关、铁壳开关和自动空气开关等。铁壳开关是焊机中最常用的一种。直流弧焊发电机，由于电动机起动电流很大，故所用电源开关的额定电流应按铭牌上标出的电动机额定电流的3倍来选择，电源开关内的熔丝应按电动机额定电流的2.5倍来选择。交流弧焊变压器和整流弧焊机的电源开关和熔丝的额定电流大于或等于该焊机的额定输入电流即可。

常用焊机的电源线、焊接电缆线、熔丝、电源开关容量可参考表1-3-13选用。

表1-3-13　常用焊机的电源线、焊接电缆线、熔丝、电源开关容量选用表

焊机型号	电源线规格 (YHC型)/mm^2	焊接电缆线规格 (YHH型)/(mm^2/A)	熔丝额定 电流/A	铁壳开关 额定容量
BX—500	2×16~2×25	120/440	90	500V，100A

（续）

焊机型号	电源线规格（YHC 型）/mm^2	焊接电缆线规格（YHH 型）/（mm^2/A）	熔丝额定电流/A	铁壳开关额定容量
BX1—330	2×10～2×16	95/365	60～70	500V，60A
BX3—300	2×10～2×16	70/300	50～60	500V，60A
AX1—500	3×10～3×16	120/440	100	500V，100A
AX—320	3×6～3×10	95/365	60	500V，60A
ZXG—300	4×6～4×10	70/300	40	500V，60A
ZXG—500	4×14～4×16	120/440	60	500V，60A

注：表中所列焊机电源电压均为 380V。

二、弧焊电源的正确使用

弧焊电源是电弧的供电设备，在使用过程中要注意到对操作者的安全，避免发生人身触电事故。同时，要保证焊机的正常运行，防止焊机损坏。为了正确地使用焊机，应注意以下几点：

1）焊机电源线的接线和安装应由专门的电工负责，焊工不应自行动手。焊机必须接地线。

2）焊工合上或拉断刀开关时，头部不要正对电闸，人应站在电闸的侧面，防止因短路造成电火花烧伤面部。

3）旋转式直流弧焊机起动时，一定要使用 O→Y→△起动器，不允许直接用刀开关起动。

4）当焊钳和焊件短路时，不得起动焊机，以免起动电流过大烧坏焊机。暂停工作时不准将焊钳直接搁在焊件上。有人正在焊接时，不准拉闸。

5）应按照焊机的额定焊接电流和负载持续率来使用，不要使焊机因过载而损坏。

6）经常保持焊接电缆与焊机接线柱的接触良好，螺母要拧紧。

7）焊机移动时不应受剧烈振动，特别是硅整流焊机更忌振动，以免影响工作性能。

8）要保持焊机的清洁，特别是硅整流焊机，应定期用干燥的压缩空气吹净内部的灰尘。

9）当焊机发生故障时，应立即将焊机的电源切断，然后及时进行检查和修理。

10）工作完毕或临时离开工作场地时，必须及时拉断焊机的电源。

三、焊机常见故障的排除

当焊机发生故障时，必须及时处理才能保证其完好和生产的正常进行。因此，焊工应该了解焊机常见故障产生的原因及排除方法。

弧焊变压器的常见故障及排除方法见表 1-3-14。

表 1-3-14　弧焊变压器常见故障及排除方法

故障特征	可能产生原因	排除方法
焊机过热	1）焊机过载 2）变压器线圈短路 3）铁心螺杆绝缘损坏	1）减少焊接电流 2）消除短路现象 3）恢复绝缘

（续）

故障特征	可能产生原因	排除方法
焊接过程中电流忽大忽小	1）焊接电缆与焊件接触不良 2）可动铁心随焊机振动而移动	1）使焊接电缆与焊件接触良好 2）设法抵制可动铁心的移动
可动铁心在焊接过程中发出强烈的嗡嗡声	1）可动铁心的制动螺钉或弹簧太松 2）铁心活动部分的移动机构损坏	1）旋紧螺钉，调整弹簧的拉力 2）检查修理移动机构
焊机外壳带电	1）一次线圈或二次线圈碰壳 2）电源线碰罩壳 3）焊接电缆碰罩壳 4）未安装地线或接触不良	1）检查并消除碰壳处 2）消除碰罩壳现象 3）消除碰罩壳现象 4）安妥接地线
焊接电流过小	1）焊接电缆过长，压降太大 2）焊接电缆卷成盘形，电感很大 3）电缆接线柱与焊件接触不良	1）减少电缆长度或加大直径 2）将电缆放开，不卷成盘形 3）使接头处接触良好

硅弧焊整流器的常见故障及排除方法见表 1-3-15。

表 1-3-15　硅弧焊整流器常见故障及排除方法

故障特征	可能产生原因	排除方法
1）空载电压太低	1）网路电压过低 2）变压器一次线圈匝间短路 3）磁力起动器接触不良	1）调整电压值 2）消除短路 3）使接触良好
2）焊机电流调节不良	1）控制线圈匝间短路 2）电流控制器接触不良 3）控制整流回路击穿	1）消除短路 2）使接触良好 3）更换元件
3）焊接电流不稳定	1）主回路交流接触器短路 2）风压开关短路 3）控制绕组接触不良	1）消除短路 2）消除短路 3）使接触良好
4）风扇电机不转	1）熔丝烧断 2）电机绕组断线 3）按钮开关触头接触不良	1）更换熔丝 2）修复或更换电机 3）修复或更换按钮
5）焊接过程中焊接电压突然降低	1）主回路产生短路 2）整流元件击穿 3）控制回路断路	1）修复线路 2）更换元件、检查保护线路 3）检修控制回路
6）焊机外壳带电	1）电源线碰壳 2）变压器、电抗器、控制线路等碰壳 3）接地不良或未接地	1）消除碰壳 2）消除碰壳 3）使接地良好

ZX5—400 型晶闸管式弧焊电源的常见故障及排除方法见表 1-3-16。

表 1-3-16　ZX5—400 型晶闸管式弧焊电源的常见故障及排除措施

故障特征	产生原因	排除方法
接触器不能起动，焊机不能工作	1）电源缺相 2）起动按钮接触不良 3）接触器损坏	1）检查电源 2）检修或更换按钮开关 3）检修或更换接触器
空载电压太低	1）三相电源相序不对 2）控制板损坏	1）调整电源相序，将三相电源中任意两相调换位置 2）更换控制板
输出电流不正常	1）晶闸管损坏 2）控制板损坏	1）更换已损坏的晶闸管 2）更换控制板
过载保护起作用	1）焊机瞬间电流大于额定负载 3 倍 2）晶闸管损坏 3）控制板损坏	1）停机后重新起动 2）更换晶闸管 3）更换控制板

场效应管式逆变弧焊电源的常见故障及排除方法见表 1-3-17。

表 1-3-17　场效应管式逆变弧焊电源的常见故障及排除方法

故障特征	产生原因	排除方法
合闸后焊机无输出，不能工作	1）开关接触不好或损坏 2）熔丝烧断	1）检修开关 2）更换熔丝
合闸后风扇及指示灯正常，但焊机无输出	1）热继电器开路，此时风扇正常工作，但焊机无输出 2）输出端接触不良	1）待焊机冷却后，热继电器触电闭合，就能正常工作 2）接好输出线
输出电流小，且不能调节	电流调节线路损坏	检修电流调节线路
空载电压低，输出电流小	1）三相电源缺相 2）输入电源线接触不好 3）输出电缆未接紧	1）检修电源或更换熔丝 2）接好输入电源线 3）接好输出电缆
焊接电流不稳或不正常	1）电缆接触不好 2）电缆太长或截面太少 3）焊条太粗	1）拧紧电缆或除净焊件接触处锈迹 2）减短电缆或加大截面 3）更换小直径焊条
风扇不转	1）熔丝断 2）电动机损坏	1）更换熔丝 2）检修或更换风扇电动机

晶闸管式逆变弧焊电源的常见故障及排除方法见表 1-3-18。

表 1-3-18　晶闸管式逆变弧焊电源的常见故障及排除方法

故障特征	产生原因	排除方法
开机后电源指示灯不亮，电压表有 70 ~ 80V 指示，焊机工作正常	电源指示灯 201 接触不良或损坏	更换指示灯(6.3V,0.15A)
开机后指示灯不亮，风机不转，后面板自动空气开关手柄仍在“ON”处(向上状态)	1）电源缺相 2）自动空气开关 K1 损坏	1）修理电源 2）更换自动空气开关 K1(C45N,32A)

（续）

故障特征	产生原因	排除方法
开机后焊机能工作，但焊接电流偏小，电压表指示不在70～80V之间	1）换向电容（CO8～CO11）个别损坏 2）三相电源缺相 3）三相整流桥QL1损坏 4）控制电路板PCB2损坏	1）更换已损坏的换向电容（C88—500V，8μF） 2）检修电源 3）更换整流桥（SQL18—100A—1000V） 4）更换控制电路板
开机后焊机无空载电压指示	1）电压表损坏 2）快速晶闸管T_3、T_4损坏 3）控制电路板PCB2损坏	1）更换电压表 2）更换快速晶闸管（KK200A/1200V） 3）更换控制电路板
焊机接通电源后，空气开关自动掉闸	1）快速晶闸管T_3、T_4损坏 2）快速整流管D_3、D_4损坏 3）三相整流桥QL1损坏 4）压敏电阻R_1损坏 5）控制板PB2损坏 6）电解电容CO4～CO7个别损坏 7）过压保护板PB1损坏	1）更换快速晶闸管（KK200A/1200V） 2）更换快速整流管（ZK300A/800V） 3）更换三相整流桥QL1（SQL18—100A—1000V） 4）更换压敏电阻R_1（MY31—820V—3KA） 5）更换控制板PB2 6）更换已损坏电解电容（CDBA—F—350V 470μF） 7）更换过压保护板PB1
焊接过程中出现连续断弧现象	1）电抗器L4有匝间短路或绝缘不变 2）输出电流偏小 3）输出极性接反 4）焊条牌号不对	1）检修电抗器 2）调大输出电流 3）改正极性 4）更换焊条
遥控失灵	1）选择开关未放在遥控位置上 2）遥控插头座接触不良 3）遥控器内断线或电位器损坏	1）将选择开关扳至遥控位置 2）检修插头座 3）检修导线及电位置

第五节　常用工具

一、焊条电弧焊工具

1. 焊钳　焊钳的作用是夹紧焊条和传导焊接电流。焊钳口应具有良好的导电性、不易发热、重量轻、夹持焊条牢固及装换焊条方便。电焊钳的构造见图1-3-19。

在使用焊钳时，应防止摔碰，经常检查焊钳和焊接电缆连接是否牢固，手把处是否绝缘良好。钳口上的焊渣要经常清除，以减少电阻、降低发热量、延长使用寿命。

常用焊钳G352能安全通过300A电流，其规格及尺寸，见表1-3-19。

表1-3-19　焊钳的规格（QB 1518—1992）

规格/A	额定焊接电流/A	负载持续率（%）	工作电压/V	适用焊条直径/mm	能接电缆截面积/mm^2	温升≤℃
160（150）	160（150）	60	26	2.0～4.0	≥25	35
250	250	60	30	2.5～5.0	≥35	40

（续）

规格/A	额定焊接电流/A	负载持续率(%)	工作电压/V	适用焊条直径/mm	能接电缆截面积/mm^2	温升≤℃
315(300)	315(300)	60	32	3.2~5.0	≥35	40
400	400	60	36	3.2~6.0	≥50	45
500	500	60	40	4.0~(8.0)	≥70	45

注：括号中的数值为非推荐数值。

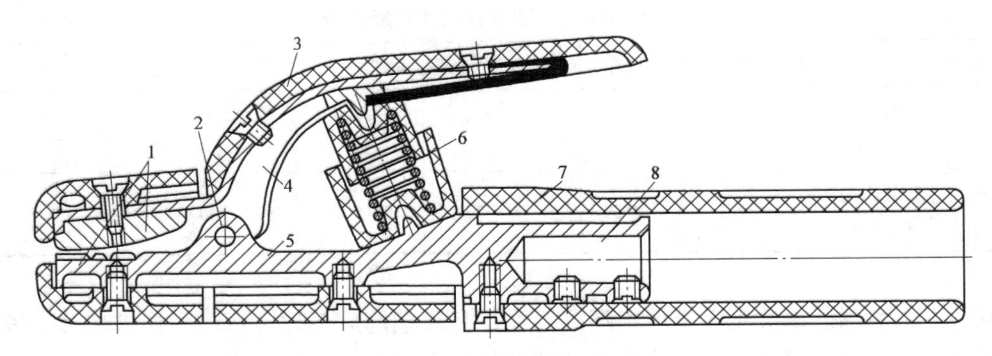

图 1-3-19　焊钳的构造

1—钳口　2—固定销　3—弯臂罩壳　4—弯臂

5—直柄　6—弹簧　7—胶布手柄　8—焊接电缆固定处

2. 焊接电缆快速接头　它是一种快速方便地连接焊接电缆的装置。采用导电性好并具有一定强度的锻制黄铜加工而成，并在外面套上氯丁橡胶护套，可保证接线处接触良好和安全可靠，见图 1-3-20。快速电缆接头的型号及特征见表 1-3-20。

表 1-3-20　快速电缆接头的型号及特征

型　号	额定电流/A	可装电缆直径/mm	用　途	型　号	额定电流/A	可装电缆直径/mm	用　途
KJ—300	300	≤13	用于焊机输出端和焊钳电缆	KLP—300	300	≤13	用于接长电缆
KJ—500	500	≤16		KLP—500	500	≤16	

3. 焊接面罩及护目玻璃　面罩用来保护焊工面部及颈部免受强烈的弧光及金属飞溅的灼伤。电焊面罩有头戴式、手持式两类，如图 1-3-21 所示。

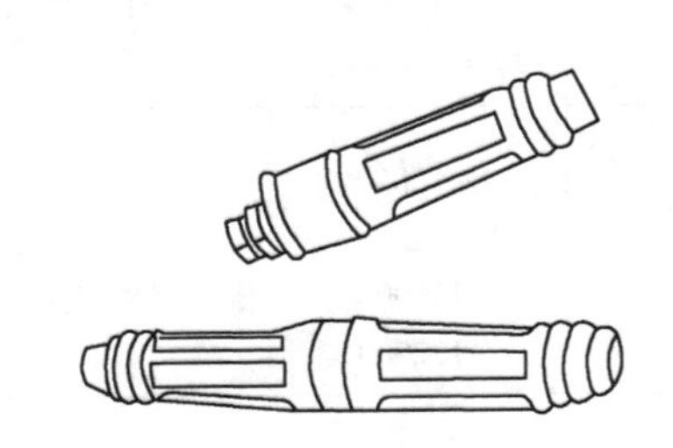

图 1-3-20　焊接电缆快速接头

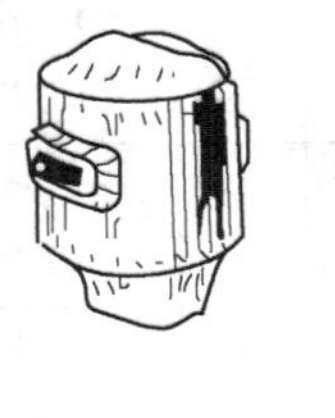

a）

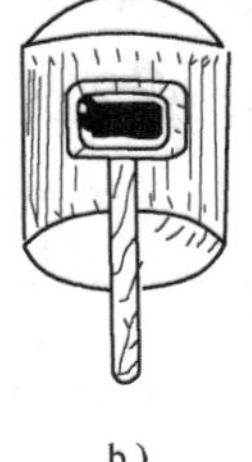

b）

图 1-3-21　焊接面罩

a）头戴式　b）手持式

护目玻璃(黑玻璃)装在面罩上，用来减弱弧光强度，吸收大部分红外线和紫外线，焊接时，焊工通过护目玻璃观察熔池情况，正确掌握和控制焊接过程，避免眼睛受弧光灼伤。

选择合适的护目玻璃很重要，颜色太深时看不清熔池，眼睛容易疲劳；颜色太浅，长时间工作对视力有危害。护目玻璃色号可根据焊接电流的大小、焊工年龄和视力情况来确定，护目玻璃镜片的外形尺寸为：长 108mm、宽 50mm、厚 2 ~ 3.8mm。护目玻璃镜片的遮光号见表 1-3-21。

表 1-3-21　护目玻璃镜片的遮光号

色泽；褐色或暗绿色；遮光号数越大，色泽越深，有害电弧光线透过率越小，适用的焊接电流则越大								
镜片 遮光号	1.2，1.4 1.7，2	3 4	5 6	7 8	9，10 11	12 13	14	15 16
适用电弧 作业	防侧光与 杂散光	辅助工	≤30A	30 ~ 75A	75 ~ 200A	200 ~ 400A	≥400A	

为了防止护目玻璃被飞溅金属损坏，可在护目玻璃前后各加一块防护白玻璃片。安装时最好用胶布包好玻璃边缘，以防止漏光及玻璃片松动。

二、焊条电弧焊用辅助工具

焊条电弧焊时常用的辅助工具有清渣锤、钢丝刷、扁铲、锉刀、角向磨光机、风铲、焊条保温筒和焊缝测量器等。

1. 角向磨光机　角向磨光机的外形如图 1-3-22 所示。

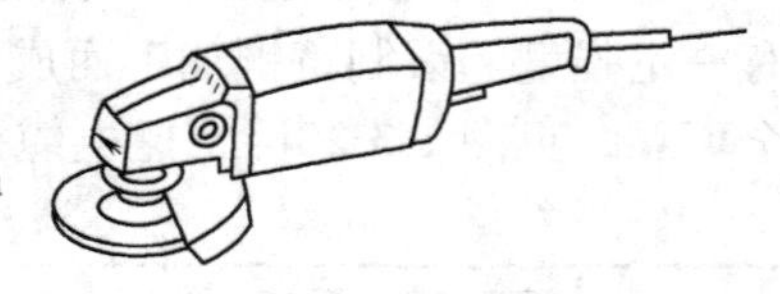

图 1-3-22　角向磨光机

角向磨光机实际上是一种小型电动砂轮，根据砂轮片的直径分型号：有 ϕ100mm、ϕ125mm、ϕ150mm、ϕ180mm 四种，主要用来打磨坡口和焊缝接头处。

如果换上同直径的钢丝轮，还可用来除锈。换上抛光砂轮片可用来抛光。

角向磨光机的功率很小，特别是 ϕ100mm 的角向磨光机，功率只有 650W，使用时不能过载，否则极容易烧坏。

常用的角向磨光机型号与技术数据见表 1-3-22。

表 1-3-22　常用角向磨光机的型号与技术数据(GB/T 7442—1987)

型号	砂轮外径 × 孔径/mm	类型	额定输出功率/W	额定转矩/(N · m)	额定空载转速/(r/min)	轴伸端螺纹/mm	重量/kg
SIM100 A B	100 × 16	A B	≥200 ≥230	≥0.30 ≥0.38	≤15000	M10	1.6
SIM115 A B	115 × 16 或 115 × 22	A B	≥250 ≥320	≥0.38 ≥0.50	11900 (13200)	M10 或 M14	1.9
SIM125 A B	125 × 22	A B	≥320 ≥400	≥0.50 ≥0.63	≤12500	M14	3
SIM150 A	150 × 22	A	≥500	≥0.08	≤10000	M14	4

（续）

型号	砂轮外径×孔径/mm	类型	额定输出功率/W	额定转矩/(N·m)	额定空载转速/(r/min)	轴伸端螺纹/mm	重量/kg
SIM180A C	180×22	C	≥710	≥12.5	≤8500	M14	5.7
SIM180A A		A	≥1000	≥2.00			
SIM180A B		B	≥1250	≥2.50			
SIM230A	230×22	A	≥1000	≥2.80	≤6600	M14	6.0
SIM230B		B	≥1250	≥3.55			

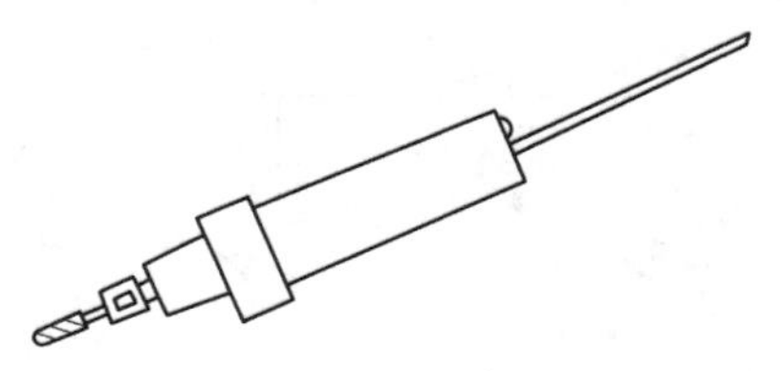
图 1-3-23　电动磨头

电动磨头原用于模具加工，采用合适的磨头，也可用来打磨坡口和焊缝接头处。由于刀具硬度很高，各种形状都有，用于修补焊缝缺陷的加工是适宜的。

电磨头的转速很高（1000r/min），实际是铣削加工，压力稍大时，铁屑呈针状飞出，极易伤人，故使用时要戴手套和护目镜，铁屑飞出方向不能站人，以防受伤。

另外，更换刀具时必须将刀具锁紧，刀杆留得尽量短，磨削时压力不能太大，防止碰弯刀杆。当刀杆没弯时，磨削很轻松，平稳而无振动；若刀杆碰弯了或刀杆松动。在高速转动时，因偏心振动很大，应立即停止磨削，重新卡紧刀杆或更换刀具。

电磨头的型号见表 1-3-23。

表 1-3-23　电磨头的技术参数

<table>
<tr><td>最大砂轮直径/mm</td><td>25</td><td colspan="3">频率　50～60Hz</td><td>输入功率/W</td><td>230</td><td>185</td></tr>
<tr><td>额定输入电压/V</td><td>240</td><td>220</td><td>110</td><td>36</td><td rowspan="2">主轴空载转速/(r/min)</td><td rowspan="2">22000</td><td rowspan="2">18500</td></tr>
<tr><td>额定输入电流/A</td><td>1.0</td><td>1.1</td><td>2.2</td><td>5.0</td></tr>
</table>

2. 地线夹　为保证焊机输出导线与焊件可靠地连接，可采用地线夹或多用对口钳。

地线夹的形状如图 1-3-24 所示。

GQ—2 型多用对口钳的形状如图 1-3-25 所示，用于快速钳紧，适用于 30～70mm 板厚。

3. 管焊对口钳　焊接管子对接焊缝时，若采用管焊对口钳进行装配，可保证同心度，焊完定位焊缝后，拆下管焊对口钳即可进行焊接。

常用管焊对口钳的外形见图 1-3-26，适用于 $\phi15 \sim \phi108$mm 的管子对接焊。

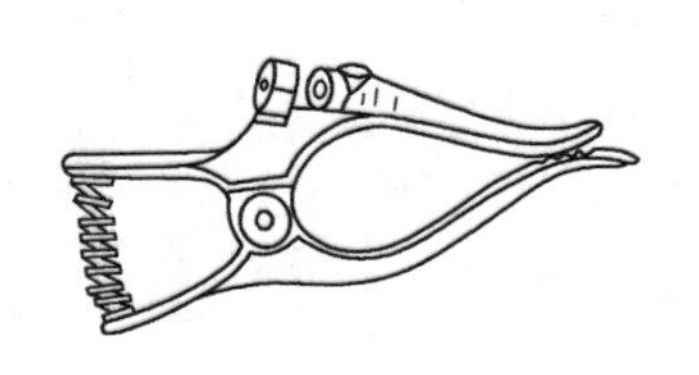
图 1-3-24　地线夹

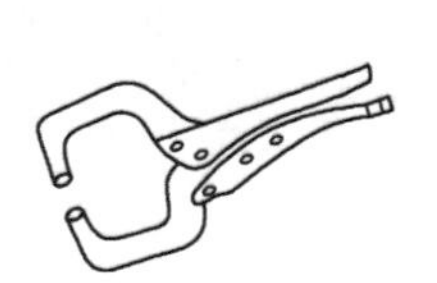
图 1-3-25　GQ—2 型多用对口钳

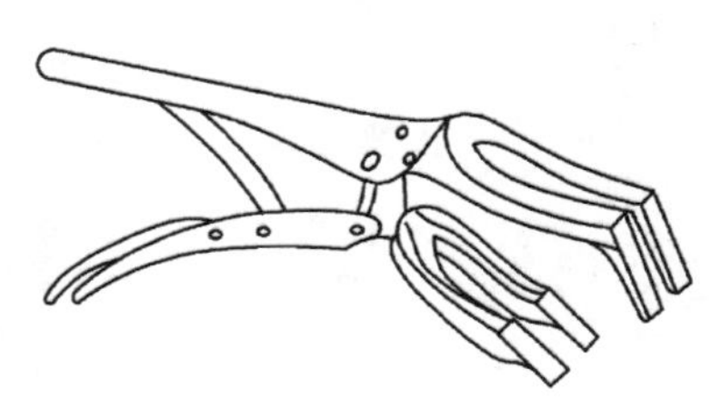
图 1-3-26　GQ—1 型管焊对口钳

4. 焊缝测量器　焊缝测量器是测量焊件的焊接部位角度及外形尺寸的量具，可用来测量坡口角度、间隙宽度、错边量大小、焊缝高度和焊缝宽度等。

焊缝测量器的使用方法如图 1-3-27 所示。

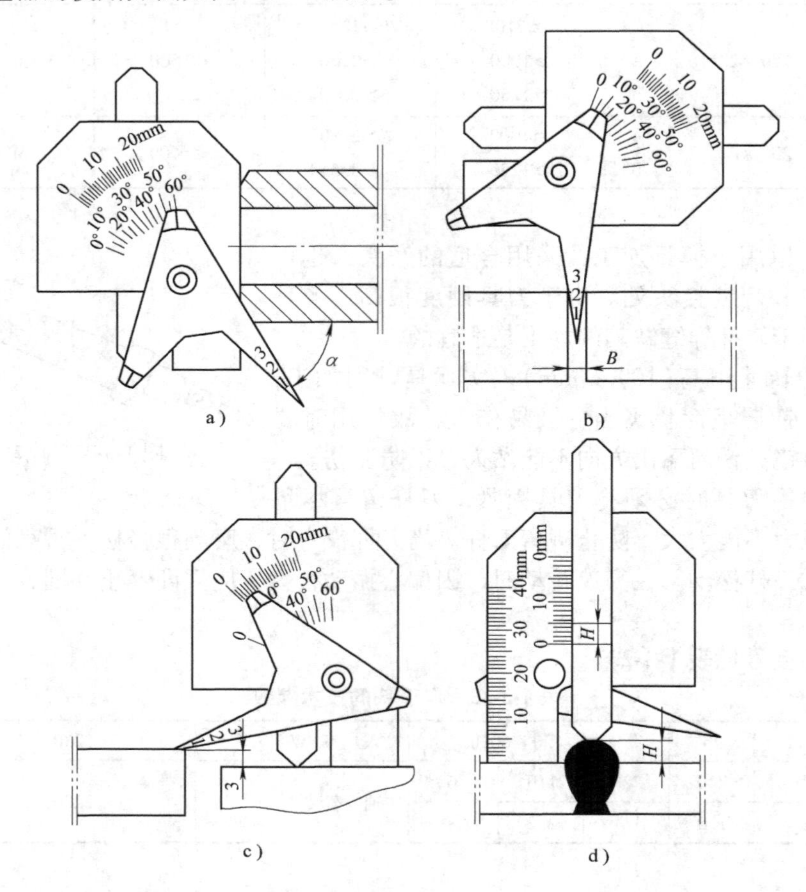

图 1-3-27　焊缝测量器用法示例

a）测量焊道坡口角度 $\alpha=0°\sim60°$　b）测量间隙宽度 $B=1\sim3$mm

c）测量焊件错位 0 ~ 20mm　d）测量焊缝高度 $H=1\sim18$mm

第四章　焊 接 工 艺

本章讲述焊条电弧焊完成焊接接头过程中所做的全部工作。焊接时必须根据图样要求和生产单位的实际情况认真考虑，必要时还要做一些实验，才能制定完整的、合理的、先进的和经济的工艺措施。

焊接工艺包括以下内容：根据产品图样的技术要求、选择焊接方法、坡口形式、焊接材料、焊接顺序和焊接参数，焊前是否要预热，焊接过程中是否要控制层间温度，焊后是否要缓冷或进行焊后热处理，焊接时是否要采用工卡具等。本章只讨论焊条电弧焊焊接参数对焊缝成形的影响，以及各种位置焊缝的焊接要点和操作方法。

第一节　坡口形式和焊接位置

一、焊条电弧焊的坡口形式

根据产品图样的设计要求或工艺需要，将焊件待焊部位加工成一定形状，经装配后形成的沟槽称为焊接坡口。利用机械加工、手工打磨、火焰或电弧等对焊件加工的过程称为开坡口。开坡口后，使电弧能深入到坡口根部，保证根部焊透；便于清除待焊处的焊渣，获得较好的焊缝成形；还能调节母材和填充金属的比例，改善焊接接头的力学性能。

焊条电弧焊接头的坡口形式，应根据焊接结构的特点，焊件厚度和技术要求选用。最常用的坡口形式有I形、单面V形、双面V形(X形)、单面Y形、双面Y形、单面U形、双面V形等。详见GB/T 985—1988《气焊、手工电弧焊及气体保护焊焊缝坡口的基本形式与尺寸》，请参考本书第五篇第二章第二节的有关内容。

二、焊条电弧焊的焊接位置

由于焊条直径很小，焊钳也不大，电弧可以在很小的空间燃烧，而且焊条端部的喇叭形套管中的定向气流可以帮助熔滴过渡到空间任何地方。因此，焊条电弧焊可以焊接空间所有位置的焊缝，包括平焊、立焊、横焊、仰焊及全位置焊。

第二节　焊接参数的选择

焊条电弧焊的焊接参数包括：焊条种类、牌号和直径，焊接电流的种类、极性和大小；电弧电压，焊接速度，焊道层次等。选择合适的焊接参数，对提高焊接质量和生产效率是十分重要的，下面分别讲述选择这些焊接参数的原则，以及它们对焊缝成形的影响。

一、焊条种类和牌号的选择

在本书第一篇第二章第二节中已经讲述了选择焊条的原则。实际工作中主要根据母材的性能、接头的刚度和工作条件选择焊条，焊一般碳钢和低合金结构钢主要是按等强度原则选择焊条的强度级别，一般结构选用酸性焊条，重要结构选用碱性焊条。

二、焊接电源种类和极性的选择

通常根据焊条类型决定焊接电源的种类，除低氢钠型焊条必须采用直流反接外，低氢钾型焊条可采用直流反接或交流，所有酸性焊条通常都采用交流电源焊接，但也可以用直流电源，焊厚板时用直流正接，焊薄板用直流反接。

三、焊条直径的选择

为提高生产效率，应尽可能地选用直径较大的焊条。但是用直径过大的焊条焊接，因焊接电流过大，要求焊接速度快，对焊工技术要求较高，否则容易产生烧穿、焊漏、未焊透或焊缝成形不良等缺陷。选用焊条直径主要考虑焊件的厚度，厚度较大的焊件应选用直径较大的焊条；反之薄件应选用直径较小的焊条，见表1-4-1。另外，焊接同样厚度的T形接头时，选用的焊条直径比对接接头用的焊条直径大些。

表1-4-1　焊条直径与焊件厚度的关系　（单位:mm）

焊件厚度	2	3	4~5	6~12	>13
焊条直径	2	3.2	3.2~4	4~5	4~6

四、焊接电流的选择

焊接电流是焊条电弧焊最重要的焊接参数，也可以说是唯一的独立参数，因为焊工在操作过程中需要调节的只有焊接电流，而焊接速度和电弧电压都是由焊工控制的。

焊接电流越大，熔深越大(焊缝宽度和余高变化都不大)，焊条熔化快，焊接效率也高，但是，焊接电流太大时，飞溅和烟雾大，药皮易发红和脱落，而且容易产生咬边、焊瘤、烧穿等缺陷；若焊接电流太小，则引弧困难，焊条容易粘连在工件上，电弧不稳，熔池温度低，焊缝窄而高，熔合不好，而且容易产生夹渣、未焊透等缺陷。

选择焊接电流时，要考虑的因素很多，如焊条直径、药皮类型、焊件厚度、接头类型、焊接位置和焊道层次等。但主要由焊条直径、焊接位置和焊道层次决定的。

1. 焊条直径　焊条直径越粗，熔化焊条所需的热量越大，必须增大焊接电流；若焊接电流太小，引弧困难，甚至会粘住焊条。每种直径的焊条都有一个最合适的电流范围，表1-4-2给出了各种直径焊条合适的焊接电流的参考值。

表1-4-2　各种直径焊条合适焊接电流的参考值

焊条直径/mm	1.6	2.0	2.5	3.2	4.0	5.0	5.8
焊接电流/A	25~40	40~65	50~80	100~130	160~210	200~270	260~300

还可以根据选定的焊条直径用下面的经验公式计算焊接电流。

$$I = 10d^2$$

式中　I——焊接电流(A)；

d——焊条直径(mm)。

2. 焊接位置　在平焊位置焊接时，可选择偏大些的焊接电流。横焊、立焊、仰焊位置焊接时，焊接电流应比平焊位置小10%~20%。

3. 焊道层次　通常焊接打底层焊道时，特别是焊接单面焊双面成形的焊道时，使用的焊接电流较小，才便于操作和保证背面焊道的质量；焊填充层焊道时，为提高效率，保证熔合好，通常都使用较大的焊接电流；而焊盖面层焊道时，为防止咬边和获得较美观的焊道，使用的电流稍小些。

以上所讲的只是选择焊接电流的一些原则和方法。实际生产过程中焊工都是根据试焊的试验结果，根据自己的实践经验选择焊接电流的。通常焊工都根据焊条直径推荐的电流范围，或根据经验选定一个电流，在试板上试焊，在焊接过程中看熔池的变化情况、渣和铁液的分离情况、飞溅大小、焊条是否发红，焊缝成形是否好，以及脱渣性是否好等来选择焊接电流的。当焊接电流合适时，焊接时很容易引弧，电弧燃烧稳定，熔池温度较高，渣比较稀，很容易从铁液中分离出去，能观察到颜色比较暗的液体从熔池中翻出，并向熔池后面集中，熔池较亮，表面稍下凹，但很平稳地向前移动，焊接过程中飞溅很小，能听到很均匀的劈啪声，焊后焊缝两侧圆滑地过渡到母材，鱼鳞纹较细而且均匀，焊渣也容易敲掉。如果选用的焊接电流太小，则很难引弧，焊条容易粘在焊件上，焊道余高很高，鱼鳞纹粗，两侧熔合不好。当焊接电流过小时，根本形不成焊道，熔化的焊条金属粘在焊件上像一条蚯蚓十分难看。如果选用的焊接电流太大，焊接时飞溅和烟雾很大，焊条药皮成块脱落，焊条发红，电弧吹力大，熔池有一个很深的凹坑，表面很亮，非常容易烧穿、产生咬边缺陷，由于焊机负载过重，可听到很明显的哼哼声，焊缝外观很难看，鱼鳞纹很粗。

五、电弧电压的选择

电弧电压主要会影响焊缝的宽窄，电弧电压越高，焊缝越宽，因为焊条电弧焊时，焊缝宽度主要靠焊条的横向摆动幅度来控制，因此电弧电压的影响不明显。

当焊接电流调好以后，焊机的外特性曲线就决定了。实际上电弧电压由弧长决定。电弧越长，电弧电压越高，电弧越短，电弧电压越低。但电弧太长时，电弧燃烧不稳，飞溅大，容易产生咬边、气孔等缺陷；若电弧太短，容易粘焊条。一般情况下，电弧长度等于焊条直径的1/2～1倍为好，相应的电弧电压为16～25V。碱性焊条的电弧长度应为焊条直径的一半较好，酸性焊条的电弧长度应等于焊条直径。

六、焊接速度的选择

焊接速度是指单位时间内完成的焊缝长度。焊条电弧焊时，在保证焊缝具有所要求的尺寸和外形，保证熔合良好的原则下，焊接速度由焊工根据具体情况灵活掌握。

七、焊接层数的选择

在厚板焊接时，必须采用多层焊或多层多道焊。多层焊的前一条焊道对后一条焊道起预热作用，而后一条焊道对前一条焊道起热处理作用(退火和缓冷)，有利于提高焊缝金属的塑性和韧性。每层焊道厚度不能大于4～5mm。

第三节 基本操作技术

一、引弧

电弧焊开始时，引燃焊接电弧的过程称为引弧。引弧的方法包括不接触引弧和接触引弧两类。

1. 不接触引弧　利用高频高压使电极末端与焊件间的气体导电产生电弧。用这种方法引弧时，电极端部与焊件不发生短路就能引燃电弧，其优点是可靠、引弧位置可选在坡口面上，引弧位置准确，引弧时不会烧伤焊件的表面，但需要另外增加小功率高频高压电源，或同步脉冲电源。焊条电弧焊很少采用这种引弧方法。

2. 接触引弧　先使电极与焊件短路，再拉开电极引燃电弧。这是焊条电弧焊时最常用的引弧方法，根据操作手法不同又可分为：

（1）直击法　使焊条与焊件表面垂直地接触，当焊条的末端与焊件表面轻轻一碰，便迅速提起焊条，并保持一定距离，立即引燃了电弧，见图 1-4-1。操作时必须掌握好手腕的上下动作的时间和距离。

（2）划擦法　这种方法与擦火柴有些相似，先将焊条末端对准焊件，然后将焊条端部在焊件表面划擦一下，当电弧引燃后趁金属还没有开始大量熔化的一瞬间，立即使焊条末端与被焊表面的距离维持在 2 ~ 4mm，电弧就能稳定地燃烧。见图 1-4-2。操作时焊工的手腕顺时针方向旋转，使焊条端头与焊件接触后再离开。

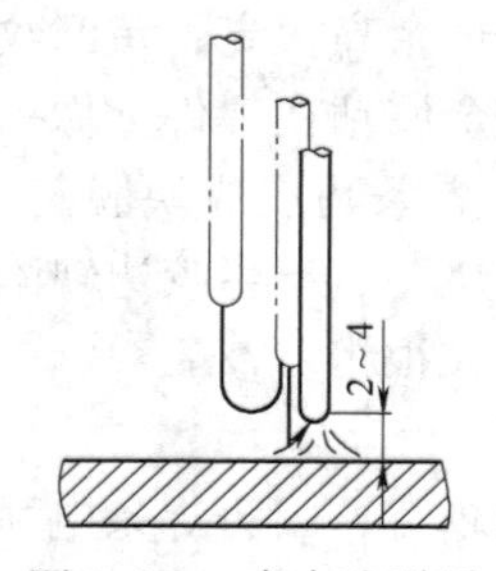

图 1-4-1　直击法引弧

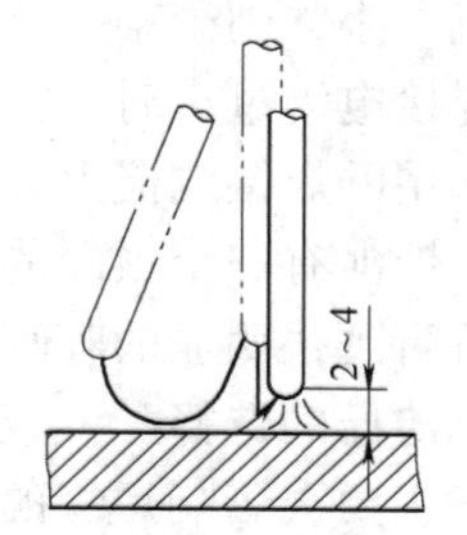

图 1-4-2　划擦法引弧

以上两种引弧方法相比，划擦法比较容易掌握，但是在狭小工作面上或不允许烧伤焊件表面时，应采用直击法。直击法对初学者较难掌握，一般容易发生电弧熄灭或造成短路现象，这是没有掌握好离开焊件时的速度和保持一定距离的原因。如果操作时焊条上拉太快或提得太高，都不能引燃电弧或电弧只燃烧一瞬间就熄灭。相反，动作太慢则可能使焊条与焊件粘在一起，造成焊接回路短路。

引弧时，如果发生焊条和焊件粘在一起时，只要将焊条左右摇动几下，就可脱离焊件，如果这时还不能脱离焊件，就应立即将焊钳放松，使焊接回路断开，待焊条稍冷后再拆下。如果焊条粘住焊件的时间过长，则因过大的短路电流可能使电焊机烧坏，所以引弧时，焊工的手腕动作必须灵活和准确，而且还要选择好引弧起始点的位置。

二、运条

焊接过程中，焊条相对焊缝所做的各种动作的总称称为运条。正确运条是保证焊缝质量基本因素之一，因此每个焊工都必须掌握好运条这项基本功。

运条的基本动作有四个。包括：沿焊条轴线的送进（送焊条）、沿焊缝 *OX* 轴线方向移动（焊接）、沿焊缝 *OY* 轴线垂直方向的横向运动（摆动）、控制焊条的对中位置和倾斜角度（倾角）四个动作。如图 1-4-3 所示。

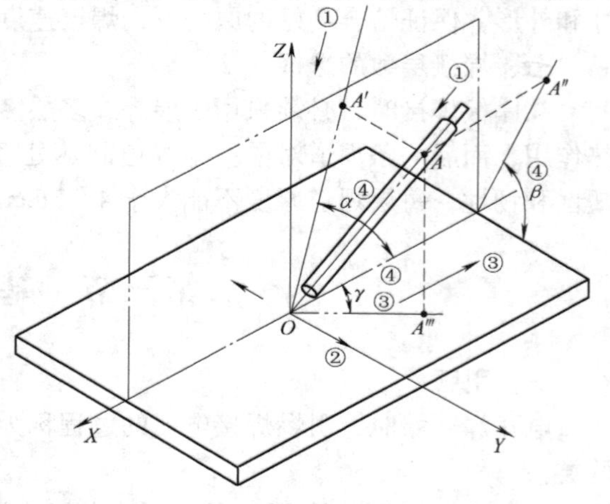

图 1-4-3　运条的基本动作
①—焊条送进（送进）　②—焊条摆动（摆动）
③—沿焊缝轴线移动（焊接）　④—焊条的倾角 α、β、γ

焊条的倾斜角度是一个空间角度，在 XOZ 平面上投影的夹角为 α；在 YOZ 平面上投影的夹角为 β；在 XOY 平面上的投影的夹角为 γ。焊条的倾斜角度能决定电弧能量的分配比例，O 点为电弧对中位置。

1. 焊条送进

（1）定义　焊条沿轴线方向向熔池送进称为送进运动。它是靠焊工的手臂的向下移动完成的。

（2）操作要领

1）必须尽可能保证焊条的送进速度和熔化速度相等，才能够保证弧长稳定，焊接电流稳定、熔深稳定，焊缝质量稳定。

若焊条的送进速度比焊条的熔化速度小，则电弧的长度会越来越大，直到电弧熄灭为止。若送进速度比焊条的熔化速度大，则电弧的长度会越来越小，直到短路时，电弧熄灭。

焊接过程中焊工必须在所选定的焊接电流下，按焊条的熔化速度调节送进速度，使焊条的送进速度正好等于其熔化速度，才能保证焊接质量稳定。

2）必须根据生产的实际情况调节焊条的送进速度，特别是焊接打底层焊道时，应根据钝边和间隙的大小，及时调节焊条的送进速度。

调节焊接电流的方法有如下两种：

① 一是通过焊机调节焊接电流：通过粗调或细调的方法，改变焊机的外特性，进行粗调或细调焊接电流。这种调节焊接电流的办法，在焊接过程中是不能用的。

② 二是通过改变电弧长度的方法，来改变电弧静特性曲线的位置和电弧稳定燃烧的工作点，在一定范围内微调焊接电流。这是焊工在焊接过程中最适用的调节焊接电流的方法。也是焊工最常用的手法之一。在焊接打底层焊道时特别有用。

若焊接时发现坡口间隙太小或钝边太大则应加快焊条的送进速度，压低电弧，使焊接电流增大；或降低焊接速度，使热输入增加或同时采用以上两种方法，才能防止未焊透或未熔合，保证焊透。

若发现局部间隙太大或钝边太小，则应减慢焊条的送进速度，提高电弧，使焊接电流减小或提高焊接速度，减小热输入；也可同时采用以上两种方法，防止焊漏或烧穿，保证焊透。

注意：无论是压低电弧或抬高电弧，都要根据焊条熔化情况，及时调节焊条的送进速度，使其正好等于焊条的熔化速度，才能维持新的平衡，否则无法保证焊接质量。

2. 焊条沿焊接方向的纵向移动(焊接)

（1）定义　单位时间内焊条沿焊接方向纵向移动的长度称为焊接速度。它是决定焊接生产效率的重要焊接参数。

（2）操作要领　影响焊接速度的工艺因素很多。例如，焊接电流的大小、焊件的厚度、钝边的大小、装配间隙的大小等对焊接速度都会有影响，焊工必须根据实际情况及时调整焊接速度。操作时应注意以下问题：

1）在其他因素相同的情况下，焊接电流越大，要求焊接速度越大。否则容易产生咬边、焊漏、烧穿等缺陷。

2）遇到局部间隙较小或钝边较大的地方，应适当降低焊接速度，防止未熔合或未焊透。反之，则应适当提高焊接速度，以防止焊漏或烧穿。

3）为了提高生产效率，应该选用较大的焊接电流，采用较快的焊接速度施焊。焊接电流越大，焊接速度越快，焊接效率越高。但要求焊工的技术越高，否则容易产生缺陷。

3. 焊条的横向运动(摆动)

（1）定义　焊条端部沿焊接方向做横向运动称为焊条的横向摆动。焊条摆动的中心位置称为焊条对中位置。焊条端部电弧沿焊道中心线横向移动的距离称为摆幅。单位时间内焊条摆动的次数称为摆动频率。如图1-4-4所示。

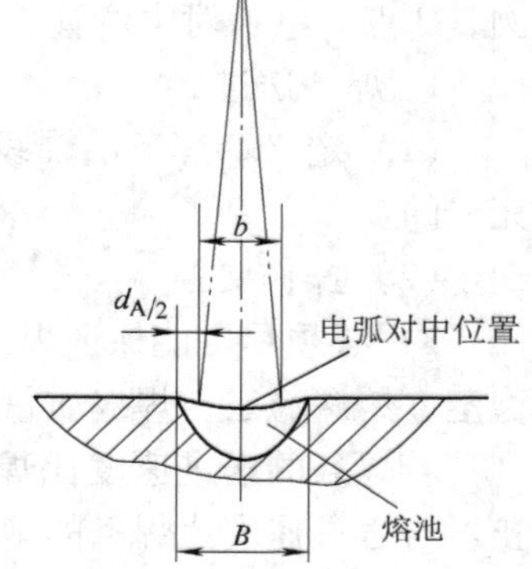

图1-4-4　焊条的摆动
$d_{A/2}$—电弧直径　b—焊条摆幅
B—焊缝宽度

焊条的摆动是靠焊工手腕的转动完成的。

（2）操作要点

1）焊条对中位置是焊条摆动的中心，它是由焊道的位置确定的。

单层单道焊、多层单道焊，每层都只有一条焊道时，焊条的对中位置就是焊道的中心线。

多层多道焊焊条的对中位置由每层焊缝的焊道数确定，确定对中位置的原则是必须保证每条焊道都与坡口面、前一层焊道、同一层焊缝的前一条焊道熔合好。

2）焊条的摆幅将决定一条焊道的宽度。当焊接电流不变时，焊道宽度越大，焊接速度越小，热输入越大，焊缝及热影响区越容易出现过热组织。为保证焊道质量，每条焊道的宽度应控制在焊条直径的2~5倍范围内。

多层多道焊时，应根据该层坡口间的距离确定该层的焊道数目与每条焊道的摆幅。

3）焊道宽度和摆幅的关系　由图1-4-6可知，焊道的宽度可按下式计算：

$$B = b + d_A$$

式中　B——焊缝的宽度(mm)；

b——摆幅(mm)；

d_A——焊件表面电弧斑点的直径(mm)。

电弧越长，电弧斑点的直径越大，短弧焊(弧长等于焊条直径 d_E 的0.5~1.0倍)时，电弧斑点的直径等于焊条直径，即 $d_A = d_E$。此时的焊缝宽度为：$B = b + d_E$。

4）摆幅为零是焊条摆动的特定形式，也就是说焊接过程中焊条不摆动。短弧焊时，焊道的宽度最窄。焊接易淬火的低合金钢时，为防止冷裂纹，除采用预热、控制层间温度和后热外，重要的措施是采用不摆动的多层多道焊，尽可能地降低热输入。

4. 焊条的倾斜角度

（1）定义　焊条轴线和焊接方向焊缝中心线在 XOZ 平面之间的夹角称焊条的倾斜角度，简称为焊条的倾角。如图1-4-5中的 α 就是焊条的倾角。

若 $\alpha < 90°$(后倾角)的焊接方法称为后倾焊。这是焊条电弧焊最常用的操作方法。又称右焊法。即自左向右施焊。此时，焊接电弧永远指向已焊好的焊缝方向，熔池在电弧的后方。如图1-4-5a所示。

$\alpha > 90°$(前倾角)的焊接方向称前倾焊。如图1-4-5b所示。又称左焊法。

左焊法时 $\alpha > 90°$，自右向左焊接，电弧始终指向尚未焊接处，起预热作用，焊缝

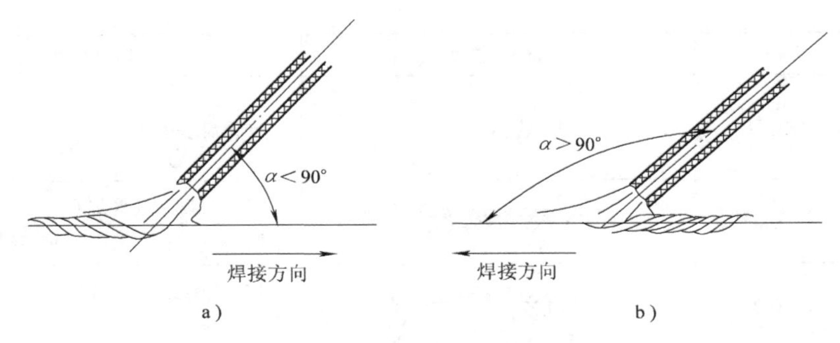

图 1-4-5　右向焊与左向焊

a）右焊法　b）左焊法

宽而浅，成形较好，α 越大，焊缝宽而浅，其缺点是看不清焊缝的情况，且焊缝冷却较快。熔化极气体保护焊常用左焊法。而焊条电弧焊时，在焊条端部套筒中定向气流的作用下，熔渣被吹到熔池前面，与液态金属分离较困难，容易引起夹渣故很少用左焊法。

右焊法时 $\alpha<90°$，自左向右焊接，电弧始终指向焊缝，对尚未焊接处几乎没有预热作用，焊缝窄而深。(因电弧处的电流密度比熔化极气体保护焊小得多,故不明显)，熔池凝固较慢，特别是在焊条套筒中定向气流的作用下，熔渣被吹到熔池后部，容易和液态金属分离，不容易产生夹渣。因此，焊条电弧焊常用右焊法。

(2) 操作要点　焊条倾角可以控制电弧能量的分布情况和焊条套筒中定向气流的方向，对熔深和熔滴的流向有极重要的影响，这是焊条电弧焊操作时需要注意的地方。操作要领如下：

1）改变焊条倾角可以控制熔滴喷射的方向，在立焊、横焊、仰焊时 α 越大，熔滴越容易过渡到熔池中，(此时垂直方向的分力较大,容易克服重力)。

2）在焊接过程中，改变焊条倾角还可以调节熔深。α 小时熔深较浅。遇到间隙大，钝边小的地方，除了可提高电弧，加快焊接速度外，还可以减小焊条倾角防止烧穿；反之，遇到间隙小，钝边大的地方，可适当加大焊条倾角，保证焊透。

(3) 运条方法　焊条的四种运动统称为运条，四种运动是同时进行的。

运条方法应根据焊接接头的形式、装配间隙、焊缝的空间位置、焊条直径与性能、焊接电流的种类和大小及焊工的技术水平等因素确定，常用的运条方法见表 1-4-3。

表 1-4-3　常用的运条方法及适用范围

运 条 方 法	运条示意图	适 用 范 围
直线形运条法		1）厚 3 ~ 5mmI 形坡口对接平焊 2）多层焊的第一层焊道 3）多层多道焊
直线往返形运条法		1）薄板焊 2）对接平焊(间隙较大)
锯齿形运条法		1）对接接头(平焊、立焊、仰焊) 2）角接接头(立焊)

（续）

运条方法		运条示意图	适用范围
月牙形运条法			同锯齿形运条法
三角形运条法	斜三角形		1）角接接头（仰焊） 2）对接接头（开V形坡口横焊）
	正三角形	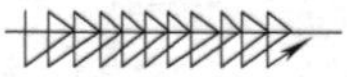	1）角接接头（立焊） 2）对接接头
圆圈形运条法	斜圆圈形	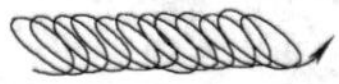	1）角接接头（平焊、仰焊） 2）对接接头（横焊）
	正圆圈形		对接接头（厚焊件平焊）
八字形运条法		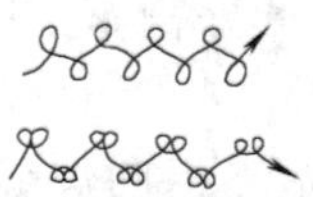	对接接头（厚焊件平焊）

三、焊缝的起头

焊缝的起头是指刚开始焊接处的焊缝。这部分焊缝的余高容易增高，且不易焊透，这是由于开始焊接时工件温度较低，引弧后不能迅速使这部分金属温度升高，因此熔深较浅，余高较大。为减少或避免这种情况，应在引燃电弧后先将电弧稍微拉长些，对焊件进行必要的预热，然后适当压低电弧转入正常焊接；或在起头处前10~20mm处引燃电弧，然后将电弧退到起头处再开始焊接。

四、焊缝的收弧

焊缝的收尾是指一条焊缝焊完后如何收弧。焊接结束时，如果将电弧突然熄灭，则焊缝表面留有凹陷较深的弧坑会降低焊缝收尾处的强度，并容易引起弧坑裂纹。过快拉断电弧，液体金属中的气体来不及逸出，还容易产生气孔等缺陷。为克服弧坑缺陷，可采用下述方法收尾。

1. 反复断弧法　焊条移到焊缝终点时，在弧坑处反复熄弧、引弧数次，直到填满弧坑为止。此方法适用于薄板和大电流焊接时的收尾，不适于碱性焊条。

2. 划圈收尾法　焊条移到焊缝终点时，在弧坑处作圆圈运动，直到填满弧坑再拉断电弧，此方法适用于厚板。

3. 转移收尾法　焊条移到焊缝终点时，在弧坑处稍做停留，将电弧慢慢抬高，引到焊缝边缘的母材坡口内。这时熔池会逐渐缩小，凝固后一般不出现缺陷。适用于换焊条或临时停弧时的收尾。

五、焊缝的接头

后焊焊缝与先焊焊缝的连接处称为焊缝的接头。由于受焊条长度限制，焊缝前后两段的接头是不可避免的，但焊缝的接头应力求均匀，防止产生过高、脱节、宽窄不一致等缺陷。焊缝的接头情况有以下四种，如图1-4-6所示。

1. 中间接头　后焊的焊缝从先焊的焊缝尾部开始焊接，如图 1-4-6a 所示。要求在弧坑前约 10mm 附近引弧，电弧长度比正常焊接时略长些，然后回移到弧坑，压低电弧，稍作摆动，再向前正常焊接。这种接头方法是使用最多的一种，适用于单层焊及多层焊的表层接头。

2. 相背接头　两焊缝的起头相接，如图 1-4-6b 所示。要求先焊缝的起头处略低些，后焊的焊缝必须在前条焊缝始端稍前处起弧，然后稍拉长电弧将电弧逐渐引向前条焊缝的始端，并覆盖前焊缝的端头，待熔透焊平后，再向焊接方向移动。

3. 相向接头　是两条焊缝的收尾相接，如图 1-4-6c 所示。当后焊的焊缝焊到先焊的焊缝收弧处时，焊接速度应稍慢些，待接头处熔合后，填满先焊焊缝的弧坑，以较快的速度再略向前焊一段，然后熄弧。

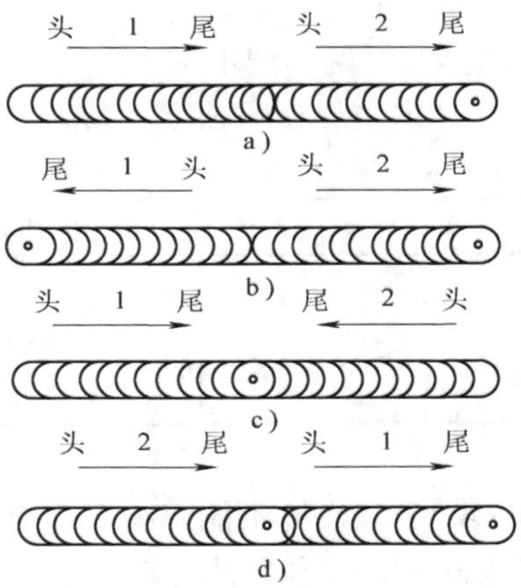

图 1-4-6　焊缝接头的四种情况
a）中间接头　b）相背接头
c）相向接头　d）分段退焊接头
1—先焊焊缝　2—后焊焊缝

4. 分段退焊接头　是先焊焊缝的起头和后焊的收尾相接，如图 1-4-6d 所示。要求后焊的焊缝焊至靠近前焊焊缝始端时，改变焊条角度，使焊条指向前焊缝的始端，拉长电弧，待形成熔池后，再压低电弧，往回移动，最后返回原来熔池处收弧。

接头连接得平整与否，与焊工操作技术有关，同时还和接头处温度高低有关系。温度越高，接得越平整。因此，中间接头要求电弧中断时间要短，换焊条动作要快。

多层焊时，层间接头要错开，以提高焊缝的致密性。

除中间接头法接头时可不清理熔渣外，其余二种接头法，必须先将需接头处的焊渣打掉，否则接不好头，必要时可将需接头处先打磨成斜面后再接头。前者叫热接头法，后者叫冷接头法。

第四节　定位焊与定位焊缝

一、定位焊的作用

焊前为固定焊件的相对位置进行的焊接操作称为定位焊，俗称点固焊。定位焊形成的短小而连续的焊缝叫定位焊缝，也叫点固焊缝。通常定位焊缝都比较短小，焊接过程中都不去掉，将成为正式焊缝的一部分保留在焊缝中，因此定位焊缝的质量好坏、位置、长度和高度等是否合适，将直接影响正式焊缝的质量及焊件的变形。根据经验，生产中发生的一些重大质量事故，如结构变形大，出现未焊透及裂纹等缺陷，往往是定位焊不合格造成的，因此对定位焊必须引起足够的重视。

二、定位焊的注意事项

焊接定位焊缝时必须注意以下几点：

1. 必须按照焊接工艺规定的要求焊接定位焊缝。如采用与工艺规定的同牌号，同直径的焊条，用相同的焊接工艺参数施焊；若工艺规定焊前需预热，焊后需缓冷，则焊定位焊缝前也要预热，焊后也要缓冷。

2. 定位焊缝必须保证熔合良好，焊道不能太高，起头和收尾处应圆滑不能太陡，防止焊缝接头时两端焊不透。

3. 定位焊缝的长度、余高、间距见表 1-4-4。

表 1-4-4　定位焊缝的参考尺寸　（单位:mm）

焊 件 厚 度	定位焊缝余高	定位焊缝长度	定位焊缝间距
≤4	<4	5～10	50～100
4～12	3～6	10～20	100～200
>12	>6	15～30	200～300

4. 定位焊缝不能焊在焊缝交叉处或焊缝方向发生急剧变化的地方，通常至少应离开这些地方 50mm 才能焊定位焊缝。

5. 为防止焊接过程中焊件裂开，应尽量避免强制装配，必要时可增加定位焊缝的长度，并减小定位焊缝的间距。

6. 定位焊后必须尽快焊接，避免中途停顿或存放时间过长、定位焊用电流可比焊接电流大 10%～15%。防止坡口面生锈或受污染影响焊缝质量。

第五节　单面焊双面成形操作技术

焊接锅炉及压力容器等结构时，有时要求焊接接头完全焊透，以满足受压部件的质量和性能要求。但由于构件尺寸和形状的限制，如小直径容器，管道在里面无法施焊，只能在容器外侧进行焊接。如果在外侧采用常规的单面焊法，里面会焊不透或产生咬边和焊瘤等缺陷，不能满足焊接质量的要求。

单面焊双面成形操作技术是采用普通焊条，以特殊的操作方法，在坡口背面没有任何辅助措施的条件下，在坡口的正面进行焊接，焊后保证坡口的正、反两面都能得到均匀整齐、成形良好，符合质量要求的焊缝的焊接操作方法。它是焊条电弧焊中难度较大的一种操作技术。适用于无法从背面清除焊根并重新进行焊接的重要焊件。在《锅炉压力容器压力管道焊工考试与管理规则》中，提出了这项操作技能的培训和考核要求，从而开始全面推广了单面焊双面成形焊接技术。

一、单面焊双面成形接头的形式

适用于焊条电弧焊单面焊双面成形的接头形式，主要有板状对接接头（图 1-4-7a），管状对接接头（图 1-4-7b），骑座式管板接头（图 1-4-7c）。按接头位置不同可进行平焊、立焊、横焊和仰焊等位置焊接。

焊条电弧焊单面焊双面成形焊接方法一般用于 V 形坡口对接焊，适用于容器壳体板状对接焊，小直径容器环缝及管道对接焊，容器接管的管板焊接。

单面焊双面成形在焊接方法上与一般的平、立、横、仰焊有所不同，但操作要点和要求基本一致，焊缝内不应出现气孔、夹渣、裂纹、根部应均匀焊透，背面不应有焊瘤和凹陷等。

二、连弧焊和断弧焊的特点

进行单面焊双面成形焊接时，焊接好第一层打底焊道是操作的关键，在电弧高温和吹力作用下，坡口根部部分金属被熔化形成金属熔池，在熔池前沿会产生一个略大于坡口装配间隙的孔洞，称为熔孔，如图 1-4-8 所示。焊条药皮熔化时所形成的熔渣和气体可以通过熔孔对焊缝背面有效保护。同时，工件背面焊道的质量由熔孔尺寸大小、形状、移动均匀程度决定。

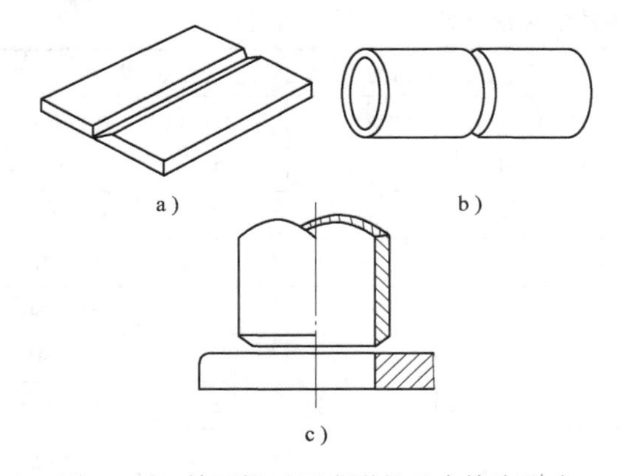

图 1-4-7　单面焊双面成形的基本接头形式

a）板状对接接头　b）管状对接接头　c）管板接头

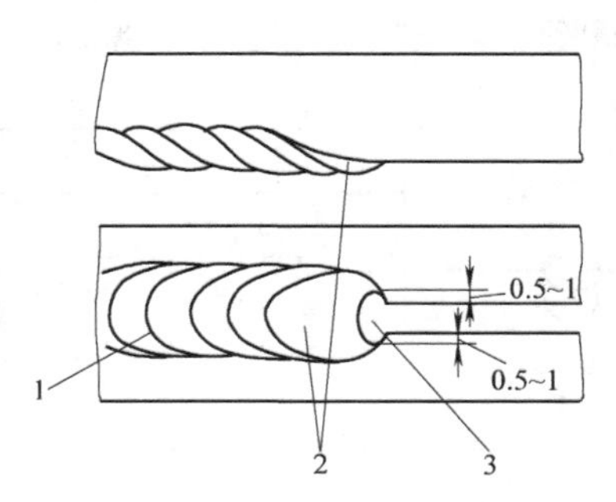

图 1-4-8　熔孔位置及大小

1—焊缝　2—熔池　3—熔孔

单面焊双面成形，按照焊接第一层打底焊道操作手法的不同，可分为连续施焊法（又称连弧焊法）和间断灭弧施焊法（又称断弧焊法）两种。

1. 连弧焊　连弧焊法在焊接过程中电弧连续燃烧，不熄灭，采取较小的坡口钝边和间隙，选用较小的焊接电流，始终保持短弧连续施焊。连弧焊仅要求焊工保持平稳和均匀的运条，操作手法没有较大变化，容易掌握。焊缝背面成形比较细密、整齐，能够保证焊缝内部质量要求，但如果操作不当，焊缝背面易造成未焊透或未熔合现象。但对坡口加工，装配质量要求较高，在实际生产中应用有一定的局限性。

2. 断弧焊　断弧焊法在焊接过程中，通过电弧反复交替燃烧与熄灭并控制熄弧时间，从而控制熔池的温度、形状和位置，以获得良好的背面成形和内部质量。断弧焊采取的坡口钝边间隙比连弧焊稍大，选用的焊接电流范围也较宽，使电弧具有足够的穿透能力。在进行薄板、小直径管焊接和实际产品装配间隙变化较大的条件下，采用断弧焊法施焊更显得灵活和适用。由于断弧焊操作手法变化较大，掌握起来有一定难度，要求焊工具有较熟练的操作技术。

第六节　各种位置的焊接

焊接空间不同位置的焊接接头，虽然具有各自不同的特点，但也具有共同的规律，其共同规律就是保持正确的焊条角度，掌握好运条的四个动作，控制好熔孔的大小、熔池表面形状、大小和温度，使熔池金属的冶金反应较完全，气体、杂质排除彻底，并与母材很好熔合。

一、平焊

平焊是在水平面上任何方向进行焊接的一种操作方法。由于焊缝处在水平位置，熔滴主要靠自重过渡，操作技术比较容易掌握，可以选用较大直径焊条和较大的焊接电流，生产效率高，因此在生产中应用较为普遍。如果焊接工艺参数选择和操作不当，打底焊时容易造成根部焊瘤或未焊透，也容易出现熔渣与熔化金属混杂不清或熔渣超前而引起的夹渣。

常用平焊有对接平焊、T 形接头平焊和搭接接头平焊。

1. 对接平焊　推荐对接平焊的焊接参数见表 1-4-5。

表 1-4-5　推荐对接平焊的焊接参数

焊缝横断面形式	焊件厚度/mm	第一层焊缝		其他各层焊缝		封底焊缝	
		焊条直径/mm	焊接电流/A	焊条直径/mm	焊接电流/A	焊条直径/mm	焊接电流/A
	2	2	50 ~ 60	—	—	2	55 ~ 60
	2. 5 ~ 3. 5	3. 2	80 ~ 110	—	—	3. 2	85 ~ 120
	4 ~ 5	3. 2	90 ~ 130	—	—	3. 2	100 ~ 130
		4	160 ~ 200	—	—	4	160 ~ 210
		5	200 ~ 260	—	—	5	220 ~ 260
	5 ~ 6	4	160 ~ 200	—	—	3. 2	100 ~ 130
						4	180 ~ 210
	>6	4	160 ~ 200	4	160 ~ 210	4	180 ~ 210
				5	220 ~ 280	5	220 ~ 260
	≥12	4	160 ~ 210	4	160 ~ 210	—	—
				5	220 ~ 280	—	—

1）I 形坡口对接平焊：当板厚小于 6mm 时，一般采用 I 形坡口对接平焊。

采用双面双道焊，焊条直径 3. 2mm。

焊接正面焊缝时，采用短弧焊，使熔深为工件厚度的 2/3，焊缝宽 5 ~ 8mm，余高应小于 1. 5mm，如图 1-4-9 所示。

焊接反面焊缝时，将焊件翻过来，背面朝上，焊一般构件时，不必清焊根，但要将正面焊缝背面上的熔渣清除干净，然后再焊接，焊接电流可大一些。焊条角度如图 1-4-10 所示。焊重要构件时，焊件翻身后必须清根，并将沟槽内的金属氢化物打磨干净，直到露出金属光泽后才能焊接。

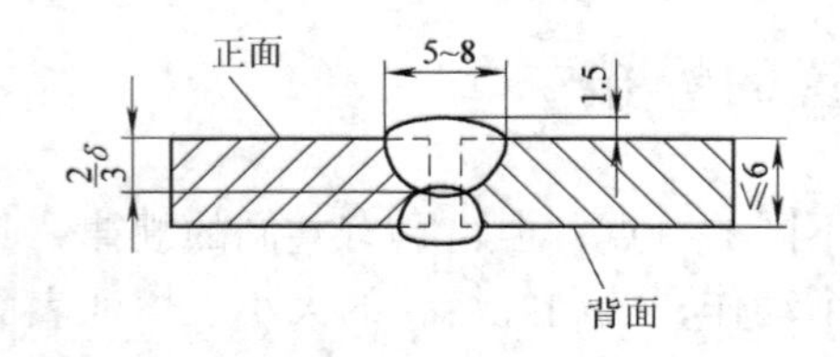

图 1-4-9　I 形坡口对接焊缝

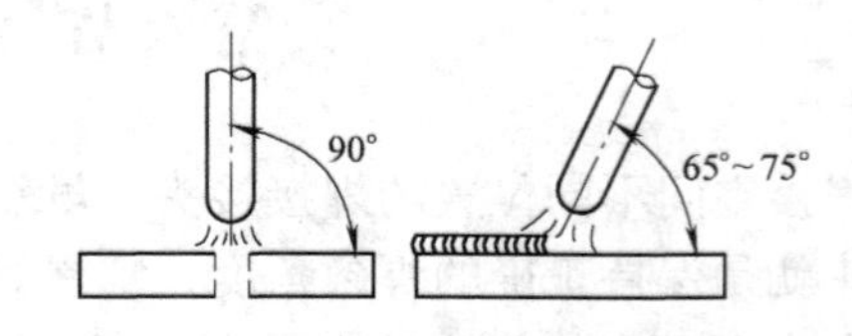

图 1-4-10　对接平焊的焊条角度

2）V 形坡口对接平焊：当板厚超过 6mm 时，由于电弧的热量较难深入到 I 形坡口根部，必须开单 V 形坡口或双 V 形坡口，可采用多层焊或多层多道焊，如图 1-4-11、图 1-4-12 所示（图中的阿拉伯数字表示焊接顺序）。

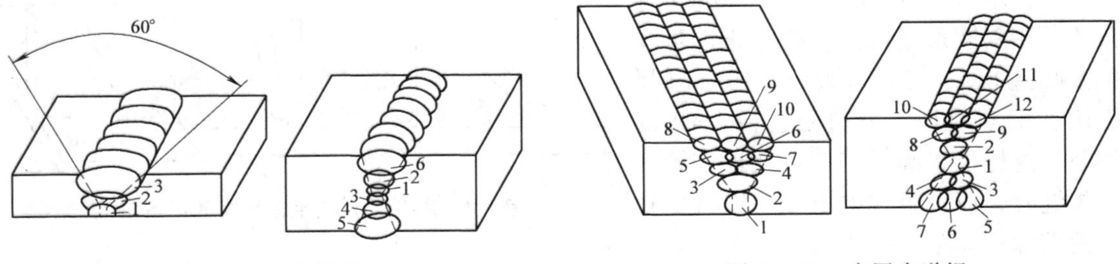

图 1-4-11　多层焊

图 1-4-12　多层多道焊

多层焊时，第一层应选用较小直径的焊条，运条方法应根据焊条直径与坡口间隙而定。可采用直线形运条法或锯齿形运条法，要注意边缘熔合的情况并避免焊穿。以后各层焊接时，应先将前一层熔渣清除干净，然后选用直径较大的焊条和较大的焊接电流进行施焊。可采用锯齿形运条法，并用短弧焊接。但每层不宜过厚，应注意在坡口两边稍作停留，为防止产生熔合不良及夹渣等缺陷，每层的焊缝接头须互相错开。

多层多道焊的焊接方法与多层焊相似，焊接时，要根据坡口的宽度选择每层焊缝的焊道数目，排列好每层焊缝的每一条焊道，保证表面高低一致，宽窄一致，熔合良好。应特别注意清除熔渣，以免产生夹渣未熔合等缺陷。

2. T 形接头的平角焊：推荐 T 形接头平角焊的焊接参数见表 1-4-6。

表 1-4-6　推荐 T 形接头平角焊的焊接参数

焊缝横断面形式	焊脚尺寸/mm	第一层焊缝		其他各层焊缝		封 底 焊 缝	
		焊条直径/mm	焊接电流/A	焊条直径/mm	焊接电流/A	焊条直径/mm	焊接电流/A
	2	2	55～65	—	—	—	—
	3	3.2	100～120	—	—	—	—
	4	3.2	100～120	—	—	—	—
		4	160～200				
	5～6	4	160～200	—	—	—	—
		5	220～280				
	≥7	4	160～200	5	220～280	—	—
		5	220～280				
	—	4	160～200	4	160～200	4	160～200
				5	220～280		

T 形接头横角焊时，容易产生未焊透，焊偏，咬边，夹渣等缺陷，特别是立板容易咬边。为防止上述缺陷，焊接时除正确选择焊接工艺参数外，还必须根据两板厚度来调整焊条的角度，电弧应偏向厚板的一边，使两板受热温度均匀一致，如图 1-4-13 所示。

当焊脚尺寸小于 6mm 时，可用单层焊，选用直径 4mm 焊条，采用直线形或斜圆形运条法，焊接时保持短弧，防止产生焊偏及垂直板上咬边。焊脚尺寸在 6～10mm 之间时，可用两层两道焊，焊第一层时，选用直径 3.2～4mm 焊条，采用直线形运条法，必须将顶角焊透；以后各层可选用直径 4 ~ 5mm 焊条，采用斜圆形运条法，要防止产生焊偏及咬边现象。当焊脚大于 10mm 时，采用多层多道焊，可选用直径 5mm 的焊条，这样能提高生产率。在焊接第一道焊缝时，应用较大的电流，以得到较大的熔深；焊第二条焊道时，由于焊件温度升高，可用较小的电流和较快的焊速，以防止垂直板产生咬边现象。在实际生产中，当焊件能翻动时，尽可能把焊件放成船形焊㊀位置进行焊接如图 1-4-14 所示，船形位置焊接既能避免产生咬边等缺陷，焊缝平整美观，又能使用大直径焊条和较大的焊接电流并便于操作，从而提高生产率。

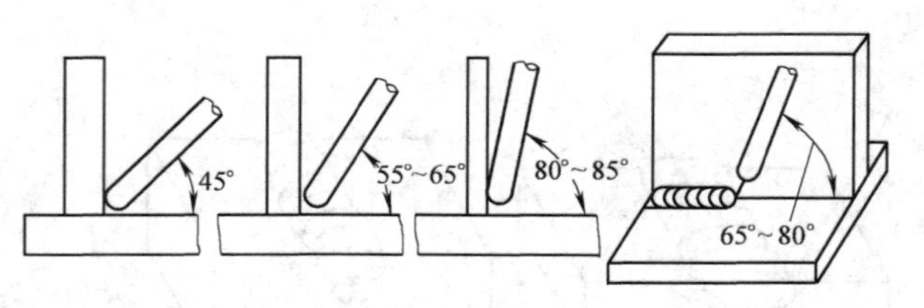

图 1-4-13　T 形接头平角焊时的焊条角度

3. 搭接平角焊　搭接平角焊时，主要的困难是上板边缘易受电弧高温熔化而产生咬边，同时也容易产生焊偏，因此必须掌握好焊条对中位置、角度和运条方法，焊条与下板表面的角度应随下板的厚度增大而增大(图 1-4-15)，搭接平焊根据板厚不同也可分为单层焊、多层焊、多层多道焊。选择方法基本上与 T 形接头相似。

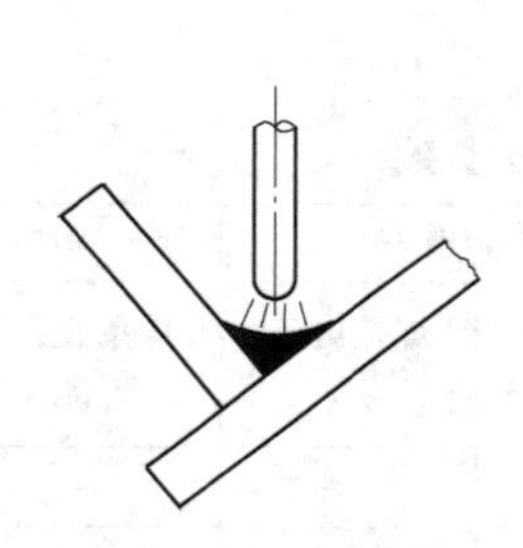

图 1-4-14　船形焊

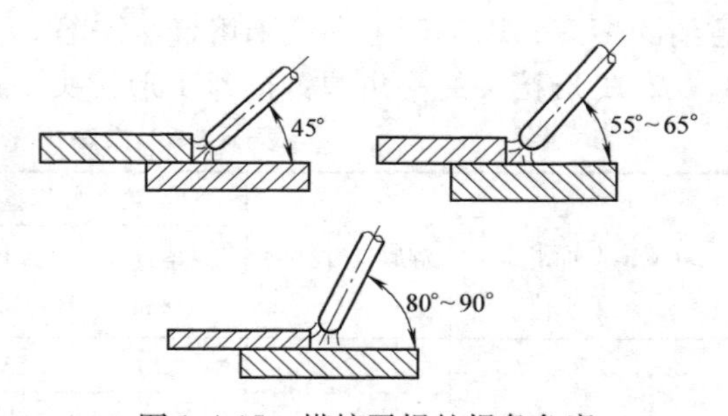

图 1-4-15　搭接平焊的焊条角度

二、立焊

立焊是在垂直方向进行焊接的一种操作方法。由于在重力的作用下，焊条熔化所形成的熔滴及熔池中的熔化金属要下淌，造成焊缝成形困难，质量受影响，因此，立焊时选用的焊条直径和焊接电流均应小于平焊，使熔池尽可能小，采用合适的焊条角度，利用电弧吹力阻止液态金属流出熔池，并采用短弧焊接。

立焊有两种操作方法。一种是由下向上施焊，是目前生产中常用的方法称向上立焊或简称为立焊；另一种是由上向下施焊称向下立焊，这种方法要求采用专用的向下立焊焊条才能保证焊缝质量。由下向上焊接可采取以下措施：

在对接立焊时，焊条应与基本金属垂直，同时与施焊前进方向成 60° ~ 80° 的夹角。在角接立焊时，焊条与两板之间各为 45°，向下倾斜 10° ~ 30°，如图 1-4-16 所示。

用较细直径的焊条和较小的焊接电流，焊接电流一般比平焊小 10% ~ 15% 。

采用短弧焊接，缩短熔滴金属过渡到熔池的距离。

根据焊件接头形式的特点，选用合适的运条方法。

㊀ T 形接头的平角焊，即船形焊，下同。

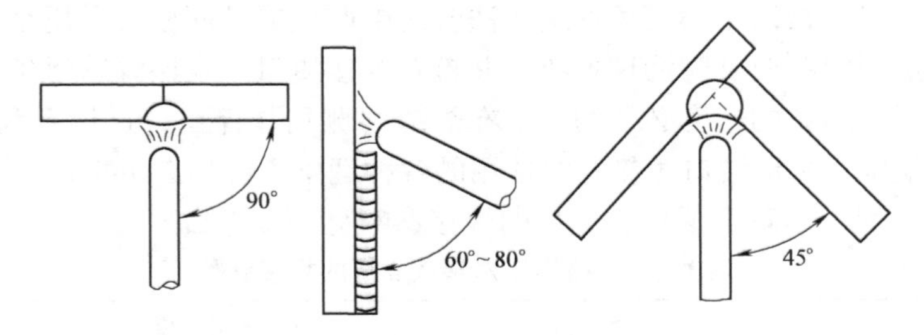

图 1-4-16 立焊时的焊条角度

1. 对接立焊 推荐对接接头立焊的焊接参数见表 1-4-7。

表 1-4-7 推荐对接接头立焊的焊接参数

坡口及焊缝横断面形式	焊件厚度尺寸 /mm	第一层焊缝		其他层焊缝		封底焊缝	
		焊条直径 /mm	焊接电流 /A	焊条直径 /mm	焊接电流 /A	焊条直径 /mm	焊接电流 /A
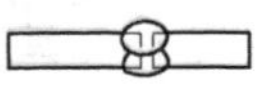	2	2	45~55	—	—	2	50~55
	2.5~4	3.2	75~100	—	—	3.2	80~110
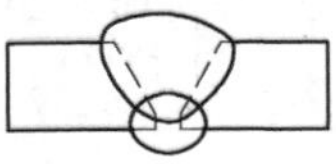	5~6	3.2	80~120	—	—	3.2	90~120
	7~10	3.2	90~120	4	120~160	3.2	90~120
		4	120~160				
	≥11	3.2	90~120	4	120~160	3.2	90~120
		4	120~160	5	160~200		
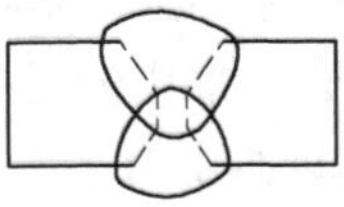	12~18	3.2	90~120	4	120~160	—	—
		4	120~160				
	≥19	3.2	90~120	4	120~160	—	—
		4	120~160	5	160~200		

1）I 形坡口对接立焊：这种接头常用于薄板的焊接。焊接时容易产生焊穿、咬边、金属熔滴下垂或流失等缺陷，给焊接带来很大困难。一般应选用跳弧法施焊，电弧离开熔池的距离尽可能短些，跳弧的最大弧长应不大于 6mm。在实际操作过程中，应尽量避免采用单纯的跳弧焊法，有时由于焊条的性能及焊缝的条件关系，可采用其他方法与跳弧法配合使用，如图 1-4-17 所示。

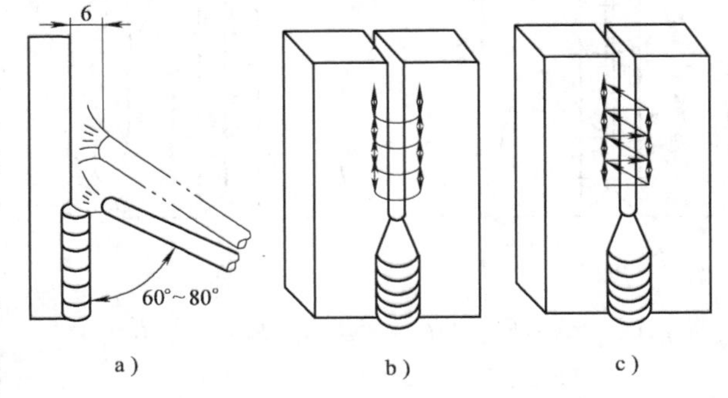

图 1-4-17 I 形坡口对接立焊时各种运条方法
a）直线形跳弧法 b）月牙形跳弧法 c）锯齿形跳弧法

2）V 形或 U 形坡口的对接立焊 对接立焊的坡口有 V 形或 U 形等形式。如果采用多层焊时，层数则由焊件的厚度来决定，每层焊缝的成形都应注意。焊打底层焊道时应选用直径较小的焊条和较小的焊接电流，对厚板采用小三角形运条法，对中厚板或较薄板可采用小月牙形或锯齿形跳弧运条法，各层焊缝都应及时清理焊渣，并检查焊接质量。表层焊缝运条方法按所需焊缝高度的不同来选择，运条的速度必须均匀，在焊缝两侧稍作停留，这样有利于熔滴的过渡，防止产生咬边等缺陷。V形坡口对接立焊常用的各种运条方法如图1-4-18所示。

2. T形接头立焊　推荐T形接头立焊的焊接参数见表1-4-8。

表1-4-8　推荐T形接头立焊的焊接参数

焊缝横断面形式	焊件厚度/mm	第一层焊缝		其他各层焊缝		封底焊缝	
		焊条直径/mm	焊接电流/A	焊条直径/mm	焊接电流/A	焊条直径/mm	焊接电流/A
	2	2	50~60	—	—	—	—
	3~4	3.2	90~120	—	—	—	—
	5~8	3.2	90~120	—	—	—	—
		4	120~160				
	9~12	3.2	90~120	4	120~160	—	—
		4	120~160				
	>12	3.2	90~120	4	120~160	3.2	90~120
		4	120~160				

T形接头立焊容易产生的缺陷是角顶不易焊透，而且焊缝两旁容易咬边。为了克服这个缺陷，焊条在焊缝两侧应稍作停留，电弧的长度尽可能地缩短，焊条摆动幅度应不大于焊缝宽度，为获得质量良好的焊缝，要根据焊缝的具体情况，选择合适的运条方法。常用的运条方法有跳弧法、三角形运条法、锯齿形运条法和月牙形运条法等，如图1-4-19所示。

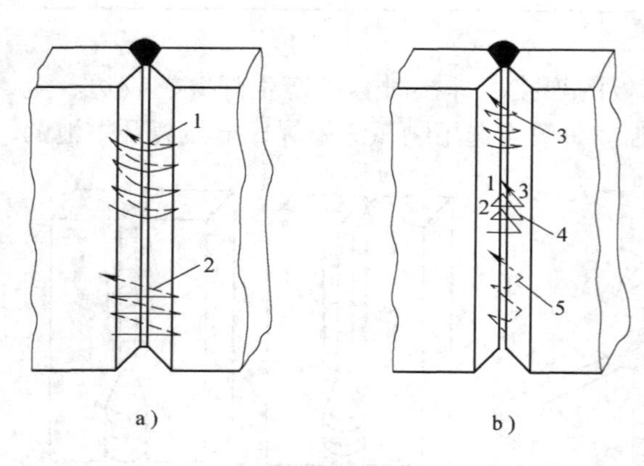

图1-4-18　V形坡口对接立焊常用的各种运条方法
a）填充及盖面层焊道　b）打底层焊道
1—月牙形运条　2—锯齿形运条　3—小月牙运条
4—三角形运条　5—跳弧运条

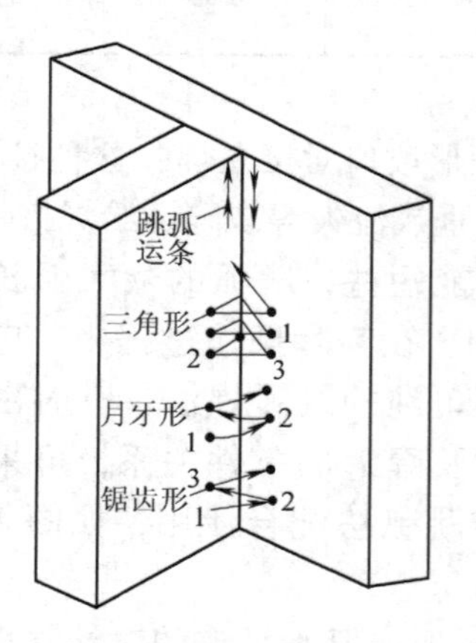

图1-4-19　T形接头立焊的运条方法

三、横焊

推荐横焊的焊接参数见表1-4-9。

横焊是在垂直面上焊接水平焊缝的一种操作方法。由于熔化金属受重力作用，容易下淌而产生各种缺陷。因此应采用短弧焊接，并选用较小直径的焊条和较小的焊接电流以及适当的运条方法。

表1-4-9　推荐对接横焊的焊接参数

焊缝横断面形式	焊件厚度/mm	第一层焊缝		其他各层焊缝		封底焊缝	
		焊条直径/mm	焊接电流/A	焊条直径/mm	焊接电流/A	焊条直径/mm	焊接电流/A
	2	2	45～55	—	—	2	50～55
	2.5	3.2	75～110	—	—	3.2	80～110
	3～4	3.2	80～120	—	—	3.2	90～120
		4	120～160	—	—	4	120～160
	5～8	3.2	80～120	3.2	90～120	3.2	90～120
				4	120～160	4	120～160
	≥9	3.2	90～120	4	140～160	3.2	90～120
		4	140～160			4	120～160
	14～18	3.2	90～120	4	140～160	—	—
		4	140～160				
	≥19	—	140～160	—	140～160	—	—

1. I形坡口的对接横焊　板厚为3～5mm时，可采用I形坡口的对接双面焊。正面焊时选用直径3.2～4mm焊条，施焊时的角度如图1-4-20所示。焊件较薄时，可用直线往返形运条法焊接，使熔池中的熔化金属有机会凝固，可以防止焊穿。焊件较厚时，可采用短弧直线形或小斜圆圈形运条法焊接，便得到合适的熔深。焊接速度应稍快些，且要均匀，避免焊条的熔化金属过多地聚集在某一点上形成焊瘤和焊缝上部咬边等缺陷。打底焊时，宜选用细焊条，一般取直径3.2mm的焊条，焊接电流稍大些，用直线运条法焊接。

2. V形或K形坡口的对接横焊　横焊的坡口一般为V形或K形，其坡口的特点是下板不开或下板所开坡口角度小于上板，如图1-4-21所示。这样有利于焊缝成形。

四、仰焊

仰焊时焊缝位于燃烧电弧的上方。焊工在仰视位置进行焊接，仰焊劳动强度大，是最难焊的一种焊接位置。由于仰焊时熔化金属在重力的作用下，较易下淌，熔池形状和大小不易控制，容易出现夹渣未焊透、焊缝背面向下凹陷现象，运条困难，表面不易焊得平整，焊接时，必须正确地选用焊条直径和适当的焊接电流，以便减少熔池的体积，尽量使用厚药皮焊条和维持最短的电弧，有利于熔滴在很短时间内过渡到熔池中，促使焊缝成形。

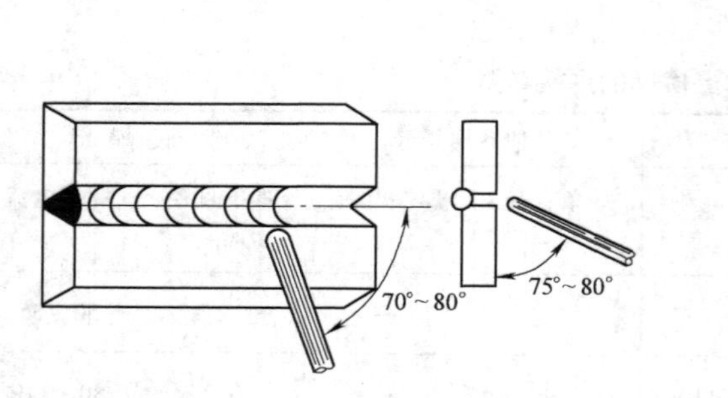

图 1-4-20　I 形坡口对接横焊时的焊条角度

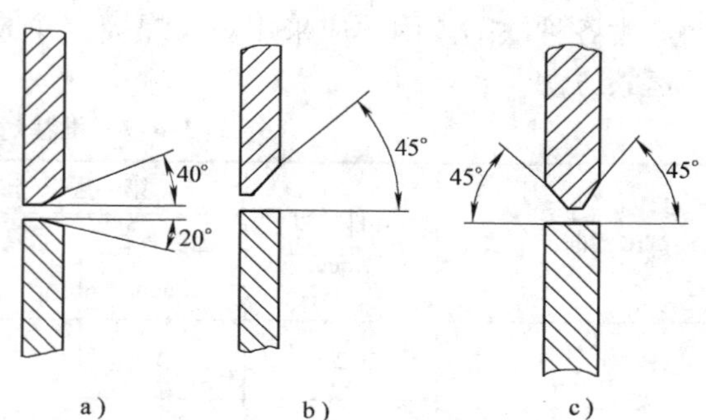

图 1-4-21　横焊时对接接头的坡口形式

a）V 形坡口　b）单边 V 形坡口　c）K 形坡口

1. 对接接头仰焊　推荐对接接头仰焊的焊接参数见表 1-4-10。

表 1-4-10　推荐对接接头仰焊的焊接参数

焊缝横断面形式	焊件厚度 /mm	第一层焊缝		其他各层焊缝		封 底 焊 缝	
		焊条直径 /mm	焊接电流 /A	焊条直径 /mm	焊接电流 /A	焊条直径 /mm	焊接电流 /A
	2	—	—	—	—	2	40 ~ 60
	2.5	—	—	—	—	3.2	80 ~ 110
	3 ~ 5	—	—	—	—	3.2	85 ~ 110
						4	120 ~ 160
	5 ~ 8	3.2	90 ~ 120	3.2	90 ~ 120	—	—
				4	140 ~ 160		
	≥9	3.2	90 ~ 120	4	140 ~ 160	—	—
		4	140 ~ 160				

1）I 形坡口的对接仰焊：当焊件的厚度小于 4mm 时，采用 I 形坡口。应选用直径 2.0mm 或 3.2mm 的焊条，焊条角度如图 1-4-22 所示。接头间隙小时可用直线形运条法；接头间隙稍大时可用直线往返形运条法焊接，焊接电流选择应适中，若焊接电流太小，电弧不稳，会影响熔深和成形；若焊接电流太大则会导致熔化金属淌落和焊穿等。

2）V 形坡口的对接仰焊：当焊件的厚度大于 5mm 时，采用 V 形坡口常用多层焊或多层多道焊。焊接第一层焊缝时，可采用直线形、直线往返形、锯齿形条运法，要求焊缝表面要平直，保证背面焊透正面不能向下凸出，在焊接第二层以后的焊缝，采用锯齿形或月牙形运条法，如图 1-4-23 所示。无论用哪种运条法焊成的焊道均不宜过厚。焊条的角度应根据每一焊道的位置作相应的调整，以有利于熔滴金属的过渡和获得较好的焊缝成形。

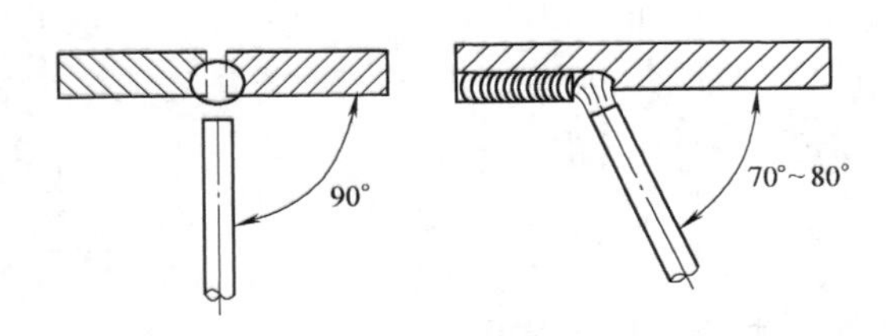

图 1-4-22　I 形坡口的对接仰焊

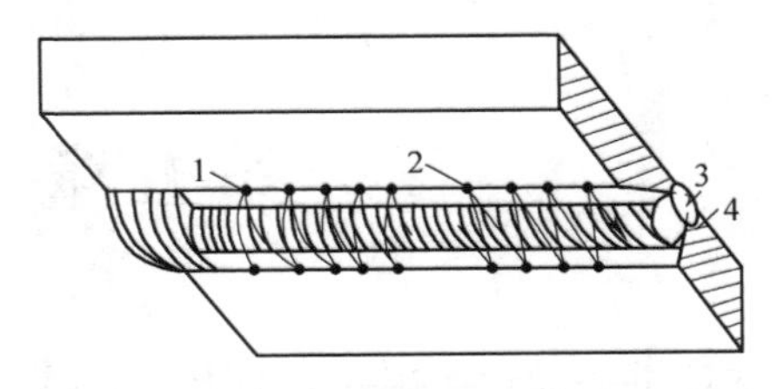

图 1-4-23　V 形坡口对接仰焊的运条方法
1—月牙形运条　2—锯齿形运条　3—第一层焊道
4—第二层焊道

2. T 形接头的仰焊　推荐 T 形接头仰焊的焊接参数见表 1-4-11。

表 1-4-11　推荐 T 形接头仰焊的焊接参数

焊缝横断面形式	焊脚尺寸 /mm	第一层焊缝		其他各层焊缝		封 底 焊 缝	
		焊条直径 /mm	焊接电流 /A	焊条直径 /mm	焊接电流 /A	焊条直径 /mm	焊接电流 /A
	2	2	50 ~ 60	—	—	—	—
	3 ~ 4	3.2	90 ~ 120	—	—	—	—
	5 ~ 6	4	120 ~ 160	—	—	—	—
	≥7	4	140 ~ 160	4	140 ~ 160	—	—
	—	3.2	90 ~ 120	4	140 ~ 160	3.2	90 ~ 120
		—	4			140 ~ 160	4

T 形接头的仰焊比对接 V 形坡口的仰焊容易操作，通常采用多层焊或多层多道焊，当焊脚尺寸小于 8mm 时宜用单层焊，若焊脚尺寸大于 8mm 采用多层多道焊。焊条的角度和运条方法如图 1-4-24 所示。焊接第一层时采用直线形运条法，以后各层可采用斜圆圈形或斜三角形运条法。如技术熟练可使用稍大直径的焊条和焊接电流。

焊条电弧焊时的焊接参数可根据具体工作条件和焊工技术熟练程度合理选用。

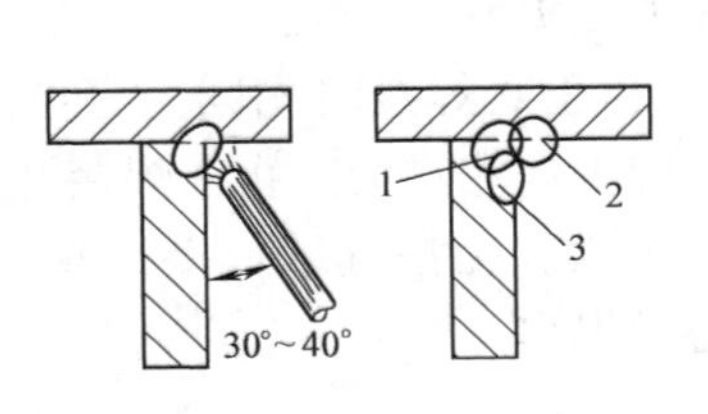

a）

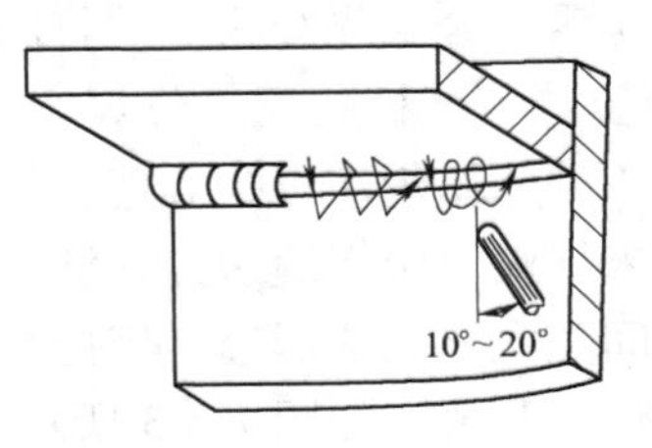

b）

图 1-4-24　T 形接头仰焊的运条方法及焊道排列顺序
a）用直线形运条　b）斜三角形或斜圆圈形运条
1、2、3—焊接层次

第五章　平 板 对 接

本章讲平板对接接头的平焊、立焊、横焊及仰焊焊缝的焊接技术。

第一节　焊前准备与焊后检验

一、焊前准备

1. 试板　所有考试项目都选用 12mm 的钢板，其尺寸为 12mm × 300mm × 100mm，60°V 形坡口，如图 1-5-1 所示。

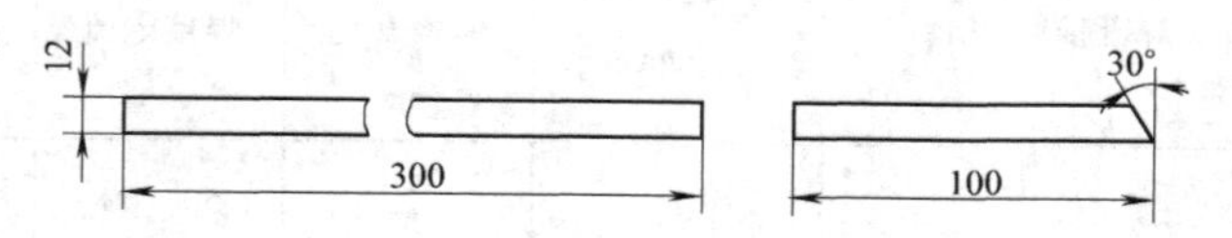

图 1-5-1　板厚 12mm 的 V 形坡口试板

试板的材质可根据工厂的情况任选（Q235），20g，16Mng 板，建议选用 Q345（16Mn）板，因为根据《锅炉压力容器管道焊工考试与管理规则》（简称《规则》）规定，Q345（16Mn）划归第二类钢材，用这类钢材做试板，实际考试合格后的焊工，允许施焊第一，第二两类钢材，钢材覆盖面较宽。工厂中常用的一般钢材的产品都允许焊接，且 Q345（16Mn）钢的价格较低，因此用它做试板可以节约很多考试费用和时间。

考试用试板必须用刨床或铣床加工坡口，保证试板和坡口面的平直度，注意坡口无钝边。培训用试板可用半自动气割割出，稍加打磨就能使用。

2. 焊接材料的选择与烘干　根据《规则》规定，凡用碱性焊条考试合格的项目，对酸性焊条同样有效。因此考试时最好用碱性焊条。焊前碱性焊条应在 350 ~ 400℃ 烘干 2h。

若选用酸性焊条，则在 100 ~ 150℃ 烘 2h。

3. 焊前清理　为了防止焊接过程中出现气孔，必须重视焊前试板的清理工作，采用低氢型碱性焊条（E4315、E4316、E5015 或 E5016 焊条）更应加强焊前清理，焊前使用的清理方法不限，但最好能用角向磨光机打磨，效率较高，效果也比较好。

焊前需将坡口面和靠近坡口两上、下两侧 20mm 范围内的钢板上的油、锈、水分及其他污物打磨干净，至露出金属光泽为止。打磨范围如图 1-5-2 所示。

4. 装配与定位焊　试板装配定位焊所用焊条与正式焊接时相同。定位焊缝的位置应在试板背面的两端头处，始焊端可少焊些，终焊端应多焊些。为防止在焊接开始时，因坡口两侧受热膨胀，使未焊端定位焊缝裂开，坡口间隙太大，无法继续焊接；或因焊缝横向收缩，造成未焊段坡口间隙太窄无法焊透。定位焊缝必须焊牢。

定位焊缝的位置和要求如图 1-5-3 所示。

注意：定位焊缝不能太长，因《规则》规定“距试板两端 20mm 内的缺陷可以弃去，不做冷弯试板，X 射线光探伤时这两段试板上的缺陷也可以不计入探伤级别”。如果定位焊缝过长将影响试板探伤的合格率。

焊定位焊缝时，必须保证装配间隙，最好在试板两端放入尺寸符合要求的垫板，一般工厂通常都采用放焊条头来调整装配间隙。一般选用间隙为2.5mm，3.2mm，4.0mm就是这个原因。

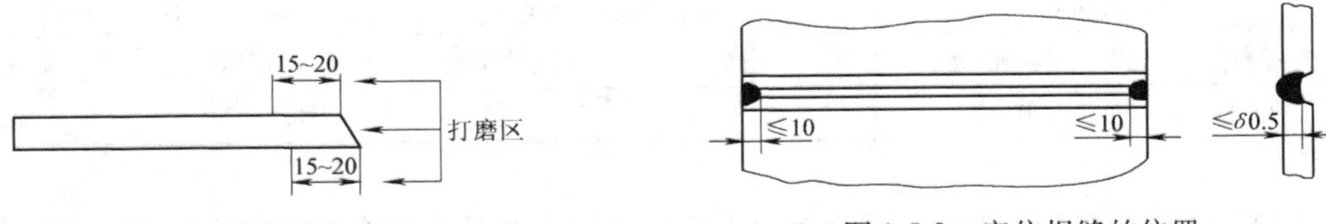

图1-5-2　焊前打磨区

图1-5-3　定位焊缝的位置

5. 试板打钢印与划线　正式用的考试试板在预置反变形前，先在坡口上表面两侧划一根平行线，作为检验焊缝增宽的基准线，并在试板中部打上钢印，说明考试用焊接方法、母材类别、焊材性质、焊接位置和焊工姓名，可按照《规则》规定打代号，也可按商定的办法打代号，但必须明确、明显，以免出错。钢印和基准线位置如图1-5-4所示。

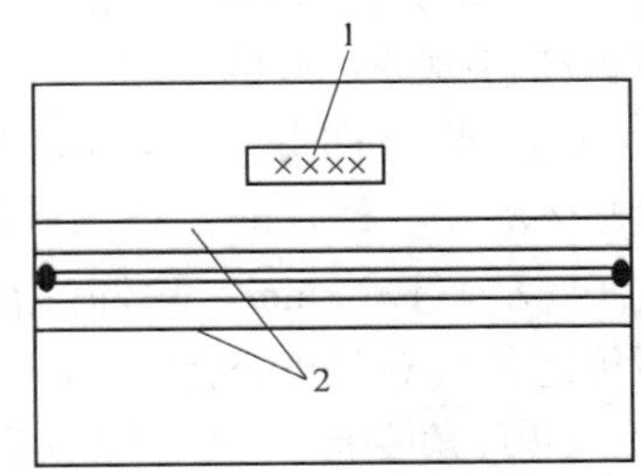

图1-5-4　钢印与基准线

1—钢印　2—基准线

基准线与坡口面上棱边的距离自定，但最好是便于计算的整数，基准线要清晰，不能太粗。

6. 预置反变形　为了保证试板焊后没有角变形，因此焊前试板要预置反变形，获得反变形的办法如图1-5-5所示。

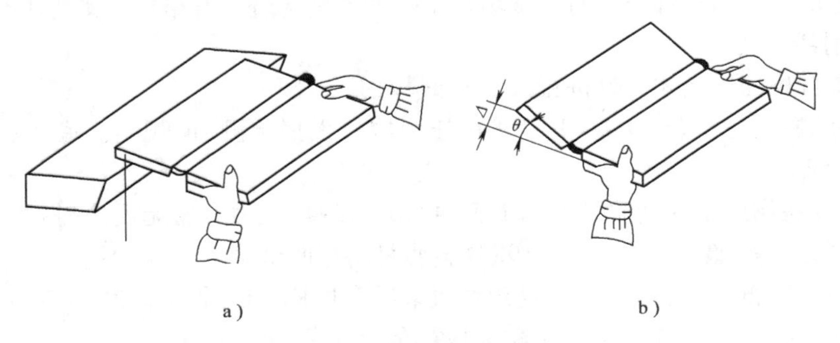

图1-5-5　试板定位焊时预留反变形

a）获得反变形的方法　b）反变形角的测量方法

反变形角度可用万能角度尺或焊缝测量器测量，也可测Δ值，Δ值可根据试板宽度计算出。

$$\Delta = b\sin\theta^{\circ} = 100 \times \sin3^{\circ} = 5.23\text{mm}$$

式中　Δ——试板表面高度差（mm）；

b——试板宽（100mm）；

θ°——反变形角（按3°计）。

二、焊后检验

试板的检验项目及标准分述如下：

1. 外观检验　焊后允许用扁铲或钢丝刷清除焊缝及试板表面的飞溅及焊渣，但必须保持焊缝的原始表面，否则判不合格，不再进行其他检验。

外观检验可用肉眼或5倍以下放大镜观察。

（1）焊缝尺寸　焊缝外观尺寸必须符合表1-5-1规定。

表1-5-1　焊缝的外观尺寸　（单位:mm）

焊缝余高/mm		焊缝余高差/mm		焊缝宽度/mm	
平焊	其他位置	平焊	其他位置	比坡口每侧增宽	宽度差
0~3	0~4	≤2	≤3	0.5~2.5	≤3

（2）不允许的表面缺陷　焊缝表面不得有裂纹、未熔合、夹渣、气孔、焊瘤和未焊透。

（3）允许的表面缺陷。

1）咬边：深≤0.5mm，两侧咬边总长度不得超过焊缝长度的10%。

2）背面凹坑：当$\delta \leq 5$mm时，深度$\leq 25\%\delta$，且≤1mm；当$\delta > 5$mm时，深度$\leq 20\%\delta$，且≤2mm。除仰焊位置的板状试件不规定外，总长度不超过焊缝长度的10%。

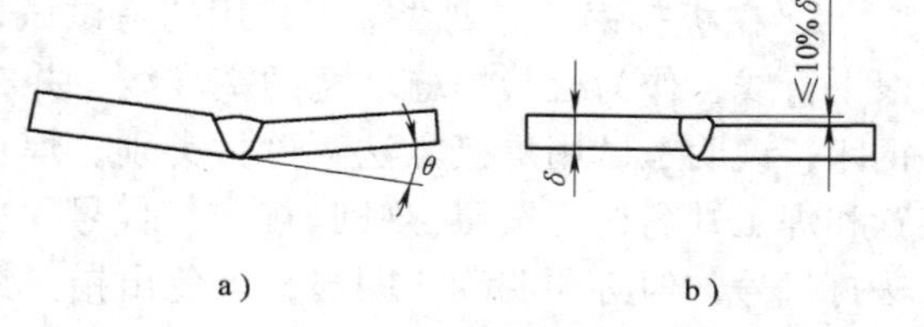

图1-5-6　试板角变形和错边量

a）试板的角变形　b）试板的错边量

（4）角变形　试板焊后变形角度$\theta \leq 3°$；如图1-5-6a所示。

试板的错边量不大于$10\%\delta$，且≤2mm，见图1-5-6b。

外观检查的所有项目都合格时，该项目试件的外观检查才合格，否则为不合格。

2. X光射线探伤

外观检查合格的试板才允许进行X光射线探伤。

1）试件的探伤应符合JB 4730—1994《压力容器无损检测》的规定。底片影象的质量要求不低于AB级。

2）试件经探伤后，焊缝质量不低于JB 4730—1994《压力容器无损检测》的Ⅱ级为合格。

3. 冷弯试验　按照GB/T 2653—1989《金属材料弯曲试验方法》进行。

（1）试件取样部位　按图1-5-7规定位置取冷弯试样，试件两端20mm弃去。

冷弯试件可用气割下料，但应留够加工余量。

冷弯试件加工后的尺寸如图1-5-8所示。

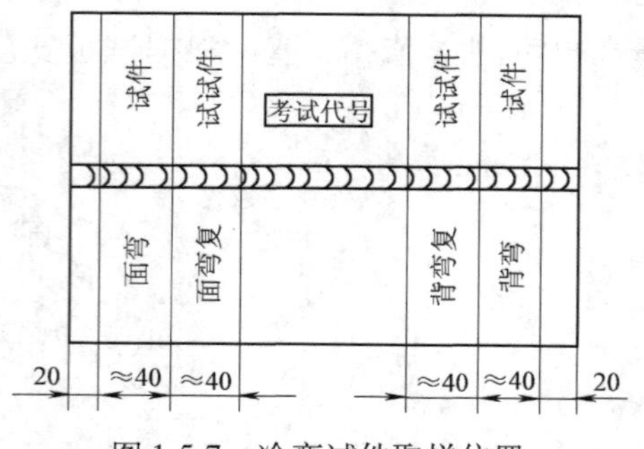

图1-5-7　冷弯试件取样位置

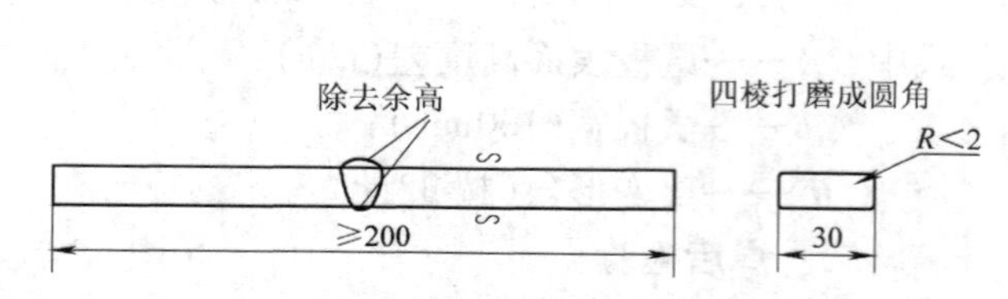

图1-5-8　对接试板冷弯试件尺寸

冷弯试件注意事项：

1）正反面余高用机械加工方法去除。面弯和背弯试样的拉伸面与母材齐平，但任何咬边不得用机械方法除去。

2）去除余高时应注意：至少要保留焊缝一侧母材的原始表面，如发现焊缝两侧的半熔化区及热影响区都有加工痕迹，则试件判为不合格，不再作冷弯试验。

3）试件数目，每个考试项目取两个试件，一个做面弯试验，一个做背弯试验。

4）每块试板先按规定部位割下两个冷弯试件，并将考试代号全部移植到试件上，剩余试板暂时保留，待冷弯试验报告出来后，再定取舍。

（2）检验标准

1）弯曲试样的弯曲角应符合表 1-5-2 规定。

2）试样弯到上表规定的角度后，其拉伸面上不得有任一条长度大于 3mm 的裂纹或其他缺陷。

表 1-5-2　冷弯要求

钢　　种	弯轴直径 D_0	支座间距离	弯曲角度/(°)
碳素结构钢、奥氏体型钢和双相不锈钢	3δ①	5.2δ	90
其他低合金结构钢、合金结构钢			50

① δ 为弯曲试板板厚(单位为 mm)

试样的棱角开裂不计，但确因焊接缺陷引起试样棱角开裂的长度应进行评定。

试件的两个弯曲试样的试验结果各自评定，两个试样都合格时为合格。两个试样都不合格时为不合格，不允许复验，若只有一个试样不合格时，允许从原试板上另取一个试样进行复验，复验合格时可判合格。

第二节　板厚 12mm 的 V 形坡口对接平焊

一、试板装配尺寸(见表 1-5-3)

表 1-5-3　试板装配尺寸

坡口角度/(°)	装配间隙/mm	钝边/mm	反变形/(°)	错边量/mm
60	始焊端 4.0 终焊端 3.2	0	3～4	≤1

二、焊接参数(见表 1-5-4)

表 1-5-4　板厚 12mm V 形坡口对接平焊的焊接参数

焊 接 层 次	焊条直径/mm	焊接电流/A
打底层	3.2	80～90
填充层	4.0	160～175
盖面层		150～165

三、焊接要点

平焊时，由于焊件处在俯焊位置，与其他焊接位置相比操作较容易。它是板状其他各种位置、管状试件各种位置焊接操作的基础。但是，平焊位置焊打底层时，熔孔不易观察和控制，在电弧吹力和熔化金属的重力作用下，使焊道背面易产生超高或焊瘤等缺陷。因此，这个项目的焊接仍具有一定难度。

1. 焊道分布　单面焊四层四道，如图 1-5-9 所示。

2. 焊接位置　试板放在水平面上，间隙小的一端放在左侧。

3. 打底层　焊打底焊道时焊条与试件之间的角度与电弧对中位置如图 1-5-10 所示，自左向右焊接(右向焊)。采用小幅度锯齿形横向摆动，并在坡口两侧稍停留，连续向前焊接，即采用连弧焊法打底。

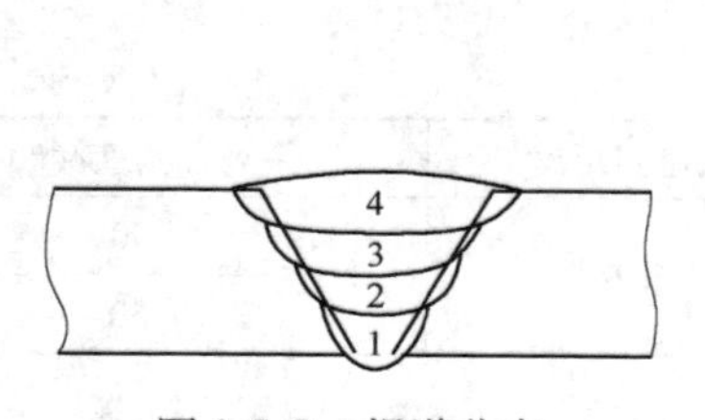

图 1-5-9　焊道分布

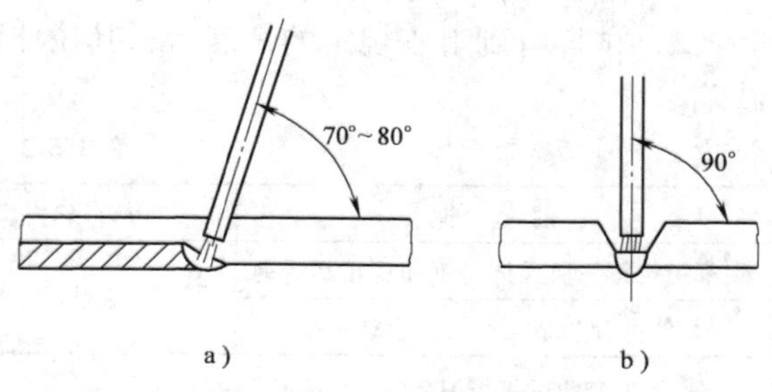

图 1-5-10　平位打底层焊焊条角度与电弧对中位置

打底层焊要注意以下几点：

(1) 控制引弧位置　焊打底层焊道时从试板左端定位焊缝的始焊处开始引弧，电弧引燃后，稍作停顿预热，然后横向摆动向右施焊，待电弧到达定位焊缝右侧前沿时，将焊条下压并稍作停顿，以便形成熔孔。

(2) 控制熔孔的大小　在电弧的高温和吹力作用下，试板坡口根部熔化并击穿形成熔孔，如图 1-5-11 所示，此时应立即将焊条提起至离开熔池约 1. 5mm 左右，即可以向右正常施焊。焊接过程中要控制好熔孔的尺寸。

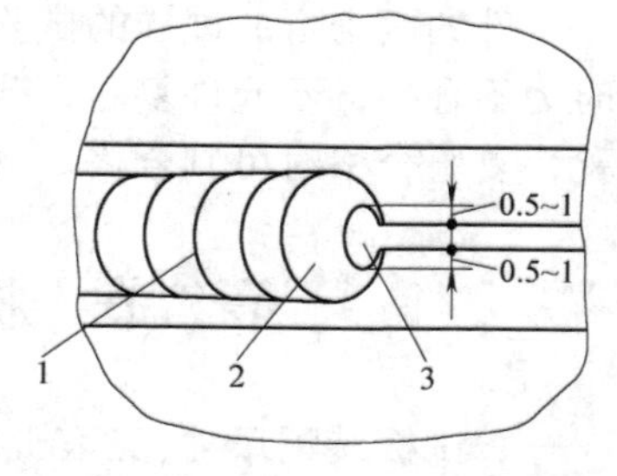

图 1-5-11　平板对接平焊时的熔孔
1—焊缝　2—熔池　3—熔孔

焊打底层焊道时为保证得到良好的背面成形和优质焊缝，焊接电弧要控制短些，运条要均匀，前进的速度不宜过快。要注意将焊接电弧的 2/3 覆盖在熔池上，电弧的 1/3 保持在熔池前，用来熔化和击穿试件的坡口根部形成熔孔。施焊过程中要严格控制熔池的形状，尽量保持大小一致。并观察熔池的变化及坡口根部的熔化情况、焊接时，如果熔孔直径明显的变大，则背面可能要烧穿或产生焊瘤。

熔孔的大小决定背面焊缝的宽度和余高。若熔孔太小，焊根熔合不好，背弯时易裂开；若熔孔太大，则背面焊道既高又宽很不好看，而且容易烧穿，通常熔孔直径比间隙大 1 ~ 2mm 较好。

焊接过程中若发现熔孔太大，可稍加快焊接速度和摆动频率，减小焊条与焊件间的夹角；若熔孔太小，则可减慢焊接速度和摆动频率，加大焊条与焊件间夹角。

当然还可以用改变焊接电流的办法来调节熔孔的大小，但这种办法是不可取的，因为实际生产中由于坡口角度，装配间隙和结构形式的变化，不允许随时调整焊接电流，而且调整焊接电流也比较麻烦，因此必须掌握用改变焊接速度，摆动频率和焊条角度的办法来改善熔池状况，这正是焊条电弧焊的优点。

（3）控制铁液和熔渣的流动方向　焊接过程中电弧永远要在铁液的前面，利用电弧和药皮熔化时产生的气体定向吹力，将铁水吹向溶池后方，这样既能保证熔深，又能保证熔渣与铁液分离，减少夹渣和产生气孔的可能性。焊接时要注意观察熔池的情况，熔池前后稍下凹，铁水比较平静，有颜色较深的线条从熔池中浮出，并逐渐向熔池后上部集中，这就是熔渣，如果熔池超前，即电弧在熔池后方时，很容易夹渣。

（4）控制坡口两侧的熔合情况　焊接过程中随时都要观察坡口面的熔合情况，必须清楚地看见坡口面熔化并与熔敷金属混合形成熔池，熔池边缘要与两侧坡口面熔合在一起才行，最好在熔池前方稍有个小坑，但随即能被铁水填满，否则熔合不好，背弯时易产生裂纹。

（5）焊缝接头　打底层焊道无法避免焊接接头，因此必须掌握好接头技术。

当焊条即将焊完，需要更换焊条时，将焊条向焊接的反方向拉回约 10 ~ 15mm，如图1-5-12a 所示，并迅速抬起焊条，使电弧逐渐拉长很快熄灭。这样可把收弧缩孔消除或带到焊道表面，以便在下一根焊条焊接时将其熔化掉。注意回烧时间不能太长，尽量使接头处成为斜面。如图1-5-12b 所示。

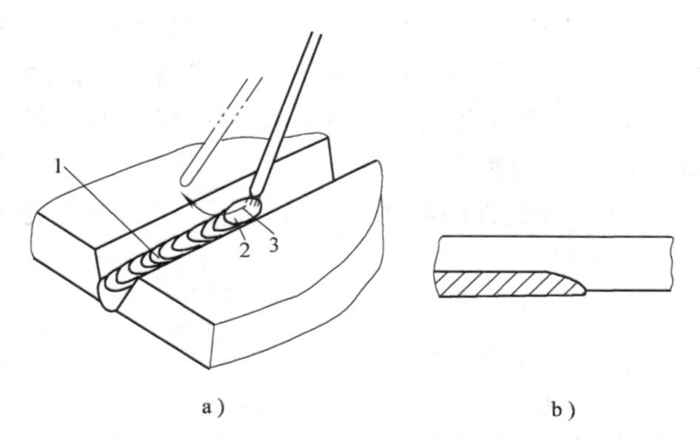

图 1-5-12　焊缝接头前的焊道

a）换焊条前的收弧位置　b）接头处的焊缝形状

1—已焊好的焊缝　2—熔池

3—焊条快用走时，将电弧迅速向后挑起断弧

焊缝接头有两种方法：即热接法和冷接法。

热接法　前一根焊条的熔池还没有完全冷却就立即接头。这是生产中常用的方法，也最适用，但接头难度大。接好头的关键有三个。

1）更换焊条要快，最好在开始焊接时，持面罩的左手中就抓了几根准备更换的焊条，前根焊条焊完后，立即换好焊条，趁熔池还未完全凝固时，在熔池前方 10 ~ 20mm 处引燃电弧，并立即将电弧后退到接头处。

2）位置要准，电弧后退到原先的弧坑处，估计新熔池的后沿与原先的弧坑后沿相切时立即将焊条前移，开始连续焊接。

由于原来的弧坑已被熔渣覆盖着，只能凭经验判断弧坑后沿的位置，因此操作难度大。如果新熔池的后沿与弧坑后沿不重合，则接头不是太高就是缺肉，因此必须反复练习。

3）掌握好电弧下压时间，当电弧已向前运动，焊至原弧坑的前沿时，必须再下压电弧，重新击穿间隙再生成一个熔孔，待新熔孔形成后，再按前述要领继续焊接。注意要尽可能保证新熔孔的直径和老熔孔的直径一致。接头段时间和位置是否合适，决定焊缝背面焊道的接头质量，也是较难掌握的。

冷接法　前一根焊条的熔池已冷却。施焊前，先将收弧处打磨成缓坡形，在离熔池后约 10mm 处引弧。焊条做横向摆动向前施焊，焊至收弧处前沿时，焊条下压并稍作停顿。当听到电弧击穿声。形成新的熔孔后，逐渐将焊条抬起，进行正常施焊。

4. 填充层　填充层焊道施焊前，先将前一道焊道的焊渣、飞溅清除干净，将打底层焊道接头的焊瘤打磨平整，然后进行填充焊。焊填充层焊道时的焊条角度与电弧对中位置如图1-5-13所示。

焊填充层焊道时需注意以下几点：

（1）控制好焊道两侧的熔合情况，焊填充层焊道时，焊条摆幅加大，在坡口两侧停留时间可比打底焊时稍长些，必须保证坡口两侧有一定的熔深，并使填充焊道表面稍向下凹。

（2）控制好最后一道填充焊缝的高度和位置。

填充层焊缝的高度应低于母材约0.5~1.5mm，最好略呈凹形，要注意不能熔化坡口两侧的楞边，便于盖面层焊接时能够看清坡口，为盖面层的焊接打好基础。

焊填充层焊道时，焊条的摆幅逐层加大，但要注意不能太大，千万不能让熔池边缘超出坡口面上方的棱边。

（3）接头方法如图1-5-14所示。不需向下压电弧。其他要求与打底层焊时相同。

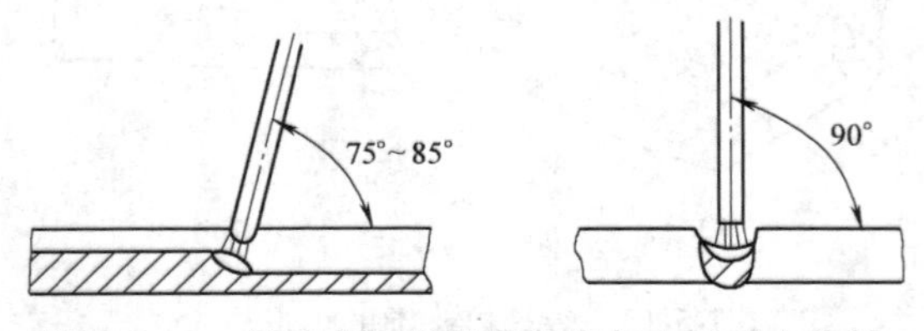

图1-5-13　焊填充层的焊条角度与电弧对中位置

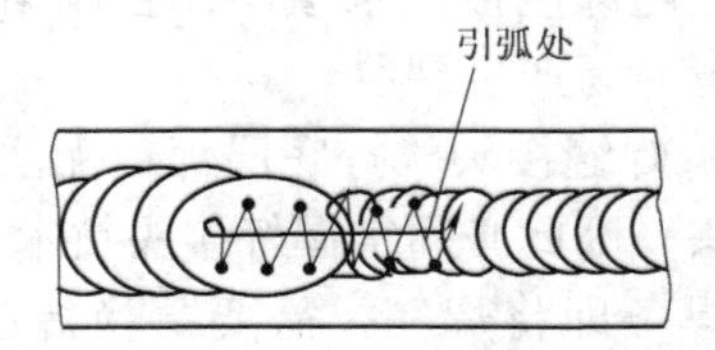

图1-5-14　填充层焊接接头

5. 盖面层　盖面层焊道施焊时的焊条角度，运条方法及接头方法与焊填充层相同。但盖面层焊道施焊时焊条摆动的幅度要比填充层大。摆动时要注意摆动辐度一致，运条速度均匀。同时注意观察坡口两侧的熔化情况、施焊时在坡口两侧稍作停顿，以便使焊缝两侧边缘熔合良好，避免产生咬边，以得到优质的盖面焊缝。

焊条的摆幅由熔池的边沿确定，焊接时必须注意保证熔池边沿不得超过试板表面坡口棱边2mm，否则焊缝超宽。

盖面接头要特别注意，否则不美观。

第三节　板厚12mm的V形坡口对接（向上）立焊

一、试板装配尺寸（见表1-5-5）

表1-5-5　试板装配尺寸

坡口角度/(°)	装配间隙/mm	钝边/mm	反变形量/(°)	错边量/mm
60	始焊端3.0 终焊端3.5	0	2~3	≤1

二、焊接参数（见表1-5-6）

表1-5-6　板厚12mm V形坡口对接向上立焊的焊接参数

焊接层次	焊条直径/mm	焊接电流/A
打底层	3.2	70~80
填充层		110~130
盖面层		110~120

三、焊接要点

立焊时液态金属在重力作用下坠，容易产生焊瘤，焊缝成形困难。焊打底层焊道时，由于熔渣的熔点低，流动性强、熔池金属和熔渣易分离，会造成熔池部分脱离熔渣的保护，操作或运条角度不当，容易产生气孔。因此立焊时，要控制焊条角度和进行短弧焊接。

1. 焊道分布　单面焊，三层三道或四层四道，如图 1-5-9 所示。

2. 焊接位置　试板固定在垂直面内，间隙垂直于地面。间隙小的一端在下面。

3. 打底层　焊打底层焊道时焊条与试板间的角度与电弧对中位置如图 1-5-15 所示。

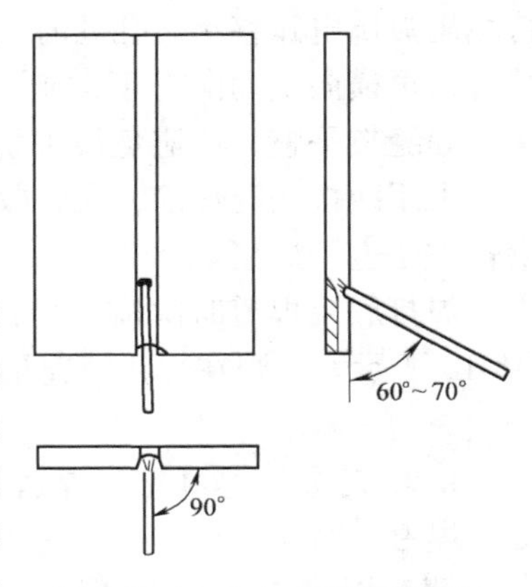

图 1-5-15　向上立焊打底层时焊条的角度与电弧对中位置

向上立焊时注意以下事项：

(1) 控制引弧位置　开始焊接时，在试板下端定位焊缝上面约 10 ~ 20mm 处引燃电弧，并迅速向下拉到定位焊缝上，预热 1 ~ 2s 后，电弧开始摆动并向上运动，到定位焊缝上端时，稍加大焊条角度，并向前送焊条压低电弧，当听到击穿声形成熔孔后，作锯齿形横向摆动，连续向上焊接。焊接时，电弧要在两侧的坡口面上稍停留，以保证焊缝与母材熔合好。

打底层焊接时为得到良好的背面成形和优质焊缝，焊接电弧应控制短些，运条速度要均匀，向上运条时的间距不宜过大，过大时背面焊缝易产生咬边，应使焊接电弧的 1/3 对着坡口间隙、电弧的 2/3 要覆盖在熔池上，形成熔孔。

(2) 控制熔孔大小和形状　合适的熔孔大小如图 1-5-16 所示。

向上立焊熔孔可以比平焊时稍大些，熔池表面呈水平的椭圆形较好，如图 1-5-17 所示。此时焊条末端离试板底平面 1. 5 ~ 2mm，大约有一半电弧在试板间隙后面燃烧。

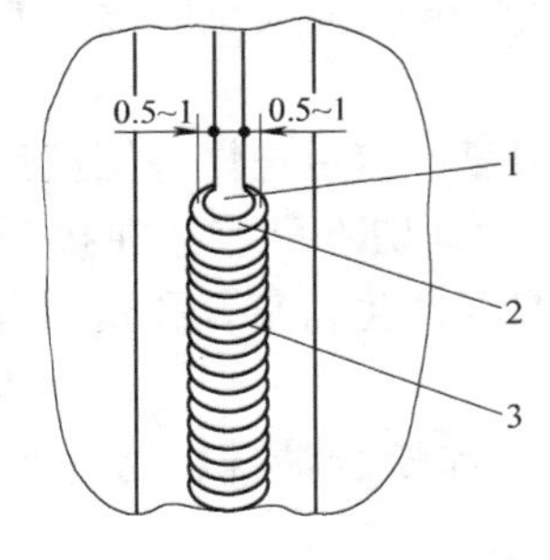

图 1-5-16　向上立焊时的熔孔

1—熔孔　2—熔池　3—焊缝

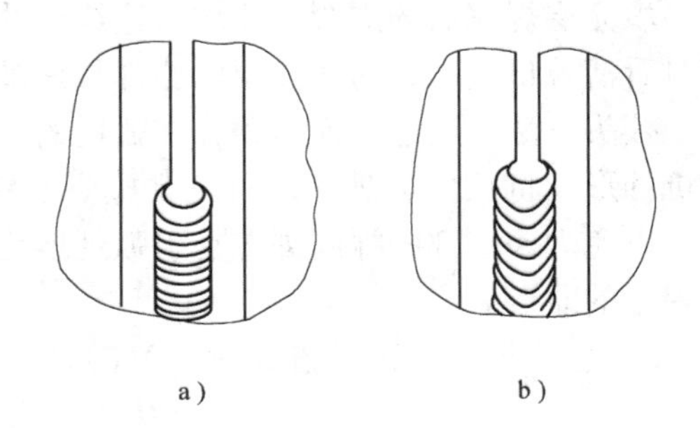

图 1-5-17　熔池形状

a) 温度正常时熔池为水平椭圆形

b) 温度高时熔池向下凸出

焊接过程中电弧尽可能地短些，使焊条药皮熔化时产生的气体和熔渣能可靠地保护熔池，防止产生气孔。每当焊完一根焊条收弧时，应将电弧向左或右下方回拉约 10 ~ 15mm，并将电弧迅速拉长直至熄灭，这样可避免弧坑处出现缩孔，并使冷却后的熔池，形成一个缓坡，有利于接头。

（3）控制好接头质量　打底层焊道上的接头好坏，对背面焊道的影响最大，接不好头可能会出现凹坑，局部凸起太高，甚至产生焊瘤，要特别注意。

接头方法，在更换焊条进行中间接头时，可采用热接法或冷接法。

采用热接法时，更换焊条要迅速，在前一根焊条的熔池还没有完全冷却仍是红热状态时立即接头，焊条角度比正常焊接时约大10°，在熔池上方约10mm的一侧坡口面上引弧。电弧引燃后立即拉回到原来的弧坑上进行预热，然后稍作横向摆动向上施焊并逐渐压低电弧，待填满弧坑电弧移至熔孔处时，将焊条向试件背面压送，并稍停留。当听到击穿声形成新熔孔时，再横向摆动向上正常施焊，同时将焊条恢复到正常焊接时的角度。采用热接法的接头，焊缝较平整，可避免接头脱节和未接上等缺陷，但技术难度大。

采用冷接法施焊前，先将收弧处焊缝打磨成缓坡状（斜面），然后按热接法的引弧位置、操作方法进行焊接。

焊打底层焊道时除应避免产生各种缺陷外，正面焊缝表面还应平整，避免凸型，如图1-5-18所示。否则在焊接填充层焊道时，易产生夹渣，焊瘤等缺陷。

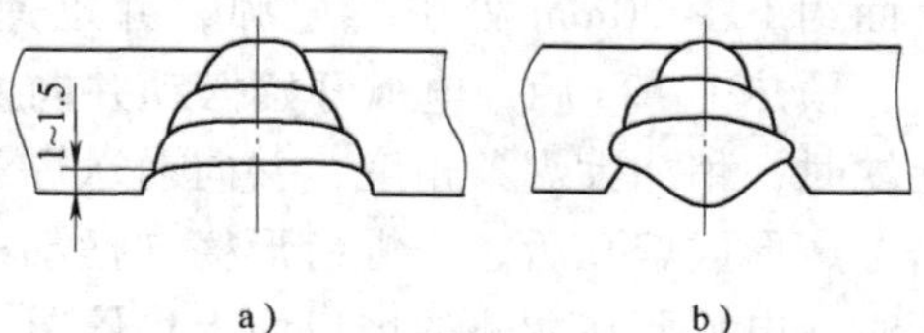

图1-5-18　打底层焊道的外观
a）合格的焊道表面平整　b）焊道凸出太高

4. 填充层　焊填充层焊道的关键是保证熔合好，焊道表面要平整。

填充层施焊前，应将打底层焊道的焊渣和飞溅清理干净。焊缝接头处的焊瘤等，打磨平整。施焊时的焊条与焊缝角度比打底层焊道应下倾约10°~15°，以防止由于熔化金属重力作用下淌，造成焊缝成形困难和形成焊瘤。运条方法与打底层焊相同，采用锯齿形横向摆动，但由于焊缝的增宽，焊条摆动的幅度应较打底层焊道宽。焊条从坡口一侧摆至另一侧时应稍快些，防止焊缝形成凸形。焊条摆动到坡口两侧时要稍作停顿，电弧控制短些，保证焊缝与母材熔合良好和避免夹渣。但焊接时，须注意不能损坏坡口的棱边。

填充层焊完后的焊缝应比坡口边缘低约1~1.5mm，使焊缝平整或呈凹形，便于焊盖面层时看清坡口边缘，为盖面层的施焊打好基础。

接头方法、迅速更换焊条，在弧坑的上方约10mm处引弧，然后把焊条拉至弧坑处、沿弧坑的形状将弧抗填满，即可正常施焊。在焊道中间接头时，切不可直接在接头处引弧焊接。以免焊条端部的裸露焊芯在引弧处熔化时，因保护不良而产生密集气孔留在焊缝中，影响焊缝的质量。

5. 盖面层　盖面层施焊时，关键是焊道表面成形尺寸和熔合情况，防止咬边和接不好头。

盖面层施焊前应将前一层的焊渣和飞溅清除干净，施焊时的焊条角度，运条方法均与填充层焊时相同。但焊条水平摆动幅度比填充层更宽。施焊时应注意运条速度要均匀宽窄要一致，焊条摆动到坡口两侧时应将电弧进一步压低，并稍作停顿、避免咬边，从一侧摆至另一侧时应稍微快些，防止产生焊瘤。

处理好盖面层焊道的中间接头是焊好盖面焊缝的重要一环。如果接头位置偏下，则其接头部位焊肉过高，若偏上，则造成焊道脱节。其接头方法与填充焊相同。

第四节　板厚12mm的V形坡口对接横焊

一、试板装配尺寸(见表1-5-7)

表1-5-7　试板装配尺寸

坡口角度/(°)	装配间隙/mm	钝边/mm	反变形/(°)	错边量/mm
60	始焊端3.2 终焊端4.0	0	6~8	≤1

二、焊接参数(见表1-5-8)

表1-5-8　板厚12mm V形坡口对接横焊的焊接参数

焊 接 层 次	焊条直径/mm	焊接电流/A
打底层	2.5	60~75
填充层	3.2	150~160
盖面层		130~140

三、焊接要点

横焊时，熔化金属在自重作用下易下淌，在焊缝上侧易产生咬边，下侧易产生下坠或焊瘤等缺陷。因此，要选用较小直径焊条，小的焊接电流，多层多道焊，短弧操作。

1. 焊道分布　单面焊，四层七道，如图1-5-19所示。右焊法。

2. 焊接位置　试板固定在垂直面上，焊缝在水平位置，间隙小的一端放在左侧。

3. 打底层　打底层横焊时的焊条角度与电弧对中位置，如图1-5-20所示。

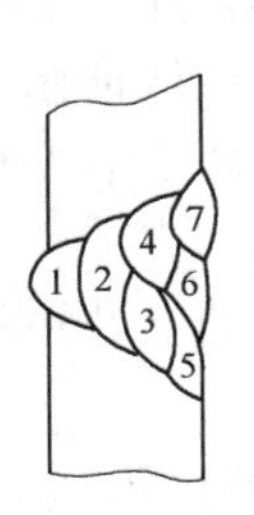

图1-5-19　平板对接横焊焊道分布

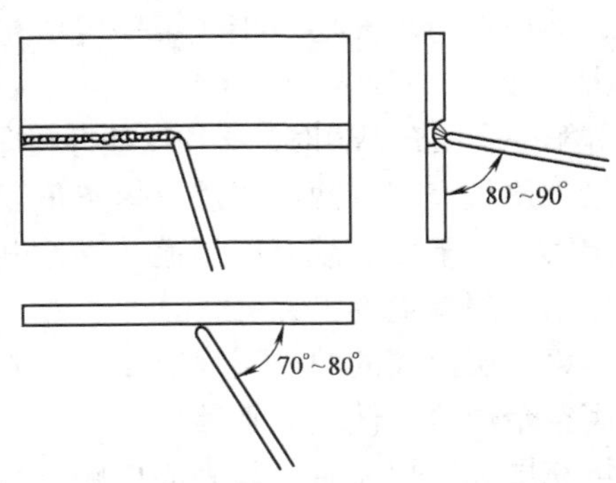

图1-5-20　平板对接横焊时的焊条角度与电弧对中位置

焊接时在始焊端的定位焊缝处引弧，稍作停顿预热，然后上下摆动向右施焊，待电弧到达定位焊缝的前沿时，将焊条向试件背面压、同时稍停顿。当看到试板坡口根部熔化并击穿，形成了熔孔，此时焊条可上下作锯齿形摆动，如图1-5-21所示。

为保证打底层焊道获得良好的背面焊缝成形，电弧要控制短些，焊条摆动，向前移动的距离不宜过大，焊条在坡口两侧停留时要注意，上坡口停留的时间要稍长，焊接电弧的1/3保持在熔池前，用来熔化和击穿坡口的根部。电弧的2/3覆盖在熔池上并保持熔池的形状和大小基本一致，还要控制熔孔的大小，使上坡口面熔化约1~1.5mm，下坡口面熔化约

0.5mm，保证坡口根部熔合好，如图 1-5-22 所示。施焊时若下坡口面熔化太多，试板背面焊道易出现下坠或产生焊瘤。

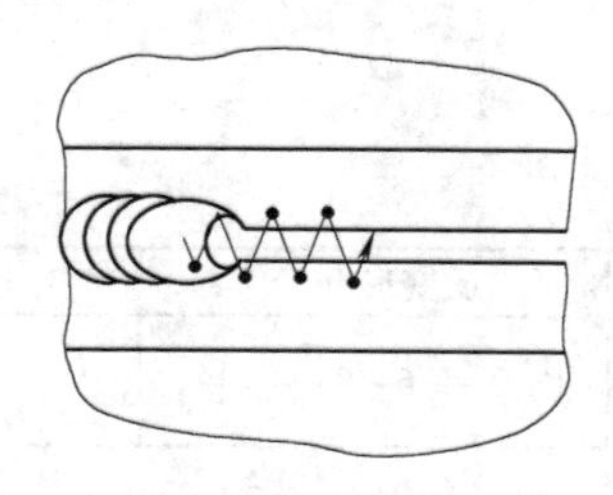

图 1-5-21　平板对接横焊时的运条方法

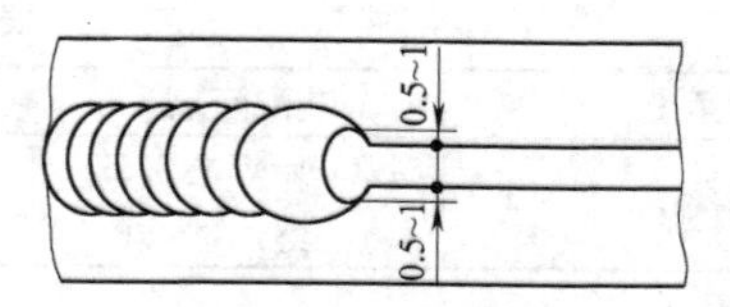

图 1-5-22　平板横焊时的熔孔

收弧方法，当焊条即将焊完，需要更换焊条收弧时，将焊条向焊接的反方向拉回 10～15mm，并迅速抬起焊条，使电弧拉长，直至熄灭。这样可以把收弧缩孔消除或带到焊道表面，以便在下一根焊条焊接时将其熔化掉。

打底层焊道的接头方法分热接法和冷接法两种。

热接法时，更换焊条的速度要快，在前一根焊条的熔池还没完全冷却，呈红热状态时，立即在离熔池前方约 10mm 的坡口面上将电弧引燃，焊条迅速退至原熔池处，待新熔池的后沿和老熔池后沿重合时，开始摆动焊条并向右移动，当电弧移至原弧坑前沿时，将焊条向试板背面压，稍停顿，待听到电弧击穿声，形成新熔孔后，将焊条抬起到正常焊接位置，继续向前施焊。

冷接法施焊前，先将收弧处焊道打磨成缓坡状，然后按热接法的引弧位置，操作方法进行焊接。

4. 填充层　焊填充层焊道时，必须保证熔合良好，防止产生未熔合及夹渣。

填充层焊道施焊前，先将打底层焊道的焊渣及飞溅清除干净、焊道接头过高的部分打磨平整，然后进行填充层焊接。第一层填充焊道为单层单道、焊条的角度与填充层相同，但摆幅稍大。

焊第一层填充焊道时，必须保证打底焊道表面及上下坡口面处熔合良好，焊道表面平整。

第二层填充层有两条焊道。焊条角度与电弧对中位置如图 1-5-23 所示。

焊第二层下面的填充层焊道③时，电弧对准第一层填充焊道的下沿，并稍摆动，使熔池能压住第一层焊道的 1/2～2/3。

焊第二层上面的填充层焊道④时，电弧对准第一层填充焊道的上沿并稍摆动，使熔池正好填满空余位置，使表面平整。

填充层焊道焊完后，其表面应距下坡口表面约 2mm，距上坡口约 0.5mm，不要破坏坡口两侧棱边，为盖面层施焊打好基础。

5. 盖面层　盖面层施焊时焊条与试件的角度与电弧对中位置如图 1-5-24 所示。焊条与焊接方向的角度与打底层焊相同，盖面层焊缝共三道、依次从下往上焊接。

焊盖面层焊道时，焊条摆幅和焊接速度要均匀，采用较短的电弧。每条盖面焊道要压住前一条填充焊道的 2/3。

焊接最下面的盖面焊道⑤时，要注意观察试板坡口下边的熔化情况，保持坡口边缘均匀熔化，并避免产生咬边，未熔合等情况。

焊中间的盖面层焊道⑥时，要控制电弧的位置，使熔池的下沿在上一条盖面焊道的 1/2～2/3 处。

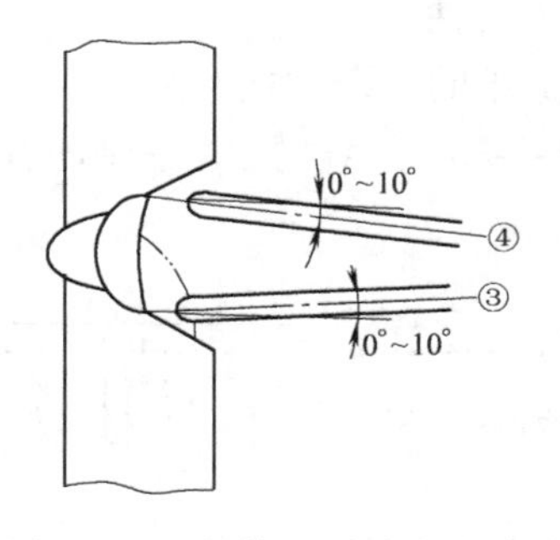

图 1-5-23　焊第二层填充焊道时焊条的角度与对中位置

注：图中在焊条或焊丝中心线附近用带圈的数字如①、②… ⓝ表示焊接第①条… ⓝ条焊道时电弧的对中位置，全书下同。

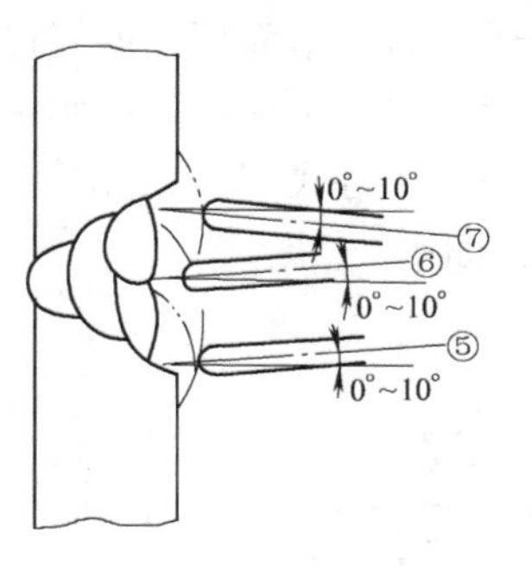

图 1-5-24　盖面层焊道的焊条角度与对中位置

上面的盖面层焊道⑦是接头的最后一条焊道，操作不当容易产生咬边，铁水下淌。施焊时，应适当增大焊接速度或减小焊接电流，将铁水均匀地熔合在坡口的上边缘，适当的调整运条速度和焊条角度，避免铁液下淌、产生咬边、以得到整齐、美观的焊缝。

第五节　板厚 12mm 的 V 形坡口对接仰焊

一、试板装配尺寸（见表 1-5-9）

表 1-5-9　试板装配尺寸

坡口角度/(°)	装配间隙/mm	钝边/mm	反变形/(°)	错边量/mm
60	始焊端 3.2 终焊端 4.0	0	3～4	≤1

二、焊接参数（见表 1-5-10）

表 1-5-10　板厚 12mm V 形坡口对接仰焊的焊接参数

焊 接 层 次	焊条直径/mm	焊接电流/A
打底层	2.5	60～80
填充层	3.2	100～120
盖面层		90～110

三、焊接要点

仰焊是各种焊接位置中最困难的一种焊接位置。由于熔池倒悬在焊件下面，焊条熔滴金属的重力阻碍熔滴过渡。熔池金属也受自身重力作用下坠，熔池温度越高，表面张力越小，故仰焊时焊缝背面易产生凹陷。正面出现焊瘤，焊缝成形困难。因此，仰焊时必须保持最短的电弧长度，依靠电弧吹力使熔滴在很短的时间内过渡到熔池中，在表面张力的作用下，很快与熔池的液体金属熔合，促使焊缝成形。

1. 焊道分布　单面焊，四层四道如图 1-5-25 所示。右焊法。

2. 焊接位置　试板固定在水平面内，坡口朝下，间隙小的一端放在左侧。

3. 打底层　打底层焊条角度与电弧对中位置如图 1-5-26 所示。关键是保证背面焊透，下凹小，正面平。

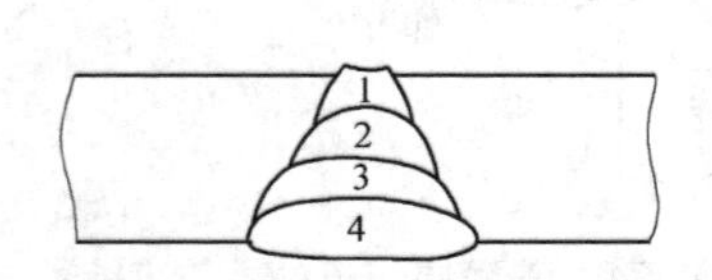

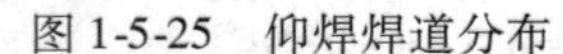
图 1-5-25　仰焊焊道分布

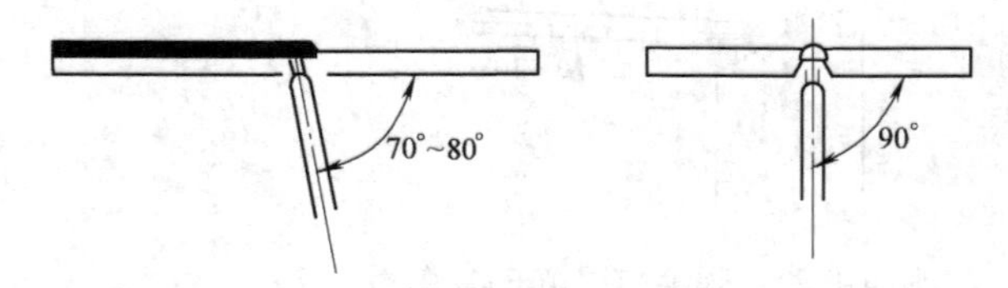

图 1-5-26　仰焊打底层焊道的焊条角度与电弧对中位置

在试板左端定位焊缝上引弧、预热，待电弧正常燃烧后，将焊条拉到坡口间隙处，并将焊条向上给送，待坡口根部形成熔孔时，转入正常焊接。

仰焊时要压低电弧，利用电弧吹力将熔滴送入熔池，采用小幅度锯齿形摆动，在坡口两侧稍停留，保证焊缝根部焊透。横向摆动幅度要小，摆幅大小和前进速度要均匀，停顿时间比其他焊接位置稍短些，使熔池尽可能小而且浅，防止熔池金属下坠，造成焊缝背面下凹，正面出现焊瘤。

收弧方法。每当焊完一根焊条要收弧时，应使焊条向试件的左或右侧回拉约 10 ~ 15mm，并迅速提高焊条熄弧，使熔池逐渐减小，填满弧坑并形成缓坡，以避免在弧坑处产生缩孔等缺陷，并有利于下一根焊条的接头。

在更换焊条进行中间焊缝接头的方法有热接和冷接两种。

热接接头的焊缝较平整，可避免接头脱节和未接上等缺陷。

冷焊法施焊前，先将收弧处焊缝打磨成缓坡状，然后按热接法的引弧位置。操作方法进行焊接。

4. 填充层　焊接时必须保证坡口面熔合好，焊道表面平整。

填充层焊道施焊前。应将前一层的焊渣、飞溅清除干净、焊缝接头处的焊瘤打磨平整。焊条角度和运条方法均同打底层。但焊条横向摆动幅度比打底层宽，并在平行摆动的拐角处稍作停顿，电弧要控制短些，使焊缝与母材熔合良好，避免夹渣。焊接第二层填充层焊道时，必须注意不能损坏坡口的棱边。焊缝中间运条速度要稍快，两侧稍停顿，形成中部凹形的焊缝，如图 1-5-27 所示。填充层焊完后的焊缝应比坡口上棱边低 1mm 左右，不能熔化坡口的棱边，以便焊盖面层时好控制焊缝的平直度。

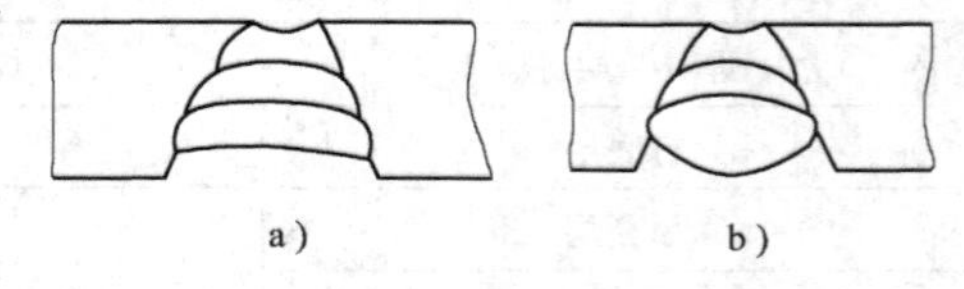

图 1-5-27　填充层焊道的形状

a）合格的　b）表面凸出太多不合格

5. 盖面层　要控制好盖面层焊道的外形尺寸，并防止咬边与焊瘤。

盖面层施焊前，应将前一层熔渣和飞溅清除干净。施焊的焊条角度与运条方法均同填充层的焊接，但焊条水平横向摆动的幅度比填充层更宽、摆至坡口两侧时应将电弧进一步缩短，并稍作停顿。注意两侧熔合情况，控制好焊道的宽度并避免咬边。从一侧摆至另一侧时应稍快一些，以防止熔池金属下坠而产生焊瘤。

第六章　管 子 对 接

根据《锅炉压力容器压力管道焊工考试与管理规则》(以下简称《规则》)规定，管子对接接头的焊接位置及代号见表 1-6-1。

表 1-6-1　管子对接试件位置及代号

试件位置		代号
水平转动		1G
垂直固定		2G
水平固定	向上焊	5G
	向下焊	5GX
45°固定	向上焊	6G
	向下焊	6GX

试件的尺寸、数量及考试合格后允许焊接的管径范围见表 1-6-2。

表 1-6-2　试件尺寸及允许焊接的管径范围　　(单位:mm)

试件尺寸			试件数量/件	适用焊接外径范围	
外径 D	壁厚 δ	总长		最小值	最大值
<25	不限	≥200	3	D	不限
25≤D<76				25	
≥76			1	76	
≥300[注]					

注：管子对接向下焊试件。

本章讲述管子对接接头的焊接技术。

第一节　焊前准备与焊后检验

一、焊前准备

1. 试件　所有小管径考试项目都选用外径 ϕ60mm，壁厚 5～6mm 无缝钢管，尺寸为 δ5～6mm×ϕ60mm×100mm，每个考试项目 3 对试件(6 个)。

所有大管径考试项目都选用外径 ϕ133mm，壁厚 12mm 的无缝钢管，其尺寸为 δ12mm×ϕ133mm×100mm，每个考试项目 1 对试件。

管子的加工要求，如图 1-6-1 所示(2 个)。

通常都选用 20g 无缝钢管，也可根据生产需要选用其他牌号的无缝钢管。

若选用第二类钢材如 Q345(16MnG)无缝管做试件，考试合格后允许焊接的范围更大。

2. 焊材的选择与烘干　尽可能地选用碱性焊条，焊前经 350～400℃烘干 2h。若选用酸性焊条，则在 100～150℃烘 2h。

3. 焊前清理　焊前必须除净管子坡口面及和近坡口面两侧管壁上的油、锈及其他污物，焊前清理区如图 1-6-2 所示。

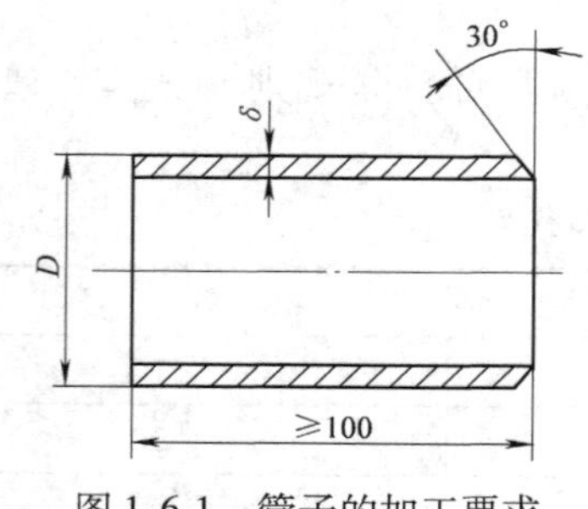

图 1-6-1　管子的加工要求

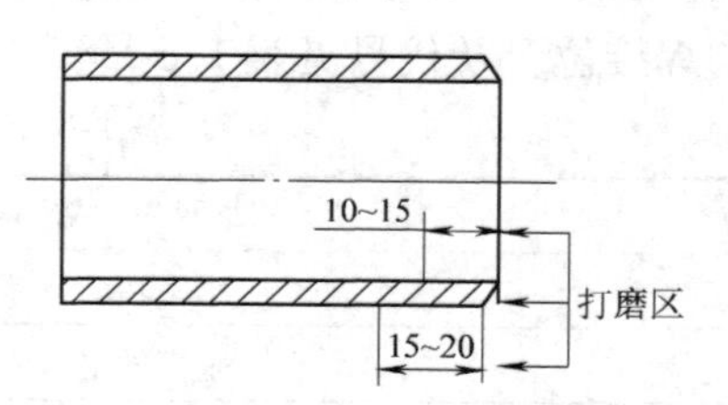

图 1-6-2　管子焊前打磨区

为保证焊缝背面成形，管子坡口根部将局部熔化成为焊根的一部分，要求将内壁的锈和其他脏物清除干净，必须特别注意。

要求待焊区呈现金属光泽，试件必须在焊前清理，清理后立即定位焊并焊接，不能存放，以防产生气孔。

4. 装配与定位焊　试件装配定位焊所用焊条应与正式焊接时使用的焊条相同，按圆周方向均布 3 处，大管子可焊 2～3 处，小管子焊 1～2 处。每处定位焊缝长为 10～15mm。装焊好的管子应预留间隙，并保证同心。

定位焊除在管子坡口内直接进行外，也可用连接板在坡口外进行装配定位焊点固。试件装配定位可采用下述三种形式中的任意一种，如图 1-6-3 所示。

图 1-6-3a 为直接在管子坡口内进行定位焊，定位焊缝为正式焊缝的一部分，因此定位焊缝应保证焊透，无缺陷。试件固定好后，将定位焊缝的两端打磨成缓坡形。待正式焊接时，焊至定位焊处，只需将焊条稍向坡口内给送，以较快的速度通过定位焊缝，过渡到前面的坡口处，继续向前施焊。

图 1-6-3b 非正式定位焊，焊接时应保持试件坡口根部的棱边不被破坏，待正式焊缝焊至定位焊处，将非正式定位焊缝打磨掉，继续向前施焊。

图 1-6-3c 采用定位板进行试件的装配固定，这种方法不破坏试件的坡口，待焊至定位板处将定位板打掉，继续向前施焊。

无论采用哪种定位焊，都不允许在仰焊位置进行定位焊点固（时钟钟面位置 6 点处）。

5. 打钢印及位置代号　在装焊好的管子上打钢印及位置标记“0”点，如图 1-6-4 所示。

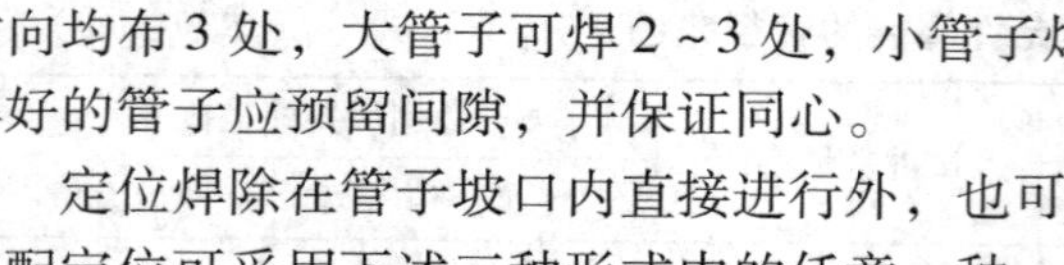

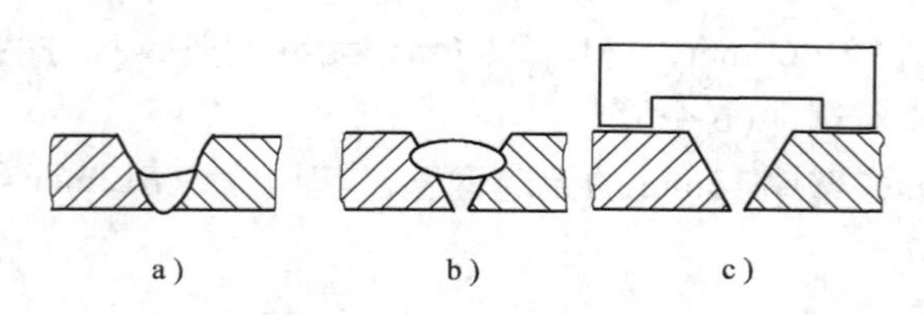

图 1-6-3　定位焊缝的几种形式

a）正式定位焊缝　b）非正式定位焊缝　c）连接板定位焊缝

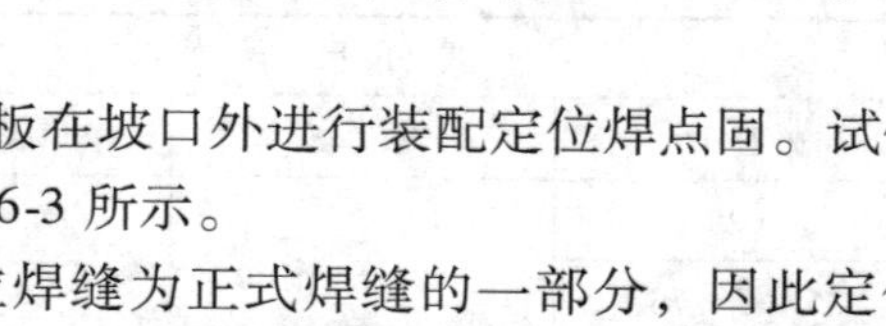

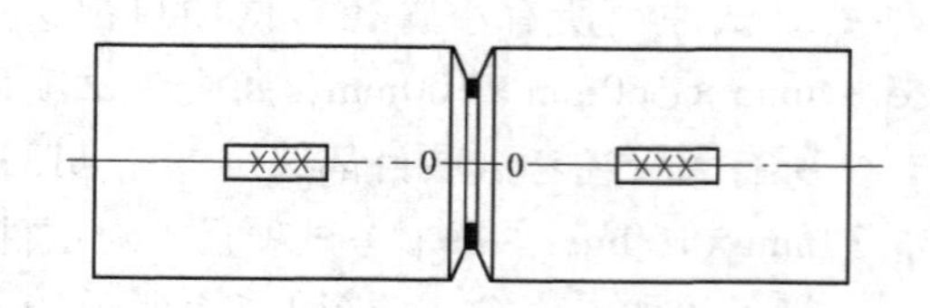

图 1-6-4　打钢印和位置标记

×××—打钢印处　0—0 点标记

注意：小管子上最好打两个相同的钢印，每个管子上打一个钢印，便于在作断口试验时判明缺陷。

打钢印处最好预先用角向磨光机磨出一个小平面，这样便于在试件上打钢印。

二、焊后检验

焊后检验项目和试样数量见表 1-6-3。

表 1-6-3　焊后检验项目及试样数量

焊接方向	试件厚度和管径/mm		检验项目					
	壁厚	管外径	外观检验/件	射线探伤/件	断口检验/件	面弯/个	背弯/个	侧弯/个
向上焊	不限	<76	3		2	1	1	—
		≥76	1	1	—	1	1	—
向下焊	<12	≥300	1	1	—	1	1	—
	≥12							2

1. 外观检验　外观检验是用眼睛或放大倍数不大于 5 倍的放大镜，检查焊缝正面和背面的缺陷性质和数量，并用测量工具测定缺陷位置和尺寸。

试件外观必须符合以下条件：

1）焊缝表面应是原始状态，焊缝表面没有加工修磨或补焊痕迹。

2）焊缝外形尺寸符合表 1-6-4 中的要求。

表 1-6-4　焊缝尺寸要求　　（单位：mm）

焊缝余高		焊缝余高差		焊缝宽度	
平焊位置	其他位置	平焊位置	其他位置	比坡口每侧增宽	宽度差
0～3	0～4	≤2	≤3	0.5～2.5	≤3

直径大于或等于 133mm 的管板试件背面焊缝余高应不大于 3mm。

外径小于 76mm 的管状试件要作通球试验。管外径大于或等于 32mm 时，通球直径为管内径的 85%；管外径小于 32mm 时，通球直径为管内径的 75%。

3）焊缝表面不得有裂纹，未熔合、气孔、夹渣、焊瘤和未焊透。焊缝表面的咬边和背面凹坑不得超过表 1-6-5 中的规定。

4）管子的错边量≤10%δ。

每一个考试试件的全部外观检验项目都合格，该项目才合格，否则不合格。

2. X 光射线探伤　除直径≤76mm 的小管径外，其余考试项目都要按 JB 4730—1994《压力容器无损检测》的规定进行探伤。

表 1-6-5　允许的外观缺陷

缺陷名称	允许的最大尺寸
咬边	深度≤0.5mm，焊缝两侧咬边总长≤10%的管子外圆周长
背面凹坑	当δ≤5mm 时，深度≤25%δ，且≤1mm；当δ>5mm 时，深度≤20%δ，且≤2mm；除仰焊部位不计外，总长不超过焊缝长度的 10%

1）射线照相的质量要求不应低于 AB 级。

2）经射线探伤后，焊缝的质量不低于Ⅱ级为合格。

3. 断口试验　每个项目的小径管(直径≤76mm 的管子)都要任选两个试件作断口试验。

1）断口试验的管子先用车床在焊缝正中间切一条 V 形槽，其尺寸如图 1-6-5 所示。

2）断口试件可直接拉断，或先压扁后再弯断。拉断或弯断后的两半试件要按试件编号保存好，根据两半的断口情况判断缺陷的大小，否则容易误判。

3）试件断口应符合下列规定：

断口上不允许有裂纹和未熔合。背面凹坑深度≤25%δ，且不大于 1mm。

断口上允许有气孔和夹渣，具体规定见表 1-6-6。

4. 冷弯试验　所有项目的管子都必须作冷弯试验，按图 1-6-6 规定位置取样。冷弯试样加工要求如图 1-6-7 所示。

表 1-6-6　允许的缺陷(摘自《规则》)

缺陷名称	允许范围
背面凹坑	深度≤25%δ，且≤1mm
气孔和夹渣	单个气孔沿管子径向≤30%δ，且≤1.5mm；沿轴向或周向长度≤2mm 单个夹渣沿径向≤25%δ；沿轴向或周向≤30%δ 任何 10mm 焊缝长度内，气孔和夹渣≤3 个 沿圆周方向 10δ 范围内，气孔夹渣累计长度≤δ 沿壁厚同一直线上各种缺陷总长度≤30%δ 且≤1.5mm

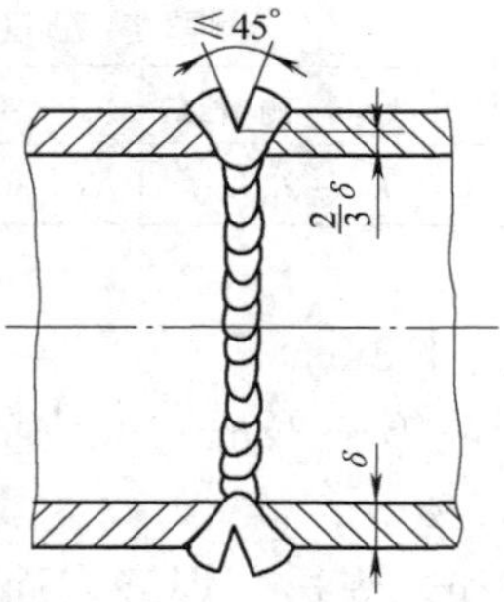

图 1-6-5　断口检验试样沟槽加工要求

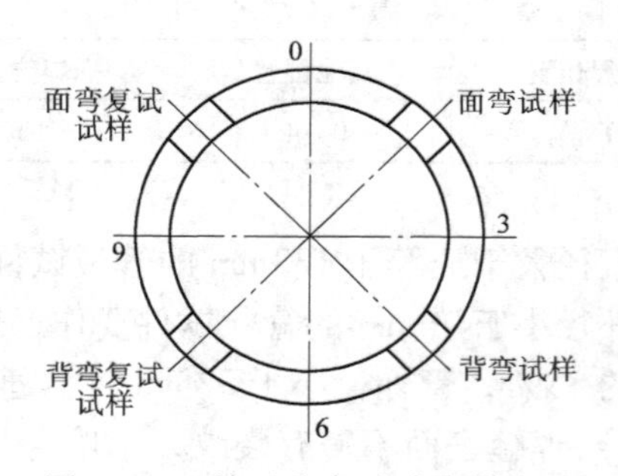

图 1-6-6　管子冷弯试验取样位置

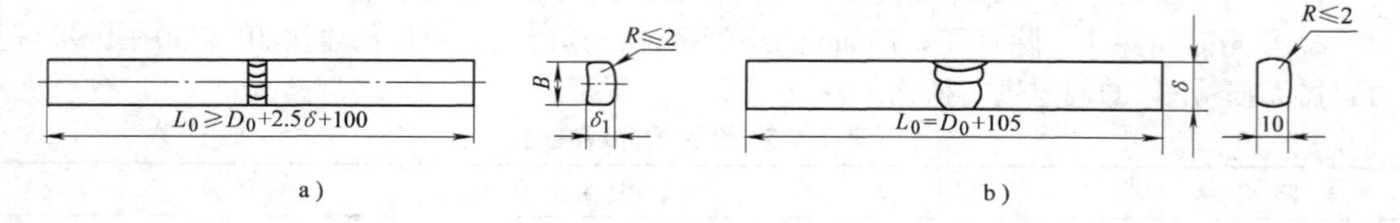

图 1-6-7　管子冷弯试样加工要求

a）面弯和背弯试样　b）侧弯试样

$B=\delta_1+D/20$ 且 10mm≤B≤38mm　D—管子外径　δ_1—试样厚度　$\delta_1\approx\delta$　D_0—弯轴直径

δ—管子壁厚　B—试样宽度　L_0—试样长度

检验标准：弯轴直径 $D_0=3\delta$，支坐间距离为 5.2δ，碳素钢无缝管对接接头冷弯到 90°、其他低合金钢合金钢管冷弯到 50°时，其拉伸面上横向（试板宽度方向）不得有裂纹或长度 >1.5mm的缺陷，纵向（试板长度方向）不得有裂纹或长度 >3mm 的裂纹或缺陷。

试样的棱角开裂不计，但确因缺陷引起试样棱角开裂的长度应进行评定。

背面弯两个试样都合格才算合格。若只有一个试件合格，允许从原试件上另取一个试样复试，复试合格才算合格。若两个试样都不合格，不准复试。

第二节　小径管对接

一、小径管垂直固定对接

小径管垂直固定对接比较容易掌握，但实际考试时通常断口试验合格率较低，估计是焊接时注意不够造成的，因此焊接时必须认真对待。

1. 装配与定位焊　装配要求见表 1-6-7。

表 1-6-7　装配要求

坡口角度/(°)	装配间隙/mm	钝边/mm
60	前 2.5 后 3.2	0 ~ 1

定位焊必须用正式焊接用焊条焊接，定位焊方法可在三种方法中任选一种。

2. 试件位置　小径管垂直固定，接口在水平位置（横焊位置）。间隙小的正对焊工，一个定位焊缝在左侧。

3. 焊接要点　由于管径小，管壁薄，焊接过程中温度上升较快，熔池温度容易过高，因此打底焊采用断弧焊法进行施焊，断弧焊打底，要求将熔滴给送均匀，位置准确，熄弧和再引燃时间要灵活、果断。

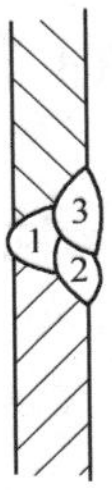

（1）焊道分布　2 层 3 道，如图 1-6-8 所示。

（2）焊接参数（见表 1-6-8）。

（3）打底层　打底层焊接的关键是保证焊透，焊件不能烧穿焊漏。

图 1-6-8　小径管横焊焊道分布

表 1-6-8　小径管横焊焊接参数

焊 接 层 次	焊条直径/mm	焊接电流/A
打底层	2.5	60 ~ 80
盖面层		70 ~ 80

打底层焊接时，焊条与焊件之间的角度及电弧对中位置如图 1-6-9 所示，起焊时采用划擦法将电弧在坡口内引燃，待看到坡口两侧金属局部熔化时，焊条向坡口根部压送，熔化并击穿坡口根部，将熔滴送至坡口背面，此时可听见背面电弧的穿透声，这时便形成了第一个熔池，第一个熔池形成后，即将焊条向焊接的反方向作划挑动作迅速灭弧，使熔池降温，待熔池变暗时，在距离熔池前沿约 5mm 左右的位置重新将电弧引燃，压低电弧向前施焊至熔池前沿，焊条继续向背面压，并稍作停顿，同时即听见电弧击穿的声音，这时便形成了第二

个熔池，熔池形成后，立即灭弧。如此反复，均匀的采用这种一点击穿法向前施焊。

熔池形成后，熔池的前沿应能看到熔孔，使上坡口面熔化掉 1 ~ 1.5mm，下坡口面略小，施焊时要注意把握住三个要领：即一“看”、二“听”，三“准”。“看”，就是要注意观察熔池形状和熔孔的大小，使熔池形状基本一致，熔孔大小均匀。并要保持熔池清晰、明亮、熔渣和铁水要分清。“听”是听清电弧击穿试件根部“噗”，“噗”，声。“准”，是要求每次引弧的位置与焊至熔池前沿的位置准确，既不能超前，又不能拖后，后一个熔池搭接前一个熔池的 2/3 左右。

更换焊条收弧时，将焊条断续地向熔池后方点 2 ~ 3 下，缓降熔池的温度，将收弧的缩孔消除或带到焊缝表面，以便在下一根焊条进行焊接时将其熔化掉。

打底层焊缝的接头方法，可采用热接和冷接法。

热接法是更换焊条的速度要快，在前一根焊条焊完收弧，熔池尚未冷下来，呈红热状态时，立即在熔池前面 5 ~ 10mm 的地方将电弧引燃，退至收弧处的后沿，焊条向坡口根部压送，并稍停顿，当听见电弧击穿试件根部的声音时，即可熄弧，然后进行焊接。

冷接法在施焊前，先将收弧处焊缝打磨成缓坡状，然后按热接法的引弧位置、操作方法进行焊接。

焊接封闭接头前，先将焊缝端部打磨成缓坡形，然后再焊，焊到缓坡前沿时，电弧向坡口根部压送，并稍作停顿，然后焊过缓坡，直至超过正式焊缝约 5 ~ 10mm，填满弧坑后熄弧。

（4）盖面层　盖面层焊接时，应保证盖面层焊缝表面平整、尺寸合格。

焊前，将上一层焊缝的熔渣及飞溅清理干净，将焊缝接头处打磨平整。然后进行焊接。盖面层分下、上两道进行焊接，焊接时由下至上进行施焊，焊条与焊件的角度如图 1-6-10 所示。

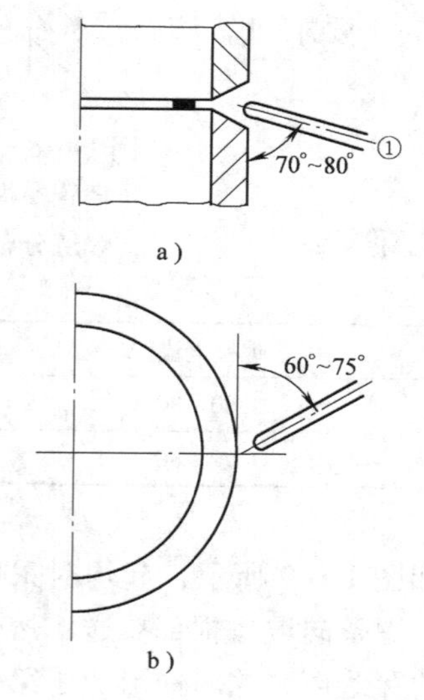

图 1-6-9　打底层焊时的焊条角度及对中位置

a）电弧对中位置　b）焊条倾斜角度

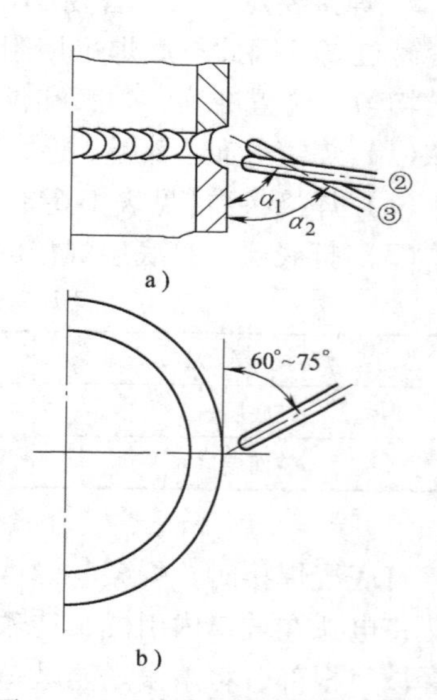

图 1-6-10　盖面层焊时的焊条角度

a）电弧对中位置　b）焊条倾斜角度

$\alpha_1 = 70° \sim 80°$　$\alpha_2 = 60° \sim 70°$

盖面层焊接时，运条要均匀，采用较短电弧，焊下面的焊道2时，电弧应对准填充焊道的下沿，稍横向摆动，使熔池下沿稍超出坡口下棱边（≤2mm），应使熔化金属覆盖住打底焊道的2/3～1/2，为焊上面的盖面焊道3时防止咬边和铁水下淌现象，要适当增大焊接速度或减小焊接电流，调整焊条角度，以保证整个焊缝外表均匀、整齐、美观。

二、小径管水平固定全位置焊

小径管水平固定焊是小径管全位置焊，也是所有考试项目中最难掌握的项目。必须在同时掌握了板对接接头的平焊、立焊、仰焊三种位置的单面焊双面成形技术的基础上，经过培训掌握了转腕要领后才能焊出合格的试件，通常都安排在后期培训。

1. 装配与定位焊　装配要求见表1-6-9。

表1-6-9　装配要求

坡口角度/(°)	装配间隙/mm	钝边/mm
60°	时钟0点位置处3.0 时钟6点位置处2.5	0～1

定位焊缝沿圆周均布3处，可只焊2处，定位焊道的方式可按图1-6-3规定任选一种。定位焊必须采用考试统一用焊条焊接。

2. 试件位置　小径管水平固定，接口在垂直面内，0点处在正上方。请注意打位置标记时，0点要打在间隙最大的地方。

3. 焊接要点　ϕ60mm×5mm管的对接焊，由于管径小、管壁薄，焊接过程中温度上升较快，焊道容易过高。打底焊不宜用连弧焊法，而采用断弧焊的方法。管子的焊缝是环形的，在焊接过程中需经过仰焊、立焊、平焊等几种位置。由于焊缝位置的变化，改变了熔池所处的空间位置，操作比较困难，焊接时焊条角度与电弧对中位置应随着焊接位置的不断变化而随时调整，如图1-6-11所示。

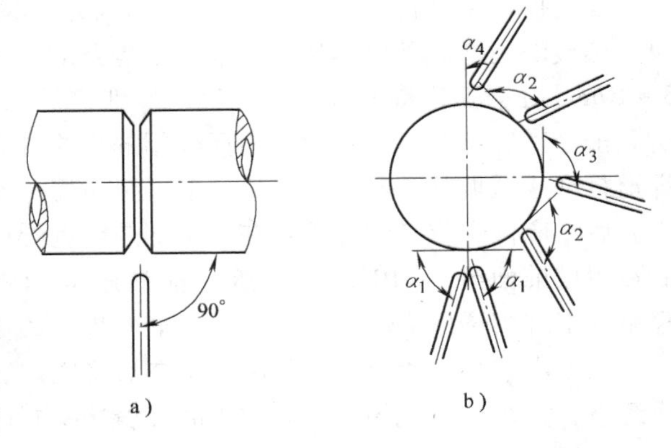

图1-6-11　小径管打底层焊条角度与电弧对中位置

a）电弧的对中位置　b）焊条的倾斜角度

α_1=80°～85°　α_2=100°～105°

α_3=100°～110°　α_4=110°～120°

（1）焊道分布　二层二道。

（2）焊接参数（见表1-6-10）。

表1-6-10　小径管全位置焊焊接参数

焊接层次	焊条直径/mm	焊接电流/A
打底层	2.5	75～85
盖面层		70～80

（3）打底层　打底层焊接时为叙述方便，假定沿垂直中心线将管子分成前后两半圆，并按时钟钟面将焊缝分区：10点半～1点半为平焊区；1点半～4点半及7点半～10点半为立焊区；4点半～7点半为仰焊区，如图1-6-12所示。

先焊前半焊缝，引弧和收弧部位要超过管子中心线5～10mm。

焊接从仰焊位置开始，起焊时采用划擦法在坡口内引弧，待形成局部焊缝，并看到坡口两侧金属即将熔化时，焊条向坡口根部压送，使弧柱透过内壁的1/2，熔化并击穿坡口的根部，此时可听到背面电弧的击穿声，并形成了第一个熔池，第一个熔池形成后，立即将焊条抬起熄弧，使熔池降温，待熔池变暗时，重新引弧并压低电弧向上给送，形成第二个熔池，均匀地点射给送熔滴，向前施焊，如此反复。

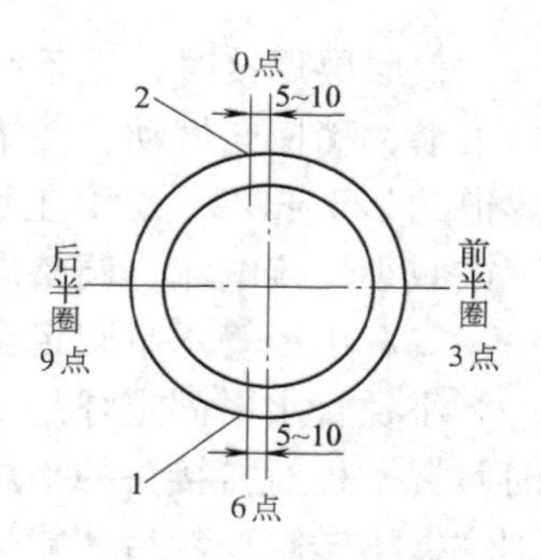

图1-6-12　前半圈焊缝引弧与收弧位置
1—引弧处　2—收弧处

在焊接仰焊位置时，焊条应向上顶送得深些，电弧尽量压短，防止产生内凹、未熔合、夹渣等缺陷；焊接立焊及平焊位置时，焊条向试件坡口里面的压送深度应比仰焊浅些，弧柱透过内壁约1/3熔穿根部钝边，防止因温度过高，液态金属在重力作用下，造成背面焊缝超高、或产生焊瘤，气孔等缺陷。

收弧方法，当焊完一根焊条收弧时，应使焊条向管壁左或右侧回拉带弧约10mm，或沿着熔池向后稍快点焊2～3下，以防止突然熄弧造成弧坑处产生缩孔、裂纹等缺陷。同时也能使收尾处形成缓坡，有利于下一根焊条的接头。

在更换焊条进行焊缝中间接头时，有热接和冷接两种方法。

热接法更换焊条要迅速，在前一根焊条的熔池没有完全冷却呈红热状时，在熔池前面约5～10mm处引弧，待电弧稳定燃烧后，即将焊条拖焊至熔孔，将焊条稍向坡口里压送，当听到击穿声即可断弧，然后按前面介绍的焊法继续向前施焊。冷接法在施焊前，先将收弧处焊道打磨成缓坡状，然后按热接法的引弧位置，操作方法进行焊接。

后半圈仰焊位置的焊接：在后半圈焊缝施焊前，先将前半圈焊缝起头处打磨成缓坡，然后在缓坡前面约5～10mm处引弧，预热施焊，焊至缓坡末端时将焊条向上顶送，待听到击穿声，根部熔透形成熔孔后，正常向前施焊，其他位置焊法均同前半圈。

后半圈水平位置上接头的施焊：在后半圈焊缝施焊前，先把前半圈焊缝收尾熄弧处打磨成缓坡，当焊至后半圈焊缝与前半圈焊缝接头封闭处时，将电弧略向坡口里压送并稍停顿，待根部熔透，焊过前半圈焊缝约10mm，填满弧坑后再熄弧。

施焊过程中经过正式定位焊缝两端时，将电弧稍向里压送，保证两端焊透，并以较快的速度经过定位焊缝，过渡到前方坡口处进行施焊。

（4）盖面层　盖面层的焊接要求焊缝外形美观，无缺陷。

盖面层　施焊前，应将前层的熔渣和飞溅清除干净，焊缝局部凸起处打磨平整。前后两半圈焊缝起头和收尾要点同封底层，都要超过管子的中心线5～10mm，采用锯齿形或月牙形运条方法连续施焊，但横向摆动的幅度要小，在坡口两侧略做停顿稳弧，防止产生咬边。在焊接过程中，要严格控制弧长，保持短弧施焊以保证焊缝质量。

三、小径管45°固定对接

小径管45°固定对接焊时，焊缝与水平面成45°角，这种焊接位置比水平固定还难施焊，焊接时除需同时掌握仰焊、立焊和平焊单面焊双面成形的焊接技术外，电弧对中位置还要根据坡口的空间位置水平移动。

1. 装配与定位焊　与水平固定小径管对接相同。

2. 试件位置　小径管轴线与水平面成45°角固定，接口与水平面成45°角。*O* 点处在正上方。请注意：打位置标记时，*O* 点应在间隙最大处。一条定位焊缝在时钟钟面7点处。

3. 焊接要点

（1）焊道分布　二层二道。

（2）焊接参数(见表1-6-10)。

（3）打底层、填充层与盖面层　施焊时，焊条的倾斜角度、电弧的对中位置与小径管水平固定对接焊要点基本相同。但应注意：焊接时，焊条的摆动方向是水平的，焊接时电弧的对中位置必须跟着坡口的位置水平移动。焊完的焊缝与小管轴线成45°角，如图1-6-13所示。

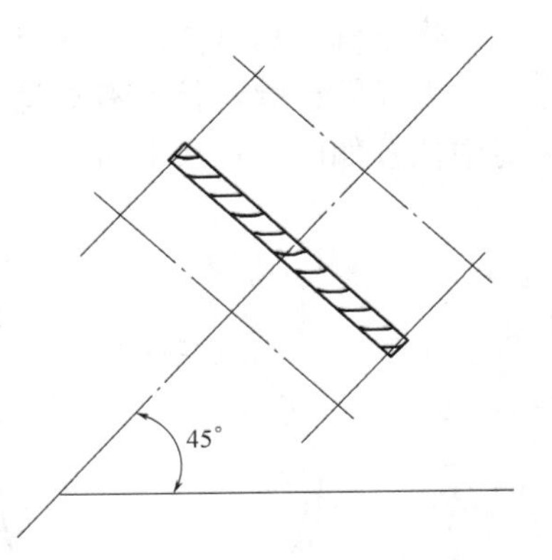

图1-6-13　45°固定小径管对接焊的焊缝形状

第三节　大径管对接

一、大径管垂直固定对接

大径管垂直固定对接可简称为大径管横焊，这种焊接比较容易掌握。

1. 装配与定位焊　装配要求见表1-6-11。

表1-6-11　装配尺寸

坡口角度/(°)	装配间隙/mm	钝边/mm
60	前2.5 后3.0	0～1

定位焊必须采用与焊工考试时统一用的焊条焊接，定位焊方法可在三种方法中任选一种。

2. 试件位置　大径管垂直固定，接口在水平面内，间隙小的一边正对焊工，一个定位焊缝在左侧。保证焊工站着能方便地焊完焊缝。

3. 焊接要点　大径管横焊要领与板对接横焊基本相同，由于管子有弧度，焊接电弧应沿大径管圆周均匀地转动。

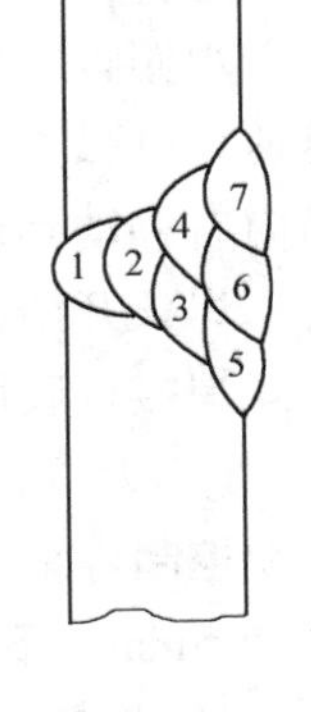

图1-6-14　大径管横焊的焊道分布

（1）焊道分布　4层7道如图1-6-14所示。

（2）焊接参数(见表1-6-12)。

表1-6-12　大径管横焊焊接参数

焊接层次	焊条直径/mm	焊接电流/A
打底层	2.5	70～80
填充层	3.2	110～130
盖面层		110～115

（3）打底层　打底层焊接时，要求焊透并保证背面焊道成形美观，无缺陷。

焊条倾斜角度如图 1-6-15 所示。电弧对中位置如图 1-6-16 所示。

大径管横焊焊接所有焊道时，焊条的倾角如图 1-6-15 所示。焊接打底层焊道时电弧的对中位置如图 1-6-16 所示。

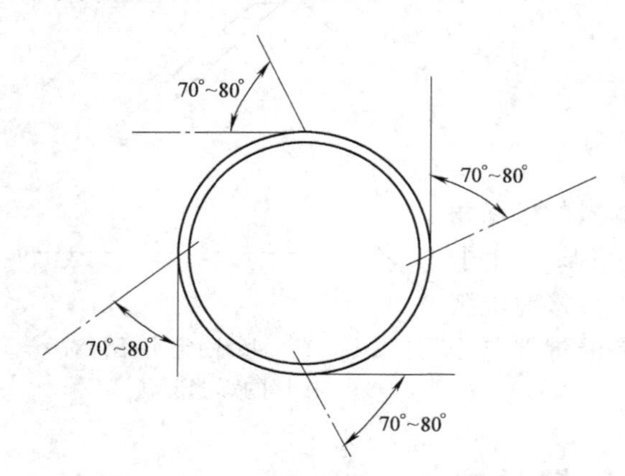

图 1-6-15　大径管横焊时焊条倾斜角度

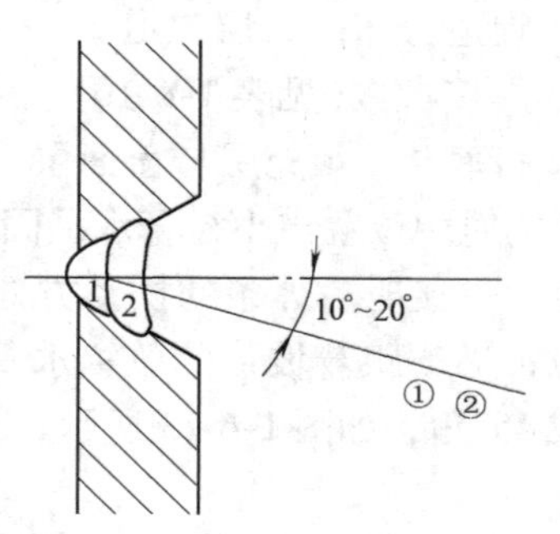

图 1-6-16　大径管横焊焊接打底层焊道及填充层焊道 2 时，电弧的对中位置

焊接时应注意：焊条的对中位置实际是电弧摆动的中心，图 1-6-16 中只画出了焊条的轴线，轴线后面带圈的①、②数字表示焊道的顺序，如①表示第 1 条焊道的焊条倾角与电弧对中位置，中心线表示焊条摆动的中心（下同）。

焊接打底层焊道 1 时，在定位焊右侧前 10 ~ 15mm 处坡口下沿引燃电弧，电弧引燃后，迅速将电弧左移，拉到定位焊缝上，稍摆动，待定位焊缝熔化并与坡口熔合形成熔池后，电弧向右移动到定位焊缝右端处，向内压电弧，听到击穿声，看见熔孔，且熔孔直径符合要求时，焊条开始做上、下摆动并向右移动，开始转入正常焊接。

焊接打底层焊道 1 时，还应注意以下事项：

1）为得到优质焊道并保证焊道的背面成形，电弧应尽可能短些，焊接速度不能太快，必须控制好熔孔的大小，焊接过程中始终保持熔孔直径大小尽可能一致。使上坡口根部熔化 1 ~ 1.5mm、下坡口根部熔化可稍小些。

2）焊条上、下摆动的速度是变化的，电弧在上坡口面停留时间稍长，在下坡口面停留时间较短，以较快的速度摆过间隙，否则容易焊漏或烧穿。

3）控制好焊接速度和电弧的位置，保证电弧的 2/3 在熔池上，1/3 在熔孔上，焊接速度必须和熔池及熔孔的情况匹配。

4）电弧在定位焊缝两端时，焊条应稍向里压，以稍快的速度通过定位焊缝，保证定位焊缝两端都能焊透。

5）更换焊条时要接好头。焊缝接头时必须在弧坑前 10 ~ 20mm 处引弧，电弧引燃后迅速退到原弧坑上，填满弧坑后，焊条前移至弧坑前沿处，压低电弧，待听见坡口击穿声，看到直径合适的熔孔后，转入正常焊接。

6）焊接至打底层焊道封闭处时，必须接好最后的接头，保证背面焊透，正面填满弧坑。

（4）填充层　填充层焊接时，保证试件坡口两侧熔合好，焊道表面应平整、均匀和无缺陷。

焊前先除净焊接区的焊渣及飞溅，将打底层焊道上的局部突起处磨平。

焊接时注意以下几点：

1）填充层焊道共2层，按2⟶3⟶4顺序施焊。

2）第1层填充层焊道2只有1条焊道，焊接时焊枪的倾斜角度见图1-6-15，电弧的对中位置见图1-6-16。电弧的摆幅比打底层焊稍大，电弧在上下坡口面上稍停留，保证熔合好。

第2层填充层焊缝有2道，焊接时电弧的对中位置见图1-6-17。按3⟶4的顺序焊接。

焊接打底层焊道3时，电弧对准填充层焊道2的下侧，摆幅为该处坡口宽的2/3，必须控制好焊接速度，既保证焊道与坡口面和前层焊道熔合好，又保证焊道厚度合适，使第2层填充层焊道3下表面和管子的外表面间的距离保证在1.5～2.0mm较合适。注意：绝对不准熔化坡口的下棱边。

焊接打底层焊道4时，电弧对准填充层焊道2的上侧，其摆幅为该处坡口宽的2/3左右，使第4条焊道能压住第3条焊道的1/2～2/3，保证第2层填充层焊道表面平整，没有凹槽或凸起。使填充焊道4上表面和管子外表面间的距离保持在0.5～1.0mm较好，注意：不准熔化坡口的上棱边。

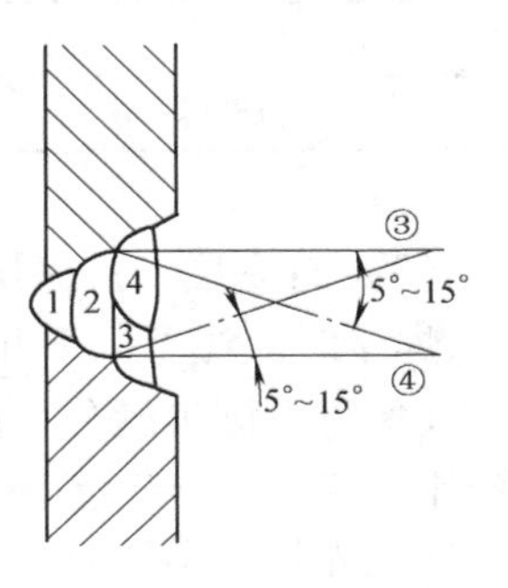

图1-6-17　焊接填充层焊道3、4时电弧的对中位置

（5）盖面层　盖面层焊缝由3条焊道组成，按时钟钟点位置5⟶6⟶7的顺序焊接。保证焊缝表面平直均匀、美观和无缺陷。

焊条的倾角见图1-6-15。

电弧的对中位置见图1-6-18。

焊接盖面层焊道5时，电弧对准填充层焊道3的下侧，调整好摆幅，使熔池的下沿超过在坡口下棱边1.0～2.0mm处。

焊接盖面层焊道6时，电弧对准盖面层焊道5的上侧，调整摆幅，使盖面层焊道6压住盖面层焊道5的1/2～2/3。

焊接盖面层焊道7时，电弧对准盖面层焊道6和打底层焊道4上侧的中间，调整摆幅，使熔池上沿超过坡口棱边1.0～2.0mm。

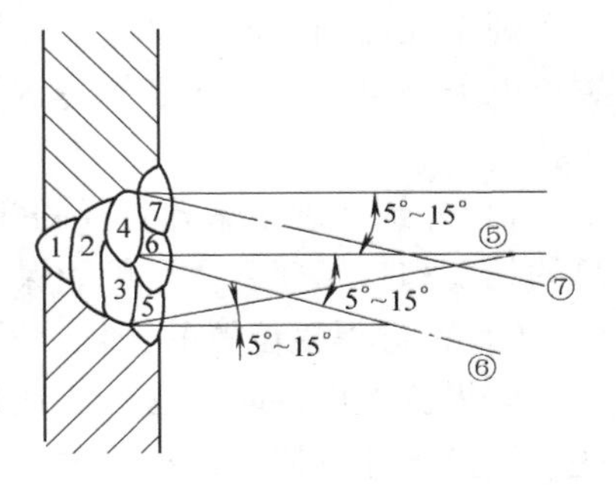

图1-6-18　焊接盖面层焊道时电弧的对中位置

二、大径管水平固定全位置焊

大径管水平固定的对接可简称为大径管对接全位置焊，这种焊接较难掌握。

1. 装配与定位焊　装配要求见表1-6-13。定位焊道从时钟钟面7点处开始，3点均布。

表1-6-13　大径管全位置焊装配要求

坡口角度/(°)	装配间隙/mm	钝边/mm	错边量/mm
60	0点处3.2 6点处2.5	0	≤1

2. 试件位置　大径管水平固定，接口在垂直面内，0点处位于最上方。固定试件时先将定位焊道两端打磨成斜面，便于施焊。

3. 焊接要点

（1）焊道分布　4层4道。

（2）焊接参数(见表1-6-14)。

表1-6-14　大径管全位置焊焊接参数

焊接层次	焊条直径/mm	焊接电流/A
打底层	2.5	60～80
填充层	3.2	90～110
盖面层		90～100

（3）打底层　打底层施焊时要求根部焊透，背面焊缝成形好。

焊接时应注意以下几点：

1）将整圆焊缝分为前、后两个半圆进行焊接。时钟钟面位置7点⟶3点⟶11点为前半圆；7点⟶9点⟶11点为后半圆。如图1-6-12所示。

2）先焊前半圈时，从时钟钟面位置6点处坡口面的一侧引燃电弧，立即将电弧拖到7点钟位置处的定位焊缝上，电弧做小幅度横向摆动，待定位焊缝与坡口面熔化，形成熔池后，电弧开始向前方移动到定位焊缝的右端，焊条向里压，听到击穿声，看到熔孔尺寸符合要求后，转入正常焊接。

3）焊接过程中要按图1-6-11的要求，控制好焊条的倾斜角度和电弧对中位置。

4）根据焊接位置的变化，焊工应及时改变身体的位置，尽可能减少停弧时间和接头数量。

焊工在培训阶段，打底层焊接时应有意识地练习多接头，通过练习熟练地掌握在不同位置(包括仰焊区、立焊区和平焊区)的热接头方法。考试时要求在整圆打底层焊道上至少有一个接头。

5）仔细地观察熔孔直径的变化情况，及时调整焊条的角度，摆幅、电弧对中位置、电弧的长度和焊接速度。尽可能保持熔孔直径一致，保证背面焊道的成形良好。

6）根据焊接位置的变化，及时调节电弧在坡口中的深度。

仰焊位置焊接时，易产生内凹、未焊透和夹渣等缺陷。因此焊接时焊条应向上顶送深些，尽量压低电弧，弧柱透过内壁约1/2，熔化坡口根部边缘两侧形成熔孔。焊条横向摆动幅度较小，向上运条速度要均匀，不宜过大，并且要随时调整焊条角度，以防止熔池金属下坠而造成焊缝背面产生内凹和正面焊缝出现焊瘤。

立焊位置焊接时，焊条向试件坡口内的给送应比仰焊浅些。电弧弧柱透过内壁约1/3，熔化坡口根部边缘两侧，平焊位置焊条向试件坡口内的给送应比立焊再浅些，弧柱透过内壁约1/4，熔化坡口根部边缘的两侧，以防止背面焊缝过高和产生焊瘤、气孔等缺陷。

7）焊完前半圈后，再焊后半圈，焊接时，从时钟钟面8点处引弧，电弧引燃后退到7点钟位置处，待焊缝端部熔化形成熔池后，向内压焊条，听见击穿声，看到尺寸符合要求的熔孔后，转入正常焊接，焊接要领与焊接前半圈相同。

焊接到原定位焊缝两端时，应向内压焊条并稍停留，保证两端焊透，以较快的速度通过定位焊缝。以防止焊道局部凸起太高。

（4）填充层　要求试件坡口两侧熔合良好，填充层焊道表面平整、美观和无缺陷。

焊接时应注意以下几点：

1）焊前先将打底层焊道上的焊渣及飞溅清除干净，将局部突起处磨平。

2）焊条的倾斜角度和电弧对中位置见图 1-6-11。

3）焊接顺序和要点与打底层焊道相同。

4）焊第 2 层填充层焊道 3 时，要控制好焊条的对中位置、摆幅和焊接速度，保证熔合好，焊道的厚度合适，使焊缝表面平整均匀，焊完第 2 层焊道 3 后，填充层焊缝表面与大径管外表面的距离应控制在 1.0 ~ 1.5mm，焊接时不准熔化坡口的两条上棱边。

（5）盖面层　必须保证盖面层焊缝表面平整均匀、美观、尺寸符合要求，以及没有缺陷。

注意以下事项：

1）焊前先将填充层焊道上的焊渣、飞溅清除干净，局部凸起处磨平。

2）焊接盖面层焊道的顺序、焊条角度与电弧对中位置与打底层相同，见图 1-6-11、图 1-6-12。

焊接时要控制好焊条的摆幅，使熔池的两侧超过坡口上棱边 0.5 ~ 1.5mm，保证焊缝的宽度和直度。

控制好焊接速度，保证焊缝的余高。

三、大径管 45°固定全位置焊

这种焊接位置比大径管水平固定焊更难焊。它也是全位置焊。除了要掌握平板对接平焊、立焊、仰焊单面焊双面成形焊接技术、焊条的倾斜角度和电弧对中位置需跟随大径管的曲率变化外，电弧的倾斜角度和对中位置还要跟随焊接坡口的中心水平移动。

1. 装配与定位焊　与水平固定大径管相同，见表 1-6-13。

2. 试件位置　大径管轴线与水平面成 45°角，0 点处在正上方，一条定位焊缝在时钟钟面 7 点处。试件的高度必须保证焊工单腿跪地时能方便地焊完下半圆焊缝；焊工站起身稍弯腰能焊完上半圆焊缝。

3. 焊接要点

（1）焊道分布　4 层 4 道。

（2）焊接参数(见表 1-6-14)。

（3）焊接要点　打底层、填充层和盖面层的焊接操作步骤和要领与水平固定大径管完全相同。只是焊接过程中因焊条是沿水平方向摆动，焊缝的鱼鳞纹方向和坡口成 45°角。

第七章　管 板 焊 接

管板接头是锅炉压力容器、压力管道和金属结构的基本接头形式之一。根据管板接头的空间位置可分为垂直固定俯焊、垂直固定仰焊、水平固定全位置焊和45°固定全位置焊四种焊接位置，如图1-7-1所示。

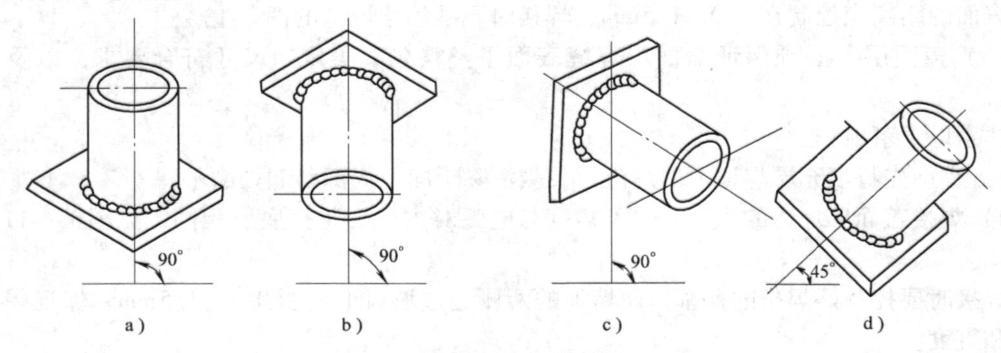

图1-7-1　管板的四种焊接位置

a）垂直固定俯焊　b）垂直固定仰焊　c）水平固定全位置焊　d）45°固定全位置焊

根据管板接头的结构不同，又可分为骑座式与插入式两类。插入式管板又分为要求背面焊透与不焊透两种。如图1-7-2所示。

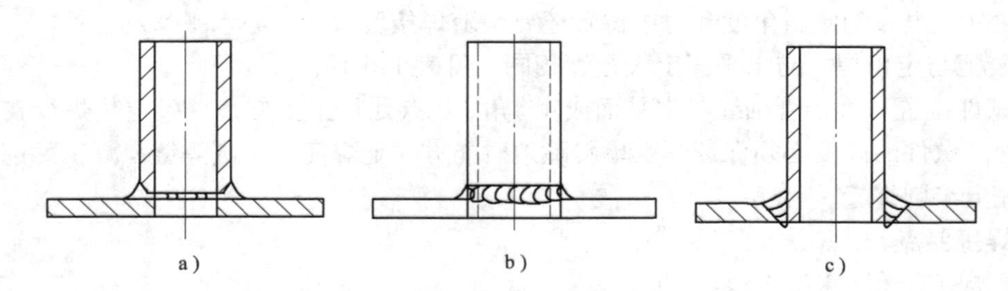

图1-7-2　三种管板接头的结构及焊前打磨区

a）骑座式管板接头　b）不焊透的插入式管板　c）需焊透的插入式管板

需焊透的插入式管板见图1-7-3。《规则》允许使用时的管子外径的最小值为25mm或76mm，孔板厚度的最大值没有限制。因此，焊工考试时，常常都选用厚度为12mm的孔板。

这种结构的管板是单V形坡口，孔板较厚，坡口较深，管子根部不容易焊透，特别是管子根部一侧很容易出现未焊透缺陷。另一方面由于坡口较深，坡口角度较大，而且焊脚尺寸也大，《规则》要求，管子一侧的焊脚尺寸为管子壁厚+（0～3）mm，孔板一侧的焊脚尺寸需超过孔板上侧坡口的外圆周1～3mm，如果选用12mm的孔板，间隙为3mm，钝边为0，开45°坡口角，则孔板一侧的焊脚尺寸为16～18mm。焊接工作量比其他形式的管板大得多。这种结构的管板接头的优点是，焊透厚的背面焊道不会影响管子的通气面积。

根据 GB/T 15169—1994《钢熔化焊手焊工资格考试》规定，焊工考试时，只需考试垂直固定俯焊与仰焊及水平固定全位置焊三种空间位置的骑座式管板(图 1-7-2a)与不需焊透的插入式管板(图 1-7-2b)接头的焊接。

而《规则》规定，焊工需考试四种空间位置的需焊透的插入式管板接头的焊接。

本章将讲述以上四种空间位置中的三种结构的管板接头的焊接技术。

所有管板接头实际上都是不同厚度板的 T 形接头的特例。操作要领与 T 形接头相似，所不同的只是管板焊缝在管子圆周的根部。因此，焊接时必须根据圆周位置的变化，不断地转动手臂和手腕的位置，才能防止所焊管子的焊缝产生咬边和焊脚尺寸不对称。对于初学者来说，建议先焊 T 形接头，待基本上掌握了焊条倾斜角度、电弧对中位置的变化，并能够焊出立板不咬边，焊脚对称、尺寸合格，又没有缺陷的角焊缝以后，再开始练习管板焊接，这样可收到事半功倍的效果。既可节约管板试件，又可降低培训费用。

第一节　焊前准备与焊后检验

一、焊前准备

1. 试件的准备

(1) 管子的直径 D 和钢板厚度 δ 的选择　根据《规则》规定，管子的直径 D 可 <25mm，$25\text{mm}<D<76$mm，$D\geqslant76$mm 三种情况，但管子壁厚无限制，焊工经考试合格后，允许焊接的管板接头的最小管子外径为上述三种情况的最小值，管子外径的最大值不限。一般选用的管子直径为 40～60mm。

培训和考试用管子的壁厚由试件的结构决定：

1) 骑座式管板：由于这种接头既要求焊缝背面焊透，又要求焊缝正面的焊脚对称，其尺寸合格，因此管子壁厚最好为 5～6mm。

若 $\delta\leqslant3.5$mm，则只能进行单层单面焊。若要同时保证焊缝正、反两方面都合格，则难度太大。

δ 为 5～6mm 时，可以焊两层，比较容易掌握。

2) 不需焊透的插入式管板：这种管板只需根部焊透，焊脚对称，尺寸合格就行。管子壁厚可以较薄。

3) 需焊透的插入式管板：这种管板背面需焊透，由于焊接坡口角度较大，坡口较深，焊接工作量大，管子容易过热，若管壁太薄，容易出现咬边缺陷，最好选用 δ 为 5～6mm 的管子。

(2) 孔板　选用厚 12mm 的孔板。

(3) 材质　通常根据生产中最常用的材质选用。管子通常用 20g 无缝钢管，孔板可选用 Q235、20g 或 Q345(16Mn)钢。

(4) 加工要求　试件的尺寸要求如图 1-7-3 所示。

2. 焊材的选择与烘干

尽可能选用碱性焊条进行培训与考试，因为《规则》规定：用碱性焊条考试合格的项目，允许焊工用酸性焊条焊接相同结构相同空间位置的接头。

碱性焊条焊前应经 350～400℃烘干 2h。酸性焊条则在 100～150℃烘干 2h。

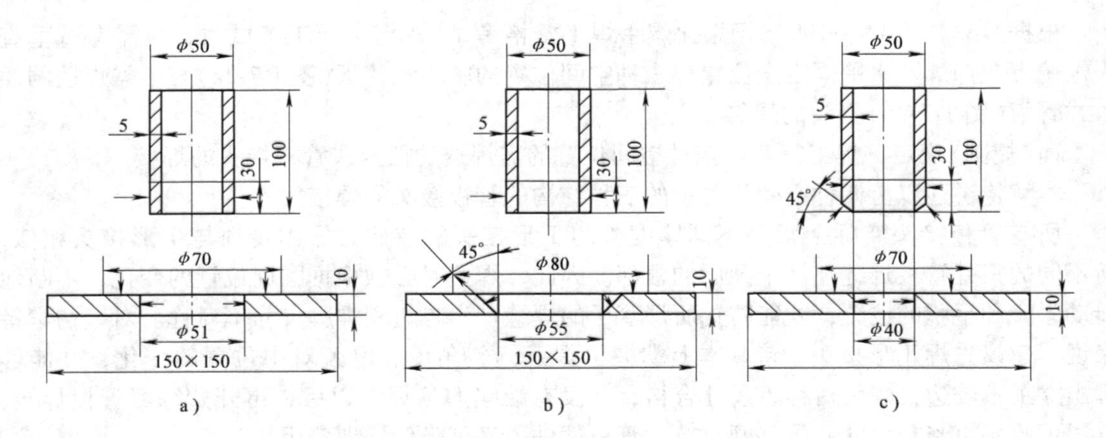

图 1-7-3 管板试件的加工要求及打磨区

a）不需焊透的插入式管板 b）需焊透的插入式管板 c）骑座式管板

图中凡有尺寸及箭头所指的表面表示焊前需打磨的

3. 焊前清理 焊前应将管子与孔板的焊接区及接头附近的油、锈及其他污物清除干净，直至露出金属光泽为止，清理方法不限。

4. 装配和定位焊 必须使用正式焊接用的焊条和焊接参数焊接定位焊缝，定位焊缝的位置如图 1-7-4 所示。

通常定位焊缝都是按圆周方向均匀分布 3 处。但要注意如下几点：

1）定位焊缝最好按图 1-7-4 所示位置焊，检验时取样较方便。

2）定位焊缝可以只焊两点，第三点处作为引弧开始焊接的位置。

3）焊骑座式管板的定位焊缝时要特别注意，必须保证焊透，且不能有缺陷。

4）必须按正式焊接的要求焊定位焊缝，定位焊缝不能太高，每段定位焊缝的长度在 10mm 左右。要保证管子轴线垂直孔板。

5. 打钢印及位置代号 在管板背面打钢印，全位置焊管板还要打位置标记，如图 1-7-5 所示。

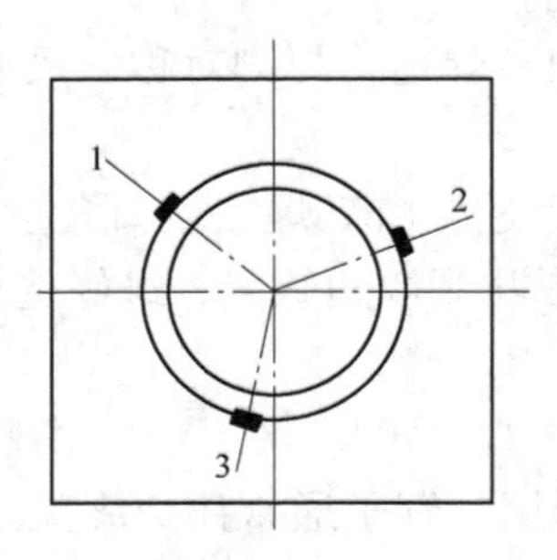

图 1-7-4 定位焊缝的位置

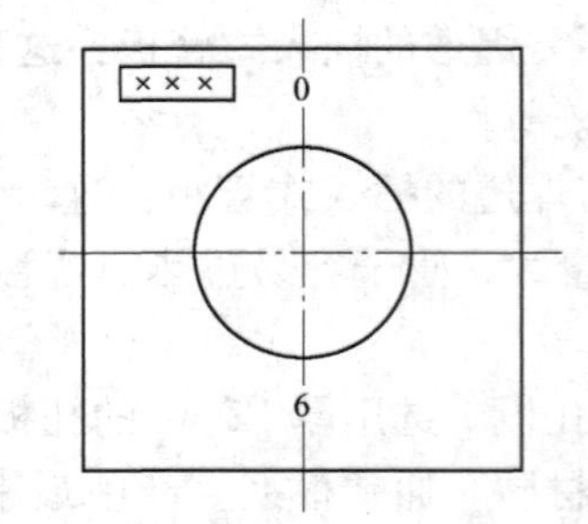

图 1-7-5 打钢印位置和标记

二、焊后检验

1. 外观检验 外观检验是用眼睛或 5 倍以下放大镜检查焊缝正面和背面缺陷性质和数量，并用测量工具测定缺陷位置和尺寸。

焊缝尺寸只测最大值和最小值，不取平均值。单面焊的背面焊缝宽度可不测定。

外观检查必须符合以下要求：

1）焊缝表面必须是原始表面，不允许有加工、补焊痕迹。

2）焊脚的凸凹度不大于1.5mm。骑座式管板焊脚尺寸为$\delta+(3\sim6)$mm，不焊透的插入式管板焊脚尺寸为$\delta+(2\sim4)$mm（δ为管子壁厚）。需焊透的插入式管板管侧焊脚尺寸为$\delta+(0\sim3)$mm，板侧焊脚尺寸超过坡口1～3mm。

骑座式管板不检验焊缝背面的尺寸，但必须做通球试验。当管外径≥32mm时，通球直径为管内径的85%；当管外径<32mm时，通球直径为管内径的75%。

3）焊缝外表不得有裂纹，气孔，未熔合、夹渣和焊瘤。焊缝表面的咬边，未焊透和背面凹坑不超过表1-7-1规定。

表1-7-1　允许的外观缺陷

缺陷名称	允许的最大尺寸
咬边	深度≤0.5mm，焊缝两侧咬边总长度不超过焊缝周长的10%
背面凹坑	当δ≤5mm时，深度≤25%δ，且≤1mm。当δ>5mm时，深度≤20%δ，且≤2mm。总长度不超过管子外圆周长的10%

2. 金相试验　管板试件按图1-7-6规定位置取样，进行宏观检验。试样的检查面用机械方法截取，磨光、抛光，然后用适当的浸蚀剂浸蚀，使焊缝金属和热影响区有一个清晰的界限，然后用眼睛或5倍放大镜检验。

每个金相试样经宏检验应符合下列要求：

1）没有裂纹和未熔合。

2）骑座式和要求焊透的插入式管板试件应焊透；不要求焊透的插入式管板试件在接头根部熔深不小于0.5mm。

3）不允许有直径大于1.5mm的气孔或夹渣；允许有1个直径在0.5～1.5mm的气孔或夹渣或允许有3个直径小于0.5mm的气孔或夹渣。

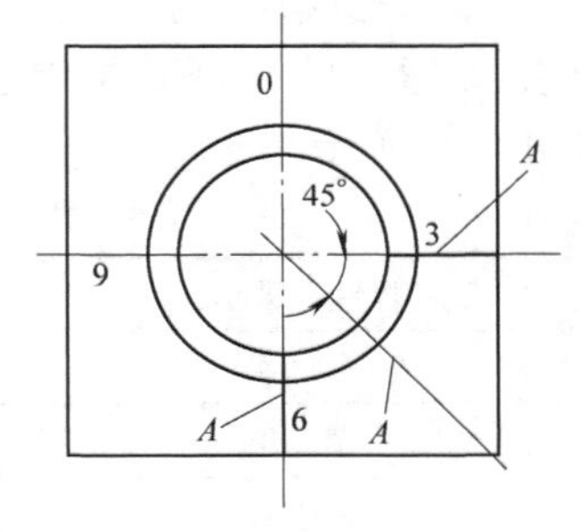

图1-7-6　金相试验取样位置
A—取样位置

第二节　骑座式管板的焊接

一、管板垂直固定俯焊

1. 装配与定位焊　试件装配定位焊所用焊条应与正式焊接时的焊条相同。定位焊缝可采用定位点固一点或二点两种方法。每一点的定位焊缝长度不得超过10mm。装配定位焊后的试件，管子内壁与板孔应保证同心、无错边。

试件装配的定位焊缝可选用正式焊缝、非正式焊缝和连接板三种形式，如图1-7-7所示。

采用正式定位焊缝，要求背面成形无缺陷，作为打底层焊缝的一部分，如图1-7-7a所示。焊前将定位处的两端打磨成缓坡形。

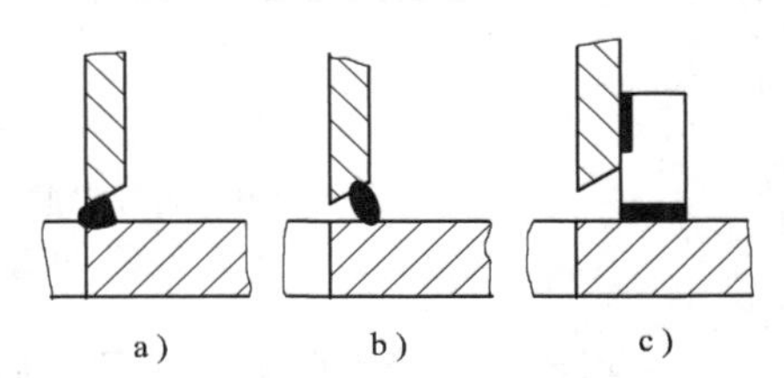

图1-7-7　定位焊缝三种形式示意图
a）正式定位焊缝　b）非正式定位焊缝　c）连接板

采用非正式定位焊缝，定位焊时不得损坏管子坡口和板孔的棱边。在两焊件间进行搭连，如图 1-7-7b 所示。当焊缝焊到定位焊处时，将其打磨掉后再继续施焊。

采用连接板在坡口处进行装配定位，如图 1-7-7c 所示。当焊缝焊到连接板处，将其打掉后再继续施焊。

装配间隙见表 1-7-2。

表 1-7-2　垂直固定俯焊骑座式管板装配要求　（单位：mm）

坡口角度/(°)	装 配 间 隙	钝　边	错 边 量
45^{+5}_{0}	3 ~ 3.5	0	≤1

2. 试件位置　管子朝上，孔板放在水平位置，一个定位焊缝在左侧。

3. 焊接要点

（1）焊道分布　3 层 4 道，管板垂直固定俯焊的焊道分布，如图 1-7-8 所示。

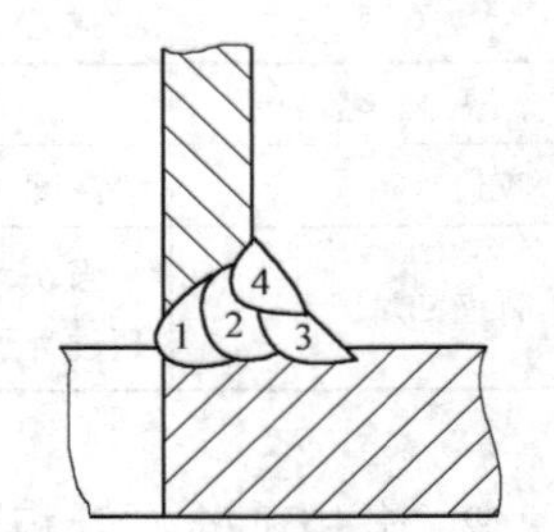

图 1-7-8　管板垂直固定俯焊焊道分布

（2）焊接参数(见表 1-7-3)。

（3）打底层　打底层焊接时应保证根部焊透，防止烧穿和产生焊瘤，俯焊打底层焊道的焊条倾斜角度和电弧对中位置如图 1-7-9 所示。

表 1-7-3　垂直固定俯焊骑座式管板的焊接工艺参数

焊 接 层 次	焊条直径/mm	焊接电流/A
打底层	2.5	60 ~ 80
填充层	3.2	110 ~ 130
盖面层		100 ~ 120

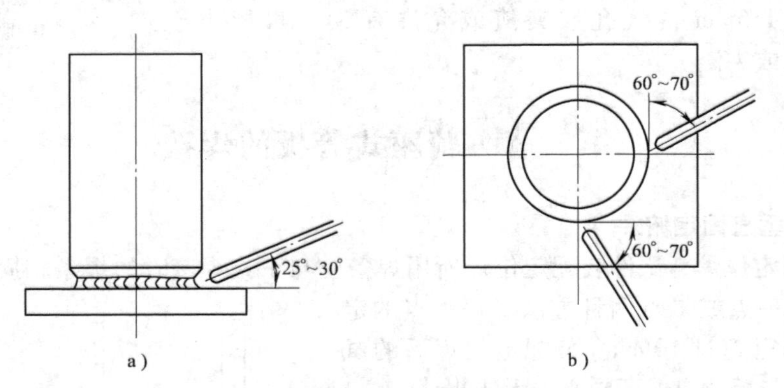

图 1-7-9　俯焊打底层焊时的焊条倾斜角度和电弧对中位置

a）电弧对中位置　b）焊条倾斜角度

在左侧定位焊缝上引弧，稍预热后向右移动焊条，当电弧到达定位焊缝前端时，往内送焊条，待形成熔孔后，稍向外退焊条，保持短弧，并开始小幅度锯齿形摆动，电弧在坡口两侧稍停留，进行正常焊接。

焊接时电弧要短，焊接速度不宜太大，电弧在坡口根部稍停留，焊接电弧的1/3保持在熔孔处，2/3覆盖在熔池上，同时要保持熔孔的大小基本一致，避免焊根处产生未熔合、未焊透，背面焊道太高或产生烧穿或焊瘤。

焊接过程中应根据实际位置，不断地转动手臂和手腕，使熔池与管子坡口面和孔板上表面熔合在一起，并保持均匀的速度运动。待焊条快熔化完时，电弧迅速向后拉直至灭弧，使弧坑处呈斜面。

焊缝接头有两种办法：即热接法和冷接法。

若采用热接法，则前根焊条刚焊完，立即更换好焊条，趁熔池还未完全冷却，立即在原弧坑前面10~15mm处引弧，然后退到原弧坑上，重新形成熔孔后，再继续焊，直至焊完打底焊道。热接法较难掌握。

若采用冷接法，则先敲掉原熔池处的熔渣，最好能用角向磨光机或电磨头，将弧坑处打磨成斜面，再接头。

焊封闭焊缝接头时，先将接缝端部打磨成缓坡形，待焊到缓坡前沿时，焊条伸向弧坑内，稍作停顿，然后向前施焊并超过缓坡，与焊缝重叠约10mm，填满弧坑后熄弧。

（4）填充层　填充层焊接时必须保证坡口两边熔合好，其焊条的倾斜角度和电弧对中位置如图1-7-10所示。

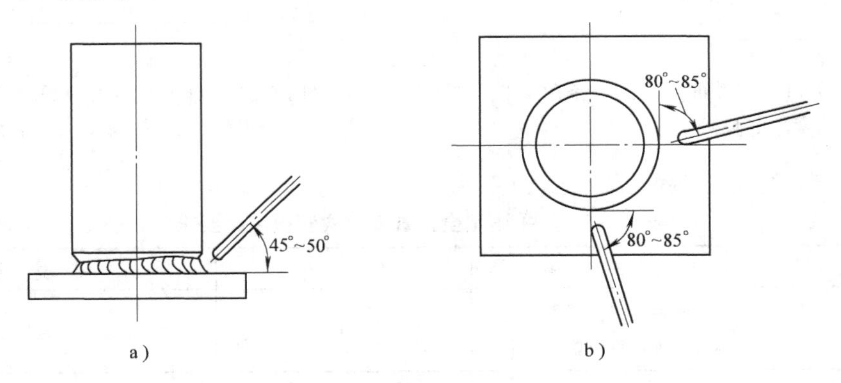

图1-7-10　填充层焊时的焊条倾斜角度和电弧对中位置

a）电弧对中位置　b）焊条倾斜角度

焊填充层前，先敲净打底层焊道上的熔渣，并将焊道局部凸起处磨平。然后按打底焊相同的步骤焊接。

填充层焊接时采用短弧焊，可一层填满，注意上、下两侧的熔化情况，保证温度均衡，使板管坡口处熔合良好，填充层焊缝要平整，不能凸出过高，焊缝不能过宽，为盖面层的施焊打好基础。

（5）盖面层　盖面层焊接必须保证管子侧不咬边和焊脚大小对称。焊接时的焊条倾斜角度见图1-7-10b，电弧对中位置见图1-7-11。

盖面层焊前先除净打底层焊道上的焊渣，并将局部凸起处磨平。

焊接时要保证熔合良好，掌握好两道焊道的位置，避免形成凹槽或凸起，第4条焊道应覆盖条第三条焊道上面的1/2或2/3。必要时还可以在上面用ϕ2.5mm焊条再盖一圈、以免咬边。

二、管板水平固定全位置焊

管板水平固定全位置焊接是最难焊的焊接位置，焊接时不准移动试件的位置。同时，必须掌握了平板对接接头平焊、立焊、仰焊单面焊双面成形的焊接技术，掌握了以上三种位置的T形接头角焊缝的焊接技术，并应根据焊接处管子曲率的变化情况，随时调整焊条的倾斜角度和电弧对中位置，才能焊好这种接头。

为了便于说明焊接要求，我们规定从管子正前方看管板试件时，按时钟钟点位置将试件分为12等分，最上方为0点，如图1-7-12所示。根据焊缝的空间位置将试件分成四个区：10.5~1.5钟点位置为平焊区；1.5~4.5钟点位置及7.5~10.5钟点位置为立焊区；4.5~7.5钟点位置为仰焊区。

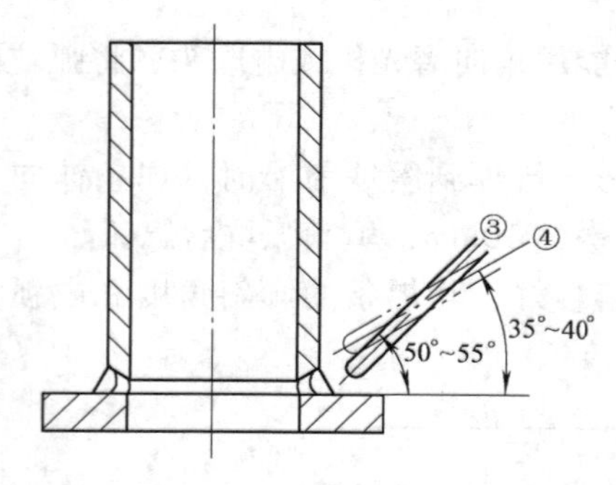

图1-7-11　焊盖面层时的焊条角度与电弧的对中位置

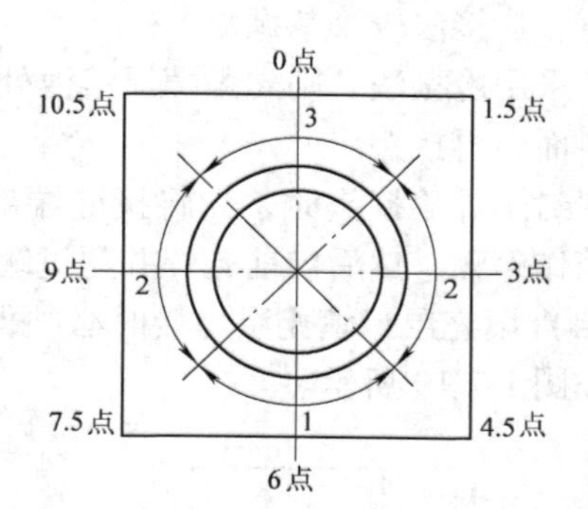

图1-7-12　管板全位置焊焊缝的分区
1—仰焊区　2—立焊区　3—平焊区

1. 装配与定位焊　装配要求见表1-7-4。

表1-7-4　水平固定全位置骑座式管板装配要求　（单位：mm）

坡口角度/(°)	装配间隙	钝边	错边量
45^{+5}_{0}	时钟6点位置处2.7 时钟0点位置处3.2	0	≤1

三条定位焊缝均匀分布，一条定位焊缝在时钟7点位置处，一条定位焊缝在时钟11点位置处，另一条定位焊缝在时钟3点位置处。

2. 试件位置　将试件固定好，使管子轴线在水平面内，0点处在正上方。

注意：试件的高度必须保证焊工单腿跪地时，能方便地焊完焊缝的下半圈，焊工站立后稍弯腰也能方便地焊完焊缝的上半圈。

3. 焊接要点　水平固定管板全位置焊，焊缝包括仰焊、立焊和平焊三种位置，焊接时焊枪的倾斜角度和电弧对中位置必须根据焊缝的空间位置随时改变，如图1-7-13所示。

焊接每条焊道前，必须把前1层焊道上的焊渣及飞溅清除干净，将焊道上局部凸起处打磨平。

（1）焊道分布　水平固定全位置焊焊道分布为3层3道。

（2）焊接参数（见表1-7-5）

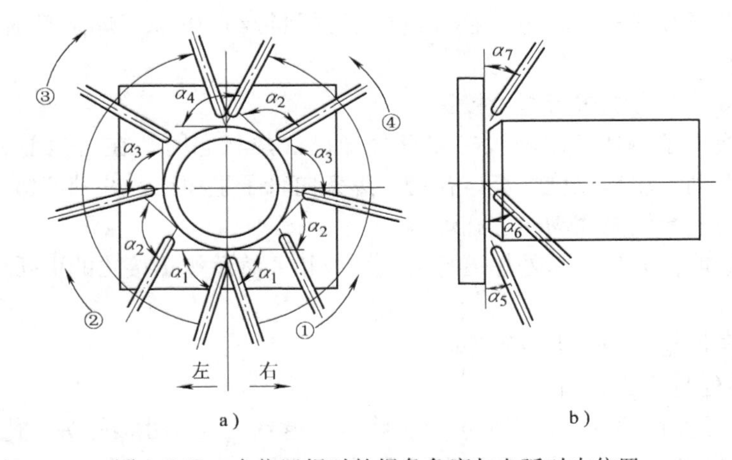

图 1-7-13 全位置焊时的焊条角度与电弧对中位置

a）焊条的倾斜角度 b）电弧的对中位置

$\alpha_1=80°\sim85°$ $\alpha_2=100°\sim105°$ $\alpha_3=100°\sim110°$ $\alpha_4=120°$ $\alpha_5=30°$ $\alpha_6=45°$ $\alpha_7=35°$

焊接顺序 ①→②→③→④

表 1-7-5 水平固定全位置骑座式管板的焊接工艺参数

焊接层次	焊条直径/mm	焊接电流/A
打底层	2.5	60～80
填充层		70～90
盖面层		70～80

（3）打底层 打底层焊缝有两种焊法：

1）将管板试件焊缝按水平线分为上、下两半。先焊下半条焊缝，即从时钟 7 点钟位置处顺时针方向焊到 3 点处，再从 7 点钟位置处逆时针方向焊到 9 点钟处；后焊上半条焊缝，即从时钟 3 点位置处焊至 0 点处，再从 9 点钟位置焊到 0 点处结束。

2）将焊缝按垂直线分为左、右两半。先焊右边的焊缝，从时钟 7 点位置处经 3 点焊至 11 点钟位置处，再焊左边的焊缝，从 7 点经 9 点焊至 11 点钟位置处。

按第一种焊接方法，讲述焊打底层焊道的操作要领。将打底层焊通分为上、下两半段焊缝。具体步骤和要求如下：

1）从时钟 7 点位置处引燃电弧，稍预热后，向上顶送焊条，待孔板的边缘与管子坡口根部熔化并形成熔孔后，稍退出焊条，用短弧作小幅度锯齿形横向摆动，沿顺时钟方向继续焊接。

由于管与板两试件的厚度不同，所需热量也不一样，打底层焊接时应使电弧的热量偏向孔板，当焊条横向摆到板的一侧时应稍做停顿，以保证板孔的边缘熔化良好，防止板件一侧产生未熔合现象。

在仰焊位置焊接时，焊条向试件里面顶送深些，横向摆动幅度小些，向上运条的间距要均匀不宜过大、幅度和间距过大易使背面焊缝产生咬边和内凹。

在立焊位置焊接时，焊条向试件里面顶送得比仰焊位置浅些，平焊位置顶送的焊条应比立焊浅些，防止熔化金属由于重力作用而造成背面焊缝过高和产生焊瘤。

焊完一根焊条要收弧时，将电弧往焊缝的后方回带约 10mm，焊条逐渐慢慢提高熄弧，避免弧坑出现缩孔。

可采用热接或冷接方法进行焊缝接头。

热接法时更换焊条迅速，熔池没有完全冷却呈红热状态时，在熔池前方约 10mm 处引弧，焊条稍横向摆动，填满弧坑焊至熔孔处，焊条向管子里面压，并稍停留，待听到击穿声形成新熔孔时，再进行横向摆动向上施焊。

冷接法在施焊前，先将收弧处焊道打磨成缓坡状，然后按热接法的引弧位置，操作方法进行焊接。

沿顺时钟方向焊至时钟 3 点位置处收弧。

2）将 7 点钟处打磨成斜面。

3）在 7 点钟处左侧 10mm 处引燃电弧，将电弧退到 7 点钟处接好头，待新熔孔形成后，电弧再小幅度地做横向摆动，沿逆时钟方向焊至 1 点钟处收弧。所有操作要领同前。

焊接过程中经过正式定位焊缝时，要把电弧稍微向里压送，以较快速度焊过定位焊缝过渡到前方坡口，然后正常焊接。

4）将试件的 3 点钟和 1 点钟处打磨成斜面。

5）从 3 点钟处前 10mm 处引燃电弧，再将电弧退至 3 点钟处，待形成熔孔后，继续焊到 1 点处结束。

（4）填充层　焊填充层时，焊条角度与焊接步骤与打底层焊时相同，但焊条摆动幅度比打底层焊道宽些。因外侧焊缝圆周较长，故摆动间距稍大些。填充层的焊道要薄些，管子一侧坡口要填满，板一侧要比管子坡口一侧宽出约 2mm，使焊道形成一个斜面，保证盖面层焊道焊后能够圆滑地过渡。

（5）盖面层　焊盖面层时的焊接顺序、焊条角度、运条方法与焊填充层时相同。但焊条的摆幅要均匀，在两侧稍停留，保证焊缝的焊脚尺寸均匀，无咬边。

注意：因焊缝两侧是两个直径不同的同心圆，管子侧圆周短，孔板侧圆周长，因此焊接时，焊条摆动两侧的间距是不同的，焊接时要特别注意。

三、管板垂直固定仰焊

1. 装配与定位焊　管板试件的装配要求见表 1-7-6。

表 1-7-6　管板垂直固定仰焊时的装配要求　（单位：mm）

坡口角度/(°)	装配间隙	钝　边	错边量
45^{+5}_{0}	2.7～3.2	0	≤1

2. 管板试件位置　将管板试件固定好，管子垂直朝下，孔板在水平面位置。注意，选好试件固定高度，保证焊工单腿跪地或站立时能方便地焊完试件。

3. 焊接要点　垂直固定管板仰焊难度并不太大，因为打底层熔池被管子坡口面托着，实际上与横焊类似，焊接过程中要尽量压低电弧，利用电弧吹力将熔敷金属吹入熔池。

（1）焊道分布　3 层 4 道，管板垂直固定仰焊焊道分布，如图 1-7-14所示。

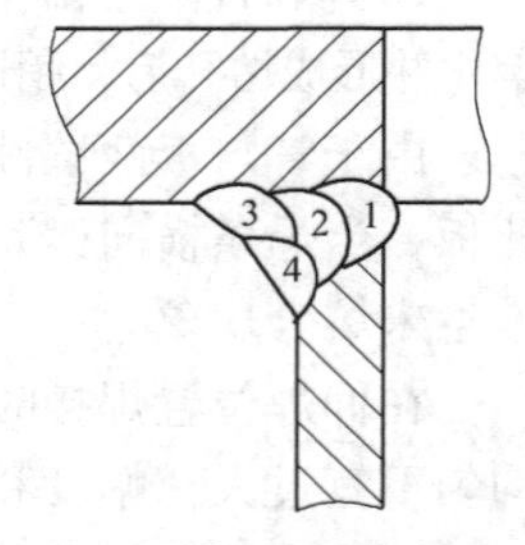

图 1-7-14　管板垂直固定仰焊焊道分布

（2）焊接工艺参数 （见表 1-7-7）

表 1-7-7　管板垂直固定仰焊的焊接工艺参数

焊 接 层 次	焊条直径/mm	焊接电流/A
打底层	2.5	60～80
填充层		70～90
盖面层		70～80

（3）打底层　打底层焊时必须保证焊根熔合好，背面焊道美观。

在左侧定位焊缝上引燃电弧，稍预热后，将焊条向背部下压，形成熔孔后，焊条开始做小幅度锯齿形横向摆动，转入正常焊接。仰焊打底层时的焊条倾斜角度与电弧对中位置如图 1-7-15 所示。

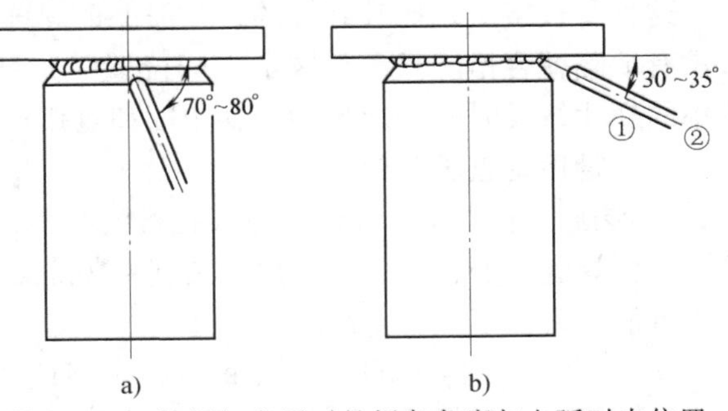

图 1-7-15　仰焊打底层时的焊条角度与电弧对中位置

a）焊条的倾斜角度　b）电弧对中位置

①、②表示焊道顺序

焊接时，电弧尽可能短，电弧在两侧稍停留，必须看到孔板与管子坡口根部熔合在一起后才能继续往前焊。电弧稍偏向孔板，以免烧穿小管。

焊缝接头和收弧操作要点同前，注意必须在熔池前面引弧，回烧一段后再转入正常焊接，这样操作可将引弧时在焊缝表面留下的小气孔熔化掉，提高试件的合格率。

焊最后一段封闭焊缝前，最好将已焊好的焊缝两端磨成斜面，以便接头。

（4）填充层　焊填充层的焊条角度，操作要领与打底层焊时相同，但焊条摆幅和焊接速度都稍大些，必须保证焊道两侧熔合好，表面平整。

开始焊填充层前，应先除净打底层焊道上的飞溅和熔渣，并将局部凸出的焊道磨平。

（5）盖面层　盖面层有两条焊道，先焊上面的焊道，后焊下面的焊道。盖面层焊时的焊条倾斜角度与电弧对中位置如图 1-7-16 所示。

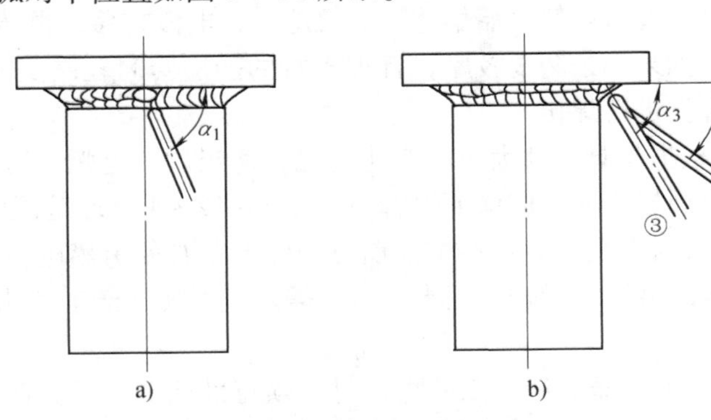

图 1-7-16　盖面焊层时的焊条角度与电弧对中位置

a）焊条的倾斜角度　b）电弧对中位置

$\alpha_1=70°\sim85°$　$\alpha_3=50°\sim60°$　$\alpha_4=60°\sim70°$

焊上面的盖面层焊道③时，电弧对中填充层焊道2的上缘摆动幅度和间距都较大，保证孔板处焊脚尺寸达到9~10mm就行了。焊道的下沿能压住填充层焊道的1/2~2/3。

焊下面的盖面层焊道④时，电弧对中盖面层焊道3的下缘要保证管子上焊脚尺寸达到9~10mm，焊道上沿与上面的焊道熔合好，并将斜面补平，防止表面出现环形凹槽或凸起。

盖面层焊道的焊接顺序、摆动方法、收弧与焊缝接头的方法与打底层焊时相同。

第三节　不焊透的插入式管板焊接

这种管板接头是比较好焊的，只需保证焊缝顶角处有一定的熔深、焊脚对称，其尺寸合格没有缺陷就合格。只需掌握了空间位置T形接头角焊缝焊接技术，并能根据管子焊接处曲率的变化，及时改变焊条的倾斜角度和电弧对中位置就能焊好这种管板接头。

一、管板垂直固定俯焊

1. 装配与定位焊　将管子插入孔板的孔中，保证底面齐平，定位焊缝3处，每处定位焊缝长度≤10mm，要求焊脚尺寸尽可能小些，不允许有缺陷。

2. 试件位置　管子朝上，孔板放在水平位置，焊工站着能方便地焊完全部焊缝。一条定位焊缝在焊工的左侧。

3. 焊接要点

（1）焊道分布　单层单道，右向焊法。焊条的倾斜角度见图1-7-9和电弧对中位置见图1-7-17。

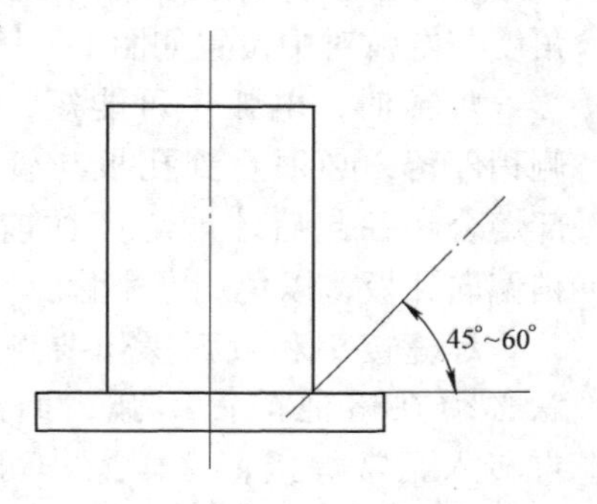

图1-7-17　垂直固定俯焊的电弧对中位置

（2）焊接参数　管板垂直固定俯焊焊接工艺参数如下：

焊条直径　ϕ2.5mm。

焊接电流　110~130A。

（3）焊接要点　焊接时需注意以下几点：

1）焊接时必须根据熔池位置的变化，按图1-7-9的要求调整焊条的倾斜角度和电弧对中位置。电弧应始终对准管与板的交线。

2）电弧应在左侧定位焊缝前约10mm处引燃，然后将电弧迅速退到定位焊缝上，进行预热，待定位焊缝及该处坡口两侧开始熔化形成熔池后，电弧右移，再转入正常焊接。焊接时电弧尽可能地短些，如果焊条药皮较厚，且焊条端的药皮套筒较结实时，为了缩短电弧，甚至可将套筒压在试件上进行焊接。

3）焊接过程中应根据焊脚尺寸大小的变化情况，适当调节电弧的对中位置，使焊脚对称，并根据其大小调节焊接速度，应保证焊脚高度在$\delta+(2\sim4)$mm范围内。

4）更换焊条和接头时必须注意：在熔池前方10mm左右处引燃电弧后，并将电弧迅速退至熔池处，待原熔池后沿熔合后转入正常焊接，需防止引弧处产生气孔、接头处出现凹坑或过高。

5）这种接头因为只有一条焊缝，因此焊接时必须特别认真，既要保证角焊缝顶角处有一定的熔深，又要保证焊脚尺寸和焊缝成形。

二、管板垂直固定仰焊

管板的垂直固定仰焊比平焊时难焊。

1. 装配与定位焊　将管子插入孔板的孔中，保证底面齐平，定位焊缝 3 处，每处定位焊缝长度≤10mm，焊脚尽可能小些，不允许有缺陷。

2. 试件位置　管子朝下，孔板放在水平位置，焊工站着能方便地焊完全部焊缝。一条定位焊缝在焊工的左侧。

3. 焊接要点

（1）焊道分布　单层单道，右向焊法。焊条的倾斜角度和电弧对中位置见图 1-7-18。

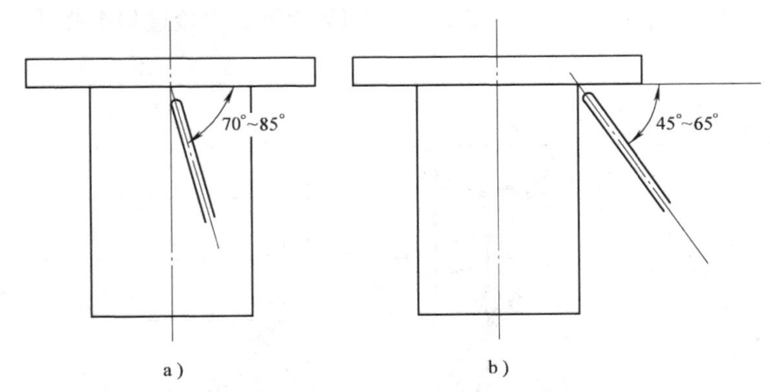

图 1-7-18　垂直固定仰焊的焊条倾斜角度与电弧对中位置

a）焊条倾斜角度　b）电弧对中位置

（2）焊接参数　管板垂直固定仰焊的焊接参数如下：

焊条直径　ϕ3.2mm。

焊接电流　90～110A。

（3）焊接要点　焊接时需注意以下几点：

1）必须根据熔池位置的变化，按图 1-7-17 的要求及时调整焊条的倾斜角度和电弧对中位置，电弧始终对准管子与孔板的交线。

2）试件在左侧定位焊缝前约 10mm 处引燃电弧，然后将电弧迅速退到定位焊缝上不动，进行预热，待定位焊缝及该处坡口两侧开始熔化形成熔池后，电弧右移，转入正常焊接。焊接时电弧尽可能地短些，若焊条端部套筒结实，可将套筒顶在焊件焊角处进行焊接。

3）焊接过程中应根据焊脚大小的变化情况，适当调节电弧的对中位置，使焊脚对称，并根据其大小调节焊接速度，应保证焊脚的高度在 $\delta+(2\sim4)$mm 范围的下限。

4）更换焊条和焊缝接头时必须在熔池前方约 10mm 处引燃电弧后，并将电弧迅速退至原熔池处接好头，然后转入正常焊接，引弧处必须重新熔化一遍，防止引弧处产生气孔。

5）因为这种焊接只有一条焊缝，焊接时必须特别认真。

三、管板水平固定全位置焊

一种位置，必须掌握了 T 形接头平焊、立焊和仰焊三种焊接技术后，才能开始培训。

1. 装配与定位焊　将管子插入孔板的孔中，保证底面齐平，定位焊缝 3 处，每处长≤10mm，焊脚尽可能小些，不允许有缺陷。

2. 试件位置　管子轴线在水平面内，孔板在垂直面内，一条定位焊缝在时钟 7 点位置处。注意：必须调整好试件高度，保证焊工单腿跪地时能方便地焊完下半圈焊缝；焊工站起来稍弯腰，能方便地焊完上半圈焊缝。

3. 焊接要点

（1）焊道分布　单层单道，由下向上焊接。

（2）焊接参数　管板水平固定全位置焊的焊接参数如下：

焊条直径　ϕ3. 2mm。

焊接电流　90～110A。

（3）焊接要点：

1）焊条的倾斜角度和电弧对中位置如图 1-7-19 所示。焊接过程中必须随时调整。

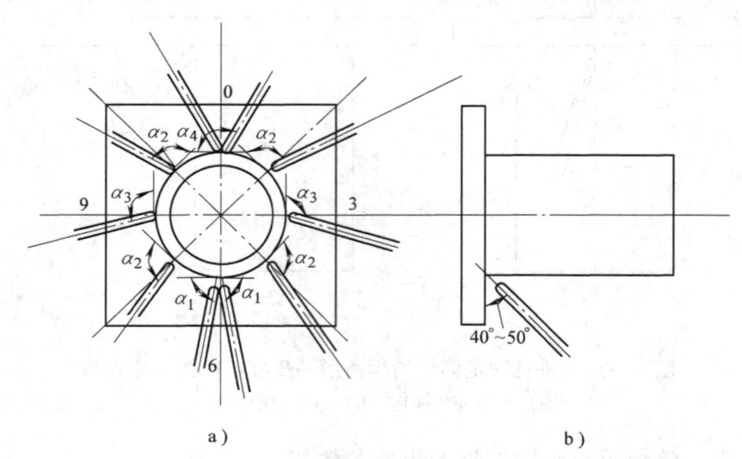

图 1-7-19　焊条倾斜角度和电弧对中位置

a）焊条倾斜角度　b）电弧对中位置

α_1 = 80°～85°　α_2 = 100°～105°　α_3 = 105°～110°　α_4 = 120°

2）在试件时钟 7 点位置处定位焊缝前约 10mm 处引燃电弧后，将电弧迅速退到定位焊缝上进行预热，待定位焊缝及该处坡口两侧开始熔化形成熔池后，电弧右移，转入正常焊接，由下顺时针方向焊至 3 点钟位置处，焊工身体由半跪位变成站立位，继续焊完右半圈焊缝，至 11 点钟位置处结束，右半圈焊缝的焊接。

3）焊接经过 3 点钟位置处的定位焊缝时，可稍降低焊接速度，保证该处焊缝熔合好。焊到 11 点钟位置处的定位焊缝的右侧时，可稍停顿焊接，以保证该处定位焊缝的右端熔合好。

4）从时钟 7 点钟位置处定位焊缝前约 10mm 处引燃电弧，并将电弧迅速退至 7 点钟处的定位焊缝上，待定位焊缝与坡口两侧熔化形成熔池后，再逆时针方向焊至 11 点钟位置处结束。

注意：在 11 点钟位置处应保证定位焊缝熔化，焊接接头处平整。

第四节　需焊透的插入式管板焊接

根据《规则》规定，锅炉压力容器压力管道焊工需考试要求焊透的插入式管板。这种管板有五种考试位置。即可转动的垂直俯焊、垂直固定俯焊、垂直固定仰焊、水平固定全位置焊和 45°固定全位置焊。无论哪种位置都比前两节所介绍的同位置管板难焊。

为了焊好需焊透的插入式管板，必须先掌握了平板对接接头单面焊双面成形及T形接头各种空间位置的焊接技术，并能根据焊接处管子的曲率变化情况，及时改变焊条的倾斜角度和电弧对中位置，才能获得满意的焊接质量。由于坡口深，焊脚尺寸大，焊接工作量大，焊接时必须集中精力，严格要求，认真操作，不断地总结经验。

一、管板水平转动俯焊

1. 装配与定位焊　将管子插入开坡口的孔板中央，底面齐平，保证四周间隙均匀，用厚度和间隙相同的焊丝头或钢板塞在间隙中，然后焊接定位焊缝，定位焊缝3处均匀分布，每处长度≤10mm，焊缝厚度尽可能薄些，但必须焊牢，绝对不允许有缺陷。

2. 试件位置　管子朝上，管子轴线在垂直面内，孔板在水平面上。焊接处必须悬空，保证焊接时焊缝背面能够自由成形。

一条定位焊缝在焊工的左侧。试件与地线必须接触良好，保证引弧可靠。

试件的高度应保证焊工坐着或站着能方便地施焊。

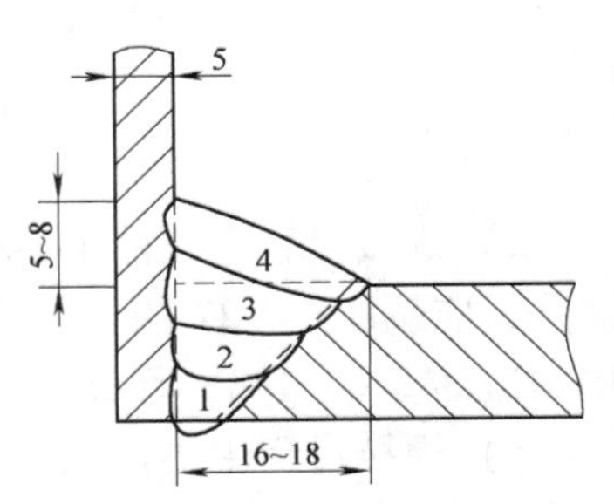

图1-7-20　焊道分布

3. 焊接要点

（1）焊道分布与焊法　右向焊，4层4道，焊道分布如图1-7-20所示。

（2）焊接参数　管板水平转动焊的焊接参数，见表1-7-8。

表1-7-8　焊接管板水平转动焊的参数

焊接层次位置	焊条直径/mm	焊接电流/A
打底层	2.5	55～60
填充层	3.2	110～120
盖面层		100～110

（3）打底层　焊打底层焊道的主要问题是既要保证焊缝背面成形，又要防止管子端部出现未焊透缺陷。其具体焊接步骤如下：

1）在试件左侧的定位焊缝前面约10mm处引燃电弧，并立即将电弧回拉到定位焊缝上进行预热，待定位焊缝和坡口两侧开始熔化形成熔池后，向下压焊条，听见击穿声，看见熔孔且熔孔尺寸合适时，向右转入正常焊接。

2）焊接过程中，应按图1-7-21要求控制焊条的倾斜角度和电弧对中位置。

焊接过程中还应注意观察熔孔，防止烧穿。若发现熔孔太大，应加快焊接速度，可稍拉长电弧或拉断电弧，待焊接处稍冷却后再焊接。

3）待焊完打底层焊道的1/4～1/3处断弧，并迅速将断弧处转到焊工的左侧，引燃电弧，接好头，继续向右焊接。如此反复，直到焊完打底层焊道为止。

4）焊至结束处要接好焊缝最后的接头。

（4）填充层　焊填充层焊道，应注意事项如下：

1）焊前先将打底层焊道及前一层焊道上的焊渣及飞溅清除干净，将焊道上的局部凸起处打磨平。

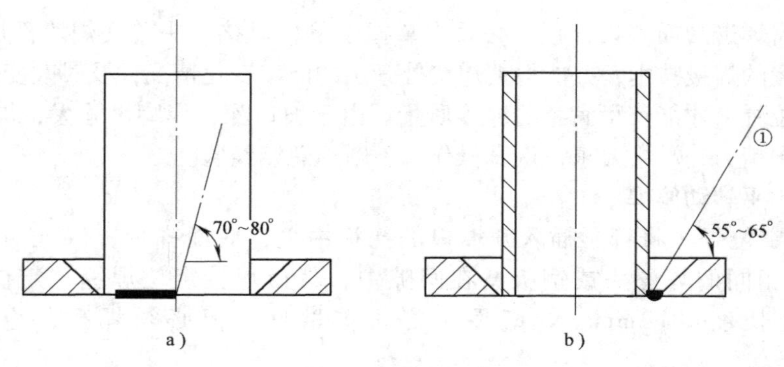

图 1-7-21　焊打底层焊道的焊条倾斜角度和电弧对中位置

a）焊条倾斜角度　b）电弧对中位置

①表示焊条倾角位置

2）焊接过程中按图 1-7-21a 控制焊条的倾斜角度。为了防止管子过热发红和出现咬边缺陷，应按图 1-7-22 的要求控制电弧的对中位置，使电弧能量稍偏向管板一侧。焊完填充层焊道的 1/4 ~ 1/3，将试件转一个角度，如此反复直到焊完一圈填充焊道为止。

3）焊接过程中要控制好电弧的摆幅和焊接速度，并保证填充层焊道与坡口两侧及层间焊道熔合良好。焊道两侧稍下凸，圆弧过渡。

4）焊第 3 层填充层焊道时，像焊角焊缝一样操作，尽可能使管子一侧的焊道较厚些，孔板一侧的焊道较薄，并控制在孔板下表面 1 ~ 2mm。请注意绝对不允许熔化坡口上表面的棱边，如图 1-7-23 所示。

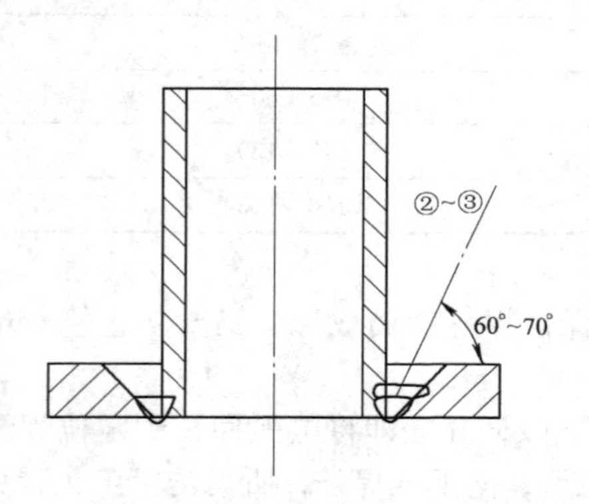

图 1-7-22　焊填充层焊道的电弧对中位置

②～③表示焊条倾角位置

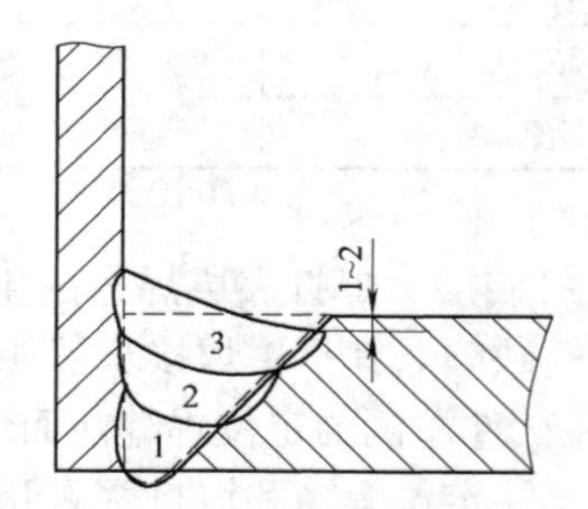

图 1-7-23　焊完第 2 层填充层焊道时的焊缝形状

5）多层焊焊接过程中，要逐层加大焊条的摆幅，电弧在管子一侧停留时间不能太长，以免咬肉；在孔板一侧停留的时间应稍长些，保证熔合好。

（5）盖面层　焊盖面层焊道时，必须控制好焊脚的尺寸和焊缝成形，保证盖面层焊道平整、均匀和无缺陷。焊接时应注意以下几点。

1）为了保证焊脚尺寸，合乎要求使角焊缝好成形，盖面层焊道焊接时电弧对中位置，如图 1-7-24 所示。

2）待焊到盖面层焊道的 1/4 ~ 1/3 处断弧，并迅速将试件上的弧坑转到左侧，立即引弧再焊，如此反复，直到焊完盖面层焊道。

3）通过控制焊条的摆幅和焊接速度，以保证焊缝的厚度和焊脚尺寸符合要求。

4）注意接好焊缝接头，防止接头处焊缝缺肉或过高。

二、管板垂直固定俯焊

需焊透的插入试管板垂直固定俯焊的要求，与可转动的需焊透的插入式管板相同。但焊接时不准转动试件，焊接过程中，焊工需围绕试件转一转才能完成焊接任务。

装配和定位焊要求，试件位置及焊接要点与可转动的需焊透的插入式管板完全相同，只是焊前需将试件垂直固定好，焊接时不准转动焊件。请参考本章本节一、这里不再重复。

三、管板垂直固定仰焊

这种位置的管板比垂直固定俯焊较难掌握，焊接时焊缝成形亦比较困难。

1. 装配与定位焊　详见可转动的需焊透的插入式管板。

2. 试件位置　管子朝下，管子轴线在垂直面内，孔板在水平位置固定牢。板的高度应保证焊工在单腿跪地或站立时能方便地进行焊接。一条定位焊缝在左侧。

3. 焊接要点

（1）焊道分布与焊法　四层四道如图 1-7-25 所示，右向焊法。

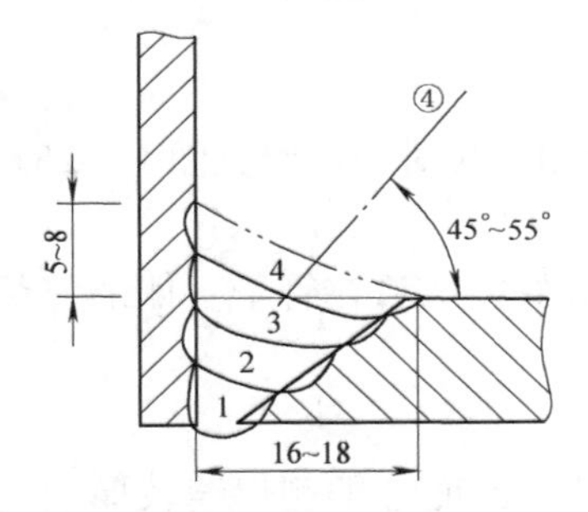

图 1-7-24　焊盖面层焊道时电弧的对中位置
④表示电弧对中位置

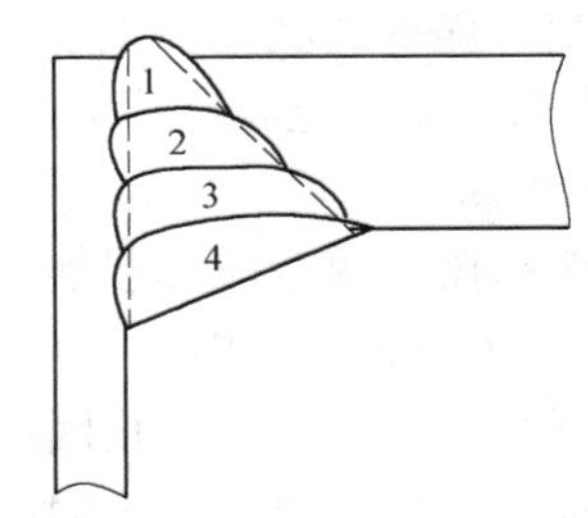

图 1-7-25　管板垂直固定仰焊的焊道分布

（2）焊接参数（见表 1-7-9）

表 1-7-9　管板垂直固定仰焊的焊接参数

焊接层次	焊条直径/mm	焊接电流/A
打底层	2.5	55～70
填充层	3.2	110～120
盖面层		100～110

（3）打底层　焊打底层焊道时，必须保证焊缝背面焊透，成形美观，背面焊道最好向上凸起，管子一侧全部焊透，没有未熔合的地方。焊接时需注意以下几点：

1）按图 1-7-26 的要求控制好焊条倾斜角度和电弧对中位置。

2）在试件左侧定位焊缝约 10mm 处引燃电弧，并将电弧迅速退到定位焊缝上进行预热，待定位焊缝及坡口两侧熔化形成熔池后，向右移动电弧到定位焊缝右端，向上顶焊条，待听到击穿声，看到熔孔且熔孔尺寸合格后，向右转入正常焊接。焊接时要控制好电弧和孔板上表面间的距离，防止背面焊道下凹，如果距离合适，可获得背面上凸的仰焊焊道，培训时要

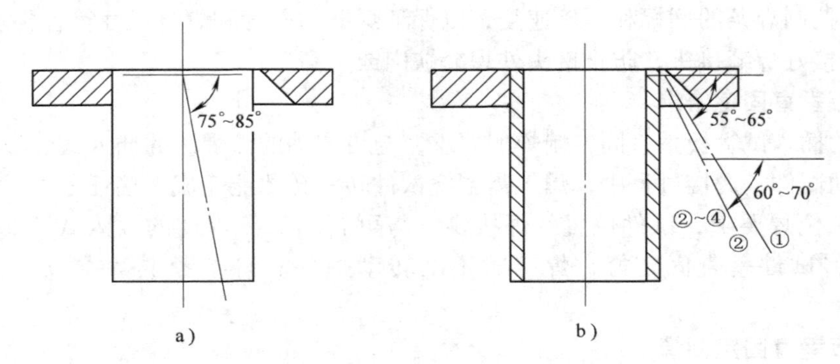

图 1-7-26 焊条倾斜角度和电弧对中位置

a) 焊条倾斜角度 b) 电弧对中位置

①、②、②～④表示电弧对中位置

注意总结经验，一定能掌握合适的距离。

3) 焊接过程中，焊工的身体应随着焊接位置的转动，保证身体正面永远对着焊接区。

4) 为了保证坡口两侧熔合好，电弧应做小幅度锯齿形摆动，在坡口两侧稍停留，摆过间隙时要快，防止熔孔扩大引起烧穿。

5) 控制好焊接速度，防止熔池太大，使焊肉下堕。

(4) 填充层 填充焊道共2层2道，焊条倾斜角度和电弧对中位置见图1-7-26。焊接时应注意以下事项：

1) 电弧的摆动幅度应逐层加大，保证坡口两侧熔合好，电弧在管子一侧的停留的时间尽可能短些，防止管子咬肉。

2) 控制好焊接速度，防止因熔池太大，焊肉下堕。

3) 焊第2层填充层焊道3时，电弧对中位置取55°，保证管子侧焊缝较厚，孔板侧焊缝较薄，绝对不准熔化孔板上坡口的下棱边。

(5) 盖面层 焊盖面层时，必须控制好焊脚的尺寸高度和焊缝外观漂亮。需注意以下几点：

1) 按图1-7-24要求控制焊条的倾斜角度和电弧对中位置。

2) 控制好电弧的摆幅和焊接速度，使熔池尽可能小而薄，保证熔池的边沿超过孔板坡口1mm左右，在允许条件下孔板侧的焊脚尺寸尽可能小些，并控制在合格条件的下限，约16mm左右，则刚好超过坡口棱边0.5～1.0mm。

四、管板水平固定全位置焊

管板水平固定全位置焊是最难焊的一种焊接位置。

1. 装配与定位焊 详见可转动的需焊透的插入式管板。

2. 试件位置 管子轴线在水平面内，孔板在垂直面内固定牢。管子轴线的高度应能保证焊工单腿跪地时能焊完下半圈焊缝，站着稍弯腰能焊完上半圈焊缝。

3. 焊接要点

(1) 焊道分布与焊法 4层4道如图1-7-25所示。将焊缝的通过管子轴线的垂直面分成左、右两半，由下往上焊接。

(2) 焊接参数 管板水平固定全位置焊的焊接参数见表1-7-10。

表 1-7-10　管板水平固定全位置焊的焊接工艺参数

焊 接 层 次	焊条直径/mm	焊接电流/A
打底层	2.5	55～70
填充层	3.2	100～120
盖面层		90～110

（3）打底层　焊打底层焊道时，必须保证焊道背面焊透，正面熔合好，管子根部没有未焊透的地方。焊接时应注意以下事项：

1）按图 1-7-27 的要求控制好焊条倾斜角度和电弧的对中位置。

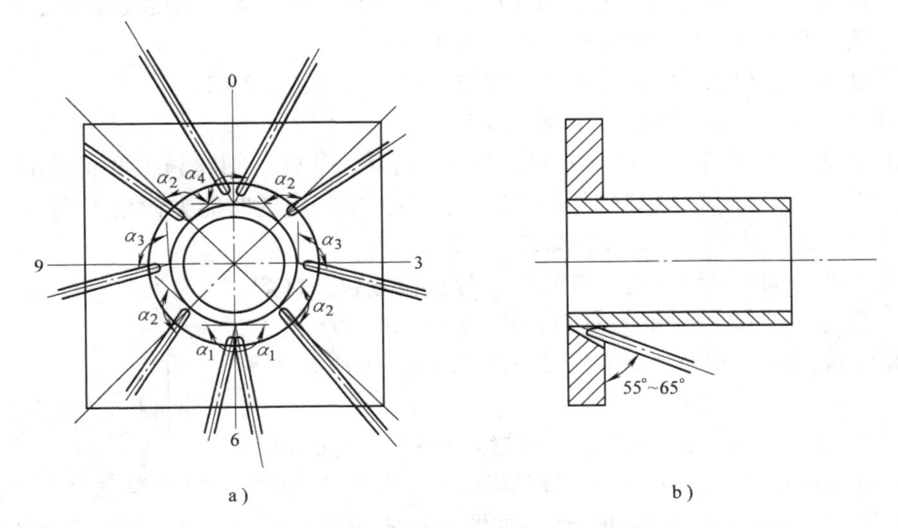

图 1-7-27　焊条倾斜角度和电弧对中位置

a）焊条倾斜角度　b）电弧对中位置

$\alpha_1=80°\sim85°$　$\alpha_2=100°\sim105°$　$\alpha_3=105°\sim110°$　$\alpha_4=120°$

2）在试件的时钟 7 点位置处定位焊缝右侧约 10mm 处引燃电弧，并将电弧迅速退到 7 点位置处的定位焊缝上进行预热，待定位焊缝及两侧坡口面熔化，形成熔池后，向里顶电弧，听见击穿声，看见熔孔且熔孔直径合格后，再顺时针方向由下向上焊接。

3）焊接时电弧做小幅度锯齿形摆动，并在坡口两侧稍停留，以较快的速度通过坡口间隙，注意保持熔孔大小，防止烧穿管子或根部未焊透。

4）顺时针焊至 3 点钟位置处时，焊工迅速由单腿跪地站起身继续焊至 11 点钟位置处断弧。注意：要保证右半圈焊缝和 11 点钟位置处的定位焊缝熔合好。

5）在试件时钟 7 点处定位焊缝左侧 10mm 处引燃电弧，并迅速退到定位焊缝处预热，待定位焊缝及两侧熔化形成熔点后，向里顶电弧，听见击穿声，看见熔孔且熔孔直径合格后，按逆时针方向，焊前后半圈焊缝。

（4）填充层　焊填充层焊道时，保证填充焊道层间及坡口两侧熔合好，表面平整，焊接时应注意以下事项：

1）焊前将上一层焊道上的焊渣及飞溅清除干净，并将其局部凸起处打磨平。

2）焊接时焊条的倾斜角度和电弧对中位置，见图 1-7-27。焊条的摆幅逐层加大，注意在管子一侧停留时间较短，以防止咬边。

3）焊填充层焊道时，要使管子一侧的焊缝加厚，孔板一侧的焊缝比孔板外表面低 1～2mm，绝对不准熔化坡口的棱边。焊缝的外形如图 1-7-23 所示。

（5）盖面层　焊盖面层焊道时应保证焊脚尺寸，焊缝美观无缺陷。应注意事项如下：

1）将填充层焊道上的焊渣及飞溅清除干净，并将其局部凸起处打磨平。

2）控制好焊接速度和电弧的摆幅，保证管子侧的焊脚尺寸为 $\delta+3$mm，孔板侧的焊脚尺寸控制在 16mm 左右。熔池边缘应超过坡口棱边 0.5～1.0mm。

五、管板 45°固定全位置焊

这种位置固定的管板比水平固定的管板难焊，焊接时除了焊条角度要随时变化外，电弧的对中位置还要跟随坡口位置的变化，进行水平移动。

焊件的分区方法和水平固定管板全位置焊相同，参见图 1-7-12。

1. 装配与定位焊　装配与要求，见表 1-7-4。

2. 试件位置　将试件固定在与水平面成 45°角处，使管子轴线和水平面成 45°角。0 点处在最正上方。注意：必须选好试件高度，保证焊工单腿跪地时能方便地焊完下半圈焊缝，站立时稍弯腰，能方便地焊完上半圈焊缝。

3. 焊接要点　管板 45°固定全位置焊，焊接位置包括仰焊、立焊、平焊三种。焊接时焊条的倾斜角度和电弧的对中位置，都必须根据焊接时的位置及时调整，必须跟随坡口中心线水平移动。

（1）焊道分布　需焊透的管板的焊缝是不对称的角焊缝，管侧焊脚尺寸为 $\delta+(0\sim3)$mm 较小，板侧焊脚尺寸为坡口外圆 +(1～3)mm 较大，焊道分为 4 层共 5 道，如图 1-7-28 所示。

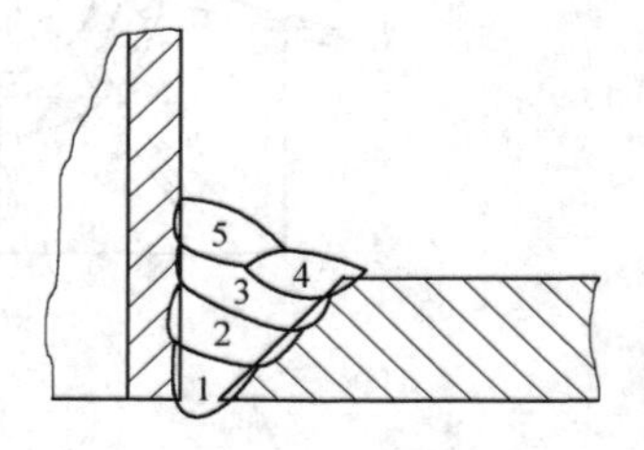

图 1-7-28　管板 45°固定的焊道分布

（2）焊接参数　管板 45°固定的焊接参数，见表 1-7-11。

表 1-7-11　管板 45°固定的焊接参数

焊接层次	焊条直径/mm	焊接电流/A
打底层	2.5	55～70
填充层	3.2	100～120
盖面层		90～110

（3）打底层　由于是单 V 形坡口，管子侧坡口端部较厚（等于管子壁厚）孔板侧坡口没有钝边，焊接时稍不注意，管子端部处容易产生未焊透与未熔合，焊接时要特别注意。

1）焊打底层焊道时焊条的倾斜角度，见图 1-7-27a。电弧的对中位置如图 1-7-29。

焊打底层焊道时，可将整圈焊缝分成上、下两半焊圈，也可以将焊缝分成左、右两半圈焊接。以后者较好。将焊缝分成左、右两半圈焊接时，以时钟 7 点位置处引燃电弧，顺时针焊到 3 点处，焊工从单腿跪地位站起来，弯腰焊完从 3 点到 11 或 12 点间的半圈焊缝，也可以一气呵成，焊接过程中可以少接一个接头。然后再按顺序，从 7 点处，经 9 点焊至 11 点或 12 点，可焊完整圈焊缝。

2）焊接过程中最主要的问题是掌握好电弧的对中位置，使电弧的热量稍偏向管子端部，保证管子端部能焊透。

（4）填充层　焊完打底层焊缝后，焊接区管子的温度比板高，焊填充层焊道时，需改变电弧的对中位置，使管侧的热量减小，电弧对中位置，如图 1-7-30 所示，焊条倾角如图 1-7-27a 所示。

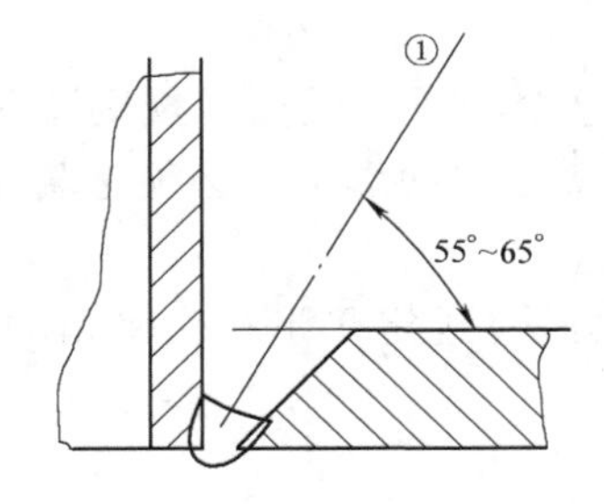

图 1-7-29　管板 45°固定打底层焊道电弧的对中位置

①表示电弧对中位置

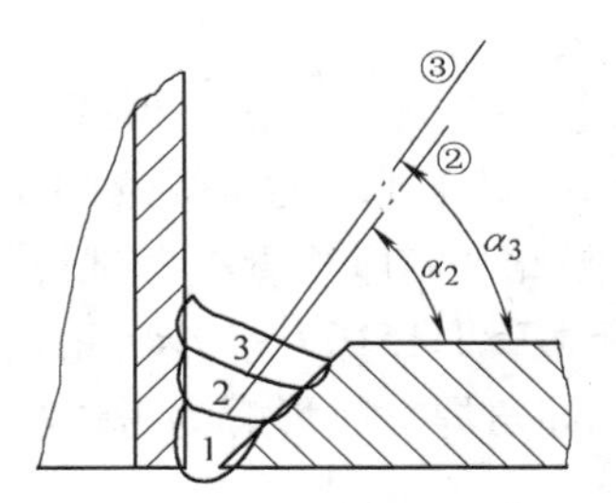

图 1-7-30　管板 45°固定焊填充层焊道电弧的对中位置

$\alpha_2 \approx \alpha_3 = 60° \sim 70°$　②、③表示电弧对中位置

为了保证管子外圆和板坡口面熔合好，焊条摆动时，在填充层焊道两侧稍停留。注意：为了防止管子外圆处咬边，电弧在管子外圆处的停留时间不能太长。

（5）盖面层　焊盖面层焊道的主要要求是保证焊脚两侧的尺寸和焊缝表面平整、美观。

焊接时应注意以下几点：

1）焊条的倾角见图 1-7-27a。电弧的对中位置见图1-7-31。

2）焊盖面层焊道 4 时，要控制好焊条的摆幅，使熔池的下沿盖住坡口(1～3)mm，最佳状态是盖住坡口 0.5～1.0mm，焊脚尺寸在 16mm 左右，非常好看，焊时要特别注意。上沿盖住填充层焊道 3 的 2/3。

3）焊盖面层焊道时，控制好焊条的摆幅和焊接速度，使熔池的下沿盖住盖面层焊道 4 的 1/2～2/3 处，保证表面平整，没有凹槽，熔池的上沿保证管子一侧焊脚的尺寸高度控制在 $\delta+(0\sim3)$mm范围内，而且管子一侧没有咬边及其他缺陷。

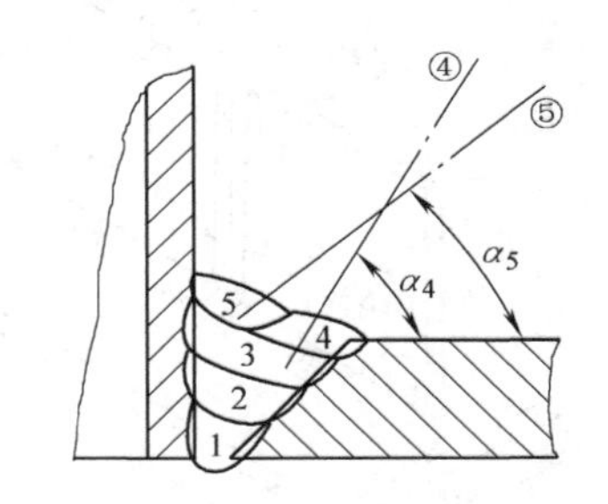

图 1-7-31　管板 45°固定焊盖面层焊道时电弧的对中位置

$\alpha_4 = 50° \sim 60°$

$\alpha_5 = 40° \sim 50°$

④、⑤电弧对中位置

第八章　T 形接头焊接

T 形接头是常用的接头形式之一，《规则》中没有列这个项目，但在“规则”条例中规定了“承担图样要求的全焊透的 T 形接头或角接接头焊接工作的焊工，必须考骑座式管板试件”。因此凡骑座式管板考试合格者不必再考 T 形接头。

国标 GB/T 15169—1994《钢熔化焊手焊工资格考试方法》规定 T 形接头平角的平角焊、立角焊、仰角焊、船形焊为考试项目。

第一节　焊前准备与焊后检验

一、焊前准备

1. 试板　试板有两类三种尺寸如图 1-8-1 和图 1-8-2 所示。

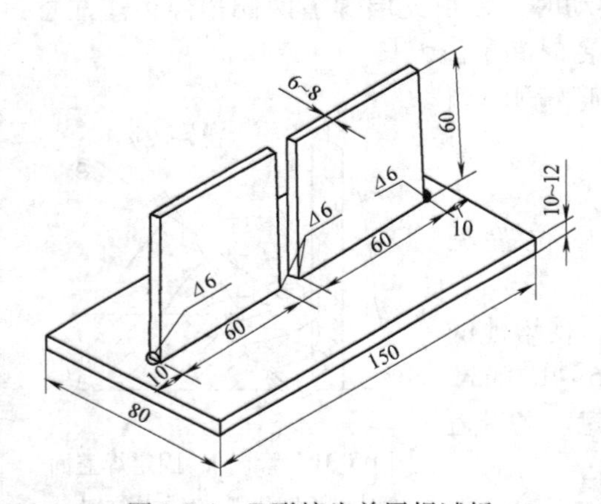

图 1-8-1　T 形接头单层焊试板

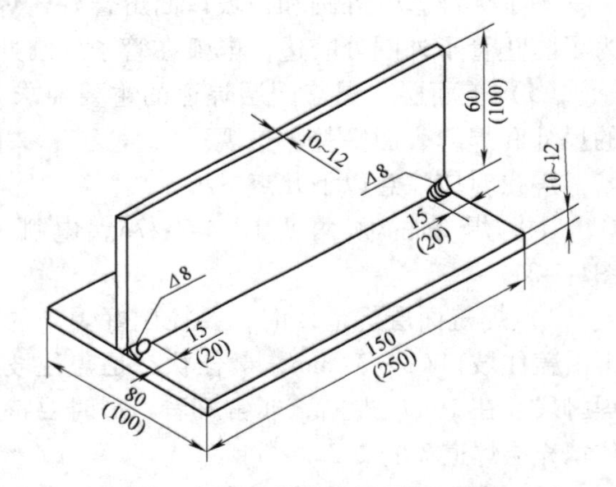

图 1-8-2　T 形接头多层焊试板

注：括号中的尺寸是 GB/T 15169—1994 规定的试板尺寸

试板材质根据工厂生产情况自定。

2. 焊材　尽可能地选用碱性焊条，焊前经 350～400℃烘 2h。

若选用酸性焊条，则焊前在 100～150℃温度下烘 2h。

3. 焊前清理　焊前必须除净待焊区范围内的油、锈及其他污物，焊前清理区如图 1-8-3 所示。

指定的打磨区需打磨至显示金属光泽为止。

4. 装配与定位焊　定位焊缝的位置和尺寸见图 1-8-1、图 1-8-2。

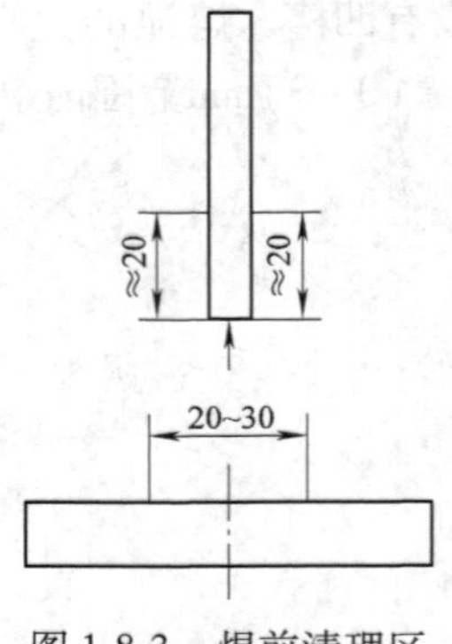

图 1-8-3　焊前清理区

图中凡标注了尺寸或有箭头指示的都需要打磨

二、检验要求

多层焊的 T 形接头只检验外观，单层焊的 T 形接头除了进行外观检验外，还要检验其断口。

1. 外观检验　用眼睛或放大镜（不大于 5 倍）检查焊缝的外观及

断口。

1）焊缝外表必须是原始表面，不允许有打磨或补焊痕迹。

2）焊缝表面不允许有裂纹、气孔、夹渣、未熔合和焊瘤。

3）焊缝表面允许的缺陷，见表1-8-1。

表1-8-1　焊缝表面允许的缺陷

缺陷名称	允许范围
咬边	深度≤0.5mm，焊缝两侧咬边总长不超过焊缝有效长度的15%
表面凹坑	多层焊时焊道间表面凹坑深≤1mm

2. 断口试验　T形接头单层焊试板外观检验合格后，需做断口试验，用大锤或压机将立板从角缝处压开后，用眼睛或5倍放大镜检查断口，没有超过工艺技术条件的缺陷为合格，如发现有裂纹则为不合格。

第二节　焊接技术

一、T形接头的平角焊

1. 焊接参数(见表1-8-2)

表1-8-2　T形接头的平角焊焊接参数

焊接层次	焊条直径/mm	焊接电流/A
打底层	3.2	130～140
盖面层		110～120

2. 焊接要点

(1) 焊道分布　单层单道或二层三道如图1-8-4所示。

(2) 打底层　平角焊打底层焊条角度与电弧对中位置如图1-8-5所示。

采用直线运条，压低电弧，必须保证顶角处焊透，为此焊接电流可稍大些，电弧始终对准顶角，焊接过程中注意观察熔池，使熔池下沿与底板熔合好，熔池上沿与立板熔合好，使焊脚对称。

在始端和终端处，焊接时有磁偏吹现象，因此在试板两端要适当调整焊条的倾斜角度，如图1-8-6所示。以消除电弧偏吹对焊缝成形的影响。

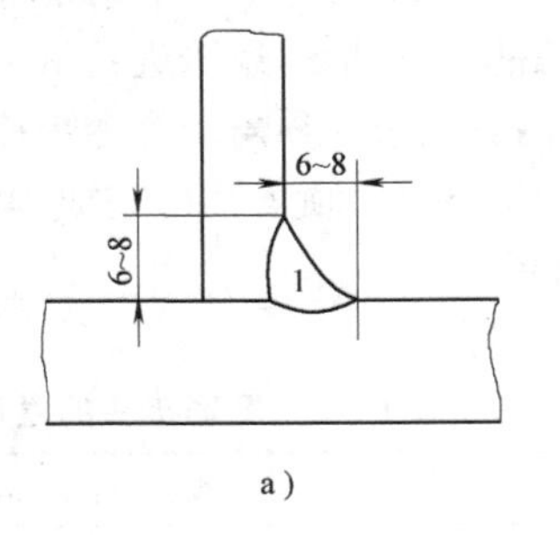

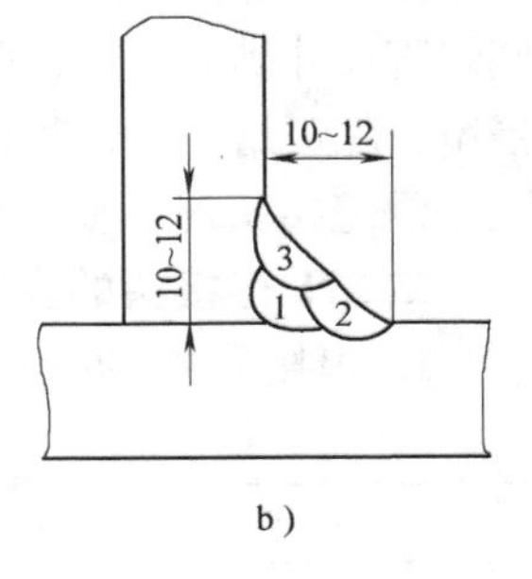

图1-8-4　焊道分布
a）单层焊　b）多层焊

如果是单层角焊缝，则打底时要特别注意保证顶角处焊透和焊脚对称。如果要求焊脚较大、可适当摆动焊条，如锯齿形、斜圆圈形运条都可。若要求焊角较小，选用小焊条药皮较厚或套筒有一定强度时，可直接将套筒放在试板顶角处，不摆动，以合适的速度向右拖着焊。

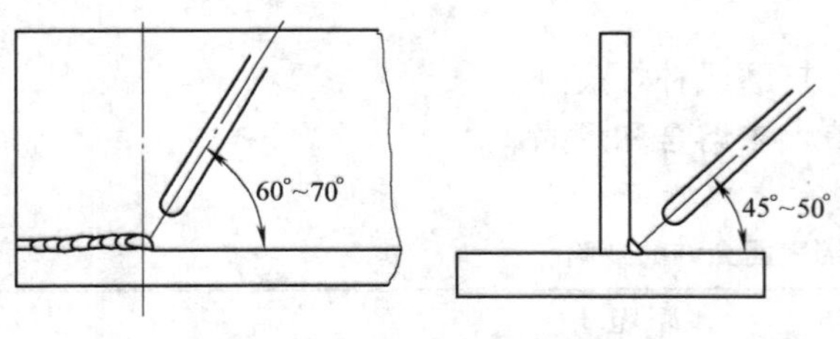

图 1-8-5　平角焊打底层焊条倾角度与电弧对中位置

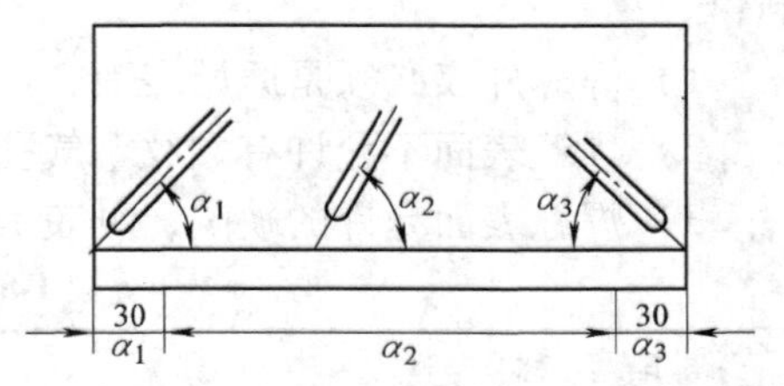

图 1-8-6　为防止磁偏吹，焊条角度的变化
$\alpha_1 = 40° \sim 50°$　$\alpha_2 = 60° \sim 70°$　$\alpha_3 = 40° \sim 50°$

（3）盖面层　盖面层焊前应将打底层上的焊渣与飞溅清除干净。并将打底层焊道局部凸起处打磨平。

盖面层焊的焊条角度与电弧对中位置如图 1-8-7 所示。

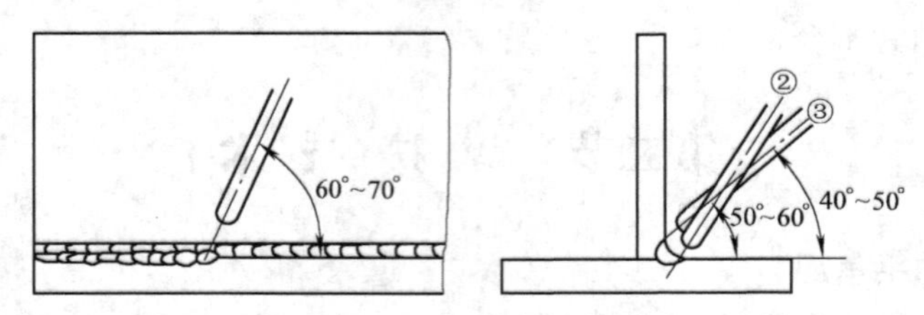

图 1-8-7　盖面层焊焊条倾角与电弧对中位置
②、③表示电弧对中位置

焊接盖面层下面的焊道 2 时，电弧应对准打底焊道的下沿，直线运条。

焊接盖面层上面的焊道 3 时，电弧应对准打底焊道的上沿，焊条稍做横向摆动，使熔池上沿与立板平滑过渡，熔池下沿与下面的焊道均匀过渡。焊接速度要匀，以便焊成一条表面较平滑且略带凹形的焊缝。

在试板最下端引弧，稍预热待试板两侧熔合形成熔池后立即灭弧，待熔池稍冷至暗红色时，在熔池上方 10 ~ 15mm 处引弧后，立即退到原熔池处继续加热，如此可反复几次，直到打底焊脚尺寸满意为止，然后按三角形运条法进行从下往上的焊接，注意在三角形的顶点都应稍停留，保证熔合好，防止两侧咬边，顶角未焊透焊接时要特别注意观察熔池，防止铁液下淌。

焊缝接头时，要增大焊条的大倾角，待完成焊缝接头后，恢复至正常角度再继续焊接。

二、T 形接头的立角焊

1. 焊接参数（见表 1-8-3）

表 1-8-3　T 形接头的立角焊工艺参数

焊 接 层 次	焊条直径/mm	焊接电流/A
打底层	3.2	110 ~ 130
盖面层		100 ~ 120

2. 焊接要点

（1）焊道分布　2 层 2 道。

（2）打底层　立角焊焊条角度与电弧对中位置如图 1-8-8 所示。

立角焊打焊采用三角形运条法，以保证顶角处焊透。其三角形运条法如图 1-8-9 所示。

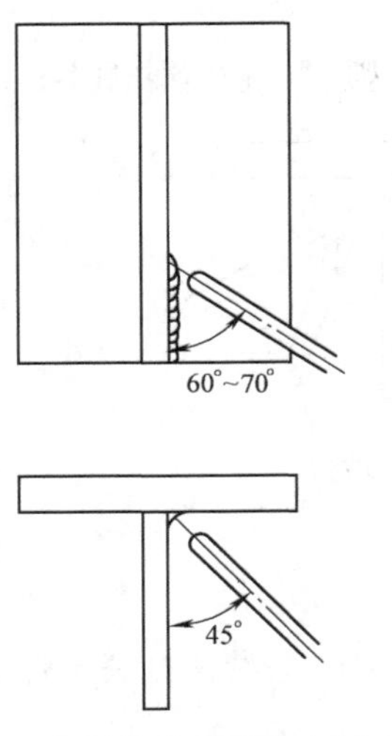

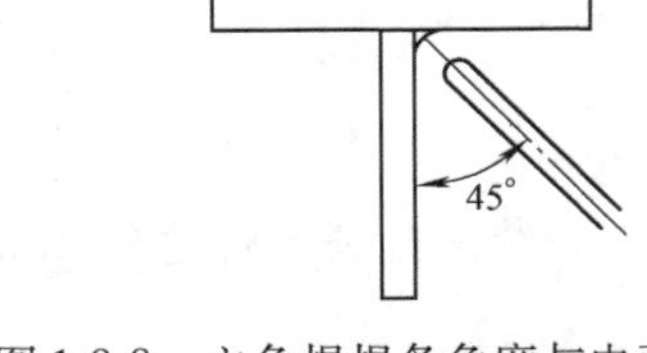

图 1-8-8　立角焊焊条角度与电弧对中位置

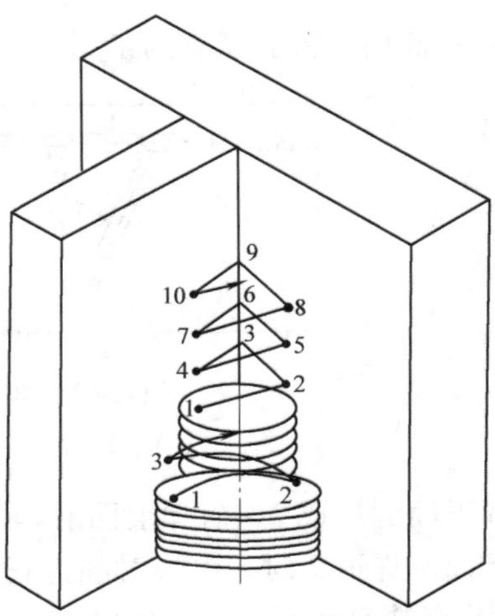

图 1-8-9　立角焊三角形运条法

（3）盖面焊　焊前先将打底焊道上的飞溅清除干净，局部凸起处磨平，在试板最后端引弧，采用上凸的月牙形运条法向上焊接控制好焊接速度，防止液态金属流出，保持表面平直、均匀。

三、T 形接头的仰角焊

1. 焊接参数(见表 1-8-4)

表 1-8-4　T 形接头的仰焊工艺参数

焊 接 层 次	焊条直径/mm	焊接电流/A
打底层	3.2	110 ~ 130
盖面层		100 ~ 120

2. 焊接要点

（1）焊道分布　二层三道如图 1-8-10 所示。

（2）打底层　仰角打底焊条角度和电弧对中位置如图 1-8-11 所示。

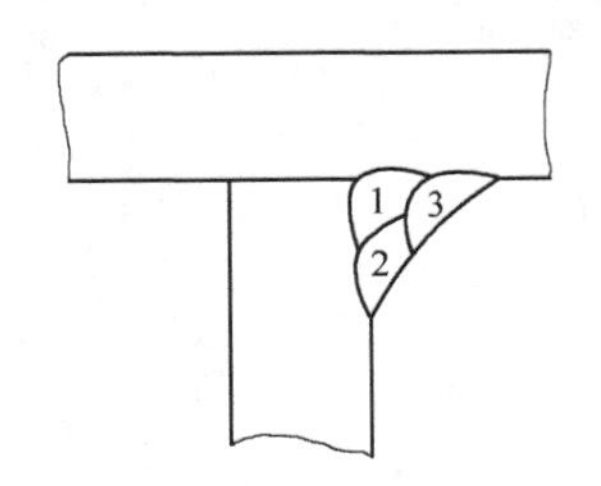

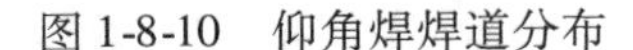

图 1-8-10　仰角焊焊道分布

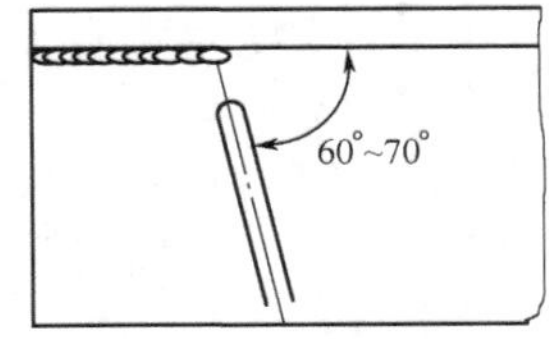

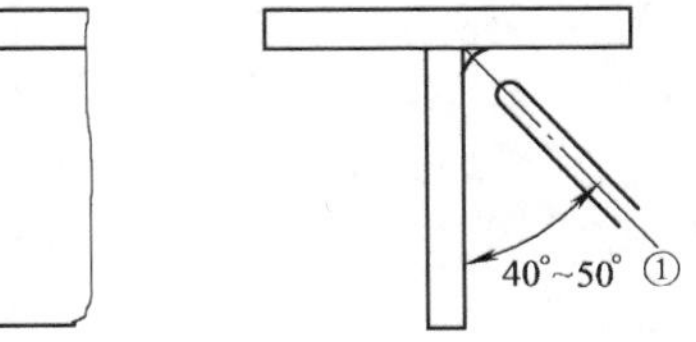

图 1-8-11　仰角打底层焊条角度与电弧对中位置

①表示电弧对中位置

在试板左端引弧，电弧始终对准顶角，尽可能压低电弧，采用直线运条法，焊接过程中保证熔池两侧与试板熔合好，焊脚对称、无咬边。

如果单层焊要求焊脚较大时，可适当摆动焊条，但熔池不能太大，否则使焊缝表面下凸太厉害。

（3）盖面层　盖面层有两条焊道，仰角焊焊条角度与电弧对中位置如图 1-8-12 所示。

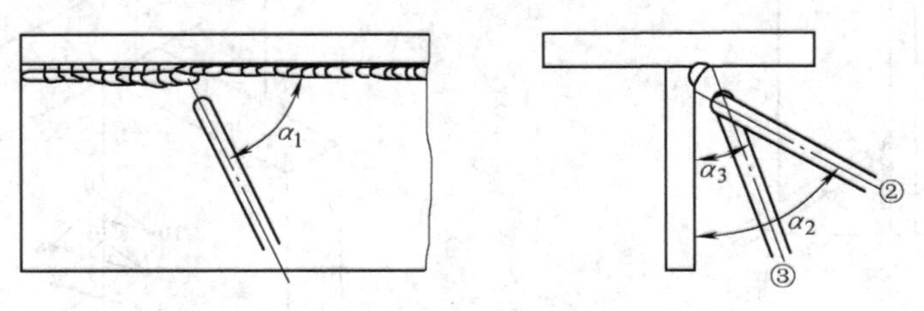

图 1-8-12　仰角焊焊条角度与电弧对中位置

$\alpha_1=60°\sim70°$　$\alpha_2=50°\sim60°$　$\alpha_3=20°\sim30°$

先焊下面的焊道 2，后焊上面的焊道 3。

焊下面的焊道 2 时，电弧对准打底层焊道的下沿，使熔池的上沿在打底层焊道的 1/2 ~ 2/3 处，焊条作直线运动或稍作横向摆动。

焊上面的焊道 3 时，熔池对准打底层焊道的上沿，横向摆动幅度稍大，使熔池的上沿与顶板熔合良好，熔池的下沿与焊道 2 表面熔合好，以保证盖面层焊道表面平整。

第二篇　CO_2 气体保护焊

第一章　概　　述

20 世纪 50 年代初，前苏联和日本等国研究成功了 CO_2 气体保护焊。到 80 年代 CO_2 气体保护焊已成为重要的熔焊方法之一，在美、苏、英、德和日本等国广泛地被应用。

我国从 1955 年已开始研究 CO_2 气体保护焊，20 世纪 60 年代初已开始用于生产。80 年代中期我国开始重点推广 CO_2 气体保护焊。至今 CO_2 气体保护焊已在我国的造船、机车制造、汽车制造、石油化工、工程机械、农业机械及锅炉与压力容器等部门广泛应用。

第一节　CO_2 气体保护焊的工作原理及特点

一、CO_2 气体保护焊的工作原理

CO_2 气体保护焊是利用 CO_2 气体作为保护介质的一种先进的电弧焊方法，其焊接工作原理如图 2-1-1 所示。

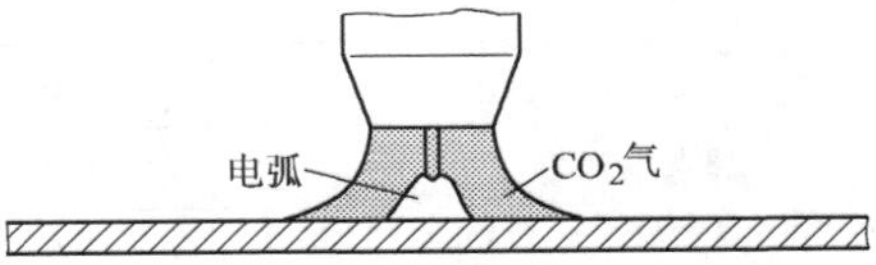

CO_2 气体保护焊又称为活性气体保护焊，简称为 MAG 焊或 MAG-C 焊。

从喷嘴中喷出的 CO_2 气体，在电弧的高温下分解为 CO 并放出氧气，其反应式如下：

图 2-1-1　CO_2 气体保护焊的工作原理图

$$CO_2 \rightleftharpoons CO + \frac{1}{2}O_2 - 283.2kJ$$

温度越高，CO_2 气的分解率越高，放出的氧气越多。在 3000K 时，三种气体的体积分数 φ(百分比)为：$\varphi(CO_2)43\%$；$\varphi(CO)38\%$；$\varphi(O_2)19\%$。

在焊接条件下，由于 CO_2 气体的分解，会产生以下主要问题：

1. 使铁及合金元素烧损(氧化)

1）CO_2 直接使铁及合金元素氧化，反应式如下：

$$CO_2 + Fe \rightleftharpoons FeO + CO\uparrow$$

$$2CO_2 + Si \rightleftharpoons SiO_2 + 2CO\uparrow$$

$$CO_2 + Mn \rightleftharpoons MnO + CO\uparrow$$

这些反应在 1500℃以下的温度进行，作用较小。

2）在高温下，CO_2 分解放出的原子态 O 的氧化作用，反应式如下：

$$O + Fe \rightleftharpoons FeO$$

$$2O + Si \rightleftharpoons SiO_2$$

$$O + Mn \rightleftharpoons MnO$$

$$O + C \rightleftharpoons CO \uparrow$$

上述这些反应在电弧区和熔池的高温区进行，是使合金元素氧化的主要反应。

2. 焊接过程中产生飞溅　熔滴中的 FeO 和 C 作用会产生 CO 气体，在电弧高温作用下，CO 急剧膨胀，使熔滴爆破会产生飞溅。

3. 产生 CO 气孔　熔池中的 FeO 和 C 作用产生的 CO 气体，如果跑不出去，会产生 CO 气孔。

$$FeO + C \rightleftharpoons Fe + CO \uparrow$$

合金元素烧损，CO 气孔和飞溅是 CO_2 气体保护焊的三个主要问题。这些问题都是 CO_2 气体的氧化性造成的，必须在冶金上采取措施才能解决。

二、CO_2 气体保护焊的特点

1. 优点　CO_2 气体保护焊能够迅速推广的主要原因是，它具有以下优点：

（1）生产效率高

1）CO_2 气体保护焊采用的电流密度比焊条电弧焊和埋弧焊大得多，详见表 2-1-1。

由表 2-1-1 可看出，CO_2 气体保护焊采用的电流密度通常为 100～300A/mm^2，焊丝的熔敷速度高(图 2-1-2)，母材的熔深大，对于 10mm 以下的钢板开 I 形坡口可以一次焊透，对于厚板可加大钝边、减小坡口，以减少填充金属，提高效率。

表 2-1-1　几种焊接方法的电流密度比较

焊接方法	焊丝直径/mm	焊接电流使用范围/A	电流密度/(A/mm^2)
埋弧焊	5	700～1300	35.7～66.2
	4	450～920	35.8～73.2
焊条电弧焊	5	180～260	9.2～13.3
	4.0	160～210	12.7～16.7
	3.2	70～120	3.7～15.0
	2.5	70～90	14.3～18.4
	2	40～70	12.7～22.3
CO_2 气体保护焊	1.6	140～500	69.6～248.8
	1.2	80～400	70.8～353.9
	1.0	70～250	89.2～318.5
	0.8	50～150	99.5～298.6
	0.6	30～100	106.2～353.8

2）CO_2 气体保护焊焊接过程中产生的焊渣极少，多层多道焊时，层间可不必清渣。

3）CO_2 气体保护焊采用整盘焊丝，焊接过程中不必更换焊丝，因而减少了停弧换焊条的时间，既节省了填充金属(不必丢掉焊条头)，又减少了引弧次数，减少了因停弧不当产生缺陷的可能性。

（2）对油锈不敏感　因 CO_2 气体保护焊焊接过程中 CO_2 气体分解，氧化性强，对焊件上的油、锈及其他脏物的敏感性较小，故对焊前清理的要求不高，只要焊件上没有明显的黄锈，一般不必清除，详见表 2-1-2。

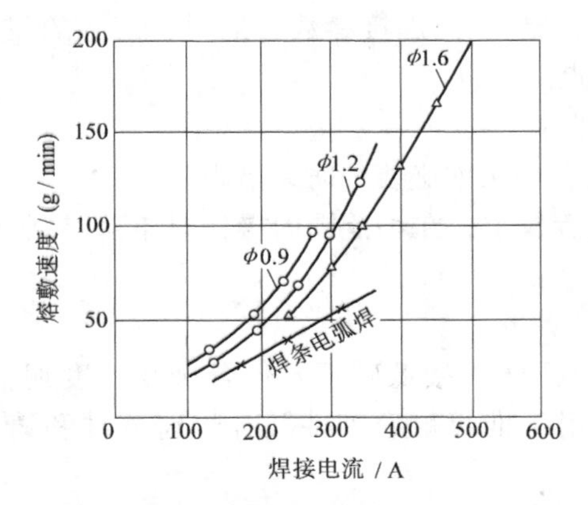

图 2-1-2 焊接电流对熔敷速度的影响

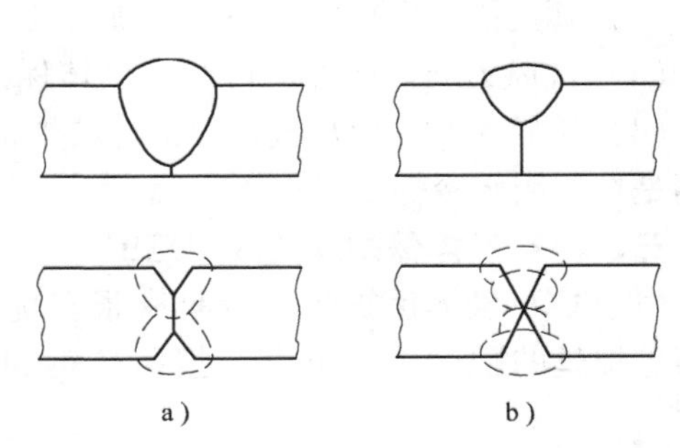

图 2-1-3 焊条电弧焊与 CO_2 气体保护焊坡口比较

a) CO_2 气体保护焊 b) 焊条电弧焊

表 2-1-2 CO_2 气体保护焊与埋弧焊抗锈能力的比较

焊接方法	铁锈量/(g/100mm)						
	0.05	0.15	0.30	0.45	0.70	1.00	1.25
埋弧焊(HJ430)	○	◔	◔	◕	◓	—	—
MAG 焊	○	○	○	○	○	◔	◔

注：1. ◓表示出现气孔，黑色表示气孔程度；○表示无气孔。

2. 两种焊接方法都采用直流反接，母材为 Q235AF 沸腾钢。

(3) 焊接变形小 因为 CO_2 气体保护焊电流密度高、电弧热量集中、CO_2 气体有冷却作用，受热面积小，所以焊后焊件变形小(图 2-1-4)，特别是焊薄板时，可减少矫正变形的工作量。

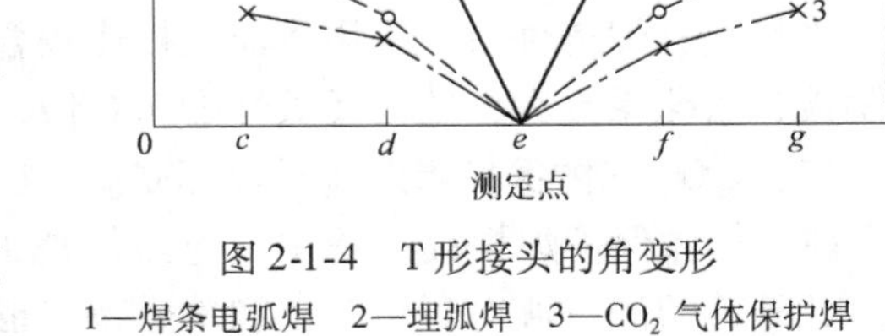

图 2-1-4 T 形接头的角变形

1—焊条电弧焊 2—埋弧焊 3—CO_2 气体保护焊

(4) 冷裂倾向小 CO_2 气体保护焊焊缝中的扩散氢含量比焊条电弧焊少得多，在焊接低合金高强度钢时，出现冷裂纹的倾向较小。

(5) 采用明弧焊 CO_2 气体保护焊电弧可见性好，易对准焊缝、观察和控制熔接过程较方便。

(6) 操作简单 CO_2 气体保护焊采用自动送丝，操作简单，容易掌握，培训焊工比较容易。

(7) 成本低 CO_2 气体保护焊的成本低，便于推广，据统计 CO_2 气体保护焊的成本仅为焊条电弧焊的 40%~50%。

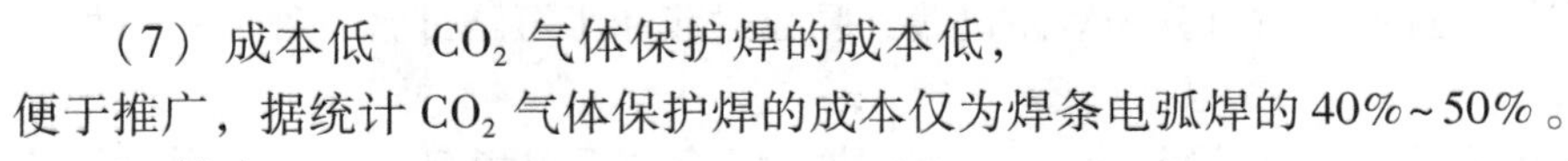

2. 缺点

（1）飞溅较大　CO_2 气体保护焊焊后清理飞溅较麻烦，但焊接参数合适时，产生的飞溅比采用碱性焊条的焊条电弧焊少，因此这不是大缺点。

（2）弧光强　CO_2 气体保护焊弧光较强，需加强防护。

（3）抗风力弱　室外进行 CO_2 气体保护焊作业时，应采取必要的防风措施。

（4）不够灵活　CO_2 气体保护焊的焊枪和送丝软管较重，在小范围内操作时不够灵活，特别是在使用水冷焊枪时很不方便。

三、CO_2 气体保护焊的应用范围

由于 CO_2 气体保护焊本身具有很多优点，已广泛用于焊接低碳钢及低合金高强度钢。在药芯焊丝的配合下，可以焊接耐热钢和不锈钢或用于堆焊耐磨零件及补焊铸钢件和铸铁件。

第二节　CO_2 气体保护焊电弧与熔滴过渡

一、CO_2 气体保护焊电弧

1. 电弧的静特性　弧长不变，电弧稳定地燃烧时，电弧两端电压与电流的关系称为电弧的静特性，常用电弧的静特性曲线表示。

由于 CO_2 气体保护焊采用的电流密度很大，电弧的静特性曲线处于上升阶段，即焊接电流增加时，电弧电压增加，如图 2-1-5 所示。

2. 电弧的极性　通常，CO_2 气体保护焊都采用直流反接，如图 2-1-6 所示。

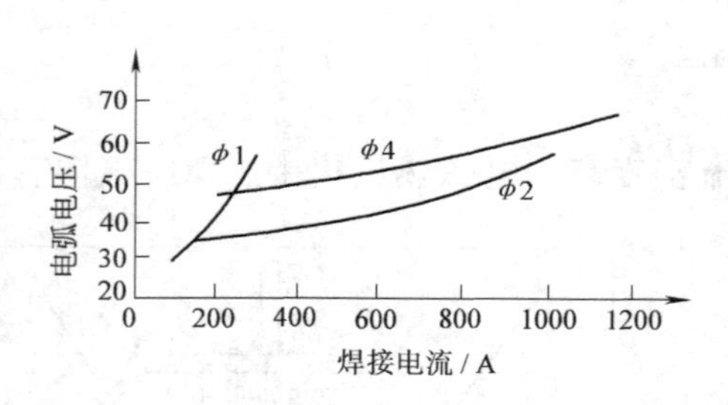

图 2-1-5　CO_2 气保焊电弧的静特性

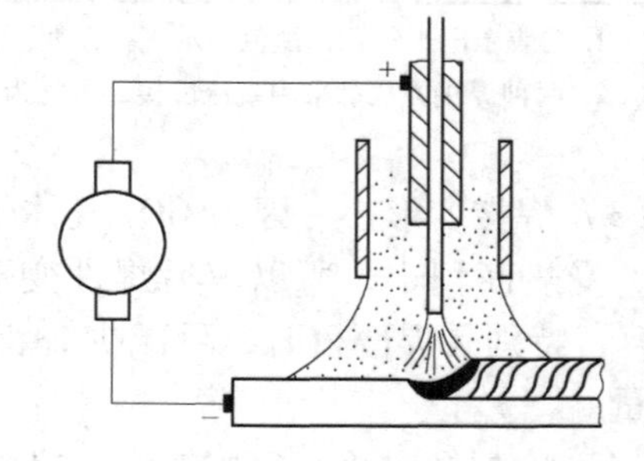

图 2-1-6　CO_2 气体保护焊的直流反接

采用直流反接时，电弧稳定，飞溅小，成形较好，熔深大，焊缝金属中扩散氢的含量少。

堆焊及补焊铸件时，采用直流正接比较合适。因为阴极发热量较阳极大，正极性时焊丝接阴极，熔化系数大，约为反极性的 1. 6 倍，熔深较浅，堆焊金属的稀释率小。

二、CO_2 气体保护焊熔滴过渡形式

CO_2 气体保护焊焊接过程中，电弧燃烧的稳定性和焊缝成形的好坏取决于熔滴过渡形式。此外，熔滴过渡对焊接工艺和冶金特点也有影响，故必须研究熔滴过渡问题。

CO_2 气体保护焊熔滴过渡大致可分为短路过渡、颗粒过渡和半短路过渡三种形式，如图 2-1-7 ~ 图 2-1-9 所示。

1. 短路过渡　短路过渡时，熔滴越小，过渡越快，焊接过程越稳定。也就是说，短路频率越高，焊接过程越稳定。

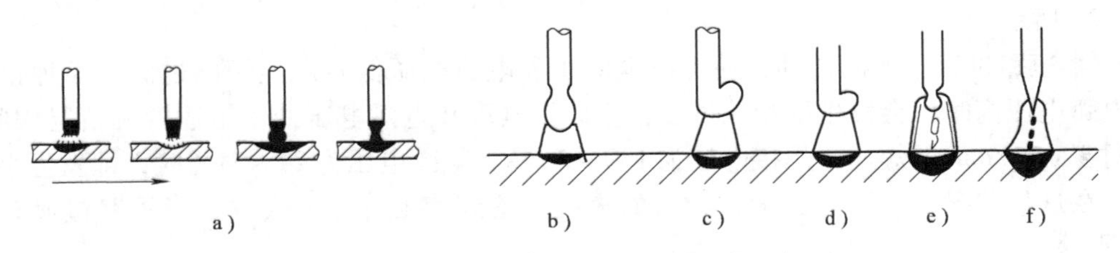

图 2-1-7　CO_2 气体保护焊熔滴过渡形式

a）短路过渡　b）颗粒过渡　c）大颗粒过渡　d）细颗粒过渡　e）射滴过渡　f）射流过渡

为了获得最高的短路频率，要选择最合适的电弧电压，对于直径为 $\phi0.8 \sim \phi1.2$mm 的焊丝，该值在 20V 左右，最高短路频率约 100Hz。

当采用短路过渡形式焊接时，由于电弧不断地发生短路。因此，可听见均匀的“啪啪”声。

如果电弧电压太低，因弧长很短，短路频率很高，电弧燃烧时间太短，可能焊丝端部还来不及熔化就插入熔池，会发生固体短路，因短路电流很大，致使焊丝突然爆断，产生严重的飞溅，焊接过程极不稳定，此时可看到很多短段焊丝插在焊缝上，像刺猬一样。

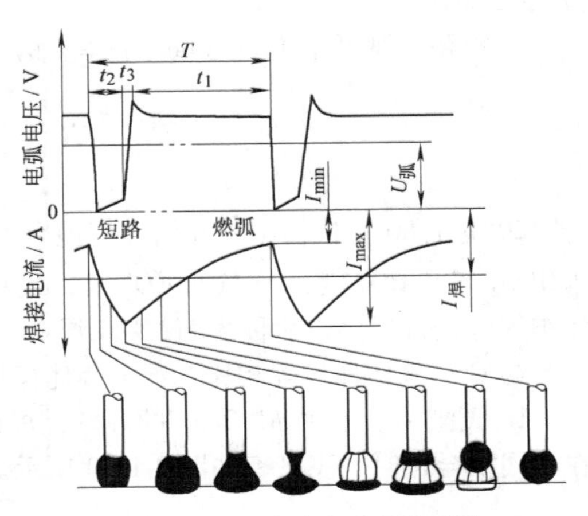

图 2-1-8　短路过渡过程波形图

t_1—电弧燃弧时间　t_2—短路时间

t_3—电压恢复时间　T—焊接循环

I_{max}—短路峰值电流　I_{min}—最小电流

$I_焊$—焊接电流（平均值）　$U_弧$—电弧电压平均值

2. 颗粒过渡　当焊接电流较大、电弧电压较高时，会发生颗粒过渡。焊接电流对颗粒过渡的影响非常显著，随着焊接电流的增加，熔滴体积减小，过渡频率增加，如图 2-1-7b ~ d 所示。共有以下三种情况：

（1）颗粒过渡　当焊接电流和短路电流的上限差不多，但电弧电压较高时，此时电弧较长，熔滴增长到最大时不会短路，在重力作用下落入熔池，这种情况，焊接过程较稳定、飞溅也小，常用来焊薄板，如图 2-1-7b 所示。

（2）大颗粒过渡　当焊接电流比短路电流大，电弧电压较高时，由于焊丝熔化较快，在端部出现很大的熔滴，不仅左右摆动，而且上下跳动，一部分成为大颗粒飞溅，一部分落入熔池，这种过渡形式称大颗粒过渡，如图 2-1-7c 所示。

大颗粒过渡时，飞溅较多，焊缝成形不好，焊接过程不稳定，没有应用价值。

（3）细颗粒过渡　当焊接电流进一步增加，熔滴变细，过渡频率较高，此时飞溅少，焊接过程稳定，称细颗粒过渡（又称小颗粒过渡）。对于 $\phi1.6$mm 焊丝，当焊接电流超过 400A 时，就是小颗粒过渡，飞溅少，焊接过程稳定，焊丝熔化效率高，适用于焊中厚板。

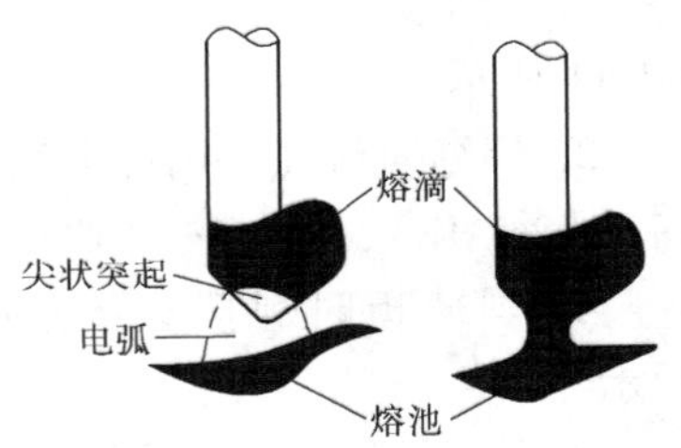

图 2-1-9　半短路过渡时的短路过渡示意图

细颗粒过渡时，焊丝端部的熔滴较小，也左右摆动，如

图 2-1-7d 所示。

3. 半短路过渡　前面讲到，在焊接电流小和电弧电压低时产生短路过渡；而焊接电流大和电弧电压高时，会发生细颗粒过渡；若焊接电流和电弧电压处于上述两种情况中间时，例如对于 ϕ1.2mm 的焊丝，焊接电流为 180～260A，电弧电压为 24～31V 时，即发生半短路过渡。在这种情况下，除有少量颗粒状的大滴飞落到熔池外，还会发生半短路过渡，如图 2-1-9 所示。

半短路过渡时，焊缝成形较好，但飞溅很大，当焊机特性适合时，飞溅损失可减小到百分之几以下。

半短路过渡可用于 6～8mm 中厚度钢板的焊接。

第三节　混合气体保护焊

20 世纪 60 年代初国外开始推广混合气体保护焊。它与 CO_2 气体保护焊的不同之处是，采用 O_2 气与 CO_2 气；Ar 气与 CO_2 气；或 O_2 气和 Ar 气与 CO_2 气体按不同比例的混合气体作保护气体进行焊接，简称为 MAG-M 焊。

与 CO_2 气体保护焊相比，混合气体保护焊具有以下优点：

1. 飞溅小　采用 ϕ1.2mm 的焊丝，焊接电流为 350A 时，用 Ar 气和 CO_2 气作保护气体，在不同混合比时的飞溅率如图 2-1-10 所示。

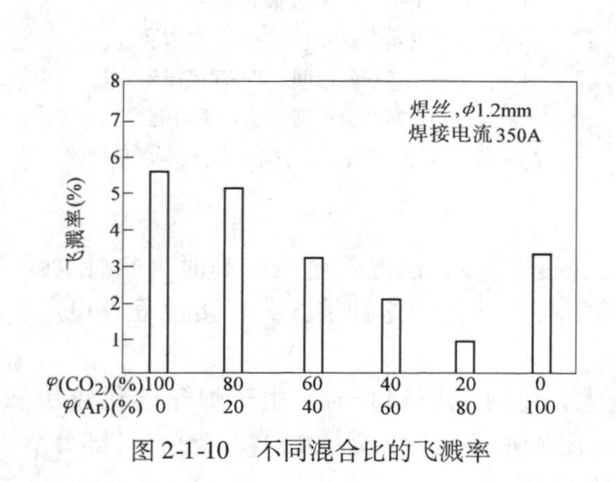

图 2-1-10　不同混合比的飞溅率

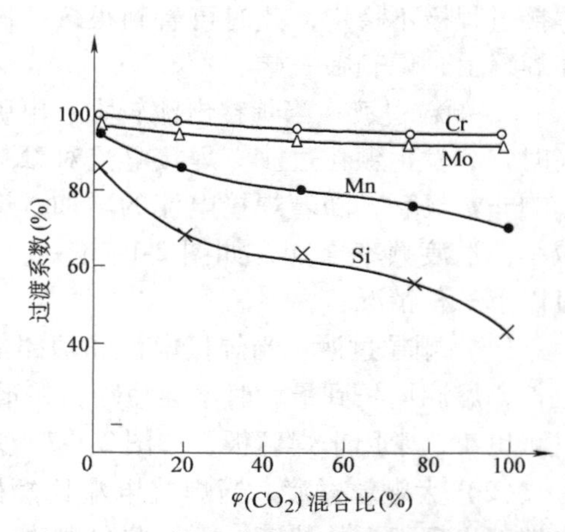

图 2-1-11　不同混合比的合金元素过渡系数

2. 合金元素烧损小　氩气和 CO_2 气在不同混合比时，各类合金元素的过渡系数如图 2-1-11 所示。

3. 焊缝质量高　用混合气体保护焊焊接时，焊缝金属的冲击韧度较纯 CO_2 气体保护焊高(图 2-1-12)，含氧量较 CO_2 气体保护焊低。

4. 焊薄板时焊接参数范围宽　不同混合比的许用焊接参数的变化范围如图 2-1-13 所示。

混合气体保护焊除了用来焊接低、中碳钢外，还可用来焊接低合金高强度钢，应根据被焊材料选择混合气体的种类及比例，详见表 2-1-3。

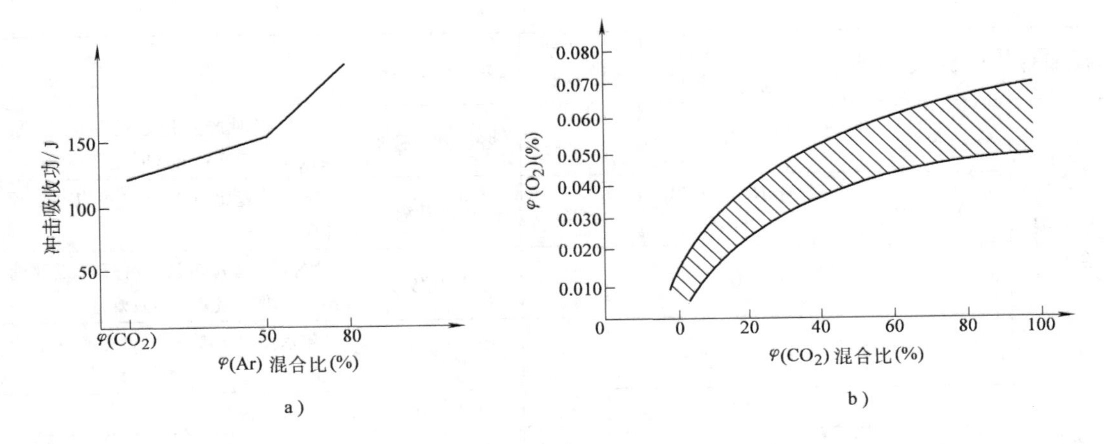

图 2-1-12　不同混合比焊缝金属的冲击吸收功与含氧量

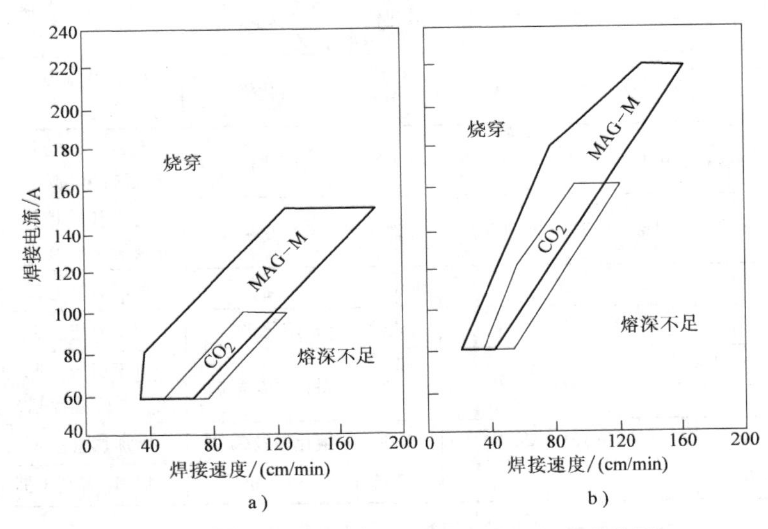

图 2-1-13　不同混合比时许用焊接参数的变化范围

a）1mm 板对接 φ(Ar)80% + φ(CO_2)20%　b）1.6mm 板对接 φ(Ar)80% + φ(CO_2)20%

表 2-1-3　焊接用保护气体及适用范围

被焊材料	保护气体	气体混合比（体积分数）	化学性质	焊接方法	附　注
铝及铝合金	Ar		惰	熔化极及钨极	钨极用交流，熔化极用直流反接，有阴极破碎作用，焊缝表面光洁
	Ar + He	熔化极：He20%~90% 钨极：多种混合比直至 He75% + Ar25%	惰	熔化极及钨极	电弧温度高。适于焊接厚铝板，可增加熔深，减少气孔。熔化极时，随着 He 的比例增大，有一定飞溅
钛、锆及其合金	Ar		惰	熔化极及钨极	
	Ar + He	Ar/He　75/25	惰	熔化极及钨极	可增加热量输入。适用于射流电弧、脉冲电弧及短路电弧

（续）

被焊材料	保护气体	气体混合比（体积分数）	化学性质	焊接方法	附注
铜及铜合金	Ar	100	惰	熔化极及钨极	熔化极时产生稳定的射流电弧；但板厚大于5~6mm时则需预热
	Ar + He	Ar/He 50/50 或30/70	惰	熔化极及钨极	输入热量比纯Ar大，可以减少预热温度
	N_2	100	—	熔化极	增大了输入热量，可降低或取消预热温度，但有飞溅及烟雾
	$Ar + N_2$	Ar/N_2 80/20	—	熔化极	输入热量比纯Ar大，但有一定的飞溅
不锈钢及高强钢	Ar	100	惰	钨极	焊接薄板
	$Ar + O_2$	加O_2 1%~2%	氧化性	熔化极	用于射流电弧及脉冲电弧
	$Ar + O_2 + CO_2$	加O_2 2%；加CO_2 5%	氧化性	熔化极	用于射流电弧、脉冲电弧及短路电弧
碳钢及低合金钢	$Ar + O_2$	加O_2 1%~5%或20%	氧化性	熔化极	用于射流电弧、对焊缝要求较高的场合
	$Ar + CO_2$	Ar/CO_2 70~80/30~20	氧化性	熔化极	有良好的熔深，可用于短路、射流及脉冲电弧
	$Ar + O_2 + CO_2$	$Ar/CO_2/O_2$ 80/15/5	氧化性	熔化极	有较佳的熔深，可用于射流、脉冲及短路电弧
	CO_2	100	氧化性	熔化极	适于短路电弧，有一定飞溅
	$CO_2 + O_2$	加O_2 20%~25%	氧化性	熔化极	用于射流及短路电弧
镍基合金	Ar	100	惰性	熔化极及钨极	对于射流、脉冲及短路电弧均适用，是焊接镍基合金的主要气体
	Ar + He	加He 15%~20%	惰性	熔化极及钨极	增加热量输入
	$Ar + H_2$	H_2 <6%	还原性	钨极	加H_2有利于抑制CO气孔

注：1. 表中的气体混合比为参考数据，在焊接中可视具体工艺要求进行调整。

2. 用于焊接低碳钢、低合金钢的$Ar + O_2$及$Ar + CO_2$混合气体中，其Ar可用粗氩，不必用高纯度的Ar。精Ar只有在焊接有色金属及钛、锆、镍等时才需要。粗氩为制氧厂的副产品，一般含有$\varphi(O_2)2\% + \varphi(N_2)0.2\%$。

第四节　药芯焊丝气体保护焊

20世纪50年代末、60年代初美国已开始使用药芯焊丝，到1985年药芯焊丝的产量为53000t，是世界上药芯焊丝使用最广泛，生产量最大的国家。日本、德国、前苏联、英国等国家药芯焊丝发展和应用也非常迅速。本节仅介绍药芯焊丝气体保护焊的基本知识。

一、药芯焊丝气体保护焊的原理

这种焊接方法的原理与CO_2气体保护焊的不同处是，药芯焊丝气体保护焊利用药芯焊丝代替实心焊丝进行焊接，如图2-1-14所示。

药芯焊丝是利用薄钢板卷成圆形钢管或异形钢管，或用无缝钢管，在管中填满一定成分的药粉，经拉制而成的焊丝，焊接过程中药粉的作用与焊条药皮相同。因此，药芯焊丝气体保护焊的焊接过程是双重保护——气渣联合保护，可获得较高的焊接质量。药芯焊丝的断面形状如图 2-1-15 所示。

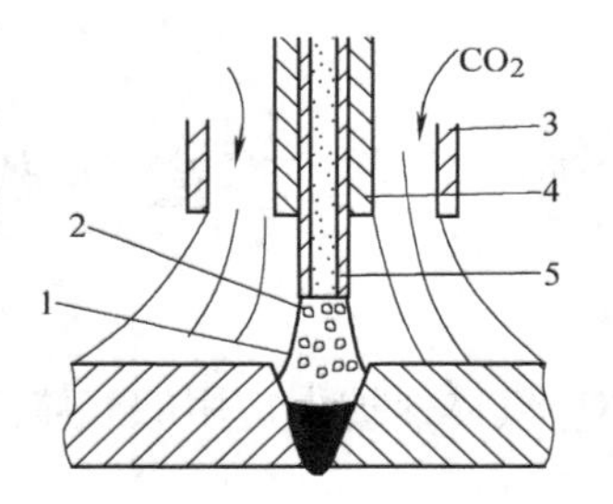

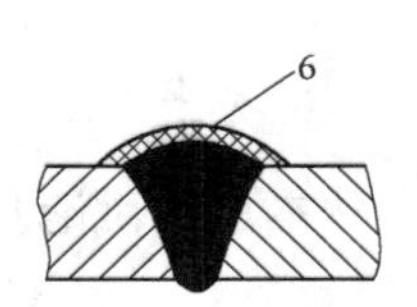

图 2-1-14　药芯焊丝气体保护焊原理图
1—电弧　2—熔滴　3—喷嘴　4—导电嘴
5—药芯焊丝　6—渣壳

二、药芯焊丝气体保护焊的特点

1. 优点

（1）熔化系数高　由于焊接电流只流过药芯焊丝的金属表皮，其电流密度非常高，产生大量的电阻热使其熔化速度比相同直径的实芯焊丝高。一般情况下药芯焊丝的熔敷率达 75%～88%，生产效率是实芯焊丝的 1.5～2 倍，是焊条电弧焊的 5～8 倍。

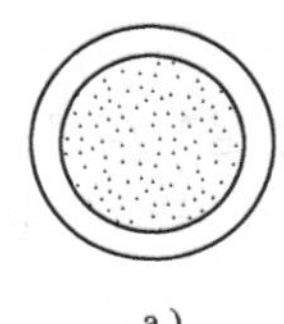
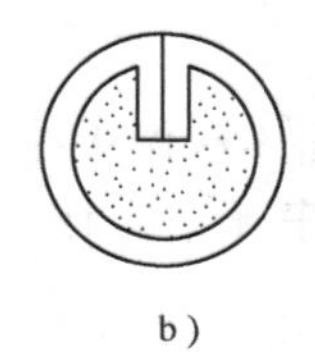

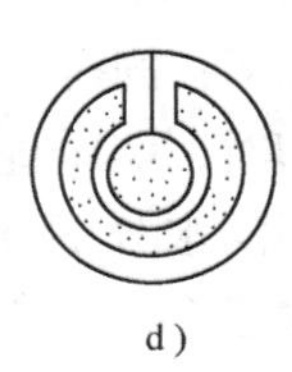

图 2-1-15　药芯焊丝的断面形状
a）O 形　b）T 形　c）E 形　d）双层药芯

（2）焊接熔深大　由于电流只流过药芯焊丝的金属表皮，电流密度大，使焊道熔深加大。国外研究资料表明，当角焊缝的实际厚度加大时，其接头强度不因焊道外观尺寸的变化而变化。因此焊脚尺寸可以减小，焊脚尺寸减小，可节约焊缝金属 50%～60%。

（3）工艺性好　由于药芯中加了稳弧剂和造渣剂，因此电弧稳定，熔滴均匀，飞溅小，易脱渣、焊道成形美观。其良好的焊缝表面成形有利于提高焊接结构的动载性能。

（4）焊接成本低　药芯焊丝 CO_2 气体保护焊的总成本仅为焊条电弧焊的 45.1%，并略低于实芯焊丝 CO_2 气体保护焊。

（5）适应性强　通过改变药芯的成分可获得不同类型的药芯焊丝，以适应不同的需要。

总之，药芯焊丝 CO_2 气体保护焊是一种高效、节能、经济、工艺性好，焊接质量高的焊接工艺。极大地扩展了气体保护焊的应用范围，值得推广。

2. 缺点　与实芯焊丝 CO_2 气体保护焊相比有以下缺点：

（1）烟雾大　焊接时烟雾较实芯焊丝大。

（2）焊渣多　焊渣较实芯焊丝 CO_2 气体保护焊多，故多层焊时要注意清渣、防止产生夹渣缺陷。但渣量远较焊条电弧焊少，因此清渣工作量并不大。

三、药芯焊丝气体保护焊的应用范围

药芯焊丝可用于焊接不锈钢、低合金高强度钢及堆焊。据介绍，国外已将药芯焊丝广泛地用于重型机械、建筑机械、桥梁、石油、化工、核电站设备、大型发电设备及采油平台等制造业中，并取得了很好的效果。近年来，随着我国生产药芯焊丝的技术的提高，国产药芯焊丝的质量得到不断提高，品种不断增加，应用范围不断地在扩大。

第二章　焊接材料

本章只讨论 CO_2 气体保护焊常用的气体及焊丝。

第一节　气　体

一、CO_2 气体

1. CO_2 气体的性质　纯 CO_2 是无色、无嗅的气体，有酸味。密度为 1.977kg/m^3，比空气重(空气密度为 1.29kg/m^3)。

CO_2 有三种状态：固态、液态和气态。

不加压力冷却时，CO_2 直接由气体变成的固体叫做干冰。温度升高时，干冰升华直接变成气体。因空气中的水分不可避免地会凝结在干冰上，使干冰升华时产生的 CO_2 气体中含有大量水分，故固态 CO_2 不能用于焊接。

常温下 CO_2 加压至 5～7MPa 时变成液体。常温下液态 CO_2 比水轻，其沸点为 －78℃。

在 0℃ 和加压至 0.1MPa 时，1kg 的液态 CO_2 可产生 509L 的 CO_2 气体。

2. CO_2 纯度对焊缝质量的影响　CO_2 气体的纯度对焊缝金属的致密性和塑性有很大的影响。CO_2 气体中的主要杂质是水分和氮气。氮气一般含量较少，危害较小。水分的危害较大，随着 CO_2 气体中水分的增加，焊缝金属中的扩散氢含量也增加，焊缝金属的塑性变差，容易出现气孔，还可能产生冷裂纹。

HG/T 2537—1993《焊接用二氧化碳》规定了焊接用二氧化碳(CO_2)的技术要求、试验方法、验收规则、标志、包装、运输、贮存和安全等要求。适用于以石灰窑气、合成氨厂气、炼油厂气、矿井气、发酵池气等方法生产的二氧化碳。

焊接用 CO_2 气体必须符合表 2-2-1 中的有关规定。

表 2-2-1　焊接用 CO_2 气体的技术要求(HG/T 2537—1993)

项　目	组合含量(体积分数,%)		
	优等品	一等品	合格品
二氧化碳含量 10^{-2}(体积分数,%) ≥	99.9	99.7	99.5
液态水	不得检出		
油			
水蒸气 + 乙醇含量 10^{-2}(质量分数%) ≤	0.005	0.02	0.05
气味	无异味		

注：对以非发酵法所得的二氧化碳，乙醇含量不作规定。

3. 瓶装 CO_2 气体　工业上使用的瓶装液态 CO_2 既经济又方便。规定钢瓶主体喷成银白色，用黑漆标明“二氧化碳”字样。

容量为40L的标准钢瓶，可灌入25kg液态的CO_2，约占钢瓶容积的80%，其余20%的空间充满了CO_2气体，气瓶压力表上指示的就是这部分气体的饱和压力，它的值与环境温度有关。温度高时，饱和气压增高；温度降低时，饱和气压降低。0℃时，饱和气压为3.63MPa；20℃时，饱和气压为5.72MPa；30℃时，饱和气压达7.48MPa，因此，应防止CO_2气瓶靠近热源或让烈日曝晒，以免发生爆炸事故。当气瓶内的液态CO_2全部挥发成气体后，气瓶内的压力才逐渐下降。

液态CO_2中可溶解约质量分数为0.05%（按重量）的水，多余的水沉在瓶底，这些水和液态CO_2一起挥发后，将混入CO_2气体中一起进入焊接区。溶解在液态CO_2中的水也可蒸发成水蒸气混入CO_2气中，这将影响气体的纯度。水蒸气的蒸发量与气瓶中气体的压力有关，气瓶内压力越低，水蒸气含量越高。

4. CO_2的试验方法　焊接用CO_2需分别测定其液态水、油、水蒸气与乙醇含量及气味。这里只介绍生产上常用的试验方法。

（1）CO_2纯度的测定　按照国标GB/T 10621—1989《二氧化碳含量的测定》方法，测定CO_2的含量。

1）测定方法的原理：由于CO_2可被氢氧化钾吸收。因此，可以根据吸收前后气体容积之差，直接在CO_2含量快速测定仪上读出其容量的体积分数（体积百分浓度）。

2）试剂和溶液的配制：称取分析纯氢氧化钾300g，溶于适量的不含CO_2的水中，稀释至1000mL，获得质量浓度为300g/L的氢氧化钾溶液。

3）试验仪器：CO_2快速测定仪如图2-2-1所示。吸收器容积为(100±0.5)mL，其中98～100mL处刻度为0.1mL，允许误差0.02mL。

4）测定步骤

① 先检查仪器各部分，确认无破损漏气处才能取样分析。

② 将二通旋塞B、D都打开，旋塞D下端的玻璃管末端接在CO_2钢瓶减压阀输出橡胶管上，用CO_2气排净吸收器C中的空气，确信C中的空气已被CO_2完全置换时，先关旋塞B，再关旋塞D。

③ 取下快速测定仪，迅速开闭旋塞B数次，使仪器内CO_2气的压力与大气压平衡，确保取样体积的一致性。

④ 取样结束后，在漏斗A中加入105mL配好的氢氧化钾溶液，然后缓慢地开启旋塞B，当氢氧化钾溶液不再下降时，关闭旋塞B，此时，吸收器C上液面刻度指示的就是CO_2的含量。

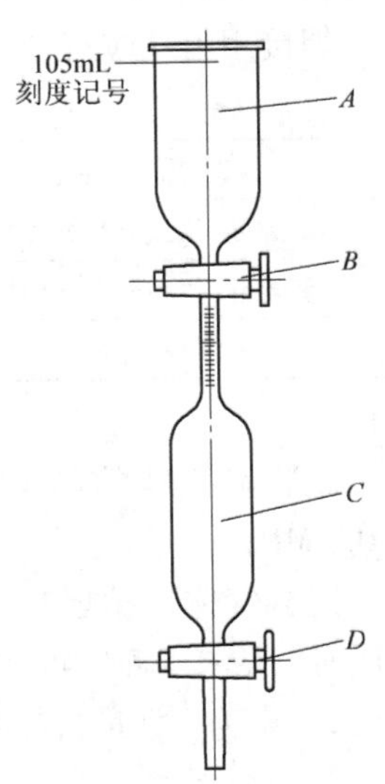

图2-2-1　CO_2快速测定仪
A—漏斗（容积120mL，105mL处有刻度标记）　B、D—两通旋塞　C—CO_2吸收器

（2）液态水的检验　液态水检验应先于其项目的检验。检验方法如下：

1）将样品气瓶倾斜倒置，瓶嘴向下。

2）气瓶倒置5min以后，缓慢打开瓶阀，不应有液态水流出，只能有微弱的CO_2气流出。

（3）油的检验　按照国标GB/T 10621—1989《食品添加剂　液体二氧化碳（石灰窑法和合成氨法）》规定的“油分的测定”方法进行。步骤如下：

1）将干燥无油的粗织棉布袋套在倒置的样品钢瓶瓶阀出口接管上并扎紧。

2）开启瓶阀，让适量CO_2迅速流入布袋中。

3）从布袋中取出约10g固态CO_2，置于试验室用的定量滤纸上。待固态CO_2完全蒸发后，滤纸上没有油迹为合格。

5. CO_2气体的提纯　如果发现使用的CO_2气体含水分较高，为保证焊接质量，焊接现场采取以下措施，可有效地降低CO_2气中水分的含量：

1）将新灌气瓶倒置1～2h后，打开阀门，可排出沉积在下面的自由状态的水。根据瓶中含水量的不同，每隔30min左右放一次水，需放水2～3次。然后将气瓶放正，开始焊接。

2）更换新气时，先放气2～3min，以排除装瓶时混入的空气和水分。

3）必要时可在气路中设置高压干燥器和低压干燥器。用硅胶或脱水硫酸铜做干燥剂。用过的干燥剂经烘干后可反复使用。

4）气瓶中压力降到1MPa时，停止用气。

当气瓶中液态CO_2用完后，气体的压力将随气体的消耗而下降。当气瓶压力降至1MPa以下时，CO_2中所含的水分将增加1倍以上，如果继续使用，焊缝中将产生气孔。

焊接对水比较敏感的金属时。当瓶中气压降至1.5MPa时就不宜再使用了。

二、其他气体

1. 氩气　氩气是无色、无味、无嗅的惰性气体，比空气重，密度为1.784kg/m^3（空气密度为1.29kg/m^3）。

焊接用氩气应符合GB/T 4842—1995《纯氩》的规定。纯氩的品质要求应符合表2-2-2规定。

表2-2-2　纯氩的品质要求（GB/T 4842—1995）

项　目	指　标	项　目	指　标
氩纯度（体积分数$\times 10^{-2}$）≥	99.99	氮含量（体积分数$\times 10^{-6}$）≤	50
氢含量（体积分数$\times 10^{-6}$）≤	5	总含碳量（以甲烷计）（质量分数$\times 10^{-6}$）≤	10
氧含量（体积分数$\times 10^{-6}$）≤	10	水分含量（质量分数$\times 10^{-6}$）≤	15

瓶装氩气最高充气压力20℃时为（15±0.5）MPa，返还生产厂充气时瓶内余压不得低于0.2MPa。

混合气体保护焊时，需用氩气，主要用于焊接含合金元素较多的低合金钢。为了确保焊缝质量，焊接低碳钢时也采用含氩的混合气体保护焊。

2. 氧气　氧是自然界的重要元素，在空气中按体积算，其体积分数约占21%，在常温下它是一种无色、无味、无嗅的气体，分子式为O_2。在标准状态下（即0℃和0.1MPa气压下）密度为1.43kg/m^3，比空气重（空气密度为1.29kg/m^3）。在－182.96℃时变成浅蓝色液体（液态氧），在－219℃时变成淡蓝色固体（固态氧）。

氧气本身不会燃烧，它是一种活泼的助燃气体。

氧的化学性质极为活泼，能同很多元素化合生成氧化物，焊接过程中使合金元素氧化，是有害元素。

工业用气体氧分为两级：一级氧纯度（体积分数）不低于99.2%；二级氧纯度（体积分数）不低于98.5%。氧气纯度对气焊、气割的效率和质量有一定的影响。一般情况下，使用二级纯度的氧气就能满足气焊和气割的要求。对于切割质量要求较高时，应采用一级纯度的氧气。

混合气体保护焊时，应使用一级氧气。

通常瓶装氧气容积为40L，工作压力为15MPa，瓶体为天蓝色，用黑漆标明“氧气”两字，钢瓶应放在远离火源及高温区(10m以外的地方)，不能曝晒，严禁与油脂类物品接触。

3. 混合气体　一些先进的工业国家进行混合气体保护焊时，多使用预先混合好的瓶装混合气体，我国现在已经有不少地方生产瓶装混合气，有些焊接工作量大的工厂还自己用液氩或瓶装氩气与 CO_2 气配制混合气，通过管道输送到工作场所进行焊接，我国生产的焊接混合保护气体见表2-2-3。

表2-2-3　焊接用混合保护气体

背景气（主组分气）	混入气（次组分气）	混合的范围（体积分数）	允许气压/MPa(35℃)	背景气体（主组分气）	混入气体（次组分气）	混合的范围（体积分数）	允许气压/MPa(35℃)
Ar	O_2	1%~12%	9.8	Ar	CO_2	5%~13%	9.8
	H_2	1%~15%			O_2	3%~6%	
	N_2	0.2%~1%		CO_2	O_2	1%~20%	
	CO_2	18%~22%		Ar	O_2	3%~4%	
	He	50%			N_2	(900~1000)×10^{-6}	
He	Ar	25%					

第二节　焊　　丝

常用的焊丝包括实芯焊丝和药芯焊丝两大类。

一、实芯焊丝

CO_2 是一种氧化性气体，在电弧高温区分解为CO并放出 O_2，电弧气氛具有强烈的氧化作用，使合金元素烧损，容易产生气孔及飞溅。为了防止气孔、减少飞溅和保证焊缝具有一定的力学性能，要求焊丝中含有足够的合金元素来脱氧。若采用碳脱氧，容易产生飞溅和气孔，故必须限制焊丝中的含碳量[$w(C)<0.1\%$]。若仅用硅作脱氧剂，脱氧产物为高熔点的二氧化硅(SiO_2)不容易从熔池中浮出，容易引起夹渣；若仅用锰作脱氧剂，脱氧产物为氧化锰(MnO)，不容易从熔池中浮出，也容易引起夹渣；若采用硅和锰联合脱氧，并保持适当的比例，脱氧产物为硅酸锰盐，它的密度小，容易从熔池中浮出，不会产生夹渣，因此 CO_2 气体保护焊用的焊丝，必须控制含碳量并含有较高的硅和锰。

1. 实芯焊丝的型号　国标GB/T 8110—1995《气体保护电弧焊用碳钢、低合金钢焊丝》规定了碳钢、低合金钢实芯焊丝和填充焊丝的型号分类、技术要求、试验方法、检验规则及缠绕、包装等项内容。适用于碳钢、低合金钢熔化极气体保护电弧焊用的实芯焊丝，推荐用于钨极气体保护电弧焊和等离子弧焊的填充焊丝。

焊丝按照化学成分和采用熔化极气体保护电弧焊时熔敷金属的力学性能分类，焊丝的型号表示方法如下：

ER　$\times_1\times_2$ - $\times_3$ - $\times_4$

└用化学元素符号和数字表示焊丝中含有的主要合金元素的成分，若省略表示无特殊要求

└用字母或数字表示焊丝化学成分的分类代号，见表2-2-4

└用两位数字表示熔敷金属抗拉强度的最低值，单位为10MPa

└表示焊丝

表 2-2-4　实芯焊丝的型号和化学成分（质量分数，%）

焊丝型号	C	Mn	Si	P	S	Ni	Cr	Mo	V	Ti	Zr	Al	Cu	其他元素总量
碳钢焊丝														
ER 49-1	≤0.11	1.80～2.10	0.65～0.95	≤0.030	≤0.030	≤0.30	≤0.20	—	—	—	—	—	≤0.50	—
ER 50-2	≤0.07	0.90～1.40	0.40～0.70	≤0.025	≤0.035	—	—			0.05～0.15	0.02～0.12	0.05～0.15		≤0.50
ER 50-3	0.06～0.15		0.45～0.75							—	—	—		
ER 50-4	0.07～0.15	1.00～1.50	0.65～0.85											
ER 50-5	0.07～0.19	0.90～1.40	0.30～0.60									0.50～0.90		
ER 50-6	0.06～0.15	1.40～1.85	0.80～1.15									—		
ER 50-7	0.07～0.15	1.50～2.00	0.50～0.80											
铬钼钢焊丝														
ER 55-B2	0.07～0.12	0.40～0.70	0.40～0.70	≤0.025	≤0.025	≤0.20	1.20～1.50	0.40～0.65	—	—	—	—	≤0.35	≤0.50
ER 55-B2L	≤0.05													
ER 55-B2-MnV	0.06～0.10	1.20～1.60	0.60～0.90	≤0.030		≤0.25	1.00～1.30	0.50～0.70	0.20～0.40					
ER 55-B2-Mn		1.20～1.70					0.90～1.20	0.45～0.65	—					
ER 62-B3	0.07～0.12	0.40～0.70	0.40～0.70	≤0.025		≤0.20	2.30～2.70	0.90～1.20						
ER 62-B3L	≤0.05													
镍钢焊丝														
ER 55-C1	≤0.12	≤1.25	0.40～0.80	≤0.025	≤0.025	0.80～1.10	≤0.15	≤0.35	≤0.05	—	—	—	≤0.35	≤0.50
ER 55-C2						2.00～2.75	—	—	—					
ER 55-C3						3.00～3.75								
锰钼钢焊丝														
ER 55-D2-Ti	≤0.12	1.20～1.90	0.40～0.80	≤0.025	≤0.025	—	—	0.20～0.50	—	≤0.20	—	—	≤0.50	≤0.50
ER 55-D2	0.07～0.12	1.60～2.10	0.50～0.80			≤0.15		0.40～0.60		—				
其他低合金钢焊丝														
ER 69-1	≤0.08	1.25～1.80	0.20～0.50	≤0.010	≤0.010	1.40～2.10	≤0.30	0.25～0.55	≤0.05	≤0.10	≤0.10	≤0.10	≤0.25	≤0.50
ER 69-2	≤0.12		0.20～0.60			0.80～1.25		0.20～0.55					0.35～0.65	
ER 69-3			0.40～0.80	≤0.020	≤0.020	0.50～1.00	—		—	≤0.20	—		≤0.35	
ER 76-1	≤0.09	1.40～1.80	0.20～0.55	≤0.010	≤0.010	1.90～2.60	≤0.50	0.25～0.55	≤0.04	≤0.10	≤0.10		≤0.25	
ER 83-1	≤0.10		0.25～0.60			2.00～2.80	≤0.60	0.30～0.65	≤0.03					
ER XX-G	供需双方协商													

注：1. 焊丝中铜含量包括镀铜层。

2. 型号中字母“L”表示含碳量低的焊丝。

气体保护焊用的实芯焊丝分为：碳钢焊丝、铬钼钢焊丝、铬镍钢焊丝、锰钼钢焊丝、其他低合金钢焊丝等五类。焊丝的全部型号见表 2-2-4。

例 1

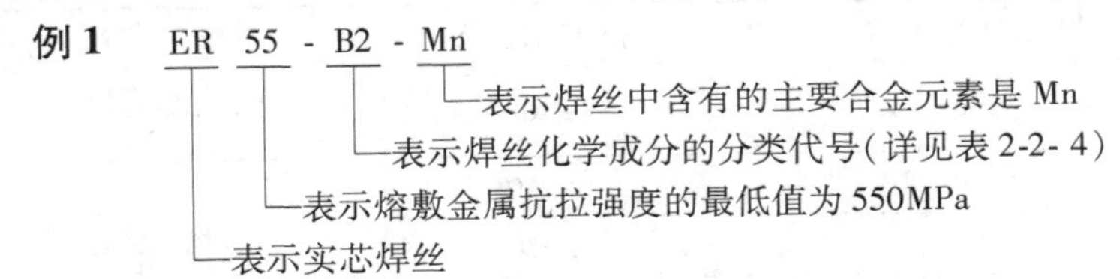

ER 55 - B2 - Mn
表示焊丝中含有的主要合金元素是 Mn
表示焊丝化学成分的分类代号(详见表 2-2- 4)
表示熔敷金属抗拉强度的最低值为 550MPa
表示实芯焊丝

2. 技术要求　对气体保护焊用焊丝的技术要求比对焊条的要求多。

(1) 常规项目　对熔敷金属的化学成分、力学性能、焊缝射线探伤等项目有要求。

(2) 特殊要求　为了保证焊接过程能够连续稳定完成，对影响送丝的有关因素也有规定。这些因素是：

1) 对焊丝表面的质量要求：焊丝表面必须光滑平整，不应有毛刺、划痕、锈蚀和氧化皮，也不应有其他对焊接性能和焊接设备操作有不良影响的杂质。

2) 焊丝直径的偏差：焊丝直径的允许偏差必须符合表 2-2-5 的要求。

表 2-2-5　实芯焊丝的焊丝直径的偏差　(单位：mm)

焊 丝 直 径	允许偏差	焊 丝 直 径	允许偏差	焊 丝 直 径	允许偏差
0.5，0.6	+0.01 -0.03	0.8，1.0，1.2，1.4，1.6，2.0，2.5	+0.01 -0.04	3.0，3.2	+0.01 -0.07

若焊丝直径太大，不仅会增加送焊丝的阻力，而且会增大焊丝嘴的磨损；若焊丝直径太小，不仅会使焊接电流不稳定，而且会增大焊丝端部的摆动，影响焊缝的美观。

3) 镀铜层的质量：焊丝表面的镀铜层必须均匀牢固。焊丝镀铜层太薄或不牢固，对焊接质量有以下影响：

若镀铜层不牢固，送焊丝时，焊丝表面和送丝(弹簧钢丝)软管摩擦，镀铜层会被刮下来并堆积在送丝软管里面，不仅增加了送焊丝的阻力，而且使焊接过程中电弧不稳定，影响焊缝成形；严重时，被刮下来的镀铜粉末落入熔池还会改变焊缝的化学成分。

此外，若镀铜层太薄或不牢固，在存放过程中焊丝表面容易生锈，也会影响焊接质量。

4) 焊丝挺度和抗拉强度：焊丝的挺度和抗拉强度必须保证能均匀、连续地送进焊丝。实芯焊丝的抗拉强度应符合表 2-2-6 规定。

表 2-2-6　实芯焊丝的抗拉强度

焊丝直径/mm	焊丝抗拉强度/MPa	焊丝直径/mm	焊丝抗拉强度/MPa	焊丝直径/mm	焊丝抗拉强度/MPa
0.8，1.0，1.2	≥930	1.4，1.6，2.0	≥860	2.5，3.0，3.2	≥550

注：焊丝抗拉强度只适用于绕成直径 >200mm 的焊丝盘、焊丝卷和焊丝筒的焊丝。

5) 松弛直径和翘距：从焊丝盘(卷)上截取足够长度的焊丝，不受拘束地放在平面上，所形成的圆和圆弧的直径称为焊丝的松弛直径。焊丝翘起的最高点和平面之间的距离称为翘距。

可用焊丝的松弛直径和翘距定性地判断焊丝的弹性和刚度。

松弛直径和翘距大的焊丝刚度好，送丝比较稳定；松弛直径和翘距小的焊丝刚度差，送丝时容易卡住。实芯焊丝的松弛直径和翘距必须符合表 2-2-7 的规定。

表 2-2-7　实芯焊丝的松弛直径、翘距　　（单位：mm）

焊丝直径	焊丝盘(卷)外径	松弛直径	翘距
0.5～3.2	100	≥100	≤$\frac{松弛直径}{5}$
0.5～3.2	200	≥250	≤$\frac{松弛直径}{10}$
0.5～3.2	300	≥350	≤$\frac{松弛直径}{10}$
0.5～3.2	≥350	≥400	≤$\frac{松弛直径}{10}$

6）焊丝熔敷金属的力学性能：必须符合表 2-2-8 的规定。

表 2-2-8　实芯焊丝熔敷金属的力学性能

焊丝型号	保护气体（体积分数，%）	抗拉强度 σ_b/MPa	屈服强度 $\sigma_{0.2}$/MPa	伸长率 δ_5（%）	V 形缺口冲击试验	
					温度/℃	冲击吸收功/J
ER 49-1	CO_2 100	≥490	≥372	≥20	室温	≥47
ER 50-2	CO_2 100	≥500	≥420	≥22	-29	≥27
ER 50-3	CO_2 100	≥500	≥420	≥22	-18	≥27
ER 50-4	CO_2 100	≥500	≥420	≥22	不要求	
ER 50-5	CO_2 100	≥500	≥420	≥22	不要求	
ER 50-6	CO_2 100	≥500	≥420	≥22	-29	≥27
ER 50-7	CO_2 100	≥500	≥420	≥22	-29	≥27
ER 55-D2-Ti	CO_2 100	≥550	≥470	≥17	-29	≥27
ER 55-D2	CO_2 100	≥550	≥470	≥17	-29	≥27
ER 55-B2	Ar + O_2 1%～5%	≥550	≥470	≥19	不要求	
ER 55-B2L	Ar + O_2 1%～5%	≥550	≥470	≥19	不要求	
ER 55-B2-MnV	Ar + CO_2 20%	≥550	≥440	≥19	室温	≥27
ER 55-B2-Mn	Ar + CO_2 20%	≥550	≥440	≥20	室温	≥27
ER 55-C1	Ar + O_2 1%～5%	≥550	≥470	≥24	-46	≥27
ER 55-C2	Ar + O_2 1%～5%	≥550	≥470	≥24	-62	≥27
ER 55-C3	Ar + O_2 1%～5%	≥550	≥470	≥24	-73	≥27
ER 62-B3	Ar + O_2 1%～5%	≥620	≥540	≥17	不要求	
ER 62-B3L	Ar + O_2 1%～5%	≥620	≥540	≥17	不要求	
ER 69-1	Ar + O_2 2%	≥690	610～700	≥16	-51	≥68
ER 69-2	Ar + O_2 2%	≥690	610～700	≥16	-51	≥68
ER 69-3	CO_2 100	≥690	610～700	≥16	-20	≥35
ER 76-1	Ar + O_2 2%	≥760	660～740	≥15	-51	≥68
ER 83-1	Ar + O_2 2%	≥830	730～840	≥14	-51	≥68
ER××G	供需双方协商					

注：ER 50-2、ER 50-3、ER 50-4、ER 50-5、ER 50-6、ER 50-7 型焊丝，当伸长率超过最低值时，每增加 1%，屈服强度和抗拉强度可减少 10MPa，但抗拉强度最低值不得小于 480MPa，屈服强度最低值不得小于 400MPa。

二、药芯焊丝

药芯焊丝是用薄钢带卷成圆形管或异形管，里面填满一定成分的药粉；或在钢管中填满一定成分的药粉；然后经过多次拉拔而成的焊丝，通过调整药粉的成分和比例，可获得不同的类型，不同用途的焊丝。随着科学技术的发展，目前我国已经能够生产多种类型的药芯焊丝。

1. 碳钢药芯焊丝　国标 GB/T 10045—2001《碳钢药芯焊丝》规定了碳钢药芯焊丝的型号分类、技术要求、试验方法、检验规则及缠绕、包装等项内容。

（1）型号表示方法　根据熔敷金属的力学性能、焊接位置、保护类型、焊接电流的类型、和渣系的特点等分类，型号表示方法如下：

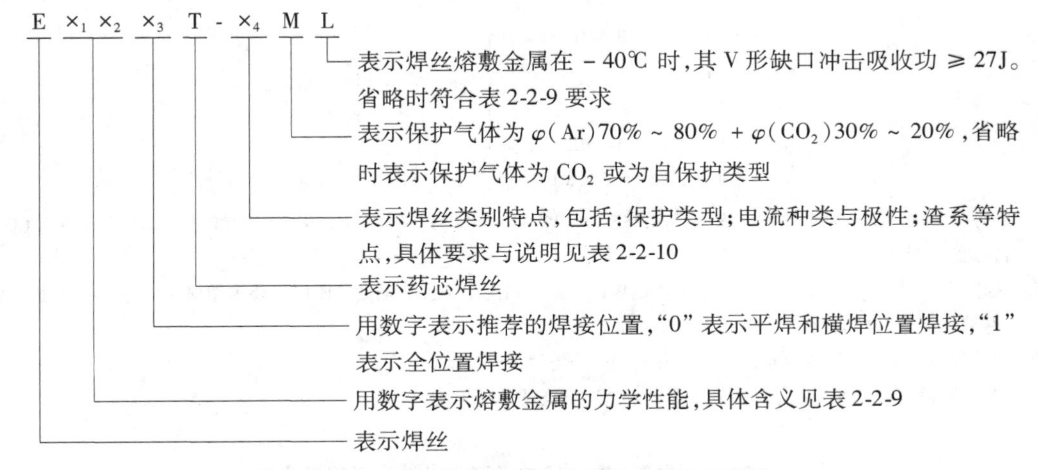

表 2-2-9　碳钢药芯焊丝熔敷金属力学性能要求

型　号	抗拉强度 σ_b /MPa	屈服强度 σ_s 或 $\sigma_{0.2}$/MPa	伸长率 δ_5 (%)	V 形缺口冲击试验	
				温度/℃	冲击吸收功/J
E50 ×3T-1，E50 ×3T-1M①	480	400	22	-20	27
E50 ×3T-2，E50 ×3T-2M②	480	—	—	—	—
E50 ×3T-3③	480	—	—	—	—
E50 ×3T-4	480	400	22	—	—
E50 ×3T-5，E50 ×3T-5M①	480	400	22	-30	27
E50 ×3T-6	480	400	22	-30	27
E50 ×3T-7	480	400	22	—	—
E50 ×3T-8	480	400	22	-30	27
E50 ×3T-9，E50 ×3T-9M①	480	400	22	-30	27
E50 ×3T-10③	480	—	—	—	—
E50 ×3T-11	480	400	20	—	—
E50 ×3T-12，E50 ×3T-12M①	480 ~ 620	400	22	-30	27
E43 ×3T-13②	415	—	—	—	—
E50 ×3T-13②	480	—	—	—	—
E50 ×3T-14②	480	—	—	—	—
E43 ×3T-G③	415	330	22	—	—

（续）

型　号	抗拉强度 σ_b /MPa	屈服强度 σ_s 或 $\sigma_{0.2}$/MPa	伸长率 δ_5 (%)	V形缺口冲击试验	
				温度/℃	冲击吸收功/J
E50×$_3$T-G③	480	400	22	—	—
E43×$_3$T-GS③	415	—	—	—	—
E50×$_3$T-GS③	480	—	—	—	—

注：表中所列单值均为最小值。

① 型号带有字母“L”的焊丝，其熔敷金属冲击性能应满足以下要求：

型　号	V形缺口冲击性能要求
E50×T-1L，E50×T-1ML E50×T-5L，E50×T-5ML E50×T-6L E50×T-8L E50×T-9L，E50×T-9ML E50×T-12L，E50×T-12ML	-40℃，≥27J

型号带字母“M”表示保护气体为$\varphi(Ar)$75%~80%+$\varphi(CO_2)$25%~20%，无字母“M”表示保护气体为CO_2或自保护类型。

② 这些型号主要用于单道焊接而不用于多道焊接。因为只规定了抗拉强度，所以只要求做横向拉伸和纵向辊筒弯曲(缠绕式导向弯曲)试验。

③ 型号带有字母“G”的焊丝，表示不属于上述分类的多道焊丝。

型号带有字母“GS”的焊丝，表示不属于上述分类的单道焊丝。

表 2-2-10　焊接位置、保护类型、极性和适用性要求

型　号	焊接位置①	外加保护气②（体积分数,%）	极性③	适用性④
E500T-1	H，F	CO_2	DCEP	M
E500T-1M	H，F	Ar75%~80%+CO_2	DCEP	M
E501T-1	H，F，VU，OH	CO_2	DCEP	M
E501T-1M	H，F，VU，OH	Ar75%~80%+CO_2	DCEP	M
E500T-2	H，F	CO_2	DCEP	S
E500T-2M	H，F	Ar75%~80%+CO_2	DCEP	S
E501T-2	H，F，VU，OH	CO_2	DCEP	S
E501T-2M	H，F，VU，OH	Ar75%~80%+CO_2	DCEP	S
E500T-3	H，F	无	DCEP	S
E500T-4	H，F	无	DCEP	M
E500T-5	H，F	CO_2	DCEP	M
E500T-5M⑤	H，F	Ar75%~80%+CO_2	DCEP	M
E501T-5⑤	H，F，VU，OH	CO_2	DCEP或DCEN⑤	M
E501T-5M⑤	H，F，VU，OH	Ar75%~80%+CO_2	DCEP或DCEN⑤	M
E500T-6⑤	H，F	无	DCEP	M
E500T-7	H，F	无	DCEN	M
E501T-7	H，F，VU，OH	无	DCEN	M

（续）

型　　号	焊接位置①	外加保护气② （体积分数，%）	极性③	适用性④
E500T-8	H，F	无	DCEN	M
E501T-8	H，F，VU，OH	无	DCEN	M
E500T-9	H，F	CO_2	DCEP	M
E500T-9M	H，F	Ar75%～80% + CO_2	DCEP	M
E501T-9	H，F，VU，OH	CO_2	DCEP	M
E501T-9M	H，F，VU，OH	Ar75%～80% + CO_2	DCEP	M
E500T-10	H，F	无	DCEN	S
E500T-11	H，F	无	DCEN	M
E501T-11	H，F，VU，OH	无	DCEN	M
E500T-12	H，F	CO_2	DCEP	M
E500T-12M	H，F	Ar75%～80% + CO_2	DCEP	M
E501T-12	H，F，VU，OH	CO_2	DCEP	M
E501T-12M	H，F，VU，OH	Ar75%～80% + CO_2	DCEP	M
E431T-13	H，F，VD，OH	无	DCEN	S
E501T-13	H，F，VD，OH	无	DCEN	S
E501T-11	H，F，VD，OH	无	DCEN	S
E $\times_1 \times_2$0T-G	H，F	—	—	M
E $\times_1 \times_2$1T-G	H，F，VD 或 VU，OH	—	—	M
E $\times_1 \times_2$0T-GS	H，F	—	—	S
E $\times_1 \times_2$1T-GS	H，F，VD 或 VU，OH	—	—	S

① H 为横焊，F 为平焊，OH 为仰焊，VD 为立向下焊，VU 为立向上焊。

② 对于使用外加保护气体的焊丝（E×××T-1，E×××T-1M，E×××T-2，E×××T-2M，E×××T-5，E×××T-5M，E×××T-9，E×××T-9M 和 E×××T-12，E×××T-12M），其金属的性能随保护气体类型不同而变化，用户在未向焊丝制造商咨询前不应使用其他保护气体。

③ DCEP 为直流电源，焊丝接正极；DCEN 为直流电源，焊丝接负极。

④ M 为单道或多道焊，S 为单道焊。

⑤ E501T-5 和 E501T-5M 型焊丝可在 DCEN 极性下使用，以改善不适当位置的焊接性，推荐的极性请咨询制造商。

（2）碳钢药芯焊丝熔敷金属的化学成分　必须符合表 2-2-11 的要求

表 2-2-11　碳钢药芯焊丝熔敷金属化学成分要求①、②（质量分数，%）（摘自 GB/T 10045—2001）

型　　号	C	Mn	Si	S	P	Cr③	Ni③	Mo③	V③	Al③④	Cu③
E50×T-1 E50×T-1M E50×T-5 E50×T-5M E50×T-9 E50×T-9M	0.18	1.75	0.90	0.03	0.03	0.20	0.50	0.30	0.08	—	0.35
E50×T-4 E50×T-6 E50×T-7 E50×T-8 E50×T-11	—⑤	1.75	0.60	0.03	0.03	0.20	0.50	0.30	0.08	1.8	0.35

（续）

型　　号	C	Mn	Si	S	P	$Cr^{③}$	$Ni^{③}$	$Mo^{③}$	$V^{③}$	$Al^{③④}$	$Cu^{③}$
E×××T-G⑥	—⑤	1.75	0.90	0.03	0.03	0.20	0.50	0.30	0.08	1.8	0.35
E50×T-12 E50×T-12M	0.15	1.60	0.90	0.03	0.03	0.20	0.50	0.30	0.08	—	0.35
E50×T-2 E50×T-2M E50×T-3 E50×T-10 E43×T-13 E50×T-13 E50×T-14 E×××T-GS	无规定										

① 应分析表中列出值的特定元素。

② 单值均为最大值。

③ 这些元素如果是有意添加的，应进行分析并报出数值。

④ 只适用于自保护焊丝。

⑤ 该值不做规定，但应分析其数值并出示报告。

⑥ 该类焊丝添加的所有元素总的质量分数不应超过5%。

例2

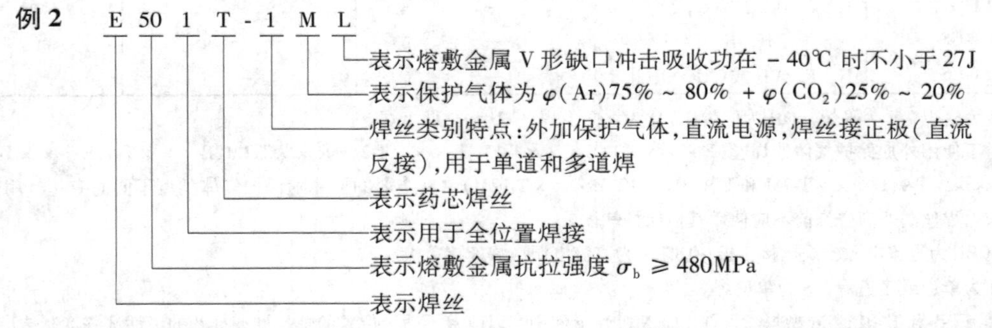
E 50 1 T - 1 M L
表示熔敷金属V形缺口冲击吸收功在 -40℃ 时不小于27J
表示保护气体为 φ(Ar)75%～80% +φ(CO2)25%～20%
焊丝类别特点：外加保护气体，直流电源，焊丝接正极（直流反接），用于单道和多道焊
表示药芯焊丝
表示用于全位置焊接
表示熔敷金属抗拉强度 σb ≥480MPa
表示焊丝

2. 低合金钢药芯焊丝　国标GB/T 17493—1998 《低合金钢药芯焊丝》规定了低合金钢药芯焊丝的型号分类、技术要求、试验方法、检验规则及缠绕、包装等内容。

型号分类　根据熔敷金属的力学性能、焊接位置、保护气体类型、电流种类、渣系特点及熔敷金属的化学成分分类。型号表示方法如下：

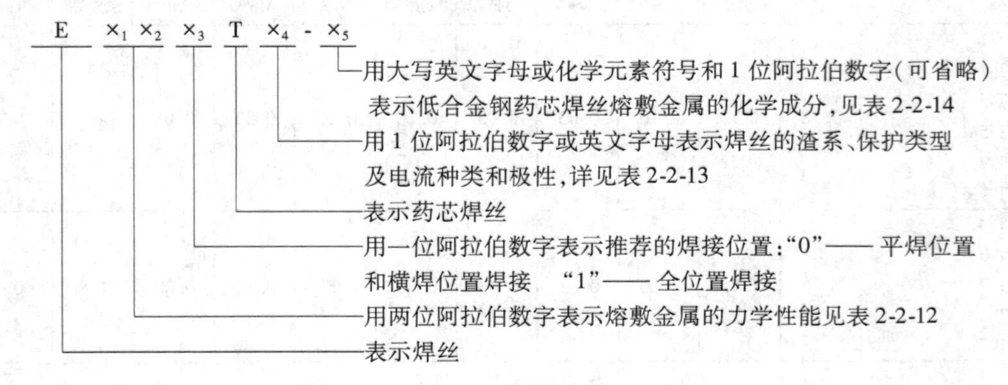
E ×1 ×2 ×3 T ×4 - ×5
用大写英文字母或化学元素符号和1位阿拉伯数字（可省略）表示低合金钢药芯焊丝熔敷金属的化学成分，见表2-2-14
用1位阿拉伯数字或英文字母表示焊丝的渣系、保护类型及电流种类和极性，详见表2-2-13
表示药芯焊丝
用一位阿拉伯数字表示推荐的焊接位置："0"—— 平焊位置和横焊位置焊接　"1"—— 全位置焊接
用两位阿拉伯数字表示熔敷金属的力学性能见表2-2-12
表示焊丝

表 2-2-12 低合金钢药芯焊丝熔敷金属的力学性能①、②

型 号	抗拉强度 σ_b/MPa	屈服强度 $\sigma_{0.2}$/MPa	伸长率 δ_5(%)
E43×$_3$T×$_4$-×$_5$	410~550	340	22
E50×$_3$T×$_4$-×$_5$	490~620	400	20
E55×$_3$T×$_4$-×$_5$	550~690	470	19
E60×$_3$T×$_4$-×$_5$	620~760	540	17
E70×$_3$T×$_4$-×$_5$	690~830	610	16
E75×$_3$T×$_4$-×$_5$	760~900	680	15
E85×$_3$T×$_4$-×$_5$	830~970	750	14
E×$_1$×$_2$×$_3$T×$_4$-G	由供需双方协商		

① 用外部气体保护的焊丝(E×××T1-×和E×××T5-×)，其熔敷金属的性能随混合气体成分的改变而变化，本标准中所列分类的焊丝，是按该标准规定的气体作外部保护气体。

② 表中所列单个值均为最小值。

表 2-2-13 低合金钢药芯焊丝类别特点的符号说明

型 号	焊丝渣系特点	保护类型	电流类型
E×$_1$×$_2$×$_3$T1-×$_5$	渣系以金红石为主体，熔滴成喷射或细滴过渡	气保护	直流，焊丝接正极
E×$_1$×$_2$×$_3$T4-×$_5$	渣系具有强脱硫作用，熔滴成粗滴过渡	自保护	直流，焊丝接正极
E×$_1$×$_2$×$_3$T5-×$_5$	氧化钙-氟化物碱性渣系熔滴成粗滴过渡	气保护	直流，焊丝接正极
E×$_1$×$_2$×$_3$T8-×$_5$	渣系具有强脱硫作用	自保护	直流，焊丝接负极
E×$_1$×$_2$×$_3$T×-G	渣系、电弧特性、焊缝成形及极性不作规定		

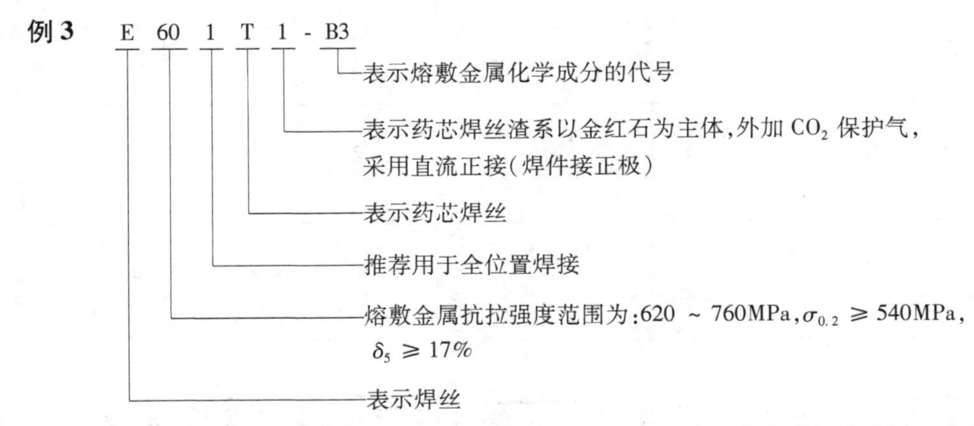
例3 E 60 1 T 1 - B3
表示熔敷金属化学成分的代号
表示药芯焊丝渣系以金红石为主体,外加 CO_2 保护气，采用直流正接(焊件接正极)
表示药芯焊丝
推荐用于全位置焊接
熔敷金属抗拉强度范围为:620 ~ 760MPa,$\sigma_{0.2}$ ≥ 540MPa，δ_5 ≥ 17%
表示焊丝

3. 不锈钢药芯焊丝　国家标准 GB/T 17853—1999《不锈钢药芯焊丝》规定了不锈钢药芯焊丝的型号分类、技术要求、试验方法、检验规则及缠绕、包装等内容。

(1) 型号分类　根据熔敷金属的化学成分、焊接位置、保护气体及焊接电流的类型分型号。表示方法如下：

表 2-2-14　低合金钢药芯焊丝熔敷金属的化学成分[1]（质量分数，%）（GB/T 17493—1998）

型号		C	Mn	P	S	Si	Ni	Cr	Mo	V	Al[2]	Cu
碳-钼钢焊丝	E500T5-A1 E550T1-A1 E551T1-A1	0.12	1.25	0.03	0.03	0.80	—	—	0.40~0.65	—	—	—
铬-钼钢焊丝	E551T1-B1	0.12	1.25	0.03	0.03	0.80	—	0.40~0.65	0.40~0.65	—	—	—
	E550T5-B2L	0.05	1.25	0.03	0.03	0.80	—	1.00~1.50	0.40~0.65	—	—	—
	E550T1-B2 E551T1-B2 E550T5-B2	0.12	1.25	0.03	0.03	0.80	—	1.00~1.50	0.40~0.65	—	—	—
	E550T1-B2H	0.10~0.15	1.25	0.03	0.03	0.80	—	1.00~1.50	0.40~0.65	—	—	—
	E600T1-B3L	0.05	1.25	0.03	0.03	0.80	—	2.00~2.50	0.90~1.20	—	—	—
	E600T1-B3 E601T1-B3 E600T5-B3 E700T1-B3	0.12	1.25	0.03	0.03	0.80	—	2.00~2.50	0.90~1.20	—	—	—
	E600T1-B3H	0.10~0.15	1.25	0.03	0.03	0.80	—	2.00~2.50	0.90~1.20	—	—	—
镍钢焊丝	E501T8-Ni1 E550T1-Ni1 E551T1-Ni1 E550T5-Ni1	0.12	1.50	0.03	0.03	0.80	0.80~1.10	0.15	0.35	0.05	1.8	—
	E501T8-Ni2 E550T1-Ni2 E551T1-Ni2 E550T5-Ni2 E600T1-Ni2 E601T1-Ni2	0.12	1.50	0.03	0.03	0.80	1.75~2.75	—	—	—	1.8	—
	E550T5-Ni3 E600T5-Ni3	0.12	1.50	0.03	0.03	0.80	2.75~3.75	—	—	—	—	—

(续)

型号		C	Mn	P	S	Si	Ni	Cr	Mo	V	Al[②]	Cu
锰-钼钢焊丝	E601T1-D1	0.12	1.25~2.00	0.03	0.03	0.80	—	—	0.25~0.55	—	—	—
	E600T5-D2 E700T5-D2	0.15	1.65~2.25	0.03	0.03	0.80	—	—	0.25~0.55	—	—	—
	E600T1-D3	0.12	1.00~1.75	0.03	0.03	0.80	—	—	0.40~0.65	—	—	—
其他低合金钢焊丝	E550T5-K1	0.15	0.80~1.40	0.03	0.03	0.80	0.80~1.10	0.15	0.20~0.65	0.05	—	—
	E500T4-K2 E501T8-K2 E550T1-K2 E600T1-K2 E601T1-K2 E550T5-K2 E600T5-K2	0.15	0.50~1.75	0.03	0.03	0.80	1.00~2.00	0.15	0.35	0.05	1.8	—
	E700T1-K3 E750T1-K3 E700T5-K3 E750T5-K3	0.15	0.75~2.25	0.03	0.03	0.80	1.25~2.60	0.15	0.25~0.65	0.05	—	—
	E750T5-K4 E751T1-K4 E850T5-K4	0.15	1.20~2.25	0.03	0.03	0.80	1.75~2.60	0.20~0.60	0.30~0.65	0.05	—	—
	E850T1-K5	0.10~0.25	0.60~1.60	0.03	0.03	0.80	0.75~2.00	0.20~0.70	0.15~0.55	0.05	—	—
	E431T8-K6 E501T8-K6	0.15	0.50~1.50	0.03	0.03	0.80	0.40~1.10	0.15	0.15	0.05	1.8	—
	E701T1-K7	0.15	1.00~1.75	0.03	0.03	0.80	2.00~2.75	—	—	—	—	—
	E550T1-W	0.12	0.50~1.30	0.03	0.03	0.35~0.80	0.40~0.80	0.45~0.70	—	—	—	0.30~0.75
	E××× T×-G[③]	—	≥1.00	0.03	0.03	≥0.80	≥0.50	≥0.30	≥0.20	≥0.10	1.8	—

① 除另外注明外，表中所列单个值均为最大值。

② 只用于自保护焊丝。

③ 对 E×××T×-G 型号，只要列出的元素中有任何一个满足最小值要求，即为该型号化学成分符合要求。

表 2-2-15 不锈钢药芯焊丝熔敷金属的化学成分（质量分数，%）

型号	C	Cr	Ni	Mo	Mn	Si	P	S	Cu	Nb + Ta	N
E307T×$_4$-×$_5$	0.13	18.0~20.5	9.0~10.5	0.5~1.5	3.30~4.75						
E308T×$_4$-×$_5$	0.08										
E308LT×$_4$-×$_5$	0.04			0.5							
E308HT×$_4$-×$_5$	0.04~0.08	18.0~21.0	9.0~11.0							—	
E308MoT×$_4$-×$_5$	0.08			2.0~3.0							
E308LMoT×$_4$-×$_5$	0.04		9.0~12.0								
E309T×$_4$-×$_5$	0.10				0.5~2.5		0.04				
E309LNbT×$_4$-×$_5$	0.04	22.0~25.0	12.0~14.0	0.5						0.70~1.00	
E309LT×$_4$-×$_5$											
E309MoT×$_4$-×$_5$	0.12										
E309LMoT×$_4$-×$_5$	0.04	21.0~25.0	12.0~16.0	2.0~3.0		1.0					
E309LNiMoT×$_4$-×$_5$		20.5~23.5	15.0~17.0	2.5~3.5							
E310T×$_4$-×$_5$	0.20	25.0~28.0	20.0~22.5	0.5	1.0~2.5		0.03			—	
E312T×$_4$-×$_5$	0.15	28.0~32.0	8.0~10.5								
E316T×$_4$-×$_5$	0.08	17.0~20.0	11.0~14.0	2.0~3.0				0.03	0.5		—
E316LT×$_4$-×$_5$	0.04				0.5~2.5						
E317LT×$_4$-×$_5$		18.0~21.0	12.0~14.0	3.0~4.0							
E347T×$_4$-×$_5$	0.08		9.0~11.0	0.5			0.04			8×C~1.0	
E409T×$_4$-×$_5$	0.10	10.5~13.5	0.60	0.5	0.80					(Ti10×C~1.5)	
E410T×$_4$-×$_5$	0.12	11.0~13.5			1.2						
E410NiMoT×$_4$-×$_5$	0.06	11.0~12.5	4.0~5.0	0.40~0.70	1.0					—	
E410NiTiT×$_4$-×$_5$	0.04	11.0~12.0	3.6~4.5	0.5	0.70	0.50	0.03			(Ti10×C~1.5)	
E430T×$_4$-×$_5$		15.0~18.0	0.60	0.5							
E502T×$_4$-×$_5$	0.10	4.0~6.0	0.40	0.45~0.65	1.2						
E505T×$_4$-×$_5$		8.0~10.5		0.85~1.20							
E307T0-3	0.13		9.0~10.5	0.5~1.5	3.30~4.75	1.0	0.04			—	
E308T0-3	0.08	19.5~22.0									
E308LT0-3	0.03		9.0~11.0	0.5	0.5~2.5						

（续）

型　　号	C	Cr	Ni	Mo	Mn	Si	P	S	Cu	Nb + Ta	N
E308HT0-3	0.04 ~ 0.08	19.5 ~ 22.0	9.0 ~ 11.0	0.5	0.5 ~ 2.5	1.0	0.04	0.03	0.5	—	—
E308MoT0-3	0.08	18.0 ~ 21.0		2.0 ~ 3.0							
E308LMoT0-3	0.03		9.0 ~ 12.0								
E308HMoT0-3	0.07 ~ 0.12	19.0 ~ 21.5	9.0 ~ 10.7	1.8 ~ 2.4	1.25 ~ 2.25	0.25 ~ 0.80					
E309T0-3	0.10	23.0 ~ 25.5	12.0 ~ 14.0	0.5	0.5 ~ 2.5	1.0					
E309LT0-3	0.03										
E309LNbT0-3										0.70 ~ 1.00	
E309MoT0-3	0.12	21.0 ~ 25.0	12.0 ~ 16.0	2.0 ~ 3.0						—	
E309LMoT0-3	0.04										
E310T0-3	0.20	25.0 ~ 28.0	20.0 ~ 22.5	0.5	1.0 ~ 2.5		0.03				
E312T0-3	0.15	28.0 ~ 32.0	8.0 ~ 10.5		0.5 ~ 2.5		0.04				
E316T0-3	0.08	18.0 ~ 20.5	11.0 ~ 14.0	2.0 ~ 3.0							
E316LT0-3	0.03										
E316LKT0-3	0.04	17.0 ~ 20.0									
E317LT0-3	0.03	18.5 ~ 21.0	13.0 ~ 15.0	3.0 ~ 4.0							
E347T0-3	0.08	19.0 ~ 21.5	9.0 ~ 11.0	0.5						8 × C ~ 1.0	
E409T0-3	0.10	10.5 ~ 13.5	0.60		0.80					(Ti10 × C ~ 1.5)	
E410T0-3	0.12	11.0 ~ 13.5			1.0					—	
E410NiMoT0-3	0.06	11.0 ~ 12.5	4.0 ~ 5.0	0.40 ~ 0.70							
E410NiTiT0-3	0.04	11.0 ~ 12.0	3.6 ~ 4.5	0.5	0.70	0.50	0.03			(Ti10 × C ~ 1.5)	
E430T0-3	0.10	15.0 ~ 18.0	0.60		1.0	1.0	0.04			—	
E2209T0- × $_5$	0.04	21.0 ~ 24.0	7.5 ~ 10.0	2.5 ~ 4.0	0.5 ~ 2.0						0.08 ~ 2.0
E2553T0- × $_5$		24.0 ~ 27.0	8.5 ~ 10.5	2.9 ~ 3.9	0.5 ~ 1.5	0.75			1.5 ~ 2.5		0.10 ~ 0.20
E × $_1$ × $_2$ × $_3$ T × $_4$-G	不规定										
R308LT1-5	0.03	18.0 ~ 21.0	9.0 ~ 11.0	0.5	0.5 ~ 2.5	1.2	0.04	0.03	0.5	—	—
R309LT1-5		22.0 ~ 25.0	12.0 ~ 14.0								
R316LT1-5		17.0 ~ 20.0	11.0 ~ 14.0	2.0 ~ 3.0							
R347T1-5	0.08	18.0 ~ 21.0	9.0 ~ 11.0	0.5						8 × C ~ 1.0	

注：1. 表中单值均为最大值。

2. 除表中所列元素外，其他元素（Fe 除外）总的质量分数不得超过 0.50%。

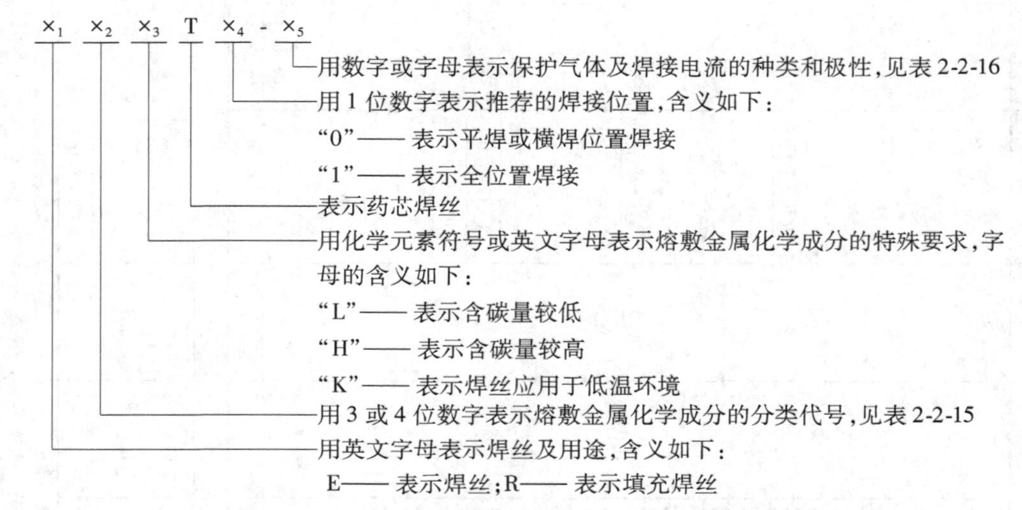

×1 ×2 ×3 T ×4 - ×5
用数字或字母表示保护气体及焊接电流的种类和极性，见表 2-2-16
用 1 位数字表示推荐的焊接位置，含义如下：
“0”—— 表示平焊或横焊位置焊接
“1”—— 表示全位置焊接
表示药芯焊丝
用化学元素符号或英文字母表示熔敷金属化学成分的特殊要求，字母的含义如下：
“L”—— 表示含碳量较低
“H”—— 表示含碳量较高
“K”—— 表示焊丝应用于低温环境
用 3 或 4 位数字表示熔敷金属化学成分的分类代号，见表 2-2-15
用英文字母表示焊丝及用途，含义如下：
E—— 表示焊丝；R—— 表示填充焊丝

表 2-2-16　不锈钢药芯焊丝保护气体、电流类型及焊接方法

型　号	保护气体（体积分数，%）	电 流 类 型	焊 接 方 法
$E\times_1\times_2\times_3T\times_4$-1	CO_2	直流反接	FCAW
$E\times_1\times_2\times_3T\times_4$-3	无（自保护）		
$E\times_1\times_2\times_3T\times_4$-4	Ar75～80 + CO_2 25～20		
$R\times_1\times_2\times_3$T1-5	Ar100	直流正接	GTAW
$E\times_1\times_2\times_3T\times_4$-G	不规定	不规定	FCAW
$R\times_1\times_2\times_3$T1-G			GTAW

注：FCAW 为药芯焊丝电弧焊，GTAW 为钨极惰性气体保护焊。

（2）熔敷金属的力学性能　应符合表 2-2-17 中的要求。

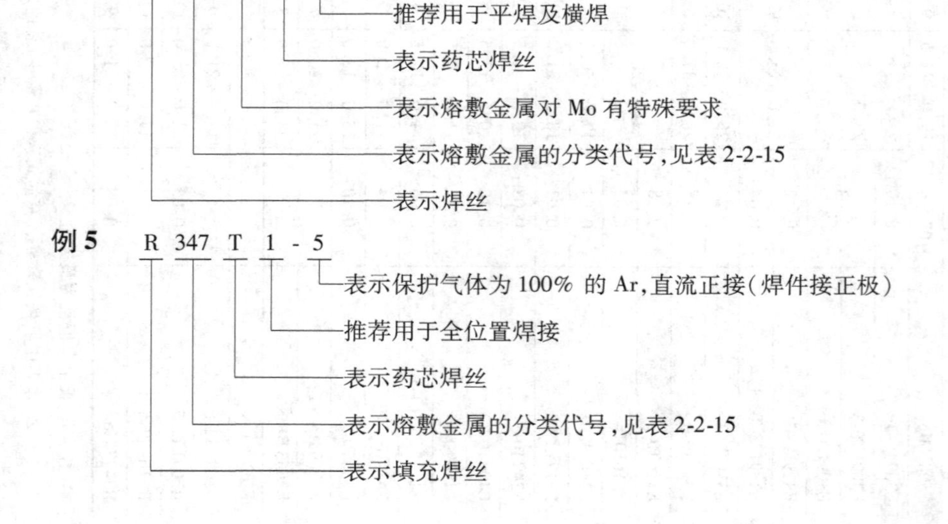

例 4　E 308 Mo T 0 - 3
表示自保护型，直流反接（焊件接负极）
推荐用于平焊及横焊
表示药芯焊丝
表示熔敷金属对 Mo 有特殊要求
表示熔敷金属的分类代号，见表 2-2-15
表示焊丝
例 5　R 347 T 1 - 5
表示保护气体为 100% 的 Ar，直流正接（焊件接正极）
推荐用于全位置焊接
表示药芯焊丝
表示熔敷金属的分类代号，见表 2-2-15
表示填充焊丝

表 2-2-17　不锈钢药芯焊丝熔敷金属的力学性能

型　号	抗拉强度 σ_b/MPa	伸长率 δ_5(%)	热　处　理
E307T$\times_4$-$\times_5$	590	30	—
E308T$\times_4$-$\times_5$	550	35	
E308LT$\times_4$-$\times_5$	520		
E308HT$\times_4$-$\times_5$	550		
E308MoT$\times_4$-$\times_5$			
E308LMoT$\times_4$-$\times_5$	520		
E309T$\times_4$-$\times_5$	550	25	
E309LNbT$\times_4$-$\times_5$	520		
E309LT$\times_4$-$\times_5$			
E309MoT$\times_4$-$\times_5$	550		
E309LMoT$\times_4$-$\times_5$	520		
E309LNiMoT$\times_4$-$\times_5$			
E310T$\times_4$-$\times_5$	550		
E312T$\times_4$-$\times_5$	660	22	
E316T$\times_4$-$\times_5$	520	30	
E316LT$\times_4$-$\times_5$	485		
E317LT$\times_4$-$\times_5$	520	20	
E347T$\times_4$-$\times_5$		25	
E409T$\times_4$-$\times_5$	450	15	
E410T$\times_4$-$\times_5$	520	20	①
E410NiMoT$\times_4$-$\times_5$	760	15	②
E410NiTiT$\times_4$-$\times_5$			
E430T$\times_4$-$\times_5$	450	20	③
E502T$\times_4$-$\times_5$	415		④
E505T$\times_4$-$\times_5$			
E308HMoT0-3	550	30	—
E316LKT0-3	485		
E2209T0-$\times_5$	690	20	
E2553T0-$\times_5$	760	15	
E×××T$\times_4$-G	不规定		
R308LT1-5	520	35	—
R309LT1-5		30	
R316LT1-5	485		
R347T1-5	520		

① 加热到 730～760℃保温 1h 后，以不超过 55℃/h 的速度随炉冷至 315℃，出炉空冷至室温。
② 加热到 595～620℃保温 1h 后，出炉空冷至室温。
③ 加热到 760～790℃保温 4h 后，以不超过 55℃/h 的速度随炉冷至 590℃，出炉空冷至室温。
④ 加热到 840～870℃保温 2h 后，以不超过 55℃/h 的速度随炉冷至 590℃，出炉空冷至室温。

第三章　CO_2 气体保护焊设备

本章仅介绍与半自动 CO_2 气体保护焊设备的有关问题。

第一节　设 备 简 介

半自动 CO_2 气体保护焊设备主要由供气系统、焊接电源、送丝机构和焊枪四部分组成，如图 2-3-1 所示。

1. 供气系统　由气瓶、减压流量调节器（又称减压阀）及管道组成，有时为了除水，气路中还需串联高压和低压干燥器。

2. 焊接电源　由一个平特性的三相晶闸管整流器及控制线路组成。面板上装有指示灯、仪表及调节旋钮等。

3. 送丝机构　该机构是送丝的动力，它包括机架、送丝电机、焊丝矫直轮、压紧轮和送丝轮等，还有装卡焊丝盘、电缆及焊枪的机构。

要求送丝机构能匀速输送焊丝。

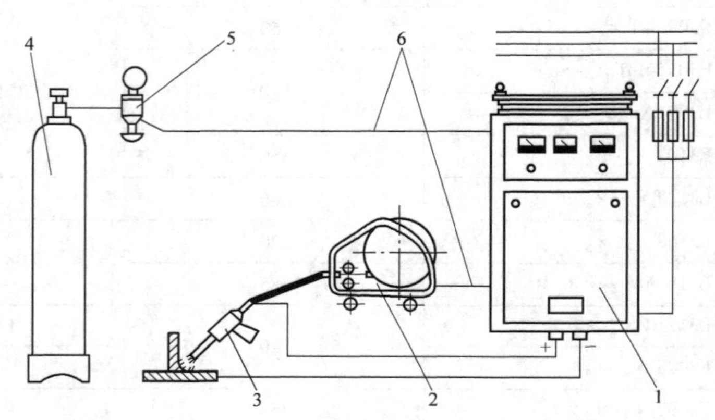

图 2-3-1　半自动 CO_2 气体保护焊设备示意图

1—电源　2—送丝机　3—焊枪　4—气瓶

5—减压流量调节器　6—送气胶管

4. 焊枪　用来传导电流、输送焊丝和保护气体。

一、供气系统

本系统的功能是向焊接区提供流量稳定的保护气体。供气系统由气瓶、减压流量调节器、预热器、流量计及管路组成。

（1）减压流量调节器　将气瓶中的高压 CO_2 气体的压力降低，并保证保护气体输出压力稳定。

（2）流量计　用来调节和测量保护气体的流量。

（3）预热器　高压 CO_2 气体经减压阀变成低压气体时，因体积突然膨胀，温度会降低，可能使瓶口结冰，将阻碍 CO_2 气体的流出，装上预热器可防止瓶口结冰。

现在所使用的减压流量调节器用起来非常方便。这种调节器已将预热器、减压阀和流量调节器合成一体。常用的减压流量调节器有两种类型，如图 2-3-2、图 2-3-3 所示。

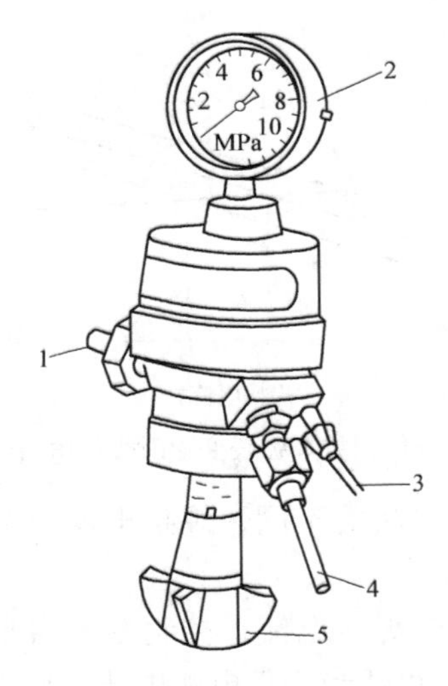

图 2-3-2　没有浮子流量计的减压流量调节器

1—进气口　2—高压表　3—预热器电缆　4—出气口　5—流量调节手轮

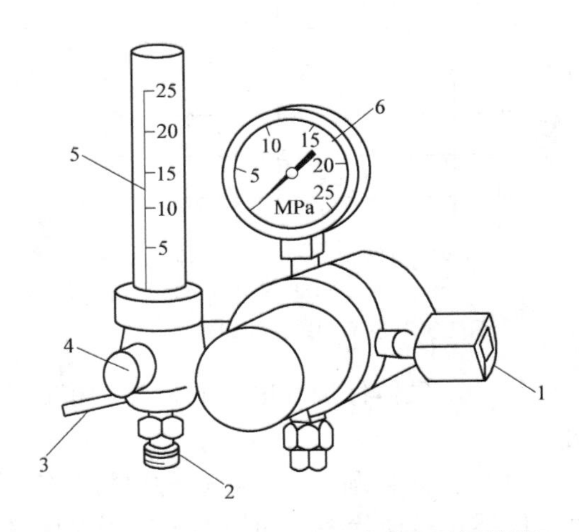

图 2-3-3　有浮子流量计的减压流量调节器

1—进气口　2—出气口　3—预热器电缆　4—流量调节旋钮　5—浮子流量计　6—高压表

没有浮子流量计的减压流量调节器结构简单，价格便宜，只要依靠流量调节手轮上的刻度，就可判定 CO_2 气体流量的大小，但这种流量计不直观，精确度也比较差。

有浮子流量计的减压流量调节器结构比较复杂，价格稍贵，可根据浮子的位置直观判定 CO_2 气体流量的大小，浮子越高，流量越大，但浮子流量计很容易摔坏，使用时要特别小心。

二、焊接电源

1. 对焊接电源的要求

（1）具有平的或缓降的外特性曲线　电源输出电压和输出电流的关系称做电源的外特性。当输出电流增加时，输出电压不变或缓慢降低的电源的外特性称做平特性或缓降特性。

因为 CO_2 气体保护焊使用的焊丝直径小（通常小于 1.6mm），焊接电流大、电流密度比焊条电弧焊高 10 倍以上，电弧的静特性处于上升段（图 2-3-4），所以，要采用平特性或缓降外特性的焊接电源（图 2-3-5）。采用平特性电源，由于短路电流大，容易引弧，不易粘丝；电弧拉长后，电流迅速减小，不容易烧坏焊丝嘴，且弧长变化时会引起较大的电流变化，电弧的自调节作用强，焊接参数稳定，焊接质量好。电源外特性越接近水平线，电弧的自调节作用越强，焊接参数越稳定焊接质量越好。

设电弧稳定燃烧时弧长为 l_1，焊接电流为 I_1，电弧电压为 U_1。当某种原因使电弧变长至 l_2 时，焊接电流迅速减小为 I_2，焊丝熔化减慢，电弧长度变短，焊接电流增加，很快就恢复到 I_1。反之，若电弧变短至 l_3，则焊接电流迅速增加到 I_3，焊丝熔化加快，弧长增加，迫使焊接电流减小，很快恢复到 I_1。

（2）具有合适的空载电压　CO_2 气体保护焊机的空载电压为 38 ~ 70V。

（3）良好的动特性　见本书第 1 篇焊条电弧电源中有关部分内容。

（4）合适的调节范围　能根据需要方便地调节焊接参数，满足生产需要。

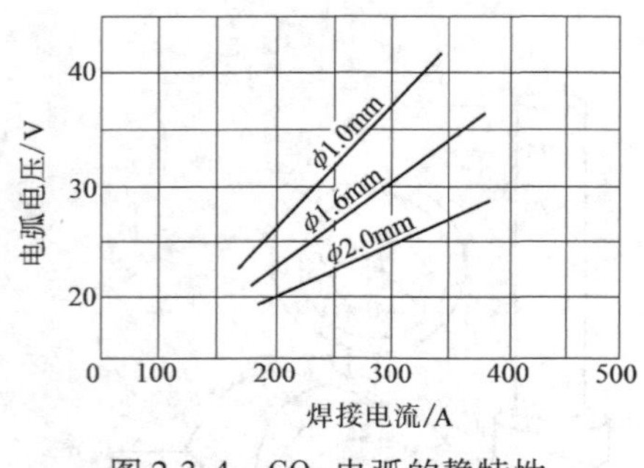

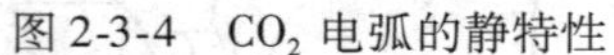
图 2-3-4　CO_2 电弧的静特性

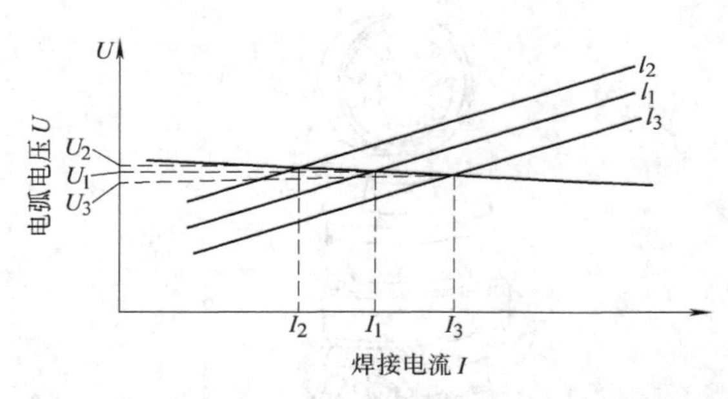

图 2-3-5　CO_2 气体保护焊弧长变化时焊接电流的变化

2. CO_2 气体保护焊电源的种类　根据焊接参数调节方法的不同，焊接电源可分为如下两类。

(1) 一元化调节电源　这种电源只需用一个旋钮调节焊接电流，控制系统自动使电弧电压保持在最佳状态，如果焊工对所焊焊缝成形不满意，可适当修正电弧电压，以保持最佳匹配。这类焊机使用时特别方便，日本松下生产的 YM—500S 型、我国唐山-松下产业机器有限公司生产的 YM—600KH1HGE、YM—500KR1VTA 型 CO_2 气体保护焊机采用的就是这种调节方式。

(2) 多元化调节电源　这种电源的焊接电流和电弧电压分别用两个旋钮调节，调节焊接参数较麻烦。南斯拉夫的 E—450 型、德国生产的 VAR10MIG600RV、日本大坂 XmarkⅢ 500PS 型 CO_2 气体保护焊机均采用了这种调节方式。

3. 焊接电源的负载持续率　任何电器设备在使用时都会发热，使温度升高，如果温度太高，绝缘损坏，就会使电器设备烧毁。为了防止设备烧毁，必须了解焊机的额定焊接电流和负载持续率及它们之间的关系。

(1) 负载持续率　负载持续率按下式计算：

$$负载持续率=\frac{燃弧时间}{焊接时间}\times 100\%$$

焊接时间是燃弧时间与辅助时间之和。当电流通过导体时，因导体都有电阻，会发热，发热量与电流的平方成正比，电流越大，发热量越大，温度越高。当电弧燃烧(负载)时，发热量大，焊接电源温度升高；电弧熄灭(空载)时，发热量小，焊接电源温度降低。电弧燃烧时间越长，辅助时间越短，即负载持续率越高，焊接电源温度升高得越多，焊机越容易烧坏。

(2) 额定负载持续率　在焊机出厂标准中规定了负载持续率的大小。我国规定额定负载持续率为 60% 即在 5min 内，连续或累计燃弧 3min，辅助时间为 2min 时的负载持续率。

(3) 额定焊接电流　在额定负载持续率下，允许使用的最大焊接电流称做额定焊接电流。

(4) 允许使用的最大焊接电流　当负载持续率低于 60% 时，允许使用的最大焊接电流比额定焊接电流大，负载持续率越低，可以使用的焊接电流越大。

当负载持续率高于 60% 时，允许使用的最大焊接电流比额定焊接电流小。

已知额定负载持续率、额定焊接电流和负载持续率时，可按下式计算允许使用的最大焊接电流：

$$允许使用的最大焊接电流=\sqrt{\frac{额定负载持续率}{实际负载持续率}}\times额定焊接电流$$

实际负载持续率为100%时，允许使用的焊接电流为额定焊接电流的77%。

4. 焊接电源的铭牌　铭牌上给出了焊接电源的参数，使用时应严格遵守铭牌上的全部规定。例如天津电焊机厂引进的日本松下YD—500S型CO_2气体保护焊电源铭牌，见表2-3-1。

表2-3-1　日本松下YD—500S型CO_2气体保护焊电源铭牌

CO_2气体保护焊直流电源		
型号	YD—500S	额定输出电流500A
额定输入电压	380V	额定输出电压45V
额定输入	31.9kVA	额定负载持续率60%
	28.1kW	重量　172kg
相数	3相	生产日期
频率	50/60Hz	出厂编号

三、送丝机构

1. 对送丝机构的要求

1）送丝速度均匀稳定。

2）调速方便。

3）结构牢固轻巧。

2. 送丝方式　送丝方式可分为三种，如图2-3-6所示。

（1）推丝式送丝　焊枪与送丝机构是分开的，焊丝经一段软管送到焊枪中（见图2-3-6a、b）。这种焊枪的结构简单，轻便，但焊丝通过软管时受到的阻力大，因而软管长度受到限制，通常只能在离送丝机3~5m的范围内操作。

（2）拉丝式送丝　送丝机构与焊枪合为一体，没有软管，送丝阻力小，速度均匀稳定，但焊枪结构复杂，重量大，焊工操作时的劳动强度大，如图2-3-6c所示。

（3）推拉式送丝　这种送丝结构是以上两种送丝方式的组合，送丝时以推为主，由于焊枪上装有拉丝轮，可克服焊丝通过软管时的摩擦阻力，若加长软管长度至60m，能大大增加操作的灵活性，还可多级串联使用，如图2-3-6d所示。

3. 送丝轮　根据送丝轮的表面形状和结构的不同，可将推丝式送丝机构分成两类：

（1）平轮V形槽送丝机构　送丝轮上切有V形槽，靠焊丝与V形槽两个侧面接触点的摩擦力送丝，如图2-3-7所示。

由于摩擦力小，送丝速度不够平稳。当送丝轮夹紧力太大时，焊丝易被夹扁，甚至压出直棱，会加剧焊丝嘴内孔的磨损。日本松下YM—5080FHK4型送丝机构、日本大坂CM—231型送丝机构、南斯拉夫E6/1型及我国生产的大多数送丝机构都采用这种送丝方式。

（2）行星双曲线送丝机构　采用特殊设计的双曲线送丝轮（见图2-3-8），使焊丝与送丝轮保持线接触，送丝摩擦力大，速度均匀，送丝距离大，焊丝没有压痕，能校直焊丝，对带轻微锈斑的焊丝有除锈作用，且送丝机构简单，性能可靠，但双曲线送丝轮设计与制造较麻烦。

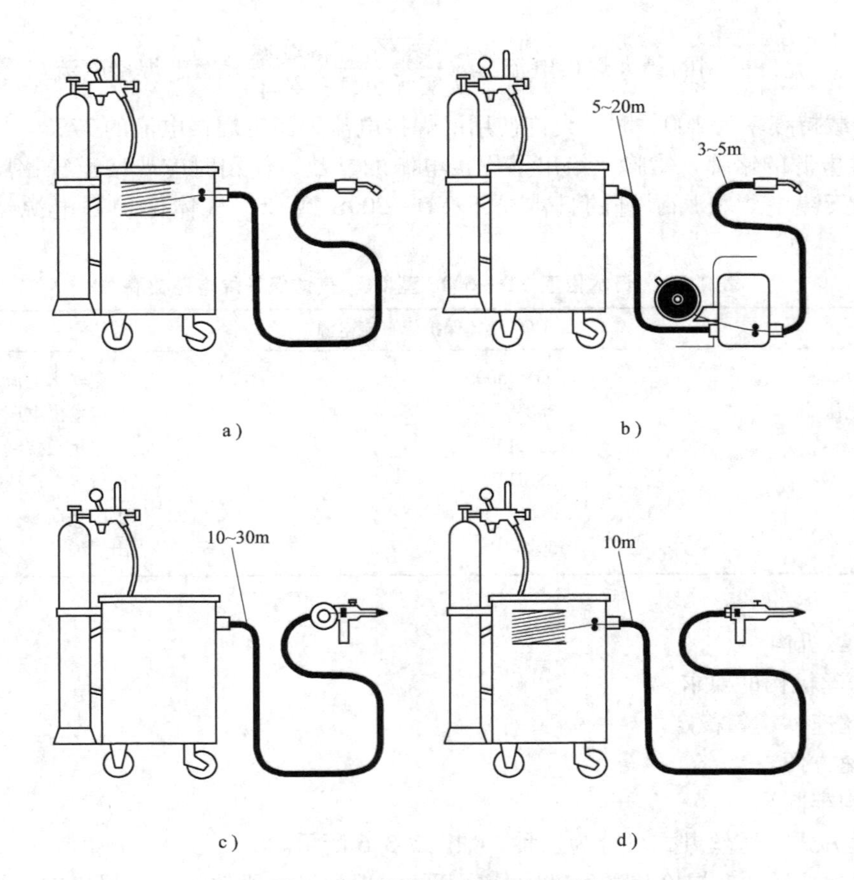

图 2-3-6　送丝方式结构示意图

a）与焊接电源一体化的推丝式送丝　b）分离的推丝式送丝

c）拉丝式送丝　d）推拉式送丝

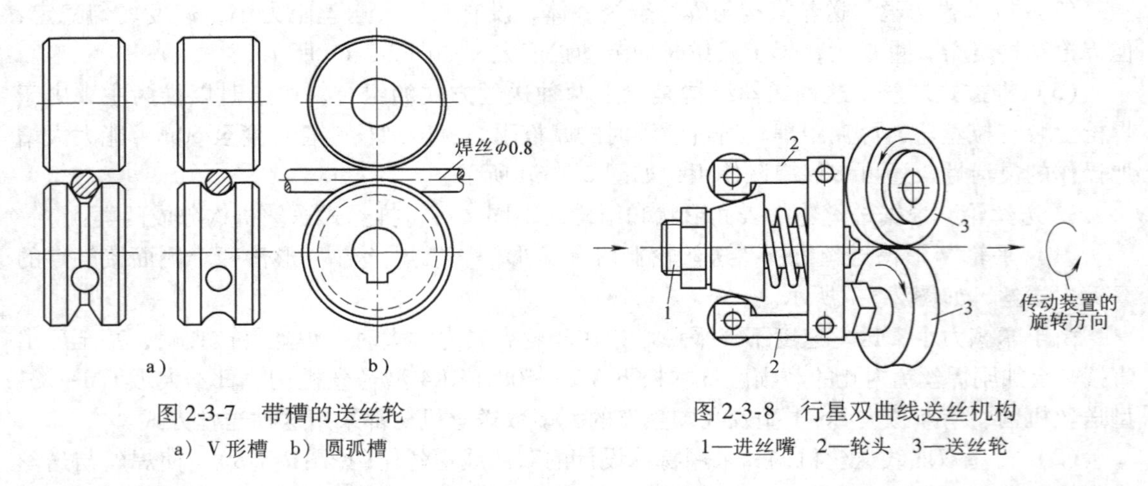

图 2-3-7　带槽的送丝轮

a）V 形槽　b）圆弧槽

图 2-3-8　行星双曲线送丝机构

1—进丝嘴　2—轮头　3—送丝轮

德国 OVB—RV 型送丝机采用的就是这种送丝机构，机械工业部哈尔滨焊接研究所设计的 SXJ—1 型送丝机已通过鉴定，并由牡丹江无线电厂组织生产，也采用这种方式送丝。

4. 推丝式送丝机构的简单介绍　常见的推丝式送丝机构示意图如图 2-3-9 所示。

装焊丝时应根据焊丝直径选择合适的V形槽，并调整好压紧力，若压紧力太大，将会在焊丝上压出棱边和很深的齿痕，送丝阻力增大，焊丝嘴内孔易磨损；若压紧力太小，则送丝不均匀，甚至送不出焊丝。

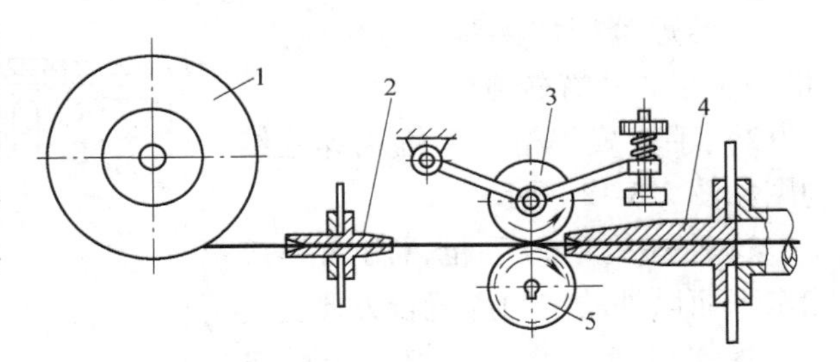

图 2-3-9　推丝式送丝机构示意图

1—焊丝盘　2—进丝嘴　3—从动压紧轮　4—出丝嘴　5—主动送丝轮

四、焊枪

1. 焊枪的种类　根据送丝方式的不同，焊枪可分成如下两类：

（1）拉丝式焊枪　拉丝式焊枪结构图如图 2-3-10 所示。

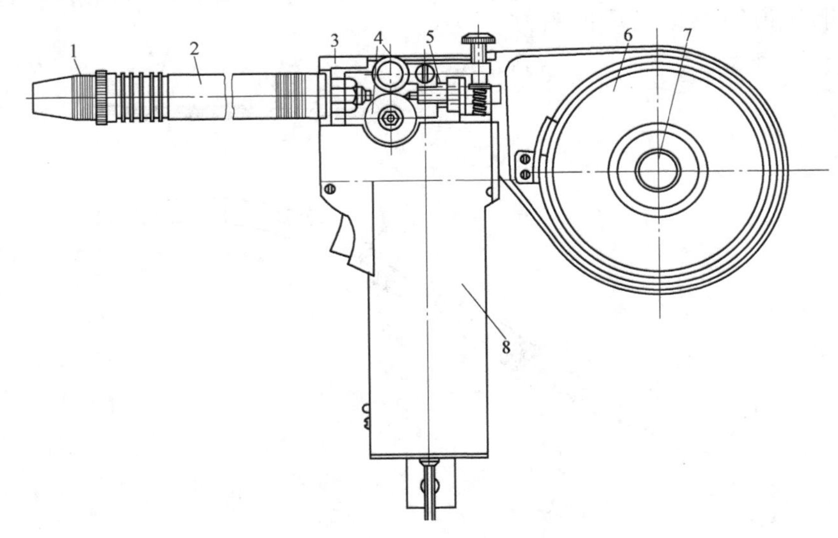

图 2-3-10　拉丝式焊枪

1—喷嘴　2—枪体　3—绝缘外壳　4—送丝轮　5—螺母　6—焊丝盘　7—压栓　8—电动机

这种焊枪的主要特点是送丝均匀稳定，其活动范围大，但因送丝机构和焊丝都装在焊枪上，故焊枪结构复杂、笨重，只能使用直径 $\phi0.5 \sim \phi0.8$mm 的细丝焊接。

（2）推丝式焊枪　这种焊枪结构简单、操作灵活，但焊丝经过软管时受较大的摩擦阻力，只能采用 $\phi1$mm 以上的焊丝焊接。

推丝式焊枪按形状不同，可分为两种：

1）鹅颈式焊枪：鹅颈式焊枪结构图如图 2-3-11 所示。

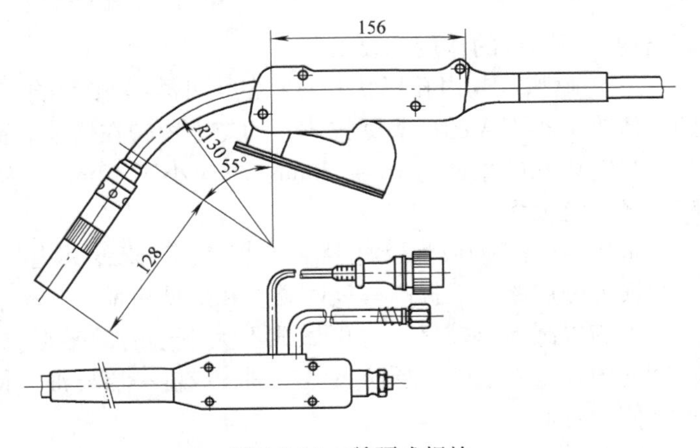

图 2-3-11　鹅颈式焊枪

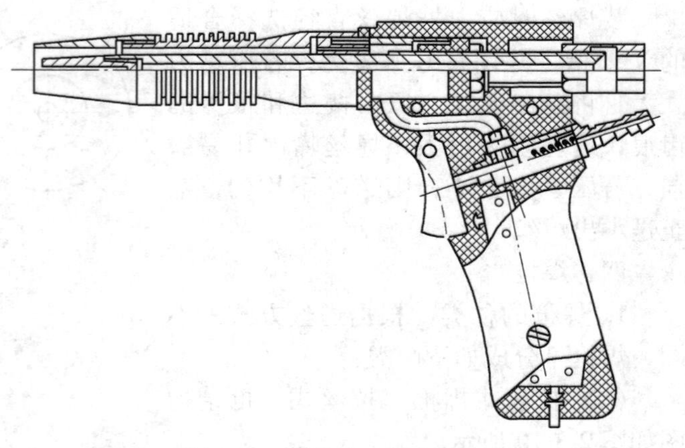

图 2-3-12　手枪式水冷焊枪

这种焊枪形似鹅颈，应用较广，但用于平焊位置较方便。

2）手枪式焊枪：手枪式焊枪结构图如图 2-3-12 所示。

这种焊枪形似手枪，用来焊接除水平面以外的空间焊缝较方便。

焊接电流较小时，焊枪采用自然冷却。当焊接电流较大时，采用水冷式焊枪。

2. 鹅颈式焊枪的结构　典型的鹅颈式焊枪的结构如图 2-3-13 所示。

下面按顺序说明鹅颈式焊枪头部结构主要部件的作用和要求：

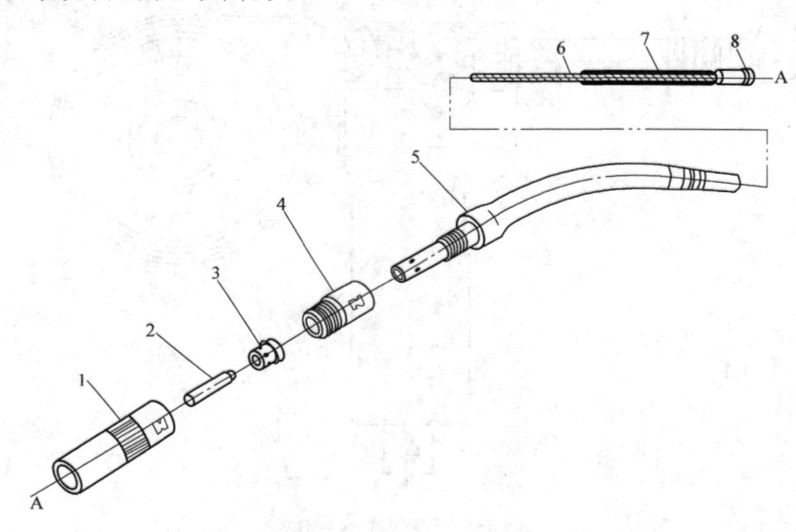

图 2-3-13　鹅颈式焊枪头部的结构

1—喷嘴　2—焊丝嘴　3—分流器　4—接头　5—枪体
6—弹簧软管　7—塑料密封管　8—橡胶密封圈

（1）喷嘴　其内孔形状和直径的大小将直接影响气体的保护效果，要求从喷嘴中喷出的气体为上小下大的截头圆锥体，均匀地覆盖在熔池表面，如图 2-3-14 所示。

喷嘴内孔的直径为 16～22mm，不应小于 12mm，为节约保护气体，便于观察熔池，喷嘴直径不宜太大。

常用纯（紫）铜或陶瓷材料制造喷嘴，为降低其内外表面的粗糙度，要求在纯铜喷嘴的表面镀上一层铬，以提高其表面硬度和降低粗糙度。

喷嘴以圆柱形较好，也可做成上大下小的圆锥形，如图 2-3-15 所示。焊接前，最好在喷嘴的内外表面上喷一层防飞溅喷剂，或刷一层硅油，便于清除粘附在喷嘴上的飞溅并延长喷嘴使用寿命。

（2）焊丝嘴　又称导电嘴，其外形如图 2-3-16 所示，它常用纯铜和铬青铜制造。为保证导电性能良好，减小送丝阻力和保证对中心，焊丝嘴的内孔直径必须按焊丝直径选取，孔径太小，送丝阻力大，孔径太大则送出的焊丝端部摆动太厉害，造成焊缝不直，保护也不好。通常焊丝嘴的孔径比焊丝直径大0.2mm左右。

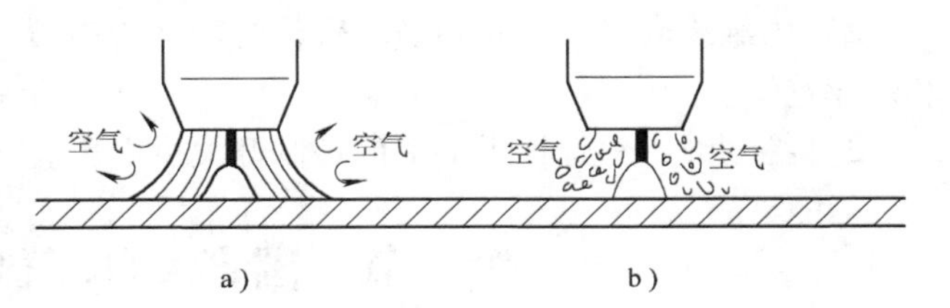

图2-3-14 保护气的形状

a）层流 b）紊流

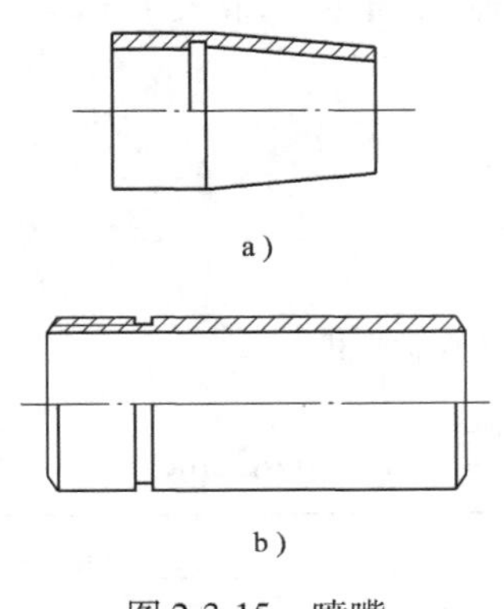

图2-3-15 喷嘴

a）圆锥形 b）圆柱形

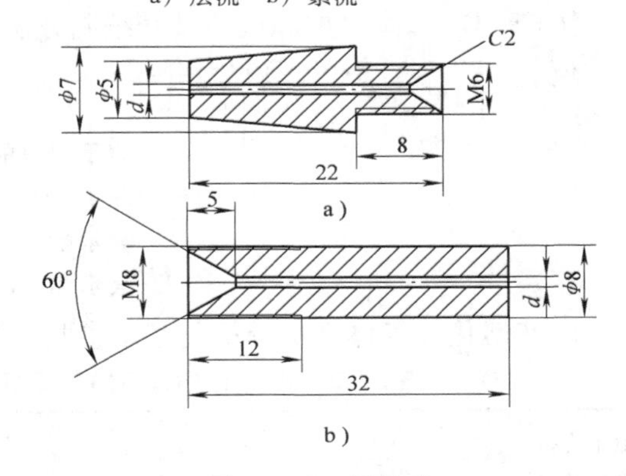

图2-3-16 焊丝嘴

a）用于细丝 b）用于直径 >2mm 的焊丝

（3）分流器 分流器采用绝缘陶瓷制成，上有均匀分布的小孔，从枪体中喷出的保护气经分流器后，从喷嘴中呈层流状均匀喷出，可改善保护效果，分流器的结构如图2-3-17所示。

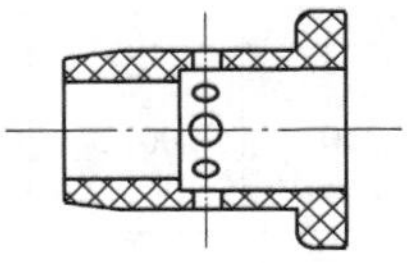

图2-3-17 分流器

（4）导管电缆 导管电缆的外面为橡胶绝缘管，内有弹簧软管、纯铜导电电缆、保护气管和控制线，常用的标准长度是3m，若根据需要，可采用6m长的导管电缆，其结构如图2-3-18所示。导管电缆有如下部分组成：

1）弹簧软管：用不锈钢丝缠绕成的密排弹簧软管，保证硬度好不生锈，以减少送丝时的摩擦阻力，弹簧软管的表面套有不透气的耐热塑料管。焊接过程中应注意以下事项：

① 经常将弹簧软管内的铜屑及脏物清理干净，以减少送丝阻力。

② 检查弹簧软管外的塑料管是否破损，如有破损处，会漏气，焊接时因 CO_2 流量不够会产生气孔。若发现塑料层破裂、漏气，需及时更换。

③ 应根据焊丝直径，正确选择弹簧软管的内径。若焊丝粗，弹簧软管内径小，则送丝阻力大；若焊丝细，弹簧软管内径大，送丝时焊丝在软管中容易弯曲，影响送丝效果。

④ 如果用熔化极气体保护焊用铝焊丝，因焊丝很软，必须采用内径合适的聚四氟乙烯软管，才能减少摩擦，保证顺利送丝。

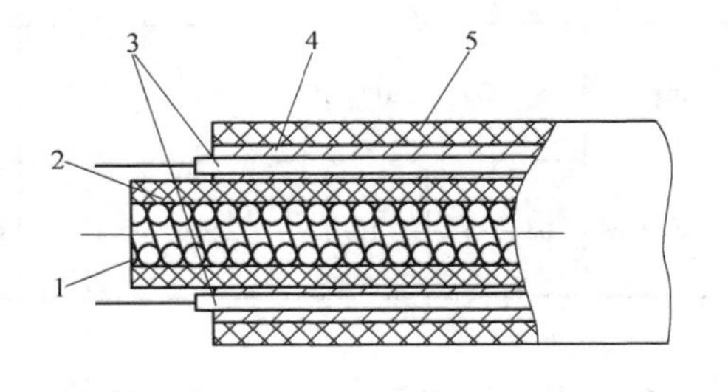

图2-3-18 导管电缆结构图

1—可更换弹簧软管 2—内绝缘套管 3—控制线 4—电焊电流软电缆 5—橡胶绝缘外套管

2）内绝缘套管：防止弹簧软管外的塑料管破裂，并应保证整根导管电缆中焊接软电缆和焊丝绝缘。

3）控制线：给焊枪手柄上的控制开关供电用。

第二节　国产 CO_2 气体保护焊机

一、焊机的型号

国产 CO_2 气体保护焊机的型号编制方法见本书第一篇第三章第二节表 1-3-2。

例　　NBC—250

- 250：表示焊机的额定焊接电流为 250A
- C：表示 CO_2 气体保护焊机
- B：表示半自动焊机
- N：表示 MAG、MIG、CO_2 气体保护焊机

国产熔化极气体保护焊机的基本参数（见表 2-3-2）。

表 2-3-2　半自动 CO_2/MAG 焊机的基本参数（摘自 GB/T 10249—1988）

额定焊接电流等级/A	调节范围（A/V）		额定负载电压/V	焊丝直径/mm	焊接速度/（m/min）	送丝速度/（m/min）			额定负载持续率（%）	工作周期/min
	上限不小于	下限不大于				上限不小于		下限不大于		
						MIG/MAG	CO_2			
160	160/22	40/16	22	0.6 0.8 1.0		15	9～12	3	60 或 100	5 或 10
200	200/24	60/17	24	0.8 1.0		15	9～12	3	60 或 100	5 或 10
250	250/27	60/17	27	0.8 1.0 1.2		15	12	3	60 或 100	5 或 10
315（300）	315（300）/30	80/18	30	0.8 1.0 1.2	0.2～1.0	15	12	3	60 或 100	5 或 10
400	400/24	80/18	34	1.0 1.2 1.6	0.2～1.0	15	12	3	60 或 100	5 或 10
500	500/39	100/19	39	1.0 1.2 1.6	0.2～1.0	15	12	3	60 或 100	5 或 10
630	630/44	110/19	44	1.2 1.6 2.0	0.2～1.0	15	12	2.4	60 或 100	5 或 10

二、国产半自动 CO_2、MIG 和 MAG 熔化极气体保护焊机的型号与技术数据

国产半自动熔化极气体保护焊机有三种类型，分别介绍如下：

1. 抽头式 CO_2 气体保护焊机　这类焊机的电源变压器的一次线圈有很多抽头，可通过

开关改变一次线圈的匝数，改变变压比实现有级调节焊机输出的直流电压，达到改变焊接电流和电弧电压的目的。

这类焊机的结构简单。维修方便，价格便宜。其送丝机可以放在电源内，也可以做成分体式。

抽头式自动 CO_2 焊机的型号和技术参数见表 2-3-3。

表 2-3-3 抽头式半自动 CO_2 焊机的主要技术参数

项目 \ 型号	NBC—200	NBC—250	NBC—315	NBC—400
输入电压/V	380			
相数	3			
焊接电压/V	16～24	16～27	16～30	16～34
焊接电流/A	30～200	30～250	30～315	30～400
负载持续率(%)	60			
送丝速度/(m/min)	3～15			
保护气体	CO_2			
机身重量/kg	105	115	135	140

2. 晶闸管式半自动熔化极气体保护焊机　这类焊机的电源采用晶闸管或晶闸管模块控制，送丝机和焊枪采用分体式结构，焊工的工作范围较大。

这类焊机的控制精度高，电网电压波动时，通过控制电路可自动补偿，保证焊接参数稳定，按规定当电网电压在 ±10% 范围内变化时，焊接参数的变化范围 ≤ ±3%，一般都能达到 ±1%。因此，焊接质量好，生产效率高。广泛用于不锈钢、碳钢、铝及铝合金的焊接。

国产晶闸管式半自动熔化极气体保护焊机的型号和技术数据见表 2-3-4。

表 2-3-4 晶闸管式 MIG/MAG 焊机的主要技术参数

项目 \ 型号	NB—200	NB—350	NB—500
输入电压/V	380		
相数	3		
输入容量/kVA	7.6	18.1	31.9
空载电压/V	34	52	66
输出电压/V	DC15～25	DC16～36	DC6～45
输出电流/A	DC50～200	DC50～350	DC60～500
适用焊丝直径/mm	0.8～1.0	0.8～1.2	1.0～1.6
负载持续率(%)	60		
机身重量/kg	98	128	168

注：唐山-松下产业机器有限公司的产品型号为 KR—200，KR—350 和 KR—500 焊机。

3. 逆变式半自动熔化极气体保护焊机　这类焊机的电源用IGBT大功率器件做逆变元件，动态响应快，电弧稳定，具有设备重量轻，空载损耗低，效率高，引弧快，焊接质量高，飞溅小，焊接参数稳定，使用调节方便等优点。其主要技术参数见表2-3-5。

表2-3-5　逆变式半自动熔化极气体保护焊机的主要技术参数

项目＼型号	NB—200	NB—350	NB—500
输入电压/V	380		
输入容量/kVA	6.8	18	26.8
空载电压/V	35	42	54
焊接电流/A	200	350	500
负载持续率(%)	60		
焊丝直径/mm	0.8～1.0	0.8～1.2	0.8～1.6
送丝速度/(m/min)	0～13		
机身重量/kg	34	38	42

第三节　焊机的使用与维护

一、焊机的安装

1. 安装要求

1）电源电压、开关、熔丝容量必须符合焊机铭牌上的要求，千万不能将额定输入电压为220V的设备接在380V的电源上。

2）每台设备都用一个专用的开关供电，设备与墙距离应大于0.3m，保证通风良好。

3）设备导电外壳必须接地线，地线截面必须大于12mm²。

4）凡需用水冷却的焊接电源或焊枪，在安装处必须有充足可靠的冷却水，为保证设备安全，最好在水路中串联一个水压继电器，无水时可自动断电，以免烧毁焊接电源及焊枪。使用循环水箱的焊机，冬天应注意防冻。

5）根据焊接电流的大小，正确选择电缆软线的截面。

如果焊接区离焊机较远，为减小线路损失，必须选择合适的焊接软线及地线截面。

可按下式计算焊接软线截面：

$$\text{焊接软线截面积} \approx \frac{1}{50} \times \frac{\text{焊接电缆长(m)} \times \text{焊接电流(A)}}{\text{允许压降(V)}} \text{mm}^2$$

当焊接电缆允许压降为4V时，可按表2-3-6选定焊接软线的截面。

表2-3-6　焊接软线截面与距离的关系

电流/A＼距离/m	20	30	40	50	60	70	80	90	100
100	30	38	38	38	38	38	38	50	50
150	30	38	38	38	50	50	60	80	80

（续）

电流/A \ 距离/m	20	30	40	50	60	70	80	90	100
200	38	38	38	50	60	80	80	100	100
250	38	50	50	60	80	100	100	125	125
300	38	50	60	80	100	100	125	125	—
350	38	50	80	80	100	125	—	—	—
400	38	60	80	100	125	—	—	—	—
450	50	80	100	125	—	—	—	—	—
500	50	80	100	125	—	—	—	—	—
550	50	80	100	125	—	—	—	—	—
600	80	100	125	—	—	—	—	—	—

2. 焊机的安装步骤　焊机安装前必须认真地阅读设备使用说明书，了解基本要求后才能按下述步骤进行安装。

1）查清电源的电压，开关和熔丝的容量。这些要求必须与设备铭牌上标明的额定输入参数完全一致。

2）焊接电源的导电外壳必须用截面积大于12mm的导线可靠接地。

3）用电缆将焊接电源输出端的负极和焊件接好，将正极与送丝机接好。

注意，CO_2 气体保护焊通常都采用直流反接，可获得较大的熔深和生产效率。如果用于堆焊，为减小堆焊层的稀释率，最好采用直流正接，这两根电缆的接法正好与上述要求相反。

4）接好遥控盒插头，以便焊工能在焊接处灵活地调整焊接参数。

5）将流量计至焊接电源及焊接电源至送丝机处的送气胶管接好。

6）将减压调压器上的预热器的电缆插头，插至焊机插座上并拧紧（接通预热器电源）。

7）将焊枪与送丝机接好。

8）若焊机或焊枪需用水冷却，则接好冷却水系统，冷却水的流量和水压必须符合要求。

9）接好焊接电源至供电电源开关间的电缆，若焊机固定不动，焊机至开关这段电缆，按要求应从埋在地下的钢管中穿过。若焊机需移动，最好采用截面合适和绝缘良好的四芯橡套电缆。

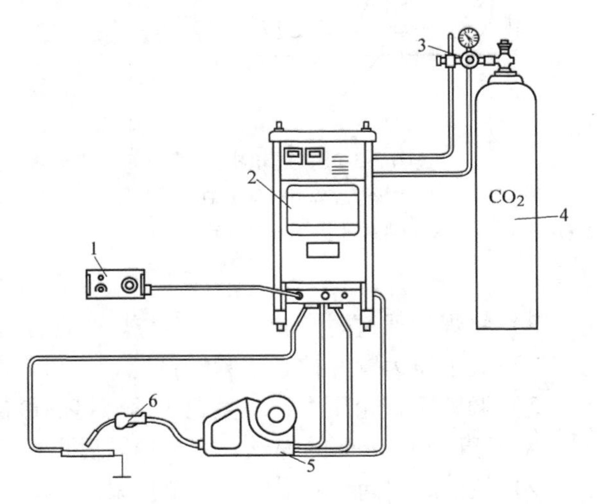

图 2-3-19　YM—500S 型半自动 CO_2 气保焊机

1—遥控盒　2—电源　3—减压调节器

4—气瓶　5—送丝机　6—焊枪

二、焊机的使用与调整方法

以天津电焊机厂引进的松下 YM—500S 型 CO_2 气体保护焊机为例，说明焊机的使用与调整方法。

这种焊机的功能较完善，工作较可靠、且较耐用，我国很多生产厂引进了该焊机的生产技术，功能大同小异。

YM—500S 型 CO_2 气体保护焊机的组成如图 2-3-19 所示，送丝机构的型号为 YM—508UFHNK4，焊枪型号为 YT—502CCS，遥控盒的型号为 YD—50IURZ，CO_2 气体减压调节器的型号为 YX—256C。

1. 选择控制按钮　YM—500S 型焊机可采用直径 1.2mm 和 1.6mm 的焊丝，纯 CO_2 气或氩气与 CO_2 混合气进行焊接。焊接前需预先调整好这些开关的位置。调整方法如图 2-3-20 所示。

这些开关必须在焊前调整好，焊接过程开始后不再调整。

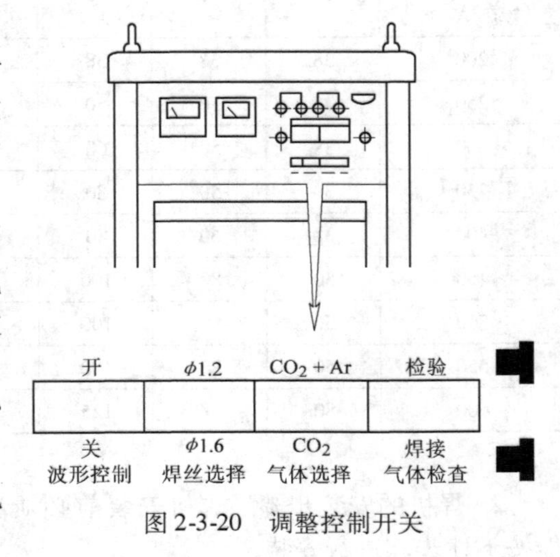

图 2-3-20　调整控制开关

2. 装焊丝　图 2-3-21 为与 YM—500S 型焊机配套的送丝机，其型号为 YM—508UFHNK—4。

按下述步骤装焊丝：

1）将焊丝盘装在轴上并锁紧。

2）将压紧螺钉松开 1 并转到左边，顺时针翻起压力臂 2，如图 2-3-22 所示。

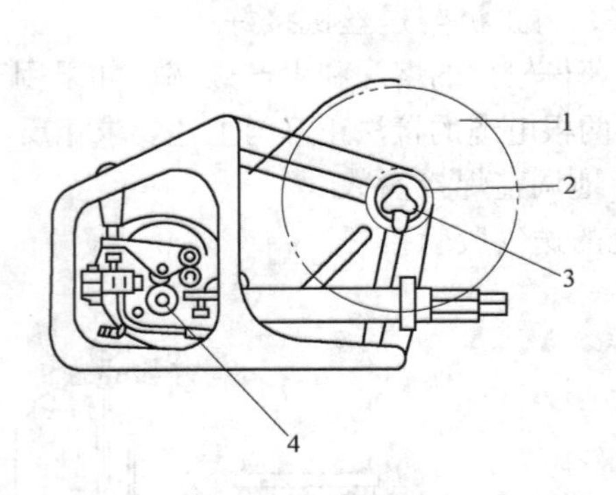

图 2-3-21　送丝机

1—焊丝盘　2—焊丝盘轴

3—锁紧螺母　4—送丝轮

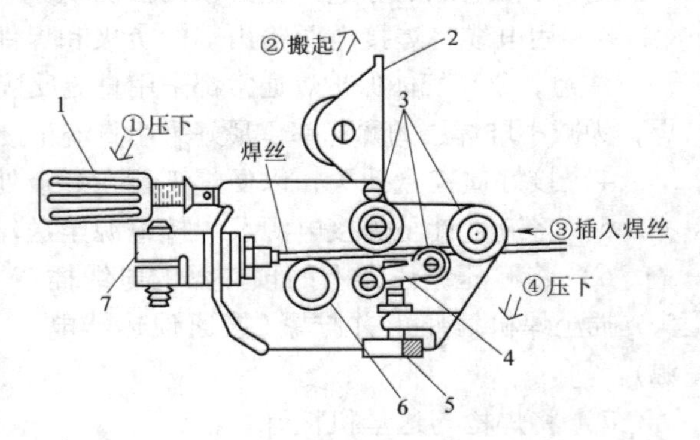

图 2-3-22　装焊丝步骤按①→②→③→④顺序装焊丝

1—压紧螺钉　2—压力臂　3—校直轮　4—活动校正臂

5—校正调整螺钉　6—送丝轮　7—焊枪电缆插座

3）将焊丝通过矫直轮 3，并经与焊丝直径对应的 V 形槽插入导管电缆约 20 ~ 30mm。

4）放下压力臂并拧紧压紧螺钉。

5）调整矫直轮压力，矫直轮压紧螺钉的最佳位置如下：

对于直径 1.2mm 的焊丝，完全拧紧后再松开 1/4 圈。

对于直径 1.6mm 的焊丝，完全拧紧。

6）按遥控器上的步进按钮，直到焊丝头超过导电嘴端 10 ~ 20mm 为止。

3. 安装减压流量调节器并调整流量

1）操作者站在气瓶嘴的侧面，缓慢开、闭气瓶阀门 1 ~ 2 次，检查气瓶是否有气，并吹净瓶口上的脏物。

2）装上减压流量调节器，并拧紧螺母，（顺时针方向），然后缓慢地打开瓶阀，检查接口处是否漏气。

3）按下焊机面板上的保护气检查开关，此时电磁气阀打开，可慢慢拧开流量调节手柄，流量调至符合要求为止。

4）流量调好后，再按一次保护气检查开关，此开关自动复位，气阀关闭，气路处于准备状态，一旦开始焊接，即按调好的流量供气。

4. 选择焊机的工作方式　YM—500S 型焊机有三种工作方式，可用“自锁、弧坑”控制开关选择。此开关在焊机的左上方，位于电流表与电压表的下面。

当自锁电路接通时，只要按一下焊枪上的控制开关，就可松开，焊接过程自动进行，焊工不必一直按着焊枪上的开关，操作时较轻松。当“自锁”电路不通时，焊接过程中焊工必须一直按着控制开关，只要松开此开关焊接过程立即停止。

当弧坑电路接通时(ON)，收弧处将按预先选定的焊接参数自动衰减，能较好地填满弧坑。若弧坑电路不通(OFF)，收弧时焊接参数不变。

下面讨论每种工作方式的特点。

1）第一种工作方式：“工作方式选择开关”搬向上方时，为第一种工作方式。

在第一种工作方式，“自锁与弧坑控制电路”都处于接通状态，焊接过程如图 2-3-23 所示。

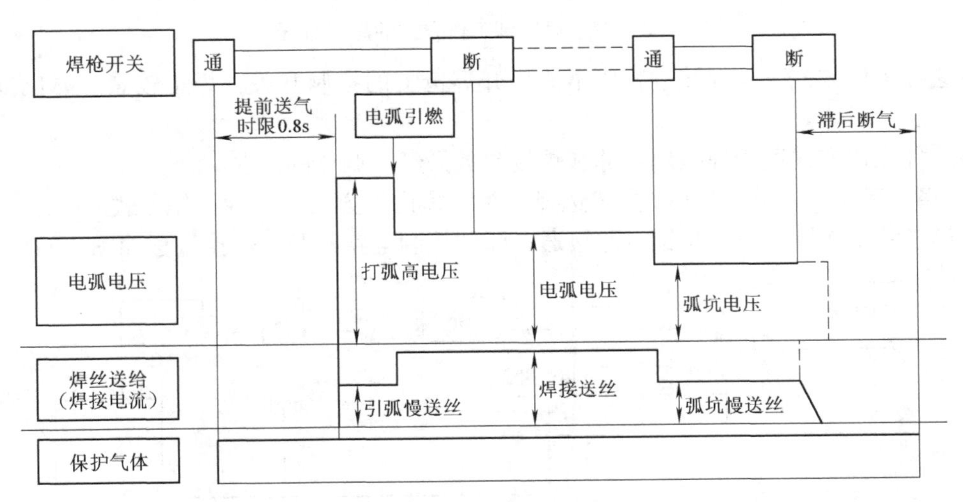

图 2-3-23　第一种工作方式的焊接过程

因为自锁电路处于接通状态，焊接过程开始后，即可松开焊枪上的控制开关，焊接过程自动进行，直到第二次按焊枪上的控制开关为止。

当第二次按焊枪上的控制开关时，弧坑控制电路开始工作，焊接电流与电弧电压按预先调整好的参数衰减，电弧电压降低，送丝速度减小，第二次松开控制开关时，填弧坑结束。

填弧坑时采用的电流和电压(即送丝速度)，可分别用弧坑电流、弧坑电压旋钮调节。

操作时应特别注意以下要点：

焊枪控制开关第二次接通时间的长短是填弧坑时间。这段时间必须根据弧坑状况选择。

若时间太短，弧坑填不满；若时间太长，弧坑处余高太大，还可能会烧坏焊丝嘴。开关接通时间必须在实践中反复练习才能掌握。

第一种控制方式，适用于连续焊长焊缝，焊接参数不需经常调整的情况。

2）第二种工作方式：“工作方式选择开关”搬在中间时为第二种工作方式。

在第二种工作方式下，“自锁和弧坑控制线路”都处于断开状态。焊接过程如图 2-3-24 所示。

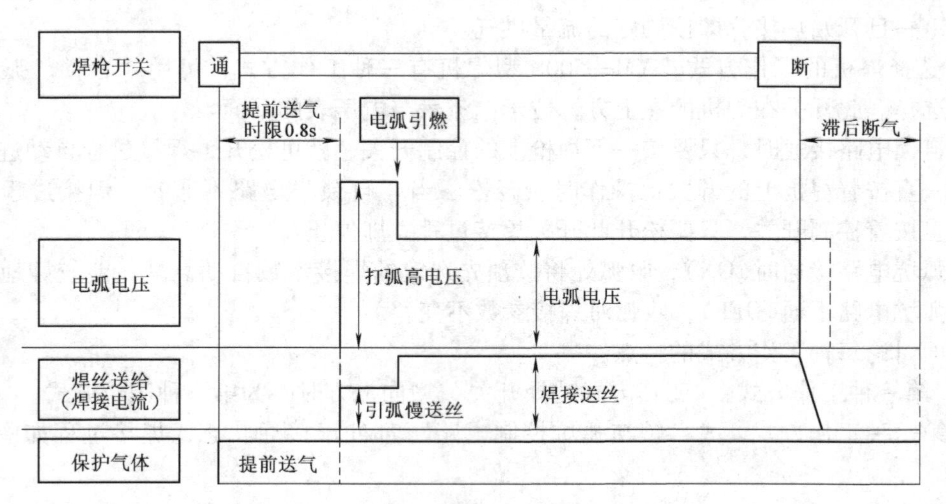

图 2-3-24　第二种工作方式的焊接过程

在这种工作方式下，焊接过程中不能松开焊枪上的控制开关，焊工较累。靠反复引弧、断弧的办法填弧坑。

第二种工作方式适于焊接短焊缝和焊接参数需经常调整的情况。

3）第三种工作方式：“工作方式选择开关”搬向下方为第三种工作方式。

在第三种工作方式下，自锁电路接通，弧坑控制电路断开，焊接过程如图 2-3-25 所示。

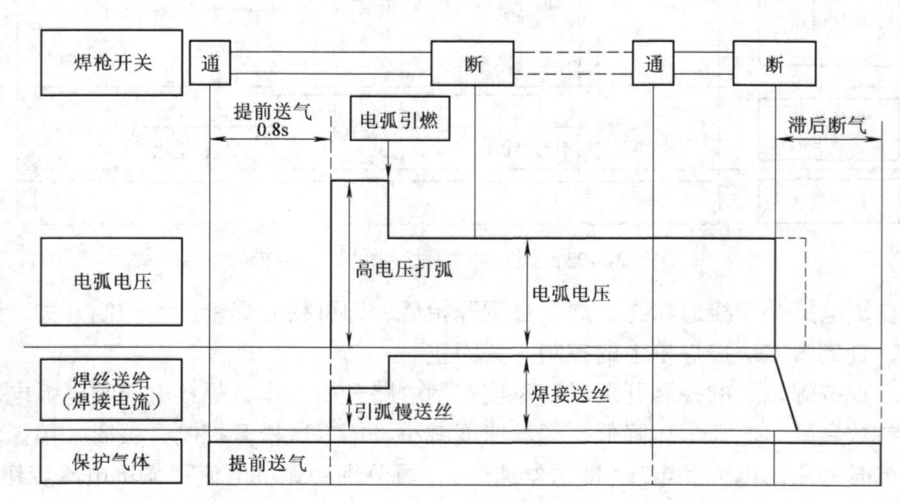

图 2-3-25　第三种工作方式的焊接过程

在第三种工作方式下，焊接过程一转入正常状态，焊工就可以松开焊枪上的控制开关，自锁电路保证焊接过程自动进行。需要停止焊接时，第二次按焊枪上的控制开关，焊接过程立即自动停止，因弧坑控制电路不起作用，焊接电流不能自动衰减，为填满弧坑，需在弧坑处反复引弧、断弧几次，直到填满弧坑为止。

5. 调整焊接参数　YM—500S 型焊机采用一元化控制方式，调整焊接参数简单，通常按下述步骤进行。

1）将遥控盒上的输出焊接电流调整旋钮的指针旋至预先选定的焊接电流刻度处，电压微调旋钮调至零处；如图 2-3-26 所示。

注意：电流有两圈刻度，内圈用于直径 1.2mm 的焊丝，外圈用于直径 1.6mm 的焊丝。

2）引燃电弧，并观察电流表读数与所选值是否相符，若不符，则再调输出旋钮至电流读数相符为止。

3）根据焊缝成形情况，用电压微调旋钮修正电弧电压值，直到焊缝宽度满意为止。

若焊缝较窄或两边熔合不太好，可适当增加电压，将微调旋钮按顺时针转动；若焊缝太宽或咬边，则降低电压，微调旋钮逆时针转动。

6. 调整收弧焊接参数　若选用弧坑控制工作方式(即第一种工作方式)则可用弧坑电流和弧坑电压调节旋钮，分别调节收弧电流和电压，如图 2-3-27 所示。

7. 调整波形控制开关　对于 CO_2 气体保护焊，当焊接电流在 100～180A 范围内时，由于熔滴是短路过渡和熔滴过渡的混合形式，飞溅大，电弧不稳定，焊缝成形不好。

当波形控制电路接通后(开关按下时)，如图 2-3-20 所示。在上述电流范围内，可改善焊接条件，减小飞溅，改善成形，并可提高焊接速度 20%～30%。

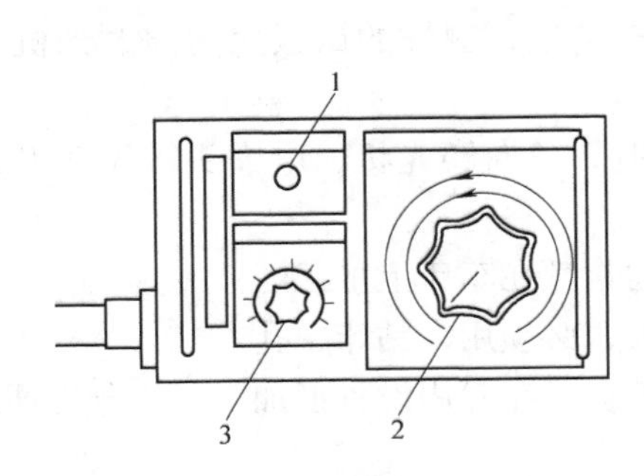

图 2-3-26　遥控盒

1—步进按钮　2—电流调整旋钮

3—电弧电压微调旋钮

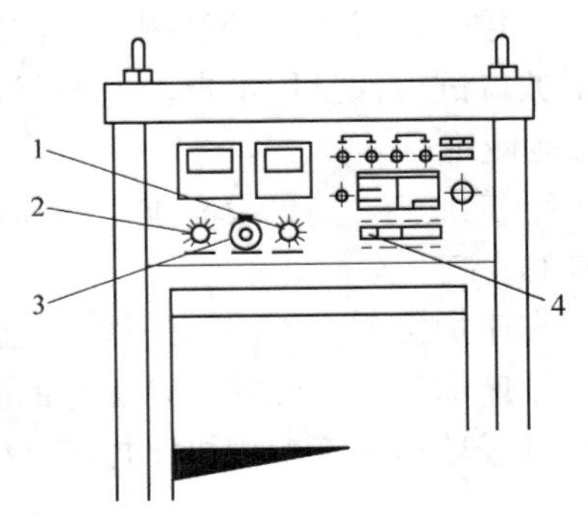

图 2-3-27　收弧焊接参数的调节

1—弧坑电压调节旋钮　2—弧坑电流调节旋钮　3—工作方式选择开关

4—波形控制开关

第四章　焊 接 工 艺

第一节　常用坡口形式

一、坡口形式

CO_2 气体保护焊可以焊接的接头形式及空间位置与焊条电弧焊相同，是十分灵活的。但由于 CO_2 气体保护焊使用的电流密度大，因此在坡口角度较小，钝边较大的情况下也能焊透；又由于其焊枪喷嘴直径较焊条直径粗得多，因此焊厚板采用 U 形坡口时的圆弧半径需较大些，才能保证根部焊透。

CO_2 气体保护焊推荐使用的坡口形式及尺寸，详见 GB/T 985—1988《气焊、焊条电弧焊及气体保护焊焊缝坡口的基本形式与尺寸》。

二、坡口加工方法

1. 刨床加工　各种形式的直坡口都可采用边缘刨床或牛头刨床加工。

2. 铣床加工　V 形坡口，Y 形坡口，双 Y 形坡口，I 形坡口的长度不大时，在高速铣床上加工是比较好的。

3. 数控气割或半自动气割　可割出 I 形、V 形、Y 形、双 V 形坡口，通常培训时使用的单 V 形坡口试板都是用半自动气割机割出来的，没有钝边，割好的试板用角向磨光机打磨一下就能使用。

4. 手工加工　如果没有加工设备，可用手工气割、角向磨光机、电磨头、风动工具或锉刀加工坡口。

5. 车床加工　管子端面的坡口及管板上的孔，通常都在车床上加工。

6. 钻床加工　只能加工管板上的孔，由于孔较大，必须用大钻床钻孔。

7. 管子坡口加工专用机床加工　管子端面上的坡口可在专用设备上加工，十分方便。

第二节　焊接参数的选择

合理地选择焊接参数是保证质量、提高效率的重要条件。CO_2 气体保护焊的焊接参数主要包括：焊丝直径、焊接电流、电弧电压、焊接速度、焊丝伸出长度、气体流量、电源极性、焊枪倾角、电弧对中位置、喷嘴高度等。下面分别讨论每个参数对焊缝成形的影响及选择原则。

一、焊丝直径的选择

焊丝直径越粗，允许使用的焊接电流越大，通常根据焊件的厚薄、施焊位置及效率等要求来选择。焊接薄板或中厚板的立、横、仰焊缝时，多采用直径 1.6mm 以下的焊丝。

焊丝直径的选择可参阅表 2-4-1。

焊丝直径对熔深的影响如图 2-4-1 所示。

表 2-4-1　焊丝直径的选择

焊丝直径/mm	焊件厚度/mm	施焊位置	熔滴过渡形式
0.8	1～3	各种位置	短路过渡
1.0	1.5～6	各种位置	短路过渡
1.2	2～12	各种位置	短路过渡
	中厚	平焊、平角焊	细颗粒过渡
1.6	6～25	各种位置	短路过渡
	中厚	平焊、平角焊	细颗粒过渡
2.0	中厚	平焊、平角焊	细颗粒过渡

焊接电流相同时，熔深将随着焊丝直径的减小而增加。

焊丝直径对焊丝的熔化速度也有明显的影响。当电流相同时，焊丝越细熔敷速度越高。

目前，国内普遍采用的焊丝直径是 0.8mm、1.0mm、1.2mm 和 1.6mm 几种。直径 3～4.5mm 的粗丝近来也有些厂矿开始使用。

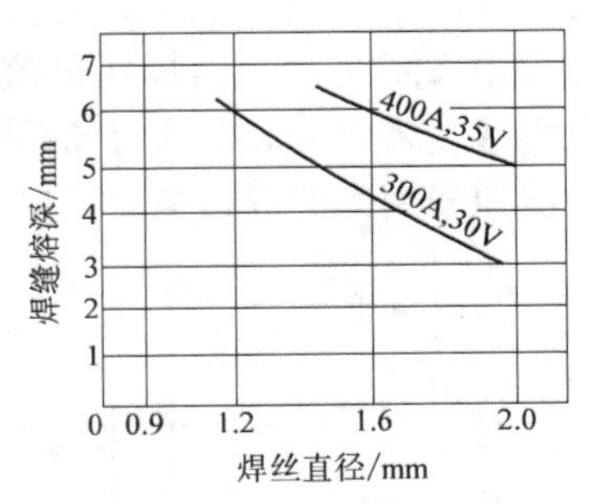

图 2-4-1　焊丝直径对熔深的影响

二、焊接电流的选择

焊接电流是重要焊接参数之一，应根据焊件厚度、材质、焊丝直径、施焊位置及要求的熔滴过渡形式来选择焊接电流的大小。

焊丝直径与焊接电流的关系见表 2-4-2。

表 2-4-2　焊丝直径与使用焊接电流的关系

焊丝直径/mm	使用电流范围/A（刻度 100、200、300、400、500）	适应板厚/mm
0.6	30～100	0.6～1.6
0.8	50～150	0.8～2.3
0.9	70～200	1.0～3.2
1.0	70～250	1.2～6
1.2	80～400	2.0～10
1.6	140～500	6.0 以上

每种直径的焊丝都有一个合适的电流范围，只有在这个范围内焊接过程才能稳定进行。通常直径 0.8～1.6mm 的焊丝，短路过渡的焊接电流在 40～230A 范围；细颗粒过渡的焊接电流在 250～500A 范围内。

当电源外特性不变时，改变送丝速度，此时电弧电压几乎不变，焊接电流发生变化。送丝速度越快，焊接电流越大。在相同的送丝速度下，随着焊丝直径的增加，焊接电流也增加。焊接电流的变化对熔池深度有决定性影响，随着焊接电流的增大，熔深显著地增加，熔宽略有增加，如图 2-4-2 所示。

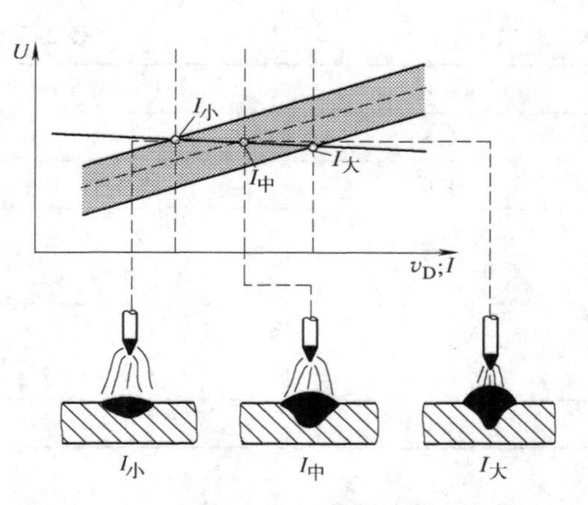

图 2-4-2　焊接电流对焊缝成形的影响

焊接电流对熔敷速度及熔深的影响，如图 2-4-3、图 2-4-4 所示。

由图可见，随着焊接电流的增加，熔敷速度和熔深都会增加。

但应注意：焊接电流过大时，容易引起烧穿、焊漏和产生裂纹等缺陷，且焊件的变形大，焊接过程中飞溅很大；而焊接电流过小时，容易产生未焊透，未熔合和夹渣等缺陷以及焊缝成形不良。通常在保证焊透、成形良好的条件下，尽可能地采用大的焊接电流，以提高生产效率。

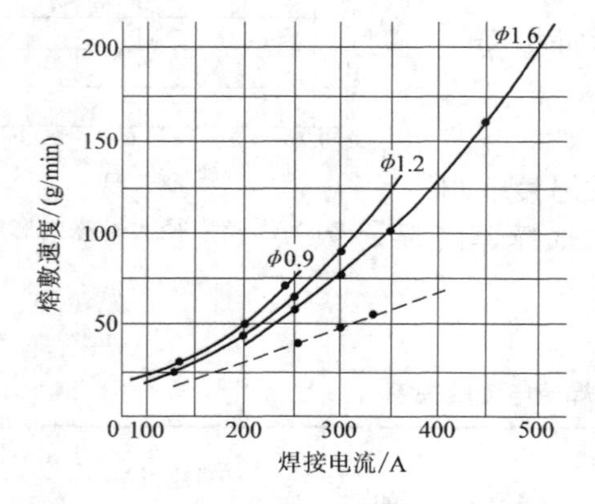

图 2-4-3　焊接电流对熔敷速度的影响

—表示 CO_2 气体保护焊的熔敷速度

---表示焊条电弧焊的熔敷速度

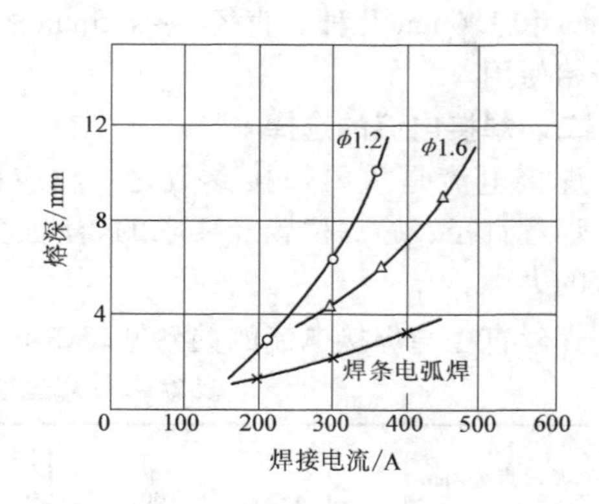

图 2-4-4　焊接电流对熔深的影响

○—表示 ϕ1. 2mm 焊丝的熔深

△—表示 ϕ1. 6mm 焊丝的熔深

×—表示焊条电弧焊的熔深

三、电弧电压的选择

电弧电压是重要的焊接参数之一。送丝速度不变时，调节电源外特性，此时焊接电流几乎不变，弧长将发生变化，电弧电压也会变化。

电弧电压对焊缝成形的影响如图 2-4-5 所示。

随着电弧电压的增加，熔宽明显地增加，熔深和余高略有减小，焊缝成形较好，但焊缝金属的氧化和飞溅增加，力学性能降低。

为保证焊缝成形良好，电弧电压必须与焊接电流配合适当。通常焊接电流小时，电弧电压较低；焊接电流大时，电弧电压较高。这种关系称为匹配。

在焊接打底层焊缝或空间位置焊缝时，常采用短路过渡方式，在立焊和仰焊时，电弧电压应略低于平焊位置，以保证短路过渡过程稳定。

短路过渡时，熔滴在短路状态一滴一滴地过渡，熔池较粘，短路频率为 5～100Hz。电弧电压增加时，短路频率降低。

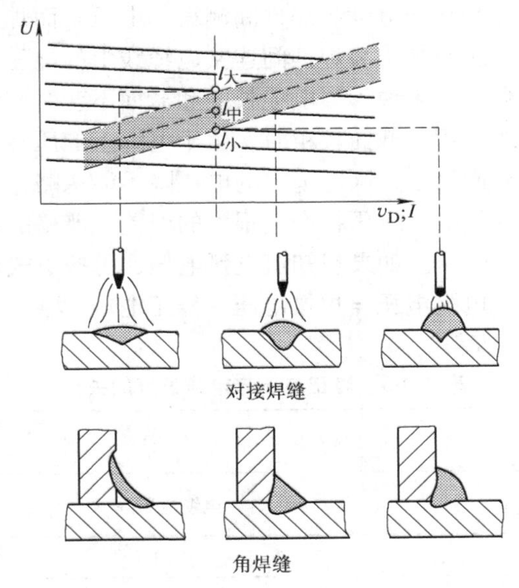

图 2-4-5　电弧电压对焊缝成形的影响

U—电弧电压　v_D—送丝速度　I—焊接电流

短路过渡方式下，电弧电压和焊接电流的关系，如图 2-4-6 所示。通常电弧电压为 17 ~24V。

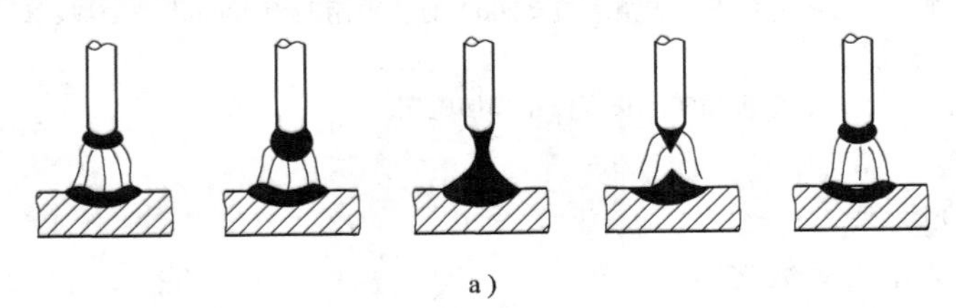

a）

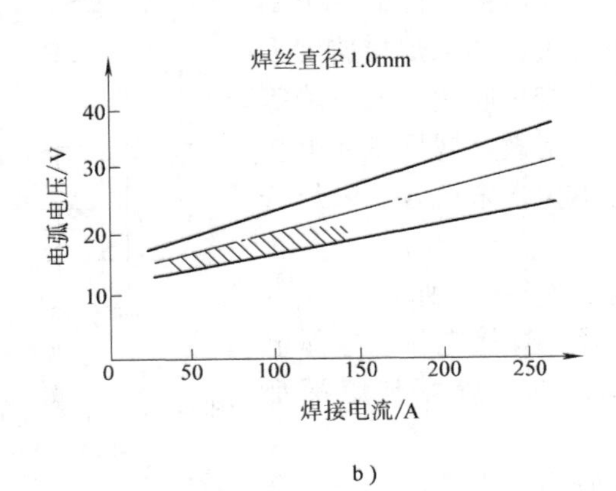

b）

图 2-4-6　短路过渡时电弧电压与电流的关系

a）示意图　b）函数图

由图 2-4-6 可见，随着焊接电流的增大，合适的电弧电压也增大。

电弧电压过高或过低对焊缝成形、飞溅、气孔及电弧的稳定性都有不利的影响。

应注意，焊接电压与电弧电压是两个不同的概念，不能混淆。

前面已经说过电弧电压是在导电嘴与焊件间测得的电压。而焊接电压则是电焊机上电压表显示的电压，它是电弧电压与焊机和焊件间连接电缆线上的电压降之和。显然焊接电压比电弧电压高，但对于同一台焊机来说，当电缆长度和截面不变时，它们之间的差值是很容易计算出来的，特别是当电缆较短，截面较粗时，由于电缆上的压降很小，可用焊接电压代替电弧电压；若电缆很长，截面又小，则电缆上的电压降不能忽略，在这种情况下，若用焊机电压表上读出的焊接电压替代电弧电压将产生很大的误差。严格的说：焊机电压表上读出的电压是焊接电压，不是电弧电压。如果想知道电弧电压，可按下式求得：

$$电弧电压 = 焊接电压 - 修正电压(V)$$

修正电压可从表 2-4-3 查得。

表 2-4-3　修正电压与电缆长度的关系

电流/A 电压/V 电缆长度/m	100	200	300	400	500
	电缆电压降/V				
10	约1	约1.5	约1.0	约1.5	约2.0
15	约1	约2.5	约2.0	约2.5	约3
20	约1.5	约3.0	约2.5	约3.0	约4
25	约2	约4.0	约3.0	约4.0	约5

注：此表是计算出来的，计算条件如下：焊接电流≤200A 时，采用截面 38mm^2 的导线；焊接电流≥300A 时，采用截面为 60mm^2 的导线。

当焊枪线长度超过 25m 时，应根据实际长度修正焊接电压。

四、焊接速度的选择

焊接速度是重要焊接参数之一。

焊接时电弧将熔化金属吹开，在电弧下形成一个凹坑，随后将熔化的焊丝金属填充进去，如果焊接速度太快，这个凹坑不能完全被填满，将产生咬边，或下陷等缺陷；相反，若焊接速度过慢时，熔敷金属堆积在电弧下方，使熔深减小，将产生焊道不匀、未熔合、未焊透等缺陷。

焊接速度对焊缝成形的影响如图 2-4-7 所示。

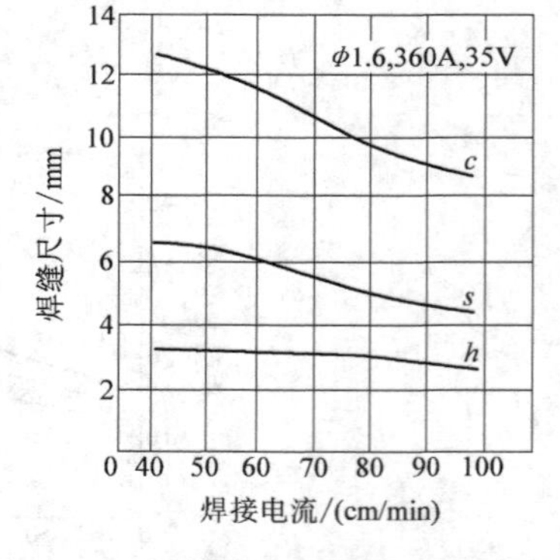

图 2-4-7　焊接速度对焊缝成形的影响

c—熔宽　h—余高　s—熔深

由图 2-4-7 可见，在焊丝直径、焊接电流、电弧电压不变的条件下，焊接速度增加时，熔宽与熔深都减小。

如果焊接速度过高，除产生咬边、未焊透、未熔合等缺陷外，由于保护效果变坏，还可能会出现气孔；若焊接速度过低，除降低生产率外，焊接变形将会增大。一般半自动焊时，焊接速度在 5~60m/h 范围内。

五、焊丝伸出长度的选择

焊丝伸出长度是指从导电嘴端部到焊丝端头间的距离，又叫干伸长。保持焊丝伸出长度不变是保证焊接过程稳定的基本条件之一。这是因为 CO_2 气体保护焊采用的电流密度较高，焊丝伸出长度越大，焊丝的预热作用越强，反之亦然。

预热作用的强弱还将影响焊接参数和焊接质量。

当送丝速度不变时，若焊丝伸出长度增加，因预热作用强，焊丝熔化快，电弧电压高，使焊接电流减小，熔滴与熔池温度降低，将造成热量不足，容易引起未焊透、未熔合等缺陷。相反，若焊丝伸出长度减小，将使熔滴与熔池温度提高，在全位置焊时可能会引起熔池铁液的流失。

预热作用的大小还与焊丝的电阻率、焊接电流和焊丝直径有关。对于不同直径、不同材料的焊丝，允许使用焊丝伸出长度是不同的，可按表 2-4-4 选择。

表 2-4-4　焊丝伸出长度的允许值

焊丝牌号 / 焊丝直径/mm	H08Mn2Si	H06Cr19Ni9Ti
0.8	6～12	5～9
1.0	7～13	6～11
1.2	8～15	7～12

焊丝伸出长度过小，妨碍观察电弧，影响操作；还容易因导电嘴过热夹住焊丝，甚至烧毁导电嘴，破坏焊接过程正常进行。

焊丝伸出长度太大时，因焊丝端头摆动，电弧位置变化较大，保护效果变坏，将使焊缝成形不好，容易产生缺陷。

焊丝伸出长度对焊缝成形的影响如图 2-4-8 所示。

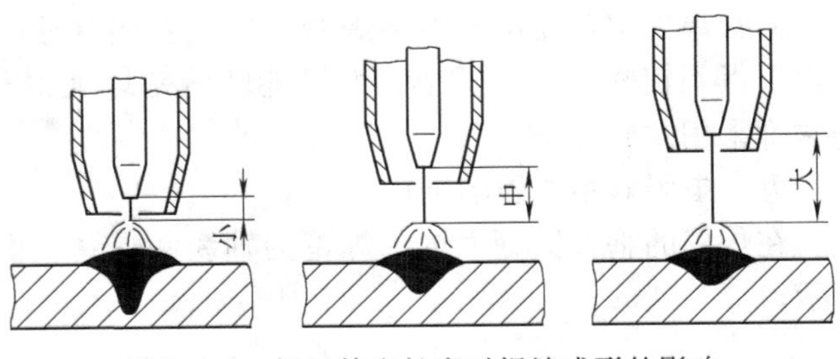

图 2-4-8　焊丝伸出长度对焊缝成形的影响

焊丝伸出长度小时，电阻预热作用小，电弧功率大、熔深大、飞溅少；伸出长度大时，电阻对焊丝的预热作用强，电弧功率小、熔深浅、飞溅多。

焊丝伸出长度不是独立的焊接参数，通常焊工根据焊接电流和保护气流量确定喷嘴高度的同时，焊丝伸出长度也就确定了。

六、电流极性的选择

CO_2 气体保护焊通常都采用直流反接(反极性)：焊件接阴极，焊丝接阳极。焊接过程稳定、飞溅小、熔深大。

直流正接时(正极性)，焊件为阳极，焊丝接阴极，在焊接电流相同时，焊丝熔化快(其熔化速度是反极性的 1.6 倍)，熔深较浅，余高大，稀释率较小，但飞溅较大。

根据这些特点，正极性主要用于堆焊、铸铁补焊及大电流高速 CO_2 气体保护焊。

七、气体流量的选择

CO_2 气体的流量，应根据对焊接区的保护效果来选取。接头形式、焊接电流、电弧电压、焊接速度及作业条件对流量都有影响。

流量过大或过小都影响保护效果，容易产生焊接缺陷。

通常细丝焊接时，流量为 5～15L/min；粗丝焊接时，约为 20L/min。

注意：需要纠正“保护气流量越大保护效果越好”这个错误观念。“保护效果并不是流量越大越好。”当保护气流量超过临界值时，从喷嘴中喷出的保护气会由层流变成紊流、会将空气卷入保护区、降低保护效果，使焊缝中出现气孔，增加合金元素的烧损。

八、焊枪倾角的选择

焊枪轴线和焊缝轴线之间的夹角 α 称为焊枪的倾斜角度，简称为焊枪的倾角。

焊枪的倾角是不容忽视的因素。当焊枪倾角在 80°～110°之间时，不论是前倾还是后倾，对焊接过程及焊缝成形都没有明显的影响；但倾角过大（如前倾角 $\alpha>115°$）时，将增加熔宽并减小熔深，还会增加飞溅。

焊枪倾角对焊缝成形的影响如图 2-4-9所示。

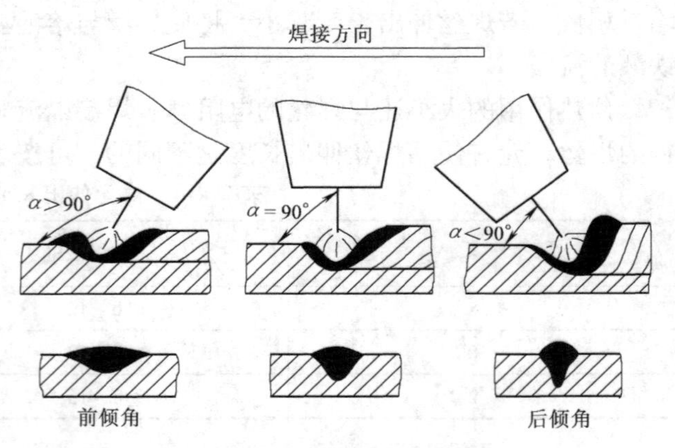

图 2-4-9　焊枪倾角对焊缝成形的影响

由图 2-4-9 可以看出：当焊枪与焊件成后倾角时（电弧始终指向已焊部分），焊缝窄，余高大，熔深较大，焊缝成形不好；当焊枪与焊件成前倾角时（电弧始终指向待焊部分），焊缝宽，余高小，熔深较浅，焊缝成形好。

通常焊工都习惯用右手持焊枪，采用左向焊法时（从右向左焊接），焊枪采用前倾角，不仅可得到较好的焊缝成形，而且能够清楚地观察和控制熔池，因此 CO_2 气体保护焊时，通常都采用左向焊法。

九、电弧对中位置的选择

在焊缝的垂直横剖面内，焊枪的轴线和焊缝表面的交点称电弧对中位置，如图 2-4-10 所示。

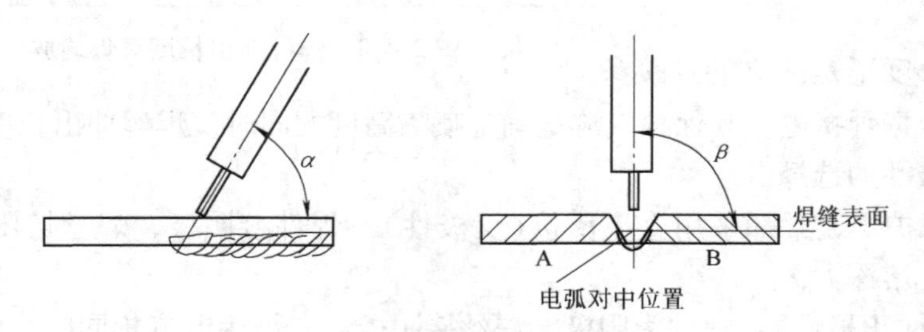

图 2-4-10　电弧的对中位置

在焊缝横截面内，焊枪轴线和焊缝表面的夹角 β 和电弧对中位置，决定电弧功率在坡口两侧的分配比例。当电弧对中位置在坡口中心时，若 $\beta<90°$，A 侧的热量多；$\beta=90°$，A、B 两侧的热量相等；若 $\beta>90°$，B 侧热量多。为了保证坡口两侧熔合良好，必须选择合适的电弧对中位置和 β 角。

电弧对中位置是电弧的摆动中心，应根据焊接位置处的坡口宽度选择焊道的数目、对中位置和摆幅的大小。

十、喷嘴高度的选择

喷嘴下表面和熔池表面的距离称为喷嘴高度，它是影响保护效果、生产效率和操作的重要因素。

喷嘴高度越大，观察熔池越方便，需要保护的范围越大，焊丝伸出长度越大，焊接电流对焊丝的预热作用越大，焊丝熔化越快，焊丝端部摆动越大，保护气流的扰动越大，因此要求保护气的流量越大；喷嘴高度越小，需要的保护气流量小，焊丝伸出长度短。通常根据焊接电流的大小按图 2-4-11 选择喷嘴高度。

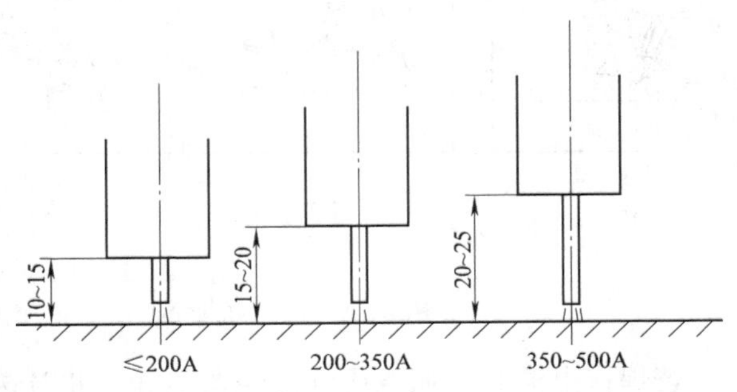

图 2-4-11　喷嘴与焊件间距离与焊接电流的关系

第三节　基本操作技术

CO_2 气体保护焊的质量是由焊接过程的稳定性决定的。而焊接过程的稳定性，除通过调节设备选择合适的焊接参数保证外，更主要的是取决于焊工实际操作的技术水平。因此每个焊工都必须熟悉 CO_2 气体保护焊的注意事项，掌握基本操作手法，才能根据不同的实际情况，灵活地运用这些技能，获得满意的效果。

一、操作注意事项

1. 选择正确的持枪姿势　由于 CO_2 气体保护焊焊枪比焊条电弧焊的焊钳重，焊枪后面又拖了一根沉重的送丝导管，因此焊工是较累的，为了能长时间坚持生产，每个焊工应根据焊接位置，选择正确的持枪姿式。采用正确的持枪姿式，焊工既不感到太累，又能长时间，稳定地进行焊接。

正确的持枪姿式应满足以下条件：

1）操作时用身体的某个部位承担焊枪的重量，通常手臂都处于自然状态，手腕能灵活带动焊枪平移或转动，不感到太累。

2）焊接过程中，软管电缆最小的曲率半径应大于 300mm，焊接时可随意拖动焊枪。

3）焊接过程中，能维持焊枪倾角不变，还能清楚、方便地观察熔池。

4）将送丝机放在合适的地方，保证焊枪能在需焊接的范围内自由移动。

图 2-4-12 为焊接不同位置焊缝时的正确持枪姿式。

2. 控制好焊枪与焊件的相对位置　CO_2 气体保护焊及所有熔化极气体保护焊过程中，控制好焊枪与焊件的相对位置，不仅可以控制焊缝成形，且还可调节熔深，对保证焊接质量有特别重要的意义。

所谓控制好焊枪与焊件的相对位置，包括以下三方面内容：即控制好喷嘴高度、焊枪的倾斜角度、电弧的对中位置和摆幅。它们的作用如下：

（1）控制好喷嘴高度　在保护气流量不变的情况下，喷嘴高度越大，保护效果越差。在本章第二节中推荐了合适的喷嘴高度，这里要进一步说明喷嘴高度的作用。

a）

b）

c）

d）

e）

图 2-4-12　正确的持枪姿式

a）蹲位平焊　b）坐位平焊　c）立位平焊　d）站位立焊　e）站位仰焊

若焊接电流和电弧电压都已经调整好，此时送丝速度和电源外特性曲线也都调整好了，这种情况称为给定情况（下同）。实际的生产过程都是这种情况。开始焊接前，焊工都预先调整好了焊接参数，焊接时焊工是很少再调节这些参数的，但操作过程中，随着坡口钝边，装配间隙的变化，需要调节焊接电流。在给定情况下，可通过改变喷嘴高度、焊枪倾角等办法，来调整焊接电流和电弧功率分配等办法，以控制熔深和焊接质量，因此有实际意义。

这种操作方法的原理是“通过控制电弧的弧长，改变电弧静特性曲线的位置，改变电弧稳定燃烧工作点，达到改变焊接电流的目的。”弧长增加时，电弧的静特性曲线左移，电弧稳定燃烧的工作点左移，焊接电流减小，电弧电压稍提高，电弧功率减小，熔深减小；弧长降低时，电弧的静特性曲线右移，电弧稳定燃烧工作点右移，焊接电流增加，电弧电压稍降低，电弧的功率增加，熔深增加。

由此可见，在给定情况下，焊接过程中通过改变喷嘴高度，不仅可以改变焊丝的伸出长度，而且可以改变电弧的弧长。随着弧长的变化可以改变电弧静特性曲线的位置，可以改变电弧稳定燃烧的工作点、焊接电流、电弧电压和电弧的功率，达到控制熔深的目的。

若喷嘴高度增加，焊丝伸出长度和电弧会变长，焊接电流减小，电弧电压稍提高，热输入减小，熔深减小；若喷嘴高度降低，焊丝伸出长度和电弧会变短，焊接电流增加、电弧电压稍降低，热输入增加，则熔深变大。

由此可见，在给定情况下，除了可以改变焊接速度外，还可以用改变喷嘴高度的办法调整熔深。

在焊接过程中若发现局部间隙太小，钝边太大的情况，可适当降低焊接速度，或降低喷嘴高度，或同时降低二者增加熔深，保证焊透。若发现局部间隙太大，钝边太小时，可适当提高焊接速度，或提高喷嘴高度，或同时提高二者。

（2）控制焊枪的倾斜角度　焊枪的倾斜角度不仅可以改变电弧功率和熔滴过渡的推力在水平和垂直方向的分配比例，还可以控制熔深和焊缝形状。

由于 CO_2 气体保护焊及熔化极气体保护焊的电流密度比焊条电弧焊大得多（大 20 倍以上）。电弧的能量密度大。因此，改变焊枪倾角对熔深的影响比焊条电弧焊大得多。

操作时需注意以下问题：

1）由于前倾焊时，电弧永远指向待焊区，预热作用强，焊缝宽而浅，成形较好。因此 CO_2 气体保护焊及熔化极气体保护焊都采用左向焊，自右向左焊接。平焊、平角焊、横焊都采用左向焊。立焊则采用自下向上焊接。

仰焊时为了充分利用电弧的轴向推力促进熔滴过渡采用右向焊。

2）前倾焊时 $\alpha>90°$（即左焊法时），α 角越大，熔深越浅；后倾焊（即右焊法时）$\alpha<90°$，α 角越小，熔深越浅。

（3）控制好电弧的对中位置和摆幅　电弧的对中位置实际上是摆动中心。它和接头形式，焊道的层数和位置有关。具体要求如下：

1）对接接头电弧的对中位置和摆幅

① 单层单道焊与多层单道焊。当焊件较薄，坡口宽度较窄，每层焊缝只有一条焊道时，此时电弧的对中位置是间隙的中心，电弧的摆幅较小，摆幅以熔池边缘和坡口边缘相切最好，此时焊道表面稍下凹，焊趾处为圆弧过渡最好，如图 2-4-13a 所示；若摆幅过大，坡口内侧咬边，容易引起夹渣，如图 2-4-13b 所示。

最后一层填充层焊道表面比焊件表面低 1.5～2.0mm，不准熔化坡口表面的棱边。

焊盖面层时，焊枪摆幅可稍大，保证熔池边缘超过坡口棱边每侧 0.5～1.5mm，如图 2-4-14所示。

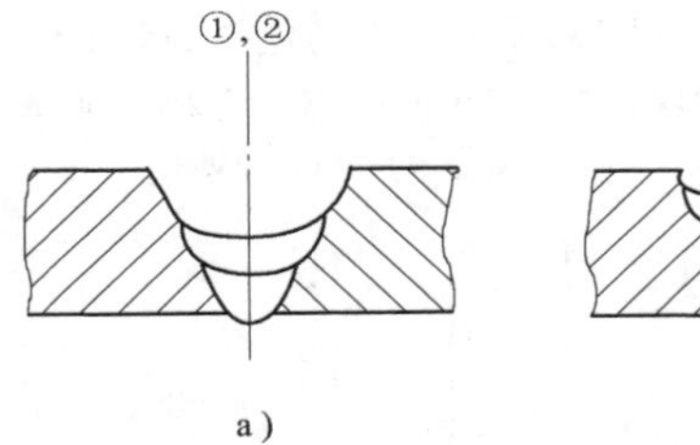

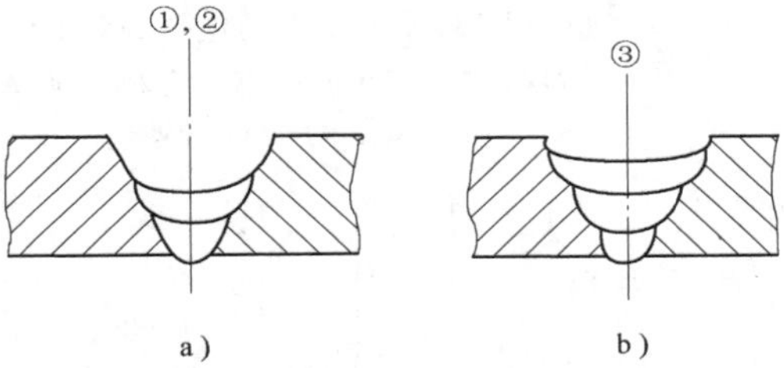

图 2-4-13　每层一条焊道时电弧的对中位置和摆幅

a）摆幅合适　b）摆幅太大两侧咬边

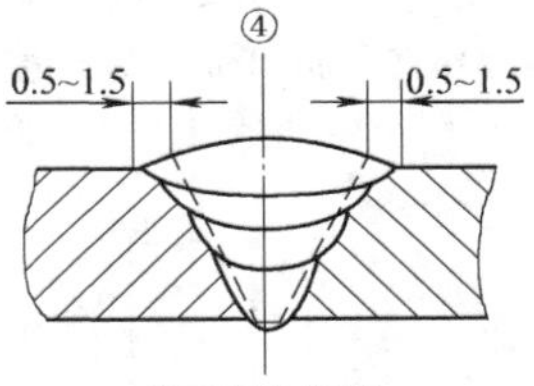

④
0.5~1.5　0.5~1.5
盖面焊的摆幅

图 2-4-14　盖面层焊道的摆幅

② 多层多道焊：多层多道焊时，应根据每层焊道的数目确定电弧的对中位置和摆幅。

a. 每层有两条焊道时，电弧的对中位置和摆幅如图 2-4-15 所示。

b. 每层 3 条焊道时，电弧的对中位置和摆幅如图 2-4-16 所示。

2）T 形接头角焊缝电弧的对中位置和摆幅：电弧的对中位置和摆幅对顶角处的焊透情况及焊脚的对称性影响极大。

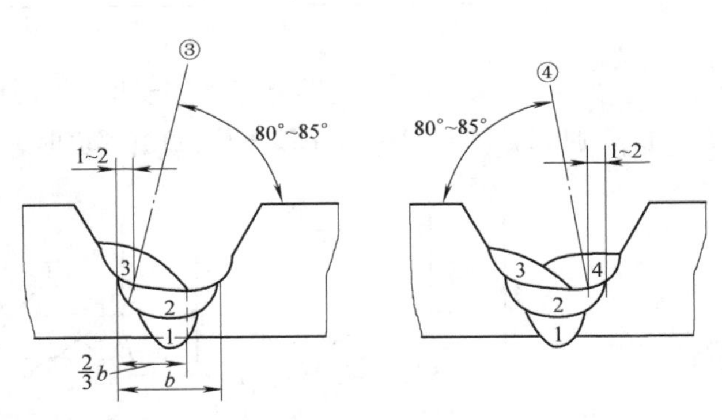

图 2-4-15　每层两条焊道电弧的对中位置和摆幅

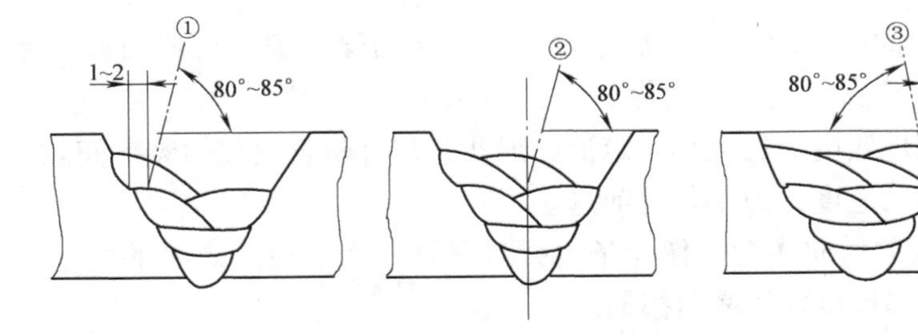

图 2-4-16　每层 3 条焊道时电弧的对中位置

① 焊脚尺寸 $K \leqslant 5$mm，单层单道焊时，电弧对准顶角处，如图 2-4-17 所示。焊枪不摆动。

② 单层单道焊焊脚尺寸 $K = 6 \sim 8$mm 时，电弧的对中位置如图 2-4-18 所示。

③ 焊脚尺寸 $K = 10 \sim 12$mm，两层三道焊道时，电弧的对中位置如图2-4-19所示。

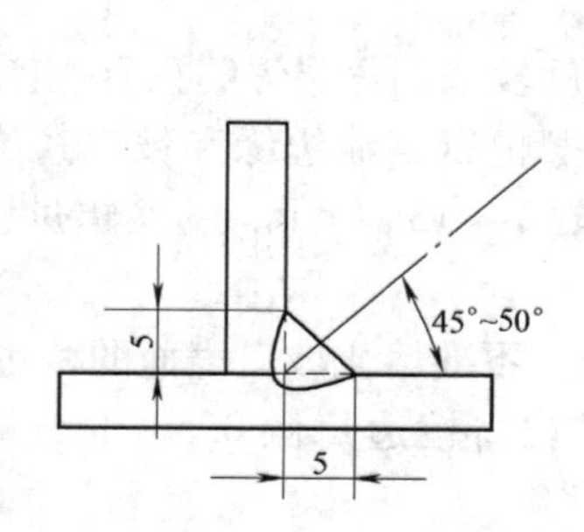

图 2-4-17　$K \leqslant 5$ 时电弧的对中位置

焊丝直径 ϕ1.2mm，焊接电流 200 ~ 250A，电弧电压 24 ~ 26V

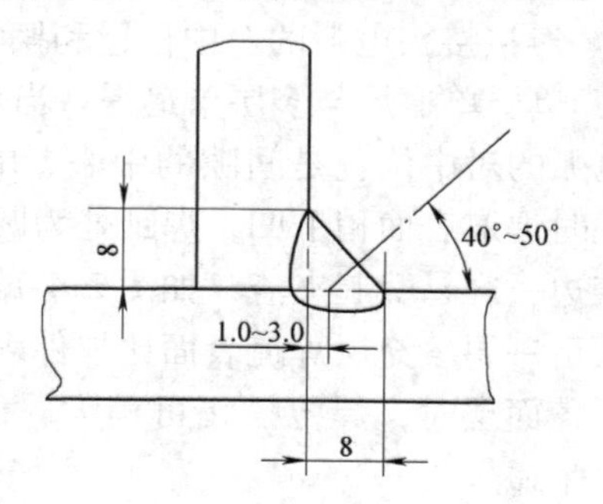

图 2-4-18　$K = 6 \sim 8$ 时电弧的对中位置

焊丝直径 ϕ1.2mm，焊接电流 260 ~ 300A，电弧电压 26 ~ 32V

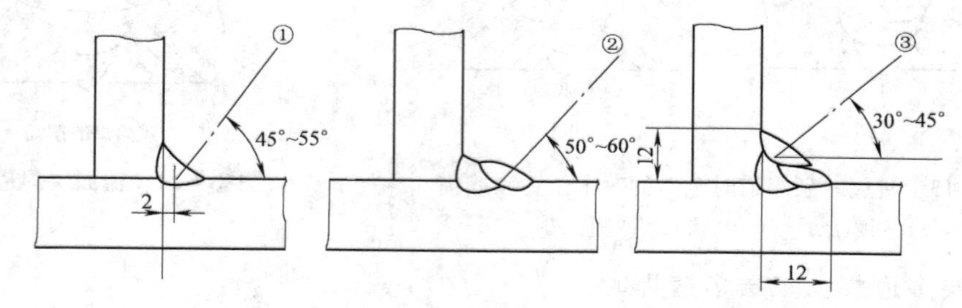

图 2-4-19　$K = 10 \sim 12$mm 两层三道时电弧的对中位置

④ 焊脚尺寸 $K = 12 \sim 14$mm，两层四道焊道时，电弧的对中位置如图 2-4-20 所示。

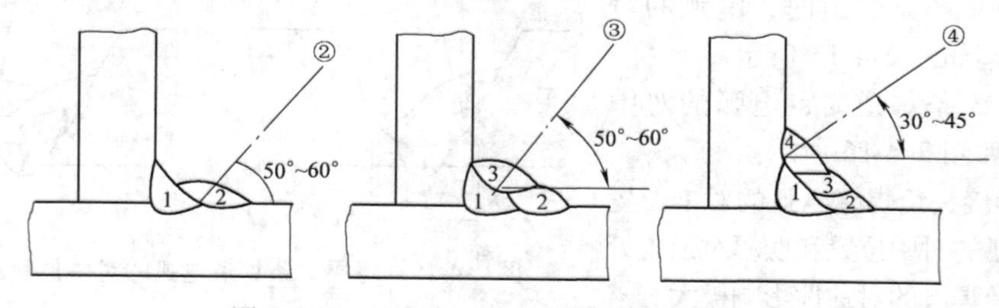

图 2-4-20　$K = 12 \sim 14$mm 时电弧的对中位置

3. 保持焊枪匀速向前移动　整个焊接过程中，必须保持焊枪匀速前移，才能获得满意的焊缝。

通常焊工应根据焊接电流的大小、熔池的形状、焊件熔合情况、装配间隙、钝边大小等情况，调整焊枪前移动速度，力争匀速前进。

4. 保持摆幅一致的横向摆动　像焊条电弧焊一样，为了控制焊缝的宽度和保证熔合质量，CO_2 气体保护焊焊枪也要作横向摆动。

焊枪的摆动形式及应用范围见表 2-4-5。

表 2-4-5　焊枪的摆动形式及应用范围

摆动形式	用　途
	直线运动，焊枪不摆动 薄板及中厚板打底层焊道
	小幅度锯齿形或月牙形摆动 坡口小时及中厚板打底层焊道
	大幅度锯齿形或月牙形摆动 焊厚板第二层以后的横向摆动
	填角焊或多层焊时的第一层
3 1 2	主要用于向上立焊要求长焊缝时，三角形摆动
⑧　⑥⑦④⑤②③　①	往复直线运动，焊枪不摆动 焊薄板根部有间隙、坡口有钢垫板或施工物时

为了减少热输入，减小热影响区，减小变形，通常不希望采用大的横向摆动来获得宽焊缝，提倡采用多层多道窄焊道来焊接厚板，当坡口小时，如焊接打底焊缝时，可采用锯齿形较小的横向摆动，如图 2-4-21 所示。

当坡口大时，可采用弯月形的横向摆动，如图 2-4-22 所示。

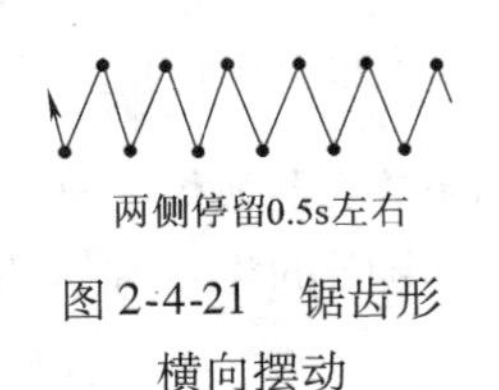

图 2-4-21　锯齿形横向摆动

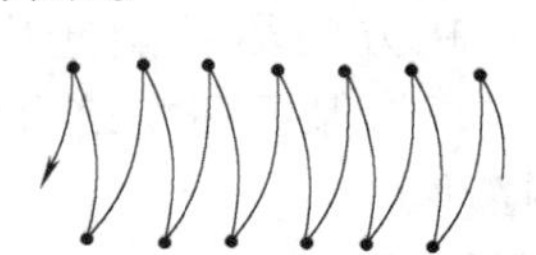

图 2-4-22　弯月形横向摆动

二、操作技术

跟焊条电弧焊一样，CO_2 气体保护焊的基本操作技术也是引弧、收弧、接头、焊枪摆动等。由于没有焊条送进运动，焊接过程中只需控制弧长，并根据熔池情况摆动和移动焊枪就行了，因此 CO_2 气体保护焊操作比焊条电弧焊容易掌握。

虽然我们在讲述 CO_2 气体保护焊工艺时，讨论过焊接参数对焊缝成形的影响，也介绍了调整焊接参数的方法，但那些都是理性的东西，进行基本操作之前，每个焊工都应调好焊接参数，并积累根据试焊结果判断焊接参数是否合适的经验。

1. 引弧　CO_2 气体保护焊与焊条电弧焊引弧的方法稍有不同，不采用划擦式引弧，主要是碰撞引弧，但引弧时不能抬起焊枪。具体操作步骤如下：

1）引弧前先按遥控盒上的点动开关或按焊枪上的控制开关，点动送出一段焊丝，焊丝伸出长度小于喷嘴与工件间应保持的距离，超长部分应剪去，如图 2-4-23 所示。

若焊丝的端部呈球状时，必须预先剪去，否则引弧困难。

2）将焊枪按要求(保持合适的倾角和喷嘴高度)放在引弧处。注意此时焊丝端部与焊件未接触。喷嘴高度由焊接电流决定。如图 2-4-24 所示。

若操作不熟练时，最好双手持枪。

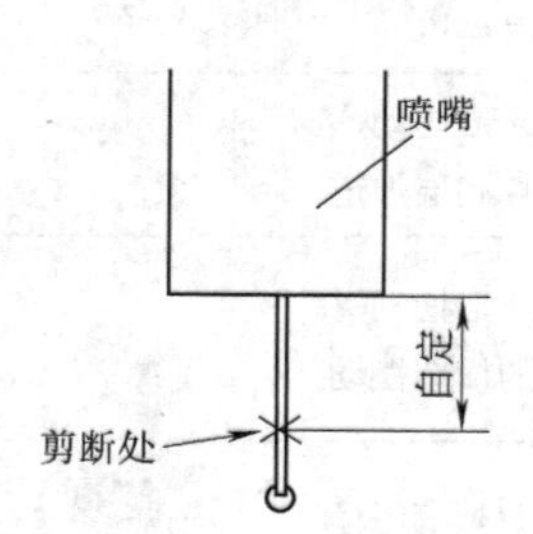

图 2-4-23　引弧前剪去超长的焊丝

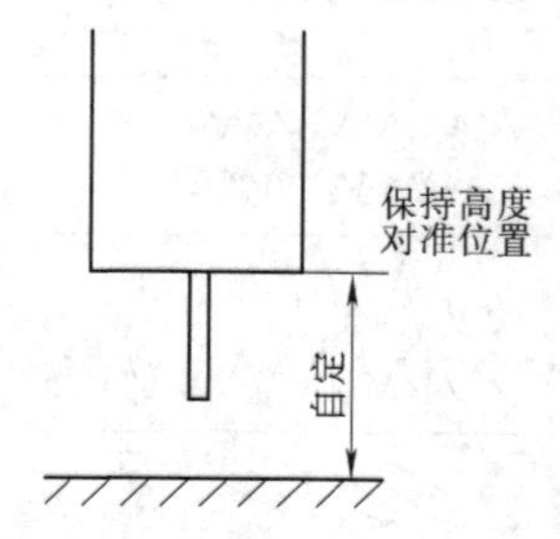

图 2-4-24　准备引弧对准引弧位置

3）按焊枪上的控制开关，焊机自动提前送气，延时接通电源，保持高电压、慢送丝，当焊丝碰撞焊件短路后，自动引燃电弧。

短路时，焊枪有自动顶起的倾向，如图 2-4-25 所示，故引弧时要稍用力下压焊枪，防止因焊枪抬起太高，电弧太长而熄灭。

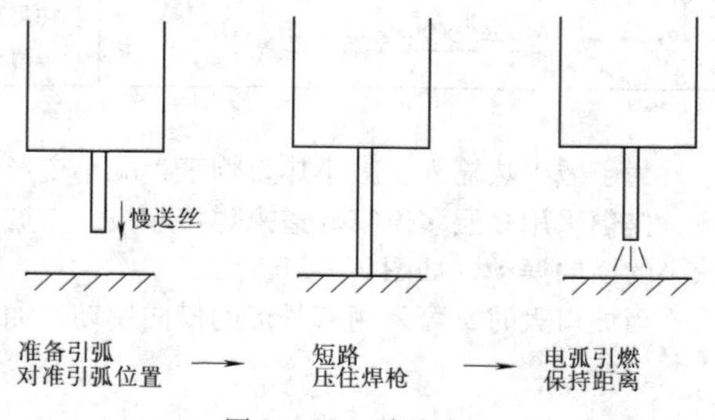

图 2-4-25　引弧过程

2. 焊接　引燃电弧后，通常都采用左向焊法，焊接过程中，焊工的主要任务是保持焊枪合适的倾角、电弧对中位置和喷嘴高度，沿焊接方向尽可能地均匀移动，当坡口较宽时，为保证两侧熔合好，焊枪还要作横向摆动。

焊工必须能够根据焊接过程，判断焊接参数是否合适。像焊条电弧焊一样，焊工主要依靠在焊接过程中看到的熔池的情况、坡口面熔化和熔合情况、电弧的稳定性、飞溅的大小以及焊缝成形的好坏来选择焊接参数。

在本书第四章第二节中我们曾讨论了焊接参数对成形的影响。当焊丝直径不变时，实际上使用的焊接参数只有两组。其中一组的焊接参数用来焊薄板、空间焊缝或打底层焊道，另一组的焊接参数用来焊中厚板或盖面层焊道。下面讨论这两组焊接参数在焊接过程中的特点。

（1）焊薄板、空间焊缝或打底层焊的焊接参数　这组焊接参数的特点是焊接电流较小，电弧电压较低。在这种情况下，由于弧长小于熔滴自由成形时的熔滴直径，频繁地引起短路，熔滴为短路过渡，焊接过程中可观察到周期性的短路。电弧引燃后，在电弧热的作用下，熔池和焊丝都熔化，焊丝端头形成熔滴，并不断地长大，弧长变短，电弧电压降低，最后熔滴与熔池发生短路，电弧熄灭，电压急剧下降，短路电流逐渐增大，在电磁收缩力的作用下，短路熔滴形成缩颈并不断变细，当短路电流达到一定值后，细颈断开，电弧又重新引燃，如此不断地重复。这就是短路过渡的全过程，详见图 2-1-8。

保证短路过渡的关键是电弧电压必须与焊接电流匹配，对于直径 ϕ0. 8mm、ϕ1. 0mm、ϕ1. 2mm、ϕ1. 6mm 的焊丝，短路过渡时的电弧电压在 20V 左右。采用多元控制系统的焊机进行焊接时，要特别注意电弧电压的配合。

采用一元化控制的焊机进行焊接时，如果选用小电流，控制系统会自动选择合适的低电压，只需根据焊缝成形稍加修正，就能保证短路过渡。

请注意：采用短路过渡方式进行焊接时，若焊接参数合适，主要是焊接电流与电弧电压配合好，则焊接过程中电弧稳定，可观察到周期性的短路，可听到均匀的，周期性的啪啪声，熔池平稳，飞溅较小，焊缝成形好。

如果电弧电压太高，熔滴短路过渡频率降低，电弧功率增大，容易烧穿，甚至熄弧。

若电压太低，可能在熔滴很小时就引起短路，焊丝未熔化部分插入熔池后产生固体短路，在短路电流作用下，这段焊丝突然爆断，使气体突然膨胀，从而冲击熔池，产生严重的飞溅，破坏焊接过程。

（2）焊接中厚板填充层和盖面层焊道的焊接参数　这组焊接参数的焊接电流和电弧电压都较大，但焊接电流小于引起喷射过渡的临界电流，由于电弧功率较大，焊丝熔化较快，填充效率高，焊缝长肉快。实际上使用的是半短路过渡或小颗粒过渡，熔滴较细，过渡频率较高，飞溅小，电弧较平稳，操作过程中应根据坡口两侧的熔合情况掌握焊枪的摆动幅度和焊接速度，防止咬边和未熔合。

3. 焊缝的收弧　焊接结束前必须收弧，若收弧不当容易产生弧坑、并出现弧坑裂纹（火口裂纹），气孔等缺陷。操作时可以采取以下措施：

1）CO_2 气体保护焊机有弧坑控制电路，则焊枪在收弧处应停止前进，同时接通此电路，焊接电流与电弧电压自动变小，待熔池填满时断电。

2）若气保焊机没有弧坑控制电路，或因焊接电流小没有使用弧坑控制电路时，在收弧处焊枪停止前进，并在熔池未凝固时，反复断弧，引弧几次，直至弧坑填满为止。操作时动作要快，若熔池已凝固才引弧，则可能产生未熔合及气孔等缺陷。

不论采用哪种方法收弧，操作时需特别注意，收弧时焊枪除停止前进外，不能抬高喷嘴，即使弧坑已填满，电弧已熄灭，也要让焊枪在弧坑处停留几秒钟后才能移开，因为灭弧后，控制线路仍保证延迟送气一段时间，以保证熔池凝固时能得到可靠的保护，若收弧时抬高焊枪，则容易因保护不良引起缺陷。

4. 焊缝的接头　CO_2 气体保护焊不可避免地要接头，为保证接头质量，建议按下述步骤操作：

1）将待焊接头处用角向磨光机打磨成斜面，如图 2-4-26 所示。

2）在斜面顶部引弧，引燃电弧后，将电弧移至斜面底部，转一圈返回引弧处后再继续向左焊接，如图 2-4-27 所示。

图 2-4-26　焊缝接头处的准备　　图 2-4-27　焊缝接头处的引弧操作

注意：这个操作很重要，引燃电弧后向斜面底部移动时，要注意观察熔孔，若未形成熔孔则接头处背面焊不透；若熔孔太小，则接头处背面产生缩颈；若熔孔太大，则背面焊缝太宽或焊漏。

5. 定位焊　由于 CO_2 气体保护焊时热量较焊条电弧焊大，要求定位焊缝有足够的强度。

通常定位焊缝都不磨掉，仍保留在焊缝中，焊接过程中很难全部重熔，因此应保证定位焊缝的质量，定位焊缝既要熔合好，保证根部焊透，且余高不能太高，还不能有缺陷，要求焊工像正式焊接那样焊接定位焊缝。定位焊缝的长度和间距应符合下述规定。

1）中厚板对接时的定位焊缝，如图 2-4-28 所示。

焊件两端应装引弧、收弧板。

2）薄板对接时的定位焊缝，如图 2-4-29 所示。

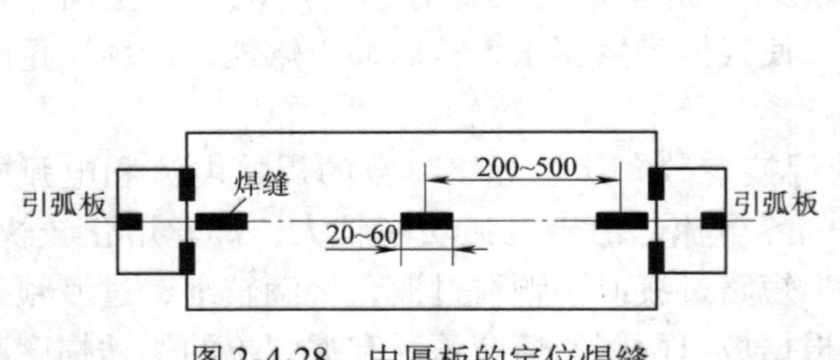

图 2-4-28　中厚板的定位焊缝

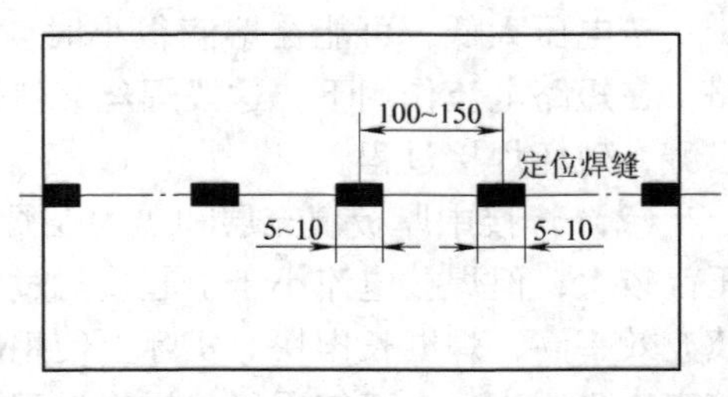

图 2-4-29　薄板对接时的定位焊缝

焊工进行实际考试时，更要注意试板上的定位焊缝，具体要求在每个考试项目中再作详细讲解。

第四节　常见故障和缺陷

本节只讨论由于设备机械部分调整不当，以及磨损引起的故障及操作不当引起的缺陷。

一、设备故障引起的后果

设备机械部分因磨损或调整不当引起的后果见表 2-4-6。

表 2-4-6　设备故障引起的后果

故障部位	原　因	后　果
焊丝盘	焊丝盘制动轴太松	焊丝松脱
	焊丝盘制动轴太紧	送丝电机过载；送丝不匀电弧不稳；焊丝粘在导电嘴上
V 形槽	V 形槽磨损或太大	送丝速度不均匀
	V 形槽太小	焊丝变形；送丝困难

（续）

故障部位	原　因	后　果
压紧轮 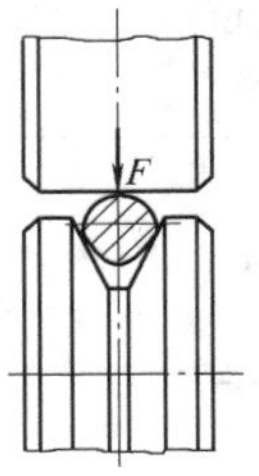	压力太大	焊丝变形，送丝困难，焊丝嘴磨损快
	压力太小	送丝不匀
进丝嘴 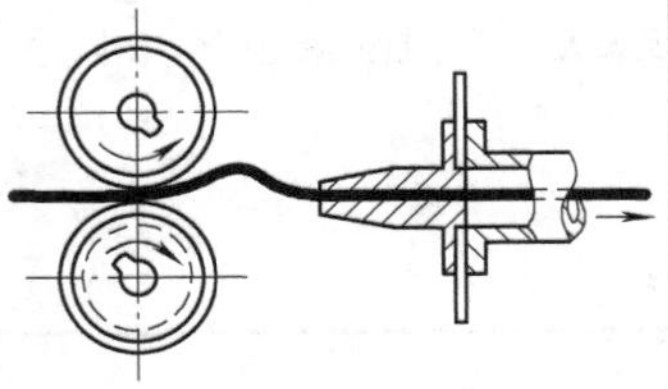	进丝嘴孔太大，或进丝嘴与送丝轮间距离太大	焊丝易打弯，送丝不畅
	进丝嘴孔太小	摩擦阻力大，送丝受阻
弹簧软管 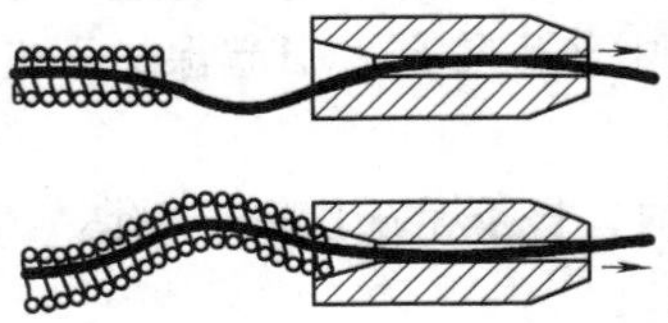	管内径太大	焊丝打弯，送丝受阻
	管内径太小或被脏物堵住	摩擦阻力大，送丝受阻
	软管太短	焊丝打弯，送丝不畅
	软管太长	摩擦阻力大，送丝受阻
导电嘴 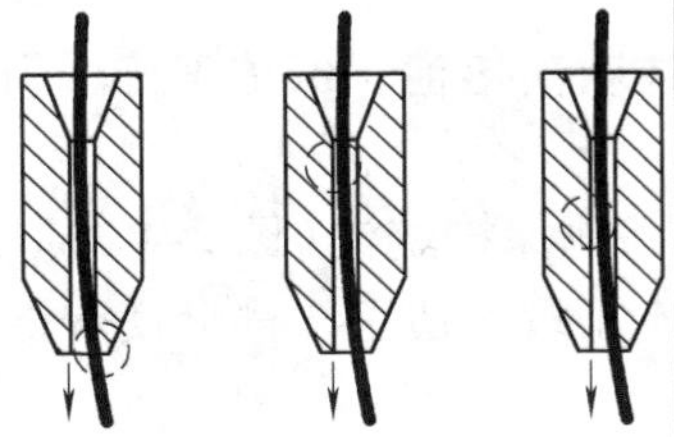	导电嘴磨损或孔径太大	接触点经常变化、电弧不稳、焊缝不直
	导电嘴孔径太小	摩擦阻力大，送丝不畅或烧焊丝嘴使焊缝夹铜
焊枪软管 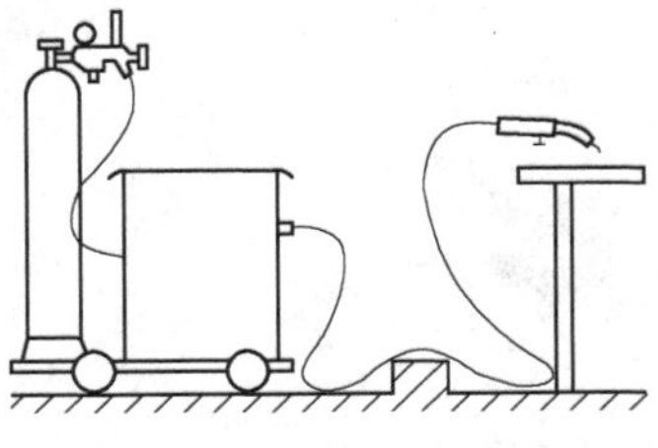	软管弯曲半径太小	焊丝在软管中的摩擦阻力大，送丝受阻，速度不匀或送不出丝

（续）

故障部位	原因	后果
喷嘴	飞溅堵死	气体保护不好，产生气孔；电弧不匀
	松动	吸入空气、保护不好、产生气孔
地线	地线松动或接触处锈未除净	接触电阻太大，引不起弧或电弧不稳定

二、操作不当引起的缺陷

1. 气孔　焊接开始前，必须正确地调整好保护气体的流量、使保护气体能均匀地、充分地保护好焊接熔池，防止空气渗入。如果保护不良，将使焊缝中产生气孔。引起保护不良的原因如下：

（1）CO_2 气体纯度低　含水或含氮气较多，特别是含水量太高时，整条焊缝上都有气孔。

（2）水冷式焊枪漏水　焊枪里面漏水，最容易产生气孔。

（3）没有保护气　焊前未打开 CO_2 气瓶上的高压阀、或预热器未接通电源，就开始焊接，因没有保护气，整条焊缝上都是气孔。

（4）有风　在保护气流量合适时，因风较大，可将保护气体吹离熔池，保护不好，引起气孔，如图 2-4-30 所示。

（5）气体流量不合适　流量太小时，因保护区小，不能可靠地保护熔池（图 2-4-31）；流量太大时产生涡流，将空气卷入保护区（图 2-4-32）。因此气体流量不适宜，都会使焊缝中产生气孔。

（6）喷嘴被飞溅堵塞　如图 2-4-33 所示。

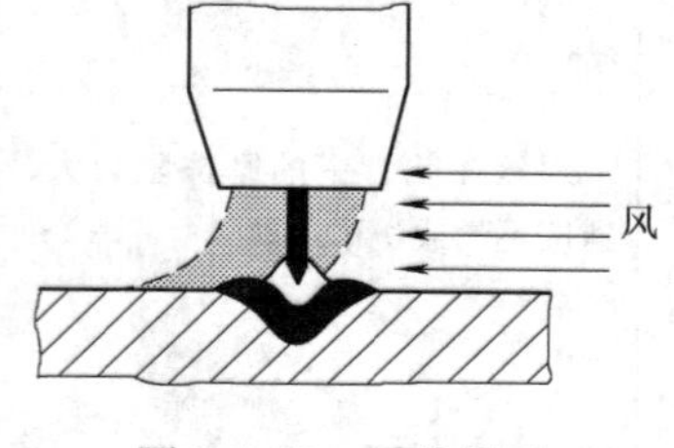

图 2-4-30　风的影响

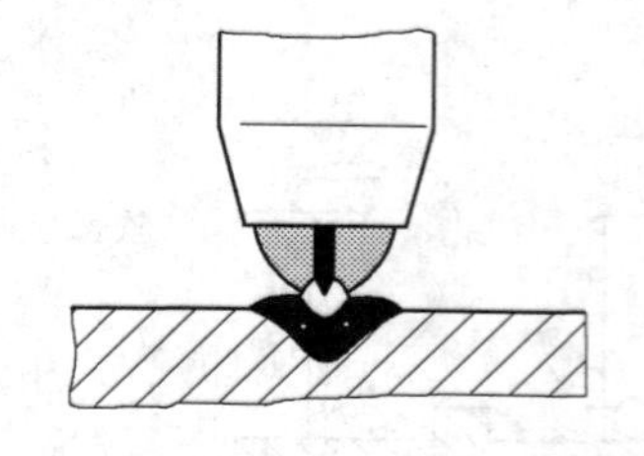

图 2-4-31　保护气流量太小

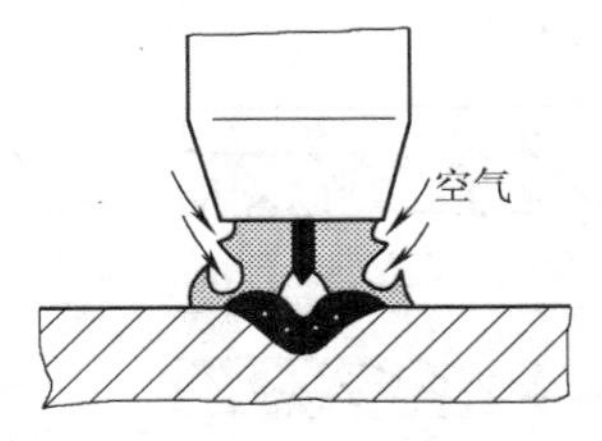

图 2-4-32　保护气流量太大

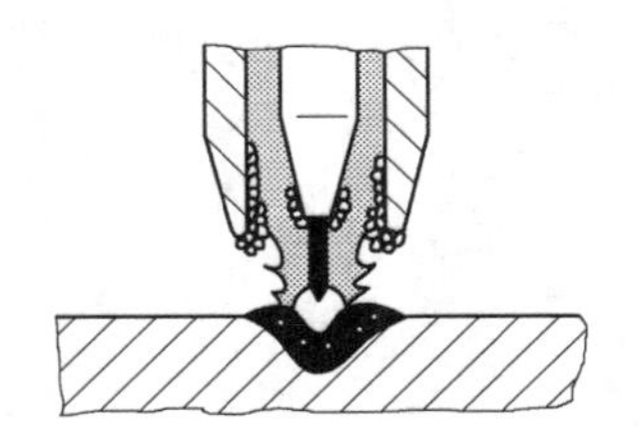

图 2-4-33　喷嘴被飞溅堵塞

焊接过程中，喷射到喷嘴上的飞溅未及时除去时，保护气产生涡流，也会吸入空气，使焊缝产生气孔。

焊接过程中必须经常地清除喷嘴上的飞溅，并防止损坏喷嘴内圆的表面粗糙度。

为便于清除飞溅，焊前最好在喷嘴的内、外表面喷一层防飞溅喷剂或刷一层硅油。

（7）焊枪倾角太大　焊枪倾角太大(图 2-4-34)，也会吸入空气，使焊缝中产生气孔。

（8）焊丝伸出长度太大或喷嘴太高　焊丝伸出长度太大或喷嘴高度太大时，保护不好，容易引起气孔，如图 2-4-35 所示。

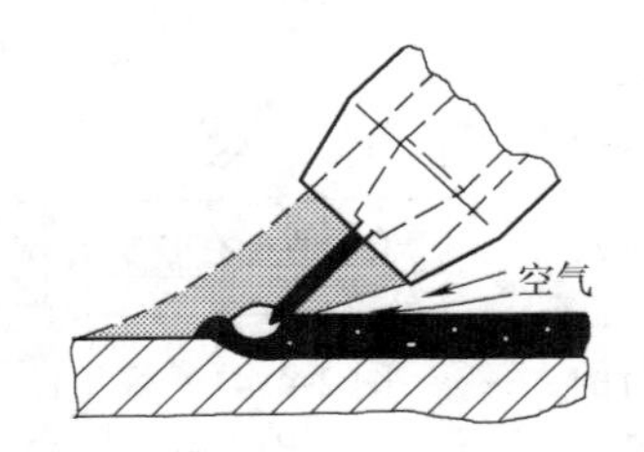

图 2-4-34　焊枪的倾角太大

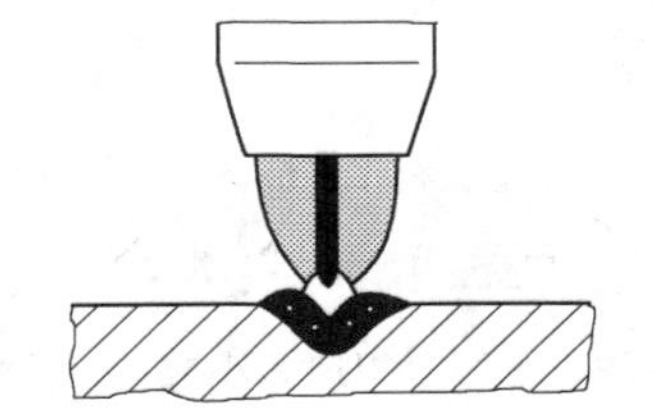

图 2-4-35　焊丝伸出长度太大

（9）弹簧软管内孔堵塞　弹簧软管内孔被氧化皮或其他脏物堵塞；其前半段密封塑胶管破裂或进丝嘴处的密封圈漏气，保护气从焊枪的进口处外泄，使喷嘴处的保护气流量减小，这也是产生气孔的重要原因之一。在这种情况下，往往能听到送丝机焊枪的连接处漏气的嘶嘶声，通常在整条焊缝上都是气孔，焊接时还可看到熔池中冒气泡。

（10）其他　焊接区油、锈或氧化皮太厚、未清理干净。

2. 未焊透

（1）坡口加工或装配不当　坡口角太小，钝边太大，间隙太小，错边量太大，都会引起未焊透，如图 2-4-36 所示。为防止未熔合，坡口角度以 40°～60°为宜。

（2）打底层焊道不好　打底层焊道凸起太高，易引起未熔合，如图 2-4-37 所示。故打底时应控制焊枪的摆动幅度，保证打底焊道与两侧坡口面熔合好，焊缝表面下凹，两侧不能有沟槽，才能覆盖好上层焊缝。

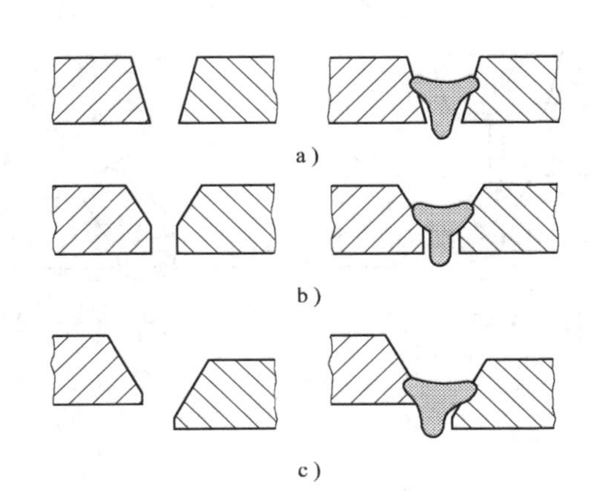

图 2-4-36　坡口加工或装配不当引起的未焊透
a）坡口角太小　b）钝边太大或间隙太小　c）错边大

（3）焊缝接头不好　接头处如果未修磨，或引弧不当，接头处易产生未熔合，如图 2-4-38所示。为保证焊缝接好头，要求将接头处打磨成斜面，在最高处引弧，并连续焊下去。

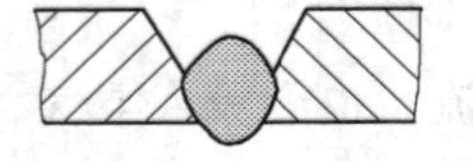
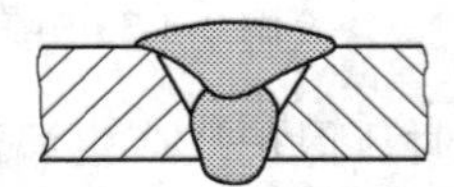

图 2-4-37　打底层焊道引起的未焊透

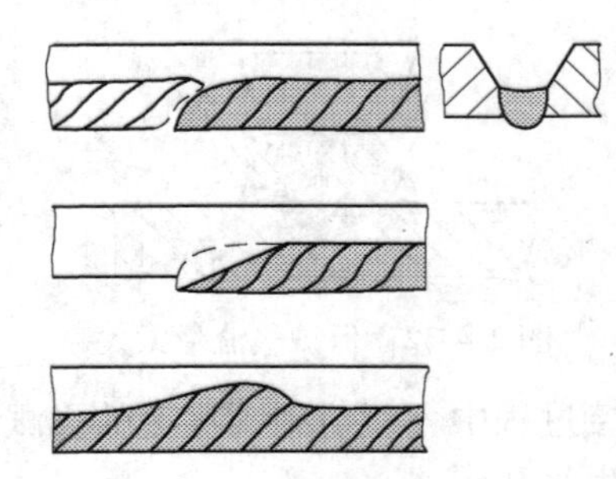

图 2-4-38　接头处的未熔合

（4）焊接参数不合适　焊接速度太小，焊接电流太大，使熔敷系数太大或焊枪的倾角 α 太大都会引起未焊透，如图 2-4-39 ~ 图 2-4-42 所示。

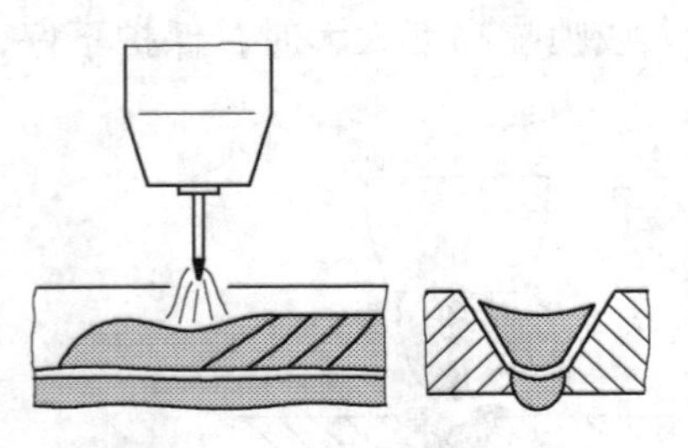

图 2-4-39　平焊时焊速太小或熔敷系数太大

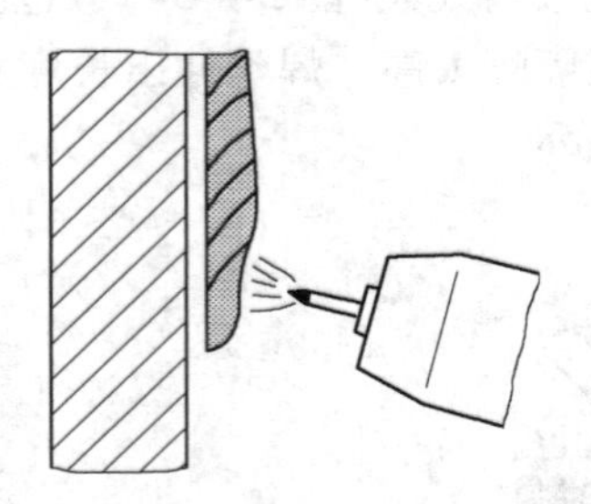

图 2-4-40　向下立焊时的未焊透焊接速度太慢

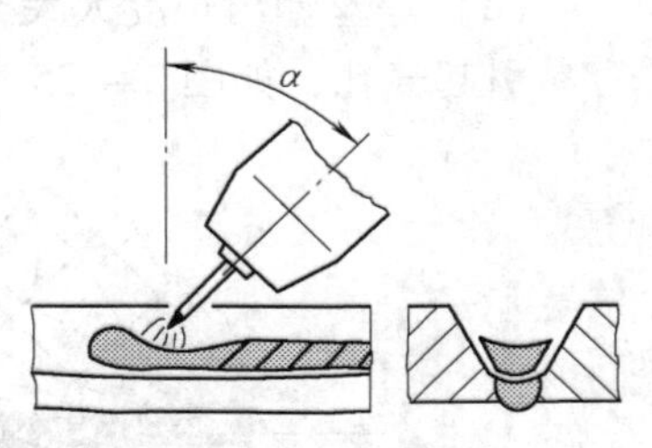

图 2-4-41　焊枪前倾角太大引起的未焊透

为防止未焊透，必须根据熔合情况调整焊接速度，保证电弧位于熔池前部。

（5）电弧位置不对　电弧未对准坡口中心、焊枪摆动时电弧偏向坡口的一侧、电弧在坡口面上的停留时间太短，都会引起未焊透，如图 2-4-42、图 2-4-43 所示。

（6）位置限制　由于结构限制，使电弧不能对中或达不到坡口的边缘，也会引起未焊透，如图 2-4-44 所示。

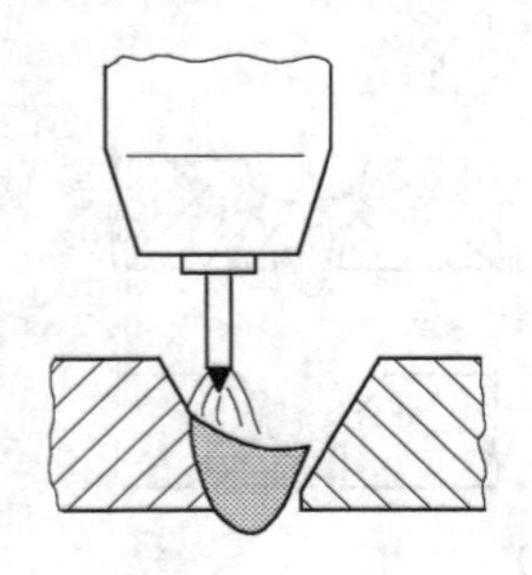

图 2-4-42　电弧对中位置不对

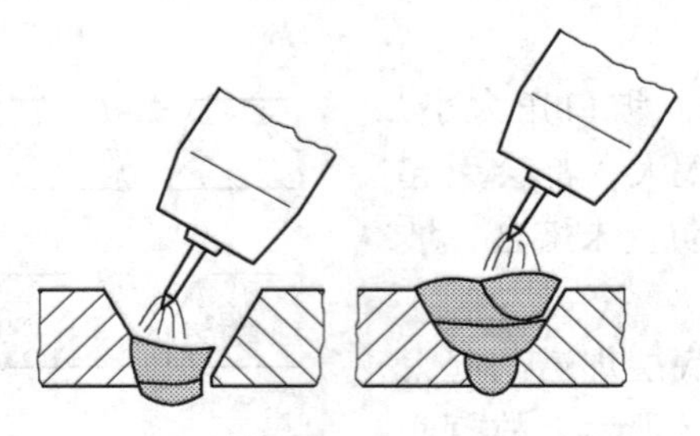

图 2-4-43　焊枪偏向一边

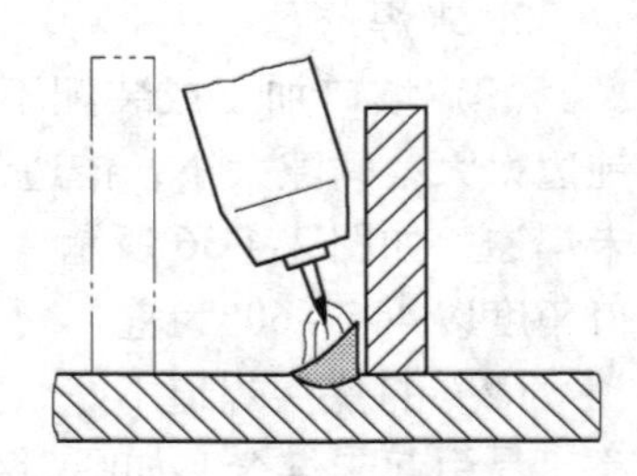

图 2-4-44　位置限制

第五章　平 板 对 接

本章讲述平板对接接头的平焊、立焊、横焊、仰焊的单面焊双面成形焊接技术，它是焊接管板接头和管子接头的基础。特别是平板对接平焊是每个焊工的必考项目，通过培训应掌握引弧、接头、收弧、持枪姿式，持枪角度、电弧对中位置、焊枪摆动、控制熔孔大小等一系列的操作技术，并认真总结经验，体会单面焊双面成形的操作要求。

第一节　平板对接平焊

本节讲述水平位置各种厚度的平板对接焊缝的单面焊双面成形的焊接方法。

相对而言，平板对接是比较好掌握的，它是掌握空间各种位置焊接技术的基础，是锅炉压力容器、压力管道焊工应掌握的基本焊接技术，是焊工取证实际考试的必考项目，焊工无论是初试或是复试都必须考试平板对接平焊试板，有的部门甚至规定了若这个项目考试不合格者不发给焊工合格证。因此，在培训过程中应体会并掌握操作要领，熟练地掌握单面焊双面成形的操作技能。

平焊打底层焊道时，熔池的形状如图 2-5-1 所示。

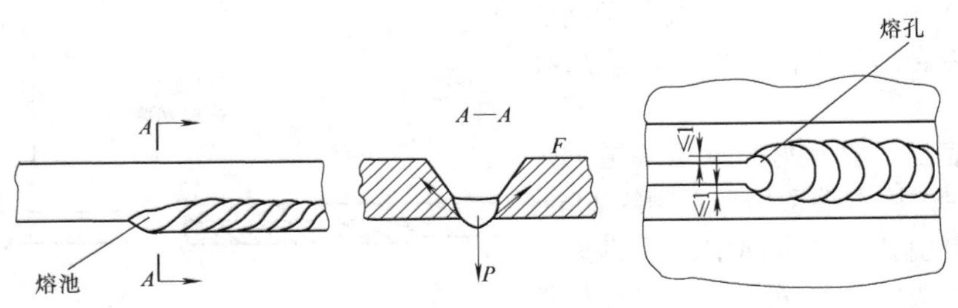

图 2-5-1　打底层焊道与熔池

F—表面张力　*P*—重力

从横剖面看，熔池上大下小，主要靠熔池背面液态金属表面张力的向上分力维持平衡，支持熔融金属不下漏，因此，焊工必须根据装配间隙及焊接过程中试板的温升情况的变化，调整焊枪角度、摆动幅度和焊接速度，尽可能地维持熔孔直径不变，保证获得平直均匀的背面焊道。为此，必须认真、仔细地观察焊接过程中的情况，并不断地总结经验，才能熟练地掌握单面焊双面成形操作技术。

一、板厚 12mm 的 V 形坡口对接平焊

1. 装配及定位焊　装配间隙及定位焊见图 2-5-2，试件对接平焊的反变形如图 2-5-3 所示。

2. 焊接参数（见表 2-5-1）　介绍两组参数：第一组参数用 ϕ1.2mm 焊丝，较难掌握，但适用性好；第二组用 ϕ1.0mm 焊丝，比较容易掌握，但因 ϕ1.0mm 焊丝应用不普遍，适用性较差，使用受到限止。

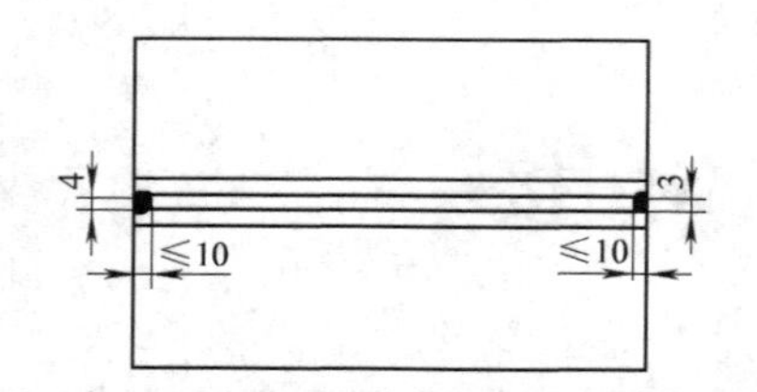

图 2-5-2　板厚 12mm 的装配及定位焊

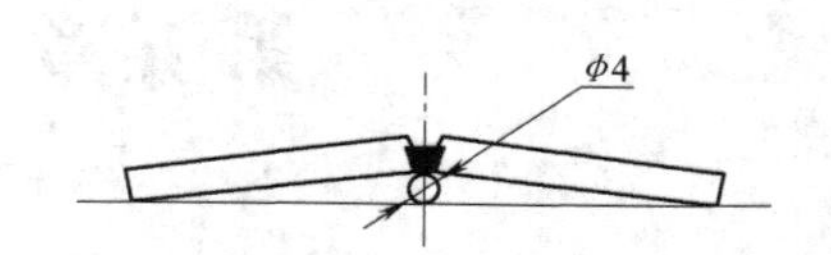

图 2-5-3　板厚 12mm 对接平焊的反变形

表 2-5-1　板厚 12mm 对接平焊的焊接参数

组　别	焊接层次位置	焊丝直径/mm	焊丝伸出长度/mm	焊接电流/A	电弧电压/V	气体流量/(L/min)	层　数
第一组	打底层	1.2	20～25	90～110	18～20	10～15	3
	填充层	1.2		220～240	24～26	20	
	盖面层	1.2		230～250	25	20	
第二组	打底层	1.0	15～20	90～95	18～20	10	3
	填充层			110～120	20～22		
	盖面层			110～120	20～22		

3. 焊接要点

（1）焊枪角度与焊法　采用左向焊法，3 层 3 道，对接平焊的焊枪角度与电弧对中位置，如图 2-5-4 所示。

（2）试板位置　焊前先检查装配间隙及反变形是否合适，间隙小的一端应放在右侧。

（3）打底层　调整好打底层焊道的焊接参数后，在试板右端预焊点左侧约 20mm 处坡口的一侧引弧，待电弧引燃后迅速右移至试板右端头定位焊缝上，当定位焊缝表面和坡口面熔合出现熔池后，向左开始焊接打底层焊道，焊枪沿坡口两侧作小幅度横向摆动，并控制电弧在离底边约 2～3mm 处燃烧，当坡口底部熔孔直径达到 4～5mm 时转入正常焊接。

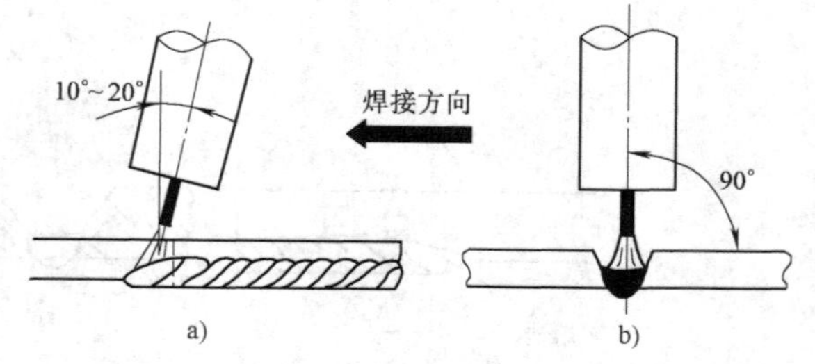

图 2-5-4　对接平焊焊枪角度与电弧对中位置
a）焊枪倾角　b）电弧对中位置

焊打底层焊道时应注意以下事项：

1）电弧始终对准焊道的中心线在坡口内作小幅度横向摆动，并在坡口两侧稍微停留，使熔孔直径比间隙大 1～2mm，焊接时要仔细观察熔孔，并根据间隙和熔孔直径的变化调整焊枪的横向摆动幅度和焊接速度，尽可能地维持熔孔的直径不变，以保证获得宽窄和高低均匀的反面焊缝。

2）依靠电弧在坡口两侧的停留时间，保证坡口两侧熔合良好，使打底层焊道两侧与坡口结合处稍下凹，焊道表面保持平整，如图 2-5-5 所示。

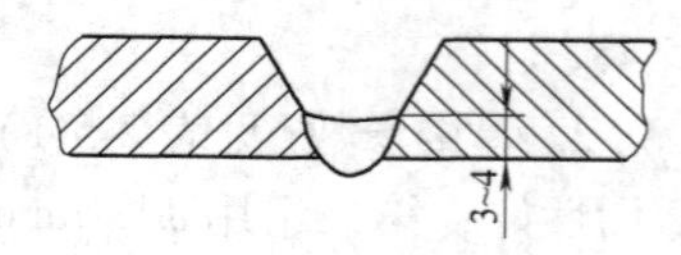

图 2-5-5　打底层焊道

3）焊打底层焊道时，要严格控制喷嘴的高度，电弧必须在离坡口底部2～3mm处燃烧，保证打底层焊道厚度不超过4mm。

（4）填充层　调试好填充层焊道的参数后，在试板右端开始焊填充焊道层，焊枪的倾斜角度、电弧对中位置与打底焊相同，焊枪横向摆动的幅度较焊打底层焊道时稍大，焊接速度较慢，应注意熔池两侧的熔合情况，保证焊道表面平整并稍下凹，坡口两侧咬边。

焊填充层焊道时要特别注意，除保证焊道表面的平整并稍下凹外，还要掌握焊道厚度，其要求如图2-5-6所示，焊接时不允许烧化棱边。

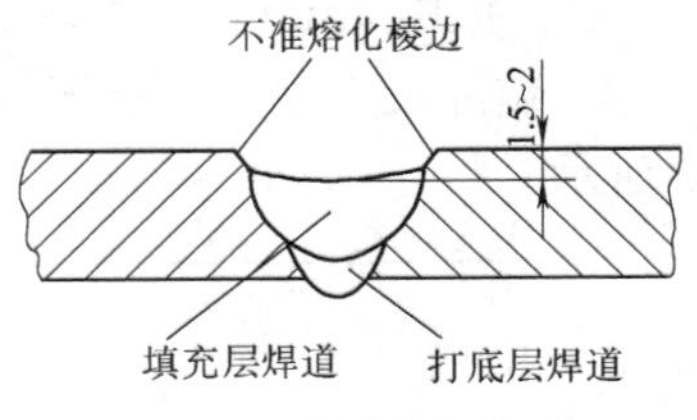

图2-5-6　填充层焊道

（5）盖面层　调试好盖面层焊道的焊接参数后，从右端开始焊接，焊枪的倾斜角度与电弧对中位置与打底层焊相同。但需注意以下事项：

1）保持喷嘴高度，特别注意观察熔池边缘，熔池边缘必须超过坡口上表面棱边0.5～1.5mm，并防止咬边。

2）焊枪的横向摆动幅度比焊填充层焊道时稍大，应尽量保持焊接速度均匀，使焊缝外形美观。

3）收弧时要特别注意，一定要填满弧坑并使弧坑尽量要短，防止产生弧坑裂纹。

二、板厚6mm的V形坡口对接平焊

1. 装配及定位焊　装配间隙及定位焊如图2-5-7所示，板对接平焊的反变形如图2-5-8所示。

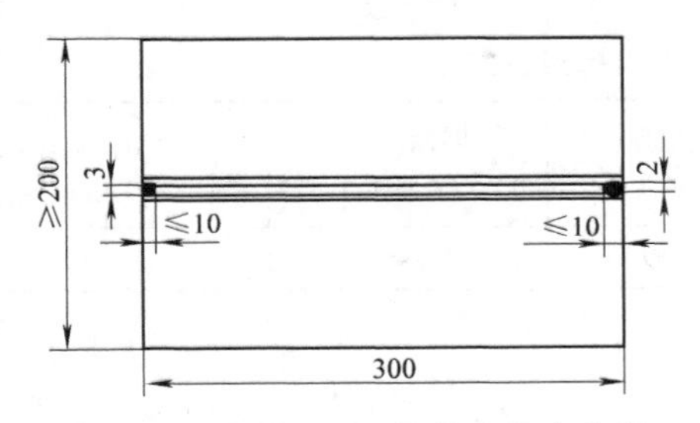

图2-5-7　板厚6mm的装配与定位焊

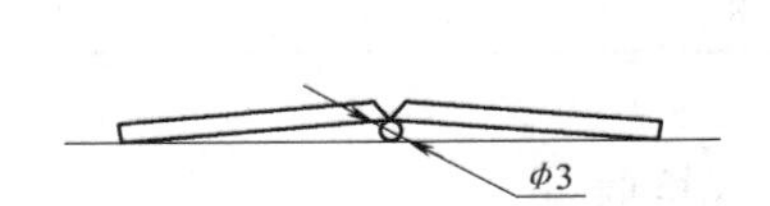

图2-5-8　板厚6mm的反变形

2. 焊接参数（见表2-5-2）

表2-5-2　板厚6mm V形坡口对接平焊的焊接参数

焊接层次位置	焊丝直径/mm	焊丝伸出长度/mm	焊接电流/A	焊接电压/V	气体流量/(L/min)
打底层	0.8	10～15	70～80	17～18	8～10
盖面层			90～95	19～20	

3. 焊接要点

（1）焊枪角度与焊法　采用左向焊法，二层两道，焊枪角度与电弧对中位置如图2-5-4所示。

（2）试板位置　焊前先检查装配间隙及反变形是否合适，试板放在水平位置，间隙小的一端放在右侧。

（3）打底层　焊打层的要求与12mm板V形坡口对接平焊相同。因为只有二层焊道，焊打底层焊道时，除注意反面成形外，还要掌握好正面焊道的形状和高度，但需注意如下两点：

1）焊道表面要平整，两侧熔合良好，最好焊道的中部稍下凹，坡口两侧不能咬边，以免焊盖面层焊道时两侧产生夹渣。

2）不能熔化试板上表面的棱边，保证打底层焊道离试板上表面距离2mm左右较好。

（4）盖面层　焊接过程中，焊枪除保持原有角度，电弧对中位置和喷嘴高度外，还应加大焊枪的横向摆动幅度，保证熔池两侧超过坡口上表面棱边0.5～1.5mm，并匀速前进。

三、板厚2mm的I形坡口对接平焊

1. 装配及定位焊　装配间隙及定位焊如图2-5-9所示，薄板对接平焊的反变形如图2-5-10所示。

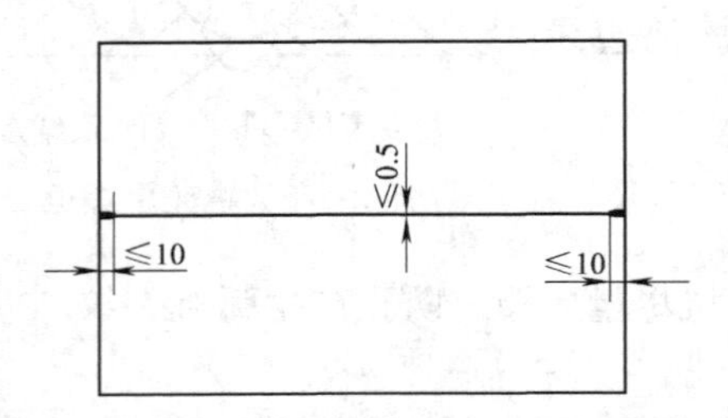

图2-5-9　板厚2mm的装配及定位焊

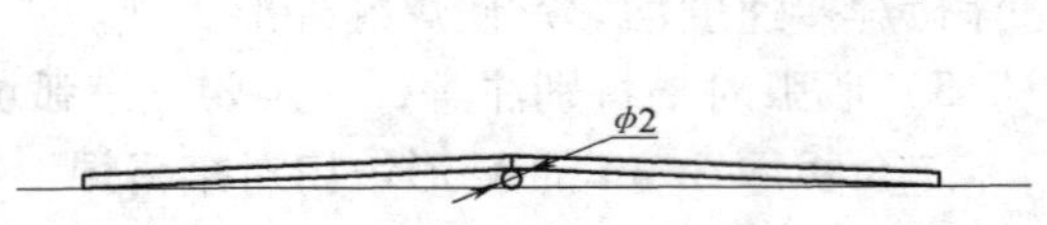

图2-5-10　板厚2mm对接平焊的反变形

2. 焊接参数（见表2-5-3）

表2-5-3　板厚2mm对接平焊的焊接参数

焊丝直径/mm	焊丝伸出长度/mm	焊接电流/A	焊接电压/V	焊接速度/(m/min)	气体流量/(L/min)
0.8	10～15	60～70	17～19	4～4.5	8～10

3. 焊接要点

（1）焊枪角度与焊法　左向焊法，单层单道，焊枪角度和电弧对中位置如图2-5-4所示。

（2）试板位置　焊前先检查试板间隙及反变形是否合适，若合适则将试板平放在水平位置，注意将间隙小的一端放在右侧。

（3）焊接　因为是单层单道焊，焊接时既要保证焊缝背面成形，又要保证正面成形，焊接时要特别小心，在试板右端引燃电弧，待左侧形成熔孔后，向左焊接，焊枪可沿间隙前后摆动或做小幅度横向摆动，不能长时间对准间隙中心，否则容易烧穿。

第二节　平板对接立焊

立焊比平焊难掌握，其主要原因如下：

立焊时熔池的形状如图2-5-11所示。

虽然熔池的下部有焊道依托，但熔池底部是个斜面，熔融金属在重力作用下比较容易下淌，因此，很难保证焊道表面平整。为防止熔融金属下淌，必须要求采用比平焊稍小的焊接电流，焊枪的摆动频率稍快，以锯齿形节距较小的方式进行焊接，使熔池小而薄。

立焊盖面层焊道时，要防止焊道两侧咬边，中间下坠。

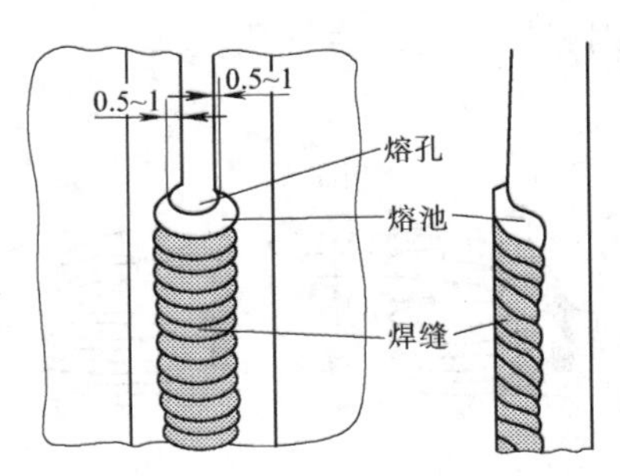

图 2-5-11　立焊时的熔孔与熔池

一、板厚12mm的V形坡口对接向上立焊

1. 装配与定位焊　装配与定位焊要求如图2-5-2所示，对接立焊反变形如图2-5-3所示。

2. 焊接参数　介绍两组焊接参数，每一组用直径1.0mm的焊丝，焊接电流较小，比较容易掌握，适用性较差。第二组用直径1.2mm的焊丝，焊接电流较大，较难掌握，适用性较好，表2-5-4为实际生产中使用的焊接参数。

表 2-5-4　板厚12mm对接立焊的焊接参数

组　别	焊道层次	焊丝直径/mm	焊接电流/A	焊接电压/V	焊丝伸出长度/mm	气体流量/(L/min)
第一组	打底层	ϕ1.0	90~95	18~20	10~15	12~15
	填充层		110~120	20~22		
	盖面层		110~120	20~22		
第二组	打底层	ϕ1.2	90~110	18~20	15~20	12~15
	填充层		130~150	20~22		
	盖面层		130~150	20~22		

3. 焊接要点

(1) 焊枪角度与焊法　采用向上立焊，由下往上焊，三层三道，平板对接向上立焊的焊枪角度与电弧对中位置如图2-5-12所示。

(2) 试板位置　焊前先检查试板的装配间隙及反变形是否合适，把试板垂直固定好，间隙小的一端放在下面。

(3) 打底层　调整好打底层焊道的焊接参数后，在试板下端定位焊缝上引弧，使电弧沿焊缝中心作锯齿形横向摆动，当电弧超过定位焊缝并形成熔孔时，转入正常焊接。

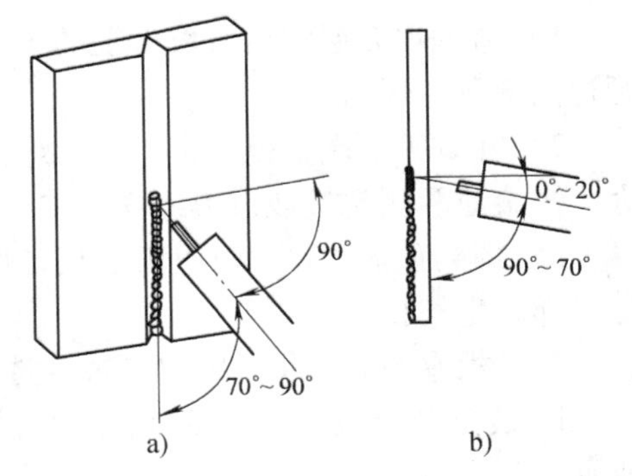

图 2-5-12　平板对接向上立焊焊枪角度与电弧对中位置
a) 电弧对中位置　b) 焊枪倾斜角度

注意焊枪横向摆动的方式必须正确，否则焊缝焊肉下坠，成形不好看，小间距锯齿形摆动或间距稍大的上凸的月牙形摆动焊道成形较好，下凹的月牙形摆动，使焊道表面下坠是不正确的，如图2-5-13所示。

焊接过程中要特别注意熔池和熔孔的变化，不能让熔池太大。

若焊接过程中断了弧，则应按基本操作手法中所介绍的要点接头。先将需接头处打磨成斜面，打磨时要特别注意不能磨掉坡口的下边缘，以免局部间隙太宽，如图2-5-14所示。

焊到试板最上方收弧时，待电弧熄灭，熔池完全凝固以后，才能移开焊枪，以防收弧区因保护不良产生气孔。

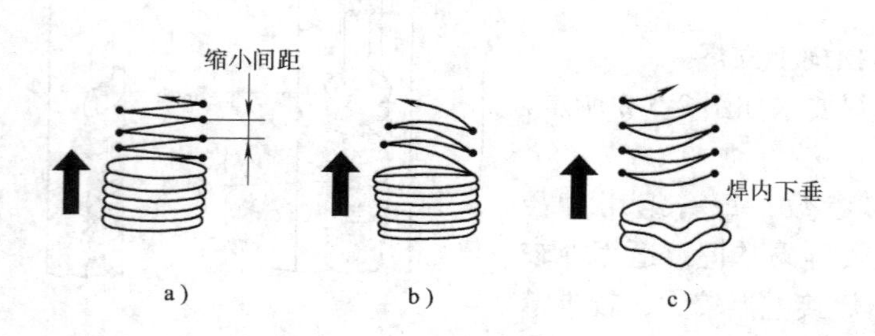

图 2-5-13　立焊时摆动手法

a）小间距锯齿形摆动　b）上凸月牙形摆动

c）下凹月牙形摆动（不正确）

•—停留 0.5s

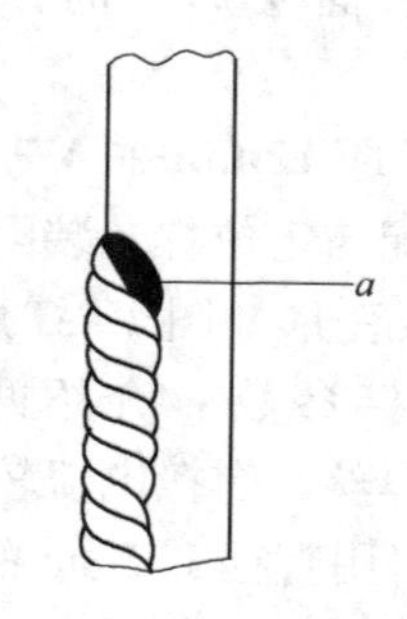

图 2-5-14　立焊接头处打磨要求

a—表示需修磨掉的金属，使接头处容易焊透

（4）填充层　调试好填充层焊道的焊接参数后，自下向上焊填充层焊道，焊接时需注意以下事项：

1）焊前先清除打底层焊道和坡口表面的飞溅和焊渣，并用角向磨光机将局部凸起的焊道磨平。如图 2-5-15 所示。

2）焊枪横向摆幅比焊打底层焊道时稍大，电弧在坡口两侧稍停留，保证焊道两侧熔合好。

3）填充层焊道比试板上表面低 1.5～2mm，不允许烧坏坡口的棱边。

（5）盖面层　调整好盖面层焊道的焊接参数后，按下列顺序焊盖面层焊道。

1）清理填充层焊道及坡口上的飞溅、焊渣、打磨掉焊道上局部凸起过高部分的焊肉。

2）在试板下端引弧，自下向上焊接，焊枪摆幅较焊填充层焊道时大，当熔池两侧超过坡口边缘 0.5～1.5mm 时，以匀速锯齿形上升。

3）焊到顶端收弧，待电弧熄灭，熔池凝固后，才能移开焊枪，以免局部产生气孔。

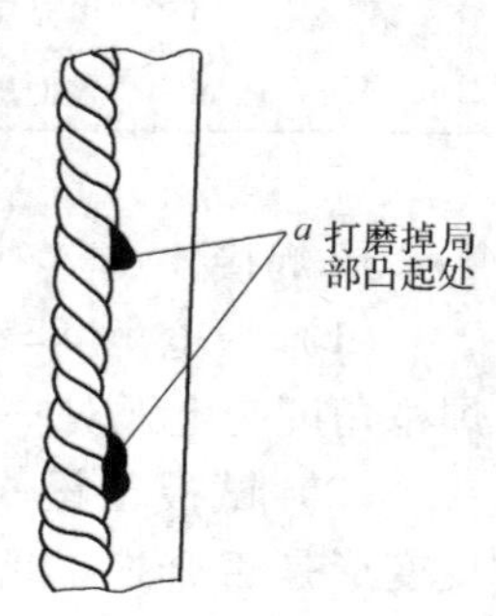

图 2-5-15　焊填充层焊道前的修磨

a—表示需修磨掉的金属，使焊道表面平整

二、板厚 6mm 的 V 形坡口对接向上立焊

1. 装配及定位焊　装配间隙及定位焊要求如图 2-5-7 所示，对接立焊反变形如图 2-5-8 所示。

2. 焊接参数（见表 2-5-5）

表 2-5-5　板厚 6mm 对接立焊的焊接参数

组　别	焊道层次	焊丝直径 /mm	伸出长度 /mm	焊接电流 /A	电弧电压 /V	气体流量 /(L/min)
第一组	打底层	0.8	10～15	70～80	17～18	8
	盖面层			90～95	19～20	
第二组	打底层	1.2	20～25	100～110	18～19	15
	盖面层			120～130	19～20	

3. 焊接要点

（1）焊枪角度与焊法　采用向上立焊，由下往上焊，两层两道，焊枪角度和电弧对中位置如图 2-5-12 所示。

（2）试板位置　焊前先检查试板装配间隙及反变形是否合适，把试板垂直固定好，间隙小的一端应放下面。

（3）打底层　调试好打底层焊道的焊接参数后，在试板下端引燃电弧、使焊枪在焊缝中心处作锯齿形横向摆动，当电弧超过定位焊缝时，产生熔孔，保持熔孔边缘比坡口边缘大 0.5～1mm 较为合适。

正确的焊枪摆动手法如图 2-5-13 所示。

（4）盖面层　调试好盖面层焊道的焊接参数后，由下向上盖面，要求焊枪的横向摆动幅度稍大些，使熔池边缘超过坡口上表面的棱边 0.5～1.5mm，并保持匀速向上焊接。

三、板厚 2mm 的 I 形坡口对接向下立焊

1. 装配与定位焊，装配与定位焊要求如图 2-5-9 所示，反变形如图 2-5-10 所示。

2. 焊接参数（表 2-5-6）

表 2-5-6　板厚 2mm 对接向下立焊的焊接参数

焊丝直径 /mm	焊丝伸出长度 /mm	焊接电流 /A	焊接电压 /V	气体流量 /(L/min)
0.8	10～15	60～70	18～20	9～10

3. 焊接要点

（1）焊枪角度与焊法　采用向下立焊，即从上面开始向下焊接，单层单道，薄板向下立焊的焊枪角度与电弧对中位置如图 2-5-16 所示。

（2）试板位置　试板固定在垂直位置，间隙小的一端在上面。

（3）焊接　调试好焊接参数后，在试板顶端引弧，注意观察熔池，待试板底部边缘完全熔合后，开始向下焊接，焊枪不作横向摆动。

因为是单层单道焊，要同时保证正反两面焊缝都成形，难度较大，焊接时要特别注意观察熔池，随时调整焊枪角度，必须控制好焊接速度，保证熔池始终在电弧后方。

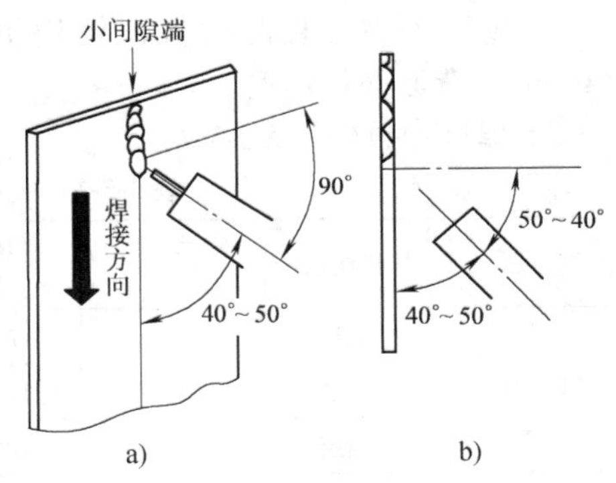

图 2-5-16　薄板向下立焊焊枪角度与电弧对中位置
a）电弧对中位置　b）焊枪的倾斜角度

第三节　平板对接横焊

横焊比较容易操作，因为熔池有下面的板托着，可以像平焊那样操作，但不能忘记，熔池是在垂直面上，焊道凝固时无法得到对称的表面，焊道表面不对称，最高点移向下方，如图 2-5-17 所示。

横焊过程必须使熔池尽量小，使焊道表面尽可能接近对称，另方面需用双道焊或多道焊，调整焊道处表面形状，因此通常都采用多层多道焊。

横焊时由于焊道较多，角变形较大，而角变形的大小既与焊接工艺参数有关，又与焊道层数，每层焊道数目及焊道间的间歇时间有关，通常熔池大、焊道间间歇时间短、层间温度高时角变形大；反之角变形小。因此焊工应该根据练习过程中的操作情况，摸索角变形的规律，考试前留足反变形的量，以防焊后试板角变形超差。

一、板厚 12mm 的 V 形坡口对接横焊

1. 装配及定位焊　装配间隙及定位焊要求如图 2-5-2 所示，对接横焊反变形如图 2-5-18 所示。

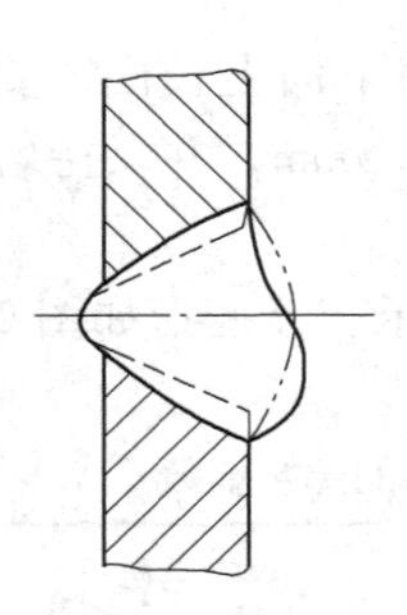

图 2-5-17　横焊焊缝表面不对称

——实际焊缝表面的形状两侧不对称，最高点在中心线下方

— - - —现想焊缝表面的形状两侧对称，最高点在中心线上

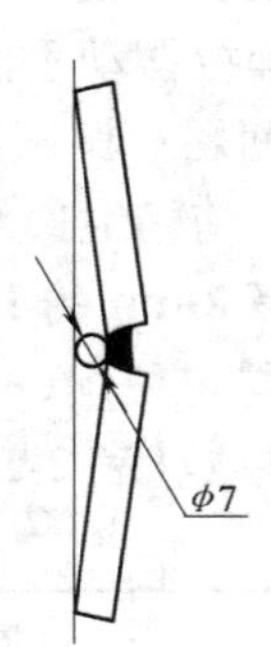

图 2-5-18　对接横焊反变形

试板要平整，装配时保证错边量≤1mm，定位焊缝焊在试板两端的坡口里，长度≤10mm，背面必须焊透。

2. 焊接参数(见表 2-5-7)

表 2-5-7　板厚 12mm 对接横焊的焊接参数

组　别	焊接层次	焊丝直径 /mm	焊接直流 /A	电弧电压 /V	气体流量 /(L/min)	焊丝伸出长度 /mm
第一组	打底层	1.0	90～100	18～20	10	10～15
	填充层		110～120	20～22		
	盖面层		110～120	20～22		
第二组	打底层	1.2	100～110	20～22	15	20～35
	填充层		130～150	20～22		
	盖面层		130～150	22～24		

3. 焊接要点

(1) 焊枪角度与焊法　采用左向焊法，三层六道，按 1～6 顺序焊接，焊道分布如图 2-5-19 所示。

(2) 试板位置　焊前先检查试板装配间隙及反变形是否合适，将试板垂直固定好，焊缝处于水平位置，试板间隙小的一端放在右侧。

(3) 打底层　调试好打底层焊道的焊接参数后，按图 2-5-20 要求保持焊枪角度和电弧对中位置，从右向左焊打底层焊道。

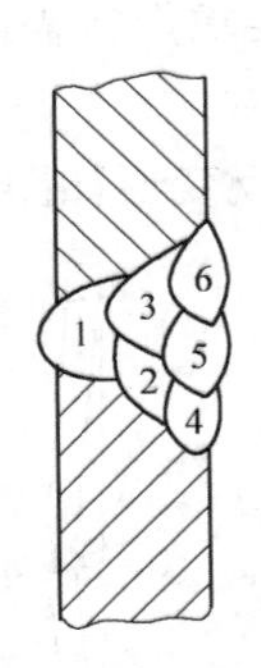

图 2-5-19　板厚 12mm 的焊道分布
按 1→6 顺序依次焊接

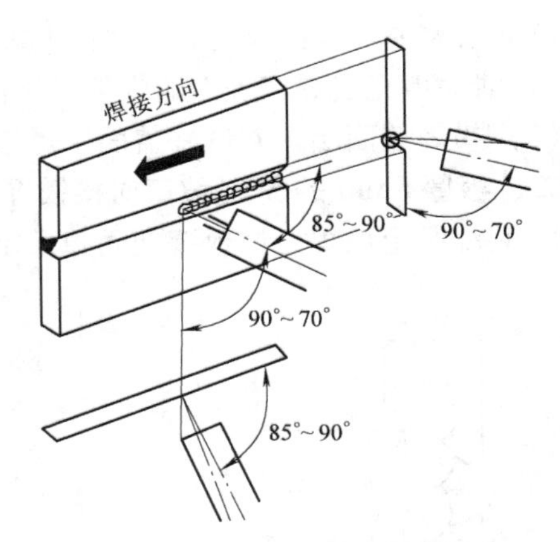

图 2-5-20　横焊打底层焊道
焊枪角度与电弧对中位置

在试板右端定位焊缝上引燃电弧，以小幅度锯齿形摆动，自右向左焊接，当预焊点左侧形成熔孔后，保持熔孔边缘超过坡口棱边 0.5 ~ 1mm 较合适，如图 2-5-21 所示。

焊接过程中要仔细观察熔池和熔孔、根据间隙调整焊接速度及焊枪摆幅，尽可能地维持熔孔直径不变，焊至左端收弧。

如果焊打底层焊道过程中电弧中断，应按下述步骤接头：

1）将接头处焊道打磨成斜坡状，如图 2-5-22 所示。

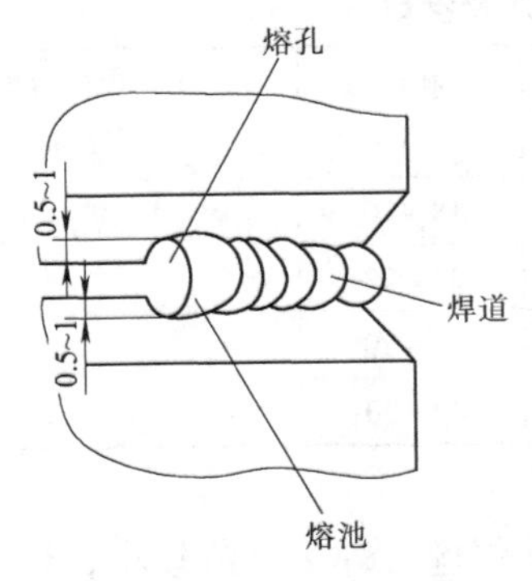

图 2-5-21　横焊熔孔与焊道

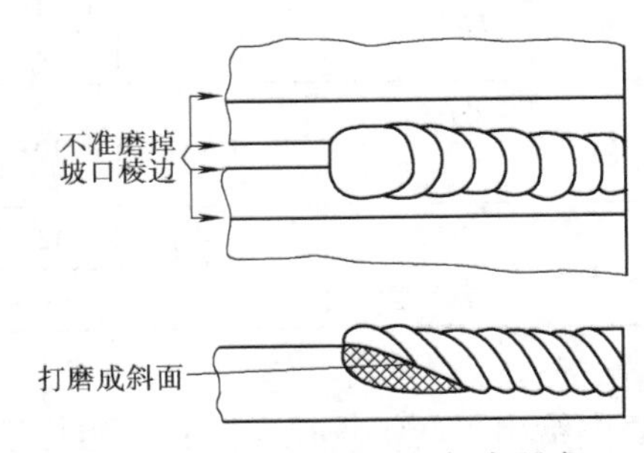

图 2-5-22　焊道接头处打磨要求

2）在打磨了的焊道最高处引弧，焊枪并开始做小幅度锯齿形摆动，当接头区前端形成熔孔后，继续焊完打底层焊道。

焊完打底层焊道后先除净飞溅及打底层焊道表面的焊渣，然后用角向磨光机将局部凸起的焊道磨平。

（4）填充层　调试好填充层焊道的参数后，要求调整焊枪的俯仰角及电弧对中位置，焊接填充层焊道 2 ~ 3，如图 2-5-23 所示。

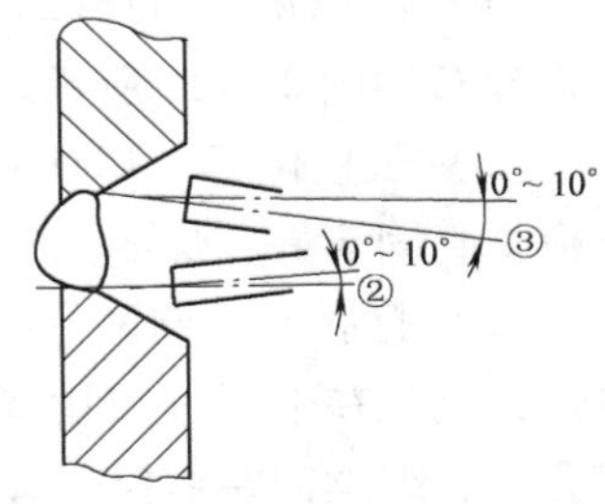

图 2-5-23　横焊填充层焊道
焊枪对中位置及角度

1）焊填充层焊道 2 时，焊枪成 0° ~ 10°俯角，电弧以打底层焊道的下缘为中心做横向摆动，保证下坡口熔合好。

2）焊填充层焊道 3 时，焊枪成 0° ~ 10°仰角，电弧以打底层焊道上缘为中心，在焊道2和坡口上表面间摆动，保证熔合良好。

3）清除填充层焊道表面的焊渣及飞溅，并用角向磨光机打磨局部凸起处。

（5）横焊盖面层　调试好盖面层焊道参数后，按图2-5-24要求焊接盖面层焊道。

二、板厚6mm的V形坡口对接横焊

1. 装配及定位焊　试板装配间隙及定位焊要求见图2-5-7。反变形如图2-5-25所示。

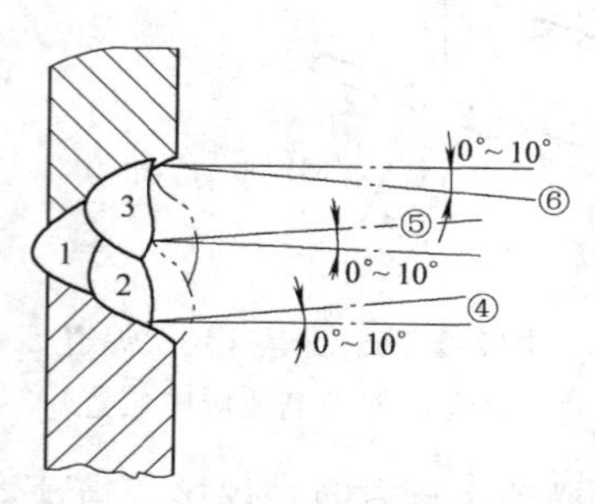

图2-5-24　横焊盖面层焊道焊枪对中位置及角度

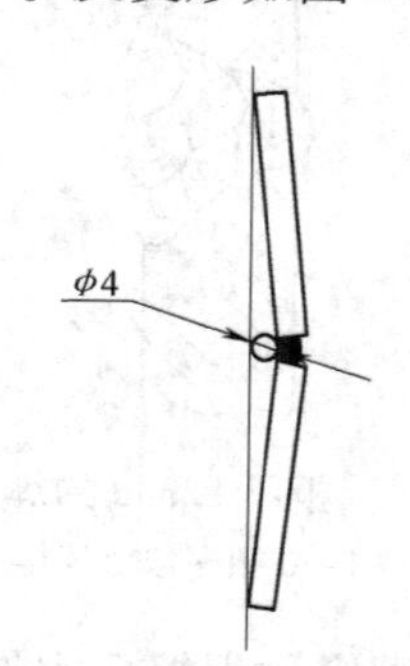

图2-5-25　板厚6mm的反变形

试板要平整，装配时保证错边≤0.5mm，定位焊缝焊在试板两端的坡口里，长度≤10mm，背面必须熔透，高度≤3mm。

2. 焊接参数（见表2-5-8）

表2-5-8　板厚6mm对接横焊的焊接参数

组　别	焊接层次	焊丝直径/mm	焊丝伸出长度/mm	焊接电流/A	电弧电压/V	气体流量/(L/min)
第一组	打底层	0.8	10~15	70~80	18~20	8
	盖面层			90~100	20~22	
第二组	打底层	1.2	15~20	90~110	19~20	15
	盖面层		20~25	120~140	20~20	

表中给出了两组焊接参数：一组焊接参数用ϕ0.8mm焊丝，焊接电流较小，比较容易掌握，但适应性较差；另一组用ϕ1.2mm焊丝，焊接电流较大，较难掌握，但实用性较强。

3. 焊接要点

（1）焊枪角度与焊法　封底采用左向焊法，盖面层用左向或右向焊法，二层三道，其焊道分布如图2-5-26所示。

（2）试板位置　焊前先检查试板装配间隙及反变形是否合适，将试板垂直固定好，焊缝置于水平位置、间隙小的一端应放在右侧。

（3）打底层　调试好打底层焊道的参数后，在右端预焊点上引燃电弧，电弧在上下坡口中间摆动，并向左移动，当定位焊缝左侧形成熔孔后，继续向左焊接，焊枪角度和电弧对中位置如图2-5-20所示。

焊完打底层焊道以后，应将飞溅焊渣清除干净，然后用角向磨光机将局部凸起处磨平。

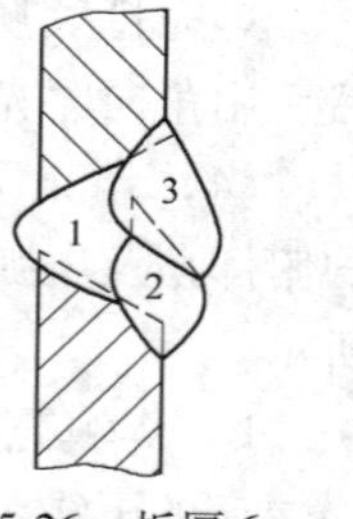

图2-5-26　板厚6mm的焊道分布

（4）盖面层　盖面层焊道施焊时的焊枪角度与电弧对中位置如图 2-5-23 所示。因为焊缝只有两层，因此操作时除了保持焊枪角度和对中位置外，还要控制焊道的宽度，两侧熔池应超过试板坡口上每侧棱边 0.5～1.5mm，焊道 3 要盖住焊道 2 的 1/3～1/2，保证盖面层焊缝表面对称和平整。

三、板厚 2mm 的 I 形坡口对接横焊

1. 装配及定位焊　装配及定位焊要求如图 2-5-9 所示，对接横焊反变形如图 2-5-10 所示。

2. 焊接参数(见表 2-5-9)

表 2-5-9　板厚 2mm 对接横焊的焊接参数

焊丝直径 /mm	焊丝伸出长度 /mm	焊接电流 /A	电弧电压 /V	焊接速度 /(m/min)	气体流量 /(L/min)
0.8	10～15	60～70	18～20	15	9～10

3. 焊接要点

（1）焊枪角度与焊法　采用左向焊法，单层单道，焊枪角度如图 2-5-20 所示。

（2）试板位置　焊前先检查装配间隙及反变形是否合适，无间隙的一端应放在右侧，将试板垂直固定好，间隙处于水平位置。

（3）焊接　调试好焊接参数后，在试板右端引燃电弧，至右向左焊接，电弧沿间隙前后摆动或作小幅度锯齿形摆动，焊接速度稍快些，否则会烧穿，收弧时要特别注意防止烧穿。

焊接时既要控制背面成形又要控制正面成形，操作时要特别留心。

第四节　平板对接仰焊

本节讲述平板对接仰焊单面焊双面成形操作要点。

仰焊是最难焊的部位，存在以下困难：

1）焊缝成形困难，熔池处于悬空状态，如图 2-5-27 所示。

由横断面 A—A 可见，熔池上小下大，在重力作用下液态金属特别容易流失，主要靠电弧吹力和液态金属表面张力的向上分力维持平衡，操作时稍不注意就容易烧穿、咬边或焊缝表面下坠。

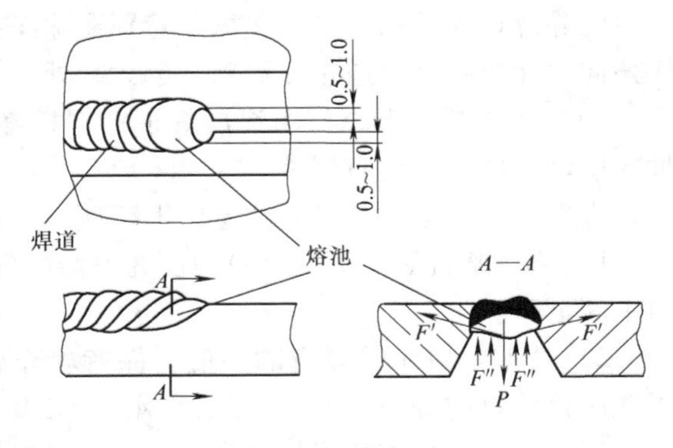

图 2-5-27　平板对接仰焊熔池
P—熔池金属重力　F′—表面张力　F″—电弧吹力

2）劳动条件差，在整个焊接过程中，焊工必须无依托地举着焊枪，抬头看熔池，特别累，焊接时产生的飞溅从高处往下落，很容易落到手臂、头及脖子上，容易烧伤人，要加强防护。

一、板厚 12mm 的 V 形坡口对接仰焊

1. 装配及定位焊　装配间隙及定位焊要求如图 2-5-2 所示，反变形如图 2-5-3 所示。

2. 焊接参数(见表 2-5-10)

表 2-5-10　板厚 12mm 对接仰焊的焊接参数

焊道层次	焊丝直径/mm	焊丝伸出长度/mm	焊接电流/A	电弧电压/V	气体流量/(L/min)
打底层	1.2	15～20	90～110	18～20	15
填充层			130～150	20～22	
盖面层			120～140	20～22	

3. 焊接要点

(1) 焊枪角度与焊法　采用右向焊法，三层三道，焊枪角度如图 2-5-28 所示。

(2) 试板位置　焊前先检查试板装配间隙及反变形是否合适，调整好定位架高度，将试板放在水平位置，坡口朝下，间隙小的一端放在左侧固定好。

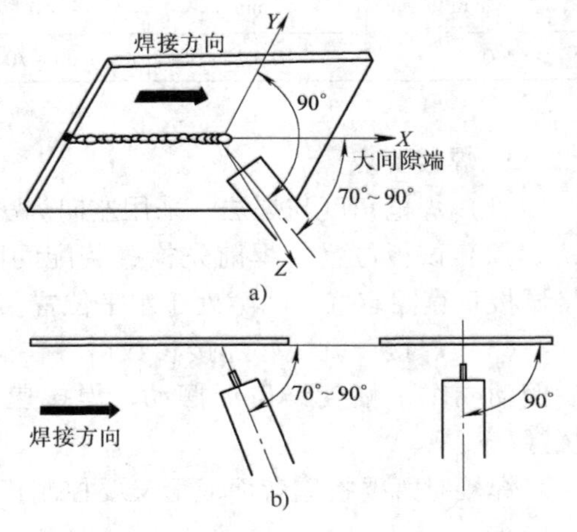

图 2-5-28　焊枪角度与电弧对中位置
a) 焊枪倾斜角度　b) 电弧对中位置

注意试板高度必须调整到能保证焊工单腿跪地或站着焊接时，焊枪的电缆导管有足够的长度，并保证腕部能有充分的空间自由动作，肘部不要举得太高，操作时不感到别扭的位置。

(3) 打底层　调试好打底层焊道的焊接参数后，在试板左端引弧，焊枪开始作小幅度锯齿形摆动，熔孔形成后转入正常焊接。

焊接过程中不能使电弧脱离熔池，利用电弧吹力防止熔融金属下淌。

焊打底层焊道时，必须注意控制熔孔的大小和电弧与试件上表面的距离(2～3mm)，能看见部分电弧穿过试板背面在熔池前面燃烧，既保证焊根焊透，又防止焊道背面下凹、正面下坠。这个位置很重要，合适时能焊出背面上凸的打底焊道，培训时要认真总结经验。

清除焊道表面的焊渣及飞溅，特别要除净打底层焊道两侧的焊渣，否则容易产生夹渣。用角向磨光机打磨焊道正面局部凸起太高处。

(4) 填充层　调试好填充层焊道的焊接参数后，在试板左端进行引弧，焊枪以稍大的横向摆动幅度开始向右焊接。

焊填充层焊道时，必须注意以下事项：

1) 必须掌握好电弧在坡口两侧的停留时间，既保证焊道两侧熔合好不咬边，又不使焊道中间下坠。

2) 掌握好填充层焊道的厚度，保持填充层焊道表面距试板下表面 1.5～2.0mm 左右，不能熔化坡口的棱边。如图 2-5-5 所示。

清除填充层焊道的焊渣及飞溅，打磨平焊焊道表面局部的凸起处。

(5) 盖面层　调试好盖面层焊道的焊接参数后，从左至右焊盖面层焊道。

焊接过程中应根据填充焊缝的高度，调整焊接速度，尽可能地保持摆动幅度均匀，使焊道平直均匀，不产生两侧咬边，中间下坠等缺陷。

二、板厚6mm的V形坡口对接仰焊

1. 装配及定位焊　装配间隙及定位焊要求如图2-5-7所示，对接仰焊反变形如图2-5-8所示。

2. 焊接参数(见表2-5-11)

表2-5-11　焊接参数

焊接层次	焊丝直径/mm	焊丝伸出长度/mm	焊接电流/A	电弧电压/V	气体流量/(L/min)
打底层	1.2	10～15	90～110	18～20	15
盖面层			120～130	20～22	

3. 焊接要点

(1) 焊枪角度与焊法　采用右向焊法，二层二道，持枪角度和电弧对中位置如图2-5-28所示。

(2) 试板位置　焊前先检查试板装配间隙及反变形是否合适，调整好定位架的高度，将试板放在水平位置固定好，坡口朝下，间隙小的一端放在左侧。

注意试板高度必须保证焊工单腿跪地或站着时焊枪的电缆导管有足够的长度，使腕部能有充分的空间自由动作。

(3) 打底层　调试好打底层焊道的参数后，在试板左端离开定位焊缝20mm左右处坡口两侧表面引弧，电弧引燃后迅速退回到定位焊焊缝处，并开始做锯齿形横向摆动，当熔孔形成后转入正常焊接。

焊接过程中不能让电弧脱离熔池，利用电弧吹力防止熔融金属下淌。

焊打底层焊道时应注意：

1) 控制熔孔的大小，既保证根部焊透，又防止正面焊道中间下坠。

2) 控制好电弧和试板上表面的距离(2～3mm)，防止背面焊道下凹，这个距离要自己掌握，合适时可获得背面上凸的仰焊打底层焊道。

3) 打底层焊道不能太厚，不能熔化坡口下表面的棱边，以免盖面焊时找不到基准，无法控制焊道的宽窄和直线度。

4) 焊完打底层焊道后，用角向磨光机将焊道表面局部凸起处修磨平。

(4) 盖面层　调试好盖面层焊道的参数后，在试板左端引弧，要求焊枪横向摆动的幅度较大些，可保证坡口两侧熔合好，熔池两侧超出坡口棱边0.5～1.5mm，控制摆动幅度、频率和焊接速度，防止焊道两侧咬边，中间下坠。

三、板厚2mm的I形坡口对接仰焊

1. 装配及定位焊　装配间隙及定位焊要求如图2-5-9所示，反变形如图2-5-10所示。

2. 焊接参数(见表2-5-12)

3. 焊接要点

表2-5-12　板厚2mm对接仰焊的焊接参数

焊丝直径/mm	焊丝伸出长度/mm	焊接电流/A	电弧电压/V	气体流量/(L/min)
0.8	10～15	60～70	19～19	15

（1）焊枪角度与焊法　采用右向焊法，单层单道，焊枪角度和电弧对中位置如图2-5-28所示。

（2）试板位置　焊前先检查试板间隙及反变形是否合适，调整好焊接卡具的高度（焊工处于蹲位或站着焊接），将试板卡紧在水平面上，间隙小的一端放在左侧。

注意试板高度必须保证焊工单腿跪着或站着时焊枪的电缆导管有足够的长度，使腕部能有充分的空间自由动作。

（3）焊接　调试好焊接参数后，在试板左端预焊点处引弧。

自左向右做直线或小幅度锯齿形摆动，利用电弧吹力防止熔融金属下淌，注意电弧不能脱离熔池。

焊接时，焊枪与焊接方向间的夹角如果太小，则焊道表面下坠，并容易产生咬边。

因为只有一条焊道，焊接时既要保证背面焊透，以及背面焊道的成形，又要保证正面焊道的尺寸合格，成形美观。

第六章　管 子 对 接

管子对接难度较大，必须在掌握了平板对接焊接要领之后才能进行培训。

本章只讲述大小径管的四种位置的操作要点，即水平转动的管子对接(简称为管子平焊)、水平固定的管子对接(简称为管子全位置焊)、45°固定的管子对接(简称为45°固定全位置焊)和垂直固定的管子对接(简称为管子横焊)。由于 CO_2 气体保护焊焊枪比焊条大得多，所以考规中所列的带障碍的管子焊接项目是不能考的，故没有介绍这方面的内容。

管子对接所用试件尺寸，焊前清理及装配要求与焊条电弧焊相同，可参看本书有关章节。

第一节　小径管对接

焊接小径管的对接接头，除了需要掌握单面焊双面成形操作技术外，还要根据管子的曲率半径不断地转动手腕，随时改变焊枪角度和对中位置，由于管壁较薄，采用 $\phi1.2$mm 焊丝焊接时容易被烧穿，故难度较大，每个项目需焊三个试件，一个做冷弯、两个做断口试验。

一、小径管水平转动对接

焊接过程中，允许不断地转动小管子，在平焊位置焊接小径管对接接头，故简称为小径管平焊，这是小径管最容易焊接的项目。

1. 焊接参数(见表2-6-1)

表2-6-1　小径管水平转动对接的焊接参数

焊丝直径/mm	焊丝伸出长度/mm	焊接电流/A	电弧电压/V	气体流量/(L/min)
1.2	15～20	90～110	18～20	15

2. 焊接要点

(1) 焊枪角度与焊法　采用左向焊法，单层单道焊，小径管水平转动的焊枪角度与电弧对中位置如图2-6-1所示。

(2) 试件位置　调整好试板架的高度，保证焊工坐着或站着都能方便地移动焊枪并转动试件，将小径管放在试板架上，一个定位焊缝焊在时钟1点位置处。

(3) 焊接　调试好焊接参数后，按下述步骤焊接：

在时钟1点位置处定位焊缝上引弧，并从右向左焊至时钟11点位置处

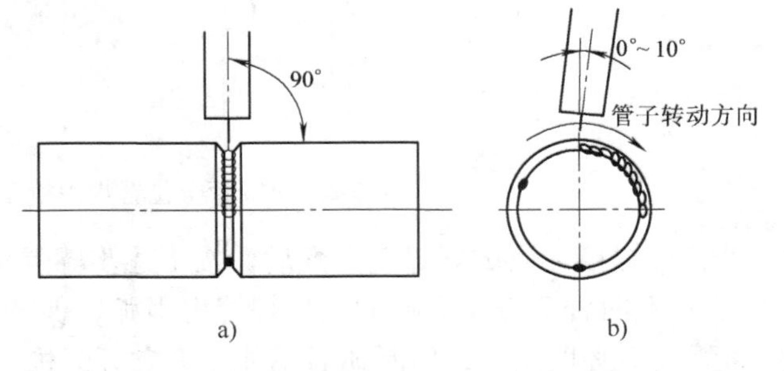

图2-6-1　小径管水平转动对接的焊枪角度
a) 电弧对中位置　b) 焊枪倾斜角度与电弧对中位置

灭弧，立即用左手将管子按顺时钟方向转一个角度，将灭弧处转到时钟 1 点位置处再焊接，如此不断地转动，直到焊完一圈为止。焊接时要特别注意以下两点：

1）尽可能地右手持枪焊接，左手转动管子，使熔池保持在平焊位置，管子转动速度不能太快，否则熔融金属会流出，焊缝外形不美观。

2）因为焊丝较粗，熔敷效率较高，采用单层单道焊，既要保证焊件背面成形，又要保证正面美观，很难掌握。为防止烧穿，可采用“断续”焊法，像收弧那样，用不断地引弧、断弧的办法进行焊接。

二、小径管水平固定全位置焊

焊接过程中，管子轴线固定在水平位置，不准转动，必须同时掌握了平焊、立焊、仰焊三种位置单面焊双面成形操作技能才能焊出合格的焊缝，简称为小径管全位置焊。

1. 焊接参数(见表 2-6-2)

表 2-6-2　焊接小径管水平固定对接全位置焊的参数

焊丝直径/mm	焊丝伸出长度/mm	焊接电流/A	电弧电压/V	气体流量/(L/min)
1.2	15～20	90～110	18～20	15

2. 焊接要点

（1）焊枪角度与焊法　小径管焊接时，将管子按时钟位置分成左右两半圈。采用单层单道焊，焊接过程中，小径管全位置焊接焊枪的角度与电弧对中位置的变化如图 2-6-2 所示。

（2）试件位置　调整好卡具的高度，保证焊工单腿跪地时能从时钟 7 点位置处焊到 3 点位置处，焊工站着稍弯腰也能从 3 点位置处焊到 0 点位置处，然后固定小径管，保证小径管的轴线在水平面内，时钟 0 点位置在最上方。焊接过程中不准改变小径管的相对位置。

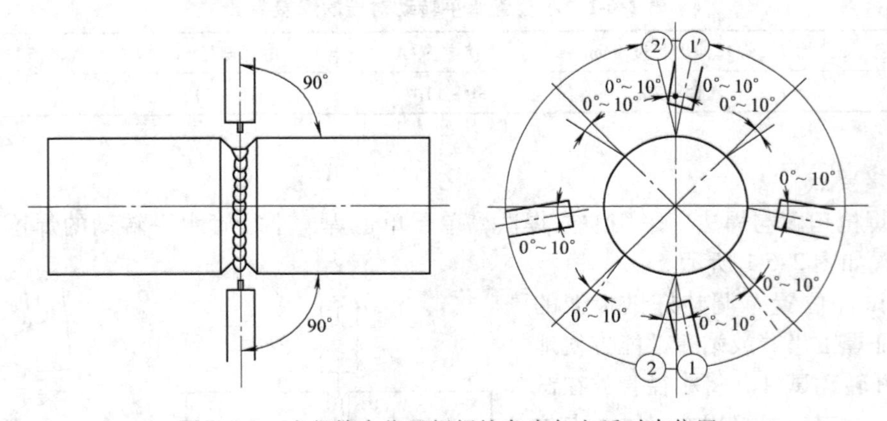

图 2-6-2　小径管全位置焊焊枪角度与电弧对中位置

（3）焊接　调试好焊接参数后，按下述步骤焊接：

1）在时钟 7 点位置处的定位焊缝上引弧，保持焊枪角度、沿顺时钟方向焊至 3 点位置处断弧，不必填弧坑，但断弧后不能立即拿开焊枪，利用余气保护熔池，至凝固为止。

2）将弧坑处第二个定位焊缝打磨成斜面。

3）在时钟 3 点位置处的斜面最高处引燃电弧，沿顺时针方向焊至 11 点位置处断弧。

4）将时钟7点位置处的焊缝头部磨成斜面，从最高处引燃电弧后迅速接好头，并沿逆时针方向焊至时钟9点位置处断弧。

5）将时钟9点位置和11点位置处的焊缝端部都打磨成斜面，然后从时钟9点位置处引弧，仍沿逆时针方向焊完封闭段焊缝，在0点位置处收弧，并填满弧坑。

注意：将正反手两段焊缝分为几段焊的目的是，使焊工在练习过程中掌握接头技术。为此焊接过程中可以多分几段，一旦学会了接头，两半焊缝最好一次完成。

三、小径管垂直固定对接

从理论上讲，垂直固定的管子，焊缝在横焊位置，简称为小径管横焊，它是比较好焊的项目，但实际考试结果往往还不如小径管全位置焊，合格率较低，可能是思想上不够重视的结果，故练习时要特别留意。

1. 焊接参数(见表2-6-3)

表2-6-3　小径管垂直固定对接的焊接参数

焊丝直径/mm	焊丝伸出长度/mm	焊接电流/A	电弧电压/V	气体流量/(L/min)
1.2	15～20	110～130	20～22	12～15

2. 焊接要点

（1）焊枪角度与焊法　采用左向焊法，单层单道，小径管垂直固定焊焊枪角度与电弧对中位置如图2-6-3所示。

（2）试件位置　调整好试板架的高度，将小径管垂直固定好，保证焊工坐着或站着能方便地转腕进行焊接，一个定位焊缝位于右侧的准备引弧处。

（3）焊接　调试好焊接参数后，按下述步骤焊接：

1）在右侧定位焊缝上引弧，焊枪小幅度地作横向摆动，当定位焊缝左侧形成熔孔后，转入正常焊接。

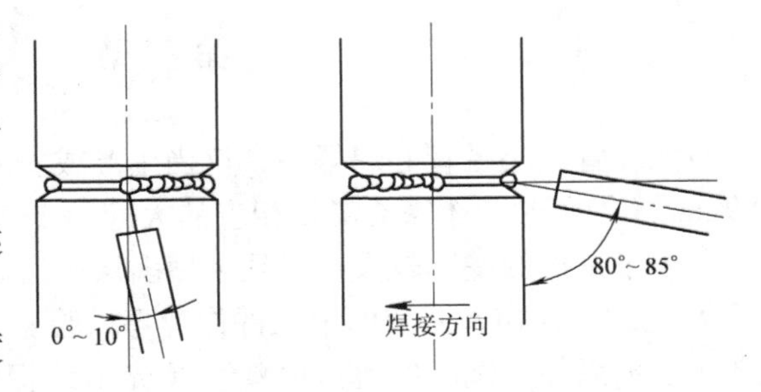

图2-6-3　小径管垂直固定对接的焊枪角度与电弧对中位置

注意：焊接过程中，尽可能地保持熔孔直径不变，熔孔直径比间隙大0.5～1mm较合适，从右向左焊到不好观察熔池处时断弧，断弧后不能移开焊枪，需利用余气保护熔池至完全凝固为止，不必填弧坑。

2）将弧坑处磨成斜面后，焊工转到焊缝左开始引弧处，再从右至左焊接，如此重复，直到焊完一圈焊缝。

整个焊接过程中需注意以下几点：

1）尽可能地保持熔孔直径一致，以保证背面焊缝的宽、高均匀。

2）焊枪沿上、下两侧坡口做锯齿形横向摆动，并在坡口面上适当停留，保证焊缝两侧熔合好。

3）焊接速度不能太慢，防止烧穿，背面焊缝太高或正面焊缝下坠。

四、小径管45°固定全位置焊

小径管45°固定全位置焊接过程比水平固定小径管难焊，焊接时焊枪的倾斜角度和电弧对中位置除了要跟随焊接位置改变外，还要跟随坡口中线水平移动。

1. 焊接参数(见表2-6-2)

2. 焊接要点：

(1) 焊枪角度与焊法　为方便焊接，将管子焊缝按时钟位置分为左右两半圈。单层单道焊时，从时钟7点位置处开始由下往上焊接。焊接时焊枪的倾斜角度和电弧位置见图2-6-2。

(2) 试件位置　调整好卡具高度，保证焊工单腿跪地时能方便地焊接下半圈焊缝，则焊工站起来稍弯腰也能焊完上半圈焊缝，将管子轴线与水平面成45°角固定好。注意：时钟0点位置处在正上方、定位焊缝在时钟7点位置处。

(3) 焊接　调整好焊接参数后，按下述步骤焊接：

1) 在时钟7点位置处定位焊缝上引燃电弧，原地预热，待定位焊缝和两侧坡口熔化形成熔池后，按顺时针方向将电弧移到定位焊缝右端，向内顶电弧，听见击穿声，看见熔孔，且熔孔大小合适时，转入正常焊接。按顺时针方向焊完右半圈焊缝，至时钟11点位置处定位焊缝处结束。

2) 在时钟7点位置处的定位焊缝上引燃电弧、按相同的要求沿逆时针方向焊完左半圈焊缝。

3) 焊到定位焊缝两端时，要适当降低焊接速度，电弧稍向内顶，保证定位焊缝两端焊透，背面焊道宽度不能太大。

4) 焊接过程中焊枪在水平方向摆动，因此焊缝的鱼鳞纹和管子轴线成45°角分布。

第二节　大径管对接

大径管比小径管好焊得多，仅当生产或安装工程中需要焊接壁厚超过12mm，直径大于89mm的管子时，才需要考试相应的大管。

由于试件的壁厚较大，必须采用多层多道焊。考试时，每个项目只焊一个试件，焊后进行X光射线探伤，并取两个试件作冷弯试验。

根据以往考试的经验：焊缝经X光射线探伤不合格的主要原因是由于存在夹渣和未熔合缺陷；冷弯试验时，背弯合格率稍差。因此，焊工在练习和考试时，应注意焊接过程中控制好熔孔的直径，通常熔孔直径应比间隙大1～2mm，保证焊根熔合良好。

一、大径管水平转动对接

焊接过程中允许大径管转动，在平焊位置进行焊接，这是大径管最容易焊接的位置。

1. 焊接参数(见表2-6-4)

表2-6-4　大径管水平转动对接的焊接参数

焊道位置	焊丝直径/mm	焊丝伸出长度/mm	焊接电流/A	电弧电压/V	气体流量/(L/min)
打底层	1.2	15～20	110～130	18～20	15
填充层			130～150	20～22	
盖面层			130～140	20～22	

2. 焊接要点

(1) 焊枪角度及焊法　采用左焊法，三层三道，大径管水平转动的焊枪角度与电弧对中位置如图 2-6-1 所示。

(2) 试件位置　调整好试板架高度，将大径管放在试板架上，0 点在最高处，保证焊工坐着或站着，都能方便地移动焊枪并转动焊件，一个定位焊缝在时钟 1 点位置处。

(3) 打底层　调试好打底层焊道的参数后，在时钟 1 点位置处的定位焊缝上引弧，并从右向左焊至时钟 11 点处断弧，立即用左手将管子按顺时钟方向转一个角度，将弧坑转到 1 点位置处再焊接，如此不断地转动管子，直到焊完一圈焊缝为止。如果可能，最好边转边焊，连续焊完一圈打底层焊缝，焊接时要特别注意以下几点：

1) 尽可能用右手持枪焊接，左手转动管子，使熔池保持在水平位置，转动管子的速度就是焊接速度，不能让熔融金属流出，影响焊缝外形的美观。

2) 焊打底层焊道，必须保证焊道的背面成形良好。为此，焊接过程中要控制好熔孔直径，保持熔孔直径比间隙大 0.5 ~ 1mm 较为合适。

3) 除净打底层焊道的焊渣、飞溅。并用角向磨光机将打底层焊道上的局部凸起处磨平。

(4) 填充层　调整好填充层焊道的参数后，按焊打底层步骤焊完填充层焊道。需注意以下问题：

1) 焊枪摆动的幅度应稍大，并在坡口两侧适当停留，保证焊道两侧熔合良好，焊道表面平整，稍下凹。

2) 控制好填充层焊道的高度，使焊道表面离管子外圆 2.0 ~ 3mm，不能熔化坡口的上棱，如图 2-6-4 所示。

(5) 盖面层　调试好盖面层焊道的焊接参数后，焊完盖面层焊道，需注意以下几点：

1) 焊枪摆动的幅度应比焊填充层焊道时大，并在两侧稍停留，使熔池边缘超过坡口棱边 0.5 ~ 1.5mm，保证两侧熔合良好。

2) 转动管子的速度要慢，保持在水平位置焊接，使焊道外形美观。

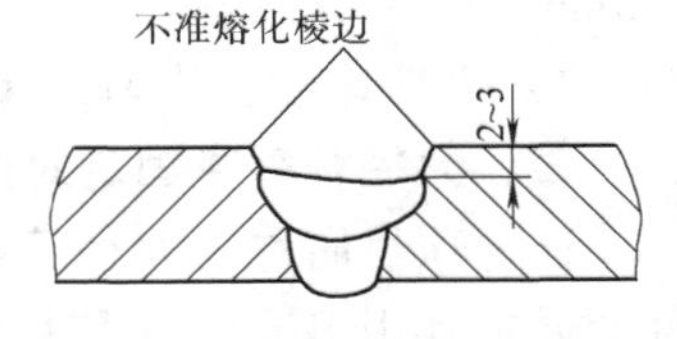

图 2-6-4　填充层焊道的要求

二、大径管水平固定全位置焊

由于焊接过程中管子固定在水平位置，不准转动，焊接难度较大，必须同时掌握了对接板平焊、立焊、仰焊三种位置的单面焊双面成形技术才能焊出合格的试件。

1. 焊接参数(见表 2-6-5)

表 2-6-5　大管径水平固定对接的焊接参数

焊接层次	焊丝直径/mm	焊丝伸出长度/mm	焊接电流/A	电弧电压/V	气体流量/(L/min)
打底层	1.2	15 ~ 20	110 ~ 130	18 ~ 20	12 ~ 15
填充层			130 ~ 150	20 ~ 22	
盖面层			130 ~ 140	20 ~ 22	

2. 焊接要点

为方便焊接，将大径管焊缝按时钟位置分成左右两半圈进行焊接。

(1) 焊枪角度与焊法　焊三层三道，从时钟 7 点处开始按顺、逆时钟方向焊接，焊枪角度与电弧对中位置如图 2-6-2 所示。

（2）试件位置　调整好试板高度，将管子水平固定在试板架上，保证焊工单腿跪地时能方便地焊到时钟 7→3 及 7→9 点位置处，焊工站着能方便地焊完 3 点→0 及 9→0 点处的焊道，时钟 0 点位置在最上方。

（3）打底层　调整好打底层焊道的参数后，在 7 点处定位焊缝上引弧，焊枪沿逆时钟方向作小幅度锯齿形摆动，当定位焊右侧形成熔孔后转入正当焊接。

焊接过程中应控制好熔孔直径，通常熔孔直径比间隙大 1～2mm 较为合适，熔孔与间隙两边对称才能保证焊根熔合良好。

焊至不便操作处灭弧，不必填弧坑，但焊枪不能离开熔池，利用余气保护熔池至完全凝固为止。

将灭弧处的弧坑磨成斜面，由此引弧，形成熔孔后，仍沿逆时针方向焊至时钟 0 点位置处。

从时钟 7 点处开始，按顺时针方向焊至 0 点处，除净熔渣、飞溅、磨掉打底焊道接头局部凸起处。

（4）填充层　调试好填充焊接工艺参数后，按焊打底层焊道步骤焊完填充层焊道。

焊接过程中，要求焊枪摆动的幅度稍大，在坡口两侧适当停留、保证熔合良好，焊道表面稍下凹，不能熔化管子外表面坡口的棱边。

（5）盖面层　按填充层焊道的参数和顺序焊完盖面层焊道，焊接时需注意以下两点：

1）焊枪摆动的幅度应比焊填充层焊道时大，保证熔池边缘超出坡口上棱 0.5～1.5mm 内。

2）焊接速度要均匀，保证焊道外形美观，余高合适。

三、大径管垂直固定对接

这种项目简称为大径管横焊，是比较容易掌握的，焊接时的主要问题是焊缝外形不对称，通常都用多层多道焊来调整焊缝外观形状，焊接时要掌握好焊枪的角度。

1. 焊接参数(见表 2-6-6)

表 2-6-6　大径管垂直固定对接的焊接参数

焊接层次	焊丝直径/mm	焊丝伸出长度/mm	焊接电流/A	电弧电压/V	气体流量/(L/min)
打底层	1.2	15～20	110～130	18～20	12～15
填充层 盖面层			130～150	20～22	

2. 焊接要点

（1）焊枪角度与焊法　左向焊法，三层四道，大径管的横焊焊道如图 2-6-5 所示。

（2）试件位置　调整好试板架的高度，将大径管垂直放在试板架上，保证焊工站立时能方便地摆动和水平移动焊枪。将一个定位焊缝放在右侧的准备引弧处。

（3）打底层　调试好打底层焊道的参数后，在试件右侧定位焊缝上引弧，焊枪自右向左开始作小幅度的锯齿形横向摆动，待左侧形成熔孔后，转入正常焊接。焊打底层焊道时的焊枪角度与电弧对中位置如图 2-6-6 所示。

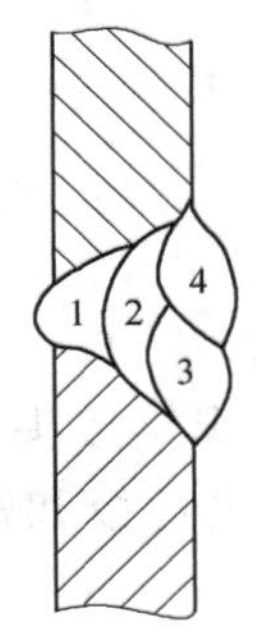

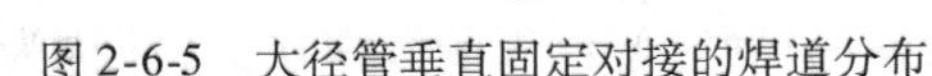
图 2-6-5　大径管垂直固定对接的焊道分布

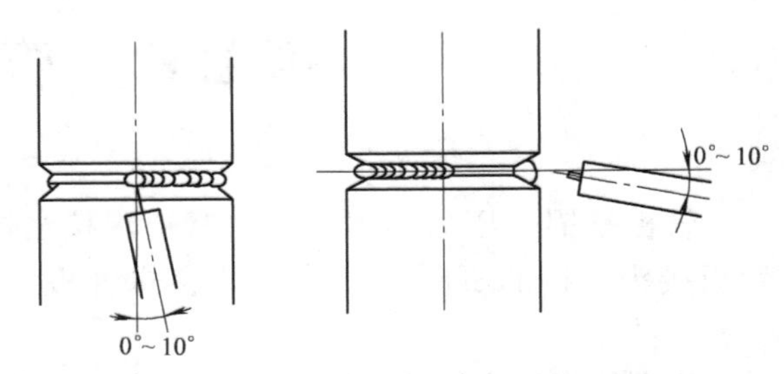

图 2-6-6　焊打底层焊道焊枪角度与电弧对中位置

焊打底层焊道时需注意以下事项：

1）打底层焊道主要是保证焊缝的背面成形。焊接过程中，保证熔孔直径比间隙大 1～2mm，两边对称才能保证焊根背面熔合好。

2）要特别注意定位焊缝处的焊接，保证打底层焊道与定位焊缝熔合好，接好头。

3）焊到不便观察处立即灭弧，不必填弧坑，但不能移开焊枪，需利用 CO_2 气保护熔池到完全凝固为止，然后迅速将试件转一个角度，将弧坑转到开始引弧处，趁热再引弧焊接，直到焊完打底焊道。

4）除净熔渣、飞溅后，用角向磨光机将接头局部凸起处磨掉。

（4）填充层　调试好填充层焊道的参数后，自右向左焊完填充层焊道，需注意以下几点：

1）适当加大焊枪的横向摆动幅度，保证坡口两侧熔合好，焊枪的角度与焊打底层焊道要求相同。

2）不准熔化坡口的棱边，保证焊缝表面平整并低于管子表面 2.5～3mm。

3）除净焊渣、飞溅，并打磨掉填充层焊道接头的局部凸起处。

（5）盖面层　用填充焊道的焊接参数和步骤焊完盖面层焊道。

焊盖面层焊道时应注意以下事项：

1）为了保证焊缝余高对称，盖面层焊道分两道，焊枪角度与电弧对中位置如图 2-6-7 所示。

2）焊接过程中，要保证焊缝两侧熔合良好，熔池边缘超过坡口棱边 0.5～2mm。

四、大径管 45°固定全位置焊

大径管 45°固定对接比大径管水平固定对接难焊，焊接时焊枪的倾斜角度和电弧对中位置必须跟着焊接处管子的曲率和坡口中心的水平位置移动。

1. 焊接参数(见表 2-6-5)

2. 焊接要点

（1）焊枪角度与焊法　三层三道，将焊缝按时钟位置分成两半圈，从时钟 7 点位置处开始，按顺、逆时针方向由下往上焊接，焊枪倾斜角度和电弧对中位置见图 2-6-2。

（2）试件位置　试件与水平面成 45°角固定。

（3）焊接　焊接步骤注意事项与大径管水平固定对接焊相同。注意：电弧在水平方向摆动，因此，焊接鱼鳞纹的方向和管子轴线成 45°角。

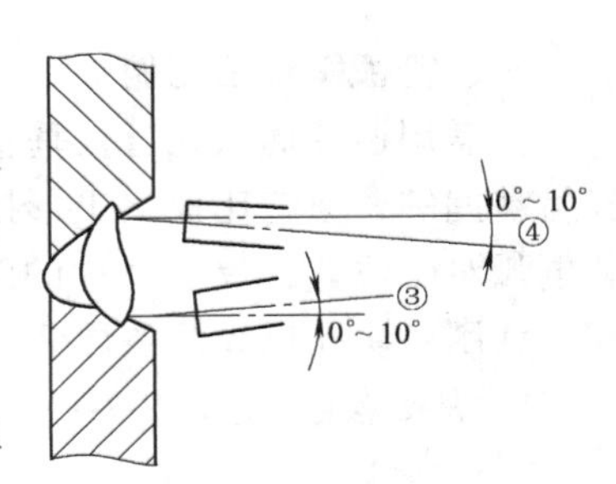

图 2-6-7　焊盖面层焊道焊枪角度与电弧对中位置

第七章　管 板 焊 接

管板是锅炉压力容器、压力管道焊接结构和金属焊接结构焊接接头形式之一，根据管板接头结构的不同，可分为骑座式管板，不需焊透的插入式管板和需焊透的插入式管板三类。

根据管板接头焊缝空间位置的不同，又可分为：垂直固定俯位焊的管板接头(简称为管板平焊)、垂直固定仰焊的管板接头(简称为管板仰焊)、水平固定的管板接头(简称为管板全位置焊)和45°固定的管板接头(简称为45°全位置焊)四类。

不需焊透的插入式管板较好焊，只需保证焊根有一定的熔深和焊脚尺寸，焊缝内部缺陷在允许范围内就能合格，焊工只需掌握了平板T形接头空间位置角焊缝和转腕的焊接技术就能焊好。

骑座式管板和需焊透的插入式管板的焊接，除要求焊根背面成形外，还要保证焊脚尺寸，焊缝内部没有允许范围以外的缺陷才能合格，要求焊工同时掌握了空间位置平板对接单面焊双面成形和平板T形接头角焊缝的焊接技术，还要根据管子外圆的曲率变化连续转动手腕，不断地改变焊枪的倾角和电弧对中位置，才能获得合格的焊缝。特别是需焊透的插入式管板焊接时困难更大，因为这种接头由于孔板厚度大，坡口角度大，焊脚尺寸大，焊接时需要的填充金属多，焊接工作量大，焊接时必须特别仔细、千万不能马虎，否则容易出现夹渣、未熔合等缺陷。

对于初学者，建议在掌握了平板对接和T形接头的焊接技术以后，再开始练习管板焊接技术，可以节约试件，减少培训时间，收到事半功倍的效果。

焊接管板接头的最大难点是焊工必须根据焊接处管子圆周的曲率变化及时连续地转动手腕，并需要不断地调整焊枪的倾斜角度和电弧对中位置，才能保证获得背面成形良好、内部无缺陷、外部无咬边、焊脚尺寸合格的焊缝，需要反复练习，不断总结经验才能掌握。下面分别讲述各种管板的焊接技术。

第一节　不需焊透的插入式管板焊接

一、管板垂直固定俯焊

不需焊透的插入式管板垂直固定俯焊(简称管板平焊)是焊接插入式管板的基本功，是较易掌握的，但它比板状T形接头难焊。为此，在练习过程中应掌握转腕技术，焊枪角度和电弧对中位置，焊出对称的焊脚。为节约试板，插入式管板可按图2-7-1[⊖]所示的进行装配。利用一块孔板焊两条焊缝。

1. 焊接参数(见表2-7-1)

⊖ 此图为培训用试件的装焊方法，可节约加工费用，实际考试时的试件按图2-7-2装配。

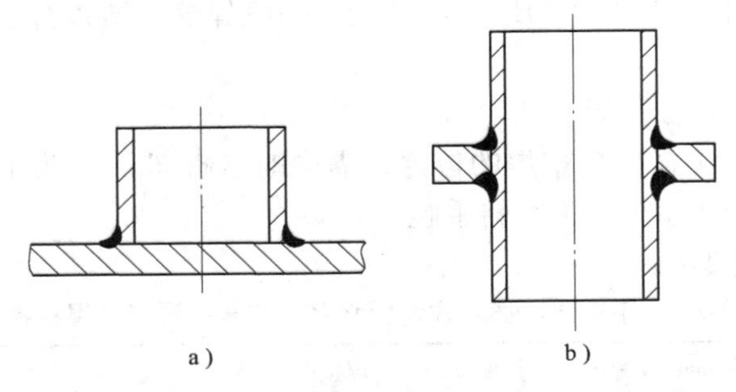

图 2-7-1　练习用不需焊透的插入式管板的装配方法

a）板不开孔　b）板开孔

表 2-7-1　不需焊透插入式管板垂直固定俯焊的焊接参数

焊丝直径/mm	焊丝伸出长度/mm	焊接电流/A	电弧电压/V	气体流量/(L/min)
1.2	15～20	130～150	20～22	15

2. 焊接要点

（1）焊枪角度与焊法　采用左向焊法，单层单道，不需焊透的插入式管板俯焊的焊枪角度与电弧对中位置如图 2-7-2 所示。

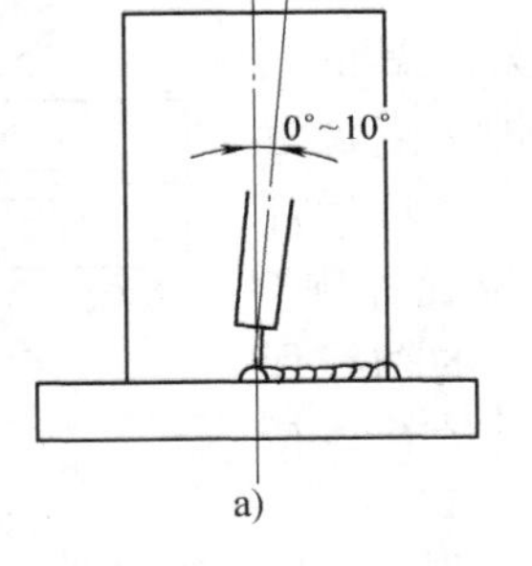

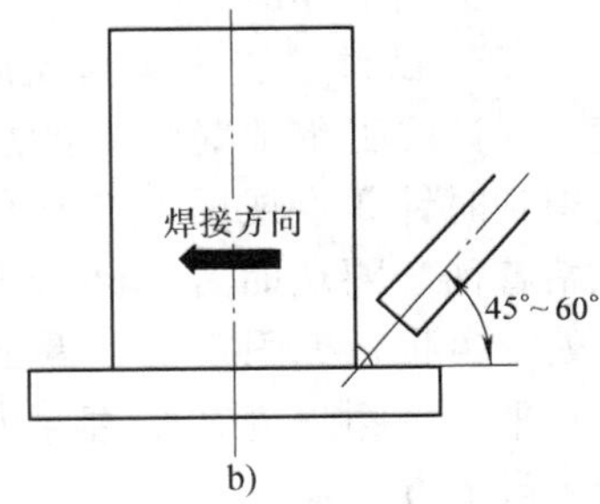

图 2-7-2　不需焊透管板俯焊焊枪角度与电弧对中位置

a）焊枪倾斜角度　b）电弧对中位置

（2）试件位置　调整好试板架的高度，将管板垂直放在试板架上，保证焊工站立时焊枪能很顺手地沿待焊处移动，一个定位焊缝位于右侧的准备引弧处。

（3）焊接　焊接步骤如下：

1）在试件右侧定位焊缝上引弧，从右向左沿管子外圆焊接，焊完圆周的 1/4～1/3 收弧，最好按图 2-7-3 要求将收弧处磨成斜面。

2）迅速将弧坑转到始焊处，引弧趁热接头立即焊接管子圆周的 1/4～1/3，如此重复，直焊到剩下最后的一段封闭焊缝为止。

3）焊接封闭焊缝前，需将已焊好的焊缝两头都焊磨成斜面，如图 2-7-4 所示。

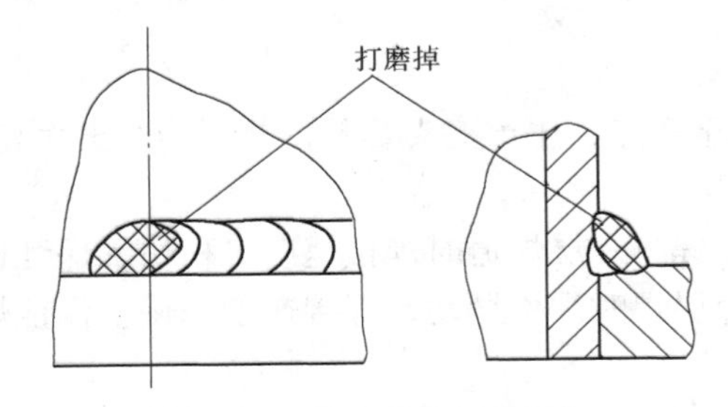

图 2-7-3　接头处的打磨要求

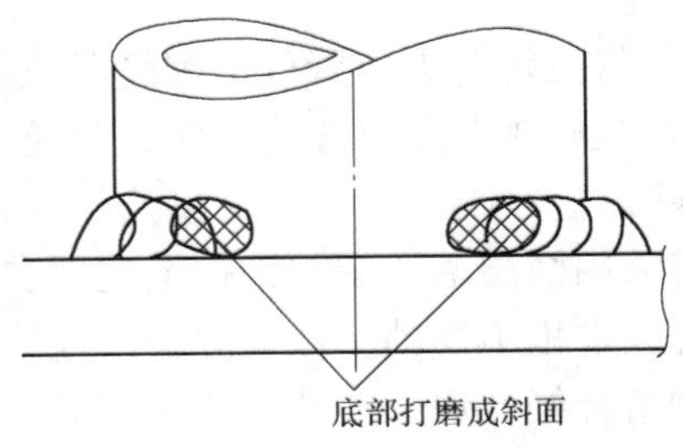

图 2-7-4　封闭段接头处的打磨要求

4）将打磨好的试件转到合适的地方焊完最后一段焊缝，结束时必须填满弧坑，并使接头不要太高。

二、管板水平固定全位置焊

这是不需焊透插入式管板最难焊的位置，需同时掌握 T 形接头平焊、立焊、仰焊的操作技能，并根据管子的曲率焊工进行转手腕。

1. 焊接参数(见表 2-7-2)

表 2-7-2　不需焊透插入式管板水平固定全位置焊的焊接参数

焊接层次	焊丝直径/mm	焊丝伸出长度/mm	焊接电流/A	电弧电压/V	气体流量/(L/min)
打底层	1.2	15～20	90～110	18～20	10
盖面层			110～130	20～22	15

2. 焊接要点

（1）焊枪角度与焊法　根据《规则》规定，全位置管板焊接过程中不准改变位置，整个圆周焊缝必须从时钟位置 7 点处开始，按顺、逆时针方向焊接，封闭焊缝收弧处必须在时钟 0 点位置处。焊接过程中插入式管板全位置焊焊枪角度与电弧对中位置如图 2-7-5 所示。

单层单道或二层二道，一层打底层焊道，另一层盖面层焊道。

（2）试件位置　焊前先调整好卡具的高度，保证焊工单腿跪地时能从时钟 7 点位置处焊到时钟 3 点或时钟 9 点位置处，然后焊工站着稍弯腰从时钟 3 点或 9 点位置焊到 0 点处，再将管板固定好，保证管子的轴线保持水平，一圈焊缝在垂直面内，时钟 0 点位置于最上方。

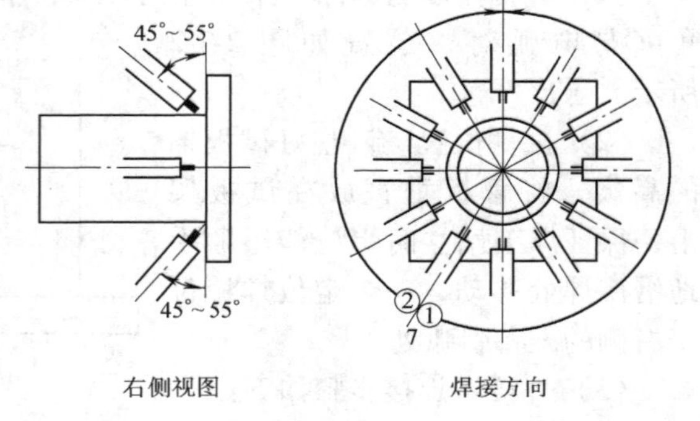

图 2-7-5　不需焊透管板水平固定全位置焊焊枪角度与电弧对中位置
① 从时钟 7 点位置开始沿逆时钟方向焊接至时钟 0 点位置
② 从时钟 7 点位置开始沿顺时钟方向焊接至时钟 0 点位置

（3）焊接　步骤如下：

1）调好焊接参数后，在时钟 7 点位置处引弧，保持焊枪角度沿顺时针方向焊至时钟 3 点位置处断弧，不必填弧坑，断弧后不能移动焊枪。

2）迅速改变焊工的体位从时钟 3 点处引弧，仍按顺时钟方向由时钟 3 点处焊到时钟 0 点位置处。

3）将时钟 0 点位置处的焊缝磨成斜面。

4）从时钟 7 点位置处引弧，沿逆时钟方向焊至 0 点，注意接头要平整，不能凸出太高，并填满弧坑。

若采用两层两道焊，则按上述要求再焊一次。焊第一层焊道时焊接速度可稍快，保证根部焊透，焊枪不摆动，保证焊脚尺寸较小，焊盖面层焊时焊枪摆动，焊接速度稍慢。保证焊缝两侧熔合好，焊脚尺寸符合要求。

注意：上述步骤实际上是一气完成的，应根据管子的曲率变化，焊工不断地转手腕和改变体位连续焊接，按逆、顺时钟方向焊完整圈焊缝。

三、管板垂直固定仰焊

1. 焊接参数（见表2-7-3）

表2-7-3　不焊透插入式管板垂直固定仰焊的焊接参数

焊丝直径/mm	焊丝伸出长度/mm	焊接电流/A	电弧电压/V	气体流量/(L/min)
1.2	15～20	90～110	18～20	12～15
		110～130	20～22	

2. 焊接要点

（1）焊枪角度与焊法　采用右向焊法，二层二道，不需焊透插入式管板仰焊的焊枪角度与电弧对中位置如图2-7-6所示。

（2）试件位置　调整好试板架的高度，使管子朝下，其轴线处于垂直位置固定好，保证焊工单腿跪地或站立时，焊枪能顺利地在仰焊位置沿待焊处转动，一个定位焊缝在试件左侧的待引弧处。

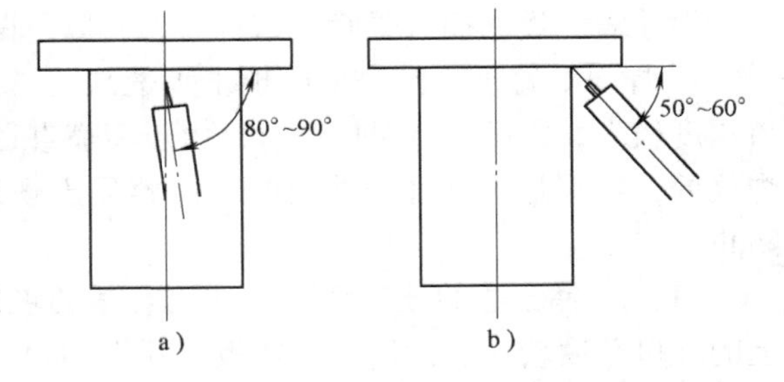

图2-7-6　不需焊透管板仰焊的焊枪角度与电弧对中位置
a）焊枪倾斜角度　b）电弧对中位置

（3）焊接　调试好焊接参数后，按下述步骤焊接：

1）打底层　从左侧定位焊缝上引弧，若只有两个定位焊缝，则从没有定位焊缝的那面引弧，并从左向右焊接。焊接过程中应根据管子曲率的变化情况，焊工不断地改变体位和焊枪角度，尽可能地减少接头，焊接速度可稍快些，保证根部焊透，焊完打底焊道后，注意清渣并将焊道局部的凸起处磨平。

2）盖面层　焊枪需作横向摆动，焊接速度稍慢，保证两侧熔合好，焊脚对称，其余注意事项与打底层焊相同。

第二节　需焊透的插入式管板焊接

这类管板是《规则》规定的锅炉压力容器压力管道焊工的考试项目。管板接头的结构如图2-7-7所示。

试件采用的管子外径（D）包括：$D<76$mm；$D\geq76$mm两类，管子壁厚（δ）不限；板厚必须要求大于等于管子壁厚，板为正方形，边长为（$D+100$）mm，中间的孔径为$D+(4\sim6)$mm，坡口角度为45°，钝边为0。

要求根部焊透，表面焊脚大小可不对称，管侧焊脚尺寸为$\delta+(0\sim3)$mm；板侧焊脚尺寸大小需盖住坡口边缘（0.5～2.5）mm。焊缝的凸度或凹度应不大于1.5mm。

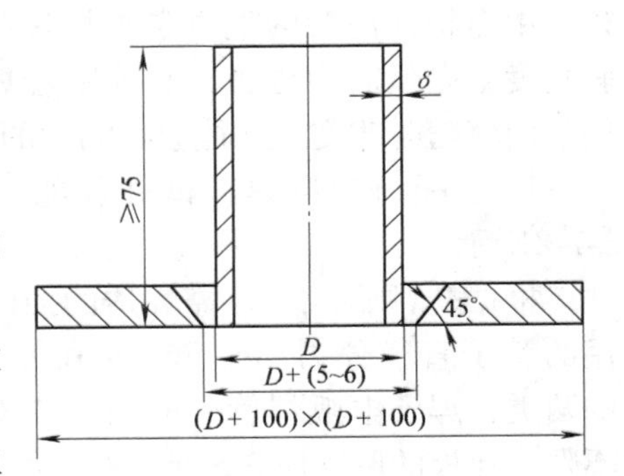

图2-7-7　需焊透的插入式管板试件

焊缝表面不允许有裂纹、未熔合、夹渣、气孔、焊瘤和未焊透等缺陷。焊缝表面的咬边和背面凹坑不得超过表 2-7-4 中规定的允许尺寸。

表 2-7-4　试件焊缝表面缺陷允许的规定的尺寸

缺陷名称	允许的最大尺寸
咬　边	深度≤0.5mm；焊缝两侧咬边总长度≤焊缝长度的 10%
背面凹坑	当 $\delta\leq5$mm 时，深度≤25%δ，且≤1mm 当 $\delta>5$mm 时，深度≤20%δ，且≤2mm； 除仰焊位置的板材试件不作规定外，总长度不超过焊缝长度的 10%

《规则》规定的需焊透的插入式管板试件焊接位置有五种：即水平转动试件；垂直固定俯(平)焊试件；垂直固定仰焊试件；水平固定全位置焊试件和 45°固定全位置焊试件。

焊接需焊透的插入式管板试件时，有以下两个难点：

1. 焊根处管子一侧容易出现未焊透缺陷　这类管板通常管壁较薄，板的厚度很大，坡口深度较大，CO_2 气体保护焊时，由于喷嘴直径较大，电弧的可达性比焊条电弧焊差，因此焊根处，特别是靠近管子外圆的一侧容易出现未焊透缺陷，需采取以下三方面的措施加以防止：

（1）选择合适的坡口角度　选用合适的坡口角度，使电弧能深入到焊根处。因此，板上的坡口角度较大。我们现在在板上开 45°坡口就是这个原因。

（2）选用外径较小的喷嘴　如果焊接时使用的焊机容量较大，如额定焊接电流为 500A 的气保焊机，则应选用出口外径为 ϕ20mm 的锥形喷嘴；若使用额定焊接电流为 300A 的气保焊机，则可用外径为 ϕ20mm 的直喷嘴，使电弧能深入到坡口的根部。

（3）选用合适的电弧对中位置　为保证管子根部焊透，电弧应深入坡口底部，偏向管子一侧，保证管子根部焊透。

2. 防止管子焊脚处咬边　因管子壁厚比孔板的厚度小得多，焊接过程中管子的温度高，特别容易发红出现咬边，焊接过程中应掌握好电弧对中位置、电弧的摆动速度、电弧在管子一侧的停留时间和焊接速度，以防止管子一侧产生咬边。

一、管板水平转动俯焊

焊接需焊透的水平转动的插入式管板比焊接平板对接试件和 T 形接头更难，为了保证根部焊透并获得焊脚尺寸合格的焊缝，必须先掌握平板对接平焊单面焊双面成形和平板 T 形接头平焊的操作要领以后，才能进行培训。培训过程中需特别注意的地方是焊接过程中，焊枪的倾斜角度和电弧对中位置，必须跟着焊接处管子外圆周的曲率随时改变，才能获得满意的结果。

1. 装配与走位焊　试件装配方法及尺寸如图 2-7-8所示。

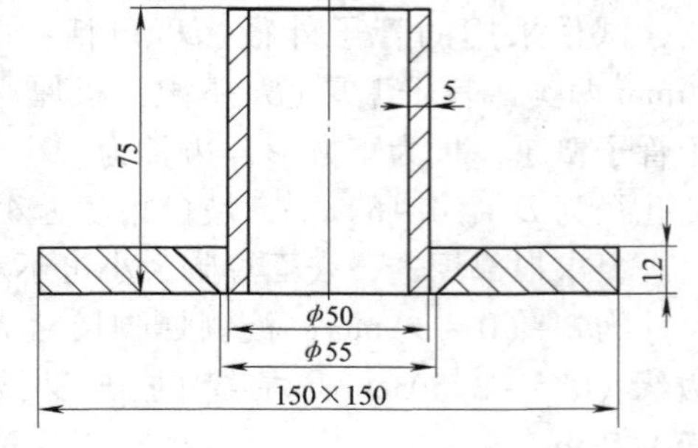

图 2-7-8　需焊透的插入式管板的装配方法及尺寸

根据《规则》规定，需焊透的插入式管板试件所用的管子直径分为小于 76mm 和等于或大于 76mm 的两类，焊条电弧焊管子的长度应 $l\geq75$mm，壁厚不限；孔板的厚度应 $\delta\geq$管子的壁厚。当孔板厚度 $\delta\geq12$mm 时，考试合格的焊工允许焊接的范围较大。

因此，培训和考试时，不论管子直径如何，都尽可能地选用12mm厚的孔板。为了保证好焊，省料，管子直径以40～50mm，壁厚3.5～5.0mm较好，一般选用直径50mm，壁厚4～5mm的管子试件。

间隙为2.5～3.0mm，均匀分布。

定位焊缝3处，相距120°一处，长约10mm，还必须保证焊缝，焊牢，且必须保证背面焊缝的高低和宽度合格，绝对不能有缺陷存在。因为这些定位焊缝都是打底层焊道的一部分，如果有缺陷，待焊后检验时，焊缝肯定不合格。因此，焊定位焊缝时绝对不能马虎。

焊定位焊缝以前，需将焊接区的油、锈及其他污物清除干净。

2. 焊接参数(见表2-7-5)

表2-7-5　需焊透管板水平转动的焊接参数

焊接层次	焊丝直径/mm	焊丝伸出长度/mm	焊接电流/A	电弧电压/V	气体流量/(L/min)
打底层	1.2	15～20	90～110	19～21	12～15
填充层 盖面层			130～150	22～24	

3. 焊接要点

(1) 焊枪角度与焊法　采用左向焊法，四层四道，焊缝分布如图2-7-9所示。

焊枪角度和电弧对中位置如图2-7-10所示。

(2) 试件的位置　将试件放在工作台或试板架上。注意试件背面必须悬空，留出背面焊道成形的自由空间。保证焊工坐着或站着都能方便地焊接试件，一个定位焊缝在焊工的左侧。

注意：必须保证孔板其余部分与地线接触良好，能引燃电弧，焊接电流稳定。

(3) 打底层　在右侧定位焊缝上引燃电弧，原地预热，当定位焊缝表面熔化并与坡口两侧熔合时，将电弧

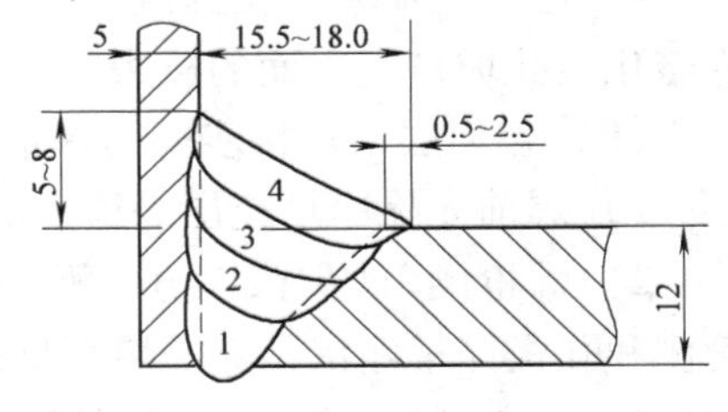

图2-7-9　需焊透的插入式管板水平转动焊的焊道分布

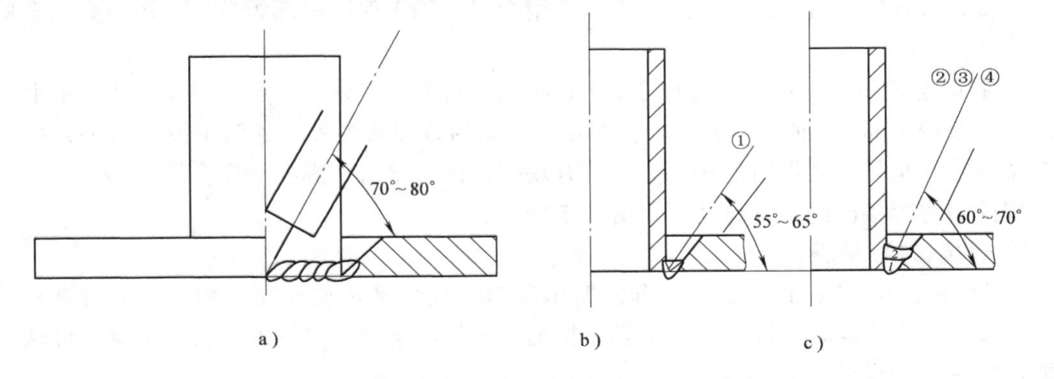

图2-7-10　需焊透的插入式管板焊枪角度和电弧对中位置

a) 焊枪倾角　b) 焊打底层焊道的电弧对中位置　c) 焊填充盖面层焊道电弧对中位置

①～④电弧对中位置

向左移动到定位焊缝的左端，并向下压电弧，待听到击穿声，看见熔孔且熔孔直径合适时，向左焊接。焊接时应注意以下几点：

1）按图 2-7-10a 控制好焊枪角度，按图 2-7-10b 控制电弧对中位置，保证电弧的热量稍偏向管子的下端部，防止管子一侧出现未焊透缺陷。

2）电弧以对中处为中心做小幅度摆动，在坡口两侧稍停留，保证焊根两侧熔合好，电弧通过间隙时速度要快，防止熔孔扩大或烧穿。

3）焊到管板左侧一定位置后，通常是焊完打底层焊道的 1/4 ~ 1/3 时断弧，并迅速将试件向右旋转 1/4 ~ 1/3，然后从断弧处继续向左焊，如此反复，直到焊完打底层焊道为止。

4）在断弧处或定位焊缝处要接好头，并要保证定位焊缝两端熔合好。

5）控制好电弧在坡口两侧的停留时间。保证打底层焊道表面两侧为圆弧过渡，焊道上绝对不能存在局部凸起，不能有夹角，还应防止夹渣产生。

（4）填充层　焊接步骤与焊接打底焊层焊道相同，应需注意以下几点：

1）焊前将打底层焊道上的焊渣及飞溅清除干净，并将打底焊道上的局部凸起处磨平。

2）焊枪倾斜角度如图 2-7-10a 所示，电弧对中位置如图 2-7-10c 所示。注意：因管壁较薄，连续焊接过程中管子易过热发红，很容易产生咬边，焊漏甚至烧穿等缺陷。因此，焊接过程中应有意识地将电弧的热量偏向孔板一侧。

3）加大焊枪的摆幅，电弧在坡口两侧稍停留，保证填充层焊道与打底层焊道及坡口两侧熔合好。

4）必须控制好焊接速度，使填充层焊道的表面稍低于板孔的上表面。注意：绝对不允许熔化板孔坡口上表面的棱边。

（5）盖面层　焊接步骤与焊接打底层焊道相同，需注意以下几点：

1）焊前先除净填充层焊道上的焊渣与飞溅，将填充层焊道表面局部凸起处磨平。

2）焊枪倾角如图 2-7-10a 所示，电弧对中位置如图 2-7-10c 所示，加大焊枪的摆幅，在管侧和孔板侧稍停留，保证熔合良好。注意：保证熔池一侧超过孔板上棱边 0.5 ~ 2.0mm。

3）控制好焊接速度，保证焊脚尺寸符合要求，即管子一侧的焊脚尺寸为 $\delta + (0 \sim 3)$mm，孔板一侧的焊脚尺寸需超过孔板坡口上棱边 0.5 ~ 2.5mm。

二、管板垂直固定俯焊

焊接需焊透的垂直固定插入式管板试件俯焊时，除需保证根部焊透外，还应焊出合格的焊脚尺寸。

1. 装配与定位焊　试件尺寸如图 2-7-8 所示。间隙均匀分布。定位焊缝 3 处，相距 120°焊一处，长约 10mm，必须焊透焊牢，除要求焊缝的背面成形外，绝对不能有缺陷，因为这些定位焊缝都是打底层焊道的一部分，若有缺陷，待检验时，焊缝肯定会不合格。

焊前需将焊接区的油，锈及污物清除干净。

2. 焊接参数（见表 2-7-5）。

3. 焊接要点　焊接过程的步骤和注意事项与管板水平转动焊完全相同，不再重复。但是，焊接过程中不准转动试件，焊工必须根据焊缝的位置改变身体的位置，围着试件转一圈才能焊完一层的焊道。

三、管板垂直固定仰焊

焊接需焊透的垂直固定插入式管板仰焊试件比平焊时难度大，因为熔池在仰焊位置，液态金属容易在自重作用下流失，焊缝成形困难。由于管壁是垂直面，液态金属的受力状态与T形接头的仰焊相似，焊缝成形比平板对接仰焊容易。

1. 装配与定位焊　试件尺寸和装配要求与管板水平转动焊时相同，见图2-7-8。

2. 焊接参数　为了防止液态金属从熔池中流失，应选用较小的焊接电流，焊接参数见表2-7-6。

表2-7-6　需焊透管板垂直固定仰焊的焊接参数

焊接层次	焊丝直径/mm	焊丝伸出长度/mm	焊接电流/A	电弧电压/V	气体流量/(L/min)
打底层	1.2	15～20	80～100	19～21	12～15
填充层 盖面层			120～140	22～24	

3. 焊接要点

(1) 焊枪角度与焊法　采用右向焊法，四层五道如图2-7-11所示。焊枪角度与电弧对中位置如图2-7-12～图2-7-15所示。

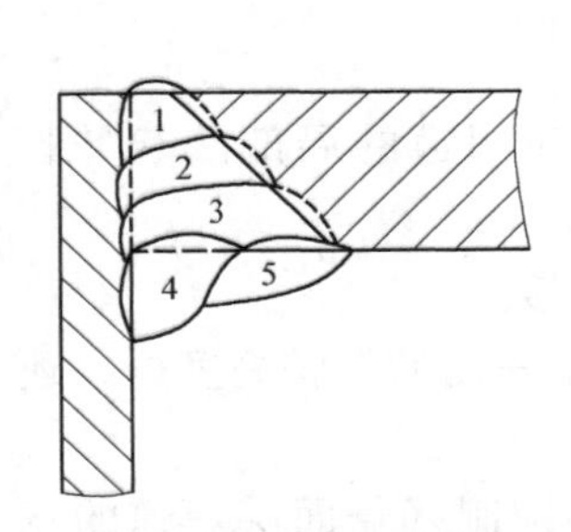

图2-7-11　需焊透管板仰焊的焊道分布

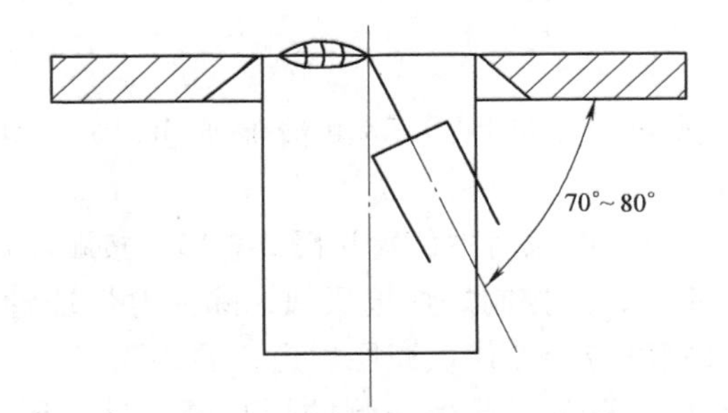

图2-7-12　需焊透管板的焊枪角度焊

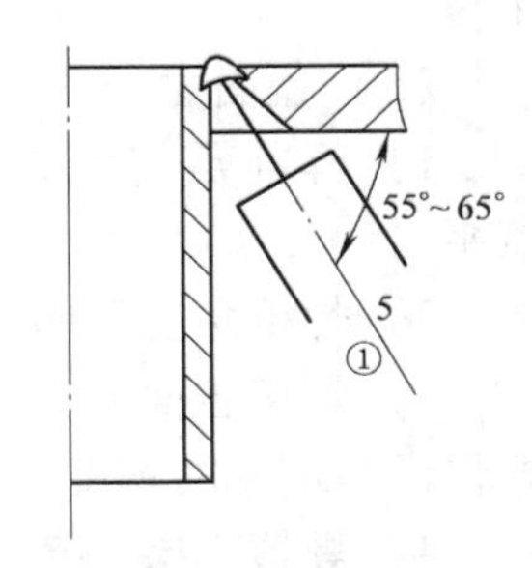

图2-7-13　焊打底层焊道电弧的对中位置

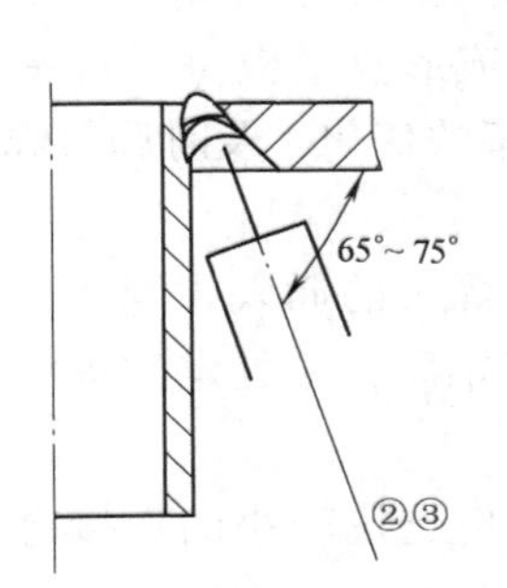

图2-7-14　填充层焊道电弧的对中位置

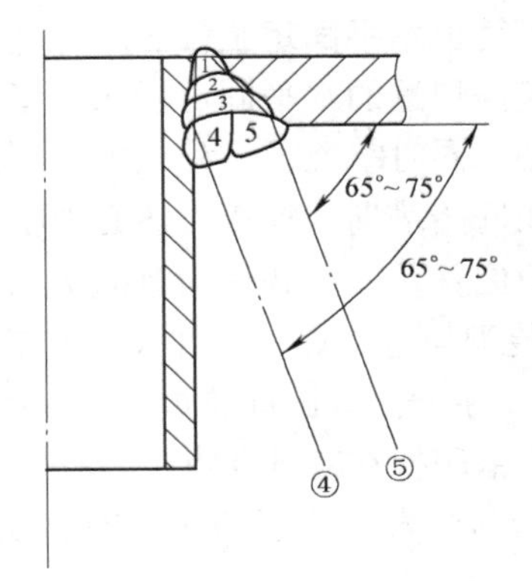

图2-7-15　盖面层焊道电弧的对中位置

(2) 试件位置　将试件垂直固定在试板架上，保证焊工单腿跪地或沿着能方便地焊完试件上的仰焊焊缝。保证一条定位焊缝在焊工的左侧。

(3) 打底层　在左侧的定位焊缝上引燃电弧，原地预热，当定位焊缝及两侧坡口开始熔化形成熔池时，向右移动电弧到定位焊缝右端处，向上顶电弧，待听到击穿声，看见熔孔，且熔孔尺寸符合要求时，向右焊接。焊接时应注意以下几点：

1）按图 2-7-12 要求控制好焊枪角度和按图 2-7-13 控制好电弧的对中位置，保证电弧的热量偏向管子上端，防止管子一侧出现未焊透缺陷。

2）电弧以对中位置为中心做小幅摆动，在坡口两侧稍停留，保证焊根两侧熔合好，电弧比较快的速度通过间隙，防止熔孔扩大产生烧穿缺陷，并要求焊道正面平整、两侧为凹圆弧。

3）控制好焊接速度，保证焊接过程中熔孔直径基本稳定，使背面焊道尺寸均匀。

4）控制好电弧和孔板背面的距离（约 2～3mm），以防止背面焊道下凹，这个距离很重要，培训时要认真体会，不断总结经验，才能掌握合适的距离。当距离合适时，可以获得背面凸起的仰焊焊道。

（4）填充层　焊填充层焊道时，应选用较大的焊接电流。焊接时应注意以下几点：

1）焊前先将打底层焊道上的焊渣与飞溅清理干净，并将焊道表面局部突起处磨平。

2）焊枪角度见图 2-7-12，电弧对中位置见图 2-7-14。焊枪摆幅比打底焊时大、焊接时要保证坡口两侧及前一条焊道熔合好。

3）控制好焊接速度，保证打底层焊道 3 比板孔下表面低 1～2mm，不准熔化孔板坡口下棱边。

（5）盖面层

1）焊前需将填充层焊道上的焊渣及飞溅清除干净，并将填充焊道的局部凸起处打磨平。

2）焊枪角度见图 2-7-12，电弧对中位置见图 2-7-15。按顺序焊接。

3）焊接盖面层焊道 4 时，要控制好焊枪摆幅，除注意保证管子一侧的焊脚高度外，还要保证焊道 4 的宽度，其宽度应能盖住填充层焊道 3 的 2/3。

4）焊填充层焊道 5 时，除保证孔板一侧的焊脚高度外，还要控制好盖面层焊道的宽度，保证两条焊道表面平整。孔板一侧的焊脚尺寸必须超过孔板坡口下表面上的棱边 0.5～2.0mm。

四、管板水平固定全位置焊

焊接需焊透的水平固定插入式管板的难度很大。因为焊缝包括：平焊、立焊和仰焊三种位置。必须同时掌握了三种位置平板对接接头单面焊双面成形及平板 T 形接头角焊缝的技术，才能开始培训。焊接时还必须根据焊接处管子外圆曲率的变化，及时调整焊枪的倾角和电弧对中位置，才能获得满意的结果。

1. 装配与定位焊　试件尺寸和装配要求与水平转动需焊透的插入式管板试件相同，见图 2-7-8。注意：待试件装焊完后，按时钟位置在孔板上打钢印，一处定位焊缝在时钟 7 点位置处，钢印打在时钟 0 点位置处上方。

2. 焊接参数　为了防止液态金属从焊接熔池中流失，应选用较小的焊接电流，焊接参数见表 2-7-6。

3. 焊接要点

为方便焊接，通常将管板焊缝按时钟位置分成上下或左右两半圈进行焊接。

（1）焊枪角度与焊法　焊接时焊枪的倾斜角度应跟着焊道的空间位置随时变化，详见图 2-7-16。

焊缝为四层五道，其焊道分布情况见图 2-7-11。采用自下向上，从时钟 7 点位置处开始，按焊道编号顺序，分左右两半进行焊接。

（2）试件位置　调整好试板架高度，保证焊工单腿跪地能焊完下半圈焊缝，站起身稍弯腰也能方便地焊完上半圈焊缝。焊接过程中必须能够看清熔池中的情况。

管子的轴线处于水平位置，时钟 0 点位置在最上方，将试件固定好。应注意，焊接过程中不准改变试件的位置。

（3）打底层　焊打底层焊道必须保证根部焊透，背面成形和一定的厚度，焊接时需注意以下几点：

1）从时钟 7 点位置处定位焊缝上引燃电弧，原地预热，待定位焊缝熔化并与坡口熔合形成熔池后，按顺时针方向移动电弧至定位焊缝右端处，向上顶电弧，听见击穿声且熔孔直径合适后。按图 2-7-16 调整好焊枪倾角，并按图 2-7-13 调整好电弧对中位置，按顺时针方向向上焊接。

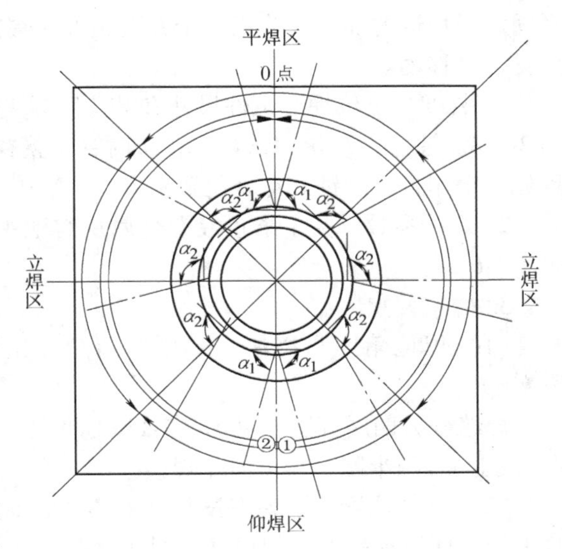

图 2-7-16　焊枪的倾斜角度

$\alpha_1 = 75° \sim 85°$　$\alpha_2 = 95° \sim 105°$

2）焊接时焊枪应做小幅度锯齿形摆动，电弧在坡口两侧稍停留，以较快的速度通过坡口，可防发生焊漏烧穿缺陷。

3）焊接时应根据焊缝的空间位置及时改变焊枪的倾角和电弧的深度。在时钟 4. 5 ~ 7. 5 点钟位置的仰焊处，为防止背面焊通下凹太多，电弧应向上顶得稍深些；在时钟 1. 5 ~ 4. 5 点钟位置及 7. 5 ~ 10. 5 点钟位置的立焊区，为防止背面焊道太高，电弧应向内顶得稍浅些；在时钟 10. 5 ~ 1. 5 点钟位置的立焊区，为防止焊漏和烧穿。电弧应稍上提。图 2-7-16 为焊枪倾角随焊缝的空间位置变化的情况。

4）焊接过程中要根据焊缝空间位置的变化，及时改变焊工的体位。

（4）填充层　按图 2-7-16 控制焊枪倾角，按图 2-6-14 控制电弧对中位置。其焊接要点与焊打底层焊道相同。焊接时需注意以下几点：

1）焊枪摆幅比打底层焊稍大，焊接时要控制好焊接速度，保证填充焊道和坡口两侧及前一层焊道的熔合情况良好。

2）填充层焊道分两层，要控制好两层焊道的厚度，特别是焊填充层焊道 3 时，注意不能熔化孔板外表面坡口的棱边。有意识地使管子侧焊肉稍厚些。

（5）盖面层　按图 2-7-16 控制焊枪倾角，按图 2-7-15 控制电弧对中位置。其焊接要点与打底层焊相同，焊接时还需注意以下几点：

1）焊接盖面层焊道 4 时，控制好焊枪的摆幅，保证管子一侧的焊脚高度尺寸为 $\delta + (0 \sim 3)$mm。焊缝的宽度应压住填充层焊道 3 的 1/2 ~ 2/3。

2）焊接盖面层焊道 5 时，控制好电弧摆幅，使焊孔板一侧的焊脚尺寸超过孔板坡口棱边 0. 5 ~ 2mm，并保证角焊缝平滑。

五、管板 45°固定全位置焊

焊接需焊透的 45°固定的插入式管板比水平固定全位置焊难度更大。焊接时除需掌握水平固定需焊透的插入式管板的全部要领外，焊接时电弧的对中位置还必须跟随坡口中心线的位置水平移动。

1. 装配与定位焊　试件尺寸和装配要求与水平转动需焊透的插入式管板试件相同，见图 2-7-8。注意：装焊完试件后，按时钟位置在孔板上打钢印，一处定位焊缝在时钟 7 点位置处，钢印打在时钟 0 点处位置上方。

2. 焊接参数　为了防止液态金属从熔池中流失，应选用较小的焊接电流，焊接参数见表 2-7-6。

3. 焊接要点

(1) 焊枪角度与焊法　焊枪倾斜角度见图 2-7-16。焊接时应按焊缝的空间位置随时改变。

焊缝分为四层五道，见图 2-7-11。从时钟 7 点位置处开始，按焊道编号顺序，焊缝分左右(或上下)两半圈，自下向上焊接。

(2) 试件位置　调整好试板架高度，保证焊工单腿跪地能焊完下半圈焊缝，焊工站起身也能方便地焊完上半圈焊缝。焊接过程中必须能够看清熔池的全部情况。

管子中心线必须和水平面成 45°角，焊试件的时钟 0 点位置处在最上方，焊接时不准移动试件。

(3) 打底层　焊打底层焊道必须保证根部焊透，背面成形好，焊道正面稍下凹，并具有一定厚度。

注意：焊接过程中电弧永远在水平方向摆动，电弧的对中位置必须跟随坡口中心水平移动。焊接注意事项与水平固定需焊透的插入式管板相同。

(4) 填充层　共两层，焊接注意事项与水平固定需焊透的插入式管板相同。

(5) 盖面层　一层两道，焊接注意事项与水平固定需焊透的插入式管板相同。

第三节　骑座式管板焊接

本节主要讲述空间各种位置的骑座式管板的焊接技术。

焊接骑座式管板必需同时掌握平板对接单面焊双面成形和 T 形接头角焊缝的焊接技术，难度较高，焊工在练习过程中要掌握转动手腕动作，以及焊枪的角度和电弧的对中位置，能够熟练地根据熔孔的大小，控制背面焊道的成形，并焊出匀称的焊脚。

一、管板垂直固定俯焊

骑座式管板的垂直固定俯焊(平焊)是焊接骑座式管板的基本功，较难掌握，因为焊缝在圆周上，焊枪角度、电弧的对中位置需要随时改变，不仅要保证 T 形接头的焊脚对称，还要掌握单面焊双面成形技术。

1. 焊接参数(见表 2-7-7)

表 2-7-7　骑座式管板垂直固定俯焊的焊接参数

焊接层次	焊丝直径/mm	焊丝伸出长度/mm	焊接电流/A	电弧电压/V	气体流量/(L/min)
打底层	1.2	15～20	90～110	19～21	12～15
盖面层			130～150	22～24	

2. 焊接要点

（1）焊枪角度与焊法　采用左向焊法，二层两道，焊枪角度和电弧对中位置如图 2-7-2 所示。

（2）试件位置　调整好试板架的高度，将管板垂直放在试板架上，保证焊工站立时焊枪能很顺手地沿管子外圆转动，一个定位焊缝处位于右侧的待引弧处。

（3）打底层　调整好打底层焊道的焊接参数后，按下述步骤焊打底层焊道。

1）在定位焊缝上引弧，形成熔孔后，从右至左沿管子外圆焊接，焊枪稍上下摆动，保证熔合良好，并根据间隙调整焊接速度，尽可能地保持熔孔直径一致。

焊接过程中，焊工的上身最好跟着焊枪的移动方向前倾，以便清楚地观察焊接熔池，直至不易观察熔池处断弧，通常能焊完圆周的 1/4～1/3，若没有把握保证焊道与原定位焊缝熔合好，则在定位焊缝的前面断弧。

2）用薄砂轮将收弧处打磨成斜面，并将定位焊缝磨掉。

注意打磨时不能扩大间隙。

3）将待焊管板转个角度，使打磨好的斜面处于引弧处。在斜面上部引弧，并继续沿管子外圆进行焊接，直至适当的位置断弧。

4）焊接最后一段封闭焊道前，将焊道两端都打磨成斜面，不准扩大间隙。

5）将打底层焊道接头处凸出的焊肉磨掉，尽可能地保证焊脚尺寸的一致。

（4）盖面层　调整试好盖面层焊道的参数后，按焊打底层焊道的步骤焊完盖面层焊道，焊接时特别注意以下两点：

1）保证焊缝两侧熔合良好，焊脚大小对称。

2）焊枪横向摆动幅度和焊接速度，尽可能地保持均匀，保证焊道外形美观，接头处平整。

二、管板水平固定全位置焊

这是骑座式管板最难焊的一种位置，注意在焊接过程中不准改变试件的位置，否则判为考试不合格。

1. 焊接参数（见表 2-7-8）

表 2-7-8　骑座式管板水平固定全位置焊的焊接参数

焊接层次	焊丝直径/mm	焊丝伸出长度/mm	焊接电流/A	电弧电压/V	气体流量/(L/min)
打底层	1.2	15～20	90～100	19～20	12～15
盖面层			110～130	20～22	

2. 焊接要点

为方便焊接，通常将管板焊缝按时钟位置分成上下或左右两半圈进行焊接。

（1）焊枪角度与焊法　整圈焊缝必须从时钟的 7 点处开始，按逆、顺时钟方向焊完一圈焊缝，骑座式管板全位置焊的焊枪角度与电弧对中位置如图 2-7-5 所示。

（2）试件位置　焊前先调整好卡具的高度，保证焊工在单腿跪地时能从时钟 7 点位置的引弧处焊到时钟 3 点或时钟 9 点处，然后焊工站立着稍弯腰也能从时钟 3 点或时钟 9 点焊到时钟 0 点处，再将管板装卡好，保证一圈焊缝在垂直平面内，时钟 0 点处在上方。

（3）打底层　调试好打底层焊道的焊接参数后，按下述步骤进行打底层焊道的焊接：

1）在时钟 7 点处引弧，保持焊枪角度沿顺时针方向焊至时钟 3 点处，断弧，不必填弧坑，断弧后不能移开焊枪。

焊打底层焊道时，速度要稍快些，保证焊根熔透并使焊脚的大小适当，不准烧化管子外表面的坡口。因此，在焊接过程中应仔细观察熔孔的变化情况，及时调整焊枪角度，对中位置、摆幅和焊接速度。

2）焊工迅速转体，从断弧处引燃电弧，接好头，仍按顺时针方向焊至时钟 11 点处灭弧，必须保证与定位焊缝接好头。

3）将时钟 7 点处的焊缝端部打磨成斜面，引弧后沿逆时针方向焊至时钟 9 点处断弧。

4）迅速从时钟 9 点处的焊缝位置上引弧，仍按逆时针方向焊至时钟 0 点处断弧，并填满弧坑。

5）除净焊渣和飞溅后，将打底层焊道的局部凸起稍修磨平。

注意：整圈焊缝实际上是分左右两半圈一口气完成的，焊接时应根据熔池的位置情况，焊工应及时转换体位并转动手腕，即使停顿也应尽可能地缩短停弧时间，不必打磨接头，趁热迅速焊下去。

（4）盖面层　调试好盖面层焊道的焊接参数后，按焊打底层步骤焊完盖面层焊道。需注意以下两点：

1）保证焊道两侧与焊件熔合良好，焊枪的摆幅及两侧的停留时间要恰当，防止咬边缺陷产生。

2）焊脚大小对称，成形美观，特别是接头的凸出不要太高。

三、管板垂直固定仰焊

这一位置虽是仰焊，但焊接时并不困难，实际上接近于横焊，熔池下面虽有管子坡口托着，不过这种焊接的主要困难是焊缝的表面不对称，因此焊接过程中要掌握好焊枪角度、焊接速度和对中位置，并使熔池尽量小些。

1. 焊接参数（见表 2-7-9）

表 2-7-9　骑座式管板垂直固定仰焊的焊接参数

焊接层次	焊丝直径/mm	焊丝伸出长度/mm	焊接电流/A	电弧电压/V	气体流量/(L/min)
打底层	1.2	15~20	90~110	18~20	12~15
盖面层			110~130	20~22	

2. 焊接要点

（1）焊枪角度与焊法　采用右向焊法，二层两道，骑座式管板仰焊的焊枪角度如图 2-7-6 所示。

（2）试件位置　调整好试板架的高度，使管子朝下，将轴线固定于垂直位置，保证焊工单腿跪地或站立时，焊枪能顺利地在试件的仰焊位置沿待焊处自由转动，一个定位焊缝位于左侧的待引弧处。

（3）打底层　调试好打底层焊道的焊接参数后，按下述步骤进行焊接：

1）在左侧的定位焊缝上引弧，并从左向右沿管子外圆焊接，焊完圆周的 1/4~1/3 断弧，不必填弧坑。

2）将试件焊缝的收弧处打磨成斜面，并转到开始焊接处，在斜面的最高处引弧，接头并继续向右焊接。

3）将已焊完的焊道两端(头和尾)都打磨成斜面，将试件转到合适的位置，并继续引弧焊完打底层焊道。

4）除净焊渣和飞溅，并将打底层焊道上的局部凸起处磨平。

实际上打底层焊道是一口气完成的，中间不必接头，要根据焊缝的位置，焊工应随时改变体位和焊枪角度，即使被迫断弧也要迅速引弧，继续焊接，操作熟练后根本不需要打磨焊缝的端部。

焊打底层焊道时应注意以下两点：

1）保证根部焊透，焊接过程中要仔细观察熔池，根据焊丝熔孔直径的变化情况，及时调整焊枪角度、对中位置、摆幅和焊接速度，防止烧穿或未焊透。

2）打底层焊道的焊脚不准超过管子坡口，否则盖面后焊脚会超差。

（4）盖面层　调试好盖面层焊道的焊接参数后，按焊打底层焊道的步骤焊完盖面焊道，焊接时需注意以下两点：

1）保证熔合好。

2）保证焊脚对称，且没有咬边缺陷。

第三篇　埋　弧　焊

埋弧焊是高效机械化焊接方法之一。

本篇只讲述埋弧焊的原理、焊剂、焊机的牌号及使用方法和培训考试项目的操作技能。

第一章　概　　述

一、埋弧焊的工作原理

埋弧焊过程如图 3-1-1 所示。焊剂 2 由漏斗 3 流出后，均匀地堆撒在装配好的焊件 1 上，焊丝 5 由送丝机构经送丝滚轮 4 和导电嘴 6 送入焊接电弧区。焊接电源的输出端分别接在导电嘴和焊件上。送丝机构、焊剂漏斗和控制盘通常装在一台小车上，使焊接电弧匀速移动。通过操作控制盘上的开关，自动控制焊接过程。

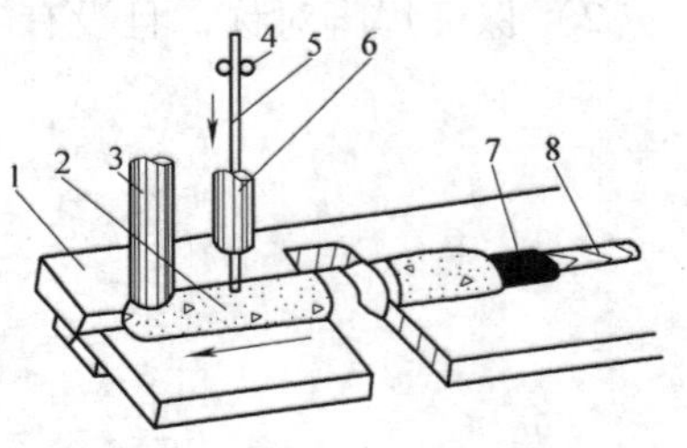

图 3-1-1　埋弧焊的焊接过程

1—焊件　2—焊剂　3—焊剂漏斗　4—送丝滚轮　5—焊丝　6—导电嘴　7—渣壳　8—焊缝

埋弧焊的电弧被掩埋在颗粒状焊剂下面，如图 3-1-2 所示。当焊丝与焊件间引燃电弧时电弧热使焊件、焊丝和焊剂熔化并部分被蒸发，金属和焊剂的蒸气将熔融的焊剂吹开、形成一个气泡，电弧在这个气泡内燃烧，气泡的上部被熔化了的焊剂及渣壳构成的外膜包围着。不仅能很好地将熔池与空气隔开，而且可隔绝弧光的辐射，因此焊缝质量高，劳动条件好。

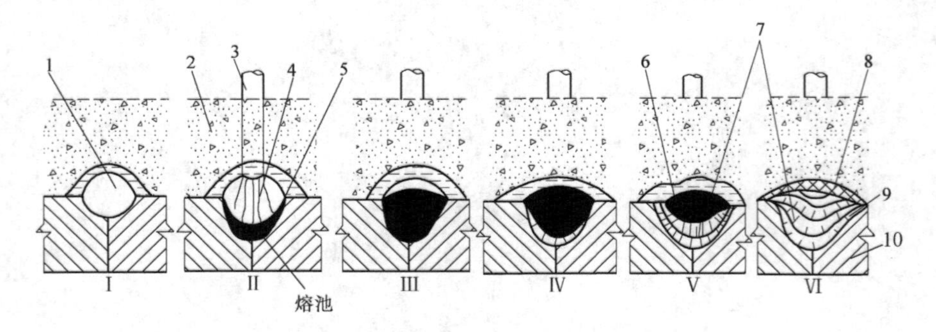

图 3-1-2　埋弧焊时焊缝的形成过程

1—汽泡　2—焊剂　3—焊丝　4—电弧　5—熔池金属　6—熔渣　7—焊缝　8—渣壳　9—已结晶的焊缝　10—母材

二、埋弧焊的特点及应用范围

1. 埋弧焊的优缺点　埋弧焊的优点：

（1）生产效率高　由于埋弧焊时，焊丝的伸出长度较小，可以采用较大的焊接电流，例如焊条电弧焊使用 ϕ5mm 焊条焊接时，通常焊接电流只有 250A，最大不超过 350A，当焊接电流过大时，焊条熔化速度太快，容易产生缺陷，且焊条发红，不能正常焊接。而埋弧焊使用 ϕ5mm 焊丝焊接时，通常使用的焊接电流为 600～800A，甚至可达到 1000A，电流流过焊丝时产生的电阻热比焊条电弧焊大 3 倍以上，故埋弧焊电流对焊丝的预热作用比焊条电弧焊大得多，再加上电弧在密封的熔剂壳膜中燃烧，热效率极高，使焊丝的熔敷效率增大、母材熔深大，提高了焊接速度。

（2）焊缝质量好　埋弧焊时，焊接区受到焊剂和渣壳的可靠保护，大大减少了有害气体侵入的机会。焊接参数自动调节，焊接过程比较稳定、因此焊缝的化学成分、性能及尺寸比较均匀，焊波光滑平整。

（3）节省焊接材料和电能　由于熔深大，埋弧焊时，可以开 I 形坡口或减小坡口角，减少了焊缝中焊丝的填充量，也节省了加工坡口的加工工时和电能。由于埋弧焊飞溅极少，又没有焊条头的损失，所以节省填充金属埋弧焊的热量集中，而且利用率高，在单位长度焊缝上，所消耗的电能较少。

（4）劳动条件好　由于实现了焊接过程机械化，操作较简便，减轻了焊工的劳动强度；由于电弧在焊剂层下燃烧，没有弧光的有害影响，放出的烟尘较少，改善了劳动条件。

埋弧焊的缺点：

1）只能在水平或倾斜度不大的位置施焊。

2）焊接设备比较复杂，机动灵活性差，仅适用于长焊缝的焊接。

3）当焊接电流小于 100A 时，电弧的稳定性不好，因此薄板焊接较困难，目前板厚小于 2mm 的焊件还无法采用埋弧焊。

4）由于采用较大的焊接电流，所以熔池较深，因此熔池中的气体往往来不及逸出而留在焊缝内形成为气孔。此外，埋弧焊不能像焊条电弧焊那样靠操纵焊条使熔池内的气体逸出，因而对气孔的敏感性较大。

2. 埋弧焊的应用范围　由于埋弧焊有很多优点，已成为工业生产中最常采用的高效焊接方法之一。目前主要用于焊接各种钢板结构。可以焊接碳素结构钢、低合金结构钢、不锈钢、耐热钢和复合钢材等、在造船、锅炉、压力容器、桥梁、起重机械及冶金机械制造业中应用最广泛。还可用埋弧焊堆焊耐磨、耐蚀合金，或用于焊接镍基合金和铜合金。

第二章 焊接材料

第一节 焊 丝

埋弧焊的焊接材料包括焊丝和焊剂。

焊接时用来作填充金属，或同时做电极的金属丝称为焊丝。

一、焊丝的作用及其要求

焊丝在焊接过程中的作用是与焊件之间产生电弧并熔化，用以补充焊缝金属。为保证焊缝质量，对焊丝的要求很高，需对焊丝金属中各合金元素的含量作一定的限制，如降低含碳量，增加合金元素含量和减少硫、磷等有害杂质，以保证焊后各方面的性能不低于母材金属。使用时，要求焊丝表面清洁，不应有氧化皮、铁锈及油污等。

二、焊丝的牌号

埋弧焊用焊丝包括实芯焊丝与药芯焊丝两大类。

GB/T 14957—1994《熔化焊用钢丝》和 GB/T 17854—1999《埋弧焊用不锈钢丝》、5092—1996《焊接用不锈钢丝》标准中规定了焊丝的型号、分类、尺寸、外形、重量、技术要求、试验方法和检验要求等。

1. 熔化焊用钢丝

(1) 牌号表示方法如下：

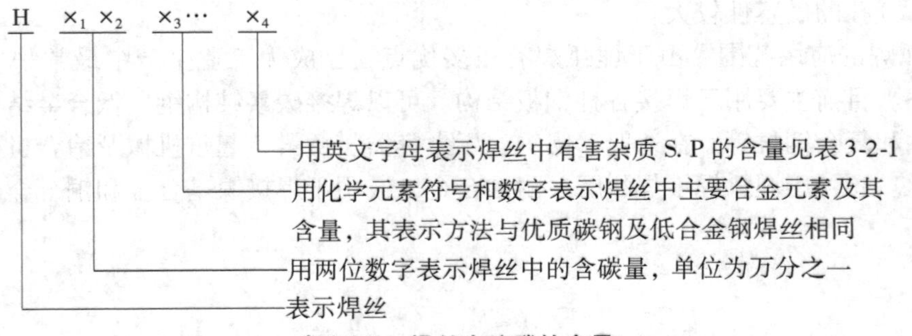

表 3-2-1 焊丝中硫磷的含量

代　号	省　略	A	B	C
w(S)、w(P)(%)	≤0.035	≤0.030	≤0.020	≤0.015

注：S. P 的含量用质量分数(w)表示，如 w(S)、w(P)。

(2) 碳素结构钢、低合金结构钢熔化焊用钢丝的牌号及化学成分　见表 3-2-2。

表 3-2-2　熔化焊用钢丝成分(摘自 GB/T 14957—1994)

钢种	序号	牌　　号	化学成分(质量分数,%)										
			C	Mn	Si	Cr	Ni	Mo	V	Cu	其他	S ≤	P ≤
碳素结构钢	1	H08A	≤0. 10	0. 30 ~ 0. 55	≤0. 03	≤0. 20	≤0. 30			≤0. 20		0. 030	0. 030
	2	H08B	≤0. 10	0. 30 ~ 0. 55	≤0. 03	≤0. 20	≤0. 30			≤0. 20		0. 020	0. 020
	3	H08C	≤0. 10	0. 30 ~ 0. 55	≤0. 03	≤0. 10	≤0. 10			≤0. 20		0. 015	0. 015
	4	H08MnA	≤0. 10	0. 80 ~ 1. 10	≤0. 07	≤0. 20	≤0. 30			≤0. 20		0. 030	0. 030
	5	H15A	0. 11 ~ 0. 18	0. 35 ~ 0. 65	≤0. 03	≤0. 20	≤0. 30			≤0. 20		0. 030	0. 030
	6	H15Mn	0. 11 ~ 0. 18	0. 80 ~ 1. 10	≤0. 03	≤0. 20	≤0. 30			≤0. 20		0. 035	0. 035
合金结构钢	7	H10Mn2	≤0. 12	1. 50 ~ 1. 90	≤0. 07	≤0. 20	≤0. 30			≤0. 20		0. 035	0. 035
	8	H08Mn2Si	≤0. 11	1. 70 ~ 2. 10	0. 65 ~ 0. 95	≤0. 20	≤0. 30			≤0. 20		0. 035	0. 035
	9	H08Mn2SiA	≤0. 11	1. 80 ~ 2. 10	0. 65 ~ 0. 95	≤0. 20	≤0. 30			≤0. 20		0. 030	0. 030
	10	H10MnSi	≤0. 14	0. 80 ~ 1. 10	0. 60 ~ 0. 90	≤0. 20	≤0. 30			≤0. 20		0. 035	0. 035
	11	H10MnSiMo	≤0. 14	0. 90 ~ 1. 20	0. 70 ~ 1. 10	≤0. 20	≤0. 30	0. 15 ~ 0. 25		≤0. 20		0. 035	0. 035
	12	H10MnSiMoTiA	0. 08 ~ 0. 12	1. 00 ~ 1. 30	0. 40 ~ 0. 70	≤0. 20	≤0. 30	0. 20 ~ 0. 40		≤0. 20	Ti0. 05 ~ 0. 15	0. 025	0. 030
	13	H08MnMoA	≤0. 10	1. 20 ~ 1. 60	≤0. 25	≤0. 20	≤0. 30	0. 30 ~ 0. 50		≤0. 20	Ti0. 15(加入量)	0. 030	0. 030
	14	H08Mn2MoA	0. 06 ~ 0. 11	1. 60 ~ 1. 90	≤0. 25	≤0. 20	≤0. 30	0. 50 ~ 0. 70		≤0. 20	Ti0. 15(加入量)	0. 030	0. 030
	15	H10Mn2MoA	0. 08 ~ 0. 13	1. 70 ~ 2. 00	≤0. 40	≤0. 20	≤0. 30	0. 60 ~ 0. 80		≤0. 20	Ti0. 15(加入量)	0. 030	0. 030
	16	H08Mn2MoVA	0. 06 ~ 0. 11	1. 60 ~ 1. 90	≤0. 25	≤0. 20	≤0. 30	0. 50 ~ 0. 70	0. 06 ~ 0. 12	≤0. 20	Ti0. 15(加入量)	0. 030	0. 030
	17	H10Mn2MoVA	0. 08 ~ 0. 13	1. 70 ~ 2. 00	≤0. 40	≤0. 20	≤0. 30	0. 60 ~ 0. 80	0. 06 ~ 0. 12	≤0. 20	Ti0. 15(加入量)	0. 030	0. 030

（续）

钢种	序号	牌　号	化学成分(质量分数,%)										
			C	Mn	Si	Cr	Ni	Mo	V	Cu	其他	S	P
												≤	
合金结构钢	18	H08CrMoA	≤0.10	0.40～0.70	0.15～0.35	0.80～1.10	≤0.30	0.40～0.60		≤0.20		0.030	0.030
	19	H13CrMoA	0.11～0.16	0.40～0.70	0.15～0.35	0.80～1.10	≤0.30	0.40～0.60		≤0.20		0.030	0.030
	20	H18CrMoA	0.15～0.22	0.40～0.70	0.15～0.35	0.80～1.10	≤0.30	0.15～0.25		≤0.20		0.025	0.030
	21	H08CrMoVA	≤0.10	0.40～0.70	0.15～0.35	1.00～1.30	≤0.30	0.50～0.70	0.15～0.35	≤0.20		0.030	0.030
	22	H08CrNi2MoA	0.05～0.10	0.50～0.85	0.10～0.30	0.70～1.00	1.40～1.80	0.20～0.40		≤0.20		0.025	0.030
	23	H30CrMnSiA	0.25～0.35	0.80～1.10	0.90～1.20	0.80～1.10	≤0.30			≤0.20		0.025	0.025
	24	H10MoCrA	≤0.12	0.40～0.70	0.15～0.35	0.45～0.65	≤0.30	0.40～0.60		≤0.20		0.030	0.030

注：根据供需双方协议，也可供给本表以外的牌号。

（3）牌号举例

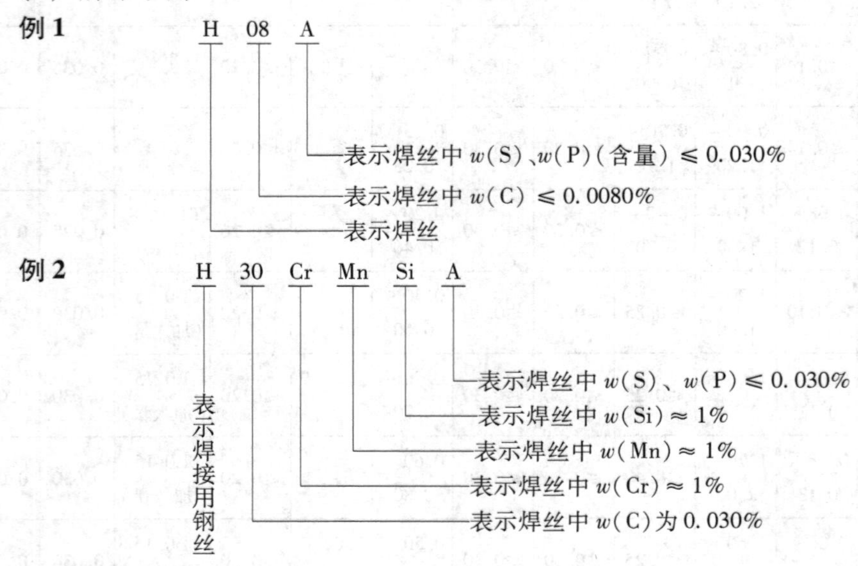

2. 焊接用不锈钢丝

（1）牌号表示方法　根据冶标 YB/T 5092—1996《焊接用不锈钢丝》规定，不锈钢焊丝牌号、技术条件见表 3-2-3。适用于埋弧焊、电渣焊、气焊和气体保护焊。

表 3-2-3　焊接用不锈钢丝化学成分（摘自 YB/T 5092—1996）

类别	牌　号	化学成分/（质量分数，%）									
		C	Si	Mn	P	S	Cr	Ni	Mo	Cu	其他
奥氏体型	H1Cr19Ni9	≤0.14	≤0.60	1.00～2.00	≤0.030	≤0.030	18.00～20.00	8.00～10.00			
	H0Cr19Ni12Mo2	≤0.08	≤0.60	1.00～2.50	≤0.030	≤0.030	18.00～20.00	11.00～14.00	2.00～3.00		
	H00Cr19Ni12Mo2	≤0.03	≤0.60	1.00～2.50	≤0.030	≤0.020	18.00～20.00	11.00～14.00	2.00～3.00		
	H00Cr19Ni12Mo2Cu2	≤0.03	≤0.60	1.00～2.50	≤0.030	≤0.020	18.00～20.00	11.00～14.00	2.00～3.00	1.00～2.50	
	H0Cr19Ni14Mo3	≤0.08	≤0.60	1.00～2.50	≤0.030	≤0.030	18.50～20.50	13.00～15.00	3.00～4.00		
	H0Cr21Ni10	≤0.08	≤0.60	1.00～2.50	≤0.030	≤0.030	19.50～22.00	9.00～11.00			
	H00Cr21Ni10	≤0.03	≤0.60	1.00～2.50	≤0.030	≤0.020	19.50～22.00	9.00～11.00			
	H0Cr20Ni10Ti	≤0.08	≤0.60	1.00～2.50	≤0.030	≤0.030	18.50～20.50	9.00～10.50			Ti9×C%～1.00
	H0Cr20Ni10Nb	≤0.08	≤0.60	1.00～2.50	≤0.030	≤0.030	19.00～21.50	9.00～11.00			Nb10×C%～1.00
	H00Cr20Ni25Mo4Cu	≤0.03	≤0.60	1.00～2.50	≤0.030	≤0.020	19.00～21.00	21.00～26.00	4.00～5.00	1.00～2.00	
	H1Cr21Ni10Mn6	≤0.10	≤0.60	5.00～7.00	≤0.030	≤0.020	20.00～22.00	9.00～11.00			
	H1Cr24Ni13	≤0.12	≤0.60	1.00～2.50	≤0.030	≤0.030	23.00～25.00	12.00～14.00			
	H1Cr24Ni13Mo2	≤0.12	≤0.60	1.00～2.50	≤0.030	≤0.030	23.00～25.00	12.00～14.00	2.00～3.00		
	H00Cr25Ni22Mn4Mo2N	≤0.03	≤0.50	3.50～5.50	≤0.030	≤0.020	24.00～26.00	21.50～23.00	2.00～2.80		N0.10～0.15
	H1Cr26Ni21	≤0.15	≤0.60	1.00～2.50	≤0.030	≤0.030	25.00～28.00	20.00～22.00			
	H0Cr26Ni21	≤0.08	≤0.60	1.00～2.50	≤0.030	≤0.030	25.00～28.00	20.00～22.00			
铁素体型	H0Cr14	≤0.06	≤0.70	≤0.60	≤0.030	≤0.030	13.00～15.00	≤0.60			
	H1Cr17	≤0.10	≤0.50	≤0.60	≤0.030	≤0.030	15.00～17.00	≤0.60			
马氏体型	H1Cr13	≤0.12	≤0.50	≤0.60	≤0.030	≤0.030	11.50～13.50	≤0.60			
	H2Cr13	0.13～0.21	≤0.60	≤0.60	≤0.030	≤0.030	12.00～14.00	≤0.60			
	H0Cr17Ni4Cu4Nb	≤0.05	≤0.75	0.25～0.75	≤0.030	≤0.030	15.50～17.50	4.00～5.00	≤0.75	3.00～4.00	Nb0.15～0.45

（2）埋弧焊常用的焊丝　直径有 1.6mm、2mm、3mm、4mm、5mm 和 6mm 等 6 种。

三、焊丝的保管与使用

焊丝的存放场地应干燥，不能洒水以防焊丝生锈。焊丝装盘时，应将焊丝表面的油、铁锈和氧化皮等污物清理干净。凭料单领取焊丝，随用随取，在焊接场地不得存放多余焊丝、领用焊丝时必须将空盘返回。

第二节　焊　　剂

一、焊剂的作用及其要求

焊接时，经加热熔化形成熔渣，对熔化金属起保护和冶金作用的一种颗粒状物质，称为焊剂。

1. 焊剂的作用　焊剂是埋弧焊过程中保证焊缝质量的重要材料，其作用如下：

1）焊剂熔化后形成熔渣，可以防止空气中氧、氮等气体侵入熔池，起机械保护作用。

2）向熔池过渡有益的合金元素，改善化学成分，提高焊缝金属的力学性能。

3）焊剂能促使焊缝成形良好。

2. 对焊剂的要求　为保证焊缝的质量和成形良好，焊剂必须满足下列要求：

1）保证电弧稳定地燃烧。

2）保证焊缝金属得到所需的成分和性能。

3）减少焊缝产生气孔和裂纹的可能性。

4）熔渣在高温时有合适的粘度以利于焊缝成形，凝固后有良好的脱渣性。

5）不易吸潮并有一定的颗粒度及强度。

6）焊接时无有害气体析出。

二、焊剂的种类和型号

1. 焊剂的分类　焊剂可按以下几种方法分类：

（1）按制造方法分类　可分成如下三类：

1）熔炼焊剂：将一定比例的各种成分配料混合物放在炉内熔炼，经低温冷凝，破碎、粒化、干燥、筛选后制成的焊剂，这种焊剂是玻璃状或非结晶状颗粒。

2）烧结型焊剂：将一定比例的各种粉状配料加入适量的粘结剂，混合搅拌均匀后，经高温 750 ~ 1000℃烧结成块，再经破碎、粒化、过筛后得到的颗粒状焊剂。

3）粘结型焊剂：将一定比例的各种粉状配料加入适量的粘结剂，混合搅拌均匀后，湿态制成一定尺寸的颗粒，再经 350 ~ 500℃烘干而成的焊剂，也称低温烧结焊剂，曾称为陶质焊剂。

后两种焊剂可统称为非熔炼焊剂。

（2）按焊剂的化学成分分类　根据焊剂中氧化锰的含量可将焊剂分成如下四类：

1）无锰焊剂：$w(MnO)$（氧化锰含量）$<2\%$；

2）低锰焊剂：$w(MnO)=2\%\sim15\%$；

3）中锰焊剂：$w(MnO)=15\%\sim30\%$；

4）高锰焊剂：$w(MnO)>30\%$。

（3）按焊剂的化学性质分类　可将焊剂分为如下两大类：

1）酸性焊剂：焊剂中酸性氧化物较多，这类焊剂氧化性较强，对铁锈不敏感，只适用于焊接一般碳钢和低合金钢。

2）碱性焊剂：焊剂中碱性氧化物较多，氧化性弱，对铁锈敏感，但能渗合金，碱性越强，渗合金作用越强，焊缝金属的纯度越高，抗冲击能力越强，这类焊剂常用来焊接中、高合金钢。

2. 碳钢、低合金钢用埋弧焊焊剂的型号

（1）碳钢埋弧焊用焊丝-焊剂的型号编制方法

国标 GB/T 5293—1999《埋弧焊用碳钢焊丝-焊剂》规定，根据焊丝-焊剂组合的熔敷金属力学性能，热处理状态进行分类，其型号的表示方法如下：

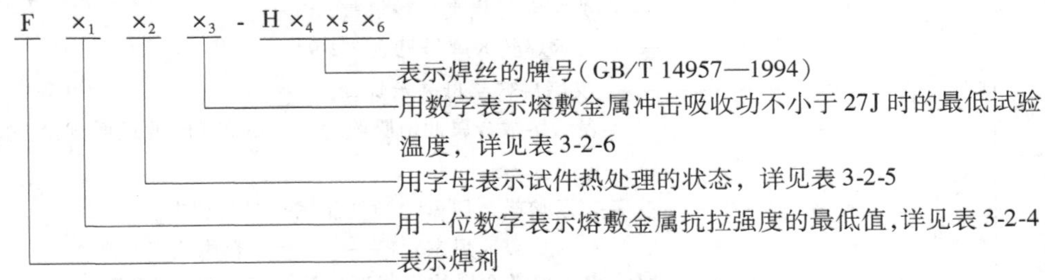

表 3-2-4　熔敷金属的拉伸试验结果（$\times_1$ 含义）

熔敷金属力学性能 / $\times_1$	σ_b/MPa	$\sigma_{0.2}$/Mpa	δ（%）
4	410～550	≥330	≥22.0
5	480～650	≥380	≥22.0

表 3-2-5　试件状态（$\times_2$ 的含义）

$\times_2$	A	P
试件热处理状态	焊态	焊后热处理状态

表 3-2-6　熔敷金属冲击试验温度（$\times_3$ 含义）

$\times_3$	0	2	3	4	5	6
试验温度/℃	0	-20	-30	-40	-50	-60

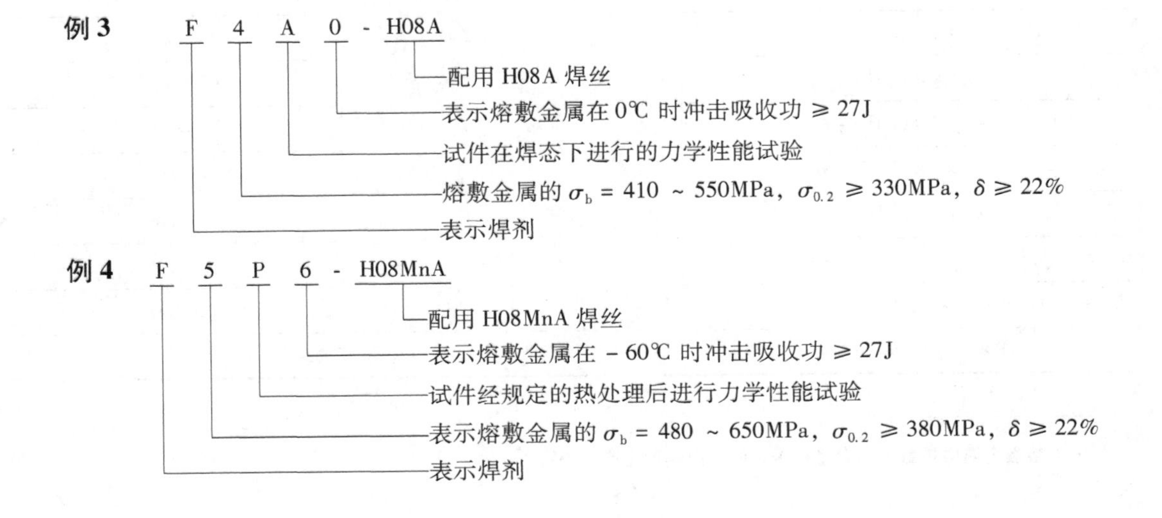

（2）低合金钢埋弧焊用焊丝和焊剂

1）低合金钢埋弧焊用焊丝和焊剂的型号：国标 GB/T 12470—2003《埋弧焊用低合金钢焊丝和焊剂》规定，根据焊丝-焊剂组合的熔敷金属力学性能，热处理状态划分型号。其表示方法如下：

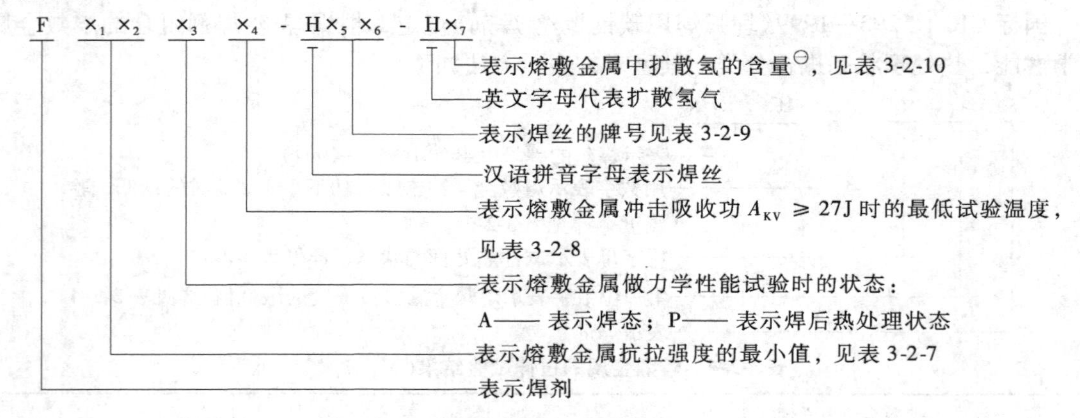
F ×1 ×2 ×3 ×4 - H×5 ×6 - H×7
表示熔敷金属中扩散氢的含量㊀，见表 3-2-10
英文字母代表扩散氢气
表示焊丝的牌号见表 3-2-9
汉语拼音字母表示焊丝
表示熔敷金属冲击吸收功 AKV ≥ 27J 时的最低试验温度，见表 3-2-8
表示熔敷金属做力学性能试验时的状态：
A—— 表示焊态；P—— 表示焊后热处理状态
表示熔敷金属抗拉强度的最小值，见表 3-2-7
表示焊剂

表 3-2-7　熔敷金属的拉伸试验结果（$\times_1$ 含义）

焊剂型号	σ_b/MPa	$\sigma_{0.2}$或σ_s/MPa	δ_5(%)
F48$\times_3\times_4$-H$\times_5\times_6$	480～660	≥400	≥22
F55$\times_3\times_4$-H$\times_5\times_6$	550～700	≥470	≥20
F62$\times_3\times_4$-H$\times_5\times_6$	620～760	≥540	≥17
F69$\times_3\times_4$-H$\times_5\times_6$	690～830	≥610	≥16
F76$\times_3\times_4$-H$\times_5\times_6$	760～900	≥680	≥15
F83$\times_3\times_4$-H$\times_5\times_6$	830～970	≥740	≥14

表 3-2-8　熔敷金属冲击试验结果（$\times_4$ 含义）

焊剂型号	A_{KV}/J	试验温度/℃
F$\times_1\times_2\times_3$0-H$\times_5\times_6$	≥27	0
F$\times_1\times_2\times_3$2-H$\times_5\times_6$		-20
F$\times_1\times_2\times_3$3-H$\times_5\times_6$		-30
F$\times_1\times_2\times_3$4-H$\times_5\times_6$		-40
F$\times_1\times_2\times_3$5-H$\times_5\times_6$		-50
F$\times_1\times_2\times_3$6-H$\times_5\times_6$		-60
F$\times_1\times_2\times_3$7-H$\times_5\times_6$		-70
F$\times_1\times_2\times_3$10-H$\times_5\times_6$		-100
F$\times_1\times_2\times_3$Z-H$\times_5\times_6$	不要求	

㊀ 熔敷金属中扩散氢的含量是否标注，由焊剂生产厂决定。

表 3-2-9　焊丝的牌号和化学成分

序号	焊丝牌号	化学成分(质量分数,%)									
		C	Mn	Si	Cr	Ni	Cu	Mo	其他	S	P
										≤	
1	H08MnA	≤0.10	0.80～1.10	≤0.07	≤0.20	≤0.30	≤0.20	—	—	0.030	0.030
2	H15Mn	0.11～0.18	0.80～1.10	≤0.03	≤0.20	≤0.30	≤0.20	—	—	0.035	0.035
3	H05SiCrMoA[a]	≤0.05	0.40～0.70	0.40～0.70	1.20～1.50	≤0.20	≤0.20	0.40～0.65	—	0.025	0.025
4	H05SiCr2MoA[a]	≤0.05	0.40～0.70	0.40～0.70	2.30～2.70	≤0.20	≤0.20	0.90～1.20	—	0.025	0.025
5	H05Mn2Ni2MoA[a]	≤0.08	1.25～1.80	0.20～0.50	≤0.30	1.40～2.10	≤0.20	0.25～0.55	V≤0.05 Ti≤0.10 Zr≤0.10 Al≤0.10	0.010	0.010
6	H08Mn2Ni2MoA[a]	≤0.09	1.40～1.80	0.20～0.55	≤0.50	1.90～2.60	≤0.20	0.25～0.55	V≤0.04 Ti≤0.10 Zr≤0.10 Al≤0.10	0.010	0.010
7	H08CrMoA	≤0.10	0.40～0.70	0.15～0.35	0.80～1.10	≤0.30	≤0.20	0.40～0.60	—	0.030	0.030
8	H08MnMoA	≤0.10	1.20～1.60	≤0.25	≤0.20	≤0.30	≤0.20	0.30～0.50	Ti 0.15 (加入量)	0.030	0.030
9	H08MnMoVA	≤0.10	0.40～0.70	0.15～0.35	1.00～1.30	≤0.30	≤0.20	0.50～0.70	V：0.15～0.35	0.030	0.030
10	H08Mn2Ni3MoA	≤0.10	1.40～1.80	0.25～0.60	≤0.60	2.00～2.80	≤0.20	0.30～0.65	V≤0.03 Ti≤0.10 Zr≤0.10 Al≤0.10	0.010	0.010
11	H08CrNi2MoA	0.05～0.10	0.50～0.85	0.10～0.30	0.70～1.00	1.40～1.80	≤0.20	0.20～0.40	—	0.025	0.030

（续）

序号	焊丝牌号	化学成分(质量分数,%)									
		C	Mn	Si	Cr	Ni	Cu	Mo	其他	S	P
										≤	
12	H08Mn2MoA	0.06~0.11	1.60~1.90	≤0.25	≤0.20	≤0.30	≤0.20	0.50~0.70	Ti：0.15（加入量）	0.030	0.030
13	H08Mn2MoVA	0.06~0.11	1.60~1.90	≤0.25	≤0.20	≤0.30	≤0.20	0.50~0.70	V：0.06~0.12 Ti：0.15(加入量)	0.030	0.030
14	H10MoCrA	≤0.12	0.40~0.70	0.15~0.35	0.45~0.65	≤0.30	≤0.20	0.40~0.60	—	0.030	0.030
15	H10Mn2	≤0.12	1.50~1.90	≤0.07	≤0.20	≤0.30	≤0.20	—	—	0.035	0.035
16	H10Mn2NiMoCuA[a]	≤0.12	1.25~1.80	0.20~0.60	≤0.30	0.80~1.25	0.35~0.65	0.20~0.55	V≤0.05 Ti≤0.10 Zr≤0.10 Al≤0.10	0.010	0.010
17	H10Mn2MoA	0.08~0.13	1.25~2.00	≤0.40	≤0.20	≤0.30	≤0.20	0.60~0.80	Ti：0.15（加入量）	0.030	0.030
18	H10Mn2MoVA	0.08~0.13	1.70~2.00	≤0.40	≤0.20	≤0.30	≤0.20	0.60~0.80	V：0.06~0.12 Ti：0.15(加入量)	0.030	0.030
19	H10Mn2A	≤0.17	1.80~2.20	≤0.05	≤0.20	≤0.30	—	—	—	0.030	0.030
20	H13CrMoA	0.11~0.16	0.40~0.70	0.15~0.35	0.80~1.10	≤0.30	≤0.20	0.40~0.60	—	0.030	0.030
21	H18CrMoA	0.15~0.22	0.40~0.70	0.15~0.35	0.80~1.10	≤0.30	≤0.20	0.15~0.25	—	0.025	0.030

注：1. 当焊丝镀铜时，除 H10Mn2NiMoCuA 外，其余牌号焊丝 $w(Cu)<0.35\%$。

2. 根据供需双方协议，也可生产使用其他牌号的焊丝。

a 这些焊丝中残余合金元素(Cr、Ni、Mo、V)总质量分数 $w(Cr+Ni+Mo+V)<0.50\%$。

表 3-2-10　100g 熔敷金属中扩散氢的含量 （mL）

焊剂型号	扩散氢含量/(mL/g)	焊剂型号	扩散氢含量/(mL/g)
F×$_1$×$_2$×$_3$×$_4$-H×$_5$×$_6$-H16	16.0	F×$_1$×$_2$×$_3$×$_4$-H×$_5$×$_6$-H4	4.0
F×$_1$×$_2$×$_3$×$_4$-H×$_5$×$_6$-H8	8.0	F×$_1$×$_2$×$_3$×$_4$-H×$_5$×$_6$-H2	2.0

注：1. 表中单值均为最大值。
2. 此分类代号为可选择的附加性代号，是否标注由焊剂生产厂决定。
3. 如标注熔敷金属的扩散氢代号时，应注明测定扩散氢采用的测定方法。

2）举例

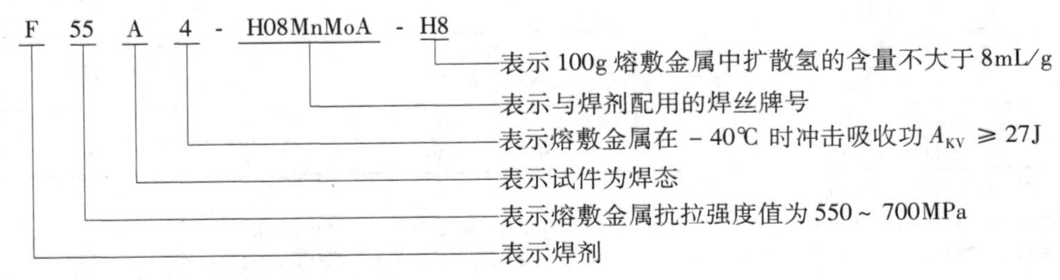
F 55 A 4 - H08MnMoA - H8
表示 100g 熔敷金属中扩散氢的含量不大于 8mL/g
表示与焊剂配用的焊丝牌号
表示熔敷金属在 －40℃ 时冲击吸收功 A_{KV} ≥ 27J
表示试件为焊态
表示熔敷金属抗拉强度值为 550 ~ 700MPa
表示焊剂

3. 埋弧焊用不锈钢焊丝和焊剂

（1）埋弧焊用不锈钢焊丝和焊剂的型号　GB/T 17854—1999《埋弧焊用不锈钢焊丝和焊剂》标准规定了埋弧焊用不锈钢焊丝和焊剂的型号分类、技术要求、试验方法及检验规则等内容。这类焊丝和焊剂的熔敷金属中 $w(\mathrm{Cr})$ 应大于 11%；$w(\mathrm{Ni})$ 应 <38%。

型号分类根据焊丝-焊剂组合熔敷金属的化学成分、力学性能划分。其表示方法如下：

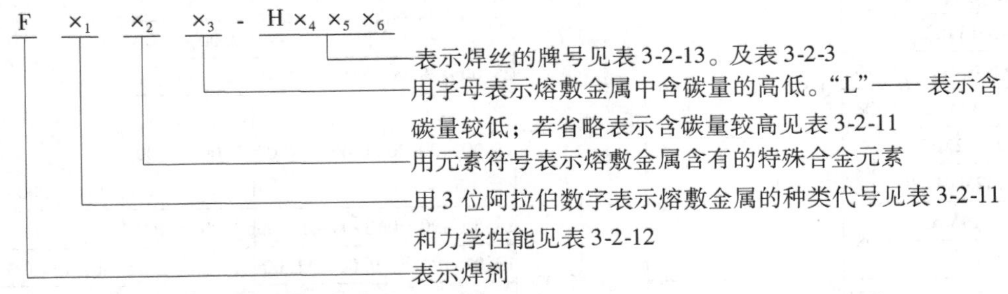
F ×1 ×2 ×3 - H ×4 ×5 ×6
表示焊丝的牌号见表 3-2-13。及表 3-2-3
用字母表示熔敷金属中含碳量的高低。"L"—— 表示含碳量较低；若省略表示含碳量较高见表 3-2-11
用元素符号表示熔敷金属含有的特殊合金元素
用 3 位阿拉伯数字表示熔敷金属的种类代号见表 3-2-11 和力学性能见表 3-2-12
表示焊剂

表 3-2-11　熔敷金属化学成分（质量分数，%）（摘自 GB/T 17854—1999）

<table>
<tr><th>焊剂型号</th><th>C</th><th>Si</th><th>Mn</th><th>P</th><th>S</th><th>Cr</th><th>Ni</th><th>Mo</th><th>其他</th></tr>
<tr><td>F308-H×××</td><td>0.08</td><td rowspan="12">1.00</td><td rowspan="10">0.50 ~ 2.50</td><td rowspan="4">0.040</td><td rowspan="12">0.030</td><td rowspan="2">18.0 ~ 21.0</td><td rowspan="2">9.0 ~ 11.0</td><td rowspan="3">—</td><td rowspan="7"></td></tr>
<tr><td>F308L-H×××</td><td>0.04</td></tr>
<tr><td>F309-H×××</td><td>0.15</td><td rowspan="2">22.0 ~ 25.0</td><td rowspan="2">12.0 ~ 14.0</td></tr>
<tr><td>F309Mo-H×××</td><td>0.12</td><td>2.00 ~ 3.00</td></tr>
<tr><td>F310-H×××</td><td>0.20</td><td>0.030</td><td>25.0 ~ 28.0</td><td>20.0 ~ 22.0</td><td>—</td></tr>
<tr><td>F316-H×××</td><td>0.08</td><td rowspan="7">0.040</td><td rowspan="3">17.0 ~ 20.0</td><td rowspan="3">11.0 ~ 14.0</td><td rowspan="2">2.00 ~ 3.00</td></tr>
<tr><td>F316L-H×××</td><td rowspan="2">0.04</td></tr>
<tr><td>F316CuL-H×××</td><td>1.20 ~ 2.75</td><td>Cu：1.00 ~ 2.50</td></tr>
<tr><td>F317-H×××</td><td rowspan="2">0.08</td><td rowspan="2">18.0 ~ 21.0</td><td>12.0 ~ 14.0</td><td>3.00 ~ 4.00</td><td>—</td></tr>
<tr><td>F347-H×××</td><td>9.0 ~ 11.0</td><td rowspan="3"></td><td>Nb：8×C% ~ 1.00</td></tr>
<tr><td>F410-H×××</td><td>0.12</td><td rowspan="2">1.20</td><td>11.0 ~ 13.5</td><td rowspan="2">0.60</td><td rowspan="2">—</td></tr>
<tr><td>F430-H×××</td><td>0.10</td><td>15.0 ~ 18.0</td></tr>
</table>

注：1. 表中单值均为最大值。
2. 焊剂型号中的字母 L 表示碳含量较低。

表 3-2-12　熔敷金属力学性能要求

焊剂型号	σ_b/MPa	δ(%)
F308-H×××	520	30
F308L-H×××	480	25
F309-H×××	520	
F309Mo-H×××	550	
F310-H×××	520	
F316-H×××		
F316L-H×××	480	30
F316CuL-H×××		
F317-H×××	520	25
F347-H×××		
F410①-H×××	440	20
F430②-H×××	450	17

注：表中的数值均为最小值。

① 试样加工前经 840～870℃加热 2h 后，以小于 55℃/h 的冷却速度炉冷至 590℃，随后空冷。

② 试样加工前经 760～785℃加热 2h 后，以小于 55℃/h 的冷却速度炉冷至 590℃，随后空冷。

表 3-2-13　焊丝化学成分(质量分数,%)(摘自 GB/T 17854—1999)

牌号	C	Si	Mn	P	S	Cr	Ni	Mo	其他
H0Cr21Ni10	0.08	0.60	1.00～2.50	0.030	0.030	19.50～22.00	9.00～11.00	—	—
H00Cr21Ni10	0.03				0.020				
H1Cr24Ni13	0.12				0.030	23.00～25.00	12.00～14.00		
H1Cr24Ni13Mo2								2.00～3.00	
H1Cr26Ni21	0.15					25.00～28.00	20.00～22.00	—	
H0Cr19Ni12Mo2	0.08					18.00～20.00	11.00～14.00	2.00～3.00	
H00Cr19Ni12Mo2	0.03				0.020				
H00Cr19Ni12Mo2Cu2									Cu：1.00～2.50
H0Cr19Ni14Mo3	0.08				0.030	18.50～20.50	13.00～15.00	3.00～4.00	—
H0Cr20Ni10Nb						19.00～21.50	9.00～11.00	—	Nb：10×C%～1.00
H1Cr13	0.12	0.50	0.60			11.50～13.50	0.60		—
H1Cr17	0.10					15.50～17.00			

注：1. 表中单值均为最大值。

2. 根据供需双方协议，也可生产表中牌号以外的焊丝。

（2）举例

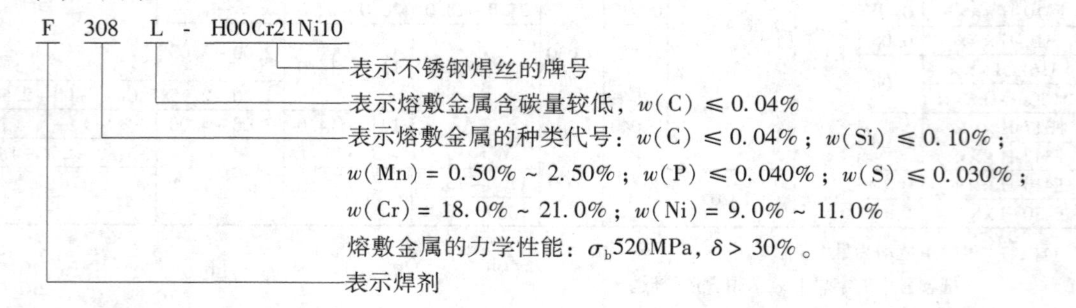

三、焊剂的保管与使用

为了保证焊接质量，焊剂在保存时应注意防止受潮，搬运焊剂时，防止包装破损。使用前，必须按规定温度烘干并保温，酸性焊剂在250℃烘干2h；碱性焊剂在300～400℃烘干2h，焊剂烘干后应立即使用。使用回收的焊剂，应清除掉其中的渣壳，碎粉及其他杂物，与新焊剂混均匀并按规定烘干后使用。使用直流电源时，均采用直流反接。

第三章　焊接设备

第一节　焊接电弧的自动调节

一、焊接电弧自动调节的要求

埋弧焊时，不仅要求引弧可靠，而且要求焊接参数在焊接过程中始终保持稳定，才能保证焊缝全长都能获得优良的质量。埋弧焊的主要焊接参数是焊接电流和电弧电压。外界许多因素会干扰焊接电流和电弧电压，其中主要的干扰因素是：

1. 弧长方面的干扰　焊件表面不平，坡口加工不规则，装配质量不高，焊道上有定位焊缝等都会使电弧长度发生变化。

2. 网路电压波动的干扰　当网路中有其他大型设备启动时，网路电压会突然降低。同一工作班中的不同时期，网路电压也不同。

二、焊接电弧自动调节的方法

有两种调节系统可以保证埋弧焊的正常进行。一种是等速送丝系统；另一种是均匀调节系统。

1. 电弧自身调节系统（等速送丝）　这种系统在焊接时，焊丝以预定的速度等速送进。其调节作用是利用电弧焊时焊丝的熔化速度与焊接电流和电弧电压之间固有的规律自动进行的。图 3-3-1 是这种调节系统的静特性曲线（图3-3-1中 v_{f1}，v_{f2}，v_{f3} 为三种送丝速度，所对应的电弧静特性曲线为 C_1、C_2、C_3）。它实际上就是焊接过程中电弧的稳定工作曲线，或称等熔化速度曲线。电弧在这一曲线上任何一点工作时，焊丝熔化速度是不变的，并恒等于焊丝的送进速度，焊接过程稳定。电弧在此曲线以外的点上工作时，焊丝的熔化速度不等于焊丝的送进速度，因此，焊接过程不稳定。当焊接条件改变时，系统的静特性曲线就会相应地改变。如送丝速度增加，曲线右移；焊丝直径减小，则曲线左移，如图 3-3-1 中的 v_{f1}、v_{f2}、v_{f3} 所示。下面分别讨论在弧长波动和网路电压波动两种干扰情况下，电弧自身调节系统的工作情况。

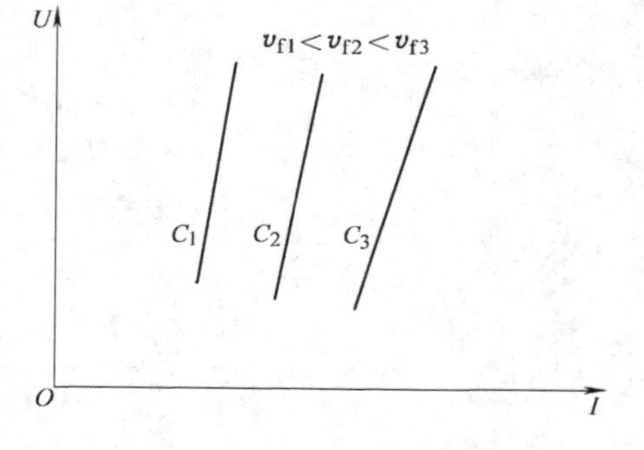

图 3-3-1　电弧自身调节系统的静特性曲线

（1）弧长波动　这种系统在弧长波动时，经过电弧自身调节作用，可以使电弧完全恢复到波动前的长度，即能使焊接参数恢复到预定值，其调节过程用图 3-3-2 说明。在弧长变化之前，电弧的稳定工作点为 O_0 点。O_0 点是电弧静特性曲线 L_0、电源外特性曲线 MN 和电弧自身调节系统静特性曲线 C 三者的交点。电弧以该点对应的焊接参数燃烧时焊丝的熔化速度等于焊丝的送进速度，焊接过程稳定。

如果外界干扰使弧长缩短，电弧静特性曲线变为 L_1，它与电源外特性曲线交于 O_1 点，电弧暂时移至此点工作，此时 O_1 点不在 C 曲线上而在其右侧，其实际焊接电流 I_1 大于维持电弧稳定地燃烧所需的电流 I_0，因而焊丝的熔化速度大于焊丝的送进速度，这将使弧长逐渐增加，直到恢复至 L_0。同理，当外界干扰使电弧突然拉长时，由于焊接电流变小，熔化速度变慢，电弧会自动缩短，恢复到原来的长度稳定地燃烧。由此可见，这种系统的调节作用是由于等速送丝时弧长变化使焊接电流变化，导致焊丝熔化速度变化，使弧长自动恢复到原始状态，所以可用于等速送丝式埋弧焊机。

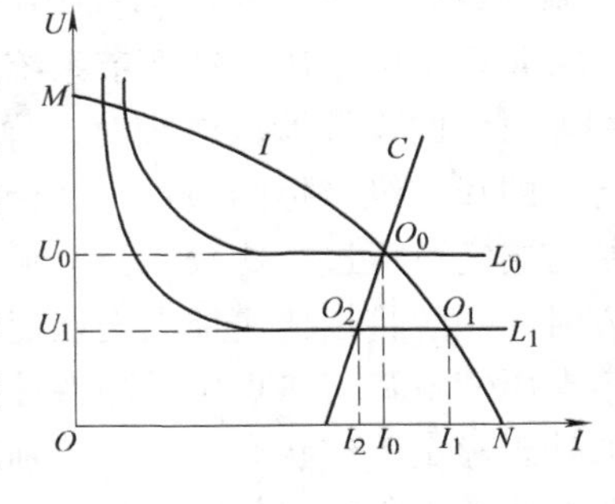

图 3-3-2　弧长变化时电弧自身调节过程

这种电弧自身调节作用的强弱与焊丝直径、焊接电流和焊接电源外特性曲线的斜率有关。焊丝直径越细，焊接电流越大、电弧自身调节作用越强。对某一直径的焊丝存在一个临界电流值，见表 3-3-1。焊接电流等于或大于此值时，电弧自身调节作用增强(恢复时间短)、焊接过程稳定。焊丝直径大时，临界电流值较大，焊接电流的选择受到一定限制。缓降外特性曲线焊接电源的电弧自身调节作用强。

表 3-3-1　电弧自身调节作用的临界电流值

焊丝直径/mm	2	3	4	5
临界电流/A	280	400	530	700

（2）网路电压波动　网路电压波动将使焊接电源的外特性曲线发生移动，它对电弧自身调节系统造成影响如图 3-3-3 所示。

当送丝速度一定时，电弧自身调节系统静特性曲线 C，电弧静特性曲线 L_1 与网路电压波动前的电流外特性曲线 MN 交于 O_1 点，此点为电弧的稳定工作点。如果网路电压降低，将使焊接电源的外特性曲线由 MN 变到 $M'N'$，电弧工作点移到 O_2 点。显然，O_2 点的焊接参数也满足焊丝熔化速度等于送丝速度的稳定条件，因而也是稳定工作点。此时电弧长度缩短，电弧静特性曲线变为 L_2。在此情况下，除非网路电压恢复到原先的值，否则电弧将在 O_2 点稳定工作，而不能恢复到 O_1 点。因此，电弧自身调节系统的调节能力不能消除网路电压波动时对焊接参数的影响。

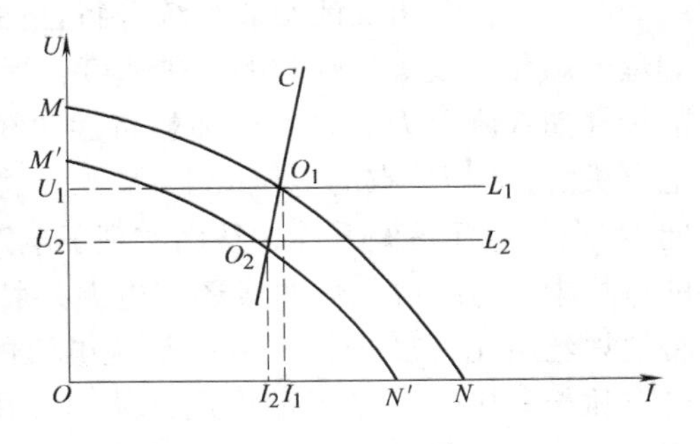

图 3-3-3　网路电压波动对电弧自身调节系统的影响

采用电弧自身调节系统的埋弧焊机宜配用缓降或平外特性的焊接电源。这一方面是因为缓降或平外特性的电源在弧长发生波动时引起的焊接电流变化大，导致焊丝熔化速度变化快，因而可提高电弧自身调节系统的调节速度；另一方面是缓降或平外特性电源在网路电压波动时引起的弧长变化小，可减小网络电压波动对焊接参数(特别是对电弧电压)的影响。

2. 电弧电压反馈自动调节系统(均匀调节系统)　这种调节系统利用电弧电压反馈控制送丝速度。在受到外界因素对弧长的干扰时，通过强迫改变送丝速度来恢复弧长，也称为均匀调节系统。图 3-3-4 为这种调节系统的静特性曲线 A。

凡在电弧电压反馈调节系统静特性曲线上的每一点都是稳定工作点，即电弧以曲线上任一点对应的焊接参数燃烧时，焊丝的熔化速度都等于焊丝的送进速度，焊接过程稳定地进行。曲线与纵坐标的截距，由给定电压值 U_g 决定。焊接过程中，系统不断地检测电弧电压，并与给定电压进行比较。当电弧电压高于维持静特性曲线所需值而使电弧工作点位于曲线上方时，系统将按比例加大送丝速度；反之，系统将自动减慢送丝速度。只有当电弧电压与给定电压使电弧工作点位于静特性曲线上时，电弧电压反馈调节系统才不起作用，此时焊接电弧处于稳定工作状态。下面分别讨论弧长波动和网路电压波动两种干扰时，电弧电压反馈调节系统的工作情况。

（1）弧长波动　这种系统在弧长波动时的调节过程，如图 3-3-5 所示。

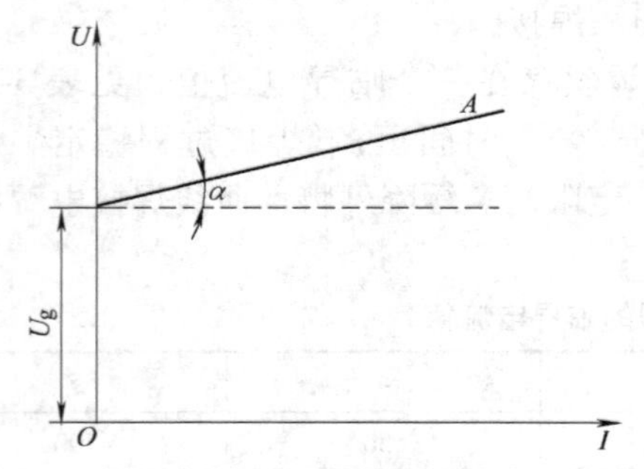

图 3-3-4　电弧电压反馈自动调节系统静特性

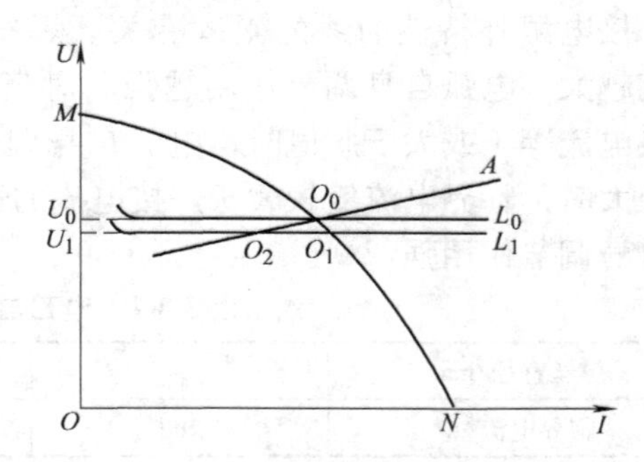

图 3-3-5　电弧电压反馈自动调节系统的调节作用

图 3-3-5 中 O_0 点是弧长波动前的稳定工作点，它由电弧静特性曲线 L_0、电源外特性曲线 MN 和电弧电压反馈调节系统静特性曲线 A 三条曲线的交点决定。电弧在 O_0 点工作时，焊丝的熔化速度等于焊丝的送进速度，焊接过程稳定。当外界干扰使弧长突然变短，则电弧静特性曲线降至 L_1，此时电弧静特性曲线与 A 曲线交于 O_2 点，焊丝的送进速度由 O_2 点的电压决定，因 O_2 点的电压低于 O_0 点，将使送丝速度减慢，电弧逐渐变长，电压沿 A 曲线向 O_0 点靠近而逐渐升高，从而实现了电弧电压的自动调节，使弧长恢复到原值。弧长变短的过程中，电弧静特性曲线还与电源外特性曲线相交于 O_1 点，即此时焊接电流有所增大，将使焊丝熔化速度加快，也就是说电弧的自身调节也对弧长的恢复起了辅助作用，从而加快了调节过程。可见，这种系统的调节作用是在弧长变化后主要通过电弧电压的变化改变焊丝的送进速度，从而使弧长得以恢复的，因而应用于变速送丝式埋弧焊机。

这种调节系统需要利用电弧电压反馈调节器进行调节。目前埋弧焊机常用的电弧电压反馈调节器为发电机-电动机自动调节器，这种调节器的调节系统电路原理如图 3-3-6 所示。供给送丝电动机 M 转子电压的发电机 G 有两个他励励磁线圈 Ⅰ 和 Ⅱ。Ⅰ 由电位器 RP 上取得一个给定

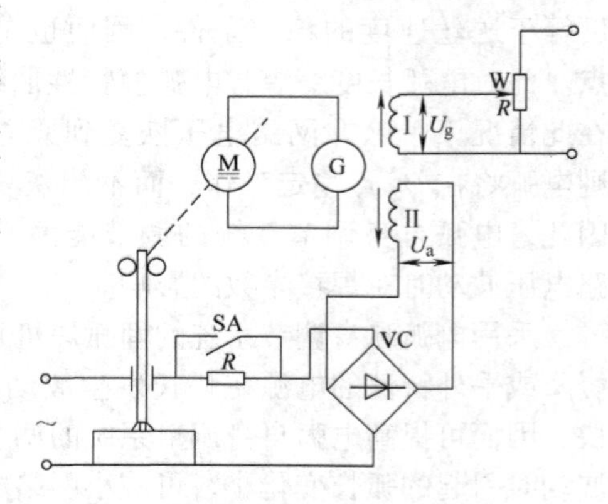

图 3-3-6　发电机-电动机电弧电压反馈自动调节系统电路原理图

控制电压 U_g，产生磁通 Φ_1；Ⅱ由电弧电压的反馈信号提供励磁电压 U_a，产生磁通 Φ_2。Φ_1 与 Φ_2 方向相反。当 Φ_1 单独作用时，发电机输出的电动势使电动机 M 向退丝方向转动；当 Φ_2 单独作用时，发电机输出的电动势使电动机 M 向送丝方向转动。Φ_1 与 Φ_2 合成磁通的方向和大小将决定发电机 G 输出电动势的方向和大小，并随之决定电动机 M 的转向与转速，即决定焊丝的送丝方向和速度。正常焊接时，电弧电压稳定，且 $\Phi_2 > \Phi_1$，电动机 M 将以一个稳定的转速送进焊丝。当弧长发生变化电弧电压改变时，Ⅱ的励磁电压（即反馈电弧电压）发生变化，使发电机 G 的输出电动势变化，导致电动机 M 的转速变化，因而改变了送丝速度，也就调节了弧长，强迫电弧电压恢复到稳定值，完成调节过程。送丝速度 v_f 与反馈电弧电压 U_a、给定电压 U_g 之间的关系可用下式表示：

$$v_f = K(U_a - U_g)$$

式中，K 为电弧电压反馈自动调节器的放大倍数（$cm \cdot s^{-1} \cdot V^{-1}$），表示当电弧电压改变 1V 时 v_f 的改变量。K 的大小除取决于调节器的机电结构参数外，还取决于电弧电压反馈量的大小。图 3-3-6 中电阻 R 和与其并联的开关 SA，就是为改变 K 值以满足不同直径焊丝的需要而设的。

这种调节系统的最大优点是可以利用同一电路实现电动机 M 的无触点正反转控制，因而可实现理想的反抽引弧控制。

（2）网路电压波动　网路电压波动后焊接电源的外特性也随之产生相应的变化。图 3-3-7为网路电压降低时电弧电压反馈调节系统的工作情况。随着网路电压的下降，焊接电源的外特性曲线从 MN 变为 $M'N'$。网路电压变化的瞬间，弧长尚未变动，仍为 L_0，但电源外特性曲线变为 $M'N'$后的电弧工作点随之移到 O_1 点，由于 O_1 点在 A 曲线的上方，因而它不是稳定工作点，即电弧在 O_1 点处工作时焊丝的送进速度大于其熔化速度，因而电弧工作点沿曲线 $M'N'$移动，最终到达与 A 曲线的交点 O_2，O_2 点为新的稳定工作点。O_2 点与 O_0 点相比较，除电弧电压相应降低外，焊接电流有较大波动，除非网路电压恢复为原来的值，否则这种调节系统不能使电弧恢复到原来的稳定状态（O_0 点）。

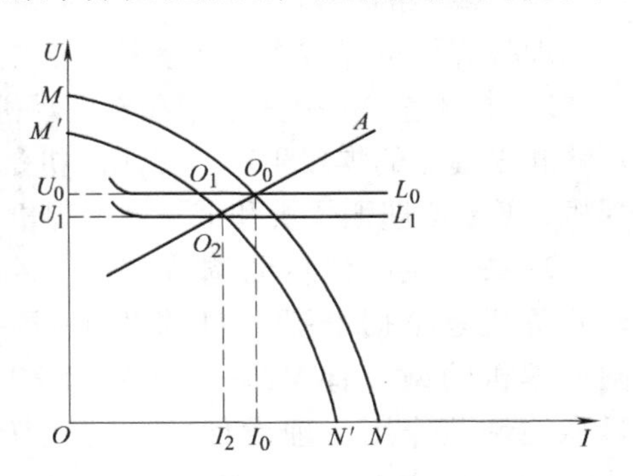

图 3-3-7　网路电压波动时对电弧电压反馈自动调节系统的影响

电弧电压反馈自动调节系统在网路电压波动时，引起焊接电流变化的大小与焊接电源外特性曲线形状有关。陡降外特性曲线在网路电压波动时引起的焊接电流波动小；反之，缓降外特性曲线则引起的焊接电流波动大。为了防止因网路电压波动引起焊接电流波动过大，这种调节系统宜配用具有陡降外特性的焊接电源。同时为了容易引弧和使电弧稳定地燃烧，焊接电源应有较高的空载电压。

3. 两种调节系统的比较　熔化极电弧的自身调节系统和电弧电压反馈自动调节系统的特点比较见表 3-3-2。由表中可看出，这两种调节系统对焊接电源的要求、焊接参数的调节方法及适用范围是不同的，选用时应注意。

表 3-3-2　两种调节系统的比较

比较项目	调节原理	
	电弧自身调节作用	电弧电压反馈自动调节作用
控制电路及机构	简单	复杂
采用的送丝方式	等速送丝	变速送丝
采用的电源外特性	平特性或缓降外特性	陡降或垂直(恒流)外特性
电弧电压调节方法	改变电源外特性	改变送丝系统给定电压
焊接电流调节方法	改变送丝速度	改变电源外特性
控制弧长恒定的效果	好	好
网路电压波动的影响	电弧电压产生静态误差	焊接电流产生静态误差
适用的焊丝直径/mm	0.8～3.0	3.0～6.0

第二节　焊机的分类及型号

一、焊机的分类

埋弧焊机可以按照下述多种方法进行分类：

1. 按用途　可分为通用和专用焊机两种。通用焊机广泛地用于各种结构的对接、角接、环缝和纵缝等的焊接生产；专用焊机是用来焊接某些特定结构或焊缝的焊机，如角焊缝埋弧焊机、T 形梁埋弧焊机和带极埋弧焊机等。

2. 按焊接电弧自动调节方法　可分为等速送丝式和均匀调节式焊机两种。等速送丝式焊机是根据电弧自身调节作用原理设计的。适用于细焊丝或高电流密度的情况，国产焊机的型号有 MZ1—1000、MZ2—1500、MZ3—500 等。均匀调节式焊机是根据电弧强迫调节作用原理设计的，适用于粗焊丝或低电流密度的情况，国产焊机的型号有 MZ—1000、MZ—1—1000 等。我国生产的一些新型焊机均按等速或均匀调节原理设计，可根据需要分别选购。

3. 按行走机构形式　可分为小车式、门架式和悬臂式三种。通用埋弧焊机大都采用小车式行走机构。

4. 按焊丝的形状　可分为以下两类：

（1）丝极埋弧焊机　用焊丝做电极和填充金属，这类焊机最普遍。根据焊丝数目可细分为单丝、双丝和多丝埋弧焊机。

（2）带极埋弧焊机　用一定宽度的薄钢带做电极和填充金属，这类焊机主要用于堆焊，可大大提高生产效率。

二、埋弧焊机的型号及主要技术数据

国产埋弧焊机的型号及主要技术数据，见表 3-3-3。

表 3-3-3　国产埋弧焊机的型号用途及主要技术参数

产品名称	产品型号	电源电压/V	额定焊接电流/A	焊丝直径范围/mm	焊丝送给速度/(m/h)	额定焊接速度/(m/h)	焊丝输送速度调节方法	外形尺寸/mm			机身重量/kg	主要用途
								长	宽	高		
埋弧焊机	MZ—400	220	400	1.6～2	100～450	15～75	等速及弧压反馈	机 560	1150	570	53	用于埋弧焊接环形或直线焊缝
								控 600	450	602	58	
埋弧焊机	MZ—1000	380	400～1200	3～6	30～120	15～70	电弧电压反馈	机 1010	344	662	65	用于埋弧焊接各种焊缝
								控 980	585	705	160	
微机控制埋弧焊机	MZ—1000	380	1000	3～6	30～120	15～70	微机控制	小车 1230	450	1200	70	用于埋弧焊
埋弧焊机	MZ—1250	380	1250	2.5～6	30～120			686	708	1300		用于埋弧焊
窄间隙埋弧焊机	MZE2—800	380	800	2.5～4	30～120			5030	2600	4180		用于窄间隙埋弧焊
双丝埋弧焊机	MZ—2×1600	380	直流 1600 交流 1600	3～6	30～250	10～80	前丝：等速 后丝：电弧电压反馈	1300	700	1230	165	用于埋弧焊接厚度可达 30mm 的厚钢板
双丝埋弧焊机	MZ—2×1600	380	直流 1600 交流 1000	3～5.5	30～180	84	等速、均匀两用	1100	1000	800	240	本焊机除一般焊机的用途外，因具有一特殊的焊缝成形装置，可开 I 形坡口。预留间隙，一次焊接最大板厚为 25mm 的平板对接焊

（续）

产品名称	产品型号	电源电压/V	额定焊接电流/A	焊丝直径范围/mm	焊丝送给速度/(m/h)	额定焊接速度/(m/h)	焊丝输送速度调节方法	外形尺寸/mm			机身重量/kg	主要用途
								长	宽	高		
直流埋弧焊机	MZ—1000—1	380	1000	3~6	0.4~120	72	等压	1010 980	344 585	662 705	65 160	用于埋弧焊的各种焊缝
交直流埋弧焊机	MZE—1000	380	1000	3~5	30~120	90		900	600	700	66	
自动埋弧焊机	MZ1—1000	380	200~1000	1.6~5	52~403	16~126	等速输送调换齿轮	机 716	346	540	45	用于埋弧焊接各种焊缝
								控 600	450	602	65	
埋弧焊机	MZ2—1600	380	400~1600	3~6	28.5~22.5	13.5~112	调换变速齿轮	机 760	710	1763	160	用于埋弧焊接各种焊缝
								控 600	450	602	65	
双丝贴角埋弧焊机	MDE—2×630	380	交流 630 直流 1000	2~4	240	90		740	830	1040	40	用于 H 型钢或其他钢结构的角焊接
氩弧、埋弧两用焊机	NZA—1000	380	1000	3~6	30~300	2.1~78	电弧电压反馈	700	900	1200	660	氩弧埋弧两用
专用埋弧焊机	MZY—630	380	630	2~3	80~200	15~70	电压反馈	1150	700	1250	1270	液化石油气瓶专用焊机

第三节 MZ—1000 型埋弧焊机

一、焊机的性能

MZ—1000 型埋弧焊机是利用强迫调节原理工作的均匀调节式焊机。这种焊机，在焊接过程中靠改变送丝速度来进行自动调节，它可在水平位置或水平面倾斜不大于 10°的位置焊接各种坡口的对接焊缝、搭接焊缝和角接焊缝等，并可借助焊接滚轮架焊接圆形焊件的内、外环缝。

MZ—1000 型埋弧焊机由 MZT—1000 型焊接小车、MZP—1000 型控制箱和焊接电源三部分组成。

1. MZT—1000 型焊接小车　这种焊机由机头、控制盘、焊丝盘、焊剂漏斗和焊接小车等部分组成，如图 3-3-8 所示。

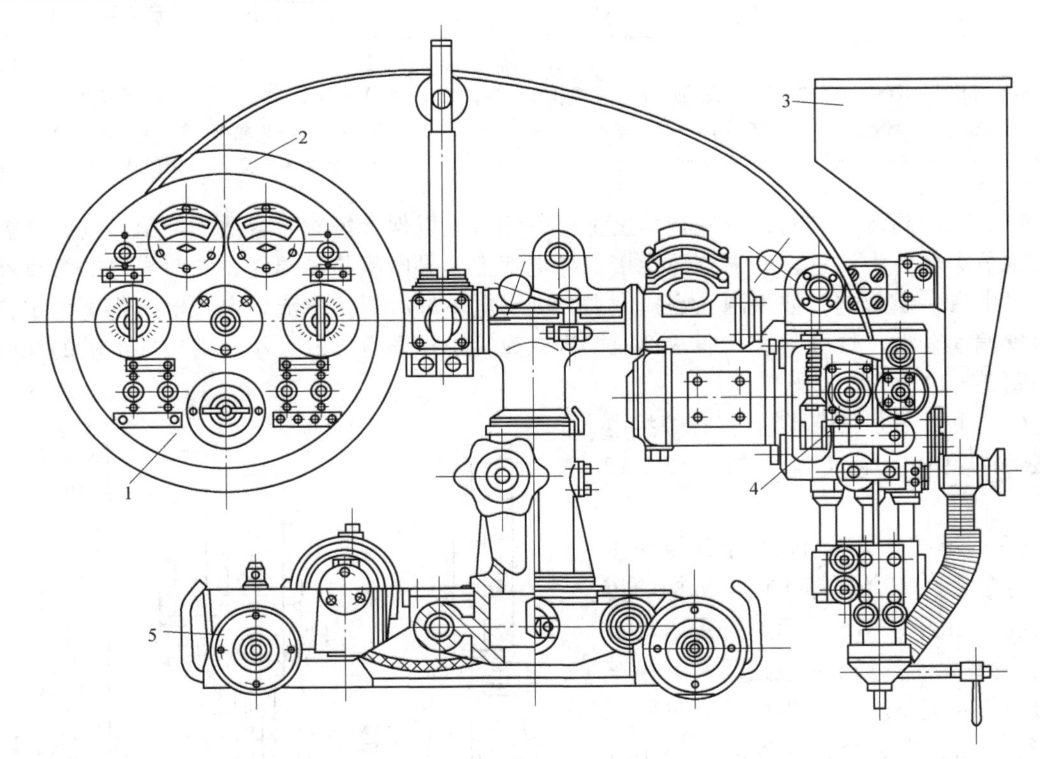

图 3-3-8　MZT—1000 型焊车

1—控制盘　2—焊丝盘　3—焊剂漏斗　4—机头　5—焊接小车

（1）机头　机头的焊丝送进机构，如图 3-3-9 所示，其传动系统，如图 3-3-10 所示。

机头上装有 40W、2850r/min 直流电动机 1，经减速后带动主动送丝轮 5，焊丝被夹紧在主动送丝轮 5 和从动送丝轮 4 中间，夹紧力的大小可通过调节弹簧 2，经杠杆 3 加到从动送丝轮 4 上，送出的焊丝经矫直滚轮 6 矫直后，再经过导电嘴送到电弧区。

送丝机构的传动系统如图 3-3-10 所示。

直流电动机 1 经一对齿轮副 2 和蜗轮蜗杆 5 减速后，带动主动送丝轮 3。

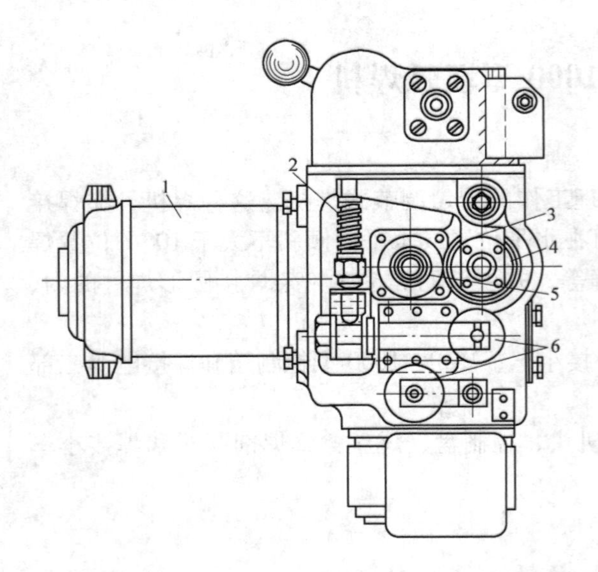

图 3-3-9　MZT—1000 型焊接小车机头的焊丝送进机构
1—电动机　2—调节弹簧　3—杠杆　4—从动送丝轮
5—主动送丝轮　6—矫直滚轮

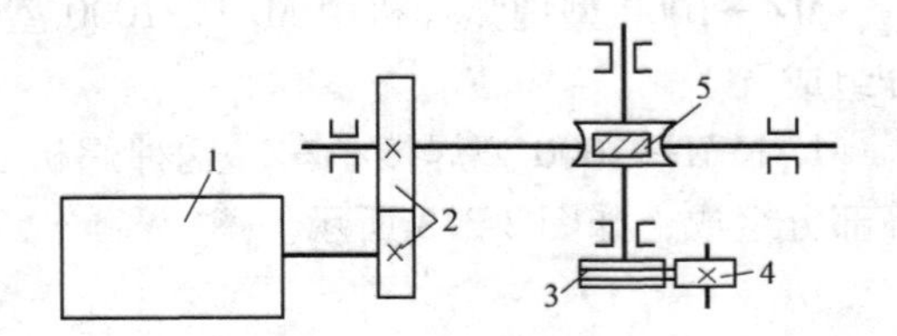

图 3-3-10　送丝机构传动系统图
1—电动机　2—齿轮副　3—主动送丝轮
4—从动送丝轮　5—蜗轮蜗杆

导电嘴的高低、左右，及偏转角度都可以调节，以保证焊丝有合适的伸出长度，并能方便地调节焊丝对中位置。一根电源线接在导电嘴上。导电嘴是易损件，它对导电的可靠性及焊丝对中有一定影响，如果内孔磨损太大，则导电不好，焊接电流、电弧电压都不稳定，而且焊丝偏摆较大，焊缝不直，通常都根据焊丝直径选择导电嘴的大小，常用导电嘴的几种类型如图 3-3-11 所示。

（2）控制盘　控制盘上装有焊接电流表和电弧电压表等，如图 3-3-12 所示。

（3）焊接小车　包括行走传动机构、行走轮及离合器等。行走机构的传动系统，如图 3-3-13 所示。行走电动机 1 经两级蜗轮蜗杆 2、4 减速后带动小车的两只行走轮 3。离合器 6 可通过手柄 5 进行操纵，当离合器脱离时，小车可用手推动，空载行走。焊接时，合上离合器，焊接小车由电动机驱动。这种小车由一台 40W，2850r/min 直流电动机拖动，焊接速度可在 15 ~70m/h 范围内均匀调节。

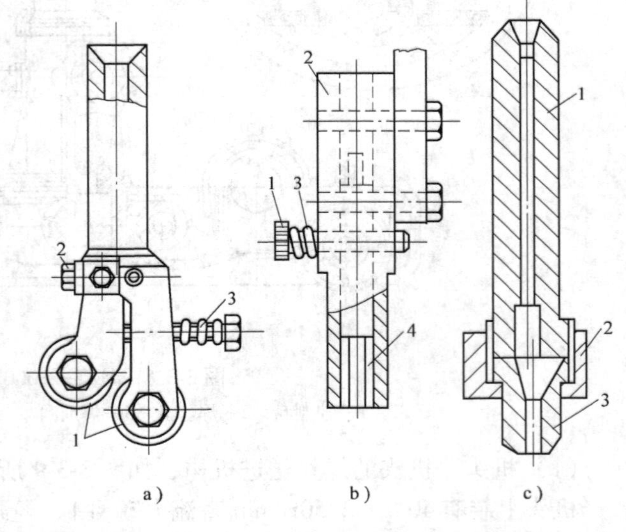

图 3-3-11　导电嘴结构示意图
a）滚轮式　1—导电滚轮　2—压紧螺钉　3—弹簧
b）夹瓦式　1—压紧螺钉　2—接触夹瓦　3—弹簧　4—可换衬瓦
c）管式　1—导电杆　2—锁紧螺母　3—导电嘴

为能方便地焊接各种类型焊缝，并使焊丝正确地对准施焊位置，焊接小车的一些部件可在一定范围内移动和转动，如图 3-3-14 所示。

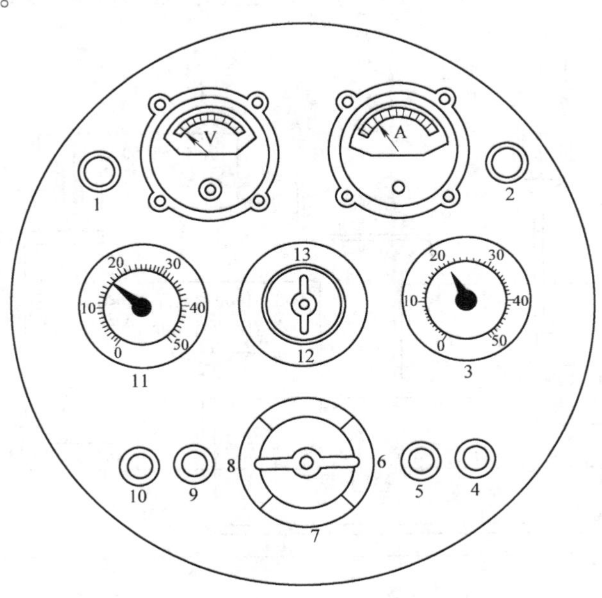

图 3-3-12　控制盘

1—启动按钮　2—停止按钮　3—焊接速度调整器　4—电流减小按钮　5—电流增大按钮　6—小车向后位置　7—小车停止位置　8—小车向前位置　9—焊丝向下按钮　10—焊丝向上按钮　11—电弧电压调整器　12—焊接　13—空载

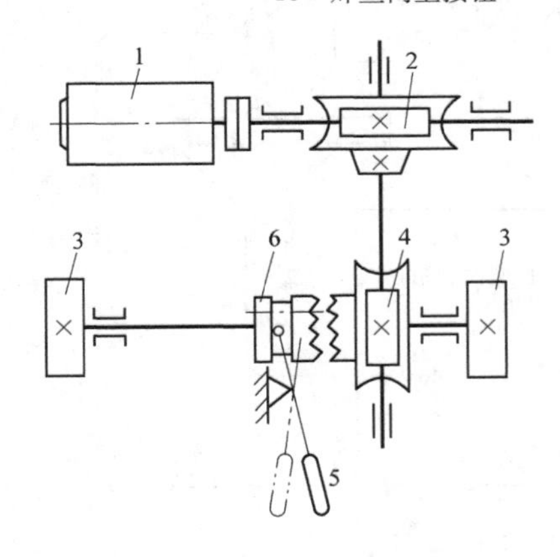

图 3-3-13　焊接小车行走机构传动系统

1—电动机　2、4—蜗轮蜗杆　3—行走轮　5—手柄　6—离合器

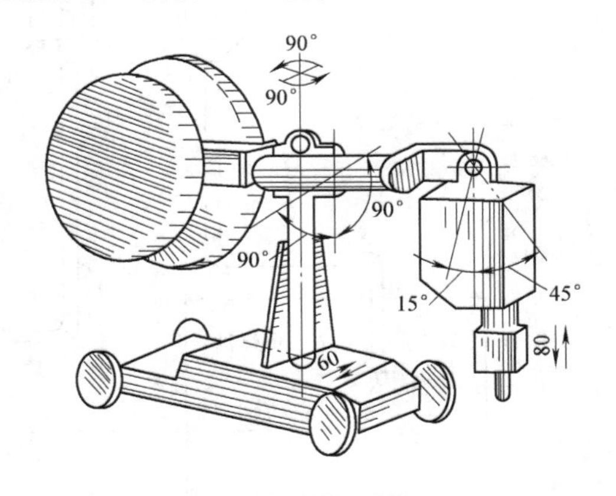

图 3-3-14　MZT—1000 型焊接小车可调节部件示意图

2. MZP—1000 型控制箱　控制箱内装有电动机、发电机组、中间继电器、交流接触器、变压器、整流器、镇定电阻和开关等。

3. 焊接电源　可采用交流或直流电源进行焊接。采用交流电源时，一般配用 BX2—1000 型弧焊变压器；采用直流电源时，可配用具有下降特性的弧焊整流器。

二、焊机的操作步骤

1. 准备

1）按焊机外部接线（图 3-3-15、图 3-3-16），检查焊机的外部接线是否正确。

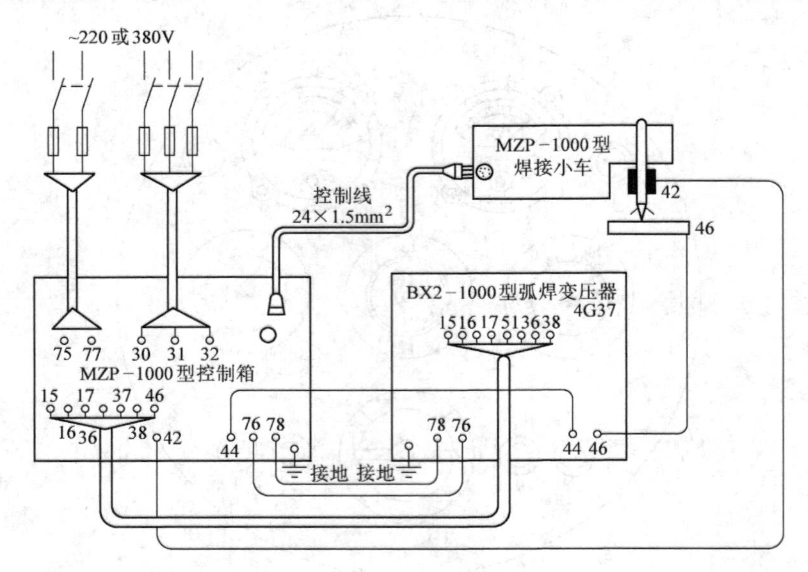

图 3-3-15　MZ—1000 型埋弧焊机外部接线（交流焊接电源）

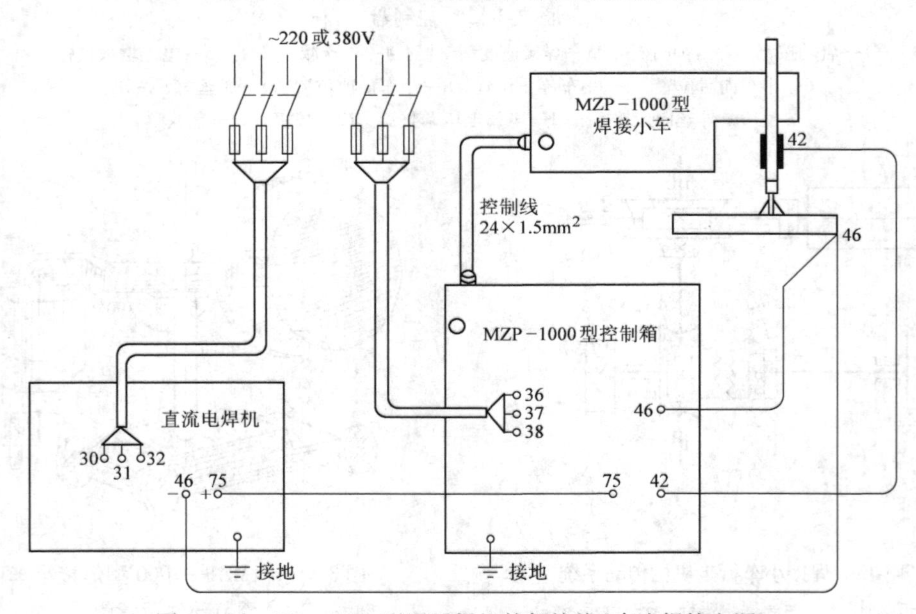

图 3-3-16　MZ—1000 型埋弧焊机外部接线（直流焊接电源）

2）调整好轨道位置，将焊接小车放在轨道上。

3）首先将装好焊丝的焊丝盘卡到固定位置上，然后把准备好的焊剂装入焊剂漏斗内。

4）合上焊接电源的刀开关和控制线路的电源开关。

5）调整焊丝位置，并按动控制盘上的焊丝向下或焊丝向上按钮，如图 3-3-12 所示，使焊丝对准待焊处中心，并与焊件表面轻轻接触。

6）调整导电嘴到焊件间的距离，使焊丝的伸出长度适中。

7）将开关转到焊接位置上。

8）按照焊接方向、将自动焊车的换向开关转到向前或向后的位置上。

9）调节焊接参数，使之达到预先选定值。

通过电弧电压调整器调节电弧电压；通过焊接速度调整器调节焊接速度，通过电流增大和电流减小按钮来调节焊接电源。在焊接过程中，电弧电压和焊接电流两者常需配合调节，以得到工艺规定的焊接参数。

10）将焊接小车的离合器手柄向上扳，使主动轮与焊接小车减速器相连接。

11）开启焊剂漏斗阀门，使焊剂堆敷在开焊部位。

2. 焊接　按下启动按钮，自动接通焊接电源，同时将焊丝向上提起，随即焊丝与焊件之间产生电弧，并不断被拉长，当电弧电压达到给定值时，焊丝开始向下送进。当焊丝的送丝速度与熔化速度相等后，焊接过程稳定。与此同时，焊车也开始沿轨道移动，以便焊接正常进行。

在焊接过程中，应注意观察焊接电流和电弧电压表的读数及焊接小车的行走路线，随时进行调整，以保证焊接参数的匹配和防止焊偏，并注意焊剂漏斗内的焊剂量，必要时需立即添加，以免影响焊接工作的正常进行。焊接长焊缝，还要注意观察焊接小车的焊接电源电缆和控制线，防止在焊接过程中被焊件及其他东西挂住，使焊接小车不能前进，引起焊瘤烧穿等缺陷。

3. 停止

1）关闭焊剂漏斗的闸门。

2）分两步按下停止按钮：第一步先按下一半，这时手不要松开，使焊丝停止送进，此时电弧仍继续燃烧，电弧慢慢拉长，弧坑逐渐填满、待弧坑填满后；再将停止按钮按到底，此时焊接小车将自动停止并切断焊接电源，这步操作要特别注意：按下停止开关一半的时间若太短，焊丝易粘在熔池中或填不满弧坑；太长容易烧焊丝嘴，需反复练习积累经验才能掌握。

3）扳下焊接小车离合器手柄，用手将焊接小车沿轨道推至适当位置。

4）回收焊剂，消除渣壳，检查焊缝外观。

5）焊件焊完后，必须切断一切电源，将现场清理干净，整理好设备，并确信没有隐燃火种后，才能离开现场。

近年我国已生产了一种新型号按强迫调节原理工作的均匀调节式自动焊机，其型号为：MZ—1—1000A 型埋弧焊机，这种焊机由机头和焊接电源（ZXG—1000R 型弧焊整流器）两个部件组成。能焊接位于水平面或与水平面倾斜角不大于 10°的倾斜面内的各种坡口的对接焊缝、搭接焊缝和角接焊缝等。

这种焊机采用电弧电压反馈的变速送丝原理，电子电路灵敏度高，响应速度快，弧长非常稳定，使用直流弧焊电源电弧燃烧稳定，电网补偿好。能根据引弧时焊丝与焊件的接触情况自动实现反抽引弧或刮擦引弧，还能根据弧长自动熄弧，能保证焊接质量，简化操作，减轻劳动强度。

送丝和焊接小车移动均由直流电动机拖动，采用晶闸管无级调速，调速均匀可靠。

焊机的主要技术参数如下：

额定输入容量　　1000kVA

电源电压	380V
焊丝直径	3～6mm
送丝速度(电弧电压=35V时)	30～20m/h
焊丝盘容量	12kg
焊剂漏斗容量	12L

第四节　MZ—1—1000型埋弧焊机

MZ—1—1000型埋弧焊机简介

一、焊机的性能

MZ—1—1000型埋弧焊机，是根据电弧自身调节原理设计的等速送丝式焊机，其控制系统简单，可使用交流或直流焊接电源，焊接各种坡口的对接、搭接焊缝、船形位置的角焊缝，容器的内、外环缝和纵缝。特别适用于批量生产。

焊机由焊接小车，控制箱和焊接电源三部分组成。

1. 焊接小车　焊接小车的外形如图3-3-17所示。这种焊接小车的焊丝送进和小车驱动使用同一台电动机，结构紧凑、体积小、重量轻。三相交流电动机2两头出轴，一头经送丝减速机10带动送丝轮送焊丝，另一头经行走减速机1驱动焊车行走。电动机的下面装有前底架14，小车的前车轮12通过连杆5、13与前底架相联。电动机的外壳上装有一个大扇形蜗轮15，与其啮合的蜗杆端头装有调节手轮7，通过它可使机头绕电动机的纵轴线转动一定角度(最大角度两边各为45°)，以便调节焊丝使它对准待焊位置。焊丝经矫直滚轮矫直后，被带手柄的偏心压紧轮9压紧在送丝轮上，由电动机经送丝减速机10带动送丝轮转动，将焊丝经导电嘴11送往焊接区。小车的托架上还装有控制按钮盒6、焊丝盘3、电流和电压表4以及焊剂漏斗8。焊车的后车轮16经摩擦离合器与行走减速机1相连，通过调节离合器手轮17的松紧，可使小车的主动轮(后车轮)与电动机连接(由电动机驱动)或脱开(用手推动)。

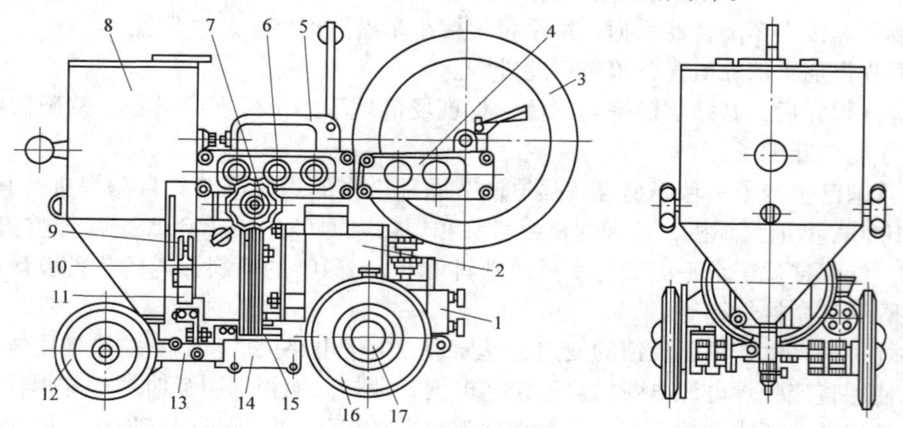

图3-3-17　MZ—1—1000型埋弧焊机的焊接小车

1—行走减速机　2—电动机　3—焊丝盘　4—电压表　5、13—连杆　6—按钮盒
7—调节手轮　8—焊剂漏斗　9—偏心压紧轮　10—送丝减速机　11—导电嘴
12—前车轮　14—前底架　15—扇形蜗轮　16—后车轮　17—手轮

焊接小车的传动系统，如图 3-3-18 所示。电动机 1 (0.2kW,2780r/min)轴的一端经一套蜗轮蜗杆 2 减速后带动一对可交换齿轮 6，再带动另一套蜗轮蜗杆 3，最后带动主动送丝轮 4 并送进焊丝，电动机 1 轴的另一端则先经两对蜗轮蜗杆 9 和 10 减速后，带动一对可交换齿轮 8，再经一套蜗轮蜗杆 7，最后带动小车主动轮 11 转动。可交换齿轮 6 和 8，需根据焊接参数的要求进行变换，以便得到所需要的送丝速度和焊接速度。通过可交换齿轮对所得到的送丝速度和焊接速度的值，见表 3-3-4。

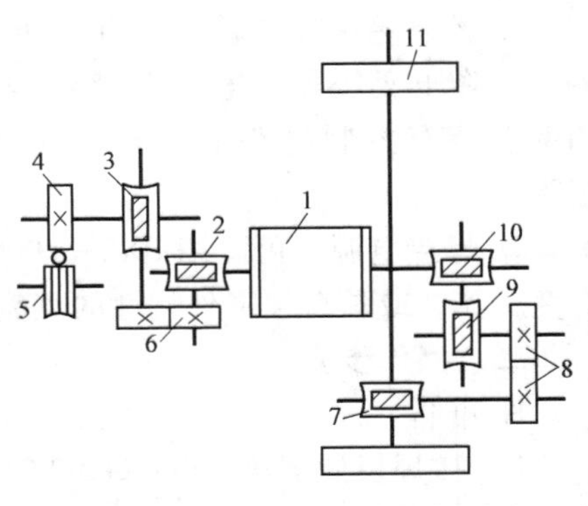

图 3-3-18　小车的传动系统
1—电动机　2、3、7、9、10—蜗轮蜗杆
4—主动送丝轮　5—从动送丝轮
6、8—可交换齿轮　11—小车主动轮

焊接小车上加装或改装一定的部件后，可以焊接多种焊缝。焊接搭接或开 I 形坡口的对接缝时，焊接小车使用两个相同的带有橡胶轮缘的前车轮；焊接 V 形坡口的对接缝时，只需安装一个前车轮，并装上双滚轮导向器，导向器的滚轮引导焊接小车沿坡口移动，如图3-3-19所示。焊接时将前车轮悬空，只有当焊接到头，导向器离开坡口不起作用时，前车轮才开始作用；焊接船形位置焊缝时，机头回转一定的角度，焊车车轮在梁的腹板上行走，前底架上安装一单滚轮导向器 5，在焊缝底部滚动并导向。焊车尾部再安装一根支杆，支杆端部的支承轮支承了在梁的翼板上，图 3-3-20 为焊接船形位置的角焊缝。

表 3-3-4　MZ—1—1000 型焊机的送丝速度和焊接速度与可交换齿轮的关系

送丝速度/(m/h)	52.0	57.0	62.5	68.5	74.5	81.0	87.5	95.0	103	111	120	129	139
焊接速度/(m/h)	16.0	18.0	19.5	21.5	23.0	25.0	27.5	29.5	32.0	34.5	37.5	40.5	43.5
主动轮齿数	14	15	16	17	18	19	20	21	22	23	24	25	26
从动轮齿数	39	38	37	36	35	34	33	32	31	30	29	28	27
送丝速度/(m/h)	150	162	175	189	204	221	239	260	282	307	335	367	403
焊接速度/(m/h)	47.0	50.5	54.5	59.0	63.5	69.0	74.5	81.0	88.0	96.0	104	114	126
主动轮齿数	27	28	29	30	31	32	33	34	35	36	37	38	39
从动轮齿数	26	25	24	23	22	21	20	19	18	17	16	15	14

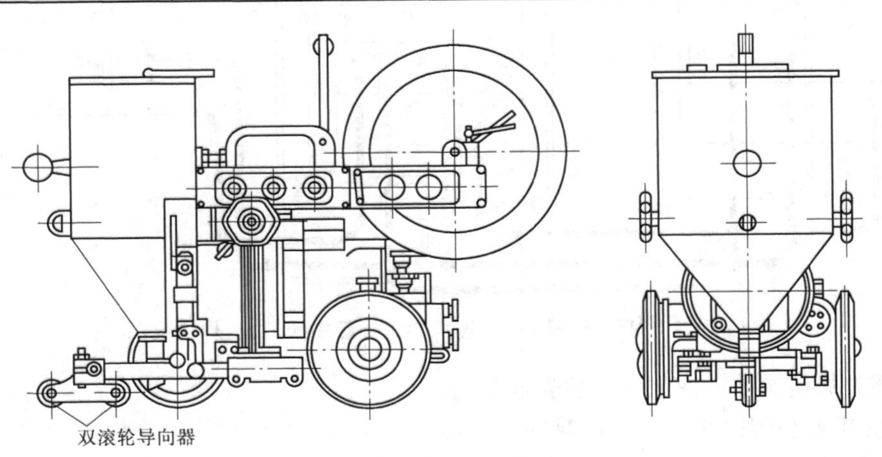

图 3-3-19　焊接开坡口的对接焊缝

2. 控制箱　控制箱中装有中间继电器，接触器、降压变压器，电流互感器或分流器等。箱壁上装有控制电路的三相转换开关和接线板等。

3. 焊接电源　可配用 BX2—1000 型交流弧焊变压器，或具有缓降外特性的直流焊接电源。

二、操作步骤

1. 准备

1）按焊机外部接线图（图 3-3-21、图 3-3-22）检查焊机的外部接线是否正确。

2）将焊车放在焊件的工作位置上。

3）首先将装好焊丝的焊丝盘装到固定位置上，然后把准备好的焊剂装入焊剂漏斗内。

4）闭合焊接电源的刀开关和控制线路的电源开关。

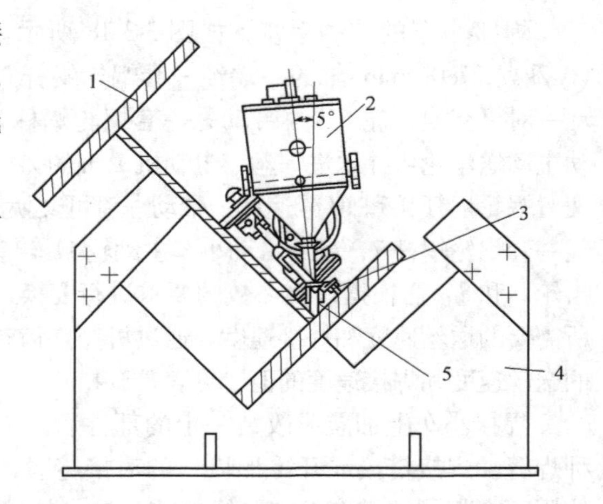

图 3-3-20　焊接船形位置的角焊缝
1—工字梁　2—焊接小车　3—支承轮
4—专用工作台　5—单滚轮导向器

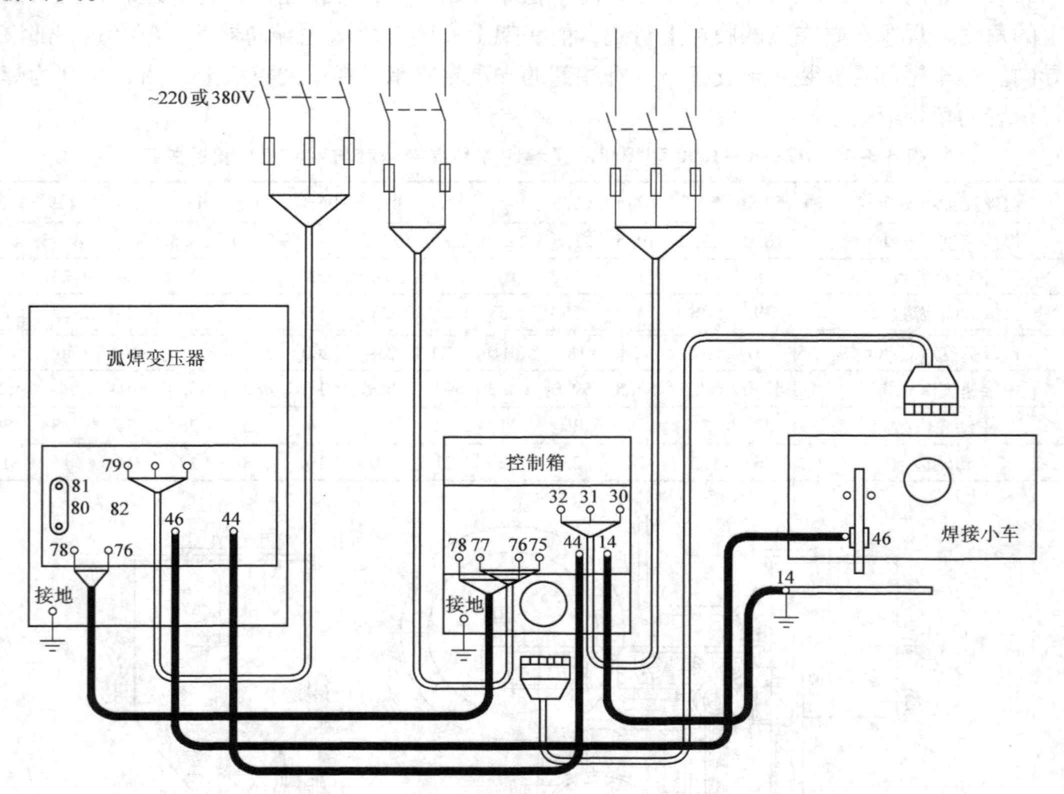

图 3-3-21　MZ—1—1000 型埋弧焊机外部接线（交流焊接电源）

5）调整焊接参数，使之达到预先选定值。

这种焊机调整焊接参数比较困难的。需通过改变焊车行走机构的交换齿轮对调节焊接速度；利用送丝机构的交换齿轮对调节送丝速度和焊接电流；通过调节电源外特性调节电弧电

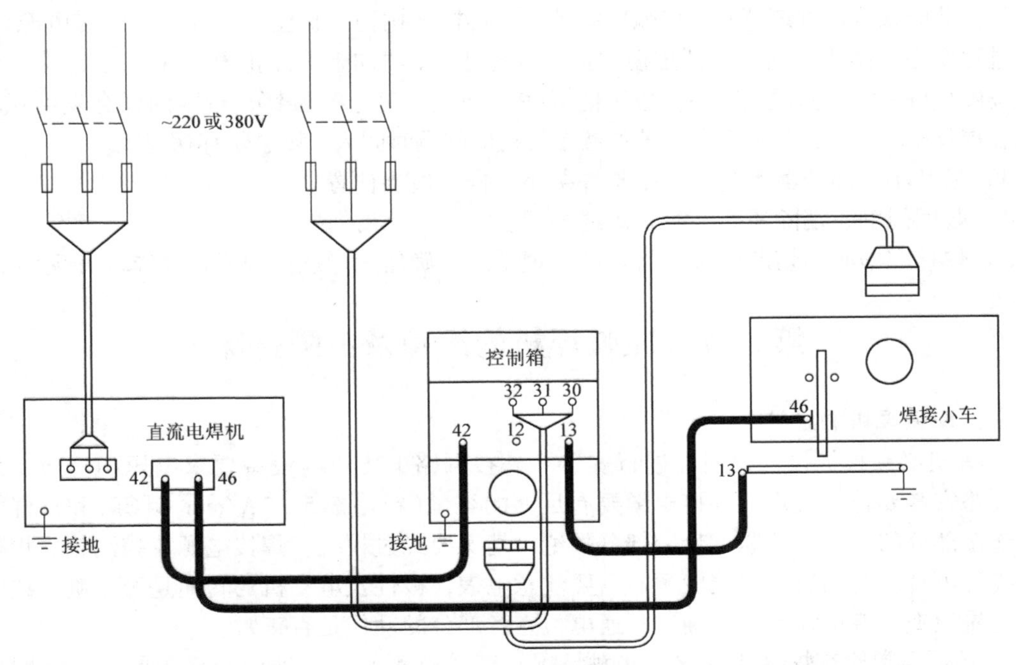

图 3-3-22　MZ—1—1000 型埋弧焊机外部接线（直流焊接电源）

压。但焊接电流与电弧电压是互相约制的。当电源外特性调好后，改变送丝速度，会同时改变焊接电流和电弧电压，若送丝速度增加，因电弧变短，电弧静特性曲线下移，焊接电流随之增加，电弧电压稍降低；若送丝速度减小，电弧变长，电弧静特性曲线上移，焊接电流减小，电弧电压增加。这个结果与保证焊缝成形良好，要求焊接电流增加时电弧电压相应增加，焊接电流减小要求电弧电压相应减小互相矛盾，因此为保证焊接电流与电弧电压互相匹配，必需同时改变送丝速度和电源外特性，但在生产过程中是不能变换送丝齿轮的，只能靠改变焊接电源的外特性，在较小的范围内调整电弧电压，因此焊产品前必须通过试验预先确定好焊接参数才能开始焊接。

6）松开焊接小车的离合器，将焊接小车推至焊件起焊处、调节焊丝对准焊缝中心。

7）通过按下按钮“向下—停止$_1$”（送丝）和按钮“向上—停止$_2$”（抽丝），使焊丝轻轻地接触焊件表面。

8）旋紧焊接小车的离合器，并打开焊剂漏斗阀门撒放焊剂。

2. 焊接　按下“启动”按钮，接通焊接电源回路，电动机反转，焊丝上抽，电弧引燃。待电弧引燃后，再放开启动按钮、电动机变反转为正转，将焊丝送往电弧空间、焊接小车前进，焊接过程正常进行。注意，必须控制好按“启动”按钮的时间。若时间太长，焊丝抽得太高，会烧坏焊丝嘴；若时间太短，电弧未稳定就向下送焊丝，可能将焊接小车顶起。

在焊接过程中，应注意观察焊接小车的行走路线，随时进行调整保证对中，并要注意焊剂漏斗内的焊剂量，及时添加，以免影响焊接工作正常进行。

3. 停止

1）在焊接停止处，关闭焊剂漏斗阀门。

2）先按下按钮“向下—停止$_1$”，电动机停止转动，小车停止行走，焊丝也停止送进，电弧拉长，此时弧坑被逐渐填满，待弧坑填满后，再按下按钮“向上—停止$_2$”，焊接电源切断，焊接过程便完全停止。然后放开按钮“向上—停止$_1$”，“向上—停止$_2$”焊接过程结束。请注意：按停止按钮时切勿颠倒顺序，也不能只按“向上—停止”按钮，否则同样会发生弧坑填不满和焊丝末端与焊件粘住现象。若按两个按钮的间隔时间太长则会烧坏送丝嘴。

3）松开小车离合器手轮，用手将焊接小车推至适当位置。

4）收回焊剂，消除渣壳，检查焊缝外观。

5）焊接完毕必须切断电源，将现场清理干净，确信无隐燃火源后，才能离开现场。

第五节　埋弧焊机的维护及故障排除

一、埋弧焊机的维护

1. 焊机必须根据设备说明书进行安装　外接网路电压应与设备要求电压相一致，外部电气线路安装要符合规定，外接电缆要有足够的容量(粗略按5～7A/mm^{2}计算)和良好的绝缘，连接部分的螺母要拧紧，带电部分的绝缘情况要经过检查。焊接电源、控制箱、焊机的接地线要可靠。若用直流焊接电源时，要注意电表，极性及电动机的转向是否正确。线路接好后，先检查一遍接线是否正确，再通电检查各部分的动作是否正常。

2. 必须经常检查焊嘴与焊丝的接触情况　若接触不好，应进行调整或更换。定期检查焊丝输送滚轮，如发现显著磨损时，必须更换。还要定期检查小车，焊丝输送机构减速箱内各运动部件的润滑情况，并定期添加润滑油。

3. 经常保持焊机的清洁　避免焊剂、渣壳的碎末阻塞活动部件，影响焊接工作的正常进行和增加机件的磨损。

4. 焊机的搬动应轻拿轻放　注意不要使控制电缆碰伤或压伤，防止电气仪表受振动而损坏。

5. 必须重视焊接设备的维护工作　要建立和实行必要的保养制度。

二、埋弧焊机常见故障和排除方法

焊工应熟悉设备的构造和性能，在焊接过程中出现故障时，应尽可能地及时检查并排除。埋弧焊机的常见故障及排除方法，见表3-3-5、表3-3-6。

表3-3-5　埋弧焊机常见故障及排除方法

故障现象	产生原因	排除方法
按焊丝“向下”“向上”按钮时，焊丝动作不对或不动作	1）控制线路有故障(控制变压器，整流器损坏，按钮接触不良等) 2）电动机方向接反 3）发电机或电动机电刷接触不良	1）找到故障位置对症排除 2）改接电源线相序 3）清洁和修理电刷
按按钮，继电器不工作	1）按钮损坏 2）继电器回路有断路现象	1）检查按钮 2）检查继电器回路
按起动按钮，继电器工作，但接触器不起作用	1）继电器本身有故障，线包虽工作，但触点不工作 2）接触器回路不通；接触器本身有故障 3）电网电压太低	1）检查继电器 2）检查接触器及其回路 3）改变变压器接法

（续）

故障现象	产生原因	排除方法
按起动按钮，接触器动作，但送丝电动机不转，或不引弧	1）焊接回路未接通 2）接触器触点接触不良 3）送丝电机的供电回路不通 4）发电机不发电（对MZ—1000）	1）检查焊接电源回路 2）检查接触器触点 3）检查电枢回路 4）检查发电机系统的励磁和电枢回路
按起动按钮后，电弧不引燃，焊丝一直上抽（MZ—1000）	1）焊接电源线部分有故障，无电弧电压 2）接触器的主触点未接触 3）电弧电压取样电路未工作	1）检查电源电路 2）检查接触器触点 3）检查电弧电压取样电路
按起动按钮，电弧引燃后立即熄灭，电动机转，只使焊丝上抽（MZ—1—1000）	起动按钮触点有毛病，其常闭触点不闭合	修理或更换
按停止按钮时，焊机不停	1）中间继电器触点粘连 2）停止按钮失灵	修理或更换
焊丝与焊件未接触时回路有电流	小车与焊件间绝缘损坏	检查并修复绝缘

表3-3-6　操作不当产生的问题及其排除方法

现　象	产生原因	排除方法
焊丝送进不均匀或正常送丝时电弧熄灭	1）送丝机中焊丝未夹紧 2）送丝滚轮磨损 3）焊丝在导电嘴中卡死	1）调整压紧机构 2）换送丝轮 3）调整导电嘴
焊接过程中机头及导电嘴位置变化不定	1）焊接小车调整机构有间隙 2）导电装置有间隙	1）更换零件 2）重新调整
焊机无机械故障，但常粘丝	网路电压太低，电弧过短	进行调节
焊机无机械故障，但常熄弧	网路电压太高，电弧过长	进行调节
焊剂供给不均匀	1）焊剂漏斗中焊剂用完 2）焊剂漏斗阀门卡死	1）添焊剂 2）修阀门
焊接过程中焊机突然停止行走	1）离合器脱开 2）有异物阻拦 3）电缆拉得太紧 4）停电或开关接触不良	1）关紧离合器 2）清理障碍 3）放松电缆 4）对症处理
焊缝宽窄不均	1）电网电压不稳 2）导电嘴接触不良 3）导线松动 4）送丝轮打滑 5）焊件缝隙不均匀	对症处理
焊接时焊丝通过导电嘴产生火花，焊丝发红	1）导电嘴磨损 2）导电嘴安装不良 3）焊丝有油污	1）修理导电嘴 2）重装导电嘴 3）清理焊丝

（续）

现　象	产生原因	排除方法
导电嘴与焊丝一起熔化	1）电弧太长 2）焊丝伸出太短 3）焊接电流太大	认真调节工艺参数
焊机停车时焊丝与焊件粘连	返烧过程控制不当，焊接电源停电过早	调整返烧过程
焊接电路接通，电弧未引燃，而且焊丝与导电嘴焊合	焊丝与焊件接触太紧	调整焊丝与焊件的接触状态

第六节　常用辅助装备

一、焊丝除锈机

埋弧焊对铁锈十分敏感，在焊缝中经常出现由铁锈所引起的气孔。铁锈通常存在于焊件的表面及焊丝上，因此焊前必须对焊件及焊丝表面进行除锈处理，常采用的焊丝除锈机，如图 3-3-23 所示。

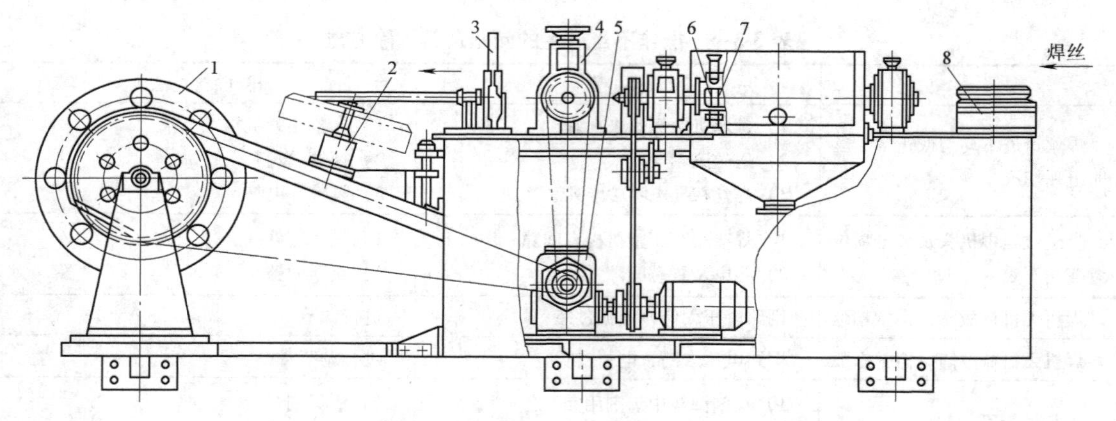

图 3-3-23　焊丝除锈机

1—外卷丝盘　2—内卷丝盘　3—剪丝机构　4—压紧轮　5—送丝机减速器　6—去锈转筒　7—砂轮　8—矫直机

焊丝经矫直机 8 矫直后，进入去锈转筒 6，穿过砂轮 7，由于砂轮以 1400 ~ 2900r/min 的高速旋转，焊丝通过时，焊丝上的铁锈被迅速清除掉。除锈后的焊丝自动进入外卷丝盘 1 内或内卷丝盘 2 内，待卷满一盘后，利用剪丝机构 3 将其剪断，卷丝盘即可移装于焊接小车上，准备使用。

当焊丝表面的锈蚀严重时，可采用拉丝除锈，拉丝模的孔径应比焊丝名义直径小0. 2 ~ 0. 5mm。

二、焊丝绕丝机

焊前应清除焊丝表面上的防锈油。其方法是首先将焊丝夹在多层橡胶板中拉过，除去大部分油脂，然后通过煤油槽清除剩余油脂，最后通过绕丝机构使焊丝整齐地绕在焊丝盘中待用，如图 3-3-24 中所示。

三、焊剂垫

利用一定厚度的焊剂作焊缝背面的衬托装置，称为焊剂垫。焊剂垫可保证焊缝背面成形，并能防止焊件烧穿。

1. 橡胶膜式焊剂垫　橡胶膜式焊剂垫的构造见图3-3-25。工作时，在气室5内通入压缩空气，橡胶膜3向上凸起，焊剂被顶起紧贴焊件的背面起衬托作用，这种焊剂垫常用于纵缝的焊接。

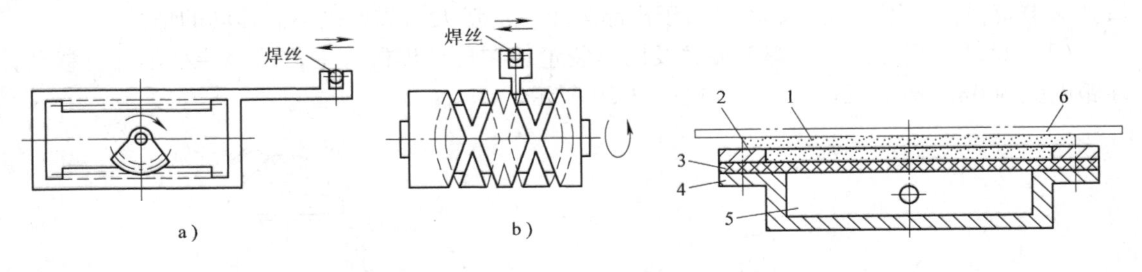

图3-3-24　绕丝机

a）半齿轮齿条　b）开有凹槽的滚筒滑块传动

图3-3-25　橡胶膜式焊剂垫

1—焊剂　2—盖板　3—橡胶膜　4—螺栓　5—气室　6—焊件

2. 软管式焊剂垫　软管式焊剂垫的构造如图3-3-26所示。压缩空气使充气软管3膨胀，焊剂1紧贴在焊件背面。整个装置由气缸4的活塞撑托在焊件下面，这种焊剂适用于长纵缝的焊接。

3. 圆盘式焊剂垫　这种焊剂垫的构造见图3-3-27。装满焊剂2的圆盘在气缸4的作用下紧贴在焊件背面，依靠滚动轴承3并由焊件带动回转，适用于环缝焊接。

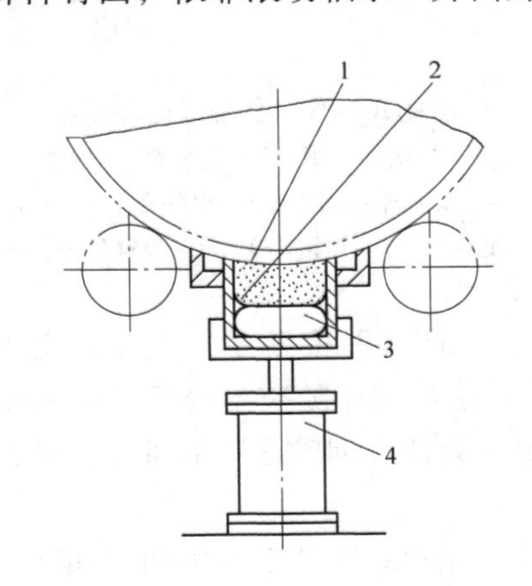

图3-3-26　软管式焊剂垫

1—焊剂　2—帆布　3—充气软管　4—气缸

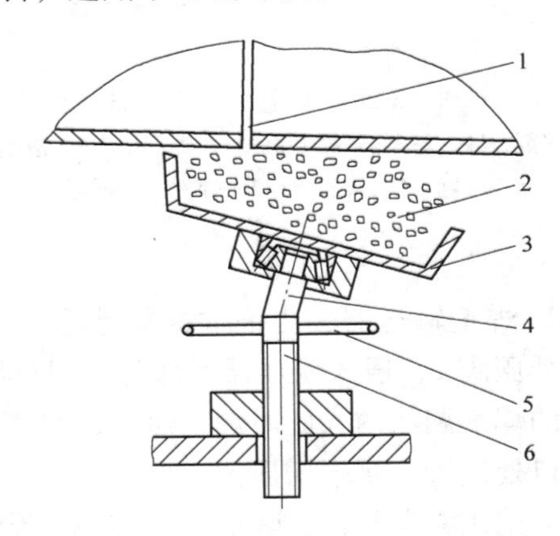

图3-3-27　圆盘式焊剂垫

1—筒体环缝　2—焊剂　3—滚动轴承　4—气缸　5—手把　6—丝杠

四、焊剂输送与回收装置

埋弧焊时，撒落在焊缝上及其周围的焊剂很多。焊后这些焊剂与渣壳往往混合在一起，需要经过回收，过筛等多道工序才能重复使用。焊剂输送与回收装置是一套自动化装备，可以在焊接过程中同时输送并回收焊剂。因而减轻了辅助工作的劳动强度，提高了工作效率。

1. 焊剂循环系统　焊剂循环系统是指焊剂从输送到回收的整个过程，有固定式和移动式两种。

（1）固定式循环系统　整个焊剂输送与回收装置固定在焊件四周(图 3-3-28)，焊剂由焊剂漏斗 1 输送到焊接区，焊缝上的渣壳经清渣刀 6 清除后和焊剂一起掉落在筛网 5 上，渣壳经出渣口 4 被清除掉，焊剂经筛网 5 落入焊剂槽 3 中，用斗式提升机 2 提升至上面漏斗入口处，准备再次使用。这种系统只适于产品较小、产量大，或焊机不需移动的情况。

（2）移动式循环系统　焊剂输送及回收装置装在自动焊机头上，随焊接小车同时移动，在距电弧 300mm 处，回收焊剂，如图 3-3-29 所示。

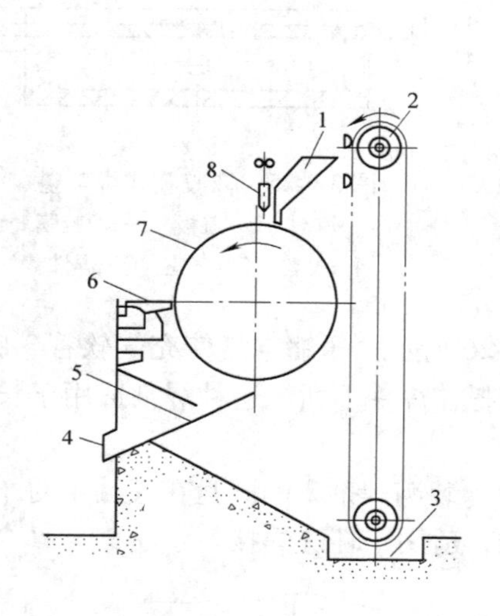

图 3-3-28　固定式循环系统

1—焊剂漏斗　2—斗式提升机　3—焊剂槽　4—渣出口　5—筛网　6—清渣刀　7—焊件　8—焊丝

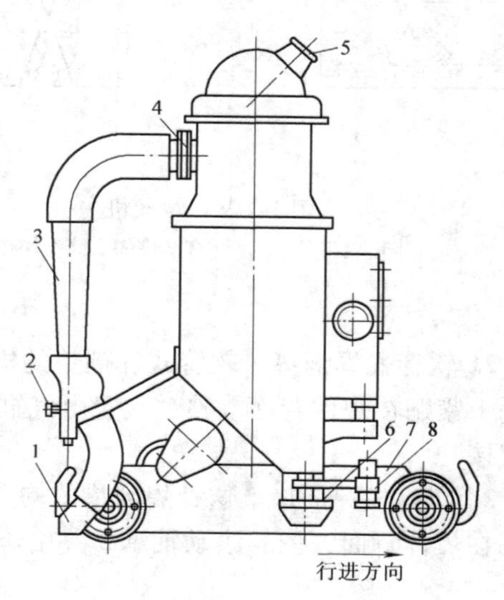

图 3-3-29　移动式循环系统

1—焊剂回收嘴　2—进气嘴　3—喷射器　4—焊剂箱进料口　5—出气孔　6—焊剂箱出料口　7—焊接小车　8—焊缝位置指示灯

2. 焊剂输送器　焊剂输送器是输送焊剂的装置，如图 3-3-30 所示。当压缩空气经进气管及减压阀 1，通入输送器上部时，即对焊剂加压，并使焊剂伴随空气经管路流到安装在焊头上的焊剂漏斗内，此时焊剂落下，空气自上口逸出。为使焊剂输送更加可靠，可在焊剂筒的出口处设置一管端增压器。

采用压缩空气输送焊剂时，必须装设汽水分离器，先除净压缩空气中的水和油，防止水和油混入焊剂，防止产生气孔。

3. 焊剂回收器　有电动吸入式、气动吸入式、吸压式和组合式四种形式，其作用是用来回收焊剂。

五、焊接变位机

变位机可将焊件回旋、倾斜，使焊缝处于水平、船形等易焊位置，便于焊接。常用的载重为 3t 的变位机(图 3-3-31)，其工作台用于紧固焊件，常见台面有方形、圆形、八角形和十字形。一般台面上开有 T 形槽，可安设夹紧装置或附加支臂，装焊轻而大的焊件。变位机的倾斜角度为0°～135°。回转机构采用机械传动，倾斜机构采用液压传动。工作台的回转可采用无级调速，多用于球体的拼焊和球面堆焊等。

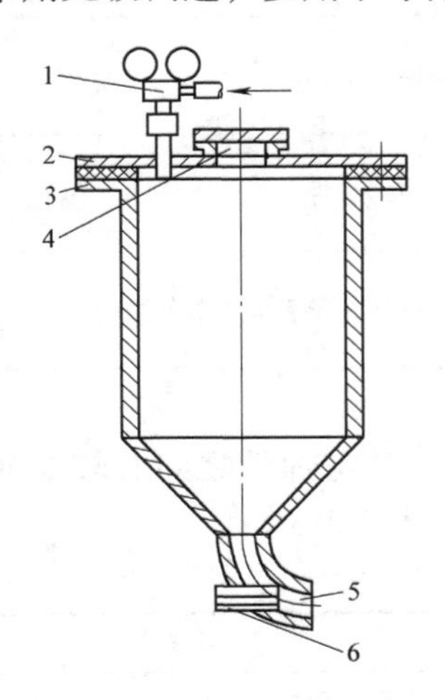

图 3-3-30　焊剂输送器

1—进气管及减压阀　2—桶盖　3—胶垫

4—焊剂进口　5—焊剂出口　6—管道增压器

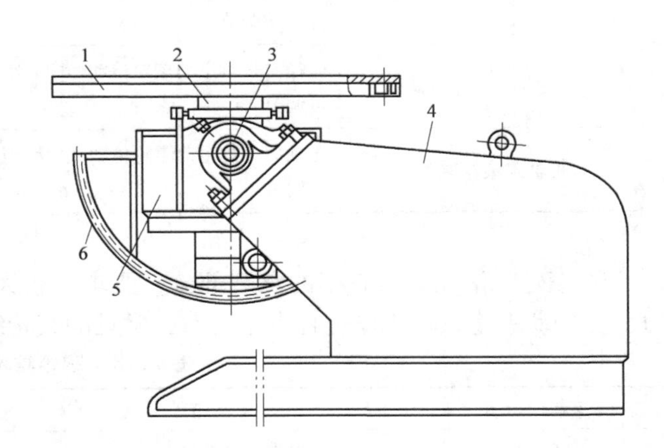

图 3-3-31　3t 焊接变位机

1—工作台　2—回转主轴　3—倾斜轴

4—机座　5—回转机构　6—倾斜大齿轮

六、回转台

回转台是没有倾斜机构的变位机，用来焊接平面上的圆焊缝，或切割封头的余边，如图3-3-32 所示。

还有一种椭圆轨迹的回转台，可以焊接水平面上的椭圆焊缝，保持整个椭圆轨迹的焊接速度不变。

七、滚轮架

滚轮架借助焊件与主动滚轮间的摩擦力，带动圆筒形焊件旋转，是一种焊接环缝的机械装备，如图 3-3-33 所示。滚轮架的分类，见表 3-3-7。

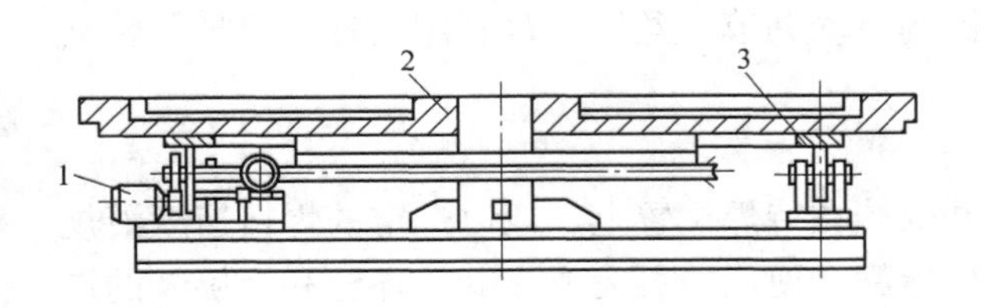

图 3-3-32　回转台

1—电动机和迴转机构　2—迴转工作台　3—支承滚轮

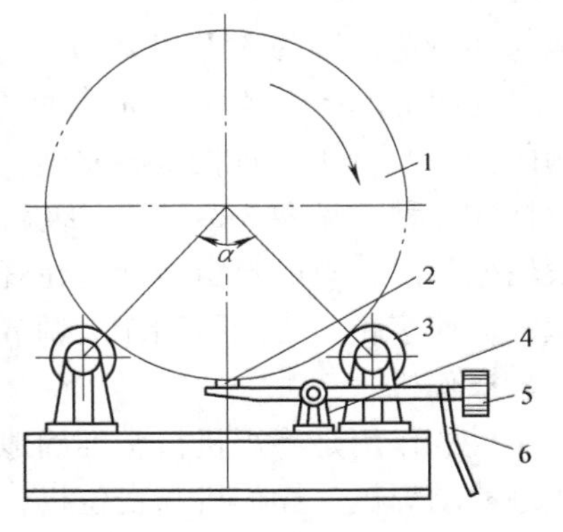

图 3-3-33　滚轮架

1—焊件　2—纯铜滑块　3—滚轮架

4—滑块支架　5—配重　6—地线

表 3-3-7 滚轮架分类

类别		特点	适用范围
组合式滚轮架	自调式	径向一组主动滚轮传动，中心距可自动调节	一般圆筒形焊件
	非自调式	径向一对主动滚轮传动，中心距可调节	一般圆筒形焊件
长轴式滚轮架		轴向一排主动滚轮传动，中心距可调节	细长焊件焊接及多段筒节的装焊

1. 滚轮　滚轮是滚轮架的承载部分，要求有较大的刚度，并与焊件之间有较大的摩擦力，使传动平稳，在工作过程中不打滑，常见的滚轮结构，见表 3-3-8。

表 3-3-8 滚轮结构

型式	特点	适用范围
钢轮	承载能力强，制造简单	用于重型焊件
胶轮	钢轮外包硬橡胶，传动平稳，摩擦力大，但橡胶易压坏	用于 50t 以下的焊件
组合轮	钢盘与橡胶组合，承载能力比胶轮高，传动平稳	用于 50～100t 焊件
履带轮	大面积履带和焊件接触，有利于防止薄壁件变形，传动平稳，但制造较复杂	用于轻型薄壁大直径焊件

2. 传动与调速　组合式滚轮架的传动与调速有两种方式：一是采用一台直流电动机，经两组两级蜗轮蜗杆减速器传动两个主动滚轮；二是采用两台直流电动机，分别通过一级蜗轮减速器和一级小齿差行星齿轮减速器或行星摆线针轮减速器，来带动两个主动滚轮。

滚轮架调速范围为 3∶1 和 10∶1，大都采用无级调速，并设有空程快速。

3. 中心距的调节　焊件中心与两个支承滚轮中心连线的夹角为 α，一般应取 50°～90°，但常用的为 50°～60°，如图 3-3-33 所示。滚轮架中心距的调节方法有：有级调节式、自调式和丝杠式三种，见图 3-3-34。有级调节式是通过变换可换传动轴的长度来进行调节的；自调式滚轮架靠滚轮对的自由摆动，在规定范围内自动调节；丝杆式是利用丝杆调节把手转动双向丝杆，使滚轮中心距得到无级调节。

八、操作机

操作机的作用是将焊机机头准确地送到并保持在待焊位置上，或以选定的焊接速度沿规定的轨迹移动焊机。操作机与变位机，滚轮架等配合使用，可完成纵缝、环缝和螺旋缝的焊接和封头内表面堆焊等工作。

1. 立柱式焊接操作机　操作机的构造如图 3-3-35 所示。焊机装在横臂 2 一端。横臂可作垂直等速运动和水平无级调速运动，立柱可作 ±180°回转，可以完成纵、环缝多工位的焊接。

立柱式焊接操作机的技术数据见表 3-3-9。

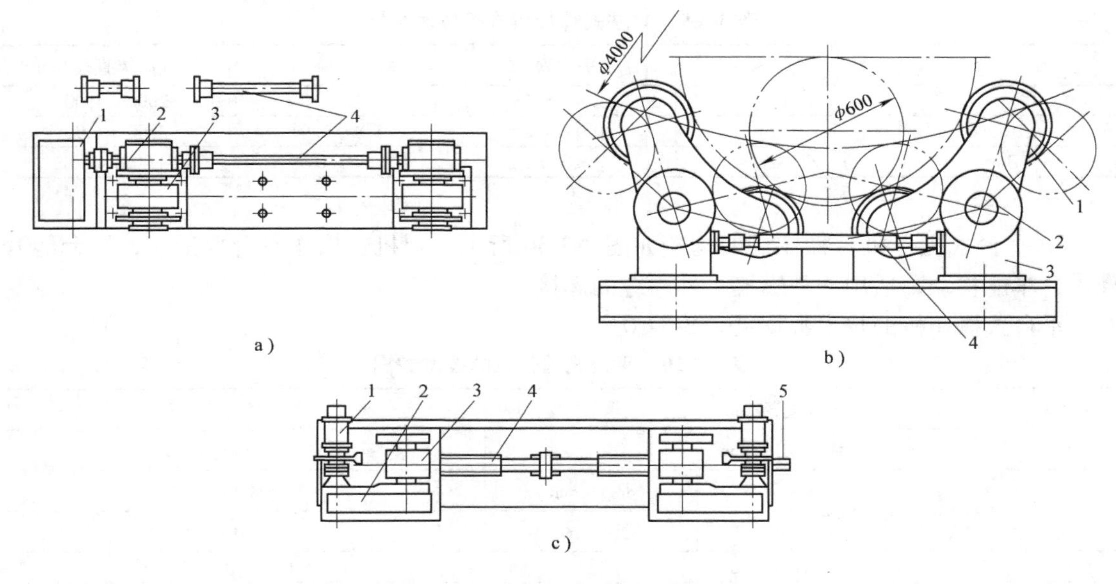

图 3-3-34 滚轮中心距的调节方式

a）有级调节式

1—一级减速箱 2—二级减速箱 3—滚轮 4—可换传动轴

b）自调式

1—滚轮副 2—滚轮轴承座 3—变速箱 4—传动轴

c）丝杠式

1—电动机 2—减速箱 3—滚轮 4—双向丝杆 5—丝杆调节把手

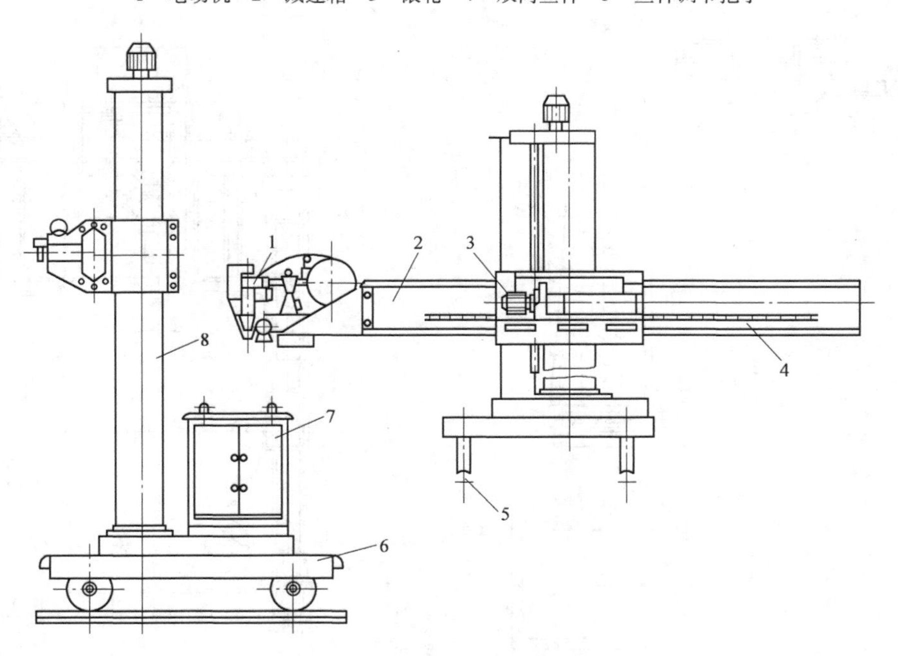

图 3-3-35 立柱式焊接操作机

1—自动焊小车 2—横臂 3—横臂进给机构 4—齿条

5—钢轨 6—行走台车 7—焊接电源及控制箱 8—立柱

表 3-3-9　立柱式焊接操作机技术数据

型　号	名　称	水平伸缩/m	垂直升降/m	可焊筒体直径/mm
DWHJ	大外环	1.8～5.5	2.1～6.0	2000～4500
ZRHJ	中环纵	1.0～4.2	1.4～4.9	2000～3500
Z34	小环纵	≤3.4	≤3.0	800～3000

2. 平台式操作机　操作机的构造如图 3-3-36 所示。焊机在操作平台上工作，平台能升降，台车能移动，适用于外纵缝、外环缝的焊接。

平台式操作机的技术数据见表 3-3-10。

表 3-3-10　平台式操作机的技术数据

项目		数据
焊接最大直径/mm		4500
平台伸出长度/mm		3500
焊嘴中心与立柱距离	最大/mm	3000
	最小/mm	1000
平台升降行程/mm		1500～5700
平台升降速度/(m/h)		30
平台升降电机功率/kW		2.2(交流)
小车行走电机功率/kW		3(交流)

3. 龙门式操作机　操作机的构造如图 3-3-37 所示。焊机在龙门架上作横向移动及升降，龙门架可沿轨道纵向移动，适用于外纵缝和外环缝的焊接。

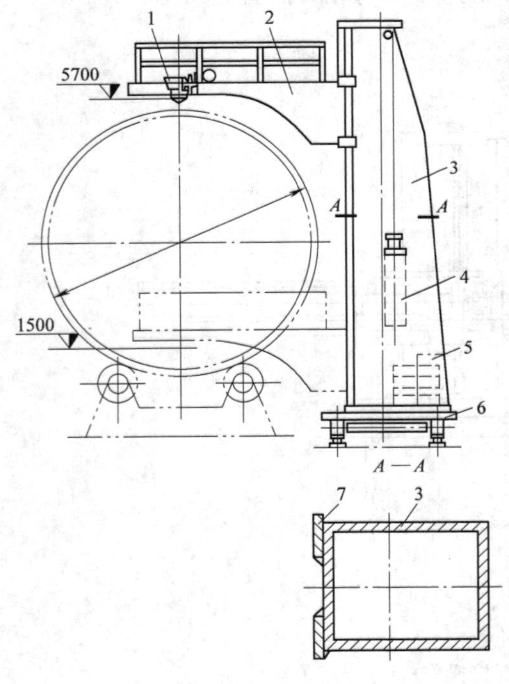

图 3-3-36　平台式操作机

1—埋弧焊机　2—操作平台　3—立柱　4—配重　5—压重　6—立柱行走小车　7—立柱平轨道

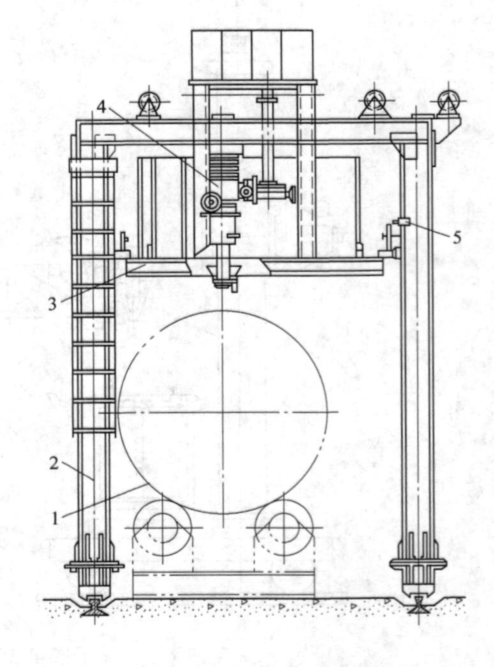

图 3-3-37　龙门式操作机

1—焊件　2—龙门架　3—操作平台　4—埋弧焊机和调整装置　5—限位开关

第四章　焊 接 工 艺

本章讲述埋弧焊焊接参数对焊缝成形的影响及焊前准备工作。

埋弧焊可以焊接各种形式坡口的对接、搭接、T形接头的焊缝，但只适于水平面内或与水平面成15°以下斜面上的直焊缝；若与滚轮架配合可焊内、外环缝；采用特殊装备还可以焊接螺旋焊缝，低碳钢、低合金钢焊缝的坡口必须符合GB/T 986—1988《埋弧焊焊缝坡口的基本形式和尺寸》的有关规定。

第一节　焊 前 准 备

埋弧焊在焊接前必需作好的准备工作包括：焊件坡口加工、待焊部位的表面清理、焊件的装配与定位焊，以及焊丝表面清理，焊剂烘干等。所有准备工作都应给以足够的重视，不然会影响焊接质量。

一、坡口加工

关于埋弧焊的接头形式与尺寸可查阅GB/T 986—1988《埋弧焊焊缝坡口的基本形式和尺寸》标准。

坡口可使用刨边机、车床、气割机等设备加工，也可用碳弧气刨，加工后的坡口尺寸及表面粗糙度等，必须符合设计图样或工艺文件的规定。焊接合金钢结构时，若用热切割方法加工的坡口，必须用机械加工或角向磨光机将热切割坡口面的热影响区清除干净。

二、待焊部位的清理

钢板在长期存放后，表面会锈蚀。在加工过程中，也经常被油污染或气割后切口边缘留有大量的氧化皮。铁锈和油污等都含有大量水分，它们是使焊缝产生气孔的主要原因，必须清除干净。

在焊前应将坡口，坡口两侧各20mm区域内及待焊部位的表面铁锈、氧化皮、油污、水分等清除干净。

待焊部位的氧化皮及铁锈，可用砂布、风动砂轮、风动钢丝刷、喷丸处理等清除，油污和水分可用氧乙炔火焰烘烤。

三、焊件的装配

焊件接头要求装配间隙均匀，高低平整、错边量小，定位焊用的焊条，原则上应与焊缝等强度。定位焊缝应平整，不许有气孔、夹渣等缺陷，长度一般应大于30mm。必须保证定位焊缝的质量，特别是定位焊缝的强度，试板上的定位焊缝尽可能焊在引弧板和引出板上，防止焊接时开裂。

对直缝焊件的装配，在焊缝两端应加装引弧板和引出板，待焊后再割掉，其目的是使焊接接头的始端和末端获得正常尺寸的焊缝截面，并应除去引弧和收尾处焊缝中容易出现的缺陷。

四、焊接材料的清理

埋弧焊用的焊丝和焊剂参加焊接冶金反应，对焊缝金属的成分、组织和性能影响极大。

因此，焊接前必需清理好焊丝表面和烘干焊剂。

焊丝在拉制成形后，应妥善保存，防锈、防蚀，必要时镀上防锈层(如铜)。使用前、要求焊丝的表面清洁情况良好，不应有氧化皮、铁锈及油污等。焊丝表面的清理，最好在焊丝除锈机上进行，在除锈的同时，还可校直焊丝并装盘。

为了保证焊接质量，焊剂在保存时，应注意防潮，使用前必须按规定的温度烘干并保温，详见本书第二章第二节焊剂。定位焊用的焊条在使用前也应烘干，酸性焊条视受潮情况在75~150℃烘干1~2h；碱性焊条应在350~400℃烘干1~2h，烘干后的焊条应放在100~150℃保温筒内，随用随取。碱性焊条一般在常温下超过4h，应重新烘干，重复烘干次数不宜超过3次。

第二节　焊接参数的选择

与焊条电弧焊相比，埋弧焊需控制的焊接参数较多，对焊接质量和焊缝成形影响较大的焊接参数有焊接电流、电弧电压、焊接速度、焊丝直径与焊丝伸出长度，焊丝与焊件的相对位置(焊丝倾斜角度)、装配间隙与坡口的大小等，此外焊剂层厚度及粒度对焊缝质量也有影响。下面分别讲述它们对焊缝质量和成形的影响：

一、焊接电流的影响

当其他参数不变时，焊接电流对焊缝成形的影响如图3-4-1a所示。

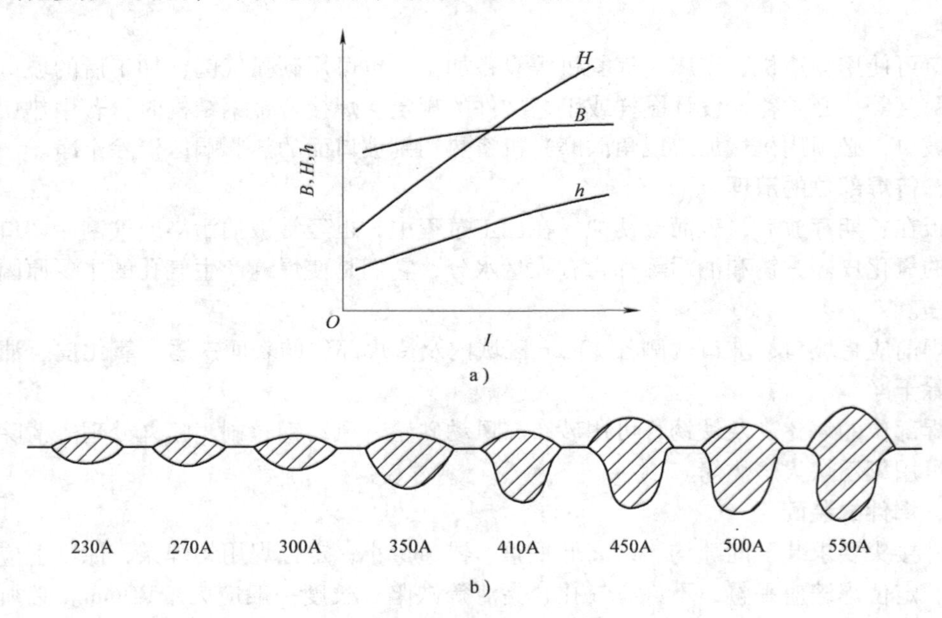

图3-4-1　焊接电流对焊缝成形的影响

a) 影响规律　b) 焊缝形状的变化

焊接电流是决定熔深的主要因素。

在一定的范围内，焊接电流增加时，焊缝的熔深 H 和余高 h 都增加，而焊缝的宽度 B 增加不大如图3-4-1b所示。

增大焊接电流能提高生产率，但在一定的焊速下，焊接电流过大会使热影响区过大并产生焊瘤及焊件被烧穿等缺陷；若焊接电流过小，则熔深不足，产生熔合不好、未焊透和夹渣等缺陷，并使焊缝成形变坏。

为保证焊缝成形美观，在提高焊接电流的同时必须提高电弧电压，使它们保持合适的匹配关系，见表 3-4-1。

表 3-4-1　与焊接电流匹配的电弧电压

焊接电流/A	600 ~ 700	700 ~ 850	850 ~ 1000	1000 ~ 1200
电弧电压/V	36 ~ 38	38 ~ 40	40 ~ 42	42 ~ 44

注：焊丝直径 5mm，交流。表中所指的焊接电压是真正的电弧电压，它比控制盘上的表压低，当焊接小车上的电缆很长时，控制盘上测量到的电压应高于表中的数值。

采用直流正接时，熔敷速度比反接时高 30%~50%，且熔深较浅。可用于堆焊，以防止熔合比过大产生热裂纹，或使堆焊金属性能变坏。用交流焊接时，熔敷速度介于二者之间。

二、电弧电压的影响

其他焊接参数不变时，电弧电压对焊缝成形的影响如图 3-4-2 所示。

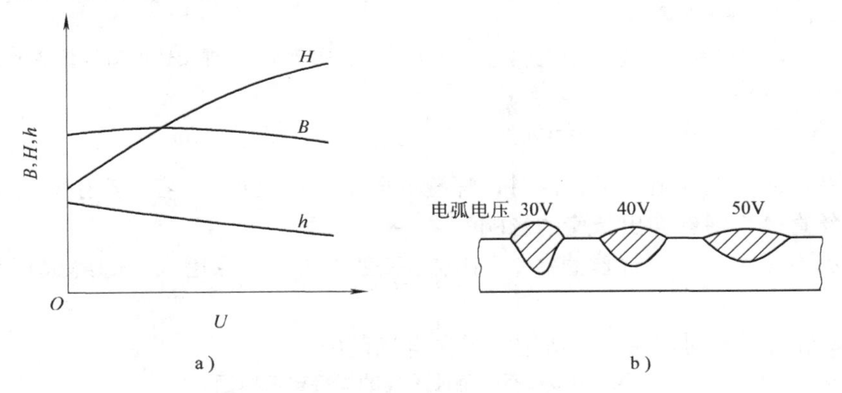

图 3-4-2　电弧电压 U 对焊缝成形的影响

a）影响规律　b）焊缝形状的变化

电弧电压是决定熔宽的主要因素。

电弧电压增加时，弧长增加，熔深减小，焊缝变宽，余高减小。电弧电压过大时，熔剂熔化量增加，电弧不稳，严重时会产生咬边和气孔等缺陷。

焊接电流与电弧电压对熔深的影响如图 3-4-3 所示。

由图 3-4-3 可见，当其他焊接参数不变时，熔深和焊接电流成正比；当焊接电流和其他焊接参数不变时，电弧电压越高，熔深越浅。

三、焊接速度的影响

其他参数不变时，焊接速度对焊缝成形的影响如图 3-4-4 所示。

焊接速度增加时，母材熔合比减小。

焊接速度过高时，会产生咬边、未焊透、电弧偏吹和气孔等缺陷，焊缝余高大而窄成形不好。

焊接速度太慢，则焊缝余高过高，形成宽而浅的大熔池，焊缝表面粗糙，容易产生满溢、焊瘤或烧穿等缺陷。

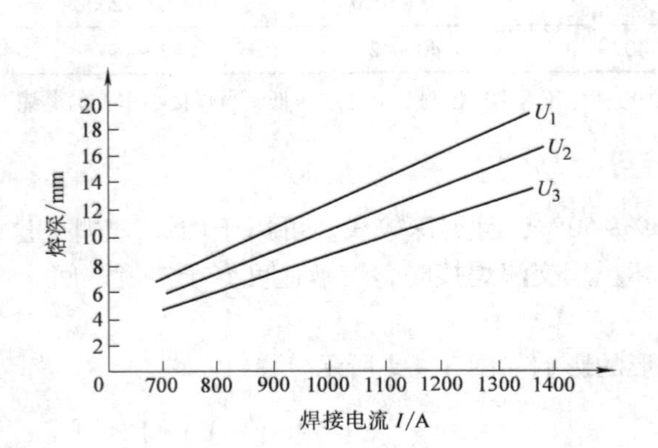

图 3-4-3 熔深与焊接电流、电弧电压的关系

$U_1=30\sim32\mathrm{V}$ $U_2=40\sim42\mathrm{V}$ $U_3=52\sim54\mathrm{V}$

焊丝直径 $\phi=5\mathrm{mm}$ 焊接速度 $v=20\mathrm{m/h}$

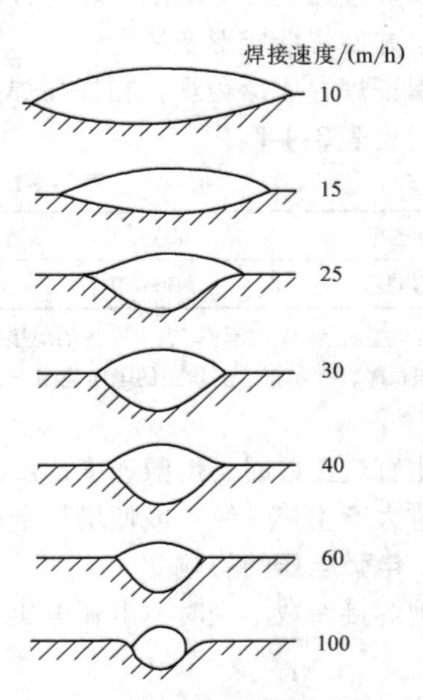

图 3-4-4 焊接速度对焊缝成形的影响

焊接速度过慢，电弧电压又太高时，焊缝截面呈“蘑菇形”，容易产生裂纹。

四、焊丝直径与焊丝伸出长度的影响

焊接电流不变时，减小焊丝直径、因电流密度增加、熔深增大，焊缝成形系数(B/H)减小。

表 3-4-2 给出了不同直径焊丝适用的焊接电流范围。

表 3-4-2 不同直径焊丝的焊接电流范围

焊丝直径/mm	2	3	4	5	6
电流密度/($\mathrm{A/mm^2}$)	63 ~ 125	50 ~ 85	40 ~ 63	35 ~ 50	28 ~ 42
焊接电流/A	200 ~ 400	350 ~ 600	500 ~ 800	700 ~ 1000	800 ~ 1200

表 3-4-3 给出了不同直径焊丝获得相同熔深需要的焊接电流。

表 3-4-3 不同直径焊丝获得相同熔深需要的焊接电流

电流/A \ 熔深/mm \ 焊丝直径/mm	焊接电流/A				
	9.0	10.5	12.5	14.0	15.5
6	950	1050	1200	1300	1400
5	850	950	1100	1200	1300
4	700	800	900	100	1100

焊丝伸出长度增加时，熔敷速度和余高增加。

五、焊丝倾角的影响

单丝焊时，通常焊件放在水平位置，焊丝与焊件垂直，如图 3-4-5b 所示。

焊接时焊丝相对焊件倾斜，使电弧始终指向待焊部分的焊接操作方法称前倾焊。焊丝前倾时，焊缝成形系数增加，熔深浅、焊缝宽，如图 3-4-5c 所示，适于焊薄板。

焊接时电弧永远指向已焊部分称为后倾焊。焊丝后倾时，熔深与余高增大，熔宽明显减小，焊缝成形不良，如图 3-4-5a 所示，一般只用于多丝焊的前导焊丝。

六、焊件位置的影响

上坡焊和下坡焊对焊缝成形的影响如图 3-4-6 所示。

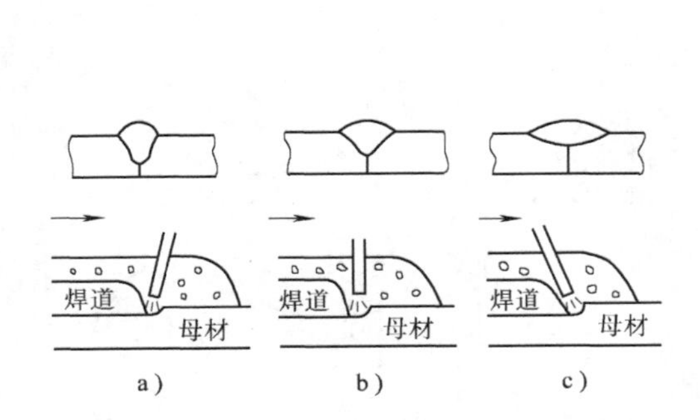

图 3-4-5　焊丝倾角（α）对焊缝形状的影响
a）焊丝后倾　b）焊丝垂直　c）焊丝前倾

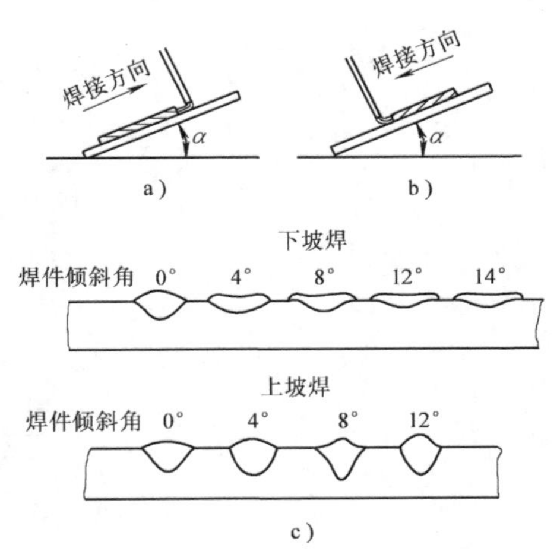

图 3-4-6　焊件位置对焊缝成形的影响
a）上坡焊　b）下坡焊
c）倾斜角对焊缝成形的影响

七、装配间隙与坡口角度的影响

在其他焊接参数不变的条件下，焊件装配间隙与坡口的角度增大时，熔合比与余高减小，熔深增大，但焊缝厚度大致保持不变。如图 3-4-7 所示。

八、焊剂层厚度与粒度的影响

焊剂层太薄时，容易露弧，电弧保护不好，容易产生气孔或裂纹；焊剂层太厚时，焊缝变窄，成形系数减小。

一般情况下，焊剂粒度对焊缝成形的影响不大，但采用小直径焊丝焊薄板时，焊剂粒度对焊缝成形有影响。若焊剂颗粒太大、电弧不稳定，焊缝表面粗糙，成形不好；焊剂颗粒小时，焊缝表面光滑，成形好。

九、电流极性对焊缝成形的影响

当其他焊接参数相同时，直流反接的熔深比直流正接大。两种极性对焊缝成形的影响如图 3-4-8 所示。

交流电弧焊焊缝的成形介于两种极性之间。

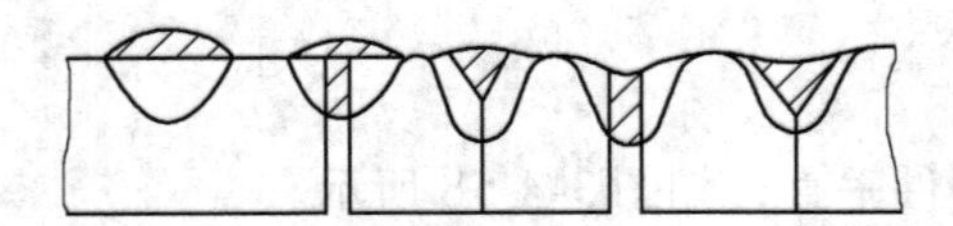

图 3-4-7　装配间隙与坡口角度对焊缝成形的影响

图中阴影部分为焊条熔敷金属所占面积

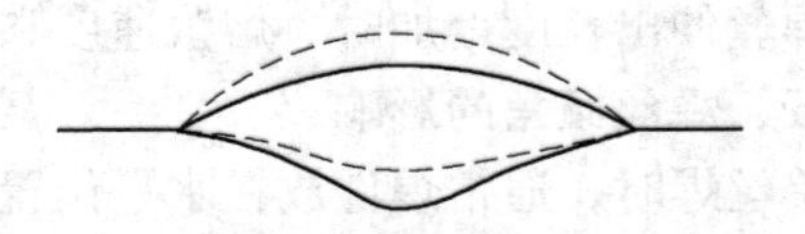

图 3-4-8　电流极性对焊缝成形的影响

图中实线部分焊缝——表示反极性时焊缝的形状

图中虚线部分焊缝 - - - 表示正极性时焊缝的形状

第五章　操作技能培训项目

埋弧焊与其他焊接方法的不同之处是焊接参数由设备保证，焊工的任务是操作焊机，具体任务是按按钮，调整旋钮位置，根据焊缝的成形情况控制焊接参数，实际上只是一名焊机的操作工。要保证焊接质量，焊工必须熟悉自动埋弧焊设备的操作步骤和方法，必须熟悉焊接参数对焊缝成形的影响，必须能根据焊接过程中观察到的现象及时调整设备位置和参数，及时处理焊接过程中可能遇到的一切问题。要求大家在培训过程中熟悉埋弧焊的工艺过程，牢牢地记住焊接参数对焊缝成形的关系，掌握埋弧焊机的操作要领。

第一节　带垫板的I形坡口对接

一、焊前准备

1. 试板　试板可用Q235、20g或16Mng钢板，其规格为6mm×400mm×100mm两块，5mm×400mm×40mm垫板一块，6mm×100mm×100mm引弧板两块。I形坡口的接头形式如图3-5-1所示。

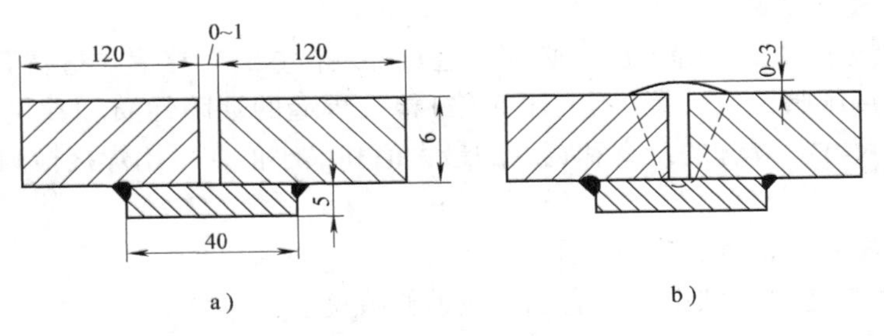

图3-5-1　带垫板的I形坡口接头形式

a）坡口与间隙　b）焊缝形式与尺寸

2. 焊接材料　焊丝选用H08A或H08MnA，ϕ5mm，焊剂选用HJ301（HJ431），定位焊用E4303，ϕ4mm焊条。焊前焊丝应除净油、锈及其他污物，焊条与焊剂应烘干。

3. 装配要求　试板装配间隙及定位焊要求如图3-5-2所示。

将两块试板与引弧、引出板按图3-5-2要求焊好定位焊缝以后，在试板背面装焊垫板，要求垫板两边与试板间隙对称，与试板贴紧，用定位焊缝固定好，定位焊缝的焊脚尺寸为4mm，每段定位焊缝长为20mm，间距50mm左右，两边对称。

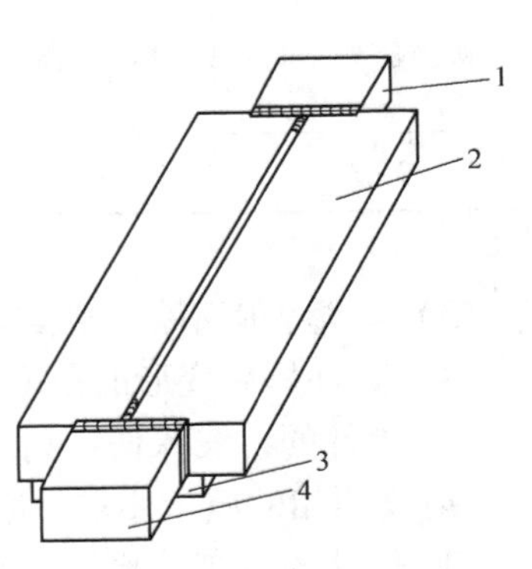

图3-5-2　装配要求

1—引弧板　2—试板

3—垫板　4—引出板

二、焊接要点

1. 焊接位置　试板放在水平位置进行平焊。

2. 焊接顺序　单层单道一次焊完。

3. 焊接参数(见表3-5-1)。

表3-5-1　板厚6mm带垫板I形坡口对接焊的焊接参数

焊件厚度/mm	间隙/mm	焊丝直径/mm	焊接电流/A	电弧电压/V	焊接速度/(m/h)
6	0~1	4	600~650	33~35	38~40

4. 焊接　可按下述步骤进行焊接：

(1) 调试焊接参数　先在废钢板上按表3-5-1的规定调好焊接参数。

(2) 装好试板　使试板间隙与焊接小车轨道平行。

(3) 焊丝对中　调整好焊丝位置，使焊丝头对准试板间隙，但不接触试板，然后往返拉动焊接小车几次，反复调整试板位置，直到焊丝能在整块试板上对中间隙为止。

(4) 准备引弧　将焊接小车拉到引弧板处，调整好小车行走方向开关后，锁紧小车的离合器，然后送丝使焊丝与引弧板可靠接触，并撒焊剂。

(5) 焊缝的引弧　按启动按钮，引燃电弧，焊接小车沿焊接方向走动，开始焊接。

焊接过程中要注意监察，并随时调整焊接参数。

(6) 焊缝的收弧　当熔池全部到了引出板上时，则准备收弧，结束焊接过程。收弧时要注意分两步按停止按钮，才能填满弧坑。

三、检验方法及要求

1. 焊缝外观检查　焊件焊妥后，必须先进行外观检查，合格后再进行其他项目的检验。

外观检查是用眼睛或放大镜(不大于5倍)检查焊缝的缺陷性质和数量，并用测量工具测定缺陷位置和尺寸。焊缝的余高和宽度的最大值和最小值，可用焊接检测器测量。但不取平均值。

焊件的焊缝经外观检查，应符合下列要求：

1) 焊缝表面应是原始状态，没有加工或返修痕迹。

2) 焊缝外形尺寸应符合规定，见表3-5-2。

表3-5-2　焊缝外形尺寸

焊缝余高/mm	焊缝余高差/mm	焊缝宽度/mm		焊缝直线度/mm
		比坡口每侧增宽	宽度差	
0~3	≤2	不测量	≤2	≤2

3) 焊缝表面不得有裂纹，未熔合，未焊透、夹渣、气孔、咬边、凹坑和焊瘤缺陷。

4) 焊件焊后变形的角度$\theta \leq 3°$，焊件的错边量不大于$10\%\delta$，如图3-5-3所示。

2. 焊件的射线探伤　射线探伤应符合JB 4730—1994《压力容器无损检测》标准进行检测，射线照相的质量要求不应低于AB级，焊缝缺陷等级不低于Ⅱ级为合格。

3. 焊件的冷弯试验　冷弯试验的方法及合格标准，可按GB/T 232—1989《金属材料弯曲试验方法》标准中有关规定执行。

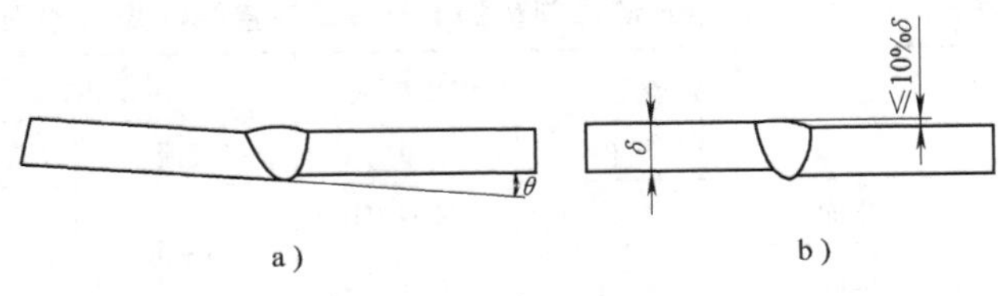

图 3-5-3　试板角变形与错边量

a）角变形　b）错边量

第二节　带焊剂垫的 I 形坡口对接

一、焊前准备

1. 试板　试板可用 20g 或(16Mng)钢板，其规格为 14mm×400mm×120mm 两块，I 形坡口，接头形式如图 3-5-4 所示。

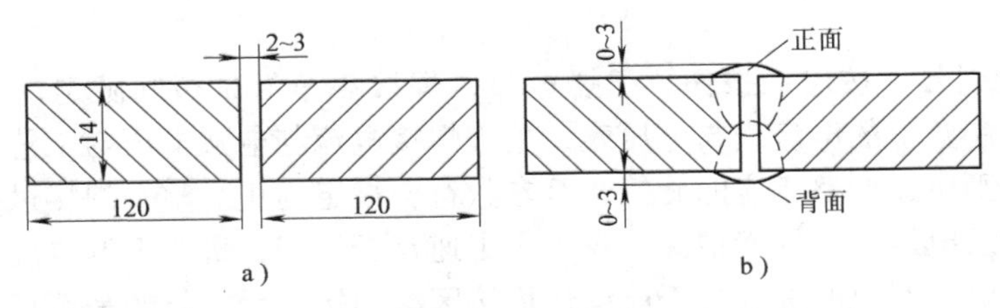

图 3-5-4　I 形坡口对接接头的形式

a）坡口与间隙　b）焊缝形式及尺寸

2. 焊接材料　焊丝选用 H08MnA 或 H08A，ϕ5mm。焊剂选用 HJ301(原 HJ431)；定位焊用 E4303，ϕ4mm 焊条。焊前焊丝应除净油、锈及其他污物，焊条和焊剂要烘干。

3. 装配要求　试板的装配间隙及定位焊要求如图 3-5-5 所示。

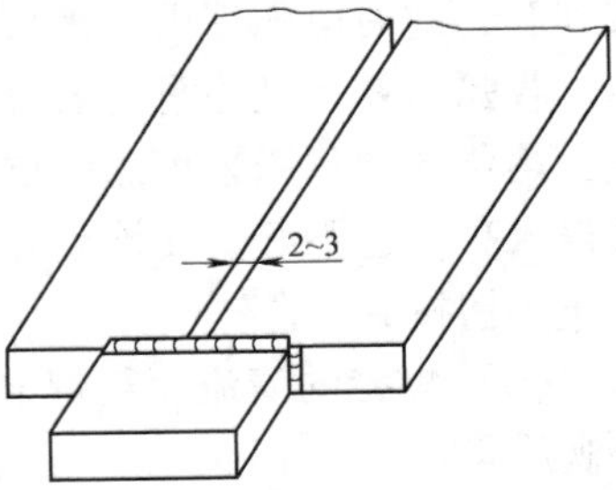

试板的装配必须保证间隙均匀，其错边量不大于 1.4mm，反变形角为 3°左右，在试板两端加装引弧板与引出板，尺寸为 14mm×100mm×100mm，待焊后割掉。

定位焊缝焊在试板两端的引弧板和引出板处。焊定位焊缝的焊接电流比正常平焊时大 10% 左右。

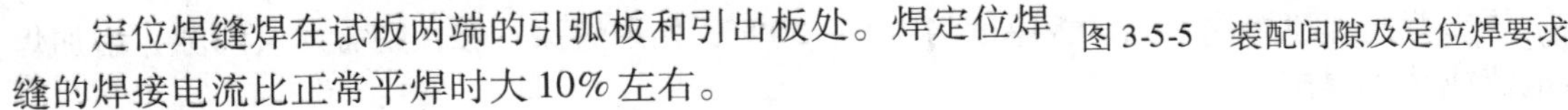

图 3-5-5　装配间隙及定位焊要求

二、焊接要点

1. 焊接位置　将试板放在水平面上进行平焊，两层两道双面焊。

2. 焊接顺序　先焊背面的焊道，后焊正面的焊道。

3. 焊接参数(见表 3-5-3)

4. 焊背面焊道

(1) 垫焊剂垫　焊背面焊道时，必须垫好焊剂垫，以防止熔渣和熔池金属流失。

表 3-5-3　板厚 14mm 带焊剂垫的 I 形坡口对接焊的焊接参数

焊件厚度/mm	装配间隙/mm	焊缝	焊丝直径/mm	焊接电流/A	电弧电压/V		焊接速度/(m/h)
					交流	直流反接	
14	2～3	背面	5	700～750	36～38	32～34	30
		正面		800～850			

焊剂垫内的焊剂牌号必须与工艺要求的焊剂相同，焊接时要保证整块试板正面被焊剂贴紧，在整个焊接过程中，要注意防止因试板受热变形与焊剂脱开，以致产生焊漏、烧穿等缺陷。特别要注意防止焊缝末端收尾处出现焊漏和烧穿。

（2）焊丝对中　调整好焊丝位置，使焊丝头对准试板间隙，但不与试板接触，往返拉动焊接小车几次，使焊丝在整块试板上能对中间隙。

（3）准备引弧　将焊接小车拉到引弧板处，调整好小车行走方向开关位置，锁紧小车行走离合器，一切工作完成后，按“送丝”及“退丝”按钮，使焊丝端部与引弧板可靠接触。如果用钢绒球引弧，则先将钢绒球压好。最后将焊剂漏斗下面的门打开，让焊剂覆盖住焊丝头。

（4）焊缝的引弧　按启动按钮，引燃电弧，焊接小车沿试板间隙走动，开始焊接。此时要注意观察控制盘上的电流表与电压表，检查焊接电流与电弧电压与工艺规定的参数是否相符，如果不符则迅速调整相应的旋钮，至参数符合规定为止。整个焊接过程中，焊工都要注意监视电流表及电压表和焊接情况，看小车走速是否均匀，机头上的电缆是否妨碍小车移动，焊剂是否足够，漏出的焊剂是否能埋住焊接区，焊接过程的声音是否正常等，直到焊接电弧走到引出板中部，估计焊接熔池已经全部到了引出板上为止。

（5）焊缝的收弧　当熔池全部到了引出板上以后，准备收弧，先将停止按钮按下一半，此时焊接小车停止前进，但电弧仍在燃烧，待熔化了的焊丝将熔池填满后，继续将停止开关按到底，此时电弧熄灭，焊接过程结束。

收弧时要特别注意，要分两步按停止按钮；先按下一半，小车停止前进，但电弧仍在燃烧，熔化的焊丝用来填满弧坑。若按的时间太短，则填不满弧坑；若按的时间太长，则弧坑填得太高，也不好。要恰到好处，必须不断总结经验才能掌握。估计弧坑已填满后，立即将停止按钮按到底。

（6）焊缝的清渣　待焊缝金属及熔渣完全凝固并冷却后，敲掉焊渣，并检查背面焊道外观质量。

要求背面焊道熔深达到试板厚度的40%～50%，如果熔深不够，则需加大间隙、增加焊接电流或减小焊接速度。

5. 焊正面焊道　经外观检验背面焊道合格后，将试板正面朝上放好，开始焊正面焊道，焊接步骤与焊背面焊道完全相同，但需注意以下两点：

1）为了防止未焊透或夹渣，要求焊正面焊道的熔深达到板厚的60%～70%。为此可以用加大焊接电流或减小焊接速度两种办法之一来实现。但用加大焊接电流的方法增加熔深更方便些，我们焊正面焊缝时用的焊接电流较大，就是这个原因。

2）焊正面焊道时，因为已有背面焊道托住熔池，故不必用焊剂垫，可直接进行悬空焊接。此时可以通过观察熔池背面焊接过程中的颜色变化来估计熔深。若熔池背面为红色或淡黄色，表示熔深符合要求，且试板越薄，颜色越浅；若试板背面接近白亮时，说明将要烧穿，应立即减小焊接电流或增加焊接速度；若熔池背面看不见颜色或为暗红色，则熔深不够，需增加焊接电流或减少焊接速度。这些经验只适用于双面焊能焊透的情况，当板厚太大，需采用多层多道焊才能焊好时，是不能用这个方法估计熔深的。

通常焊正面焊道时也不换地方，仍在焊剂垫上焊接，正面焊道的熔深主要是靠焊接参数保证，这些焊接参数都是通过做试验决定的，因此每次焊接前都要先在钢板上调好焊接参数后才能焊试板。

三、检验方法及要求

焊接检验方法与本章第一节中有关内容相同。

第三节　板厚25mm的V形坡口对接

一、焊前准备

1. 试板　试板可用Q235、20g、16Mng钢板，其规格为25mm×400mm×120mm两块，V形坡口的接头形式，如图3-5-6所示。

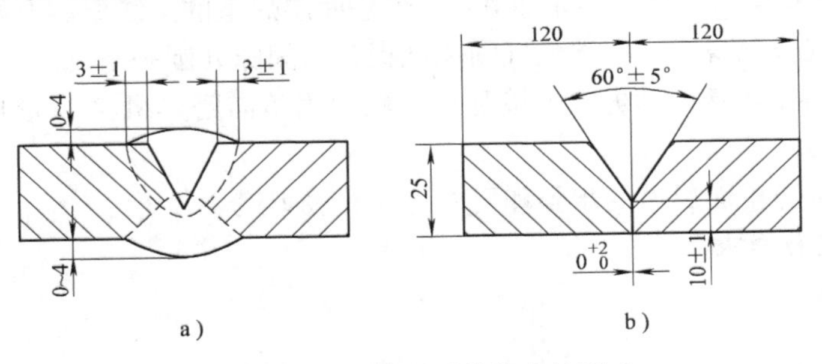

图3-5-6　V形坡口对接接头的形式
a）坡口与间隙　b）接头形式

2. 焊接材料　焊丝选用H08A或H10Mn2、ϕ4mm。焊剂选用HJ301（HJ431）定位焊用E4303，ϕ4mm焊条。焊前焊丝应除净油、锈及其他污物。焊条、焊剂要烘干。

3. 装配要求　试板V形坡口的装配间隙及定位焊要求如图3-5-7所示。

装配间隙不大于2mm，错边量不大于1.5mm，反变形角控制在3°~4°。

试板两端装引弧板与引出板，引出板的规格为25mm×100mm×50mm 4块，其坡口加工要求与试板相同。

二、焊接要点

1. 焊接位置　试件放在水平位置进行平焊，两面多层多道焊。

2. 焊接顺序　先焊V形坡口面，焊完清渣后，将试板翻身，清板后焊封底焊道。

3. 焊接参数（见表3-5-4）

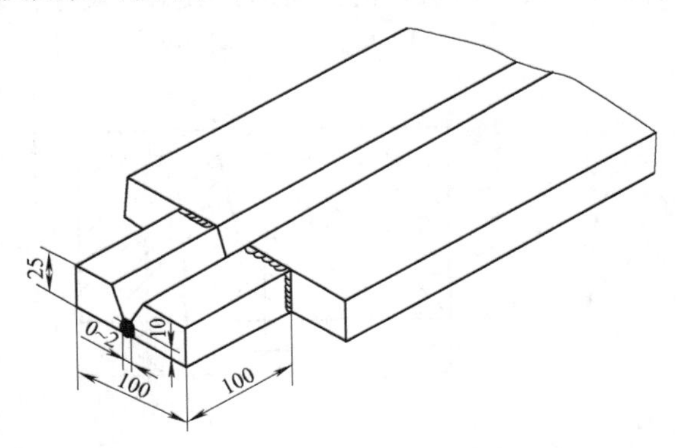

图3-5-7　V形坡口装配间隙及定位焊要求

表 3-5-4　板厚 25mm V 形坡口对接焊的焊接参数

试板厚度/mm	间隙/mm	焊丝直径/mm	焊接电流/A	焊接电压/V	焊接速度/(m/h)	电流种类极性
25	0 ~ 2	4	600 ~ 700	34 ~ 38	25 ~ 30	直流反接

4. 焊正面　正面为 V 形坡口，采用多层多道焊，每层的操作步骤都是一样的，每焊一层，重复下述步骤一遍。

焊接开始前先在废钢板上调试好焊接参数，放好试板后，按下述步骤焊接：

1）焊丝对中。

2）焊缝的引弧焊接。

3）焊缝的收弧。

4）焊缝的清渣。焊完每一层焊道以后，必须打掉渣壳，检查焊道，除不能有缺陷外，焊道表面平整或稍下凹，两个坡口面的熔合应均匀，焊道表面不能上凸，特别是两个坡口面处不能有死角，否则容易发生未熔合或夹渣等缺陷。

如果发现层间焊道熔合不好，则应重新对中焊丝，增加焊接电流、电弧电压或减慢焊接速度。下一层施焊时层间温度不高于 200℃。焊盖面层焊道的边缘要熔合好。

5. 清根　将试板翻身后，用碳弧气刨在试板背面间隙处刨一条宽约 8 ~ 10mm，深约4 ~ 5mm 的 U 形槽，将未焊透的地方全部清除掉。然后用角向磨光机将 U 形槽内的熔渣及氧化皮全部磨净。

6. 封底焊　按焊正面焊道的步骤和要求焊完封底焊道。

三、检验方法及要求

同本章第一节。

第四节　板厚 30mm 的 U 形坡口对接

一、焊前准备

1. 试板　试板可用 Q235 或 Q345(16Mn)钢板，试板规格为 30mm × 400mm × 120mm，共两块，其 U 形坡口的接头形式及焊缝尺寸，如图 3-5-8 所示。

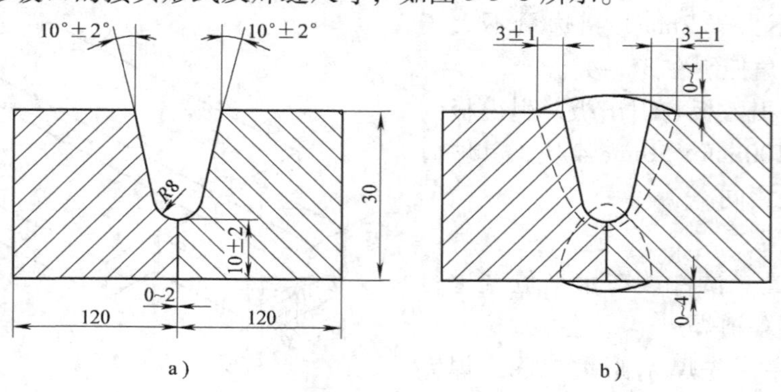

图 3-5-8　U 形坡口的接头及焊缝尺寸

a）坡口尺寸　b）焊缝尺寸

2. 焊接材料　焊丝选用 H08A 或 H10Mn2，ϕ4mm，焊剂选用 HJ301（HJ431），定位焊用 E4315，ϕ4mm 焊条。焊前焊丝应除净油、锈及其他污物，焊条与焊剂应烘干。

3. 装配要求　试板开 U 形坡口的装配间隙及定位焊要求如图 3-5-9 所示。

在试板两端加装引弧板和引出板，尺寸为 30mm×100mm×50mm 4 块，其坡口加工要求与试板相同。装配间隙不大于 2mm，错边量不得大于 1.5mm，反变形角控制在 3°~4°。

定位焊时，使用的焊接电流可比正常焊接电流大 10%~15%。

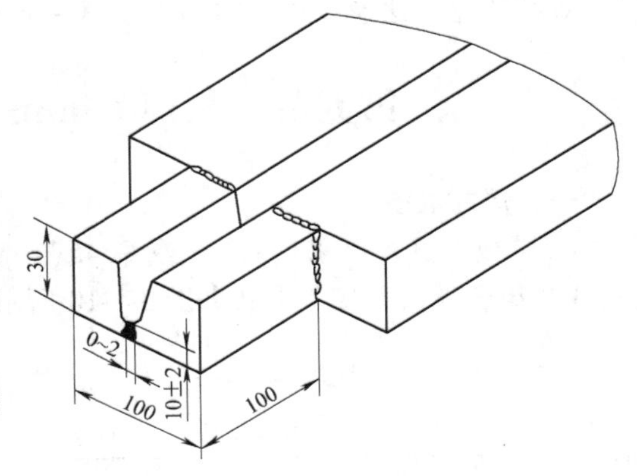

图 3-5-9　U 形坡口的装配间隙及定位焊要求

二、焊接要点

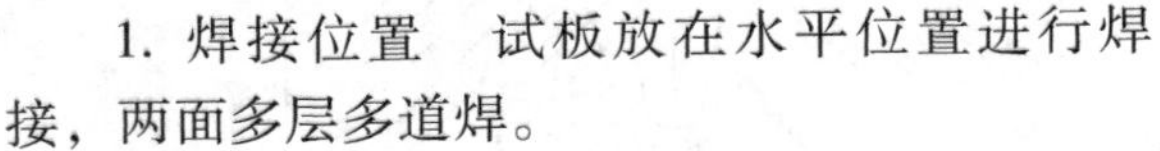

1. 焊接位置　试板放在水平位置进行焊接，两面多层多道焊。

2. 焊接顺序　先焊 U 形坡口面的焊缝，焊完并清渣后，将试板翻身，在试板反面用碳弧气刨将焊缝根部刨出 U 形槽，槽宽 8~10mm，深 4~5mm。U 形槽宽、深要均匀，表面要光滑。

3. 焊接参数（见表 3-5-5）

表 3-5-5　板厚 30mmU 形坡口对接焊的焊接参数

焊件厚度/mm	间隙/mm	焊丝直径/mm	焊接电流/A	电弧电压/V	焊接速度/(m/h)	电流种类
30	0~2	4	600~700	34~38	25~30	直流反接

焊试板前，先在废钢板上调好焊接参数。

4. 焊接　按下述步骤焊满 U 形坡口。

1）调试焊接参数。

2）装好试板。

3）焊丝对中。

4）焊缝的引弧焊接。

5）焊缝的收弧。

6）焊缝的清渣。

因试板正面需采用多层多道焊才能焊满，每焊完一层，重复上述步骤一次，直至盖满表面焊道为止。每个步骤的注意事项同前。请参看本书本章第二节有关内容。严格控制层间温度不得超过 200℃。

5. 开槽　将试板翻过来放在水平位置，背面朝上，用碳弧气刨清根，在焊根处刨一条槽，要求槽对称于焊根，槽宽为 8~10mm，深 4~5mm，宽窄，深浅要均匀。

6. 封底焊　按焊 U 形坡口的步骤焊封底焊道，只焊一道。

三、检验方法及要求

焊缝检验方法及要求与本书本章第一节要求相同。

第五节　板厚 65mm 的 UV 组合形坡口对接

一、焊前准备

1. 试板　试板可采用 Q235 或 Q345（16Mn）钢板，其尺寸为 65mm × 400mm × 120mm 两块，UV 组合坡口，接头形式如图 3-5-10 所示。焊前应将待焊区清理干净。

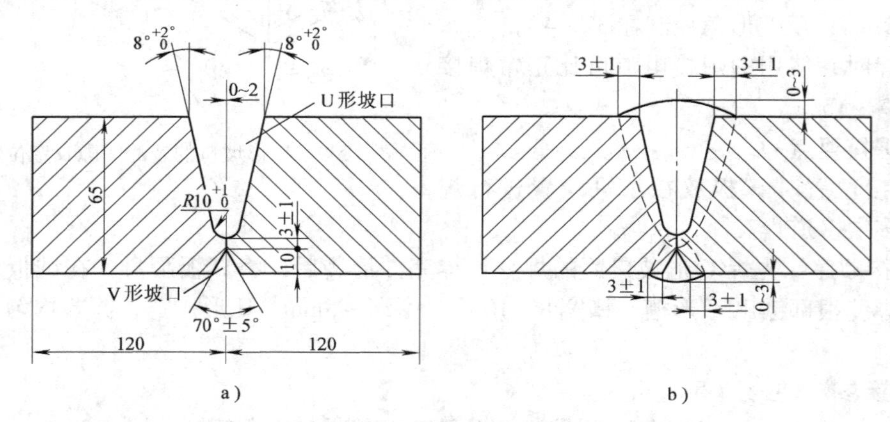

图 3-5-10　UV 组合坡口及焊缝尺寸

a）坡口尺寸　b）焊缝尺寸

2. 焊接材料　焊丝选用 H08A 或 H10Mn2A，ϕ4mm，焊剂选用 HJ301（HJ431），定位焊用 E5015，ϕ4mm 焊条。焊前应除净焊丝上的油、锈及其他污物，焊剂、焊条应烘干。

3. 装配要求　试板 UV 形坡口的装配间隙及定位焊要求，如图 3-5-11 所示。

要求试板的装配间隙不大于 2mm，错边量不得大于 2mm，反变形角控制在 3°～4°。

在试板两端装焊引弧板与引出板，尺寸为 65mm × 100mm × 100mm 4 块，其坡口加工要求与试板相同。

定位焊用 E5015，ϕ4mm 焊条，定位焊用焊接电流比正常焊接电流大 10%～15%。

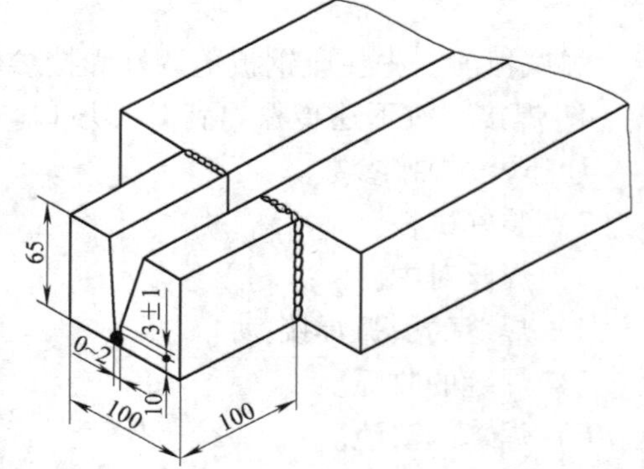

图 3-5-11　装配间隙及定位焊要求

二、焊接要点

1. 焊接位置　试板可放在水平位置进行平焊。

2. 焊接顺序　多层多道双面焊时，先用焊条电弧焊焊满 V 形坡口，翻过来用埋弧焊焊满 U 形坡口。

3. 焊接参数（见表 3-5-6）。

4. 预热　因试板较厚，为防止焊接时产生裂纹，在焊接前需将试板预热至 100℃以上。

可用气体火焰或红外线从试板下面加热，用数字温度计从试板上面测温，预热温度符合要求后立即进行焊接。

表 3-5-6　板厚 65mmUV 组合形坡口对接焊的焊接参数

焊　缝	焊接方法	层数	焊丝直径 /mm	焊接电流 /A	电弧电压 /V	焊接速度 /(m/h)	送丝速度 /(m/h)	电源种类
V 面焊缝	焊条电弧焊	首层 其他层	4 5	160～180 210～220	—	—	—	直流反接
U 面焊缝	埋弧焊	首层 其他层	4 4	640～680 600～650	32～35 32～35	26～28 26～28	95～108 95～108	直流反接

5. 焊接　按下述步骤进行焊接：

（1）焊 V 形坡口面　用焊条电弧焊焊满 V 形坡口，需注意以下事项：

1）分 3～4 层焊接，焊接时要尽可能压低电弧，横向摆动幅度逐层加大，保证坡口面熔合好，层间焊道两侧最好稍下凹。

2）每焊完一层必须进行严格清渣。

3）控制层间温度在 100～250℃ 范围内，若温度太高，待试板冷却到规定的温度范围内，再继续焊接。

4）填充坡口时，不准熔化试板坡口的上棱边，不准在坡口面以外的地方任意引弧。

5）焊盖面层焊道时可适当减小焊接电流，要保证焊缝两侧熔合良好。

（2）焊 U 形坡口面　焊好 V 形坡口面的焊缝以后，将试板翻过来，按下述步骤焊接 U 形坡口面：

1）放好试板　将 U 形坡口面朝上，坡口中心间隙与焊接小车轨道平行。

2）焊丝对中　调整试板和焊丝位置，使焊丝能对中试板间隙(全长)。

3）准备引弧　将焊接小车拉到引弧板上，调整好小车的行走方向开关，锁紧离合器，并使焊丝与试板可靠接触后，撒焊剂。

4）焊缝的引弧　按启动按钮，引燃电弧，并进行正常焊接。

5）焊缝的收弧　待电弧焊到引出板上，确信熔池已远离试板后，分两档按停止按钮，填满弧坑。

6）焊缝的敲渣检查　待焊渣完全凝固，冷却到正常颜色时，敲渣检查焊道外观是否焊偏，成形如何。如果一切正常则继续焊接。

因试板很厚，U 形坡口较深，需进行多层多道焊，焊接过程中需注意以下事项：

① 控制好层间温度，保持层间温度在 100～250℃ 范围内，防止产生裂纹或过热。

② 控制好每层焊道的位置，开始的第一层只焊一道，以后各层每层焊两道。焊道分布如图 3-5-12 所示。

焊第一层时，焊丝对准坡口中心。

从焊第三层起，焊丝要偏移到坡口两侧，离坡口面 3～4mm 处，保证每侧的焊道与坡口面形成稍凹的圆滑过渡(图 3-5-13)，既保证熔合好，又好清渣。

③ 每焊完一条焊道要调整一次焊丝位置，若焊道在同一层内，只需左右移动，每焊完一层焊道焊下一层时，导电嘴要向上移 4～5mm。

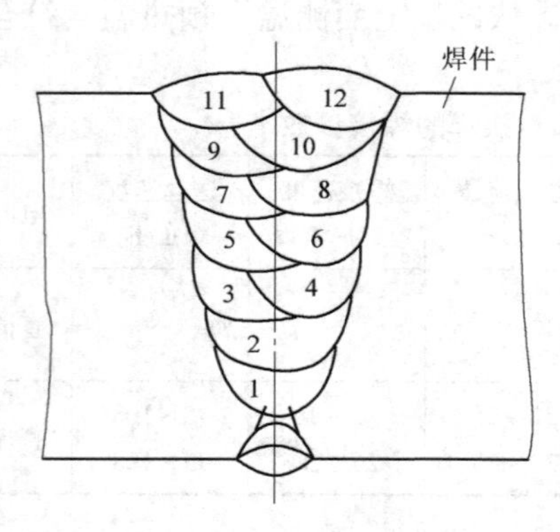

图 3-5-12　U 形坡口面的焊道分布

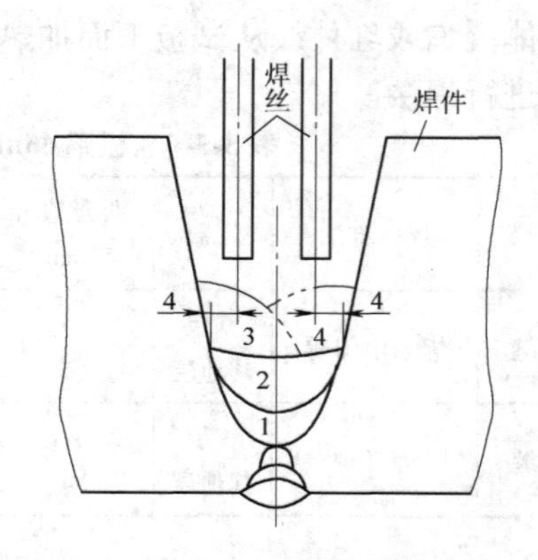

图 3-5-13　焊丝对中位置与层间焊道形状

④ 每焊完一条焊道，要清一次渣，并进行一次外观检查，根据情况采取措施，如调整焊接参数，焊丝移动距离或对中位置，在焊下一层或下一道时，设法纠正过来，如果无法纠正，则只好刨掉重焊，千万不可最后算总账。

6. 焊后热处理　焊后将试板立即进行热处理，其热处理工艺参数为 610 ~ 650℃ 保温 3.5h。

三、检验方法及要求

焊缝的检验方法与本书本章第一节内容相同。

第六章　典型焊缝的焊接

第一节　对接环焊缝的焊接

一、焊前准备

对于圆形筒体焊接结构的对接环缝，需要配备辅助装置和可调速的焊接滚轮架，在焊接小车固定、焊件转动的情况下进行埋弧焊。如图 3-6-1 所示。

常用的坡口形式有 I 形坡口、V 形坡口、双 Y 形坡口和 VU 形组合坡口(图 3-6-2)，可根据焊件厚度选用。

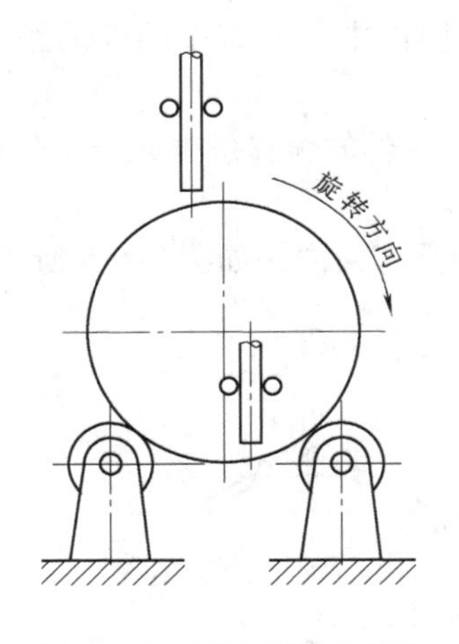

图 3-6-1　环缝焊接示意图

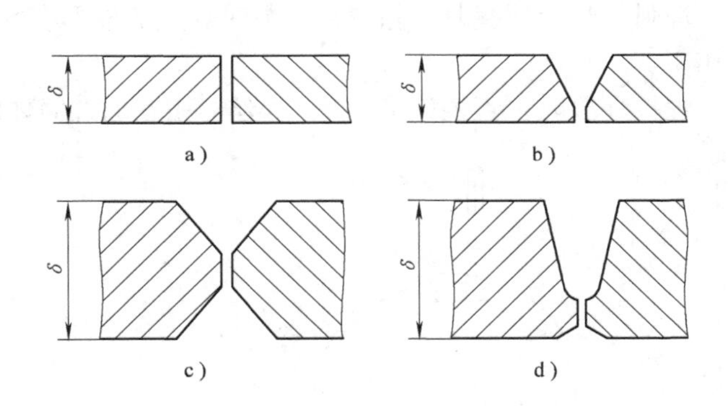

图 3-6-2　坡口形式

a) I 形坡口　b) V 形坡口　c) 双 V 形坡口　d) VU 形组合坡口

$\delta=6\sim24$mm　$\delta=10\sim24$mm　$\delta=24\sim60$mm　$\delta=40\sim160$mm

当筒体壁较薄时(6 ~ 16mm)，可选用 I 形坡口，正面焊一道，反面挑焊根后再焊一道，这样既能保证质量，又能提高生产效率。对于厚度在 18mm 以上的板，为保证焊接质量，应当开坡口。由于装配后的小型容器内部焊接通风条件差，环缝的主要焊接工作应放在外侧进行，应尽量选用不对称的双 V 形坡口(大口开在外侧)、V 形坡口或 VU 形组合坡口。

为保证产品质量，环缝坡口的错边量不许大于板厚的 15% 加 1mm，并且不超过 6mm。

二、焊接工艺

对于筒体的环缝焊接，可根据焊件厚度，采用双面埋弧焊，氩弧焊打底加埋弧焊焊接，焊条电弧焊打底挑焊根后加埋弧焊或焊条电弧焊加埋弧焊。还可以用 CO_2 或混合气体保护焊打底挑根后进行埋弧焊。

1. 焊接顺序　筒体内、外环缝的焊接顺序，一般先焊内环缝，后焊外环缝。双面埋弧焊焊接内环缝时，焊机应放在筒体底部，配合滚轮架，或使用内伸式焊接小车，配合滚轮架进行焊接如图 3-6-3 所示。筒体外侧配用圆盘式焊剂垫、带式焊剂垫或螺旋推进器式焊剂垫。焊接外环缝时，可使用立柱式操作机，平台式操作机或龙门式操作机，配合滚轮架进行，焊机可放在筒体的顶部。

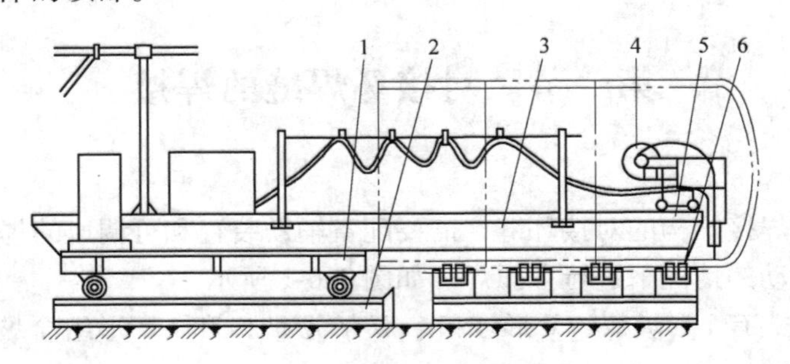

图 3-6-3　内伸式焊接小车

1—行车　2—行车导轨　3—悬臂梁　4—焊接小车　5—小车导轨　6—滚轮架

2. 焊丝偏移量的选择　焊接环缝时，焊丝中心线和通过筒体中心垂直平面间的距离称为偏移量，用 a 表示，如图 3-6-4 所示。

埋弧焊焊接环缝时，除焊接参数对焊缝的成形有影响外，焊丝的偏移量也起着十分重要的作用。

焊接环缝时，若偏移量为 0，焊丝对中在通过筒体的中心垂直面内，如图 3-6-5 所示。

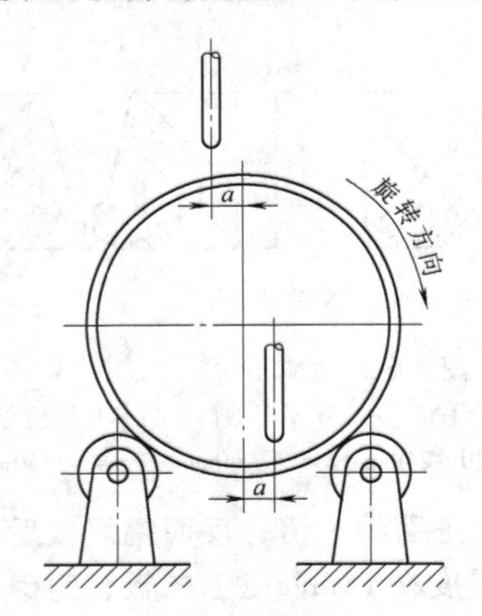

图 3-6-4　焊丝的偏移量

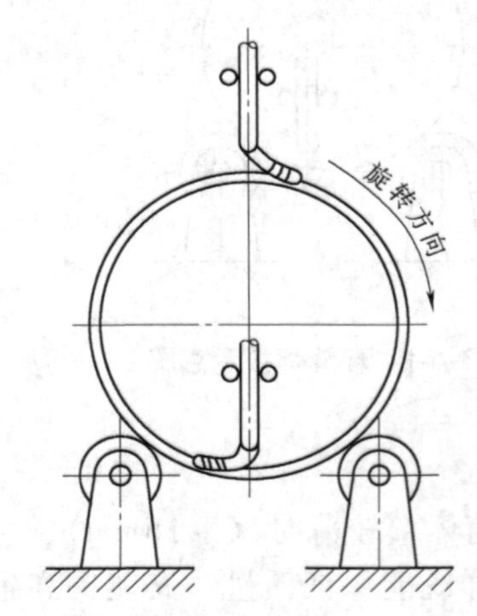

图 3-6-5　焊丝对中在筒体中心的垂直面上

焊内环缝时，若焊丝的对中位置在环缝的最低点，焊接过程中随着焊件的转动，熔池中的液态金属会向最低点的方向流动，直到电弧的左上方的某处才凝固。因此，熔深较浅，焊缝较宽，余高较小，若焊接速度太快，则焊缝中心产生严重下凹，两侧会出现未熔合缺陷。

焊外环缝时，若焊丝的对中位置在环缝的最高点，焊接过程中随着焊件的转动，熔池中的液态金属会向右下方流动，直到电弧右下方某处才凝固。因此，熔深较深，焊缝较窄，余高较大，若焊接速度太快，则焊缝中心产生严重上凸，两侧会出现咬边。

焊环缝时，必需将焊丝对中位置向焊件旋转相反的方向偏移，才能获得满意的焊缝成形。偏移量的大小由焊件直径、焊接电流和焊件旋转的速度（焊接速度）决定。理想的情况下，偏移量最合适时，熔池在水平位置凝固，焊外环缝时熔池在最高点凝固；焊内环缝时，熔池在最低点凝固，焊缝成形最好。

焊丝偏移量的大小对焊缝成形的影响如图3-6-6所示。

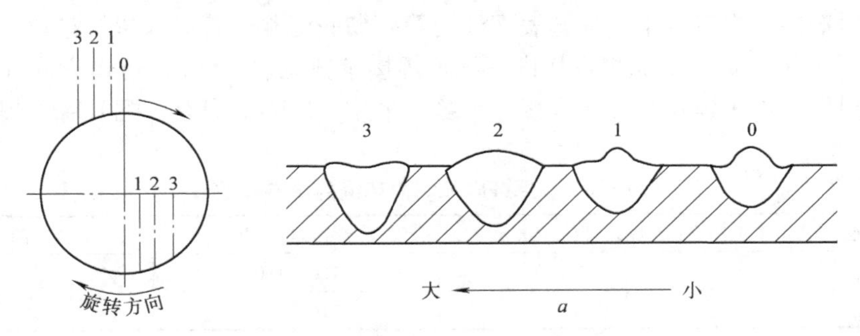

图3-6-6 焊丝偏移量对焊缝成形的影响

表3-6-1给出了推荐的焊丝偏移量。

表3-6-1 推荐的焊丝偏移量 （单位：mm）

焊件外径	25～75	75～450	450～900	900～1050	1050～1200	1200～1800	>1800
偏移量	12	22	34	40	50	55	75

注意：焊丝的偏移量除了与焊件外径和筒体厚度有关外，还和焊接电流及焊件转速有关，焊接过程中按推荐值调好焊丝的偏移量后，必需根据试焊过程中焊缝的成形情况进行调整后，才能获得合适的偏移量，转入正常焊接。当筒体较厚采用多层多道焊时，还应根据焊道的位置及时调整焊丝的偏移量。焊内环缝时，随着焊道层次的增加，筒体内径越来越小，焊接速度降低，焊丝的偏移量 a 应适当减小；反之，焊外环缝时，随着焊道层次的增加，焊接速度的增加，则偏移量 a 应适当增加。

3. 层间清渣　埋弧焊操作时，一般要有两人同时进行，一人操纵焊机，另一人负责清渣工作。

焊接厚度较大的筒体环缝时，由于坡口较深，焊层较多，所以焊接过程中要特别注意，每层各焊道的排列应平满均匀，焊缝与坡口边缘要熔合好，尽量不出现死角，以防产生未熔合或夹渣等缺陷。层间的清渣工作往往比较困难，必要时可用风铲协助清渣。为了减少清渣的工作量，防止焊缝夹渣应选用脱渣性好的焊剂，焊厚壁筒体时更应注意清渣。

焊接结束时，环缝的始端与尾端应重合30～50mm距离。

三、高压除氧器筒体环缝的焊接工艺实例

1. 焊前准备　高压除氧器筒体的材料为16MnR钢，厚度25mm，其坡口形式及尺寸如图3-6-7所示。

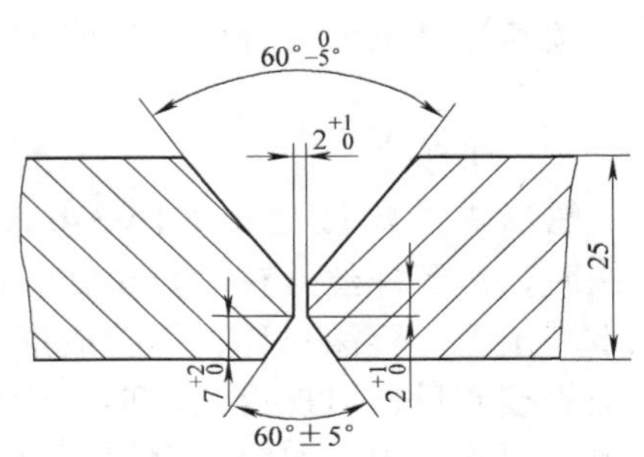

图3-6-7 坡口形式及尺寸

筒体装配时，应避免十字焊缝，筒节与筒节，筒节与封头，相邻的纵缝应错开，错开间距应大于筒体壁厚的3倍，且不少于100mm。定位焊缝应焊在坡口内，其焊缝长度为30~40mm，间距为300mm，用E50150(J507)焊条。间隙要符合要求。

将焊缝坡口及其两侧各15mm范围内的铁锈，氧化皮等污物清除干净，至露出金属光泽为止。

焊条和焊剂要按规定烘干，焊丝表面油锈等须彻底清除，若局部弯折盘丝时应校直。

2. 焊接　先采用焊条电弧焊焊接内环缝。焊接参数见表3-6-2，待焊完内环缝后，用碳弧气刨清理焊根，再用埋弧焊方法焊接外环缝。采用H12Mn2焊丝，配HJ431焊剂，焊接参数见表3-6-3。

表3-6-2　焊条电弧焊内环缝的焊接参数

焊接层次	焊条直径/mm	焊接电流/A	电源极性
一层	4	160~180	直流反接
其他层	5	210~240	

表3-6-3　高压除氧器筒体环缝埋弧焊的焊接参数

焊接层次	焊丝直径/mm	电接电流/A	电弧电压/V	焊丝速度/(m/h)	电源极性
首层	4	650~700	34~38	25~30	直流反接
其他层	4	600~700	34~38	25~30	

焊接过程中，应作好层间清理，以防产生夹渣等缺陷。

3. 焊缝检查　焊后进行外观检查，其表面质量应符合如下要求：

1）焊缝外形尺寸应符合设计图样和工艺文件的规定，焊缝高度不低于母材表面，焊缝与母材应圆滑过渡。

2）焊缝及其热影响区表面应无裂纹，未熔合，夹渣、弧坑，气孔和咬边等缺陷。

3）每条焊缝至少应进行25%的射线探伤(焊缝交叉部位必须包括在内)。射线探伤按GB/T 3323—1987《钢熔化焊对接接头射线照相和质量分级》规定执行。射线照相的质量要求不应低AB级，焊缝质量不低Ⅲ级为合格。

第二节　角焊缝的焊接

角焊缝主要出现在T形接头和搭接接头中，按其焊接位置可分为船形焊和平角焊两种。

一、船形焊

船形焊的焊接位置如图3-6-8所示。焊接时，由于焊丝处在垂直位置，熔池处在水平位置，熔深对称，焊缝成形好，能保证焊接质量，但易得到凹形焊缝，对于重要的焊接结构，如锅炉钢架，要求此焊缝的计算厚度应不小于焊缝厚度的60%，

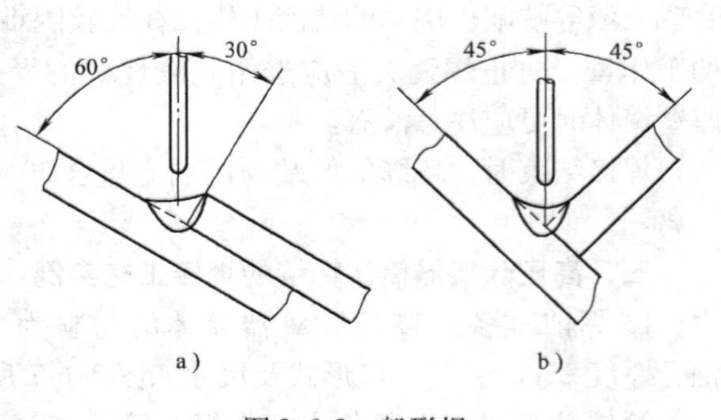

图3-6-8　船形焊

a）搭接接头船形焊　b）T形接头船形焊

否则必须进行补焊。当焊件装配间隙超过1.5mm时，容易发生熔池金属流失和烧穿现象。因此，对装配质量要求较严格。当装配间隙大于1.5mm，可在焊缝背面用焊条电弧焊封底，用石棉绳垫或焊剂垫等来防止熔池金属的流失。在确定焊接参数时，电弧电压不能太高，以免焊件两边产生咬边。

船形焊的焊接参数，见表3-6-4。

表3-6-4 船形焊焊接参数

焊脚尺寸/mm	焊缝层数	焊缝道数	焊丝直径/mm	焊接电流/A	电弧电压/V	焊接速度/(m/h)	焊丝伸出长度/mm	电源
8	1	1	4	600~650	36~38	25~30	35~40	交流
10	1	1	4	650~700	36~38	25~30	35~40	
12	1	1	4	700~750	36~39	25~30	35~40	
		2	4	650~700	36~38	25~30	35~40	
14~16	1	1	4	700~750	37~39	25~30	35~40	
	2	1	4	700~750	37~39	25~30	35~40	
		2	4	650~750	36~39	25~30	35~40	

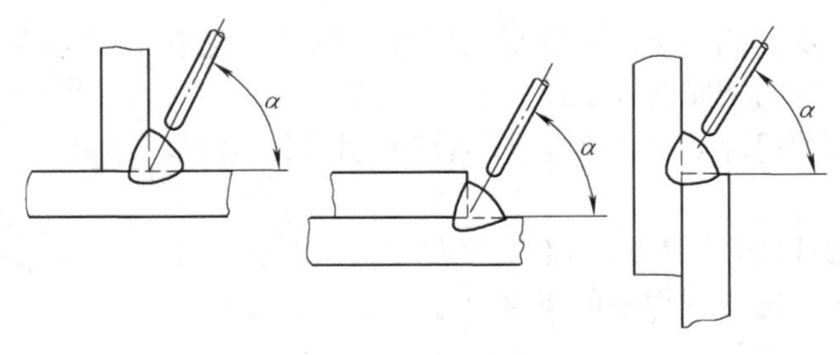

图3-6-9 平角焊

平角焊的焊接位置，如图3-6-9所示。由于焊件太大，不易翻转或其他原因不能在船形位置进行焊接时，才采用平角焊。即焊丝倾斜，平角焊的优点是对焊件装配间隙的敏感性小，即使间隙较大，一般也不致于产生流渣及熔池金属流溢现象。其缺点是单道焊缝的焊脚尺寸最大不能超过8mm。当焊脚尺寸要求大于8mm时，必须采用多道焊或多层多道焊。角焊缝的成形与焊丝和焊件的相对位置关系很大，当焊丝位置不当时，易产生咬边，焊偏或未熔合现象。为此，焊丝位置要严加控制，一般焊丝与水平板的夹角 α 应保持在75°~45°之间。通常为70°~60°，并选择距竖直面适当的距离。电弧电压不宜太高，这样可使焊剂的熔化量减少。防止熔渣流溢。使用细焊丝能保持电弧稳定，并可以减小熔池的体积，以防止熔池金属流溢，平角焊的焊接参数见表3-6-5。

表3-6-5 平角焊的焊接参数

焊脚尺寸/mm	焊丝直径/mm	焊接电流/A	电弧电压/V	焊接速度/(m/h)
4	3	350~370	28~30	53~55
6	3	450~470	28~30	54~58
	4	480~500	28~30	58~60

（续）

焊脚尺寸/mm	焊丝直径/mm	焊接电流/A	电弧电压/V	焊接速度/(m/h)
8	3	500～530	30～32	44～46
	4	670～700	32～34	48～50

二、板梁的焊接工艺实例

1. 焊前准备　板梁材料为Q345(16Mn)钢，板厚≥60mm，焊脚尺寸为14mm，板梁外形如图3-6-10所示。

焊接材料选用见表3-6-6。

表3-6-6　板梁焊接的焊接材料选用表

名　称	型号或牌号	规格直径/mm	用　途	名　称	型号或牌号	规格直径/mm	用　途
焊条	E5015	4	补焊	焊丝	H08MnMoA	4	焊第二层
		5	定位焊	焊剂	HJ431	—	焊第一层
焊丝	H08MnA	2	焊第一层		HJ350	—	焊第二层

焊前，应将坡口及其两侧20mm区域内的油、锈、氧化皮和焊渣等影响焊接质量的杂质清理干净。

焊条在使用前需经350℃烘干2h，焊剂在使用前经250℃烘干2h。

装配定位采用E5015焊条，定位焊焊缝长度不小于100mm，间隔300mm，定位焊焊缝的焊脚尺寸为8mm，定位焊之前预热100℃。

焊接之前，对板梁进行焊前预热，温度为100～150℃。

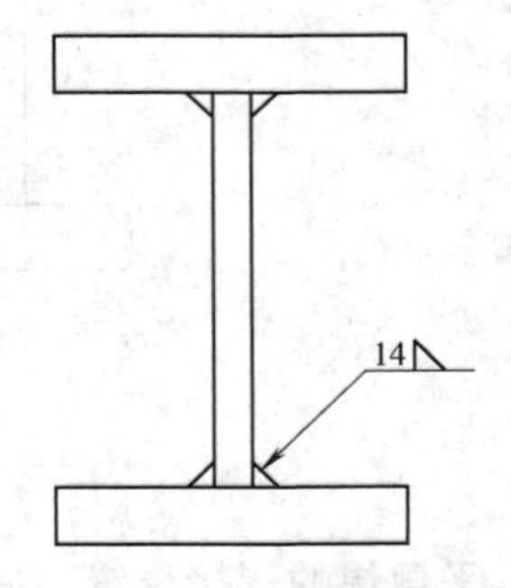

图3-6-10　板梁外形结构图

2. 焊接　角焊缝首层焊缝在水平位置进行平角焊，其余各层，均在船形位置进行船形焊。焊接顺序为(1)→(6)，如图3-6-11所示。

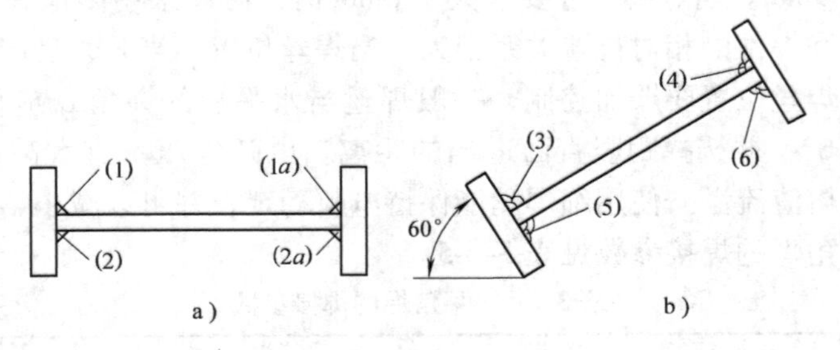

图3-6-11　焊接顺序示意图

a）横角焊　b）船形焊

焊接的主要焊接参数，见表3-6-7。

表 3-6-7　板梁焊接的焊接参数

焊脚尺寸/mm	层数	道数	焊丝直径/mm	焊接电流/A	电弧电压/V	焊接速度/(m/h)	电源种类
8	1	1	2	350～400	30～35	20～25	交流
14	2	1	4	650～700	36～38	25～30	
		2	4	650～700	36～38	25～30	

在焊接过程中，层间温度应控制在100～200℃之间。

3. 焊缝检查

（1）外观检查　焊缝外表面应整齐、均匀、无焊瘤、气孔及表面裂纹，咬边深度不大于0.8mm，咬边长度在每300mm长度内不超过50mm。

（2）磁粉探伤　角焊缝均作100%的磁粉探伤检查，不允许裂纹存在。

不允许存在的缺陷，允许修复补焊，补焊前应对补焊处局部预热100～150℃。

第三节　窄间隙埋弧焊

一、概述

厚板对接接头，焊前开I形坡口或只开小角度坡口，并留有窄而深的间隙，采用埋弧焊多层焊焊完成整条焊缝的高效率焊接方法，称为窄间隙埋弧焊。

与普通埋弧焊相比，窄间隙埋弧焊所开的坡口两坡口面几乎平行，厚度100～350mm板材焊接，坡口间隙仅为18～24mm，因此，窄间隙埋弧焊具有高生产效率，高质量，变形小，成本低等优点，是当代先进的焊接技术之一。

窄间隙埋弧焊机，可对压力容器的内外纵缝、环缝进行焊接，并考虑了焊接的可靠性和自动化生产的各个环节，功能比较齐全。为了使导电嘴在间隙中间位置不变，有焊缝跟踪系统，每焊完一圈需要改变焊嘴位置时，有自动传感摆动系统，有焊剂自动输送回收系统，有焊接参数计算机控制系统，有防止筒体在滚轮架上轴向窜动控制系统等。

二、操作方法

窄间隙埋弧焊时，最重要的是确保焊接接头无缺陷。目前采用的操作方法有一层一道和一层二道两种，如图3-6-12所示。

1. 一层一道法　这种方法容易产生夹渣和咬边等缺陷，所以一般只用于厚度较小的板材焊接。当坡口角度较大时，在焊接过程中，焊接参数要适当调整。

2. 一层二道法　这种方法有并列双道和角焊法两种。后两种方法相似于角焊缝，操作时应将焊头的导电嘴偏转，使焊丝与坡口面应成一定角度进行焊接。

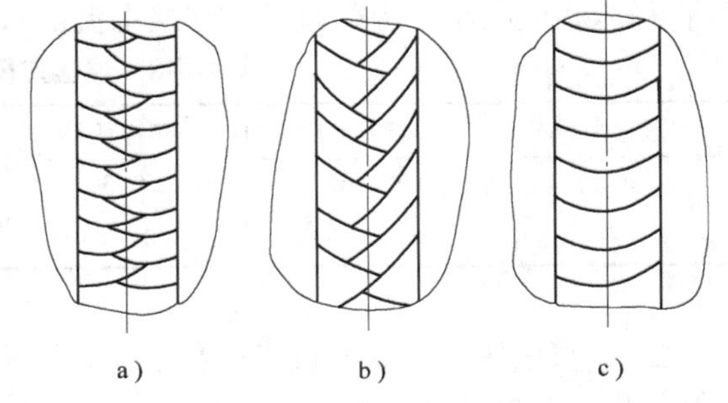

图3-6-12　窄间隙埋弧焊的排道方法
a）一层二道并列双道法　b）一层二道角焊法
c）一层一道法

一层二道法，焊道的排列是从一侧到另一侧的进行，采用较大的焊接热输入，热输入量较高，目的是提高生产率，此法适用于较小窄间隙的焊接。

三、坡口形式的选择

根据焊件结构特点，板厚和具体加工条件，窄间隙焊接可选用不同的坡口形式，如图3-6-13所示。

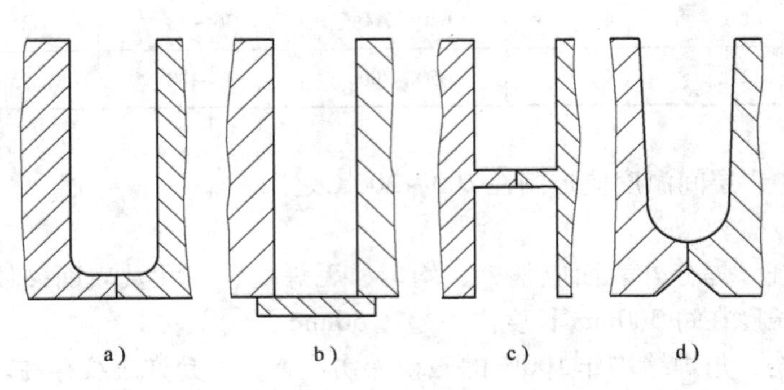

图 3-6-13　坡口形式

a）单面焊坡口　b）带垫板的单面焊坡口

c）双面焊坡口　d）焊条电弧焊封底的双面焊坡口

图3-6-13a为单面焊坡口，焊接工作量主要在筒体外面，背面清焊根后再焊接。

图3-6-13b采用垫板单面焊，焊缝可连续焊完，但焊后需要将垫板去掉，若装配有错边，根部会产生焊接缺陷。

图3-6-13c为双面焊坡口，可用于大直径的容器焊接，其缺点是在筒体内部焊接工作量较大，如焊件需预热，焊接环境条件很差。

图3-6-13d为双面坡口，内部用焊条电弧焊、气体保护焊或埋弧焊打底，由于焊接工作量小，这种形式结合目前国内各厂的现有生产条件是适用的。

窄间隙焊接的坡口间隙对焊接质量有着比较重要的影响。为了得到熔合良好的焊道，且又不产生夹渣，合适的间隙为：当焊嘴尺寸为14mm厚，使用3～5mm直径焊丝时，间隙为18～24mm，当焊件厚度>200mm时，选用22～24mm的间隙。

为了补偿焊缝的自然收缩，保证焊接能连续进行，坡口面角度以1°～5°为宜。

四、焊接参数的选择

1. 焊丝直径　焊丝直径决定于焊件厚度和间隙的大小，当板厚小，用小的间隙时，焊丝直径应相应减小。焊丝直径与焊接电流的对应关系见表3-6-8。

表 3-6-8　焊丝直径与焊接电流的关系

焊丝直径/mm	焊接电流/A	电弧电压/V	焊丝直径/mm	焊接电流/A	电弧电压/V
3.2	450～650	25～30	5	650～800	28～30
4	550～750	28～30			

2. 电弧电压　在焊接过程中，电弧电压的波动，对焊缝成形有很大影响，一般为25～30V，若低于25V时，焊缝上凸严重，高于35V则容易产生咬边。

3. 焊丝的位置及其伸出长度　焊丝端部与坡口面的距离以2mm为宜，如图3-6-14所示。若小于1.5mm，由于电弧太靠近侧面易产生咬边，若大于3mm，容易产生未熔合和夹渣等缺陷。

焊丝伸出长度随焊丝直径的不同有所变化，一般在35～40mm范围内。

窄间隙埋弧焊接参数见表3-6-9。

表3-6-9　窄间隙埋弧焊的焊接参数

间隙/mm	焊丝直径/mm	焊丝伸出长度/mm	焊接电流/A	电弧电压/V	焊接速度/(cm/min)
18～20	3	30～40	450	29	40
20～24	4	35～45	550	29	35～40
24	5	35～45	650	29	40

五、锅筒的焊接实例

1. 焊前准备　锅筒材料为19Mn6㊀，壁厚为80～100mm，坡口形式及尺寸，如图3-6-15所示，焊接材料选用见表3-6-10。

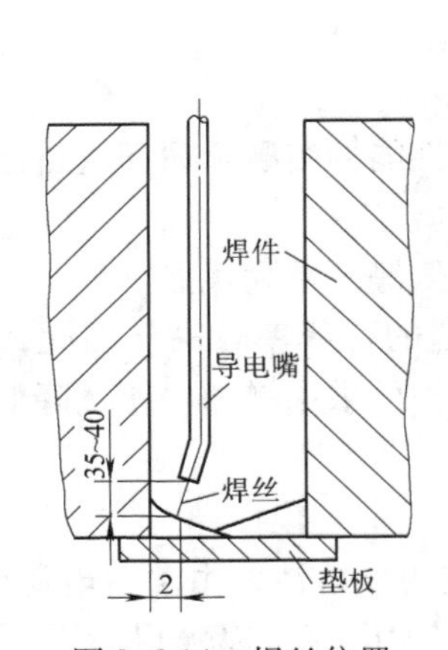

图3-6-14　焊丝位置

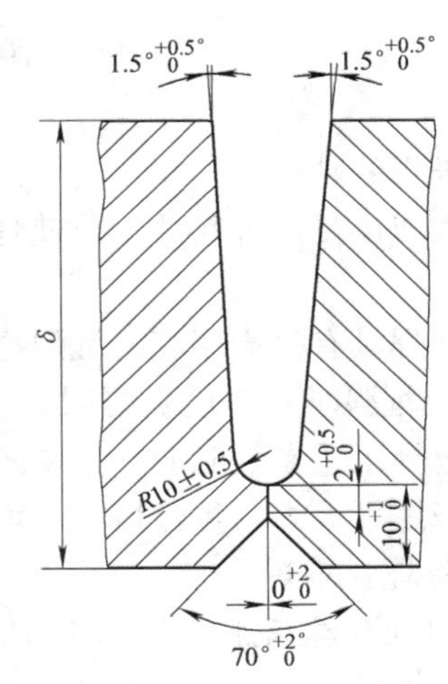

图3-6-15　坡口形式及尺寸

表3-6-10　锅筒焊接的焊接材料选用表

名　称	型号或牌号	规格直径/mm	用　途	名　称	型号或牌号	规格直径/mm	用　途
焊条	E5015	4	打底	焊丝	S3Mo①	4	环缝
		5		焊剂	SJ101	—	环缝

① S3Mo焊丝从德国进口，相当于H08MnMo焊丝。

焊前将焊接区的污物清除干净，核对焊接材料的选用是否正确，检查焊条，焊剂是否经过烘干，并检查焊件是否达到预热温度(100～150℃)和检查焊接设备是否能正常工作。

2. 焊接　首先在内坡口面处采用焊条电弧焊焊打底层焊道，第一层用直径4mm焊条，其他层用直径5mm焊条，每层一条焊道，分3～4层，将坡口焊满。然后在外坡口处进行埋弧焊，第一层采用一层一道焊法，焊接电流应偏上限，其他层采用一层二道焊法，连续地将

㊀ 德国进口钢材。

其焊满至规定要求，焊接参数见表3-6-11。

3. 焊缝检查

1）外观检查不得有任何缺陷，如有缺陷应立即修复。

2）焊接接头分别进行100%的磁粉、射线探及超声探伤检查。

表3-6-11　锅筒焊接的焊接参数

焊接方法	焊条直径/mm	焊丝直径/mm	焊接电流/A	电弧电压/V	焊接速度/(m/h)	电　　流
焊条电弧焊打底	4	—	170~190	22~25	—	直流反接
	5	—	210~230	22~25	—	
埋弧焊	—	4	500~580	29~31	29~31	

第四节　堆　　焊

一、堆焊的特点

为增大或恢复焊件尺寸，或使焊件表面获得具有特殊性能的熔敷金属而进行的焊接，称为堆焊。

埋弧堆焊具有生产率高，堆焊层硬度均匀，劳动强度低等一系列优点。

1. 单丝埋弧堆焊　埋弧焊时，由于熔深大，所以焊缝的稀释率较高。因此，为减少稀释率，在选择工艺参数时应尽量从减小熔深这一角度出发，可采用增加电压、降低电流、减小焊速，采用下坡焊，焊丝后倾和增加焊丝直径等措施。

2. 多丝埋弧堆焊

（1）串列双丝双弧堆焊　将两根焊丝前后排列，形成两个熔池，由两台电源分别供电。前一电弧采用较小电流，以减小母材熔深；后一电弧采用大电流，以获得所需厚度的堆焊层。这种方法的特点是能使堆焊处冷却缓慢，可减小淬硬及热裂倾向。

（2）并列多丝堆焊　将两根或两根以上焊丝并列在一起形成一个熔池。此法的特点是可增加焊接电流，提高生产率而熔深较浅。

3. 带极堆焊　使用带状熔化电极堆焊的方法。用带极代替多丝，既保持了多丝堆焊的优点，又避免了多丝堆焊设备复杂的缺点。带极通常用厚度为0.4~0.6mm，宽为60~80mm的薄钢带。带极堆焊的特点是可用较大的焊接电流，生产率高，熔深可控制在1mm以内。

二、管板不锈钢带极堆焊实例

1. 焊前准备　管板的基体材料为20MnMo钢，规格为ϕ2000mm×210mm，管板的堆焊如图3-6-16所示。焊接材料的选用见表3-6-12。

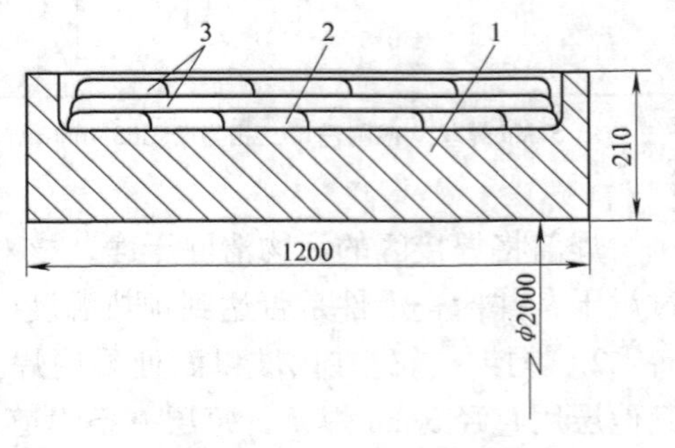

图3-6-16　管板的堆焊

1—基体金属(管板)　2—过渡层　3—堆焊层

表 3-6-12　管板堆焊的焊接材料选用表

名　称	型号或牌号	规格/mm	用　途
带极	H00Cr28Ni21	60×0.6	过渡层堆焊
	H00Cr22Ni21	60×0.6	堆焊层堆焊
焊剂	HJ260	—	堆焊
焊条	A312	—	

在堆焊开始之前，应作好下列工作：

1）对所选用的基体金属《管板》，需进行超声波探伤检查，不允许有超过规定的缺陷存在。

2）被堆焊的基体表面，应进行打磨清理干净，检查其表面，不得有裂纹，以保证过渡层的质量和良好的外部成形。

3）在堆焊过渡层之前，须对基体进行预热，其温度为100～120℃。

4）不锈钢带极用丙酮，将其表面的油污清洗干净。

5）焊剂和焊条应按规定温度烘干和使用。

6）用丙酮或无水乙醇将过渡层表面彻底清擦干净之后，才能焊堆焊层。

2. 堆焊操作　为防止焊道过热和控制焊接变形，应从基体的中间向两侧对称进行堆焊，并且过渡层的堆焊方向要与堆焊层堆焊方向逆向进行。过渡层堆焊好，经600℃保温2h的焊后热处理后，才能焊堆焊层。

在堆焊过程中，应严格控制焊道之间的温度不超过150℃。

堆焊层数，除过渡层之外，要堆焊两层，第一堆焊层可以厚些，采用爬坡堆焊法，堆焊层厚度为4～6mm，第二堆焊层稍薄些，采用下坡堆焊法，堆焊层厚度为2～4mm。

堆焊时，每条道焊需要相互重叠，重叠处宽度为6～10mm。

堆焊层表面凹凸太大或者铲除内部缺陷后，均要进行打磨和补焊，补焊后的表面还要打磨与堆焊面齐平，补焊用焊条电弧焊来完成，堆焊参数，见表3-6-13。

表 3-6-13　堆焊参数

焊接电流/A	电弧电压/V	焊接速度/(m/h)	带极伸出长度/mm	电 源 种 类
950～1050	35～38	10～11	35～40	直流反接

3. 检查方法及要求

（1）过渡层　过渡层堆焊后，应用放大镜进行外观检查，焊缝表面不得有裂纹、夹渣、气孔、咬边及弧坑等。并进行100%的超声探伤。

（2）堆焊层　堆焊层堆焊后，其表面进行100%的着色探伤检查，其表面应平整，无裂纹，夹渣、气孔、凹陷、弧坑及深度>0.5mm的咬边。

第四篇　手工钨极氩弧焊

第一章　概　　述

一、氩弧焊的工作原理及其分类

工作原理

钨极氩弧焊是利用惰性气体——氩气保护，用钨棒做电极的一种电弧焊焊接方法。焊接时钨极不熔化。这种不熔化极氩弧焊又称钨极氩弧焊，简称 TIG 焊。焊接过程如图 4-1-1a 所示，从喷嘴中喷出的氩气在焊接区造成一个厚而密的气体保护层隔绝空气，在氩气层流的包围之中，电弧在钨极和焊件之间燃烧，利用电弧产生的热量熔化待焊处和填充焊丝，把两块分离的金属连接在一起，从而获得牢固的焊接接头。

氩弧焊的分类

氩弧焊的分类方法见表 4-1-1。

1. 熔化极氩弧焊的特点　熔化极氩弧焊是采用与焊件成分相似或相同的焊丝作电极，以氩气作保护介质的一种焊接方法。其原理如图 4-1-1b 所示，熔化极氩弧焊也称金属极氩弧焊，简称 MIG 焊。

表 4-1-1　氩弧焊的分类方法

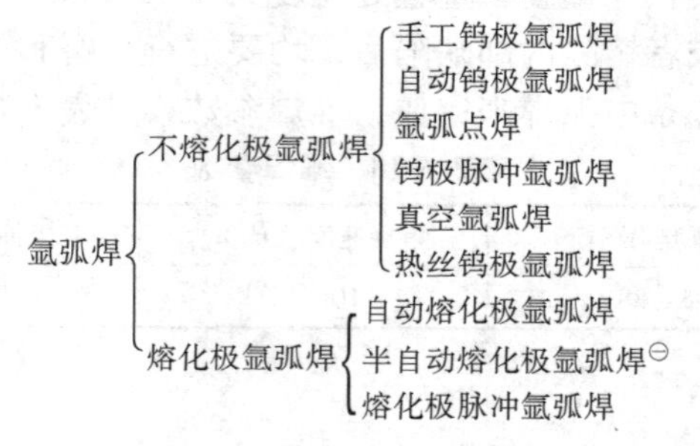

熔化极氩弧焊又分为半自动，自动焊两种。熔化极半自动氩弧焊依靠手操纵焊枪，焊丝通过自动送丝机构经焊枪输出；熔化极自动氩弧焊，则由传动机构带动焊枪行走，送丝机构自动送丝，即大都以机械操作为主。

2. 不熔化极氩弧焊特点　不熔化极氩弧焊采用高熔点钨棒作为电极，在氩气层流的保护下，依靠钨棒与焊件间产生的电弧来熔化焊丝（一般焊丝在钨极前方添入）和基本金属。不熔化极氩弧焊也称钨极氩弧焊。

⊖　过去称为半自动焊，现根据 GB/T 3375—1994《焊接术语》中，改为手工焊，下同。

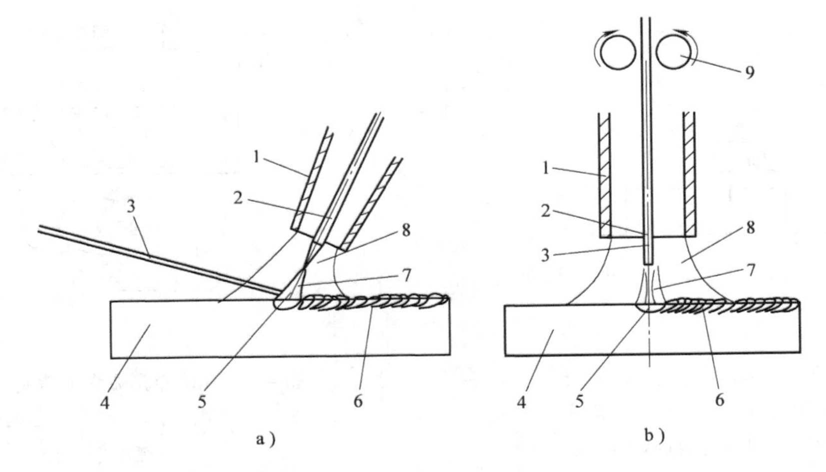

图 4-1-1　氩弧焊原理图

a）钨极氩弧焊　b）熔化极氩弧焊

1—喷嘴　2—钨极　3—焊丝　4—焊件　5—熔池

6—焊缝　7—电弧　8—氩气流　9—送丝滚轮

钨极氩弧焊按操作方式的不同又可分为手工钨极氩弧焊和自动钨极氩弧焊。在我国手工钨极氩弧焊应用广泛，它可以焊接各种钢材和有色金属。在电站锅炉行业已普遍用于受热管子、集箱及管接头的打底焊。

3. 钨极脉冲氩弧焊特点　如果在熔化极氩弧焊(MIG)或非熔化极氩弧焊(TIG)电源中加入脉冲装置，使焊接电流有规则的变化，即获得脉冲电流，用脉冲电流进行氩弧焊时称为钨极脉冲氩弧焊，通常用来焊接较薄的焊件。

（1）脉冲电流波形　通过脉冲装置形成的脉冲，电流波形有多种形式，最常用的是方形波，如图 4-1-2 所示。

方形波脉冲电流包括下列参数：

1）脉冲峰值电流($I_{脉}$)：是指供电弧用的最大焊接电流，用来熔化金属形成熔池。

2）脉冲维持时间($t_{脉}$)：供给脉冲电流焊接所用的时间。

3）维持电流($I_{基}$)：指供给电弧用的最小电流值，它维持电弧燃烧和预热母材。这个电流又叫基值电流。

4）维持电弧燃烧时间($t_{基}$)：保持电弧在最小的焊接电流下燃烧的时间。

（2）脉冲氩弧焊的工艺过程　当电极通过脉冲电流时，焊件在电弧热的作用下形成一个熔池，焊丝熔化滴入熔池(脉冲钨极氩弧焊时焊丝由外部填入)。当出现维持电流时，由于热量减少，无熔化现象，熔池逐渐缩小，液态金属凝固形成一个焊点。当下一个脉冲电流到来时，原焊点的一部分与焊件新的对口处出现一个新熔池，如此循环，最后形成一条由许多相互搭接的焊点组成的链状焊缝，如图 4-1-3 所示。

二、氩弧焊的特点

1. 氩弧焊的优点　氩弧焊与焊条电弧焊相比，主要有以下优点：

1）由于氩气是惰性气体，高温下不分解，与焊缝金属不发生化学反应，不熔解于液态金属，故保护效果最佳，能有效地保护熔池金属是一种高质量的焊接方法。

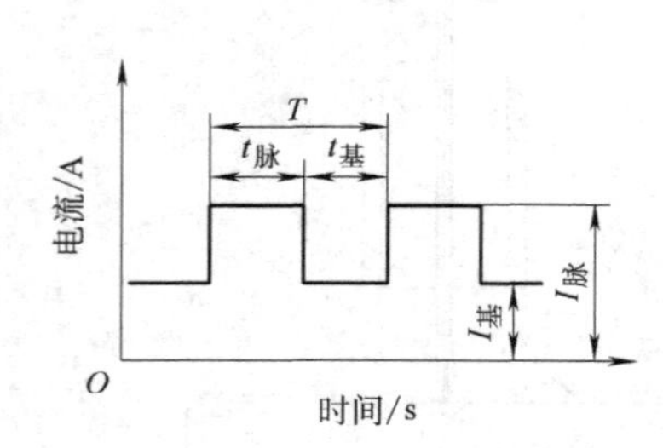

图 4-1-2 脉冲电流波形示意图

$I_{脉}$—脉冲峰值电流(A) $t_{脉}$—脉冲维持时间(s)

$I_{基}$—脉冲维持电弧燃烧的基值电流(A)

$t_{基}$—维持电弧燃烧时间(s) T—脉冲周期(s)

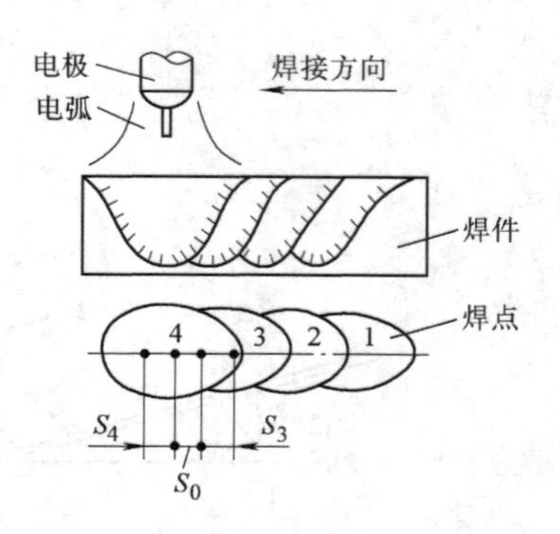

图 4-1-3 脉冲氩弧焊的焊缝形成过程

S_3—形成第三个焊点时脉冲电流作用区间

S_0—维弧电流作用区间

S_4—形成第四个焊点时脉冲电流作用区间

2）氩气是单原子气体，高温无二次吸放热分解反应，导电能力差，以及氩气流产生的压缩效应和冷却作用，使电弧热量集中，温度高，一般弧柱中心温度可达10000K以上，而焊条电弧焊的弧柱温度仅6000～8000K左右。

3）由于氩弧焊热量集中，从喷嘴中喷出的氩气又有冷却作用，因此焊缝热影响区窄，焊件的变形小。

4）用氩气保护无焊渣，提高了工作效率而且焊缝成形美观，质量好。

5）氩弧焊明弧操作，熔池可见性好，便于观察和操作，技术容易掌握。

6）适合各种位置的焊接，容易实现机械化。

7）除黑色金属外，可用于焊接不锈钢，铝、铜等有色金属及其合金。

2. 氩弧焊的缺点

1）成本高。无论是氩气还是所用设备成本都高。因此氩弧焊目前主要用于打底焊及有色金属的焊接。

2）氩气电离势高，引弧困难。尤其是TIG焊，需要采用高频引弧及稳弧装置等。

3）安全防护问题。氩弧焊产生紫外线强度是焊条电弧焊的5～30倍；在紫外线照射下，空气中氧分子、氧原子互相撞击生成臭氧(O_3)对焊工危害较大。另外TIG焊若使用有放射性的钨极对焊工也有一定的危害。目前推广使用铈钨极对焊工的危害较小。

第二章　焊接材料

本章介绍氩弧焊使用的焊接材料种类、牌号及其作用。

第一节　焊　　丝

为了保证焊缝质量，对钨极氩弧焊用焊丝要求是很高的，因为钨极氩弧焊时，氩气仅起保护作用，主要靠焊丝来完成合金化，保证焊缝质量。

一、焊丝的作用及其要求

1. 焊丝的作用　手工钨极氩弧焊时，焊丝是填充金属，与熔化的母材混合形成焊缝；熔化极氩弧焊时，焊丝除上述作用外，还起传导电流、引弧和维持电弧燃烧的作用。

2. 对焊丝的要求

1）焊丝的化学成分应与母材的性能匹配。而且要严格控制其化学成分，纯度和质量

2）为了补偿电弧过程化学成分的损失，焊丝的主要合金成分应比母材稍高。

3）焊丝应符合国家标准并有制造厂的质量合格证书。

4）手工钨极氩弧焊用焊丝，一般为每根长500～1000mm的直丝；自动（机械化）焊接采用轴绕式或盘绕式的成盘焊丝。

5）焊丝直径范围从0.4mm（细小而精密的焊件用）至9mm（大电流手工TIG焊或手工TIG表面堆焊用）。

二、焊丝的牌号

氩弧焊用焊丝可分为钢焊丝与有色金属焊丝两大类：

1. 钢焊丝　氩弧焊用钢焊丝包括实芯焊丝与药芯焊丝两大类。

（1）实芯焊丝　实芯焊丝包括：GB/T 8110—1995《气体保护电弧焊用碳钢、低合金钢焊丝》，YB/T 5092—1996《焊接用不锈钢丝》。详见本书第二篇第二章第二节焊丝。

（2）药芯焊丝　包括GB/T 10045—2001《碳钢药芯焊丝》，GB/T 17493—1998《低合金钢药芯焊丝》。详见本书第二篇第二章第二节。

2. 有色金属焊丝　包括GB/T 15620—1995《镍及镍合金焊丝》，GB/T 9460—1998《铜及铜合金焊丝》，GB/T 10858—1989《铝及铝合金焊丝》等。这些焊丝可用来焊接相应的有色金属。

3. 各类焊丝适用的焊接方法　见表4-2-1。

表4-2-1　各类焊丝适用的焊接方法

焊接方法 / 焊丝型号	CO_2 气体保护焊	活性混合气体保护焊①	熔化极氩气保护焊	钨极氩弧焊	埋弧焊
GB/T 8110—1995《气体保护电弧焊用低碳低合金焊丝》	+	+	+	+	+

（续）

焊丝型号 \ 焊接方法	CO_2 气体保护焊	活性混合气体保护焊①	熔化极氩气保护焊	钨极氩弧焊	埋弧焊
GB/T 10045—2001《碳钢药芯焊丝》	+	+	+	+	+
GB/T 17493—1998《低合金钢药芯焊丝》	+	+	+	+	+
GB/T 17853—1999《不锈钢药芯焊丝》	+	+	+	+	+
GB/T 15620—1995《镍及镍合金焊丝》	-	-	+	+	+
GB/T 9460—1988《铜及铜合金焊丝》	-	-	+	+	+
GB/T 10858—1989《铝及铝合金焊丝》	-	-	+	+	-

注：表中“+”表示可以用；“-”表示不可以用。

① 活性混合气体保护焊是指惰性气体中加有少量 CO_2 或 O_2 气做保护气的焊接方法，保护气有弱氧化性。

三、焊丝的使用与保管

使用焊丝时应注意以下事项：

1. 焊丝应符合国家标准　氩弧焊应使用质量符合相应国家标准的焊丝，详见表 4-2-1。

2. 所有焊丝应与母材的化学成分相近　氩弧焊所用的焊丝一般应与母材的化学成分相近，不过从耐蚀性，强度及表面形状考虑，焊丝的成分也可与母材不同。异种母材(奥氏体与非奥氏体)焊接时所选用的焊丝，应考虑焊接接头的抗裂性和碳扩散等因素。如异种母材的组织接近，仅强度级别有差异，则选用的焊丝合金含量应介于两者之间，当有一侧为奥氏体不锈钢时，可选用含镍量较高的不锈钢焊丝。

3. 焊丝应有质量合格证书　焊丝应有制造厂的质量合格证书。对无合格证书或对其质量有怀疑时，应按批(或盘)进行检验，特别是非标准生产出来的专用焊丝，须经焊接工艺性能评定合格后方可投入使用。

4. 焊丝的清理　氩弧焊丝在使用前应采用机械方法或化学方法清除其表面的油脂、锈蚀等杂质，并使之露出金属光泽。

5. 保管焊丝的注意事项

（1）分类存放　焊丝应按类别、规格存放在清洁、干燥的仓库内，并有专人保管。

（2）凭证领用　焊工领用焊丝时，应凭所焊产品的领用单，以免牌号和规格用错。

焊工领用焊丝后应及时使用，如放置时间较长，应重新清洗干净才能使用。

第二节　钨　　极

一、钨极的作用及其要求

1. 钨极的作用　钨是一种难熔的金属材料，能耐高温，其熔点为 3653 ~ 3873K，沸点为 6173K，导电性好，强度高。

氩弧焊时，钨极作为电极，起传导电流，引燃电弧和维持电弧正常燃烧的作用。

2. 对钨极的要求　钨极除应耐高温、导电性好、强度高外还应具有很强的发射电子能力(引弧容易，电弧稳定)、电流承载能力大、寿命长，抗污染性好。

钨极必须经过清洗抛光或磨光。清洗抛光指的是在拉拔或锻造加工之后，用化学清洗方法除去表面杂质。

对钨极化学成分的要求，见表4-2-2。

表4-2-2　对气体保护焊钨极的种类及化学成分要求

钨极牌号		化学成分(质量分数,%)				特　点
		钨	氧化钍	氧化铈	其他元素	
纯钨极	W1	>99.92	—	—	<0.08	熔点和沸点都很高，空载电压要求较高，承载电流能力较小
	W2	>99.85			<0.05	
钍钨极	WTh—7	余量	0.1～0.9	—	<0.15	比纯钨极降低了空载电压，改善了引弧、稳弧性能，增大了电流承载能力，有微量放射性
	WTh—10		1～1.49			
	WTh—15		1.5～2			
	WTh—30		3～3.5			
铈钨极	WCe—5	余量	—	0.5	<0.5	比钍钨极更容易引弧，电极损耗更小，放射剂量也低得多，目前应用广泛
	WCe—13			1.3		
	WCe—20			2		

二、钨极的种类、牌号及规格

钨极按其化学成分分类：有纯钨极(牌号是W1、W2)、钍钨极(牌号是WTh—7、WTh—10、WTh—15)、铈钨极(牌号是WCe—20)、锆钨极(牌号为WZr—15)和镧钨极五种。长度范围为76～610mm，可用的直径范围一般为0.5～6.3mm。

1. 各类钨极的特点

(1) 纯钨极　w(W)为99.85%以上，纯钨极价格不太昂贵，一般用在要求不严格的情况。使用交流电时，纯钨极电流承载能力较低，抗污染能力差，要求焊机有较高的空载电压，故目前很少采用。

(2) 钍钨极　这是加入了质量分数为1%～2%氧化钍的钨极，其电子发射率较高，电流承载能力较好，寿命较长并且抗污染性能较好。使用这种钨极时，引弧比较容易，并且电弧比较稳定。其缺点是成本较高，具有微量放射性。

(3) 铈钨极　在纯钨中加入了质量分数为2%的氧化铈，便制成了铈钨极。与钍钨极相比，它具有如下优点：直流小电流焊接时，易建立电弧，引弧电压比钍钨极低50%，电弧燃烧稳定；弧柱的压缩程度较好，在相同的焊接参数下，弧束较长，热量集中，烧损率比钍钨极低5%～50%，修磨端部次数少，使用寿命比钍钨极长；最大许用电流密度比钍钨极高5%～8%；放射性极低。它是被我国建议尽量采用的钨极。

(4) 锆钨极　锆钨极的性能在纯钨极和钍钨极之间。用于交流焊接时，具有纯钨极理想的稳定特性和钍钨极的载流量及引弧特性等综合性能。

(5) 镧钨极　还在研制之中，我国已将其定为第五类。

2. 牌号的定义　目前我国对钨极的牌号没有统一的规定，根据其化学元素符号及化学成分的平均含量来确定牌号是比较流行的一种。

举例

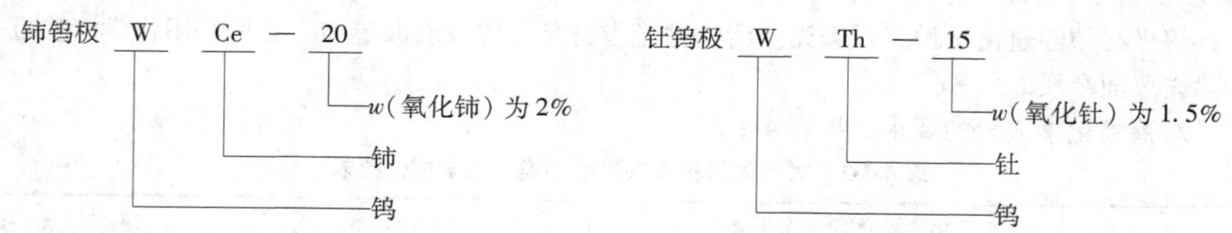

各类钨极的牌号及其化学成分见表4-2-2。

3. 钨极的规格　制造厂家按长度范围供给为76～610mm的钨极；常用钨极的直径为：0.5mm、1.0mm、1.6mm、2.0mm、2.5mm、3.2mm、4.0mm、5.0mm、6.3mm、8.0mm和10mm多种。

三、钨极的载流量(许用电流)

钨极载流量的大小，主要由直径，电流种类和极性决定。如果焊接电流超过钨极的许用值时，会使钨极强烈发热、熔化和蒸发，从而引起电弧不稳定，影响焊接质量，导致焊缝产生气孔、夹钨等缺陷；同时焊缝的外形粗糙不整齐。表4-2-3列出了根据电极直径推荐的许用电流范围。

在施焊过程中，焊接电流不得超过钨极规定的许用电流上限。

表4-2-3　根据钨极直径推荐的许用电流范围

电极直径/mm	直流电流/A				交流电流/A	
	正接(电极－)		反接(电极＋)			
	纯钨	加入氧化物的钨	纯钨	加入氧化物的钨	纯钨	加入氧化物的钨
0.5	2～20	2～20	—	—	2～15	2～15
1.0	10～75	10～75	—	—	15～55	15～70
1.6	40～130	60～150	10～20	10～20	45～90	60～125
2.0	75～180	100～200	15～25	15～25	65～125	85～160
2.5	130～230	170～250	17～30	17～30	80～140	120～210
3.2	160～310	225～330	20～35	20～35	150～190	150～250
4	275～450	350～480	35～50	35～50	180～260	240～350
5	400～625	500～675	50～70	50～70	240～350	330～460
6.3	550～675	650～950	65～100	65～100	300～450	430～575
8.0	—	—	—	—	—	650～830

四、钨极端头的几何形状及其加工

钨极端部形状对焊接电弧燃烧稳定性及焊缝成形影响很大。

使用交流电时，钨极端部应磨成半球形；在使用直流电时，钨极端部呈锥形或截头锥形易于高频引燃电弧，并且电弧比较稳定。钨极端部的锥度也影响焊缝的熔深，减小锥角可减小焊道的宽度，增加焊缝的熔深。常用的钨极端头几何形状，如图4-2-1所示。

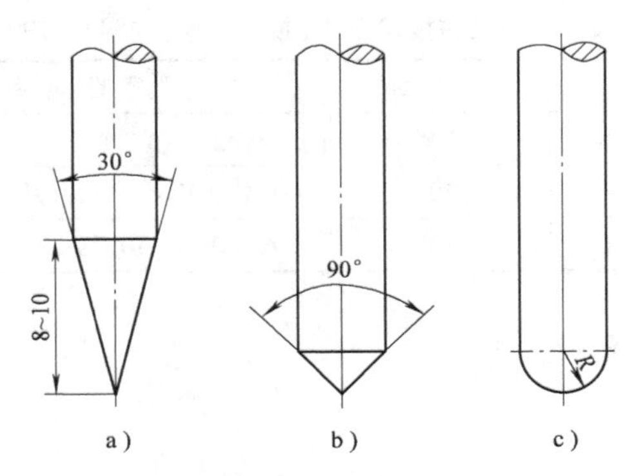

图 4-2-1　常用钨极端头的几何形状

a）小电流　b）大电流　c）交流电流

削磨钨极应采用专用的硬磨料精磨砂轮，应保持钨极磨削后几何形状的均一性。

磨削钨极时，应采用密封式或抽风式砂轮机，焊工应带口罩，磨削完毕，应洗净手脸。

第三节　氩　　气

氩气(Ar)是一种无色、无味的单原子气体，相对原子质量为39.948。一般由空气液化后，用分馏法制取氩。

一、氩气的性质

氩气的重量是空气的1.4倍，是氦气的10倍。因为氩气比空气重，所以氩气能在熔池上方形成一层较好的覆盖层。另外在焊接过程中用氩气保护时，产生的烟雾较少，便于控制焊接熔池和电弧。

氩气是一种惰性气体，在常温下与其他物质均不起化学反应，在高温下也不溶于液态金属中。故在焊接有色金属时更能显示其优越性。

氩气是一种单原子气体。在高温下，氩气直接离解为正离子和电子。因此能量损耗低，电弧燃烧稳定。

氩气对电弧的冷却作用小，所以电弧在氩气中燃烧时，热量损耗小，稳定性比较好。

氩气对电极具有一定的冷却作用，可提高电极的许用电流值。

因为氩气的密度大，可形成稳定的气流层，故有良好的保护性能。同时分解后的正离子体积和质量较大，对阴极的冲击力很强，具有强烈的阴极破碎作用。

氩气对电弧的热收缩效应较小，加上氩弧的电位梯度和电流密度不大，维持氩弧燃烧的电压较低，一般10V即可。故焊接时拉长电弧，其电压改变不大，电弧不易熄灭。这点对手工氩弧焊非常有利。

二、对氩气纯度的要求

氩气是制氧的副产品。因为氩气的沸点介于氧、氮之间，差值很小。所以在氩气中常残留一定数量的其他杂质，按国标GB/T 4842—1995《纯氩》规定，氩纯度应≥99.99%，具体技术要求见表4-2-4。如果氩气中的杂质含量超过规定标准，在焊接过程中不但影响对熔化金属的保护，而且极易使焊缝产生气孔、夹渣等缺陷，使焊接接头质量变坏，并使钨极的烧损量也增加。

表 4-2-4　纯氩的技术要求(摘自 GB/T 4842—1995)

项目名称		指　　标	项目名称		指　　标
氩含量(%)	≥	99.99	氢含量 $\times 10^{-4}\%$	≤	5
氮含量 $\times 10^{-4}\%$	≤	50	总碳含量 $\times 10^{-4}\%$(从甲烷计)	≤	10
氧含量 $\times 10^{-4}\%$	≤	10	水分含量 $\times 10^{-4}\%$	≤	15

注：1. 含量为体积分数。
　　2. 液体纯氩不规定水分含量。

三、氩气瓶

氩气可在低于 -184℃的温度下以液态形式贮存和运送，但焊接用氩气大多装入钢瓶中供使用。

氩气瓶是一种钢质圆柱形高压容器，其外表面涂成灰色并注有绿色“氩”字标志字样。目前我国常用氩气瓶的容积为 33L、40L、44L，最高工作压力为 15MPa。

氩气瓶在使用中严禁敲击、碰撞、瓶阀冻结时，不得用火烘烤；不得用电磁起重搬运机搬运氩气瓶；夏季要防日光曝晒；瓶内气体不能用尽，返厂氩气瓶余气压力应≥0.2MPa；氩气瓶一般应直立放置。

第四节　其他保护气体

一、氦气

1. 氦气的性质　氦是无色、无臭的单原子惰性气体，很难液化，沸点为 -268.6℃，临界温度为 -267.95℃，液化后温度降至 -270.976℃。在干燥的空气中含有体积分数为 0.0005% 的氦，工业上可在含氦的体积分数为 7% 的天然气中提取氦，或从液态空气中用分馏法提取氦。

氦气的热导率较高，与氩气相比，氦弧要求更高的电弧电压和热输入。由于氦弧的能量较高，故对于焊接热传导率高的材料和高速机械化焊接十分有利。焊接厚板时，应采用氦做保护气，使用 Ar + He 混和气时，可提高焊接速度。

焊接用氦气必须符合国标 GB/T 4844.2—1995《纯氦》的规定，详见表 4-2-5。

表 4-2-5　纯氦的技术指标(GB/T 4844.2—1995)

项　　目	指　　标		
	优等品	一等品	合格品
氦气纯度 $\times 10^{-2}\%$ ≥	99.995	99.993	99.99
氖含量 $\times 10^{-4}\%$ ≤	15	25	40
氢含量 $\times 10^{-4}\%$ ≤	3	5	7
氧(氩)含量 $\times 10^{-4}\%$ ≤	3	5	5
氮含量 $\times 10^{-4}\%$ ≤	10	17	25
一氧化碳含量 $\times 10^{-4}\%$ ≤	1	1	1
二氧化碳含量 $\times 10^{-4}\%$ ≤	1	1	1

（续）

项　　目	指　　标		
	优等品	一等品	合格品
甲烷含量 $\times 10^{-4}\% \leqslant$	1	1	1
水分含量 $\times 10^{-4}\% \leqslant$	10	15	20

注：表中各种气体的含量均为体积分数，下同。

2. 氩气和氦气的特性比较

（1）保护效果　决定保护效果的主要因素是气体的密度。

氩气的密度是空气的 1.4 倍，是氦气的 10 倍，比空气重，因此从喷嘴中喷出的氩气，覆盖在焊接区，具有良好的保护作用。

而氦气比空气轻，从喷嘴中喷出的氦气容易流失，增加了在喷嘴周围产生涡流的倾向，为了获得与氩气相同的保护效果，氦气的流量必须达到氩气流量的 2～3 倍。这种比例对氩气和氦气的混合气体也是适用的。但对仰焊有利。

（2）电弧功率　决定电弧功率的重要因素是电弧的静特性。采用氩气或氦气的钨极电弧的静特性曲线，如图 4-2-2 所示。

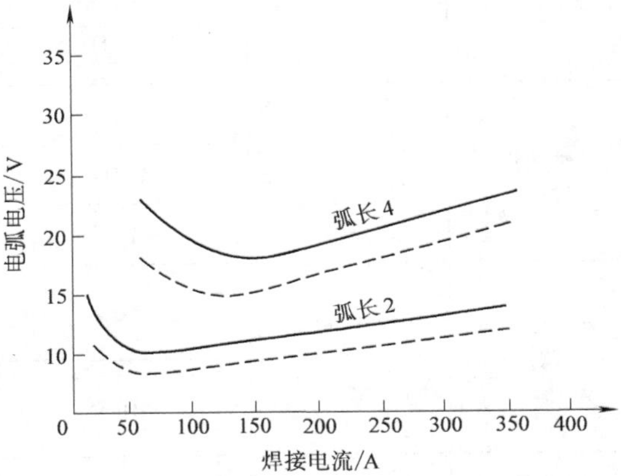

从图 4-2-2 可以看出，当弧长和焊接电流相同时，氦弧的功率比氩弧高，故常选用氦弧来焊接厚板，导热率高或熔点高的材料。

当焊接电流在 50～150A 范围内时，选用氩弧焊接薄板较好。

（3）电弧的稳定性　使用直流电源时，氩弧和氦弧的稳定性差不多。但使用交流电源时这两种电弧有很大的差异。

图 4-2-2　钨极氩弧和钨极氦弧的静特性曲线
┈┈—氩气　———氦气

焊接铝、镁及其合金时，使用交流氩弧，电弧稳定，并有良好的阴极净化作用；相反交流氦弧电弧的稳定性和阴极净化作用都不好。

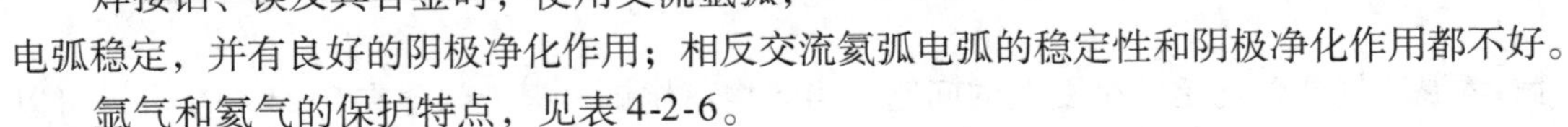

氩气和氦气的保护特点，见表 4-2-6。

二、氩-氢混合气体

氩-氢混合气体的应用范围只限于不锈钢，镍-铜合金和镍基合金，因为氢对许多其他材料会产生有害的影响。

表 4-2-6　保护气体的特点

母　材	焊 接 类 型	保 护 气 体	特　　点
铝和镁	手工焊	Ar	引弧性、净化作用、焊缝质量都较好，气体消耗量低
		Ar-He	可提高焊接速度
	自动焊	Ar-He	焊缝质量较好，流量比纯氦时的低
		He(直流正接)	与氩-氦相比，熔深大，焊速高

（续）

母材	焊接类型	保护气体	特点
碳钢	点焊	Ar	一般可延长电极寿命，焊点轮廓较好，引弧容易，比氦的流量低
	手工焊	Ar	容易控制熔池，特别适于全位置焊接时的情况
	自动焊	He	比氩气的焊接速度高
不锈钢	手工焊	Ar	焊薄件（不大于2mm）时可控制熔深
	自动焊	Ar	焊薄件时可很好地控制溶深
		Ar-He	热输入较高，对较厚件焊速可能高些
		$Ar\text{-}H_2$ [$\varphi(H_2)<35\%$]	防止咬边，在低电流下能焊出需要的焊缝成形，要求的流量低
		$Ar\text{-}H_2\text{-}He$	高速焊管作业中的最佳选择
		He	可提供最高的热输入与最深的熔深
铜、镍与铜-镍合金		Ar	容易控制薄件熔池、熔深与焊道成形
		Ar-He	高的热输入，以补偿大厚度的导热性
		He	焊大厚度金属时热输入最大
钛		Ar	低流量能降低紊流与空气对焊缝的污染，改善热影响区性能
		He	大厚度手工焊时熔深较大（背面需加保护气体，以保护背面焊缝不受污染）
硅青铜		Ar	减少这种“热脆”金属的裂纹倾向
铝青铜		Ar	母材的熔深较浅

氩-氢混合气体配比是一个复杂的问题，当焊接不锈钢，根部间隙在0.25～0.5mm可以添加体积分数（浓度）达35%的氢。在焊接1.6mm不锈钢对接接头时，这种混合气最好采用体积分数为15%的氢。为了获得比较清洁的焊缝，在手工钨极氩-氢混合气体保护焊时，有时以体积分数为5%的较好。氢的添加量不宜过多，多了会产生气孔，最多时氢的体积分数可超过35%。

三、保护气体的选择

对于任何特定用途，没有强制性的标准或细则规定气体的选择原则。一般说来，氩气产生的电弧比较平稳，较容易控制且穿透不那么强。此外，氩气的成本较低，从经济观点来看氩气更为可取，因此，对于大多数用途来说，通常优先采用氩气。

在焊接导热性高的厚板材料（诸如铝和铜）时，要求采用有较高热穿透性的氦气。

表4-2-7给出了根据母材可选择的保护气体。

表 4-2-7　保护气体的选择

材　　料	厚度/mm	采用的保护气体	
		手　工　焊	自　动　焊
铝及其合金	<3	Ar(交流电,高频)	Ar(交流电,高频)、He
	>3		Ar-He、He
碳钢	<3	Ar	Ar
	>3		Ar-He、He
不锈钢	<3	Ar	Ar、Ar-H_2、Ar-He
	>3	Ar、Ar-He	Ar-He
镍合金	<3	Ar	Ar、He、Ar-He
	>3	Ar-He	Ar、He
铜	<3	Ar、Ar-He	Ar、Ar-He
	>3	He、Ar	He、Ar
钛及其合金	<3	Ar	Ar、Ar-He
	>3	Ar、Ar-He	Ar、He

注：1. Ar-He 混合气体中 φ(He)为 75%，φ(Ar)为 25%。

2. Ar-H_2 混合气体中 φ(Ar)为 85%，φ(H_2)为 15%。

第三章　氩弧焊设备

本章讲述手工钨极氩弧焊（手工 TIG 焊）设备中焊接电源的种类、型号、技术特性，以及使用和维护保养的基本知识。

手工 TIG 焊设备由焊接电源、控制系统、焊枪、供气和供水系统以及指示仪表组成，如图 4-3-1 所示。自动钨极氩弧焊机还包括行走机构和送丝机构。手工熔化极气体保护焊机除没有行走机构外，与自动钨极氩弧焊机相同。

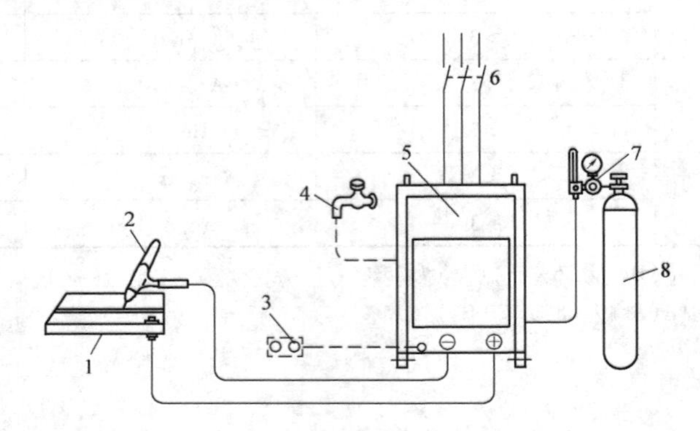

图 4-3-1　手工钨极氩弧焊设备示意图

1—工件　2—焊枪　3—遥控合　4—冷却水　5—电源与控制系统
6—电源开关　7—流量调节器　8—气瓶

第一节　焊机型号及其技术特性

一、氩弧焊机的型号编制方法

根据 GB/T 10249—1988《电焊机型号编制方法》规定，氩弧焊机型号由汉语拼音字母及阿拉伯数字组成。

氩弧焊机型号的编排次序如下：

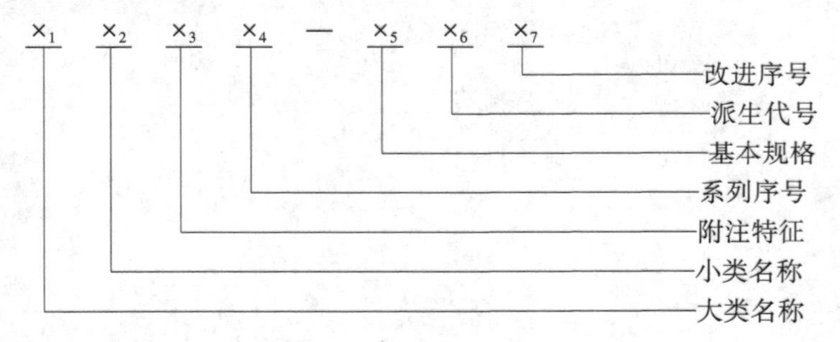

1）型号中 $\times_1 \times_2 \times_3 \times_6$ 各项用汉语拼音字母表示。

2）型号中 $\times_4 \times_5 \times_7$ 各项用阿拉伯数字表示。

3）型号中 $\times_3 \times_4 \times_6 \times_7$ 项如不用时，其他各项排紧。

4）附注特征和系列序号用于区别同小类的系列和品种，包括通用和专用产品。

5）派生代号按汉语拼音字母的顺序编排。

6）改进序号，按生产改进次数连续编号。

7）可同时兼作两大类焊机使用时，其大类名称的代表字母按主用途选取。

8）气体保护焊机型号代表字母，见表 4-3-1。

表 4-3-1　气体保护焊机型号代表字母及序号

$\times_1$		$\times_2$		$\times_3$		$\times_4$		$\times_5$	
代表字母	大类名称	代表字母	小类名称	代表字母	附注特征	数字序号	系列序号	单位	基本规格
		Z	自动焊	省略	直流	省略	焊车式		
						1	全位置焊车式		
		S	手工焊	J	交流				
						2	横臂式		
						3	机床式		
W	TIG 焊机	D	点焊	E	交直流			A	额定焊接电流
						4	旋转焊头式		
						5	台式		
		Q	其他	M	脉冲	6	机械手式		
						7	变位式		
						8	直空充气式		
		Z	自动焊	省略	氩气及混合	省略	焊车式		
		B	半自动焊		气体保护焊	1	全位置焊车式		
					直流				
				M	氩气及混合	2	横臂式		
N	MIG MAG				气体保护焊	3	机床式	A	额定焊接电流
	焊机	L	螺柱焊		脉冲	4	旋转焊头式		
		D	点焊						
		U	堆焊	C	二氧化碳保	5	台式		
					护焊	6	机械手式		
		G	切割			7	变位式		
		D	点焊	省略	同步控制	1	分立元件		
		F	缝焊						
K	控制器	T	凸焊	F	非同步控制			kVA	额定容量
		U	对焊			2	集成电路		
				Z	质量控制	3	微机		

例 1　手工钨极脉冲氩气及混合气体保护焊机，额定焊接电流为 250A。

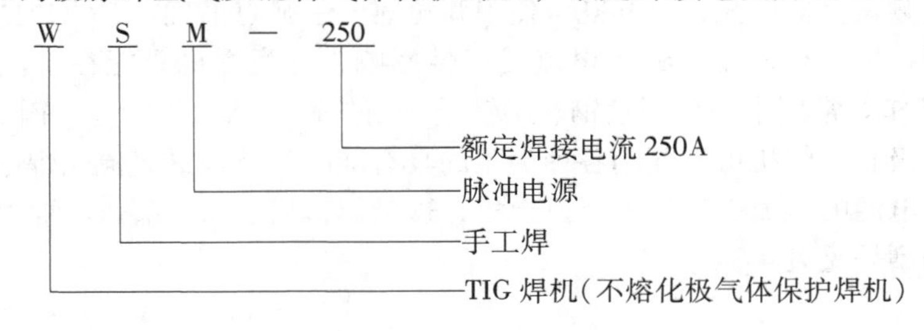

例 2

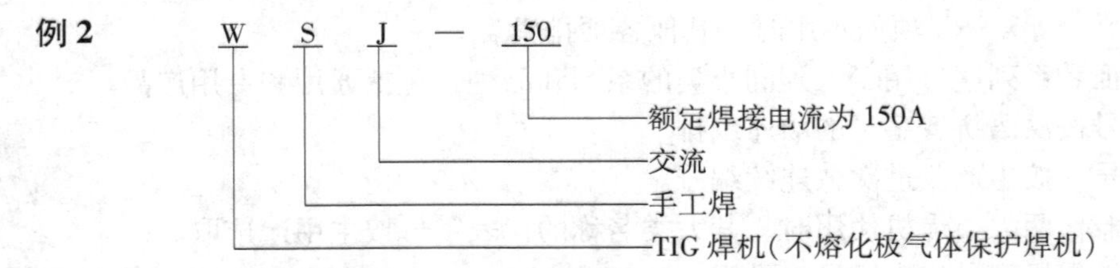

二、常用氩弧焊机的类型及其特点

这里只简单介绍手工钨极氩弧焊机。

1. 交流手工氩弧焊机　这类焊机是应用范围较广的焊机。具有较好的热效率，能提高钨极的载流能力，而且使用交流电源，相对价格较便宜。最大的优点是交流电弧在负半周时(焊件为负极时)，大质量氩离子高速冲击熔池表面，可将浮在熔池表面的高熔点氧化膜清除干净，使熔化了的填充金属能够和熔化了的母材熔合在一起，从而可改善铝及其合金的焊接性，能获得优质焊缝，这种作用称为阴极清理作用，又称阴极破碎作用或阴极雾化作用。正是利用这个优点，使交流钨极氩弧焊机成为焊接铝、镁及其合金的重要设备。

交流钨极氩弧焊机的缺点有两个：其一必须采用高频振荡器或高压同步脉冲发生器引弧；其二必须使用电容器组或其他措施清除交流焊接电流中的直流成分。

国产手工交流钨极氩弧焊机属于WSJ系列，其技术数据见表4-3-2。

表4-3-2　交流手工钨极氩弧焊机型号及技术数据

技术数据	型号		
	WSJ—150	WSJ—400	WSJ—500
电源电压/V	380	220	220/380
空载电压/V	80	80～88	80～88
额定焊接电流/A	150	400	500
电流调节范围/A	30～150	60～400	50～500
额定负载持续率(%)	35	60	60
钨极直径/mm	$\phi1$～$\phi2.5$	$\phi1$～$\phi5$	$\phi1$～$\phi5$
引弧方式	脉冲	脉冲	脉冲
稳弧方式	脉冲	脉冲	脉冲
冷却水流量/(L/min)	—	1	1
氩气流量/(L/min)	—	25	25
用途	焊接0.3～3mm的铝及铝合金、镁及其合金	焊接铝和镁及其合金	焊接铝和镁及其合金

2. 直流手工钨极氩弧焊机　这类氩弧焊机电弧稳定，结构最简单。为了实现不接触引弧，也需要用高频振荡器引弧，这样既可使引弧可靠，引弧点准确，又可以防止接触引弧处产生夹钨。由于钨极允许使用的最大电流受极性影响，这类焊机只能在直流正接的情况下(焊件接正极)工作。常用来焊接碳素钢、不锈钢、耐热钢、钛及其合金、铜及其合金。

直流手工钨极氩弧焊机可以配用各种类型的具有陡降外特性的直流弧焊电源。目前最常用的是配用逆变电源的直流手工钨极氩弧焊机，这类焊机属于WS系列。常用逆变直流手工钨极氩弧焊机的型号见表4-3-3。

表 4-3-3　逆变直流手工钨极氩弧焊机型号及技术数据

型号 / 参数	普通直流手工氩弧焊机型号					场效应管直流手工氩弧焊机型号			
	WS—63	WS—125	WS—250	WS—300	WS—400	WS—63	WS—100	WS—160	WS—315
电源电压/V	单相 220/380	3 相 380	3 相 380	3 相 380	3 相 380	~220(±10%)	~220(±10%)	~220(±10%)	3 相、380
额定输入容量/kVA	3.5	9.0	16	25	33	2.0	3.0	4.8	9
额定焊接电流/A	65	125	250	300	400	63	100	160	315
电流调节范围/A	4~65	10~130	10~250	20~300	20~400	4~63	4~100	4~160	8~315
额定负载持续率(%)	60								
引弧方式	高频引弧								
焊枪			250A 水冷	300A 水冷	500A 水冷	空冷	空冷	空冷	300A 水冷
用途	焊接 0.5mm 以下的不锈钢薄板的专用设备	焊接不锈钢、铜、钛等金属及其合金	焊接 $\delta=1\sim10$mm 不锈钢、高合金钢、铜等	焊接 $\delta=1\sim10$mm 不锈钢、高合金钢、铜等	焊接不锈钢、铜以及除铝、镁以外的有色金属及合金	该机适用于不锈钢、铜、钛等金属合金的焊接。采用场效应(EFT)脉冲宽度调制(PWM)逆变技术，和专用模块电路设计而成，并具有体积小、重量轻等特点。可进行焊条电弧焊，又可进行氩弧焊。该机在钨极氩弧焊时，引弧特别容易			
备注	设有提前送气、滞后关气和自动线性衰减装置								

3. 交/直流两用手工钨极氩弧焊机　这类焊机可通过转换开关，选择进行交流手工钨极氩弧焊或直流手工钨极氩弧焊。还可用于交流焊条电弧焊或直流焊条电弧焊，也是一种多功能，多用途焊机。

交/直流两用手工钨极氩弧焊机属于 WSE 系列，国产交/直流两用手工钨极氩弧焊的型号和技术数据，见表 4-3-4。

表 4-3-4　国产交/直流两用手工钨极氩弧焊机的型号与技术数据

参数＼型号		WSE—150	WSE—160	WSE—250	WSE—300 Ⅱ	WSE—400
电源电压、相数及频率/(V/相/Hz)		380/1/50	380/1/50	380—1—50	380/3/50	380/1/50
额定输入容量/kVA			7.2	22		
额定焊接电流/A		150	直流 160 交流 120	250	300	400
电流调节范围/A		15 ~ 180		直流 25 ~ 250 交流 40 ~ 250		50 ~ 450
最大空载电压/V		82		直流 75 交流 85		
额定负载持续率(%)		35	40	60	60	60
重量/kg	焊接电源	150	210	230		250
	控制箱	42				
	焊枪	大 0.4，小 0.3				

4. 交流方波/直流多用途手工钨极氩弧焊机　这类焊机可用于交流方波氩弧焊、直流氩弧焊、交流方波焊条电弧焊和直流焊条电弧焊。具有交流方波自稳弧性好，交流方波正、负半周宽度可调，能消除交流氩弧焊产生的直流分量，可获得最佳焊接质量，也可自动补偿电网电压波动对焊接电流的影响，并具有体积小、重量轻、功能强一机多用等特点，最适用于焊接铝、镁、钛、铜及其合金，还可用来焊接各种不锈钢、碳钢和高、低合金钢。

交流方波/直流多用途手工钨极氩弧焊机属于 WSE5 系列。其型号和技术参数见表 4-3-5。

这类焊机广泛用于石油、化工、航空航天、机械、核工业、建筑和家电业等部门中焊接结构的焊接。

表 4-3-5　国产交流方波/直流钨极氩弧焊机型号及技术数据

型号		WSE5					
规格		160	200	250	315	400	500
电源电压/V		220/380	380	380	380	380	380
电源相数		单相					
额定输入容量/kVA		13	16	19	25	32	40
额定焊接电流/A		160	200	250	315	400	500
最大空载电压/V		70	70	72	73	76	78
电流调节范围/A	DC	5 ~ 160	12 ~ 200	10 ~ 250	10 ~ 315	10 ~ 400	10 ~ 500
	AC	20 ~ 160	30 ~ 200	25 ~ 250	30 ~ 315	40 ~ 400	50 ~ 500
额定负载持续率(%)		35					

5. 手工钨极脉冲氩弧焊机　这类焊机采用脉冲电流进行焊接。特别适于宇航、航空、原子能、机电、轻纺等工业中的不锈钢、铜、钛及其合金、碳钢、合金钢等薄焊件及管板、管子结构的全位置焊。

手工钨极脉冲氩弧焊机属于 WSM 系列。由于其实现脉冲使用的元件及工作方式的不同，这类焊机的小类不同，国产 WSM 系列手工钨极脉冲氩弧焊机有以下几类：

（1）晶体管式脉冲钨极氩弧焊机　这类焊机主控系统简单、电流均匀、响应速度快，整机可靠性高，适于焊接厚度 <1.5mm 的不锈钢、铂、银、镍等金属及其合金。其型号和技术数据见表 4-3-6。

表 4-3-6　晶体管式脉冲钨极氩弧焊机

参数 \ 型号	WSM—63 型脉冲钨极氩弧焊机			WSM—63 型多功能钨极氩弧焊机
电源电压/V	单相 ×220			3 相 ×380
电源频率/Hz	50Hz			
空载电压/V	50			
负载持续率(%)	60	35	100	60
额定焊接电流/A	63	80	50	63
脉冲频率/Hz	0.5，1，2，4，10，20			
脉冲占空比	0.3 ~0.7			
电流递增时间/s	2			0 ~5
电流递减时间/s	1.5 ~10			0 ~10
脉冲基值时间/s				0.003 ~0.8
脉冲峰值时间/s				0.003 ~0.8
说明				能输出：直流，高频脉冲电流，低频脉冲电流，高频 + 低频脉冲电流，电流调节范围广，适用范围宽、焊接质量好，能替代微束等离子弧焊，并具有恒电流外特性

（2）WSM—75 型场效应管开关型钨极脉冲氩弧焊机　这类焊机采用 VDMOS 场效应管做控制元件，利用脉宽调制原理获得垂直陡降外特性，适用于焊接不锈钢、碳钢、铜或钛及其合金。具有以下特点：

1）采用脉冲开关技术控制场效应管，使电源效率从 50% 提高到 80%，高效节能。

2）可输出多种电流。直流，高频脉冲电流，低频脉冲电流，高频 + 低频脉冲电流，具有多种功能。

3）采用高频 + 低频脉冲电流焊接，可利用高频脉冲增加电弧的稳定性和挺度；还可利用低频脉冲调节焊接的热输入，解决了薄板和超薄板的焊接难题。可焊接厚度为 0.2 ~ 2.0mm 的焊件。

该焊机的技术数据如下：

电源电压　　单相，380V，50Hz

输入容量　　　　2. 8kVA
负载持续率　　　80%
空载电压　　　　40V
基值电流　　　　3 ~ 75A
峰值电流　　　　3 ~ 75A
脉冲频率　　　　0. 5 ~ 20Hz

(3) WSM系列逆变式手工钨极脉冲氩弧焊机　这类焊机采用20kHz IGBT模块逆变技术，具有体积小，重量轻，高效节能，动特性好，在规定范围内，各种焊接参数都可进行无级调节和陡降外特性的特点。

WSM系列逆变式手工钨极脉冲氩弧焊具有电流自动衰减装置、提前送气和滞后停气功能、网络电压补偿装置、负压、过流、过热、缺相等保护功能等。工作性能稳定可靠，焊机的型号和技术数据见表4-3-7。

表4-3-7　WSM—160，200型逆变手工钨极脉冲氩弧焊机的技术数据

参数 \ 型号	WSM—160	WSM—200
输入电源电压/V	3相380	
频率/Hz	50	
负载持续率(%)	60	
额定焊接电流/A	160	200
电流调节范围/A	8 ~ 160	10 ~ 200
钨极直径/mm	1 ~ 3	
氩气流量/(L/min)	5 ~ 15	5 ~ 18
重量/kg	35	40
外形尺寸(长/mm×宽/mm×高/mm)	610×300×400	870×310×400

三、典型手工钨极氩弧焊机简介

1. 典型手工钨极氩弧焊机的组成　手工钨极氩弧焊机由以下三个部分组成。

(1) 焊枪与供气系统　包括氩气钢瓶、氩气专用减压阀(俗称氩气表)、输送氩气的高压管和钨极氩弧焊用焊枪。

(2) 焊接电源　因手工钨极氩弧焊电源的静特性与焊条电弧焊电弧相似。因此，任何焊条电弧焊的电源都可用作手工钨极氩弧焊的电源。旧式氩弧焊机都选配焊条电弧焊电源。

(3) 控制箱　为了方便操作，采用控制箱，可自动控制氩气的输送和停止、自动引弧、断弧，以及焊接电流的递增和衰减。对于复杂的还要控制脉冲电流和基值电流的大小，以及脉冲频率和持续时间等。

专用手工钨极氩弧焊机只有焊枪和供气系统两部分组成。其焊接电源和控制系统装在一起。新式采用逆变电源的手工钨极氩弧焊机既小又轻。

2. WSM—250 型手工钨极脉冲氩弧焊机

（1）用途　WSM—250 型手工钨极脉冲氩弧焊机，采用 $\phi 1 \sim \phi 3$mm 铈钨极可以焊接碳钢、不锈钢、钛合金、铜和铜合金等等金属的薄板和中厚板。

（2）主要结构和外部接线图　WSM—250 型焊机由焊接电源、控制箱、焊枪三部分组成，焊机的外部接线图如图 4-3-2 所示。

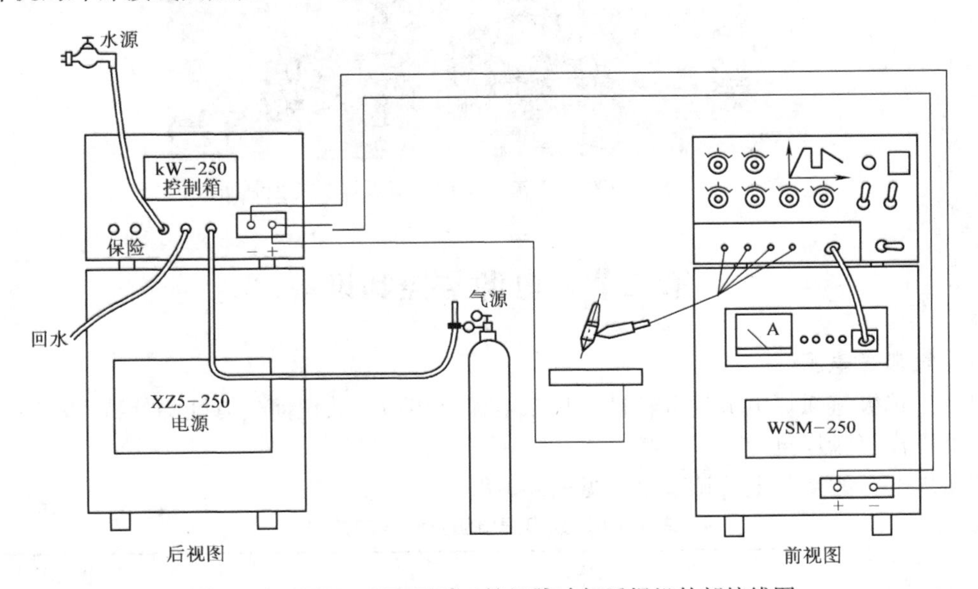

图 4-3-2　WSM—250 型手工钨极脉冲氩弧焊机外部接线图

3. WS—500 型直流手工钨极氩弧焊机

（1）用途　WS—500 型直流手工钨极氩弧焊机还可用于焊条电弧焊。可焊接低碳钢、不锈钢、高强钢及 Cr-Mo 合金钢等的薄板及中厚板。

（2）主要结构和外部接线　WS—500 型直流手工钨极氩弧焊机由控制系统的焊接电源、冷却水箱和供气系统(随机不包括氩气瓶)组成。其外部接线图如图 4-3-3 所示。其焊机的控制面板如图 4-3-4 所示。

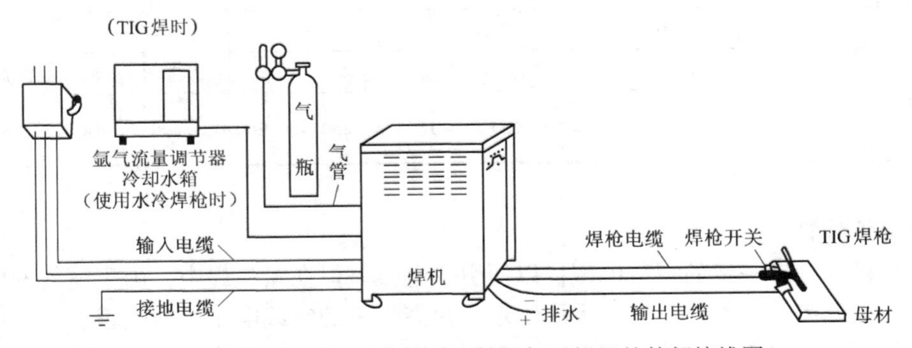

图 4-3-3　WS—500 型直流手工钨极氩弧焊机的外部接线图

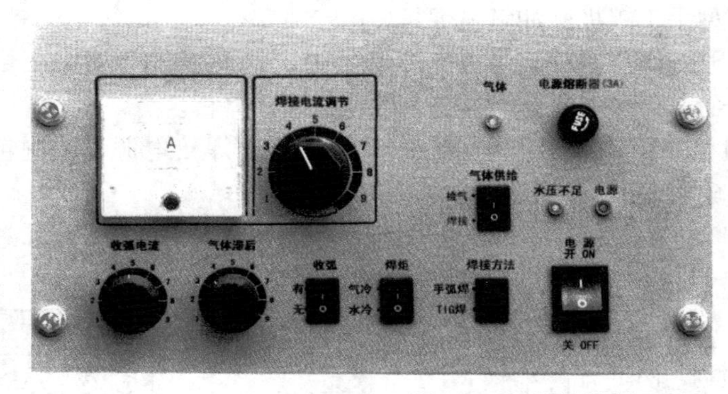

图 4-3-4　WS—500 型直流手工钨极氩弧焊机的控制面板

第二节　电源与控制设备

一、氩弧焊电源

因手工钨极氩弧焊电弧的静特性与焊条电弧焊相似，故任何具有陡降外特性曲线的弧焊电源都可以作氩弧焊电源。

氩弧焊电源的空载电压调节范围见表 4-3-8。

表 4-3-8　氩弧焊电源空载电压范围

电源及电流种类		空载电压/V		电源及电流种类		空载电压/V	
		最小	最大			最小	最大
手工	交流	70	90	自动	交流	70	100
	直流	65	80		直流	65	100

氩弧焊电源的电流调节范围见表 4-3-9。

表 4-3-9　氩弧焊电源焊接电流的调节范围

	额定焊接电流/A											
电流等级	40		100		160		250		400		630	
电源种类	直流	交流	直流	交流	直流	交流	直流	交流	直流	交流	直流	交流
焊接电流调节范围	2～40	—	5～100	15～100	16～160	30～160	25～250	40～250	40～400	50～400	63～630	70～630

二、引弧装置

各类焊机都具有一定的空载电压，以便引燃电弧。但在氩弧焊中，由于氩气的电离电位较高，不易被电离，给引弧造成很大的困难。提高焊机的空载电压虽能改善引弧条件，但对人身安全不利，一般都在焊接电源上加入引弧装置予以解决。通常在交流电源中接入高频振荡器，在直流电源中接入脉冲引弧器。

1. 高频振荡器　高频振荡器可输出 2000～3000V，150～260kHz 的高频高压电，其功率很小(100～200W)。由于输出电压很高，能在电弧空间产生很强的电场，一方面加强了阴极发射电子的能力，另一方面电子和离子在电弧空间被强电场加速，动能很大，碰撞时氩气容易电离，因而克服了焊件电子热发射能力差和氩气电离电位高不易电离的困难，使引弧容易。当钨极和焊件距离2mm左右就能使电弧引燃。

高频振荡器的电路原理如图4-3-5所示，它由升压变压器T_1、火花放电器P，振荡电容C_K，振荡电感L_K和高频耦合变压器T_2组成。另外为了安全，设有开关Q和保护电容C。

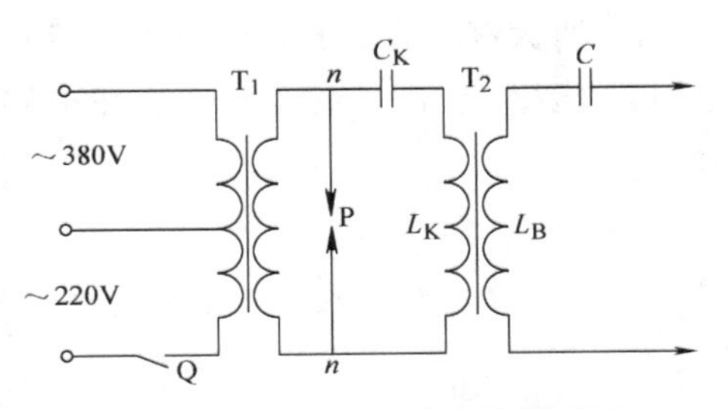

图4-3-5　高频振荡器电路原理图

高频振荡器和焊接变压器可以并联，也可以串联使用。高频长期通过人体对健康不利，另外振荡器发出的电磁波对无线电台有干扰，所以引弧后应立即切断振荡器电源。

2. 高压脉冲引弧器　高压脉冲引弧器大多是由高压脉冲发生器和脉冲触发器两部分组成。

高压脉冲引弧器的优点是不用高频高电压引弧。因为高频电容易在其他非高频电回路中引起串电现象，再加上高压的作用易击穿线路中的元件，（晶体管,晶闸管等）也容易干扰或破坏控制系统的正常工作程序。所以常在直流电源中接入脉冲引弧装置。

三、稳弧装置

交流电源焊接时，交流电弧燃烧的稳定性不如直流电弧。其主要原因是交流电源以50Hz的交流电供给电弧电压和焊接电流。每秒有100次经过零点，使电极的电子发射能力和气体的电离程度减弱，甚至熄弧。只有在交流电源上加接稳弧装置，方可保证电弧稳定燃烧。通常采用脉冲稳弧器。

对脉冲稳弧的要求是，输出脉冲必须和焊接电流同步，也就是电流过零点后，负半波开始时输出有足够功率的脉冲。一般脉冲电压为200～250V，脉冲电流为2A左右。

四、消除交流氩弧焊直流分量的措施

1. 直流分量产生的原因　交流氩弧焊时，交流电每秒有100次正负极性的变换，同时有100次通过零点。如果是钨极氩弧焊，由于钨极和焊件的熔点和沸点不同，截面大小和散热能力也不同，故两极发射电子的能力差异很大，从而使电弧电压和焊接电流的波形发生畸变(图4-3-6)。交流正半周时，钨极为负极有利于电子发射，电流大，电压低；负半周时，焊件为负极，阴极温度低，不利于电子发射，故电流小，电压高。尽管电源输出电压是对称的，电流在正负半周却不同；这种不对称的电流可以认为是由两部分组成的。一部分是对称的交流电，另一部分是直流电(称为直流分量)。直流分量的方向是从焊件流向钨极。直流分量的极性是电极为负，焊件为正，它将显著降低阴极破碎作用，影响熔化金属表面氧化膜的去除，并使电弧不稳定，焊缝易出现未焊透等缺陷。同时焊接变压器耗损加大甚至容易烧坏。因此在钨极交流氩弧焊时应尽量设法消

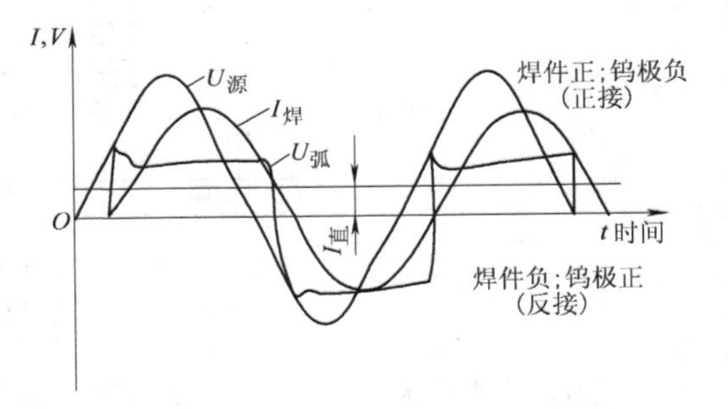

图4-3-6　交流钨极氩弧焊的直流分量

$U_{源}$—电源电压　$U_{弧}$—电弧电压

$I_{焊}$—焊接电流　$I_{直}$—直流分量

除直流分量。

熔化极氩弧焊时，由于两极的金属材料基本相同，正负半波的电流值基本相等，故没有直流分量。

2. 消除直流分量的方法（图 4-3-7） 一般可在焊接回路中串联电容、串联直流电源（蓄电池）、接入电阻和整流元件、在电路中接入直流磁化电抗器等办法来限制或消除直流分流。

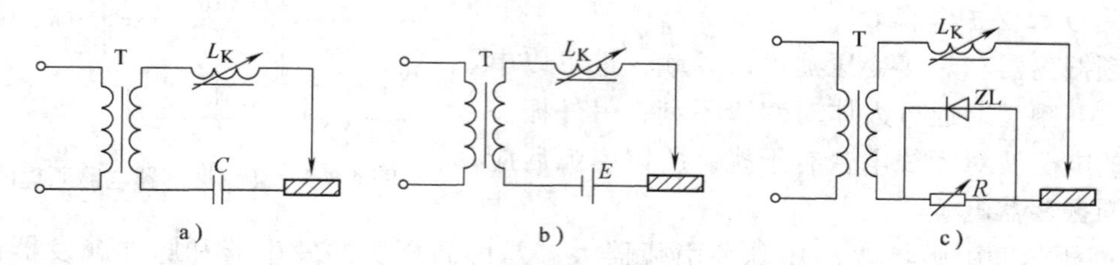

图 4-3-7 消除直流分量的方法

a）串电容 b）串蓄电池 c）串电阻和整流管

C—电容器 T—焊接变压器 L_K—电抗器

R—附加电阻 ZL—整流器 E—蓄电池

五、控制系统

氩弧焊的控制系统主要用来控制和调节气、水、电的各个工艺参数以及启动和停止焊接过程。不同的操作方式有不同的控制程序，但大体上按照下列程序进行。

手工钨极氩弧焊的程序控制如图 4-3-8 所示。

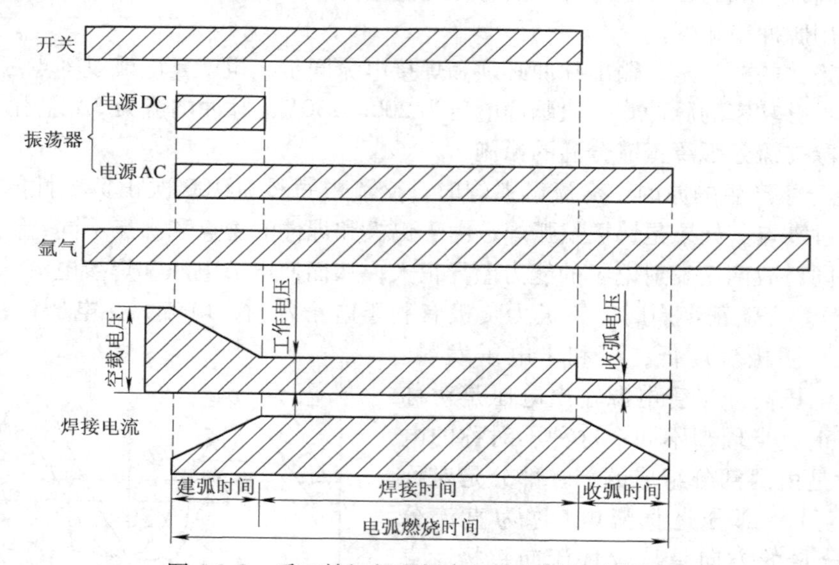

图 4-3-8 手工钨极氩弧焊合理动作顺序示意图

当按动启动开关时，接通电磁气阀使氩气通路（延时线路主要是控制气体提前输送和滞后关闭之用），经短暂延时后，同时接通两个系统：接通主电路，给电极和焊件输送空载电压，接通高频引弧器，使电极和焊件之间产生高频火花并引燃电弧。若为直流焊接，电弧引燃后，高频引弧器立即停止工作；若为交流电流，则高频引弧器仍然继续工作。电弧建立之后，即进入正常的焊接过程。当启动开关断开时，焊接电流衰减；经过一段延时后，主电路电源切断，同时焊接电流消失，引弧器停止工作；再经过一段延时，电磁气阀断开，氩气断路，此时焊接过程结束。

手工钨极氩弧焊的控制系统必须保证上述动作顺序，并做到各段延时均匀可调。

第三节　焊枪与流量调节器

一、氩弧焊焊枪

1. 氩弧焊焊枪的作用　氩弧焊必备工具是焊枪(或称焊炬)，其作用如下：

1）装夹钨极。

2）传导焊接电流。

3）输出保护气体。

4）启动或停止整机的工作系统。

优质的氩弧焊焊枪应能保证气体呈层流状均匀喷出，气流挺度良好，抗干扰能力强，应有足够大的保护电压能满足焊接工艺的要求。

2. 氩弧焊焊枪分类

（1）按不同电极类别分　可分为钨极氩弧焊焊枪和熔化极氩弧焊焊枪两类。

（2）按操作方式分　可分为手工、自动钨极氩弧焊焊枪和半自动、自动熔化极氩弧焊焊枪四类。

（3）按冷却方式分　可分为水冷式和气冷式氩弧焊焊枪两类。

3. 氩弧焊焊枪的结构形式和技术参数　手工钨极氩弧焊焊枪由枪体、钨极夹头、夹头套筒、绝缘帽和喷嘴等几部分组成。焊枪的型号编制及含义如下：

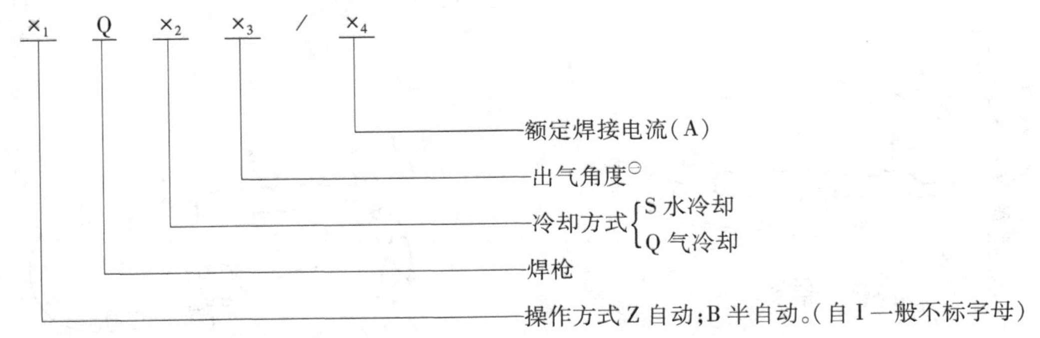

4. 水冷式系列手工氩弧焊焊枪的特点

1）该系列焊枪采用循环水冷却的导电枪体及焊接电缆，这样可以增大导电部件的电流密度，并减轻重量，缩小焊枪体积，所以水冷式系列焊枪一定应具有冷却水的进、出水管。

2）钨极是借轴向压力来紧固的，通过旋转电极帽盖，可使电极夹头紧固或放松，因此装卸钨极很容易。

3）每把焊枪带有 2 ~ 3 个不同孔径的钨极夹头，可配用不同直径的钨棒，以适应不同

㊀ 出气角度指焊枪把和工件平行时，保护气体喷射方向和焊接之间的夹角。

焊接电流的需要。

4）每把焊枪各带高、短不同的两个帽盖，可适用于不同长度的钨棒（最长 160mm）和不同场合的焊接。

5）出气孔是一圈均匀分布的径向或轴向小孔，使保护气体喷出时形成层流，有效地保护金属熔池不被氧化。

6）焊枪手把上装有微动开关，按扭开关或船形开关，可避免操作者手指的过度疲劳和因失误而影响焊接质量。

7）为保证使用时安全可靠，必须保证冷却水顺利流通，并接好电缆线和接通水管。

QS—85°/250 型水冷式氩弧焊焊枪结构，如图 4-3-9 所示。

5. 气冷式（自冷式）系列手工钨极氩弧焊焊枪的特点

1）本系列焊枪是直接利用保护气流带走导电部件热量的一种焊枪。设计时适当地减少了导电部件的电流密度，因此没有冷却系统，故相对地减轻了焊枪的重量，所以特别适用于无水地带或水易冻结的北方地带。

2）焊枪内只有一根进气管，它包着电缆，因此结构简单，接管线方便。

3）采用 QQ 型焊枪时，应避免超载使用。一般应对照焊接电源上的负载持续率来选用有效电流。

4）如连续用较大电流进行焊接时，宜配备两把焊枪轮换使用，以延长焊枪寿命。

QQ—85°/150—1 型气冷式氩弧焊焊枪结构见图 4-3-10。

6. 手工钨极氩弧焊枪的主要技术数据　见表 4-3-10。

7. 手工钨极氩弧焊焊枪的选用　选用焊枪时应考虑以下几个因素：焊接材料、焊件厚度、焊接层次，焊接电流的极性接法、额定焊接电流及钨极直径、焊接坡口的形式、焊接速度、经济性等。表 4-3-11 是手工钨极氩弧焊焊枪选用参照表。

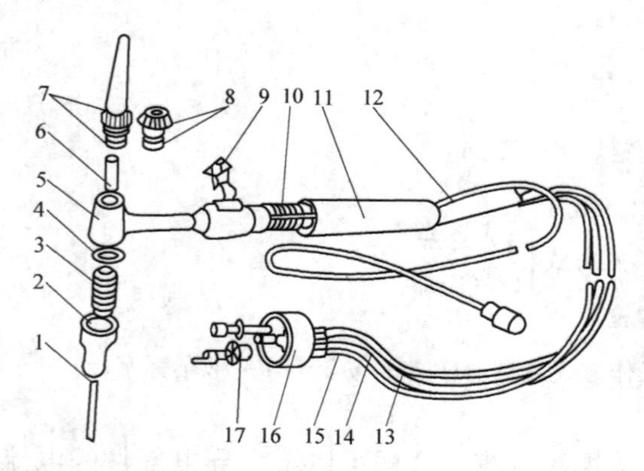

图 4-3-9　QS—85°/250 型氩弧焊枪分解图

1—钍钨极　2—陶瓷喷嘴　3—导流件　4、8—密封圈　5—枪体　6—钨极夹头　7—盖帽　9—船形开关　10—扎线　11—手把　12—插头　13—进气胶管　14—出水胶管　15—水冷缆管　16—活动接头　17—水电接头

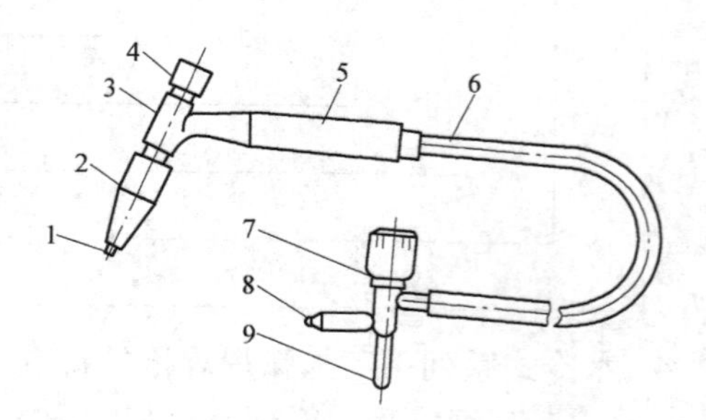

图 4-3-10　QQ—85°/150—1 型气冷式氩弧焊枪

1—钨极　2—陶瓷喷嘴　3—枪体　4—短帽　5—手把　6—电缆　7—气开关手轮　8—通气接头　9—通电接头

表 4-3-10 手工钨极氩弧焊焊枪的主要技术数据

序号	额定焊接电流/A	出气角度/(°)	冷却方式	选用型号	适用互换电极		可配喷嘴的规格(螺纹/M×喷嘴长/mm×喷口直径/mm)	控制开关形式	外形尺寸(极向直径/mm×极向长度/mm×总长度/mm)	重量/kg
					最大长度/mm	钨极直径/mm				
1	500	75	循环水冷却	QS—75°/500	180	4、5、6	M27×43×14 M27×43×16 M27×43×18	KB—1按键	38×195×270	0.45
2	400	75	循环水冷却	QS—75°/400	150	3、4、5	M20×41×9 M20×39×12 M20×45×18	KB—1按键	29×155×280	0.40
3	350	75	循环水冷却	QS—75°/350	150	3、4、5	M20×40×9 M20×40×12 M20×40×16	KB—1按键	29×155×280	0.30
4	300	65	循环水冷却	QS—65°/300	160	3、4、5	M20×40×9 M20×40×12	环形按钮	28×170×220	0.26
5	250	85	循环水冷却	QS—85°/250	160	2、3、4	M18×47×6 M18×47×8 M18×47×10	KND—1船形开关	25×160×230	0.26
6	200	65	循环水冷却	QS—65°/200	90	1.6、2、2.5	M12×26×6.5 M12×26×9.5	按钮	21×95×200	0.11
7	150	65	循环水冷却	QS—65°/150	110	1.6、2、3	M14×30×9 M14×30×6	KB—1按键	21×115×245	0.13
8	150	85	循环水冷却	QS—85°/150	110	1.6、2、3	M14×30×9 M14×30×6	微动开关	21×115×245	0.13
9	150	0(笔式)	循环水冷却	QS—0°/150	90	1.6、2、2.5	M10×47×6 M10×47×8 M10×47×9	按钮	20×220	0.14
10	200	85	气冷却(自冷)	QQ—85°/200	150	1.6、2、3	M18×47×8 M18×47×10	船形开关	25×150×230	0.26
11	150	85	气冷却(自冷)	QQ—85°/150	110	1.6、2、3	M10×60×8 M10×46×6	—	20×110×225	0.20
12	150	85	气冷却(自冷)	QQ—85°/150—1	110	1.6、2、3	M10×46×6 M10×60×8	—	20×110×160	0.15
13	150	0~90	气冷却(自冷)	QQ—0°~90°/150	70	1.6、2、3	M14×60×10	全位置转动按钮	23×70×220	0.20
14	100	85	气冷却(自冷)	QQ—85°/100	160	1.6、2	M12×26×6.5 M12×26×9.5	KND—1船形开关	20×160×225	0.20
15	75	0~90	气冷却(自冷)	QQ—0°~90°/75	70	1.2、1.6、2	M10×60×8	全位置转动按钮	21×70×220	0.15
16	75	65	气冷却(自冷)	QQ—65°/75	40	1.0、1.6	M12×17×6 M12×17×10	微动开关	17×30×187	0.09
17	10	0(笔式)	气冷却(自冷)	QQ—0°/10	100	1.0、1.6	M10×47×6 M10×47×8 M10×60×9	微动开关	20×110	0.08

表 4-3-11　手工钨极氩弧焊(GTAW)焊枪选用参照表

序号	焊接材料与电极接法	板厚/mm	焊丝直径/mm	焊接电流/A	坡口形式	喷嘴口径/mm	氩气流量/(dm³/min)	d_W, L_W/L_S ϕ/mm	层数	焊接速度/(mm/min)	选用焊枪
1	铝(或铝合金)(ACHF)交流加高频(脉冲)	0.6~1	0~0.6	50~70	(a)	6.8	4~5.7	1~1.6 5/10	1	200~400	QQ 系列≤75A
2		2.0	1.6~2.0	60~110	(a)	6.8	4.8~6	1.6~2.5 5/10	1	150~300	QQ 系列≤150A QS 系列≤150A
3		3.0	2~3	100~140	I_L	8.9	5~6	2~3 5/10	1	~300	QQ 系列≤150A QS 系列≤150A
4		4.0	3~4.5	140~180	I_LV	9、10	6~8.4	3~4 7/15	1	~280	QQ 系列≤200A QS 系列≤250A
5		5.0	4~5.5	170~220	I_LV	9、12	8~10.5	3~4 7/15	1	~260	QQ 系列≤200A QS 系列≤350A
6		6.0	4~5.5	200~270	I_LV_1V	12、16	10.5~12	3~5 7/15	1~2	~250	QQ 系列≤200A QS 系列≤350A
7		8.0	4~5.5	240~320	V_1VU	12、16	11~12.7	3~5 7/15	2~3	~170	QS 系列≤500A
8		12.0	>6	250~400	U	16、18	11.5~14.5	4~6 7/15	2~4	~80	QS 系列≤500A
9	不锈钢(DCSP)直流正极性	0.6~1	0~1.6	30~70	(a)	6.8	4	1~1.6 5/10	1	100~400	QQ 系列≤75A
10		2.0	1.6~2	60~120	(a)I_{cu}	6.8	4~5	1.6~2.5 5/10	1	150~300	QQ 系列≤150A QS 系列≤150A
11		3.0	2~3	110~150	I_{cu}	8.9	5~6	2~3 5/10	1	~300	QQ 系列≤150A QS 系列≤250A
12		4.0	2.5~4	130~180	I_LV	9	6~8	2.5~3 7/15	1	~280	QQ 系列≤200A QS 系列≤250A
13		5.0	3~5	150~220	I_LV	9、12	8~9	3~4 7/15	1	~250	QQ 系列≤200A QS 系列≤350A
14	不锈钢(DCSP)直流正极性	6.0	3~5	180~250	I_LV_1V	12、16	9~10	3~5 7/15	1~2	~250	QQ 系列≤200A QS 系列≤350A
15		8.0	4~6	220~300	V_1V^*U	12、16	9~11	3~5 7/15	2~3	~220	QS 系列≤350A
16		12.0	5~6	300~400	U	16、18	11~14	4~6 7/15	2~4	~150	QS 系列≤500A
17	普通钢(DCSP)直流正极性	0.8	1.6	100	(a)	6、8	4~5	1.2~2.5 5/10	1	300~380	QQ 系列≤150A QS 系列≤150A
18		1~1.2	1.6	100~125	(a)	6、8	4~5	1.6~2 5/10	1	300~450	QQ 系列≤150A QS 系列≤150A
19		1.5	1.6~2	100~140	(a)I_{cu}	8、9	5~6	2~3 5/10	1	300~450	QQ 系列≤150A QS 系列≤150A
20		2~3	2~3	140~170	(a)I_{cu}	8、9	6~8	2.5~3 5/10 或7/15	1	300~400	QQ 系列≤200A QS 系列≤250A
21		3~4	3~4	150~200	I_LV	9、12	8~10	3~4 5/10 或7/15	1~2	250~280	QQ 系列≤200A QS 系列≤250A

（续）

序号	焊接材料与电极接法	板厚/mm	焊丝直径/mm	焊接电流/A	坡口形式	喷嘴口径/mm	氩气流量/(dm³/min)	d_W，L_W/L_S ϕ/mm	层数	焊接速度/(mm/min)	选用焊枪
22	纯铜(DCSP)直流正极性	0.6~1	0~1.6	60~90	I_{cu}	6、8	4~5	1~1.6 5/10	1		QQ 系列≤150A QS 系列≤150A
23		2.0	2~3	100~140	I_{cu}	8、9	4~6	2~3 5/10	1		QQ 系列≤200A QS 系列≤250A
24		3.0	3~4.5	140~180	V_2	9、10	5~7	3~4 7/15	1		QQ 系列≤200A QS 系列≤250A
25		4.0	4~5	180~250	V_1	12、16	7~8.5	3~4 7/15	1		QQ 系列≤200A QS 系列≤350A
26		6.0	5.5~6.5	300~400	V_3	16、18	10~13.5	4~6 7/15	1~2		QS 系列≤500A

二、氩气流量调节器

瓶装氩气充气压力一般达到 14.71MPa。由于装瓶氩气的压力很高，而工作时所需压力较低，因而需用一个减压阀将高压氩降至工作压力，且使整个焊接过程中氩气工作压力稳定，不会因瓶内压力的降低或氩气流量的增减而影响工作压力。

使用氩气流量调节器不仅能起到降压和稳压的作用，而且可方便地调节氩气流量。

AT—15，30 型氩气流量计的外形图如图 4-3-11 所示。

表 4-3-12 给出了 AT—15，30 型氩气流量调节器的技术数据。

如果进行技术革新，可用氧气表减压，用转子流量计调节氩气流量，但流量计需校正读数，否则流量不准确。

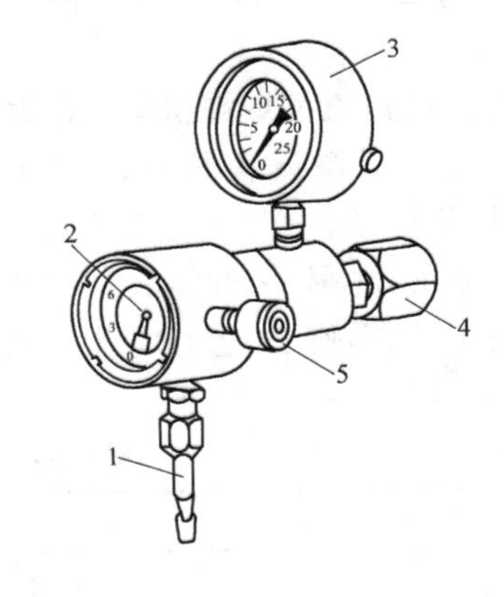

图 4-3-11 AT—15、30 型氩气流量调节器
1—出气管 2—流量表 3—高压表
4—进气口 5—流量调节旋钮

表 4-3-12 AT—15，30 型氩气流量调节器

最高输入气压	15MPa	最高输入气压	15MPa
最低进口压力	不低于工作压力 2.5 倍	进气接头尺寸	G5/8″①
输出工作压力	0.4~0.5MPa	出气口孔径	ϕ3.6mm
输出流量调节范围	AT—150~15L/min AT—300~30L/min	外形尺寸	150mm×68mm×168mm
压力表型式	弹簧管式 YO—60	重量	810g

① 1in=25.4mm，下同。

第四节　钨极氩弧焊焊机的维护及故障排除

氩弧焊焊机的正确使用和维护保养，是保证焊机设备具有良好的工作性能和延长使用寿命的重要因素之一。因此，必须加强对氩弧焊焊机的保养工作。

一、钨极氩弧焊焊机的维护

1）焊机应按外部接线图正确安装，并应检查铭牌电压值与网路电压值是否相符，不相符时严禁使用。

2）焊接设备在使用前，必须检查水、气管的连接是否良好，以保证焊接时正常供水、气。

3）焊机外壳必须接地、未接地或地线不合格时不准使用。

4）应定期检查焊枪的钨极夹头夹紧情况和喷嘴的绝缘性能是否良好。

5）氩气瓶不能与焊接场地靠近，同时必须固定，防止摔倒。

6）工作完毕或临时离开工作场地，必须切断焊机电源，关闭水源及气瓶阀门。

7）必须建立健全焊机一、二级设备保养制度并定期进行保养。

8）焊工工作前，应看懂焊接设备使用说明书，掌握焊接设备一般构造和正确的使用方法。

二、钨极氩弧焊焊机常见故障和排除方法

钨极氩弧焊设备常见故障有水、气路堵塞或泄漏；钨极不洁引不起电弧，焊枪钨极夹头未旋紧，引起电流不稳；焊枪开关接触不良使焊接设备不能启动等。这些应由焊工排除。另一部分故障如焊接设备内部电子元件损坏或其他机械故障，焊工不能随便自行拆修，应由电工、钳工进行检修。钨极氩弧焊机常见故障和消除方法列于表4-3-13。

表 4-3-13　钨极氩弧焊焊机的故障和排除方法

故障特征	可能产生原因	消除方法
电源开关接通，指示灯不亮	1）开关损坏 2）熔断器烧断 3）控制变压器损坏 4）指示灯损坏	1）更换开关 2）更换熔断器 3）修复 4）换新的指示灯
控制线路有电但焊机不能起动	1）枪的开关接触不良 2）继电器出故障 3）控制变压器损坏	1）检修① 2）检修 3）检修
焊机启动后，振荡器放电、但引不起电弧	1）网路电压太低 2）接地线太长 3）焊件接触不良 4）无气、钨极及焊件表面不洁、间距不合适、钨极太钝等 5）火花塞间隙不合适 6）火花头表面不洁	1）提高网路电压 2）缩短接地线 3）清理焊件 4）检查气、钨极等是否符合要求 5）调火花的间隙 6）清洁火花头表面

（续）

故 障 特 征	可能产生原因	消 除 方 法
焊机起动后，无氩气输送	1）按钮开关接触不良 2）电磁气阀出现故障 3）气路不通 4）控制线路故障 5）气体延时线路故障	1）清理触头 2）检修 3）检修 4）检修 5）检修
电弧引燃后，焊接过程中电弧不稳	1）脉冲稳弧器不工作，指示灯不亮 2）消除直流分量的元件故障 3）焊接电源的故障	1）检修 2）检修或更换 3）检修

① 若冷却方式选择开关置于空冷位置时，焊机能正常工作，而置于水冷时则不能(且水流量又大于 1L/min 时)处理的方法是可打开控制箱底板，检查水流开关的微动是否正常。必要时可进行位置调整。

第四章　焊 接 工 艺

氩弧焊焊缝的坡口形式见 GB/T 985—1988《气焊、手工电弧焊及气体保护焊焊缝坡口的基本形式与尺寸》。

厚度 $\delta \leqslant 3$mm 的碳钢，低合金钢、不锈钢，铝及其合金的对接接头，以及厚度 $\delta \leqslant 2.5$mm 的高镍合金，一般开 I 形坡口。

厚度在 3 ~ 12mm 的上述材料，可开 V 形和 Y 形坡口。

对 V 形坡口的角度要求如下：碳钢、低合金钢与不锈钢的坡口角为 60°，高镍合金为 80°；用交流电焊接铝及其合金时，通常为 90°。

第一节　焊接参数的选择

本节只讨论手工钨极氩弧焊焊接参数对焊缝成形的影响。

手工钨极氩弧焊的主要工艺参数有：钨极直径，焊接电流，电弧电压，焊接速度，电源种类和极性、钨极伸出长度、喷嘴直径、喷嘴与工件间距离及氩气流量等。

一、焊接电流与钨极直径的选择

通常根据焊件的材质、厚度和接头的空间位置选择焊接电流。

焊接电流增加时，熔深增大；焊缝宽度与余高稍增加，但增加得很少。

手工钨极氩弧焊用钨极的直径是一个比较重要的参数，因为钨极的直径决定了焊枪的结构尺寸、重量和冷却形式，会直接影响焊工的劳动条件和焊接质量。因此，必须根据焊接电流、选择合适的钨极直径。

如果钨极较粗，焊接电流很小，由于电流密度低，钨极端部温度不够，电弧会在钨极端部不规则的飘移，电弧很不稳定，破坏了保护区，熔池被氧化，焊缝成形不好，而且容易产生气孔。

当焊接电流超过了相应直径的许用电流时，由于电流密度太高，钨极端部温度达到或超过钨极的熔点，可看到钨极端部出现熔化迹象，端部很亮，当电流继续增大时，熔化了的钨极在端部形成一个小尖状突起，逐渐变大形成熔滴，电弧随熔滴尖端飘移，很不稳定，这不仅破坏了氩气保护区，使熔池被氧化，焊缝成形不好，而且熔化的钨滴落入熔池后会产生夹钨缺陷。

当焊接电流合适时，电弧很稳定。

表 4-4-1 给出了不同直径、不同牌号钨极允许使用的电流范围。

又从表 4-4-1 可看出：同一种直径的钨极，在不同的电源和极性条件下，允许使用的电流范围不同。相同直径的钨极，直流正接时许用电流最大；直流反接时许用电流最小；交流时许用电流介于二者之间。

当电流种类和大小变化时，为了保持电弧稳定，应将钨极端部磨成不同形状，如图4-4-1所示。

表 4-4-1　推荐的焊接电流值

钨棒直径/mm	焊接电流/A			
	交流电流		直流正接	直流反接
	W	WTh	W，WTh	W，WTh
0.5	5～15	5～20	5～20	—
1.0	10～60	15～80	15～18	—
1.6	50～100	70～150	70～150	10～20
2.4	100～160	140～235	150～250	15～30
3.2	150～210	225～325	250～400	25～40
4.0	200～275	300～425	400～500	40～55
4.8	250～350	400～525	500～800	55～80

二、电弧电压的选择

电弧电压主要由弧长决定，弧长增加，焊缝宽度增加，熔深稍减小。若电弧太长时，容易引起未焊透及咬边，而且保护效果也不好；若电弧太短很难看清熔池，而且送丝时容易碰到钨极引起短路，使钨极受污染，加大钨极烧损，还容易造成夹钨。通常使弧长近似等于钨极直径。

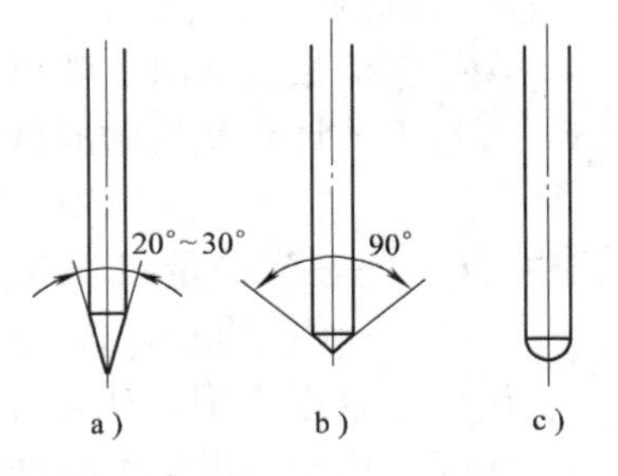

图 4-4-1　常用钨极端部的形状
a）小电流　b）大电流　c）交流

三、焊接速度的选择

焊接速度增加时，熔深和熔宽减小。焊接速度太快时，容易产生未焊透，焊缝高而窄，两侧熔合不好；焊接速度太慢时，焊缝很宽，还可能产生焊漏烧穿等缺陷。

手工钨极氩弧焊时，通常都是焊工根据熔池大小、熔池形状和两侧熔合情况随时调整焊接速度。

选择焊接速度时，应考虑以下因素：

1）在焊接铝及铝合金以及高导热性金属时，为减少变形，应采用较快的焊接速度。

2）焊接有裂纹倾向的合金时，不能采用高速度焊接。

3）在非平焊位置焊接时，为保证较小的熔池，避免铁水下流，尽量选择较快的焊速。

四、焊接电源种类和极性的选择

氩弧焊采用的电流种类和极性选择与所焊金属及其合金种类有关。有些金属只能用直流电正极性或反极性，有些交、直流电流都可使用。因而需根据不同材料选择电源和极性，见表 4-4-2。

表 4-4-2　焊接电源种类与极性的选择

电源种类与极性	被焊金属材料
直流正极性	低合金高强度钢、不锈钢、耐热钢、铜、钛及其合金
直流反极性	适用各种金属的熔化极氩弧焊
交流电源	铝、镁及其合金

直流正极性时，焊件接正极，温度较高，适于焊厚焊件及散热快的金属。

采用交流电焊接时，具有阴极破碎作用，即焊件为负极时，因受到正离子的轰击，焊件表面的氧化膜破裂，使液态金属容易熔合在一起，通常都用来焊接铝、镁及其合金。

五、喷嘴直径与氩气流量的选择

喷嘴直径(指内径)越大，保护区范围越大，要求保护气的流量也越大。

可按下式选择喷嘴内径：

$$D=(2.5\sim3.5)d_W$$

式中 D——喷嘴直径或内径(mm)；

d_W——钨极直径(mm)。

通常焊枪选定以后，喷嘴直径很少能改变，因此实际生产中并不把它当作独立焊接参数来选择。

当喷嘴直径决定以后，决定保护效果的是氩气流量。

氩气流量太小时，保护气流软弱无力，保护效果不好。

氩气流量太大，容易产生紊流，保护效果也不好。

保护气流量合适时，喷出的气流是层流，保护效果好。

可按下式计算氩气的流量：

$$Q=(0.8\sim1.2)D$$

式中 Q——氩气流量(L/min)；

D——喷嘴直径(mm)。

D 小时 Q 取下限；D 大时 Q 取上限。

实际工作中，通常可根据试焊情况选择流量，流量合适时，保护效果好、熔池平稳，表面明亮没有渣，焊缝外形美观，表面没有氧化痕迹；若流量不合适，保护效果不好，熔池表面上有渣、焊缝表面发黑或有氧化皮。

选择氩气流量时还要考虑以下因素：

1. 外界气流和焊接速度的影响　焊接速度越大，保护气流遇到空气阻力越大，它使保护气体偏向运动的反方向；若焊接速度过大，将失去保护。因此，在增加焊接速度的同时应相应地增加气体的流量。

在有风的地方焊接时，应适当增加氩气流量。一般最好在避风的地方焊接，或采取挡风措施。

2. 焊接接头形式的影响　对接接头和T形接头焊接时，具有良好的保护效果，如图4-4-2a所示。在焊接这类工件时，不必采取其它工艺措施；而进行端头焊及端头角焊时，保护效果最差如图4-4-2b所示，在焊接这类接头时，除增加氩气流量外，还应加挡板。如图4-4-3所示。

六、钨极伸出长度的选择

为了防止电弧热烧坏喷嘴，钨极端部应突出喷嘴以外。钨极端头至喷嘴端头的距离叫钨极伸出长度。

钨极伸出长度越小，喷嘴与焊件间距离越近，保护效果越好，但过近会妨碍观察熔池。

通常焊对接缝时，钨极伸出长度为5～6mm较好；焊角焊缝时，钨极伸出长度为7～8mm较好。

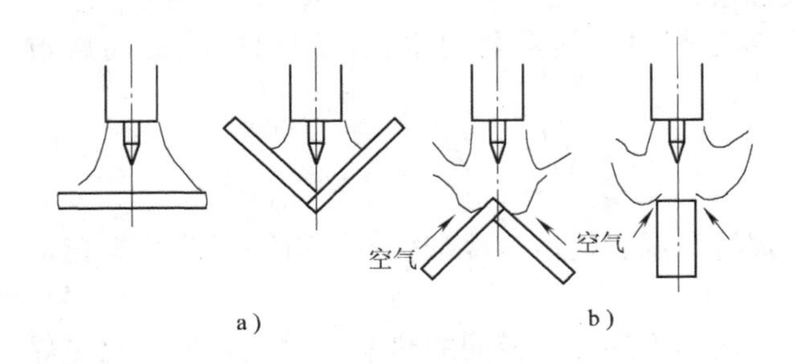

图 4-4-2　氩气的保护效果
a) 好　b) 差

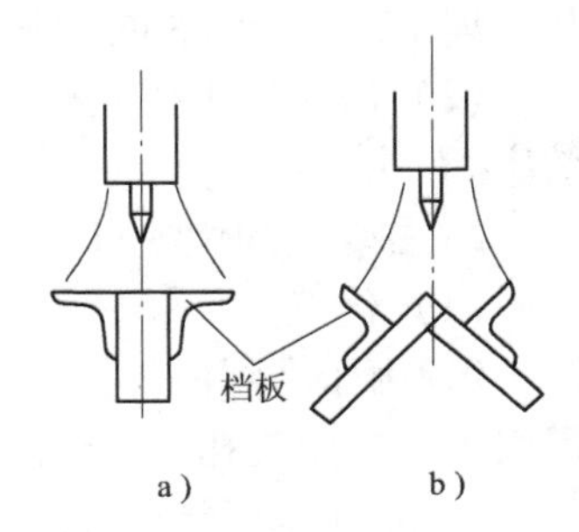

图 4-4-3　加挡板
a) 好　b) 差

七、喷嘴与焊件间距离的选择

这是指喷嘴端面和焊件间距离，这个距离越小，保护效果越好，但能观察的范围和保护区都小；这个距离越大，保护效果越差。

八、焊丝直径的选择

根据焊接电流的大小，选择焊丝直径，表 4-4-3 给出了它们间的关系。

表 4-4-3　焊接电流与焊丝直径的匹配关系

焊接电流/A	焊丝直径/mm	焊接电流/A	焊丝直径/mm
10～20	≤1.0	200～300	2.4～4.5
20～50	1.0～1.6	300～400	3.0～6.0
50～100	1.0～2.4	400～500	4.5～8.0
100～200	1.6～3.0		

九、左焊法与右焊法的选择

左焊法与右焊法，如图 4-4-4 所示。

在焊接过程中，焊丝与焊枪由右端向左端移动，焊接电弧指向未焊部分，焊丝位于电弧运动的前方，称为左焊法。如在焊接过程中，焊丝与焊枪由左端向右施焊，焊接电弧指向已焊部分，填充焊丝位于电弧运动的后方，则称为右焊法。

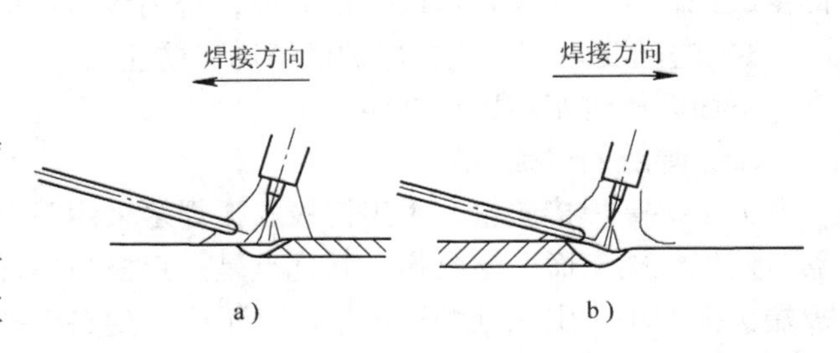

图 4-4-4　左焊法与右焊法
a) 左焊法　b) 右焊法

1. 左焊法的优缺点

（1）优点

1）焊工视野不受阻碍，便于观察和控制熔池情况。

2）焊接电弧指向未焊部分，既可对未焊部分起预热作用，又能减小熔深，有利于焊接薄件（特别是管子对接时的根部打底焊和焊易熔金属）。

3）操作简单方便、初学者容易掌握。特别是国内很大一部分手工钨极氩弧焊工，多系从气焊工改行(因左向焊法在气焊中应用最普遍)，因而更增大了这种方法使用的普遍性。

(2) 缺点：主要是焊大工件，特别是多层焊时，热量利用率低，因而影响提高熔敷效率。

2. 右焊法的优缺点

(1) 优点

1) 由于右焊法焊接电弧指向已凝固的焊缝金属，使熔池冷却缓慢，有利于改善焊缝金属组织，减少气孔，夹渣的可能性。

2) 由于电弧指向焊缝金属，因而提高了热利用率，在相同的热输入时，右焊法比左焊法熔深大，因而特别适合于焊接厚度较大，熔点较高的焊件。

(2) 缺点

1) 由于焊丝在熔池运动后方，影响焊工视线，不利于观察和控制熔池。

2) 无法在管道上(特别小直径管)施焊。

3) 掌握较难，焊工一般不喜欢用。

第二节　基本操作技术

一、注意事项

为了保证手工钨极氩弧焊的质量，焊接过程中始终要注意以下几个问题：

1) 保持正确的持枪姿式，随时调整焊枪角度及喷嘴高度，既有可靠的保护效果，又便于观察熔池。

2) 注意观察焊后钨极形状和颜色的变化，焊接过程中如果钨极没有变形，焊后钨极端部为银白色，则说明保护效果好；如果焊后钨极发蓝，说明保护效果较差；如果钨极端部发黑或有瘤状物，说明钨极已被污染，多半是焊接过程中发生了短路，或沾了很多飞溅，使头部变成了合金，必须将这段钨极磨掉，否则容易夹钨。

3) 送丝要匀，不能在保护区搅动，防止卷入空气。

下面开始讲基本操作技能。

二、焊缝的引弧

为了提高焊接质量，手工钨极氩弧焊多采用引弧器引弧，如高频振荡器或高压脉冲发生器，使氩气电离而引燃电弧。其优点是：钨极与焊件不接触就能在施焊点直接引燃电弧，钨极端头损耗小；引弧处焊接质量高，不会产生夹钨缺陷。

没有引弧器时，可用纯铜板或石墨板做引弧板。引弧板放在焊接坡口上，或放在坡口边缘，不允许钨极直接与试板或坡口面直接接触引弧。

三、定位焊

为了防止焊接时焊件受热膨胀引起变形，必须保证定位焊缝的距离。可按表 4-4-4 选择。

表 4-4-4　定位焊缝的间距　　(单位:mm)

板　厚	0.5~0.8	1~2	>2
定位焊缝间距	≈20	50~100	≈200

定位焊缝将来是焊缝的一部分，必须焊牢，不允许有缺陷，如果该焊缝要求单面焊双面成形，则定位焊缝必须焊透。

必须按正式焊接工艺要求焊定位焊缝，如果正式焊缝要求预热、缓冷，则定位焊前也要预热，焊后要缓冷。

定位焊缝不能太高，以免焊接到定位焊缝处接头困难，如果碰到这种情况，最好将定位焊缝磨低些，两端磨成斜坡，以便焊接时好接头。

如果定位焊缝上发现裂纹、气孔等缺陷，应将该段定位焊缝打磨掉重焊，不允许用重熔的办法修补。

四、焊接和焊缝接头

1. 打底层　打底层焊道应一气呵成，不允许中途停止。打底层焊道应具有一定厚度：对于壁厚 $\delta \leqslant 10$mm 的管子，其厚度不得小于 2～3mm；壁厚 $\delta > 10$mm 管子，其厚度不得小于4～5mm，打底层焊道需经自检合格后，才能进行填充盖面焊。

2. 焊接　焊接时要掌握好焊枪角度，送丝位置，力求送丝均匀，才能保证焊道成形。

为了获得比较宽的焊道，保证坡口两侧的熔合质量，氩弧焊枪也可横向摆动，但摆动频率不能太高，幅度不能太大，以不破坏熔池的保护效果为原则，由焊工灵活掌握。

焊完打底层焊道后，焊第二层时，应注意不得将打底层焊道烧穿，防止焊道下凹或背面剧烈氧化。

3. 焊缝接头的质量控制　无论打底层或填充层焊接，控制接头的质量是很重要的。因为接头是两段焊缝交接的地方；由于温度的差别和填充金属量的变化，该处易出现超高、缺肉、未焊透、夹渣(夹杂)、气孔等缺陷。所以焊接时应尽量避免停弧，减少冷接头次数。但由于实际操作时，需更换焊丝、更换钨极和焊接位置的变化或要求对称分段焊接等，必须停弧，因此接头是不可避免的。问题是应尽可能地设法控制接头质量。

控制焊缝接头质量的方法

焊缝接头处要有斜坡，不能有死角。

重新引弧的位置在原弧坑后面，使焊缝重叠 20～30mm，重叠处一般不加或只加少量焊丝。

熔池要贯穿到焊缝接头的根部，以确保接头处熔透。

五、填丝

1. 填丝的基本操作技术

(1) 连续填丝　这种填丝操作技术较好，对保护层的扰动小，但比较难掌握。连续填丝时，要求焊丝比较平直，用左手拇指、食指、中指配合动作送丝，无名指和小指夹住焊丝控制方向，如图 4-4-5 所示。

连续填丝时手臂动作不大，待焊丝快用完时才前移。

当填丝量较大，采用强工艺参数时，多采用此法。

(2) 断续填丝(又叫点滴送丝)　以焊工的左手拇指、食指、中指捏紧焊丝，焊丝末端应始终处于氩气保护区内。填丝动作要轻，不得扰动氩气保护层，以防止空气侵入。更不能像气焊那样在熔池中搅拌，而是靠焊工的手臂和手腕的

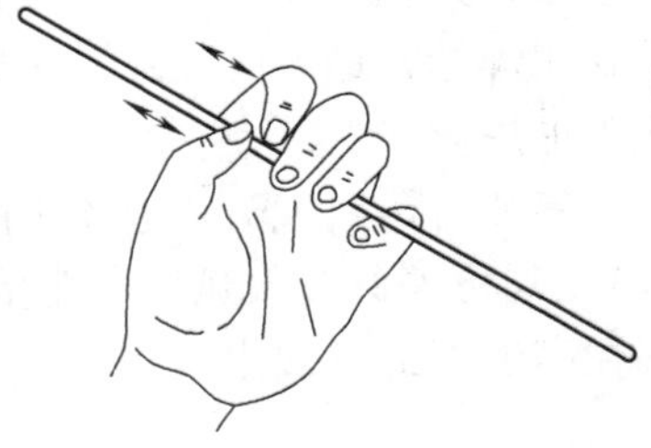

图 4-4-5　连续填丝操作技术

上、下、反复动作，将焊丝端部的熔滴送入熔池，全位置焊时多用此法。

(3) 焊丝贴紧坡口与钝边一起熔入　即将焊丝弯成弧形，紧贴在坡口间隙处，焊接电弧熔化坡口钝边的同时也熔化焊丝。这时要求对口间隙应小于焊丝直径，此法可避免焊丝遮住焊工视线，适用于困难位置的焊接。

2. 填丝注意事项

1）必须等坡口两侧熔化后才填丝，以免造成熔合不良。

2）填丝时，焊丝应与工件表面夹角成15°，敏捷地从熔池前沿点进，随后撤回，如此反复动作。

3）填丝要均匀，快慢适当。过快，焊缝余高大；过慢则焊缝下凹和咬边。焊丝端头应始终处在氩气保护区内。

4）对口间隙大于焊丝直径时，焊丝应跟随电弧作同步横向摆动。无论采用那种填丝动作，送丝速度均应与焊接速度适应。

5）填充焊丝，不应把焊丝直接放在电弧下面，把焊丝抬得过高也是不适宜的，不应让熔滴向熔池“滴渡”。填丝位置的正确与否的示意图，如图4-4-6所示。

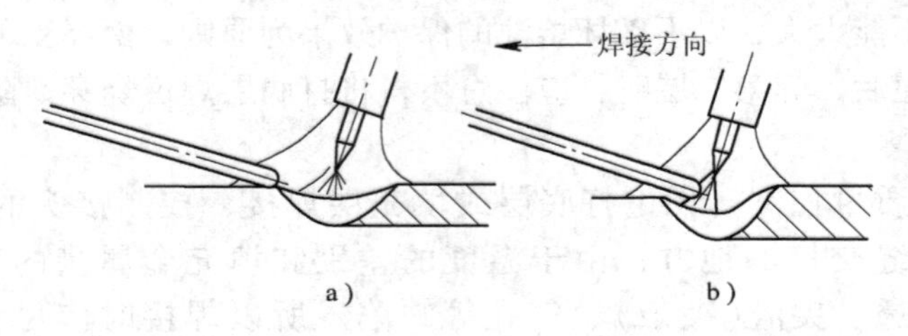

图4-4-6　填丝的正确位置

a）正确　b）不正确

6）操作过程中，如不慎使钨极与焊丝相碰，发生瞬间短路，将产生很大的飞溅和烟雾；会造成焊缝污染和夹钨。这时，应立即停止焊接，用砂轮磨掉被污染处，直至磨出金属光泽。被污染的钨极，应在别处重新引弧熔化掉污染端部，或重新磨尖后，方可继续焊接。

7）撤回焊丝时，切记不要让焊丝端头撤出氩气保护区，以免焊丝端头被氧化，在下次点进时进入熔池，造成氧化物夹渣或产生气孔。

六、焊缝的收弧

收弧不当，会影响焊缝质量，使弧坑过深或产生弧坑裂纹，甚至造成返修。

一般氩弧焊设备都配有电流自动衰减装置，若无电流衰减装置时，多采用改变操作方法来收弧，其基本要点是逐渐减少热量输入，如改变焊枪角度、拉长电弧、加快焊速。对于管子封闭焊缝，最后的收弧，一般多采用稍拉长电弧，重叠焊缝20～40mm，在重叠部分不加或少加焊丝。

停弧后，氩气开关应延时10s左右再关闭（一般设备上都有提前送气、滞后关气的装置），焊枪停留在收弧处不能抬高，利用延迟关闭的氩气保护收弧处凝固的金属，可防止金属在高温下继续氧化。

第三节　焊前与焊后检查

一、焊机的焊前检查

焊机焊前的检查工作大体可分以下三个方面：

1. 检查水路　在确认有水、水管无破损情况下，开启水阀，检查水路是否畅通，并确定好流量。

2. 检查气路

1）检查氩气钢瓶颜色是否符合规定(国家标准规定氩气钢瓶为灰色)，钢瓶上有否质量合格标签，钢瓶内是否有氩气。

2）按规定装好减压表，开启氩气瓶阀门，检查减压表及流量计工作是否正常，并按工艺要求，调整流量计达到所需流量。

3）检查气管有无破损，接头处是否漏气。

3. 检查电路

(1) 检查电源　检查控制箱及焊接电源接地(或接零)情况。

(2) 合闸送电　焊工要注意站在刀开关一侧，戴手套穿绝缘鞋用单手合闸送电。

(3) 起动控制箱电源开关　空载检查各部分工作状态，如发现异常情况，应通知电工及时检修；如无异常情况，即可进行下一步工作。

二、负载检查

在正式操作前，应对设备进行一次负载检查。主要通过短时焊接，进一步检查水路、气路、电路系统工作是否正常；进一步发现在空载无法暴露的问题。

三、焊后检查

1. 关闭水路　检查时应注意关闭水阀。

2. 关闭气路　先关闭氩气瓶高压气阀，再松开减压表螺钉。要注意检查气瓶内氩气不得全部用尽，至少保留0.2～0.3MPa气压，并关紧阀门，使气瓶保持正压，防止气瓶内压力过低而吸入空气，使充气时气瓶内氢气纯度降低。

3. 关闭电源

1）拉闸断电时，焊工应注意站在刀开关一侧，单手用力拉断。

2）关闭控制箱电源开关。

3）将焊枪连同输气、输水管、控制多芯电缆等盘好挂起。

第五章　平 板 对 接

第一节　焊前准备与焊后检验

一、焊前准备

1. 试板　因手工钨极氩弧焊很少用来焊厚件，目前主要用于焊接薄件或用于重要产品的打底焊，因此所有试板都采用3～6mm薄钢板，其尺寸为6mm×300mm×100mm，60° V形坡口，如图4-5-1所示。

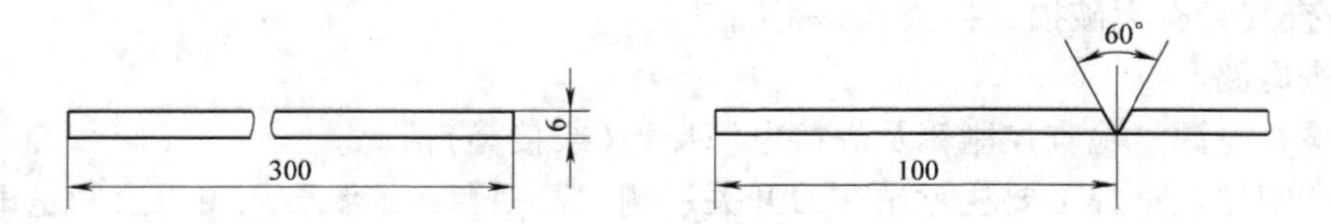

图4-5-1　6mm V形坡口试板

试板的材质可根据工厂的情况任选Q235、20g和Q345(16Mn)钢板，建议选用Q345(16Mn)钢板。

考试用试板坡口必须用刨床或铣床加工，保证试板和坡口面的平面度，并注意坡口应无钝边。培训用试板可用半自动气割割成。

2. 焊接材料的选择

(1) 焊丝　选用H08Mn2Si或H05MnSiAlTiZr，直径2.5mm，截成每根800～1000mm的焊丝，并用砂布及棉纱擦净焊丝上的油、锈等脏物，必要时还可用丙酮清洗。

(2) 氩气　要求纯度为99.95%以上。

(3) 钨极　牌号WTh—15钍钨极，采用规格ϕ2.5mm×175mm，端部磨成30°圆锥形，如图4-5-2所示。

3. 焊前清理　因氩弧焊对油锈很敏感，为保证焊接质量，必须重视试板的焊前清理，最好用角向磨光机打磨净待焊区的油、锈及其他污物，直至露出金属光泽为止。打磨范围如图4-5-3所示。

4. 装配与定位焊　定位焊缝位于试板的两端，长度$l \leqslant$15mm，必须焊透，不允许有缺陷。其位置如图4-5-4所示。

如定位焊缝有缺陷，必须将有缺陷的定位焊缝磨掉后重焊，不允许用重熔的办法来处理定位焊缝上的缺陷。

5. 试板打钢印与划线　打钢印和划线要求，如图4-5-5所示。焊前应记录好基准线和坡口上棱边的距离，而且每块试板上都保持相同的距离，以便焊后容易计算每侧焊缝的增宽。

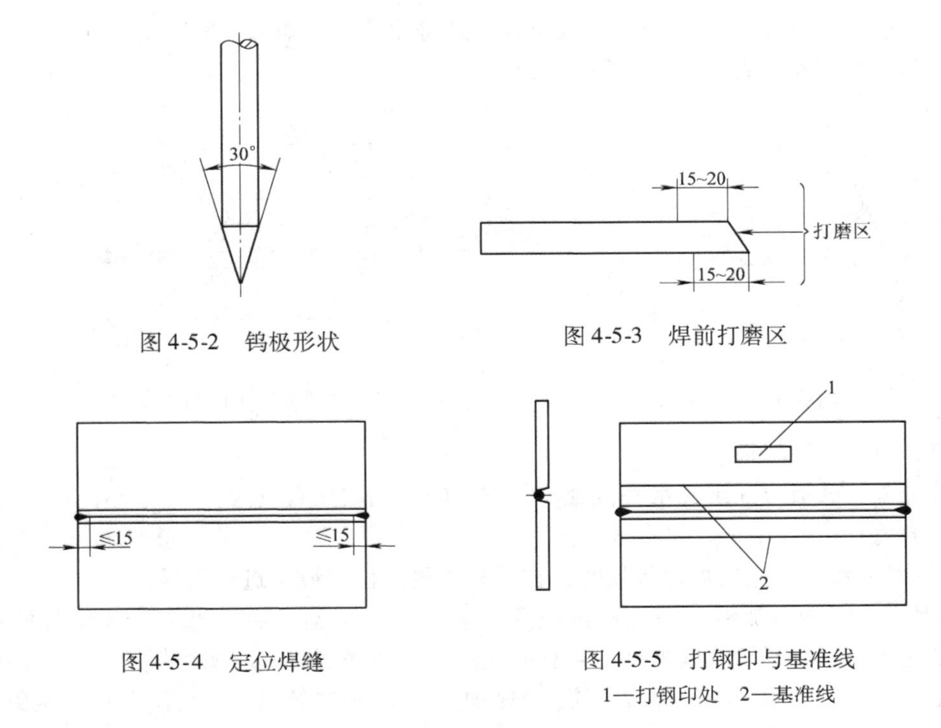

图 4-5-2　钨极形状

图 4-5-3　焊前打磨区

图 4-5-4　定位焊缝

图 4-5-5　打钢印与基准线
1—打钢印处　2—基准线

二、焊后检验

焊后试板需进行外观检验，X 光射线探伤和冷弯试验，检验标准和要求见本书第一篇第五章第一节焊后检验的有关内容。

第二节　板厚 6mm 的 V 形坡口对接

一、板厚 6mm 的 V 形坡口对接平焊

1. 装配与定位焊(见表 4-5-1)

表 4-5-1　平板对接焊的装配与定位焊

坡口角度/(°)	装配间隙/mm	钝边/mm	反变形角/(°)	错边量/mm
60	始焊端 2 终焊端 3	0	3	≤1

2. 焊接参数(见表 4-5-2)

表 4-5-2　平板对接焊的焊接参数

焊接层次	焊接电流/A	电弧电压/V	氩气流量/(L/min)	钨极直径	焊丝直径	钨极伸出长度	喷嘴直径	喷嘴至焊件距离
				/mm				
打底层	90~100	12~16	7~9	2.5	2.5	4~8	10	≤12
填充层	100~110							
盖面层	110~120							

3. 焊接要点　平焊是最容易的焊接位置，其持枪方法，如图4-5-6所示。

焊枪角度与填丝位置，如图4-5-7所示。

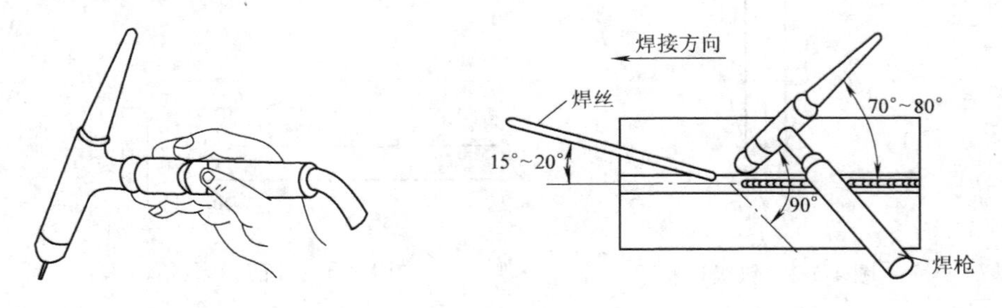

图4-5-6　持枪方法　　图4-5-7　平焊焊枪角度与填丝位置

焊道分布　三层三道。

试板位置　试板应固定在水平位置，间隙小的一端放在右侧。

（1）打底层

1）焊缝引弧：打底层焊道焊接时，在试板右侧定位焊缝上进行引弧。

2）焊接：引燃电弧后，焊枪停留在原位置不动，稍预热后，当定位焊缝外侧形成熔池，并出现熔孔后，开始填丝焊接，自右向左焊接。封底焊时，应减小焊枪倾角，使电弧热量集中在焊丝上，采用较小的焊接电流，加快焊接速度和送丝速度，熔滴要小，避免焊缝下凹和烧穿。焊丝填入动作要熟练、均匀、填丝要有规律，焊枪移动要平稳，速度一致。施焊中密切注意焊接参数的变化及相互关系，随时调整焊枪角度和焊接速度，当发现熔池增大，焊缝变宽并出现下凹时，说明熔池温度太高，这时，应减小焊枪与试件的夹角，加快焊接速度；当熔池小时，说明熔池温度低，应增加焊枪倾角，减慢焊接速度，通过各参数之间的良好配合，保证背面焊道良好的成形。

3）焊缝接头：当焊丝用完，需更换焊丝，或因为其他原因需暂时终止焊接时，需要接头。

在焊道中间停止焊接时，可松开焊枪上的按钮开关，停止送丝，如果焊机有电流衰减控制功能，则仍保持喷嘴高度不变，待电弧熄灭、熔池完全冷却后，再移开焊枪；若焊机没有电流衰减控制功能，则松开按钮开关后，稍抬高焊枪，待电弧熄灭，熔池冷却凝固到颜色变黑后再移开焊枪。

接头前先检查原弧坑处焊缝的质量，如果保护好，没有氧化皮和缺陷，可直接接头；如果有氧化皮或缺陷，最好用角向磨光机将氧化皮或缺陷磨掉，并将弧坑前端磨成斜面。在弧坑右侧15～20mm处引燃电弧，并慢慢向左移动，待原弧坑处开始熔化形成熔池和熔孔后，继续填丝焊接。

4）焊缝收弧：焊至试板末端，应减小焊枪与焊件的夹角，使热量集中在焊丝上，加大焊丝熔化量，以填满弧坑。切断控制开关，这时焊接电流逐渐减小，熔池也不断缩小，焊丝抽离电弧区，但不要脱离氩气保护区，停弧后，氩气延时10s左右关闭，防止熔池金属在高温下氧化。

如果焊机没有电流衰减控制功能，则在收弧处慢慢抬起焊枪，并减小焊枪倾角，加大焊丝熔化量，待弧坑填满后再切断电流。

（2）填充层　操作步骤和注意事项与打底层焊道相同。

焊接时焊枪应横向摆动，一般作锯齿形运动就行，其焊枪的摆动幅度要求比焊打底层焊道时稍大，在坡口两侧稍停留。保证坡口两侧熔合好，焊道均匀。

填充层焊道应比试板表面低1mm左右，不要熔化坡口的上棱边。

（3）盖面层　焊盖面层焊道时，要进一步加大焊枪摆动幅度，保证熔池两侧超过坡口棱边0.5～1.5mm，根据焊道的余高决定填丝速度。

二、板厚6mm的V形坡口对接向上立焊

1. 装配与定位焊　装配与定位焊要求见表4-5-1。

2. 焊接参数(见表4-5-3)

表4-5-3　平板对接立焊的焊接参数

焊接层次	焊接电流/A	电弧电压/V	氩气流量/(L/min)	钨极直径	焊丝直径	喷嘴直径	钨极伸出长度	钨极至焊件距离
				/mm				
打底层	80～90	12～16	7～9	2.5	2.5	10	4～8	≤12
填充层	90～100							
盖面层	90～100							

3. 焊接要点　立焊难度大，主要特点是熔池金属下坠，焊缝成形不好，易出现焊瘤和咬边，因此除具有平焊的基本操作技能外，应选用偏小的焊接电流，焊枪作上凸月牙形摆动，并随时调整焊枪角度来控制熔池的凝固。避免铁液下流，通过焊枪移动与填丝的有机配合，获得良好的焊缝成形。

焊枪角度，填丝位置如图4-5-8所示。

试板位置：试板固定在垂直位置，其小间隙的一端放在最下面。

（1）打底层　在试板最下端的定位焊缝上引燃电弧，先不加丝，待定位焊缝开始熔化，形成熔池和熔孔后，开始填丝向上焊接，焊枪作上凸的月牙形运动，在坡口两侧稍停留，保证两侧熔合好，焊接时应注意，焊枪向上移动的速度要合适，特别要控制好熔池的形状，保持熔池外沿接近为水平的椭圆形，不能凸出来，否则焊道外凸成形不好。尽可能让已焊好的焊道托住熔池，使熔池表面接近像一个水平面匀速上升，这样焊缝外观较平整。

立焊最佳填丝位置如图4-5-9所示。

（2）填充层　焊填充层焊道时，焊枪摆动幅度可稍大，以保证坡口两侧熔合好，焊道表面平整，焊接步骤，焊枪角度、填丝位置与打底层焊相同。但注意，焊接时不能熔化坡口上表面的棱边。

（3）盖面层　焊盖面层焊道时，除焊枪摆幅较大外，其余都与打底层焊相同。

焊填充、盖面层前，最好能将先焊好的焊道表面凸起处磨平。

三、板厚6mm的V形坡口对接横焊

1. 装配与定位焊(见表4-5-4)

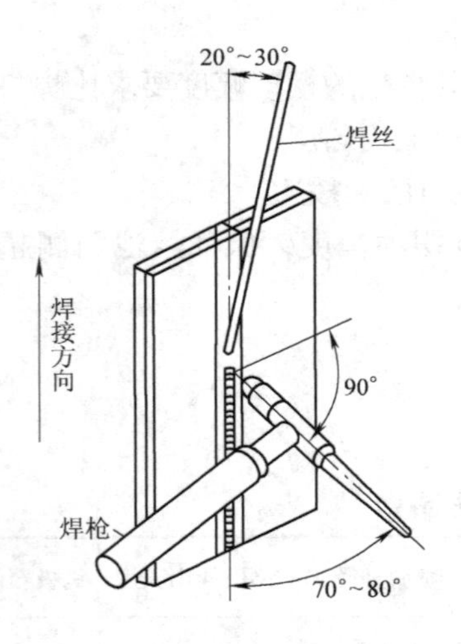

图 4-5-8　对接向上立焊焊枪角度与填丝位置

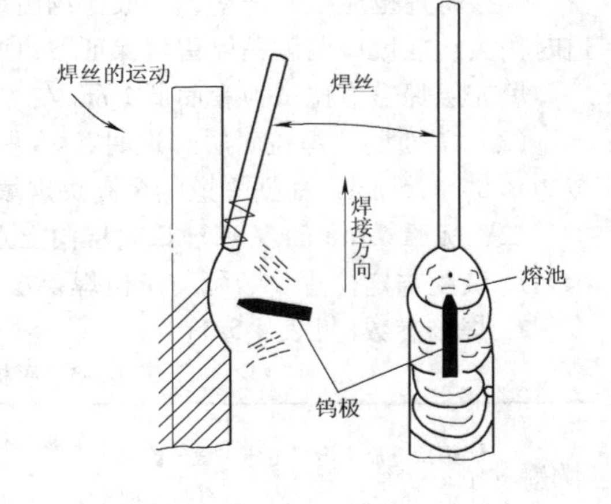

图 4-5-9　对接向上立焊最佳填丝位置

表 4-5-4　平板对接横焊的装配要求

坡口角度/(°)	装配间隙/mm	钝边/mm	反变形/(°)	错边量/mm
60°	始端 2.0 终端 3.0	0	6~8	≤1

2. 焊接参数(见表 4-5-5)

表 4-5-5　平板对接横焊的焊接参数

焊接层次	焊接电流/A	电弧电压/V	氩气流量/(L/min)	钨极直径/mm	焊丝直径/mm	喷嘴直径/mm	钨极伸出长度/mm	喷嘴至焊件距离/mm
打底层	90~100	12~16	7~9	2.5	2.5	10	4~8	≤12
填充层	100~110							
盖面层	100~110							

3. 焊接要点　横焊时要避免上部咬边，下部焊道凸出下坠，电弧热量要偏向坡口下部，防止上部坡口过热，母材熔化过多。

焊道分布为三层四道，如图 4-5-10 所示，用右焊法。

(1) 试板位置　试板垂直固定，坡口在水平位置，其小间隙的一端放在右侧。

(2) 打底层　焊接时保证根部焊透，坡口两侧熔合良好。

焊枪角度和填丝位置如图 4-5-11 所示。

在试板右端引弧，先不加丝，焊枪在右端定位焊缝处稍停留，待形成熔池和熔孔后，再填丝并向左焊接。焊枪做小幅度锯齿形摆动，在坡口两侧稍停留。

正确的横焊加丝位置如图 4-5-12 所示。

(3) 填充层　焊填充层焊道时，除焊枪摆动幅度稍大外，焊接顺序，焊枪角度、填丝位置都与打底层焊相同。但注意，焊接时不能熔化坡口上表面的棱边。

(4) 盖面层　焊盖面层焊道时，盖面层有两条焊道，焊枪角度和对中位置如图 4-5-13 所示。

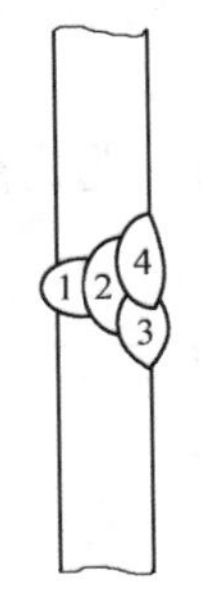

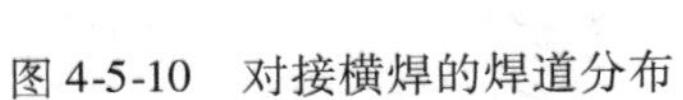

图 4-5-10　对接横焊的焊道分布

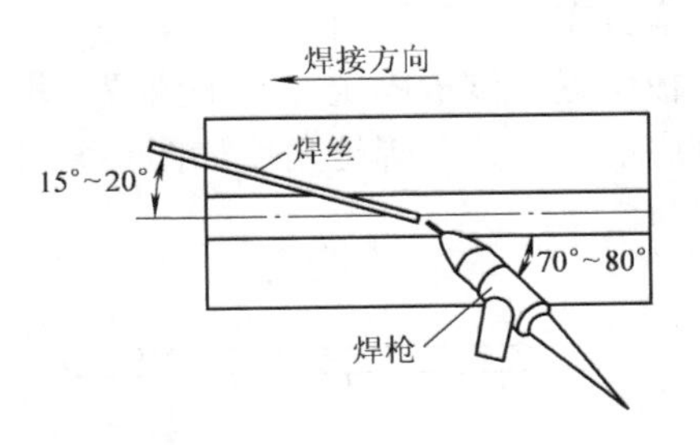

图 4-5-11　对接横焊打底层的焊枪角度和填丝位置

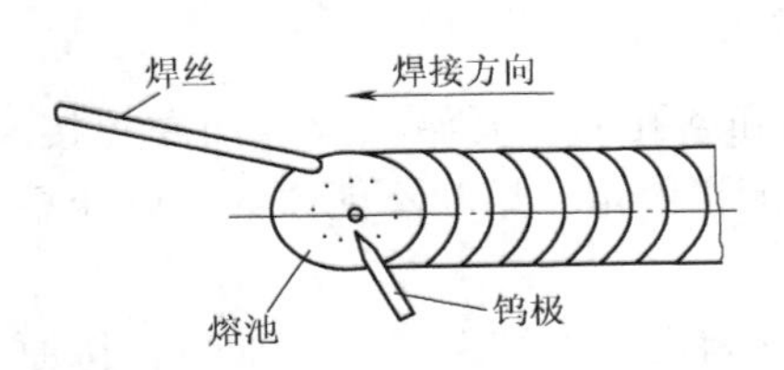

图 4-5-12　正确的横焊填丝位置

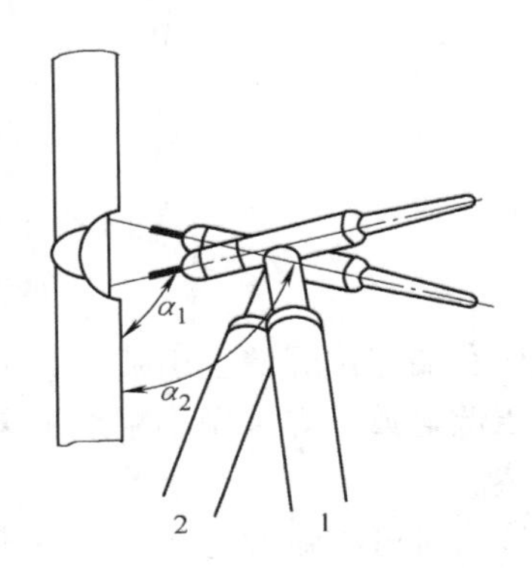

图 4-5-13　对接横焊盖面层的焊枪角度与对中位置

$\alpha_1=95°\sim105°$　$\alpha_2=70°\sim80°$

焊接时可先焊下面的焊道 3，后焊上面的焊道 4(见图 4-5-10,下同)。

焊下面的盖面层焊道 3 时，电弧以填充层焊道的下沿为中心摆动，使熔池的上沿在填充层焊道的 1/2 ~2/3 处，熔池的下沿超过坡口下棱边 0. 5 ~1. 5mm。

焊上面的焊道 4 时，电弧以填充层焊道上沿为中心摆动，使熔池的上沿超过坡口上棱边 0. 5 ~1. 5mm，熔池的下沿与下面的盖面层焊道均匀过渡。保证盖面层焊道表面平整。

四、板厚 6mm 的 V 形坡口对接仰焊

1. 装配与定位焊　装配与定位焊要求见表 4-5-1。

2. 焊接参数(见表 4-5-6)

表 4-5-6　平板对接仰焊的焊接参数

焊接层次	焊接电流/A	电弧电压/V	氩气流量/(L/min)	钨极直径	焊丝直径	喷嘴直径	钨极伸出长度	喷嘴至焊件距离
				/mm				
打底层	80 ~90							
填充层	90 ~100	12 ~16	7 ~9	2. 5	2. 5	10	4 ~8	≥12
盖面层	90 ~100							

3. 焊接要点　这是板对接最难焊的位置，主要困难是熔池和焊丝熔化后在重力作用下坠比立焊严重得多，为此，必须控制好焊接热输入和冷却速度，采用较小的焊接电流，较大

的焊接速度，加大氩气流量，使熔池尽可能小，凝固尽可能快。以保证焊缝外形美观。

（1）焊道分布　三层三道。

（2）试板位置　试板固定在水平位置，坡口朝下，其间隙小的一端放在右侧。

（3）打底层　焊接时焊枪角度如图 4-5-14 所示。

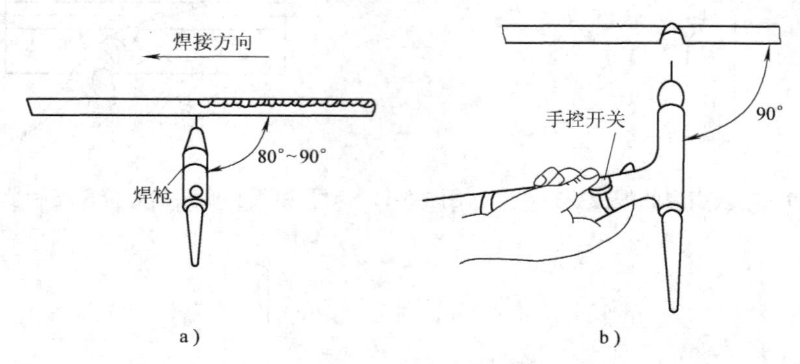

图 4-5-14　对接仰焊打底层的焊枪角度

a）焊枪倾斜角度　b）电弧对中位置

在试板右端定位焊缝上引弧，先不填丝，待形成熔池和熔孔后，开始填丝并向左焊接。焊接时要压低电弧，焊枪做小幅度锯齿形摆动，在坡口两侧稍停留，熔池不能太大，防止熔融金属下坠。

焊缝接头时可在弧坑右侧 15～20mm 处引燃电弧，迅速将电弧左移至弧坑处加热，待原弧坑熔化后，开始填丝转入正常焊接。

焊至试板左端收弧，填满弧坑后灭弧，待熔池冷却后再移开焊枪。

（4）填充层　焊接步骤与打底层焊，但摆动幅度稍大，保证坡口两侧熔合好，焊道表面平整，离试板表面约 1mm，不准熔化棱边。

（5）盖面层　焊枪摆幅加大，使熔池两侧超过坡口棱边 0.5～1.5mm，熔合好，成形好，无缺陷。

第六章　管 子 对 接

本章讲叙空间不同位置管子对接接头的焊接技术。

为叙述方便，直径不超过60mm的无缝钢管简称为小径管，直径133mm以上的无缝钢管简称为大径管。

第一节　焊前准备与焊后检验

一、焊前准备

1. 试件　选用20无缝钢管，小径管尺寸为ϕ42mm×5mm×100mm。大管径尺寸为ϕ133mm×10mm×120mm，其加工要求如图4-6-1所示。

试件可根据工厂生产情况自定管径、壁厚及材质，但需符合有关考规规定。

2. 焊前清理　用锉刀、砂布、钢丝刷或角向磨光机等工具，将管内、外壁的坡口边缘20mm范围内除净铁锈、油污和氧化皮等杂质，使其露出金属光泽。但应特别注意，在打磨过程中不要破坏坡口角度和钝边尺寸，以免给打底焊带来困难。

3. 装配与定位焊　管子在装配与定位焊时，使用的焊丝和正式焊接时相同。定位焊时，室温应不低于15℃，定位焊缝均布3处，长10~15mm，采用搭桥连接，不能破坏坡口的棱边。当焊至定位焊缝处时，用角向砂轮机将定位焊缝磨掉后再进行焊接。坡口间隙：时钟6点处位置间隙为2mm，时钟0点处间隙为1.5mm。坡口钝边自定。

4. 焊接材料与设备

（1）焊接电源　采用直流正接法(管子接正极,焊枪的钨极接负极)。

（2）焊接材料　焊丝选用H05MnSiAlTiZr，规格ϕ2.5mm截成长度每根800~1000mm，并用砂布将焊丝打磨出金属光泽；保护气体的纯度99.99%的氩气；钨棒牌号WTh-15，规格ϕ2.5mm×175mm，其端部修磨的几何形状如图4-6-2所示。

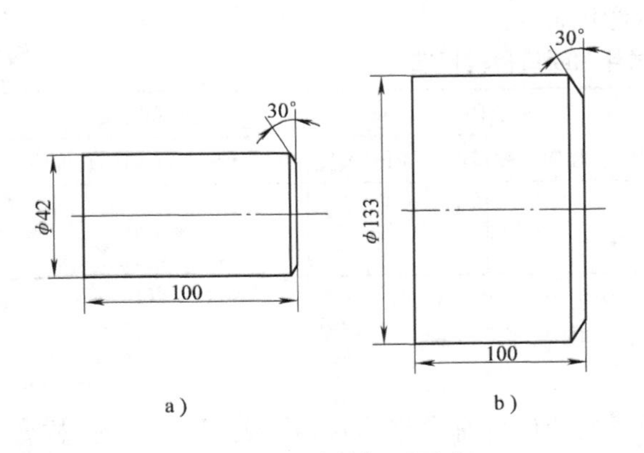

图4-6-1　试件加工要求

a）小径管　b）大径管

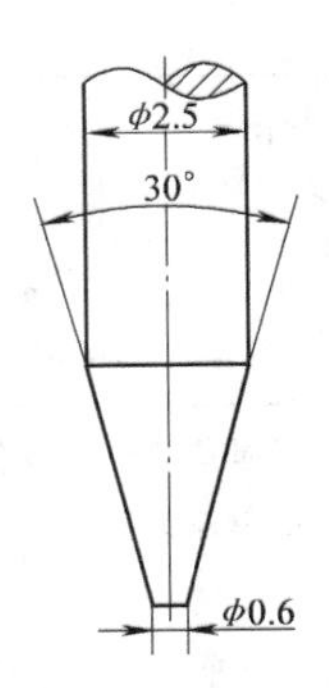

图4-6-2　钨极端部的几何形状

二、焊后检验

小径管需经外观、通球、断口，冷弯检验，大径管需经外观，X 光射线探伤及断口检验。检验要求如下：

外观检验时，经操作者眼睛或小于 5 倍的放大镜检验外观，并用测量工具测定缺陷的位置和尺寸。应符合以下规定：

1）焊缝表面应是原始状态，没有加工或补焊痕迹。外观尺寸符合表 4-6-1 规定。

表 4-6-1 焊缝外形尺寸表 （单位：mm）

焊接方法	焊缝余高	焊缝余高差	焊缝宽度	
			比坡口每侧增宽	宽度差
手工钨极氩弧焊	0～3	≤2	0.5～2.5	≤3

2）焊缝表面不允许有裂纹、未熔合，夹渣、气孔、焊瘤和未焊透缺陷。

3）允许的焊接缺陷。咬边深度小于等于 0.5mm，焊缝两侧咬边总长度不应超过焊缝有效长度的 10%；背面凹坑：当 $\delta \leqslant 5$mm 时，深度 $\leqslant 25\%\delta$，且 ≤1mm；当 $\delta > 5$mm 时，深度 $\leqslant 20\%\delta$，且 ≤2mm。

外径小于或等于 76mm 的管子作通球试验。管外径大于或等于 32mm 时，通球直径为管内径的 85%。管外径 <32mm 时，通球直径为管内径的 75%。

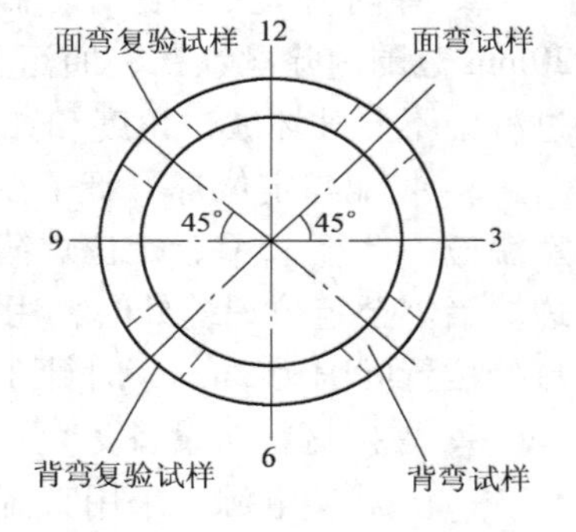

图 4-6-3 冷弯试样的取样位置

三、X 光射线探伤

管外径≥76mm 的管子试件需按照 JB 7430—1994《压力容器无损检测》标准探伤，射线透照质量不应低于 AB 级，焊缝缺陷等级不低于Ⅱ级为合格。

四、力学性能试验

1. 断口试验　小径管任取两个试件作断口试验，断面上没有裂纹和未熔合，其他缺陷应符合表 4-6-2 的规定。

每个试件位置的两个断口试样检验结果，均符合上述要求才合格，否则为不合格。

2. 冷弯试验　按图 4-6-3 规定位置截取冷弯试样。

表 4-6-2 小径管试件的断口检验标准

裂纹、未熔合、未焊透	背面凹坑/mm	气孔（单个）/mm		夹渣（单个）/mm		气孔和夹渣
	深度	径向长度	轴向、周向长度	径向长度	轴向、周向长度	在任何 10mm 焊缝长度内
不允许	$\leqslant 25\%\delta$ 且≤1	$\leqslant 30\%\delta$ 且≤1.5	≤2	$25\%\delta$	$30\%\delta$	≤3 个

注：1. 沿圆周方向 10δ 范围内，气孔和夹渣的累计长度不大于 δ（δ 为管子壁厚）。

2. 沿壁厚方向同一直线上各种缺陷总和不大于 $30\%\delta$，且不大于 1.5mm。

试样按规定加工后作冷弯试验，背弯和面弯两个试件都合格为合格，若只有一个试样合格，允许另取样复试，复试合格为合格，否则不合格。

第二节　小径管对接

一、小径管水平转动对接

1. 焊接参数(见表4-6-3)

表4-6-3　小径管水平转动对接焊的焊接参数

焊接电流/A	电弧电压/V	氩气流量/(L/min)	预热温度(最低)	层间温度(最高)	钍钨极直径	焊丝直径	喷嘴直径	喷嘴至焊件距离
			/℃		/mm			
90~100	10~12	6~10	15	250	2.5	2.5	8	≤10

2. 焊接要点　定位焊缝可只焊一处，位于时钟6点位置处，保证该处间隙为2mm。

焊两层两道，焊枪倾斜角度与电弧对中位置如图4-6-4所示。

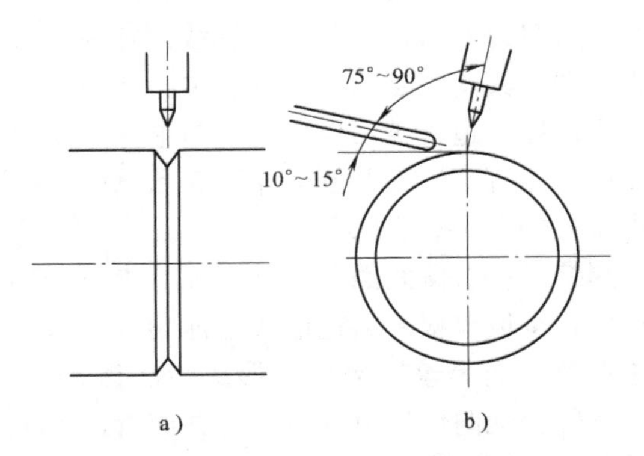

图4-6-4　小径管水平转焊焊枪倾斜角度与对中位置
a）电弧对中位置　b）焊枪倾斜角度

焊前将定位焊缝放在时钟6点位置处，并保证时钟0点位置处间隙为1.5mm。

（1）打底层　在时钟0点位置处引燃电弧，管子先不动，也不加丝，待管子坡口熔化并形成明亮的熔池和熔孔后，管子开始转动并开始加焊丝。

焊接过程中焊接电弧始终保持在时钟0点位置处，始终对准间隙，可稍作横向摆动，应保证管子的转动速度和焊接速度一致。

焊接过程中，填充焊丝以往复运动方式间断送入电弧内的熔池前方，成滴状加入。焊丝送进要有规律，不能时快时慢，这样才能保证焊缝成形美观。

焊接过程中，试管与焊丝、喷嘴的位置要保持一定距离，避免焊丝扰乱气流及触到钨极。焊丝末端不得脱离氩气保护区，以免端部被氧化。

当焊至定位焊缝处，应暂停焊接。收弧时，首先应将焊丝抽离电弧区，但不要脱离氩气保护区，同时切断控制开关，这时焊接电流衰减，熔池随之缩小，当电弧熄灭后，延时切断氩气时，焊枪才能移开。

将定位焊缝磨掉，并将收弧处磨成斜坡并清理干净后，管子暂停转动与加焊丝，在斜坡上引燃电弧，待焊缝开始熔化时，加丝接头，焊枪回到时钟12点位置处、管子继续转动，至焊完打底层焊道为止。

打底层焊道封闭前，先停止送进焊丝和转动，待原来的焊缝头部开始熔化时，再加丝接头，填满弧坑后断弧。

（2）盖面层　焊盖面层焊道时，除焊枪横向摆动幅度稍大外，其余操作与打底层焊接时相同。

二、小径管垂直固定对接

1. 焊接参数(见表4-6-4)

表4-6-4　小径管垂直固定对接焊的焊接参数

焊接层次	焊接电流/A	电弧电压/V	氩气流量/(L/min)	焊接电源极性	预热温度	层间温度	焊丝直径	钍钨极直径	喷嘴直径	喷嘴至焊件距离
					/℃		/mm			
打底层	90~95	10~12	8~10	直流正接	15（最低）	250（最高）	2.5	2.5	8	≤8
盖面层	95~100		6~8							

2. 焊接要点　定位焊缝可以只焊一处，保证该处间隙为2mm，与它相隔180°处间隙为1.5mm，将管子轴线固定在垂直位置，其间隙小的一侧在右边。

焊两层三道，盖面层焊上下两道。

（1）打底层　焊枪倾斜角度和电弧对中位置如图4-6-5所示。

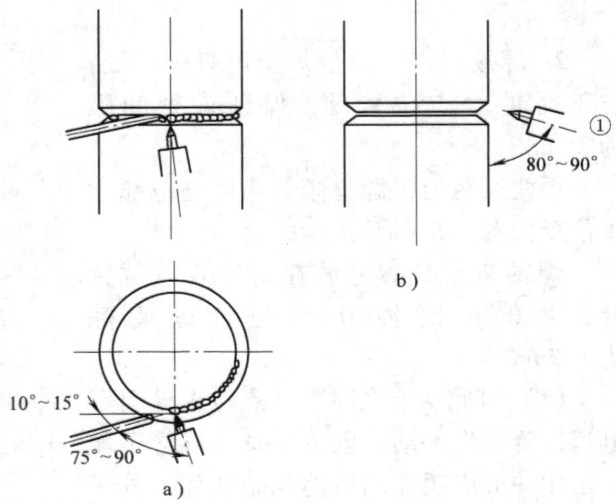

焊接时在右侧间隙最小处引弧，先不加焊丝，待坡口根部熔化形成熔池熔孔后送进焊丝，当焊丝端部熔化形成熔滴后，将焊丝轻轻地向熔池里推一下，并向管内摆动，使铁液送到坡口根部，以保证背面焊缝的高度。填充焊丝的同时，焊枪小幅度做横向摆动并向左均匀移动。

图4-6-5　焊打底层焊道焊枪的倾斜角度和对中位置
a）焊条倾斜角度与加丝位置　b）电弧对中位置

在焊接过程中，填充焊丝以往复运动方式间断地送入电弧内的熔池前方，在熔池前呈滴状加入。焊丝送进要有规律，不能时快时慢，这样才能保证焊缝成形美观。

当焊工要移动位置暂停焊接时，应按收弧要点操作。

焊工再进行焊接时，焊前应将焊缝收弧处修磨成斜坡状并清理干净，在斜坡上引弧，移至离接头8~10mm处，焊枪不动，当获得明亮清晰的熔池后，即可添加焊丝，继续从右向左进行焊接。

小管子垂直固定打底层焊道焊接时，熔池的热量要集中在坡口的下部，以防止上部坡口过热，母材熔化过多，产生咬边或焊缝背面的余高下坠。

（2）盖面层　盖面层焊缝由上、下两道组成，先焊下面的焊道，后焊上面的焊道，焊枪倾斜角度和电弧对中位置如图4-6-6所示。

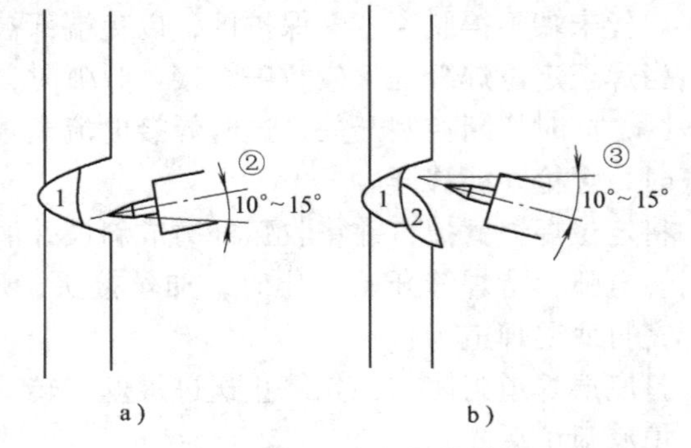

图4-6-6　盖面层焊道焊枪的角度与电弧对中位置
a）焊下面焊道时的焊枪角度　b）焊上面焊道时的焊枪角度

焊下面的盖面层焊道时，电弧对准打底层焊道下沿，使熔池下沿超出管子坡口棱边0.5～1.5mm，熔池上沿在打底层焊道1/2～2/3处。

焊上面的盖面焊道时，电弧对准打底层焊道上沿，使熔池上沿超出管子坡口0.5～1.5mm，下沿与下面的焊道圆滑过渡，焊接速度要适当加快，送丝频率加快，适当减少送丝量，防止焊缝下坠。

三、小径管水平固定全位置焊

1. 焊接参数(见表4-6-5)

2. 焊接要点　为方便焊接，小径管焊接时，将管子焊缝按时钟位置分成左右两半圈，定位焊缝可只焊一处，位于时钟0点位置，保证该处间隙为2mm，6点处间隙为1.5mm左右。

焊两层两道，焊枪倾斜角度和电弧对中位置如图4-6-7所示。

（1）打底层　将管子固定在水平位置，定位焊缝放在时钟0点钟位置处，其间隙较小的一端放在6点钟位置处。

在仰焊部位时钟6点钟位置处往左10mm处引弧，按反时针方向进行焊接。焊接打底层焊道时要严格控制钨极，喷嘴与焊缝的位置，即钨极应垂直于管子的轴线，喷嘴至两管的距离要相等。引燃电弧后，焊枪暂留在引弧处不动，当获得一定大小的明亮清晰的熔池后，才可往熔池填送焊丝。焊丝与通过熔池的切线成15°送入熔池前方，焊丝沿坡口的上方送到熔池后，要轻轻地将焊丝向熔池里推一下，并向管内摆动，从而能提高焊缝背面高度，避免凹坑和未焊透，在填丝的同时，焊枪反时针方向匀速移动。

焊接过程中填丝和焊枪移动速度要均匀，才能保证焊缝美观。

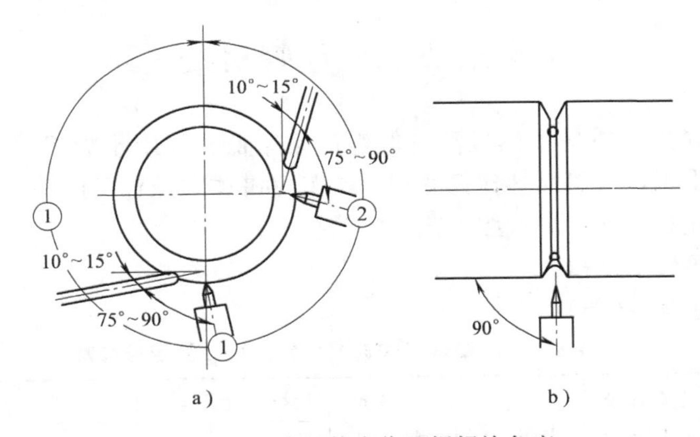

图4-6-7　小径管全位置焊焊枪角度

a）焊枪倾斜角度和加丝位置　b）电弧对中位置

表4-6-5　小径管水平固定全位置焊的焊接参数

焊接电流/A	电弧电压/V	氩气流量/(L/min)	预热温度	层间温度	钨极直径	焊丝直径	喷嘴直径	喷嘴至焊件距离
			/℃		/mm			
90～100	10～12	6～10	(最低)15	(最高)250	2.5	2.5	8	≤10

当焊至时钟0点位置处，应暂时停止焊接。收弧时，首先应将焊丝抽离电弧区，但不要

脱离保护区，然后切断控制开关，这时焊接电流逐渐衰减，熔池也相应减小，当电弧熄灭后，延时切断氩气时，焊枪才能移开。

水平固定小管子焊完一侧后，焊工转到管子的另一侧位置。焊前，应首先将定位焊缝除掉，将收弧处(时钟0点位置处)和引弧处(时钟6点位置处)修磨成斜坡状并清理干净后，在时钟6点钟斜坡处引弧移至左侧离接头8～10mm处，焊枪不动，当获得明亮清晰的熔池后填加焊丝，按顺时钟方向焊至时钟0点处，接好最后一个头，焊完打底层焊道。

(2) 盖面层　焊盖面层焊道时，除焊枪横向摆动幅度稍大，焊接速度稍慢外，其余与焊打底层焊道时相同。

四、小径管45°固定全位置焊

这种位置比水平固定小径管对接难焊。焊工除要掌握水平固定小径管焊接技术外，焊接时，焊枪的倾斜角度、加丝位置和电弧位置还必须跟随焊接熔池的位置水平移动。

1. 焊接参数(见表4-6-6)

2. 焊接要点　为方便焊接，焊接时将管子焊缝按时钟位置分为左右两半圈。定位焊缝3处均布，一处在时钟7点位置处，保证时钟6点位置处间隙为3mm，时钟0点位置处间隙为4mm。管子轴线和水平面成45°角固定好。

焊打底层焊道和盖面层焊道焊枪的倾斜角度，加丝位置及电弧对中位置见图4-6-7。注意：焊接过程中焊枪的倾斜角度，加丝位置，电弧对中位置除保持相同的相对关系外，还必须跟随坡口中心线进行水平移动。

焊接步骤及要求与水平固定小径管对接焊相同。

第三节　大径管对接

手工钨极氩弧焊接头质量虽然较高，但生产效率低，仅用于焊接薄件，很少用于焊厚件，生产中通常用手工钨极氩弧焊作打底焊，本节仅讲述大径管对接手工钨极氩弧焊打底层焊的操作要点，填充和盖面层焊按照工艺规定执行。

一、大径管水平转动对接

1. 焊接参数(见表4-6-6)

表4-6-6　大径管水平转动对接打底层焊的焊接参数

焊接电流/A	电弧电压/V	氩气流量/(L/min)	预热温度最低/℃	层间温度最高/℃	钍钨极直径	焊丝直径	喷嘴直径	喷嘴至焊件距离
					/mm			
90～100	10～12	8～10	15	250	2.5	2.5	10	≤12

2. 焊接要点　定位焊缝3处，每处长10～15mm，管子水平放置，一个定位焊缝在右侧，保证上面的间隙为3mm，下面的间隙为4mm。

焊枪的倾斜角度及填丝位置和电弧对中位置见图4-6-4。

在右侧定位焊缝上引燃电弧，原地预热，暂不加丝，待定位焊缝及坡口两侧熔化，形成熔池后，电弧左移到定位焊缝左端，向下压电弧，待听见击穿声，看到熔孔后，一边加丝一边向左焊接，焊一定距离后，灭弧，转动焊件，将弧坑转至右侧后，引弧继续焊接。如此反复直到焊完打底层焊道为止。

二、大径管垂直固定对接

1. 焊接参数(表4-6-7)

表4-6-7　大径管垂直固定对接打底层焊的焊接参数

焊接电流/A	电弧电压/V	氩气流量/(L/min)	预热温度(最低)	层间温度(最高)	钍钨极直径	焊丝直径	喷嘴直径	喷嘴至焊件距离
			/℃		/mm			
90～100	10～12	8～10	15	250	2.5	2.5	10	≤12

2. 焊接要点　定位焊缝3处，每处长10～15mm，管子垂直固定，一个定位焊缝在右侧，保证前面的间隙为3mm，后面的间隙为4mm。管子轴线固定在垂直位置。

焊枪角度如图4-6-5所示。

在右侧的定位焊缝上引燃电弧，先不加焊丝，待定位焊缝左侧熔化，形成熔池和熔孔后，从熔池前沿加丝，焊枪稍横向摆动，在坡口两侧稍停留，保证焊缝根部熔合好，要使电弧的热量稍偏向下面的管子，防止上坡口面咬边。如此从右向左焊，直至焊完填充层焊道为止。

三、大径管水平固定全位置焊

1. 焊接参数(表4-6-8)

表4-6-8　大径管水平固定全位置对接打底层焊的焊接参数

焊接电流/A	电弧电压/V	氩气流量/(L/min)	预热温度(最低)	层间温度(最高)	钍钨极直径	焊丝直径	喷嘴直径	喷嘴至焊件距离
			/℃		/mm			
100～120	12～14	8～12	15	250	2.5	2.5	10	≤12

2. 焊接要点　为方便焊接，将大管径焊缝按时钟位置分成左右两半圈进行焊接。定位焊缝3处均布，1处在时钟7点位置处，保证时钟6点处间隙为3mm，时钟0点处间隙为4mm。

将所有定位焊缝两端都打磨成斜面，使管子固定后轴线在水平位置。

焊枪倾斜角度和电弧对中位置如图4-7-7所示。

先按逆时钟方向焊前半圈。在时钟7点位置处定位焊缝上引燃电弧，先不加焊丝，待定位焊缝右端熔化，形成熔池熔孔后，从熔池后沿从左向右送进焊丝，当焊丝端部熔化，形成小熔滴，立即送入熔池。

焊至时钟4点半位置处，可改变焊枪角度和送丝位置，焊丝改从熔池前沿送入。

焊接过程中电弧应以坡口间隙为中心作横向锯齿形摆动，在坡口两侧稍停留，保证坡口两侧熔合良好，避免打底层焊道中间凸出。

焊至时钟0点处左侧10～20mm处灭弧。

按顺时钟方向焊后半圈，在时钟7点位置处定位焊缝上引燃电弧，先不加焊丝，待定位焊缝左端熔化，形成熔池熔孔后，从熔池前沿加焊丝，然后按顺时钟方向焊接，焊枪做小幅度锯齿形摆动，在坡口两侧稍停留，焊至封口处停止加焊丝，待原焊缝端部熔化后再加丝焊接完最后一个接头，填满弧坑后熄弧。

四、大径管45°固定全位置焊

1. 焊接参数(见表4-6-8)

2. 焊接要点　为便于焊接，同样将焊缝按时钟位置分成两半圈，进行焊接定位焊缝3处均布，每处长10～15mm，一处在时钟7点位置处，保证时钟6点处间隙为3mm，时钟0点处间隙为4mm。

管子轴线与水平面成45°角固定好。

分左、右两半圈焊接打底层焊道。焊枪倾斜角度，加丝位置、电弧对中位置的相对关系如图4-6-7所示。注意：焊枪倾斜角度，加丝位置及电弧对中位置，必须跟随坡口中心线水平移动，焊接步骤，要领与水平固定大径管全位置焊相同。焊枪在水平方向摆动。因此，焊缝的鱼鳞纹和管子轴线成45°角。

第七章　管 板 焊 接

第一节　焊前准备与焊后检验

一、焊前准备

1. 试件　所有考试项目可选用管子壁厚为 3 ~ 6mm，外径 22 ~ 60mm 的无缝钢管，长 100mm。

孔板选用 12mm 钢板，其尺寸为 12mm × 100mm × 100mm。加工要求如图 1-7-2 所示。

建议选用管径为 51mm，壁厚 3mm 的无缝钢管做试件。

2. 焊接材料的选择

（1）焊丝　选用 H08Mn2Si 或 H05MnSiAlTiZr，直径 2. 5mm，每根长 800 ~ 1000mm 的焊丝，并用砂布将焊丝打磨出金光泽为止。

（2）氩气　要求氩气纯度≥99. 5%。

（3）钨极　牌号 WTh—15，规格 ϕ2. 5mm × 175mm。端部打磨成圆锥形。如图 4-7-1 所示。

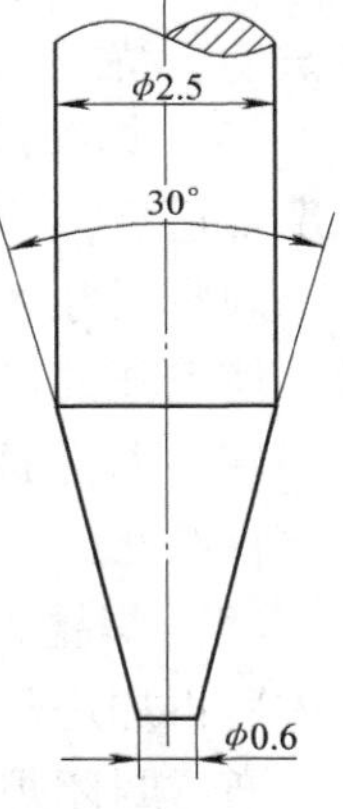

图 4-7-1　钨极打磨形状

3. 焊前清理　氩弧焊试件焊前必须认真打磨，除净焊接区的油、锈及其他脏物。

4. 装配与定位焊　定位焊缝 3 处，均布于管子外圆周上，必须保证焊接质量，定位焊缝必须熔合好，每处长度≤10mm，不允许有气孔，夹渣或其他缺陷，如发现缺陷，必须将有缺陷的定位焊缝全部磨掉重焊，不允许重熔。

5. 打钢印及位置代号　要求参见图 1-7-5。

二、焊后检验

所有管板的考试项目，焊后都需经外观检验和金相检验，检验标准和方法请参看本书第一篇第六章第一节有关内容。

第二节　不焊透的插入式管板焊接

插入式管板的焊接是比较容易掌握的项目，焊接时只要能保证根部焊透，焊脚尺寸对称，外形美观，尺寸均匀无缺陷就行。这是结构焊工的考试项目。

一、管板垂直固定俯焊

1. 焊接参数(见表 4-7-1)

表 4-7-1　管板俯焊的焊接参数

焊接电流 /A	电弧电压 /V	氩气流量 /(L/min)	钨极直径	焊丝直径	喷嘴直径	喷嘴至焊件距离
			/mm			
90 ~ 100	11 ~ 13	6 ~ 8	2. 5	2. 5	8	≤12

2. 焊接要点

单层单道，左焊法。焊枪倾斜角度和电弧的对中位置如图 4-7-2 所示。

焊接步骤如下：

(1) 调整钨极伸出长度　钨极伸出长度的调整方法，如图 4-7-3 所示。

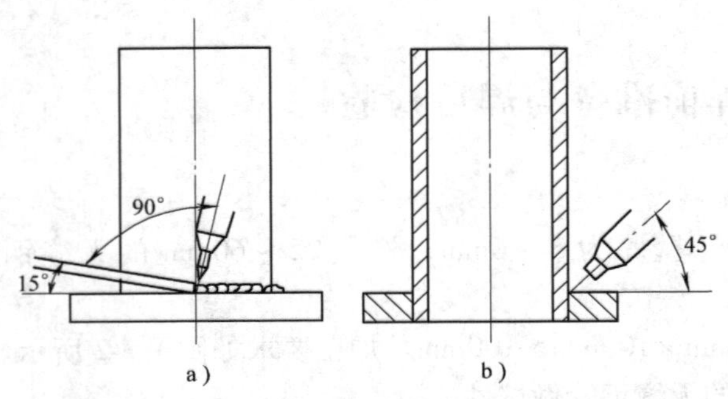

图 4-7-2　管板俯焊焊枪角度与电弧对中位置

a) 骑座式管板　b) 插入式管板

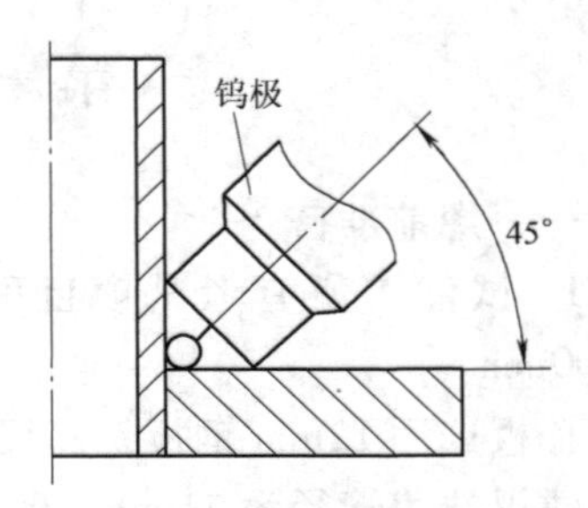

图 4-7-3　调整钨极伸出长度示意图

(2) 焊缝引弧　在试件右侧的定位焊缝上引燃电弧，先不加焊丝，引燃电弧后，焊枪稍摆动，待定位焊缝开始熔化并形成明亮的熔池后，开始加焊丝，并向左焊接。

(3) 焊缝焊接　焊接过程中，电弧应以管子与孔板的顶角为中心开始横向摆动，摆动幅度要适当，使焊脚均匀，注意观看熔池两侧和前方，当管子和孔板熔化的宽度基本相等时，焊脚尺寸就是对称的。为了防止管子咬边，电弧可稍离开管壁，从熔池前上方填加焊丝，使电弧的热量偏向孔板。

(4) 焊缝接头　在原收弧处右侧 15~20mm 的焊缝上引弧，引燃电弧后，将电弧迅速左移到原收弧处，先不加焊丝，待需接头处熔化形成熔池后，开始加焊丝，按正常速度焊接。

(5) 焊缝收弧　待一圈焊缝快焊完时停止送丝，待原来的焊缝金属熔化，与熔池连成一体后再加焊丝，填满弧坑后断弧。

通常封闭焊缝的最后接头处容易未焊透，焊接时必须用电弧加热根部，待观察顶角处熔化后再加焊丝。如果怕焊不透，也可将原来的焊缝头部磨成斜坡，这样更容易接好头。

二、管板垂直固定仰焊

1. 焊接参数(见表 4-7-2)

表 4-7-2　管板仰焊的焊接参数

焊接电流 /A	电弧电压 /V	氩气流量 /(L/min)	钨极直径	焊丝直径	喷嘴直径	喷嘴至工件距离
			/mm			
80~90	11~13	6~8	2.5	2.5	8	≤12

2. 焊接要点　仰焊是难度较大的焊接位置，熔化的母材和焊丝熔滴易下坠。必须严格控制焊接热输入和冷却速度。焊接电流稍小些，焊接速度稍快，送丝频率加快，但要减少送丝量，氩气流量适当加大，焊接时尽量压低电弧。焊缝采用二层三道，左焊法。

(1) 打底层　焊打底层焊道应保证顶角处的熔深，焊枪的倾斜角度和电弧对中位置如

图 4-7-4 所示。

在右侧定位焊缝上引燃电弧，先不加焊丝，待定位焊缝开始熔化并形成熔池后，开始加焊丝，并向左焊接。

焊接过程中要尽量压低电弧，电弧对准顶角向左焊接，保证熔池两侧熔合好，焊丝熔滴不能太大，当焊丝端部熔化形成较小的熔滴时，立即送入熔池中，然后退出焊丝，发现熔池表面下凸时，应加快焊接速度，待熔池稍冷却后再加焊丝。

（2）盖面层　盖面层焊缝有两条焊道，焊枪的倾斜角度和电弧的对中位置如图 4-7-5 所示。先焊下面的焊道，后焊上面的焊道。

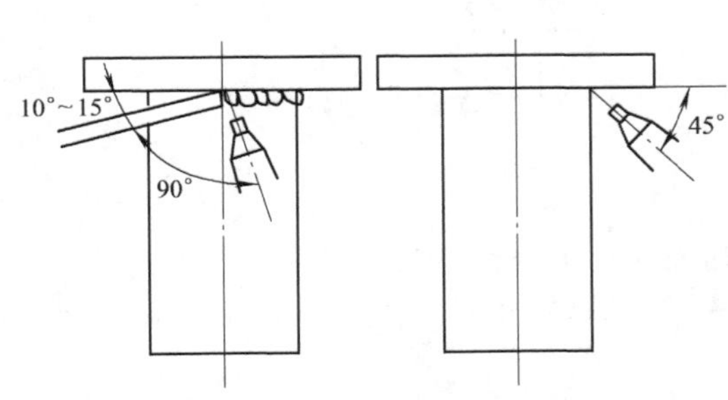

图 4-7-4　仰焊打底层焊枪的角度与电弧对中位置

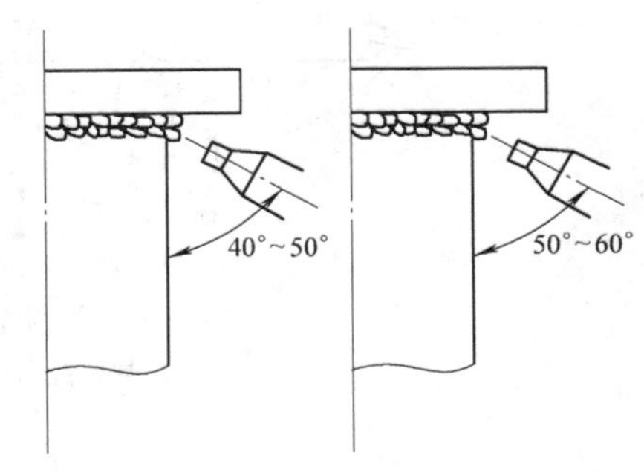

图 4-7-5　仰焊盖面层焊枪的角度与对中位置

焊接步骤与焊打底层焊道相同。

三、管板水平固定全位置焊

1. 焊接参数(见表 4-7-3)

表 4-7-3　管板水平固定全位置焊的焊接参数

焊接电流/A	电弧电压/V	氩气流量/(L/min)	钨极直径	焊丝直径	喷嘴直径	喷嘴与焊件间距离
			/mm			
80～90	11～13	6～8	2.5	2.5	8	≤12

2. 焊接要点　两层两道。每层焊缝都分成前、后两半圈，依次焊接，一条定位焊缝在时钟 7 点处。

（1）打底层　将试件管子轴线固定在水平位置，时钟 0 点位置处在正上方。

焊枪的倾斜角度和电弧对中位置如图 4-7-6 所示。在时钟 7 点位置处左侧 10～20mm 处引燃电弧后，迅速退到定位焊缝上，先不加焊丝，待定位焊缝处熔化形成熔池后，开始加焊丝，并按顺时钟方向焊至时钟 11 点处。

然后从时钟 6 点位置处引弧，先不加焊丝，电弧按逆时钟方向移到焊缝端部预热，待焊缝端部熔化形成熔池后，加焊丝，按逆时钟方向焊至时钟 11 点位置处左侧，停止送丝，待焊缝熔化时加丝，焊接完打底层焊道的最后一个封闭接头。

（2）盖面层　按焊打底层焊道的顺序焊完盖面层焊道，焊接时焊枪摆幅稍宽，保证焊脚尺寸符合要求。

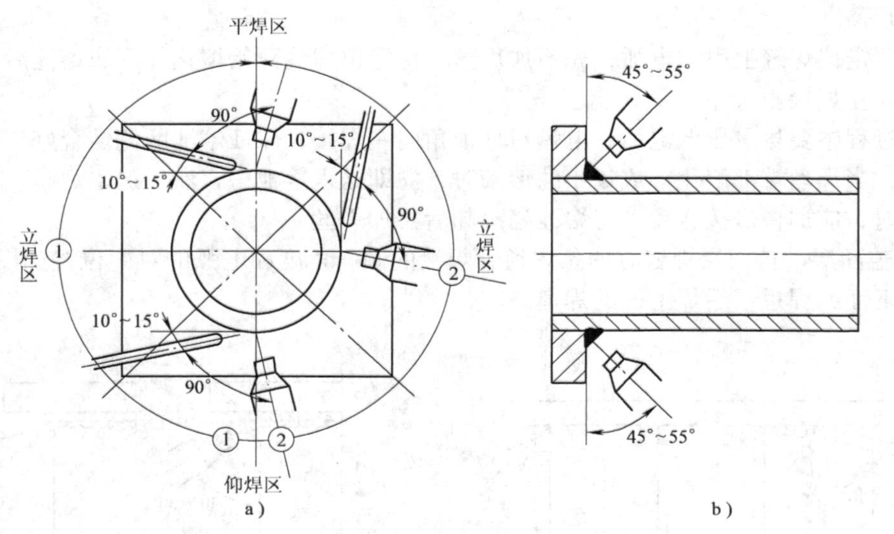

图 4-7-6　管板全位置焊的焊枪角度与对中位置
a）焊枪倾角和加丝位置　b）电弧对中位置

第三节　骑座式管板焊接

这是结构焊工的考试项目，比不需焊透的插入式管板难焊。

骑座式管板焊接难度较大，既要保证单面焊双面成形，又要保证焊缝正面均匀美观，焊脚尺寸对称，再加上管壁薄，孔板厚，坡口两侧导热情况不同，需控制热量分布，这也增加了难度。通常都靠打底层焊保证焊缝背面成形，靠填充层和盖面层焊保证焊脚尺寸和外观质量。

一、管板垂直固定俯焊

1. 焊接参数（见表 4-7-4）

表 4-7-4　管板俯焊的焊接参数

焊接电流 /A	电弧电压 /V	氩气流量 /(L/min)	钨极直径	焊丝直径	喷嘴直径	喷嘴与焊件距离
			/mm			
90~100	11~13	6~8	2.5	2.5	8	≤12

2. 焊接要点　两层两道，左焊法。俯焊焊枪的角度与电弧对中位置如图 4-7-7 所示。

焊前先在试板上调节好焊接参数和钨棒伸出长度。调整钨极伸出长度的办法如图 4-7-3 所示。

（1）打底层　焊打底层焊道需保证根部焊透，焊道背面成形。

将试件固定在垂直俯位处，一个定位焊缝在右侧。

在右侧的定位焊缝上引燃电弧，先不加焊丝，电弧在原位稍摆动，待定位焊缝熔化，形成熔池和熔孔后送焊丝，待焊丝端部熔化形成熔滴后，轻轻地将焊丝向熔池推一下，将铁液送到熔池前端的熔池中，以提高焊道背面的高度，防止未焊透和背面焊道焊肉不够的缺陷。

焊至其他的定位焊缝处时，应停止送丝，利用电弧将定位焊缝熔化并和熔池连成一体后，再送丝继续向左焊接。

焊接时要注意观察熔池，保证熔孔的大小一致，防止管子烧穿，若发现熔孔变大，可适当减小焊枪与孔板间的夹角，增加焊接速度，减小电弧在管子坡口侧的停留时间，或减小焊接电流等方法，使熔孔变小；若发现熔孔变小，则应采取与上述相反的措施，使熔孔增加。

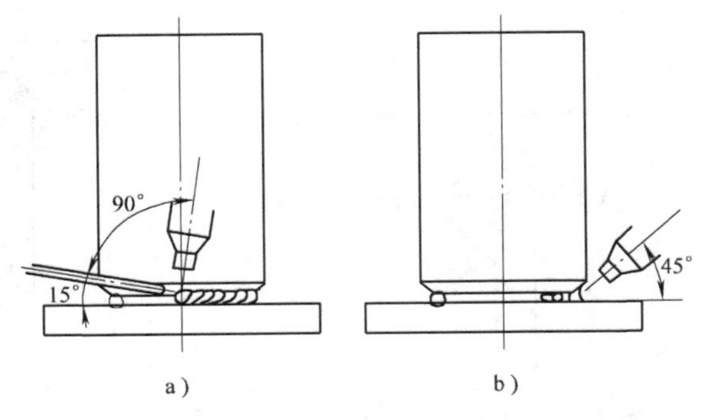

图 4-7-7　管板俯焊焊枪角度与电弧对中位置
a）焊枪倾角和加丝位置　b）电弧对中位置

焊缝收弧时，先停止送丝，随后断开控制开关，此时焊接电流衰减，熔池逐渐缩小，当电弧熄灭，熔池凝固冷却到一定温度后，才能移开焊枪，以防收弧处焊缝金属被氧化。

焊缝接头时，应在弧坑右方 10～20mm 处引燃电弧，并立即将电弧移到需接头处，先不加焊丝，待接头处熔化左端出现熔孔后再加丝焊接。

焊至封闭处，可稍停填丝，待原焊缝头部熔化时再填丝，保证接头处熔合良好。

（2）盖面层　盖面层焊道必须保证熔合好，无缺陷。

焊前可先将打底层焊道上局部的凸起处打磨平。

仍从右侧打底层焊道上引弧，先不加丝，待引弧处局部熔化形成熔池时，开始填丝，并向左焊接。

焊盖面层焊道时，焊枪横向摆动幅度较大，需保证熔池两侧与管子外圆周及孔板熔合好。

其他操作要求与打底层焊道相同。

二、管板垂直固定仰焊

这个位置比俯焊难焊，但比对接板仰焊容易，因为管子的坡口可托住熔池，有点像横焊，但比横焊难焊。

1. 焊接参数(见表 4-7-5)

表 4-7-5　管板仰焊的焊接参数

焊接电流/A	电弧电压/V	氩气流量/(L/min)	钨极直径	焊丝直径	喷嘴直径	喷嘴至焊件距离
			/mm			
80～90	11～13	6～8	2.5	2.5	8	≤12

2. 焊接要点　两层三道，焊道分布如图 4-7-8 所示。

1）打底层　焊接时焊枪角度与电弧对中位置如图 4-7-9 所示。

焊接时，将试件在垂直仰位处固定好，一个定位焊缝在最右侧。

在右侧的定位焊缝上引燃电弧，先不加焊丝，待坡口根部熔化，形成熔池熔孔后，再加焊丝从右向左焊接。

焊接时电弧尽可能地短些，熔池要小，但要保证孔板和管子坡口面熔合好，根据熔孔和熔池表面情况调整焊枪角度和焊接速度。

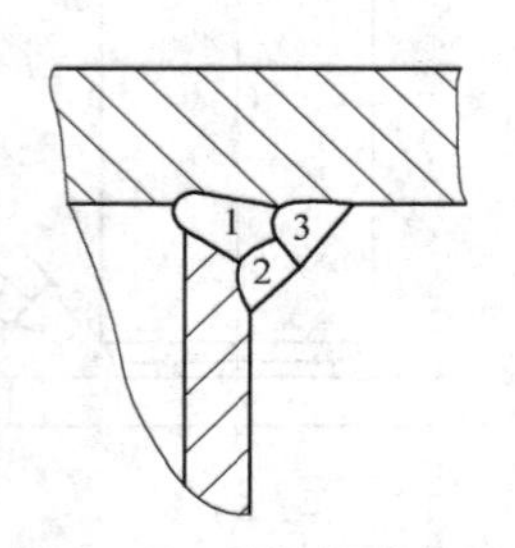

图 4-7-8　仰焊焊道分布

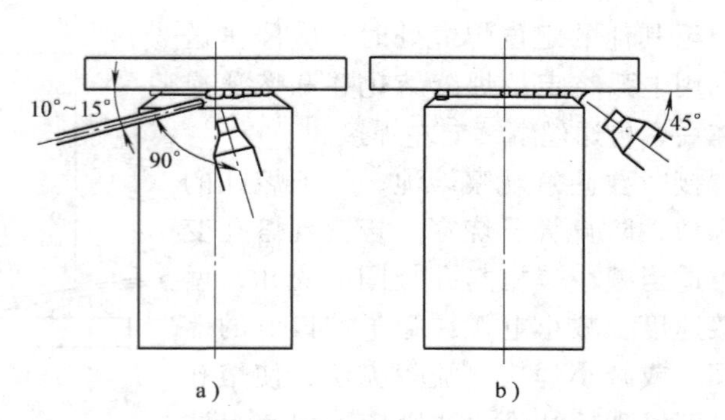

图 4-7-9　仰焊打底层焊的焊枪角度与电弧对中位置
a）焊枪倾斜角度和加丝位置　b）电弧对中位置

管子侧坡口根部的熔孔超过原棱边应≤1mm。否则背面焊道太宽太高。

焊缝需接头时，在接头处右侧 10～20mm 处引燃电弧，先不加焊丝，待接头处熔化形成熔池和熔孔后，再加焊丝继续向左焊接。

2）盖面层焊　盖面层有两条焊道，先焊下面的焊道 2，后焊上面的焊道 3（见图 4-7-8）。仰焊盖面层焊道的焊枪角度，如图 4-7-10 所示。

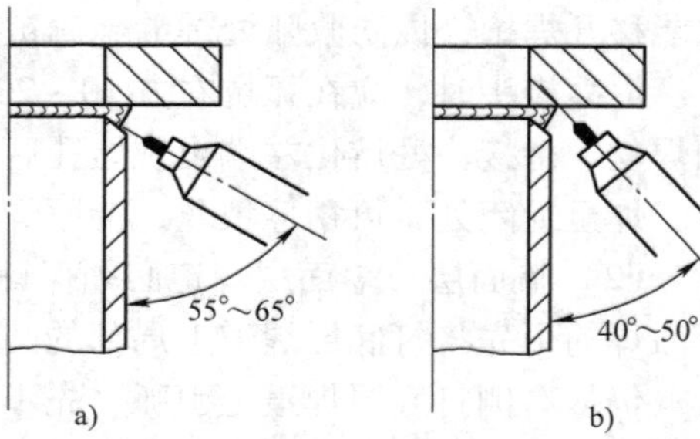

焊下面的盖面层焊道 2 时，电弧对准打底层焊道的下沿，焊枪做小幅度锯齿形摆动，保证熔池的下沿超过管子坡口棱边 1.0～1.5mm，熔池的上沿在打底层焊道的 1/2～1/3 处。

焊上面的焊道 3 时，电弧以打底层焊道上沿为中心，焊枪做小幅度摆动，使熔池将孔板和下面的焊道圆滑地连接在一起。

图 4-7-10　仰焊盖面层焊的焊枪角度与电弧对中位置
a）焊枪倾角度　b）电弧对中位置

三、管板水平固定全位置焊

1. 焊接参数（见表 4-7-6）

表 4-7-6　管板全位置焊的焊接参数

焊接电流/A	电弧电压/V	氩气流量/(L/min)	钨极直径	焊丝直径	喷嘴直径	喷嘴至焊件距离
			/mm			
80～90	11～13	6～8	2.5	2.5	8	≤12

2. 焊接要点　这是最难焊的项目，必须同时掌握了平焊，立焊和仰焊技术才能焊好这个位置的试件。

为叙述方便，试件用通过管子轴线的垂直平面将试件焊缝分成两半圈，并按时钟钟面将试件分成 12 等分，时钟 0 点处位置在最上方。

两层两道。先焊打底层焊道，后焊盖面层焊道，每层都分成两半圈，先按逆时钟方向焊前半圈，后按顺时钟方向焊后半圈。

（1）打底层　将试件管子轴线固定在水平位置，时钟 0 点处位置在正上方。

焊枪角度和填丝位置有两种情况，用①、②区分，箭头指出了它们的位置，全位置焊枪角度与电弧对中位置如图 4-7-6 所示。

在时钟 6 点位置处左侧 10～15mm 处引燃电弧，先不加焊丝，待坡口根局熔化，形成熔池和熔孔后，开始加焊丝，并按逆时钟方向焊接至 0 点处。

然后从时钟 6 点位置处引燃电弧，先不加焊丝，待焊缝开始熔化时，按顺时钟方向移动电弧，当焊缝前端出现熔池和熔孔后，开始加焊丝、继续沿逆时钟方向焊接。

焊至接近时钟 0 点处，停止送丝，待原焊缝处开始熔化时，迅速加焊丝，使焊缝封闭。这是打底层焊道的最后一个接头，要防止烧穿或未熔合。

（2）盖面层焊　焊接顺序和要求与焊打底层焊道，但焊枪的摆动幅度稍大。

第四节　需焊透的插入式管板焊接

本节讲述《规则》规定的需焊透的插入式管板的焊接技术。它是锅炉、压力容器、压力管道焊工的考试项目。这是焊接难度最大的接头形式。焊工必须同时掌握了平板对接接头单面焊双面成形和平板 T 形接头角焊缝的焊接技术，并能够根据管子圆周曲率的变化，随时调整焊枪倾斜角度、加丝位置、电弧对中位置，才能获得满意的焊接结果。

由于这类管板试件选用的孔板较厚，通常都选用 12mm 厚的板，坡口角度较大，需填充的焊肉较多，为了提高焊接质量，降低成本，通常只采用手工钨极氩弧焊焊接打底层焊道、填充层和盖面层焊道根据焊接工艺要求，则选用焊条电弧焊，CO_2 气体保护焊或混合气体保护焊焊接。

本节只讲需焊透的插入式管板接头打底焊的焊接技术。

一、管板水平转动俯焊

1. 装配与定位焊　将管子插在孔板中间，保证管子端面和孔板下平面齐平，管子与孔板间隙沿圆周方向均匀分布。焊 3 条位焊缝，每条长 10～15mm，尽可能小，必须焊牢，不允许有缺陷，沿圆周方向均匀分布。

2. 试件的位置　要求管子轴线与水平面垂直，孔板放在水平面上。注意：必须保证管板接头焊接区背面悬空，背面焊道能自由成形，电接触可靠，能可靠引弧和燃弧。

试件的一条定位焊缝在焊工的右侧。

3. 焊接要点

采用左焊法，焊枪的角度和加丝位置与电弧对中位置如图 4-7-11 所示。

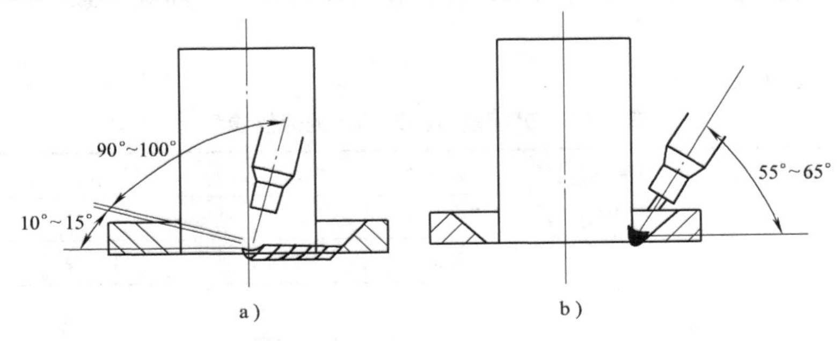

图 4-7-11　俯焊焊枪角度与电弧对中位置

a）焊枪倾斜角度和加丝位置　b）电弧对中位置

4. 焊接参数(见表4-7-7)

表4-7-7　管板水平转动俯焊的焊接参数

焊接电流/A	电弧电压/V	氩气流量/(L/min)	钨极直径	焊丝直径	喷嘴直径	喷嘴至焊件距离
			/mm			
90~100	11~13	6~8	2.5	2.5	8	≤12

5. 焊接要点

1）在焊缝的右侧定位焊缝上引燃电弧，原地预热，暂不加丝。待定位焊缝和两侧坡口熔化，形成熔池后，电弧移到定位焊缝左侧，压低电弧，听见击穿声，看见熔孔，且熔孔直径合适时，转入正式向左焊接，开始加丝。

2）焊到打底层焊道的1/4~1/3处，熄弧。将弧坑转到右侧，在弧坑右侧引燃电弧，暂不加丝，原地预热，待弧坑和两侧坡口熔化形成熔池后，电弧移到弧坑左端，下压电弧，待听见击穿声，看见熔孔，且熔孔直径合适时，继续向左焊接，开始加丝。如此反复，直到焊完打底层焊道为止。

3）当焊到定位焊缝两端时，停止加丝，减慢焊接速度，看见焊缝和定位焊缝熔合后，才能继续施焊。

4）焊到打底层焊道的封闭处时，必须接好最后一个接头。

二、管板垂直固定俯焊

1. 装配与定位焊　装配与定位焊要求与本书本章本节“一”内容相同。

2. 试件的位置　与本书本章本节“一”有关内容相同。但试件需固定牢，焊接过程中不准移动。

3. 焊接参数(见表4-7-7)

4. 焊接要点　与管板水平转动的需焊透的插入式管板完全相同，但焊接过程中不准移动试件的位置，焊工必须围绕试件转一圈，才能焊完打底层焊道。

三、管板垂直固定仰焊

这种位置比俯焊难。焊接时必须使熔池尽可能小，防止液态金属流失，保证焊缝成形美观。

1. 装配与定位焊　要求与管板水平转动的需焊透的插入式管板相同。

2. 试件的位置　管子轴线垂直向下，孔板在上面，焊缝在仰焊位置。将试件固定在便于焊接的地方。

3. 焊接参数(见表4-7-8)

表4-7-8　管板垂直固定仰焊的焊接参数

焊接电流/A	电弧电压/V	氩气流量/(L/min)	钨极直径	焊丝直径	喷嘴直径	喷嘴至焊件距离
			/mm			
80~90	11~13	6~8	2.5	2.5	8	≤12

4. 焊接要点

1）左焊法，焊枪的倾斜角度和加丝位置与电弧对中位置如图4-7-12所示。

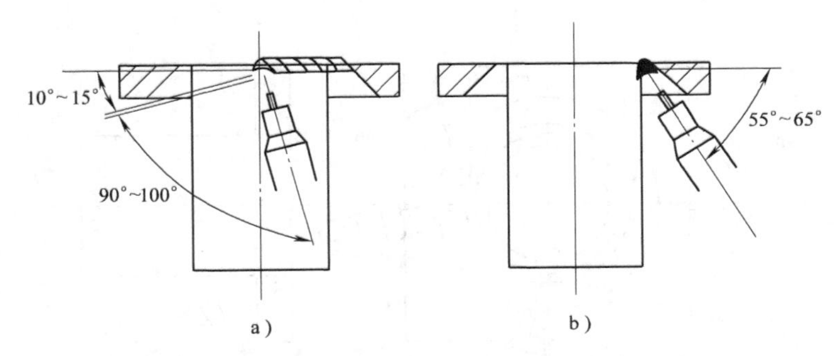

图 4-7-12　仰焊焊枪角度与电弧对中位置

a）焊枪倾斜角度和加丝位置　b）电弧对中位置

2）在焊缝的右侧定位焊缝上引燃电弧，原地预热，暂不加丝，待定位焊缝及两侧坡口熔化，形成熔池后，电弧移到定位焊缝左侧，上顶电弧，待听见击穿声，看见熔孔，且熔孔直径合适时，开始向左焊接，加焊丝。焊工可跟随熔池位置旋转，继续向左焊接。

3）焊到定位焊缝两端时，停止加丝，放慢焊接速度，保证定位焊缝两端焊透，熔合好。

4）焊到打底层焊道封闭处时，必须接好最后一个接头。

四、管板水平固定全位置焊

这是比较难焊的位置。

1. 装配与定位焊　要求与管板水平转动的需焊透的插入式管板相同。

2. 试件位置　管子轴线在水平面内，孔板在垂直面内，一条定位焊缝在时钟 7 点位置处，时钟 0 点位置处在正上方。

3. 焊接参数(见表 4-7-9)

表 4-7-9　管板水平固定全位置焊的焊接参数

焊接电流 /A	电弧电压 /V	氩气流量 /(L/min)	钨极直径	焊丝直径	喷嘴直径	喷嘴至焊件距离
			/mm			
100～120	12～14	8～12	2.5	2.5	8	≤12

4. 焊接要点　将管板焊缝分为左、右两半圈，由下往上焊接。

1）焊枪角度和加丝位置与电弧对中位置，如图 4-7-13 所示。

2）在时钟 7 点处位置的定位焊缝上引燃电弧进行预热，暂不加丝，待定位焊缝及两侧坡口熔化，形成熔池后，电弧沿逆时针方向移到定位焊缝右端，向内压电弧，听见击穿声，看见熔孔，且熔孔直径合适时，开始逆时针向上焊接，加焊丝，经时钟 3 点处一直焊到时钟 11 点位置处定位焊缝的右侧停止。注意要接好头。

3）在时钟 7 点位置处的定位焊缝上引燃电弧，原地预热，待定位焊缝和坡口两侧熔化，形成熔池，电弧移到定位焊缝左侧，上顶电弧，待听见击穿声，看见熔孔，且熔孔直径合适时，开始转入顺时针方向正式焊接、加丝，一直焊到时钟 11 点位置处，注意接好头，完成打底层焊道的焊接。

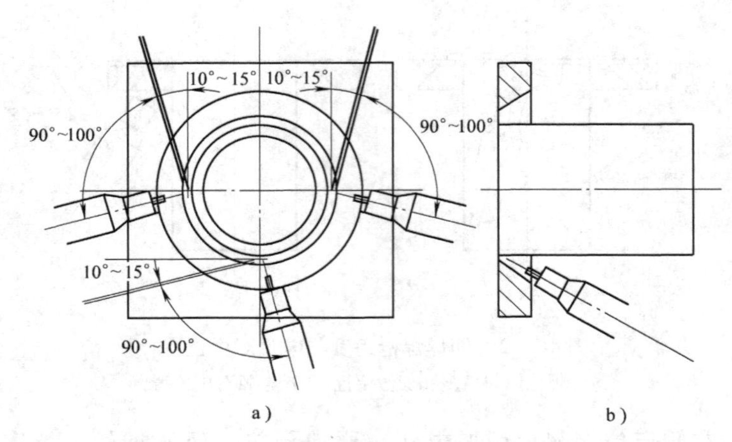

图 4-7-13　焊枪角度与电弧对中位置

a）焊枪倾斜角度和加丝位置　b）电弧对中位置

五、管板 45°固定全位置焊

1. 装配与定位焊　要求与管板水平转动的，需焊透的插入式管板相同。

2. 试件位置　将管子轴线和水平面成 45°角固定好，焊接过程中不准改变位置。一条定位焊缝在时钟 7 点位置处，时钟 0 点处在最上方。

3. 焊接参数(见表 4-7-9)

4. 焊接要点　与水平固定需焊透的插入式管板的焊接步骤完全相同。注意：焊接过程中焊枪的倾斜角度、加丝位置与电弧对中位置必须在焊接熔池所在位置进行水平移动，并保证其的相对位置不变，电弧在水平方向摆动，因此焊缝上的鱼鳞纹方向与管子轴线呈 45°角。

第五篇　基础知识

本篇讲述焊接的基本理论知识，以及与焊接有关的基础理论知识。

第一章　概　　述

在金属结构和机械制造中，总是需要将两个或两个以上的零件，按一定形状和位置连接起来，并保证有足够的连接强度。连接的方法主要分两大类：一类是可以拆卸的联接方法，如螺栓联接，销钉、键联接等；另一类是永久性的不可拆卸的连接方法，如铆接、焊接。

焊接是一种生产不可拆卸的结构的工艺方法。随着近代科学技术的发展，焊接已发展成为一门独立的科学，已广泛应用于国民经济的各个领域，并渗透到家庭生活日用品中。据统计，2003 年，我国钢产量突破 2.3 亿 t，其中焊接件用钢量超过 1 亿 t，跃居世界之首。可见焊接技术应用的前景是很广阔的。

我国采用焊接技术已成功地制造了各种现代化的大型高质量设备。如大型复杂的人造卫星及载人飞船发射架、万吨以上水压机、大型高压化工石油容器、48 万 t 巨型油轮，10 万 m^3 大型贮罐、60 万 kW 火电设备、120 万 kW 原子能发电设备、30 万 MPa 高压设备等。成功地解决了大型铝合金热交换器的钎接工艺，一些难熔或活性金属(钛、锆、铌等)的焊接问题，并成功地焊接了人造卫星和载人飞船。

一、焊接的优点

焊接与螺钉联接、铆接、铸件及锻件相比，具有下列优点：

1. 节省金属材料、减轻结构重量，经济效益好。

2. 简化加工与装配工序，生产周期短，生产效率高。

3. 结构强度高(接头能达到与母材等强度)，接头密封性好。

4. 为结构设计提供较大的灵活性。例如，按结构的受力情况可优化配置材料，按工况需要，在不同部位选用不同强度、不同耐磨、耐腐蚀及耐高温等性能的材料。

5. 焊接工艺过程容易实现机械化和自动化。

二、焊接的缺点

1. 焊接结构容易引起较大的残余变形和焊接内应力。由于绝大多数焊接方法都采用局部加热，经焊接后的焊件，不可避免地在结构中会产生一定的焊接应力和变形，从而影响结构的承载能力、加工精度和尺寸稳定性。同时，在焊缝与焊件交界处还会引起应力集中，对结构的脆性断裂有较大影响。

2. 焊接接头中存在着一定数量的缺陷，如裂纹、气孔、夹渣、未焊透、未熔合等。缺陷的存在会降低强度、引起应力集中、损坏焊缝致密性，是造成焊接结构破坏的主要原因之一。

3. 焊接接头具有较大的性能不均匀性。由于焊缝的成分及金相组织与母材不同，接头各部位经历的热循环不同，使接头不同区域的性能不同。

4. 焊接过程中产生高温，强光、及一些有毒气体，对人体有一定的损害，故需加强劳动保护。

第一节　焊接方法概述

焊接是通过加热或加压，或两者兼用，并且用或不用填充材料，使焊件达到原子结合的一种加工方法。

焊接不仅可以连接金属，还可以连接塑料、玻璃、陶瓷等非金属。在工业生产中，焊接主要用于连接金属材料。

一、焊接的分类

按焊接时的工艺特点和母材金属所处的状态，可以把焊接方法分成熔焊、压焊和钎焊三类，金属焊接的分类如下：

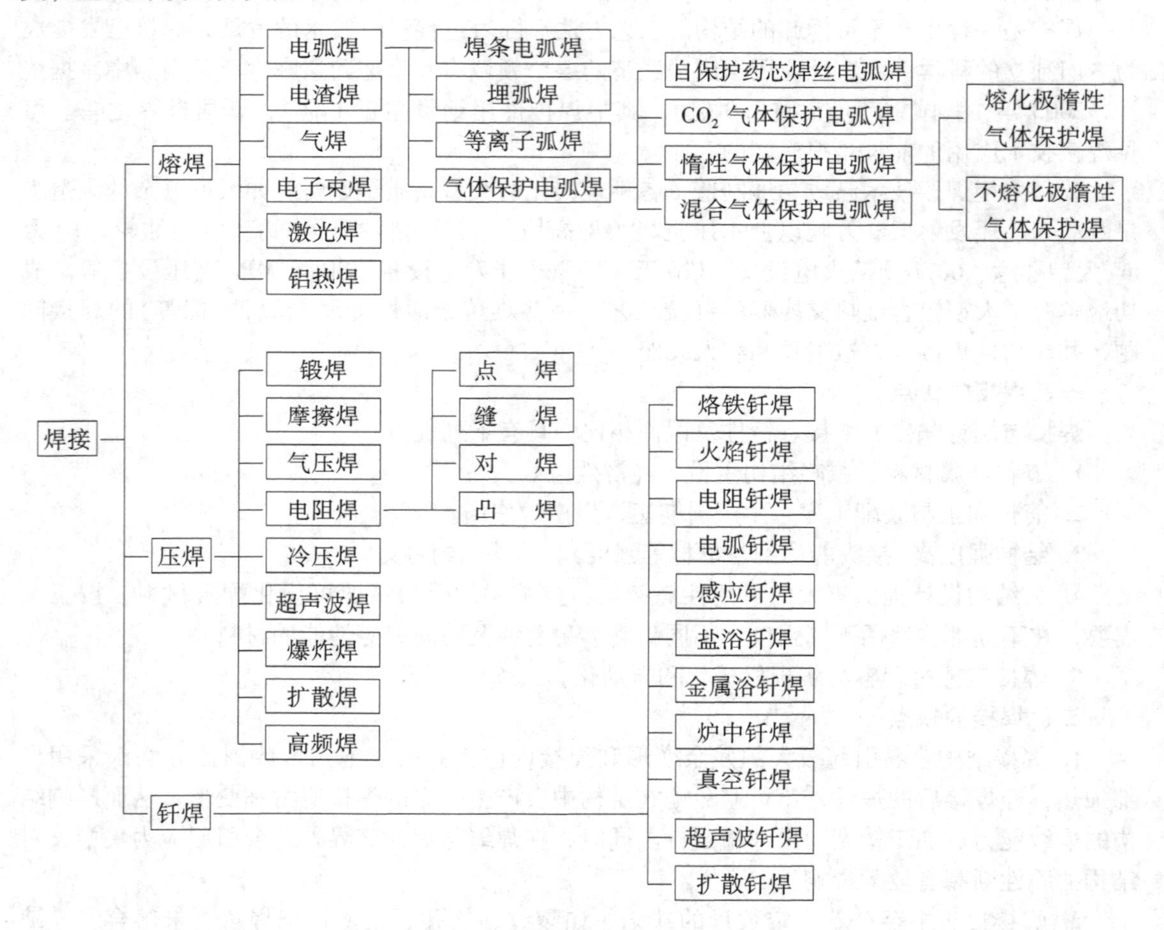

1. 熔焊　焊接过程中，将焊件接头加热至熔化状态，不加压力的焊接方法，称为熔焊。熔焊是目前应用最广泛的焊接方法。最常用的有焊条电弧焊、埋弧焊、CO_2 及混合气体

保护焊、手工钨极氩弧焊和气焊等。

2. 压焊　焊接过程中，必须对焊件施加压力，加热或不加热的焊接方法，称为压焊。

压焊有两种形式：

1）一定的压力作用下，将被焊金属的接触部位加热至塑性状态，或局部熔化状态，使金属原子间相互结合形成焊接接头，如电阻焊、摩擦焊等。

2）不加热，仅在被焊金属接触面上施加足够大的压力，借助压力引起的塑性变形，使原子相互接近，从而获得牢固的压挤接头，如冷压焊、超声波焊、爆炸焊等。

3. 钎焊　采用熔点比母材低的金属材料作钎料，将焊件和钎料加热到高于钎料熔点，但低于母材熔点的温度，利用毛细作用使液态钎料润湿母材，填充接头间隙并与母材相互扩散，连接焊件的方法，称为钎焊。

钎焊分为如下两种：

（1）软钎焊　用熔点低于450℃的钎料（铅、锡合金为主）进行焊接、接头强度较低。

（2）硬钎焊　用熔点高于450℃的钎料（铜、银、镍合金为主）进行焊接，接头强度较高。

二、常用熔焊方法

1. 焊条电弧焊　用手工操纵焊条进行焊接的电弧焊方法，称为焊条电弧焊，简称手弧焊，如图5-1-1所示。

焊条电弧焊的焊接材料是电焊条，焊条由焊芯和药皮两部分组成，焊接时可作为电极和填充材料。

（1）焊接特点

1）设备简单、操作灵活。可在室内、室外及各种空间位置焊接，对于不同接头形式，短的或曲折的焊缝，均能方便地进行焊接。

2）容易控制形状复杂焊件的焊接变形。

3）焊条品种齐全，可按技术要求选配与母材相应的焊条，能获得性能优良的焊缝金属。

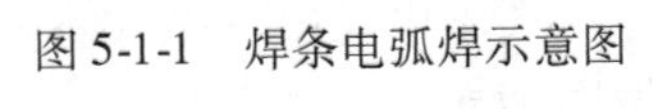

图5-1-1　焊条电弧焊示意图

（2）适用范围　可焊接碳钢、低合金高强度钢、不锈钢、耐热钢和低温钢。也可用于铸铁、铝、铜及其合金的焊接。最小焊接厚度为0.5mm。

焊条电弧焊由于受到使用电流范围的限制，焊条熔敷率较低；进行长焊缝焊接时需不断地更换焊条，每道焊缝焊后必须清除熔渣，增加了辅助时间，降低了焊接生产率、劳动强度大；焊接质量受焊工操作水平和体力影响。但是，随着重力焊条、铁粉焊条、立向下焊焊条等高效或专用焊条，以及低毒焊条不断地被广泛应用，故焊条电弧焊方法仍在广泛应用，并得到进一步的发展。

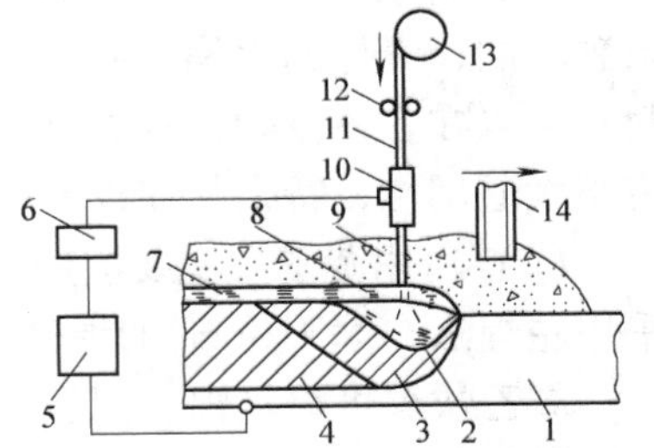

图5-1-2　埋弧焊示意图
1—母材　2—电弧　3—熔池　4—焊缝　5—焊接电源　6—电控箱　7—渣壳　8—熔渣泡　9—焊剂　10—导电嘴　11—焊丝　12—焊丝送进轮　13—焊丝盘　14—焊剂输送管

2. 埋弧焊　电弧在焊剂层下燃烧，利用电气和机械装置控制送丝和移动电弧的埋弧焊方法，如图5-1-2所示。

埋弧焊的焊接材料主要是焊剂和焊丝。

（1）焊接特点

1）埋弧焊的熔敷率高，是焊条电弧焊的5～10倍；焊缝成形美观、质量好；由于采用焊剂保护，可采用大电流进行焊接，能获得较大的熔深，30mm 以下的焊件，可开 I 形坡口或开小角度坡口，提高了生产率、节省了焊接材料。

2）容易实现焊接过程自动化，同时无弧光辐射，改善了焊工劳动条件。

3）一般只能用于水平位置和船形位置的焊接。对短焊缝、小直径环缝纵缝、形状不规则焊缝、以及处在狭窄空间位置焊接，薄板的焊接等均受到限制。

4）埋弧焊焊接时看不见电弧，对坡口加工与装配要求较高，同时这种方法占地面积较大，设备投资费用也较高。但目前，多丝、带极和窄间隙埋弧焊等特种形式的工艺方法已应用于生产，提高了产品质量和效率。

（2）适用范围　埋弧焊目前主要用于碳素钢、低合金高强度钢、耐热钢以及不锈钢长焊缝的水平位置焊接，还可用于铜及其合金的焊接，特别适用于厚板 20mm 以上的纵环缝焊接。也可以进行不锈钢和低合金高强度钢的带极堆焊，这种焊接方法已在锅炉压力容器、金属结构、船舶和车辆制造中广泛应用。

3. 气焊　气焊是利用气体燃烧火焰作热源的一种熔焊方法。根据生产需要可采用左焊法或右焊法两种，如图 5-1-3 所示。

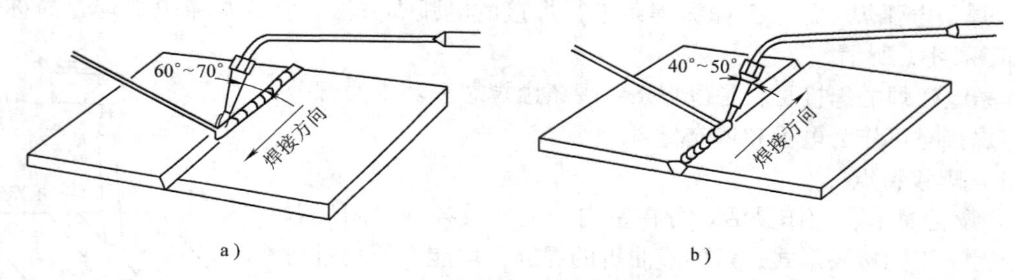

图 5-1-3　气焊的两种操作方法

a）左焊法　b）右焊法

气体火焰由可燃气体和助燃气体燃烧形成，最常用的氧乙炔焊就是用乙炔做燃气，氧气做助燃气。

气焊通常要使用焊丝和焊剂。

（1）焊接特点　氧乙炔焊和电弧焊相比，火焰温度低，加热速度慢；火焰和焊丝是各自独立的，气体的火焰性质可随意调整，因而能够顺利地用来焊接需要预热和缓冷的金属材料；可以在各种复杂位置焊接，同时也能够方便地观察焊接过程；设备简单、移动方便，具有很大通用性，特别是在没有电的情况下能焊接。

（2）适用范围　主要应用于焊接薄钢板、薄壁小直径管子。当厚度小于 3mm 的焊件多采用左焊法，大于 3mm 的焊件，则多采用右焊法。

氧乙炔焊可焊接铝、铜、铸铁，也可进行钎焊和堆焊硬质合金等。焊接有色金属、铸铁及不锈钢等材料时，必须采用助熔剂。

氧乙炔焊由于生产效率低，热量不集中，因此焊件热影响区宽，过热严重、变形大、接头性能较差。目前，在很多方面它已被新的焊接工艺替代，但在有色金属、铸铁焊接，以及某些特定场合，氧乙炔焊依旧具有重要地位。

4. 气体保护电弧焊　是指用外加气体作为电弧介质，保护电弧、金属熔滴、焊接熔池和焊接区高温金属的电弧焊方法。在生产中常用的外加气体有氩气、氦气、二氧化碳气

（CO_2）、氩气加氦气、氩加二氧化碳和氧的混合气体，氩和二氧化碳的混合气体等。

（1）焊接特点　与其他焊接方法相比有以下特点：

1）明弧焊接、熔池可见度好，操作方便；适用于各种空间位置的焊接，有利于实现机械化和自动化。

2）电弧被保护气流压缩能量密度较高，焊接熔池和热影响区较小，因此焊件的变形和裂纹倾向不大，尤其适用于薄板焊接。

3）可采用氩、氦等惰性气体作保护，焊接化学性质活泼的金属和合金时，具有很高的焊接质量。但引弧较困难（因氩、氦电离电位高）。

4）焊接区的保护气体，抗外界干扰能力弱，电弧的光辐射较强、焊接设备较复杂。

（2）适用范围　用氩气作为保护气体的钨极氩弧焊，特别适宜焊化学性质活泼的金属，例如不锈钢、铜、铝、镁、钛及其合金。通常适用0.5～5mm范围的薄板或管子的全位置焊接和堆焊。钨极氩弧焊还常使用在锅炉及压力容器重要受压元件根部的打底焊，从而确保焊缝根部的质量。

用CO_2气体或其他混合气体作为保护气体的电弧焊，可用于低碳钢、低合金高强度钢的薄、中及厚板的全位置焊接。在汽车制造、造船、工程机械、机车车辆及矿山机械等部门应用较普遍。在压力容器、锅炉制造中，一些支座角焊缝、容器附件、膜式水冷壁的焊接，已逐步取代焊条电弧焊。

第二节　焊接电弧

一、焊接电弧的产生、结构及温度

1. 焊接电弧及其产生　电弧是由焊接电源供给的具有一定电压的两电极间或电极与焊件间产生强烈、持久、稳定的气体放电现象。不同的焊接方法引燃电弧的方法不同，但总的来说有如下两种：

（1）接触短路引弧法　这种引弧方法包括两个过程：首先是将焊条或焊丝与焊件接触短路，利用短路产生高温；其次，是在短路以后迅速地将焊条或焊丝拉开，这时在焊条或焊丝端部与焊件表面之间立即产生焊接电弧。在熔化极电弧焊中，如焊条电弧焊、埋弧焊和熔化极气体保护焊都采用接触短路法引弧。

（2）高频高压引弧法　这种方法用于钨极氩弧焊中，在钨极和焊件之间留有2～5mm的间隙，然后加上2000～3000V高频电压，利用高电压直接将空气击穿，引燃电弧。由于高压电对人身有危险，通常将其频率提高到150～260kHz，利用高频电强烈的集肤效应，对人身不会造成危害。

2. 焊接电弧的结构　焊接电弧由阴极区、阳极区和弧柱区三部分组成，如图5-1-4a所示。

（1）阴极区　阴极区是从阴极表面起靠近阴极的地方，此区很窄。由于阴极表面堆积有一批正离子，所以形成一个电压降，称为阴极电压降$U_{阴}$。在阴极表面上有一个明显光亮的斑点，称为“阴极斑点”。

（2）阳极区　阳极区是从阳极表面起靠近阳极的地方，比阴极区宽些。由于阳极表面堆积有一批电子，所以形成一个电压降，称为阳极电压降$U_{阳}$。在阳极表面上也有一个明显光亮的斑点，称为“阳极斑点”。

（3）弧柱区　弧柱区是在阴极区和阳极区中间的区域，弧柱区最长，平时所说的弧长就是指弧柱区的长度。由于在弧柱长度方向上带电质点分布是均匀的，所以弧柱电压降 $U_{柱}$ 的分布也是均匀的。

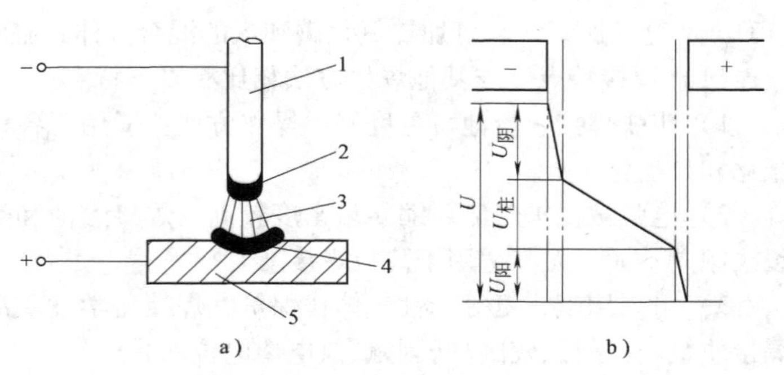

图 5-1-4　焊接电弧结构

a）电弧结构　b）电弧压降

U—电弧的压降　$U_{阳}$—阳极区压降　$U_{柱}$—弧柱压降

$U_{阴}$—阴极区压降　$U=U_{阳}+U_{柱}+U_{阴}$

1—电极　2—阴极区　3—弧柱　4—阳极区　5—焊件

电弧两端（两电极）之间的电压降，称为电弧电压。从上述可知，电弧电压由三部分组成，即阴极电压降、阳极电压降和弧柱电压降，如图 5-1-4b 所示。

实验得知，当电极材料，电源种类及极性和气体介质一定时，电弧电压仅决定于电弧长度，即当弧长拉长时，电弧电压升高；当弧长缩短时，电弧电压降低。

3. 焊接电弧温度　焊接电弧三个区域的温度分布是不均匀的，阳极斑点温度高于阴极斑点温度，但都低于该种电极材料的沸点，见表 5-1-1。弧柱区中心部分温度最高，一般在 5000～30000K 之间，离开弧柱区中心线，温度逐渐降低。

表 5-1-1　阴极斑点和阳极斑点的温度

电极材料	材料沸点/K	气体介质	阴极斑点温度/K	阳极斑点温度/K
碳	4640	空气	3500	4100
铁	3271		2400	2600
钨	6200		3640	4250

当焊接电流为交流电时，由于电流在每秒钟内要变换 100 次方向（频率 50Hz 时），电极和母材轮流为阴极或阳极，斑点处的温度相同，等于阴极斑点和阳极斑点温度的平均值。

二、焊接电弧的极性及其应用

1. 焊接电弧的极性　当采用直流弧焊电源时，焊件可与电源输出端正或负极连接。极性有正接和反接两种。

（1）正接　直流电弧焊时，焊件接电源输出端的正极，电极接电源输出端的负极的接线法称正接，这时的极性为正极性。

（2）反接　直流电弧焊时，焊件接电源输出端的负极，电极接电源输出端的正极的接法称反接。这时的极性为反极性。

注意直流电弧的极性是以焊件为基准的，焊件接正极为正接，焊件接负极为反接。

2. 焊接电源极性的应用　焊条电弧焊中，对于酸性焊条来说，可采用交流也可采用直流。采用直流电源时，焊接厚板一般采用正接。因为阳极区温度比阴极区高，可以获得较大的熔深；焊接薄板时，采用直流反接，对防止烧穿有利；堆焊时，采用反接，其目的是增加焊条的熔化速度，减少母材的熔深，有利于降低母材对堆焊层的稀释。对于碱性焊条（低氢钠型焊条）采用直流反接，电弧燃烧稳定，飞溅少，而且焊接时声音较平静均匀。

钨极氩弧焊，一般都采用直流正接，电弧比较稳定，钨极寿命长；采用反接时，钨极因过热而损失严重，使用寿命短，允许使用的电流小。

熔化极气体保护焊通常采用直流反接，电弧稳定，熔深大，飞溅小。

埋弧焊中，当焊剂中含有氟化物时，采用直流反接，熔深大。

三、电弧的静特性

1. 电弧的静特性　在电极材料、气体介质和弧长一定的情况下，电弧稳定燃烧时，焊接电流与电弧电压变化的关系，称为电弧的静特性。焊接电流与电弧电压之间的关系常用一条曲线表示，这样的曲线，称为焊接电弧的静特性曲线，如图 5-1-5 所示。

图 5-1-5 为完整的焊接电弧的静特性曲线。曲线呈 U 形，分为三部分：下降特性 *ab* 段，随着焊接电流的增加，电弧电压迅速地减小；水平特性 *bc* 段，随着焊接电流的增加，电弧电压基本保持不变；上升特性 *cd* 段，随着焊接电流的增加，电弧电压也随之增加。

2. 不同焊接方法的电弧静特性

（1）焊条电弧焊　典型的焊条电弧焊电弧的静特性曲线如图 5-1-6 所示。从图可以看出，一个弧长对应一条曲线。弧长增加时，曲线向上移，即所需的电弧电压要增加，弧长的长短决定电弧电压的高低。

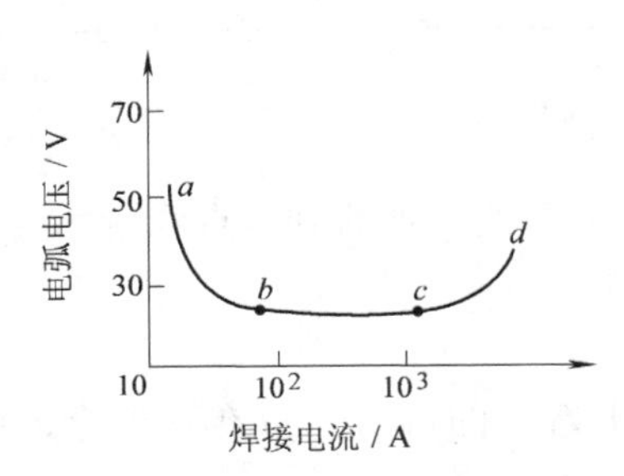

图 5-1-5　焊接电弧的静特性曲线

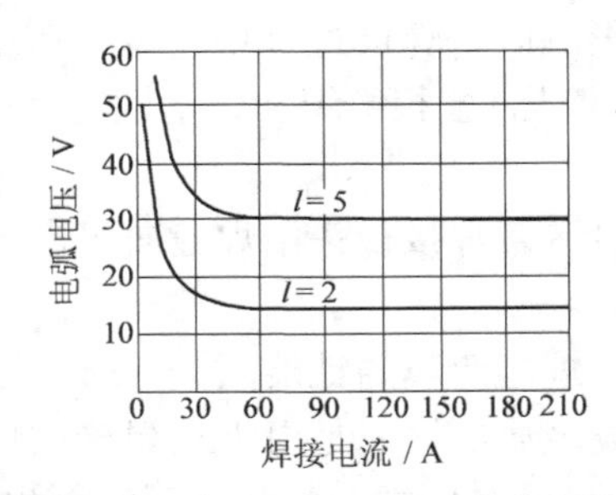

图 5-1-6　焊条电弧焊电弧的静特性曲线

（2）埋弧焊　在正常电流密度下焊接时，其静特性呈水平趋势，位于电弧静特性曲线的 *bc* 段；采用大电流密度焊接时，其静特性呈上升趋势，位于电弧静特性曲线的 *cd* 段。

（3）钨极氩弧焊　在小焊接电流区间内焊接时，其静特性呈下降趋势；在大焊接电流区间内焊接时，呈水平趋势，位于电弧静特性曲线的 *bc* 段。

（4）熔化极气体保护焊　用氩气或 CO_2 气体作为保护气体的熔化极气体保护焊时，由于电流密度大，其静特性呈上升趋势，位于电弧静特性曲线的 *cd* 段。

第二章　焊 接 接 头

本章讲述焊接接头的特点、形式及表示方法。

第一节　焊接接头的特点

一、焊接接头的结构

用焊接方法连接的接头称做焊接接头。焊接接头包括：焊缝(*OA*)、熔合区(*AB*)和热影响区(*BC*)三个部分，如图5-2-1所示。

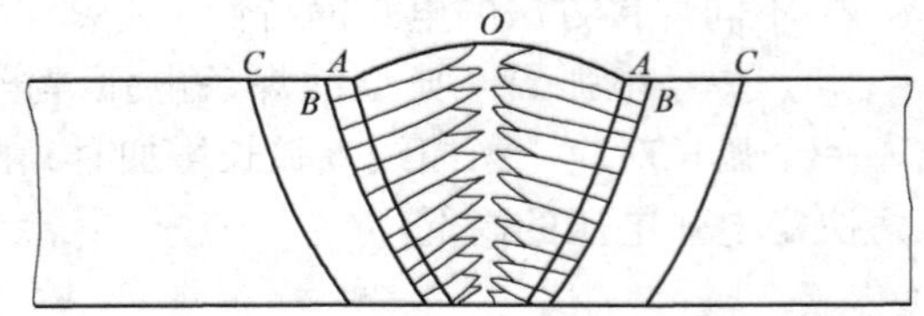

图5-2-1　焊接接头示意图

焊缝是焊件经焊接后形成的结合部分。通常由熔化的母材和焊接材料组成，有时全部由熔化的母材构成。

热影响区是焊接过程中，母材因受热的影响(但未熔化)金相组织和力学性能发生了变化的区域。

熔合区是焊接接头中焊缝向热影响区过渡的区域。它是刚好加热到熔点和凝固温度区间的那部分。

二、焊缝金属的性能

焊缝金属的性能是由组成焊缝的熔合比(熔焊时,被熔化的母材部分在焊道金属中所占的比例)、冶金反应和冷却结晶的金相组织决定的。

冶金反应很复杂，包括氧化还原、脱硫、脱磷和渗合金等，这主要是研究焊接材料人员的事。本书只讨论焊缝结晶过程中与焊缝性能有关的一些问题。

1. 焊缝熔池的一次结晶　电弧离开熔池后，焊缝熔池金属凝固时直接从液态金属转变为固态的过程称为一次结晶。焊接过程中的许多缺陷如气孔、裂纹、夹杂和偏析等大都是在一次结晶过程产生的。因此焊缝熔池的一次结晶对其组织和性能有着极大影响。

(1) 焊缝溶池一次结晶的特点

1) 焊缝熔池的体积小，冷却速度大：电弧焊时，熔池的体积最大不超过30cm^3，液态金属重量不超过100g(单丝埋弧焊)。平均冷却速度约为4～100℃/s，比铸锭大几百到上万倍。因而对于含碳量高、含合金元素较多的钢种和铸铁等，容易产生硬化组织和结晶裂纹。

2) 合金元素烧损严重：熔池中的液态金属处于过热状态，过渡熔滴的平均温度达2300℃，低碳钢、低合金钢的熔池平均温度为(1770±100)℃，超过了材料的熔点，处于过热状态，因此合金元素的烧损比较严重。

3) 温差大：熔池中心和边缘存在着很大的温差，熔池中心温度高，边缘凝固界面散热快，焊缝冷却速度大，所以熔池是在很大温差条件下进行结晶，促使柱状晶发展。

4) 熔池在运动状态下结晶。

(2) 焊缝熔池一次结晶的过程　熔焊时的一次结晶是在液态金属中发生的。焊接热源离开后，液体金属熔池温度降低，原子间的活动能力逐渐减小。温度降低到熔点时，液体金属中有一些原子就开始最先排列起来，形成晶核。然后晶核就依靠吸附周围液体中的原子进行生长，称为“长大”。

由于液体金属熔池中的热量主要通过熔合线（焊缝金属与母材的分界线）向母材方向散失，因此紧靠熔合线处的一层液体金属降温最快，并首先凝固开始结晶，如图 5-2-2a 所示。

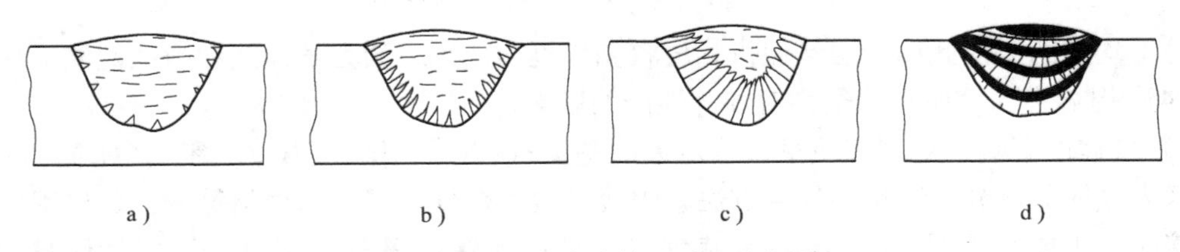

图 5-2-2　焊接熔池结晶过程示意图

a）开始结晶　b）晶粒长大　c）柱状结晶　d）结晶结束

由于晶体不可能向已凝固的金属扩展，所以晶体向着与散热方向相反的方向长大，如图 5-2-2b 所示。

晶体向两侧生长受到相邻的正在生长晶体的阻挡，因此主要的生长方向指向熔池中心，并形成柱状结晶，如图 5-2-2c 所示。

当柱状晶体不断长大到互相接触时，结晶过程结束，如图 5-2-2d 所示。

随着电弧的移动，焊接熔池的结晶过程一直在连续地进行，每个长大的晶核就成为一个晶粒。

（3）焊缝中的偏析　焊缝熔池金属一次结晶过程中，由于冷却速度快，已凝固的焊缝金属中的化学成分来不及扩散，因此，合金元素的分布是不均匀的，这种现象称为偏析。偏析对焊缝质量影响很大，不仅使化学成分不均匀，性能改变，而且也是产生裂纹、夹杂和气孔等缺陷的主要原因之一。焊缝中的偏析主要有显微偏析、区域偏析和层状偏析三种。

1）显微偏析：在一个晶粒内部或晶粒之间的化学成分不均匀现象称为显微偏析。熔池金属结晶时，最先结晶的结晶中心金属最纯，而后结晶部分含合金元素和杂质略高，最后结晶的部分，即结晶的外端和前缘含合金元素和杂质最高。

影响显微偏析的主要因素是金属的化学成分。因为金属的化学成分决定金属结晶区间的大小，结晶温度区间越大，越容易产生显微偏析。低碳钢因其结晶温度区间不大，所以显微偏析现象并不严重。高碳钢、合金钢由于合金元素较多，结晶温度区间增大，所以焊接时产生较严重的显微偏析，严重时甚至会引起热裂纹等缺陷，所以焊后一般需要进行扩散及细化晶粒的热处理，以消除显微偏析现象。

2）区域偏析：熔池金属结晶时，由于柱状晶体的不断长大和推移，会把结晶温度低的杂质“赶”向熔池中心，使熔池中心的杂质比其他部位多，这种现象称为区域偏析。

焊缝的断面形状对区域偏析的分布有很大的影响。窄而深的焊缝，各柱状晶的交界在焊缝的中心，因此有较多的杂质聚集在焊缝中心，如图 5-2-3a 所示。这时在中心极易形成热裂纹。宽而浅的焊缝，杂质聚集在焊缝的上部，如图 5-2-3b 所示，这种焊缝便具有较高的抗热裂能力。

3）层状偏析：层状偏析是在焊缝横断面上出现的分层组织，不同的分层，化学成分的

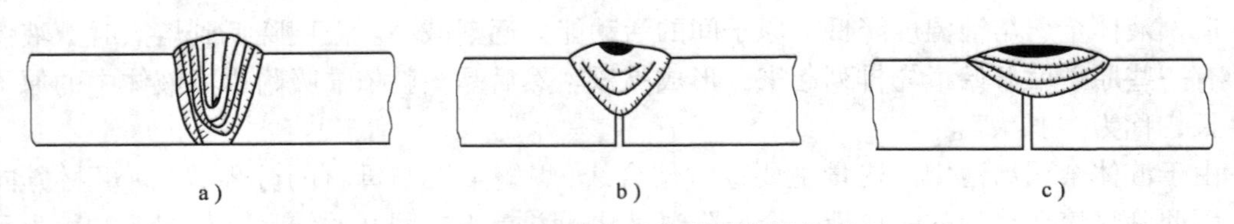

图 5-2-3 焊缝形状与杂质分布的关系

分布是不均匀的，因此称为层状偏析。层状偏析也会使焊缝的力学性能和耐蚀性能不均匀。

（4）焊缝中的气体和夹杂物对焊缝性能的影响

1）气体的影响：对焊缝质量影响最大的是氮气（N_2）、氢气（H_2）、氧气（O_2）。焊接时电弧区内气体的成分、数量随焊接方法、焊接参数、药皮或焊剂的种类等变化。如用酸性焊条焊接时，主要气体是 CO、H_2、水蒸气（H_2O）；用碱性焊条焊接时，主要气体是 CO 和 CO_2；埋弧焊时，气体的主要成分是 CO 和 H_2。

① 氮：氮主要来自焊接区周围的空气。氮是提高焊缝金属强度，降低塑性和韧性的元素，并且是焊缝中产生气孔的原因之一。所以在焊缝中氮是有害元素。控制焊缝含氮量的主要措施是加强对焊接区域的保护，防止空气与液态金属接触。焊条电弧焊时，应采用短弧焊接，减少空气中氮的侵入。

② 氢：氢主要来源是焊条药皮或焊剂中的水分，药皮中的有机物，焊件和焊丝表面上的污物（铁锈、油污）、空气中的水分等。不同焊接方法、不同的焊条药皮类型，焊缝中的含氢量是各不相同的，见表 5-2-1。

表 5-2-1 焊接碳钢时焊缝中每 100g 的含氢量

焊接方法	焊条电弧焊					埋弧焊	CO_2 气体保护焊
	纤维素型	钛型	钛铁矿型	氧化铁型	低氢钠型		
含氢量/(mL/g)	42.1	46.1	36.8	38.8	6.8	5.9	1.54

氢可引起钢的氢脆或白点，使钢的硬度升高、塑性、韧性严重下降。氢是焊接接头中产生气孔和冷裂纹的主要因素之一。控制焊缝中含氢量常用的措施是：烘干焊条和焊剂、清除焊件和焊丝表面上的杂质、焊后消氢热处理。当选用直流电源进行焊条电弧焊时，为了减少含氢量，应采用反接法施焊。

③ 氧：氧主要来自焊条药皮、焊剂、保护气体、水分及焊件和焊丝表面上的铁锈、氧化膜，其次是大气。

随着焊缝含氧量的增加，钢的强度、塑性和韧性明显地下降。使钢的脆性转变温度明显提高，降低钢的疲劳强度和冷、热加工性能。溶解在熔池中的氧与碳发生作用，生成不溶于金属的 CO，在熔池结晶时来不及逸出，就会形成气孔。氧会烧损焊接材料中有益的合金元素，使焊缝性能变坏。在熔滴中含氧和碳过多时，它们互相作用生成的 CO 受热膨胀，使熔滴爆炸，造成飞溅，影响焊接过程的稳定性。因此，氧在焊缝中是属于有害的元素。

生产中减少焊缝含氧量最有效的措施是进行脱氧。

2）夹杂物的影响：它是指焊后残留在焊缝金属中的非金属夹杂物如氧化物、硫化物等。

① 氧化物。焊接钢材时，氧化物夹杂的主要成分是SiO_2，其次是MnO、TiO_2和Al_2O_3等，一般都以硅酸盐的形式存在。这些夹杂物的危害性较大，是在焊缝中引起热裂纹的原因之一。

② 硫化物。硫化物主要来源于焊条药皮或焊剂，也可能是母材或焊丝中的含硫量偏高而形成的。

钢中的硫化物夹杂主要是MnS和FeS。以FeS形式存在的夹杂，对钢的性能影响最大，它是促使形成热裂纹的主要因素之一。

防止焊缝中产生夹杂物，最重要的方法是正确地选择焊条和焊剂，使之能更好地脱氧、脱硫等。其次采取措施，如选用合适的焊接参数，使熔池存在的时间不要太短；多层焊时，要注意清除前层焊缝的熔渣；焊条角度和摆动要适当，以利焊渣排出；操作时要注意保护熔池，防止空气的侵入。

2. 焊缝金属的二次结晶　焊缝熔池一次结晶后，已转变为固态焊缝。高温焊缝金属冷却到室温时，要经过一系列相变过程，称为焊缝金属的二次结晶。焊缝熔池的一次结晶金相组织一般都是奥氏体。当焊缝金属继续冷却到低于相变温度时，奥氏体组织进一步转变成何种组织与焊缝的化学成分、冷却条件及焊后热处理等因素有关。

以低碳钢为例，焊缝金属的二次结晶组织为铁素体加少量珠光体。冷却速度越快，珠光体含量越高，铁素体越少，焊缝组织的晶粒也越细。焊缝的硬度和强度有所提高，而塑性和韧性下降，如图5-2-4所示。如果冷却速度减慢，高温停留时间增长，铁素体可呈粗大的魏氏体组织。魏氏体组织是一种性能较差的过热组织。

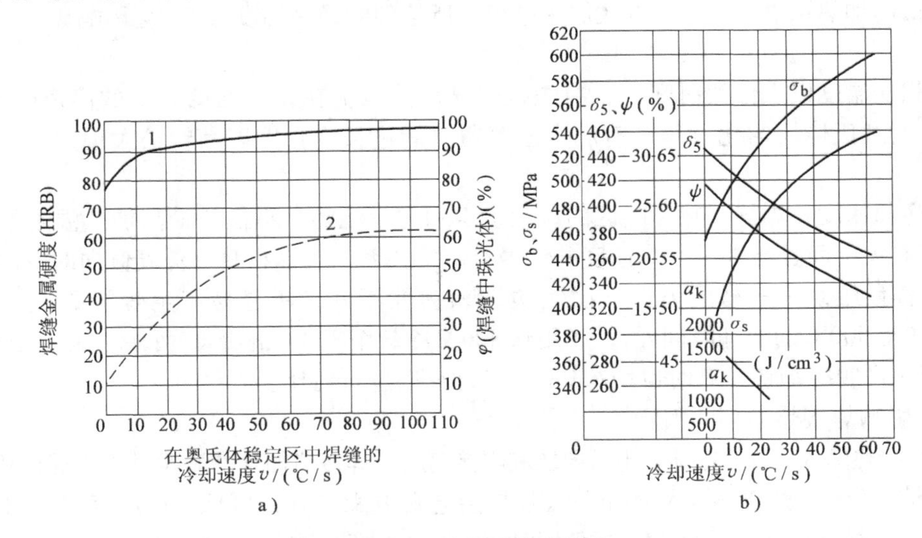

图5-2-4　冷却速度的影响

a）冷却速度对焊缝组织的影响　b）冷却速度对低碳钢力学性能的影响

1—焊缝金属硬度　2—焊缝金属二次结晶中珠光体含量

三、熔合区和热影响区

1. 焊接热循环概念

（1）焊接热循环　在焊接过程中热源是沿焊件移动的，在焊接热源作用下，焊件上某点的温度随时间变化的过程，称该点的焊接热循环。当热源向该点靠近时，该点的温度随之升高，直至达到最大值，随着热源的离开，温度又逐渐降低，整个过程可以用一条热循环曲线表示，如图 5-2-5 所示。由图可见，距焊缝两侧远近不同的各点所经历的热循环是不同的，距焊缝越近的各点，加热达到的最高温度越高，越远的各点加热的最高温度越低。由此可知，焊接是一个不均匀的加热和冷却过程，这种过程必然会造成热影响区组织和性能的不均匀性。

（2）焊接热循环的主要参数　图 5-2-6 是热影响区靠近焊缝金属的一点的焊接热循环曲线，在曲线上有以下几个参数是非常重要的。

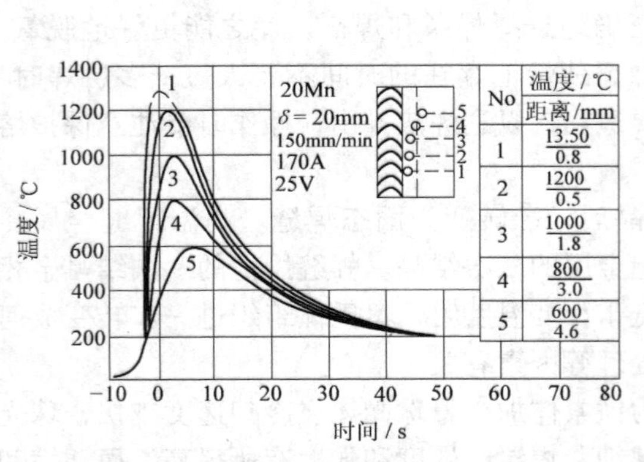

图 5-2-5　热影响区各点的焊接热循环曲线

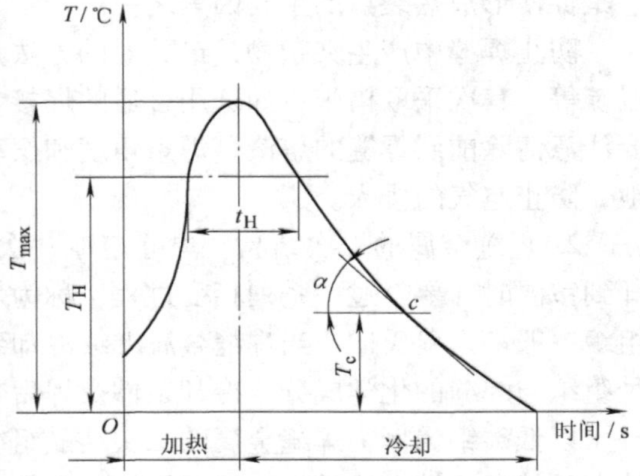

图 5-2-6　焊接热循环的特征

1）加热速度：决定从室温加热到最高温度的时间。

2）最高加热温度 T_{max}：该点在加热过程中所达到的最高温度，T_{max} 会影响该点的显微组织变化。

3）相变温度以上停留时间 t_H：在焊接热循环曲线上在相变温度以上的停留时间为 t_H。t_H 越长，对奥氏体均匀化过程越有利，但停留时间过长，会出现晶粒长大现象，其韧性明显地降低。

4）冷却速度：焊缝和热影响区的显微组织和力学性能，不仅与最高加热温度及在高温停留时间有关，而且与焊后冷却速度的快慢有直接关系。当钢材具有淬硬倾向时，冷却速度快易形成淬硬组织——马氏体，不仅使塑性和韧性不好，还容易产生焊接裂纹。常用从 800℃冷却至 500℃的冷却时间 $t_{8/5}$，或用从 800℃冷却至 300℃的冷却时间 $t_{8/3}$ 表示冷却速度，此时间短，说明冷却快。有时也用 650℃的冷却速度进行对比。

（3）影响焊接热循环的因素

1）焊接热输入：焊接电流、电弧电压和焊接速度对焊接热循环的影响可以用焊接热输入的影响进行综合分析。焊接热输入增加(即增加焊接电流、电弧电压或降低焊接速度)时，加热到最高温度 T_m 的时间短，在 1100℃以上的停留时间加长，在 650℃的冷却速度减慢，见表 5-2-2。

表 5-2-2　热输入和预热温度对焊接热循环的影响

热输入/(J/mm)	预热温度/℃	1100℃以上停留时间/s	650℃时的冷却速度/(℃/s)
2000	27	5	14
3840	27	16.5	4.4
2000	260	5	4.4
3840	260	17	1.4

在实际生产中，应根据钢材的焊接性来选择焊接热输入。在保证焊缝成形良好的前提下，适当调节热输入，可以保证焊接接头具有良好的性能。例如，焊件装配定位焊时，由于焊缝长度短，截面积小，冷却速度快，较易开裂，特别是对于一些淬硬倾向较大的钢种更加如此，此时可以采用较大的热输入进行焊接以防焊缝开裂。但是对于低温钢，强度等级较高的低合金钢，热输入必须严格控制，因为热输入增大会导致焊接接头塑性和韧性的下降。

2）预热和层间温度：焊接有淬硬倾向的钢材时，往往需要焊前预热。预热的主要目的是降低焊接接头的冷却速度，以减少淬硬倾向，防止生成裂纹。预热对冷却速度的影响，见表5-2-2。从表中可以看出，预热能够降低冷却速度，但基本上又不影响高温停留时间，这是十分有利的。所以焊接具有淬硬倾向的钢材，降低冷却速度，减小淬硬倾向的主要工艺措施，是进行预热，而不是增大热输入。

层间温度是指多层多道焊时，焊接后继焊层时，其前一相邻焊层所保持的最低温度。对于要求预热焊接的材料，多层焊接时，层间温度应等于或略高于预热温度。控制层间温度的目的和预热相同，也是为了降低冷却速度，同时还可促使扩散氢逸出焊接区，有利于防止产生延迟裂纹。

3）其他因素的影响：板厚、接头形式和材料的导热性对焊接热循环也有很大影响。板厚增大时，冷却速度增大，高温停留时间减少。角焊缝比对接焊缝的冷却速度大，例如当板厚为12mm时，角焊缝的冷却速度是对接焊缝的3～4倍。

2. 熔合区　熔合区紧邻焊缝金属，温度处于固相线与液相线之间，该区很窄，金属处于部分熔化状态，晶粒十分粗大，化学成分与组织极不均匀，冷却后的组织为过热组织。

当焊缝和母材化学成分相差较大或焊接异种钢时，在熔合区附近还会发生碳和合金元素的相互扩散，成分和组织的差异更大，会产生新的不利的组织带。

尽管熔合区很窄，在金相观察时很难划分出来，但由于产生过热组织，晶粒粗大，或产生不利的组织带，使该区塑性和韧性下降，成为焊接接头中的薄弱环节。在许多情况下，熔合区往往是使焊接接头产生裂纹或局部脆性破坏的发源地。

3. 焊接热影响区的组织及性能

（1）低碳钢热影响区的组织和性能　低碳钢接头热影响区域的组织变化如图5-2-7所示。

1）过热区：焊接热影响区中，具有过热组织或晶粒显著粗大的区域，称为过热区。对于低碳钢，这个区的金属被加热到1100～1490℃，该区晶粒发生严重长大，冷却后得到粗大的过热组织。使金属塑性降低，特别对冲击韧度的影响尤为显著（一般比基本金属低25%～30%），是热影响区中的薄弱区域。

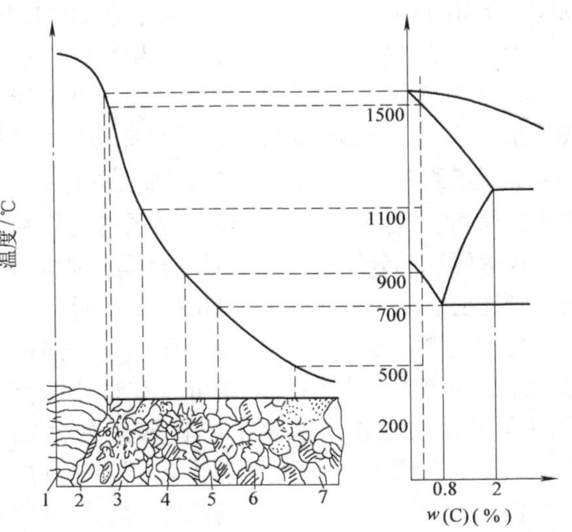

图5-2-7　低碳钢焊接接头的金相组织示意图
1—焊缝　2—熔合区　3—过热区　4—正火区
5—部分相变区　6—再结晶区　7—蓝脆区

2）正火区：这个区被加热到900～1100℃，冷却后产生正火组织，金属晶粒在很大程度上将会细化。正火区是热影响区中综合力学性能最好的区域，既具有较高的强度，又有较好的塑性和韧性。该区又称相变重结晶区或细晶区。

3）部分相变区：低碳钢在这个区域被加热到750～900℃，使一部分金属受到了正火处理，另一部分仍保持原来状态，由于组织转变不完全，晶粒大小不均匀，所以力学性能也不均匀，强度有所下降。该区又称不完全重结晶区。

4）再结晶区：这个区被加热到450～750℃。对于经过压力加工，即已塑性变形的母材，在此温度区域内发生再结晶。该区域的组织没有变化，仅塑性稍有改善。对于焊前未经塑性变形的母材，则本区不出现。

5）蓝脆区：这个区被加热到200～500℃之间，特别是在200～300℃时，组织没有变化，强度稍有提高，但塑性急剧下降，发生脆化现象。

上述五个区域统称为热影响区，在显微镜下观察低碳钢材料时，只能看到过热区、正火区和部分相变区。

焊接热影响区的大小会受焊接方法、板厚、热输入及施工条件等影响。表5-2-3为用不同焊接方法，焊接低碳钢时热影响区的平均尺寸。

表5-2-3　不同焊接方法低碳钢热影响区的平均尺寸

焊接方法	各区平均尺寸/mm			总宽/mm
	过热区	正火区	部分相变区	
焊条电弧焊	2.2～3.0	1.5～2.5	2.2～3.0	6.0～8.5
埋弧焊	0.8～1.2	0.8～1.7	0.7～1.0	2.3～4.0
电渣焊	18～20	5.0～7.0	2.0～3.0	25～30
氧乙炔气焊	21	4.0	2.0	27.0
真空电子束焊	—	—	—	0.05～0.75

（2）低合金高强度钢热影响区的组织和性能　对于不易淬火的低合金高强度钢，如Q345(16Mn)钢、Q390(15MnTi)钢、Q420(15MnVN)钢其热影响区组织与低碳钢相似，主要有3个区，过热区、正火区和部分相变区(图5-2-7)。

对于易淬火的低合金结构钢，如含合金元素较多的高强钢、耐热钢和低温钢，将出现马氏体组织等，硬度高、脆性大、容易开裂。其热影响区显微组织分布与母材焊前热处理状态有关。如果母材焊前是退火状态，则热影响区的组织可分为：淬火区和部分淬火区。如果母材焊前是淬火状态，则还会形成一个回火区，如图5-2-8所示。

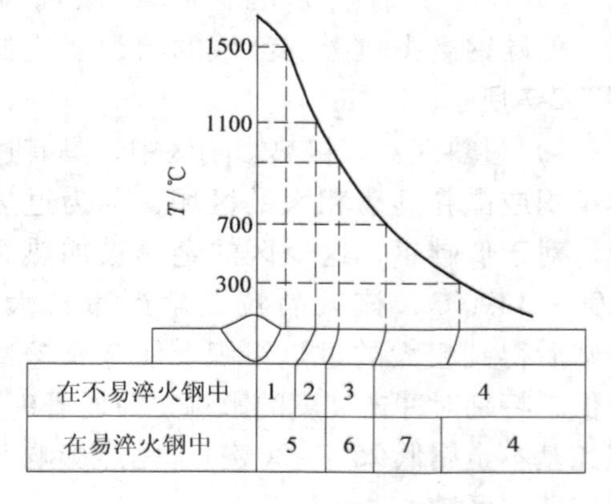

图5-2-8　合金钢的热影响区

1—过热区　2—正火区　3—不完全重结晶区　4—母材　5—淬火区　6—不完全淬火区　7—回火区

综上分析，钢在焊接热循环作用下，热影响区的组织分布是不均匀的。熔合区和过热区有严重的晶粒长大现象，是整个焊接接头的薄弱地带。对于含碳量高、合金元素较多、淬硬倾向较大的钢种，将出现淬火组织马氏体，使焊接接头塑性降低，而且容易产生裂纹。

实践表明，焊接接头的质量不仅仅决定于焊缝区，同时还决定于熔合区和热影响区，有时熔合区和热影响区存在的问题比起焊缝区还要复杂，特别是焊接合金钢时更是如此。

四、影响焊接接头性能的因素及质量控制

影响焊接接头组织和性能的因素很多，主要包括焊接材料选择、焊接工艺方法、熔合比、热输入和焊接参数、操作方法和焊后热处理等。

1. 焊接材料选择　在通常情况下，焊缝金属的化学成分和力学性能应与母材基本金属相近。但考虑到焊接应力的作用，焊缝的晶粒比较粗大，存在偏析，并有产生裂纹、气孔和夹渣等焊接缺陷的可能性，在多数情况下，常通过调节焊缝金属的化学成分以改善焊缝和熔合区的性能，这就使焊缝与母材的成分有区别。

对于低碳钢、低合金高强度钢、低温钢，一般不要求焊缝与母材成分一样。主要是根据母材的力学性能选配相应强度的焊接材料。为提高焊缝的抗裂性能，应降低焊缝中 C 和 S、P 等杂质元素含量；为降低焊缝中的氢，应采用碱性低氢型焊条或碱性焊剂，或采用低氢焊接方法，如 CO_2 气体保护焊；为降低焊缝中的 O_2，需要添加 Mn、Si 等脱氧元素；为保证焊缝强度和塑性，通过焊接材料向焊缝中加入细化晶粒的元素，如 V、Ti、Nb 和 Al 等。

对于耐热钢、不锈钢，为保证焊缝具有与母材金属相当的高温性能和抗氧化性，其焊接材料的化学成分应与母材金属大致相同。

2. 焊接工艺方法　不同焊接工艺方法有不同的特点，因而对焊缝和热影响区的性能也产生不同的影响。

气焊时熔池的保护效果较差，合金元素烧损较大，焊缝中气体含量及杂质元素较高，故气焊焊缝金属的性能较差。焊条电弧焊和埋弧焊由于分别采用了渣-气联合保护和渣保护，合金元素烧损较少，焊缝中气体及杂质含量较少，故焊缝金属的性能也较好。手工钨极氩弧焊，由于采用了氩气保护，合金元素基本没有烧损，焊缝中的气体含量和杂质元素极少，故手工钨极氩弧焊焊缝的性能最好。

另外，由于气焊时加热速度较慢，易产生过热和过烧组织，使焊缝的性能恶化。埋弧焊由于其电弧功率比焊条电弧焊大得多，故焊缝的结晶组织也较焊条电弧焊粗大。因此，在同样条件下与焊条电弧焊相比，焊缝金属的冲击韧度较低。手工钨极氩弧焊由于氩弧热量集中，焊接时冷却速度快，故焊缝的结晶组织较细，性能也较好。

从热影响区宽度来看，在一般情况下，气焊和焊条电弧焊较宽，埋弧焊次之，而手工钨极氩弧焊最窄。

在选择焊接工艺方法时，应根据对焊接接头性能的要求，结合其他焊接要求综合考虑。如为提高焊接接头的质量，低碳钢和耐热钢管子的焊接，气焊工艺已逐步为焊条电弧焊和钨极氩弧焊所取代；低温钢焊接时，由于埋弧焊的热输入很大，一般在焊接 -70℃以下的低温钢材料时均不采用。

3. 熔合比　熔焊时，被熔化的母材在焊缝金属中所占的比例称为熔合比。熔合比对焊缝性能的影响与焊接材料和母材的化学成分有关。

当焊接材料与母材的化学成分基本相近，且熔池保护良好，熔合比对焊缝和熔合区的性能没有明显影响。

当焊接材料与母材的化学成分不同时，在焊缝中紧靠熔合区部位的化学成分变化较大，两者化学成分相差越大，熔合比越大，则变化幅度也越大，不均匀程度及其范围也增加，从而使该区组织变得较为复杂，在一定条件下还会出现不利的组织带，导致性能明显下降。

当母材中含合金元素较多，而焊材中含合金元素较少时，在这些合金元素对改善焊缝性能有利的情况下，增加熔合比可以提高焊缝的性能。例如，用 H08A 焊丝、431 焊剂焊接 16MnR 钢时，由于母材比焊接材料中的含锰量高，故增加熔合比可使焊缝中含锰量有所增加。从而提高焊缝的强度和韧性。

当母材含合金元素较少，而焊材含合金元素较多时，且这些合金元素对改善焊缝性能起关键作用时，增加熔合比将导致焊缝性能下降。例如，采用 3. 5 镍钢焊条焊接无镍 06AlCuNbN 低温钢时，由于母材中不含镍，故增加熔合比将使焊缝中镍含量下降，使低温（－105℃）冲击韧度达不到要求。若改用 5. 5% 镍钢焊条并控制熔合比，则能使焊缝的低温冲击韧度得到改善和提高。

当母材比焊接材料中含有较多的杂质元素（如 S、P 等）时，熔合比越大，母材中杂质元素混入焊缝中的量越多，焊缝金属的塑性和韧性下降，增大裂纹倾向性。因此，应根据具体要求适当控制熔合比。

4. 热输入及焊接参数　焊接热输入及焊接参数直接影响焊接热循环的特征，从而改变焊接过程中的加热和冷却条件，对焊接接头的组织和性能有很大影响。

（1）对焊缝组织和性能的影响　热输入的大小决定了焊缝熔池一次结晶组织和二次结晶组织的特征和粗细。小的热输入可以得到细小的组织；热输入过大，高温停留时间过长，二次结晶组织容易成为粗大的过热组织。为了改善焊缝金属的塑性、韧性、减小性能的不均匀程度，提高焊缝金属的抗裂性能，则要求焊缝具有细小的组织，焊缝中的偏析程度小而分散。因此，在满足工艺和操作要求的条件下，应采用较小的热输入。

对于某些奥氏体不锈钢，要控制热输入和焊接热循环特征，尽量减少焊缝在 400～850℃的停留时间，以防止焊缝产生奥氏体晶界贫铬，从而保证焊缝具有良好的抗晶间腐蚀性能。

（2）对过热区性能的影响　热输入越大，高温停留时间越长，过热区越宽，过热现象越严重，晶粒越粗大，因而塑性和韧性下降越严重。因此，应尽量采用较小的热输入，以减小过热区宽度，降低晶粒长大的程度。

为避免过热区产生淬硬组织，焊接易淬火钢时，常采用焊前预热，控制层间温度和焊后缓冷等工艺措施，以降低冷却速度，防止过热区产生粗大的淬硬组织，从而改善该区的性能，并防止产生冷裂纹。

5. 操作方法　焊接操作方法有单道焊法与多道焊法，对于焊条电弧焊还有小电流快速不摆动焊法和大电流慢速摆动焊法等。

单道焊，大电流慢速摆动焊法，由于焊接热输入大，电弧在坡口两侧停留时间长，导致焊缝晶粒粗大，杂质元素的偏析易集中在焊缝中心区域。从而导致焊缝力学性能下降，并使热影响区加宽，过热区晶粒粗大，导致该区塑性和韧性下降。而采用多层多道焊，小电流快速不摆动焊法，由于焊接热输入小，故焊缝晶粒较细，热影响区窄，接头的塑性和韧性得到改善。而且杂质元素的偏析比较分散，不会集中在焊缝中心，如图 5-2-9 所示。

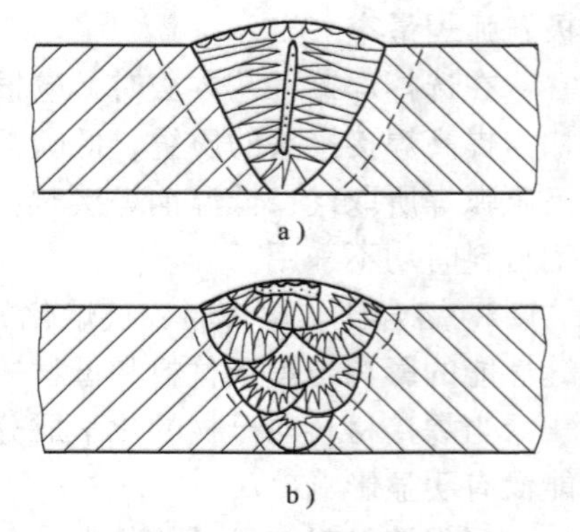

图 5-2-9　单道焊与多层多道焊对偏析分布的影响
a）单道焊　b）多道焊

多层多道焊不仅由于焊接热输入小可以改善焊接接头

的性能，而且由于后焊焊道对前一焊道及其热影响区进行再加热，使再加热区的组织和性能发生变化，形成细小晶粒，塑性和韧性得到改善。因而使整个焊接接头的性能比单道焊、大电流慢速摆动焊法所得到的接头性能要优越得多。

第二节　焊接接头的形式及焊接位置

焊接接头的形式不同，布置不同，将影响接头的应力、刚度和强度，因而最终将影响接头的承载能力、安全和使用寿命。

一、接头的形式和特点

1. 接头的形式　焊接接头的基本形式有：对接接头、搭接接头、T 形接头和角接接头四种，如图 5-2-10 所示。

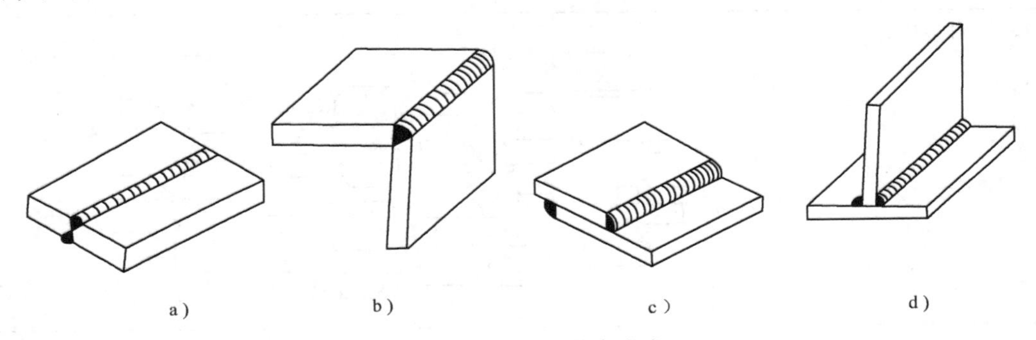

图 5-2-10　接头的基本形式
a）对接接头　b）角接接头　c）搭接接头　d）T 形接头

2. 不同形式接头的特点

（1）对接接头　两焊件端面相对平行的接头或两焊件端面成不同角度斜接均属于对接接头。

在焊接生产中，超出表面焊趾连线上面的那部分焊金属的高度，称余高。由于余高使构件表面不平滑，在焊缝与母材的过渡处引起应力集中，对动载荷结构的疲劳强度是不利的，所以余高越小越好。斜缝对接因浪费材料和工时，目前一般很少采用。

对接接头由于焊缝方向与载荷方向垂直，因而可承受较高的正应力。加之对接接头外形的变化与其它接头相比是不大的，应力集中相对较小，且易于降低和消除（例如将余高去除）。所以，从力学角度看对接接头是比较理想的接头形式，不但静载可靠，而且抗疲劳强度也高。

（2）搭接接头　两焊件部分重叠构成的接头或开槽焊、塞焊（或称电铆焊），以及锯齿状搭接等接头，均属于搭接接头。

搭接接头使构件形状发生较大变化，所以应力集中比对接接头情况复杂得多，承载能力较低。

由于搭接接头焊前准备和装配工作比对接接头简单、其横向收缩量也比对接接头小，所以在结构中仍得到应用。

（3）T 形接头　一焊件之端面与另一焊件表面构成直角或近似直角的接头或十字接头均属于 T 形接头范围。

T形接头，焊缝向母材过渡较急剧，接头在外力作用下线扭曲很大，造成应力分布极不均匀，在角焊缝的根部和过渡处都有很大的应力集中，所以这种接头的承载能力较差。

这类接头应避免采用单面角焊缝，因为单面焊根部有很深缺口，承载时易从此处开裂。这类接头还应尽量避免在板厚方向承受高拉应力，因轧制板材常有夹层缺陷，尤其厚板更易出现层状撕裂。

由于这类接头能承受各种方向的力和力矩，因而在焊接生产中应用还是很普遍。

（4）角接接头　两焊件端面间构成大于30°，小于135°夹角的接头。

角接接头，如果开I形坡口单面焊，其承载能力很差，因而多用于一般不重要结构或箱形构件上。

3．常见的四种接头形式(见表5-2-4)

表5-2-4　常见的四种接头形式

接头种类	常见形式
对接接头	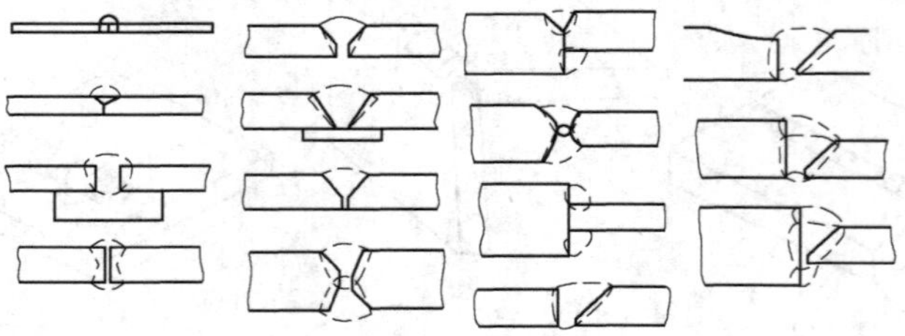
T形接头	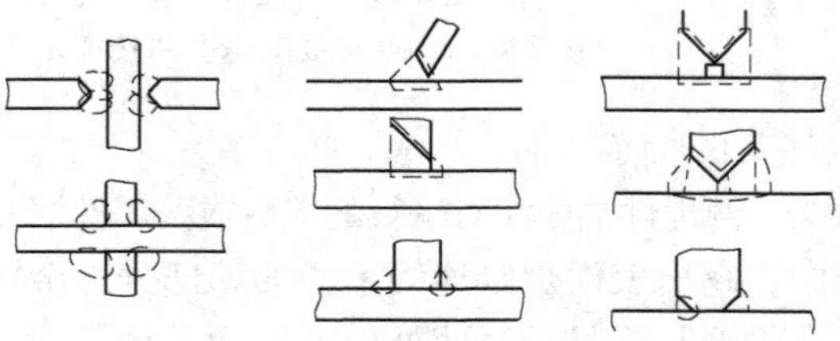
角接接头	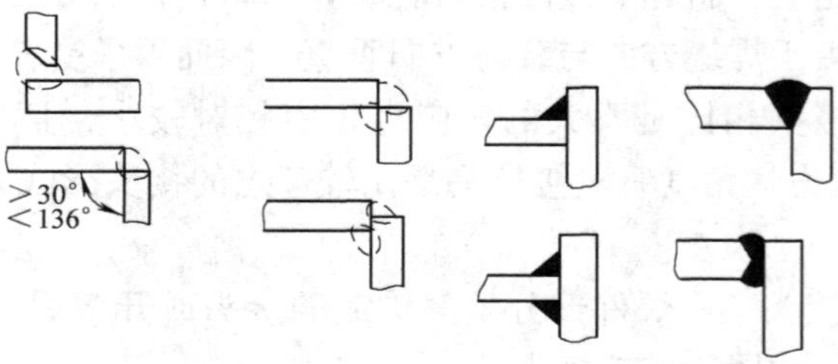 ≥30° ≤136°
搭接接头	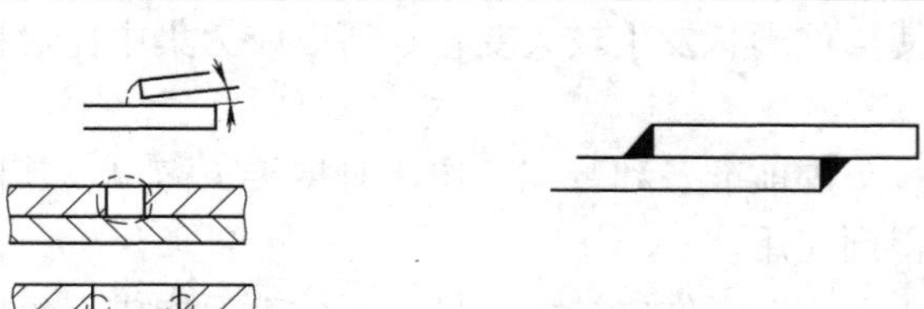

二、焊接位置

常用的焊接位置如下：

1. 船形焊　T形、十字形和角接接头处于平焊位置所进行的焊接，如图5-2-11所示。

2. 倾斜焊　焊件接缝置于倾斜位置(除平、横、立、仰焊位置以外)时所进行的焊接。

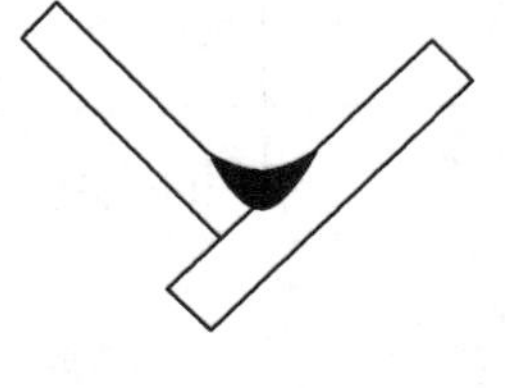

图5-2-11　船形焊

3. 平焊　在平焊位置所进行的焊接。见图5-2-12中的1、2。

4. 横焊　在横焊位置所进行的焊接。见图5-2-12中的3。

5. 立焊　在立焊位置所进行的焊接。见图5-2-12中的4。

6. 仰焊　在仰焊位置所进行的焊接。见图5-2-12中的7、8。

7. 向上立焊　立焊时，热源自下向上进行的焊接。见图5-2-12中的5。

8. 向下立焊　立焊时，热源自上向下进行的焊接。见图5-2-12中的6。

9. 上坡焊　倾斜焊时，热源自下向上进行的焊接。

10. 下坡焊　倾斜焊时，热源自上向下进行的焊接。

11. 全位置焊　水平固定焊接管子时(含管道)，从时钟6点位置开始仰焊、上坡焊、一直到时钟12点位置进行平焊所进行环形接缝的焊接。

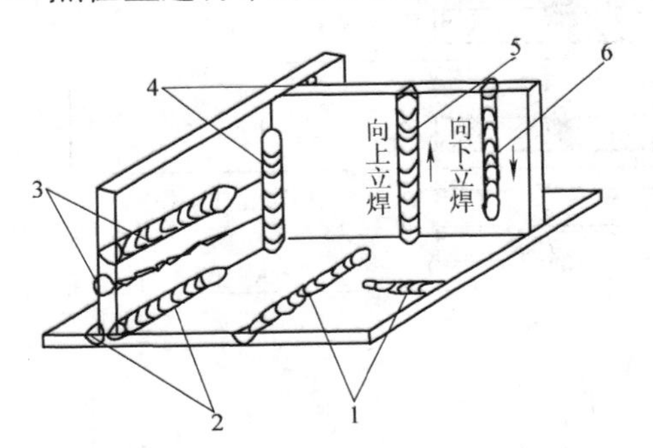

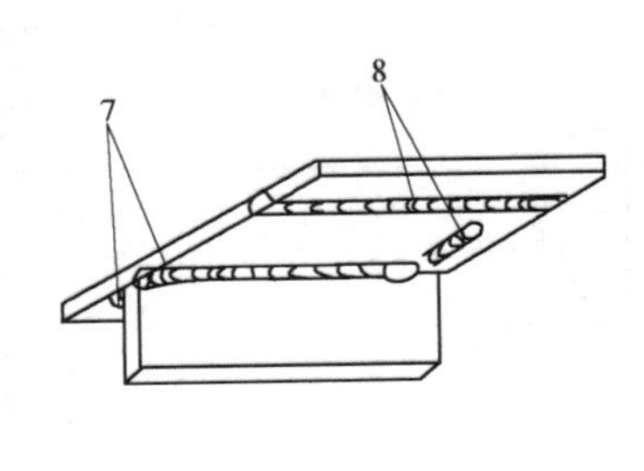

图5-2-12　各种焊接位置

1—平焊位置　2—平角焊位置　3—横焊位置　4—立角焊位置

5—向上立焊位置　6—向下立焊位置　7—仰角焊位置　8—仰焊位置

第三节　焊缝符号的表示方法

GB 324—1988《焊缝符号表示法》适用于金属的熔焊及电阻焊。

一、焊缝符号的组成

焊缝符号一般是由基本符号与指引线组成。必要时，可加上辅助符号、补充符号和焊缝尺寸符号。

1. 基本符号　用来表示焊缝横截面形状的符号称为基本符号，共有20个基本符号，这是图样上不能缺少的符号，它们的名称、示意图和符号见表5-2-5。

表 5-2-5　基本符号

序　号	名　称		示意图	符　号
1	卷边焊缝(卷边完全熔化)		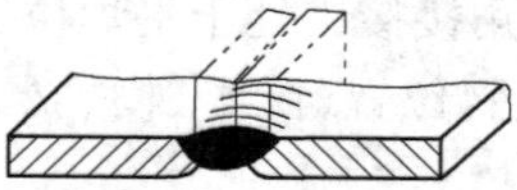	
2	I 形焊缝			
3	V 形焊缝		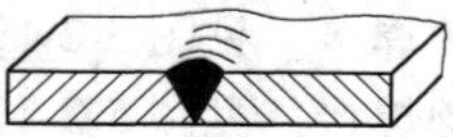	
4	单边 V 形焊缝		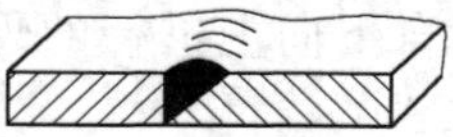	
5	带钝边 V 形焊缝			
6	带钝边单边 V 形焊缝			
7	带钝边 U 形焊缝		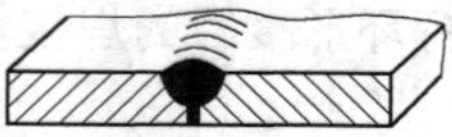	
8	带钝边 J 形焊缝		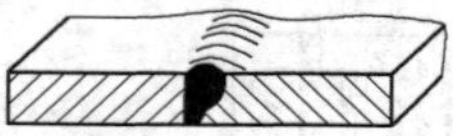	
9	封底焊缝		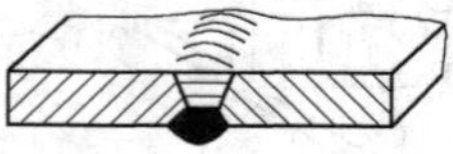	
10	角焊缝		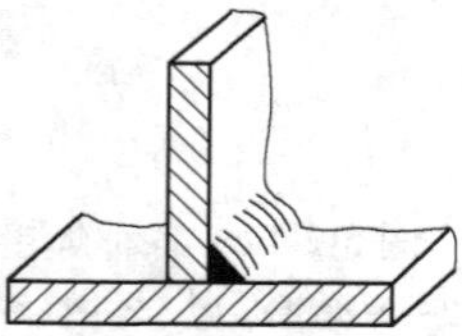	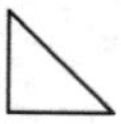
11	塞焊缝或槽焊缝		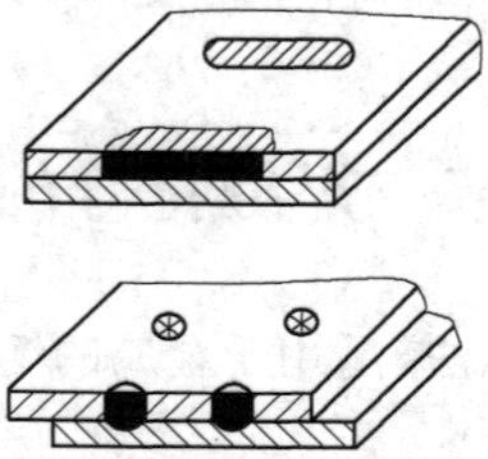	
12	点焊缝	电阻焊		
		熔焊	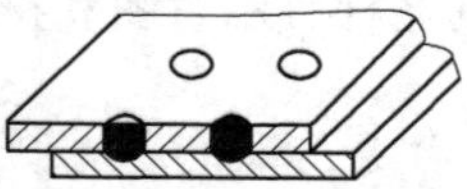	

2. 辅助符号　用来表示对焊缝表面有特殊要求的符号称为辅助符号。辅助符号共有6种，它们的名称、符号形式、说明及应用举例见表5-2-6。如果对焊缝的表面形状没有特殊要求，图样上可以省略辅助符号。

表5-2-6　辅助符号及应用示例

序号	辅助符号名称	符　号	焊缝示意图	说　明	辅助符号应用示例	
					焊缝名称	符号
1	平面符号			焊缝表面齐平（一般通过加工）	平面V形对接焊缝	
					平面封底V形焊缝	
2	凹面符号			焊缝表面凹陷	凹面角焊缝	
3	凸面符号			焊缝表面凸起	凸面V形焊缝	
					凸面X形对接焊缝	
4	焊趾平滑过渡符号			角焊缝具有平滑过渡的表面	平滑过渡融成一体的角焊缝	
5	永久性带状衬垫符号	M		防止焊缝底部烧穿而使用的背面衬垫，焊后不能拆除		
6	可拆卸带状衬垫符号	MR		防止焊缝底部烧穿而使用的背面衬垫，焊后可拆除		

编者注：序号4、5、6为ISO 2553：1992（E）《焊缝和钎缝接头　符号在图样上的标注》增加的辅助符号。

3. 补充符号　用来说明对焊缝的某些特殊要求的符号叫补充符号。例如焊缝背面是否需要加垫板、三面焊、圆周焊、工地装配时的焊缝等补充符号共有5种。补充符号的名称及应用举例见表5-2-7。

补充符号为补充说明焊缝的某些特征而采用的符号，见表5-2-7。

表 5-2-7　补充符号及应用示例

序号	补充符号名称	符号	示意图	说明	补充符号应用示例	
					标注示例	说明
1	带垫板符号[①]		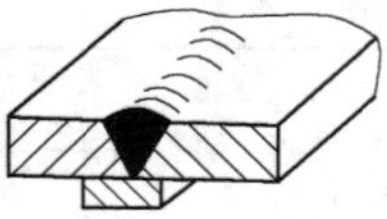	表示焊缝底部有垫板	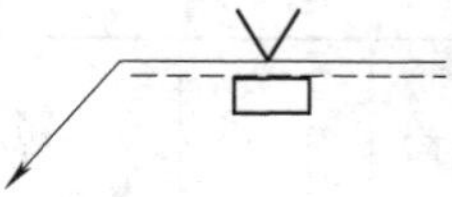	表示V形焊缝的背面底部有垫板
2	三面焊缝符号[①]		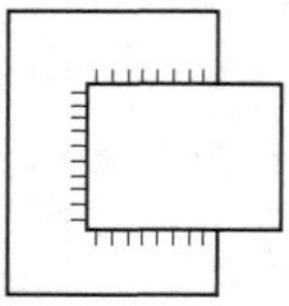	表示三面有焊缝		焊件三面有焊缝，焊接方法为焊条电弧焊
3	周围焊缝符号		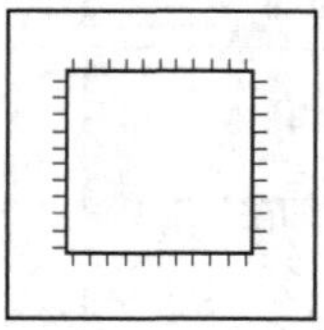	表示环绕焊件周围焊缝	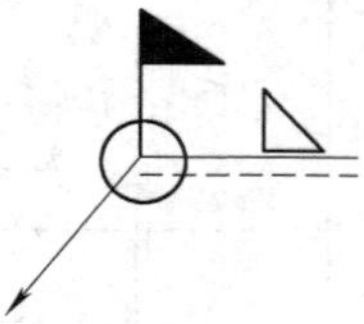	表示在现场或工地沿焊件四周施焊
4	现场符号			表示在现场或工地上进行焊接		
5	尾部符号			尾部可标注焊接方法数字代号（按GB/T 5185—1985）、验收标准、填充材料等。相互独立的条款可用斜线/隔开[②]	焊接方法代号的标注参见本表序号2示例	

① GB/T 324—1988中采用说明：ISO 2553：1984标准未作规定。

编者注：ISO 2553：1992（E）已增加带垫板符号，将其归入辅助符号内，可参阅本章表5-2-6序号5、序号6的符号。

② ISO 2553：1992（E）新增条款。由编者编译。

二、焊缝符号在图样上的位置

完整的焊缝符号表示方法，除了使用上面介绍的基本符号、辅助符号以外，还包括指引线、尺寸符号和数据。

指引线由带有箭头的指引线（简称箭头线）和两条基准线（一条为实线，另一条为虚线）两部分所组成，如图5-2-13所示。

1. 箭头线和接头的关系　图5-2-13中箭头指示的位置称为接头的箭头侧，接头的反面称为非箭头侧，如图5-2-14、图5-2-15所示。

注意：接头的箭头侧和非箭头侧是指被焊接头的正、反两侧。在双面角焊缝十字接头中要注意区别。

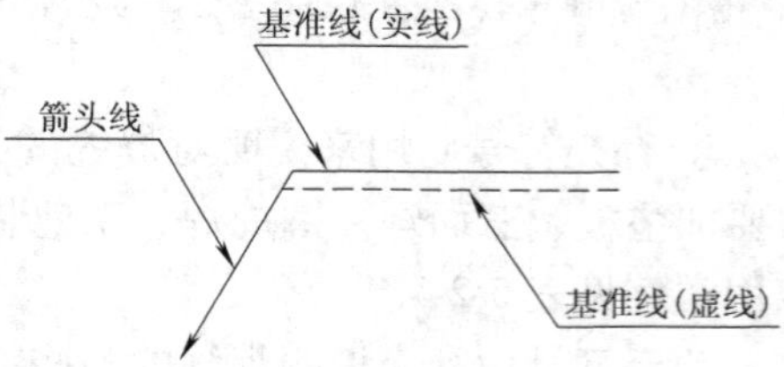

基准线（实线）
箭头线
基准线（虚线）

图5-2-13　指引线的画法

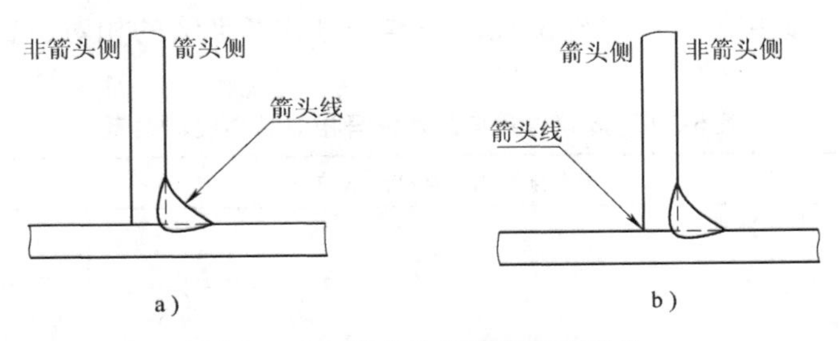

图 5-2-14 带单角焊缝的 T 形接头

a）焊缝在箭头侧 b）焊缝在非箭头侧

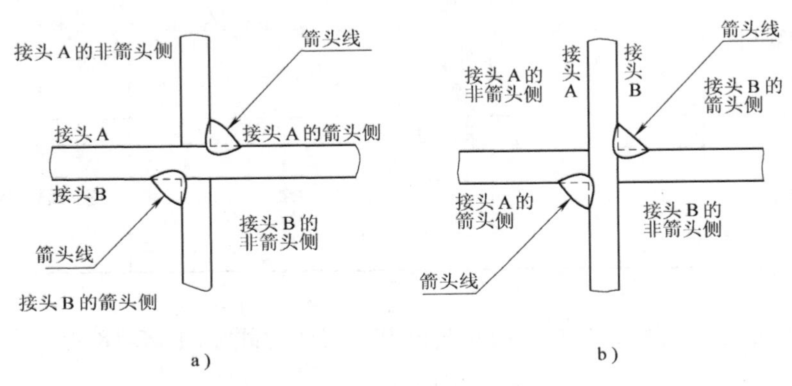

图 5-2-15 双角焊缝十字接头

a）焊缝在箭头侧 b）焊缝在非箭头侧

2. 箭头线的位置和指向 箭头线和焊缝的相对位置一般没有特殊要求，可按图 5-2-16a、b 随意标注。但在标注单边 V、Y、J 形焊缝时，箭头必须指向带有坡口的一侧，如图

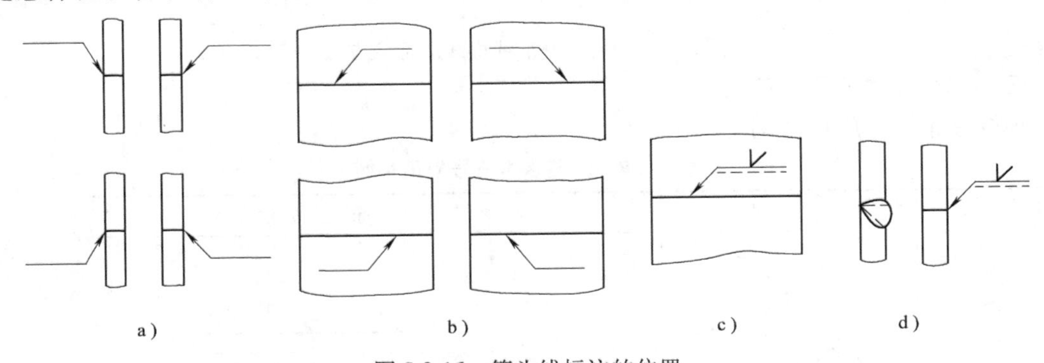

图 5-2-16 箭头线标注的位置

5-2-16c、d 所示，必要时允许箭头可弯曲一次如图 5-2-17 所示。

3. 基本符号与基准线的相对位置 基准线由实线和虚线组成，虚线可画在实线的上面或下面。基准线一般应与图样的底边平行，特殊条件下也可与底边垂直。

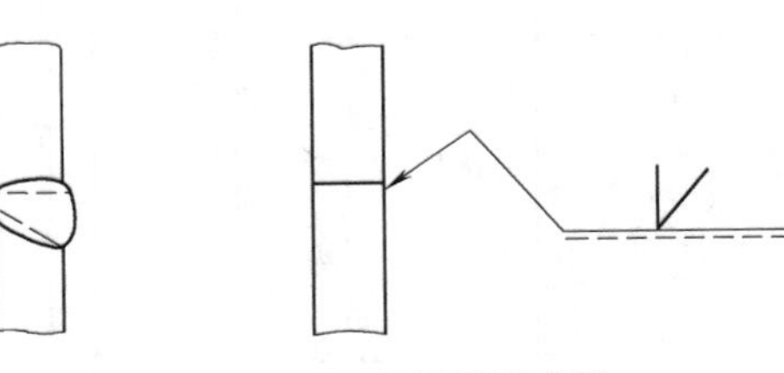

图 5-2-17 弯折的箭头线

为了能在图样上确切地表示焊缝位置，基本符号和基准线的相对位置必须符合表 5-2-8 的要求。

表 5-2-8　焊缝位置与基本符号相对基准线的关系

焊 缝 位 置	基本符号相对基准线的位置	说　明
焊缝在接头的箭头侧		基本符号在基准线的实线侧
焊缝在接头的非箭头侧		基本符号在基准线的虚线侧
对称焊缝		基准线可省略虚线

某些不对称的双面焊缝，在标注时可省略基准线的虚线如图 5-2-18 所示。

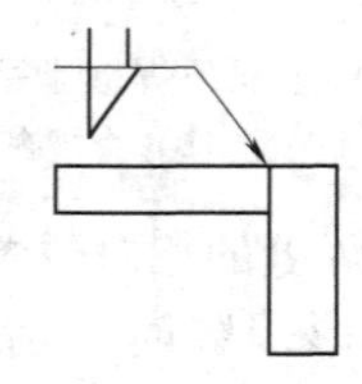

图 5-2-18　省略基准线虚线的标注方法

三、焊缝基本符号的应用

焊缝基本符号应用举例见表 5-2-9。

表 5-2-9　焊缝基本符号应用举例

符　号	示 意 图	标 注 方 法
‖		
V		

（续）

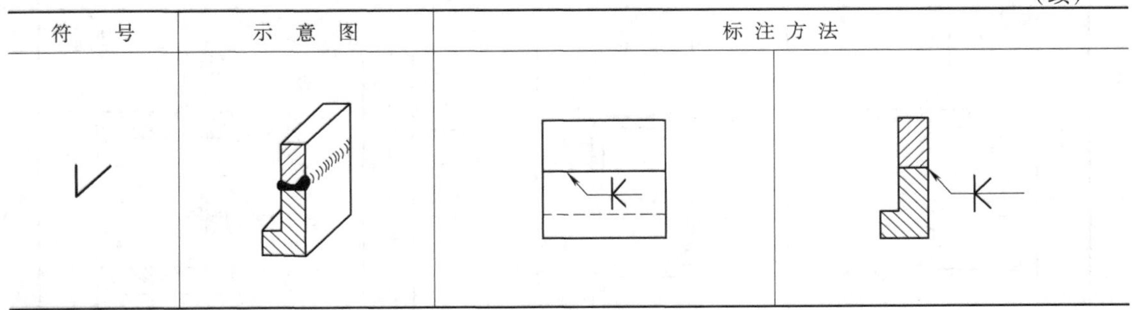

四、焊缝基本符号的组合

1. 基本符号组合　可以用几个基本符号组合在一起，表示焊缝横截面的形状。一般用两个基本符号组合在一起，表示焊缝横截面的形状、详见表 5-2-10。

表 5-2-10　焊缝基本符号与辅助符号组合举例

符号组合	示意图	标注方法	

2. 基本符号与辅助符号组合　可以将基本符号和辅助符号组合在一起，表示对焊缝横截面和表面形状的要求，具体应用见表 5-2-11。

五、特殊焊缝的标注

喇叭形焊缝、堆焊焊缝及锁底焊缝的标注举例见表 5-2-12。

六、焊缝尺寸符号及标注位置

焊缝基本符号一般都用尺寸符号及数据表示焊缝横截面的实际形状和大小、所有符号及数据必须符合以下规定。

1. 焊缝尺寸符号　焊缝尺寸符号必须符合表 5-2-13 规定。

表 5-2-11　焊缝基本符号与辅助符号的组合举例

序号	符号组合	示意图	图示法	标注方法
1  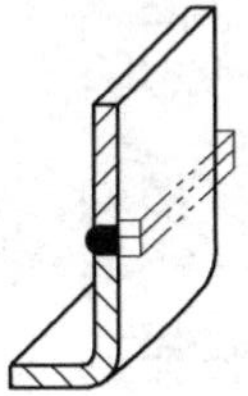 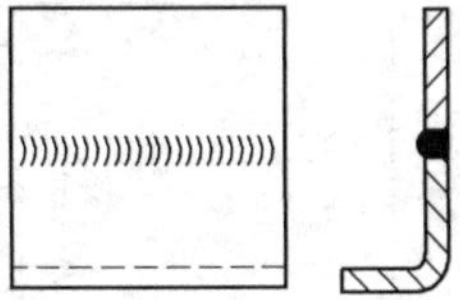 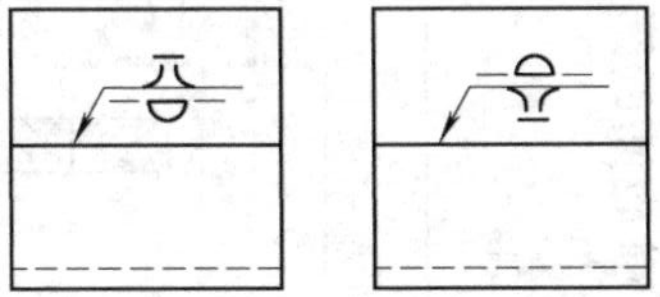 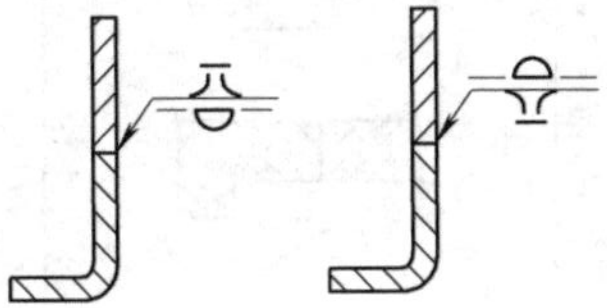				
2  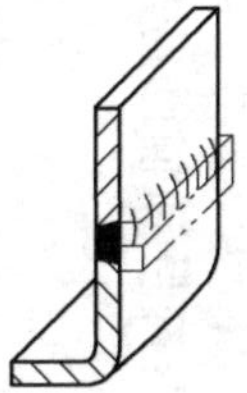 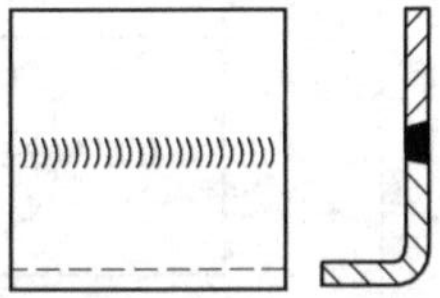 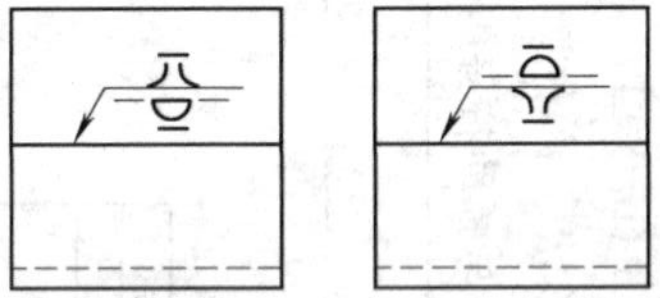 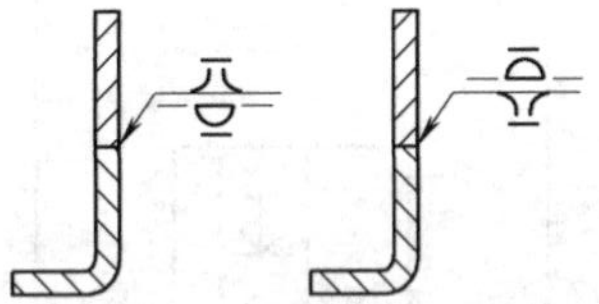				
3  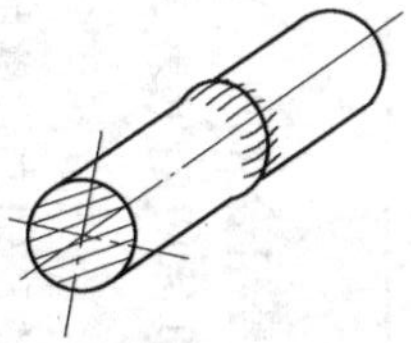 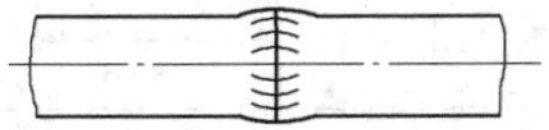 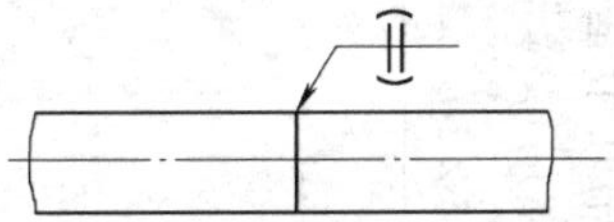 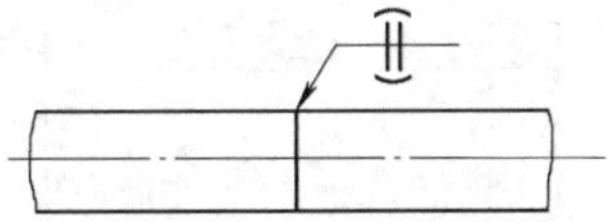				
4  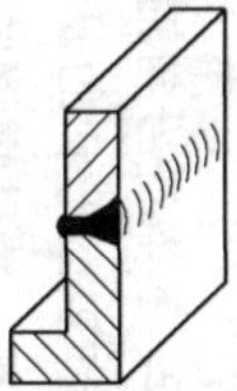 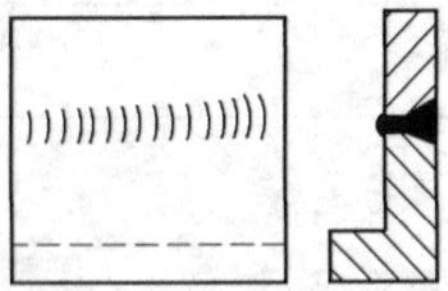 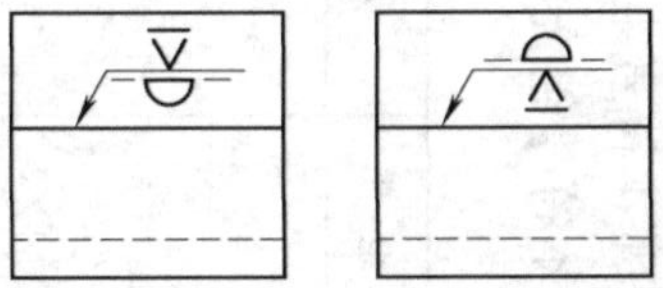 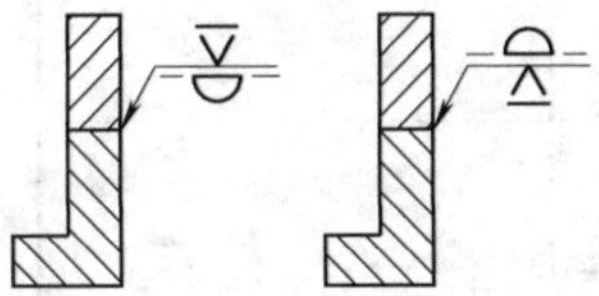				

表 5-2-12　特殊焊缝的标注

序号	符　号	示 意 图	图 示 法	标 注 方 法
1		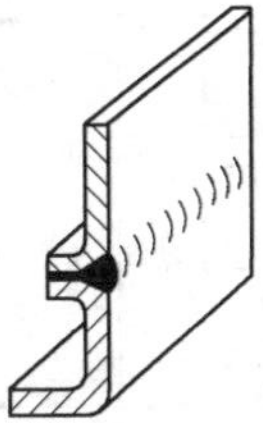	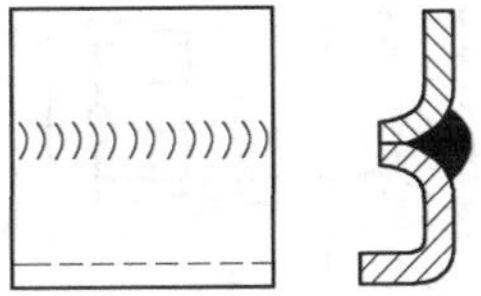	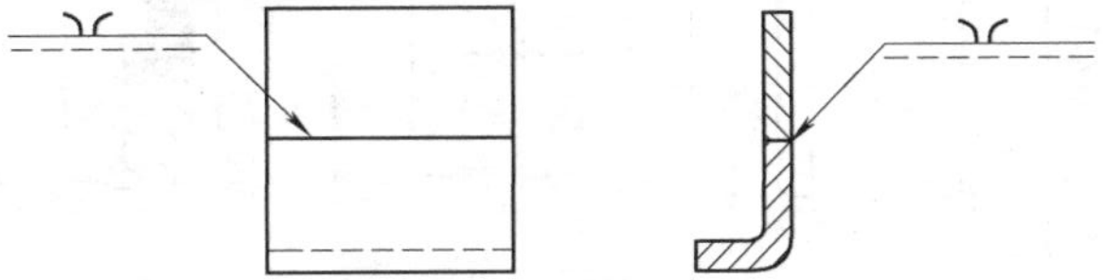
2		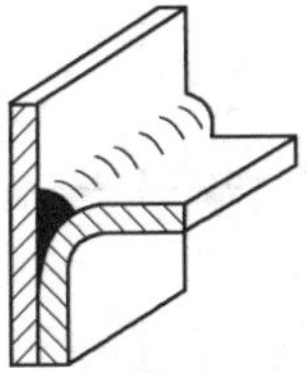	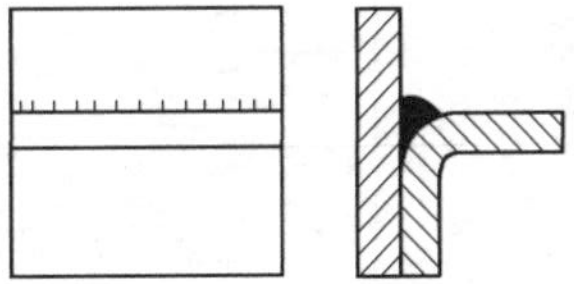	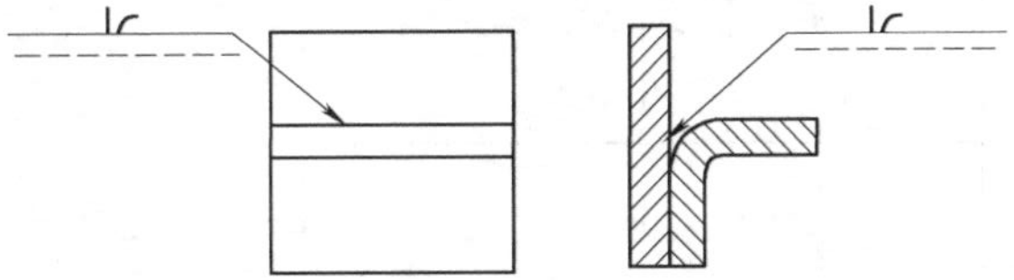
3		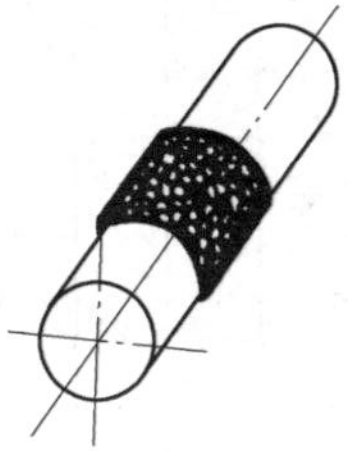	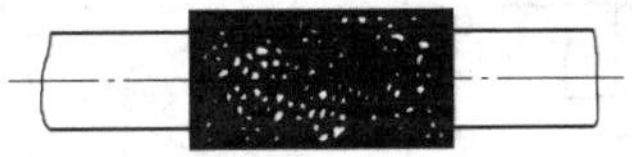	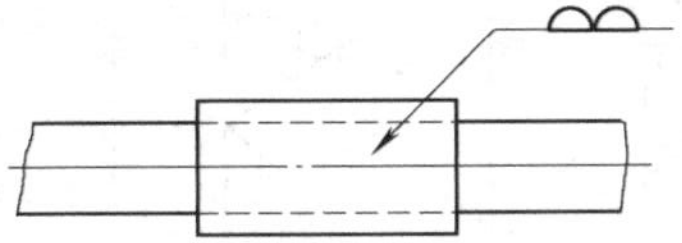
4		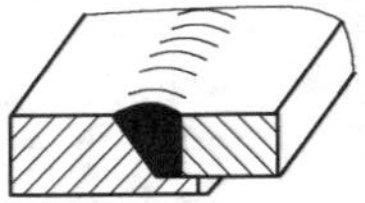	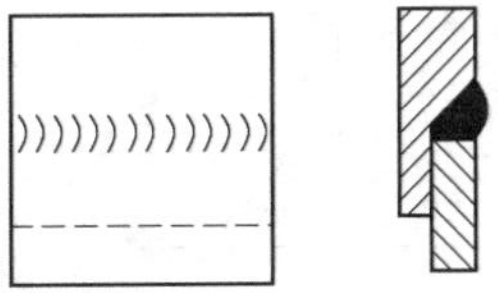	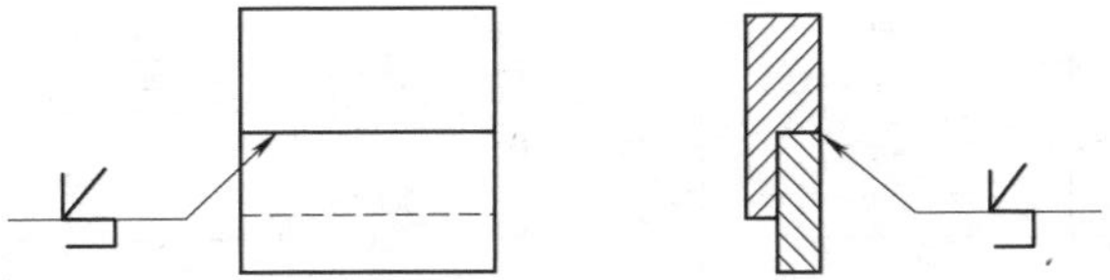

表 5-2-13 焊缝尺寸符号

序号	名称	示意图	序号	名称	示意图
δ	焊件厚度	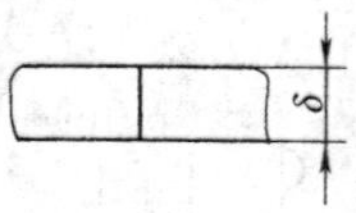	e	焊缝间距	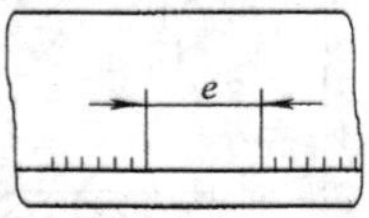
α	坡口角度	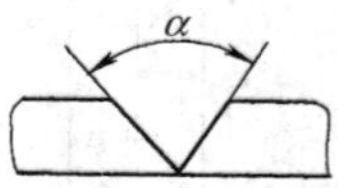	K	焊脚尺寸	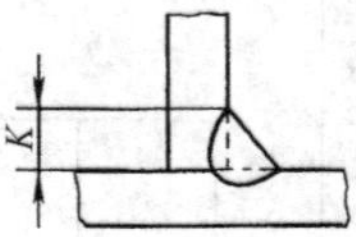
b	根部间隙	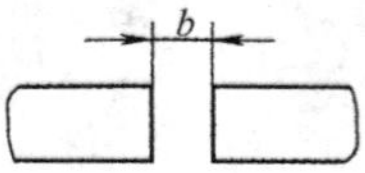	d	熔核直径	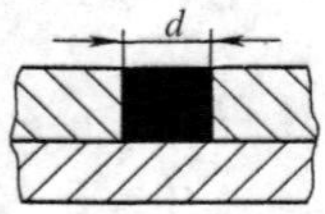
p	钝边	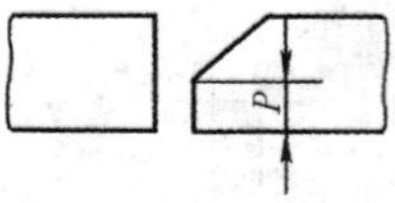	S	焊缝有效厚度	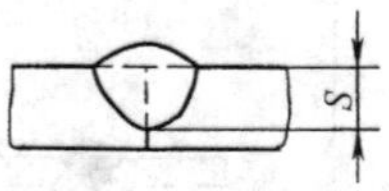
c	焊缝宽度	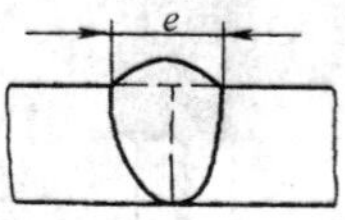	N	相同焊缝数量符号	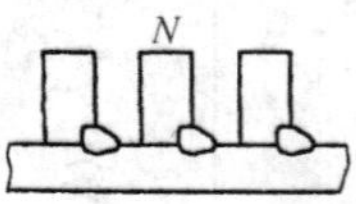
R	根部半径	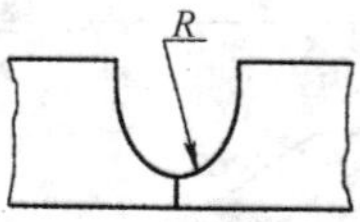	H	坡口深度	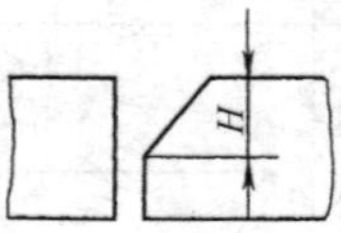
l	焊缝长度	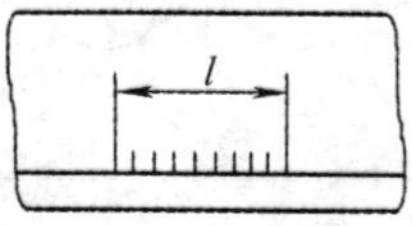	h	余高	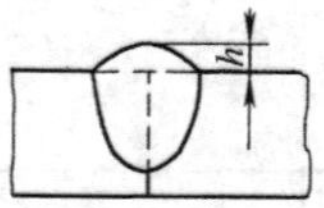
n	焊缝段数	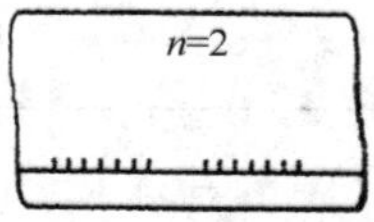	β	坡口面角度	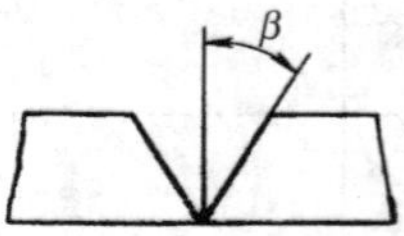

2. 焊缝尺寸符号及数据的标注原则　一个完整的焊缝尺寸标注要求见图 5-2-19。其符号和尺寸按图 5-2-20 规定分区标注。

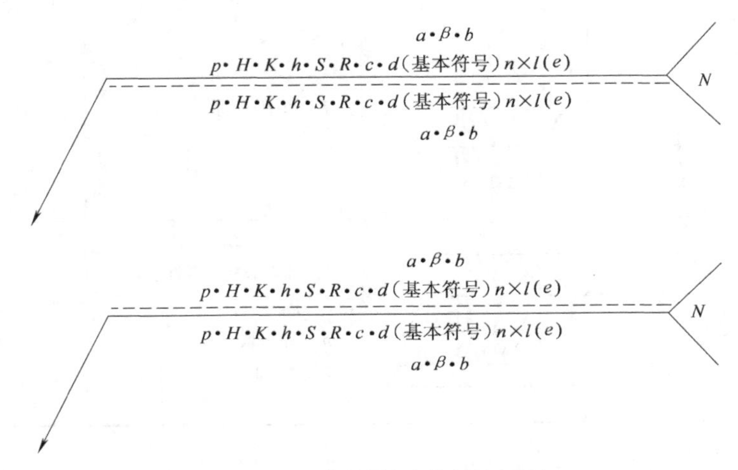

图 5-2-19　焊缝尺寸的标注原则

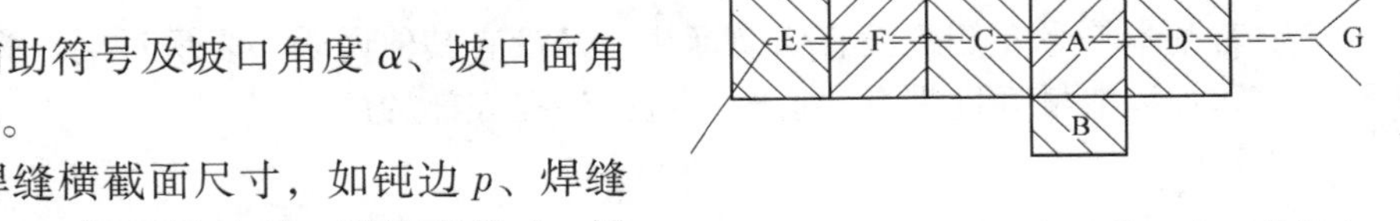

图 5-2-20　焊缝尺寸的标注位置分区的规定

图 5-2-20 中 A 区　标注基本符号及带垫板符号。

B 区　标注辅助符号及坡口角度 α、坡口面角度 β 和根部间隙 b。

C 区　标注焊缝横截面尺寸，如钝边 p、焊缝宽度 c、根部半径 R、焊脚尺寸 K、熔核直径 d、焊缝有效厚度 S、坡口深度 H 和余高 h。

D 区　标注长度方向尺寸，如焊缝长度 l、断续焊缝的段数 n 和焊缝间距 e。

E 区　标注现场符号，周围焊缝符号。符号应标在箭头线与基准线(实线)相交处。

F 区　标注三面焊符号。

G 区　标注相同焊缝符号 N 和焊接方法代号(按 GB/T 5185—1985 规定)。

当箭头线方向变化时，E 区、G 区将随之变化，但 A、B、C、D、F 区的位置固定不变。

3. 焊缝尺寸标注举例　见表 5-2-14。

表 5-2-14　焊缝尺寸标注示例

名　称	示　意　图	焊缝尺寸符号	示　例
对接焊缝	S	S：焊缝有效厚度	Y
交错断续焊缝	l (e) l (e) l l (e) l	l：焊缝长度 e：焊缝间距 n：焊缝段数 K：焊脚尺寸	K $n\times l$ (e) K $n\times l$ (e)

（续）

名　称	示 意 图	焊缝尺寸符号	示　例
连续角焊缝	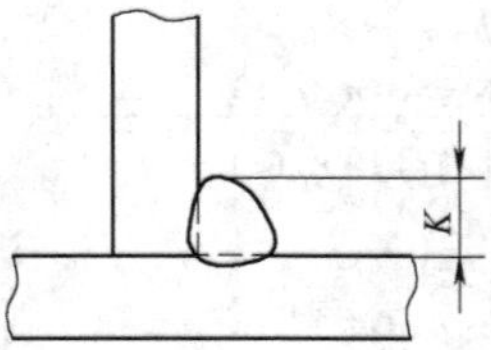 K	K：焊脚尺寸	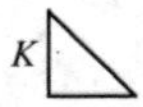 K
断续角焊缝	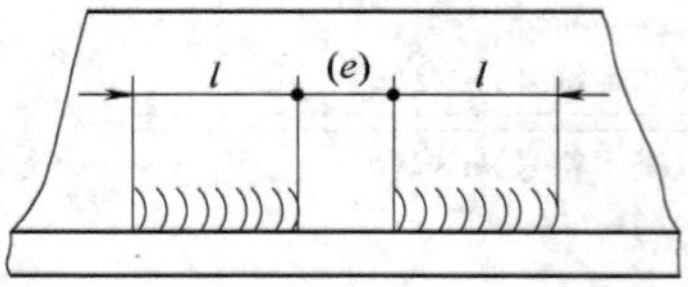 l (e) l	l：焊缝长度（不计弧坑） e：焊缝间距 n：焊缝段数 K：焊脚尺寸	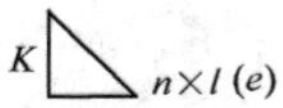 K n×l (e)

4. 关于尺寸符号的说明

1）若基本符号右侧既没有任何标注，又没有其他说明，表示焊缝在整个焊件长度上是连续的。

2）若基本符号左侧既没有任何标注，又没有其他说明，表示对接焊缝要完全焊透。

3）塞焊缝或槽焊缝带有斜边时，应标注孔底部的尺寸。

第三章　焊接应力和变形

焊接结构在制造过程中总会产生焊接应力和变形，使焊件的形状和尺寸发生偏差。如果变形量超过允许数值，须经过矫正才能满足使用要求。如焊接应力过大，可使焊件在焊接过程中或焊后产生焊接裂纹。所以，焊接应力和变形将直接影响结构的制造质量和使用性能。因此应了解焊接应力和变形产生的原因、种类和影响因素，以及控制和防止方法。

第一节　焊接应力和变形产生的原因

一、焊接应力和变形的概念

通常当物体受到外力作用时，在其内部要产生内力，而单位截面积上所承受的内力称为内应力，简称为应力。应力一般可分为拉应力、压应力和切应力三种。

如焊接时，焊件由于不均匀的加热和冷却，使其内部产生应力，这种应力称为焊接应力。

焊接残余应力是焊后残留在焊件内部的应力。

一个物体在外力或内应力的作用下，其形状发生的变化称为变形。变形可分为弹性变形和塑性变形两种。当外力消除后，物体能够恢复到原来的形状时，这种变形称为弹性变形；若物体在外力消除后，不能恢复到原来的形状，则该变形为塑性变形。

焊后焊件残留的变形称为焊接残余变形。

焊接残余变形通常是一种焊后不能恢复的塑性变形，只能残留在焊件上，它是由焊接内应力引起的。

二、焊接应力和变形产生的原因

假设在焊接过程中焊件整体受热是均匀的，则加热膨胀和冷却收缩将不受拘束而处于自由状态。那么焊后焊件不会产生焊接残留应力和变形，见表5-3-1。

表 5-3-1　金属棒自由膨胀和收缩

自由膨胀和收缩	加热过程	变　形	应　力
	室温	原长	无
	加热	伸长	无
	冷却	缩短	无
	最终状态	原长	无

但是，焊接时焊件实际上是承受局部不均匀的加热和冷却。用一根金属棒进行不均匀加热和冷却实验，可模拟金属材料的焊接过程，见表5-3-2和表5-3-3。

表 5-3-2　金属棒膨胀受阻、自由收缩

膨胀受阻、自由收缩	加热过程	变形	应力
	室温	原长	无
	加热	膨胀受阻	压应力
	冷却	缩短	无
	最终状态	缩短中心变厚	无

表 5-3-3　金属棒膨胀和收缩都受拘束

膨胀受阻、收缩受阻	加热过程	变形	应力
	室温	原长	无
	加热	膨胀受阻	压应力
	冷却	收缩受阻	拉应力
	最终状态	原长	拉应力

由表 5-3-2 可知，金属棒加热时，膨胀受到阻碍，产生了压应力，在压应力的作用下，产生一定热压缩塑性变形。冷却时，金属棒可以自由收缩，冷却到室温后金属棒长度有所缩短，横截面稍粗大，应力消失。

由表 5-3-3 可知，金属棒在加热和冷却过程中都受到拘束，其长度几乎不能伸长也不能缩短。加热时，棒内产生压缩塑性变形，冷却时的收缩使棒内产生拉应力和拉伸变形。当冷却到室温后，金属棒长度几乎不变，但金属棒内产生了较大的拉应力。

在焊接过程中，电弧热源对焊件进行了局部的不均匀加热，如图 5-3-1 所示。焊缝及其附近的金属被加热到高温时，由于受到其周围温度较低部分的抵抗，不能自由膨胀将产生压应力，如果压应力足够大，就会产生压缩塑性变形。当焊缝及其附近金属冷却发生收缩时，同样也会受周围较低温度金属的拘束，不能自由地收缩，在产生一定的拉伸变形的同时，产生了焊接拉应力。

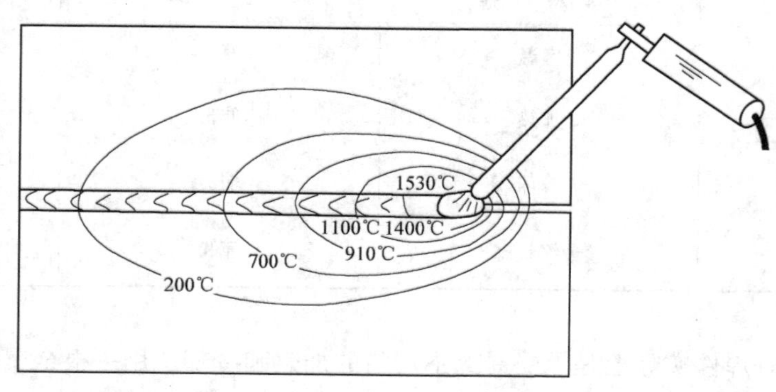

图 5-3-1　焊件上的温度分布

例如，进行V形坡口平板对接焊时，如果试板不受拘束，则高温时能自由膨胀，冷却后又不受任何拘束地自由收缩。由于熔敷金属的填充量较多，因而自由收缩量较大，将会产生如图5-3-2a所示的角变形，但没有焊接应力。

如果V形坡口平板对接焊，在具有很大刚性拘束(两端夹紧固定)的情况下进行，则加热膨胀在试件内产生压应力和压缩变形。冷却收缩在试件内产生拉应力和拉伸塑性变形。冷却到室温后，若解除拘束，则试件基本不变形，但其内部将产生较大的拉应力，如图5-3-2b所示。

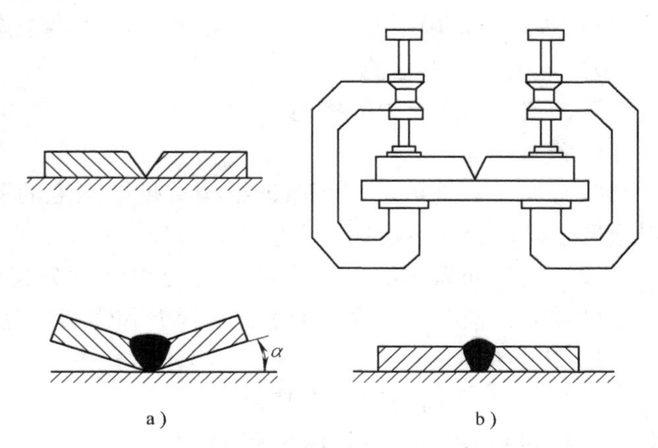

图5-3-2　自由状态和夹具固定条件下焊接和变形示意图
a）自由状态焊接　b）夹具固定焊接

根据以上分析可知：焊接过程中，对焊件进行局部不均匀的加热是产生焊接应力和变形的主要原因。焊接接头的收缩造成了焊接结构的各种变形。另外，在焊接过程中，焊接接头晶粒组织发生转变引起的体积变化，也会在金属内部产生焊接应力，同时也可能引起变形。

焊接残余应力和残余变形既同时存在，又相互制约。如果使残余变形减小，则残余应力会增大；如果使残余应力减小，则残余变形相应会增大，应力和变形同时减小是不可能的。

在实际生产中，往往焊后的焊接结构既存在一定的焊接残余应力，又产生了一定的焊接残余变形。

第二节　焊接应力及其控制

在整个焊接过程中，结构的焊接应力始终是存在的，并且在不断地随时间变化。掌握这个变化规律对于焊工是十分必要的，因为应力的存在，对构件的变形、脆性断裂、疲劳性能和尺寸稳定性以及使用寿命都有很大影响。尤其是在锅炉及压力容器的接管部位，由于结构几何形状的不连续性而形成位移的不协调，在该部位必然产生应力集中，同时在接管部位的焊接接头存在着焊接残余应力，还可能会产生裂纹、未焊透等缺陷，在交变载荷作用下，应力集中部位很容易萌生疲劳裂纹，或使原来的某些缺陷扩展，造成锅炉部件或压力容器的失效破坏。因此应设法减小焊接应力。

一、焊接应力的分类

焊接过程中焊件内产生的应力，按其作用的时间可分为焊接瞬时应力和焊接残余应力；按应力的作用位置可分为线应力、平面应力和体积应力；按应力与焊缝的相对位置，可分为纵向应力和横向应力；按应力形成原因可分为热应力、拘束应力、组织应力和氢致应力。

二、影响焊接应力的因素

影响焊接应力的因素很多，也较复杂，根据焊接结构和焊接过程的特点，主要影响因素有以下几个方面：

1）焊接件的坡口形式和尺寸。

2）焊接材料的性能，如物理性能、力学性能、导热性能和线胀系数等。

3）结构本身的刚度及焊接时外加的刚性拘束大小（包括焊接胎夹具、定位焊等）。

4）所选用的焊接方法。

5）焊接条件（预热、层间温度、后热等）、焊接热输入及焊接操作方法等。

6）焊接接头的性能。

三、减小焊接应力的措施

1. 设计措施

（1）减小焊缝数量　在保证结构有足够强度的前提下，应尽量减少焊缝的数量，缩短焊缝尺寸以及合理地选择接头形式和坡口形状。

（2）对称布置焊缝　应尽量不要使焊缝过分集中，以避免应力叠加。在可能的情况，应尽量对称布置焊缝，避免十字交叉焊缝和连续焊缝。

2. 工艺措施

（1）选用合理的焊接顺序和方向　焊接过程中，应使焊缝能尽量地自由收缩，并应先焊结构中收缩量比较大的焊缝。例如，钢板拼接时，一般先焊横向焊缝，后焊纵向焊缝，如图 5-3-3 所示。反之，如果先焊纵向焊缝，则横向焊缝的装配间隙就被刚性固定了，在焊接横向焊缝时不能自由收缩，势必产生较大的焊接应力，还有可能导致裂纹的产生。

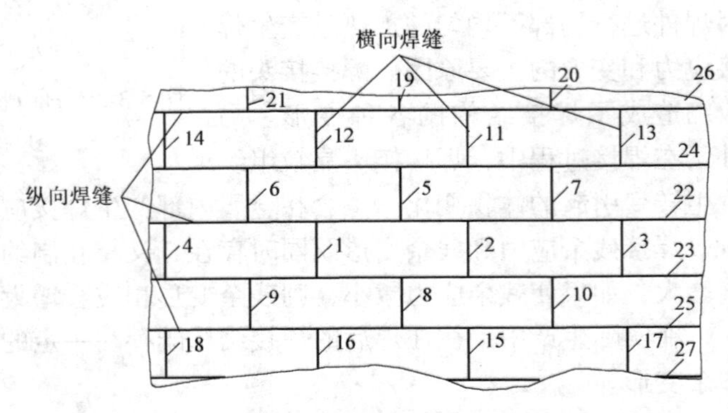

图 5-3-3　大面积平板拼接时的合理焊接顺序

有时也可按受力的大小来确定焊接顺序，若在工地焊接工字梁的接头时（图 5-3-4），其盖板受力最大，因此先焊盖板的对接焊缝 1，再焊腹板对接焊缝 2，最后焊翼缘角焊缝 3。按这种焊接顺序，可使受力最大的焊缝 1 产生较小的拘束应力，焊接过程中的焊接应力得到减少。在焊接焊缝 2 加热时，焊缝 1 受拉伸，而收缩时使焊缝 1 受压缩，还可使盖板接头有减少焊接残余应力的作用。在焊接焊缝 3 时，这种焊缝虽然为交叉焊缝，但由于焊缝 3 的焊接热输入一般较小，而且对焊缝 1、2 的交叉点有重熔和热处理作用，可减少交叉焊缝的不利影响，提高疲劳强度。

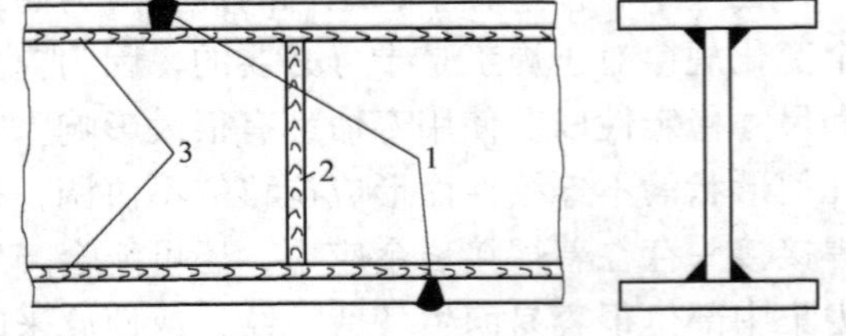

图 5-3-4　按受力大小确定的合理焊接顺序

（2）预热　预热的作用有三点：一是降低焊件热影响区的温度梯度，使其在较宽的范围内获得较均匀的分布，从而减小温度应力的峰值；二是降低和控制焊接接头的冷却速度，因而减少淬硬倾向及减弱组织应力；三是有利于氢的扩散逸出，减小氢致集中应力。因此，预热从总的来讲，可降低焊接结构的残余应力。小件可以整体预热，大件局部预热。在局部预热时还要认真考虑结构件应力分布情况，以确定预热部位，使之有利于温度的平缓分布或减少拘束程度，有时从焊件的碳当量考虑并不需要预热，但可采用预热方法来减小结构的拘束度(图 5-3-5)。加热与坡口平行的两柱体，使焊件焊接时减少拘束，收缩时与两侧同向，从而降低了焊件的内应力。这种方法又称加热减应区法。

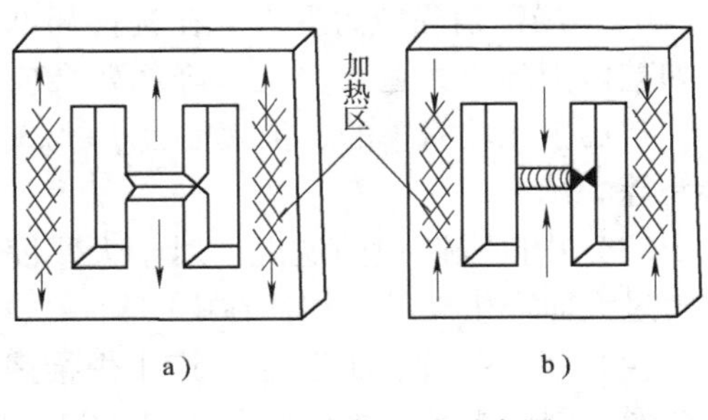

图 5-3-5　局部预热示意图

a) 焊前局部预热　b) 焊后冷却

(3) 采用较小的热输入　小的热输入可以减小不均匀加热区的宽度。如用小直径焊条，快速不摆动，多层多道焊或采用高能量的焊接方法——等离子弧焊、电子束焊等。

(4) 锤击法　在焊后热态下锤击焊缝，使焊缝得到延伸，可减小焊接残余应力。

(5) 减少氢的措施及消氢处理　为减小氢致应力集中，可选用低氢型焊接方法(CO_2 气体保护焊)，或选择低氢型碱性焊接材料；焊接材料应按要求严格烘干；焊接结构件的坡口表面要除去水、油、锈和其他杂质。有的结构件必要时还要采取消氢处理。

四、消除焊接残余应力的方法

1. 消除焊接残余应力的必要性　焊后结构件是否有必要消除焊接残余应力，要从结构的用途、尺寸、所用材料的性能以及工作条件等方面进行综合考虑决定。对于下列情况之一者应考虑消除焊接残余应力：

1) 要求承受低温或动载有发生脆断危险的结构。

2) 厚度超过一定限度(例如《压力容器安全监察规程》对锅炉及压力容器就有专门的规定)的焊接容器。

3) 要进行精密机械加工的结构。

4) 有可能产生应力腐蚀破坏的结构。

2. 消除焊后残余应力的方法　消除焊接残余应力的方法主要有热处理法和机械法。

热处理法有整体和局部消除应力退火法和中间消除应力退火法。

机械法包括温差拉伸法、低温处理法、爆炸法和振动法等。

常用的方法有整体消除应力退火法、局部消除应力退火法和机械拉伸(加载)法。

(1) 整体消除应力退火　将焊件整体放入炉内，缓慢加热到一定温度，然后保温一定时间，空冷或随炉冷却。这种方法消除焊接残余应力的效果最好，一般可以将 80%~90% 的焊接残余应力消除掉。这是生产中应用最广泛的一种方法。表 5-3-4 为常用钢材焊后整体消除应力退火温度。

表 5-3-4　常用钢材焊后整体消除应力退火温度

	必须消除应力的厚度/mm	消除应力温度/℃
Q235、20、20g	≥20	600 ~ 650
25g、Q345(16Mn)、Q390(15MnV)	≥20	600 ~ 650
14MnMoV、18MnMoNb	≥20	600 ~ 680
12CrMo、15CrMo	>10	680 ~ 700
12Cr1MoV	>6	720 ~ 760
12Cr2MoWVTiB 12Cr3MoVSiTiB	任何厚度	740 ~ 780

（2）局部消除应力退火　在构件局部的残余应力处加热以消除应力。消除应力的效果不如整体消除应力退火，仅可降低残余应力的峰值，使应力分布比较平缓。但此法设备简单，常用于比较简单的、拘束度较小的焊接结构，如长筒形容器、管道接头、长构件的对接接头等。

（3）中间消除应力退火　对于大厚度，刚度较大的焊件，为了避免在焊接过程中由于应力过大而产生裂纹，往往在中间加一次或多次消除应力退火热处理。

（4）机械拉伸(加载)法　产生焊接残余应力的根本原因是，焊件在焊后产生了压缩残余变形，因此焊后对构件进行加载拉伸，产生拉伸塑性变形，它的方向和压缩残余变形相反，结果使压缩残余变形减小，残余应力因此也相应地减少。

机械拉伸消除应力法，对一些锅炉及压力容器的受压元件及焊接容器特别有意义，因为锅炉受压元件及容器焊后通常要进行水压试验，水压试验的压力均大于锅炉受压元件及容器的使用压力，所以在进行水压试验的同时也对材料进行了一次机械拉伸，从而通过水压试验，消除了部分焊接残余应力。水压试验时，水的温度应高于材料的脆性断裂临界温度。

（5）低温处理法　用一定宽度的多焰焊炬在压缩残余应力区连续加热，并随之以喷水冷却，喷水管与焊炬以同一速度运动，这样就使原压缩应力区的应力与加热后冷却时产生的拉应力互相抵消一部分，从而产生新的应力平衡，大大地减少了残余应力。下列加热规范可供参考：

板厚 8 ~ 10mm 时，多焰焊炬宽度为 60mm，多焰焊炬中心距为 115 ~ 155mm，其移动速度为 400 ~ 600mm/min。

板厚 10 ~ 40mm 时，多焰焊炬宽度为 100mm，多焰焊炬中心距 180mm，其移动速度为 600 ~ 1250mm/min，板厚度越大时移动速度就越慢。

多焰焊炬与水管距离 130mm，这时加热温度约 200℃，本加热规范对抗拉强度大于 500MPa 的低碳钢和比较规则的焊缝效果较好。

（6）机械振动法　振动消除残余应力，国内外已用于生产，如图 5-3-6 所示。其原理是通过在焊件上的激振器带动焊件振动，使焊接残余应力降低或重新分布。

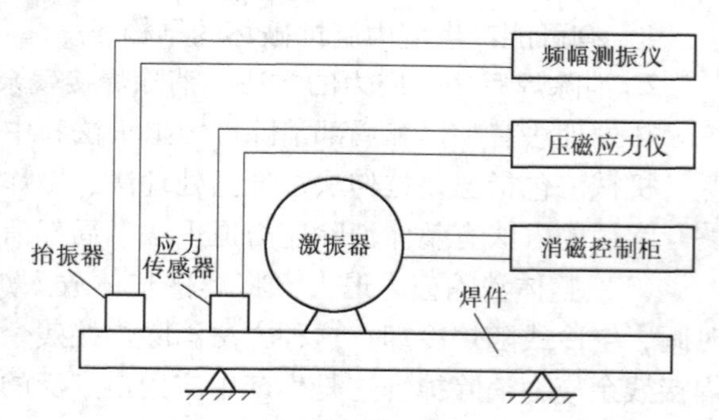

图 5-3-6　机械振动消除残余应力装置示意图

在些单位对 CO_2 气体再生塔管、5t 叉车焊接门架等进行振动消除残余应力，可取得良好效果，消除应力达到 20% ~ 60%，减少了残余应力，提高了加工尺寸的稳定性。

第三节　焊接变形及其控制方法

一、焊接变形的种类

焊接变形包括：纵向变形(收缩)和横向变形(收缩)、角变形、弯曲变形、扭曲变形和波浪变形五类，如图 5-3-7 所示。

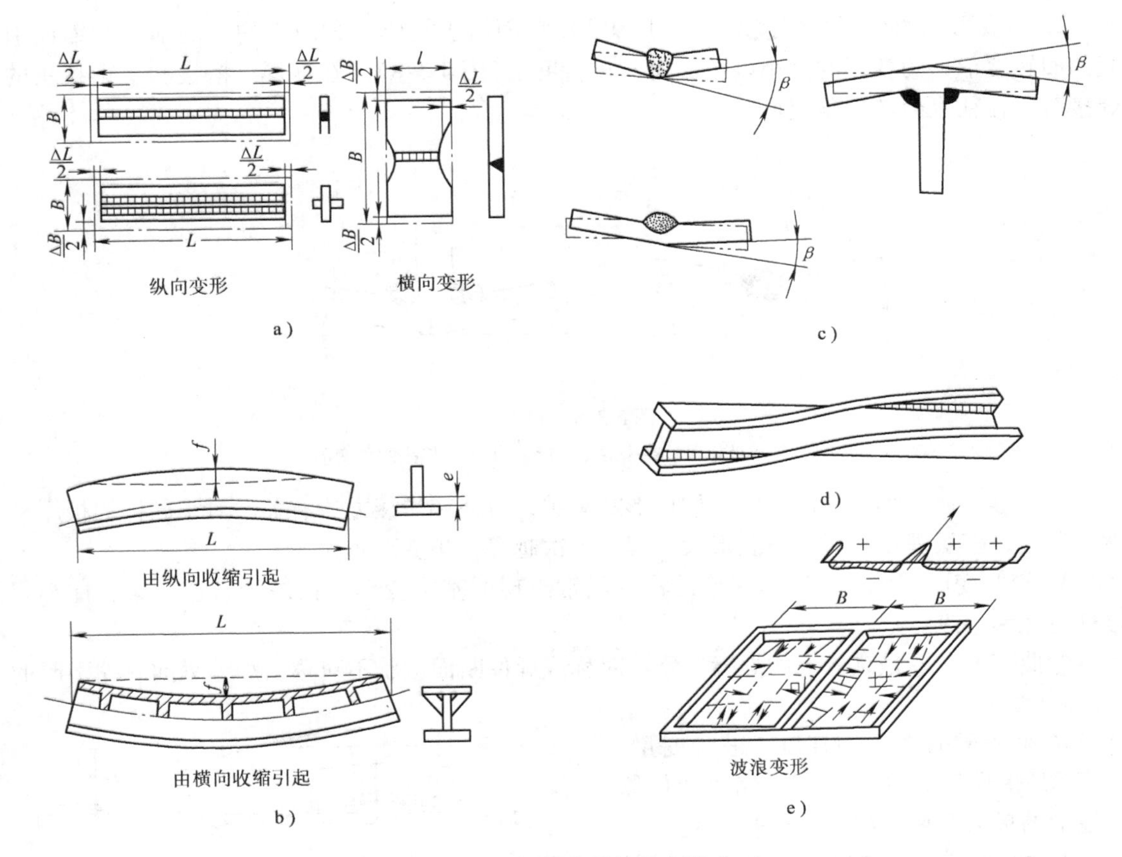

图 5-3-7　焊接变形的基本形式

a）收缩变形　b）弯曲变形　c）角变形　d）扭曲变形　e）波浪变形

1. 纵向变形和横向变形

（1）纵向变形　焊接后，焊件在沿焊缝长度方向会缩短，称为纵向变形(收缩)。纵向变形有以下特点：

1）焊件的纵向变形与单层焊道的横截面积，焊接热输入及焊缝的长度成正比。即焊缝的横截面积越大，焊接热输入越大或焊缝越长时，纵向变形越大。

2）焊缝横截面积相等时，单层焊引起的纵向变形比多层焊及多层多道焊大。

3）线胀系数大的材料，焊后纵向变形大，例如焊接低碳钢、低合金钢、奥氏体钢和铝，由于它们的线系数依排列顺序增大，焊后的纵向收缩也依次增大。

4）T 形接头双面角焊缝引起的纵向变形，是单面角焊缝引起的纵向变形的 1.3 ~ 1.45 倍。

5）当焊件长度一定时，连续焊缝引起的纵向变形比断续焊引起的纵向变形大。因此，在允许的情况下，应采用断续焊代替连续焊。

（2）横向变形　焊后，焊件在垂直于焊缝轴线方向的变形，称为横向变形(收缩)。

1）对接接头的横向变形比角焊缝和堆焊焊缝引起的横向变形大。

2）板厚相同时，单 V 形坡口引起的横向变形比双 V 形坡口、双 U 形坡口大。

3）坡口角度越大，间隙越大，则引起的横向变形越大。

2. 角变形　角变形是焊接时，由于焊缝横截面沿板材厚度方向不均匀的横向收缩而引起的回转变形，角变形的大小以角形角 α 进行度量(图 5-3-8)。在堆焊、搭接和 T 形接头的焊接时，往往也会产生角变形。

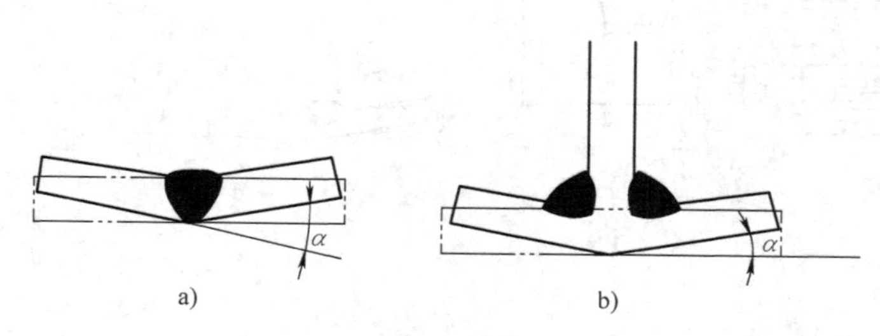

图 5-3-8　角变形

a）V 形坡口对接接头的角变形　b）T 形接头的角变形

角变形不但与焊缝截面形状和坡口形式有关，且还和焊接方法有关。对于同样的板厚和坡口形式，多层焊比单层焊角变形大，焊接层次越多，角变形越大。

3. 弯曲变形　弯曲变形是焊接结构中经常出现的基本变形，在焊接管道、梁、柱等焊接件时尤为常见。

弯曲变形主要是结构上的焊缝布置不对称或焊件断面形状不对称，焊缝纵向收缩引起的变形。

弯曲变形的大小用挠度 f 进行度量。挠度 f 是指焊后焊件的中性轴偏离焊件原中性轴的最大距离，如图 5-3-9 所示。

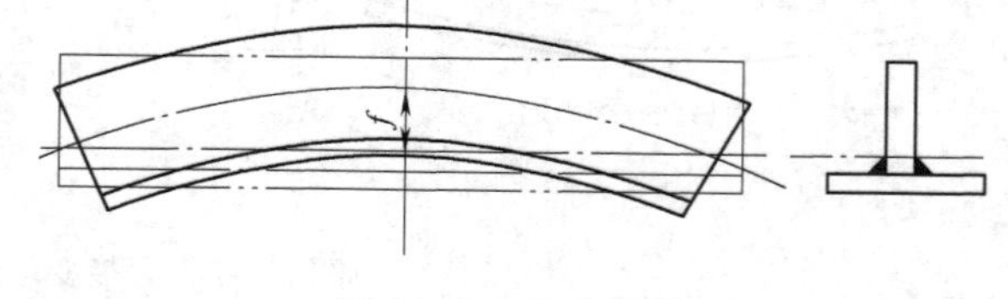

图 5-3-9　弯曲变形

4. 扭曲变形　如果焊缝角变形沿长度方向分布不均匀，焊件的纵向有错边或装配不良，施焊程序不合理，致使焊缝纵向收缩和横向收缩没有一定规律会引起的扭曲变形。

5. 波浪变形　由于结构刚度小，在焊缝的纵向收缩，横向收缩综合作用下造成较大的压应力而引起的变形。薄板容易发生波浪变形，如图 5-3-10a所示。

此外，当几条角焊缝靠得很近时，由于角焊缝的角变形连在一起也会形成波浪变形，如图 5-3-10b 所示。

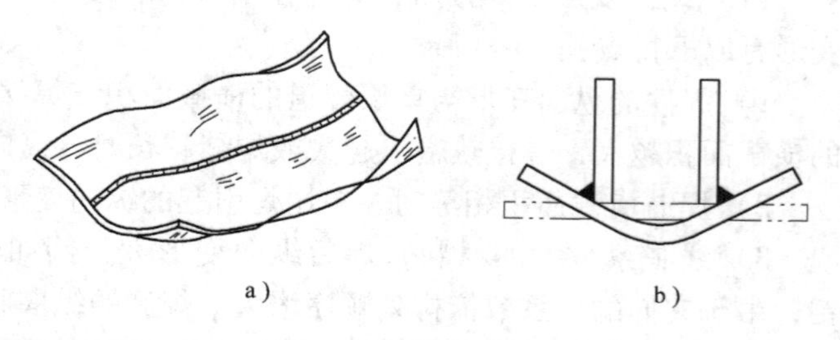

图 5-3-10　波浪变形

在实际生产中，波浪变形往往产生在薄板结构中。

二、影响焊接变形的因素

焊接变形对焊接结构的制造和使用的不利影响是：降低装配质量、增加制造成本、降低焊接接头的性能和降低结构的承载能力，为此我们应了解影响变形的主要因素。

1. 焊缝位置　如果焊缝布置不对称或焊缝截面重心与焊件截面重心不重合时，易引起变曲变形或角变形。

2. 结构刚性　焊件的变形程度与刚性有关，在同样力的作用下，焊件刚性较大时，变形较小；刚性较小，则变形较大。

3. 装配焊接顺序　一般来说，焊件整体刚性总比零部件的刚性大，从增加刚性减小变形的角度考虑，对于截面对称，焊缝对称的焊件，采用整体装配焊接，产生的变形较小。然而，因焊件结构复杂，一般不能整体装配焊接，而是边装配，边焊接，此时就要选择合理的装配焊接次序，尽可能地减小焊接变形。

4. 焊接参数的选择　焊接热输入的变化对焊接变形是有影响的，随着热输入的增加，加热宽度增加，引起的焊接变形也增加。

焊接变形还与坡口形式有关。坡口角度越大，熔敷金属的填充量越大，焊缝上下收缩量差别也就越大，则产生的角变形大。因此 V 形坡口的变形比 U 形、双 V 形坡口大。焊接方向和次序不同，沿焊缝上热量分布不一样，冷却速度和冷却收缩所受拘束不同，引起的焊接变形量的大小也不同。

三、控制焊接变形的措施

1. 设计措施

（1）选用合理的焊缝尺寸　焊缝尺寸增加焊接变形也随之加大。但过小的焊缝尺寸，将会降低结构的承载能力，并使接头的冷却速度加快，产生一系列的焊接缺陷，如裂纹、热影响区硬度增高等。因此在满足结构的承载能力和保证焊接质量的前提下，根据板厚选取工艺上可能的是最小焊缝尺寸。

（2）尽可能地减少焊缝的数量　适当地选择板的厚度，可减少肋板的数量，从而可以减少焊缝和焊后变形校正量。对自重要求不严格的结构，这样做即使重量稍大，但仍是比较经济的。

对于薄板结构，则可以用压型结构来代替肋板结构，以减少焊缝数量，防止焊接变形。

（3）合理安排焊缝位置　焊缝对称于构件截面的中性轴，或使焊缝接近中性轴，可减少弯曲变形；焊缝不要密集，尽可能地避免交叉焊缝。如焊接钢制压力容器组装时，相邻筒节的纵焊缝距离或封头焊缝的端点与相邻筒节纵焊缝距离应大于 3 倍的壁厚，且不得小于 100mm。

2. 工艺措施

（1）预留收缩余量　为了补偿焊后焊件的缩短，应预留收缩余量，以抵消变形。

（2）选择合理的装配焊接顺序：

1）选择合理的装配顺序：将结构件适当地分成部件，分别装配、焊接，然后再拼焊成整体。使不对称的焊缝或收缩量较大的焊缝能比较自由地收缩而不影响整体结构。按此原则生产制造复杂的焊接结构，既有利于控制焊接变形又缩短了生产周期。

2）选择合理的焊接顺序：采用对称焊。当结构具有对称布置的焊缝时，如采用单人先后的顺序施焊，则由于先焊的焊缝具有较大的变形，所以整体结构，焊后仍会有较大的变形。如果由两名焊工同时对称地进行焊接，则两条焊缝引起的变形可以相互抵消，焊后变形因此大为减少；焊缝不对称时，先焊焊缝少的一侧。因为先焊的焊缝变形大，故焊缝少的一侧先焊时引起的总变形量不大，再用另一侧多的焊缝引起的变形来加以抵消，就可以减少整个结构的变形；采用不同的焊接方向，通常可采用逐步退焊法、跳焊法、交替焊法等不同的焊接方向来减少变形。

（3）反变形法　为了抵消焊接变形，在焊接前装配时，先使焊件产生与焊接变形相反的方向进行人为的变形，这种方法称为反变形法。例如，V形坡口单面对接焊的角变形，在压力容器焊工培训、考试中是常见的一个问题，若采用预制反变形，焊后变形基本可以消除。如图5-3-11所示。

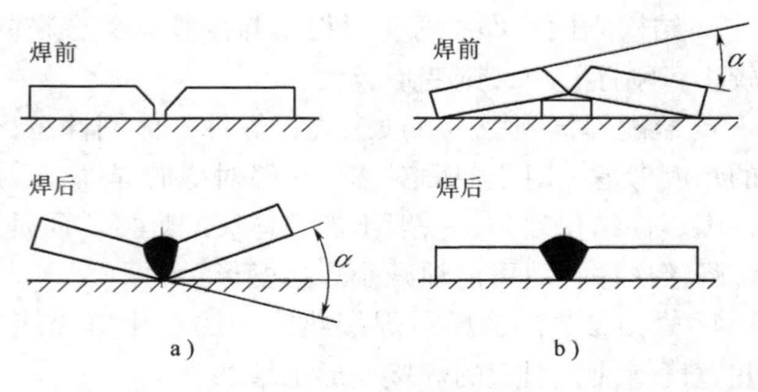

图5-3-11　10～16mm平板对接的反变形控制
a）无反变形　b）预装反变形

（4）刚性固定法　焊前对焊件采用外加刚性拘束，防止焊件在焊接时变形，这种控制变形的方法称为刚性固定法。应当指出，焊后的焊件，当外加拘束去掉后，由于残余应力的作用，焊件上仍会残留一些变形，不过要比没加拘束时小得多。另外，这种方法将使焊接接头中产生较大的残余应力，对于一些焊后易裂材料应该慎用。图5-3-12是钢板对接焊时，采用弧形加强板方法进行的刚性固定。

（5）散热法　焊接时用强迫冷却的方法使焊接区散热，由于受热面积减少而达到减少变形的目的。散热法对减少薄板焊件的焊接变形比较有效，但散热法不适用于焊接淬硬性较高的材料。

（6）锤击法　用圆头小锤敲击热态下的焊缝，使它在长、宽方向上延伸，产生塑性变形从而减少焊缝的收缩变形。

（7）采用高能量的焊接方法　如氩弧焊、等离子弧焊、电子束焊等，这种方法能量密度集中，热影响区小，变形也小。

四、焊后焊接残余变形的矫正方法

焊接结构在生产过程中，虽然采取了一系列措施，但是焊接变形总是不可避免的。当焊接后产生的残余变形值超过技术要求时，必须采取措施加以矫正。

焊接结构变形的矫正有冷矫正法（机械矫正法）和热矫正法两种方法。

1. 冷矫正法（机械矫正法）　冷矫正法是根据焊件的结构形状、尺寸大小、变形程度选择锤击、压、拉等机械作用力，产生塑性变形进行的矫正。例如，工字梁焊后利用型钢矫直机来矫正其弯曲变形；对于薄板结构，当其焊缝比较规则时，可采用辗压法来辗压焊缝及其两侧，使之伸长来达到消除变形的目的，具有效率高，质量好等优点。

2. 火焰矫正法　火焰矫正法是利用火焰对焊件局部加热的方法。其机理是利用金属局部加热和冷却后的收缩所引起的新变形，来抵消已发生的变形。

加热的方法有点状加热、线状加热、三角形加热和水火矫正法多种。

进行火焰矫正时，需要有一定的实际经验，加热部位选择必须正确，如果加热位置选错，将达不到目的，甚至会得到相反的结果，T形梁焊后产生上拱，可在立板上用三角形加热法矫正，如图5-3-13所示。加热部位由中间向边缘，当被加热的区域冷却时，体积收缩，产生反向变形，使T形梁矫直。

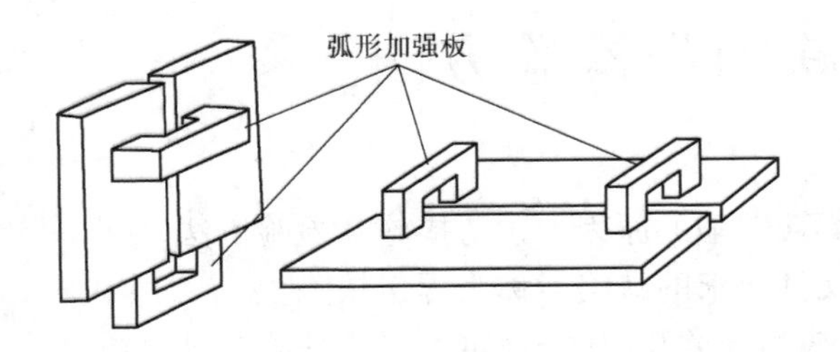

图 5-3-12　钢板对接焊采用的刚性固定法

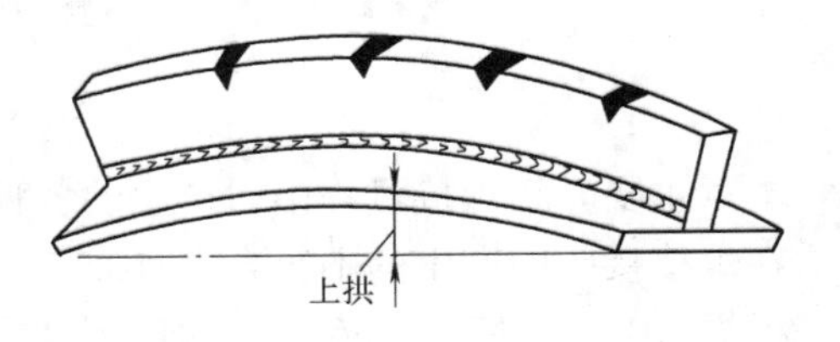

图 5-3-13　T 形梁上拱热矫正法

第四章　焊接缺陷和检验方法

本章主要介绍焊接过程中，产生的各种焊接缺陷的原因、预防措施及检验方法。

在焊接接头中产生的不符合设计或工艺文件要求的缺陷，称为焊接缺陷。

根据 GB/T 6417—1986《金属熔化焊焊缝缺陷分类及说明》规定，焊接缺陷按其性质可分为六大类：

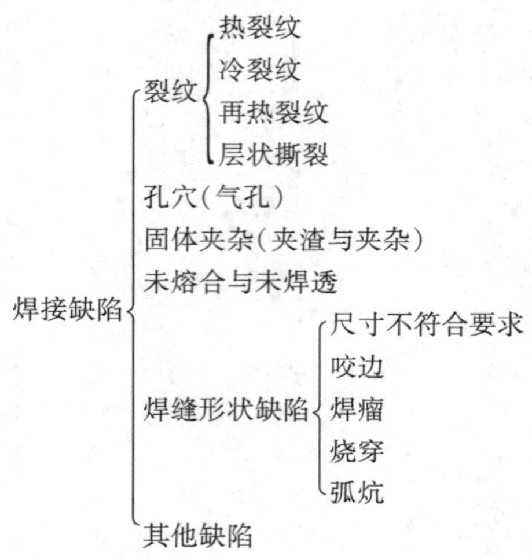

第一节　焊缝形状缺陷

一、焊缝形状缺陷的种类及其危害

1. 焊缝尺寸不符合要求　主要是指焊缝高低不平，宽窄不齐，尺寸过大或过小，角焊缝焊脚尺寸不对称等，如图 5-4-1 所示。

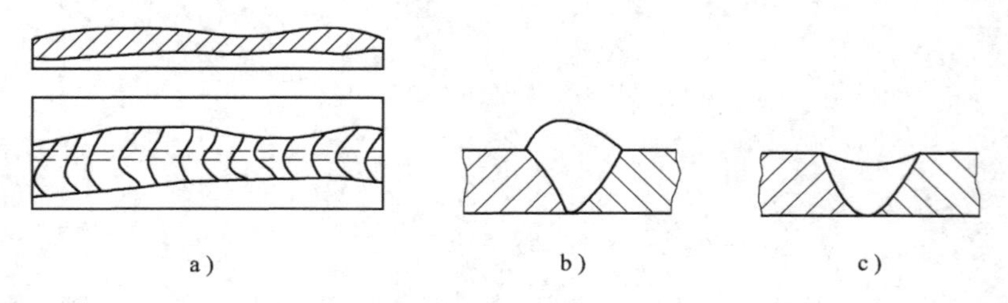

图 5-4-1　焊缝尺寸不符合要求

a）焊缝不直，宽窄不匀　b）余高太大　c）焊缝塌陷

焊缝尺寸过小，使焊接接头强度降低；焊缝尺寸过大，不仅浪费焊接材料，还会增加焊件的应力和变形；塌陷量过大的焊缝，使接头强度降低；余高过大的焊缝，造成应力集中，减弱结构的工作性能。

2. 咬边　由于焊接参数选择不正确或操作工艺不正确，在沿着焊趾的母材部位烧熔形成的沟槽或凹陷，称为咬边。如图 5-4-2 所示。

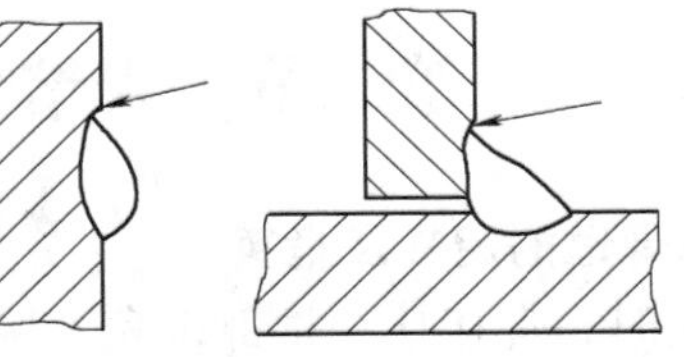
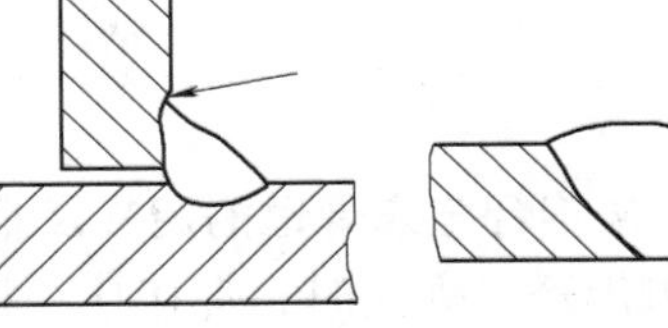

图 5-4-2　咬边

咬边不仅减弱了焊接接头强头，而且因应力集中易引发裂纹。

3. 烧穿　焊接过程中，熔化金属自坡口背面流出，形成穿孔的缺陷。

4. 焊瘤　焊接过程中，熔化金属流淌到焊缝之外未熔化的母材上形成的金属瘤，如图 5-4-3 所示。

5. 弧坑　焊缝收尾处产生的下陷部分称做弧坑，不仅使该处焊缝的强度严重削弱，而且还会由于产生弧坑裂纹，而引起整条焊缝被破坏(裂纹在受力时扩展)，埋弧焊弧坑裂纹，如图 5-4-4 所示。

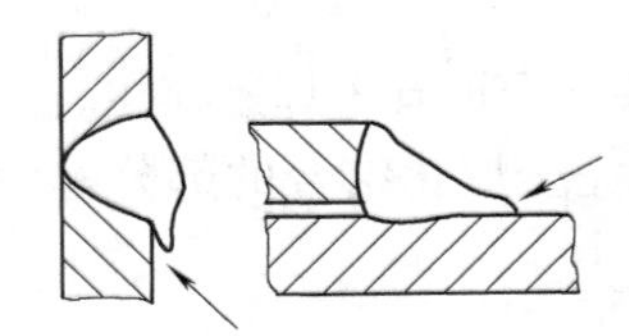
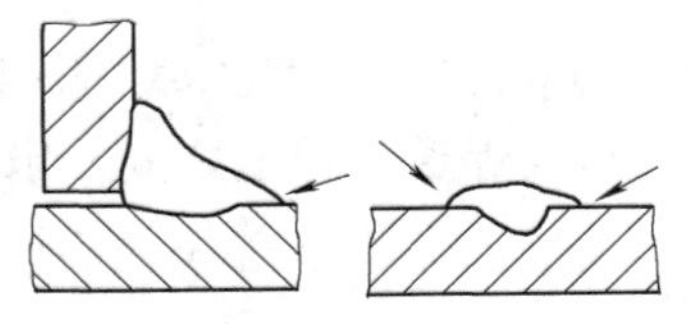

图 5-4-3　焊瘤

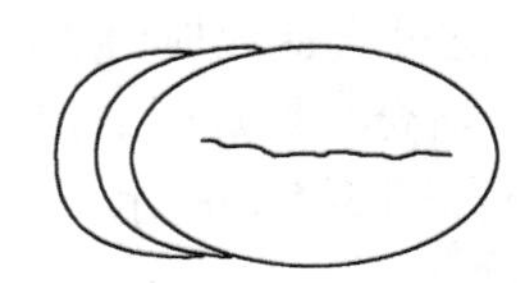

图 5-4-4　弧坑裂纹

二、焊缝形状缺陷产生原因及其预防措施(见表 5-4-1)

表 5-4-1　焊缝形状缺陷产生原因及预防措施

缺陷名称	产生原因	预防措施
尺寸或形状不符合要求，如焊缝太宽、太窄、高低或宽窄不匀、角焊缝焊脚尺寸不对称	1）接头坡口角度不合适 2）装配间隙不均匀 3）焊接参数不合适 4）焊工操作水平太低	1）选择合适的坡口角度 2）保证装配间隙均匀 3）调整焊接参数 4）加强焊工培训，建立持证上岗制度
咬边	1）焊条角度不对或药皮偏心 2）焊接电流太大 3）焊接速度太快 4）电弧太长	1）改正焊条倾角，更换药皮不偏心的焊条 2）适当降低焊接电流 3）适当降低焊接速度 4）采用短弧焊
焊缝余高过大，两侧熔合不好，焊道是蚯蚓状	1）焊接电流太小 2）焊接速度太快 3）电弧电压太低	1）提高焊接电流 2）降低焊接速度 3）适当提高电弧电压，拉长电弧
焊瘤：熔化金属流到焊缝外面未熔化的母材上	1）焊接电流太大 2）焊接速度太慢 3）电弧电压太低 4）焊缝两侧清理不好	1）适当降低焊接电流 2）加快焊接速度 3）拉长电弧，提高电弧电压 4）加强焊前清理
焊漏或烧穿	1）焊接电流太大 2）焊接速度太慢 3）装配间隙太大或钝边太小	1）适当降低焊接电流 2）加快焊接速度 3）根据间隙及钝边大小调整合适的焊接工艺参数或改变焊条角度及焊接速度
弧坑未填满	电弧熄灭得太快，填充金属太少	改进收弧方法，填满弧坑

第二节　未熔合与未焊透

一、未熔合与未焊透的定义及危害

1. 未焊透　焊接时，焊接接头根部未完全熔透的现象，如图 5-4-5 所示。

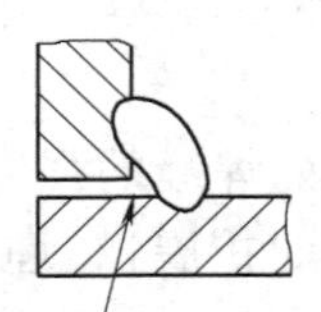
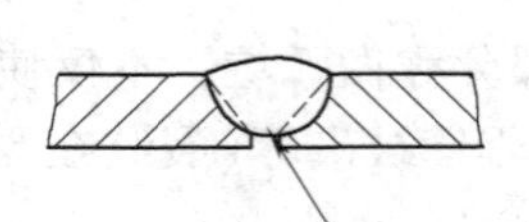
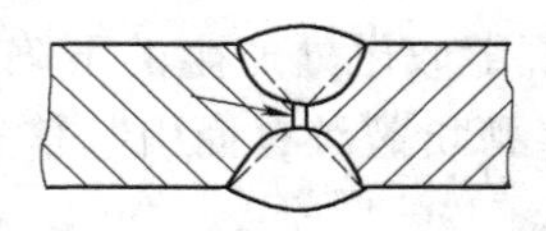

图 5-4-5　未焊透

未焊透处会造成应力集中，并容易引起裂纹，重要的焊接接头不允许有未焊透存在。

2. 未熔合　熔焊时，焊道与母材之间或焊道与焊道之间，未完全熔化结合的部分称为未熔合，如图 5-4-6 所示。

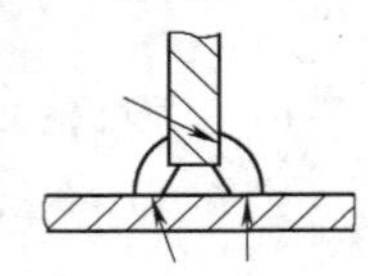
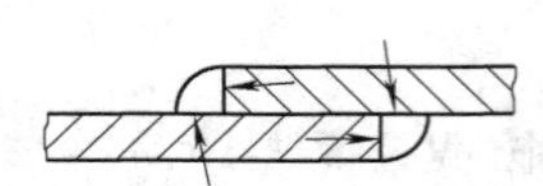
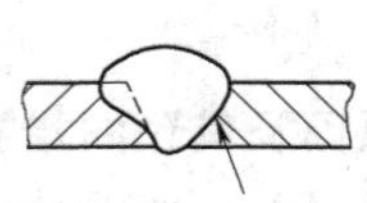
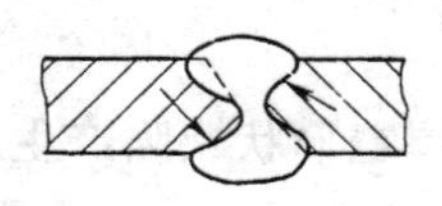

图 5-4-6　未熔合

未熔合主要产生在焊缝侧面及焊层间，故又可分为边缘未熔合及层间未熔合。

二、未熔合与未焊透产生原因及其预防措施（见表 5-4-2）。

表 5-4-2　未焊透与未熔合产生的原因及预防措施

缺陷名称	产生原因	预防措施
未焊透，主要指单面焊焊缝的根部或双面焊的中间	1）装配间隙太小或钝边太大 2）焊缝坡口角太小，电弧达不到焊根处 3）焊接电流太大 4）焊接速度太快 5）电弧电压太高 6）焊条直径太粗 7）装配间隙处有锈或其他污物 8）焊条角度不对	1）适当加大装配间隙或减小钝边 2）适当加大坡口角度 3）降低焊接电流 4）降低焊接速度 5）压低电弧，降低电弧电压 6）改用小直径焊条打底焊 7）加强焊前清理 8）改正焊条角度
未熔合：主要指坡口面或多层焊焊道间熔合不好	1）焊接参数不合适，如焊接电流太小，电弧电压过低，或焊接速度太快 2）焊条倾角不对，电弧偏向一边 3）电弧摆动速度不合适 4）焊接坡口面上有油、锈或其他污物	1）调整合适的焊接参数 2）改正工作角 3）电弧在坡口面应适当停留，保证熔合好 4）加强焊前清理

第三节　气孔、夹渣与夹杂

一、气孔与夹渣的定义

1. 气孔　焊接时，熔池中的气体在凝固时未能逸出而残留在焊缝中形成的空穴称为气孔，如图5-4-7所示。

气孔是一种常见的焊接缺陷。根据其产生部位，可分为内部气孔和外部气孔；根据气孔的分布特点，又可分为分散气孔和密集气孔，但最常见的是根据产生原因，把气孔分为氢(含)氮气孔和一氧化碳气孔两大类。

氢气孔在熔池结晶时形成的，大多沿结晶方向呈螺钉状或针状分布，熔池结晶快时，氢气孔为小圆球状。

一氧化碳气孔，主要是熔池降温时冶金反应中产生的一氧化碳残留在焊缝内部形成的，形状像“条虫”，表面光滑，沿晶界分布。

气孔会降低焊缝的强度。

2. 夹渣和夹杂

焊后残留在焊缝中的熔渣称为夹渣，如图5-4-8所示。由焊接冶金反应产生的、焊后残留在焊缝金属中的非金属杂质(如氧化物、硫化物等)称为夹杂。

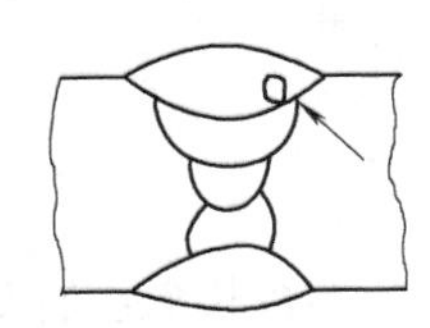

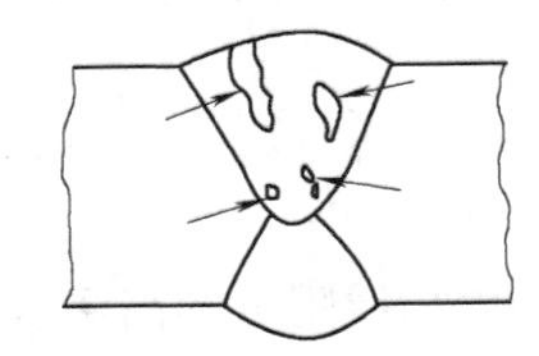

图5-4-7　气孔

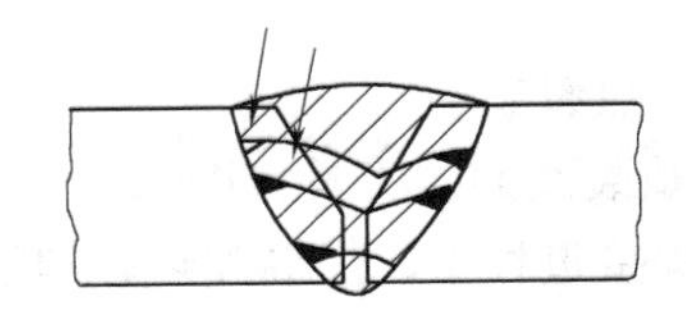

图5-4-8　焊缝中的夹渣

夹渣尺寸较大，且不规则，减弱焊缝的有效截面积，降低焊接接头的塑性和韧性。在夹渣的尖角处会造成应力集中，因而对淬硬倾向较大的焊缝金属，易在夹渣尖角处扩展为裂纹。夹杂物、若尺寸很小且呈弥散分布时(硫化物等低熔点夹杂物除外)，对强度影响不大。

二、气孔、夹渣与夹杂产生原因及其预防措施(见表5-4-3)

表5-4-3　气孔与夹杂和夹渣产生的原因及预防措施

缺陷名称	产生原因	预防措施
气孔：包括内气孔、外气孔	1）焊接区的油、锈及污物未清理干净 2）焊材未彻底烘干或表面污物未清理干净 3）电弧太长 4）焊接参数不合适，熔池凝固太快 5）用交流电施焊时，较容易产生气孔 6）焊接电流太大，药皮发红或成块脱落，失去了冶金作用和保护作用 7）焊条存放时间过长，或存放条件不好，焊芯已生锈 8）保护气纯度低或流量不合适	1）加强焊接区的焊前清理 2）加强焊材的焊前清理，并严格烘干 3）采用短弧焊 4）选择合适的焊接参数，在条件允许下，尽可能采用较大的热输入进行焊接，降低熔池冷却速度 5）改用直流反接，产生气孔的倾向最小 6）改用合适的焊接电流 7）更换合格的焊条 8）更换纯度高的保护气，或调节合适的流量

（续）

缺陷名称	产生原因	预防措施
夹渣：残留在焊缝中的焊条药皮、熔剂	1）焊接电流太小，熔渣流动性差 2）运条不当，分不清铁液和焊渣，熔渣流到熔池前面 3）坡口角度太小 4）多层焊层间清渣不干净	1）加大焊接电源 2）提高操作技能，分清铁液和焊渣，不让熔渣流到熔池前面 3）改用小直径焊条 4）加强层间清渣
夹杂：残留在焊缝中的冶金反应产生的非金属杂质，如氧化物、硫化物等	1）焊条或焊剂不合适 2）焊接参数不合适 3）运条不合适 4）电弧太长	1）选用脱氧或脱硫性能好的焊条焊剂 2）选用合适的焊接参数，使熔池存在时间较长，便于夹杂物浮出 3）运条要平稳，焊条的摆动方向要有利于夹杂物上浮 4）采用短弧焊

第四节　裂　　纹

焊接接头中产生的裂纹包括：热裂纹、冷裂纹、再热裂纹和层状撕裂四大类。分述如下：

一、热裂纹

1. 热裂纹的定义及特性

在焊接过程中，焊缝和热影响区金属冷却到固相线附近的高温区产生的焊接裂纹称做热裂纹。它是一种不允许存在的危险焊接缺陷。

2. 热裂纹的种类

焊接热裂纹按产生形态、机理以及产生的温度区间，可分为结晶裂纹、液化裂纹和多边化裂纹。

1）结晶裂纹又称凝固裂纹，是焊缝凝固后期形成的焊接裂纹。这种裂纹主要产生在含杂质较多的碳钢焊缝中，尤其是硫、磷、硅、碳较多的钢材中，在单相奥氏体钢、镍基合金，及某些铝及铝合金焊缝中，也容易产生结晶裂纹。

2）液化裂纹是在母材近缝区或多层焊的前一焊道，因受热液化在晶界上形成的焊接裂纹。这种裂纹主要发生在含有铬镍的高强钢，奥氏体不锈钢，以及某些镍基合金的近缝区或多层焊焊道金属中。

3）多边化裂纹是在焊缝金属多边化晶界上形成的一种热裂纹。裂纹主要产生在某些纯金属或单相合金，如奥氏体不锈钢、铁-镍基、镍基合金的焊缝金属中。

3. 热裂纹的特性　热裂纹通常都沿晶界开裂，如焊缝中的热裂纹一般都沿柱状晶粒、等轴晶粒或树枝状晶界分布，而热影响区的热裂纹则沿原来的奥氏体晶界分布；热裂纹表面都呈氧化色，有的热裂纹中间还充满了熔渣。

4. 产生热裂纹的原因　热裂纹产生原因是聚集在晶粒边界或焊缝中心的液态低熔点共晶，在焊缝冷却过程中产生的拉应力作用下开裂。

5. 预防措施　预防产生热裂纹的措施，主要是设法减少焊缝中的低熔点共晶物和降低冷却时的拉应力，可采取以下具体措施：

1）限制钢材及焊接材料中易偏析元素和有害杂质的含量，特别应当尽量减少硫、磷等杂质含量及降低含碳量。

2）调节焊缝金属的化学成分，改善焊缝组织，细化焊缝晶粒，以提高其塑性，减少或分散偏析程度，控制低熔点共晶的有害影响。

3）控制焊接参数，适当提高焊缝成形系数，采用多层多道焊法，避免中心线偏析，防止中心线裂纹。

4）提高焊条或焊剂的碱度，以降低焊缝中的杂质含量，改善偏析程度。

5）采取各种降低焊接应力的工艺措施。

6）断弧时采用引出板或逐渐灭弧，并填满弧坑，可以减少弧坑裂纹的产生。

7）降低钢材中有害杂质的含量，细化钢材晶粒，改变有害杂质的形状和分布。

二、冷裂纹

1. 冷裂纹的定义及特性

焊接接头冷却到较低温度下（对于钢来说，在 Ms 温度以下），产生的裂纹，称为冷裂纹。

冷裂纹可在焊后立即出现，也可能需经过一段时间（几小时，几天，甚至更长的时间）才出现，这些不是在焊后立即出现的裂纹称做冷裂纹，也称延迟裂纹，它是冷裂纹中比较普遍的一种形态，具有更大的危险性。

图 5-4-9 为焊接接头冷裂纹分布形态示意图。

2. 产生原因　钢材的淬硬倾向，焊接接头的含氢量及其分布和焊接接头拘束应力的大小是焊接高强钢（包括中碳钢，低合金高强钢和中合金高强钢）产生冷裂纹的三大要素。

钢材的淬硬倾向越大，焊件越厚、冷却速度越大，刚性拘束越大，扩散氢含量越高，产生冷裂纹的倾向越大。

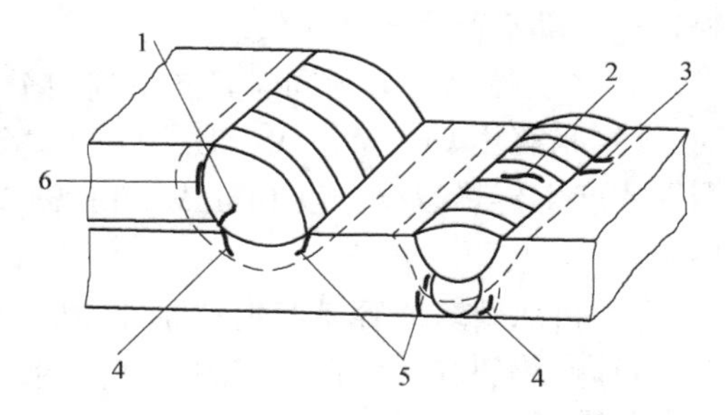

图 5-4-9　焊接接头冷裂纹分布形态示意图
1—焊缝纵向裂纹　2—焊缝横向裂纹
3—热影响区横向裂纹　4—根部裂纹
5—焊趾裂纹　6—焊道下裂纹

3. 预防措施　防止冷裂纹的原则是尽可能地降低焊缝中扩散氢的含量，降低焊接应力和冷却速度，具体措施如下：

（1）严格控制氢的来源

1）选用低氢焊接材料，应选用标准规定的与母材配套的低氢焊条和焊剂。对于某些强度级别高而又非常重要的结构，应选用超低氢（ <1.0mL/100g）高强度高韧性焊接材料。

2）加强焊前清理，必须按规定温度仔细烘干焊条、焊剂，妥善保管烘好的焊条焊剂，防止受潮，随用随取；焊前除净待焊区的油、锈、及其他污物。

3）因 CO_2 气体保护焊，可以获得低氢焊缝、故可考虑用 CO_2 气体保护焊焊接淬硬倾向较大，对氢敏感性较强的钢种。

（2）提高焊缝金属的塑性

1）选用含合金元素较高的焊接材料，降低焊缝中硅的含量，提高 Mn/Si 比、细化晶粒、提高焊缝金属的韧性。

2）推荐用“软盖面层焊法”制造高强钢焊接结构、该法可采用与母材等强的焊接材料进行打底、填充焊，但表层2～6mm厚度用强度级别低于母材的焊接材料进行盖面焊，以增加焊缝金属的韧性贮备，降低接头的拘束应力，从而提高抗裂性。

（3）降低焊接应力

1）选择合理的焊接参数和热输入，控制焊接接头在800～500℃的冷却速度。

2）焊前预热、控制层间温度，焊后保温缓冷或焊后立即进行消氢处理，以降低冷却速度，降低热影响区硬度，降低总的应力水平，改善焊接接头组织和性能。

3）选择合理的焊接顺序、减小焊接应力。

4）严格操作，注意不能产生弧坑、咬边、未焊透等缺陷，以减少应力集中点。

5）焊后进行热处理，消除内应力，改善焊接接头组织和韧性。

三、再热裂纹

1. 再热裂纹的定义及特性

焊后，焊件在一定温度范围内再次加热（消除应力热处理或其他加热过程）产生的裂纹，称做再热裂纹。

再热裂纹产生在焊接热影响区的过热粗晶组织中，热影响区的细晶组织和母材都不产生再热裂纹。在进行消除应力退火前，焊接接头有较大的残余应力和应力集中才会产生再热裂纹。

具有一定沉淀强化的金属材料最容易产生再热裂纹，碳素结构钢和固溶强化的金属材料，一般都不产生再热裂纹。

2. 产生原因　必须同时具备下列四个条件才有可能产生再热裂纹。

1）只有用Cr、Mo、V、Ti、Nb元素等沉淀强化的珠光体耐热钢、低合金高强钢及不锈钢等才产生再热裂纹。以14MnMoNbB钢为例，只有在调质状态，进行焊后热处理才产生再热裂纹。

2）再热裂纹最容易产生在厚件和应力集中处。

3）再热裂纹产生在一定的温度范围，对于一般低合金高强钢约在500～700℃，随钢种变化而异。

4）一定的高温停留时间。

3. 预防措施

1）降低残余应力，减少应力集中　在设计和工艺上都应设法改善应力状态，如进行预热和后热，减少焊缝余高保持平滑过渡，尽量减小接头几何形状的突变，必要时将焊趾处打磨平滑，并防止各类焊接缺陷，引起的应力集中。

2）选用低强度焊接材料，适当降低焊缝金属的强度，提高塑性。

3）控制焊接热输入，采用较大的热输入，可降低再热裂纹倾向。

4）增加中间热处理工序，若热处理为620℃时，可先进行550℃处理，再加热到620℃以减少620℃处理的影响。

四、层状撕裂

1. 层状撕裂的定义及特性

焊接时，在焊接构件中沿钢板轧层形成的一种呈阶梯状的裂纹，称做层状撕裂。

层状撕裂大都发生在大厚板 T 形接头，角接头和贯穿型十字接头中，如图 5-4-10 所示。

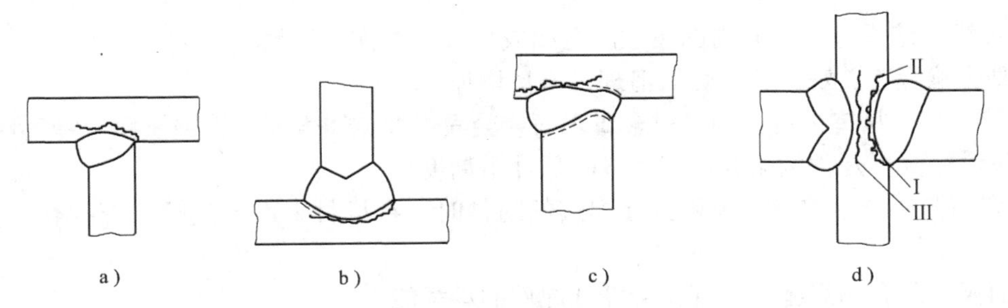

图 5-4-10　各种接头形式中的层状撕裂

Ⅰ—焊根裂纹　Ⅱ—热影响区中的层状撕裂　Ⅲ—厚板中心的层状撕裂

2. 层状撕裂产生原因及其预防措施(见表 5-4-4)。

表 5-4-4　层状撕裂类型及其成因与防止措施

层裂类型	成　因	防止措施
第Ⅰ类 以焊根裂纹等冷裂纹为起点的层状撕裂	1）材料中的淬硬组织，氢含量的存在，拘束度较大 2）轧制形成的长条状 MnS 型夹杂 3）氢脆 4）由角变形引起的焊接应变或因缺口应力集中和应变集中	1）降低钢材对冷裂的敏感性 2）减小钢中的含硫量或夹杂物的长度 3）降低熔敷金属中的扩散氢含量 4）改变接头形式和坡口形状，以防止角变形或应力应变集中
第Ⅱ类 以夹杂物的开口为起点在热影响区中传播的层状撕裂	1）轧制形成的长条状 MnS 型夹杂 2）SiO_2 型或 Al_2O_3 型夹杂 3）外部拉伸拘束 4）氢脆	1）降低钢中的 S、Si、Al、O 含量 2）向钢中增添稀土元素 3）改善钢材的轧制条件和热处理规范 4）减缓外部的拉伸拘束 5）提高熔敷金属的延性，降低其中的扩散氢含量
第Ⅲ类 远离热影响区而在板厚中心附近出现的层状撕裂	1）轧制形成的长条状 MnS 型夹杂 2）SiO_2 型或 Al_2O_3 型夹杂 3）由弯曲拘束引起的焊接残余应力 4）应变时效	1）选用抗层状撕裂钢 2）对轧制钢板的端面进行机械加工 3）减小弯曲拘束程度 4）改善接头形式、坡口形式 5）利用预堆焊层法

第五节　其他缺陷

一、其他缺陷的定义及种类

不包括前述五类焊缝形状缺陷在内的缺陷统称为其他缺陷。这种缺陷包括以下几种：

1. 电弧擦伤　在焊缝坡口外面引弧或引弧时在母材金属表面产生的局部损伤称电弧擦伤。

焊接淬硬性高的低合金高强钢时，电弧擦伤极易引起裂纹的产生。

2. 飞溅　熔焊过程中向周围飞散的金属或焊渣颗粒称为飞溅。

飞溅影响焊缝美观，并使焊后清理工作量增加。

3. 钨飞溅　从钨极过渡到母材金属表面或凝固焊缝金属表面的钨颗粒称为钨飞溅。

钨飞溅会降低焊件的耐腐蚀能力或降低冲击韧度。

4. 表面撕裂　不按操作规程拆除焊接的附件时，在母材表面产生的局部损伤称为表面撕裂。

表面撕裂既影响焊缝美观，又会降低焊件的承载能力。

5. 磨痕或凿痕　使用角向砂轮机或扁铲磨平焊件不当，在焊件表面产生的局部损伤。

这类缺陷既影响焊缝美观，又容易产生应力集中。

6. 定位焊缺陷　不合格的定位焊缝造成的缺陷。

焊接需进行射线探伤的焊件时，这类缺陷常造成焊件反修。

二、其他缺陷产生原因及其预防措施（见表5-4-5）

表5-4-5　其他缺陷产生原因及其预防措施

缺陷名称	产生原因	预防措施
电弧擦伤	在坡口外或非焊接区表面引弧	严格控制引弧位置，不在坡口外或焊件表面随意引弧
飞溅	焊接参数不合适	调整焊接参数
钨飞溅	1）引弧时钨极直接与焊件表面接触 2）填丝不慎，焊丝碰到钨极	1）采用高频振荡器或高频脉冲引弧 2）操作时注意防止焊丝碰到钨极
磨痕及凿痕打磨过量	1）砂轮磨伤焊件表面或磨削量太大 2）扁铲或其他工具铲凿伤焊件表面	操作时注意
定位焊缺陷	1）未按工艺规定要求焊定位焊缝 2）无证焊工焊接定位焊缝	1）焊定位焊缝时，必须严格按工艺规程要求进行操作 2）无证人员不准焊定位焊缝

第六节　焊接检验

本节主要介绍焊接接头常用的力学性能，化学分析，金相等破坏性检验方法以及耐压试验，无损探伤等非破坏性检验方法，使焊工了解各种检验方法的适用范围及要求。

常用的焊接检验方法分非破坏性检验和破坏性检验两大类。其详细分类见表5-4-6。

表 5-4-6 焊接检验方法的分类

- 焊接检验
  - 破坏性检验
    - 力学性能试验
      - 拉伸试验
      - 弯曲试验
      - 硬度试验
      - 冲击试验
      - 断裂韧性试验
      - 疲劳试验
    - 化学分析试验
      - 化学分析
      - 腐蚀试验
      - 测氢试验
    - 金相检验
    - 焊接性试验
  - 非破坏性检验
    - 外观检验
    - 耐压检验
    - 密封性检验
      - 水压试验
      - 气压试验
      - 煤油检验
    - 无损检测伤
      - 超声探伤
      - 射线探伤
      - 磁粉探伤

对于不同类型的焊接接头和不同的材料，可以根据产品图样要求或有关规定，选择一种或几种方法进行试验，以确保产品质量的安全。

一、破坏性检验方法简介

这一部分主要介绍产品焊接接头的力学性能试验方法。

1. 焊接接头的力学性能试验

（1）焊接接头的拉伸试验　焊接接头的拉伸试验一般都采用横向试样。若焊缝金属的强度超过母材金属，大部分塑性应变将在母材金属区出现，将造成在焊缝区域以外的缩颈和破坏，说明焊缝金属的强度比母材高，但不能说明焊缝金属的塑性。若焊缝金属强度远低于母材，塑性应变集中在焊缝内发生，在这种情况下，局部应变测得的断后伸长率将比正常标距低。所以横向焊接接头拉伸试验只可以评定接头的抗拉强度，不能评定接头的屈服点和断后伸长率。焊接接头拉伸试验还可以发现焊缝断口处的缺陷，并验证所选用的焊接材料与焊接工艺的正确性。

焊接接头的拉伸试验应按 GB/T 2651—1989《焊接接头拉伸试验方法》规定进行。

接头拉伸试样的形状有板状、整管和圆形三种，见图 5-4-11 ~ 图 5-4-14，板状试样尺寸见表 5-4-7。

（2）焊缝及熔敷金属拉伸试验　焊缝及熔敷金属拉伸试样从焊缝轴线方向取样，整个试样必需用焊缝金属加工而成。通过试验可获得焊缝金属的抗拉强度、屈服点及断后伸长率、断面收缩力的全部数据。

焊缝及熔敷金属的拉伸试验应按 GB/T 2652—1989《焊缝及熔敷金属拉伸试验方法》规定进行。

焊缝及熔敷金属拉伸试样见图 5-4-15a，其加工要求见表 5-4-7。

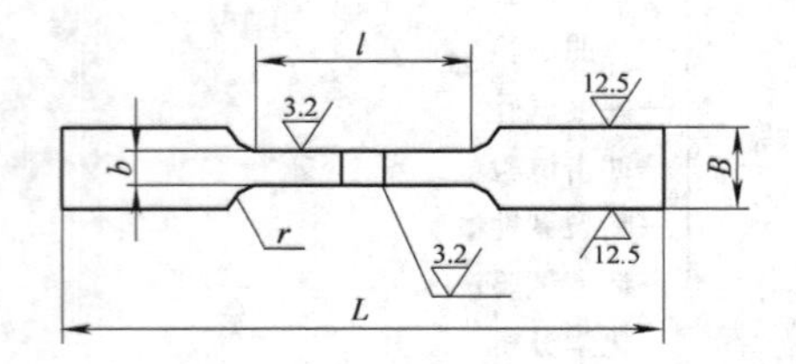

图 5-4-11　板接头板状拉伸试样

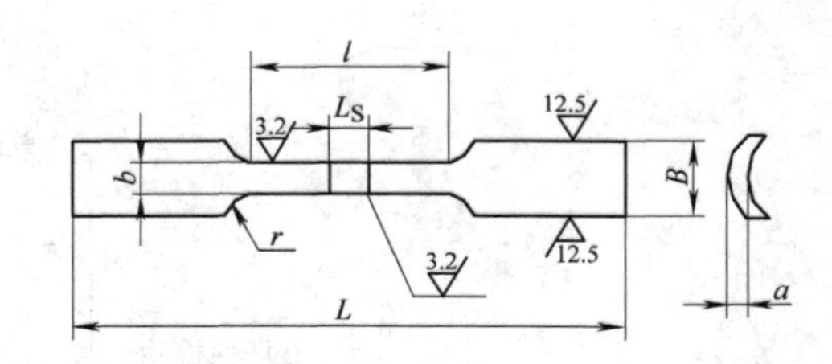

图 5-4-12　管接头板状拉伸试样

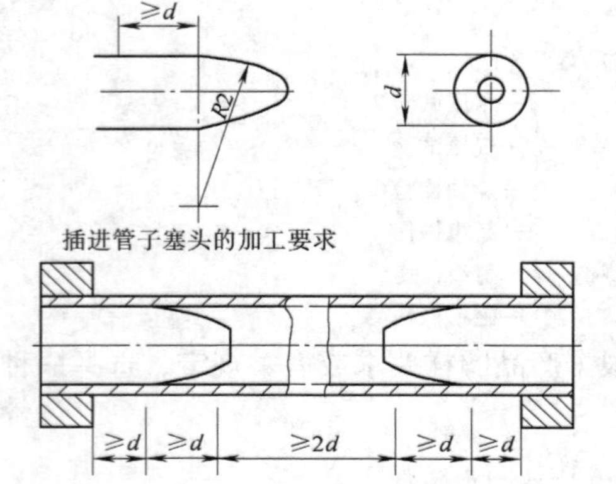

图 5-4-13　整管拉伸试样

d—管塞外径（插进管子的每端的塞头）

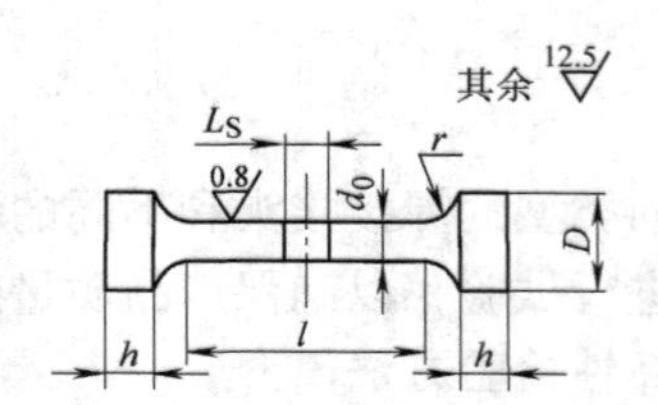

图 5-4-14　圆形拉伸试样

注：1. 试样分为带头和不带头的两种。

2. 为了考核产品整体性能，可制取尽可能大的圆形试样试验。

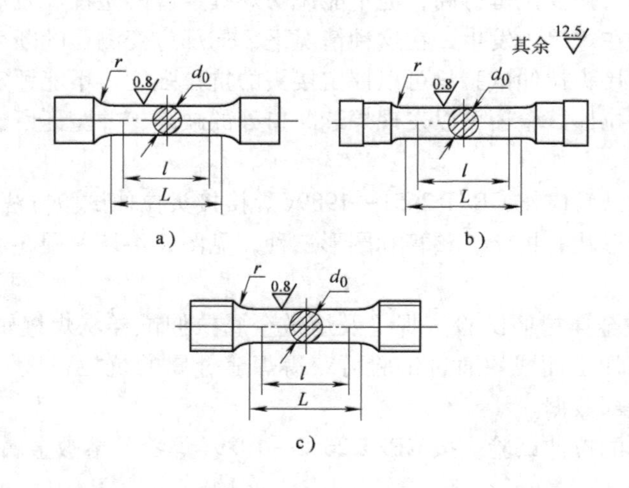

图 5-4-15　焊缝及熔敷金属拉伸试样

a）单肩试样　b）双肩试样　c）带螺纹试样

表 5-4-7　板状试样的尺寸(GB/T 2651—1989)　　　　(单位:mm)

<table>
<tr><td colspan="2">总　　长</td><td>L</td><td>根据试验机定</td></tr>
<tr><td colspan="2">夹持部分宽度</td><td>B</td><td>$b+12$</td></tr>
<tr><td rowspan="3">平行部分宽度</td><td>板</td><td>b</td><td>≥25</td></tr>
<tr><td rowspan="2">管</td><td rowspan="2">b</td><td>$D \leqslant 76$　12
$D > 76$　20</td></tr>
<tr><td>当 $D \leqslant 38$ 时，取整管拉伸</td></tr>
<tr><td colspan="2">平行部分长度</td><td>l</td><td>$> L_s + 60$ 或 $L_s + 12$</td></tr>
<tr><td colspan="2">过渡圆弧</td><td>r</td><td>25</td></tr>
</table>

注：L 为加工后焊缝的最大宽度，D 为管子外径。

(3) 焊接接头冲击试验　焊接接头的冲击试验用来考核焊缝金属和焊接接头的冲击韧度和缺口敏感性。

焊接接头冲击试验的试样，有带 V 形缺口和 U 形缺口两种。带缺口的试样，在冲击试验机上受冲击弯曲载荷折断时所消耗的功，称为冲击吸收功，V 形试样的冲击吸收功用 A_{KV}表示；U 形试样的冲击吸收功用 A_{KU}表示，单位为 J(焦耳)。缺口处单位横截面积所消耗的功称为冲击韧度，V 形缺口的冲击韧度用 a_{KV}表示，U 形缺口的冲击韧度用 a_{KU}表示，单位为 J/cm^2。不同缺口形式试样的冲击吸收功或冲击韧度，既不能互相换算，又不能互相比较。

V 形缺口试样缺口尖锐，应力集中大，缺口附近体积内金属塑性变形困难，参与塑性变形的体积较小，它对材料脆性转变反应灵敏，断口分析比较清晰，目前国际上应用比较普遍。

U 形缺口冲击试样缺口太钝，对材料脆性转变不敏感，不能充分反映焊件上裂纹等尖锐缺陷破坏的特征，目前已逐步不采用。

焊接接头的冲击试验应按 GB/T 2650—1989《焊接接头冲击试验方法》规定进行。

由于冲击试验的试样尺寸及缺口几何形状对试验结果有很大的影响，特别是对 V 形缺口试样更敏感。因此，必须严格控制试件尺寸、缺口加工精度和表面粗糙度。冲击试验前，必须用投影仪或工具显微镜检查缺口圆角和圆弧半径。用符合标准的试样进行试验，结果才是可靠的。

用相同的材料进行冲击试验时，不同形状的缺口冲击试验的结果不同。用 V 形缺口试样测得的冲击吸收功比 U 形缺口试样的冲击吸收功低。

U 形缺口冲击试样必须符合图 5-4-16 要求，V 形缺口冲击试样必须符合图 5-4-17 要求。

冲击试验时，可将缺口的底部开在焊接接头的不同位置，如焊缝、半熔化区、热影响区及母材等处，通过试验数据，可检查焊接接头各个区域冲击吸收功和冲击韧度的变化情况。

在不同的温度下做冲击试验，可以确定材料的脆性转变温度。低温冲击试验应根据 GB/T 229—1984《金属夏比冲击试验方法》的规定进行。

（4）弯曲试验　通过弯曲试验可以检验焊接接头的塑性，并可以反应出接头各个区域塑性的差别、暴露焊接缺陷，考核熔合区的质量。

焊接接头的弯曲试验可以用与焊缝轴线平行或垂直的两种试件进行。并有横弯、侧弯和纵弯三种试验方法。如图 5-4-18 所示。

弯曲试验应按 GB/T 2653—1989《焊接接头弯曲及压扁试验方法》规定进行。

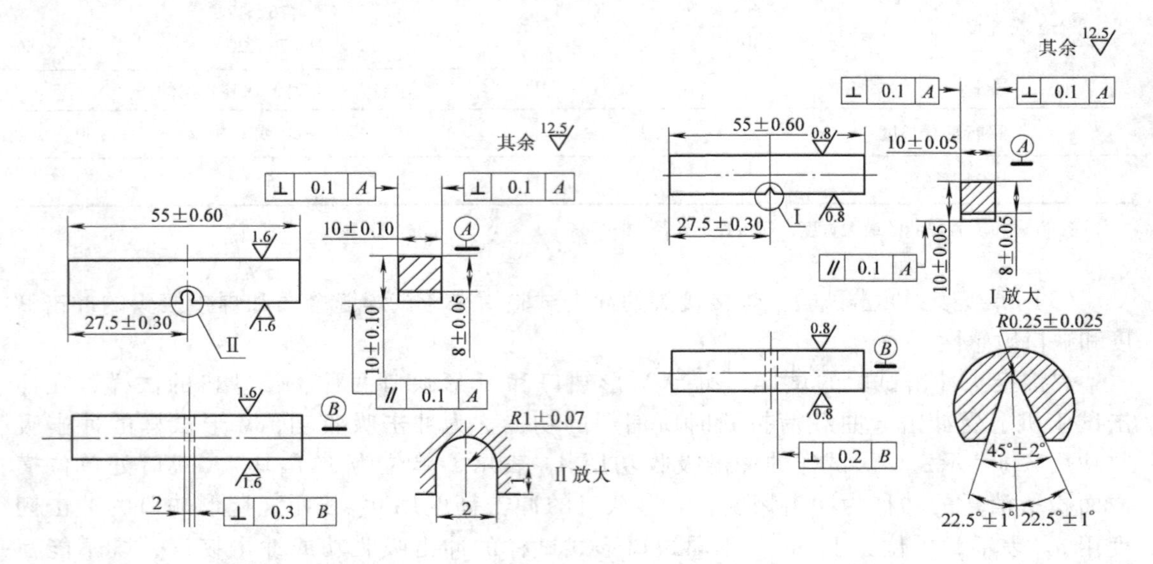

图 5-4-16　U 形缺口冲击试样(辅助试样)　　图 5-4-17　V 形缺口冲击试样

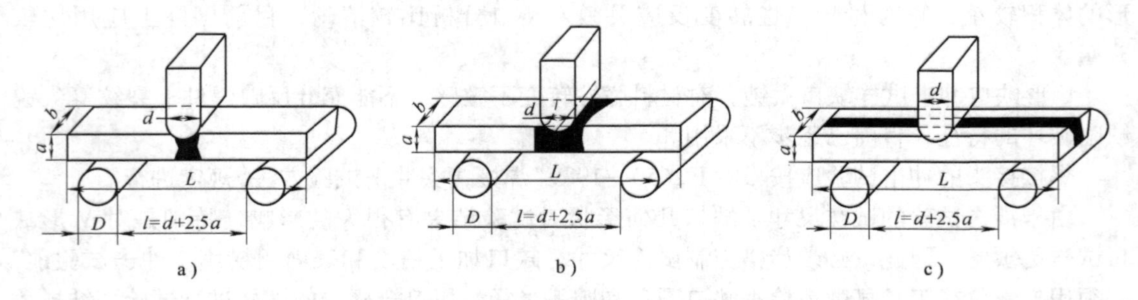

图 5-4-18　焊接接头弯曲试样取样与加载方向示意图

a）横弯　b）侧弯　c）纵弯

常用的弯曲试验方法有：正弯(面弯)背弯和侧弯三种。背弯试验能检验单面焊缝如管子对接，以及小直径容器的纵、环缝根部的焊接质量；侧弯试验能检验焊层与母材之间的结合强度和堆焊衬里的过渡层，多层焊时的层间缺陷(如层间夹渣、裂纹和气孔等)。

焊接接头的弯曲试样一般切取两个，一个作为正弯、一个作为背弯。

板状焊接接头的弯曲试样见图 5-4-19。

《规则》规定的弯曲试样合格标准见表 5-4-8。

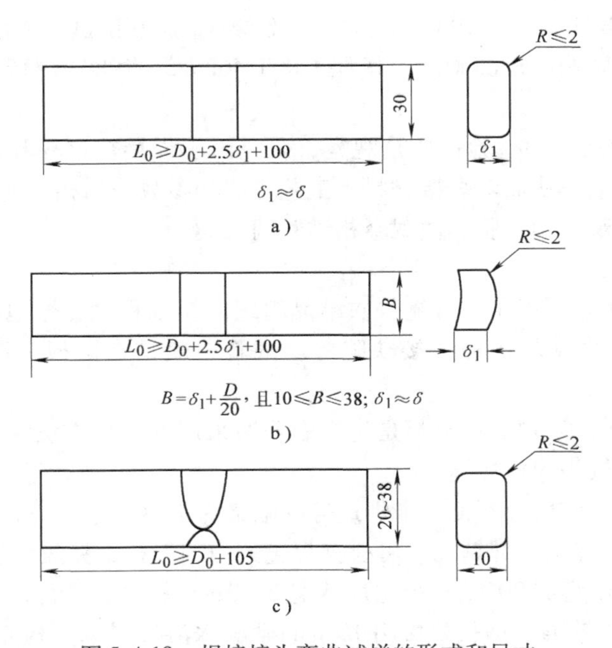

图 5-4-19　焊接接头弯曲试样的形式和尺寸

a）板状面弯背弯试件　b）管状面弯背弯试件　c）侧弯试件

D_0—弯轴直径　D—管子外径　δ—试件厚度

δ_1—试样厚度　B—试样宽度　L_0—试样长度

表 5-4-8　弯曲试样的弯曲角

	钢　种	弯轴直径 D_0/mm	支座间距离 δ_0/mm	弯曲角度
带衬垫	碳素结构钢、奥氏体钢	3δ	5.2δ	180°
	其他低合金钢、合金钢			100°
不带衬垫	碳素结构钢、奥氏体钢			90°
	其他低合金钢、合金钢			50°

注：δ 为试样的厚度。

（5）硬度试验　硬度试验可以测定焊缝和热影响区的硬度，并可间接估算材料的强度。用以比较焊接接头各个区域的性能差别及热影响区的淬硬倾向，还可以测定堆焊金属的硬度，估计堆焊金属的耐磨性和稀释率。

焊接接头的硬度试验一般在接头的横截面上测定。在显微镜下测定焊接接头上焊缝、熔合区、热影响区各处的维氏硬度值，如图 5-4-20 所示。为了减少误差，每部分测定硬度值不少于 3 点。

可以通过测定热影响区的最高硬度值，作为评定该钢材焊接性的一个参考指标。

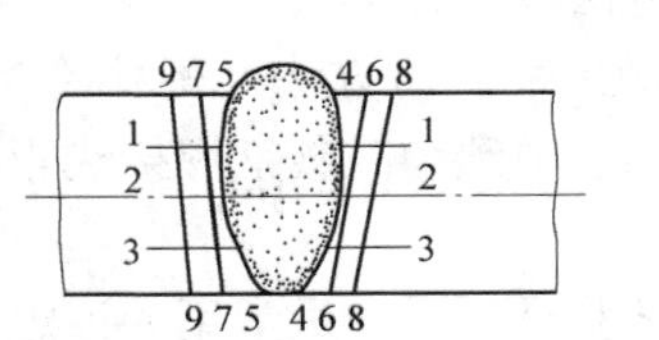

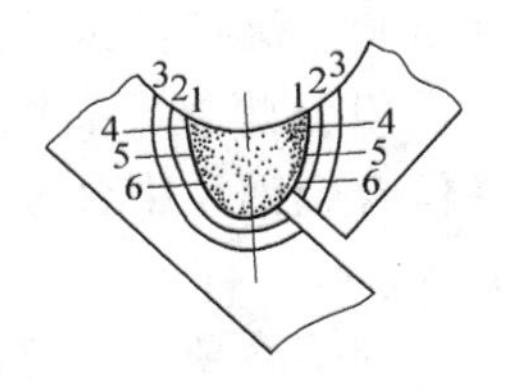

图 5-4-20　焊接接头的硬度测定位置示意图

硬度试验应按 GB/T 2654—1989《焊接接头及堆焊金属硬度试验方法》进行。

焊接接头焊接热影响区最高硬度应按照 GB/T 4675. 5—1984《焊接热影响区最高硬度试验方法》规定进行。

2. 金相检验　焊接金相检验主要是观察、研究由于焊接热过程和冶金特点所造成的金相组织变化和微观缺陷，从而对焊接材料，工艺方法和参数作出相应的评价。

金相试验分为宏观金相试验和微观金相试验两大类。

（1）宏观金相检验

1）宏观组织分析。用以了解焊缝一次结晶组织的粗细程度、熔池形状及尺寸；焊接接头各区域的界限和尺寸以及各种焊接缺陷等。试验一般是在试板上截取横断面试样进行检查。

2）宏观断口分析。宏观断口分析是生产中普遍采用的一种方法。尤其适用于管状试件以及锅筒和集箱上管接头的角焊缝。

断口检查对未熔合或熔合不良、未焊透等缺陷最为敏感。

3）钻孔检验。对焊缝局部钻孔，可检查焊缝的内部气孔、夹渣和裂纹等缺陷。

焊缝钻孔检验可用磨成90°角直径比焊缝宽 2 ~ 3mm 的钻头进行，钻孔深度为焊件厚度的2/3，为了便于发现缺陷，钻孔处可用 10% 的硝酸水溶液浸蚀。检查后钻孔处应补焊好。这种方法只能在不得已情况下偶然使用。

宏观检验的合格标准：

1）试件没有裂纹。

2）试件没有疏松。

3）母材与焊缝之间、各层焊缝金属之间没有未熔合。

4）双面对接接头，单面焊带衬垫的接头，要求焊透的 T 形接头和角接接头，需焊透的插入式管板接头、管子对接接头都不允许有未焊透。

5）焊缝中的气孔、夹渣不超过《锅炉压力容器压力管道焊工考试与管理规则》中规定。

（2）微观金相检验　微观金相检验是在光学（或电子）显微镜下进行分析，确定焊缝金属中的显微缺陷和金相组织。主要作为质量分析及试验研究手段。在某种情况下也可以作为质量检验手段。

微观检验的合格标准：

1）试件无裂纹。

2）无过烧组织。

3）无淬硬马氏体组织。

3. 焊接性试验　研制新钢材或开发新产品时，为了确定钢材的焊接性，通常要做焊接性试验。焊接性试验方法有三种类型。

（1）焊接冷裂纹敏感性试验方法　焊接冷裂纹是焊接生产中较常见的缺陷，主要发生在低合金钢、中合金钢、中碳和高碳钢焊接热影响区中，大多数冷裂纹都有延迟现象，危害较大。

焊接冷裂纹敏感试验是工厂中最常用的评定焊接工艺可行性的试验方法，最常用的有以下几种：

1）斜 Y 形坡口焊接裂纹试验方法：这种方法比较简单、用得最多，又称小铁研试验方法，应按国标 GB/T 4675.1—1984《焊接性试验　斜 Y 形坡口焊接裂纹试验方法》要求进行。

此法采用刚性固定的斜 Y 形坡口试件，选用不同牌号的焊接材料，按规定的焊接参数焊接试件，焊后 48h 开始解剖试件，检测裂纹，并根据裂纹率判断焊接性，作为选择焊条的依据。

此法主要用于钢材焊接接头热影响区的冷裂纹试验，也可作为母材，焊接材料组合的裂纹试验。

2）对接接头刚性拘束焊接裂纹试验方法：此法将对接接头用焊缝固定在刚性底板上，然后焊接对接焊缝，根据 GB/T 13817—1992《对接接头刚性拘束焊接裂纹试验方法》进行试验。根据检测的裂纹率，评定碳素结构钢及低合金钢及焊接方法，焊接材料，焊接工艺的适用性。

3）插销冷裂纹试验方法：这是测定钢材热影响区对冷裂纹敏感性的一种定量试验方法。通常由研究单位做，用于重要产品的关键材料的焊接性试验，按 GB/T 9446—1988《焊接用插销冷裂纹试验方法》规定进行试验。

4）搭接接头(CTS)焊接裂纹试验方法：按 GB/T 4675.2—1984《焊接性试验　搭接接头(CTS)焊接裂纹试验方法》要求进行。

5）焊接热影响区最高硬度试验方法：按 GB/T 4675.5—1984《焊接热影响区最高硬度试验方法》规定进行。

6）T 形角焊接头弯曲试验方法：按 GB/T 7032—1986《T 形角焊接头弯曲试验方法》规定进行。

（2）焊接热裂纹敏感性试验方法　主要试验方法有如下几种：

1）压板对接(FISCO)焊接裂纹试验方法：按 GB/T 4675.4—1984《焊接性试验　压板对接(FISCO)焊接裂纹试验方法》规定进行。可用来评定热裂纹敏感性，也可用于评定某些钢材和焊条的匹配性。

2）T 形接头焊接裂纹试验方法：此试验方法用来评价填角焊缝的热裂纹倾向，也可以测定焊条及焊接参数对热裂纹的敏感性。

（3）焊接再热裂纹敏感性试验方法　目前还没有统一的国家标准。可参照 GB/T 4675.1—1984、GB/T 9446—1988 规定进行。

4. 化学分析试验　化学分析试验包括对各种焊接材料(焊丝、焊剂和各种气体等)及焊缝的化学成分进行分析，测定熔敷金属中的气体(氢、氧、氮)含量和对焊缝及焊接接头进行腐蚀试验等。常用的方法有如下几种：

（1）化学成分分析　焊缝的化学分析试验用来检查焊缝金属的化学成分。试验方法通常用直径为 6mm 的钻头从焊缝中钻取试样，常规分析需试样 50 ~ 60g。取样时要注意，不能混入杂质。

常规分析的元素有碳、锰、硅、硫、磷等，对于一些合金结构钢和不锈钢焊缝，尚需分析相应的合金元素如铬、镍、钼、钒、铝、铜等。必要时还需分析焊缝中的氢、氧、氮的含量。

（2）腐蚀试验　为保证不锈钢焊接结构在使用中具有良好的抗晶间腐蚀性能，对不锈钢焊丝、钢板及焊接接头进行晶间腐蚀倾向试验。

不锈钢晶间腐蚀试验有沸腾消酸法、硝酸铜法以及电介腐蚀法，选用哪种方法应根据产品技术条件及有关标准进行。

晶间腐蚀试验的方法、要求及适用范围，按 GB/T 4334.1 ~ GB/T 4334.6—2000 标准共6种腐蚀试验进行。

二、非破坏性检验方法简介

1. 外观检验　外观检验是一种常用的检验方法。以肉眼观察为主，必要时利用放大镜、量具及样板等对焊缝外观尺寸和焊缝表面质量进行全面检查。“压力容器安全览察规程”中规定，锅炉受压元件全部焊缝(包括非受压元件与受压元件的连接焊缝)其表面质量应符合如下要求：

1）焊缝外形尺寸应符合设计图样和工艺文件规定，焊缝的高度不低于母材，焊缝与母材应圆滑过渡。

2）焊缝及热影响区表面不允许有裂纹、未熔合、夹渣、弧坑和气孔。

3）锅筒和集箱的纵环焊缝及封头(管板)的拼接焊缝无咬边，其余焊缝咬边的深度不超过0.5mm。管子焊缝咬边深度不超过0.5mm，两侧咬边总长度不超过管子周长的20%，且不超过40mm。

4）对接焊接管子的受热面，应进行通球试验。

2. 密封性检验　对于各种贮藏、压力容器、锅炉、管道等受压元件，按标准规定必须进行焊缝密封性检验和受压元件强度试验。密封性试验通常采用水压、气压、煤油检验和氨气渗漏等方法。受压元件的强度试验则采用水压试验。

(1) 水压试验　水压试验可以检验焊缝的密封性和受压元件的强度。当环境温度低于5℃时，必须人工加温维持水温在5℃以上方可进行水压试验。

试验时，容器内灌满水，彻底排除空气，用水压机造成一附加静水压力，压力的大小可按产品的工作性质而定，一般为工作压力的1.25 ~1.5倍，试验压力应按规定逐级上升，在高压下持续一定的时间以后，再将压力降至工作压力，并沿焊缝边缘1.5 ~20mm的地方用0.4 ~0.5kg重的圆头小锤轻轻敲击，仔细检查焊缝，当发现焊缝有水珠、细水流或潮湿时就表示该焊缝不密封，应将该处的焊缝标记出来，这样的产品为不合格，应返修处理。如果产品在压力下关闭了所有进出水的阀门，其压力值保持不变，亦未发现缺陷，则该产品评为合格。

受压元件的水压试验应在无损探伤和热处理后进行。

(2) 气压试验　气压试验只能用很低的压力来检查焊缝的密封性，决不能用来检验受压元件的强度。这种试验由于升压迅速，有发生爆炸的可能性，是很不安全的，必须遵守相应的安全技术措施，避免发生事故。

气压试验近年来多用于低压管道焊缝的致密封性检查，常用的气压试验有以下三种方法：

1）充气检查：在受压元件内部充以压缩空气，在受压元件受检部位涂上肥皂水，如果有气泡出现，说明该处受压元件焊缝的密封性不好，有泄漏，应予以返修。

2）沉水试验：将受压元件沉入水中，其内部充以压缩空气，观察水中有无气泡产生，如有气泡出现，说明受压元件的焊缝不密封，有泄漏。

3）氨气检查：此种方法准确、效率高、适于环境温度较低时焊缝的密封性检查以及大型容器等的检查。其方法是：在受压元件内部充入混有质量分数为1%氨气的压缩空气，将在质量分数为5%的硝酸汞水溶液中浸泡过的纸条或绷带贴在焊缝外部，如果有泄漏，在纸条或绷带的相应部位将呈现黑色斑纹，证明此处焊缝有泄漏，需进行返修处理。

（3）煤油检验　煤油检验是检验密封性的一种简便方法，用于检查非受压焊缝，其简单的试验过程如下：

试验时在焊缝的一面涂上石灰水或白垩糊，干燥后在焊缝的另一面涂上煤油，利用煤油表面张力小，能穿透极小孔及缝隙的能力，当焊缝不致密有缝隙时，煤油便会渗透过来，在涂有石灰水或白垩糊的焊缝上留下油迹。为判断缺陷的大小和位置，在涂上煤油后应立即观察，最初出现油迹即为缺陷的位置及大小，一般观察时间为 15～30min。在规定的时间内不出现油痕即认为焊缝合格。这种方法对于对接接头最合适。而对于搭接接头除试验有一定困难外，因搭接处的煤油不易清理干净，因而修补时，容易引起火灾，故一般很少采用。

3. 耐压检验　它是将水、油、气等充入容器内徐徐加压，以检查其泄漏、耐压、破坏等的试验。

4. 无损检测

（1）射线探伤

1）射线的性质及探伤原理：常用的射线有 X 射线和 γ 射线两种，它们是一种频率很高的电磁波。其性质与光相似，直线传播，不受电场和磁场影响，会产生折射，反射和干涉等现象，也能使底片感光，不同处在于射线能穿过可见光不能透过的物质，如金属等。

射线照相法探伤是利用射线在物质中的衰减规律和对某些物质产生的光化及荧光作用进行探伤的，如图 2-5-21 所示。当平行的射线束透照焊件时，从射线强度角度看，照射焊件的射线强度为 J_0，由于工件材料对射线的衰减作用，使穿透焊件后的射线强度减弱到 J_C，如果焊件存在缺陷时，如图 5-4-21 所示的 A、B 两点。因为透过工件实际厚度减少，射线衰减较弱，则穿出的射线强度 J_A、J_B 比没有缺陷的 C 点的射线强度 J_C 大，这样从射线对底片的光化作用来看，射线强的部分对底片感光量大，底片经暗室处理后，变得较黑。如图5-4-21b 中 A、B 两点比 C 点黑。因此，焊件中缺陷通过射线在底片上产生黑色的影迹，根据影迹的形状、大小及黑度可判定缺陷的性质。这就是 X 射线照相法的探伤原理。

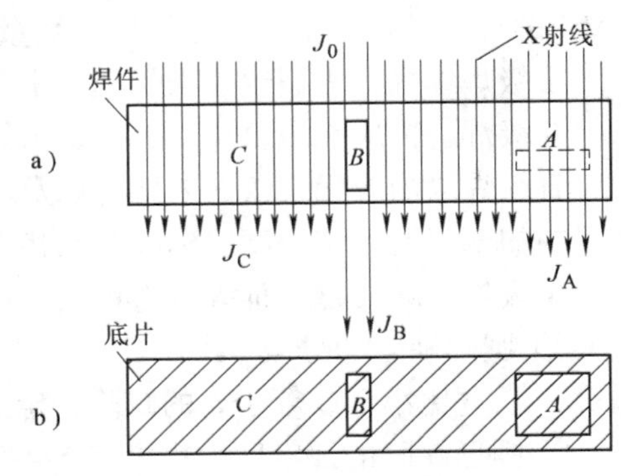

图 5-4-21　射线透过工件的情况和与底片作用的情况

a）射线透视有缺陷的工件的强度变化情况

b）不同射线强度对底片作用的黑度变化情况

$J_A > J_B > J_C$

由图 5-4-21a 中可以看出，缺陷 A、B 大小相同，但是由于它们与射线的相对位置不同，在底片上缺陷的影像黑度不同，当缺陷在射线方向的长度较长时，黑度就大，否则就小。所以如裂纹等缺陷，如果其方向与射线方向平行，则容易发现，如果垂直则不容易发现。

因 γ 射线比 X 射线的穿透力更强，故通常用来检验厚焊件的内部缺陷。

2）X 射线底片上典型焊接缺陷的识别。

① 裂纹。焊缝中的裂纹的显露与射线方向有很大关系，当照射方向与裂纹的裂向重合，在底片上显露得最清楚，否则裂纹很难显露，裂纹在 X 光底片上的特征是一条黑线、带有曲折的条纹、影像的轮廓线较分明，两头尖黑度浅，中部较宽色黑。裂纹位置有时在焊缝金

属内，有时出现在热影响区。

② 未焊透。焊缝中的未焊透，在底片上的显露与坡口形式、接头形式等有关。根据未焊透在焊缝中的位置分为：

a. 根部未焊透。底片上呈现出断续和连续的黑线条，宽度与坡口的间隙一致。如对接焊缝的根部未焊透是在焊缝影像的中部。

b. 层间未焊透。在底片上呈不规则形状、有条状、块状分布在焊缝的任意位置，这种缺陷一般都是夹渣。

c. 坡口边缘未焊透。在底片上呈黑色线条，黑度不均匀，通常为断续分布。

d. 未熔合。一般出现在坡口边缘上只有射线与坡口边缘平行时影像较黑，若重合时缺陷的影像模糊不清。

e. 夹渣。夹渣在焊缝中，有时单个存在，呈球状和块状、有群状或链状，在底片上呈黑色点状或条状影像，轮廓分明，无一定规律。

③ 气孔。气孔在底片上是圆形或椭圆形黑点、中心较黑，并均匀地向边缘变浅。气孔有单个或密集型、焊条电弧焊焊缝中的气孔较小，而埋弧焊的气孔较大。

3）射线探伤标准

① 焊缝质量分级。射线探伤应按 GB/T 3323—1987《钢熔化焊对接接头射线照相和质量分级》的规定进行，根据缺陷性质和数量，焊缝质量分为四级：

Ⅰ级焊缝内应无裂纹、未焊透、未熔合和条状夹渣。

Ⅱ级焊缝内应无裂纹、未熔合、未焊透。

Ⅲ级焊缝内应无裂纹、未熔合以及双面焊和加垫板的单面焊中的未焊透，不加垫板的单面焊中的未焊透允许长度按标准中条状夹渣的分级中的Ⅲ级评定。

Ⅳ级焊缝缺陷超过Ⅲ级者为Ⅳ级。

② 圆形缺陷的分级

a. 长宽比小于或等于 3 的缺陷，定义为圆形缺陷，包括气孔、夹渣及夹钨等。

b. 圆形缺陷的评定区大小见表 5-4-9。

表 5-4-9　缺陷评定区　（单位：mm）

母材厚度 δ	≤25	>25～100	>100
评定区尺寸	10×10	10×20	10×30

c. 评定圆形缺陷时，应将缺陷尺寸按表 5-4-10 换算成缺陷点数。

表 5-4-10　缺陷点数换算表

缺陷长径/mm	≤1	>1～2	>2～3	>3～4	>4～6	>6～8	>8
点数	1	2	3	6	10	15	25

d. 不计点的缺陷尺寸见表 5-4-11。

表 5-4-11　不计点数的缺陷尺寸　（单位：mm）

母材厚度 δ	缺陷长径	母材厚度 δ	缺陷长径	母材厚度 δ	缺陷长径
≤25	≤0.5	>25～50	≤0.7	>50	≤1.4%δ

e. 圆形缺陷的分级见表 5-4-12。

表 5-4-12　圆形缺陷的分级

质量等级 \ 母材厚度/mm \ 评定区/mm	10×10			10×20		10×30
	≤10	>10～15	>15～25	>25～50	>50～100	>100
Ⅰ	1	2	3	4	5	6
Ⅱ	3	6	9	12	15	18
Ⅲ	6	12	18	24	30	36
Ⅳ	缺陷点数大于Ⅲ级者(或缺陷长径大于 0.5δ 者)①					

注：表中的数字是允许缺陷点数的上限；

①编者注：JB 4730—1994《压力容器无损检测》有此要求(δ 为母材厚度)。

③ 条状夹渣的分级

a. 长宽比大于 3 的夹渣，定义为条状夹渣。

b. 条状夹渣的分级见表 5-4-13。

表 5-4-13　条状夹渣的分级(摘自 GB/T 3323—1987)　(单位:mm)

质量等级	母材厚度(δ)	单个条状夹渣连续长度	条状夹渣点长
Ⅱ	δ≤12	4	在任意直线上，相邻两夹渣间距均不超过 6L 的任何一组夹渣，其累计长度在 12δ 焊缝长度内不超过 δ
	12<δ<60	$\frac{\delta}{3}$	
	δ≥60	20	
Ⅲ	δ≤9	6	在任意直线上，相邻两夹渣间距均不超过 3L 的任何一组夹渣，其累计长度在 6δ 焊缝长度内，不超过 δ
	9<δ<45	$\frac{2\delta}{3}$	
	δ≥45	30	
Ⅳ	大于Ⅲ级者		

注：1. 表中 L 为该组夹渣中最长者的长度。

2. 长宽比大于 3 的长气孔的评级与条状夹渣相同。

3. 当被检焊缝长度小于 12δ(Ⅱ级)或 6δ(Ⅲ级)时，可按比例拆除。当拆除的条状夹渣总长小于单个条状夹渣长度时，以单个条状夹渣长度为允许值。

(2) 射线探伤的荧光屏观察法和工业电视观察法。

1) 荧光屏观察法：荧光屏观察法如图 5-4-22 所示，将透过被检试件后的不同强度的射线，投射到涂有荧光物质的荧光屏上。激发出不同强度的荧光得到工件内部的发光图像。可直接观察到缺陷的图像，不需暗室处理，节省底片降低成本，操作简便、适于检验薄件，如厚度在 50mm 以下的铝、镁合金及 20mm 以下的简单钢结构。

2) X 射线工业电视观察法：X 射线工业电视法是荧光观察法的发展，是由工业电视设备和荧光屏观察法设备、以及电视摄像机和接收机组成。但一般荧光屏所发出的亮度太暗，电视摄像机不能摄取，必须通过专门增强器或增晰像管，将荧光屏上的像聚焦和放大后才能摄像。电视法检验(图 5-4-23)，主要由四部分组成：即 X 射线源，图像增强器，电视摄像机和接收机等。

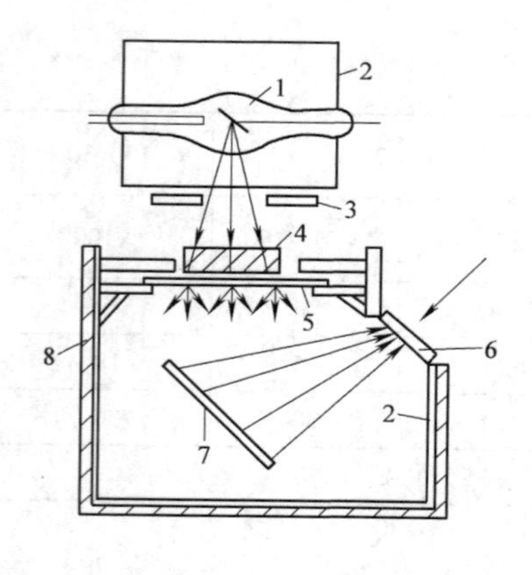

图 5-4-22　荧光屏观察法示意图

1—X 射线管　2—防护罩　3—铅遮光罩　4—焊件　5—荧光屏　6—铅玻璃　7—平面反射镜　8—观察箱

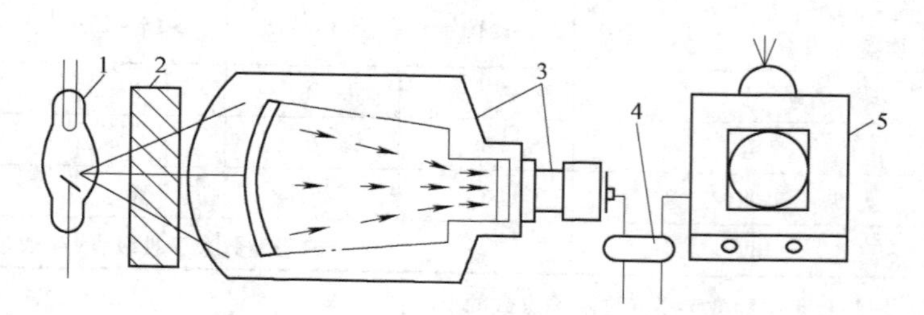

图 5-4-23　X 射线工业电视法原理示意图

1—X 射线管　2—被检焊件　3—放大、摄像传递装置　4—供电部分　5—接收、显像装置

（3）超声探伤　超声波是频率高于 20000Hz 的电磁波，它能传入金属材料的内部，超声探伤是利用超声波在不同介质的界面上能发生反射来检验焊件内部质量的一种方法。

1）探伤原理：探伤时，超声波通过探测表面的耦合剂将超声波传入焊件，超声波在焊件中传播，遇到缺陷和焊件底面就反射回探头，由探头将超声波转变成电讯号，并传至接收放大电路中，经检波后在示波管荧光屏的扫描线上出现表面反射波（始波）*A*，缺陷反射波 *F* 和底面反射波 *B*。根据始波 *A* 和缺陷波 *F* 之间的距离即可决定缺陷距离焊件表面的位置，超声探伤原理如图 5-4-24 所示。

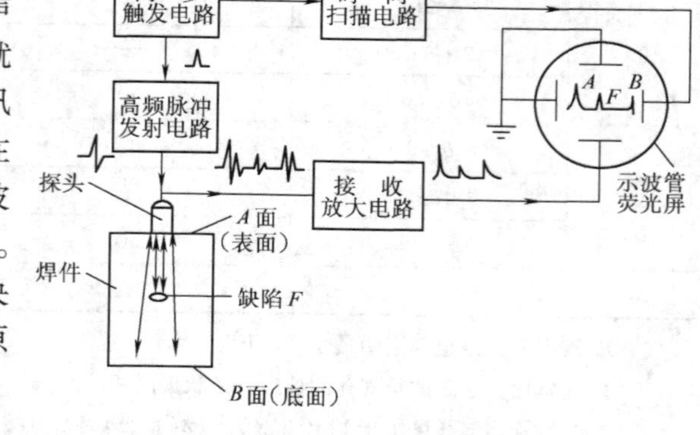

图 5-4-24　A 型超声探伤仪原理图

2）主要焊接缺陷的波形特征

① 气孔。气孔一般为球型，反射面较小，在荧光屏上单纯出现一个尖波，波形比较单纯，如图 5-4-25a 密集气孔则出现数个缺陷波。

② 裂纹。裂纹反射面较气孔大，并较为曲折，在荧光屏上往往出现锯齿较多的光波，如图 5-4-25b 所示。

③ 夹渣。夹渣本身形状不规则，表面粗糙。故波形由一串高低不同的小波合并而成，波的根部较宽，如图 5-4-25c 所示。

（4）磁粉探伤　磁力探伤按测量漏磁方法的不同，可分为磁粉法，磁感应法等，其中磁粉法应用最广。

磁粉探伤是利用磁场磁化铁磁性金属所产生的漏磁来发现缺陷。其探伤原理，如图 5-4-26所示。

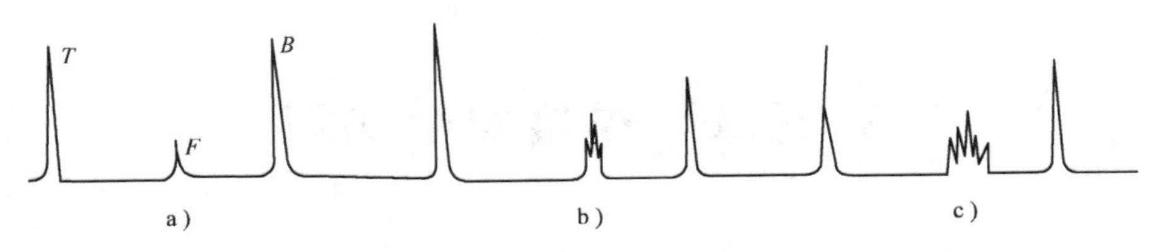

图 5-4-25 缺陷波的特征

a）气孔波形 b）裂纹波形 c）夹渣波形

从上图可以看出，对于 A、B 缺陷因为距离表面较远，产生的磁力线不能产生漏磁，而对于 C、D 缺陷距离表面较近，产生漏磁现象。因此，磁粉探伤只能发现磁性材料表面及近表面缺陷，对于隐藏深处的缺陷不易发现。磁粉探伤只适用于磁性材料，对非磁性材料例如：有色金属及不锈钢不能采用。

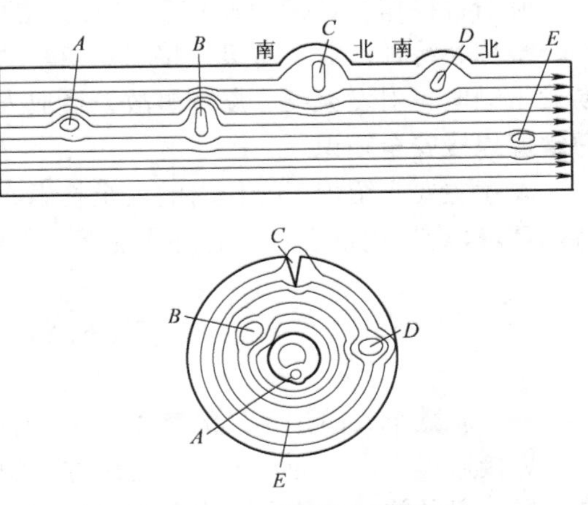

图 5-4-26 磁粉探伤原理图

（5）渗透探伤 渗透探伤是检查焊件或材料表面缺陷的一种方法，它不受材料磁性的限制，比磁粉探伤的应用范围更加广泛。除多孔材料外，几乎一切材料的表面缺陷都可以采用此法，获得满意的结果，但操作工序比较繁杂。

渗透探伤包括着色探伤和荧光探伤两种。它是利用某些液体的渗透性来发现缺陷的。

1）着色法探伤：利用某些渗透性很强的有色油液(渗透液)渗入焊件表面缺陷中，停留一段时间，除去焊件表面的油液后，涂上吸附性很强的显像剂，将渗入到裂纹中的有色油液吸出来，在显像剂上显示出彩色的缺陷图像，根据图像的情况，判别缺陷的位置和大小。

2）荧光法探伤：荧光探伤与着色探伤原理基本相同，所不同的是荧光法是利用紫外线照射某种荧光物质而产生荧光的特性，来检查焊件的表面缺陷。

荧光探伤是先将焊件涂上渗透性很强的荧光油液，停留 5 ~ 10min，除去多余的荧光油液，然后在探伤面上撒上一层氧化镁粉末。这样，在缺陷外的氧化镁被荧光油渗透，并有一部分渗入缺陷中去，然后把多余的氧化镁粉末吹掉，在暗室中用紫外线照射焊件。在紫外线的照射下，留在缺陷处的荧光物质发出荧光。以此来判断缺陷的位置和大小。

第五章　焊接安全知识

电、气焊工和电工、起重司机、锅炉司炉工等属于特殊工种，必须进行专门的安全培训，经过考试合格以后，才准许上岗操作。

所谓特种作业是指对操作者本人，尤其是对操作者周围的人和设施，有重大危害的操作，统称为特种作业。从事焊接、热切割的人员都是特种作业人员，如果违反操作规程极容易发生触电、引发火灾、爆炸事故，造成人员和国家财产的损失。因此，操作人员应认真学习掌握焊接安全知识。

本章主要介绍焊工操作时的安全技术，例如个人防护，安全用电和防火、防爆知识，在特殊环境（容器内部、高空、野外作业等）焊接时应注意的事项，以及安全卫生的一般常识等。

第一节　个　人　防　护

一、佩戴个人防护用具的意义

焊接过程中产生的有害因素是多方面的：如有害气体、焊接烟尘、强烈弧光辐射、高频电磁场，以及放射物质和噪声等。这些有害因素对人体的呼吸系统、皮肤、眼睛、血相及神经系统都有不良影响。

所谓个人防护用品，即为保护工人在劳动过程中安全和健康所需要的、必不可少的个人预防性用品。在各种焊接与切割中，一定要按规定佩戴防护用品，以防止上述有害气体，焊接烟尘，弧光等对人体的危害。

二、个人防护用具的种类和要求

1. 防护面罩及头盔　焊接防护面罩是一种避免焊接熔融金属飞溅物对人体面部及颈部烫伤，同时通过滤光镜片保护眼睛的一种个人防护用品。最常用的有手持式面罩和头戴式面罩，以及送风面罩、头盔和安全帽面罩等。

2. 焊接防护镜片　焊接弧光的主要成分是紫外线、可见光和红外线。而对人体眼睛危害最大的是紫外线和红外线。防护镜片的作用，是适当地透过可见光，使操作人员既能观察熔池，又能将紫外线和红外线减弱到允许值（透过率不大于0.0003%）以下。

3. 护目镜　防护眼镜包括黑玻璃和白玻璃两种，焊工在气焊或气割中必需佩戴，它除与防护镜片有相同滤光要求外，还应满足不能因镜框受热造成镜片脱落，接触人体面部的部分不能有锐角，接触皮肤的部分不能用有毒材料制作三个要求。

4. 防尘口罩及防毒面具　焊工在焊接、切割作业时，当采用整体或局部通风不能使烟尘浓度降低到卫生标准允许值以下时，必须选用合适的防尘口罩或防毒面具。

5. 噪声防护用具　国家标准规定若噪声超过85db时，应采取隔声、消声、减振和阻尼等控制技术。当采取措施仍不能把噪声降低到允许标准值以下时，操作者应采用个人噪声防护用具，如耳塞、耳罩或防噪声头盔。

6. 安全帽　在高层交叉作业现场，为了预防高空和外界飞来物的危害，焊工还应戴安全帽。

7. 防护服　焊接用防护工作服，主要起隔热、反射和吸收等屏蔽作用，以保护人体免受焊接热辐射或飞溅物伤害。

8. 焊工手套、工作鞋及鞋盖　为了防止焊工四肢触电，灼伤和砸伤，避免不必要的伤亡事故发生，要求焊工在任何情况下操作，都必须佩戴好规定的防护手套、胶鞋及鞋盖。

9. 安全带　为了防止焊工在登高作业时发生坠落事故，必须使用符合国家标准的安全带。

第二节　安 全 用 电

所有用电的焊工都有触电的危险，必须懂得安全用电常识。

一、电流对人体的危害

电对人体有三种类型的危害：即电击、电伤和电磁场生理伤害。

电击。电流通过人体内部、破坏心脏、肺部或神经系统的功能叫电击通常称触电。

电伤。电流通过人体外部或电弧引起的伤害称为电伤。触电伤亡事故中，经电伤及带有电伤性质的约占75%。

电磁场生理伤害　是指在高频电磁场作用下，使人头晕、乏力、记忆力衰退、失眠多梦等神经系统的症状。

1. 造成触电的因素

（1）流经人体的电流强度　电流引起人的心室颤动是电击致死的主要原因。电流越大，引起心室颤动所需时间越短，致命危险越大。

能使人感觉到的电流：交流约1mA，直流约5mA；交流5mA能引起轻度痉挛；人触电后自己能摆脱的电流，交流约10mA，直流约50mA；交流达到50mA时在较短的时间就能危及人的生命。

安全电压是指触电后不致造成伤亡事故的电压。不同环境中的安全电压不同：

在比较干燥的情况下，人体电阻约1700Ω，通过人体不引起心室颤动的最大电流，可按30mA考虑，则安全电压 $U=3\times10^{-3}\times1700=51V$，我国规定为50V；对于潮湿情况人体电阻仅500~650Ω，则安全电压 $U=3\times10^{-3}\times(500\sim650)=15\sim19.5V$，我国规定为12V；若人体浸泡在水中，人体电阻仅500Ω，通过人体的电流按不引起痉挛的电流5mA考虑，则安全电压 $U=5\times10^{-3}\times500=2.5V$。

根据人能触及的电压，可将触电分成两种情况：

1）单相触电：当人站在地上或其他导体上，身体其他部位碰到一根火线引起的触电事故叫单相触电，此时碰到的电压是交流220V，是比较危险的。

2）两相触电：当人体同时接触两根火线引起的触电事故叫两相触电，因碰到的电压是交流380V，触电的危险会更大些。

（2）通电时间　电流通过人体的时间越长，危险性越大，人的心脏每收缩扩张一次，中间约有0.1s间歇，这段时间心脏对电流最敏感。若触电时间超过1s，肯定会与心脏最敏感的间隙重合，增加危险。

（3）电流通过人体的途径　通过人体的心脏、肺部或中枢神经系统的电流越大，危险越大，因此人体从左手到右脚的触电事故最危险。

（4）电流的频率　现在使用的工频交流电是最危险的频率。

（5）人体的健康状况　人的健康状况不同，对触电的敏感程度不同，凡患有心脏病、肺病和神经系统疾病的人，触电伤害的程度都比较严重，因此一般不允许有这类疾病的人从事电焊作业。

2. 焊接作业用电特点　不同的焊接方法对焊接电源的电压、电流等参数的要求不同，我国目前生产的弧焊电源的空载电压限制在90V以下，工作电压为25～40V；埋弧焊机的空载电压为70～90V；电渣焊机的空载电压，一般是40～65V；氩弧焊、CO_2气体保护焊的空载电压是65V左右；氢原子焊机的空载电压为300V，工作电压为100V；等离子切割电源的空载电压高达300～450V，所有焊接电源的输入电压为220/380V，都是50Hz的工频交流电，因此触电的危险是比较大的。

3. 焊接操作时造成触电的原因

（1）直接触电　发生在以下情况：

1）更换焊条、电极和焊接过程中，焊工的手或身体接触到焊条、焊钳或焊枪的带电部分，而脚或身体其他部位与地或焊件间无绝缘防护。当焊工在金属容器、管道、锅炉，船舱或金属结构内部施工，或当人体大量出汗或在阴雨天或潮湿地方进行焊接作业时，特别容易发生这种触电事故。

2）在接线、调节焊接电流或移动焊接设备时，易发生触电事故。

3）在登高焊接时，碰上低压线路或靠近高压电源线引起触电事故。

（2）间接触电

1）焊接设备的绝缘烧损、振动或机械损伤，使绝缘损坏部位碰到机壳，而人碰到机壳引起触电。

2）焊机的火线和零线接错，使外壳带电。

3）焊接操作时人体碰上了绝缘破损的电缆、胶木电闸带电部分等。

二、预防触电的措施

1）加强安全教育，使操作者熟悉用电安全知识，操作中严格遵守安全操作规程。

2）加强设备维护，平时要认真保养自己使用的设备，遵守三级保养的有关规定，特别要认真检查设备的绝缘情况，防止设备漏电。

3）用电设备必须接地线，地线必须符合安全要求。

4）上班前必须穿戴好工作服、绝缘鞋、绝缘手套和工作帽，才能上岗操作。

5）接通或切断电源开关时，必须站在电源开关的侧面，防止意外烧伤。

6）不准带负荷接通或切断电源开关。

7）用绝缘物如木板、绝缘板等将操作时容易碰到的裸露电源隔开，防止触电。

三、触电与急救

一旦发现周围有人触电，必须立即按下述步骤抢救：

1. 脱离电源　如果发生触电事故，急救的首要措施是尽快切断电源，使触电的时间越短危险越小。使触电人员脱离电源的措施很多，关键是要因地制宜，尽快采取现场可行的办法。常用的方法有以下几种：

1）切断电源，尽快拉断引起触电事故的电源开关，必要时可以拉断控制电源的总开关。

2）用绝缘良好的刀或斧头砍断电线。

3）用绝缘良好的钢丝钳剪断电线。

4）用绝缘棒挑开电源线。

5）戴上绝缘良好的手套或用绝缘良好的干塑料布或干工作服包住手，将触电人员从电源上拉开。

6）若有可能，使用绝缘物例如干木板、绝缘板将触电人员和电源隔开，也是使触电人脱离电源的方法之一。

7）如果触电人员附近有裸露的电源线，可以把一根裸露的金属丝或金属棒，扔到裸露的电源线上，人为造成短路，使电源自动跳闸，也是使触电人员脱离电源的方法之一。

8）如果触电人员在高空作业，使触电人员脱离电源以前，必须采取措施，防止触电人员从高空落下摔伤。

9）如果触电事故发生在晚上，使触电人员脱离电源以前，必须先采取措施照明，防止切断电源后引起混乱，妨碍对触电人员的抢救工作。

2. 触电急救　当触电人员脱离电源以后，必须根据当时的情况，就地抢救。

（1）就地静卧　如果触电人员脱离电源以后，呼吸和心跳都正常或比较好，但神志处于昏迷状态，可将触电人员抬到附近通风好，比较安静的地方，清除口中的异物，包括口内的痰，假牙及其它髒东西，头侧卧，保证呼吸道畅通，解开上衣的扣子，就地静卧。

（2）人工呼吸　如果触电人员心跳正常，呼吸微弱或停止，应立即进行人工呼吸。可用的方法有以下三种：

1）做扩胸运动：有节奏地将触电人员的双臂向上或向胸部水平方向反复拉动，做扩胸运动，使触电人恢复呼吸。

2）口对口的进行人工呼吸：救治人用一只手托住触电人的脖子，使头微下垂，鼻孔朝天，再猛吸一口气，捏住触电人的鼻孔，然后用口对口的办法，将吸入的空气吹到触电人的肺部里面去，吹气完毕，松开鼻孔，让气体排出。如此反复，吹气 1～1.5s，停 2～2.5s，每分钟 14～16 次，直到触电人呼吸正常为止。

注意：

① 吹气和放松时，要观察触电者的胸部是否有起伏的呼吸动作。吹气时如果阻力较大，可能是头部后仰不够，或口内有异物，应及时纠正，保证呼吸道畅通。

② 吹气时鼻孔要捏紧、口要密合、防止漏气。

③ 吹气不能太猛、吹气量不能过大，以免引起胃膨胀。

3）口对鼻人工呼吸：如果触电人牙关紧闭，救治人用一只手托住触电人的脖子，使头微上仰，鼻孔朝天，救治人先猛吸一口气，捂住触电人的嘴巴，然后对准鼻孔吹气，然后放开排气。其余要求和口对口人工呼吸相同。

（3）心脏挤压　如果触电人脱离电源后呼吸正常，但心脏跳动已停止或微弱，应立即进行体外心脏挤压。

将触电人平躺在地上，救治人跪在触电人的一侧，左手平握拳放在触电人心脏的正上方，右手压在左手上，两只手用力有节奏地向下压，使胸骨下陷 3～4cm，间接压迫心脏达到排血的目的，然后松开，胸骨复位，使大静脉中的血液回流到心脏。如此反复，每分钟 60～80 次，一直到心跳恢复到正常状态为止。

（4）同时进行人工呼吸和心脏挤压　如果触电人脱离电源后呼吸和心跳全部停止，此时也必需同时采用人工呼吸和心脏挤压两种方法进行抢救。有两种方法：

1）双人同时抢救：由一个人进行人工呼吸，另一个人进行体外心脏挤压，根据各自的分工，分别按照人工呼吸和心脏挤压的要点，同时实施抢救。

2）单人抢救：由一个人交替进行人工呼吸和心脏挤压。先人工呼吸 2 次，后心脏挤压 10～15 次。如此反复、交替进行，不能中断。为了提高抢救效果，人工呼吸和心脏挤压的速度要快一些，5s 内做完两次人工呼吸，在胸廓未完全回复到原位时，立即进行第二次人工呼吸；在 10s 内做完 15 次心脏挤压。就地抢救时，严禁打强心针。

第三节　防火、防爆

一、焊接现场发生爆炸的可能性

爆炸是指物质在瞬间以机械功的形式，释放出大量气体和能量的现象。

焊接时可能发生爆炸的几种情况：

1. 可燃气体的爆炸　工业上大量使用的可燃气体，如乙炔（C_2H_2）、天然气（CH_4）等，与氧气或空气均匀混合达到一定浓度范围，遇到火源便发生爆炸。这个浓度范围称为爆炸极限，常用可燃气在混合气中所占体积百分比来表示。例如：乙炔与空气混合爆炸极限为 2.2%～81%；乙炔与氧混合爆炸极限为 2.8%～93%；丙烷或丁烷与空气混合爆炸极限分别为 2.1%～9.5% 和 1.55%～8.4%。

2. 可燃液体或可燃液体蒸气的爆炸　在焊接场地或附近放有可燃液体时，可燃液体或可燃液体的蒸气达到一定浓度，遇到电焊火花即会发生爆炸（例如汽油蒸气与空气混合，其爆炸极限仅为 0.7%～6.0%）。爆炸极限的范围越大，则发生爆炸的危险越大。

3. 可燃粉尘的爆炸　可燃粉尘（例如镁、铝粉尘，纤维素粉尘等），悬浮于空气中，达到一定浓度范围，遇火源（例如电焊火花）也会发生爆炸。

4. 焊接直接使用可燃气体的爆炸　例如使用乙炔发生器，在加料、换料（电石含磷过多或碰撞产生火花），以及操作不当而产生回火时，均会发生爆炸。

5. 密闭容器的爆炸　对密闭容器或正在受压的容器上进行焊接时，如不采取适当措施也会产生爆炸。

二、防火、防爆措施

1）焊接场地禁止放易燃、易爆物品，场地内应备有消防器材，保证足够照明和良好的通风。

2）焊接场地 10m 内不准有贮存油类或其他易燃、易爆物质的贮存器皿或管线、氧气瓶。

3）对受压容器、密闭容器、各种油桶和管道、沾有可燃物质的焊件进行焊接时，必须事先进行检查，并经过冲洗除掉有毒、有害、易燃、易爆物质，确认容器及压力管道，或容器是安全的以后，再进行焊接。

4）焊接密闭空心焊件时，必须留有出气孔，焊接管子时，两端不准堵塞。

5）在有易燃、易爆物的车间、场所或煤气管道、乙炔管道（瓶）附近焊接时，必须取得消防部门的同意。操作时采取严密措施，防止火星飞溅引起火灾。

6）焊工不准在木板、木砖地上进行焊接操作。

7）焊工不准在焊把或接地线裸露情况下进行焊接，也不准将二次回路线乱接乱搭。

8）气焊气割时，要使用合格的橡胶软管及回火防止器、压力表(乙炔、氧气)，并要定期校检。

9）离开施焊现场时，应关闭气源、电源，熄灭火种。

第四节　特殊环境焊接的安全技术

所谓特殊环境，指在一般工业企业正规厂房以外的地方，例如高空、野外、水下、容器内部进行的焊接等。在这些地方焊接时，除遵守上面介绍的一般安全技术外，还要遵守一些特殊的规定，兹分述如下：

一、容器内的焊接

1）在容器内进行气焊时，点燃和熄灭焊炬时，应在容器外部进行，以防止有未燃的可燃气聚集在容器内发生爆炸。

2）在容器内焊接时，外面必须设人监护或两人轮换工作。应有良好的通风措施，照明电压应采用12V。禁止在已进行涂装或喷涂过塑料的容器内焊接，严禁用氧气代替压缩空气在容器内进行吹风。

3）在容器内进行氩弧焊时，焊工应戴专用面罩，以减少臭氧及粉尘危害，不应在容器内部进行电弧气刨。

4）若在已使用过的容器或贮罐内部进行焊接时，必须将原来内部残剩的介质、痕迹进行仔细清理。若该介质是易燃、易爆物质，还必须进行严格化学清理并经检验确实无危险后，才能进行焊接。

5）焊前应打开被焊容器的人孔、手孔、清扫孔和放料孔管等，方可进入容器内进行焊接。

6）在容器内焊接时，焊工要特别注意加强个人防护，穿好工作服、绝缘鞋、戴好橡胶手套，有可能最好垫上绝缘垫。焊接电缆、焊钳的绝缘必须完好。

二、高空的焊接作业

在离工作基准面大于2m的地方工作称为高空作业，作业时必须注意以下事项：

1）高空作业时，焊工应系安全带，地面应有人监护(或两人轮换作业)。

2）高空作业时，手把线要绑紧在固定地点，不准缠在焊工身上，或搭在背上。

3）更换焊条时，应把热焊条头放在固定的筒(盒)内，不准随便往下扔。

4）焊接作业周围(特别下方)，应清除易燃、易爆物质。

5）不准在高压电线旁工作，不得已时应切断电源，并在电闸盒上挂牌，并设专人监护。

6）高空作业时，不准使用高频引弧器。

7）高空作业或下来时，应抓紧扶手，走路小心。除携带必要的小型器具外，不准背着带电的手把软线或负重过大(一切重物均应单独起吊)。

8）雨天、雪天、雾天或刮大风(六级以上)时，禁止高空作业。

9）高空作业遇到较高焊接处，而焊工够不到时，一定要重新搭设脚手架，然后进行焊接。

10）高空作业前(第一次)，焊工应进行身体检查，发现有不利于高空作业的疾病(如心脏病等)，不宜进行。

11）下班前必须检查现场，确无火源才能离开，以免引起火灾。

三、露天或野外的焊接作业

1）夏季在露天工作时，必须有防风雨棚或临时凉棚。

2）露天作业时应注意风向，注意不要让吹散的铁液及焊渣伤人。

3）雨天、雪天或雾天时不准露天进行焊接作业，在潮湿地带工作时，焊工应站在铺有绝缘物品的地方，并穿好绝缘鞋。

4）应安设简易屏蔽板，遮挡弧光，以免伤害附近工作人员或行人眼睛。

5）夏天露天气焊时，应防止氧气瓶，乙炔瓶直接受烈日曝晒，以免气体膨胀发生爆炸。冬天如遇瓶阀或减压器冻结时，应用热水解冻，严禁用火烤。

第五节　焊接安全卫生

由于焊接方法很多，焊工劳动条件也很不同。有室外、室内、水下、高空密闭环境等进行作业的，因而焊工在作业过程中，可能会受到不同程度的危害。为此焊工必须熟悉自己工作的环境和条件，了解些医学知识，从而避免或减少自己职业的危害。

一、焊工尘肺

电弧焊接时，焊条药皮、焊芯和被焊金属在电弧高温下熔化、蒸发和氧化，产生大量金属氧化物及其他烟尘，呈气溶胶状逸散于空气中。烟尘粒度一般在0.04～0.4μm，呈球形，相互凝集为尘埃。

焊工长期吸入高浓度电焊烟尘，可导致在肺内蓄积，引起焊工尘肺。尘肺发病期缓慢(一般在10年以上)。临床表现：早期为轻度干咳，合并肺部感染时则有咯痰；晚期咳嗽加剧，有时胸闷、胸痛、气短，甚至咳血。

二、臭氧对呼吸道的危害

当氩弧焊或电弧气刨时，空气中的氧(O_2)，由于电弧发出的紫外线辐射，而引起光化学反应，产生臭氧(O_3)。

臭氧是无色气体，具有特殊腥味。臭氧的氧化能力很强，对眼结膜，呼吸道和肺有强烈的刺激作用。臭氧中毒临床表现：当人体吸入较高浓度($\geqslant 10mg/m^3$)臭氧较长时间后，会有明显呼吸困难、胸痛、胸闷、咳嗽和咯痰，严重时引起肺水肿。

三、电光性眼炎

电光性眼炎，系眼部受紫外线过度辐射所引起的角膜结膜炎。临床表现为：轻则眼部有异物感，重则眼部有烧灼感和剧痛，并伴有高度畏光、流泪和睑痉挛。

四、锰中毒

焊条药皮与焊芯中均含有不同数量的锰，在电弧高温下均以氧化锰形式进入烟尘。据测定，电焊作业周围空气MnO_2浓度在0.3～$47mg/m^3$，焊工不注意长期吸入含MnO_2高的烟尘，会引起锰中毒。

锰中毒临床表现：精神萎靡、淡漠、头晕、头疼、疲乏、四肢酸疼、注意力涣散、记忆力减退、睡眠障碍，并伴有食欲不振、恶心、流涎增多、心悸、多汗。严重时，会出现锰中毒性帕舍森氏综合症，患者四肢僵直，动作缓慢笨拙，说话含糊不清，甚至会出现精神失常。

五、氟中毒

由于低氢焊条药皮中加有萤石(氟化钙)，因此焊接烟尘中还含有氟化物(氟化钾、氟化钠、氟化氢)。焊工长期过量吸入氟化物，可对眼鼻、呼吸道粘膜产生刺激，引起流泪、鼻塞、咳嗽、气急、胸疼，并使腰背、四肢关节疼痛，严重会引起氟骨症。

六、焊工职业病的预防和早期诊断

上述病症，由于焊工职业环境、条件所造成，但并不是每个焊工都必然染上这些病症。关健是要注意预防、注意安全卫生，注意早期诊断治疗。

1）在任何情况下进行电焊操作时，都必须佩戴好个人防护用品。

2）注意操作现场的通风、除尘、屏蔽。如通风条件差，应戴上口罩，或佩带通风面罩，设置各种通风设备等。

3）个人感觉有上述职业病预兆时，应及时到医院就诊，早期治疗。

4）在房间内(例如某些试验间,正规厂房除外)没有通风措施时，绝对不应进行氩弧焊操作。

5）我们是社会主义国家，党和国家对象电焊这样特殊工种的安全卫生非常重视，各个企事业单位都有定期对焊工体检制度，焊工的这些职业性危害，会得到早期诊断和治疗的。

第六章　常用钢材及其焊接

本章介绍常用钢材的牌号、力学性能及焊接要点。

第一节　常 用 钢 材

一、钢的分类

钢是碳的质量分数(w)小于2%的铁碳合金，钢中还含有少量的锰、硅、硫、磷等常存杂质，它是一种应用最广的工程材料。

钢的分类方法很多，我们只介绍最常用的几种：

1. 按钢中含碳量分

(1) 低碳钢　w(C) <0.25%。

(2) 中碳钢　w(C)为0.25%~0.60%。

(3) 高碳钢　w(C) >0.6%。

2. 按钢的品质分

(1) 优质钢　钢中w(S)、w(P)均小于0.035%，钢号后没有代号。

(2) 高级优质钢　钢中w(S)、w(P)均小于0.030%，钢号后有代号A。

(3) 特级优质钢　此类钢中w(S) <0.25%，w(P) <0.20%，钢号后加代号E。

3. 按钢的用途分

(1) 结构钢　用作工程结构和机器零件。这类钢属于低碳钢和中碳钢。

(2) 工具钢　用于制造刀具、量具和模具，这类钢属于高碳钢。

(3) 特殊性能钢　具有特殊物理、化学性能的钢，包括不锈钢、耐热钢和耐磨钢等。

4. 按合金元素的含量分

(1) 低合金结构钢　钢中合金元素质量分数的总和w(Me) <5%。

(2) 中合金结构钢　钢中合金元素质量分数的总和w(Me)为5%~12%。

(3) 高合金结构钢　钢中合金元素的总和w(Me) >12%。

二、我国钢材牌号的表示方法

根据GB/T 221—2000《钢铁产品牌号表示方法》规定，我国钢铁产品牌号表示方法的基本原则如下：

1) 一般采用数字、汉语拼音字母、化学元素符号和阿拉伯数字相结合的办法表示钢铁产品的牌号。

2) 用汉字、汉语拼音字母表示钢铁产品的名称、用途、特性和工艺方法。

一般选汉字汉语拼音的第一个字母，当和另一产品所取字母重复时，改取第二字母或第三字母，或同时选取两个汉字的第一个拼音字母。常用的汉字、汉语拼音字母的含义见表5-6-1。

3) 钢中的化学元素符号，采用国际通用化学符号来表示，如Mn(锰)、Si(硅)等，混合稀土元素用字母“RE”表示。

表 5-6-1　产品名称、用途、特性和工艺方法表示符号

<table>
<tr><th>名　称</th><th>汉　字</th><th>拼音字母</th><th>字　体</th><th>位　置</th></tr>
<tr><td>碳素结构钢</td><td>屈</td><td>Q</td><td rowspan="10">大写</td><td rowspan="7">牌号头</td></tr>
<tr><td>低合金高强度钢</td><td>屈</td><td>Q</td></tr>
<tr><td>耐候钢</td><td>耐候</td><td>NH</td></tr>
<tr><td>碳素工具钢</td><td>碳</td><td>T</td></tr>
<tr><td>塑料模具钢</td><td>塑模</td><td>SM</td></tr>
<tr><td>(滚珠)轴承钢</td><td>滚</td><td>G</td></tr>
<tr><td>焊接用钢</td><td>焊</td><td>H</td></tr>
<tr><td>汽车大梁用钢</td><td>梁</td><td>L</td><td rowspan="13">牌号尾</td></tr>
<tr><td>矿用钢</td><td>矿</td><td>K</td></tr>
<tr><td>压力容器用钢</td><td>容</td><td>R</td></tr>
<tr><td>桥梁用钢</td><td>桥</td><td>q</td><td rowspan="2">小写</td></tr>
<tr><td>锅炉用钢</td><td>锅</td><td>g</td></tr>
<tr><td>焊接气瓶用钢</td><td>焊瓶</td><td>HP</td><td rowspan="8">大写</td></tr>
<tr><td>车辆车轴用钢</td><td>辆轴</td><td>LZ</td></tr>
<tr><td>机车车轴用钢</td><td>机轴</td><td>JZ</td></tr>
<tr><td>管线用钢</td><td></td><td>S</td></tr>
<tr><td>沸腾钢</td><td>沸</td><td>F</td></tr>
<tr><td>半镇静钢</td><td>半</td><td>b</td></tr>
<tr><td>镇静钢</td><td>镇</td><td>Z</td></tr>
<tr><td>特镇静钢</td><td>特镇</td><td>TZ</td></tr>
</table>

4）钢中含碳量(%)[质量分数 w(C)]以数字表示，并标在钢号最前面。

① 合金结构钢及碳钢的含碳量，以钢中平均含碳量的万分之一表示。例如 16Mn 表示 w(C)的平均值为 0.16%。

② 不锈钢的含碳量以千分之一表示。如果 w(C) < 0.03%(超低碳)，在钢号前冠以"00"；如果 w(C) = 0.03% ~ 0.08%(低碳)，在钢号前冠以"0"。

5）钢中合金元素的含量(质量分数)用紧跟在元素符号后面的阿拉伯数字表示，单位为1%；当元素的平均质量分数少于 1.5% 时，只标元素符号，不标含量。当合金元素的质量分数的平均值≥1.5%，≥2.5%，≥3.5%……等时，在元素符号后面标注阿拉伯数字 2、3、4……等，表示该合金元素的质量分数。合金元素在钢号中按质量分数的多少以递减顺序排列。如 Q420(15MnV)表示 w(C)≈0.15%，w(Mn)，w(V)都 < 1.5%，且 Mn 的含量比 V 多。

6）钢中的微量元素，一般不标出。但对于钒、钛、铌、硼、稀土等微量合金元素，其含量虽然很少，但因它们的合金化作用明显，也应在钢中标出。例如 w(C)为 0.20%，w(Mn)为 1.0% ~ 1.3%，w(V)为 0.07% ~ 0.12%，w(B)为 0.001% ~ 0.005%，应标注为 20MnVB。牌号为 18MnMoN6 钢中，w(N6)仅为 0.025% ~ 0.050% 也需标示。

7）专门用途的合金结构钢，例如锅炉钢、容器钢和桥梁钢等，需在钢号前面或后面标注汉字或汉语拼音字母，标明该钢种的用途。

例如 H2Cr13 为焊条钢，16MnR 为容器用钢、16Mnq 为桥梁用钢，16Mng 为锅炉用钢。16MnDR 为低温容器用钢等。

8）在钢号末尾用大写英文字母 A、B、C、D、E 表示钢的质量，按顺序表示 w(S)及

w(P)递减或冲击吸收功达到34J的温度递降。钢的质量按字母顺序递增。

第二节　常用钢材的化学成分与力学性能

一、碳素结构钢的化学成分与力学性能

碳素钢包括碳素结构钢和优质碳素结构钢两大类。

1. 碳素结构钢　按GB/T 700—1998《碳素结构钢》规定，碳素结构钢的牌号表示方法如下：

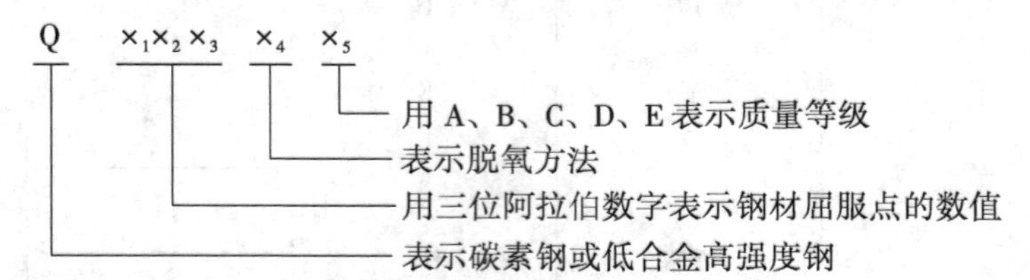

根据屈服点的数值，碳素结构钢的牌号见表5-6-2。

表5-6-2　碳素结构钢的化学成分

牌号	等级	化学成分(质量分数,%)					脱氧方法
		C	Mn	Si②	S	P	
				不大于			
Q195	—	0.06~0.12	0.25~0.50		0.050	0.045	F、b、Z
Q215	A	0.09~0.15	0.25~0.55		0.050	0.045	F、b、Z
	B				0.045		
Q235	A	0.14~0.22	0.30~0.65①	≤0.30	0.050	0.045	F、b、Z
	B	0.12~0.20	0.30~0.70①		0.045		
	C	≤0.18	0.35~0.80		0.040	0.040	Z
	D	≤0.17			0.035	0.035	TZ
Q255	A	0.18~0.28	0.40~0.70		0.050	0.045	Z
	B				0.045		
Q275	—	0.28~0.38	0.50~0.80	0.35	0.050	0.045	Z

注：1. 钢中残余元素w(Cr)、w(Ni)、w(Cu)应各不大于0.30%，如供方能保证，可不作分析。

2. 氧气转炉钢的$\varphi(N_2)$应不大于0.008%。

① Q235A、B级沸腾钢w(Mn)上限为0.60%。

② 沸腾钢w(Si)不大于0.07%，半镇静钢w(Si)不大于0.17%，镇静钢w(Si)下限值为0.12%。

2. 优质碳素结构钢　优质碳素结构钢和碳素结构钢不同，前者必须同时保证钢的化学成分和力学性能。而且硫、磷及非金属夹杂物都比碳素结构钢少，含碳量的波动范围也小，力学性能较均匀，塑性和韧性都比较好。

根据化学成分的不同，优质碳素结构钢又分为正常含锰量和较高含锰量钢两类。

(1) 正常含锰量的优质碳素结构钢　这类钢w(C)<0.25%时，w(Mn)在0.35%~0.65%之间；w(C)>0.25%时，w(Mn)在0.50%~0.80%之间。

这类钢的钢号用碳的平均质量分数的两位数字表示，单位为0.01%。

例如，20 钢表示碳的平均质量分数 w(C)0.20% 的钢。45 钢表示平均 w(C) 为 0.45% 的钢。

（2）较高含锰量的优质碳素结构钢　这类钢当 w(C) 在 0.15%～0.60% 时，w(Mn) 在 0.7%～1.0% 之间；w(C) >0.60% 时，w(Mn) 在 0.9%～1.2% 之间。

这类钢的钢号在平均含碳量后面加锰或 Mn 表示。

例如：40 锰或 40Mn 表示平均 w(C)0.40%，w(Mn) 在 0.7%～1.0% 之间的钢。

（3）优质碳素结构钢的牌号，统一数字代号及力学性能（见表 5-6-3）。

表 5-6-3　优质碳素结构钢的牌号、统一数字代号及化学成分（GB/T 699—1999）

序　号	统一数字代号	牌　号	化学成分（质量分数，%）					
			C	Si	Mn	Cr	Ni	Cu
						不大于		
1	U20080	08F	0.05～0.11	≤0.03	0.25～0.50	0.10	0.30	0.25
2	U20100	10F	0.07～0.13	≤0.07	0.25～0.50	0.15	0.30	0.25
3	U20150	15F	0.12～0.18	≤0.07	0.25～0.50	0.25	0.30	0.25
4	U20082	08	0.05～0.11	0.17～0.37	0.35～0.65	0.10	0.30	0.25
5	U20102	10	0.07～0.13	0.17～0.37	0.35～0.65	0.15	0.30	0.25
6	U20152	15	0.12～0.18	0.17～0.37	0.35～0.65	0.25	0.30	0.25
7	U20202	20	0.17～0.23	0.17～0.37	0.35～0.65	0.25	0.30	0.25
8	U20252	25	0.22～0.29	0.17～0.37	0.50～0.80	0.25	0.30	0.25
9	U20302	30	0.27～0.34	0.17～0.37	0.50～0.80	0.25	0.30	0.25
10	U20352	35	0.32～0.39	0.17～0.37	0.50～0.80	0.25	0.30	0.25
11	U20402	40	0.37～0.44	0.17～0.37	0.50～0.80	0.25	0.30	0.25
12	U20452	45	0.42～0.50	0.17～0.37	0.50～0.80	0.25	0.30	0.25
13	U20502	50	0.47～0.55	0.17～0.37	0.50～0.80	0.25	0.30	0.25
14	U20552	55	0.52～0.60	0.17～0.37	0.50～0.80	0.25	0.30	0.25
15	U20602	60	0.57～0.65	0.17～0.37	0.50～0.80	0.25	0.30	0.25
16	U20652	65	0.62～0.70	0.17～0.37	0.50～0.80	0.25	0.30	0.25
17	U20702	70	0.67～0.75	0.17～0.37	0.50～0.80	0.25	0.30	0.25
18	U20752	75	0.72～0.80	0.17～0.37	0.50～0.80	0.25	0.30	0.25
19	U20802	80	0.77～0.85	0.17～0.37	0.50～0.80	0.25	0.30	0.25
20	U20852	85	0.82～0.90	0.17～0.37	0.50～0.80	0.25	0.30	0.25
21	U21152	15Mn	0.12～0.18	0.17～0.37	0.70～1.00	0.25	0.30	0.25
22	U21202	20Mn	0.17～0.23	0.17～0.37	0.70～1.00	0.25	0.30	0.25
23	U21252	25Mn	0.22～0.29	0.17～0.37	0.70～1.00	0.25	0.30	0.25
24	U21302	30Mn	0.27～0.34	0.17～0.37	0.70～1.00	0.25	0.30	0.25
25	U21352	35Mn	0.32～0.39	0.17～0.37	0.70～1.00	0.25	0.30	0.25
26	U21402	40Mn	0.37～0.44	0.17～0.37	0.70～1.00	0.25	0.30	0.25
27	U21452	45Mn	0.42～0.50	0.17～0.37	0.70～1.00	0.25	0.30	0.25
28	U21502	50Mn	0.48～0.56	0.17～0.37	0.70～1.00	0.25	0.30	0.25
29	U21602	60Mn	0.57～0.65	0.17～0.37	0.70～1.00	0.25	0.30	0.25
30	U21652	65Mn	0.62～0.70	0.17～0.37	0.90～1.20	0.25	0.30	0.25
31	U21702	70Mn	0.67～0.75	0.17～0.37	0.90～1.20	0.25	0.30	0.25

注：表 1 所列牌号为优质钢。如果是高级优质钢，在牌号后面加 "A"（统一数字代号最后一位数字改为"3"）；如果是特级优质钢，在牌号后面加 "E"（统一数字代号最后一位数字改为"6"）；对于沸腾钢，牌号后面为 "F"（统一数字代号最后一位数字为"0"）；对于半镇静钢，牌号后面为 "b"（统一数字代号最后一位数字为"1"）

二、合金结构钢的化学成分和力学性能

合金结构钢比碳素钢具有较高的强度、良好的塑性、韧性和工艺性能。用合金结构钢代替碳素钢，可节省钢材 20%～30%。

合金结构钢的牌号、统一数字代号和化学成分见表 5-6-4。

表 5-6-4 合金结构钢的牌号和化学成分(GB/T 3077—1999)

钢组	序号	统一数字代号	牌号	化学成分(质量分数,%)										
				C	Si	Mn	Cr	Mo	Ni	W	B	Al	Ti	V
Mn	1	A00202	20Mn2	0. 17 ~ 0. 24	0. 17 ~ 0. 37	1. 40 ~ 1. 80								
	2	A00302	30Mn2	0. 27 ~ 0. 34	0. 17 ~ 0. 37	1. 40 ~ 1. 80								
	3	A00352	35Mn2	0. 32 ~ 0. 39	0. 17 ~ 0. 37	1. 40 ~ 1. 80								
	4	A00402	40Mn2	0. 37 ~ 0. 44	0. 17 ~ 0. 37	1. 40 ~ 1. 80								
	5	A00452	45Mn2	0. 42 ~ 0. 49	0. 17 ~ 0. 37	1. 40 ~ 1. 80								
	6	A00502	50Mn2	0. 47 ~ 0. 55	0. 17 ~ 0. 37	1. 40 ~ 1. 80								
MnV	7	A01202	20MnV	0. 17 ~ 0. 24	0. 17 ~ 0. 37	1. 30 ~ 1. 60								0. 07 ~ 0. 12
SiMn	8	A10272	27SiMn	0. 24 ~ 0. 32	1. 10 ~ 1. 40	1. 10 ~ 1. 40								
	9	A10352	35SiMn	0. 32 ~ 0. 40	1. 10 ~ 1. 40	1. 10 ~ 1. 40								
	10	A10422	42SiMn	0. 39 ~ 0. 45	1. 10 ~ 1. 40	1. 10 ~ 1. 40								
SiMnMoV	11	A14202	20SiMn2MoV	0. 17 ~ 0. 23	0. 90 ~ 1. 20	2. 20 ~ 2. 60		0. 30 ~ 0. 40						0. 05 ~ 0. 12
	12	A14262	25SiMn2MoV	0. 22 ~ 0. 28	0. 90 ~ 1. 20	2. 20 ~ 2. 60		0. 30 ~ 0. 40						0. 05 ~ 0. 12
	13	A14372	37SiMn2MoV	0. 33 ~ 0. 39	0. 60 ~ 0. 90	1. 60 ~ 1. 90		0. 40 ~ 0. 50						0. 05 ~ 0. 12
B	14	A70402	40B	0. 37 ~ 0. 44	0. 17 ~ 0. 37	0. 60 ~ 0. 90					0. 0005 ~ 0. 0035			
	15	A70452	45B	0. 42 ~ 0. 49	0. 17 ~ 0. 37	0. 60 ~ 0. 90					0. 0005 ~ 0. 0035			
	16	A70502	50B	0. 47 ~ 0. 55	0. 17 ~ 0. 37	0. 60 ~ 0. 90					0. 0005 ~ 0. 0035			
MnB	17	A71402	40MnB	0. 37 ~ 0. 44	0. 17 ~ 0. 37	1. 10 ~ 1. 40					0. 0005 ~ 0. 0035			
	18	A71452	45MnB	0. 42 ~ 0. 49	0. 17 ~ 0. 37	1. 10 ~ 1. 40					0. 0005 ~ 0. 0035			
MnMoB	19	A72202	20MnMoB	0. 16 ~ 0. 22	0. 17 ~ 0. 37	0. 90 ~ 1. 20		0. 20 ~ 0. 30			0. 0005 ~ 0. 0035			

（续）

钢组	序号	统一数字代号	牌号	化学成分(质量分数,%)										
				C	Si	Mn	Cr	Mo	Ni	W	B	Al	Ti	V
MnVB	20	A73152	15MnVB	0.12～0.18	0.17～0.37	1.20～1.60					0.0005～0.0035			0.07～0.12
	21	A73202	20MnVB	0.17～0.23	0.17～0.37	1.20～1.60					0.0005～0.0035			0.07～0.12
	22	A73402	40MnVB	0.37～0.44	0.17～0.37	1.10～1.40					0.0005～0.0035			0.05～0.10
MnTiB	23	A74202	20MnTiB	0.17～0.24	0.17～0.37	1.30～1.60					0.0005～0.0035		0.04～0.10	
	24	A74252	25MnTiBRE	0.22～0.28	0.20～0.45	1.30～1.60					0.0005～0.0035		0.04～0.10	
Cr	25	A20152	15Cr	0.12～0.18	0.17～0.37	0.40～0.70	0.70～1.00							
	26	A20153	15CrA	0.12～0.17	0.17～0.37	0.40～0.70	0.70～1.00							
	27	A20202	20Cr	0.18～0.24	0.17～0.37	0.50～0.80	0.70～1.00							
	28	A20302	30Cr	0.27～0.34	0.17～0.37	0.50～0.80	0.80～1.10							
	29	A20352	35Cr	0.32～0.39	0.17～0.37	0.50～0.80	0.80～1.10							
	30	A20402	40Cr	0.37～0.44	0.17～0.37	0.50～0.80	0.80～1.10							
	31	A20452	45Cr	0.42～0.49	0.17～0.37	0.50～0.80	0.80～1.10							
	32	A20502	50Cr	0.47～0.54	0.17～0.37	0.50～0.80	0.80～1.10							
CrSi	33	A21382	38CrSi	0.35～0.43	1.00～1.30	0.30～0.60	1.30～1.60							
CrMo	34	A30122	12CrMo	0.08～0.15	0.17～0.37	0.40～0.70	0.40～0.70	0.40～0.55						
	35	A30152	15CrMo	0.12～0.18	0.17～0.37	0.40～0.70	0.80～1.10	0.40～0.55						
	36	A30202	20CrMo	0.17～0.24	0.17～0.37	0.40～0.70	0.80～1.10	0.15～0.25						
	37	A30302	30CrMo	0.26～0.34	0.17～0.37	0.40～0.70	0.80～1.10	0.15～0.25						
	38	A30303	30CrMoA	0.26～0.33	0.17～0.37	0.40～0.70	0.80～1.10	0.15～0.25						
	39	A30352	35CrMo	0.32～0.40	0.17～0.37	0.40～0.70	0.80～1.10	0.15～0.25						
	40	A30422	42CrMo	0.38～0.45	0.17～0.37	0.50～0.80	0.90～1.20	0.15～0.25						

（续）

钢组	序号	统一数字代号	牌号	化学成分（质量分数，%）										
				C	Si	Mn	Cr	Mo	Ni	W	B	Al	Ti	V
CrMoV	41	A31122	12CrMoV	0.08～0.15	0.17～0.37	0.40～0.70	0.30～0.60	0.25～0.35						0.15～0.30
	42	A31352	35CrMoV	0.30～0.38	0.17～0.37	0.40～0.70	1.00～1.30	0.20～0.30						0.10～0.20
	43	A31132	12Cr1MoV	0.08～0.15	0.17～0.37	0.40～0.70	0.90～1.20	0.25～0.35						0.15～0.30
	44	A31253	25Cr2MoVA	0.22～0.29	0.17～0.37	0.40～0.70	1.50～1.80	0.25～0.35						0.15～0.30
	45	A31263	25Cr2Mo1VA	0.22～0.29	0.17～0.37	0.50～0.80	2.10～2.50	0.90～1.10						0.30～0.50
CrMoAl	46	A33382	38CrMoAl	0.35～0.42	0.20～0.45	0.30～0.60	1.35～1.65	0.15～0.25				0.70～1.10		
CrV	47	A23402	40CrV	0.37～0.44	0.17～0.37	0.50～0.80	0.80～1.10							0.10～0.20
	48	A23503	50CrVA	0.47～0.54	0.17～0.37	0.50～0.80	0.80～1.10							0.10～0.20
CrMn	49	A22152	15CrMn	0.12～0.18	0.17～0.37	1.10～1.40	0.40～0.70							
	50	A22202	20CrMn	0.17～0.23	0.17～0.37	0.90～1.20	0.90～1.20							
	51	A22402	40CrMn	0.37～0.45	0.17～0.37	0.90～1.20	0.90～1.20							
CrMnSi	52	A24202	20CrMnSi	0.17～0.23	0.90～1.20	0.80～1.10	0.80～1.10							
	53	A24252	25CrMnSi	0.22～0.28	0.90～1.20	0.80～1.10	0.80～1.10							
	54	A24302	30CrMnSi	0.27～0.34	0.90～1.20	0.80～1.10	0.80～1.10							
	55	A24303	30CrMnSiA	0.28～0.34	0.90～1.20	0.80～1.10	0.80～1.10							
	56	A24353	35CrMnSiA	0.32～0.39	1.10～1.40	0.80～1.10	1.10～1.40							
CrMnMo	57	A34202	20CrMnMo	0.17～0.23	0.17～0.37	0.90～1.20	1.10～1.40	0.20～0.30						
	58	A34402	40CrMnMo	0.37～0.45	0.17～0.37	0.90～1.20	0.90～1.20	0.20～0.30						
CrMnTi	59	A26202	20CrMnTi	0.17～0.23	0.17～0.37	0.80～1.10	1.00～1.30						0.04～0.10	
	60	A26302	30CrMnTi	0.24～0.32	0.17～0.37	0.80～1.10	1.00～1.30						0.04～0.10	
CrNi	61	A40202	20CrNi	0.17～0.23	0.17～0.37	0.40～0.70	0.45～0.75		1.00～1.40					
	62	A40402	40CrNi	0.37～0.44	0.17～0.37	0.50～0.80	0.45～0.75		1.00～1.40					
	63	A40452	45CrNi	0.42～0.49	0.17～0.37	0.50～0.80	0.45～0.75		1.00～1.40					

（续）

钢组	序号	统一数字代号	牌号	化学成分(质量分数,%)										
				C	Si	Mn	Cr	Mo	Ni	W	B	Al	Ti	V
CrNi	64	A40502	50CrNi	0.47～0.54	0.17～0.37	0.50～0.80	0.45～0.75		1.00～1.40					
	65	A41122	12CrNi2	0.10～0.17	0.17～0.37	0.30～0.60	0.60～0.90		1.50～1.90					
	66	A42122	12CrNi3	0.10～0.17	0.17～0.37	0.30～0.60	0.60～0.90		2.75～3.15					
	67	A42202	20CrNi3	0.17～0.24	0.17～0.37	0.30～0.60	0.60～0.90		2.75～3.15					
	68	A42302	30CrNi3	0.27～0.33	0.17～0.37	0.30～0.60	0.60～0.90		2.75～3.15					
	69	A42372	37CrNi3	0.34～0.41	0.17～0.37	0.30～0.60	1.20～1.60		3.00～3.50					
	70	A43122	12Cr2Ni4	0.10～0.16	0.17～0.37	0.30～0.60	1.25～1.65		3.25～3.65					
	71	A43202	20Cr2Ni4	0.17～0.23	0.17～0.37	0.30～0.60	1.25～1.65		3.25～3.65					
CrNiMo	72	A50202	20CrNiMo	0.17～0.23	0.17～0.37	0.60～0.95	0.40～0.70	0.20～0.30	0.35～0.75					
	73	A50403	40CrNiMoA	0.37～0.44	0.17～0.37	0.50～0.80	0.60～0.90	0.15～0.25	1.25～1.65					
CrMnNiMo	74	A50183	18CrNiMnMoA	0.15～0.21	0.17～0.37	1.10～1.40	1.00～1.30	0.20～0.30	1.00～1.30					
CrNiMoV	75	A51453	45CrNiMoVA	0.42～0.49	0.17～0.37	0.50～0.80	0.80～1.10	0.20～0.30	1.30～1.80					0.10～0.20
CrNiW	76	A52183	18Cr2Ni4WA	0.13～0.19	0.17～0.37	0.30～0.60	1.35～1.65		4.00～4.50	0.80～1.20				
	77	A52253	25Cr2Ni4WA	0.21～0.28	0.17～0.37	0.30～0.60	1.35～1.65		4.00～4.50	0.80～1.20				

注：1. 本标准中规定带“A”字标志的牌号仅能作为高级优质钢订货，其他牌号按优质钢订货。

2. 根据需方要求，可对表中各牌号按高级优质钢(指不带“A”)或特级优质钢(全部牌号)订货，只需在所订牌号后加“A”或“B”字标志(对有“A”字牌号应先去掉“A”)。需方对表中牌号化学成分提出其他要求可按特殊要求订货。

3. 统一数字代号系根据 GB/T 17616 规定列入，优质钢尾部数字为“2”，高级优质钢(带“A”钢)尾部数字为“3”，特级优质钢(带“E”钢)尾部数字为“6”。

4. 稀土成分质量分数按 0.05% 计算量加入，成品分析结果供参考。

第三节　钢材的焊接性

一、焊接性的定义

金属焊接性根据 GB/T 3375—1994《焊接术语》的定义为：“金属材料在限定的施工条件下，焊接成规定设计要求的构件，并满足预定服役要求的能力”。即金属材料对焊接加工的适应性和使用的可靠性。根据这两方面内容，优质的焊接接头应具备两个条件：即接头中不允许存在超过质量标准规定的缺陷；同时具有预期的使用性能。因此，焊接性的具体内容可分为工艺焊接性和使用焊接性描述或评定。

1. 工艺焊接性　工艺焊接性是指在一定焊接工艺条件下，能否获得优质致密、无缺陷焊接接头的能力。

焊接性是一个相对的概念，对于一定的金属，在简单的焊接工艺条件下焊接能获得完好的接头，能够满足使用要求，则认为焊接性优良。而对于必须采用复杂的焊接工艺条件（如高温预热、高能量密度、高纯度保护气氛或高真空度，以及焊后复杂热处理等）方能实现优质焊接时，则认为焊接性较差。

金属的焊接性既与金属材料本身的性能有关，也与焊接工艺条件有联系。如母材的化学成分、热处理状态及轧制缺陷，焊接材料的选择，接头形式及焊接方位，焊接参数，预热、后热、焊后热处理、环境条件等均属焊接工艺条件的内容。所有这些因素发生变化，都会对焊接质量产生影响。

分析研究金属的工艺焊接性时，必然要涉及到焊接过程。对于熔焊来讲，焊接过程一般都要经历传热和冶金反应。因此，把工艺焊接性又分为“热焊接性”和“冶金焊接性”。

（1）热焊接性　热焊接性是指在焊接热过程中，对焊接热影响区组织性能及产生缺陷的影响程度。它是用来评定被焊金属对热的敏感性（晶粒长大和组织性能变化等），热焊接性主要与被焊材质及焊接工艺条件有关。

（2）冶金焊接性　冶金焊接性是指冶金反应对焊接性能和产生缺陷的影响程度。它包括合金元素的氧化、还原、氮化、蒸发、氢、氧、氮的溶解，对气孔、夹杂物、裂纹等缺陷的敏感性，它们是影响焊缝金属化学成分和性能的重要方面。

2. 使用焊接性　使用焊接性是指焊接接头或整体焊接结构满足技术条件所规定的各种使用性能的程度，其中包括常规力学性能、低温韧性、抗脆断性能、高温蠕变、疲劳性能、持久强度、抗腐蚀性、耐磨性能等。

二、影响焊接性的因素

对于钢铁材料来讲，可归纳为材料、设计、工艺及服役环境等四类因素。

1. 材料因素　材料因素有钢的化学成分、冶炼轧制状态、热处理状态、组织状态和力学性能等，其中化学成分（包括杂质的分布）是主要的影响因素。对于焊接性影响较大的元素有碳、硫、磷、氢、氧、氮，还有合金元素锰、硅、铬、镍、钼、钛、钒、铌、铜、硼等。

2. 设计因素　设计因素是指结构形式的影响。例如结构的刚度过大、接口断面的突变、焊接接头的缺口效应，过大的焊缝体积等都是不同程度地造成脆性破坏的条件。在某些部位，焊缝过度集中和多向应力状态对结构的安全性也有不良影响。

3. 工艺因素　工艺因素包括施工时所采用的焊接方法、焊接工艺规程（如焊接参数、焊接材料、预热、后热等）和焊后热处理等，这些都会影响焊接性。

4. 服役环境因素　服役环境因素是指焊接结构的工作温度、负荷条件（动载、静载、冲击、高速等）和工作环境（化工区、沿海及腐蚀介质等）。

三、钢材焊接性的评定方法

1. 碳当量法　根据钢材的化学成分与焊接热影响区淬硬性的关系，把钢中合金元素（包括碳）的含量，按其作用折算成碳的相当含量（以碳的作用系数为1）作为粗略地评定钢材焊接性的一种参考指标。计算碳当量的经验公式很多，常用的是国际焊接学会（IIW）推荐的如下公式：

$$C_{eq}=w(C)+\frac{w(Cr)+w(Mo)w(V)}{5}+\frac{w(Mn)}{6}+\frac{w(Ni)+w(Cu)}{15}$$

式中元素符号表示该元素在钢中的质量分数。

碳当量 C_{eq} 值越大，钢材淬硬倾向越大，冷裂纹敏感性也越大。经验指出：当 $C_{eq}<0.4\%$ 时，钢材的焊接性优良，淬硬倾向不明显，焊接时不必预热；当 $C_{eq}=0.4\%\sim0.6\%$ 时，钢材的淬硬倾向逐渐明显，需要采取适当预热和控制热输入等措施；当 $C_{eq}>0.6\%$ 时，淬硬倾向强，属于较难焊接的材料，需要采取较高的预热温度和严格的工艺措施。此公式适用于 $w(C)\geqslant0.18\%$，$\sigma_b=400\sim700$MPa 的低合金高强度钢。

由于计算碳当量时没有考虑残余应力、扩散氢含量和焊缝受到的拘束等，故只能粗略地估计材料的焊接性。

2. 直接试验法　通过控制焊接参数，按规定要求焊接工艺试板，检测焊接接头对裂纹、气孔和夹渣等缺陷的敏感性，作为评定焊接性、选择焊接方法和焊接参数的依据的方法称直接试验法。常用的方法有：Y形坡口对接焊缝裂纹试验（简称小铁研试验法）、搭接接头焊接裂纹试验（简称CTS法或受控热流法）等。

第四节　低碳钢的焊接

一、低碳钢的焊接性

低碳钢含碳量较少［$w(C)\leqslant0.25\%$］，且除锰、硅、硫、磷常规元素外，很少有其他合金元素，因而焊接性良好。焊接时有以下特点：

1）可装配成各种形式接头，适应各种不同位置施焊，且焊接工艺和技术较简单，容易掌握。几乎可采用所有焊接方法焊接。

2）焊前一般不需预热，焊后也不需要缓冷。

3）塑性较好，焊接接头产生裂纹的倾向小，适合制造各类大型结构件和受压容器。

4）不需要使用特殊和复杂的设备，对焊接电源没有特殊要求，交直流弧焊机都可焊接。对焊接材料也无特殊要求，酸性碱性都可。

焊接低碳钢时，如焊条直径或焊接参数选择不当，也可能出现热影响区晶粒长大或时效硬化倾向。焊接温度越高，热影响区在高温停留时间越长，晶粒长大越严重。

二、低碳钢的焊接工艺要点

一般情况下焊接低碳钢时不需采取特殊措施，但在下列情况应采取必要的工艺措施。

1. 控制焊缝成形系数　当含碳量接近上限，并有下列情况之一时，应严格控制焊缝的成形系数，避免产生窄而深的焊缝（窄而深的焊缝会增大热裂倾向）：

1）焊脚尺寸大于20mm的角焊缝埋弧焊。

2）多层焊的第一道(根部)焊缝。

3）要求一次焊透的单面单层焊缝(即I形坡口,单面焊一次成形)。

4）大间隙(≥5mm)对接缝的第一道焊缝。

2. 预热　在下列情况之一应考虑预热措施:

1）在寒冷地区室外焊接，温度低于或等于0℃。

2）直径≥ϕ3000mm，且壁厚≥50mm；壁厚≥90mm的产品第一层焊道的焊接。

预热温度可视情况而定，推荐温度为80～150℃。

3. 焊接材料的选择　在下列情况应注意焊接材料的选择:

1）焊接沸腾钢时，由于其含氧量高，硫、磷杂质偏析严重，焊接时热裂倾向大，因而应选用韧性较高的低氢焊条，且应采取防止热裂纹的措施。电渣焊时选用H10MnSi或H08Mn2SiA焊丝。

2）低碳钢焊接硫、磷含量偏上限或硫含量超限[w(S)≤0.05%]时，应选用低氢焊条，并用小的热输入，严格控制熔合比(尽量使母材掺入量少)。

3）采用氩弧焊焊接时，为避免产生气孔，应采用H05Mn2SiAlTi2或H08Mn2Si焊丝。

4. 焊后热处理　焊接受压件，在下列情况应进行焊后热处理:

(1）壁厚大于等于20mm，应考虑进行焊后热处理或采取相应的消除应力措施。

(2）壁厚大于30mm，必须进行焊后热处理，温度为600～650℃。

(3）壁厚大于200mm，待焊至焊件厚度的1/2时，应进行一次中间热处理后，再继续焊接。中间热处理温度为550～600℃。焊后热处理温度为600～650℃。

第五节　低合金高强度钢的焊接

GB/T 13304—1991规定，屈服点σ_s≥295MPa，抗拉强度σ_b≥390MPa的钢，统称为高强度钢(简称高强钢)。合金元素质量分数的总和小于5%的为低合金高强度钢。它大量应用于常温附近工作的受力结构。如压力容器、动力设备、工程机械、起重运输设备、桥梁、建筑结构及管道等。根据供货时的热处理状态，低合金高强度钢可分为热轧及正火钢、低碳低合金调质钢和中碳低合金调质钢三类。

一、热轧及正火钢的焊接

1. 热轧及正火钢的成分与性能　σ_s＝295～490MPa的低合金高强度钢，通常都在热轧或正火状态下供货使用，故称为热轧正火钢。几种典型热轧及正火钢的牌号见表5-6-5。力学性能见表5-6-6。

表5-6-5　常用热轧钢及正火钢的牌号及化学成分(质量分数,%)

钢　号	C	Mn	Si	S≤	P≤	V	Nb	Ti	Cr	Ni	其他
Q295	≤0.16	0.80～1.50	≤0.55	0.040	0.040	0.02～0.15	0.015～0.06	0.02～0.20	—	—	—
Q345	≤0.20	1.00～1.60	≤0.55	0.040	0.040	0.02～0.15	0.015～0.06	0.02～0.20	—	—	—
Q390	≤0.20	1.00～1.60	≤0.55	0.040	0.040	0.02～0.20	0.015～0.06	0.02～0.20	—	—	—

（续）

钢　号	C	Mn	Si	S≤	P≤	V	Nb	Ti	Cr	Ni	其他
Q420	≤0.20	1.00～1.70	≤0.55	0.040	0.040	0.02～0.20	0.015～0.06	0.02～0.20	—	—	—
18MnMoN6	0.17～0.22	1.35～1.65	0.17～0.37	0.035	0.035	—	0.025～0.05	—	—	—	Mo0.45～0.55
13MnNiMoN6	≤0.16	1.00～1.60	0.10～0.50	0.025	0.025	—	0.005～0.022	—	0.20～0.40	0.70～1.10	Mo0.20～0.40
WH530	≤0.18	1.20～1.60	0.20～0.55	0.030	0.030	—	0.01～0.040	—	—	—	—
WH590	≤0.22	1.30～1.70	0.20～0.55	0.030	0.015	0.02～0.050	0.01～0.040	—	—	0.20～0.50	—
D36	0.12～0.18	1.20～1.60	0.10～0.40	0.006	0.02	0.02～0.08	0.02～0.05	—	—	—	—
X40	≤0.12	1.00～1.30	0.10～0.40	0.025	0.010	—	—	—	—	—	—

表 5-6-6　常用热轧及正火钢的力学性能

钢　号	热处理状态	σ_s/MPa	σ_b/MPa	δ(%)	a_{KV}/(J/cm²)
Q295	热轧	≥295	390～570	≥23	34
Q345	热轧	≥345	470～630	≥21	34
Q390	热轧	≥390	490～650	≥19	34
Q420	正火	≥420	520～680	≥18	34
18MnMoNb	正火+回火	≥490	≥637	≥16	a_{KU}≥69
13MnNiMoNb	正火+回火	≥392	569～735	≥18	39
WH530	正火	≥370	530～660	≥20	A_{KV}(−20℃)≥31J
WH590	正火	≥410	590～730	≥18	A_{KV}≥34
D36	正火	≥353	≥490	≥21	A_{KV}(−40℃)≥34J
X60	控轧	≥414	≥517	20.5～23.5	A_{KU}(−10℃)≥54J

（1）热轧钢　这类钢在热轧状态下使用。

σ_s=295～390MPa 的钢大多属热轧钢。主要靠 Mn，Si 提高强度。在 w(C)≤0.20% 的情况下，w(Mn)<1.6%，w(Si)<0.60% 时，可以保持较高的塑性和韧性。热轧钢的综合力学性能和加工工艺性能都较好，应用非常广泛。

Q345 是国内应用最广泛的高强度钢，用它取代 Q235，可节约材料 20%～30%。按钢中 w(Mn)、w(Si)含量不同，Q345 分为 A～E 5 个质量等级。其中 Q345A 相当于旧牌号 16Mn，Q345C 相当锅炉压力容器用钢 16Mng 和 16MnR。

Q390 钢是在 Q345 钢的基础上提高了钒的含量，并加有一定量的铬[w(Cr)≤0.30%]和镍[w(Ni≤0.70%)]，可提高强度，不降低塑性和韧性。

热轧钢的组织为铁素体+珠光体，当板厚较大时，也可以要求在正火条件下供货。经正火处理后，钢材的化学成分较均匀，塑性和韧性提高，但强度稍下降。

（2）正火钢　在正火状态供货。

Q420、WH530 和 WH590 属于这类正火钢。通过正火处理。在提高强度的同时，还能改善韧性。

WH530 是武钢研制的新钢种，其强度、韧性比 16MnR 好，焊接性好。该钢的供货牌号为：15MnNbR(WH530)，供水电站压力钢管和压力容器、特别是球形储罐用。

WH590的供货牌号为17MnNiVNbR(WH590)，其$\sigma_b \geqslant 590$MPa，它属于具有高韧性和优良焊接性的正火型高强度钢。用它制造液化气体槽车，可降低槽车自重系数，提高容量比。

（3）正火+回火状态下使用的Mo钢　这类钢中加入w(Mo)0.5%后，可提高强度，细化组织和中温耐热性能。因正火后韧性和塑性指标不高，必须在正火后进行回火才能获得良好的塑性和韧性。

13MnNiMoNb钢具有较高的强度和韧性。良好的焊接性，特别是再热裂纹的倾向低，广泛用于制造高压锅炉和其他高压容器。

18MnMoNb钢的$\sigma_b \geqslant 490$MPa，曾用于制造高压锅炉锅筒，由于焊接性和正火+回火状态力学性能不如13MnNiMoNb钢，已逐渐被后者取代。

表5-6-5中的D36为Z向钢，它是能够保证厚度方向力学性能的低合金钢。由于这种钢严格控制了含硫量，w(S)$\leqslant$0.006%，Z向断面收缩率可达$\psi_z \leqslant 35\%$，因而具有良好的抗层间撕裂的能力，可用于制造厚板结构。

X60是微合金化控轧钢，是20世纪70年代研制的新钢种。通过在钢中加入微量合金元素(Nb、V、Ti)；冶炼时采取措施降低碳、硫的含量，改变夹杂物的形态，提高钢的纯净度；使钢材具有均匀的、细晶粒的等轴铁素体基体；将终轧温度降低至850℃(一般正火时奥氏体温度为900℃)等措施，使钢材在轧制后的性能就相当于或比正火钢好。它具有高强度，高韧性和良好的焊接性。这类钢主要用于制造石油、天然气管道，故又称管道钢。

2. 热轧及正火钢的焊接性　这类钢属于非热处理强化钢，碳及合金元素的含量都比较低，焊接性较好。但随着合金元素和力学性能的提高，焊接性降低，可能出现以下问题：

（1）焊接裂纹

1）热裂纹：热轧及正火钢的含碳量较低，M/S比较高，通常可以防止热裂纹。但钢中C、S的含量偏上限，且偏析严重时可能产生热裂纹。

2）冷裂纹　由于热轧及正火钢中合金元素的质量分数比低碳钢高，淬硬倾向比低碳钢大，产生冷裂纹的倾向比低碳钢高。

焊接时必须控制冷却速度，保证热影响区的最高硬度在表5-6-7允许范围内，才能防止冷裂纹。

表5-6-7　几种高强钢热影响区最高硬度允许值

钢　号	σ_s/MPa	σ_b/MPa	最高允许硬度/HV_{max}	
			调质$\delta \leqslant$50mm	非调质$\delta \leqslant$50mm
HW36	≥343	519～637	—	390
HW40	≥392	559～676	—	400
HW45	≥441	588～706	380	410
HW50	≥480	608～725	390	410
HW56	≥549	666～804	420	—
HW63	≥617	706～843	435	
HW70	≥681	784～931	450	
HW80	≥784	862～1029	470	
HW90	≥882	951～1127	480	

3）再热裂纹：在热轧及正火钢中，若杂质元素 P、Sn、Sb、As 含量较高或同时含有 V 和 Mo 时，在多层焊和焊后消除应力退火时，可能在焊缝或热影响区中产生再热裂纹，这种裂纹又称消除应力裂纹。

4）层状撕裂：焊接厚度很大的结构时，若钢板厚度方向承受过大的拉应力，可能出现层状撕裂，通常都出现在要求焊透的厚板 T 形接头和角接头中。焊接时必须采取措施预防。

为了防止层状撕裂，可选用 Z 向钢制造厚板结构。

（2）热影响区性能的变化　焊接热轧钢和正火钢时，热影响区的主要问题是过热区脆化；在一些合金元素较低的钢中，可能出现热应变脆化问题：

1）过热区脆化：过热区的温度接近钢的熔点，过热区性能的变化，取决于决定高温停留时间和冷却速度的热输入和钢材的合金成分。

① 热轧钢过热区的脆化程度与含碳量有关。当含碳在下限[w(C)=0.12%~0.14%]时，随着热输入的增加，过热区的韧性下降。这是因为热输入增加后，奥氏体晶粒粗大，冷却后出现魏氏体所致。因此适当降低热输入，可提高韧性。

当含碳量偏于上限时，若冷却速度较快，因出现马氏体使热影响区变脆，故应适当加大热输入，降低冷却速度。

② 正火钢的过热区在1200℃高温下，起沉淀强化作用的碳化物，氮化物质点分解并溶入奥氏体中，在随后的冷却过程中来不及析出固溶在基体中，使铁素体硬度上升，韧性下降。防止正火钢过热区脆化的措施是减少热输入，减少过热区在高温停留的时间，并限制钢中引起沉淀强化的合金元素的含量。

2）热应变脆化：热应变脆化是焊接过程中在热和应变同时作用下发生的一种应变时效，是由固溶在钢中的氮引起的。一般认为在200℃~400℃时最明显，大多发生在固溶含氮或强度较低的低合金钢中。若钢中含有足够的氮化物形成元素，可显著降低热应变脆化现象。

焊后经600℃左右的消除应力退火，是消除热应变脆化最有效的措施，可使材料的韧性恢复到原有水平。

实验数据表明：Q345(16Mn)钢焊后脆性转变温度比焊前提高53℃，Q420(15MnVN)钢焊后脆性转变温度提高30℃。说明这两种钢都有一定的热应变脆化倾向。Q420(15MnVN)中虽然加了氮，因 V 有固氮作用，故热应变脆化倾向比 Q345(16Mn)低。Q345(16Mn)钢焊后经600℃ 1h 退火处理后，韧性基本恢复正常。

3. 热轧钢及正火钢的焊接工艺要点

（1）选择强度级别和母材相当的焊接材料　焊接材料的成分不一定和母材相同，焊材的含碳量控制在母材的下限，熔敷金属的抗拉强度或屈服极限和母材相当。韧性和塑性较高。

例如焊接 Q420(15MnVN)钢时，选用 E5515 焊条，熔敷金属的化学成分为：w(C)≤0.12%，w(Mn)≈1.2%，w(Si)≈0.5%，从成分上看，熔敷金属的 C、Mn 含量都比 15MnVN 低，而且根本不含 N，但焊缝金属的 σ_b = 549 ~ 608MPa，δ = 22% ~ 32%，a_{KV} = 196 ~ 294J/cm^2，全部达到甚至超过 Q420 钢的力学性能指标。

（2）焊接参数的确定

1）焊接含碳量较低的热轧钢时，如 Q295 及含碳量偏下限的 Q345(16Mn)，对热输入没有严格的限制。因为这类钢的过热区硬化程度不大，淬硬倾向和冷裂纹倾向也不大。为了提高过热区的塑性和韧性，热输入较小为好。

焊接 Q345 钢时，由于淬硬倾向大，过热压脆化较严重，热输入较大为好。

2）焊接含 Nb、V、Ti 的正火钢时，为了防止沉淀相的溶入和晶粒过热引起脆化，热输入应小些。

例如，焊接 Q420（15MnVN）时，热输入在 47kJ/cm 时可保证 -20℃时过热区韧性合格。若要求 -40℃时过热区韧性合格，则热输入必须在 40kJ/cm 以下。

（3）预热温度的确定　焊前是否预热，应根据实际情况确定。

例如，焊接含碳量和合金元素含量较高的 18MnMoNb 正火钢时，随着热输入的减小，过热区韧性降低，而且容易产生延迟裂纹。若加大热输入，在降低冷却速度的同时，又会产生热应变脆化。在这种情况下，采用较小的热输入采取预热更好。预热温度恰当时，既能避免裂纹，又能防止晶粒过热。

几种常用热轧钢及正火钢的预热温度及焊后热处理参数见表 5-6-8。

表 5-6-8　常用热轧及正火钢的预热温度和焊后热处理参数

钢号		预热温度/℃	焊后热处理温度/℃	
型号	牌号		电弧焊	电渣焊
Q295	09Mn2 09MnNb 09MnV	不预热 （一般供应的板厚 $\delta \leqslant 16mm$）	不热处理	—
Q345	16Mn 14MnNb	100 ~ 150 （$\delta \geqslant 30mm$）	600 ~ 650 退火	900 ~ 930 正火 600 ~ 650 回火
Q390	15MnV 15MnTi 16MnNb	100 ~ 150 （$\delta \geqslant 28mm$）	550 或 650 退火	950 ~ 980 正火 550 或 650 回火
Q420	15MnVN 14MnVTiRE	100 ~ 150 （$\delta \geqslant 25mm$）		950 正火 650 回火
14MnMoV 18MnMoNb		≥200	600 ~ 650 退火	950 ~ 980 正火 600 ~ 650 回火

（4）焊后热处理　一般情况焊接热轧钢及正火钢焊后不需热处理。但对要求抗应力腐蚀的结构、低温下使用的结构及原壁高压容器焊后需进行消除应力退火。对于有回火脆性的材料，回火时应避开 600℃左右的温度区，如 Q420（15MnVN）消除应力退火温度为（550 ± 25）℃，对 $\sigma_s \geqslant 490MPa$ 的高强钢，为防止延迟裂纹，在消除应力的同时起到消氢作用，焊后必须立即进行回火处理。

二、低碳调质钢的焊接

1. 低碳调质钢的成分与性能　这类钢的 σ_s 一般在 440 ~ 980MPa 之间，为了保证良好的综合力学性能和焊接性，要求 $w(C) \leqslant 0.21\%$，实际上 $w(C)$ 都在 0.18% 以下。

$\sigma_s = 440 \sim 490MPa$ 的低合金钢包括有调质钢和正火钢两类。其中的调质钢是将 $\sigma_s \geqslant 343MPa$ 的Mn-Si 钢经调质处理后，使 σ_s 达到 440 ~ 490MPa。

当板厚加大或要求强度级别更高时，需在钢中添加其他合金元素，如 Cr、Ni、Mo、V、Nb、B、Ti、Zr 和 Cu 等元素来提高钢材的淬透性和抗回火性。常用的低合金调质钢的化学成分见表 5-6-9，力学性能见表 5-6-10。

表 5-6-9 常用低合金调质钢的化学成分

钢号	化学成分(质量分数,%)										w(CE)(%)
	C	Mn	Si	S≤	P≤	Ni	Cr	Mo	V	其他	
14MnMoVN	0.14	1.41	0.30	0.035	0.012	—	—	0.17	0.13	N 0.015	0.50
14MnMoNbB	0.12～0.18	1.30～1.80	0.15～0.35	0.03	0.03	—	—	0.45～0.7	—	Nb 0.02～0.06 B 0.0005～0.003	0.56
WCF60 WCF62	≤0.09	1.10～1.30	0.15～0.35	0.02	0.03	≤0.50	≤0.30	≤0.30	0.02～0.06	B≤0.003	0.47
HQ70A	0.09～0.16	0.60～1.20	0.15～0.40	0.03	0.03	0.30～1.00	0.30～0.60	0.20～0.40	V+Nb ≤0.10	Cu 0.15～0.50 B 0.0005～0.003	0.52
HQ80C	0.10～0.16	0.60～1.20	0.15～0.35	0.015	0.025	—	0.60～1.20	0.30～0.60	0.03～0.08	Cu 0.15～0.50 B 0.0005～0.003	0.58

表 5-6-10 常用低合金调质钢的力学性能

钢号	板厚/mm	σ_s/MPa	σ_b/MPa	δ(%)	a_{KV}/(J/cm^2)	
					温度/℃	横向
14MnMoVN	36	598	701	20	20 -40	77 56
14MnMoNbB	≤50	≥686	≥755	≥14	-40	≥39
WCF60，WCF62	16～50	≥490	610～725	≥18	-40	≥40
HQ70A	≥18	≥590	≥685	≥17	-20 -40	≥39 ≥29
HQ80C	—	≥685	≥785	≥16	-20 -40	≥47 ≥29

σ_s>490MPa 的高强钢基本上都需要在调质状态下使用。我国的 14MnMoNbB 和鞍钢研制的 HQ80C 都属于这一类。

我国武钢生产的 WCF60、WCF62 属于含碳量极低（w(C)≤0.09%）的调质钢，即焊接无裂纹钢，简称为 CF 钢。钢中加有多种微量元素，调质后具有很高的强度和韧性。抗裂性好，采用超低氢焊接材料，焊接板厚 50mm 以下的结构时，0℃焊前都不需预热、焊接性极好。

2. 低碳调质钢的焊接性　这类钢的含碳量较低，焊接性和正火钢相似。因为这类钢是通过调质处理保证综合力学性能，对热影响区的影响除脆化作用外还有软化问题。

（1）焊接裂纹

1）焊缝中的结晶裂纹：由于低碳调质钢中含碳量较低、含 Mn 较高，S、P 杂质含量较低。因此产生结晶裂纹的倾向较小。

2）热影响区的液化裂纹：当钢中 $w(C)<0.20\%$，$M/S>30$ 时，产生液化裂纹的倾向较小；$M/S>50$ 时，产生液化裂纹的倾向极低。一般低碳调质钢焊接时很少发生液化裂纹。但在下列情况可能发生液化裂纹：

① 钢中含 Mn 量较低，含 Ni 较高时，比较容易出现液化裂纹，见表 5-6-11。

表 5-6-11　容易发生液化裂纹的低碳调质钢的成分(质量分数,%)

类　别	牌　号	C	Mn	Si	Cr	Ni	Mo	V	Nb	S	P	$\frac{Mn}{S}$
锻件	14Cr2Ni4MoV	0.12 ~ 0.14	0.70 ~ 0.80	0.22 ~ 0.29	1.42 ~ 1.78	4.4	0.39 ~ 0.41	0.07	0.021 ~ 0.039	0.12 ~ 0.14	0.012 ~ 0.016	56 ~ 58
钢板	10CrNi4MoV	0.010 ~ 0.015	0.54 ~ 0.59	0.36 ~ 0.43	0.55 ~ 0.63	4.15 ~ 4.46	0.49 ~ 0.58	0.07 ~ 0.08	—	0.007 ~ 0.011	0.01 ~ 0.016	49 ~ 69
钢板	12Ni3CrMoV	0.11 ~ 0.12	0.48 ~ 0.50	0.26 ~ 0.34	1.0	2.69 ~ 2.80	0.22 ~ 0.24	0.06 ~ 0.07	Ti 0.24	0.017 ~ 0.030	0.010 ~ 0.030	17 ~ 28

② 焊接热输入越大，过热区晶粒越粗大，晶界面积减小，容易形成液态薄膜，出现液化裂纹的倾向越大。必须控制热输入。

③ 蘑菇状焊缝内凹处的热影响区中容易出现液化裂纹。

3）冷裂纹：由于低碳调质钢含有较多的淬透性合金元素，冷却时容易得到韧性较高的低碳马氏体，而且这类钢的马氏体转变温度较高(Ms 接近 400℃)，若 Ms 点附近冷却速度较低，则不会产生冷裂纹；若 Ms 点附近冷却速度较高，则可能产生冷裂纹。

因此，焊接低碳调质钢时，希望高温且冷却速度较高，Ms 附近的低温区冷却速度较低。

低碳调质钢对扩散氢[H]比较敏感，当[H]较高时，容易出现冷裂纹。

4）再热裂纹：由于低碳调质钢中大都含有 Cr、Mo、V、Nb、Ti、B 等能提高再热裂纹倾向的元素。其中作用最强的是 V，其次是 Mo，当 V + Mo 共存时，作用更明显。一般认为 Mo-V 钢，特别是 Cr-Mo-V 钢对再热裂纹倾向最高，Mo-B 钢、Cr-Mo 钢也有一定的再热裂纹倾向。不同成分的钢产生再热裂纹的敏感温度区间不同，焊接时可通过预热，焊后降低退火温度等措施，防止或消除再热裂纹。

5）层状撕裂：由于低碳调质钢通常都采用先进的技术冶炼，杂质含量较低，抗层状撕裂能力较好，目前还没有看到发生层状撕裂的有关报导。

（2）热影响区性能的变化　低碳调质钢焊接热影响区性能的主要变化是脆化和软化两大问题。

1）过热区的脆化问题：经过调质处理后的低碳调质钢的组织是低碳马氏体和下贝氏体，具有较高的韧性，没有脆化问题。但过热区在冷却速度较低时，由于先析出铁素体，使未转变的奥氏体含碳量增加，冷却速度越低，奥氏体含碳量越高，随后若冷却速度太快，这些高碳奥氏体会转变成高碳马氏体，使过热区变脆，严重时会产生裂纹。

试验发现要避免过热区脆化，必须选择既能保证韧性指标，又能防止冷裂纹的最佳冷却速度范围。为此，焊接热输入必须保证冷却速度在这个范围。

由于低碳调质钢中含 Ni 量高时，会形成高 Ni 马氏体和高 Ni 上贝氏体，韧性都很好。因此，增加钢中的含 Ni 量可提高近缝区的韧性，防止过热区脆化。

2）焊接热影响区的软化：热影响区中被加热到比母材回火温度高，比 Ac_1 低的温度区间，强度都会降低，塑性和韧性会有所提高，特别是温度靠近 Ac_1 的地方，软化得最厉害。

软化区是低碳调质钢焊接接头最薄弱的地方，调质钢的强度级别越高，软化问题越严重。

制定焊接工艺时必须设法降低热影响区的软化程度和软化区的宽度。

3. 低碳调质钢的焊接工艺要点

（1）焊接准备

1）接头与坡口设计：对于 $\sigma_s \geqslant 600$MPa 的低碳调质钢结构，焊缝的布置要合理，避免将焊缝放在断面突然变化的地方。

2）尽可能地采用焊透的单面或双面坡口对接焊缝接头代替再焊缝，以减少应力集中。

3）为防止应力集中，焊趾处必须圆滑过渡。

4）低碳调质钢接头的坡口可以气割，但必须设法消除切口的硬化层。（加热或机械加工）。

（2）焊接材料的选择　根据等强原则选择焊材，为了防止冷裂纹，最好选用低氢型碱性焊条，焊前必须彻底烘干。

低碳调质钢的强度越高，选用的焊条的含氢量应该越少。例如：焊接 $\sigma_b \geqslant 850$MPa 的钢用焊条药皮中允许的 $w(H_2O) \leqslant 0.2\%$；焊接 $\sigma_b \geqslant 980$MPa 钢用焊条药皮中允许的 $w(H_2O) \leqslant 0.1\%$

按要求烘干后的碱性焊条，必须放在保温筒内，随用随取，防止受潮。

（3）预热温度　焊接低碳调质钢通常都采用≤200℃的温度预热，可防止冷裂纹。若预热温度过高，会使过热区出现脆化倾向。几种低碳调质钢的最低预热温度和层间温度见表 5-6-12。

表 5-6-12　低碳调质钢的最低预热温度和层间温度　（单位：℃）

板厚/mm	<13	13~16	16~19	19~22	22~25	25~35	35~38	38~51	>51
14MnMoNbB	—	100~150	150~200	150~200	200~250	200~250	—	—	—
15MnMoVN	—	50~100	100~150	100~150	150~200	150~200	—	—	—
A517	10	10	10	10	10	66	66	66	93
HY-80	24	52	52	52	52	93	93	93	93
HY-130	24	24	52	52	52	93	93	93	93

（4）焊接热输入　从防止冷裂纹考虑，要求冷却速度越慢，热输入越大越好，从防止过热区脆化考虑，要求冷却速度快，热输入小好。但必须兼顾两方面的要求，选择合适的热输入，保证冷却速度控制在最佳范围内。

实际工作中是采用试验的方法确定合适的热输入。

（5）焊后热处理　应根据结构和母材的性能确定：

1）一般情况下，热轧钢及正火钢焊后不需热处理。

2）对于要求抗应力腐蚀的结构、低温下使用的结构或厚壁高压容器等，焊后都必须进行消除应力退火。退火温度不能超过母材原来的回火温度，以免降低母材原有的性能。

3）对于一些有回火脆性的材料，例如对一些含 V，特别是含 V + Mo 的低合金钢，回火时要避开出现回火脆性的温度区(600℃左右)。再例如 Q420(15MnVN)钢的消除应力退火温度应控制在(550 ± 25)℃范围内。

4）对于 σ_s ≥490MPa 的高强钢，由于产生延迟裂纹的倾向较大，为了在消除应力退火的同钢材韧性的最大热输入，可采用已选定的热输入进行焊接，根据焊接时的冷裂倾向确定是否需要预热。

由于低碳调质钢的组织是低碳马氏体和下贝氏体，能保证焊接热影响区在快速冷却下具有较高的强度和韧性，一般情况下，焊后不需要进行消除应力退火。

只有要求耐应力腐蚀的焊件，为了保证材料的强度，才需要进行消除应力退火。退火温度必须避开产生再热裂纹的温度区间，并要求比钢材原来的回火温度低 30℃左右。

三、中碳调质钢的焊接

1. 中碳调质钢的成分与性能

中碳调质钢的含碳量较高[w(C) = 0.25% ~ 0.45%]，具有较高的比强度和硬度。这类钢的淬透性很大、焊接性差、焊接工艺复杂，且焊后必须通过调质处理才能保证焊接接头的性能。

中碳调质钢都是在调质状态下使用，淬火后得到马氏体组织，经过不同温度回火后，得到回火索氏体或回火马氏体组织，由于含碳量高，呈片状马氏体的脆硬组织。

中碳调质钢中的杂质含量对焊接性影响很大，w(S)、w(P)甚至降到 0.02% 时还会产生裂纹。S 会增加热裂倾向，P 降低塑性、韧性和增加冷裂倾向。对于重要用途的中碳调质钢，必须采用真空冶炼，w(S)或 w(P) ≤0.015%。常用中碳调质钢的化学成分见表 5-6-13，力学性能见表 5-6-14。

表 5-6-13　常用中碳调质钢的化学成分(质量分数,%)

钢　号	C	Mn	Si	Cr	Ni	Mo	V	S	P
30CrMnSiA	0.25 ~ 0.35	0.80 ~ 1.10	0.90 ~ 1.20	0.80 ~ 1.10	≤0.30	—	—	≤0.030	≤0.035
30CrMnSiNi2A	0.27 ~ 0.34	1.00 ~ 1.30	0.90 ~ 1.20	0.90 ~ 1.20	1.40 ~ 1.80	—	—	≤0.025	≤0.025
40CrMnSiMoVA	0.37 ~ 0.42	0.80 ~ 1.20	1.20 ~ 1.60	1.20 ~ 1.50	≤0.25	0.45 ~ 0.60	0.07 ~ 0.12	≤0.025	≤0.025
35CrMoA	0.30 ~ 0.40	0.40 ~ 0.70	0.17 ~ 0.35	0.90 ~ 1.30	—	0.20 ~ 0.30	—	≤0.030	≤0.035
35CrMoVA	0.30 ~ 0.38	0.40 ~ 0.70	0.20 ~ 0.40	1.00 ~ 1.30	—	0.20 ~ 0.30	0.10 ~ 0.20	≤0.030	≤0.035
34CrNi3MoA	0.30 ~ 0.40	0.50 ~ 0.80	0.27 ~ 0.37	0.70 ~ 1.10	2.75 ~ 3.25	0.25 ~ 0.40	—	≤0.030	≤0.035
40CrNiMoA	0.37 ~ 0.44	0.50 ~ 0.80	0.17 ~ 0.37	0.50 ~ 0.90	1.25 ~ 1.75	0.15 ~ 0.25	—	≤0.030	≤0.030

表 5-6-14　常用中碳调质钢的力学性能

钢　　号	热处理规范	σ_s/MPa	σ_b/MPa	δ(%)	ψ(%)	a_k/J·cm^2	HBW
30CrMnSiA	870～890℃油淬 510～540℃回火	≥833	≥1078	≥10	≥40	≥49	346～363
	870～890℃油淬 200～260℃回火	—	≥1568	≥5	—	≥25	≥444
30CrMnSiNi2A	890～910℃油淬 200～300℃回火	≥1372	≥1568	≥9	≥45	≥59	≥444
40CrMnSiMoVA	890～970℃油淬 250～270℃回火	—	≥1862	≥8	≥35	≥49	HRC≥52
35CrMoA	860～880℃油淬 560～580℃回火	≥490	≥657	≥15	≥35	≥49	197～241
35CrMoVA	880～900℃油淬 640～660℃回火	≥686	≥814	≥13	≥35	≥39	255～302
34CrNi3MoA	850～870℃油淬 580～650℃回火	≥833	≥931	≥12	≥35	≥39	285～341
40CrNiMoA	840～860℃油淬 550～650℃水或空冷	≥833	≥980	12	50	79	—

2. 中碳调质钢的焊接性

（1）焊接裂纹

1）焊缝中的结晶裂纹：中碳调质钢的含碳量和合金元素的含量较高，因此液-固相温度区间较大。偏析较严重，产生热裂纹的倾向较大。为了提高焊缝金属的抗热裂纹能力，应选用含碳量低，杂质S、P少的，能保证焊缝金属与母材等强度的焊接材料。焊接时要注意填满弧坑，保证焊缝能良好的成形，焊趾处圆滑过渡，防止应力集中。

2）冷裂纹：由于中碳调质钢含碳量和合金元素含量较高，淬硬倾向大，产生冷裂纹的倾向很大，特别是还可能产生延迟裂纹，危险更大。为了防止冷裂纹，除了采取焊前预热，选用合适的热输入外，焊后必须及时回火或进行相应的热处理。

（2）热影响区性能的变化

1）过热区脆化：中碳调质钢因含碳量较高，一般 $w(C)=0.25\%\sim0.45\%$，含合金元素较多，淬硬倾向大。过热区内很容易产生脆硬的高碳马氏体。冷却速度越快，产生的高碳马氏体越多，脆硬倾向越重，产生冷裂纹的倾向越大。为了防止冷裂纹的产生，应降低热输入，减少高温停留时间，防止奥氏体过热，同时采取预热、缓冷等措施降低冷却速度，特别是要及时回火，进行焊后消氢处理，以及消除焊接区的残余应力。

2）焊接热影响区的软化：

① 如果焊接的是未经调质处理的中碳调质钢，焊接热影响区没有软化问题。

② 如果焊接的是经过调质处理的中碳调质钢，且焊后不再进行调质处理，热影响区中被加热到 Ac_1～600℃的那个区间，软化十分严重。例如，调质处理后的30CrMnSiA钢的

$\sigma_b \geqslant 1078$MPa。经气焊后软化区的 σ_b 降到 590～685MPa；经电弧焊后，σ_b 降到 880～1030MPa，而且气焊软化区的宽度比电弧焊大得多。由此可见，焊接中碳调质钢时，应选用热源集中的焊接方法，减少热输入，通过预热、缓冷和后处理的办法来减小内应力，防止裂纹产生、降低软化区的宽度和软化程度。

3. 中碳调质钢的焊接工艺要点

（1）焊前准备

1）除净焊接区的油、锈及其他污物，将焊接区打磨至露出金属光泽为止。

2）采用与正式焊接相同的工艺要求焊定位焊缝，定位焊缝不能太薄，长为 40～60mm，不允许有缺陷。

（2）焊接方法的选择　尽可能地选用热量集中的电弧焊、气体保护焊，特别是熔化极氩弧焊和混合气体保护焊更好。但目前还是采用焊条电弧焊较为普遍。

（3）焊接材料的选择

1）用来焊接已经调质处理的中碳调质钢的焊接材料，为了防止焊后冷裂纹的产生，应选用含碳量较低，硫、磷杂质含量尽可能少，焊后熔敷金属的力学性能与母材相同的焊接材料。

2）用来焊接焊后才进行调质处理的中碳调质钢的焊接材料，除了要求焊接材料中的碳、硫、磷含量较低外，还尽可能地保证熔敷金属的化学成分与母材相近，要求调质后的焊缝金属与母材等强。

3）焊接强度特别高、淬硬倾向特别大的中碳调质钢时，为了防止裂纹和脆化，可采用强度稍低的填充材料。

常用焊材见表 5-6-15。

表 5-6-15　中碳调质钢用焊接材料

钢　号	焊条电弧焊	气体保护焊		埋弧焊		备　注
		CO_2 焊焊丝	Ar 弧焊焊丝	焊　丝	焊　剂	
30CrMnSiA	E8515-G E10015-G HT-1（H08A 焊芯） HT-1（H08CrMoA 焊芯） HT-3（H08A 焊芯） HT-3（H18CrMoA 焊芯） HT-4（HGH41 焊芯） HT-4（HGH30 焊芯）	H08Mn2SiMoA H08Mn2SiA	H18CrMoA	H20CrMoA H18CrMoA	HJ431 HJ431 HJ260	HT 型焊条为航空用焊条牌号。 HT-4（HGH41 焊芯） HT-4（HGH30 焊芯）为用于调质状态下焊接的镍基合金焊条
30CrMnSiNi2A	HT-3（H18CrMoA 焊芯） HT-4（HGH41 焊芯） HT-4（HGH30 焊芯）		H18CrMoA	H18CrMoA	HJ350-1 HJ260	HJ350-1 是 w（HJ350）80%～82% 和 w（粘结焊剂 1 号）18%～20% 的混合焊剂
40CrMnSiMoA	J107-Cr HT-3（H18CrMoA 焊芯） HT-2（H18CrMoA 焊芯）					

（续）

钢　　号	焊条电弧焊	气体保护焊		埋　弧　焊		备　　注
		CO_2 焊焊丝	Ar 弧焊焊丝	焊　　丝	焊　　剂	
35CrMoA	J107-Cr		H20CrMoA	H20CrMoA	260	
35CrMoVA	E5015-B2-VN6 E8515-G J107-G		H20CrMoA			
34CrNi3MoA	E8515-G		H20Cr3MoNiA			
40Cr	E8515-G E9015-G E10015-G					

（4）焊接工艺参数的选择

1）焊接未经调质处理的中碳调质钢：焊接时只要保证调质前没有裂纹就行，接头的性能依靠焊后进行调质处理来保证，焊接工艺较简单。

① 可采用较高的预热温度和层间温度，温度可控制在 200～350℃范围内。

② 为防止焊接时产生冷裂纹，可采用较大的焊接热输入。

③ 为了防止产生延迟裂纹，焊后应及时进行调质处理。若不能及时调质，则焊后应立即进行高温退火处理。

2）焊接已调质的中碳调质钢：焊接时必须同时解决冷裂纹、热影响区脆化和软化三方面的问题，需全面保证焊接质量更加困难。为此可采取的措施如下：

① 为了不影响已调质的中碳调质钢的力学性能，预热温度、层间温度和焊后回火温度都应该比调质时的回火温度低于 50℃以上。

② 采用热量集中，能量密度高的焊接方法，在保证焊透的情况下，尽量降低热输入，降低热影响区的软化程度和软化区的宽度。

③ 因为焊后不再进行调质处理，为了防止冷裂纹，可以采用低氢型奥氏体不锈钢焊条或镍基焊条进行焊接。

第六节　珠光体型耐热钢的焊接

一、珠光体型耐热钢的成分与性能

珠光体型耐热钢是以 Cr、Mo 为主要合金元素的低合金钢。这类钢具有较高的抗氧化能力和热强性，以及良好的抗硫化物和氢的腐蚀能力。广泛用于在 350～600℃范围内工作的发电设备的锅炉、汽轮机、压力管道及石油化工设备等。

珠光体型耐热钢按用途可分为锅炉管子钢、锅筒（气包）用钢、紧固件用钢和转子用钢。

珠光体型耐热钢中 $w(\mathrm{Cr})=0.5\%\sim9.0\%$，$w(\mathrm{Mo})=0.5\%\sim1.0\%$，同时还含有一定的 V、W、Ti 和 Nb 等合金元素。常用珠光体型耐热钢的牌号及成分见表 5-6-16。热处理参数和力学性能见表 5-6-17。

表 5-6-16 常用珠光体型耐热钢的化学成分(质量分数,%)

钢号	C	Mn	Si	Cr	Mo	V	W	其他
12CrMo	≤0.15	0.4~0.7	0.2~0.4	0.4~0.7	0.4~0.55	—	—	—
15CrMo	0.12~0.18	0.4~0.7	0.17~0.37	0.8~1.1	0.4~0.55	—	—	—
10CrMo9-10	0.08~0.14	0.4~0.8	≤0.50	2.0~2.5	0.9~1.1	—	—	—
12Cr2Mo	≤0.15	≤0.6	≤0.5	2.0~2.5	0.5~0.6	—	—	—
12Cr9Mo1	≤0.15	0.3~0.6	0.5~1.0	8.0~10.0	0.9~1.1	—	—	—
12Cr1MoV	0.09~0.15	0.4~0.7	0.17~0.37	0.9~1.2	0.25~0.35	0.15~0.30	—	—
15Cr1Mo1V	0.08~0.15	0.4~0.7	0.17~0.37	0.9~1.2	1.0~1.2	0.15~0.25	—	—
17CrMo1V	0.12~0.50	0.6~1.0	0.3~0.5	0.3~0.45	0.7~0.9	0.3~0.4	—	—
20Cr3MoWV	0.17~0.24	0.3~0.6	0.2~0.4	2.6~3.0	0.35~0.50	0.7~0.9	0.3~0.6	
12Cr2MoWVTiB	0.08~0.15	0.45~0.65	0.45~0.75	1.6~2.1	0.50~0.65	0.28~0.42	0.3~0.55	Ti 0.08~0.18 B≤0.008
12Cr3MoVSiTiB	0.09~0.15	0.5~0.8	0.6~0.9	2.5~3.0	1.0~1.2	0.25~0.35	—	Ti 0.22~0.38 B 0.005~0.011

表 5-6-17 常用珠光体型耐热钢的热处理参数和常温力学性能

钢号	热处理制度	σ_b/MPa	σ_s/MPa	δ_5(%)	a_{KU}/(J/cm^2)
12CrMo	900~930℃正火 680~730℃回火 缓冷到300℃空冷	≥410	≥265	≥24	≥135
15CrMo	900℃正火 650℃回火	≥440	≥294	≥22	≥118
10CrMo9-10	940~960℃正火 730~750℃回火	480~610	≥265	≥27	≥78.5
12Cr2Mo	900℃正火 540~570℃回火	≥980	—	≥10	—
12Cr9Mo1	900~100℃空冷或油淬 730~780℃空冷回火	590~735	≥392	≥20	≥78.5
12Cr1MoV	1000~1020℃正火 740℃回火	≥470	≥255	≥21	≥59
15Cr1Mo1V	1020~1050℃正火 730~760℃回火	540~685	≥345	≥18	≥49
17CrMo1V	980~1000℃正火或油淬 710~730℃回火	≥735	≥640	≥16	≥59

（续）

钢　　号	热处理制度	σ_b/MPa	σ_s/MPa	δ_5(%)	a_{KU}/(J/cm^2)
20Cr3MoWV	1000～1060℃正火或油淬 650～720℃回火	≥785	≥640	≥13	49～68.5
12Cr2MoWVTiB	1000～1035℃回火 760～780℃回火	≥540	≥345	≥18	
12Cr3MoVTiSiB	1040～1090℃正火 720～770℃回火	≥610	≥440	≥18	

二、珠光体型耐热钢的焊接性

1. 焊缝金属的合金化问题　珠光体耐热钢，大都以 Cr、Mo 合金元素为基础，其高温强度和高温抗氧化性较好。

衡量珠光体钢高温强度的主要指标有两个：其一是蠕变极限。它是高温下，金属开始发生缓慢变形时的应力。这种缓慢变形叫高温蠕变；其二是持久强度，它是高温下，金属长期工作不致断裂时的应力。

提高珠光体耐热钢高温强度的措施，主要靠钢中加入 Mo(因钼熔点高，能显著提高金属的高温强度)；同时加少量 V，能强烈地形成碳化钒，呈弥散分布，可阻碍高温时金属组织的塑性变形；另外加 Mo 与 C，可保证 Mo 全部进入固熔体，V 的这两个作用都有利于提高金属的高温持久强度。

提高珠光体耐热钢的高温抗氧化性，主要靠钢中加入一定数量的 Cr。因为 Cr 和 O_2 的亲和力比 Fe 和 O_2 的亲和力大，在高温时、金属表面首先形成一层氧化铬保护膜、从而防止内部金属氧化，可提高珠光体耐热钢的蠕变极根。

鉴于上述原因，焊接耐热钢时要保证焊缝金属的化学成分，最大限度地接近被焊钢材的化学成分，否则将使焊接接头的持久强度和塑性降低，或高温时焊缝过早地被氧化。

2. 冷裂纹倾向　由于这类钢含有 Cr 和 Mo，有明显的空淬倾向。焊接时在焊缝和热影响区，容易产生硬而脆的马氏体组织，并且还有很大的内应力，容易使焊缝的热影响区产生冷裂纹。此外在一般情况下，焊缝含碳量比母材低，因此母材热影响区中奥氏体尚未转变时，焊缝中的奥氏体转变却已开始，这时如果熔池里含有较多的 H，在奥氏体发生组织转变时，氢的溶解度突然降低，焊缝中的 H 便向近缝区尚未转变的奥氏体中扩散，待近缝区奥氏体转变为马氏体时，温度已很低，氢已无法向外逸出，只能在马氏体中呈饱和状态存在，因而会产生很大的氢致应力、使马氏体脆化、再加上其它应力(热应力、相变应力和拘束应力)，更加速了近缝区产生冷裂纹的倾向。

3. 再热裂纹倾向　由于这类钢含有对再热裂纹敏感的元素，如 Mo、V、Nb、B 等，焊后重复加热(热处理及其它热加工)时，会产生再热裂纹。

三、珠光体型耐热钢的焊接工艺要点

1. 焊接材料的选择　焊接材料应尽可能地采用与母材相同的合金系统。

氩弧焊时，合金成分稍有调整，如焊 12Cr1MoV，焊丝选 H05CrMoVTiRE，焊

12Cr2MoWVTiB 焊丝选 H10Cr2MnMoWVTiB 等。

2. 预热　除焊很薄的板和管外，焊这类钢一般都要求焊前预热。

推荐常用珠光体耐热钢的焊前预热温度和焊后热处理温度，见表 5-6-18 所示。

表 5-6-18　常用珠光体耐热钢的焊前预热和焊后热处理温度

钢　号	壁厚/mm	焊前预热/℃	焊后热处理/℃
12CrMo	>10	>150	650～700
15CrMo	>10	>150	680～700
20CrMo	任何厚度	>200	720～760
12Cr1MoV	>6	150～200	720～760
12Cr2MoWVTiB	任何厚度	>200	740～780
12Cr3MoVSiTiB	任何厚度	>200	740～780

3. 焊后缓冷　焊后缓冷，是焊接这类钢必须严格遵守的原则，即使在炎热的夏天也必须做到这一点。一般是焊后立即用石棉布覆盖焊缝及近缝区。小的焊件可以直接放在石棉灰中，以确保缓冷。

4. 装配焊接　焊接时，要尽量一次焊完，最好不要中断。如果需中间暂停时，也应使已焊部分缓慢冷却，必要时要进行中间热处理。再进行焊接之前，必须仔细清理检查，并重新预热。厚板宜采用多层焊，以增加自回火作用。控制层间温度使不低于预热温度。不允许进行强制装配，装配定位焊时也要预热。

5. 焊后热处理　这类钢焊后都要进行高温回火、常用钢焊后热处理温度，见表 5-6-15。

第七节　低温钢的焊接

我国把工作环境在 -40～196℃工作的结构钢称为低温钢。在 -196～ -273℃工作的结构钢称为超低温钢。这类钢主要用于生产、贮存和运输液化气体的容器和设备。在航天、钢铁及化工领域中获得了大量的应用。

一、低温钢的成分与性能

对低温钢最重要的要求是在给定的低温环境工作时，具有足够的强度和韧性，特别是在最低工作温度时，冲击韧度必须满足产品技术条件的要求和有关标准的规定。

按化学成分可将低温钢分成含镍和无镍两大类。按钢的显微组织可分为：铁素体型、低碳马氏体型、奥氏体型三类。

1. 铁素体型低温钢　这类钢的显微组织是铁素体加少量珠光体。工作环境温度是 -40～ -100℃。如 16MnDR、09Mn2VDR、09MnTiCuREDR、3.5Ni 和 06MnVTi 钢等。

牌号后缀为 DR 的是低温容器专用钢，一般在正火状态下使用。

3.5Ni 钢一般采用 870℃正火，1h 消除应力回火后使用，最低工作温度为 -100℃；若通过调质处理，可提高强度、改善韧性、降低脆性转变温度，最低工作温度可降低到 -127℃。

2. 低碳马氏体型低温钢　这类钢含 Ni 量较高。如 9Ni 钢，经淬火后组织为马氏体；正火后的组织是低碳马氏体、一定数量的铁素体和少量奥氏体，具有较高的强度和韧性，能够

在 -196℃环境中工作。这种钢经冷变形处理后，需在 565℃消除应力退火，以提高低温韧性。

3. 奥氏体型低温钢　这类钢具有很好的低温性能。其中以 18-8 型铬镍奥氏体钢应用最广泛，25-20 型铬镍奥氏体钢可在超低温下工作。我国为了节约铬、镍研制了以铝代镍的 15Mn26Al4 奥氏体钢。这种钢的使用温度不能低于马氏体的相变温度，否则奥氏体转变为马氏体，韧性会下降。

常用低温钢的化学成分见表 5-6-19，力学性能见表 5-6-20。

表 5-6-19　常用低温钢的化学成分（质量分数，%）

工作温度/℃	钢　　号	C	Mn	Si	Ni	Cu	Nb	其　　他
-40	16MnDR	≤0.20	1.20~1.60	0.20~0.60				
-70	09MnTiCuREDR	≤0.12	1.4~1.70	≤0.40		0.20~0.40		Ti 0.03~0.08 RE =0.15
	09Mn2VDR	≤0.12	1.40~1.80	0.20~0.50				
-90	06MnNbDR	≤0.07	1.20~1.60	0.17~0.37			0.02~0.05	
	09MnNiDR	≤0.12	1.20~1.60	0.15~0.50	0.30~0.80		≤0.040	
-50	2.5Ni	≤0.17	≤0.17	0.15~0.30	2.1~2.5			
-90	3.5Ni	≤0.17	≤0.7	0.15~0.30	3.25~3.75			
-170	5Ni	≤0.13	0.3~0.6	0.20~0.35	4.75~5.25			
-196	9Ni	≤0.13	≤0.9	0.15~0.30	8.5~9.5			
-253	15Mn26Al4	0.14~0.18	25.0~27.0	≤0.50				Al 4.5~5.0

表 5-6-20　常用低温钢的力学性能

钢　　号	热处理状态	冲韧韧度				拉伸性能		
		缺口形式	板样方向	试验温度/℃	A_{KV}/J	σ_s/MPa	σ_b/MPa	δ(%)
Q345(16MnDR)	正火		纵	-40	≥21	312	493~617	21
09MnTiCuREDR	正火		纵	-60	≥21	312	441~568	21
09Mn2VDR	正火		纵	-70	≥21	323	461~588	21
06MnNbDR	正火		纵	-90	≥21	294	392~519	21
09MnNiDR	正火+回火	V形	横	-70	≥31	300	440~570	23
2.5Ni	正火	5mm U形	纵横	-50	≥20.5	≥255	450~530	≥23
3.5Ni	正火	5mm U形	纵横	-101	≥20.5	≥255	450~530	≥23
5Ni	淬火+回火	2mm V形	纵	-170	≥34.5	≥448	655~790	≥20
9Ni	淬火+回火 二次正火+回火	2mm V形	纵	-196	≥34.5	≥517 ≥585	690~828	≥20
15Mn26Al4	1050℃加热空冷	U形		-253	24.2	230	540	$\delta_5$33.5

二、低温钢的焊接性

1. 无镍低温钢的焊接性　这类钢属于热轧正火钢和低碳低合金调质钢。由于含 C 量和

S、P 杂质的含量低，淬硬倾向小，室温下焊接不易产生冷裂纹。板厚<25mm 时，一般不需预热；板厚超过 25mm，或环境温度低于 0℃时，可在 100~150℃预热。板厚>16mm，焊后最好进行消除应力退火。

2. 低 Ni 低温钢的焊接性　由于含 Ni 较低、含 C 量低，冷裂倾向不严重。如焊接 3.5Ni 钢薄板可不预热；焊厚板时，可 100℃低温预热。Ni 虽然能提高钢的热裂倾向，由于钢中 S、P 较低，热裂倾向不高。

3. 高 Ni 低温钢的焊接性　如 9Ni 钢的淬透性大，热影响区容易得到淬硬组织，但含 C 量低，韧性仍较好。一般情况，焊前不需预热。由于 S、P 杂质含量低，热影响区不会出现高温液化裂纹。但焊 9Ni 钢时要注意以下问题：

（1）选择合适的焊接材料　所选焊接材料必须保证熔敷金属的低温韧性和线胀系数与母材差不多。若所选用的焊接材料合金成分和 9Ni 钢的成分差不多，则焊缝金属的低温韧性会比母材差得多，其主要是因为焊缝中含氧量增加，焊缝是铸造组织的原因。通常应采用镍基合金焊接材料，以保证焊缝得到奥氏体组织，虽然强度稍低，但低温韧性好，而且线胀系数与 9Ni 钢接近。

（2）防磁偏吹　由于 9Ni 钢是磁性材料，用直流电焊接时会产生磁偏吹现象。防止措施是避免接触强磁场、退磁和检测残留磁场，使剩磁低于 50A/m。最好选用镍基合金焊接材料，并用交流电焊接。

（3）防止热裂纹　选用镍基焊接材料焊接时，焊缝容易产生热裂纹，特别是弧坑裂纹。应选用抗热裂性好，线胀系数与母材相近的焊接材料。焊接时必须填满弧坑。

含 Ni 钢有回火脆性，需控制回火温度及冷却速度。

三、低温钢的焊接工艺要点

1. 焊接材料的选择

1）埋弧焊时，可选用中性焊剂配合 Mn-Mo 合金焊丝；碱性熔炼焊剂配合含 Ni 焊丝或 C-Mn 焊丝，通过焊剂向焊缝中渗入微量 Ti、B 等合金元素使焊缝获得良好的低温韧性。

2）焊条电弧焊按表 5-6-21 选用焊条。

表 5-6-21　低温钢焊条的选用

环境温度/℃	低温钢钢号	焊条牌号	焊条型号	熔敷金属主要成分（质量分数，%）
-40	16MnDR 16MnD	J506RH J507RH	E5016-G E5015-G	C≤0.10，Mn≤1.60，Si≤0.50 Ni=0.35~0.80
-60	09MnD 15MnNiDR	W607	E5015-G	C≤0.07，Mn=1.2~1.7 Ni=0.6~1.0
-70	09MnTiCuREDR 09Mn2VDR 09MnNiD 09MnNiDR	W707	—	C≤0.10，Mn≈2.0，Si≈0.20 Cu≈0.7
		W707Ni	E5515-C1	C≤0.12，Mn≤1.25 Ni=2.0~2.75 Si≤0.60
-90	06MnNb 06MnNbN 3.5Ni	W107	E5015-C2L	C≤0.05，Mn=0.5~1.0 Ni=3.0~3.75
		W107Ni		C≤0.08，Mn≈0.5，Si≤0.30 Ni=4.0~5.0，Mo≈0.30，Cu≈0.5

2. 焊接参数的选择　为了防止过热区晶粒粗大，使低温韧性下降，焊接时必须选用小热输入，尽可能地采用多层多道焊，以降低热输入。焊条电弧焊或气体保护焊时，采用快速，不摆动焊条的多层多道焊、严格控制预热及层间温度(在50~100℃范围内)，焊接时要注意填满弧坑，防止咬边，未焊透等缺陷。

3. 焊后热处理　焊后消除应力处理可以降低低温钢发生脆断的危险，改善焊接接头的韧性。但要避开发生回火脆性的温度区间。

第八节　奥氏体型不锈钢的焊接

一、奥氏体型不锈钢的成分与性能

能抵抗大气腐蚀的钢称为不锈钢。常温金相组织为奥氏体型的不锈钢，称为奥氏体型不锈钢。奥氏体型不锈钢不仅具有优良的耐腐蚀性能，而且还有很好的高温和低温性能，因此在锅炉、石油化工容器、航天等行业获得广泛的应用。常用奥氏体型不锈钢的牌号和化学成分见表5-6-22。热处理制度及力学性能见表5-6-23。

表5-6-22　常用奥氏体型不锈钢的牌号和化学成分(质量分数,%)

钢　号	C	Si	Mn	P	S	Ni	Cr	其　他
0Cr18Ni9	≤0.08	≤1.00	≤2.00	≤0.035	≤0.030	8.00~11.00	18.00~20.00	—
00Cr19Ni11	≤0.03	≤1.00	≤2.00	≤0.035	≤0.030	9.00~13.00	18.00~20.00	—
0Cr18Ni12Mo3Ti	≤0.08	≤1.00	≤2.00	≤0.035	≤0.030	11.00~14.00	16.00~19.00	Mo 2.50~3.50 Ti 5×C%~0.70
0Cr18Ni11Ti	≤0.08	≤1.00	≤2.00	≤0.035	≤0.030	9.00~13.00	18.00~20.00	Ti≥5×C%
0Cr19Ni9N	≤0.08	≤1.00	≤2.50	≤0.035	≤0.030	7.00~10.50	18.00~20.00	N：0.10~0.25
00Cr18Ni10N	≤0.03	≤1.00	≤2.50	≤0.035	≤0.030	8.50~11.50	17.00~19.00	N：0.12~0.22
0Cr25Ni20	≤0.08	≤1.00	≤2.00	≤0.035	≤0.030	19.00~22.00	24.00~26.00	—
00Cr18Ni14Mo2Cu2	≤0.03	≤1.00	≤2.00	≤0.035	≤0.030	12.00~16.00	17.00~19.00	Mo：1.20~2.75 Cu：1.00~2.50
2Cr21Ni12N	0.15~ 0.28	0.75~ 1.25	1.00~ 1.60	≤0.035	≤0.030	10.50~12.50	20.00~22.00	N：0.15~0.30
1Cr18Ni9	≤0.15	≤1.00	≤2.00	≤0.035	≤0.030	8.00~10.00	17.00~19.00	—
3Cr18Mn12Si2N	0.22~ 0.30	1.40~ 2.20	10.50~ 12.50	≤0.060	≤0.030	—	17.00~19.00	N：0.22~0.33
0Cr23Ni13	≤0.08	≤1.00	≤2.00	≤0.035	≤0.030	12.00~15.00	22.00~24.00	—

表5-6-23　奥氏体型不锈钢的热处理制度及力学性能

钢　号	热处理/℃	$\sigma_{0.2}$/MPa	σ_b/MPa	δ_5(%)	ψ(%)
0Cr18Ni9	固溶1010~1150快冷	≥205	≥520	≥40	≥60
00Cr19Ni11	固溶1010~1150快冷	≥177	≥480	≥40	≥60

（续）

钢　　号	热处理/℃	$\sigma_{0.2}$/MPa	σ_b/MPa	δ_5(%)	ψ(%)
0Cr18Ni12Mo3Ti	固溶 1000～1100 快冷	≥205	≥530	≥40	≥55
0Cr18Ni11Ti	固溶 980～1150 快冷	≥205	≥520	≥40	≥50
0Cr19Ni9N	固溶 1010～1150 快冷	≥275	≥550	≥35	≥50
0Cr21Ni12N	固溶 1010～1150 快冷 时效 750～800 空冷	≥430	≥820	≥26	≥20
0Cr25Ni20	固溶 1030～1150 快冷	≥205	≥520	≥40	≥50
00Cr18Ni14Mo2Cu2	固溶 1010～1150 快冷	≥177	≥400	≥40	≥60
00Cr18Ni10N	固溶 1010～1150 快冷	≥245	≥550	≥40	≥50
1Cr18Ni9	固溶 1010～1150 快冷	≥205	≥520	≥40	≥60
3Cr18Mn12Si2N	固溶 1100～1150 快冷	≥390	≥680	≥35	≥45
0Cr23Ni13	固溶 1030～1180 快冷	≥205	≥520	≥40	≥60

奥氏体型不锈钢属于耐蚀钢。应用范围很广。其中以 18-8 型(0Cr18Ni9 的简称)不锈钢最具代表性，它具有较好的力学性能。便于机加工，冲压和焊接。在氧化性环境中具有优良的耐蚀性能和良好的耐热性能；但对溶液中含有氯离子(Cl^-)的介质特别敏感，容易发生应力腐蚀。若在 18-8 型中适当减少 Cr、Ni 的含量，在常温下将得到不稳定的奥氏体型组织，经冷加工容易产生马氏体组织，使钢的强度增高。硬度大而且脆，若增加 18-8 型中的 Cr 和 Ni 含量，可获得稳定的奥氏体型组织，并可改善冷加工性能。若在 18-8 型中加入 Ti 或 Nb 时，能够提高抗晶间腐蚀能力。

二、奥氏体型不锈钢的焊接性

1. 晶间腐蚀(包括刀状腐蚀)　焊缝在 450～850℃温度区间停留，或在焊接热循环下，加热至 450～850℃的热影响区内，奥氏体型不锈钢中的碳和铬形成碳化铬，使晶粒边界处奥氏体局部贫铬，丧失耐腐蚀能力的现象(即沿晶粒边界发生腐蚀)。晶间腐蚀的特点：外观仍有金属光泽，但因晶粒已失去联系，敲击时失去金属声音、钢质变脆。

一般认为 650℃为晶间腐蚀敏感温度，奥氏体钢焊缝或热影响区，只要在这个温度停留十几秒到几分钟，就会产生晶间腐蚀。

2. 热裂纹　焊接奥氏体型不锈钢时，焊缝和近缝区会产生裂纹，而且主要是热裂纹、其原因为：

1）奥氏体型不锈钢的热导率小和线胀系数大，在焊接局部加热和冷却的条件下，焊接接头在冷却过程中可形成较大拉应力。

2）奥氏体型钢焊缝易形成方向性强的粒状晶组织，促进了有害杂质偏析，易形成晶间液态夹层，增大热裂倾向。

3）在含镍很高的奥氏体型不锈钢中，不仅 S、P、Sn、Sb 等杂质可形成易熔夹层，而且一些合金组元，如 Si、B、Nb 等，因溶解度有限也易于偏析，形成易熔夹层，增大了热裂倾向。

3. 脆性 σ 相析出　奥氏体型不锈钢焊缝，在 650～850℃停留时间过长时，也有可能像铁素体型不锈钢一样，析出一种硬脆(≥60HRC)、无磁性的金属间化合物(主要成分是 Fe

和 Cr 及小量的镍—σ 相)。由于这种脆性相的析出，割断了晶间的联系，使该处的塑性和韧性严重降低，而且抗晶间腐蚀性能也有所下降。

三、奥氏体型不锈钢的焊接工艺要点

1. 正确选择焊接材料　根据奥氏体型不锈钢焊接的主要问题、无论焊条电弧焊、埋弧焊、熔化极或不熔化极氩弧焊接时，都必须首先从焊接材料(主要焊条、焊丝)选择上尽量消除或减弱下述三方面问题的影响：

(1) 选用超低碳焊丝(焊条)　因为焊缝含碳量越高，晶间腐蚀倾向越大，所以尽量降低焊缝金属的含 C 量，是提高焊缝耐晶间腐蚀能力的一个途径。由于在奥氏体中溶解的 $w(\mathrm{C})\leqslant 0.03\%$ 时不会析出碳化铬，所以一般把焊丝中 $w(\mathrm{C})\leqslant 0.03\%$，定为超低碳的标准。采用超低碳焊丝，因碳化铬析出引起的贫铬问题得到了控制，自然就提高了焊缝抗晶间腐蚀的能力。

(2) 在焊丝(焊条)中加稳定化元素　由于钛(Ti)、铌(Nb)等亲 C 能力强，因而在焊丝中添加这些元素后，在 450 ~ 850℃加热时，奥氏体型不锈钢中的 C，将优先与 Ti、Nb 形成化合物，避免了 C 与 Cr 形成化合物而引起晶界处奥氏体局部贫铬问题，从而保证了焊缝抗晶间腐蚀能力。

Ti 加入量与含 C 量有关，一般应符合 $\mathrm{Ti}/(\mathrm{C}-0.02)\geqslant 8.5\sim 9.5$ 的关系。

(3) 使焊缝获得双相组织　获得双相组织的方法：合金元素对金属组织的影响可分两大类：一类是奥氏体促进元素，如 Ni、N、Cu、Co、C、Mn 等；另一类是铁素体型促进元素，如 Al、Cr、Mo、Nb、Si、Ti、V 等。因而在奥氏体不锈钢焊材中加入适量铁素体型促进元素，可获得奥氏体 + 铁素体型双相组织。

双相组织的作用：

1) 提高焊缝耐晶间腐蚀能力：单相奥氏体组织的焊缝金属，具有发达的柱状晶特征，使贫铬层贯穿于晶粒之间，构成腐蚀介质集中的腐蚀通道，因而具有较大的晶间腐蚀倾向。若焊丝中添加一些铁素体形成元素，则获得奥氏体 + 铁素体型双相组织，使柱状树枝晶被打散，对腐蚀介质不能形成集中的腐蚀通道，可大大减弱晶间腐蚀倾向。

2) 提高焊缝抗热裂能力：少量的铁素体可以细化晶粒，打乱柱状晶粒的方向和防止杂质的聚集。另外，铁素体还可以比奥氏体溶解更多的杂质、从而减少偏析。这些都对抗热裂能力有利。

必须注意：稳定的单相奥氏体型钢，如 Cr25Ni20、Cr15Ni35 钢等，不能采用双相组织来防止热裂纹，因为这种双相组织在高温(>650℃)会析出 σ 相，使焊缝脆化。对于这类钢，防止热裂纹的措施：一是适当提高含碳量，使焊缝中形成一定数量的稳定的一次碳化物。由于这种碳化物组成的共晶体，熔点低流动性好，在焊缝结晶过程中弥散分布、可以细化奥氏体晶粒，并在晶间薄层被拉断的瞬间填充进去，因而可防止形成热裂纹；二是降低焊缝含 Si 量、适当增加 Mn、Mo 含量。

3) 控制 CrNi 比：为了获得稳定的双相组织、希望焊缝中 Cr、Ni 含量之比 $[\mathrm{Cr}]/[\mathrm{Ni}]=2.2\sim 2.3$。通常应将铁素体含量控制在 5% 以内，一方面可大大提高奥氏体型不锈钢(主要是 18-8 型)的耐晶间腐蚀和抗热裂纹能力，另方面可有效地抑制 σ 相的生成。

(4) 控制 S、P 含量　选用 S、P 含量低的焊接材料，严格控制焊缝中 S、P 含量不应高出母材的 S、P 含量。

2. 焊接注意事项

（1）采用小的热输入　在相同条件下，焊接电流应比焊普通碳钢、低合金高强钢小10%～20%。

（2）采取冷却措施　要采取强制冷却（例如水冷、吹压缩空气等）措施、控制层间和焊后温度，尽量减少在450～850℃的停留时间。

（3）采取多层多道焊法　焊条不准横向摆动，尽量加快焊接速度。

（4）其他

1）避免飞溅。

2）禁止随便到处乱打弧。

3）焊缝表面应光洁，无凹凸不平现象，残渣彻底除净。

4）接触腐蚀介质的焊缝根部，禁止预留垫板或锁边，要保证焊透。

5）焊接电缆卡头在焊件上要卡紧，以免发生打弧或过烧现象。

6）接触腐蚀介质的焊缝应在最后焊接。

7）焊缝交接处要错开。

8）有可能时接头背面（焊管子时为内壁）也要加氩气保护，以保证背面成形并防止氧化。

9）严禁用普通钢丝刷或钢丝轮清除焊接区的焊渣或飞溅，必须用不锈钢制的钢丝刷或不锈钢丝轮清除焊接区的焊渣或飞溅。

10）严禁穿带有普通钢鞋钉的皮鞋在不锈钢焊件上踩或行走，工作时必须穿胶鞋。

3. 焊后处理　焊后应进行以下处理：

（1）固溶（或奥氏体化）处理　将焊接接头加热到1050～1100℃，因在这个温度下析出的碳又重新溶入奥氏体中，然后急冷便得到了稳定的奥氏体组织。经过这种处理后，如果焊接接头仍在危险温度区间工作，碳仍会析出形成贫铬层而产生晶间腐蚀。

（2）均匀化处理（或称稳定化退火、免疫处理）　将焊接接头加热至850～900℃，保温一定时间，使奥氏体晶粒内部的铬，有充分时间扩散到晶界，使晶界处的含Cr量又恢复到大于临界值[$w(Cr)12\%$]，从而避免产生晶间腐蚀。

4. 其他措施　奥氏体型不锈钢氩弧焊时，除遵守以上规定外，还应注意以下几点：

1）TIG焊时，一般应采用直流正接。对于含Al较多的奥氏体型钢，因易生成Al_2O_3氧化膜，以采用交流电源为宜。

2）MIG焊时，一般应采用直流反接，为使熔滴以喷射形式过渡，要求有足够大的电流密度。

3）如果能采用脉冲氩弧焊，则有利于减少接头过热，并有利于打乱柱状晶的方向性，对耐蚀性和抗裂性的改善都大有好处。

第七章 焊接相关基础知识

本章主要介绍与焊接有关的基础知识。如金属材料的力学性能、钢材热处理的基础知识及与焊接有关的电工基础知识等。

第一节 金属材料的力学性能

金属材料的力学性能是指金属在不同环境因素(温度、介质)下，承受外加载荷作用时表现的行为。这种行为通常表现为金属的变形和断裂。因此，金属材料的力学性能可以理解为金属抵抗外加载荷引起变形和断裂的能力。常用的力学性能包括强度、塑性、硬度和冲击韧度等；高温力学性能还包括抗蠕变性能，持久强度和瞬时强度以及热疲劳性能等；低温力学性能还包括脆性转变温度等。

一、拉伸试验

拉伸试验是将加工好的试样(图 5-7-1)放在拉伸试验机上逐渐增加拉力，直至拉断为止，通过自动记录装置，可测得如图 5-7-2 所示的拉力与变形量的关系曲线，这种图形称为力-伸长曲线，也称为拉伸曲线。

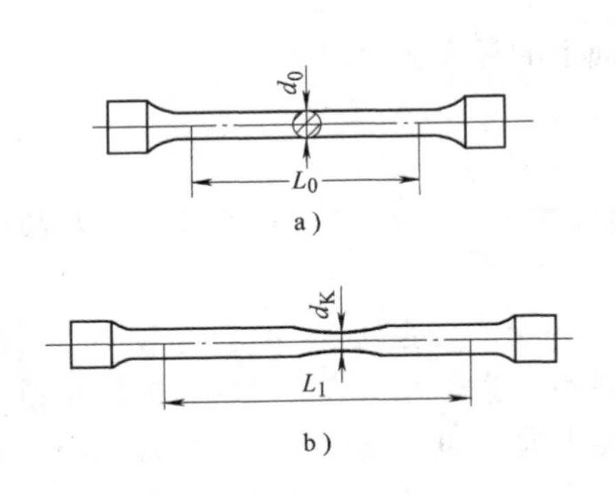

图 5-7-1 圆形拉伸试样
a) 拉伸前 b) 拉伸后

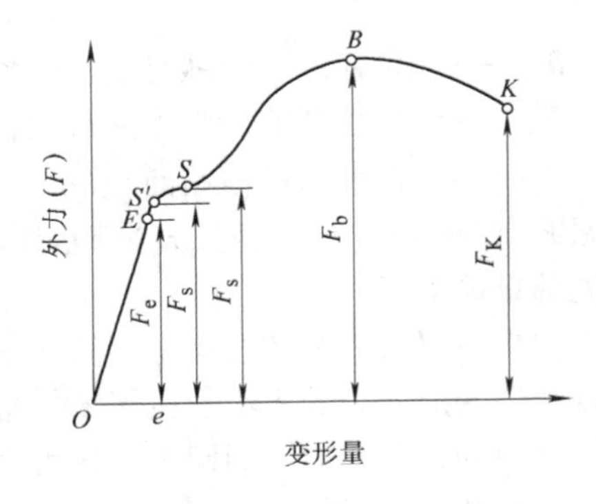

图 5-7-2 低碳钢的力-伸长曲线

由图可见，当拉力小于 F_e 时，*OE* 阶段试样的变形量很小，伸长量与拉力成正比，故 *OE* 线为直线。这时，若去掉外力，试样仍可恢复到原来的形状和尺寸，这种变形称为弹性变形。当拉力增加到 F_s 时，在 *ES* 段，应力不增加或开始有些下降，在拉伸曲线图上出现水平或锯齿形的线段，这种现象叫“屈服”。屈服后，材料开始产生明显的塑性变形。屈服现象过后，变形又随着载荷的增加而逐渐增大，整个试样发生均匀而显著的塑性变形。当载荷到达 F_b 后，在试样的标距长度内出现局部截面缩小，即发生颈缩现象。此时，载荷开始下降。故 *B* 点为曲线的最高点，变形主要集中在颈部，由于缩颈处试样截面急剧缩小，试样继续变形所需的力迅速降低，直至 *K* 点断裂。

综上所述，金属材料的变形过程可分为三个阶段：即弹性变形、塑性变形和断裂阶段。

二、材料的力学性能指标和试验方法

1. 强度　是指材料在静载荷作用下，抵抗塑性变形和断裂的能力。载荷的作用方式有拉伸、压缩、弯曲、剪切、扭转等形式。所以强度也分为抗拉强度、抗压强度、抗弯强度和抗剪强度等。载荷的作用方式、类型不同，金属的强度指标也不同。测定金属强度最普遍的、最简单的方法是前面所述的拉伸试验法。常用的强度特性指标有屈服点和抗拉强度。

（1）屈服点（又称屈服强度）　屈服点与屈服强度是材料产生明显塑性变形时的最低应力值。它表明材料抵抗塑性变形能力的大小，通常以符号 σ_s 表示，可按下式计算：

$$\sigma_s = \frac{F_s}{A_0}$$

式中　σ_s——屈服点（MPa）；

F_s——试样发生屈服时的载荷，即屈服载荷（N）；

A_0——试样的原始横截面积（mm^2）。

有些材料没有明显的屈服现象，测定 σ_s 很困难，工程技术中一般规定以变形量达到标准试样基准长度的0.2%时的应力作为条件屈服点以 $\sigma_{0.2}$ 表示。当材料具有上、下屈服点时，应测其下屈服点。

（2）抗拉强度　抗拉强度是指试样拉断前所承受的最大标称拉应力。通常用符号 σ_b 表示，可按下式计算：

$$\sigma_b = \frac{F_b}{A_0}$$

式中　σ_b——抗拉强度，也就是试样断裂前在横截面上的最大应力（MPa）⊖；

F_b——试样拉断前所承受的最大拉力值（N）；

A_0——试样的原始横截面积（mm^2）。

屈服点（σ_s）与抗拉强度（σ_b）都是评定金属材料强度的重要指标。是设计零件和检验材料性能的重要依据。

工程中不仅希望金属材料具有高的 σ_b，同时应有一定的屈强比 σ_s/σ_b。它表明材料贮备的抵抗塑性变形能力的大小。机器零件希望屈强比高些，这样可以节省材料，减轻重量，充分发挥材料的强度潜力。而锅炉及压力容器结构不要求太高的屈强比，因为屈强比小，材料贮备的抵抗塑性变形能力较大，结构使用时的可靠性高，一旦过载不致马上破断。不同的材料屈强比不同：碳素钢为0.6左右；低合金钢为0.65～0.75；合金结构钢为0.85左右。材料的屈强比可以通过热处理加以调整。

2. 塑性　塑性是指金属材料在静载荷作用下，产生塑性变形而不破坏的能力。塑性的大小通常用断后伸长率、断面收缩率和弯曲角来表示。

（1）断后伸长率　断后伸长率是指试样拉断后标距的伸长与原始标距的百分比。通常用 δ 表示，可按下式计算：

$$\delta = \frac{L_1 - L_0}{L_0} \times 100\%$$

⊖　$1kgf/mm^2 = 10N \approx 10MPa$，下同。

式中　δ——断后伸长率（%）；

　　L_1——试样拉断后的标距长度（mm）；

　　L_0——试样的原始标距长度（mm）。

由于对同一材料用不同长度的标准试样所得的伸长率δ数值不同，因此应注明试样的尺寸比例。例如：长试样（$L_0=10d_0$）测得的伸长率以符号δ_{10}表示，通常写成δ；用短试样（$L_0=5d_0$）得到的伸长率，用符号δ_5表示。同材料的伸长率$\delta_5>\delta_{10}$。

（2）断面收缩率　断面收缩率是指试样拉断后，其缩颈处横截面积的最大缩减值与原始横截面积的百分比，通常用ψ表示，可按下式计算：

$$\psi=\frac{A_0-A_1}{A_0}\times 100$$

式中　ψ——断面收缩率（%）；

　　A_1——试样拉断后缩颈处的最小横截面积（mm^2）；

　　A_0——试样拉断前的原始横截面积（mm^2）。

一般来说金属材料的断后伸长率与断面收缩率越大，塑性越好，普通生铁的断后伸长率小于1%，纯铁的断后伸长率约为50%。

（3）冷弯角　将加工好的试样绕一定直径的轴（压头）进行弯曲试验时，弯曲到受拉面出现裂纹时的角度称为冷弯角（图5-7-3）。常用符号α表示，单位为度。冷弯角α越大，材料的塑性越好。

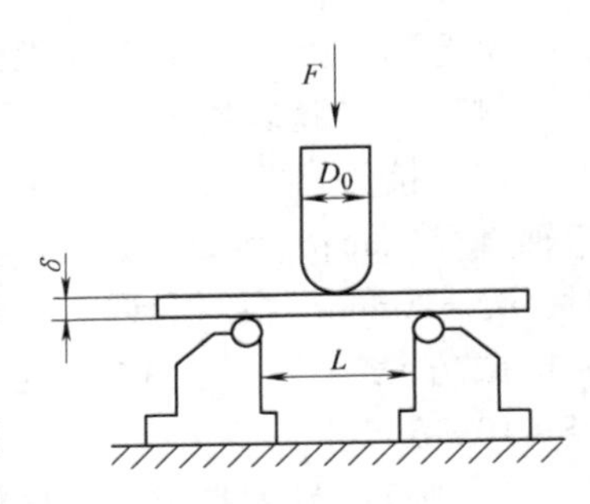

图5-7-3　塑性材料的弯曲试验法
$D_0=3\sigma$　$L=5.2\delta$

试样的弯曲程度可分为下列三种类型，具体情况见表5-7-1。

表5-7-1　弯曲类型、图示、适用范围

弯曲类型	图　示	适用范围
弯曲到规定角度	F D α	一般用于铸钢、有色金属及普通钢的焊接接头试验
平行弯曲	F D	主要用于碳钢板材、扁钢、型钢、低碳钢及低氢焊条的焊接接头试样
重合弯曲（先应弯至上图形状）	F	一般适用于塑性较好的材料

上述任意类型的弯曲试验，必须按有关技术条件的规定进行试验及评定。

冷弯试验不仅可以模拟材料弯曲加工工艺性能，用来考核材料塑性变形的能力，同时在一定程度上可反映材质的均匀性和钢的冶金缺陷，如钢中的分层，严重的非金属夹杂物等。所以，有些材料在施工中可能不承受弯曲作用，但是为了考核材料的塑性和冶金质量，也经常采用冷弯试验。

焊接接头的弯曲试验，在检验接头性能和质量方面有着重要意义。它不仅可考核焊接接头的塑性，而且还可以发现受拉面焊接接头区近表面缺陷，检验母材、焊缝及热影响区的变形是否一致。

焊接接头的弯曲试样的截取，根据不同标准要求，按受拉面所处的位置可分为：

正弯（面弯） 焊缝正面外侧受拉；

反弯（背弯） 焊缝根部受拉；

侧弯 焊缝横截面为受拉面。

焊接接头弯曲试样的宽度 $B=30$mm；试样的长度 $L\approx D_0+2.5\delta_1+100$(mm)（试中 D_0 为弯轴直径,mm；δ_1 为试样加工后的厚度,mm）当板厚≤20mm 时，δ_1 为板厚；当板厚>20mm 时，$\delta_1=20$mm。板厚允许时，两个试样沿同一厚度方向切取。高于母材表面的焊缝部分应用机械方法去除，受拉面应保留母材原始表面。试样的四条棱应修成圆角。其半径≤10%δ_1。

3. 硬度 硬度是指金属材料抵抗其他更硬物体压入表面的能力。即金属材料对局部塑性变形的抗力。它是表征金属材料性能的一个综合物理量。

硬度试验方法有布氏硬度、洛氏硬度、维氏硬度、肖氏硬度和显微硬度等，最常用的是前三种。

硬度的试验方法简便易行，所以在生产中得到广泛应用。

（1）布氏硬度 用一定直径的钢球或硬质合金球，在规定载荷作用下压入被测试金属表面（图 5-7-4），停留一定时间后卸除载荷，测量被测试金属上所形成的压痕直径 d，计算出压痕部分的球形面积 A，再求出压痕的单位面积所承受的平均压力来表示布氏硬度 HBW 的值。

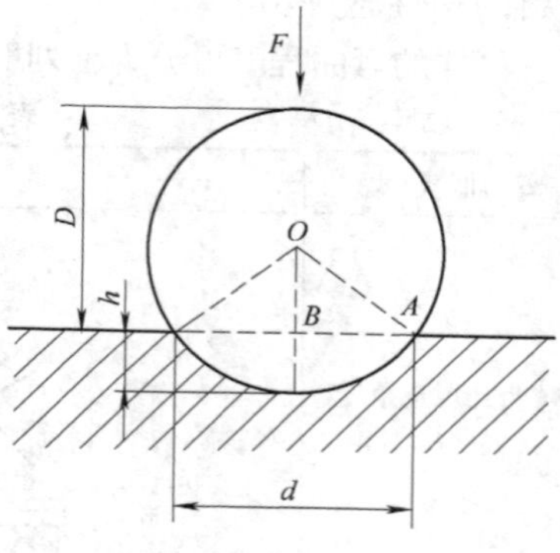

图 5-7-4 布氏硬度试验原理图
F—载荷 d—压痕直径 D—钢球直径

$$\mathrm{HBW}=\frac{F}{A}$$

式中 F——试验载荷（kgf）[⊖]；

A——压痕表面积（mm^2）。

根据测得的压痕直径，直接查表得出 HB 值。

布氏硬度的单位 HBW=190kgf/mm^2，通常不标出，一般直接给出 HB=190。

按 GB/T 231.1—2002《金属布氏硬度的表示方法》规定：

HBW——表示压头为硬质合金球，它适用于布氏硬度在 650 以下的材料。

⊖ 式中载荷 F 的单位为公斤力（kgf），为非法定计量单位，1kgf=10N 下同。

例如：500HBW5/750　表示用直径5mm的硬质合金球，在7500N(750kgf)试验力作用下保持10～15s[⊖]测得的布氏硬度值为500。

布氏硬度试验的优点是：

因布氏硬度试验法的压痕面积大，能反映出较大范围内被测试金属的平均硬度，故测得的值比较准确，且根据硬度值，可近似地确定金属的抗拉强度。例如

碳钢　当 HBW < 175 时，$\sigma_b = 0.36\text{HBW}$

　　　当 HBW > 175 时，$\sigma_b = 0.35\text{HBW}$

其缺点是受钢球本身硬度的限制，只能测量650HBW以下的材料硬度，比此值更硬的材料，应采用洛氏硬度测量。另外布氏硬度的压痕较大不宜用于产品的检查，更不适合薄件硬度的测量。

（2）洛氏硬度　洛氏硬度试验法的原理与布氏硬度大致相同，它也是属于压入法，所不同的是洛氏硬度以测量压痕深度大小衡量硬度值。而布氏硬度则是以测量压痕的表面积大小表示硬度值。

洛氏硬度是用顶角为120°的金刚石圆锥体做压头，在一定载荷作用下，压入被测物表面，其试验原理如图5-7-5所示。

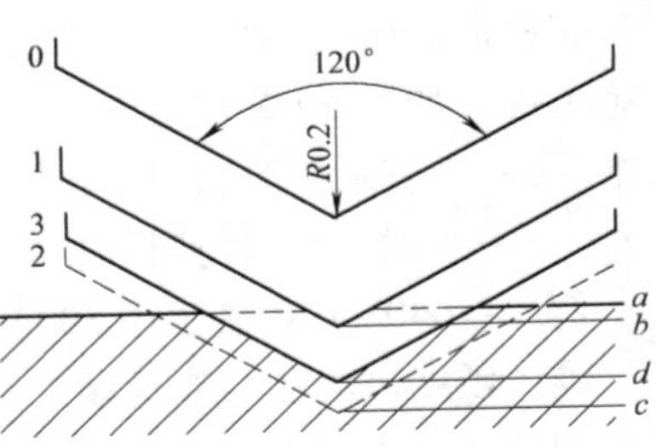

图5-7-5　洛氏硬度试验原理

压痕直径深度越深，金属的硬度越低；反之硬度越高。硬度值可直接在硬度计表盘上读出，如HRC=42。

我国GB/T 230—1991《洛氏硬度试验方法》规定采用三个标尺(即HRA、HRB、HRC)测定硬度。其适用范围见表5-7-2。

表5-7-2　洛氏硬度适用范围

标　尺	测量范围	初负荷/N	主负荷/N	压头类型	适用范围
HRA	60～85	98.1	490.3	金刚石圆锥体	适用很硬材料，如硬质合金等
HRB	20～67		1373		适用中硬度材料，如退火后的中、低碳钢、黄铜等
HRC	25～100		882.6	钢球	适用于较硬的材料，如各种热处理状态的碳钢、低合金钢等

注：在产品技术条件中有特殊规定时，允许A标尺超过上述规定范围。

洛氏硬度中以HRC应用较多，测试时应根据不同材料、选择不同的标尺。

洛氏硬度表示方法：硬度值用符号HR表示，符号后面的数字及字母代表含义如下：

50HRC——表示用C标尺测定的洛氏硬度值为50。

1）洛氏硬度进行试验法的优点：

① 测定硬度简单、迅速，可以从表盘上直接读出硬度值。工作效率高。

② 适用于成批生产中硬度的检验。由于压痕小，对工件损伤很小，可用于测定成品、半成品的硬度。

③ 使用两种压头，配合不同负荷，可测量较硬或较软的材料，应用范围广。

[⊖] 当保持时间为15s时不注明。

2）缺点是由于压痕小，硬度波动较大，如测试不均匀合金及组织粗大的金属材料等，一次打在硬质点上，另一次可能打在软质点上，得出的硬度值相差较大。

（3）维氏硬度　维氏硬度的试验原理基本与布氏硬度试验原理相同。不同之处是维氏硬度试验是用相对面的夹角为136°的金刚石正四棱锥体做压头，在选定的载荷 F 作用下压入被测试金属表面，经规定的保持时间后，卸载后测量压痕两对角线的平均长度 d 如图5-7-6 所示。

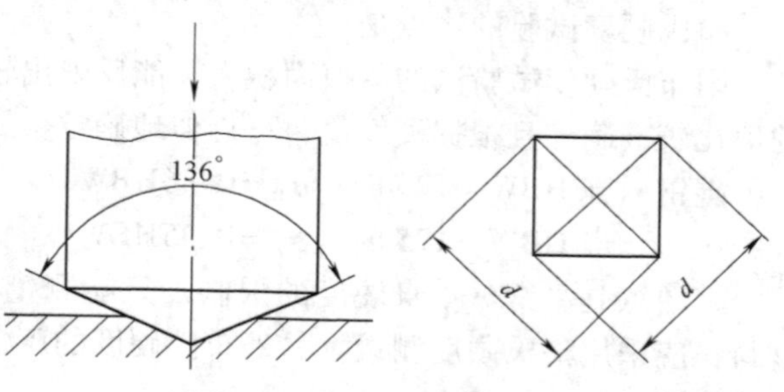

图 5-7-6　维氏硬度试验原理

维氏硬度用符号用 HV 表示，HV 前面为硬度值。HV 后面按顺序用数字表示试验条件，如××HV$a/b$[㊀]。

式中　a——表示试验力(kgf)；

b——试验力保持时间(当 10～15s 时,不标注)。

例如：640HV30 表示用 300N(30kgf)试验力保持 10～15s 测定的维氏硬度值为 640。

维氏硬度试验法与布氏硬度及洛氏硬度比较是最精确、最理想的试验方法，且测量的硬度范围较宽，可以测量目前使用的大部分材料的硬度，尤其适用于焊接接头各区域的硬度值。其缺点是操作麻烦。

（4）肖氏硬度　利用一定重量的金刚石球或淬火钢球自一定高度落下，根据回跳高度测定硬度。回跳越高，硬度越高；反之，硬度越低。硬度值可以从表盘上直接读出。这种方法简单、测量迅速，试验后肉眼看不见压痕。但硬度值不够准确。

肖氏硬度试验适用于大型零件或工具等，其表示符号为 HS。

（5）几种硬度间的关系　布氏、洛氏、维氏、肖氏硬度之间，有着近似的关系。

布氏硬度在 200～400 时，1HRC = 10HBW

维氏硬度在 200～400 时，1HBW = 1HV，1HRC = 10HV，1HBW = 6. 67HS

4. 冲击载荷下金属材料的力学性能　许多机械零件在工作时承受冲击载荷。如：火车刹车，开车，以及车辆间的挂钩均要受到较大的冲击力，刹车越急，冲击力越大。还有一些是利用冲击载荷进行工作的。例如锻锤、冲床、冲头等其中一些零件必然要受到冲击。一般说来，随着变形速度的加快，材料的塑性、韧性降低，脆性增加。强度高而塑性韧性差的材料，往往易于发生突然性的破断，造成严重事故。因此如何检测材料承受冲击载荷的能力问题，就越来越受到重视。

目前，大多采用的方法是一次摆锤冲击试验和小能量多次冲击试验。而前者用得最为普遍。

（1）摆锤式一次冲击试验　试验原理：试验时，将加工好的试样放在试验机的支承面上，如图 5-7-7a 所示，使试样的缺口背向摆锤冲击力的方向，将重力为 G(N)摆锤 1 放到规定的高度 H(m)，使其获得一定的位能 GH 见图 5-7-7b，然后将摆锤由此高度落下，将试样打断，摆锤摆过支点后升到某一高度为 h，这时摆锤的剩余能量为 Gh，这样摆锤打断试样

㊀　××——测得的维氏硬度值。

所做的功为冲击吸收功，用 A_K 表示，用 V 形缺口试件测得的冲击吸收功用 A_{KV} 表示；用 U 形缺口试件测得的冲击吸收功，用 A_{KU} 表示，冲击吸收功 A_K 可用下式计算：

$$A_K = G(H - h)$$

实际工作中，试样所做的功可以从刻度盘上直接读出，A_K 值不需按上式计算。一般习惯在试样单位面积上所消耗的冲击吸收功称为冲击韧度，其符号用 a_K 表示，单位为 J[⊖]/cm²。V 形缺口试样测得的冲击韧度用 a_{KV} 表示；用 U 形缺口测得的冲击韧度用 a_{KU} 表示。

$$a_{KV} = \frac{A_{KV}}{A} \quad a_{KU} = \frac{A_{KU}}{A}$$

式中 A——试样缺口处的截面积(cm²)。

冲击吸收功或冲击韧度越大，表明材料的韧性越好。冲击断裂可分为脆性断裂和韧性断裂。脆性断裂破坏是突然发生的，断口处没有明显的塑性变形，有金属光泽；而韧性断裂破坏处发生较大的塑性变形，断口呈灰色纤维状。

经验证明，虽然试验中测定的冲击吸收功 A_{KV} 或冲击韧度 a_{KV} 不能直接用于工程计算，但它们是检验金属材料的组织结构、冶金缺陷及热加工、热处理工艺质量的有效方法之一。此外，冲击韧度对材料的脆性转变情况很敏感，用不同温度下的一系列冲击韧度试验数据可以确定钢的冷脆性，如图 5-7-8 所示。

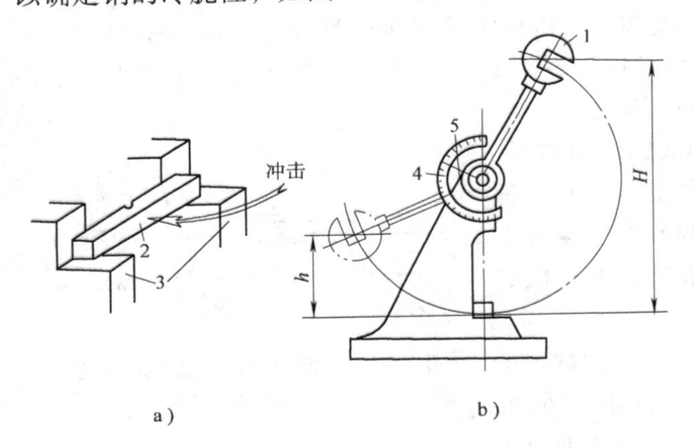

图 5-7-7 摆锤式一次冲击试验

1—摆锤 2—试样 3—支承面 4—刻度盘 5—指针

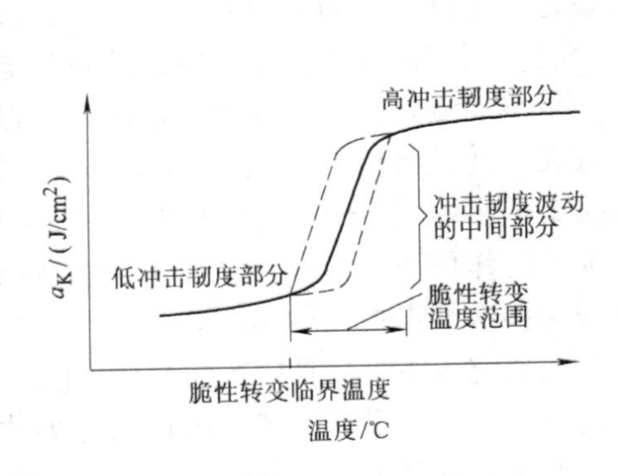

图 5-7-8 冲击韧度-温度曲线示意图

冲击韧度的高低与试验温度关系密切，在室温(20℃左右)时，不显示脆性；而在较低温度时则可能发生脆断。国际上通用的判据指标为 27J，如我国生产的 Q345(16MnR)钢，按此标准测得的临界脆性转变温度为 10℃。

冲击试样的缺口形式有夏比 V 形和 U 形两种。由于 V 形缺口尖锐，应力集中系数较大，对冲击更敏感，所以，世界各国及我国多采用 V 形缺口试样，其缺口试样如图 5-7-9 所示。缺口的加工精度对冲击试验数据的准确性影响很大，为保证试验结果准确可靠，缺口的形状，夹角特别是夹角处的圆弧半径 $R0.25 \pm 0.025$ 必须用工具显微镜检查。

⊖ 1kgf · m/cm² = 10J/cm²，下同。

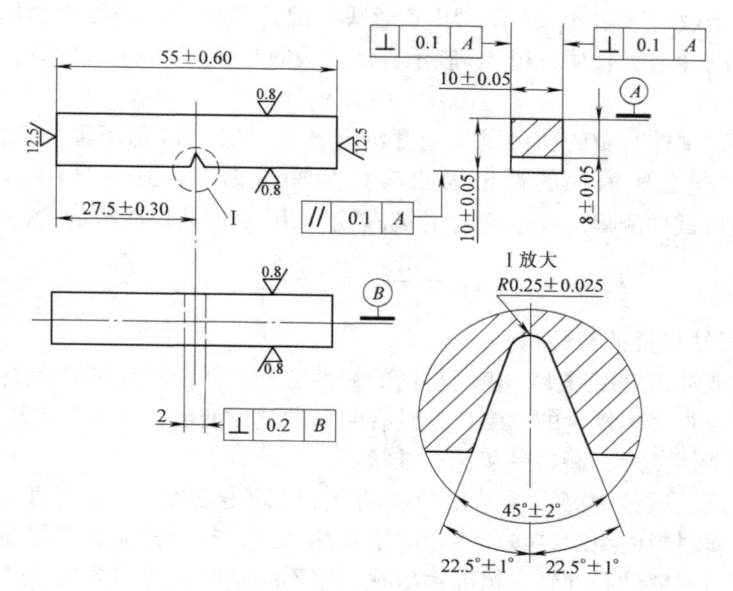

图 5-7-9　夏比 V 形冲击试样

（2）小能量多次冲击试验　在生产实践中，机械零件很少受到大能量的冲击破坏，一般是小能量多次冲击后才破坏的。在这种情况下，用 a_K 值来衡量材料的抗冲击能力是不合理的，而应进行多次重复冲击试验测定其多次抗力。

小能量多次冲击试验，是将专门制成的缺口试样，放在多冲试验机上（如图 5-7-10），使之受到试验机锤头 2 的小能量（<15J）多次冲击，测定材料在一定冲击能量的作用下，开始出现裂纹和最后破断的冲击次数作为多次冲击抗力的指标。

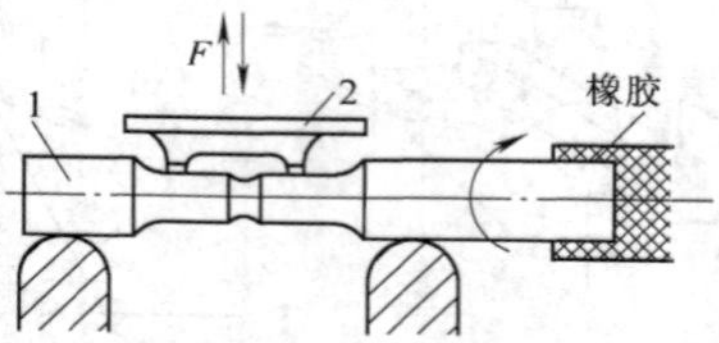

图 5-7-10　小能量多次冲击试验示意图
1—试样　2—锤头

研究表明：金属材料在受到大能量，冲击次数很少的冲击载荷作用时，其冲击抗力主要决定冲击吸收功，但在小能量多次冲击条件下，其冲击抗力则主要取决于材料的强度，而不要求高的塑性和冲击韧度。如模锻锤的锤杆按过去的传统习惯，认为凡受冲击载荷的零件 a_K 值越高越好，为了追求高的冲击韧度而不惜牺牲强度、硬度指标，认为这样可以提高其使用寿命，但实践证明：这样使用寿命是很短的。现在根据多次冲击抗力的观点，改变热处理工艺，提高强度、硬度，虽然 a_K 值有所降低，但使用寿命却大大提高。

5. 金属的疲劳　许多机器零件如轴、齿轮、各种滚动轴承、压力容器等，它们都是在交变应力和重复应力作用下工作的，在这种复杂的交变应力作用下，零件能承受的最大应力往往远低于材料的强度值（σ_b 或 σ_s）就产生了破坏，这种突然破坏的现象称为金属的疲劳。衡量这种性能的指标是疲劳极限。

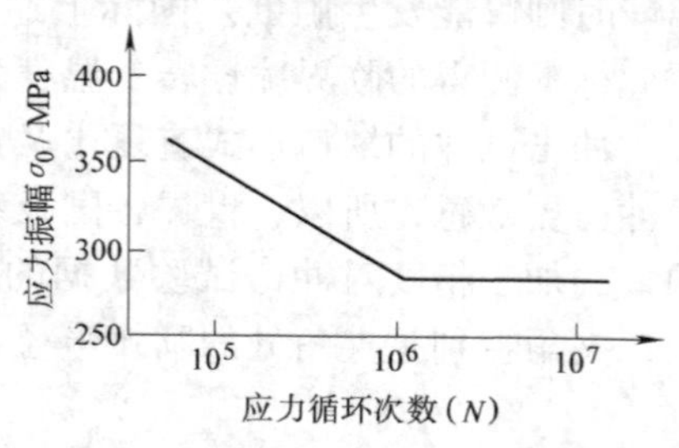

图 5-7-11　钢铁的疲劳曲线

实践证明：材料所受重复或交变应力 σ 与其断裂前所能承受的应力循环次数 N 有一定的关系，如图 5-7-11

所示，该曲线称为疲劳曲线或σ-N曲线。

从曲线上可以看出，应力σ越低，则断裂前的循环次数N越多，当应力降到一定值时，疲劳曲线与横坐标平行，即表示σ低于此值时材料可经受无数次应力循环而不发生断裂、此应力值叫做疲劳极限。当交变应力是对称循环应力时，疲劳极限用符号σ_{-1}表示。

按 GB/T 4337—1984 规定，一般钢铁材料，N达到10^7周次时，能承受的最大循环应力为疲劳极限。一般规定有色金属的N取10^8周次，腐蚀介质作用下N取10^6周次。

疲劳断裂的过程，一般认为在重复或交变应力条件下，虽然应力值远小于σ_b，但在材料的最薄弱区域(经常在表面区域)，主要由于拉应力作用，可能首先产生很小的疲劳裂纹，当循环次数增加时，疲劳裂纹逐渐扩展，使剩下的断面大大减少，以致不能承受所加载荷而突然断裂。

6. 金属材料的高温力学性能　各种动力机械，如电站锅炉，汽轮机、航空及舰艇燃气轮机、化工装置以及原子能反应堆等，都需要材料能在一定温度下满足使用性能的要求。

高温工作条件对材料提出两个特殊要求：一是热稳定性，是指材料在高温下抗氧化性能或对高温介质腐蚀的抗力，另一是热强性，即在高温下能够具有所要求的力学性能。常用的评定指标有蠕变极限，持久极限。

第二节　热处理的基本知识

热处理是一种重要的热加工工艺，在机械制造中得到广泛应用。重要零件必须经过适当的热处理才能使用。在《压力容器安全监察规程》中规定，锅炉受压元件的壁厚大于或等于20mm时，焊后必须进行热处理。本节主要讲解与热处理有关的基础知识。

一、纯金属和合金

固体物质分为晶体与非晶体两大类，其区别在于内部微粒(分子或原子、离子)是否在空间有规律排列。金属都属于晶体。金属原子按一定方向有规则地排列成一定空间几何形状的结晶格子，称为晶格，常见的金属晶格有：体心立方晶格、面心立方晶格、密排立方晶格三类，如图5-7-12所示。

由于纯金属的力学性能低，价格贵。工业上应用较少，目前在工业中应用广泛的是合金。

合金是两种或两种以上的金属元素，或金属元素与非金属元素组成的，具有金属特性的物质。如碳素钢就是铁、碳合金。而黄铜则是铜、锌合金。

组元是组成合金最基本的、独立的物质。一般来说组元就是组成合金的元素，如铁碳合金的组元是铁和碳。黄铜的组元是铜和锌。

相是指合金中化学成分、结构和性能相同的组成部分，“相”间有明显的界面。如均匀的盐水溶液是一相，当超过溶解度后，未溶解的盐是另一相。相与相之间的转变称为相变。

合金在液态下大多数组元均能相互溶解，成为一个均匀的液体，因而只具有一个液相。在凝固后，由于各组元的晶体结构，原子结构等不同，各组元间相互作用不同，在固态合金中可能出现不同的相结构。

固态合金中的基本相结构分为固溶体和金属化合物及机械混合物三种。

固溶体是指溶质原子溶入溶剂的晶格中而仍保持溶剂晶格类型的一种金属晶体。形成固

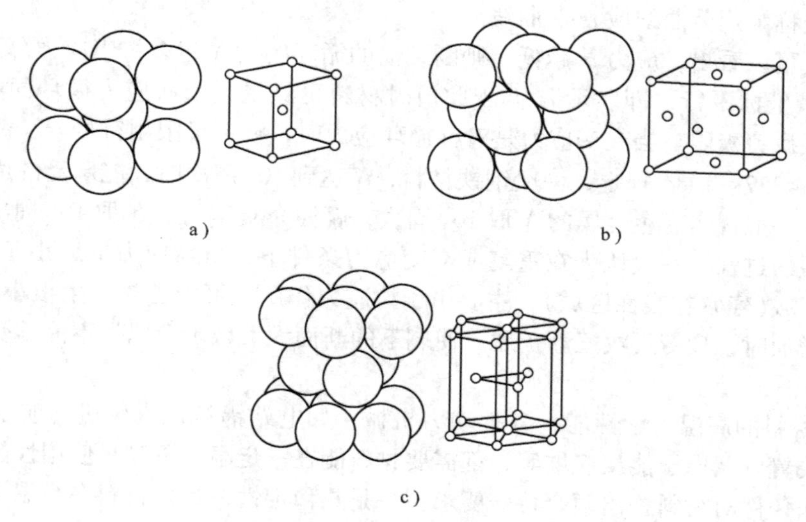

图 5-7-12　常见的金属晶格类型

a）体心立方晶格　b）面心立方晶格　c）密排六方晶格

溶体后，必然会引起晶格畸变，使合金强度，硬度升高，塑性、韧性降低。它是提高材料力学性能的重要措施。

金属化合物是指合金组元间发生相互作用生成的一种新相，其晶格类型和性能完全不同于任一组元。一般金属化合物可用金属分子式表示，如 Fe_3C 等。当合金中出现金属化合物时，通常使合金的强度、硬度提高，而塑性、韧性下降。

机械混合物是合金中有两相或多相构成的组织，称为机械混合物。组成机械混合物的各相，仍保持各自的晶格和性能，但整个机械混合物的性能，则取决于构成它的各相的性能、数量、形状、大小及分布情况等。

二、铁碳合金

1. 铁的同素异构转变　铁属于立方晶格，所处温度不同，晶格类型也不同，随着温度的变化，铁由一种晶格转变为另一种晶格，这种晶格类型的转变，称为同素异构转变。铁的同素异构转变如下：

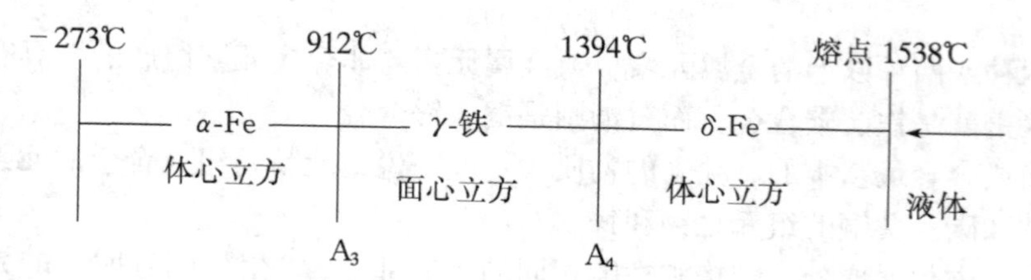

纯铁在常温时呈体心立方晶格（称 α-Fe）；当温度升到 912℃时，纯铁的晶格由体心立方晶格转变为面心立方晶格（称 γ-Fe）；当温度再升高到 1394℃时，由面心立方晶格又重新转变为体心立方晶格（称 δ-Fe）；以后一直保持到铁的熔化状态。铁的这种特性十分重要，利用铁的这种特性，通过热处理改变钢材的内部组织结构达到改善钢材性能的目的。

2. 铁碳合金的基本相

（1）铁素体　铁素体是碳溶于 α-Fe 或 δ-Fe 中形成的固溶体。常用符号 F 或（α）表示，它存在于912℃以下和1400℃～1534℃之间温度范围内。铁素体具有体心立方晶格，其原子间隙很小（只有0.62Å），而碳原子的直径为1.54Å[⊖] 故溶碳能力很低。在室温下只能溶<0.005%的碳，随着温度升高，溶碳量略有增加，在727℃时溶碳量最大仅为0.02%。所以铁素体的特点是强度、硬度很低，而塑性和韧性很好，因此，含铁素体相多的钢（如低碳钢）软而韧。锅炉及压力容器用钢在室温时的组织为铁素体加珠光体。

（2）奥氏体　奥氏体是碳溶于 γ-Fe 中形成的固溶体，以符号 A 或 γ 表示。奥氏体是面心立方晶格，其原子之间间隙较大，溶碳能力较强，在727℃时溶碳量为0.77%，随着温度的升高，溶碳能力不断地增加，当1148℃时溶碳能力达2.11%，由于碳的大量溶入，使奥氏体具有一定强度、硬度及良好的塑性、韧性。奥氏体相没有磁性。

（3）渗碳体　渗碳体是铁与碳的化合物（Fe_3C）。其 w(C) 为6.69%。由于碳在 α-Fe 中的溶解度很小，所以在常温下，碳在铁碳合金中主要以渗碳体形式存在，并成为主要强化相。渗碳体的硬度极高，但强度很低 $\sigma_b \approx 35$MPa（35N/mm^2）。渗碳体常以符号 C 表示。

（4）马氏体　马氏体是碳在 α-Fe 中的过饱和固溶体。具有显著高的强度和硬度。钢在淬火时发生强化和硬化。就是因为形成马氏体。所以，马氏体转变是强化金属的重要途径之一。

（5）珠光体　珠光体是铁素体和渗碳体的机械混合物。根据渗碳体的形状可分为片状珠光体和粒状珠光体两种。根据渗碳体的大小又可分为珠光体（P）、索氏体（细珠光体 S）、托氏体（极细珠光体 T）。

（6）贝氏体　贝氏体是奥氏体过冷到约550～240℃的中温区共析产物。是由含碳过饱和的铁素体和渗碳体组成的机械混合物。是介于珠光体和马氏体之间的一种组织。贝氏体具有两种典型形态，一种是羽毛状称上贝氏体，另一种是针片状称下贝氏体。下贝氏体具有高强度，高韧性及高耐腐蚀性。

（7）魏氏组织　在 w(C) <0.6%的亚共析钢和 w(C) >1.2%的过共析钢中，由高温较快冷却时，先共析的铁素体或渗碳体便沿着奥氏体的一定晶面呈针片状析出，由晶界插入晶粒内部，这种组织叫魏氏组织。因为魏氏组织中的铁素体或渗碳体针片横七竖八地割断了钢的基体，形成许多脆弱面。使强度降低、脆性增大。奥氏体晶粒越粗大，越容易形成魏氏组织。经过铸造、焊接的中碳、低碳钢，晶粒往往很粗大，空冷之后最容易出现魏氏组织。钢中出现魏氏组织，一般可通过退火或正火以消除。

3. 铁碳合金相图　由于含碳量超过一定范围，铁碳合金脆性很大，根本没有使用价值，以，我们仅分析铁碳合金相图的一部分，即 Fe—Fe_3C 相图，如图5-7-13所示，表5-7-3列了相图中的几个特性点。

Å $=10^{-10}$m，下同。

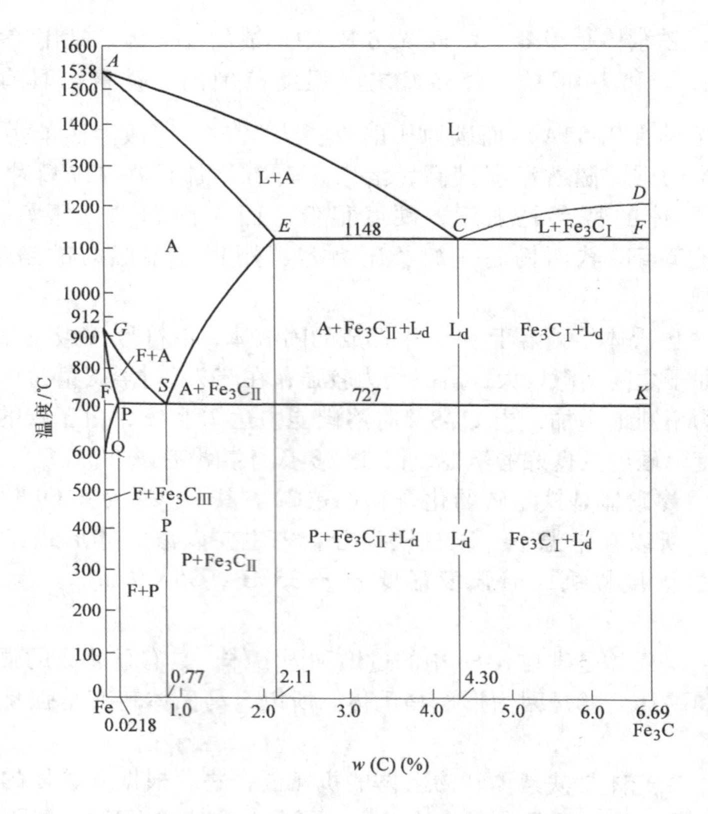

图 5-7-13　Fe-Fe_3C 合金相图㊀

表 5-7-3　铁碳合金相图中的特性点

特　性　点	温度/℃	w(C)(%)	说　　明
A	1538	0	纯铁的熔点
B	1495	0.53	包晶转变时液态合金的成分
C	1148	4.30	共晶点
D	1227	6.69	渗碳体的熔点
E	1148	2.11	碳在 γ-Fe 中的最大溶解度
F	1148	6.69	共晶渗碳体的成分点
G	912	0	α-Fe $\rightleftharpoons$ γ-Fe 转变温度(A_3)
H	1495	0.09	碳在 δ-Fe 中的最大溶解度
J	1495	0.17	包晶点
K	727	6.69	共析渗碳体的成分点
M	770	0	纯铁的磁性转变点
N	1394	0	γ-Fe $\rightleftharpoons$ δ-Fe 的转变温度(A_4)
O	770	~0.5	~0.5%C 合金的磁性转变点
P	727	0.0218	碳在 α-Fe 中的最大溶解度
S	727	0.77	共析点(A_3)
Q	600	0.0057	600℃时碳在 α-Fe 中的溶解度

㊀ 此图是 Fe-Fe_3C 的简化相图，未画出包晶反应区，因此图中找不到 B、H、J、V 点。

根据含碳量和组织可将铁碳合金分为三类：

（1）工业纯铁　$w(C)<0.02\%$的铁碳合金称为工业纯铁，在工业中应用较少。

（2）钢　$w(C)$从$0.02\%\sim2.06\%$之间的铁碳合金称为钢。钢是工业上应用最广的金属材料，根据钢在相图中的位置可以分为：

亚共析钢　$w(C)<0.8\%$

共析钢　$w(C)=0.8\%$

过共析钢　$w(C)>0.8\%$

（3）铸铁　$w(C)$在$2.06\%\sim6.67\%$之间的铁碳合金。

三、钢的热处理

热处理包括加热、保温、冷却三个阶段，因此，钢的加热是各种热处理必不可少的第一道工序。

1. 钢加热时的转变　由 $Fe\text{-}Fe_3C$ 相图可知，任何成分的碳素钢加热到 A_1 点以上时，都会发生珠光体向奥氏体的转变；加热到 A_3 点或 Ac_m 点以上时，便全部转变成奥氏体。热处理时加热到 A_1 点以上的目的就是得到奥氏体，通常把这种加热转变过程称为奥氏体化。

奥氏体冷却时在不同冷却速度下会发生不同的转变，形成不同的组织，具有不同的性能。所以，一般热处理时都首先加热得到奥氏体，然后，在一定过冷度下得到所需组织。

由相图可知：共析钢在室温时的平衡组织为珠光体，加热到 A_1 点以上全部转变为奥氏体。

亚共析钢在室温时平衡组织为铁素体和珠光体，加热到 A_1 点以上时，珠光体转变为奥氏体而铁素体随着温度的升高，则不断地转变成奥氏体，当温度升高到 Ac_3 时，铁素体全部转变为奥氏体。

过共析钢在室温时的平衡组织为渗碳体和珠光体，加热到 Ac_1 时，珠光体转变为奥氏体，继续升温时渗碳体将逐渐溶解，当温度高于 Ac_m 时则为单相奥氏体组织。

2. 钢冷却时的转变　钢材热处理后的性能，在很大程度上取决于冷却时奥氏体转变产物的类型及其形态。铁碳相图揭示的是在平衡条件下，成分、温度和组织之间的变化情况，不能表示热处理加热后在不同冷却方式下的非平衡条件下的转变规律。冷却方式不同，过冷奥氏体将转变成完全不同的组织。

（1）控制奥氏体转变的冷却方式，通常有以下两种：

等温处理　将已奥氏体化的钢迅速冷却到 A_1 温度以下的某一温度并保持恒温，使过冷奥氏体在该温度下进行等温转变。

连续冷却　将已奥氏体化的钢连续冷却到室温，由于冷却速度不同，过冷奥氏体的转变和转变产物也不同。

（2）A 体转变的三种类型　当钢从奥氏体化温度冷却到 A_1 温度以下时，由于转变温度不同，过冷奥氏体将按不同机理进行转变。其转变可分为以下三种类型：

1）在高温范围内的珠光体转变（扩散型转变）。

2）在中温范围的贝氏体转变（过渡型转变）。

3）在低温范围内的马氏体转变（非扩散型转变）。

过冷奥氏体转变规律是钢的热处理重要的理论基础。

（3）过冷奥氏体的等温转变　生产中常采用奥氏体等温转变曲线来分析奥氏体冷却

时的组织转变情况。奥氏体等温转变图的曲线呈“C”字形故俗称C曲线。如图5-7-14所示。图中左边一条曲线是等温转变开始线，右边一条是转变终了线，这两条线组成了奥氏体等温转变图，其上部向A_1线趋近而不相交，它的下部则与Ms线相交，Ms线是马氏体转变开始线。

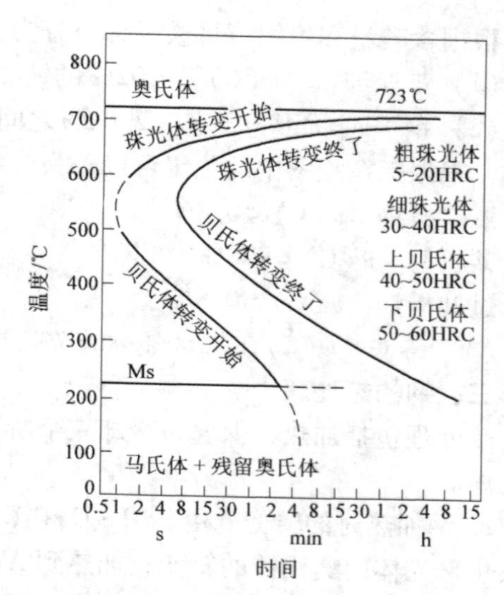

图5-7-14 共析钢过冷奥氏体等温转变图
晶粒度6级加热温度900℃

奥氏体在临界点以上是稳定相，能够长期存在而不转变，一旦冷却到临界点以下就变成不稳定相，只能存在于孕育期中，处于过冷状态，因而称为过冷奥氏体，过冷奥氏体迟早会转变成新的稳定相。

经研究得知，共析成分奥氏体在A_1点以下会发生三种不同转变。按转变温度和转变产物不同可分为三个区域：

1）在奥氏体等温转变图的“鼻尖”以上部分，即A_1~500℃之间，转变产物为珠光体，这一温度区称为珠光体区。

2）在奥氏体等温转变图“鼻尖”以下部分，大约550℃~Ms点之间，转变产物是贝氏体，这一温度区称为贝氏体区。

3）在Ms线以下，转变产物是马氏体，这一温度区称为马氏体区。

（4）过冷奥氏体在连续冷却时的转变　在实际生产中经常采用炉冷、空冷、油冷和水冷等，这些均属连续冷却。在连续冷却时，钢中过冷奥氏体是在不断地降温过程中发生转变的，不同的冷却速度，得到的组织和性能都不相同。如45钢加热到高温奥氏体状态后，以不同的冷却方式，相当于不同的冷却速度v_1、v_2、v_3、v_4冷却时，其转变产物也不相同。如图5-7-15所示。

炉冷(v_1)时得到珠光体组织；空冷(v_2)时得到索氏体组织；油冷(v_3)时得到托氏体加马氏体组织；冷却速度最大的水淬(v_4)时得到全马氏体组织。通常以$v_{临}$表示得到全马氏体组织的最低冷却速度，称为临界冷却速度。

应该指出，由于钢中含碳量、合金元素含量等对奥氏体等温转变图的形状和位置有一定的影响，用等温冷却曲线来估计连续冷却转变过程是不够精确的，只能定性说明问题。

3. 热处理原理及分类　改善钢的性能可以通过两种途径，一种方法是调整钢的化学成分，另一种方法是对钢进行热处理。

热处理改变钢的性能是通过改变钢的组织实现的。钢在固态下加热、保温和冷却过程中会发生一系列的组织转变，这些转变具有一定规律性，在一定温度、时间、介质条件下，必然会得到一定的组织，具有一定的性能。如果钢不存在这些固态相变，也就不可能进行热处理。钢中组织转变的规律，就是热处理的原理。根据热处理原理制订的温度、时间、介质等参数，就是热处理工艺。

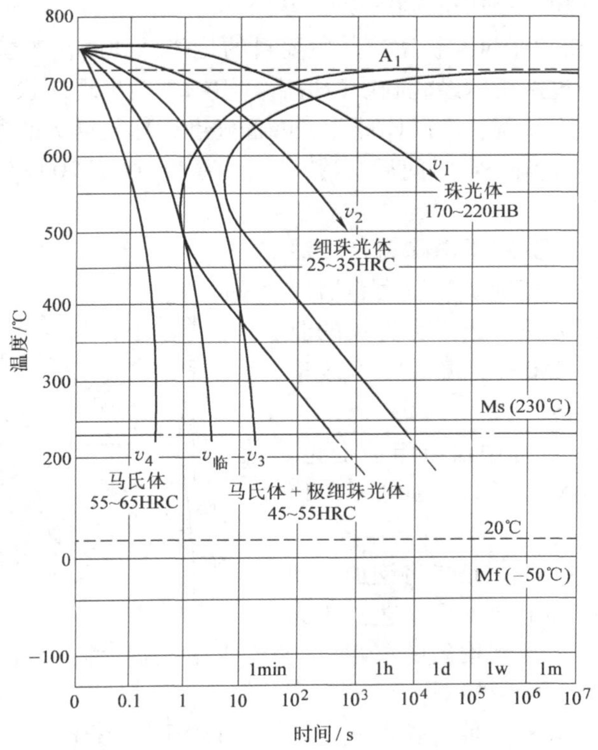

图 5-7-15　在共析钢等温转变图上估计连续冷却时的组织转变

v_1—炉冷时的冷速　v_2—空冷时的冷速　v_3—油冷时的冷速　v_4—水冷时的冷速　$v_{临}$—临界冷速

根据加热和冷却方式的不同、钢的热处理大致可以分为以下几种基本类型：

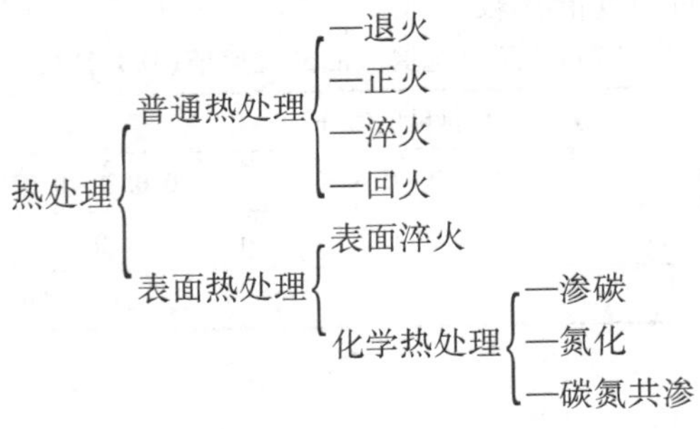

4. 钢热处理工艺

（1）钢的退火　将钢加热到适当的温度，经一定时间的保温，然后缓慢冷却的一种热理工艺称为退火。

根据钢的成分和要达到的目地不同，退火又可分为以下几种：

）完全退火：完全退火又称重结晶退火，一般简称退火。主要用于亚共析钢的铸件，热轧钢及焊接结构，以消除内应力并改善组织，细化晶粒、降低硬度。完全退火的加惟荐为：

羽的加热温度≈Ac_3 + 30 ~ 50℃

钢的加热温度≈Ac_3 + 50 ~ 70℃

一般在保温一定时间后随炉冷却至500℃以下空冷。

2）球化退火：主要用于过共析钢。其主要目的是降低硬度，改善切削加工性能，并为淬火作准备工作。因为过共析钢经轧制或锻造后，组织中会出现网状二次渗碳体，硬度和脆性都较大，通过球化退火使网状渗碳体球化、降低硬度、球化退火的温度：一般是把钢加热到 Ac_1 以上 20～30℃，保温一定时间后缓冷，一般在 Ar_1 以下 20℃左右，均热一段时间后炉冷或空冷。

3）去应力退火　主要用于消除铸件、锻件及焊接件的残余应力。是锅炉、压力容器焊接件中最常用的热处理方法。去应力退火的温度：一般加热到 500～650℃保温后，缓冷至 200～300℃以下出炉空冷。

钢的消除应力退火过程中没有组织变化，常用的各种退火的加热温度范围，如图 5-7-16 所示。

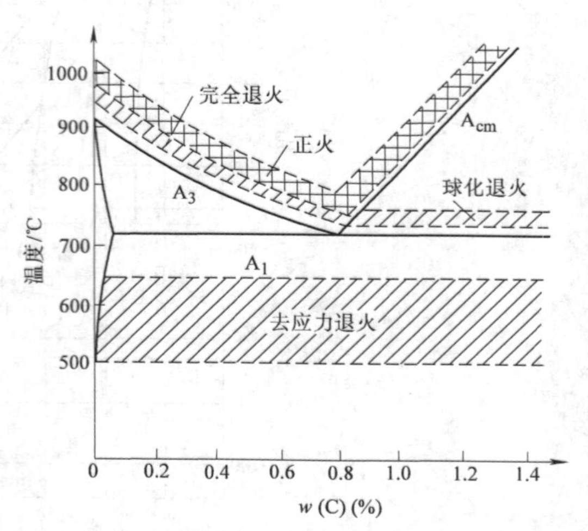

图 5-7-16　各种退火、正火加热温度范围

（2）钢的正火　钢的正火是指将钢加热到奥氏体化后在空气中冷却的热处理工艺。正火的特点是加热温度很高，得到均匀的单相奥氏体组织，经均热后在空气中冷却。

实质上，正火是退火的一种特殊形式，两者主要区别在于过冷度不同，正火时冷却速度快，得到的组织较细，所以同一种钢材正火后的强度和硬度比退火后高，具有较好的力学性能。正火的生产周期短，设备利用率高，操作简便，所以，在可能的条件下，应尽量以正火代替退火。退火与正火后的硬度值比较见表 5-7-4。

表 5-7-4　正火与退火后的硬度值(HB)比较

	结构钢硬度值/HB			工具钢硬度值/HB
钢中含碳量	≤0.25%	0.25%～0.65%	0.65%～0.85%	0.7%～1.2%
正　火	≤156	156～228	230～280	229～341
退　火	≤150	150～217	217～229	187～217

（3）钢的淬火与回火

1）钢的淬火：是指将钢加热到 Ac_3 或 Ac_1 以上某一温度，保持一定时间，然后以适当速度冷却的操作工艺称为淬火。淬火的目的是获得马氏体或下贝氏体，以提高钢的强度和硬度，淬火温度的选择如图 5-7-17 所示。

淬火加热温度经验公式如下：

亚共析钢：$T = Ac_3 + 30 \sim 70℃$

过共析钢：$T = Ac_1 + 30 \sim 70℃$

对于过共析钢，应特别注意选择较低的淬火温度，以防止过多的渗碳体的溶解，降低硬度和耐磨性。

淬火的目的：

① 提高工件的硬度和耐磨性；

② 提高工件的综合力学性能，通过淬火及配合不同温度的回火，可以大幅度提高钢的强度、韧性及疲劳极限等。所以，淬火是强化钢铁的主要手段之一。

2）钢的回火：把淬火后的钢重新加热到 Ac_1 以下某一温度，保温一定时间，然后冷却到室温的操作工艺称为回火。回火是紧接淬火的一道热处理工序。除某些情况外，钢在淬火以后都要进行回火。回火决定着钢的使用状态和性能。

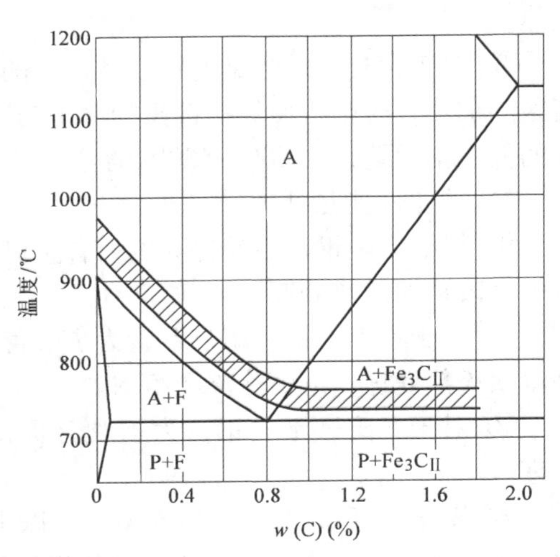

图 5-7-17　碳钢淬火的温度范围

在生产实际中采用的回火有三种：

① 低温回火。温度范围 150～200℃，经低温回火后的组织为回火马氏体。常用于要求高硬度、耐磨的工具和零件。通过低温回火，在保持高硬度的同时消除部分内应力，使其强度、硬度有所改善。

② 中温回火。温度范围 350～500℃，获得回火托氏体，经回火后，过饱和的碳已基本析出，原子间的结合力重新加强，因此经淬火加中温回火的钢，具有较高的弹性极限，同时内应力进一步减小，可以得到强度、疲劳极限和韧性均较好的综合力学性能。

③ 高温回火。温度范围 500～650℃，获回火索氏体，结构钢淬火再经高温回火后具有良好的塑性、韧性及强度。

（4）钢的调质处理　一般把淬火加高温回火的热处理工艺称为调质处理。经调质处理后的钢材，可以获得强度适当而塑性和韧性较高的综合力学性能。

（5）焊后热处理　焊接后，为改善焊接接头的组织和性能，或消除残余应力进行的热处理称为焊后热处理。焊后热处理是防止延迟裂纹，消除内应力，改善焊接接头性能的有效措施。焊后热处理有以下几种：

1）消氢处理（也称后热处理）：焊接后立即对焊件的全部（或局部）进行加热或保温，使其缓冷的工艺措施。

消氢处理的温度一般为 300～350℃，保温 2～6h 后空冷。消氢处理的目的主要是使焊缝金属中的扩散氢迅速逸出，降低焊缝及热影响区的氢含量、防止产生冷裂纹。

由于消氢处理的温度较低，不能起到松弛焊接应力的作用。对于焊后立即进行热处理的焊件，热处理过程中可以达到消氢的目的，不需另作消氢处理。对于焊后有产生延迟裂纹倾向的钢材，焊后应及时进行热处理，避免产生冷裂纹。

2）消除应力热处理：消除应力热处理的主要目的，是消除焊接拉伸残余应力，以保证结构使用时安全可靠。在进行消除应力热处理时应注意以下三个问题：

① 消除应力热处理的加热温度，应比母材的回火温度低 30～60℃，以避免使焊接接头母材的组织和性能发生变化。

② 对于含有一定数量的铬、钼、钒、铌的等元素的低合金高强度钢及其焊接接头，为防产生再热裂纹，通常应避免在 500～650℃左右加热，尤其是避免在敏感温度 600℃左右

加热。

③ 对于含有一定数量的钒、钛、铌的低合金钢及其焊接接头，应避免在其回火脆性温度区间加热，否则将使焊接接头的冲击韧度下降。例如 Mn-Mo，Mn-Cu，Mn-W-Cu 等合金系统的低温钢焊缝，在 600～650℃消除应力处理时，其低温冲击韧度有明显下降。

3）改善性能热处理

① 对于低碳钢、不易淬火的低合金高强度钢、低温钢、及铁素体不锈钢，一般不需进行焊后改善性能热处理。

② 对于易淬火钢和耐热钢，为了改善焊接接头的性能，提高高温性能，焊后必须进行高温回火热处理，以消除淬硬组织。

③ 对于奥氏体不锈钢，为了改善焊接接头的抗晶间腐蚀性能，可在焊后进行稳定化处理。

④ 铁素体不锈钢，焊后在 600℃以上短时加热后空冷，可消除 475℃脆化；加热到 930～980℃急冷可消除 σ 相脆化，使焊接接头的性能得到改善。

⑤ 对于马氏体不锈钢，焊缝及热影响区淬硬倾向较大，易产生延迟裂纹，含碳量较高时更为敏感。故焊后应进行高温回火处理，回火温度一般在 730～790℃之间。为防止晶粒粗化不得从预热或层间保持温度直接进行热处理，应冷却到 150～120℃保温 2h，使奥氏体的主要部分转变为马氏体，然后及时进行高温回火处理。以获得具有足够韧性的细晶粒组织。

第三节 电 工 常 识

一、电路

1. 电路的组成　电路是电流所经过的路径，由电源、负载和连接部分等组成。

（1）电源　电源是一种将非电能转换成电能的装置。常用的电源有原电池、蓄电池和发电机等。它们分别将化学能或机械能转换为电能。

（2）负载　又称用电器，它是取用电能的装置，也就是用电设备，它将电能转换为其他形式的能量。例如：电灯、电炉和电动机。它们分别将电能转换为光能、热能和机械能。

（3）连接部分　用以连接电源和负载、构成电流通路的中间环节。它除了必不可少的连接导线外，还包括开关及熔断器等。简单的直流电路如图 5-7-18 所示。

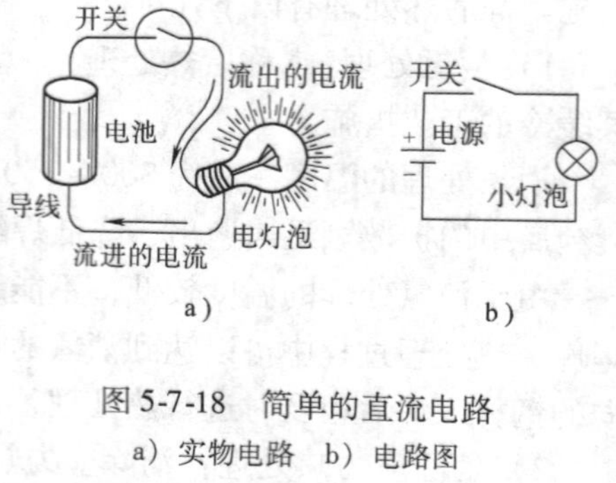

图 5-7-18　简单的直流电路

a）实物电路　b）电路图

在图 5-7-18a 所示的简单电路中，干电池是提供电流的源泉，即电源。小灯泡是消耗电能的元件，即负载。把开关合上，小灯泡就亮了；把开关断开，小灯泡就熄灭。这说明在闭合通路中有电流通过，这种闭合的电流通路叫电路或回路。这是一种实物电路，看起来直观易懂，画起来麻烦，又不能突出电路的本质。因此，在实际工作中普遍采用如图 5-7-18b 所示的电路图。在电路图中，常用的图形符号表示见表 5-7-5。

表 5-7-5　电路中常用的图形符号

名　　称	图 形 符 号	说　　明
电流	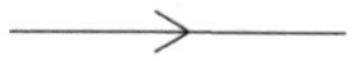	粗实线表示导线，流过的电流是 I，箭头表示电流的方向
电压	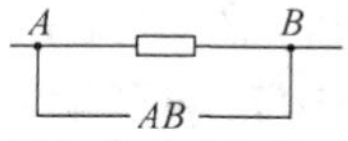 A　B　AB	A、B 两点间的电压为 V_{AB}。任意两点间的电压用 V 表示
电阻	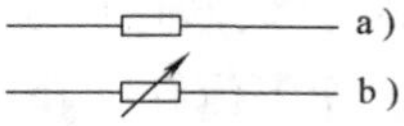 a）b）	R 表示电阻。a）是固定电阻；b）是可变电阻
直流电源	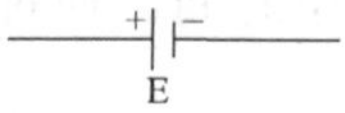 + − E	图中长线表示正极，短线表示负极。E 是电动势符号
交流电源	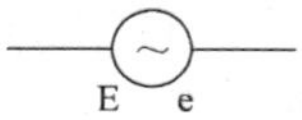 ~ E　e	E 表示交流电动势的有效值，e 表示交流电的瞬时值
线圈	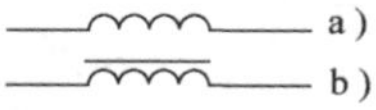 a）b）	a）空心线圈，L 是电感的符号 b）有铁心的线圈
电容器	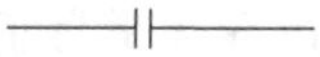	C 是电容器的符号
指示灯泡	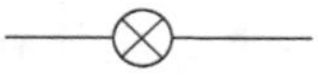	白炽灯泡
开关	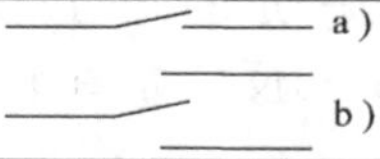 a）b）	a）单刀开关 b）单刀双掷开关
导线的连接或交叉		导线之间的连接点用小黑点表示，两根导线相交叉时没有任何标志
电表	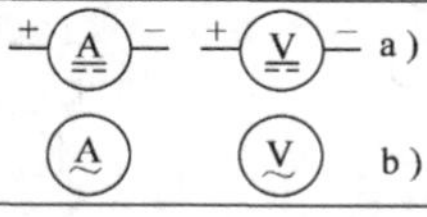 + A − + V − a） A　V　b）	a）直流电流表、电压表 b）交流电流表、电压表
熔断器		
继电器	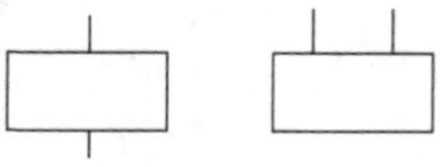	
电动机	 M　M a)　b)	a）直流电动机 b）交流电动机
伺服电动机	 SM　SM a)　b)	a）直流伺服电动机 b）交流伺服电动机
变压器	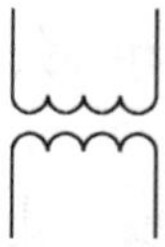	

2. 电路中的几个物理量

（1）电流　水往一定方向流动形成水流。同样，物体的带电质点按一定方向运动便形成了电流。电流用字母 I 表示，单位为 A(安培)。电流虽然看不见，但可以通过它的热效应，磁效应以及光效应来观察它的存在。

1）电流的形成：如图 5-7-19a 所示，在水路中，为了使水在管中持续流动，必需用水泵来维持一定的水位差。同样，为了使电流在电路中持续流动需接入电源。如图 5-7-19b 电源如同一个推动电子流动的泵，它不断地把电子从负极搬运到正极(从外电路看)，使正极缺少电子，负极多余电子，两极由此产生电位差，使电流在电路中不断地流通。

2）电流的大小及方向：电流的大小可用单位时间内通过导体横截面的电荷量来表示。即：

$$I=\frac{Q}{t}$$

式中　I——电流(A)；

Q——电荷量(C)；

t——时间(s)。

电流强度的单位是 A(安培)，如果在 1s 内通过导体横截面的电荷量是 1C(库仑)，那么，这个电流就叫 1 安培。

所以，单位时间内通过导体任一横截面的电量越多，电流强度越大。

电流的方向　电流好比管道中的水流一样，有一定的流动方向。人们早期规定正电荷移动的方向为电流方向，它与实际电子流的方向正好相反，如图 5-7-20 所示。

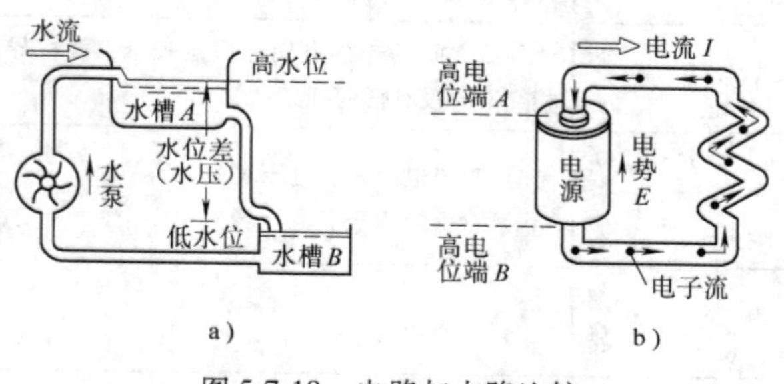

图 5-7-19　电路与水路比较

a）水路　b）电路

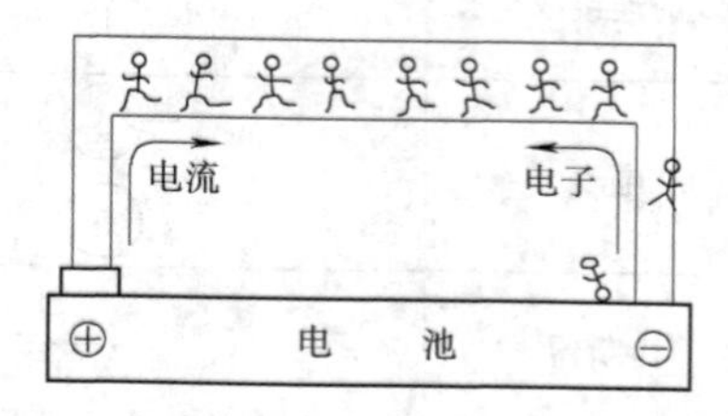

图 5-7-20　电流方向

3）电流的种类：电流可分为直流电和交流电两种。交流有单相交流电和三相交流电。

直流电　电流的大小和方向不随时间变化时，称为直流电。干电池、蓄电池等所提供的电都是直流电，如图 5-7-21a 所示。

交流电　电流的大小和方向均随时间按一定规律而变化时，称为交流电。如图 5-7-21b、c 所示。

单相交流电　电流大小和方向每秒钟周期性地改变 50 次，称为 50Hz。在公共电网中，常用的单相交流电的电压有 220V 和 380V 两种。

三相交流电　由三个单相交流电组合，三个单相交流电彼此相隔 120°相位差。一般三相交流电的电压为 380V，发电厂和电力网向用户单位提供的是三相交流电。

4）电流的测量：测量电路中的电流大小要使用电流表。在测量直流电路的电流时，使

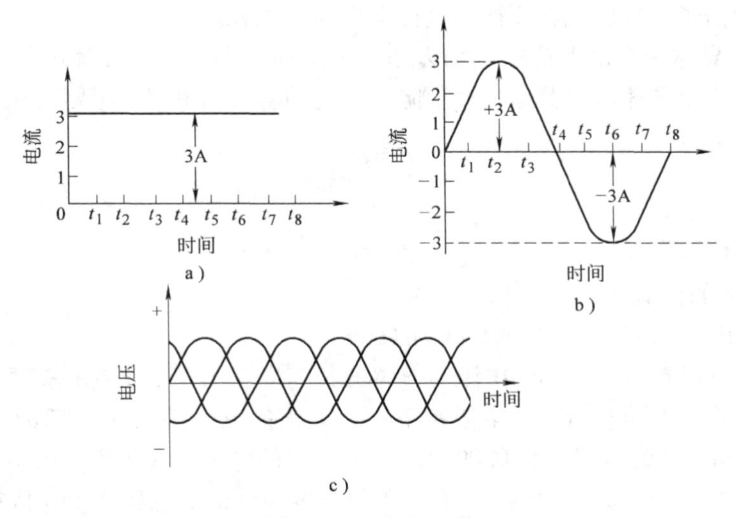

图 5-7-21　电流种类

a）直流电　b）单相交流电　c）三相交流电

用直流电流表，其接线的方法是：电流表串联在被测的线路中，如图 5-7-22 所示。直流电流表的两个接线端分别标有“＋”“－”极性。接线时，必须使电流从表的“＋”端流入，“－”端流出。如果反接时，表针就会反摆，这样很容易损坏表内机件，同时，在测量电流大小时，还应注意：电流表的量程范围一定要大于电路中的实际电流数值，否则将使电流表因过载而烧坏。常用直流表的量程为 5A，若需要测量比较大的电流，需在电路中串一个与需测量的电流大小匹配的分流器，将 5A 电流表按极性要求并联上分流器两端。

测量交流电路的电流时，使用交流电流表接线时无极性要求。常用交流电流表的量程也是 5A，需测量较大的交流电流值时，需在电路中串联一个相应的电流互感器，将 5A 的交流电流表并联在互感器的输出端。注意：交流电流互感器的输出端不能开路，否则有触电的危险。

（2）电压　电压是在电场力作用下，将单位正电荷从某点移动到另一点所作的功。电路中某两点间的电压，就是这两点间的电位差。电压用字母 U 表示，单位为伏特，用 V 表示。

电压的测量，测量电路上任意两点之间的电压，可以用电压表。测量时，电压表（V）必须并联在被测两点的两端，如图 5-7-23 所示，同理直流电流表的接线端分别标有“＋”、“－”极性，将标有“＋”号的一端应接在高电位点处，标有“－”号的另一端应接在低

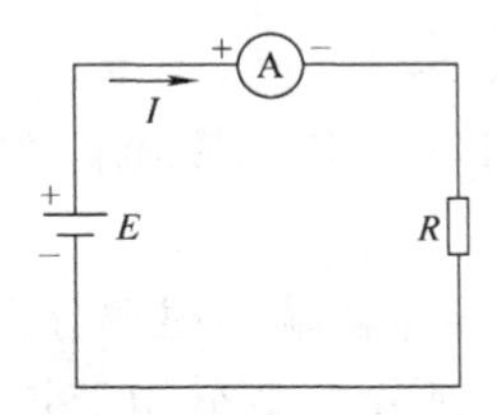

图 5-7-22　电流表的接法

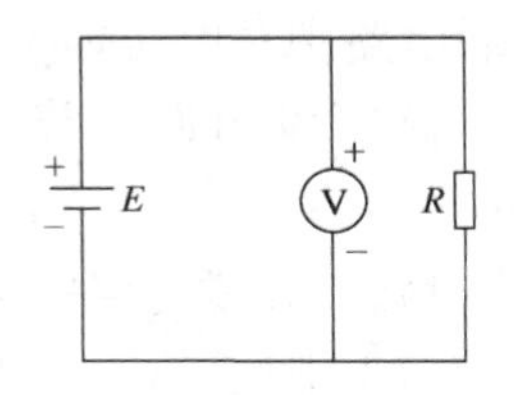

图 5-7-23　电压表的接法

电位处，如果接错了，表针就会反摆，这样会损坏电压表。

（3）电阻　导体内自由电荷在电场力作用下定向移动时，受导体内的原子或其他微粒的碰撞、摩擦，会使导体对电荷运动产生阻力，这种阻力叫电阻。电阻可用下式表示：

$$R=\rho\frac{l}{A}$$

式中　R——电阻(Ω)；

l——导体长度(m)；

A——导体的横截面积(cm^2)；

ρ——电阻率，取决于材料的性质(μΩ/cm)。

由以上公式可以看出，导体的电阻与导体的长度成正比，与导体的横截面积成反比，且与导体的材料有关。不同材料，其电阻率不同，如铜的电阻率为0.0172μΩ/cm，铝的电阻率为0.029μΩ/cm，铁的电阻率为0.0972μΩ/cm。铁的电阻率大约为铜的10倍。

电阻的单位为Ω(欧姆)，是在0℃时，单位长度导体的端电压为1V(伏特)，电流为1A(安培)时的电阻。

3. 欧姆定律　实验证明：在闭合直流电路中，电流强度与电源的电动势成正比，与整个闭合电路中的电阻成反比。电流、电动势与电阻三者之间的关系称为欧姆定律。用公式表示：

$$I=\frac{E}{R+r_0}$$

式中　I——电流(A)；

E——电动势(V)；

R——外电路总电阻(Ω)；

r_0——内电路阻(Ω)。

上述定律也完全适用于不包含电动势的任何一部分电路。假定一段电路的电阻为R，电路两端的电压为U，流过R的电流为I，则得出部分电路的欧姆定律，用公式表示：

$$I=\frac{U}{R}$$

欧姆定律是一条最基本的电路定律，它是计算电路的依据和基础。

4. 串联电路和并联电路

（1）串联电路　串联电路是将电阻R_1、R_2、R_3……依次串成一线，两端加以电压(V)的电路，如图5-7-24a所示。串联电路的特点：

1）在串联电路中的电流强度I处处相等。

2）在串联电路中总电压等于各部分电压之和。即$U=U_1+U_2+U_3$

3）串联电路可以用一个等效电阻来代替。等效电阻等于各串联电阻之和。即$R=R_1+R_2+\cdots\cdots$。

（2）并联电路　并联电路中将电阻R_1、R_2、R_3……的导体首端和尾端分别连接在两个节点之间，使每个电阻承受同一电压的电路，如图5-7-24b所示，等效电路图如图5-7-24c所示。

并联电路的特点：

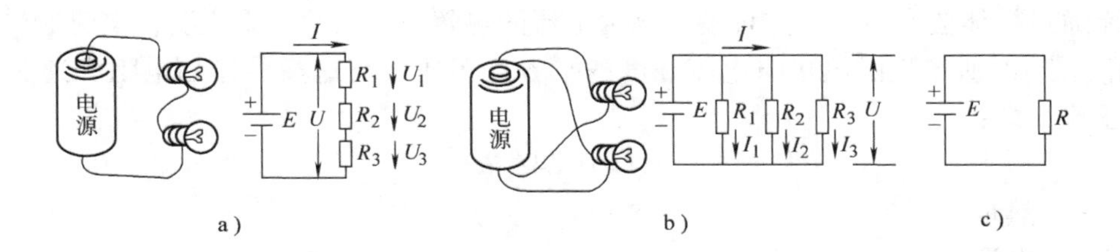

图 5-7-24　电阻的串联与并联

a）电阻的串联　b）电阻的并联　c）等效电路图

1）n 个电阻并联，各电阻两端所承受的电压相同。

2）并联电路中的总电流等于各支路电流之和，即：$I = I_1 + I_2 + I_3 + \cdots\cdots$。

3）并联电阻可以用一个等效电阻来代替。其等效电阻的倒数等于各并联支路电阻的倒数之和。即：$\frac{1}{R} = \frac{1}{R_1} + \frac{1}{R_2} + \frac{1}{R_3} + \cdots\cdots$。

由此可以看出，并联电路的特点是任何负载的工作情况不受其他负载的影响。电灯家用电器，工厂中所有用电设备通常都采用并联。在电工测量中，应用并联分流的作用来扩大电表的电流量程。在生产中，有时将两台电焊机并联使用，以增大焊接电流。

二、电功及电功率

1. 电功　电流通过电路产生大量热；电流通过电灯使灯泡发光，这种把电能转换成其他形式的能（光能、热能）等即电流作功，又称为功，用字母 W 表示，单位为 J（焦耳）。电流在一段电路上所作的功与这段电路两端的电压，流过的电流强度，以及通过的时间成正比，即：

$$W = IUt$$

式中　W——电功（J）；

I——电流（A）；

U——电压（V）；

t——时间（s）。

功的单位是 J（焦耳）。即：

$$1\text{J（焦耳）} = 1\text{V（伏）} \times 1\text{A（安）} \times 1\text{s}$$

在实际中也用 kWh（千瓦小时）或度

$$1\text{kWh（千瓦小时）（度）} = 3.6 \times 10^6\text{J}$$

2. 电功率　电功率是电流在单位时间内所作的功。即：

$$P = \frac{W}{t} = IU$$

式中　P——电功率（W，1W = 1J/s）；

U——电压（V）；

I——电流（A）。

从上式可看出，负载承受的电压越高，电功率越大；流过负载的电流越大，负载的电功率越大。

三、电流的热效应

电流通过导体会产生热，这种现象称为电流的热效应。实验结果表明，电流通过某段导体(或用电器)时所产生的热量与电流强度的平方成正比，与这段导体的电阻和通过电流的时间成正比，即：

$$Q = 0.24 I^2 Rt$$

式中　Q——热量(cal[⊖])；

I——电流(A)；

t——时间(s)。

0.24 为比例系数，即 1J 的功相当于 0.24cal 的热量。(或 1Ω 电阻通过 1A 电流每秒钟发热 0.24cal)

四、电动机与变压器

1. 发电机　这是将机械能转换成电能的设备。当直导体作切割磁力线运动时，导体中会产生感生电势和感生电流，电路内所获得的电能是由机械功转换来的。如图 5-7-25 所示。

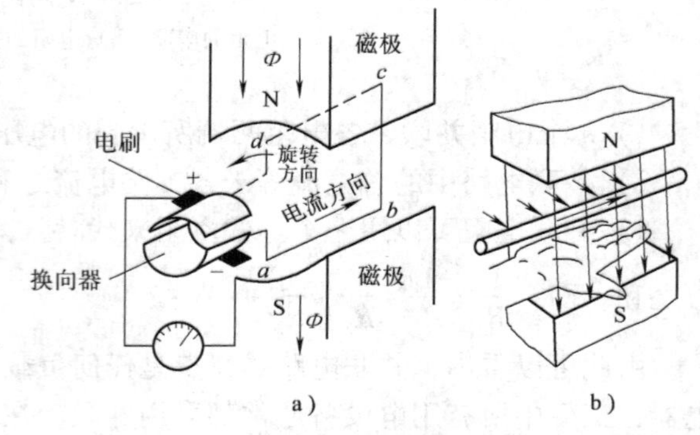

图 5-7-25　机械能转换成电能

a) 直流发电机原理　b) 右手定则

2. 电动机　这是将电能转换成机械能的设备。磁场中的载流导体受电磁力作用产生等速运动，使电能变成机械能，如图 5-7-26 所示。

3. 变压器　变压器是一种能改变交流电压大小而不改变频率的电气设备，见图5-7-27。

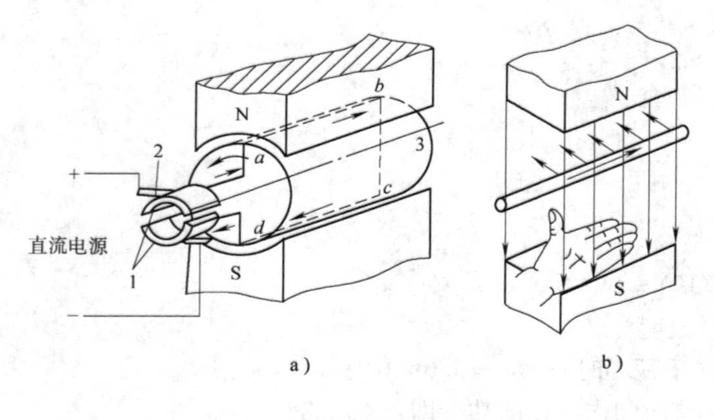

图 5-7-26　电能转换成机械能

a) 直流电动机原理　b) 左手定则

1—换向器　2—电刷　3—电枢

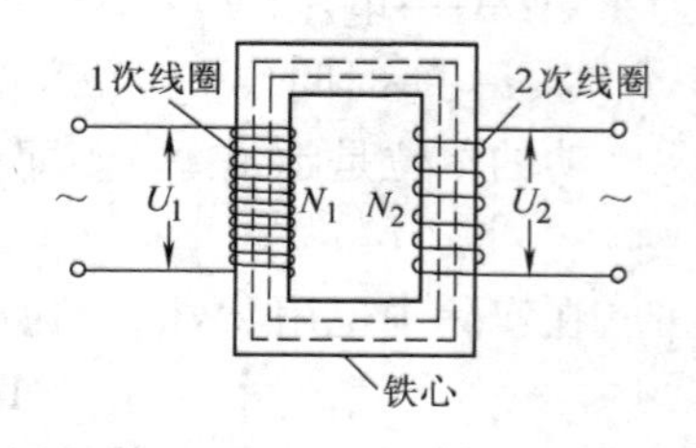

图 5-7-27　变压器

变压器的一次、二次电压和它们的匝数成正比。即 $U_1 : U_2 = N_1 : N_2 = n$

式中　U_1———一次线圈交变电压有效值(V)；

⊖　1cal = 4.1868J。

U_2——二次线圈交变电压有效值(V)；

N_1——一次线圈匝数；

N_2——二次线圈匝数；

n——一次与二次线圈的变压比，或称匝数比。

由上式可知：当 $n>1$ 时，$U_1>U_2$，$N_1>N_2$，这种变压器叫降压变压器，所有焊条电弧焊变压器都是降压变压器。

参 考 文 献

[1]　傅积和，孙主林．焊接数据资料手册[M]．北京：机械工业出版社，1994.
[2]　钱在中．焊接技术手册[M]．太原：山西科学技术出版社，1999.
[3]　安珣．机械工程标准手册：烛接与切割卷[M]．北京：中国标准出版社，2001.
[4]　杨松，等．锅炉压力容器焊接技术培训教材．北京：机械工业出版社，2005.
[5]　机械工业部．电焊机产品样本．北京：机械工业出版社，1996.
[6]　张连生，等．金属材料焊接．北京：机械工业出版社，2004.
[7]　陈裕川，等．现代焊接生产实用手册[M]．北京：机械工业出版社，2005.